2026학년도 수능 대비

수능 기출의 미래

과학탐구영역 물리학Ⅰ

All New

정답과 해설은 EBS*i* 사이트(www.ebs*i*.co.kr)에서 내려받으실 수 있습니다.

교재 내용 문의 교재 및 강의 내용 문의는 EBS*i* 사이트 (www.ebs*i*.co.kr)의 학습 Q&A 서비스를 이용하시기 바랍니다.

교재 정오표 공지 발행 이후 발견된 정오 사항을 EBS*i* 사이트 정오표 코너에서 알려 드립니다. **교재 ▶ 교재 자료실 ▶ 교재 정오표**

교재 정정 신청 공지된 정오 내용 외에 발견된 정오 사항이 있다면 EBS*i* 사이트를 통해 알려 주세요. **교재 ▶ 교재 정정 신청**

EBS

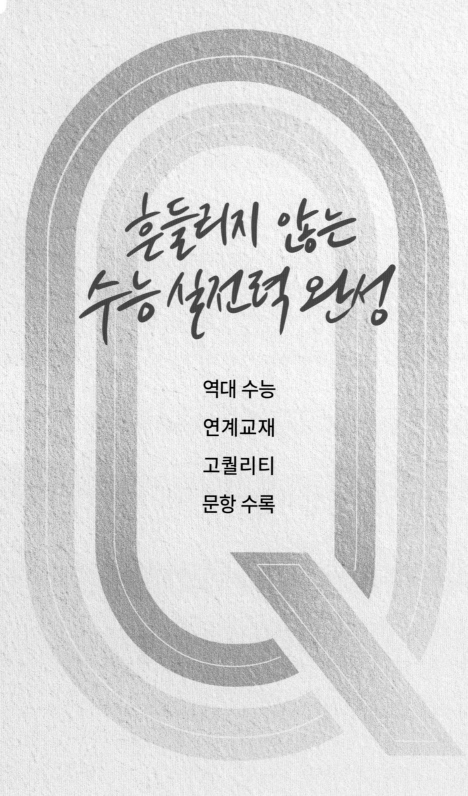

흔들리지 않는 수능 실전력 완성

역대 수능
연계교재
고퀄리티
문항 수록

14회분 수록

미니모의고사로 만나는 수능연계 우수 문항집

수능특강Q 미니모의고사

국 어	Start / Jump / Hyper
수 학	수학Ⅰ / 수학Ⅱ / 확률과 통계 / 미적분
영 어	Start / Jump / Hyper
사회탐구	사회 · 문화
과학탐구	생명과학Ⅰ / 지구과학Ⅰ

2026학년도 수능 대비

수능 기출의 미래

과학탐구영역 물리학Ⅰ

All New

구성과 특징

수능 기출의 미래
과학탐구영역 물리학 I

기출 풀어 유형 잡고, 수능 기출의 미래로 2026 수능 가자!!

매해 반복 출제되는 개념과 번갈아 출제되는 개념들을 익히기 위해서는 다년간의 기출문제를 꼼꼼히 풀어 봐야 합니다.
다년간 수능 및 모의고사에 출제된 기출문제를 풀다 보면 스스로 과목별, 영역별 유형을 익힐 수 있기 때문입니다.

최근 7개년의 수능, 모의평가, 학력평가 기출문제를 엄선하여 실은
EBS **수능 기출의 미래로 2026학년도 수능을 준비**하세요.

수능 준비의 시작과 마무리! **수능 기출의 미래**가 책임집니다.

기출문제로 유형 확인하기

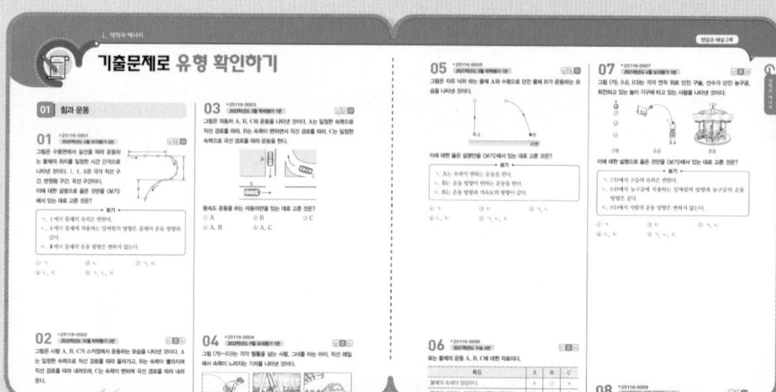

최근 7개년간 기출문제로 단원별 유형을 확인하고 수능을 준비할 수 있도록 구성하였습니다. 매해 반복 출제되는 유형과 개념을 심화 학습할 수 있습니다.

기출 & 플러스

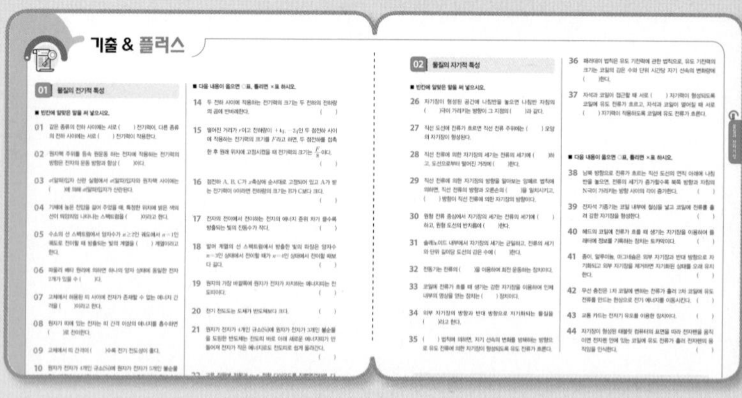

대단원이 끝날 때마다 학습 내용 확인을 위한 빈칸 개념 넣기와 ○× 문항으로 구성된 코너를 두어 완전 학습이 되도록 하였습니다.

정답과 해설

두껍고 무거운 해설이 아닌 핵심만 깔끔하게 정리된 슬림한 해설을 제공합니다.

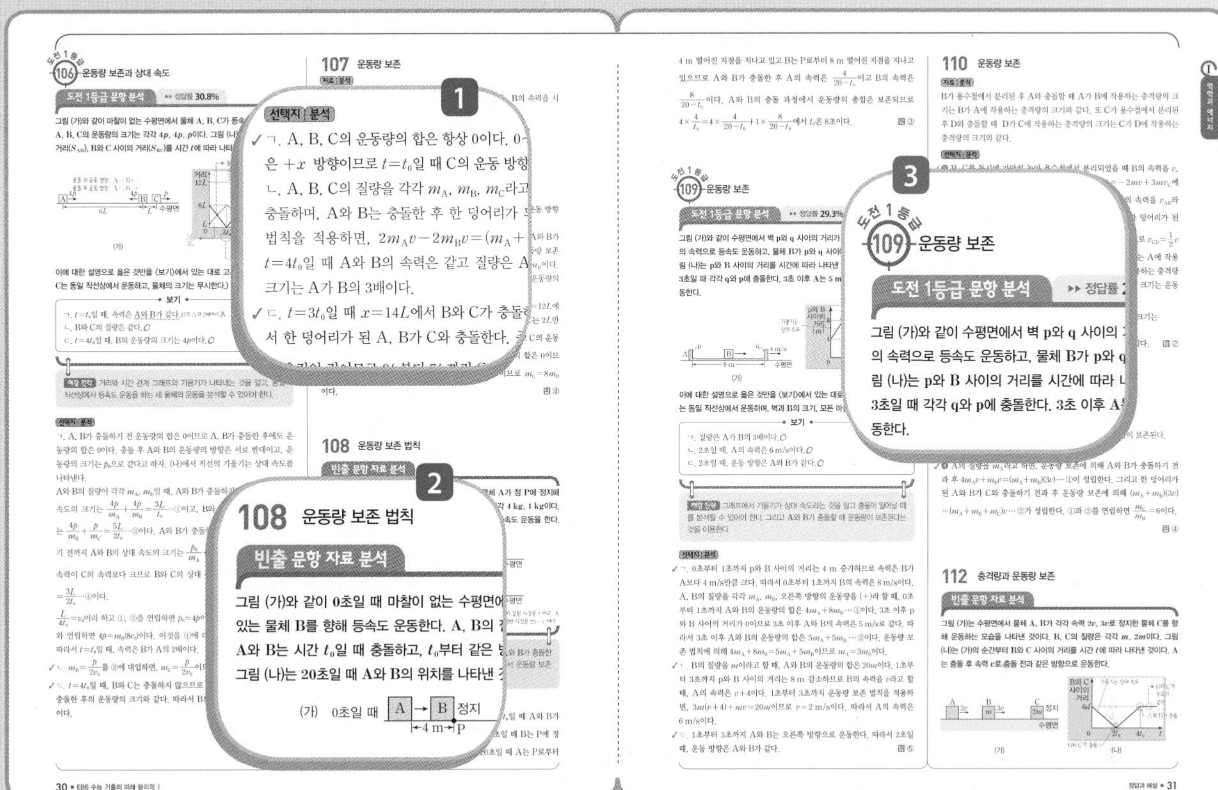

1 자세하고 명쾌한 해설!
기출문제의 자료 분석을 통해 문제 해결 능력을 기르고, 정답인 이유와 오답인 이유를 상세히 설명하여 학생 스스로 핵심을 제대로 파악할 수 있도록 하였습니다.

2 빈출 문항 분석으로 중요 개념 다지기!
자주 출제되는 개념은 또 출제될 수 있는 만큼 첨삭 해설을 통해 핵심을 파악하고, 실전에 대비할 수 있도록 해결 전략을 제공하였습니다.

3 도전 1등급 문항 분석으로 실력 업그레이드!
정답률이 낮았던 난도 있는 문항을 상세히 분석하여 실력을 한 단계 업그레이드시킬 수 있도록 하였습니다.

차례

수능 기출의 미래
과학탐구영역 물리학 Ⅰ

Ⅰ 역학과 에너지

Ⅱ 물질과 전자기장

I

역학과 에너지

기출문제 분석 팁

- 등가속도 운동과 관련된 문제와 뉴턴 운동 법칙과 운동량 보존 법칙을 적용하는 문제가 꾸준히 출제되고 있다. 따라서 속도와 가속도의 개념을 바탕으로 등가속도 운동을 학습하고 뉴턴 운동 법칙이 적용되는 사례를 꾸준히 학습해야 한다.
- 역학적 에너지 보존 법칙을 적용하는 문제와 열역학 법칙의 적용에 대한 문제가 꾸준히 출제되고 있다. 탄성력에 의한 역학적 에너지 보존과 중력에 의한 역학적 에너지 보존에 대해 이해하고 적용할 수 있어야 하며 열역학 제1법칙에서 등압 과정, 등적 과정, 등온 과정, 단열 과정에 대해 이해하고 있어야 한다. 또 열기관의 작동 원리를 알고 열효율을 구할 수 있어야 한다.
- 특수 상대성 이론을 적용한 시간 지연과 길이 수축, 질량 · 에너지 동등성 등을 통해 시간과 공간이 절대적인 개념이 아님을 알아야 한다. 핵반응에서는 반응 전과 후 보존되는 양을 알고 적용할 수 있어야 하고, 질량과 에너지의 관계를 알아야 한다.

한눈에 보는 출제 빈도

시험 \ 내용		01 힘과 운동 • 속력과 속도 • 등가속도 운동 • 뉴턴 운동 법칙 • 운동량과 충격량	02 에너지와 열 • 일과 에너지 • 열역학 법칙과 열기관	03 시공간의 이해 • 특수 상대성 이론 • 핵융합과 핵분열
2025 학년도	수능	5	2	2
	9월 모의평가	5	2	2
	6월 모의평가	5	2	2
2024 학년도	수능	5	2	2
	9월 모의평가	5	2	2
	6월 모의평가	5	2	2
2023 학년도	수능	5	2	2
	9월 모의평가	5	2	2
	6월 모의평가	5	2	2
2022 학년도	수능	4	3	2
	9월 모의평가	6	2	2
	6월 모의평가	5	2	2
2021 학년도	수능	5	2	2
	9월 모의평가	5	2	2
	6월 모의평가	5	2	2

기출문제로 유형 확인하기

01 힘과 운동

01
▸25116-0001
2025학년도 6월 모의평가 2번
상중하

그림은 수평면에서 실선을 따라 운동하는 물체의 위치를 일정한 시간 간격으로 나타낸 것이다. Ⅰ, Ⅱ, Ⅲ은 각각 직선 구간, 반원형 구간, 곡선 구간이다.

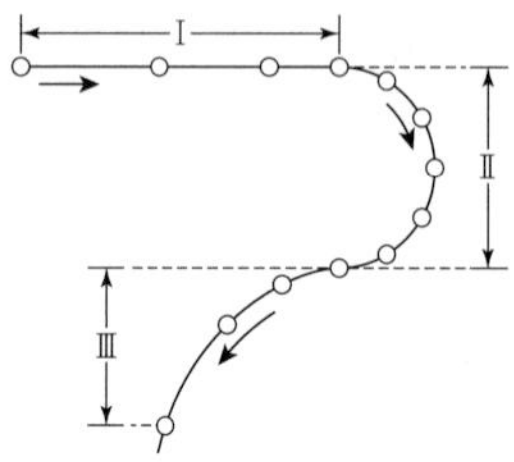

이에 대한 설명으로 옳은 것만을 〈보기〉에서 있는 대로 고른 것은?

보기

ㄱ. Ⅰ에서 물체의 속력은 변한다.
ㄴ. Ⅱ에서 물체에 작용하는 알짜힘의 방향은 물체의 운동 방향과 같다.
ㄷ. Ⅲ에서 물체의 운동 방향은 변하지 않는다.

① ㄱ　② ㄴ　③ ㄱ, ㄷ　④ ㄴ, ㄷ　⑤ ㄱ, ㄴ, ㄷ

02
▸25116-0002
2022학년도 10월 학력평가 2번
상중하

그림은 사람 A, B, C가 스키장에서 운동하는 모습을 나타낸 것이다. A는 일정한 속력으로 직선 경로를 따라 올라가고, B는 속력이 빨라지며 직선 경로를 따라 내려오며, C는 속력이 변하며 곡선 경로를 따라 내려온다.

운동 방향으로 알짜힘을 받는 사람만을 있는 대로 고른 것은? (단, 사람의 크기는 무시한다.)

① A　② B　③ C　④ A, B　⑤ A, C

03
▸25116-0003
2022학년도 3월 학력평가 1번
상중하

그림은 자동차 A, B, C의 운동을 나타낸 것이다. A는 일정한 속력으로 직선 경로를 따라, B는 속력이 변하면서 직선 경로를 따라, C는 일정한 속력으로 곡선 경로를 따라 운동을 한다.

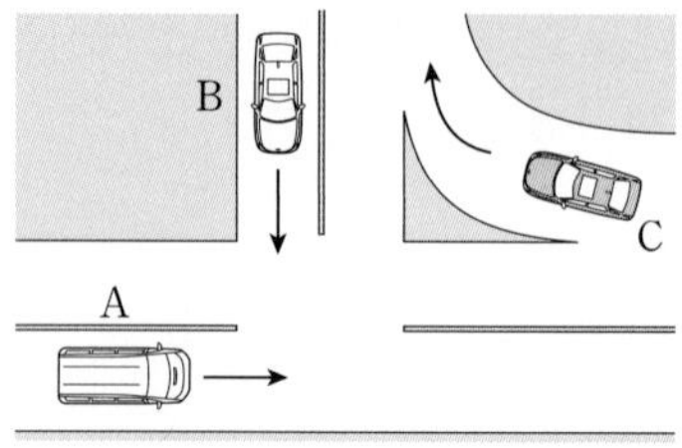

등속도 운동을 하는 자동차만을 있는 대로 고른 것은?

① A　② B　③ C　④ A, B　⑤ A, C

04
▸25116-0004
2022학년도 9월 모의평가 1번
상중하

그림 (가)~(다)는 각각 뜀틀을 넘는 사람, 그네를 타는 아이, 직선 레일에서 속력이 느려지는 기차를 나타낸 것이다.

(가)　(나)　(다)

이에 대한 설명으로 옳은 것만을 〈보기〉에서 있는 대로 고른 것은?

보기

ㄱ. (가)에서 사람의 운동 방향은 변한다.
ㄴ. (나)에서 아이는 등속도 운동을 한다.
ㄷ. (다)에서 기차의 운동 방향과 가속도 방향은 서로 같다.

① ㄱ　② ㄴ　③ ㄱ, ㄷ　④ ㄴ, ㄷ　⑤ ㄱ, ㄴ, ㄷ

05
▸25116-0005
2021학년도 3월 학력평가 1번 상중하

그림은 자유 낙하 하는 물체 A와 수평으로 던진 물체 B가 운동하는 모습을 나타낸 것이다.

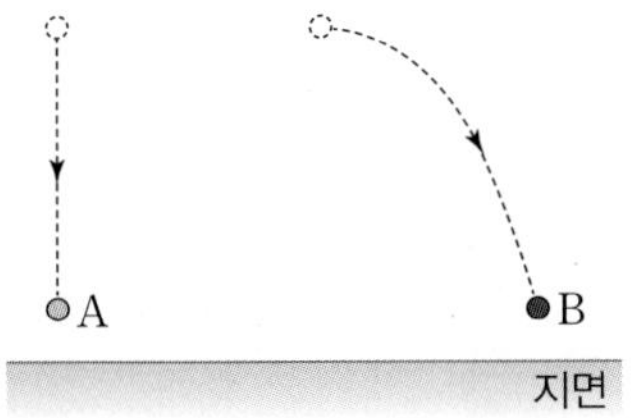

이에 대한 옳은 설명만을 〈보기〉에서 있는 대로 고른 것은?

보기

ㄱ. A는 속력이 변하는 운동을 한다.
ㄴ. B는 운동 방향이 변하는 운동을 한다.
ㄷ. B는 운동 방향과 가속도의 방향이 같다.

① ㄱ ② ㄷ ③ ㄱ, ㄴ
④ ㄴ, ㄷ ⑤ ㄱ, ㄴ, ㄷ

06
▸25116-0006
2021학년도 수능 6번 상중하

표는 물체의 운동 A, B, C에 대한 자료이다.

특징	A	B	C
물체의 속력이 일정하다.	×	○	×
물체에 작용하는 알짜힘의 방향이 일정하다.	○	×	○
물체에 작용하는 알짜힘의 방향이 물체의 운동 방향과 같다.	○	×	×

(○: 예, ×: 아니오)

이에 대한 설명으로 옳은 것만을 〈보기〉에서 있는 대로 고른 것은?

보기

ㄱ. 자유 낙하 하는 공의 등가속도 직선 운동은 A에 해당한다.
ㄴ. 등속 원운동을 하는 위성의 운동은 B에 해당한다.
ㄷ. 수평면에 대해 비스듬히 던진 공의 포물선 운동은 C에 해당한다.

① ㄴ ② ㄷ ③ ㄱ, ㄴ
④ ㄱ, ㄷ ⑤ ㄱ, ㄴ, ㄷ

07
▸25116-0007
2021학년도 6월 모의평가 1번 상중하

그림 (가), (나), (다)는 각각 연직 위로 던진 구슬, 선수가 던진 농구공, 회전하고 있는 놀이 기구에 타고 있는 사람을 나타낸 것이다.

(가) (나) (다)

이에 대한 설명으로 옳은 것만을 〈보기〉에서 있는 대로 고른 것은?

보기

ㄱ. (가)에서 구슬의 속력은 변한다.
ㄴ. (나)에서 농구공에 작용하는 알짜힘의 방향과 농구공의 운동 방향은 같다.
ㄷ. (다)에서 사람의 운동 방향은 변하지 않는다.

① ㄱ ② ㄷ ③ ㄱ, ㄴ
④ ㄴ, ㄷ ⑤ ㄱ, ㄴ, ㄷ

08
▸25116-0008
2020학년도 10월 학력평가 1번 상중하

그림은 놀이 기구 A, B, C가 운동하는 모습을 나타낸 것이다.

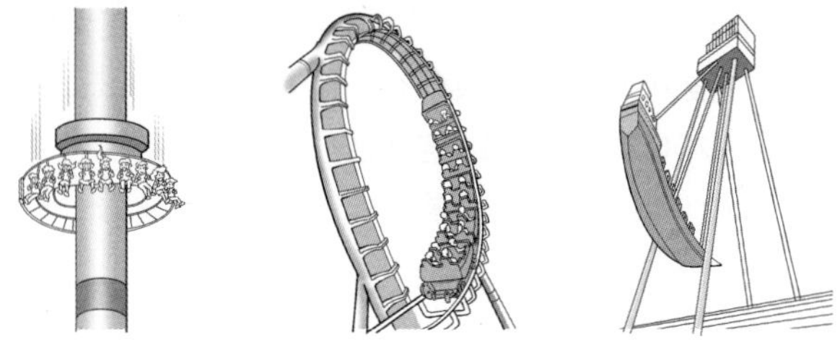
A: 자유 낙하 B: 회전 운동 C: 왕복 운동

운동 방향이 일정한 놀이 기구만을 있는 대로 고른 것은?

① A ② B ③ A, C
④ B, C ⑤ A, B, C

09 ▸25116-0009

2020학년도 3월 학력평가 1번 상중하

그림과 같이 수평면 위의 점 p에서 비스듬히 던져진 공이 곡선 경로를 따라 운동하여 점 q를 통과하였다.

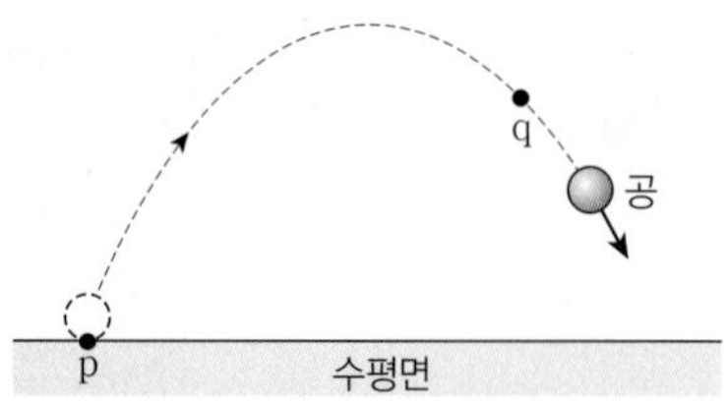

p에서 q까지 공의 운동에 대한 옳은 설명만을 〈보기〉에서 있는 대로 고른 것은?

보기

ㄱ. 속력이 변하는 운동이다.
ㄴ. 운동 방향이 일정한 운동이다.
ㄷ. 변위의 크기는 이동 거리보다 작다.

① ㄱ ② ㄷ ③ ㄱ, ㄴ
④ ㄱ, ㄷ ⑤ ㄴ, ㄷ

10 ▸25116-0010

2024학년도 10월 학력평가 2번 상중하

그림은 점 a에서 출발하여 점 b, c를 지나 a로 되돌아오는 수영 선수의 운동 경로를 실선으로 나타낸 것이다. a와 b, b와 c, c와 a 사이의 직선거리는 100 m로 같다.

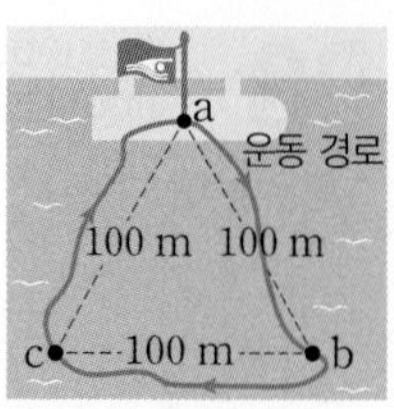

전체 운동 경로에서 선수의 운동에 대한 옳은 설명만을 〈보기〉에서 있는 대로 고른 것은?

보기

ㄱ. 변위의 크기는 300 m이다.
ㄴ. 운동 방향이 변하는 운동이다.
ㄷ. 평균 속도의 크기는 평균 속력보다 크다.

① ㄱ ② ㄴ ③ ㄷ
④ ㄱ, ㄴ ⑤ ㄴ, ㄷ

11 ▸25116-0011

2021학년도 9월 모의평가 7번 상중하

그림은 동일 직선상에서 운동하는 물체 A, B의 위치를 시간에 따라 나타낸 것이다.

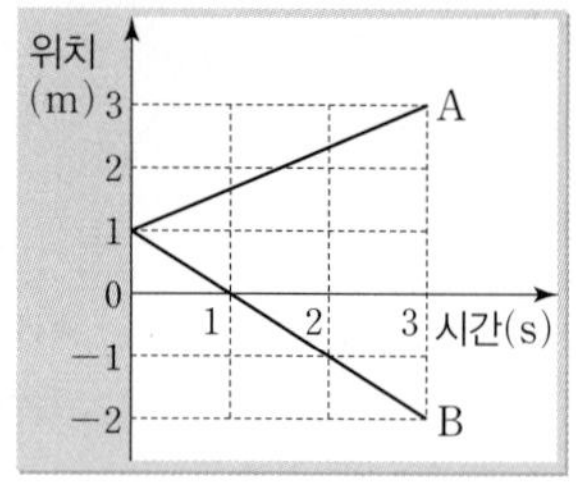

A, B의 운동에 대한 설명으로 옳은 것만을 〈보기〉에서 있는 대로 고른 것은?

보기

ㄱ. 1초일 때, B의 운동 방향이 바뀐다.
ㄴ. 2초일 때, 속도의 크기는 A가 B보다 작다.
ㄷ. 0초부터 3초까지 이동한 거리는 A가 B보다 작다.

① ㄱ ② ㄴ ③ ㄱ, ㄷ
④ ㄴ, ㄷ ⑤ ㄱ, ㄴ, ㄷ

12 ▸25116-0012

2016학년도 6월 모의평가 4번 상중하

그림은 직선 운동하는 물체 A와 B의 위치를 시간에 따라 나타낸 것이다.

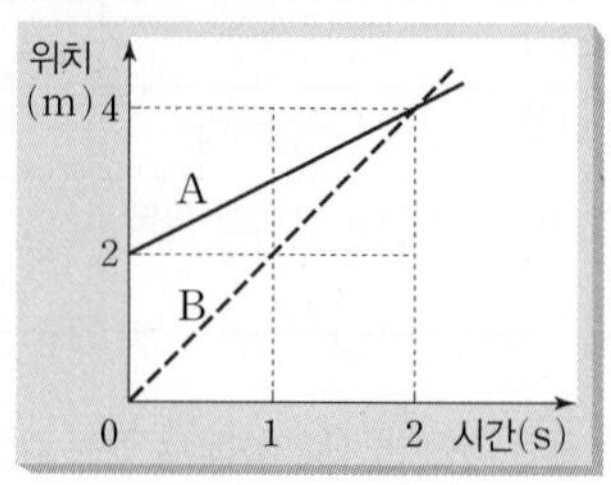

이에 대한 설명으로 옳은 것만을 〈보기〉에서 있는 대로 고른 것은?

보기

ㄱ. 0초에서 1초까지 A의 이동 거리는 2 m이다.
ㄴ. 0초에서 2초까지 B의 평균 속력은 2 m/s이다.
ㄷ. 1초일 때의 속력은 A가 B보다 크다.

① ㄱ ② ㄴ ③ ㄷ
④ ㄱ, ㄷ ⑤ ㄴ, ㄷ

13

▸25116-0013
2025학년도 9월 모의평가 2번

상 중 **하**

그림은 직선 경로를 따라 등가속도 운동하는 물체의 속도를 시간에 따라 나타낸 것이다. 물체의 운동에 대한 설명으로 옳은 것만을 〈보기〉에서 있는 대로 고른 것은?

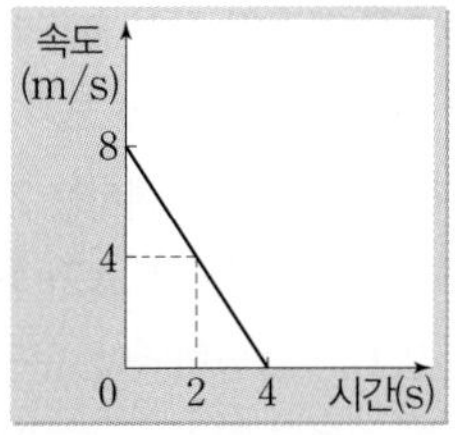

보기

ㄱ. 가속도의 크기는 $2\,m/s^2$이다.
ㄴ. 0초부터 4초까지 이동한 거리는 16 m이다.
ㄷ. 2초일 때, 운동 방향과 가속도 방향은 서로 같다.

① ㄱ ② ㄷ ③ ㄱ, ㄴ
④ ㄴ, ㄷ ⑤ ㄱ, ㄴ, ㄷ

14

▸25116-0014
2019학년도 3월 학력평가 2번

상 **중** 하

그림은 물체 A, B가 서로 반대 방향으로 등가속도 직선 운동할 때의 속도를 시간에 따라 나타낸 것이다. 색칠된 두 부분의 면적은 각각 S, $2S$이다.

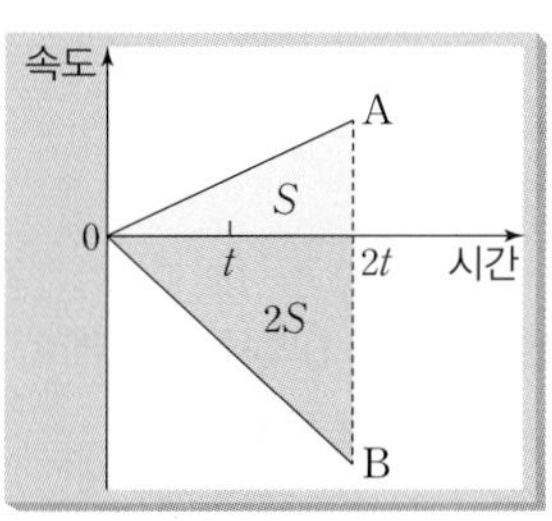

A, B의 운동에 대한 설명으로 옳은 것은?

① $2t$일 때 속력은 A가 B의 2배이다.
② t일 때 가속도의 크기는 A가 B의 2배이다.
③ t일 때 A와 B의 가속도의 방향은 서로 같다.
④ 0부터 $2t$까지 평균 속력은 A가 B의 2배이다.
⑤ 0부터 $2t$까지 A와 B의 이동 거리의 합은 $3S$이다.

15

▸25116-0015
2025학년도 수능 16번

상 **중** 하

그림과 같이 직선 경로에서 물체 A가 속력 v로 $x=0$을 지나는 순간 $x=0$에 정지해 있던 물체 B가 출발하여, A와 B는 $x=4L$을 동시에 지나고, $x=9L$을 동시에 지난다. A가 $x=9L$을 지나는 순간 A의 속력은 $5v$이다. 표는 구간 Ⅰ, Ⅱ, Ⅲ에서 A, B의 운동을 나타낸 것이다. Ⅰ에서 B의 가속도의 크기는 a이다.

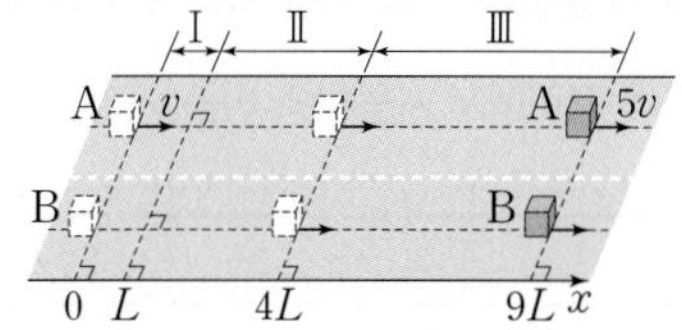

구간 / 물체	Ⅰ	Ⅱ	Ⅲ
A	등속도	등가속도	등속도
B	등가속도	등속도	등가속도

Ⅲ에서 B의 가속도의 크기는? (단, 물체의 크기는 무시한다.)

① $\frac{11}{5}a$ ② $2a$ ③ $\frac{9}{5}a$
④ $\frac{8}{5}a$ ⑤ $\frac{7}{5}a$

16

▸25116-0016
2024학년도 3월 학력평가 9번

상 중 하

그림과 같이 물체가 점 a~d를 지나는 등가속도 직선 운동을 한다. a와 b, b와 c, c와 d 사이의 거리는 각각 L, x, $3L$이다. 물체가 운동하는 데 걸리는 시간은 a에서 b까지와 c에서 d까지가 같다. a, d에서 물체의 속력은 각각 v, $4v$이다.

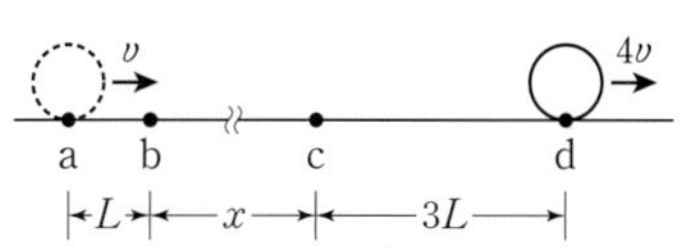

x는?

① $2L$ ② $4L$ ③ $6L$
④ $8L$ ⑤ $10L$

17
▸25116-0017
2024학년도 수능 19번
상 중 하

그림과 같이 직선 도로에서 서로 다른 가속도로 등가속도 운동을 하는 자동차 A, B가 각각 속력 v_A, v_B로 기준선 P, Q를 동시에 지난 후 기준선 S에 동시에 도달한다. 가속도의 방향은 A와 B가 같고, 가속도의 크기는 A가 B의 $\frac{2}{3}$배이다. B가 Q에서 기준선 R까지 운동하는 데 걸린 시간은 R에서 S까지 운동하는 데 걸린 시간의 $\frac{1}{2}$배이다. P와 Q 사이, Q와 R 사이, R와 S 사이에서 자동차의 이동 거리는 모두 L로 같다.

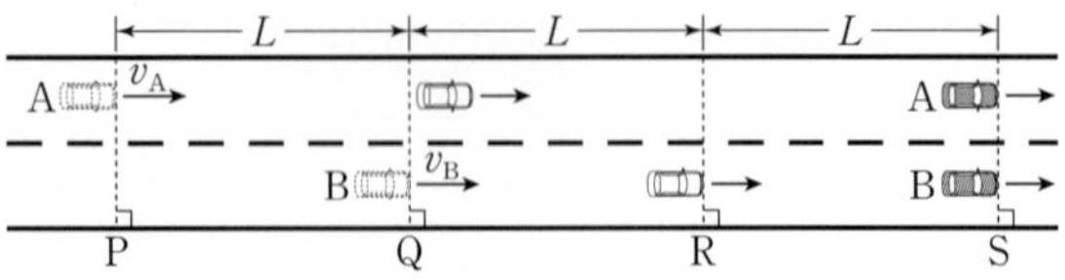

$\frac{v_A}{v_B}$는?

① $\frac{9}{4}$ ② $\frac{3}{2}$ ③ $\frac{7}{6}$
④ $\frac{8}{7}$ ⑤ $\frac{8}{9}$

18
▸25116-0018
2024학년도 9월 모의평가 20번
상 중 하

그림과 같이 빗면에서 물체가 등가속도 직선 운동을 하여 점 a, b, c, d를 지난다. a에서 물체의 속력은 v이고, 이웃한 점 사이의 거리는 각각 L, $6L$, $3L$이다. 물체가 a에서 b까지, c에서 d까지 운동하는 데 걸린 시간은 같고, a와 d 사이의 평균 속력은 b와 c 사이의 평균 속력과 같다.

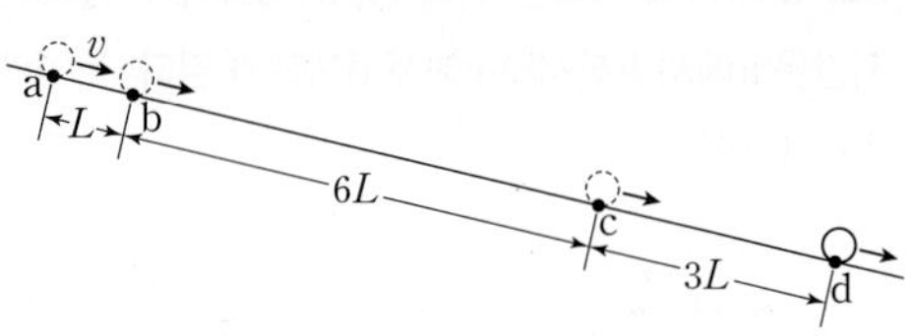

물체의 가속도의 크기는? (단, 물체의 크기는 무시한다.)

① $\frac{5v^2}{9L}$ ② $\frac{2v^2}{3L}$ ③ $\frac{7v^2}{9L}$
④ $\frac{8v^2}{9L}$ ⑤ $\frac{v^2}{L}$

19
▸25116-0019
2024학년도 6월 모의평가 18번
상 중 하

그림과 같이 직선 도로에서 출발선에 정지해 있던 자동차 A, B가 구간 Ⅰ에서는 가속도의 크기가 $2a$인 등가속도 운동을, 구간 Ⅱ에서는 등속도 운동을, 구간 Ⅲ에서는 가속도의 크기가 a인 등가속도 운동을 하여 도착선에서 정지한다. A가 출발선에서 L만큼 떨어진 기준선 P를 지나는 순간 B가 출발하였다. 구간 Ⅲ에서 A, B 사이의 거리가 L인 순간 A, B의 속력은 각각 v_A, v_B이다.

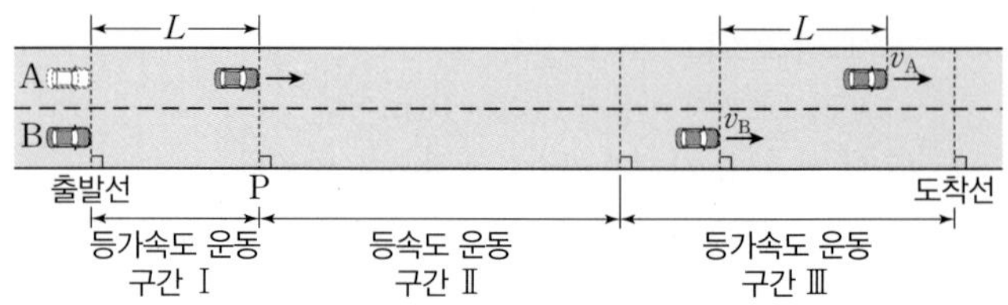

$\frac{v_A}{v_B}$는?

① $\frac{1}{4}$ ② $\frac{1}{3}$ ③ $\frac{1}{2}$
④ $\frac{2}{3}$ ⑤ 1

20
▸25116-0020
2023학년도 10월 학력평가 17번
상 중 하

그림과 같이 동일 직선상에서 등가속도 운동하는 물체 A, B가 시간 $t=0$일 때 각각 점 p, q를 속력 v_A, v_B로 지난 후, $t=t_0$일 때 A는 점 r에서 정지하고 B는 빗면 위로 운동한다. p와 q, q와 r 사이의 거리는 각각 L, $2L$이다. A가 다시 p를 지나는 순간 B는 빗면 아래 방향으로 속력 $\frac{v_B}{2}$로 운동한다.

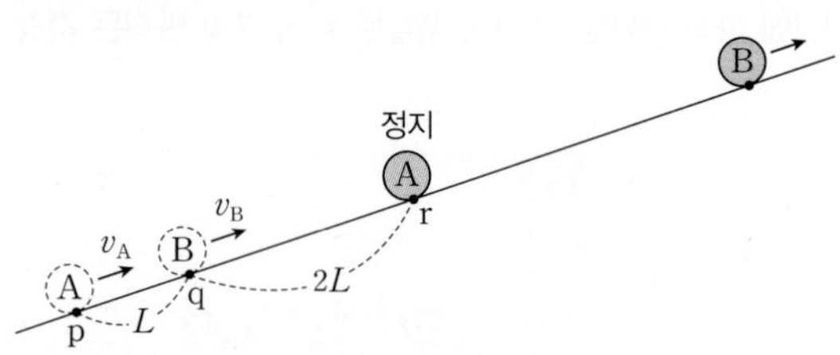

이에 대한 옳은 설명만을 〈보기〉에서 있는 대로 고른 것은? (단, 물체의 크기, 모든 마찰과 공기 저항은 무시한다.)

보기

ㄱ. $v_B=4v_A$이다.
ㄴ. $t=\frac{8}{3}t_0$일 때 B가 q를 지난다.
ㄷ. $t=t_0$부터 $t=2t_0$까지 평균 속력은 A가 B의 3배이다.

① ㄱ ② ㄴ ③ ㄱ, ㄷ
④ ㄴ, ㄷ ⑤ ㄱ, ㄴ, ㄷ

21

▸25116-0021

2023학년도 3월 학력평가 17번 상중하

그림과 같이 0초일 때 기준선 P를 서로 반대 방향의 같은 속력으로 통과한 물체 A와 B가 각각 등가속도 직선 운동하여 기준선 Q를 동시에 지난다. P에서 Q까지 A의 이동 거리는 L이다. 가속도의 방향은 A와 B가 서로 반대이고, 가속도의 크기는 B가 A의 7배이다. t_0초일 때 A와 B의 속도는 같다.

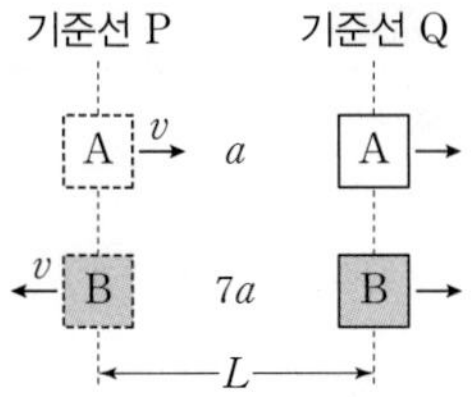

0초에서 t_0초까지 A의 이동 거리는? (단, 물체의 크기는 무시한다.)

① $\frac{5}{13}L$ ② $\frac{7}{16}L$ ③ $\frac{1}{2}L$ ④ $\frac{7}{12}L$ ⑤ $\frac{5}{7}L$

22

▸25116-0022

2023학년도 수능 14번 상중하

그림 (가)는 빗면의 점 p에 가만히 놓은 물체 A가 등가속도 운동하는 것을, (나)는 (가)에서 A의 속력이 v가 되는 순간, 빗면을 내려오던 물체 B가 p를 속력 $2v$로 지나는 것을 나타낸 것이다. 이후 A, B는 각각 속력 v_A, v_B로 만난다.

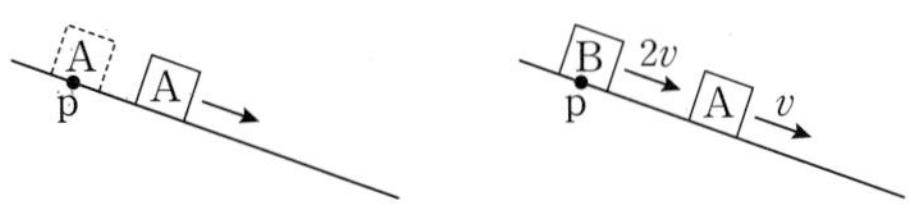

(가) (나)

$\frac{v_B}{v_A}$는? (단, 물체의 크기, 모든 마찰은 무시한다.)

① $\frac{5}{4}$ ② $\frac{4}{3}$ ③ $\frac{3}{2}$ ④ $\frac{5}{3}$ ⑤ $\frac{7}{4}$

23

▸25116-0023

2023학년도 9월 모의평가 16번 상중하

그림은 빗면을 따라 운동하는 물체 A가 점 q를 지나는 순간 점 p에 물체 B를 가만히 놓았더니, A와 B가 등가속도 운동하여 점 r에서 만나는 것을 나타낸 것이다. p와 r 사이의 거리는 d이고, r에서의 속력은 B가 A의 $\frac{4}{3}$배이다. p, q, r는 동일 직선상에 있다.

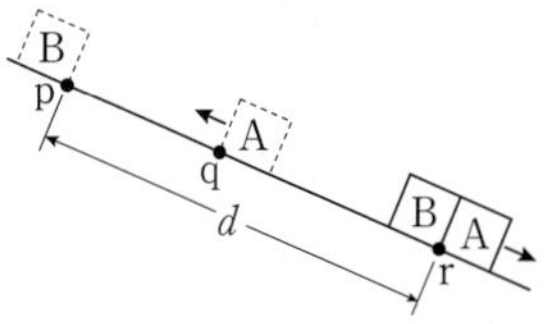

A가 최고점에 도달한 순간, A와 B 사이의 거리는? (단, 물체의 크기와 모든 마찰은 무시한다.)

① $\frac{3}{16}d$ ② $\frac{1}{4}d$ ③ $\frac{5}{16}d$ ④ $\frac{3}{8}d$ ⑤ $\frac{7}{16}d$

24

▸25116-0024

2023학년도 6월 모의평가 8번 상중하

그림 (가)는 기울기가 서로 다른 빗면에서 v_0의 속력으로 동시에 출발한 물체 A, B, C가 각각 등가속도 운동하는 모습을 나타낸 것이다. 그림 (나)는 A, B, C가 각각 최고점에 도달하는 순간까지 물체의 속력을 시간에 따라 나타낸 것이다.

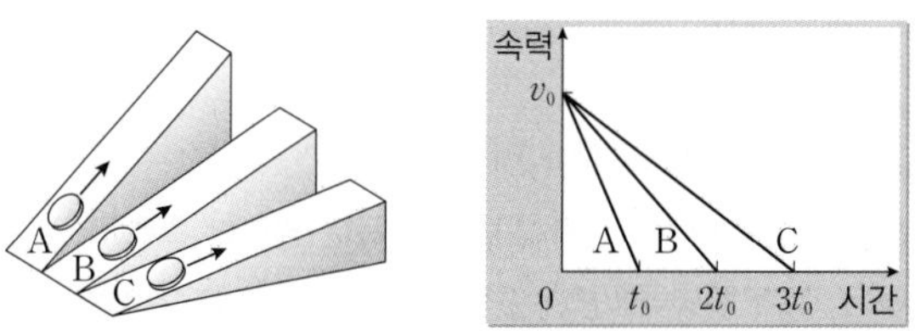

(가) (나)

이에 대한 설명으로 옳은 것만을 <보기>에서 있는 대로 고른 것은?

보기

ㄱ. 가속도의 크기는 B가 A의 2배이다.

ㄴ. t_0일 때, C의 속력은 $\frac{2}{3}v_0$이다.

ㄷ. 물체가 출발한 순간부터 최고점에 도달할 때까지 이동한 거리는 C가 A의 3배이다.

① ㄱ ② ㄴ ③ ㄱ, ㄷ ④ ㄴ, ㄷ ⑤ ㄱ, ㄴ, ㄷ

25 ▸25116-0025

2022학년도 수능 16번 상중하

그림과 같이 직선 도로에서 속력 v로 등속도 운동하는 자동차 A가 기준선 P를 지나는 순간 P에 정지해 있던 자동차 B가 출발한다. B는 P에서 Q까지 등가속도 운동을, Q에서 R까지 등속도 운동을, R에서 S까지 등가속도 운동을 한다. A와 B는 R를 동시에 지나고, S를 동시에 지난다. A, B의 이동 거리는 P와 Q 사이, Q와 R 사이, R와 S 사이가 모두 L로 같다.

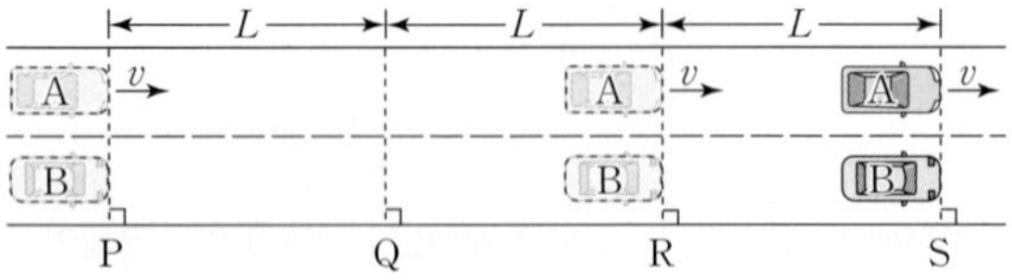

이에 대한 설명으로 옳은 것만을 〈보기〉에서 있는 대로 고른 것은?

보기

ㄱ. A가 Q를 지나는 순간, 속력은 B가 A보다 크다.

ㄴ. B가 P에서 Q까지 운동하는 데 걸린 시간은 $\frac{4L}{3v}$이다.

ㄷ. B의 가속도의 크기는 P와 Q 사이에서가 R와 S 사이에서보다 작다.

① ㄱ ② ㄷ ③ ㄱ, ㄴ
④ ㄴ, ㄷ ⑤ ㄱ, ㄴ, ㄷ

26 ▸25116-0026

2022학년도 9월 모의평가 11번 상중하

그림과 같이 수평면에서 간격 L을 유지하며 일정한 속력 $3v$로 운동하던 물체 A, B가 빗면을 따라 운동한다. A가 점 p를 속력 $2v$로 지나는 순간에 B는 점 q를 속력 v로 지난다.

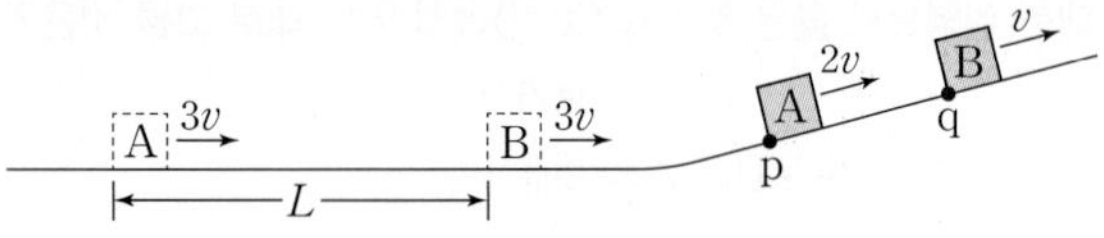

p와 q 사이의 거리는? (단, A, B는 동일 연직면에서 운동하며, 물체의 크기, 모든 마찰은 무시한다.)

① $\frac{2}{5}L$ ② $\frac{1}{2}L$ ③ $\frac{\sqrt{3}}{3}L$
④ $\frac{\sqrt{2}}{2}L$ ⑤ $\frac{3}{4}L$

27 ▸25116-0027

2022학년도 6월 모의평가 12번 상중하

그림과 같이 등가속도 직선 운동을 하는 자동차 A, B가 기준선 P, R를 각각 v, $2v$의 속력으로 동시에 지난 후, 기준선 Q를 동시에 지난다. P에서 Q까지 A의 이동 거리는 L이고, R에서 Q까지 B의 이동 거리는 $3L$이다. A, B의 가속도의 크기와 방향은 서로 같다.

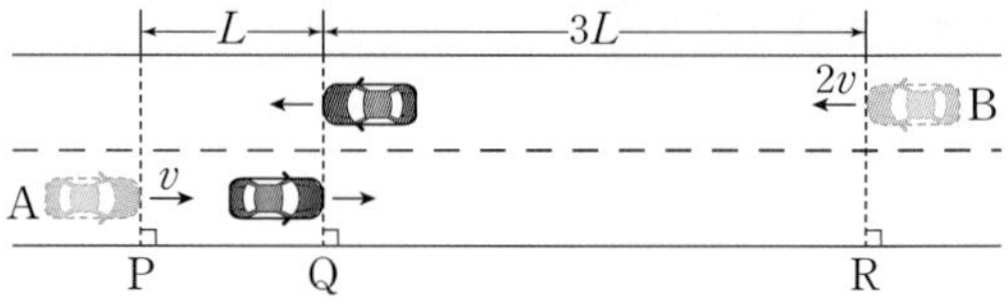

A의 가속도의 크기는?

① $\frac{3v^2}{16L}$ ② $\frac{3v^2}{8L}$ ③ $\frac{3v^2}{4L}$
④ $\frac{9v^2}{8L}$ ⑤ $\frac{4v^2}{3L}$

28 ▸25116-0028

2021학년도 10월 학력평가 18번 상중하

그림과 같이 빗면의 점 p에 가만히 놓은 물체 A가 점 q를 v_A의 속력으로 지나는 순간 물체 B는 p를 v_B의 속력으로 지났으며, A와 B는 점 r에서 만난다. p, q, r는 동일 직선상에 있고, p와 q 사이의 거리는 $4d$, q와 r 사이의 거리는 $5d$이다.

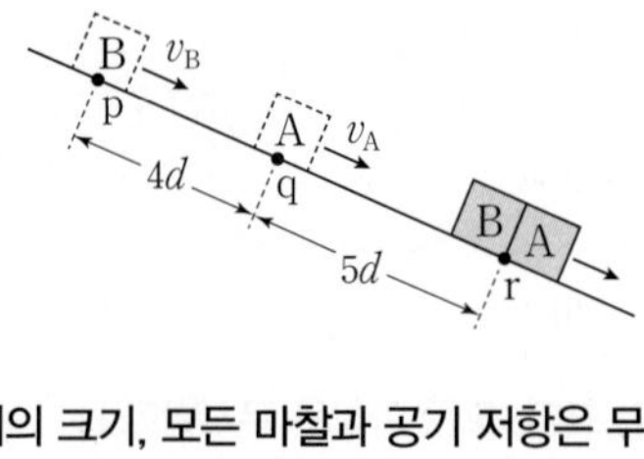

$\frac{v_A}{v_B}$는? (단, 물체의 크기, 모든 마찰과 공기 저항은 무시한다.)

① $\frac{4}{9}$ ② $\frac{1}{2}$ ③ $\frac{5}{9}$
④ $\frac{2}{3}$ ⑤ $\frac{4}{5}$

29

▸25116-0029
2020학년도 수능 20번 상중하

그림 (가)는 물체 A, B가 운동을 시작하는 순간의 모습을, (나)는 A와 B의 높이가 (가) 이후 처음으로 같아지는 순간의 모습을 나타낸 것이다. 점 p, q, r, s는 A, B가 직선 운동을 하는 빗면 구간의 점이고, p와 q, r와 s 사이의 거리는 각각 L, $2L$이다. A는 p에서 정지 상태에서 출발하고, B는 q에서 속력 v로 출발한다. A가 q를 v의 속력으로 지나는 순간에 B는 r를 지난다.

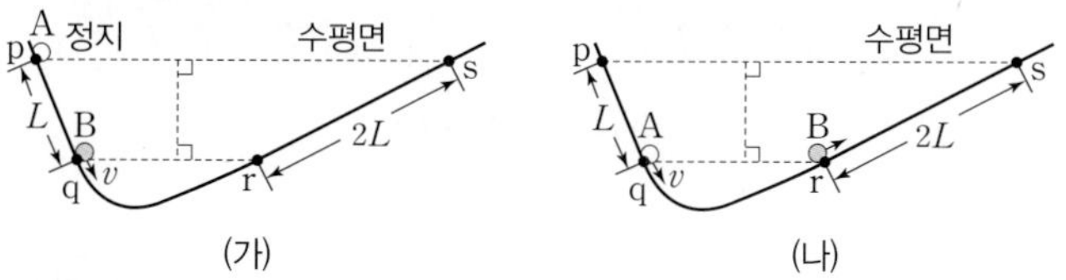

A와 B가 처음으로 만나는 순간, A의 속력은? (단, 물체의 크기, 마찰과 공기 저항은 무시한다.)

① $\frac{1}{8}v$ ② $\frac{1}{6}v$ ③ $\frac{1}{5}v$
④ $\frac{1}{4}v$ ⑤ $\frac{1}{2}v$

30

▸25116-0030
2020학년도 9월 모의평가 9번 상중하

그림과 같이 빗면을 따라 등가속도 운동하는 물체 A, B가 각각 점 p, q를 10 m/s, 2 m/s의 속력으로 지난다. p와 q 사이의 거리는 16 m이고, A와 B는 q에서 만난다.

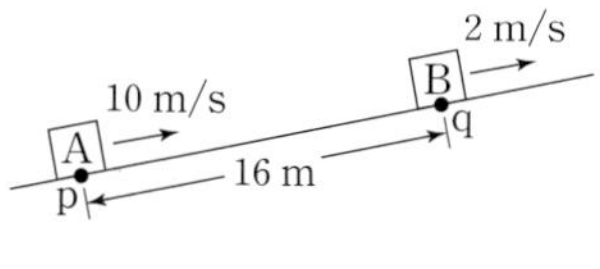

이에 대한 설명으로 옳은 것만을 〈보기〉에서 있는 대로 고른 것은? (단, A, B는 동일 연직면상에서 운동하며, 물체의 크기, 마찰은 무시한다.)

보기

ㄱ. q에서 만나는 순간, 속력은 A가 B의 4배이다.
ㄴ. A가 p를 지나는 순간부터 2초 후 B와 만난다.
ㄷ. B가 최고점에 도달했을 때, A와 B 사이의 거리는 8 m이다.

① ㄱ ② ㄷ ③ ㄱ, ㄴ
④ ㄴ, ㄷ ⑤ ㄱ, ㄴ, ㄷ

31

▸25116-0031
2020학년도 6월 모의평가 19번 상중하

그림과 같이 수평면에서 운동하던 물체가 왼쪽 빗면을 따라 올라간 후 곡선 구간을 지나 오른쪽 빗면을 따라 내려온다. 물체가 왼쪽 빗면에서 거리 L_1과 L_2를 지나는 데 걸린 시간은 각각 t_0으로 같고, 오른쪽 빗면에서 거리 L_3을 지나는 데 걸린 시간은 $\frac{t_0}{2}$이다.

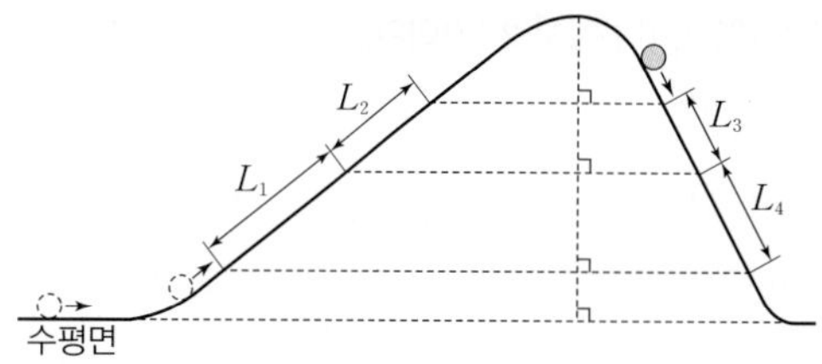

$L_2=L_4$일 때, $\frac{L_1}{L_3}$은? (단, 물체의 크기, 마찰과 공기 저항은 무시한다.)

① $\frac{3}{2}$ ② $\frac{5}{2}$ ③ 3
④ 4 ⑤ 6

32

▸25116-0032
2019학년도 수능 11번 상중하

그림과 같이 기준선에 정지해 있던 자동차가 출발하여 직선 경로를 따라 운동한다. 자동차는 구간 A에서 등가속도, 구간 B에서 등속도, 구간 C에서 등가속도 운동한다. A, B, C의 길이는 모두 같고, 자동차가 구간을 지나는 데 걸린 시간은 A에서가 C에서의 4배이다.

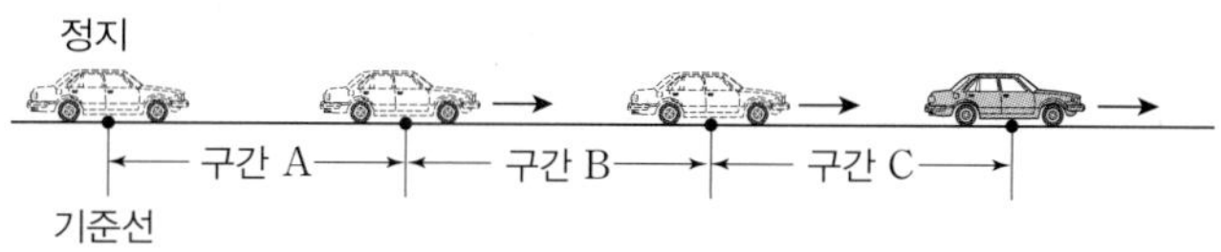

자동차의 운동에 대한 설명으로 옳은 것만을 〈보기〉에서 있는 대로 고른 것은? (단, 자동차의 크기는 무시한다.)

보기

ㄱ. 평균 속력은 B에서가 A에서의 2배이다.
ㄴ. 구간을 지나는 데 걸린 시간은 B에서가 C에서의 2배이다.
ㄷ. 가속도의 크기는 C에서가 A에서의 8배이다.

① ㄱ ② ㄷ ③ ㄱ, ㄴ
④ ㄴ, ㄷ ⑤ ㄱ, ㄴ, ㄷ

33
▸25116-0033
2025학년도 수능 18번
상중하

그림 (가)는 물체 A, B, C를 실 p, q로 연결하고 A에 수평 방향으로 일정한 힘 20 N을 작용하여 물체가 등가속도 운동하는 모습을, (나)는 (가)에서 A에 작용하는 힘 20 N을 제거한 후, 물체가 등가속도 운동하는 모습을 나타낸 것이다. (가)와 (나)에서 물체의 가속도의 크기는 a로 같다. p가 B를 당기는 힘의 크기와 q가 B를 당기는 힘의 크기의 비는 (가)에서 2 : 3이고, (나)에서 2 : 9이다.

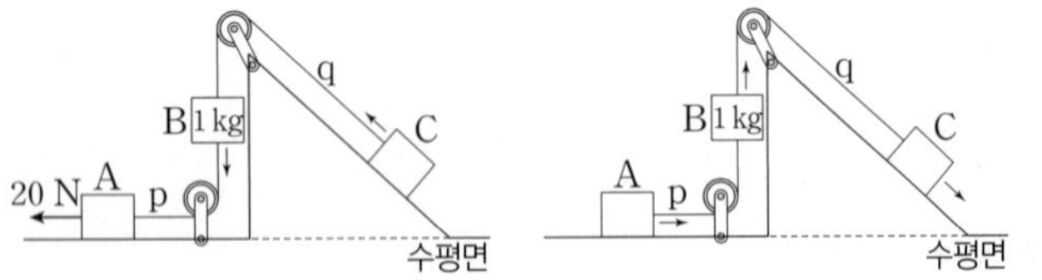

(가) (나)

이에 대한 설명으로 옳은 것만을 〈보기〉에서 있는 대로 고른 것은? (단, 중력 가속도는 10 m/s²이고, 물체는 동일 연직면상에서 운동하며, 실의 질량, 공기 저항과 모든 마찰은 무시한다.)

보기

ㄱ. p가 A를 당기는 힘의 크기는 (가)에서가 (나)에서의 5배이다.
ㄴ. $a=\frac{5}{3}$ m/s²이다.
ㄷ. C의 질량은 4 kg이다.

① ㄱ ② ㄷ ③ ㄱ, ㄴ
④ ㄴ, ㄷ ⑤ ㄱ, ㄴ, ㄷ

34
▸25116-0034
2025학년도 9월 모의평가 19번
상중하

그림 (가)와 같이 질량이 각각 $2m$, m, $3m$인 물체 A, B, C를 실로 연결하고 B를 점 p에 가만히 놓았더니 A, B, C는 등가속도 운동을 한다. 그림 (나)와 같이 B가 점 q를 속력 v_0으로 지나는 순간 B와 C를 연결한 실이 끊어지면, A와 B는 등가속도 운동하여 B가 점 r에서 속력이 0이 된 후 다시 q와 p를 지난다. p, q, r는 수평면상의 점이다.

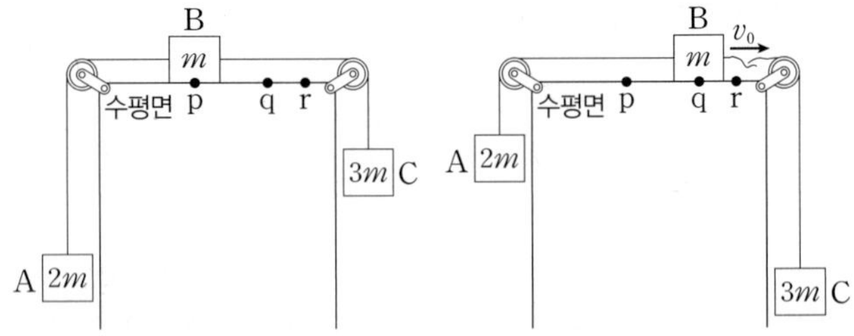

(가) (나)

이에 대한 설명으로 옳은 것만을 〈보기〉에서 있는 대로 고른 것은? (단, 중력 가속도는 g이고, 물체의 크기, 실의 질량, 모든 마찰과 공기 저항은 무시한다.)

보기

ㄱ. (가)에서 B가 p와 q 사이를 지날 때, A에 연결된 실이 A를 당기는 힘의 크기는 $\frac{7}{3}mg$이다.
ㄴ. q와 r 사이의 거리는 $\frac{3v_0^2}{4g}$이다.
ㄷ. (나)에서 B가 p를 지나는 순간 B의 속력은 $\sqrt{5}\,v_0$이다.

① ㄱ ② ㄷ ③ ㄱ, ㄴ
④ ㄴ, ㄷ ⑤ ㄱ, ㄴ, ㄷ

35

▸25116-0035
2025학년도 6월 모의평가 20번 상중하

그림 (가)와 같이 물체 A, B, C가 실로 연결되어 등가속도 운동한다. A, B의 질량은 각각 $3m$, $8m$이고, 실 p가 B를 당기는 힘의 크기는 $\frac{9}{4}mg$이다. 그림 (나)는 (가)에서 A, C의 위치를 바꾸어 연결했을 때 등가속도 운동하는 모습을 나타낸 것이다. B의 가속도의 크기는 (나)에서가 (가)에서의 2배이다.

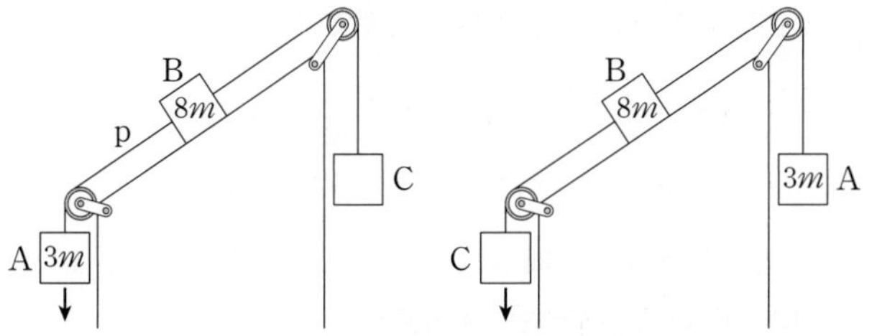

(가) (나)

C의 질량은? (단, 중력 가속도는 g이고, 실의 질량, 모든 마찰은 무시한다.)

① $4m$ ② $5m$ ③ $6m$
④ $7m$ ⑤ $8m$

36

▸25116-0036
2024학년도 10월 학력평가 20번 상중하

그림은 물체 A, B, C가 실 p, q, r로 연결되어 정지해 있는 모습을 나타낸 것으로, q가 B에 작용하는 힘의 크기는 r이 C에 작용하는 힘의 크기의 $\frac{3}{2}$배이다. r을 끊으면 A, B, C가 등가속도 운동을 하다가 B가 수평면과 나란한 평면 위의 점 O를 지나는 순간 p가 끊어진다. 이후 A, B는 등가속도 운동을 하며, 가속도의 크기는 A가 B의 2배이다. r이 끊어진 순간부터 B가 O에 다시 돌아올 때까지 걸린 시간은 t_0이다. A, C의 질량은 각각 $6m$, m이다.

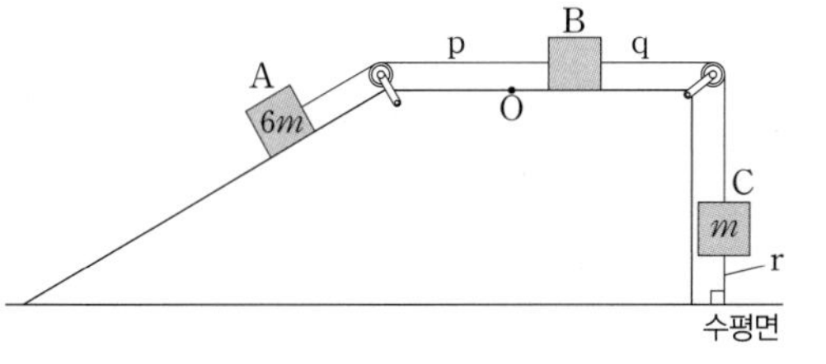

p가 끊어진 순간 C의 속력은? (단, 중력 가속도는 g이고, 물체는 동일 연직면상에서 운동하며, 물체의 크기, 실의 질량, 모든 마찰은 무시한다.)

① $\frac{1}{9}gt_0$ ② $\frac{1}{11}gt_0$ ③ $\frac{1}{13}gt_0$
④ $\frac{1}{15}gt_0$ ⑤ $\frac{1}{17}gt_0$

37

▸25116-0037
2024학년도 3월 학력평가 14번 상중하

그림은 물체 A~D가 실 p, q, r로 연결되어 정지해 있는 모습을 나타낸 것이다. A와 B의 질량은 각각 $2m$, m이고, C와 D의 질량은 같다. p를 끊었을 때, C는 가속도의 크기가 $\frac{2}{9}g$로 일정한 직선 운동을 하고, r이 D를 당기는 힘의 크기는 $\frac{10}{9}mg$이다.

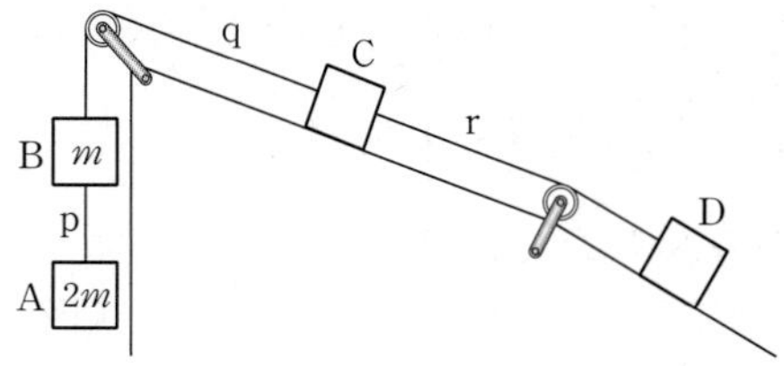

r을 끊었을 때, D의 가속도의 크기는? (단, g는 중력 가속도이고, 실의 질량, 공기 저항, 모든 마찰은 무시한다.)

① $\frac{2}{5}g$ ② $\frac{1}{2}g$ ③ $\frac{5}{9}g$
④ $\frac{3}{5}g$ ⑤ $\frac{5}{8}g$

38

▸25116-0038
2024학년도 수능 10번 상중하

그림 (가)는 물체 A, B, C를 실로 연결하고 C에 수평 방향으로 크기가 F인 힘을 작용하여 A, B, C가 속력이 증가하는 등가속도 운동을 하는 모습을 나타낸 것이다. 그림 (나)는 (가)에서 B의 속력이 v인 순간 B와 C를 연결한 실이 끊어졌을 때, 실이 끊어진 순간부터 B가 정지한 순간까지 A와 B, C가 각각 등가속도 운동을 하여 d, $4d$만큼 이동한 것을 나타낸 것이다. A의 가속도의 크기는 (나)에서가 (가)에서의 2배이다. B, C의 질량은 각각 m, $3m$이다.

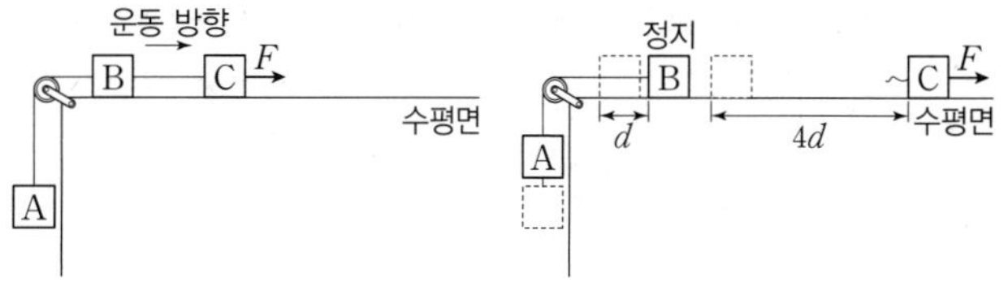

(가) (나)

이에 대한 설명으로 옳은 것만을 <보기>에서 있는 대로 고른 것은? (단, 중력 가속도는 g이고, 물체는 동일 연직면상에서 운동하며, 물체의 크기, 실의 질량, 공기 저항과 모든 마찰은 무시한다.)

보기

ㄱ. (나)에서 B가 정지한 순간 C의 속력은 $3v$이다.
ㄴ. A의 질량은 $3m$이다.
ㄷ. F는 $5mg$이다.

① ㄱ ② ㄴ ③ ㄱ, ㄷ
④ ㄴ, ㄷ ⑤ ㄱ, ㄴ, ㄷ

39
▸25116-0039
2024학년도 9월 모의평가 8번 상중하

그림은 물체 A, B, C가 실 p, q로 연결되어 등속도 운동을 하는 모습을 나타낸 것이다. p를 끊으면, A는 가속도의 크기가 $6a$인 등가속도 운동을, B와 C는 가속도의 크기가 a인 등가속도 운동을 한다. 이후 q를 끊으면, B는 가속도의 크기가 $3a$인 등가속도 운동을 한다. A, C의 질량은 각각 m, $2m$이다.

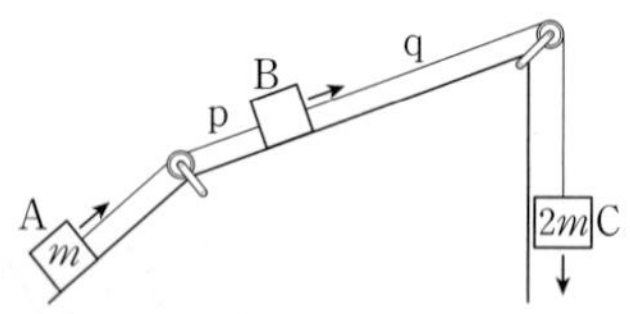

이에 대한 설명으로 옳은 것만을 〈보기〉에서 있는 대로 고른 것은? (단, 중력 가속도는 g이고, 실의 질량, 모든 마찰과 공기 저항은 무시한다.)

보기

ㄱ. B의 질량은 $4m$이다.

ㄴ. $a=\frac{1}{8}g$이다.

ㄷ. p를 끊기 전, p가 B를 당기는 힘의 크기는 $\frac{2}{3}mg$이다.

① ㄱ　② ㄴ　③ ㄱ, ㄷ
④ ㄴ, ㄷ　⑤ ㄱ, ㄴ, ㄷ

40
▸25116-0040
2024학년도 6월 모의평가 5번 상중하

그림 (가), (나)와 같이 마찰이 있는 동일한 빗면에 놓인 물체 A가 각각 물체 B, C와 실로 연결되어 서로 반대 방향으로 등가속도 운동을 하고 있다. (가)와 (나)에서 A의 가속도의 크기는 각각 $\frac{1}{6}g$, $\frac{1}{3}g$이고, 가속도의 방향은 운동 방향과 같다. A, B, C의 질량은 각각 $3m$, m, $6m$이고, 빗면과 A 사이에는 크기가 F로 일정한 마찰력이 작용한다.

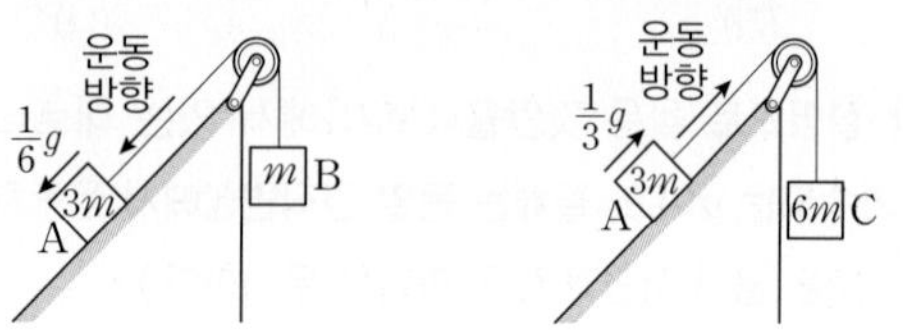

(가)　(나)

F는? (단, 중력 가속도는 g이고, 빗면에서의 마찰 외의 모든 마찰과 공기 저항, 실의 질량은 무시한다.)

① $\frac{1}{3}mg$　② $\frac{2}{3}mg$　③ mg
④ $\frac{3}{2}mg$　⑤ $\frac{5}{2}mg$

41
▸25116-0041
2023학년도 10월 학력평가 14번 상중하

그림 (가)와 같이 질량이 각각 $7m$, $2m$, 9 kg인 물체 A～C가 실 p, q로 연결되어 2 m/s로 등속도 운동한다. 그림 (나)는 (가)에서 실이 끊어진 순간부터 C의 속력을 시간에 따라 나타낸 것이다. ㉠과 ㉡은 각각 p와 q 중 하나이다.

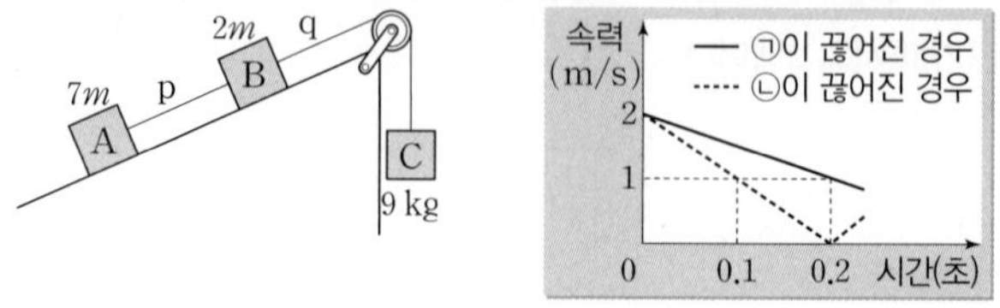

(가)　(나)

p가 끊어진 경우, 0.1초일 때 A의 속력은? (단, 중력 가속도는 10 m/s^{2}이고, 실의 질량과 모든 마찰은 무시한다.)

① 1.6 m/s　② 1.8 m/s　③ 2.2 m/s
④ 2.4 m/s　⑤ 2.6 m/s

42
▸25116-0042
2023학년도 3월 학력평가 16번 상중하

그림 (가), (나), (다)는 동일한 빗면에서 실로 연결된 물체 A와 B가 운동하는 모습을 나타낸 것이다. A, B의 질량은 각각 m_A, m_B이다. (가)에서 A는 등속도 운동을 하고, (나), (다)에서 A는 가속도의 크기가 각각 $8a$, $17a$인 등가속도 운동을 한다.

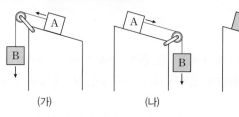

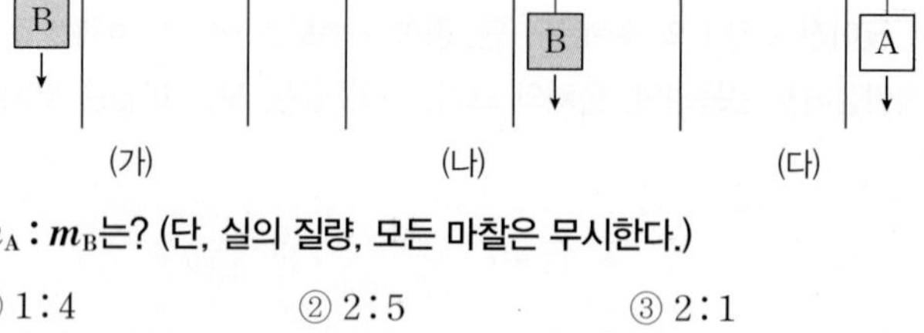

(가)　(나)　(다)

$m_A : m_B$는? (단, 실의 질량, 모든 마찰은 무시한다.)

① 1∶4　② 2∶5　③ 2∶1
④ 5∶2　⑤ 4∶1

43

▸25116-0043

2023학년도 수능 17번 상중하

그림 (가)와 같이 물체 A, B, C를 실로 연결하고 A를 점 p에 가만히 놓았더니, 물체가 각각의 빗면에서 등가속도 운동하여 A가 점 q를 속력 $2v$로 지나는 순간 B와 C 사이의 실이 끊어진다. 그림 (나)와 같이 (가) 이후 A와 B는 등속도, C는 등가속도 운동하여, A가 점 r를 속력 $2v$로 지나는 순간 C의 속력은 $5v$가 된다. p와 q 사이, q와 r 사이의 거리는 같다. A, B, C의 질량은 각각 M, m, $2m$이다.

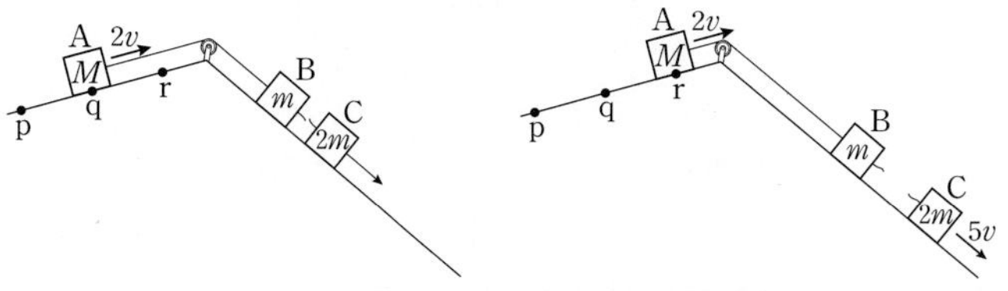

(가) (나)

M은? (단, 물체의 크기, 실의 질량, 모든 마찰은 무시한다.)

① $2m$ ② $3m$ ③ $4m$
④ $5m$ ⑤ $6m$

44

▸25116-0044

2023학년도 9월 모의평가 14번 상중하

그림 (가)는 질량이 각각 M, m, $4m$인 물체 A, B, C가 빗면과 나란한 실 p, q로 연결되어 정지해 있는 것을, (나)는 (가)에서 물체의 위치를 바꾸었더니 물체가 등가속도 운동하는 것을 나타낸 것이다. (가)에서 p가 B를 당기는 힘의 크기는 $\frac{10}{3}mg$이다.

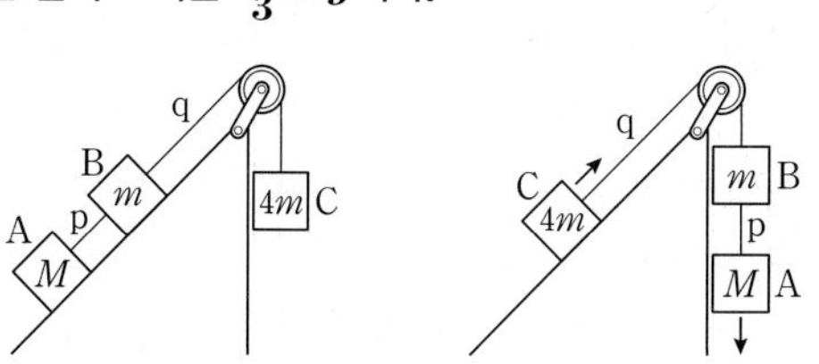

(가) (나)

(나)에서 q가 C를 당기는 힘의 크기는? (단, 중력 가속도는 g이고, 실의 질량 및 모든 마찰은 무시한다.)

① $\frac{13}{3}mg$ ② $4mg$ ③ $\frac{11}{3}mg$
④ $\frac{10}{3}mg$ ⑤ $3mg$

45

▸25116-0045

2023학년도 6월 모의평가 14번 상중하

그림 (가)는 물체 A, B, C를 실로 연결하여 수평면의 점 p에서 B를 가만히 놓아 물체가 등가속도 운동하는 모습을, (나)는 (가)의 B가 점 q를 지날 때부터 점 r를 지날 때까지 운동 방향과 반대 방향으로 크기가 $\frac{1}{4}mg$인 힘을 받아 물체가 등가속도 운동하는 모습을 나타낸 것이다. p와 q 사이, q와 r 사이의 거리는 같고, B가 q, r를 지날 때 속력은 각각 $4v$, $5v$이다. A, B, C의 질량은 각각 m, m, M이다.

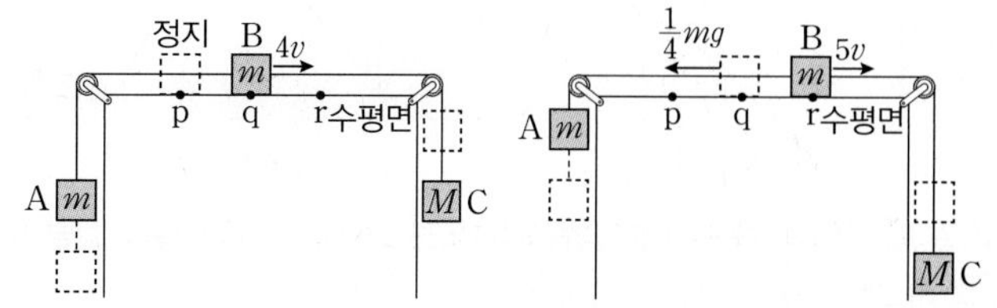

(가) (나)

M은? (단, 중력 가속도는 g이고, 물체의 크기, 실의 질량, 모든 마찰은 무시한다.)

① $\frac{4}{3}m$ ② $\frac{7}{5}m$ ③ $\frac{11}{7}m$
④ $\frac{15}{8}m$ ⑤ $\frac{5}{2}m$

46

▸25116-0046

2022학년도 10월 학력평가 13번 상중하

그림과 같이 물체 A 또는 B와 추를 실로 연결하고 물체를 빗면의 점 p에 가만히 놓았더니, 물체가 등가속도 직선 운동하여 점 q를 통과하였다. 추의 질량은 1kg이다. 표는 물체의 질량, 물체가 p에서 q까지 운동하는 데 걸린 시간과 실이 물체에 작용한 힘의 크기 T를 나타낸 것이다.

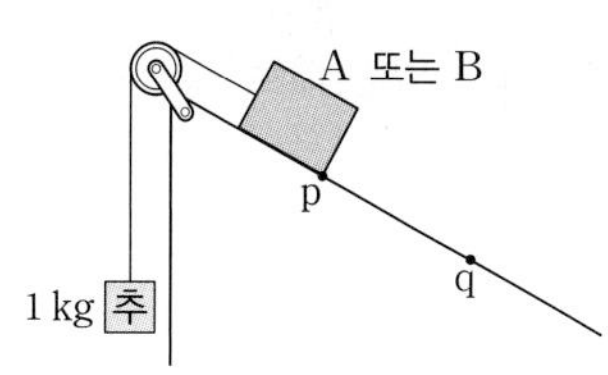

물체	질량	걸린 시간	T
A	3 kg	4초	T_A
B	9 kg	2초	T_B

$T_A : T_B$는? (단, 물체의 크기, 실의 질량, 모든 마찰과 공기 저항은 무시한다.)

① 1 : 4 ② 2 : 3 ③ 3 : 4
④ 4 : 5 ⑤ 5 : 6

47
▸25116-0047
2022학년도 3월 학력평가 15번 상중하

그림 (가)는 물체 A, B, C를 실 p, q로 연결하고 C를 손으로 잡아 정지시킨 모습을, (나)는 (가)에서 C를 가만히 놓은 순간부터 C의 속력을 시간에 따라 나타낸 것이다. A, C의 질량은 각각 m, $2m$이고, p와 q는 각각 2초일 때와 3초일 때 끊어진다.

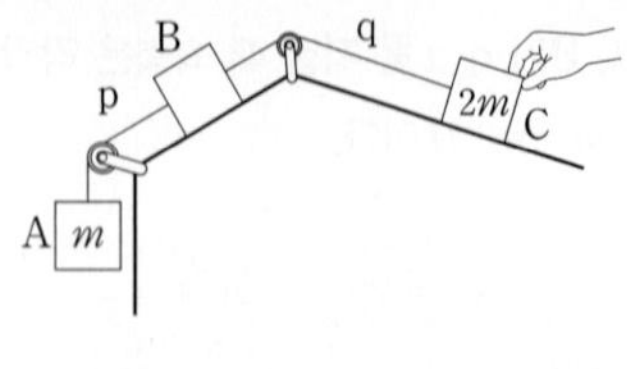

(가)

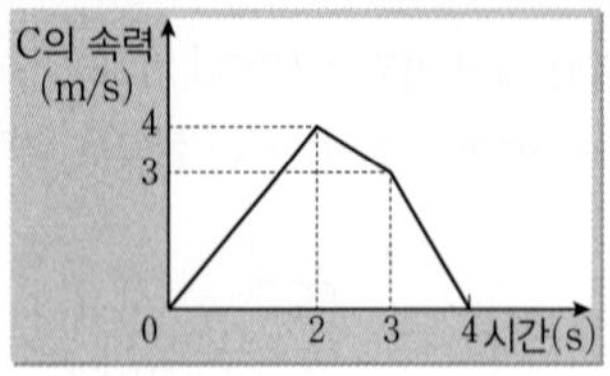

(나)

4초일 때 B의 속력은? (단, 중력 가속도는 10 m/s^{2}이고, 실의 질량 및 모든 마찰과 공기 저항은 무시한다.)

① 4 m/s ② 5 m/s ③ 6 m/s
④ 7 m/s ⑤ 8 m/s

48
▸25116-0048
2022학년도 9월 모의평가 13번 상중하

그림 (가)는 물체 A, B, C를 실 p, q로 연결하여 C를 손으로 잡아 정지시킨 모습을, (나)는 C를 가만히 놓은 후 시간에 따른 C의 속력을 나타낸 것이다. 1초일 때 p가 끊어졌다. A, B의 질량은 각각 2 kg, 1 kg이다.

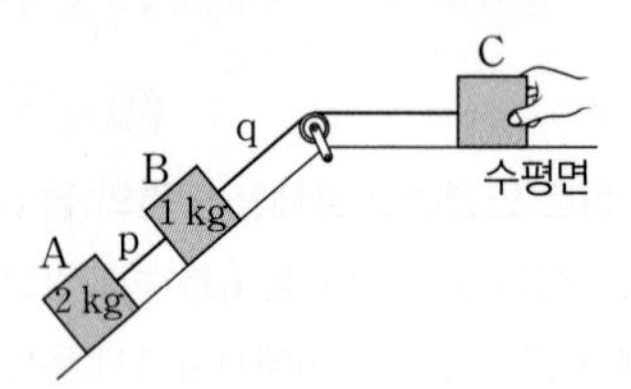

(가)

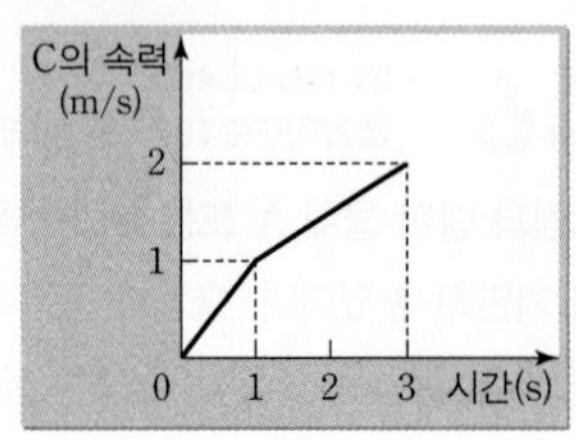

(나)

이에 대한 설명으로 옳은 것만을 〈보기〉에서 있는 대로 고른 것은? (단, 실의 질량, 모든 마찰은 무시한다.)

보기

ㄱ. 1~3초까지 C가 이동한 거리는 3 m이다.
ㄴ. C의 질량은 1 kg이다.
ㄷ. q가 B를 당기는 힘의 크기는 0.5초일 때가 2초일 때의 3배이다.

① ㄱ ② ㄷ ③ ㄱ, ㄴ
④ ㄴ, ㄷ ⑤ ㄱ, ㄴ, ㄷ

49
▸25116-0049
2022학년도 6월 모의평가 13번 상중하

그림은 물체 A, B, C, D가 실로 연결되어 가속도의 크기가 a_1인 등가속도 운동을 하고 있는 것을 나타낸 것이다. 실 p를 끊으면 A는 등속도 운동을 하고, 이후 실 q를 끊으면 A는 가속도의 크기가 a_2인 등가속도 운동을 한다. p를 끊은 후 C와, q를 끊은 후 D의 가속도의 크기는 서로 같다. A, B, C, D의 질량은 각각 $4m$, $3m$, $2m$, m이다.

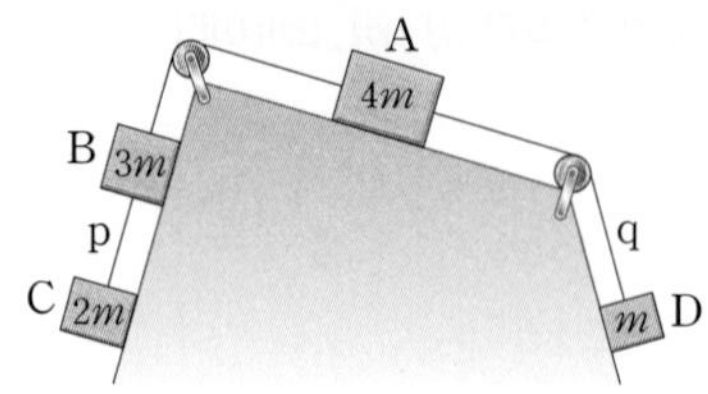

$\frac{a_1}{a_2}$은? (단, 실의 질량 및 모든 마찰은 무시한다.)

① 2 ② $\frac{9}{5}$ ③ $\frac{8}{5}$
④ $\frac{7}{5}$ ⑤ $\frac{6}{5}$

50
▸25116-0050
2021학년도 10월 학력평가 12번 상중하

그림 (가)와 같이 물체 B와 실로 연결된 물체 A가 시간 $0 \sim 6t$ 동안 수평 방향의 일정한 힘 F를 받아 직선 운동을 하였다. A, B의 질량은 각각 m_A, m_B이다. 그림 (나)는 A, B의 속력을 시간에 따라 나타낸 것으로, $2t$일 때 실이 끊어졌다.

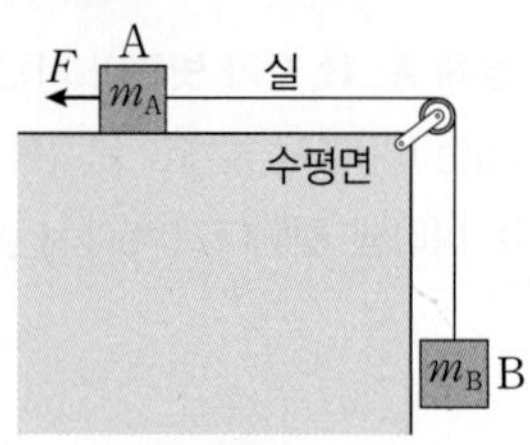

(가)

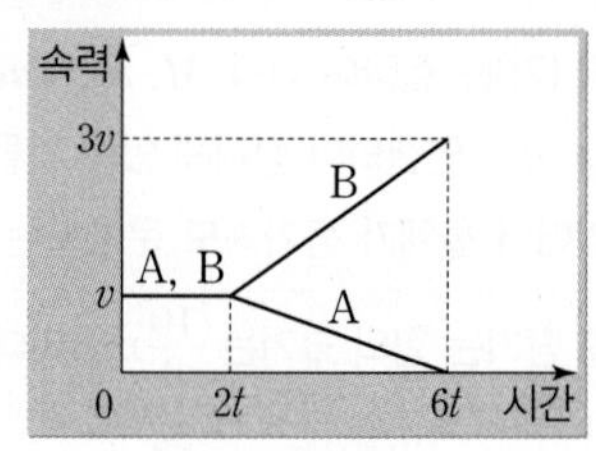

(나)

이에 대한 옳은 설명만을 〈보기〉에서 있는 대로 고른 것은? (단, 실의 질량, 모든 마찰과 공기 저항은 무시한다.)

보기

ㄱ. t일 때, 실이 A를 당기는 힘의 크기는 $\frac{3m_Bv}{4t}$이다.
ㄴ. t일 때, A의 운동 방향은 F의 방향과 같다.
ㄷ. $m_A = 2m_B$이다.

① ㄴ ② ㄷ ③ ㄱ, ㄴ
④ ㄱ, ㄷ ⑤ ㄴ, ㄷ

51

▸25116-0051
2021학년도 3월 학력평가 7번

상 중 하

그림은 점 P에 정지해 있던 물체가 일정한 알짜힘을 받아 점 Q까지 직선 운동하는 모습을 나타낸 것이다.

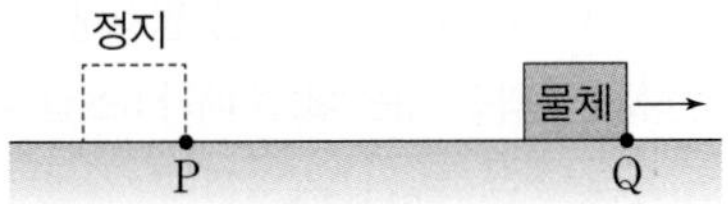

물체가 P에서 Q까지 가는 데 걸리는 시간을 물체의 질량에 따라 나타낸 그래프로 가장 적절한 것은? (단, 물체의 크기는 무시한다.)

①
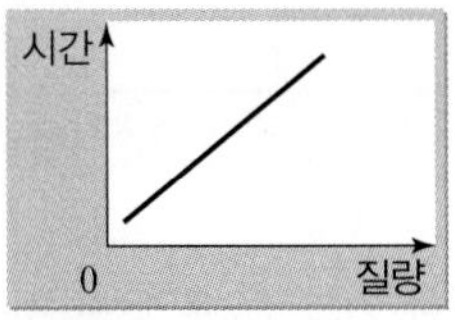

②
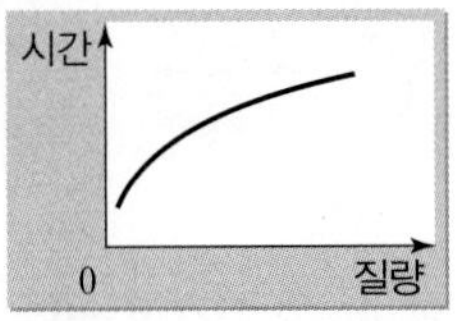

③
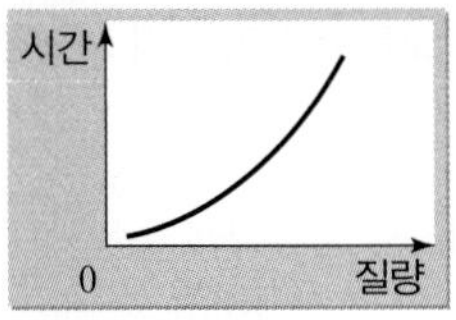

④
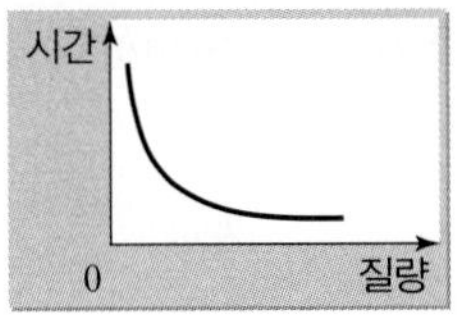

⑤
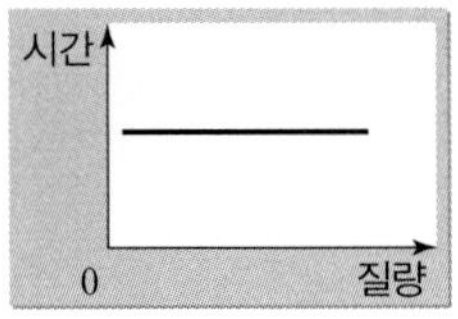

52

▸25116-0052
2021학년도 수능 18번

상 중 하

그림과 같이 질량이 각각 $2m$, m인 물체 A, B가 동일 직선상에서 크기와 방향이 같은 힘을 받아 각각 등가속도 운동을 하고 있다. A가 점 p를 지날 때, A와 B의 속력은 v로 같고 A와 B 사이의 거리는 d이다. A가 p에서 $2d$만큼 이동했을 때, B의 속력은 $\frac{v}{2}$이고 A와 B 사이의 거리는 x이다.

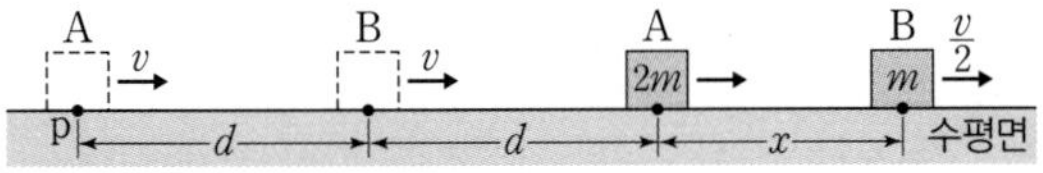

x는? (단, 물체의 크기는 무시한다.)

① $\frac{1}{2}d$ ② $\frac{3}{5}d$ ③ $\frac{2}{3}d$
④ $\frac{5}{7}d$ ⑤ $\frac{3}{4}d$

53

▸25116-0053
2021학년도 9월 모의평가 10번

상 중 하

그림 (가)는 수평면 위의 질량이 $8m$인 수레와 질량이 각각 m인 물체 2개를 실로 연결하고 수레를 잡아 정지한 모습을, (나)는 (가)에서 수레를 가만히 놓은 뒤 시간에 따른 수레의 속도를 나타낸 것이다. 1초일 때, 물체 사이의 실 p가 끊어졌다.

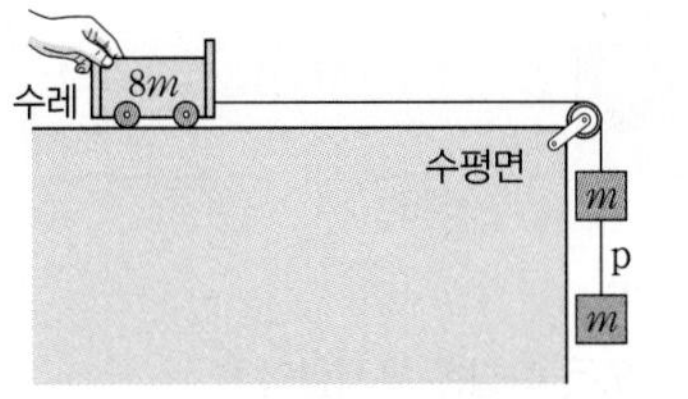

(가)

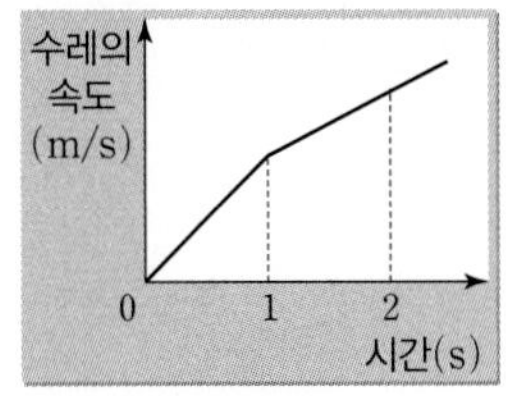

(나)

수레의 운동에 대한 설명으로 옳은 것만을 〈보기〉에서 있는 대로 고른 것은? (단, 중력 가속도는 $10\ m/s^2$이고, 실의 질량 및 모든 마찰과 공기 저항은 무시한다.)

보기

ㄱ. 1초일 때, 수레의 속도의 크기는 1 m/s이다.
ㄴ. 2초일 때, 수레의 가속도의 크기는 $\frac{10}{9}\ m/s^2$이다.
ㄷ. 0초부터 2초까지 수레가 이동한 거리는 $\frac{32}{9}$ m이다.

① ㄱ ② ㄷ ③ ㄱ, ㄴ
④ ㄴ, ㄷ ⑤ ㄱ, ㄴ, ㄷ

54 ▸25116-0054
2021학년도 6월 모의평가 8번 상중하

그림 (가), (나)는 물체 A, B, C가 수평 방향으로 24 N의 힘을 받아 함께 등가속도 직선 운동하는 모습을 나타낸 것이다. A, B, C의 질량은 각각 4 kg, 6 kg, 2 kg이고, (가)와 (나)에서 A가 B에 작용하는 힘의 크기는 각각 F_1, F_2이다.

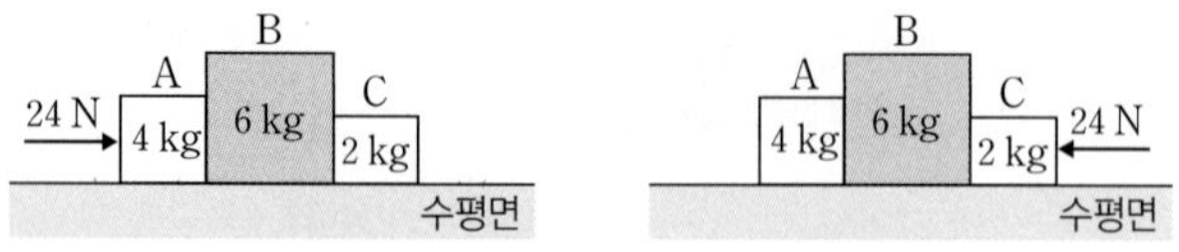

(가) (나)

$F_1 : F_2$는? (단, 모든 마찰은 무시한다.)

① 1 : 2 ② 2 : 3 ③ 1 : 1
④ 3 : 2 ⑤ 2 : 1

55 ▸25116-0055
2021학년도 6월 모의평가 18번 상중하

그림 (가)와 같이 물체 A, B에 크기가 각각 F, $4F$인 힘이 수평 방향으로 작용한다. 실로 연결된 A, B는 함께 등가속도 직선 운동을 하다가 실이 끊어진 후 각각 등가속도 직선 운동을 한다. 그림 (나)는 B의 속력을 시간에 따라 나타낸 것이다. A의 질량은 1 kg이다.

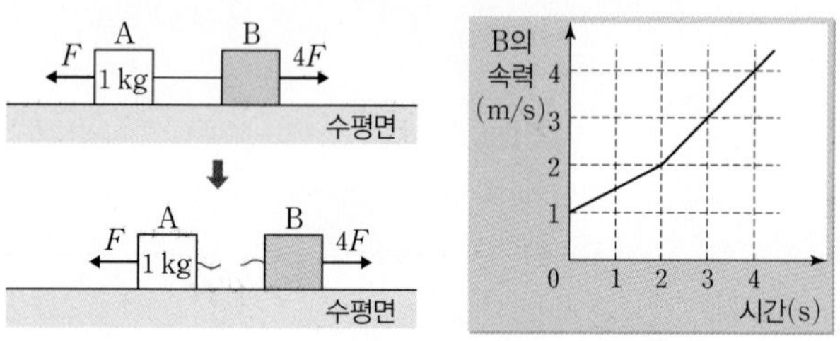

(가) (나)

이에 대한 설명으로 옳은 것만을 <보기>에서 있는 대로 고른 것은? (단, 실의 질량과 모든 마찰은 무시한다.)

보기

ㄱ. B의 질량은 3 kg이다.
ㄴ. 3초일 때, A의 속력은 1.5 m/s이다.
ㄷ. A와 B 사이의 거리는 4초일 때가 3초일 때보다 2.5 m만큼 크다.

① ㄱ ② ㄴ ③ ㄱ, ㄷ
④ ㄴ, ㄷ ⑤ ㄱ, ㄴ, ㄷ

56 ▸25116-0056
2020학년도 10월 학력평가 19번 상중하

그림 (가)는 물체 A와 실로 연결된 물체 B에 수평 방향으로 힘 F와 실이 당기는 힘 T가 작용하는 모습을, (나)는 (가)에서 F의 크기를 시간에 따라 나타낸 것이다. A, B는 0~2초 동안 정지해 있다. F의 방향은 0~4초 동안 일정하고, T의 크기는 3초일 때가 5초일 때의 4배이다.

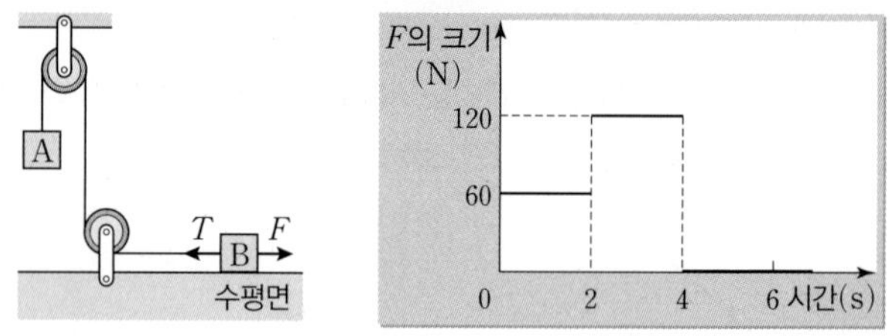

(가) (나)

B의 질량 m_B와 B가 0~6초 동안 이동한 거리 L_B로 옳은 것은? (단, 중력 가속도는 10 m/s²이고, 실의 질량, 모든 마찰과 공기 저항은 무시한다.)

	m_B	L_B		m_B	L_B
①	2 kg	30 m	②	2 kg	48 m
③	4 kg	12 m	④	4 kg	24 m
⑤	6 kg	20 m			

57 ▸25116-0057
2020학년도 3월 학력평가 4번 상중하

그림 (가), (나)는 물체 A, B를 실로 연결한 후 가만히 놓았을 때 A, B가 L만큼 이동한 순간의 모습을 나타낸 것이다. (가), (나)에서 A, B가 L만큼 운동하는 데 걸린 시간은 각각 t_1, t_2이다. 질량은 B가 A의 4배이다.

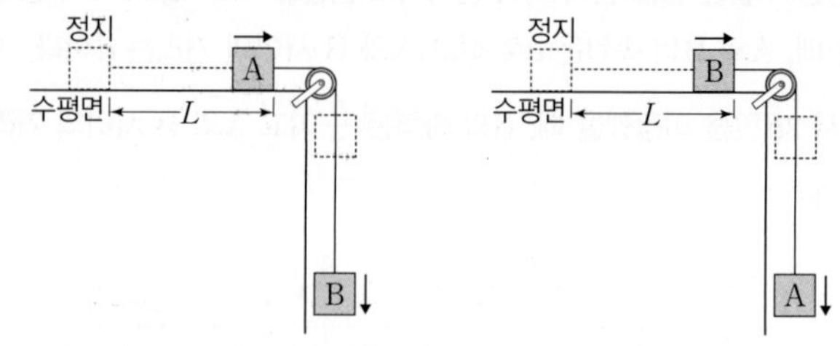

(가) (나)

$\frac{t_2}{t_1}$는? (단, 실의 질량, 모든 마찰과 공기 저항은 무시한다.)

① $\sqrt{2}$ ② 2 ③ $2\sqrt{2}$
④ 3 ⑤ 4

58 ▸25116-0058

2020학년도 6월 모의평가 15번 상중하

그림 (가)는 수평면 위에 있는 물체 A가 물체 B, C에 실 p, q로 연결되어 정지해 있는 모습을 나타낸 것이다. 그림 (나)는 (가)에서 p, q 중 하나가 끊어진 경우, 시간에 따른 A의 속력을 나타낸 것이다. A, B의 질량은 같고, C의 질량은 2 kg이다.

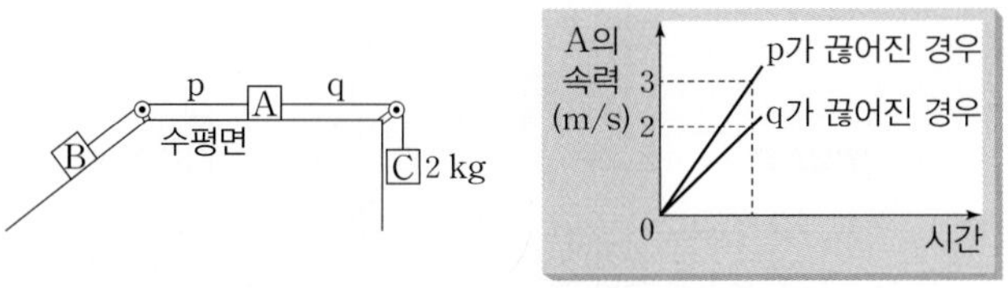

(가) (나)

A의 질량은? (단, 실의 질량, 마찰과 공기 저항은 무시한다.)

① 3 kg ② 4 kg ③ 5 kg
④ 6 kg ⑤ 7 kg

59 ▸25116-0059

2019학년도 3월 학력평가 20번 상중하

그림 (가)와 같이 질량이 1 kg인 물체 A와 B가 실로 연결되어 있으며 A에 수평면과 나란하게 왼쪽으로 힘 F가 작용하고 있다. 그림 (나)는 (가)에서 F의 크기를 시간에 따라 나타낸 것이다. B는 0~2초 동안 정지해 있었고, 2~6초 동안 점 p에서 점 q까지 L만큼 이동하였다. 3초일 때 실이 B를 당기는 힘의 크기는 T이다.

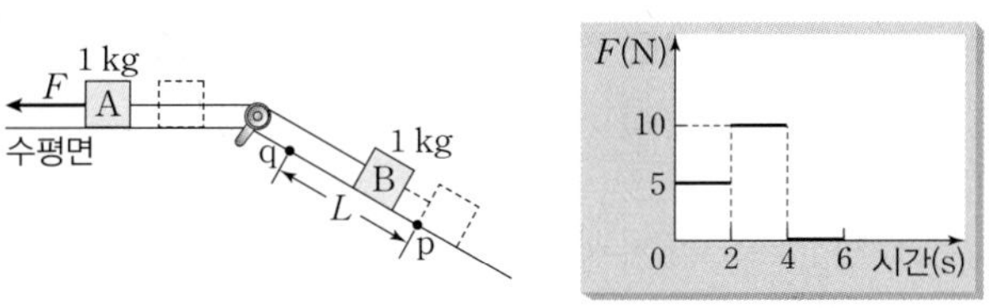

(가) (나)

L과 T로 옳은 것은? (단, 물체의 크기, 실의 질량, 모든 마찰과 공기 저항은 무시한다.)

	L	T		L	T
①	5 m	2.5 N	②	5 m	7.5 N
③	10 m	2.5 N	④	10 m	7.5 N
⑤	10 m	15 N			

60 ▸25116-0060

2025학년도 수능 5번 상중하

그림은 실 p로 연결된 물체 A와 자석 B가 정지해 있고, B의 연직 아래에는 자석 C가 실 q에 연결되어 정지해 있는 모습을 나타낸 것이다. A, B, C의 질량은 각각 4 kg, 1 kg, 1 kg 이고, B와 C 사이에 작용하는 자기력의 크기는 20 N이다.

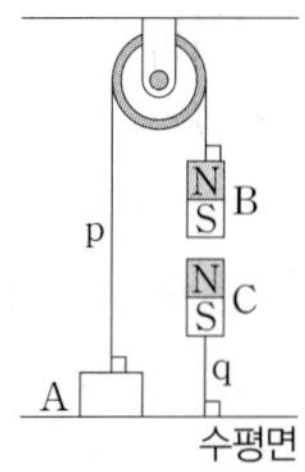

이에 대한 설명으로 옳은 것만을 ⟨보기⟩에서 있는 대로 고른 것은? (단, 중력 가속도는 10 m/s^{2}이고, 실의 질량과 모든 마찰은 무시하며, 자기력은 B와 C 사이에만 작용한다.)

보기

ㄱ. 수평면이 A를 떠받치는 힘의 크기는 10 N이다.
ㄴ. B에 작용하는 중력과 p가 B를 당기는 힘은 작용 반작용 관계이다.
ㄷ. B가 C에 작용하는 자기력의 크기는 q가 C를 당기는 힘의 크기와 같다.

① ㄱ ② ㄴ ③ ㄱ, ㄷ
④ ㄴ, ㄷ ⑤ ㄱ, ㄴ, ㄷ

61 ▸25116-0061

2025학년도 9월 모의평가 7번 상중하

그림과 같이 수평면에 놓여 있는 자석 B 위에 자석 A가 떠 있는 상태로 정지해 있다. A에 작용하는 중력의 크기와 B가 A에 작용하는 자기력의 크기는 같고, A, B의 질량은 각각 m, $3m$이다.

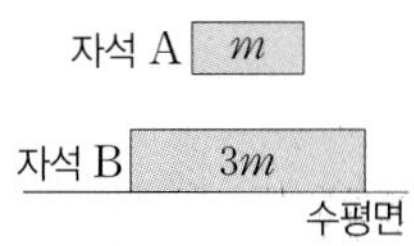

이에 대한 설명으로 옳은 것만을 ⟨보기⟩에서 있는 대로 고른 것은? (단, 중력 가속도는 g이다.)

보기

ㄱ. A가 B에 작용하는 자기력의 크기는 $3mg$이다.
ㄴ. 수평면이 B를 떠받치는 힘의 크기는 $4mg$이다.
ㄷ. A에 작용하는 중력과 B가 A에 작용하는 자기력은 작용 반작용 관계이다.

① ㄱ ② ㄴ ③ ㄷ
④ ㄱ, ㄴ ⑤ ㄱ, ㄷ

62 ▸25116-0062

2025학년도 6월 모의평가 5번 상중하

그림 (가)는 실 p에 매달려 정지한 용수철저울의 눈금 값이 0인 모습을, (나)는 (가)의 용수철저울에 추를 매단 후 정지한 용수철저울의 눈금 값이 10 N인 모습을 나타낸 것이다. 용수철저울의 무게는 2 N이다.

이에 대한 설명으로 옳은 것만을 〈보기〉에서 있는 대로 고른 것은?

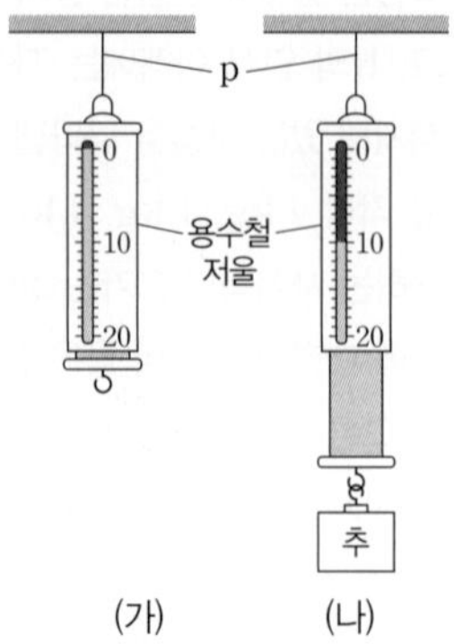

보기

ㄱ. (가)에서 용수철저울에 작용하는 알짜힘은 0이다.

ㄴ. (나)에서 p가 용수철저울에 작용하는 힘의 크기는 12 N이다.

ㄷ. (나)에서 추에 작용하는 중력과 용수철저울이 추에 작용하는 힘은 작용 반작용 관계이다.

① ㄱ ② ㄷ ③ ㄱ, ㄴ

④ ㄴ, ㄷ ⑤ ㄱ, ㄴ, ㄷ

63 ▸25116-0063

2024학년도 10월 학력평가 10번 상중하

그림 (가)는 저울 위에 놓인 무게가 5 N인 ㄷ자형 나무 상자와 무게가 각각 3 N, 2 N인 자석 A, B가 실로 연결되어 정지해 있는 모습을 나타낸 것이다. 그림 (나)는 (가)의 상자가 90° 회전한 상태로 B는 상자에, A는 스탠드에 실로 연결되어 정지해 있는 모습을 나타낸 것이다. (가)와 (나)에서 A와 B 사이에 작용하는 자기력의 크기는 같고, (가)에서 실이 A를 당기는 힘의 크기는 8 N이다.

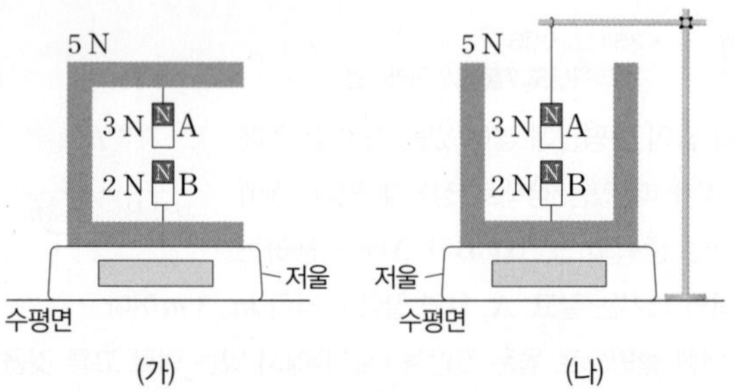

(가)와 (나)에서 저울의 측정값은? (단, A, B는 동일 연직선상에 있고, 실의 질량은 무시하며, 자기력은 A와 B 사이에서만 작용한다.)

	(가)	(나)
①	10 N	2 N
②	10 N	3 N
③	10 N	7 N
④	5 N	3 N
⑤	5 N	5 N

64 ▸25116-0064

2024학년도 수능 9번 상중하

그림 (가)는 질량이 5 kg인 판, 질량이 10 kg인 추, 실 p, q가 연결되어 정지한 모습을, (나)는 (가)에서 질량이 1 kg으로 같은 물체 A, B를 동시에 판에 가만히 올려놓았을 때 정지한 모습을 나타낸 것이다.

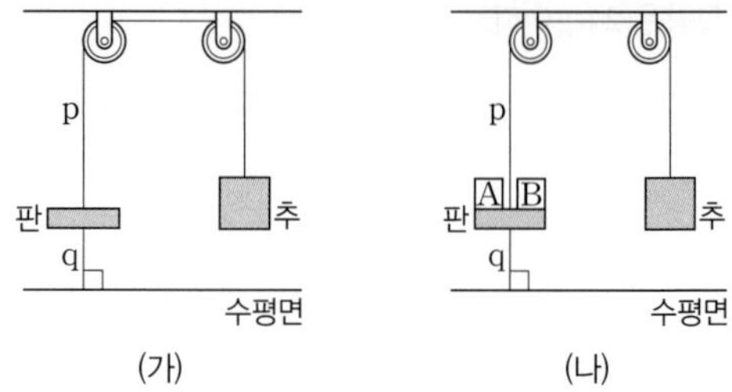

이에 대한 설명으로 옳은 것만을 〈보기〉에서 있는 대로 고른 것은? (단, 중력 가속도는 10 m/s²이고, 판은 수평면과 나란하며, 실의 질량과 모든 마찰은 무시한다.)

보기

ㄱ. (가)에서 q가 판을 당기는 힘의 크기는 50 N이다.

ㄴ. p가 판을 당기는 힘의 크기는 (가)에서와 (나)에서가 같다.

ㄷ. 판이 q를 당기는 힘의 크기는 (가)에서가 (나)에서보다 크다.

① ㄱ ② ㄷ ③ ㄱ, ㄴ

④ ㄴ, ㄷ ⑤ ㄱ, ㄴ, ㄷ

65 ▸25116-0065

2024학년도 9월 모의평가 9번 상중하

그림 (가), (나)는 직육면체 모양의 물체 A, B가 수평면에 놓여 있는 상태에서 A에 각각 크기가 F, $2F$인 힘이 연직 방향으로 작용할 때, A, B가 정지해 있는 모습을 나타낸 것이다.

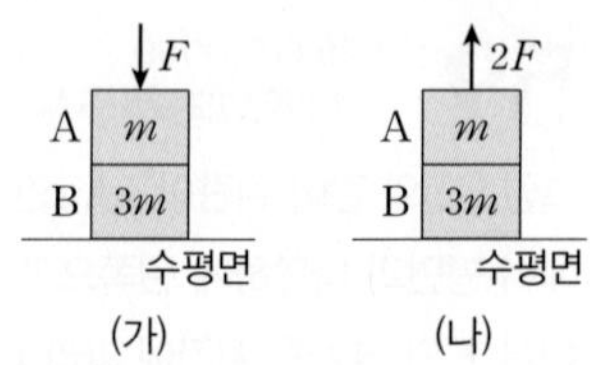

A, B의 질량은 각각 m, $3m$이고, B가 A를 떠받치는 힘의 크기는 (가)에서가 (나)에서의 2배이다.

이에 대한 설명으로 옳은 것만을 〈보기〉에서 있는 대로 고른 것은? (단, 중력 가속도는 g이다.)

보기

ㄱ. A에 작용하는 중력과 B가 A를 떠받치는 힘은 작용 반작용 관계이다.

ㄴ. $F=\frac{1}{5}mg$이다.

ㄷ. 수평면이 B를 떠받치는 힘의 크기는 (가)에서가 (나)에서의 $\frac{7}{6}$배이다.

① ㄱ ② ㄴ ③ ㄷ

④ ㄴ, ㄷ ⑤ ㄱ, ㄴ, ㄷ

66

▸25116-0066
2024학년도 6월 모의평가 6번 상중하

그림 (가)는 저울 위에 놓인 물체 A와 B가 정지해 있는 모습을, (나)는 (가)에서 A에 크기가 F인 힘을 연직 위 방향으로 작용할 때, A와 B가 정지해 있는 모습을 나타낸 것이다. 저울에 측정된 힘의 크기는 (가)에서가 (나)에서의 2배이고, B가 A에 작용하는 힘의 크기는 (가)에서가 (나)에서의 4배이다.

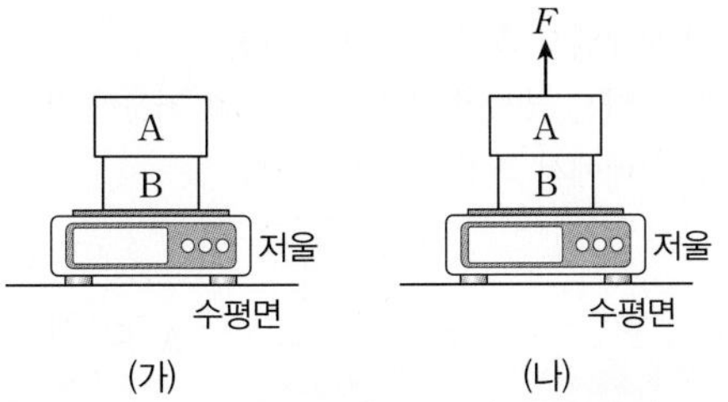

이에 대한 설명으로 옳은 것만을 〈보기〉에서 있는 대로 고른 것은?

보기

ㄱ. 질량은 A가 B의 2배이다.
ㄴ. (가)에서 저울이 B에 작용하는 힘의 크기는 $2F$이다.
ㄷ. (나)에서 A가 B에 작용하는 힘의 크기는 $\frac{1}{3}F$이다.

① ㄱ ② ㄷ ③ ㄱ, ㄴ
④ ㄴ, ㄷ ⑤ ㄱ, ㄴ, ㄷ

67

▸25116-0067
2023학년도 10월 학력평가 4번 상중하

그림 (가), (나), (다)와 같이 자석 A, B가 정지해 있을 때, 실이 A를 당기는 힘의 크기는 각각 4 N, 8 N, 10 N이다. (가), (나)에서 A가 B에 작용하는 자기력의 크기는 F로 같다.

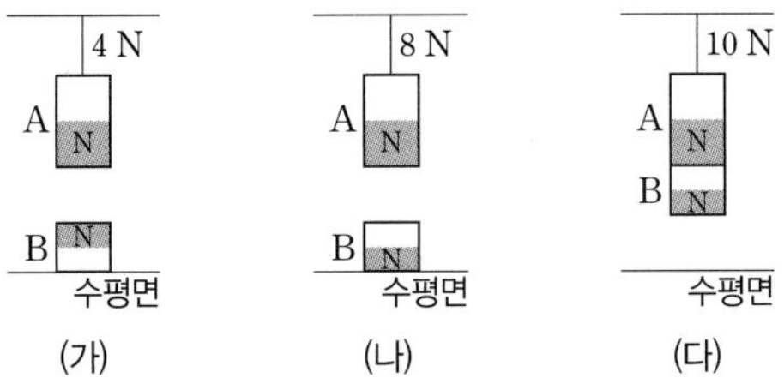

이에 대한 옳은 설명만을 〈보기〉에서 있는 대로 고른 것은? (단, 자기력은 A와 B 사이에만 연직 방향으로 작용한다.)

보기

ㄱ. F=4 N이다.
ㄴ. A의 무게는 6 N이다.
ㄷ. 수평면이 B를 떠받치는 힘의 크기는 (가)에서가 (나)에서의 2배이다.

① ㄱ ② ㄴ ③ ㄱ, ㄷ
④ ㄴ, ㄷ ⑤ ㄱ, ㄴ, ㄷ

68

▸25116-0068
2023학년도 3월 학력평가 10번 상중하

다음은 저울을 이용한 실험이다.

[실험 과정]
(가) 밀폐된 상자를 저울 위에 올려놓고 저울의 측정값을 기록한다.
(나) (가)의 상자 바닥에 드론을 놓고 상자를 밀폐시킨 후 저울의 측정값을 기록한다.
(다) (나)에서 드론을 가만히 떠 있게 한 후 저울의 측정값을 기록한다.

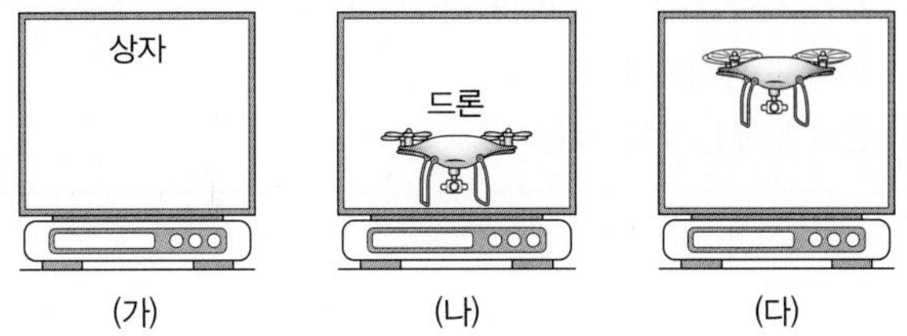

[실험 결과]

	(가)	(나)	(다)
저울의 측정값	2 N	8 N	8 N

이에 대한 옳은 설명만을 〈보기〉에서 있는 대로 고른 것은?

보기

ㄱ. (나)에서 저울이 상자를 떠받치는 힘의 크기는 8 N이다.
ㄴ. (다)에서 공기가 드론에 작용하는 힘과 드론에 작용하는 중력은 작용 반작용 관계이다.
ㄷ. 상자 안의 공기가 상자에 작용하는 힘의 크기는 (다)에서가 (가)에서보다 6 N만큼 크다.

① ㄱ ② ㄴ ③ ㄱ, ㄷ
④ ㄴ, ㄷ ⑤ ㄱ, ㄴ, ㄷ

69
▸25116-0069
2023학년도 수능 6번
상중하

그림과 같이 무게가 1 N인 물체 A가 저울 위에 놓인 물체 B와 실로 연결되어 정지해 있다. 저울에 측정된 힘의 크기는 2 N이다.

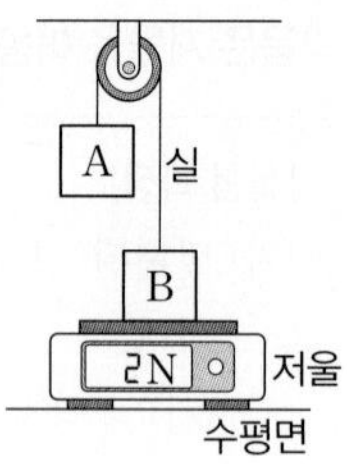

이에 대한 설명으로 옳은 것만을 〈보기〉에서 있는 대로 고른 것은? (단, 실의 질량, 모든 마찰은 무시한다.)

보기

ㄱ. 실이 B를 당기는 힘의 크기는 1 N이다.
ㄴ. B가 저울을 누르는 힘과 저울이 B를 떠받치는 힘은 작용 반작용 관계이다.
ㄷ. B의 무게는 3 N이다.

① ㄱ ② ㄷ ③ ㄱ, ㄴ
④ ㄴ, ㄷ ⑤ ㄱ, ㄴ, ㄷ

70
▸25116-0070
2023학년도 9월 모의평가 7번
상중하

그림은 실에 매달린 물체 A를 물체 B와 용수철로 연결하여 저울에 올려놓았더니 물체가 정지한 모습을 나타낸 것이다. A, B의 무게는 2 N으로 같고, 저울에 측정된 힘의 크기는 3 N이다.

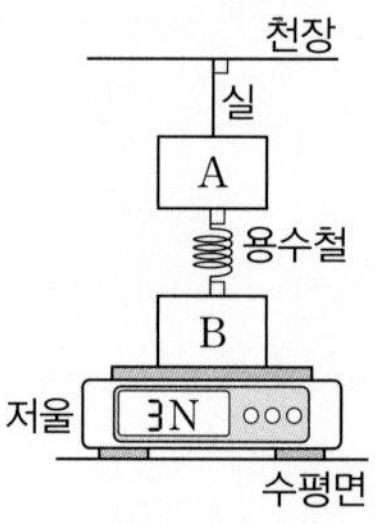

이에 대한 설명으로 옳은 것만을 〈보기〉에서 있는 대로 고른 것은? (단, 실과 용수철의 무게는 무시한다.)

보기

ㄱ. 실이 A를 당기는 힘의 크기는 1 N이다.
ㄴ. 용수철이 A에 작용하는 힘의 방향은 A에 작용하는 중력의 방향과 같다.
ㄷ. B에 작용하는 중력과 저울이 B에 작용하는 힘은 작용 반작용의 관계이다.

① ㄱ ② ㄷ ③ ㄱ, ㄴ
④ ㄴ, ㄷ ⑤ ㄱ, ㄴ, ㄷ

71
▸25116-0071
2023학년도 6월 모의평가 11번
상중하

다음은 자석의 무게를 측정하는 실험이다.

[실험 과정]
(가) 무게가 10 N인 자석 A, B를 준비한다.
(나) A를 저울에 올려 측정값을 기록한다.
(다) A와 B를 같은 극끼리 마주 보게 한 후 저울에 올려 A와 B가 정지된 상태에서 측정값을 기록한다.
(라) A와 B를 다른 극끼리 마주 보게 한 후 저울에 올려 A와 B가 정지된 상태에서 측정값을 기록한다.

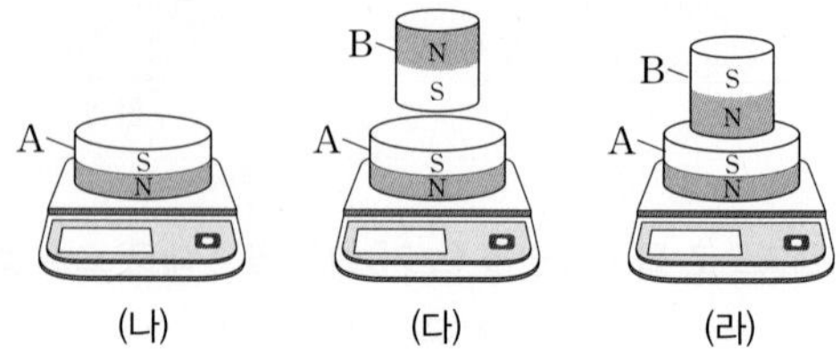

[실험 결과]
○ (나), (다), (라)의 결과는 각각 10 N, 20 N, ㉠ N이다.

이에 대한 설명으로 옳은 것만을 〈보기〉에서 있는 대로 고른 것은?

보기

ㄱ. (나)에서 A에 작용하는 중력과 저울이 A를 떠받치는 힘은 작용 반작용 관계이다.
ㄴ. (다)에서 B가 A에 작용하는 자기력의 크기는 A에 작용하는 중력의 크기와 같다.
ㄷ. ㉠은 20보다 크다.

① ㄱ ② ㄴ ③ ㄱ, ㄷ
④ ㄴ, ㄷ ⑤ ㄱ, ㄴ, ㄷ

72
▸25116-0072
2022학년도 10월 학력평가 3번 상중하

그림은 자석 A와 B가 실에 매달려 정지해 있는 모습을 나타낸 것이다.

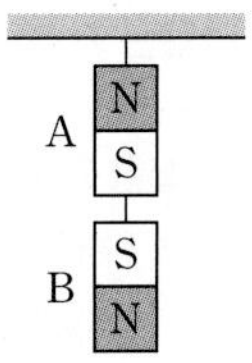

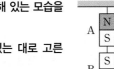

이에 대한 옳은 설명만을 〈보기〉에서 있는 대로 고른 것은?

보기

ㄱ. A에 작용하는 알짜힘은 0이다.
ㄴ. A가 B에 작용하는 자기력과 B가 A에 작용하는 자기력은 작용 반작용 관계이다.
ㄷ. B에 연결된 실이 B를 당기는 힘의 크기는 지구가 B를 당기는 힘의 크기보다 작다.

① ㄱ ② ㄷ ③ ㄱ, ㄴ
④ ㄴ, ㄷ ⑤ ㄱ, ㄴ, ㄷ

73
▸25116-0073
2022학년도 3월 학력평가 11번 상중하

그림 (가), (나)와 같이 무게가 10 N인 물체가 용수철에 매달려 정지해 있다. (가), (나)에서 용수철이 물체에 작용하는 탄성력의 크기는 같고, (나)에서 손은 물체를 연직 위로 떠받치고 있다. (나)에서 물체가 손에 작용하는 힘의 크기는? (단, 용수철의 질량은 무시한다.)

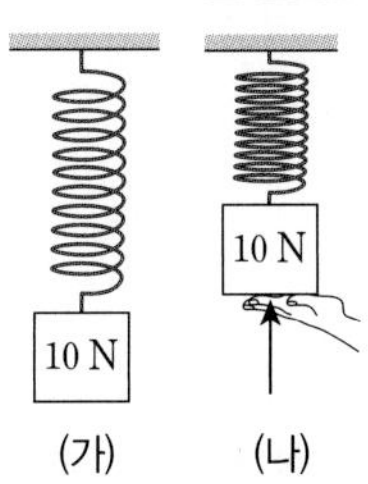

① 5 N ② 10 N ③ 15 N
④ 20 N ⑤ 30 N

74
▸25116-0074
2022학년도 수능 8번 상중하

그림 (가)는 용수철에 자석 A가 매달려 정지해 있는 모습을, (나)는 (가)에서 A 아래에 다른 자석을 놓아 용수철이 (가)에서보다 늘어나 정지해 있는 모습을 나타낸 것이다.

이에 대한 설명으로 옳은 것만을 〈보기〉에서 있는 대로 고른 것은? (단, 용수철의 질량은 무시한다.)

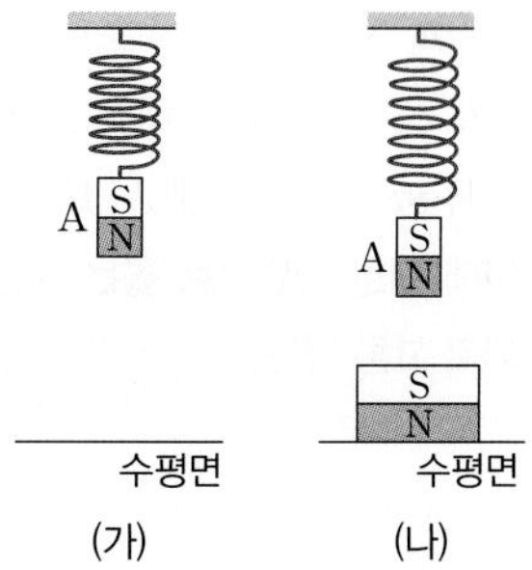

보기

ㄱ. (가)에서 용수철이 A를 당기는 힘과 A에 작용하는 중력은 작용 반작용 관계이다.
ㄴ. (나)에서 A에 작용하는 알짜힘은 0이다.
ㄷ. A가 용수철을 당기는 힘의 크기는 (가)에서가 (나)에서보다 작다.

① ㄱ ② ㄴ ③ ㄱ, ㄷ
④ ㄴ, ㄷ ⑤ ㄱ, ㄴ, ㄷ

75
▸25116-0075
2022학년도 9월 모의평가 7번 상중하

그림과 같이 마찰이 없는 수평면에 자석 A가 고정되어 있고, 용수철에 연결된 자석 B는 정지해 있다.

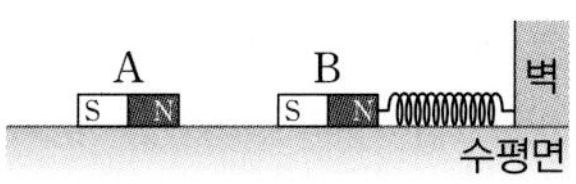

이에 대한 설명으로 옳은 것만을 〈보기〉에서 있는 대로 고른 것은?

보기

ㄱ. A가 B에 작용하는 자기력은 B가 A에 작용하는 자기력과 작용 반작용 관계이다.
ㄴ. 벽이 용수철에 작용하는 힘의 방향과 A가 B에 작용하는 자기력의 방향은 서로 반대이다.
ㄷ. B에 작용하는 알짜힘은 0이다.

① ㄱ ② ㄴ ③ ㄱ, ㄷ
④ ㄴ, ㄷ ⑤ ㄱ, ㄴ, ㄷ

76 ▸25116-0076

2022학년도 6월 모의평가 8번 상중하

그림과 같이 기중기에 줄로 연결된 상자가 연직 아래로 등속도 운동을 하고 있다. 상자 안에는 질량이 각각 m, $2m$인 물체 A, B가 놓여 있다.

이에 대한 설명으로 옳은 것만을 〈보기〉에서 있는 대로 고른 것은?

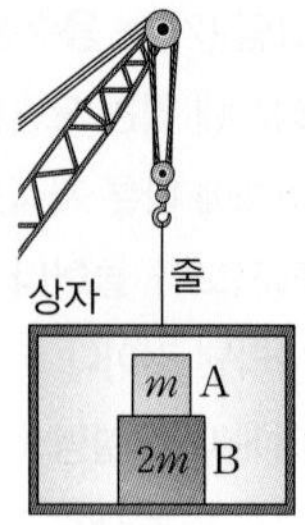

보기

ㄱ. A에 작용하는 알짜힘은 0이다.

ㄴ. 줄이 상자를 당기는 힘과 상자가 줄을 당기는 힘은 작용 반작용 관계이다.

ㄷ. 상자가 B를 떠받치는 힘의 크기는 A가 B를 누르는 힘의 크기의 2배이다.

① ㄱ ② ㄷ ③ ㄱ, ㄴ
④ ㄴ, ㄷ ⑤ ㄱ, ㄴ, ㄷ

77 ▸25116-0077

2021학년도 10월 학력평가 14번 상중하

그림과 같이 질량이 각각 $3m$, m인 물체 A, B가 실로 연결되어 정지해 있다.

이에 대한 옳은 설명만을 〈보기〉에서 있는 대로 고른 것은? (단, 중력 가속도는 g이고, 실의 질량과 모든 마찰은 무시한다.)

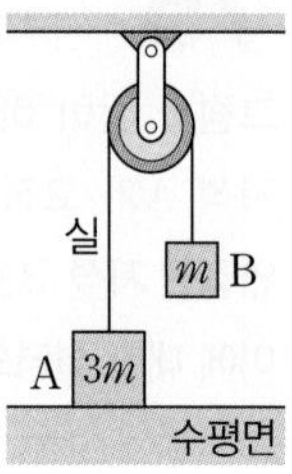

보기

ㄱ. 수평면이 A를 떠받치는 힘의 크기는 $3mg$이다.

ㄴ. B가 지구를 당기는 힘의 크기는 mg이다.

ㄷ. 실이 A를 당기는 힘과 지구가 A를 당기는 힘은 작용 반작용 관계이다.

① ㄱ ② ㄴ ③ ㄱ, ㄷ
④ ㄴ, ㄷ ⑤ ㄱ, ㄴ, ㄷ

78 ▸25116-0078

2021학년도 3월 학력평가 5번 상중하

다음은 자석 사이에 작용하는 힘에 대한 실험이다.

[실험 과정]

(가) 저울 위에 자석 A를 올려놓은 후 실에 매달린 자석 B를 A의 위쪽에 접근시키고, 정지한 상태에서 저울의 측정값을 기록한다.

(나) (가)의 상태에서 B를 A에 더 가깝게 접근시키고, 정지한 상태에서 저울의 측정값을 기록한다.

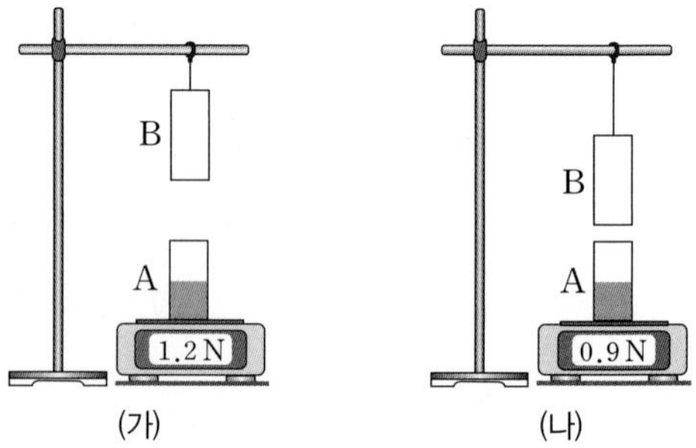

[실험 결과]

(가)의 결과	(나)의 결과
1.2 N	0.9 N

이에 대한 옳은 설명만을 〈보기〉에서 있는 대로 고른 것은?

보기

ㄱ. (가)에서 A, B 사이에는 서로 미는 자기력이 작용한다.

ㄴ. (나)에서 A가 B에 작용하는 자기력과 B가 A에 작용하는 자기력은 작용 반작용 관계이다.

ㄷ. A가 B에 작용하는 자기력의 크기는 (나)에서가 (가)에서보다 크다.

① ㄴ ② ㄷ ③ ㄱ, ㄴ ④ ㄱ, ㄷ ⑤ ㄴ, ㄷ

79 ▸25116-0079

2025학년도 수능 6번 상중하

그림 (가)는 수평면에서 물체가 벽을 향해 등속도 운동하는 모습을 나타낸 것이다. 물체는 벽과 충돌한 후 반대 방향으로 등속도 운동하고, 마찰 구간을 지난 후 등속도 운동한다. 그림 (나)는 물체의 속도를 시간에 따라 나타낸 것으로, 물체는 벽과 충돌하는 과정에서 t_0 동안 힘을 받고, 마찰 구간에서 $2t_0$ 동안 힘을 받는다. 마찰 구간에서 물체가 운동 방향과 반대 방향으로 받은 평균 힘의 크기는 F이다.

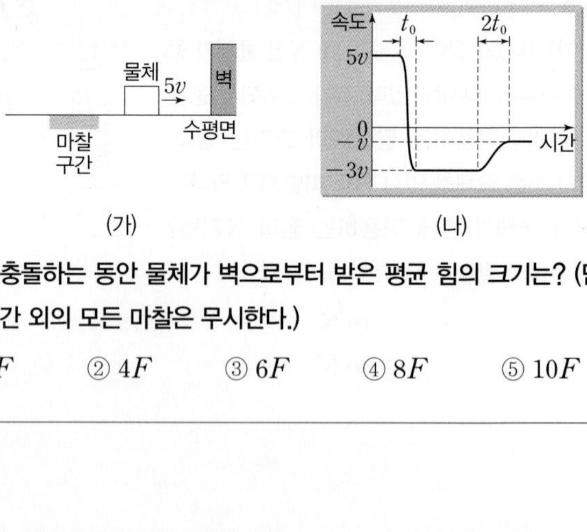

벽과 충돌하는 동안 물체가 벽으로부터 받은 평균 힘의 크기는? (단, 마찰 구간 외의 모든 마찰은 무시한다.)

① $2F$ ② $4F$ ③ $6F$ ④ $8F$ ⑤ $10F$

80

▸25116-0080
2025학년도 9월 모의평가 10번 상중하

다음은 수레를 이용한 충격량에 대한 실험이다.

[실험 과정]

(가) 그림과 같이 속도 측정 장치, 힘 센서를 수평면상의 마찰이 없는 레일과 수직하게 설치한다.

(나) 레일 위에서 질량이 0.5 kg인 수레 A가 일정한 속도로 운동하여 고정된 힘 센서에 충돌하게 한다.

(다) 속도 측정 장치를 이용하여 충돌 직전과 직후 A의 속도를 측정한다.

(라) 충돌 과정에서 힘 센서로 측정한 시간에 따른 힘 그래프를 통해 충돌 시간을 구한다.

(마) A를 질량이 1.0 kg인 수레 B로 바꾸어 (나)~(라)를 반복한다.

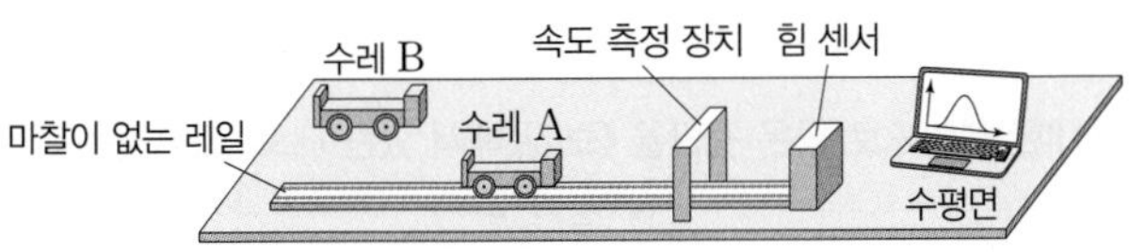

[실험 결과]

수레	질량(kg)	속도(m/s)		충돌 시간(s)
		충돌 직전	충돌 직후	
A	0.5	0.4	−0.2	0.02
B	1.0	0.4	−0.1	0.05

※ 충돌 시간: 수레가 힘 센서로부터 힘을 받는 시간

이에 대한 설명으로 옳은 것만을 〈보기〉에서 있는 대로 고른 것은?

보기

ㄱ. 충돌 직전 운동량의 크기는 A가 B보다 작다.

ㄴ. 충돌하는 동안 힘 센서로부터 받은 충격량의 크기는 A가 B보다 크다.

ㄷ. 충돌하는 동안 힘 센서로부터 받은 평균 힘의 크기는 A가 B보다 작다.

① ㄱ ② ㄴ ③ ㄱ, ㄷ
④ ㄴ, ㄷ ⑤ ㄱ, ㄴ, ㄷ

81

▸25116-0081
2025학년도 6월 모의평가 14번 상중하

그림 (가)와 같이 질량이 같은 두 물체 A, B를 빗면에서 높이가 각각 $4h$, h인 지점에 가만히 놓았더니, 각각 벽과 충돌한 후 반대 방향으로 운동하여 높이 h에서 속력이 0이 되었다. 그림 (나)는 A, B가 벽과 충돌하는 동안 벽으로부터 받은 힘의 크기를 시간에 따라 나타낸 것이다.

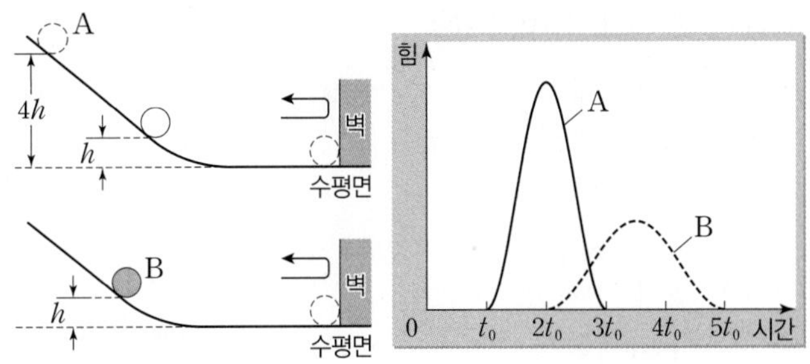

(가) (나)

이에 대한 설명으로 옳은 것만을 〈보기〉에서 있는 대로 고른 것은? (단, 물체의 크기, 모든 마찰과 공기 저항은 무시한다.)

보기

ㄱ. A의 운동량의 크기는 충돌 직전이 충돌 직후의 2배이다.

ㄴ. (나)에서 곡선과 시간 축이 만드는 면적은 A가 B의 $\frac{3}{2}$배이다.

ㄷ. 충돌하는 동안 벽으로부터 받은 평균 힘의 크기는 A가 B의 2배이다.

① ㄱ ② ㄷ ③ ㄱ, ㄴ
④ ㄴ, ㄷ ⑤ ㄱ, ㄴ, ㄷ

82

▸25116-0082
2024학년도 10월 학력평가 7번 상중하

그림 (가), (나)는 마찰이 없는 수평면에서 등속도 운동하던 물체 A, B가 동일한 용수철을 원래 길이에서 각각 d, $2d$만큼 압축시켜 정지한 순간의 모습을 나타낸 것이다. A, B의 질량은 각각 m, $4m$이고, A, B가 정지할 때까지 용수철로부터 받은 충격량의 크기는 각각 I_A, I_B이다.

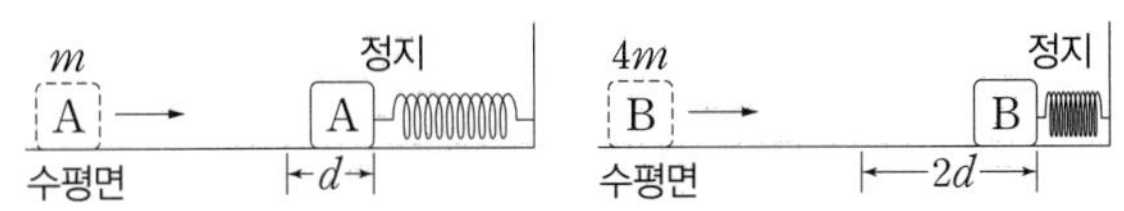

(가) (나)

$\frac{I_B}{I_A}$는? (단, 용수철의 질량, 물체의 크기는 무시한다.)

① 1 ② 2 ③ 4
④ 8 ⑤ 16

83
▸25116-0083
2024학년도 3월 학력평가 11번
상 중 하

그림 (가)와 같이 수평면에서 용수철을 압축시킨 채로 정지해 있던 물체 A~D를 0초일 때 가만히 놓았더니, 용수철과 분리된 B와 C가 충돌하여 정지하였다. 그림 (나)는 A가 용수철로부터 받는 힘의 크기 F_A, D가 용수철로부터 받는 힘의 크기 F_D, B가 C로부터 받는 힘의 크기 F_{BC}를 시간에 따라 나타낸 것이다.

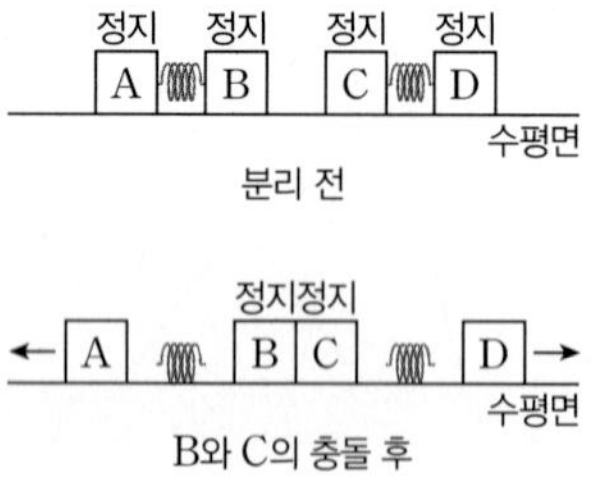

(가)

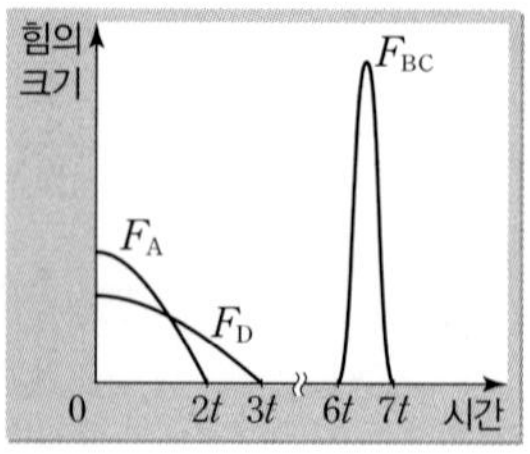

(나)

이에 대한 옳은 설명만을 〈보기〉에서 있는 대로 고른 것은? (단, 용수철의 질량, 공기 저항, 모든 마찰은 무시한다.)

보기

ㄱ. 용수철과 분리된 후, A와 D의 운동량의 크기는 같다.

ㄴ. 힘의 크기를 나타내는 곡선과 시간축이 이루는 면적은 F_A에서와 F_D에서가 같다.

ㄷ. $6t \sim 7t$ 동안 F_{BC}의 평균값은 $0 \sim 2t$ 동안 F_A의 평균값의 2배이다.

① ㄱ ② ㄷ ③ ㄱ, ㄴ
④ ㄴ, ㄷ ⑤ ㄱ, ㄴ, ㄷ

84
▸25116-0084
2024학년도 수능 7번
상 중 하

그림 (가)와 같이 마찰이 없는 수평면에서 등속도 운동을 하던 수레가 벽과 충돌한 후, 충돌 전과 반대 방향으로 등속도 운동을 한다. 그림 (나)는 수레의 속도와 수레가 벽으로부터 받은 힘의 크기를 시간 t에 따라 나타낸 것이다. 수레와 벽이 충돌하는 0.4초 동안 힘의 크기를 나타낸 곡선과 시간 축이 만드는 면적은 10 N·s이다.

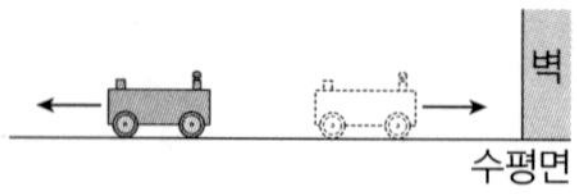

(가)

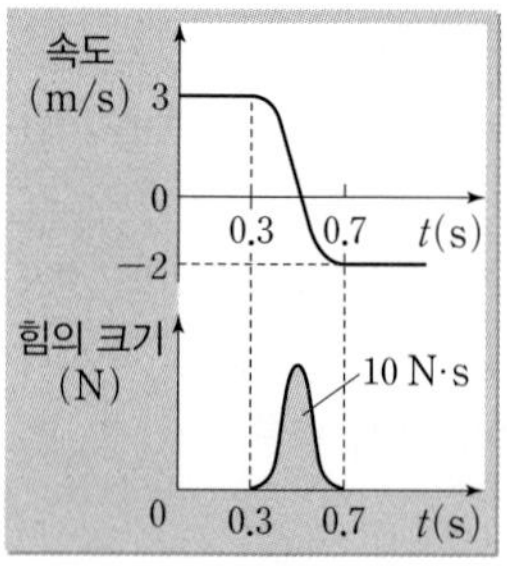

(나)

이에 대한 설명으로 옳은 것만을 〈보기〉에서 있는 대로 고른 것은?

보기

ㄱ. 충돌 전후 수레의 운동량 변화량의 크기는 10 kg · m/s이다.

ㄴ. 수레의 질량은 2 kg이다.

ㄷ. 충돌하는 동안 벽이 수레에 작용한 평균 힘의 크기는 40 N이다.

① ㄱ ② ㄷ ③ ㄱ, ㄴ
④ ㄴ, ㄷ ⑤ ㄱ, ㄴ, ㄷ

85

▸25116-0085
2024학년도 9월 모의평가 10번 상중하

그림 (가)의 Ⅰ~Ⅲ과 같이 마찰이 없는 수평면에서 운동량의 크기가 p로 같은 물체 A, B가 서로를 향해 등속도 운동을 하다가 충돌한 후 각각 등속도 운동을 하고, 이후 B는 벽과 충돌한 후 운동량의 크기가 $\frac{1}{3}p$인 등속도 운동을 한다. 그림 (나)는 (가)에서 B가 받은 힘의 크기를 시간에 따라 나타낸 것이다. B와 A, B와 벽의 충돌 시간은 각각 T, $2T$이고, 곡선과 시간 축이 만드는 면적은 각각 $2S$, S이다. A, B의 질량은 각각 m, $2m$이다.

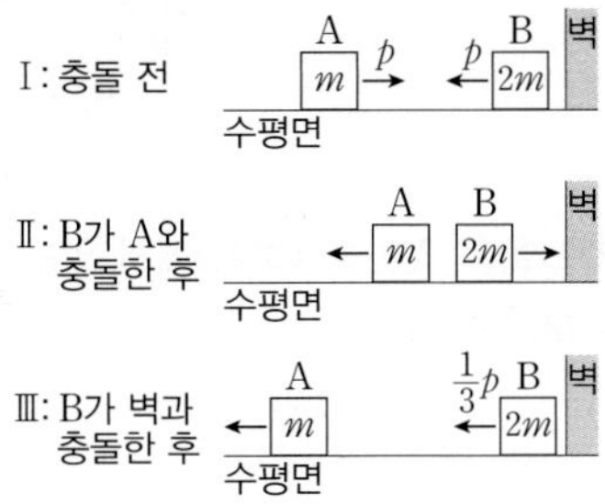

(가)

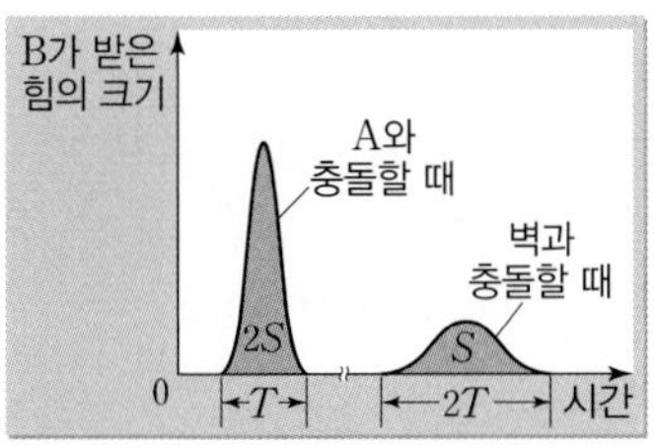

(나)

이에 대한 설명으로 옳은 것만을 〈보기〉에서 있는 대로 고른 것은? (단, A, B는 동일 직선상에서 운동한다.)

보기

ㄱ. B가 받은 평균 힘의 크기는 A와 충돌하는 동안과 벽과 충돌하는 동안이 같다.

ㄴ. Ⅱ에서 B의 운동량의 크기는 $\frac{1}{3}p$이다.

ㄷ. Ⅲ에서 물체의 속력은 A가 B의 2배이다.

① ㄱ ② ㄴ ③ ㄷ ④ ㄱ, ㄴ ⑤ ㄴ, ㄷ

86

▸25116-0086
2024학년도 6월 모의평가 7번 상중하

그림 (가)와 같이 마찰이 없는 수평면에서 v_0의 속력으로 등속도 운동을 하던 물체 A, B가 벽과 충돌한 후, 충돌 전과 반대 방향으로 각각 v_0, $\frac{1}{2}v_0$의 속력으로 등속도 운동을 한다. 그림 (나)는 A, B가 충돌하는 동안 벽으로부터 받은 힘의 크기를 시간에 따라 나타낸 것이다. A, B의 질량은 각각 $2m$, m이고, 충돌 시간은 각각 t_0, $3t_0$이다.

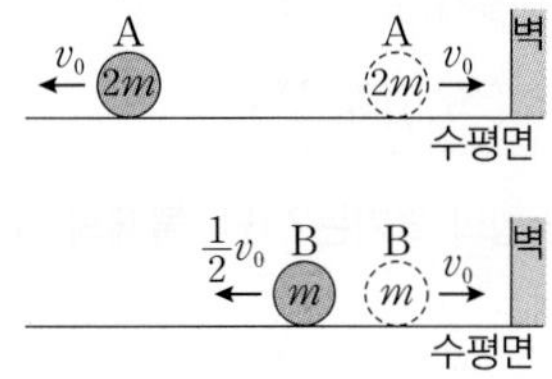

(가)

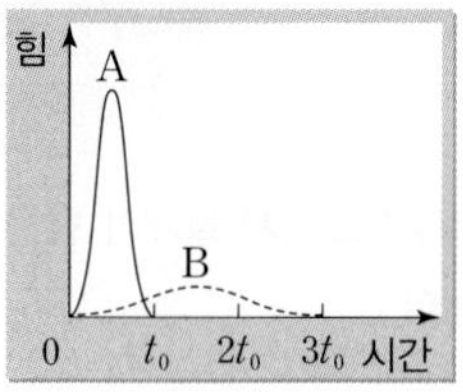

(나)

이에 대한 설명으로 옳은 것만을 〈보기〉에서 있는 대로 고른 것은?

보기

ㄱ. A가 충돌하는 동안 벽으로부터 받은 충격량의 크기는 $4mv_0$이다.

ㄴ. (나)에서 B의 곡선과 시간 축이 만드는 면적은 $\frac{1}{2}mv_0$이다.

ㄷ. 충돌하는 동안 벽으로부터 받은 평균 힘의 크기는 A가 B의 8배이다.

① ㄱ ② ㄴ ③ ㄱ, ㄴ ④ ㄱ, ㄷ ⑤ ㄴ, ㄷ

87

▸25116-0087
2023학년도 10월 학력평가 11번 상중하

그림과 같이 마찰이 없는 수평면에서 속력 $2v_0$으로 등속도 운동하던 물체 A, B가 각각 풀 더미와 벽으로부터 시간 $2t_0$, t_0 동안 힘을 받은 후 속력 v_0으로 운동한다. A의 운동 방향은 일정하고, B의 운동 방향은 충돌 전과 후가 반대이다. A, B의 질량은 각각 m, $2m$이다.

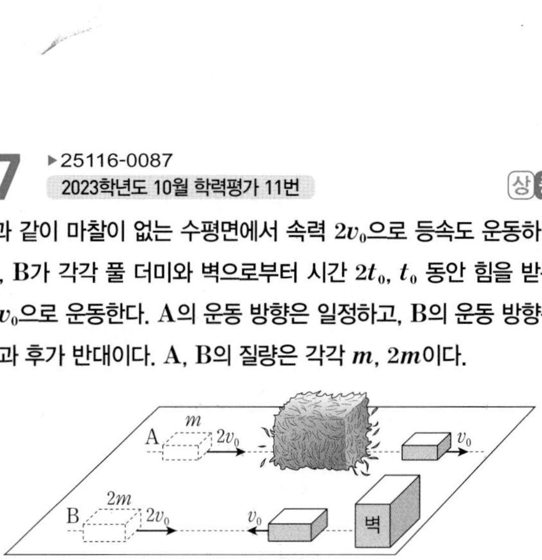

A, B가 각각 풀 더미와 벽으로부터 수평 방향으로 받은 평균 힘의 크기를 F_A, F_B라고 할 때, $F_A : F_B$는?

① 1 : 1 ② 1 : 4 ③ 1 : 6 ④ 1 : 8 ⑤ 1 : 12

88

▸25116-0088
2023학년도 3월 학력평가 7번 상중하

그림은 직선상에서 운동하는 질량이 5 kg인 물체의 속력을 시간에 따라 나타낸 것이다. 0초일 때와 t_0초일 때 물체의 위치는 같고, 운동 방향은 서로 반대이다.

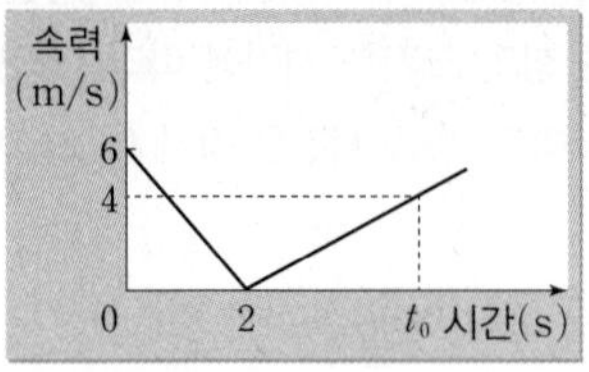

0초에서 t_0초까지 물체가 받은 평균 힘의 크기는? (단, 물체의 크기는 무시한다.)

① 2 N ② 4 N ③ 6 N
④ 8 N ⑤ 10 N

89

▸25116-0089
2023학년도 수능 9번 상중하

그림 (가)는 $+x$ 방향으로 속력 v로 등속도 운동하던 물체 A가 구간 P를 지난 후 속력 $2v$로 등속도 운동하는 것을, (나)는 $+x$ 방향으로 속력 $3v$로 등속도 운동하던 물체 B가 P를 지난 후 속력 v_B로 등속도 운동하는 것을 나타낸 것이다. A, B는 질량이 같고, P에서 같은 크기의 일정한 힘을 $+x$ 방향으로 받는다.

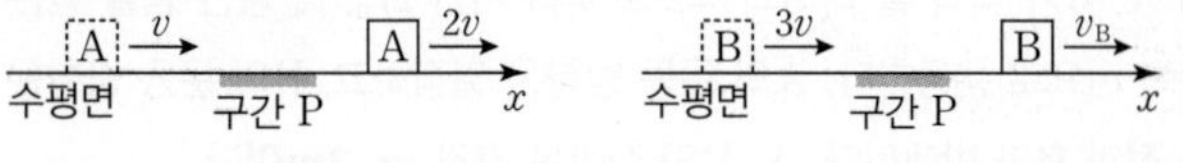

이에 대한 설명으로 옳은 것만을 〈보기〉에서 있는 대로 고른 것은? (단, 물체의 크기는 무시한다.)

보기

ㄱ. P를 지나는 데 걸리는 시간은 A가 B보다 크다.
ㄴ. 물체가 받은 충격량의 크기는 (가)에서가 (나)에서보다 크다.
ㄷ. $v_B=4v$이다.

① ㄱ ② ㄷ ③ ㄱ, ㄴ
④ ㄴ, ㄷ ⑤ ㄱ, ㄴ, ㄷ

90

▸25116-0090
2023학년도 9월 모의평가 13번 상중하

그림 (가)와 같이 마찰이 없는 수평면에서 운동량의 크기가 각각 $2p$, p, p인 물체 A, B, C가 각각 $+x$, $+x$, $-x$ 방향으로 동일 직선상에서 등속도 운동한다. 그림 (나)는 (가)에서 A와 C의 위치를 시간에 따라 나타낸 것이다. B와 C의 질량은 같다.

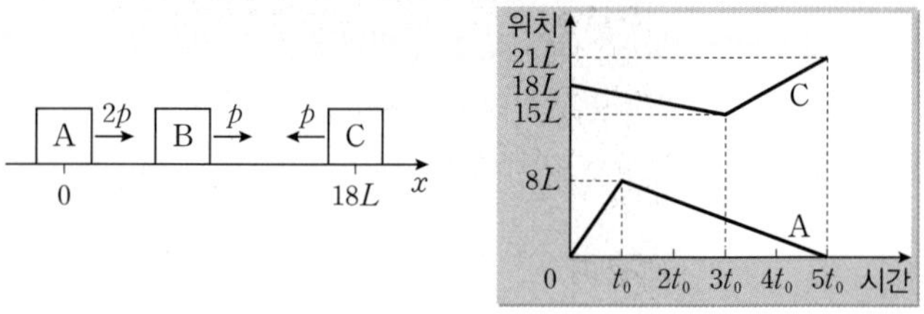

(가) (나)

이에 대한 설명으로 옳은 것만을 〈보기〉에서 있는 대로 고른 것은? (단, 물체의 크기는 무시한다.)

보기

ㄱ. 질량은 C가 A의 4배이다.
ㄴ. $2t_0$일 때, B의 운동량의 크기는 $\frac{7}{2}p$이다.
ㄷ. $4t_0$일 때, 속력은 C가 B의 5배이다.

① ㄱ ② ㄷ ③ ㄱ, ㄴ
④ ㄴ, ㄷ ⑤ ㄱ, ㄴ, ㄷ

91

▸25116-0091
2023학년도 6월 모의평가 9번
상 중 하

그림 (가)는 수평면에서 질량이 각각 2 kg, 3 kg인 물체 A, B가 각각 6 m/s, 3 m/s의 속력으로 등속도 운동하는 모습을 나타낸 것이다. 그림 (나)는 A와 B가 충돌하는 동안 A가 B에 작용한 힘의 크기를 시간에 따라 나타낸 것이다. 곡선과 시간 축이 만드는 면적은 6 N·s이다.

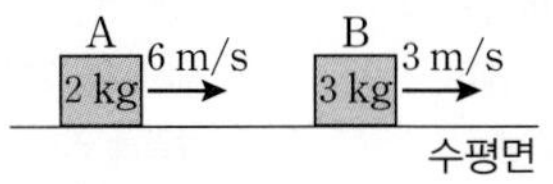

(가)

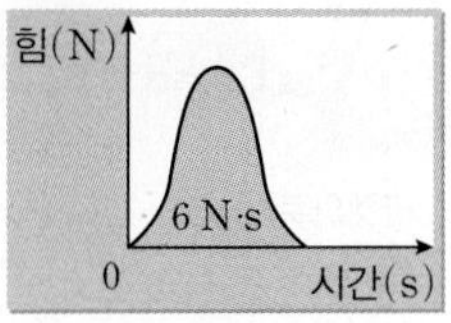

(나)

충돌 후, 등속도 운동하는 A, B의 속력을 각각 v_A, v_B라 할 때, $\frac{v_B}{v_A}$는? (단, A와 B는 동일 직선상에서 운동한다.)

① $\frac{4}{3}$ ② $\frac{3}{2}$ ③ $\frac{5}{3}$
④ 2 ⑤ $\frac{5}{2}$

92

▸25116-0092
2022학년도 10월 학력평가 6번
상 중 하

그림 (가)는 시간 $t=0$일 때 질량이 m인 물체를 점 p에서 가만히 놓았더니 물체가 용수철을 압축시킨 모습을 나타낸 것이다. 그림 (나)는 물체의 속도를 t에 따라 나타낸 것이다. 용수철은 $t=3t_0$부터 $t=4t_0$까지 물체에 힘을 작용한다. $t=7t_0$일 때 물체는 p까지 올라간다.

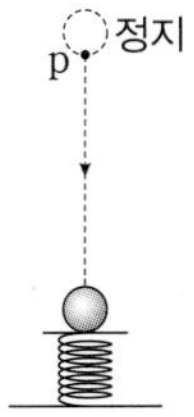

(가)

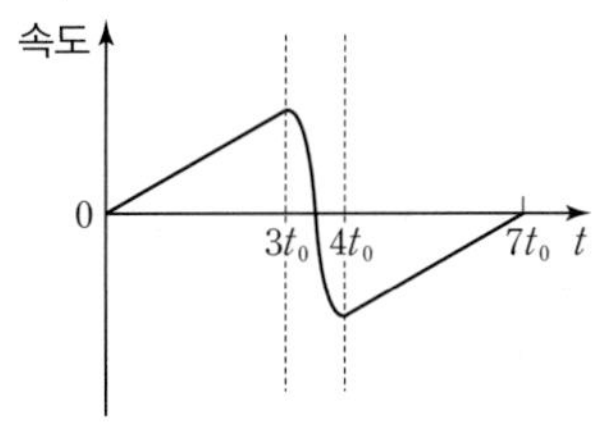

(나)

$t=3t_0$부터 $t=4t_0$까지 용수철이 물체에 작용한 평균 힘의 크기는? (단, 중력 가속도는 g이고, 물체의 크기, 용수철의 질량, 모든 마찰과 공기 저항은 무시한다.)

① $2mg$ ② $3mg$ ③ $5mg$
④ $7mg$ ⑤ $8mg$

93

▸25116-0093
2022학년도 3월 학력평가 17번
상 중 하

다음은 장난감 활을 이용한 실험이다.

[실험 과정]
(가) 화살에 쇠구슬을 부착한 물체 A와 화살에 스타이로폼 공을 부착한 물체 B의 질량을 측정하고 비교한다.
(나) 그림과 같이 동일하게 당긴 활로 A, B를 각각 수평 방향으로 발사시키고, A, B의 운동을 동영상으로 촬영한다.

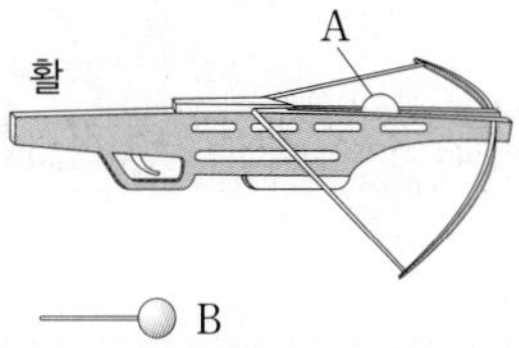

(다) 동영상을 분석하여 A, B가 활을 떠난 순간의 속력을 측정하고 비교한다.
(라) A, B가 활을 떠난 순간의 운동량의 크기를 비교한다.

[실험 결과]
※ ㉠과 ㉡은 각각 속력과 운동량의 크기 중 하나임.

질량	㉠	㉡
A가 B보다 크다.	A가 B보다 크다.	B가 A보다 크다.

이에 대한 옳은 설명만을 〈보기〉에서 있는 대로 고른 것은? (단, 모든 마찰과 공기 저항은 무시한다.)

보기
ㄱ. (가), (다)에서의 측정값으로 (라)를 할 수 있다.
ㄴ. ㉡은 속력이다.
ㄷ. 활로부터 받는 충격량의 크기는 A가 B보다 크다.

① ㄴ ② ㄷ ③ ㄱ, ㄴ
④ ㄱ, ㄷ ⑤ ㄱ, ㄴ, ㄷ

94
▸25116-0094
2022학년도 수능 9번
상 중 하

그림 (가)와 같이 마찰이 없는 수평면에서 질량이 40 kg인 학생이 질량이 각각 10 kg, 20 kg인 물체 A, B와 함께 2 m/s의 속력으로 등속도 운동한다. 그림 (나)는 (가)에서 학생이 A, B를 동시에 수평 방향으로 0.5초 동안 밀었더니, 학생은 정지하고 A, B는 등속도 운동하는 모습을 나타낸 것이다. (나)에서 운동량의 크기는 B가 A의 8배이다.

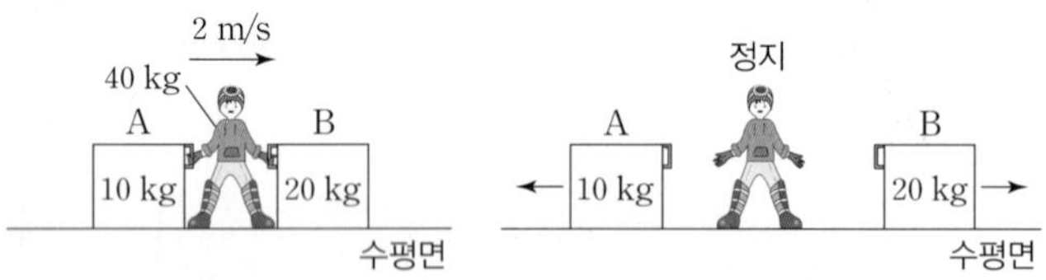

(가) (나)

물체를 미는 동안 학생이 B로부터 받은 평균 힘의 크기는? (단, 학생과 물체는 동일 직선상에서 운동한다.)

① 160 N ② 240 N ③ 320 N
④ 360 N ⑤ 400 N

95
▸25116-0095
2022학년도 9월 모의평가 8번
상 중 하

그림 (가)는 마찰이 없는 수평면에 정지해 있던 물체가 수평면과 나란한 방향의 힘을 받아 0~2초까지 오른쪽으로 직선 운동을 하는 모습을, (나)는 (가)에서 물체에 작용한 힘을 시간에 따라 나타낸 것이다. 물체의 운동량의 크기는 1초일 때가 2초일 때의 2배이다.

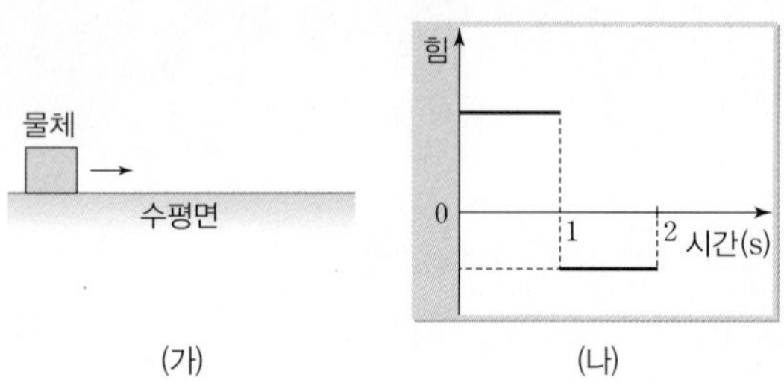

(가) (나)

이에 대한 설명으로 옳은 것만을 〈보기〉에서 있는 대로 고른 것은? (단, 공기 저항은 무시한다.)

보기

ㄱ. 1.5초일 때, 물체의 운동 방향과 가속도 방향은 서로 반대이다.
ㄴ. 물체가 받은 충격량의 크기는 0~1초까지가 1~2초까지의 2배이다.
ㄷ. 물체가 이동한 거리는 0~1초까지가 1~2초까지의 $\frac{3}{2}$배이다.

① ㄱ ② ㄷ ③ ㄱ, ㄴ
④ ㄴ, ㄷ ⑤ ㄱ, ㄴ, ㄷ

96
▸25116-0096
2022학년도 6월 모의평가 5번
상 중 하

그림 A, B, C는 충격량과 관련된 예를 나타낸 것이다.

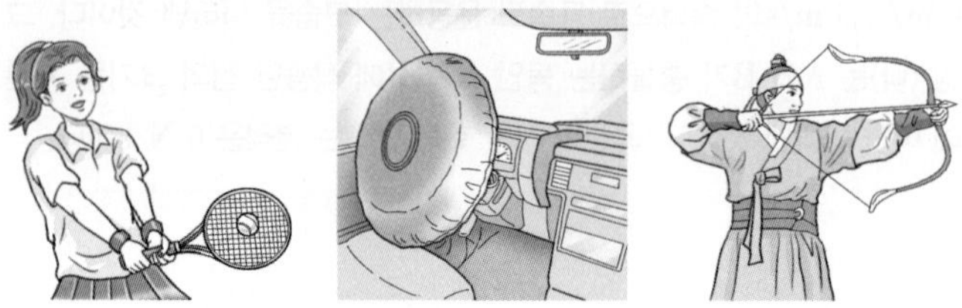

A. 라켓으로 공을 친다. B. 충돌할 때 에어백이 펴진다. C. 활시위를 당겨 화살을 쏜다.

이에 대한 설명으로 옳은 것만을 〈보기〉에서 있는 대로 고른 것은?

보기

ㄱ. A에서 라켓의 속력을 더 크게 하여 공을 치면 공이 라켓으로부터 받는 충격량이 커진다.
ㄴ. B에서 에어백은 탑승자가 받는 평균 힘을 감소시킨다.
ㄷ. C에서 활시위를 더 당기면 활시위를 떠날 때 화살의 운동량이 커진다.

① ㄱ ② ㄷ ③ ㄱ, ㄴ
④ ㄴ, ㄷ ⑤ ㄱ, ㄴ, ㄷ

97

▸25116-0097
2021학년도 10월 학력평가 9번 상중하

다음은 충돌에 대한 실험이다.

[실험 과정]

(가) 그림과 같이 힘 센서에 수레 A 또는 B를 충돌시켜서 충돌 전과 반대 방향으로 튀어나오게 한다. A, B의 질량은 각각 300 g, 900 g이다.

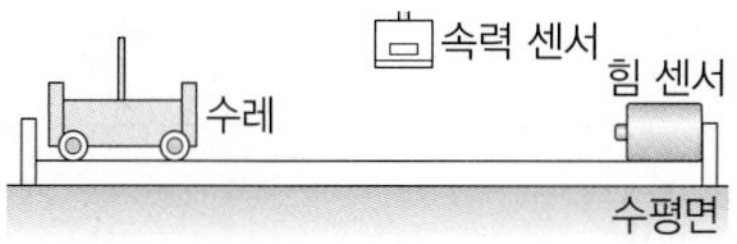

(나) (가)에서 충돌 전후 수레의 속력, 충돌하는 동안 수레가 받는 힘의 크기를 측정한다.

[실험 결과]

○ 속력 센서로 측정한 속력

A의 속력(cm/s)		B의 속력(cm/s)	
충돌 전	충돌 후	충돌 전	충돌 후
8	7	8	1

○ 힘 센서로 측정한 힘의 크기

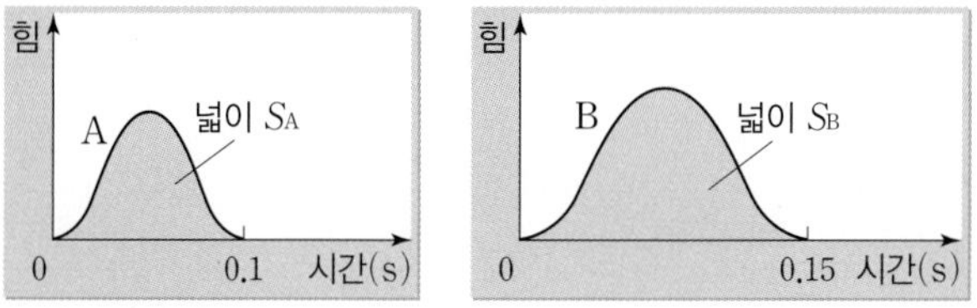

이에 대한 옳은 설명만을 〈보기〉에서 있는 대로 고른 것은? (단, 모든 마찰과 공기 저항은 무시한다.)

보기

ㄱ. 충돌 전후 A의 속도 변화량의 크기는 1 cm/s이다.

ㄴ. $S_A : S_B = 5 : 9$이다.

ㄷ. 충돌하는 동안 수레가 받은 평균 힘의 크기는 B가 A의 $\frac{6}{5}$배이다.

① ㄴ ② ㄷ ③ ㄱ, ㄴ ④ ㄱ, ㄷ ⑤ ㄴ, ㄷ

98

▸25116-0098
2021학년도 3월 학력평가 2번 상중하

그림은 학생 A가 헬멧을 쓰고, 속력 제한 장치가 있는 전동 스쿠터를 타는 모습을 나타낸 것이다.

이에 대한 옳은 설명만을 〈보기〉에서 있는 대로 고른 것은?

보기

ㄱ. ㉠은 충돌이 일어날 때 머리가 충격을 받는 시간을 짧아지게 한다.

ㄴ. ㉠은 충돌하는 동안 머리가 받는 평균 힘의 크기를 증가시킨다.

ㄷ. 속력 제한 장치는 A의 운동량의 최댓값을 제한한다.

① ㄴ ② ㄷ ③ ㄱ, ㄴ ④ ㄱ, ㄷ ⑤ ㄱ, ㄴ, ㄷ

99

▸25116-0099
2025학년도 수능 10번 상중하

그림 (가)는 마찰이 없는 수평면에서 물체 A가 정지해 있는 물체 B, C를 향해 속력 $4v$로 등속도 운동하는 모습을 나타낸 것이다. A는 정지해 있는 B와 충돌한 후 충돌 전과 같은 방향으로 속력 $2v$로 등속도 운동한다. 그림 (나)는 B의 속도를 시간에 따라 나타낸 것이다. A, C의 질량은 각각 $4m$, $5m$이다.

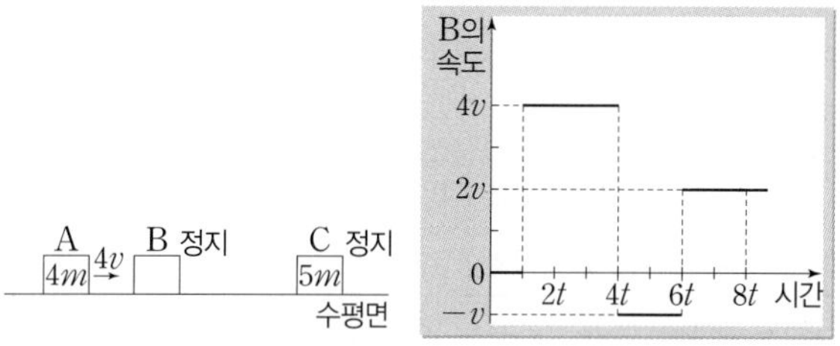

(가) (나)

이에 대한 설명으로 옳은 것만을 〈보기〉에서 있는 대로 고른 것은? (단, 물체는 동일 직선상에서 운동하고, 물체의 크기는 무시한다.)

보기

ㄱ. B의 질량은 $2m$이다.

ㄴ. $5t$일 때, C의 속력은 $2v$이다.

ㄷ. A와 C 사이의 거리는 $8t$일 때가 $7t$일 때보다 $2vt$만큼 크다.

① ㄱ ② ㄷ ③ ㄱ, ㄴ ④ ㄴ, ㄷ ⑤ ㄱ, ㄴ, ㄷ

100

▸25116-0100
2025학년도 9월 모의평가 12번

상중하

그림 (가)는 마찰이 없는 수평면에서 물체 A가 정지해 있는 물체 B를 향해 속력 v로 등속도 운동하는 모습을 나타낸 것이다. 그림 (나)는 (가)의 A와 B가 $x=2d$에서 충돌한 후 각각 등속도 운동하여, A가 $x=d$를 지나는 순간 B가 $x=4d$를 지나는 모습을 나타낸 것이다. 이후, B는 정지해 있던 물체 C와 $x=6d$에서 충돌하여, B와 C가 한 덩어리로 $+x$방향으로 속력 $\frac{1}{3}v$로 등속도 운동을 한다. B, C의 질량은 각각 $2m$, m이다.

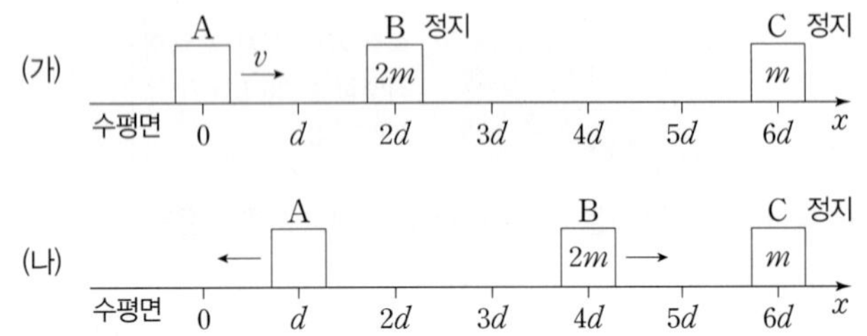

A의 질량은? (단, 물체의 크기는 무시하고, A, B, C는 동일 직선상에서 운동한다.)

① m ② $\frac{4}{5}m$ ③ $\frac{3}{5}m$ ④ $\frac{2}{5}m$ ⑤ $\frac{1}{5}m$

101

▸25116-0101
2025학년도 6월 모의평가 11번

상중하

다음은 충돌하는 두 물체의 운동량에 대한 실험이다.

[실험 과정]

(가) 그림과 같이 수평한 직선 레일 위에서 수레 A를 정지한 수레 B에 충돌시킨다. A, B의 질량은 각각 2 kg, 1 kg이다.

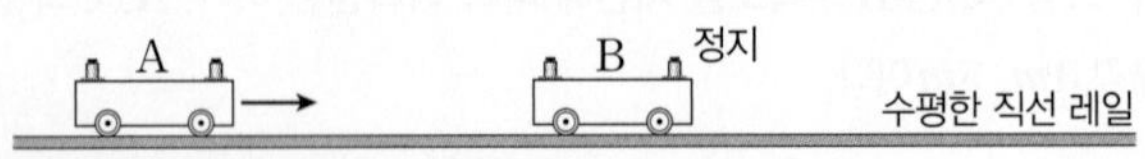

(나) (가)에서 시간에 따른 A와 B의 위치를 측정한다.

[실험 결과]

시간(초)	0.1	0.2	0.3	0.4	0.5	0.6	0.7	0.8
A의 위치(cm)	6	12	18	24	28	31	34	37
B의 위치(cm)	26	26	26	26	30	36	42	48

이에 대한 설명으로 옳은 것만을 〈보기〉에서 있는 대로 고른 것은?

보기

ㄱ. 0.2초일 때, A의 속력은 0.4 m/s이다.
ㄴ. 0.5초일 때, A와 B의 운동량의 합은 크기가 1.2 kg·m/s이다.
ㄷ. 0.7초일 때, A와 B의 운동량은 크기가 같다.

① ㄱ ② ㄷ ③ ㄱ, ㄴ ④ ㄴ, ㄷ ⑤ ㄱ, ㄴ, ㄷ

102

▸25116-0102
2024학년도 10월 학력평가 16번

상중하

그림 (가), (나)는 마찰이 없는 수평면에서 속력 v로 등속도 운동하던 물체 A, C가 각각 정지해 있던 물체 B, D와 충돌 후 한 덩어리가 되어 운동하는 모습을 나타낸 것이다. 각각의 충돌 과정에서 받은 충격량의 크기는 B가 C의 $\frac{2}{3}$배이다. B와 C의 질량은 같고, 충돌 후 속력은 B가 C의 2배이다.

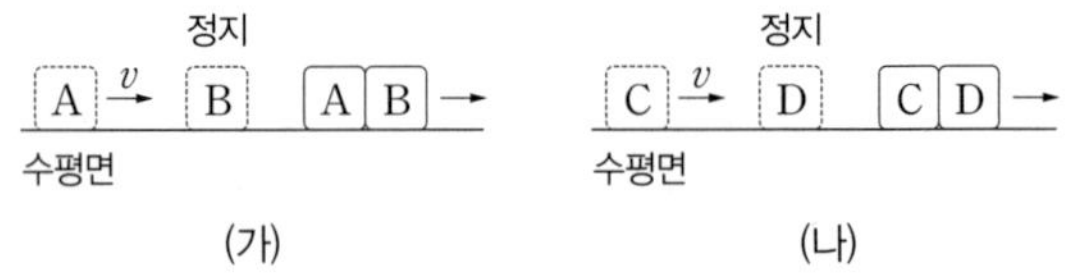

A, D의 질량을 각각 m_A, m_D라고 할 때, $\frac{m_D}{m_A}$는?

① 2 ② 3 ③ 4 ④ 5 ⑤ 6

103

▸25116-0103
2024학년도 3월 학력평가 18번

상중하

그림 (가)와 같이 수평면에서 물체 A가 정지해 있는 물체 B, C를 향해 운동하고 있다. 그림 (나)는 (가)의 순간부터 A의 속력을 시간에 따라 나타낸 것으로, A의 운동 방향은 일정하다. A, B, C의 질량은 각각 $2m$, m, $4m$이고, $6t$일 때 B와 C가 충돌한다.

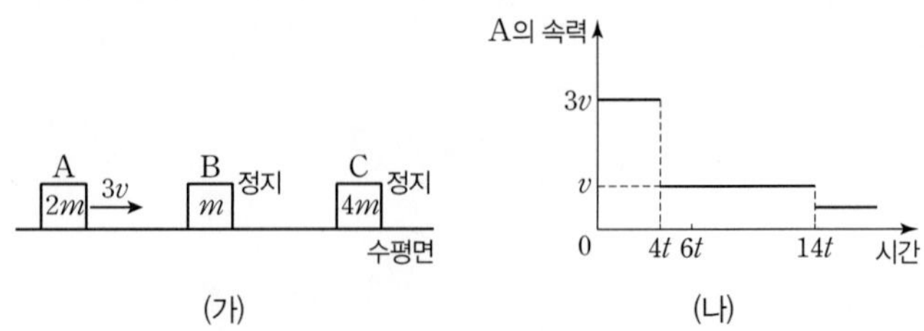

$8t$일 때, C의 속력은? (단, 물체의 크기, 공기 저항, 모든 마찰은 무시한다.)

① $\frac{3}{4}v$ ② $\frac{15}{16}v$ ③ $\frac{5}{4}v$ ④ $\frac{21}{16}v$ ⑤ $\frac{4}{3}v$

104
▸25116-0104
2024학년도 수능 8번
상중하

그림 (가)는 마찰이 없는 수평면에서 정지한 물체 A 위에 물체 D와 용수철을 넣어 압축시킨 물체 B, C를 올려놓고 B와 C를 동시에 가만히 놓았더니, 정지해 있던 B와 C가 분리되어 각각 등속도 운동을 하는 모습을 나타낸 것이다. 그림 (나)는 (가)에서 먼저 C가 D와 충돌하여 한 덩어리가 되어 속력 v로 등속도 운동을 하고, 이후 B가 A와 충돌하여 한 덩어리가 되어 등속도 운동을 하는 모습을 나타낸 것이다. A, B, C, D의 질량은 각각 $5m$, $2m$, m, m이다.

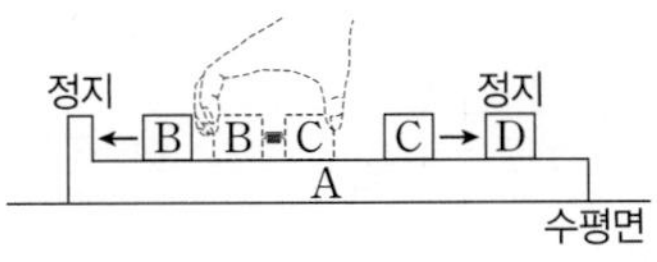

(가)

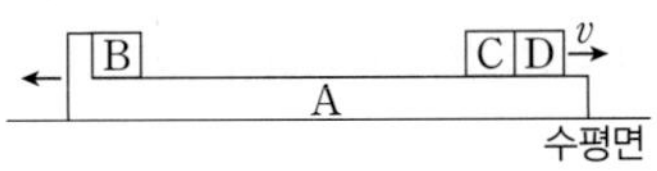

(나)

이에 대한 설명으로 옳은 것만을 〈보기〉에서 있는 대로 고른 것은? (단, 물체는 동일 연직면상에서 운동하고, 용수철의 질량은 무시하며, A의 윗면은 마찰이 없고 수평면과 나란하다.)

보기

ㄱ. (가)에서 B와 C가 용수철에서 분리된 직후 운동량의 크기는 B와 C가 같다.
ㄴ. (가)에서 B와 C가 용수철에서 분리된 직후 B의 속력은 v이다.
ㄷ. (나)에서 한 덩어리가 된 A와 B의 속력은 $\frac{2}{5}v$이다.

① ㄱ ② ㄷ ③ ㄱ, ㄴ
④ ㄴ, ㄷ ⑤ ㄱ, ㄴ, ㄷ

105
▸25116-0105
2024학년도 9월 모의평가 17번
상중하

그림 (가)와 같이 마찰이 없는 수평면에서 물체 A와 B 사이에 용수철을 넣어 압축시킨 후 A와 B를 동시에 가만히 놓았더니, 정지해 있던 A와 B가 분리되어 등속도 운동을 하는 물체 C, D를 향해 등속도 운동을 한다. 이때 C, D의 속력은 각각 $2v$, v이고, 운동 에너지는 C가 B의 2배이다. 그림 (나)는 (가)에서 물체가 충돌하여 A와 C는 정지하고, B와 D는 한 덩어리가 되어 속력 $\frac{1}{3}v$로 등속도 운동을 하는 모습을 나타낸 것이다.

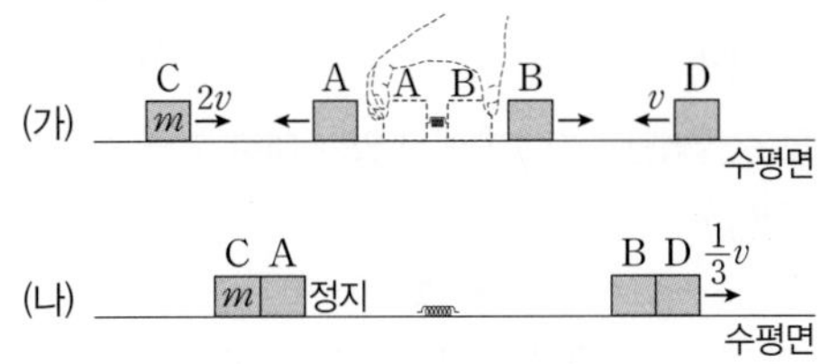

C의 질량이 m일 때, D의 질량은? (단, 물체는 동일 직선상에서 운동하고, 용수철의 질량은 무시한다.)

① $\frac{1}{2}m$ ② m ③ $\frac{3}{2}m$
④ $2m$ ⑤ $\frac{5}{2}m$

106
▸25116-0106
2024학년도 6월 모의평가 19번
상중하

그림 (가)와 같이 마찰이 없는 수평면에서 물체 A, B, C가 등속도 운동을 한다. A, B, C의 운동량의 크기는 각각 $4p$, $4p$, p이다. 그림 (나)는 A와 B 사이의 거리(S_{AB}), B와 C 사이의 거리(S_{BC})를 시간 t에 따라 나타낸 것이다.

(가)

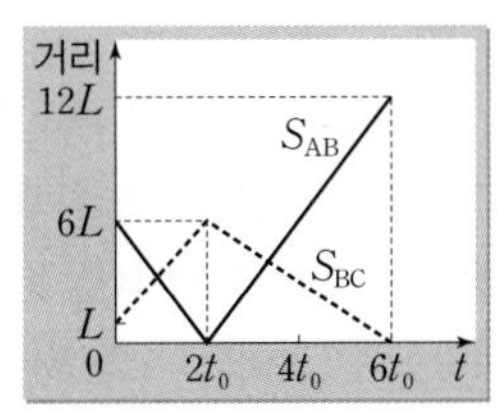

(나)

이에 대한 설명으로 옳은 것만을 〈보기〉에서 있는 대로 고른 것은? (단, A, B, C는 동일 직선상에서 운동하고, 물체의 크기는 무시한다.)

보기

ㄱ. $t=t_0$일 때, 속력은 A와 B가 같다.
ㄴ. B와 C의 질량은 같다.
ㄷ. $t=4t_0$일 때, B의 운동량의 크기는 $4p$이다.

① ㄱ ② ㄷ ③ ㄱ, ㄴ
④ ㄴ, ㄷ ⑤ ㄱ, ㄴ, ㄷ

107 ▸25116-0107

2023학년도 10월 학력평가 20번 상중하

그림 (가)는 마찰이 없는 수평면에서 x축을 따라 운동하는 물체 A, B, C를 나타낸 것이다. 그림 (나)는 (가)의 순간부터 A, B의 위치 x를 시간 t에 따라 나타낸 것이다. A, B, C의 운동량의 합은 항상 0이다.

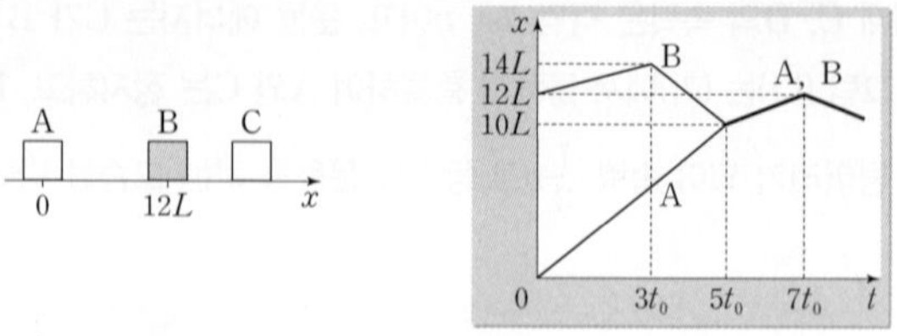

(가) (나)

이에 대한 옳은 설명만을 〈보기〉에서 있는 대로 고른 것은? (단, 물체의 크기는 무시한다.)

보기

ㄱ. $t=t_0$일 때 C의 운동 방향은 $-x$ 방향이다.
ㄴ. $t=4t_0$일 때 운동량의 크기는 A가 B의 2배이다.
ㄷ. 질량은 C가 B의 8배이다.

① ㄱ ② ㄷ ③ ㄱ, ㄴ
④ ㄱ, ㄷ ⑤ ㄴ, ㄷ

108 ▸25116-0108

2023학년도 3월 학력평가 15번 상중하

그림 (가)와 같이 0초일 때 마찰이 없는 수평면에서 물체 A가 점 P에 정지해 있는 물체 B를 향해 등속도 운동한다. A, B의 질량은 각각 4 kg, 1 kg이다. A와 B는 시간 t_0일 때 충돌하고, t_0부터 같은 방향으로 등속도 운동을 한다. 그림 (나)는 20초일 때 A와 B의 위치를 나타낸 것이다.

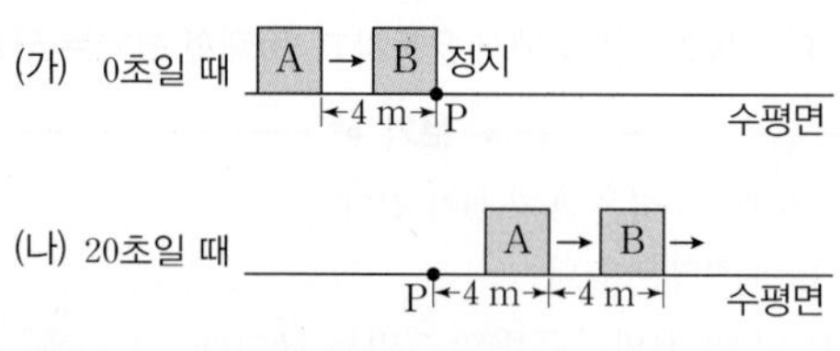

t_0은? (단, 물체의 크기는 무시한다.)

① 6초 ② 7초 ③ 8초
④ 9초 ⑤ 10초

109 ▸25116-0109

2023학년도 수능 16번 상중하

그림 (가)와 같이 수평면에서 벽 p와 q 사이의 거리가 8 m인 물체 A가 4 m/s의 속력으로 등속도 운동하고, 물체 B가 p와 q 사이에서 등속도 운동한다. 그림 (나)는 p와 B 사이의 거리를 시간에 따라 나타낸 것이다. B는 1초일 때와 3초일 때 각각 q와 p에 충돌한다. 3초 이후 A는 5 m/s의 속력으로 등속도 운동한다.

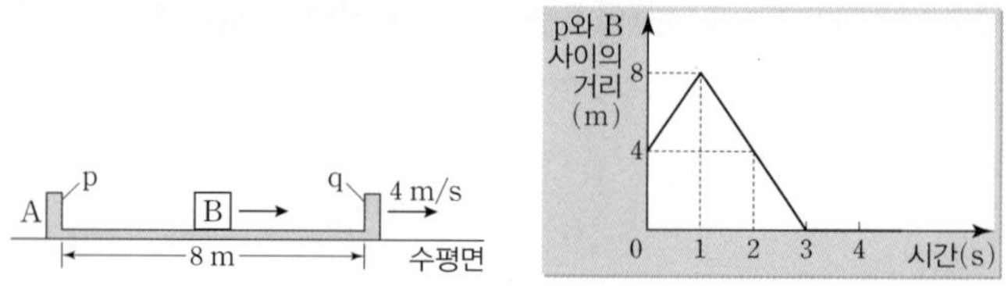

(가) (나)

이에 대한 설명으로 옳은 것만을 〈보기〉에서 있는 대로 고른 것은? (단, A와 B는 동일 직선상에서 운동하며, 벽과 B의 크기, 모든 마찰은 무시한다.)

보기

ㄱ. 질량은 A가 B의 3배이다.
ㄴ. 2초일 때, A의 속력은 6 m/s이다.
ㄷ. 2초일 때, 운동 방향은 A와 B가 같다.

① ㄱ ② ㄴ ③ ㄱ, ㄷ
④ ㄴ, ㄷ ⑤ ㄱ, ㄴ, ㄷ

110 ▸25116-0110

2023학년도 9월 모의평가 8번 상중하

그림 (가)와 같이 마찰이 없는 수평면에 물체 A~D가 정지해 있고, B와 C는 압축된 용수철에 접촉되어 있다. 그림 (나)는 (가)에서 B, C를 동시에 가만히 놓았더니 A와 B, C와 D가 각각 한 덩어리로 등속도 운동하는 모습을 나타낸 것이다. A, B, C, D의 질량은 각각 m, $2m$, $3m$, m이다.

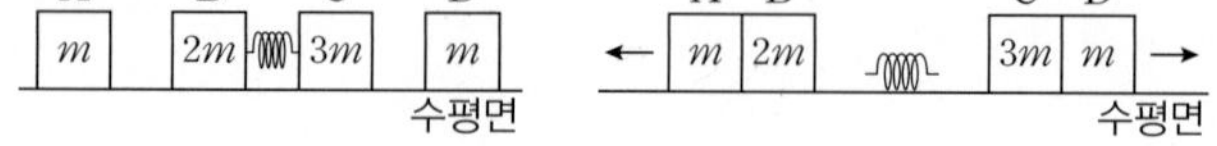

(가) (나)

충돌하는 동안 A, D가 각각 B, C에 작용하는 충격량의 크기를 I_1, I_2라 할 때, $\frac{I_1}{I_2}$은? (단, 용수철의 질량은 무시한다.)

① 1 ② $\frac{4}{3}$ ③ $\frac{3}{2}$
④ 2 ⑤ $\frac{9}{4}$

111

▸25116-0111
2023학년도 6월 모의평가 13번

상중하

그림과 같이 수평면의 일직선상에서 물체 A, B가 각각 속력 $4v$, v로 등속도 운동하고 물체 C는 정지해 있다. A와 B는 충돌하여 한 덩어리가 되어 속력 $3v$로 등속도 운동한다. 한 덩어리가 된 A, B와 C는 충돌하여 한 덩어리가 되어 속력 v로 등속도 운동한다.

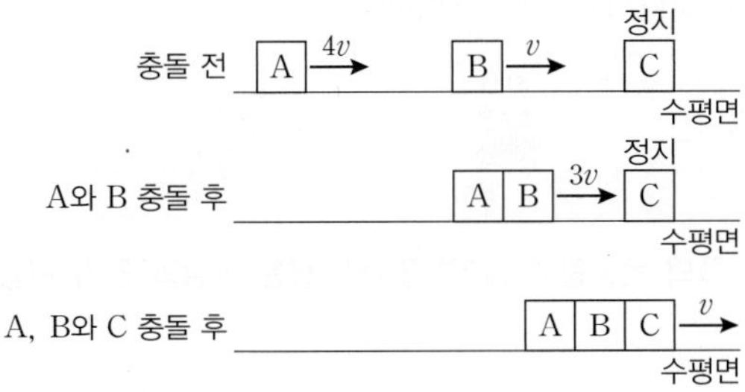

B, C의 질량을 각각 m_B, m_C라 할 때, $\frac{m_C}{m_B}$는?

① 3 ② 4 ③ 5
④ 6 ⑤ 7

112

▸25116-0112
2022학년도 10월 학력평가 19번

상중하

그림 (가)는 수평면에서 물체 A, B가 각각 속력 $2v$, $3v$로 정지한 물체 C를 향해 운동하는 모습을 나타낸 것이다. B, C의 질량은 각각 m, $2m$이다. 그림 (나)는 (가)의 순간부터 B와 C 사이의 거리를 시간 t에 따라 나타낸 것이다. A는 충돌 후 속력 v로 충돌 전과 같은 방향으로 운동한다.

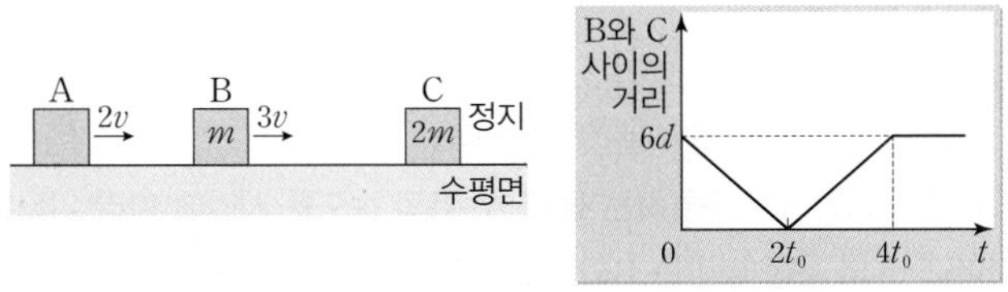

(가) (나)

이에 대한 옳은 설명만을 〈보기〉에서 있는 대로 고른 것은? (단, A, B, C는 동일 직선상에서 운동하고, 물체의 크기, 모든 마찰과 공기 저항은 무시한다.)

보기

ㄱ. A의 질량은 $3m$이다.
ㄴ. 충돌 과정에서 받은 충격량의 크기는 C가 A의 2배이다.
ㄷ. $t=0$일 때 A와 B 사이의 거리는 $4d$이다.

① ㄱ ② ㄷ ③ ㄱ, ㄴ
④ ㄱ, ㄷ ⑤ ㄴ, ㄷ

113

▸25116-0113
2022학년도 3월 학력평가 9번

상중하

그림 (가)와 같이 마찰이 없는 수평면에서 물체 A가 정지해 있는 물체 B, C를 향해 운동한다. A, B, C의 질량은 각각 M, m, m이다. 그림 (나)는 (가)의 순간부터 A와 C 사이의 거리를 시간에 따라 나타낸 것이다.

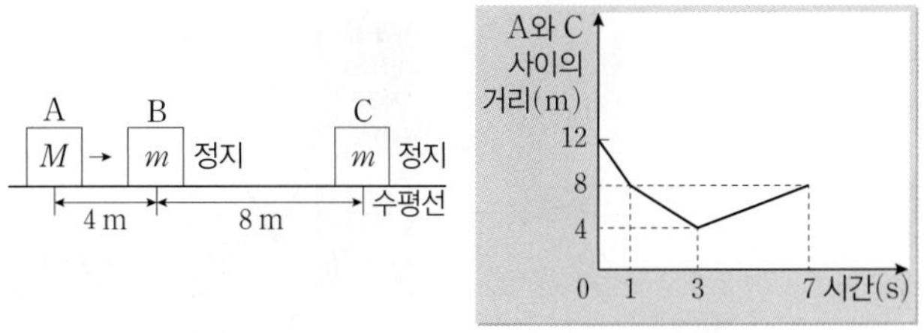

(가) (나)

이에 대한 옳은 설명만을 〈보기〉에서 있는 대로 고른 것은? (단, A, B, C는 동일 직선상에서 운동하고, 물체의 크기는 무시한다.)

보기

ㄱ. 2초일 때 B의 속력은 2 m/s이다.
ㄴ. $M=2m$이다.
ㄷ. 5초일 때 B의 속력은 1 m/s이다.

① ㄴ ② ㄷ ③ ㄱ, ㄴ
④ ㄱ, ㄷ ⑤ ㄴ, ㄷ

114

▸25116-0114
2022학년도 수능 13번

상중하

그림 (가)는 마찰이 없는 수평면에서 물체 A, B가 등속도 운동하는 모습을, (나)는 A와 B 사이의 거리를 시간에 따라 나타낸 것이다. A의 속력은 충돌 전이 2 m/s이고, 충돌 후가 1 m/s이다. A와 B는 질량이 각각 m_A, m_B이고 동일 직선상에서 운동한다. 충돌 후 운동량의 크기는 B가 A보다 크다.

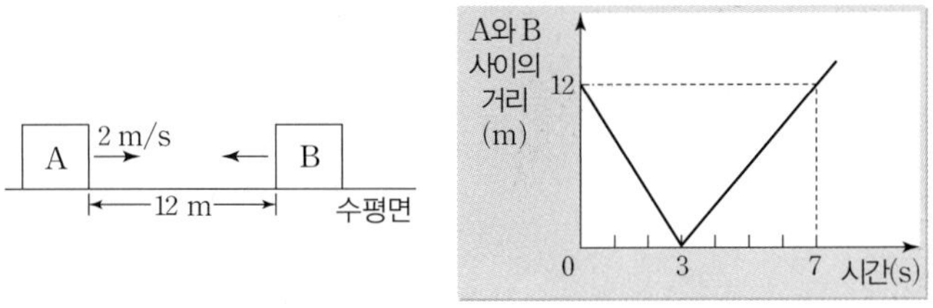

(가) (나)

m_A : m_B는?

① 1 : 1 ② 4 : 3 ③ 5 : 3
④ 2 : 1 ⑤ 5 : 2

115
▸25116-0115
2022학년도 9월 모의평가 18번 상중하

그림 (가)는 마찰이 없는 수평면에서 물체 A가 정지해 있는 물체 B를 향하여 등속도 운동을 하는 모습을, (나)는 (가)에서 A와 B 사이의 거리를 시간에 따라 나타낸 것이다. 벽에 충돌 직후 B의 속력은 충돌 직전과 같다. A, B는 질량이 각각 m_A, m_B이고, 동일 직선상에서 운동한다.

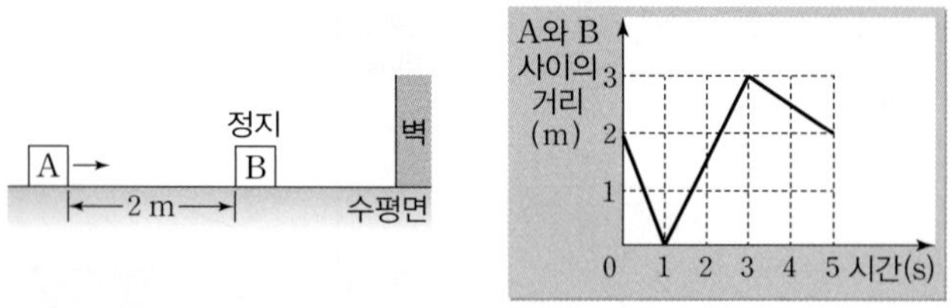

(가) (나)

$m_A : m_B$는?

① 5 : 3 ② 3 : 2 ③ 1 : 1
④ 2 : 5 ⑤ 1 : 3

116
▸25116-0116
2022학년도 6월 모의평가 17번 상중하

그림 (가)와 같이 마찰이 없는 수평면에서 물체 A, B, C가 등속도 운동을 한다. A와 C는 같은 속력으로 B를 향해 운동하고, B의 속력은 4 m/s이다. A, B, C의 질량은 각각 3 kg, 2 kg, 2 kg이다. 그림 (나)는 (가)에서 B와 C 사이의 거리를 시간 t에 따라 나타낸 것이다. A, B, C는 동일 직선상에서 운동한다.

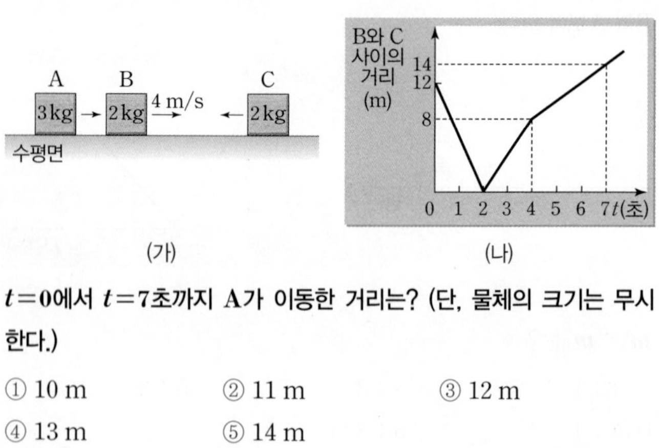

(가) (나)

$t=0$에서 $t=7$초까지 A가 이동한 거리는? (단, 물체의 크기는 무시한다.)

① 10 m ② 11 m ③ 12 m
④ 13 m ⑤ 14 m

117
▸25116-0117
2021학년도 10월 학력평가 15번 상중하

그림과 같이 수평면에서 운동량의 크기가 p인 물체 A, C가 정지해 있는 물체 B, D에 각각 충돌한다. A, C는 충돌 전후 각각 동일 직선상에서 운동한다. 충돌 후 운동량의 크기는 A가 C의 $\frac{3}{5}$배이고, 물체가 받은 충격량의 크기는 B가 D의 $\frac{3}{5}$배이다.

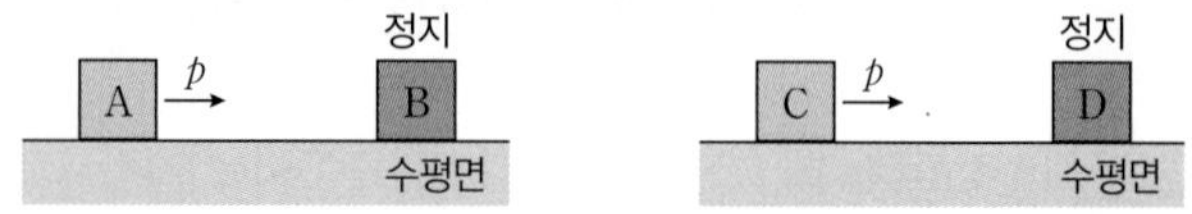

충돌 후 D의 운동량의 크기는? (단, 모든 마찰과 공기 저항은 무시한다.)

① $\frac{1}{5}p$ ② $\frac{3}{5}p$ ③ $\frac{3}{4}p$
④ $\frac{5}{4}p$ ⑤ $\frac{4}{3}p$

118
▸25116-0118
2021학년도 3월 학력평가 10번 상중하

그림은 수평면에서 충돌하는 물체 A, B의 속도를 시간에 따라 나타낸 것이다. A의 운동 방향은 B와 충돌하기 전과 후가 서로 반대이다. A의 질량은 2 kg이다.

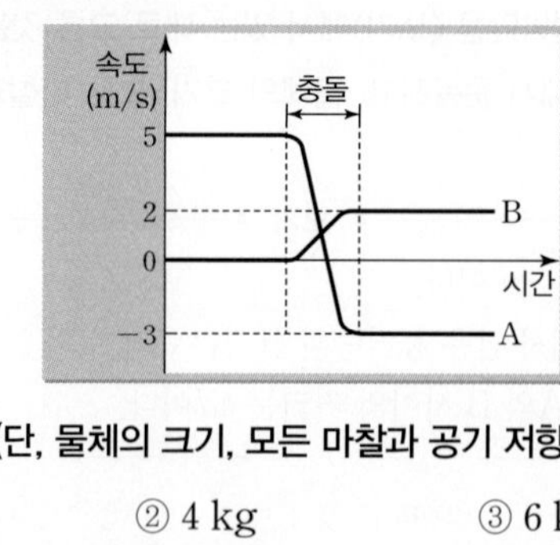

B의 질량은? (단, 물체의 크기, 모든 마찰과 공기 저항은 무시한다.)

① 2 kg ② 4 kg ③ 6 kg
④ 8 kg ⑤ 10 kg

119

▸25116-0119
2021학년도 수능 14번
상중하

그림 (가)는 마찰이 없는 수평면에서 물체 A가 정지해 있는 물체 B를 향해 운동하는 모습을 나타낸 것이고, (나)는 A의 위치를 시간에 따라 나타낸 것이다. A, B의 질량은 각각 m_A, m_B이고, 충돌 후 운동 에너지는 B가 A의 3배이다.

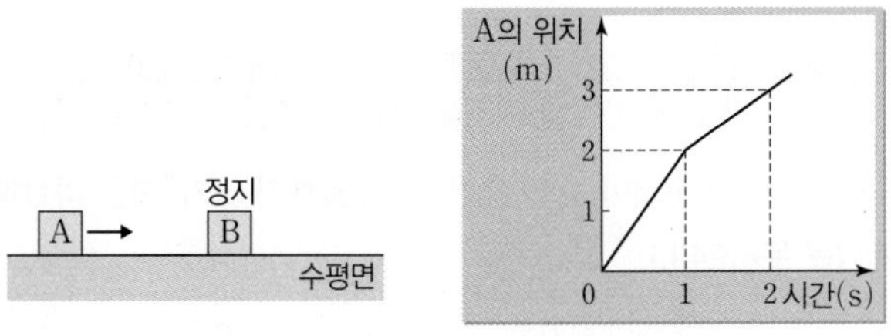

(가) (나)

$m_A : m_B$는? (단, A와 B는 동일 직선상에서 운동한다.)

① 2 : 1 ② 3 : 1 ③ 3 : 2
④ 4 : 3 ⑤ 5 : 2

02 에너지와 열

120

▸25116-0120
2022학년도 수능 15번
상중하

그림은 물체 A, B, C를 실 p, q로 연결하여 C를 손으로 잡아 정지시킨 모습을 나타낸 것이다. C를 가만히 놓으면 B는 가속도의 크기 a로 등가속도 운동한다. 이후 p를 끊으면 B는 가속도의 크기 a로 등가속도 운동한다. A, B, C의 질량은 각각 $3m$, m, $2m$이다.

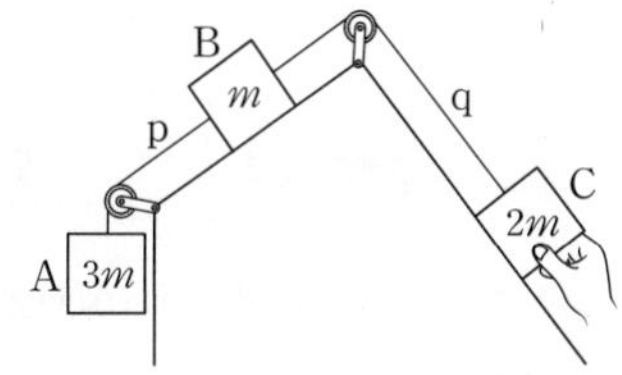

이에 대한 설명으로 옳은 것만을 〈보기〉에서 있는 대로 고른 것은? (단, 중력 가속도는 g이고, 실의 질량 및 모든 마찰과 공기 저항은 무시한다.)

보기

ㄱ. q가 B를 당기는 힘의 크기는 p를 끊기 전이 p를 끊은 후보다 크다.
ㄴ. $a=\frac{1}{3}g$이다.
ㄷ. p를 끊기 전까지, A의 중력 퍼텐셜 에너지 감소량은 B와 C의 운동 에너지 증가량의 합보다 크다.

① ㄱ ② ㄷ ③ ㄱ, ㄴ
④ ㄴ, ㄷ ⑤ ㄱ, ㄴ, ㄷ

121

▸25116-0121
2020학년도 10월 학력평가 20번
상중하

그림과 같이 실로 연결된 채 두 빗면에서 속력 v로 각각 등속도 운동을 하던 물체 A, B가 수평선 P를 동시에 지나는 순간 실이 끊어졌으며, 이후 각각 등가속도 직선 운동을 하여 수평선 Q를 동시에 지났다. A, B의 질량은 각각 m, $5m$이고, 두 빗면의 기울기는 같으며, B는 빗면으로부터 일정한 마찰력을 받는다.

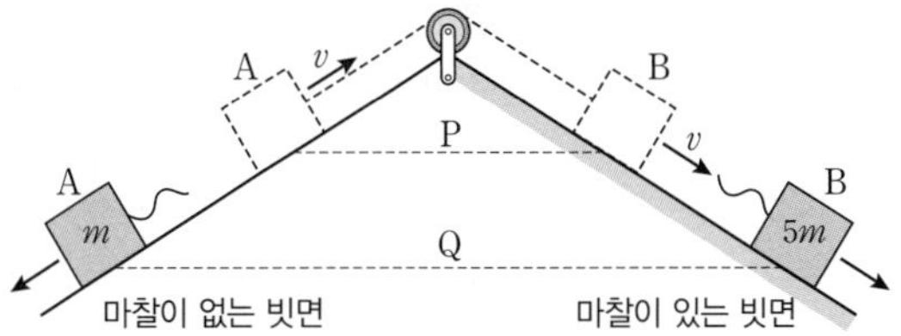

P에서 Q까지 B의 역학적 에너지 감소량은? (단, 실의 질량, 물체의 크기, B가 받는 마찰 이외의 모든 마찰과 공기 저항은 무시한다.)

① $6mv^2$ ② $12mv^2$ ③ $18mv^2$
④ $24mv^2$ ⑤ $30mv^2$

122 ▸25116-0122
2020학년도 수능 16번 상중하

그림은 자동차가 등가속도 직선 운동하는 모습을 나타낸 것이다. 점 a, b, c, d는 운동 경로상에 있고, a와 b, b와 c, c와 d 사이의 거리는 각각 $2L$, L, $3L$이다. 자동차의 운동 에너지는 c에서가 b에서의 $\frac{5}{4}$배이다.

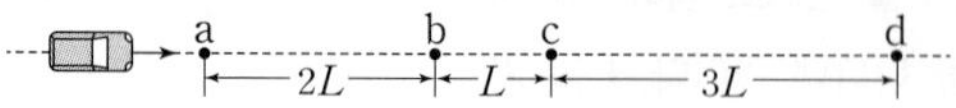

자동차의 속력은 d에서가 a에서의 몇 배인가? (단, 자동차의 크기는 무시한다.)

① $\sqrt{3}$배 ② 2배 ③ $2\sqrt{2}$배
④ 3배 ⑤ $2\sqrt{3}$배

123 ▸25116-0123
2019학년도 10월 학력평가 19번 상중하

그림과 같이 물체가 마찰이 없는 연직면상의 궤도를 따라 운동한다. 물체는 왼쪽 빗면상의 점 a, b, 수평면상의 점 c, d, 오른쪽 빗면상의 점 e를 지나 점 f에 도달한다. 물체가 a, b를 지나는 순간의 속력은 각각 v, $4v$이고, a~b 구간을 통과하는 데 걸리는 시간은 e~f 구간을 통과하는 데 걸리는 시간의 3배이다. 물체는 c~d 구간에서 운동 방향과 반대 방향으로 크기가 F인 일정한 힘을 받는다. b와 e의 높이는 같다.

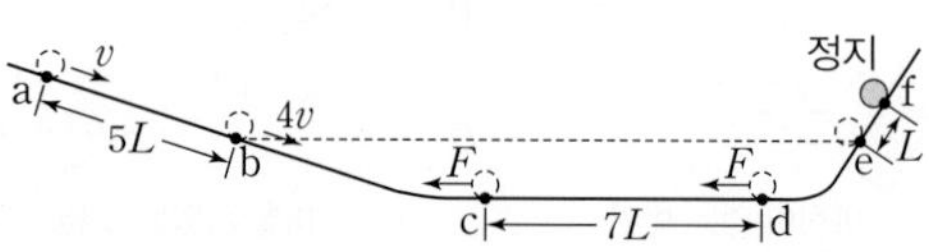

e~f 구간에서 물체에 작용하는 알짜힘의 크기는? (단, 물체의 크기와 공기 저항은 무시한다.)

① $4F$ ② $5F$ ③ $7F$
④ $9F$ ⑤ $10F$

124 ▸25116-0124
2019학년도 3월 학력평가 13번 상중하

그림과 같이 물체가 수평면에서 직선 운동하며 길이가 같은 6개의 터널과 점 a~e를 통과한다. 물체는 각 터널을 통과하는 동안에만 같은 크기의 힘을 운동 방향으로 받는다. 첫 번째 터널을 통과하기 전과 후의 물체의 속력은 각각 v, $2v$이다.

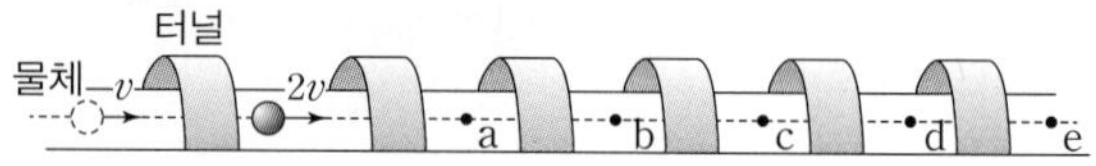

a~e 중 물체의 속력이 $4v$인 점은? (단, 물체의 크기, 모든 마찰과 공기 저항은 무시한다.)

① a ② b ③ c
④ d ⑤ e

125 ▸25116-0125
2019학년도 9월 모의평가 18번 상중하

그림은 $x=0$에서 정지해 있던 물체 A, B가 x축과 나란한 직선 경로를 따라 운동을 한 모습을, 표는 구간에 따라 A, B에 작용한 힘의 크기와 방향을 나타낸 것이다. A, B의 질량은 같고, $x=0$에서 $x=4L$까지 운동하는 데 걸린 시간은 같다. F_A와 F_B는 각각 크기가 일정하고, x축과 나란한 방향이다.

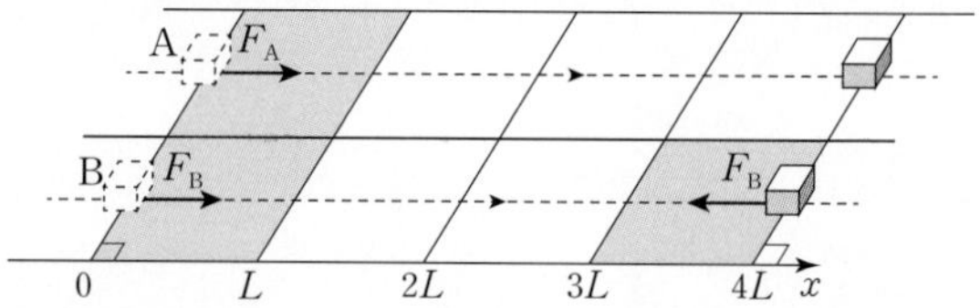

구간 / 물체	$0 \leq x \leq L$	$L < x < 3L$	$3L \leq x \leq 4L$
A	F_A, 오른쪽	0	0
B	F_B, 오른쪽	0	F_B, 왼쪽

$0 \leq x \leq L$에서 A, B가 받은 일을 각각 W_A, W_B라고 할 때, $\frac{W_A}{W_B}$는? (단, 물체의 크기, 마찰, 공기 저항은 무시한다.)

① $\frac{16}{25}$ ② $\frac{25}{36}$ ③ $\frac{36}{49}$
④ $\frac{49}{64}$ ⑤ $\frac{64}{81}$

126
▸25116-0126
2025학년도 수능 20번
상중하

그림 (가)와 같이 높이 $4h$인 평면에서 용수철 P에 연결된 물체 A에 물체 B를 접촉시켜 P를 원래 길이에서 $2d$만큼 압축시킨 후 가만히 놓았더니, B는 A와 분리된 후 높이 차가 H인 마찰 구간을 등속도로 지나 수평면에 놓인 용수철 Q를 향해 운동한다. 이후 그림 (나)와 같이 A는 P를 원래 길이에서 최대 d만큼 압축시키며 직선 운동하고, B는 Q를 원래 길이에서 최대 $3d$만큼 압축시킨 후 다시 마찰 구간을 지나 높이 $4h$인 지점에서 정지한다. B가 마찰 구간을 올라갈 때 손실된 역학적 에너지는 내려갈 때와 같고, P, Q의 용수철 상수는 같다.

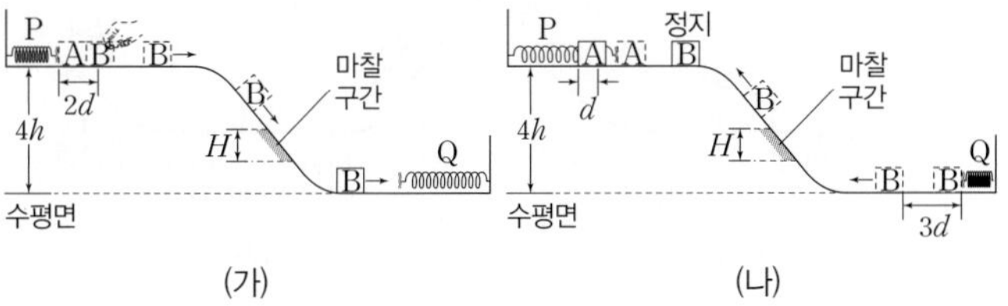

H는? (단, 물체는 동일 연직면상에서 운동하고, 용수철의 질량, 물체의 크기, 공기 저항, 마찰 구간 외의 모든 마찰은 무시한다.)

① $\frac{3}{5}h$　② $\frac{4}{5}h$　③ h　④ $\frac{6}{5}h$　⑤ $\frac{7}{5}h$

127
▸25116-0127
2025학년도 9월 모의평가 20번
상중하

그림과 같이 수평면으로부터 높이가 h인 수평 구간에서 질량이 각각 m, $3m$인 물체 A와 B로 용수철을 압축시킨 후 가만히 놓았더니, A, B는 각각 수평면상의 마찰 구간 Ⅰ, Ⅱ를 지나 높이 $3h$, $2h$에서 정지하였다. 이 과정에서 A의 운동 에너지의 최댓값은 A의 중력 퍼텐셜 에너지의 최댓값의 4배이다. A, B가 각각 Ⅰ, Ⅱ를 한 번 지날 때 손실되는 역학적 에너지는 각각 $W_{\text{Ⅰ}}$, $W_{\text{Ⅱ}}$이다.

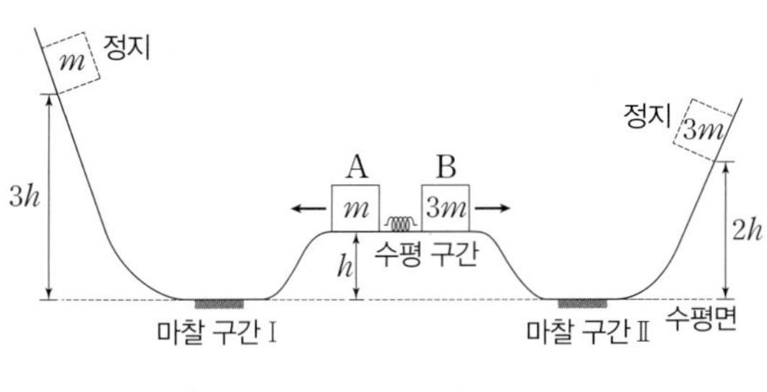

$\frac{W_{\text{Ⅰ}}}{W_{\text{Ⅱ}}}$은? (단, 수평면에서 중력 퍼텐셜 에너지는 0이고, A와 B는 동일 연직면상에서 운동한다. 물체의 크기, 용수철의 질량, 공기 저항과 마찰 구간 외의 모든 마찰은 무시한다.)

① 9　② $\frac{21}{2}$　③ 12　④ $\frac{27}{2}$　⑤ 15

128
▸25116-0128
2025학년도 6월 모의평가 19번
상중하

그림은 물체 A, C를 수평면에 놓인 물체 B의 양쪽에 실로 연결하여 서로 다른 빗면에 놓고, A를 손으로 잡아 점 p에 정지시킨 모습을 나타낸 것이다. A를 가만히 놓으면 A는 빗면을 따라 등가속도 운동한다. A가 p에서 d만큼 떨어진 점 q까지 운동하는 동안 A, C의 중력 퍼텐셜 에너지 변화량의 크기는 각각 E_0, $7E_0$이다. A, B, C의 질량은 각각 m, $2m$, $3m$이다.

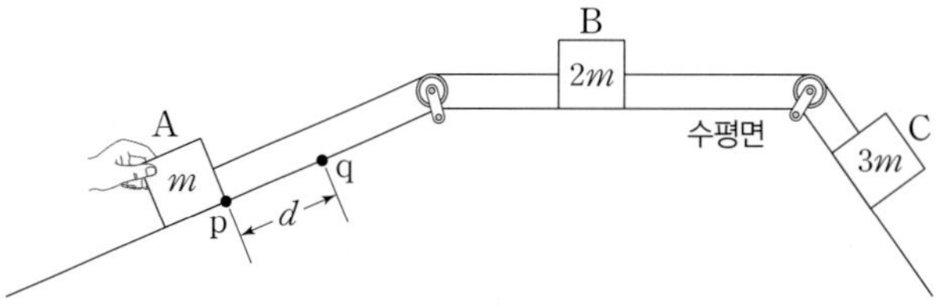

A가 p에서 q까지 운동하는 동안, 이에 대한 설명으로 옳은 것만을 〈보기〉에서 있는 대로 고른 것은? (단, 물체의 크기, 실의 질량, 모든 마찰은 무시한다.)

보기

ㄱ. A의 운동 에너지 변화량과 중력 퍼텐셜 에너지 변화량은 크기가 같다.

ㄴ. B의 가속도의 크기는 $\frac{2E_0}{md}$이다.

ㄷ. 역학적 에너지 변화량의 크기는 B가 C보다 크다.

① ㄱ　② ㄴ　③ ㄷ　④ ㄱ, ㄴ　⑤ ㄱ, ㄷ

129 ▸25116-0129

2024학년도 10월 학력평가 18번 상 중 하

그림은 높이가 $3h$인 지점을 속력 v로 지나는 물체가 빗면 위의 마찰 구간 Ⅰ과 수평면 위의 마찰 구간 Ⅱ를 지난 후 높이가 h인 지점을 속력 v로 통과하는 모습을 나타낸 것이다. 점 p, q는 Ⅱ의 양 끝점이다. 높이 차가 d인 Ⅰ에서 물체는 등속도 운동을 하고, Ⅰ의 최저점의 높이는 h이다. Ⅰ과 Ⅱ에서 물체의 역학적 에너지 감소량은 q에서 물체의 운동 에너지의 $\frac{2}{3}$배로 같다.

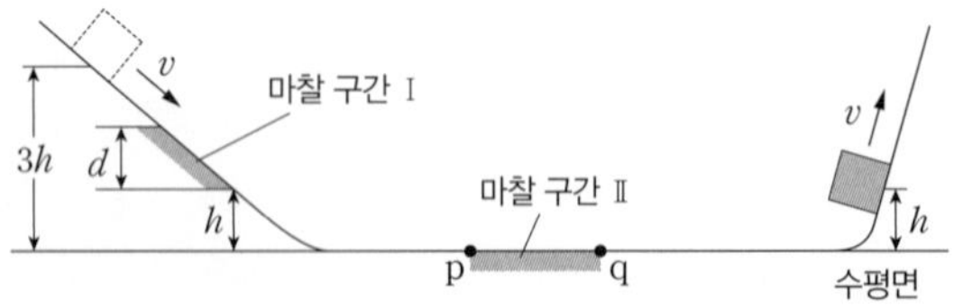

이에 대한 옳은 설명만을 〈보기〉에서 있는 대로 고른 것은? (단, 물체의 크기, 공기 저항, 마찰 구간 외의 모든 마찰은 무시한다.)

보기

ㄱ. $d=h$이다.
ㄴ. p에서 물체의 속력은 $\sqrt{5}\,v$이다.
ㄷ. 물체의 운동 에너지는 Ⅰ에서와 q에서가 같다.

① ㄱ ② ㄷ ③ ㄱ, ㄴ
④ ㄴ, ㄷ ⑤ ㄱ, ㄴ, ㄷ

130 ▸25116-0130

2024학년도 3월 학력평가 20번 상 중 하

그림 (가)와 같이 빗면을 따라 운동하는 물체 A는 수평한 기준선 P를 속력 $5v$로 지나고, 물체 B는 수평면에 정지해 있다. 그림 (나)는 (가) 이후, A와 B가 충돌하여 서로 반대 방향으로 속력 $2v$로 운동하는 모습을 나타낸 것이다. A, B의 질량은 각각 m, $3m$이다. A가 마찰 구간을 올라갈 때와 내려갈 때 손실된 역학적 에너지는 같다. (나) 이후, A, B는 각각 P를 속력 v_A, $3v$로 지난다.

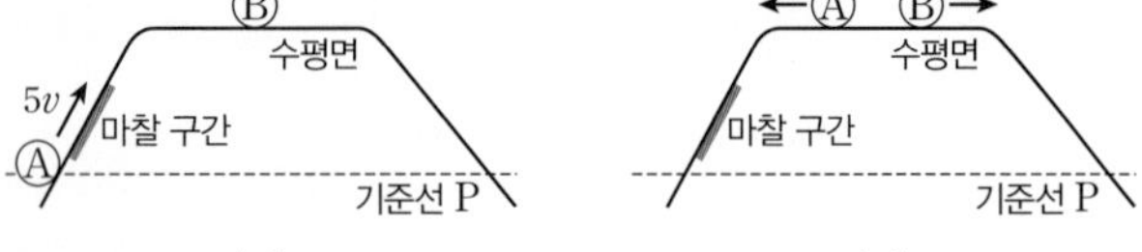

(가) (나)

v_A는? (단, 물체의 크기, 공기 저항, 마찰 구간 외의 모든 마찰은 무시한다.)

① $2v$ ② $\sqrt{5}v$ ③ $\sqrt{6}v$
④ $\sqrt{7}v$ ⑤ $2\sqrt{2}v$

131 ▸25116-0131

2024학년도 수능 20번 상 중 하

그림 (가)와 같이 질량이 m인 물체 A를 높이 $9h$인 지점에 가만히 놓았더니 A가 마찰 구간 Ⅰ을 지나 수평면에 정지한 질량이 $2m$인 물체 B와 충돌한다. 그림 (나)는 A와 B가 충돌한 후, A는 다시 Ⅰ을 지나 높이 H인 지점에서 정지하고, B는 마찰 구간 Ⅱ를 지나 높이 $\frac{7}{2}h$인 지점에서 정지한 순간의 모습을 나타낸 것이다. A가 Ⅰ을 한 번 지날 때 손실되는 역학적 에너지는 B가 Ⅱ를 지날 때 손실되는 역학적 에너지와 같고, 충돌에 의해 손실되는 역학적 에너지는 없다.

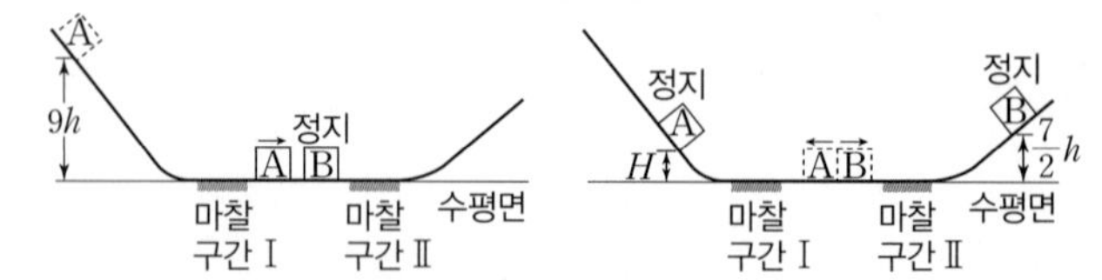

(가) (나)

H는? (단, 물체는 동일 연직면상에서 운동하고, 물체의 크기, 공기 저항, 마찰 구간 외의 모든 마찰은 무시한다.)

① $\frac{5}{17}h$ ② $\frac{7}{17}h$ ③ $\frac{9}{17}h$
④ $\frac{11}{17}h$ ⑤ $\frac{13}{17}h$

132 ▸25116-0132

2024학년도 9월 모의평가 19번 상 중 하

그림은 높이 $6h$인 점에서 가만히 놓은 물체가 궤도를 따라 운동하여 마찰 구간 Ⅰ, Ⅱ를 지나 최고점 r에 도달하여 정지한 순간의 모습을 나타낸 것이다. 점 p, q의 높이는 각각 h, $2h$이고, p, q에서 물체의 속력은 각각 $\sqrt{2}v$, v이다. 마찰 구간에서 손실된 역학적 에너지는 Ⅱ에서가 Ⅰ에서의 2배이다.

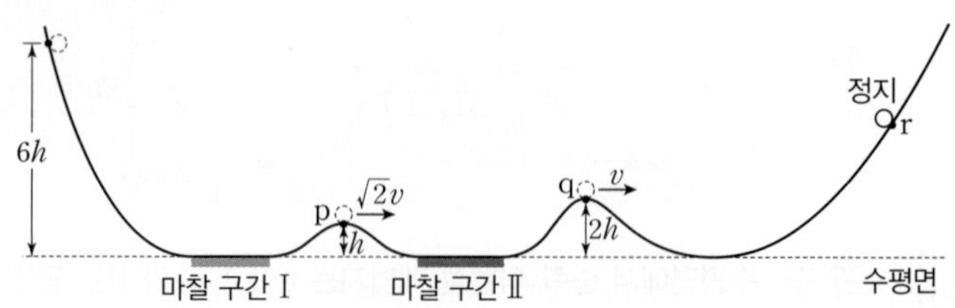

r의 높이는? (단, 물체의 크기, 공기 저항, 마찰 구간 외의 모든 마찰은 무시한다.)

① $\frac{19}{5}h$ ② $4h$ ③ $\frac{21}{5}h$
④ $\frac{22}{5}h$ ⑤ $\frac{23}{5}h$

133 ▸25116-0133

2024학년도 6월 모의평가 20번 상중하

그림과 같이 수평면에서 운동하던 질량이 m인 물체가 언덕을 따라 올라갔다가 내려온다. 높이가 같은 점 p, s에서 물체의 속력은 각각 $2v_0$, v_0이고, 최고점 q에서의 속력은 v_0이다. 높이차가 h로 같은 마찰 구간 Ⅰ, Ⅱ에서 물체의 역학적 에너지 감소량은 Ⅱ에서가 Ⅰ에서의 2배이다.

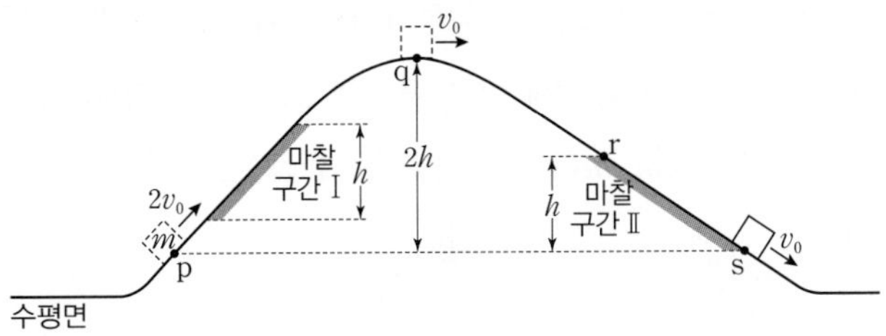

점 r에서 물체의 속력은? (단, 마찰 구간 외의 모든 마찰과 공기 저항, 물체의 크기는 무시한다.)

① $\frac{\sqrt{5}}{2}v_0$ ② $\frac{\sqrt{7}}{2}v_0$ ③ $\sqrt{2}v_0$
④ $\frac{3}{2}v_0$ ⑤ $\sqrt{3}v_0$

134 ▸25116-0134

2023학년도 10월 학력평가 18번 상중하

그림과 같이 빗면의 마찰 구간 Ⅰ에서 일정한 속력 v로 직선 운동한 물체가 마찰 구간 Ⅱ를 속력 v로 빠져나왔다. 점 p~s는 각각 Ⅰ 또는 Ⅱ의 양 끝점이고, p와 q, r과 s의 높이차는 모두 h이다. Ⅰ과 Ⅱ에서 물체의 역학적 에너지 감소량은 p에서 물체의 운동 에너지의 4배로 같다.

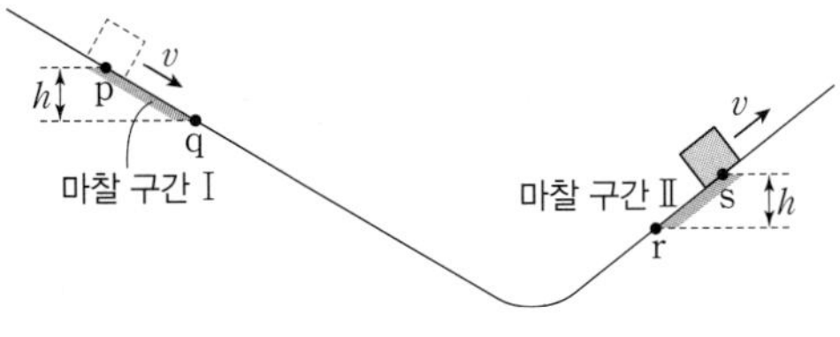

r에서 물체의 속력은? (단, 물체의 크기, 공기 저항, 마찰 구간 외의 모든 마찰은 무시한다.)

① $2v$ ② $\sqrt{6}v$ ③ $2\sqrt{2}v$
④ $3v$ ⑤ $4v$

135 ▸25116-0135

2023학년도 3월 학력평가 20번 상중하

그림 (가)와 같이 빗면의 점 p에 가만히 놓은 물체 A는 빗면의 점 r에서 정지하고, (나)와 같이 r에 가만히 놓은 A는 빗면의 점 q에서 정지한다. (가), (나)의 마찰 구간에서 A의 속력은 감소하고, 가속도의 크기는 각각 $3a$, a로 일정하며, 손실된 역학적 에너지는 서로 같다. p와 q 사이의 높이차는 h_1, 마찰 구간의 높이차는 h_2이다.

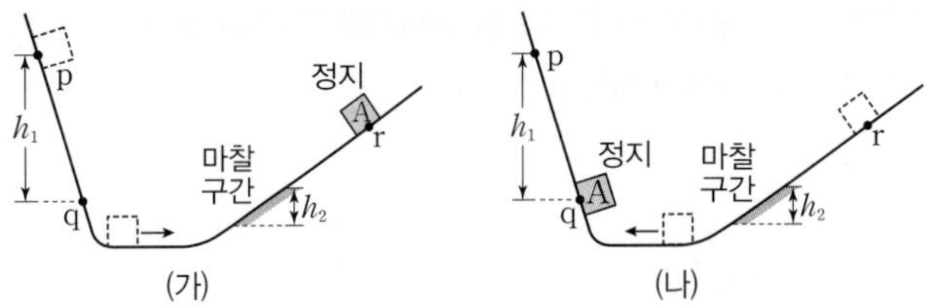

$\frac{h_2}{h_1}$는? (단, 물체의 크기, 공기 저항, 마찰 구간 외의 모든 마찰은 무시한다.)

① $\frac{1}{5}$ ② $\frac{2}{9}$ ③ $\frac{6}{25}$
④ $\frac{1}{4}$ ⑤ $\frac{2}{7}$

136 ▸25116-0136

2023학년도 수능 20번 상중하

그림은 빗면의 점 p에 가만히 놓은 물체가 점 q, r, s를 지나 빗면의 점 t에서 속력이 0인 순간을 나타낸 것이다. 물체는 p와 q 사이에서 가속도의 크기 $3a$로 등가속도 운동을, 빗면의 마찰 구간에서 등속도 운동을, r와 t 사이에서 가속도의 크기 $2a$로 등가속도 운동을 한다. 물체가 마찰 구간을 지나는 데 걸린 시간과 r에서 s까지 지나는 데 걸린 시간은 같다. p와 q 사이, s와 r 사이의 높이차는 h로 같고, t는 마찰 구간의 최고점 q와 높이가 같다.

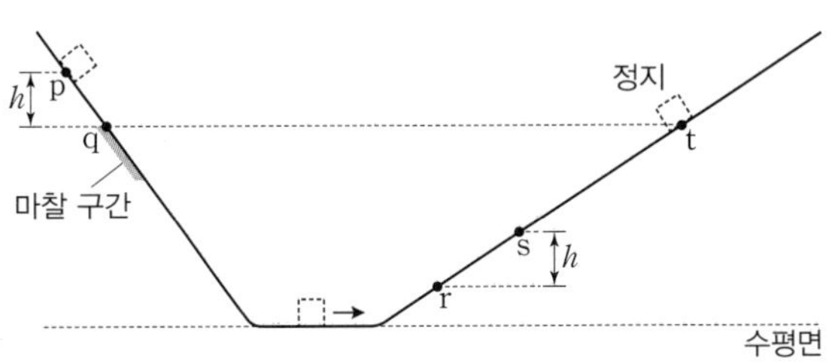

t와 s 사이의 높이차는? (단, 물체의 크기, 공기 저항, 마찰 구간 외의 모든 마찰은 무시한다.)

① $\frac{16}{9}h$ ② $2h$ ③ $\frac{20}{9}h$
④ $\frac{7}{3}h$ ⑤ $\frac{8}{3}h$

137 ▸25116-0137

2023학년도 9월 모의평가 20번 상중하

그림은 질량이 각각 m, $2m$인 물체 A, B를 실로 연결하고 서로 다른 빗면의 점 p, r에 정지시킨 모습을 나타낸 것이다. A를 가만히 놓았더니 A가 점 q를 지나는 순간 실이 끊어지고 A, B는 빗면을 따라 가속도의 크기가 각각 $3a$, $2a$인 등가속도 운동을 한다. B는 마찰 구간이 시작되는 점 s부터 등속도 운동을 한다. A가 수평면에 닿기 직전 A의 운동 에너지는 마찰 구간에서 B의 운동 에너지의 2배이다. p와 s의 높이는 h_1로 같고, q와 r의 높이는 h_2로 같다.

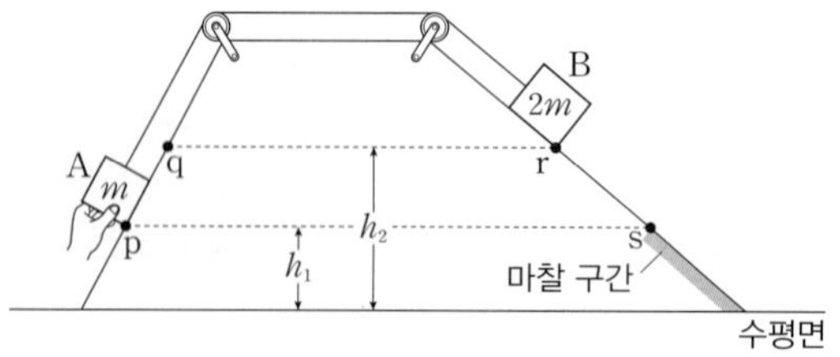

$\frac{h_2}{h_1}$는? (단, 실의 질량, 물체의 크기, 공기 저항, 마찰 구간 외의 모든 마찰은 무시한다.)

① $\frac{3}{2}$ ② $\frac{7}{4}$ ③ 2 ④ $\frac{9}{4}$ ⑤ $\frac{5}{2}$

138 ▸25116-0138

2023학년도 6월 모의평가 19번 상중하

그림은 높이 h인 평면에서 용수철 P에 연결된 물체 A에 물체 B를 접촉시키고, P를 원래 길이에서 $2d$만큼 압축시킨 모습을 나타낸 것이다. B를 가만히 놓으면 B는 P의 원래 길이에서 A와 분리되어 면을 따라 운동하고 A는 P에 연결된 채로 직선 운동한다. 이후 B는 높이차가 $2h$인 마찰 구간을 등속도로 지나 수평면에 놓인 용수철 Q를 원래 길이에서 $\sqrt{2}d$만큼 압축시킬 때 속력이 0이 된다. A와 B가 분리된 후 P의 탄성 퍼텐셜 에너지의 최댓값은 B가 마찰 구간에서 높이차 $2h$만큼 내려가는 동안 B의 역학적 에너지 감소량과 같다. P, Q의 용수철 상수는 같다.

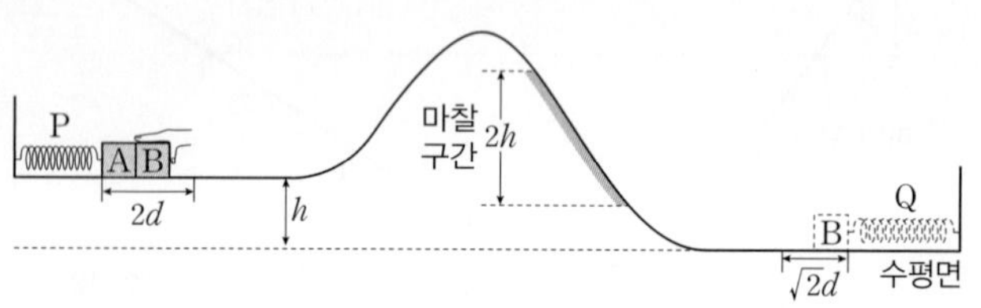

A, B의 질량을 각각 m_A, m_B라 할 때, $\frac{m_B}{m_A}$는? (단, 용수철의 질량, 물체의 크기, 공기 저항, 마찰 구간 외의 모든 마찰은 무시한다.)

① $\frac{1}{3}$ ② $\frac{1}{2}$ ③ 1 ④ 2 ⑤ 3

139 ▸25116-0139

2022학년도 10월 학력평가 20번 상중하

그림과 같이 높이가 $2h$인 평면, 수평면에서 각각 물체 A, B로 용수철 P, Q를 원래 길이에서 d만큼 압축시킨 후 가만히 놓으면 A와 B가 높이 $3h$인 평면에서 충돌한다. A의 속력은 B와 충돌 직전이 충돌 직후의 4배이다. B는 높이차가 h인 마찰 구간을 내려갈 때 등속도 운동하고, 마찰 구간을 올라갈 때 손실된 역학적 에너지는 내려갈 때와 같다. 충돌 후 A, B는 각각 P, Q를 원래 길이에서 최대 $\frac{d}{2}$, x만큼 압축시킨다. A, B의 질량은 각각 $2m$, m이고, P, Q의 용수철 상수는 각각 k, $2k$이다.

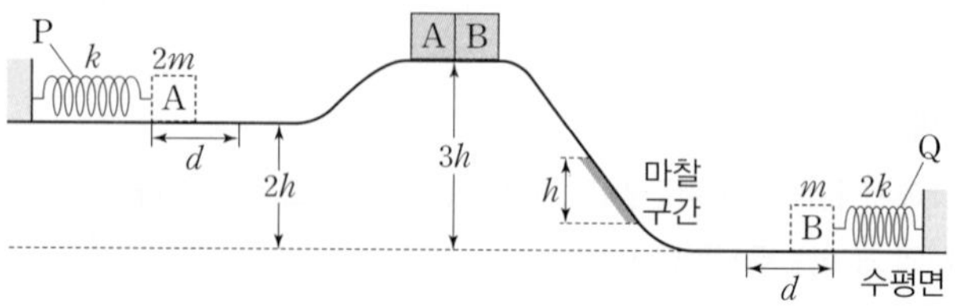

$\frac{x}{d}$는? (단, 물체는 면을 따라 운동하고, 용수철 질량, 물체의 크기, 공기 저항, 마찰 구간 외의 모든 마찰은 무시한다.)

① $\sqrt{\frac{1}{20}}$ ② $\sqrt{\frac{1}{15}}$ ③ $\sqrt{\frac{1}{10}}$ ④ $\sqrt{\frac{2}{15}}$ ⑤ $\sqrt{\frac{3}{20}}$

140 ▸25116-0140

2022학년도 3월 학력평가 20번 상중하

그림 (가)와 같이 물체 A, B를 실로 연결하고, A에 연결된 용수철을 원래 길이에서 $3L$만큼 압축시킨 후 A를 점 p에서 가만히 놓았다. B의 질량은 m이다. 그림 (나)는 (가)에서 A, B가 직선 운동하여 각각 $7L$만큼 이동한 후 $4L$만큼 되돌아와 정지한 모습을 나타낸 것이다. A가 구간 p → r, r → q에서 이동할 때, 각 구간에서 마찰에 의해 손실된 역학적 에너지는 각각 $7W$, $4W$이다.

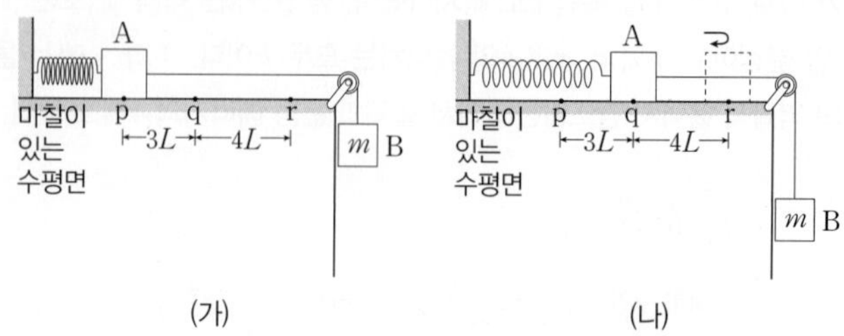

W는? (단, 중력 가속도는 g이고, 용수철과 실의 질량, 물체의 크기, 수평면에 의한 마찰 외의 모든 마찰과 공기 저항은 무시한다.)

① $\frac{1}{3}mgL$ ② $\frac{2}{5}mgL$ ③ $\frac{1}{2}mgL$ ④ $\frac{3}{5}mgL$ ⑤ $\frac{2}{3}mgL$

141 ▸25116-0141
2022학년도 수능 20번 상중하

그림 (가)와 같이 높이 h_A인 평면에서 물체 A로 용수철을 원래 길이에서 d만큼 압축시킨 후 가만히 놓고, 물체 B를 높이 $9h$인 지점에 가만히 놓으면, A와 B는 수평면에서 서로 같은 속력으로 충돌한다. 충돌 후 그림 (나)와 같이 A는 용수철을 원래 길이에서 최대 $2d$만큼 압축시키고, B는 높이 h인 지점에서 속력이 0이 된다. A, B는 질량이 각각 m, $2m$이고, 면을 따라 운동한다. A는 빗면을 내려갈 때 높이차가 $2h$인 마찰 구간에서 등속도 운동하고, 마찰 구간을 올라갈 때 손실된 역학적 에너지는 내려갈 때와 같다.

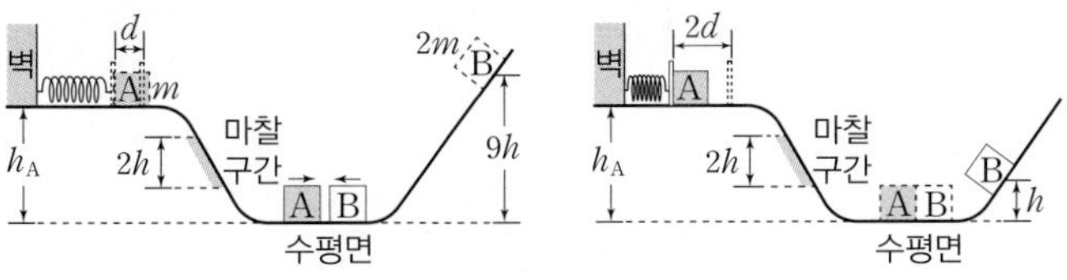

(가) (나)

h_A는? (단, 용수철의 질량, 물체의 크기, 공기 저항, 마찰 구간 외의 모든 마찰은 무시한다.)

① $7h$　② $\frac{13}{2}h$　③ $6h$　④ $\frac{11}{2}h$　⑤ $\frac{9}{2}h$

142 ▸25116-0142
2022학년도 9월 모의평가 20번 상중하

그림과 같이 물체 A, B를 각각 서로 다른 빗면의 높이 h_A, h_B인 지점에 가만히 놓았다. A가 내려가는 빗면의 일부에는 높이차가 $\frac{3}{4}h$인 마찰 구간이 있으며, A는 마찰 구간에서 등속도 운동하였다. A와 B는 수평면에서 충돌하였고, 충돌 전의 운동 방향과 반대로 운동하여 각각 높이 $\frac{h}{4}$와 $4h$인 지점에서 속력이 0이 되었다. 수평면에서 B의 속력은 충돌 후가 충돌 전의 2배이다. A, B의 질량은 각각 $3m$, $2m$이다.

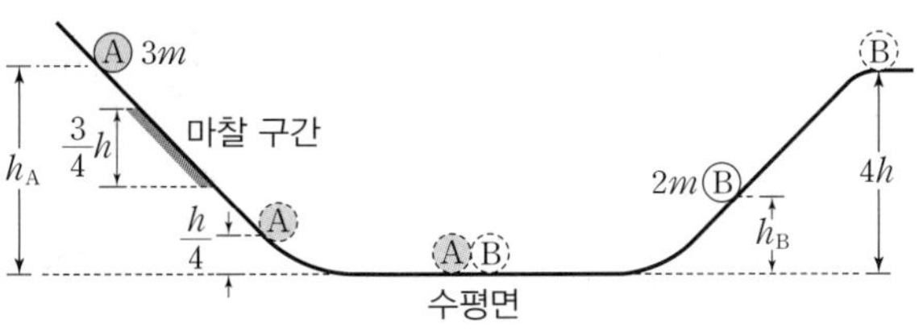

$\frac{h_B}{h_A}$는? (단, 물체의 크기, 공기 저항, 마찰 구간 외의 모든 마찰은 무시한다.)

① $\frac{1}{4}$　② $\frac{1}{3}$　③ $\frac{4}{9}$　④ $\frac{1}{2}$　⑤ $\frac{2}{3}$

143 ▸25116-0143
2022학년도 6월 모의평가 20번 상중하

그림과 같이 수평 구간 I에서 물체 A, B를 용수철의 양 끝에 접촉하여 용수철을 원래 길이에서 d만큼 압축시킨 후 동시에 가만히 놓으면, A는 높이 h에서 속력이 0이고, B는 높이가 $3h$인 마찰이 있는 수평 구간 II에서 정지한다. A, B의 질량은 각각 $2m$, m이고, 용수철 상수는 k이다.

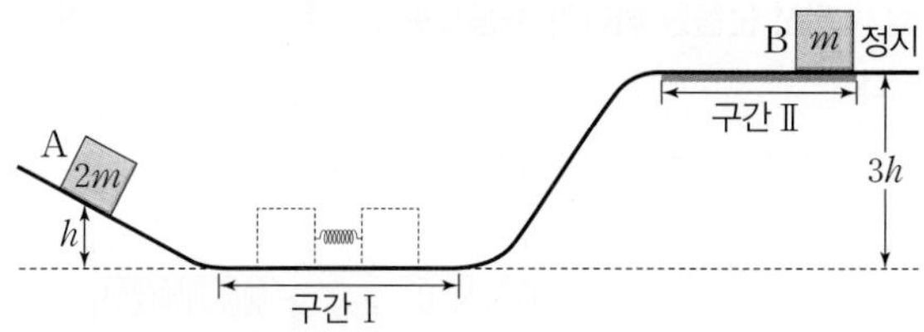

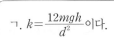

이에 대한 설명으로 옳은 것만을 〈보기〉에서 있는 대로 고른 것은? (단, 중력 가속도는 g이고, 물체의 크기, 용수철의 질량, 구간 II의 마찰을 제외한 모든 마찰 및 공기 저항은 무시한다.)

보기

ㄱ. $k=\frac{12mgh}{d^2}$이다.

ㄴ. A, B가 각각 높이 $\frac{h}{2}$를 지날 때의 속력은 B가 A의 $\sqrt{6}$배이다.

ㄷ. 마찰에 의한 B의 역학적 에너지 감소량은 $\frac{3}{2}mgh$이다.

① ㄱ　② ㄴ　③ ㄷ　④ ㄱ, ㄴ　⑤ ㄴ, ㄷ

144 ▸25116-0144
2021학년도 10월 학력평가 20번 상중하

그림 (가)와 같이 원래 길이가 $8d$인 용수철에 물체 A를 연결하고, 물체 B로 A를 $6d$만큼 밀어 올려 정지시켰다. 용수철을 압축시키는 동안 용수철에 저장된 탄성 퍼텐셜 에너지의 증가량은 A의 중력 퍼텐셜 에너지 증가량의 3배이다. A와 B의 질량은 각각 m이다. 그림 (나)는 (가)에서 B를 가만히 놓았더니 A가 B와 함께 연직선상에서 운동하다가 B와 분리된 후 용수철의 길이가 $9d$인 지점을 지나는 순간을 나타낸 것이다.

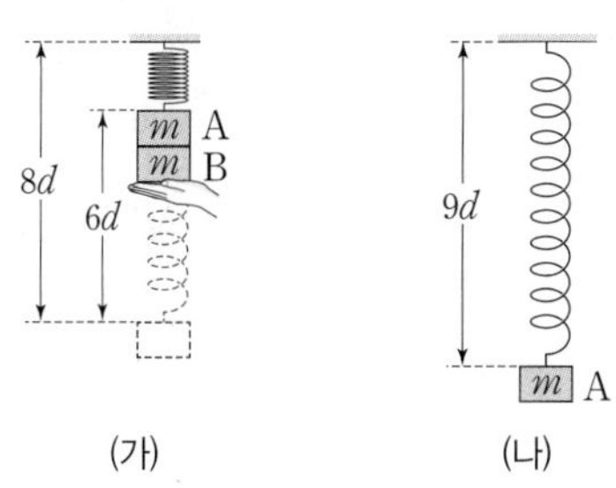

(가) (나)

(나)에서 A의 운동 에너지는? (단, 중력 가속도는 g이고, 용수철의 질량, 물체의 크기, 모든 마찰과 공기 저항은 무시한다.)

① $\frac{29}{2}mgd$　② $\frac{31}{2}mgd$　③ $\frac{63}{4}mgd$　④ $\frac{65}{4}mgd$　⑤ $\frac{33}{2}mgd$

145
▸25116-0145
2021학년도 3월 학력평가 20번
상중하

그림 (가)와 같이 수평면에서 용수철 A, B가 양쪽에 수평으로 연결되어 있는 물체를 손으로 잡아 정지시켰다. A, B의 용수철 상수는 각각 100 N/m, 200 N/m이고, A의 늘어난 길이는 0.3 m이며, B의 탄성 퍼텐셜 에너지는 0이다. 그림 (나)와 같이 (가)에서 손을 가만히 놓았더니 물체가 직선 운동을 하다가 처음으로 정지한 순간 B의 늘어난 길이는 L이다.

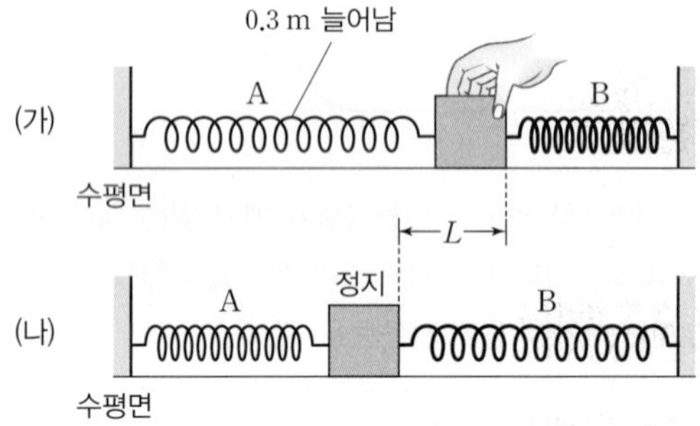

L은? (단, 물체의 크기, 용수철의 질량, 모든 마찰과 공기 저항은 무시한다.)

① 0.05 m ② 0.1 m ③ 0.15 m
④ 0.2 m ⑤ 0.3 m

146
▸25116-0146
2021학년도 수능 20번
상중하

그림 (가)와 같이 질량이 각각 2 kg, 3 kg, 1 kg인 물체 A, B, C가 용수철 상수가 200 N/m인 용수철과 실에 연결되어 정지해 있다. 수평면에 연직으로 연결된 용수철은 원래 길이에서 0.1 m만큼 늘어나 있다. 그림 (나)는 (가)의 C에 연결된 실이 끊어진 후, A가 연직선상에서 운동하여 용수철이 원래 길이에서 0.05 m만큼 늘어난 순간의 모습을 나타낸 것이다.

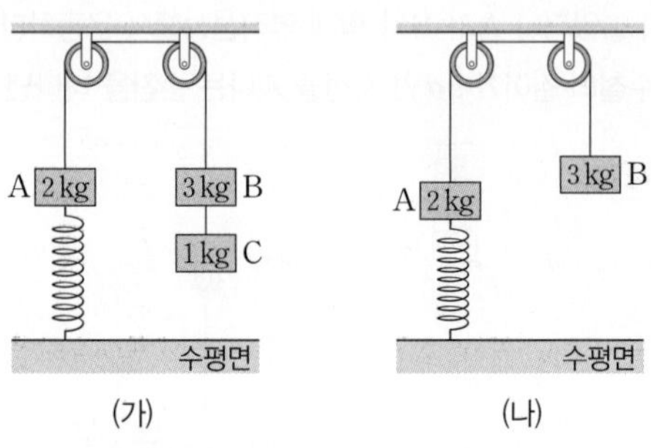

(나)에서 A의 운동 에너지는 용수철에 저장된 탄성 퍼텐셜 에너지의 몇 배인가? (단, 중력 가속도는 10 m/s^{2}이고, 실과 용수철의 질량, 모든 마찰과 공기 저항은 무시한다.)

① $\frac{1}{5}$ ② $\frac{2}{5}$ ③ $\frac{3}{5}$
④ $\frac{4}{5}$ ⑤ 1

147
▸25116-0147
2021학년도 9월 모의평가 20번
상중하

그림 (가)는 물체 A와 실로 연결된 물체 B를 원래 길이가 L_0인 용수철과 수평면 위에서 연결하여 잡고 있는 모습을, (나)는 (가)에서 B를 가만히 놓은 후, 용수철의 길이가 L까지 늘어나 A의 속력이 0인 순간의 모습을 나타낸 것이다. A, B의 질량은 각각 m이고, 용수철 상수는 k이다.

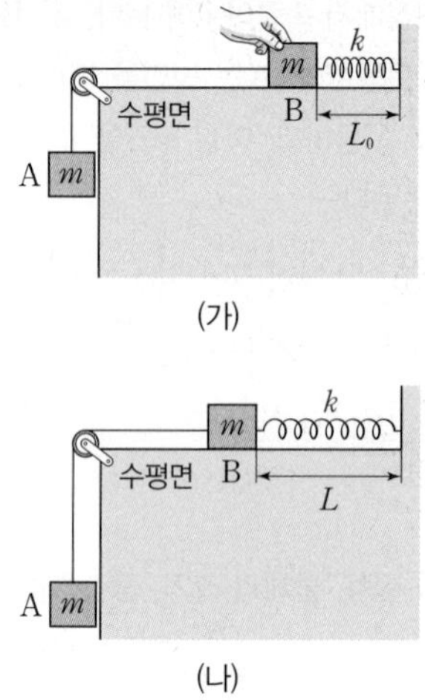

이에 대한 설명으로 옳은 것만을 <보기>에서 있는 대로 고른 것은? (단, 중력 가속도는 g이고, 실과 용수철의 질량 및 모든 마찰과 공기 저항은 무시한다.)

보기

ㄱ. $L-L_0=\frac{2mg}{k}$이다.
ㄴ. 용수철의 길이가 L일 때, A에 작용하는 알짜힘은 0이다.
ㄷ. B의 최대 속력은 $\sqrt{\frac{m}{k}}g$이다.

① ㄱ ② ㄴ ③ ㄱ, ㄷ
④ ㄴ, ㄷ ⑤ ㄱ, ㄴ, ㄷ

148 ▸25116-0148

2021학년도 6월 모의평가 20번 상중하

그림 (가)와 같이 동일한 용수철 A, B가 연직선상에 x만큼 떨어져 있다. 그림 (나)는 (가)의 A를 d만큼 압축시키고 질량 m인 물체를 올려놓았더니 물체가 힘의 평형을 이루며 정지해 있는 모습을, (다)는 (나)의 A를 $2d$만큼 더 압축시켰다가 가만히 놓는 순간의 모습을, (라)는 (다)의 물체가 A와 분리된 후 B를 압축시킨 모습을 나타낸 것이다. B가 $\frac{1}{2}d$만큼 압축되었을 때 물체의 속력은 0이다.

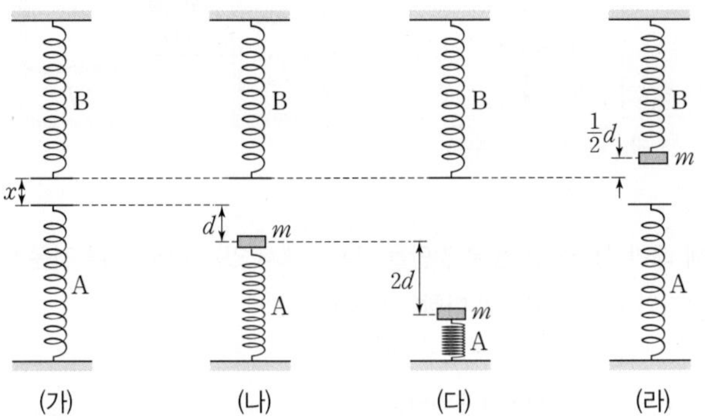

이에 대한 설명으로 옳은 것만을 〈보기〉에서 있는 대로 고른 것은? (단, 중력 가속도는 g이고, 물체의 크기, 용수철의 질량, 공기 저항은 무시한다.)

보기

ㄱ. 용수철 상수는 $\frac{mg}{d}$이다.

ㄴ. $x=\frac{7}{8}d$이다.

ㄷ. 물체가 운동하는 동안 물체의 운동 에너지의 최댓값은 $2mgd$이다.

① ㄴ ② ㄷ ③ ㄱ, ㄴ
④ ㄱ, ㄷ ⑤ ㄱ, ㄴ, ㄷ

149 ▸25116-0149

2020학년도 10월 학력평가 11번 상중하

그림과 같이 수평면에서 $+x$ 방향의 속력 7 m/s로 운동하던 물체 A가 정지해 있던 물체 B와 충돌한 후 $-x$ 방향으로 운동하여 높이가 0.2 m인 최고점까지 올라갔다. A, B의 질량은 각각 1 kg, 3 kg이고, 충돌 후 B의 속력은 v이다.

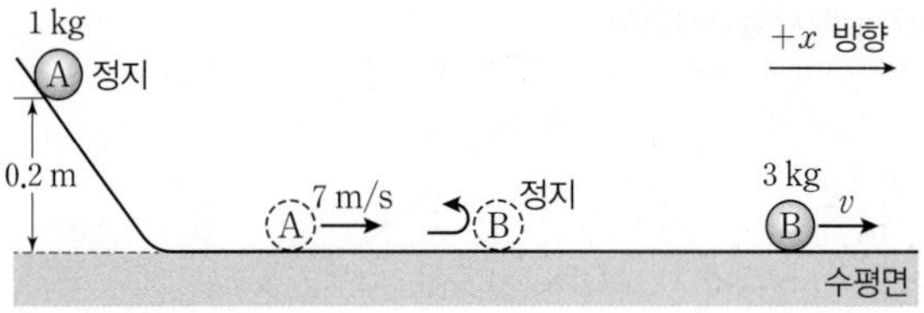

v는? (단, 중력 가속도는 10 m/s^{2}이고, 물체의 크기, 모든 마찰과 공기 저항은 무시한다.)

① 1 m/s ② 1.5 m/s ③ 2 m/s
④ 2.5 m/s ⑤ 3 m/s

150 ▸25116-0150

2020학년도 3월 학력평가 20번 상중하

그림과 같이 빗면 위의 점 O에 물체를 가만히 놓았더니 물체가 일정한 시간 간격으로 빗면 위의 점 A, B, C를 통과하였다. 물체는 B~C 구간에서 마찰력을 받아 역학적 에너지가 18 J만큼 감소하였다. 물체의 중력 퍼텐셜 에너지 차는 O와 B 사이에서 32 J, A와 C 사이에서 60 J이다.

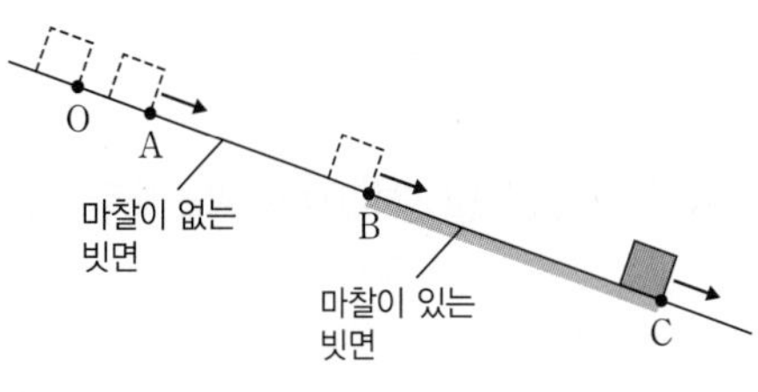

C에서 물체의 운동 에너지는? (단, 물체의 크기와 공기 저항은 무시한다.)

① 18 J ② 28 J ③ 32 J
④ 42 J ⑤ 50 J

151 ▸25116-0151

2020학년도 수능 17번 상중하

그림과 같이 레일을 따라 운동하는 물체가 점 p, q, r를 지난다. 물체는 빗면 구간 A를 지나는 동안 역학적 에너지가 $2E$만큼 증가하고, 높이가 h인 수평 구간 B에서 역학적 에너지가 $3E$만큼 감소하여 정지한다. 물체의 속력은 p에서 v, B의 시작점 r에서 V이고, 물체의 운동 에너지는 q에서가 p에서의 2배이다.

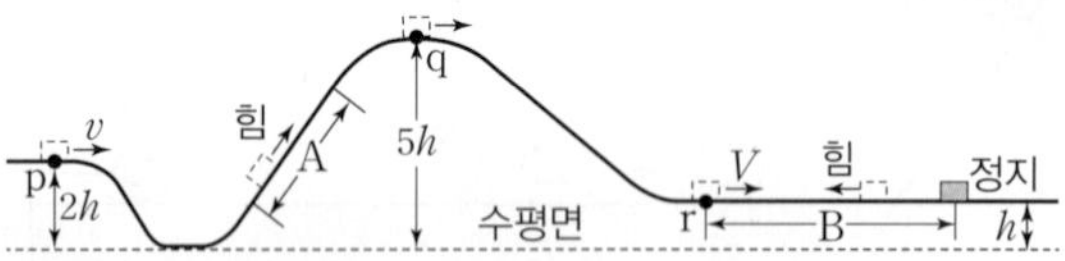

V는? (단, 물체의 크기, 마찰과 공기 저항은 무시한다.)

① $\sqrt{2}v$ ② $2v$ ③ $\sqrt{6}v$
④ $3v$ ⑤ $2\sqrt{3}v$

152 ▸25116-0152

2025학년도 수능 15번 상중하

그림은 열기관에서 일정량의 이상 기체가 상태 A → B → C → D → A를 따라 순환하는 동안 기체의 압력과 절대 온도를 나타낸 것이다. A → B는 부피가 일정한 과정, B → C는 압력이 일정한 과정, C → D는 단열 과정, D → A는 등온 과정이다. 표는 각 과정에서 기체가 외부에 한 일 또는 외부로부터 받은 일을 나타낸 것이다. 기체가 흡수하거나 방출한 열량은 A → B 과정과 B → C 과정에서 같다.

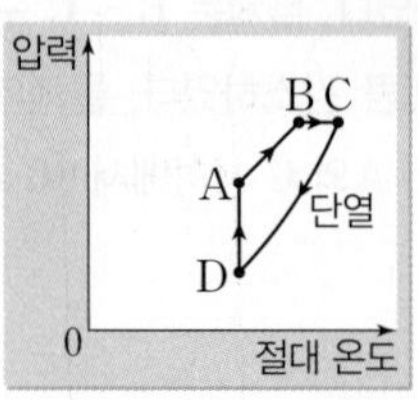

과정	기체가 외부에 한 일 또는 외부로부터 받은 일(J)
A → B	0
B → C	16
C → D	64
D → A	60

이에 대한 설명으로 옳은 것만을 〈보기〉에서 있는 대로 고른 것은?

보기

ㄱ. 기체의 부피는 A에서가 C에서보다 작다.
ㄴ. B → C 과정에서 기체의 내부 에너지 증가량은 24 J이다.
ㄷ. 열기관의 열효율은 0.25이다.

① ㄱ ② ㄷ ③ ㄱ, ㄴ
④ ㄴ, ㄷ ⑤ ㄱ, ㄴ, ㄷ

153 ▸25116-0153

2025학년도 9월 모의평가 15번 상중하

그림 (가)는 일정량의 이상 기체가 상태 A → B → C를 따라 변할 때 기체의 압력과 부피를 나타낸 것이다. 그림 (나)는 (가)의 A → B 과정과 B → C 과정 중 하나로, 기체가 들어 있는 열 출입이 자유로운 실린더의 피스톤에 모래를 조금씩 올려 피스톤이 서서히 내려가는 과정을 나타낸 것이다. (나)의 과정에서 기체의 온도는 T_0으로 일정하다.

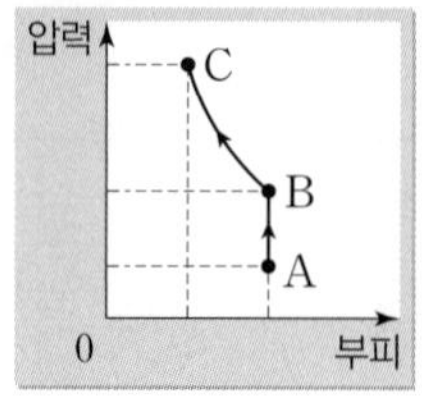

(가)

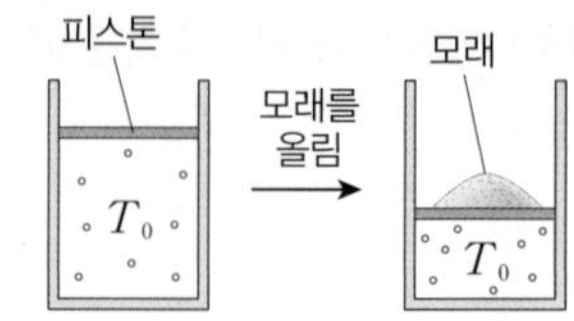

(나)

이에 대한 설명으로 옳은 것만을 〈보기〉에서 있는 대로 고른 것은? (단, 실린더와 피스톤 사이의 마찰은 무시한다.)

보기

ㄱ. (나)는 B → C 과정이다.
ㄴ. (가)에서 기체의 내부 에너지는 A에서가 C에서보다 작다.
ㄷ. (나)의 과정에서 기체는 외부에 열을 방출한다.

① ㄱ ② ㄷ ③ ㄱ, ㄴ
④ ㄴ, ㄷ ⑤ ㄱ, ㄴ, ㄷ

154 ▸25116-0154

2025학년도 6월 모의평가 10번 상중하

그림은 열효율이 0.2인 열기관에서 일정량의 이상 기체가 상태 A → B → C → D → A를 따라 변할 때 기체의 압력과 부피를 나타낸 것이다. A → B와 C → D는 각각 압력이 일정한 과정, B → C는 온도가 일정한 과정, D → A는 단열 과정이다. 표는 각 과정에서 기체가 외부에 한 일 또는 외부로부터 받은 일을 나타낸 것이다.

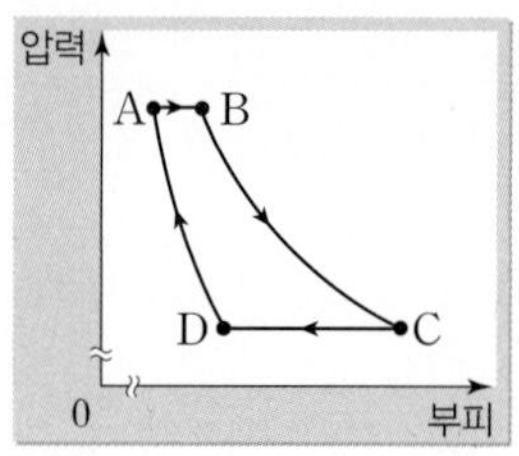

과정	기체가 외부에 한 일 또는 외부로부터 받은 일(J)
A → B	140
B → C	400
C → D	240
D → A	150

C → D 과정에서 기체의 내부 에너지 감소량은?

① 240 J ② 280 J ③ 320 J
④ 360 J ⑤ 400 J

155

▸25116-0155
2024학년도 10월 학력평가 17번

상중하

그림은 열기관에서 일정량의 이상 기체가 상태 A → B → C → D → A를 따라 순환하는 동안 기체의 압력과 내부 에너지를 나타낸 것이다. A → B, C → D는 각각 압력이 일정한 과정이고, B → C, D → A는 각각 부피가 일정한 과정이다. B → C 과정에서 기체의 내부 에너지 감소량은 C → D 과정에서 기체가 외부로부터 받은 일의 3배이다.

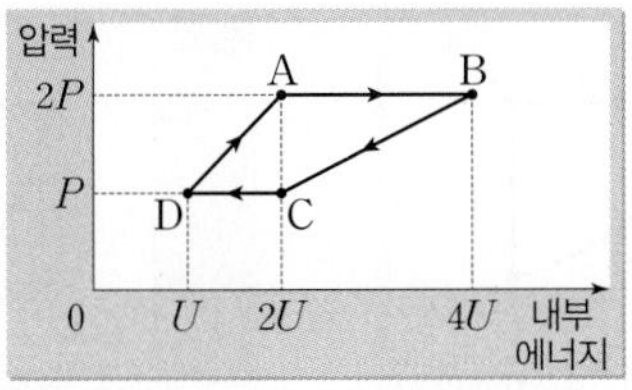

이에 대한 옳은 설명만을 〈보기〉에서 있는 대로 고른 것은?

보기

ㄱ. 기체의 부피는 B에서가 A에서보다 크다.
ㄴ. 기체가 방출하는 열량은 C → D 과정에서가 B → C 과정에서보다 크다.
ㄷ. 열기관의 열효율은 $\frac{4}{13}$이다.

① ㄱ ② ㄴ ③ ㄱ, ㄷ ④ ㄴ, ㄷ ⑤ ㄱ, ㄴ, ㄷ

156

▸25116-0156
2024학년도 3월 학력평가 19번

상중하

표는 열효율이 0.25인 열기관에서 일정량의 이상 기체가 상태 A → B → C → D → A를 따라 순환하는 동안 기체가 흡수 또는 방출하는 열량을 나타낸 것이다. A → B 과정과 C → D 과정에서 기체가 한 일은 0이다.

과정	흡수 또는 방출하는 열량
A → B	$12Q_0$
B → C	0
C → D	Q
D → A	0

위 기체의 상태 변화와 Q를 옳게 짝지은 것만을 〈보기〉에서 있는 대로 고른 것은?

보기

ㄱ.
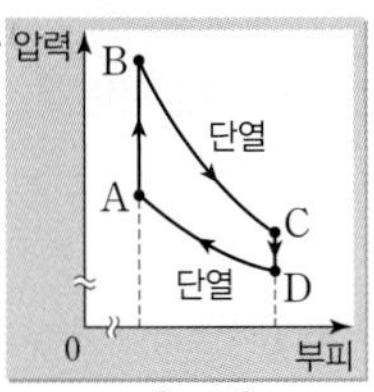

$Q=9Q_0$

ㄴ.
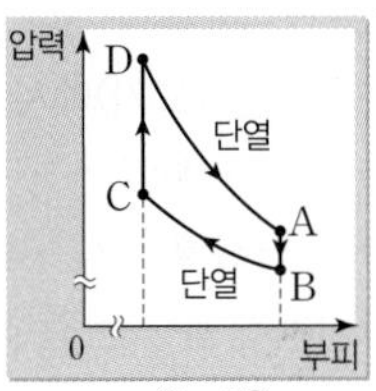

$Q=9Q_0$

ㄷ.
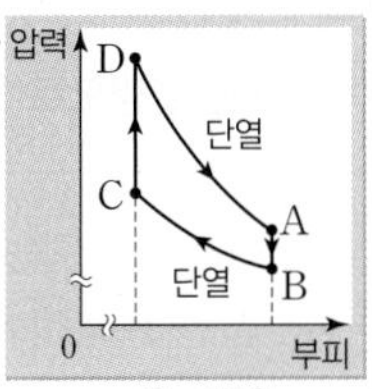

$Q=16Q_0$

① ㄱ ② ㄴ ③ ㄷ ④ ㄱ, ㄴ ⑤ ㄱ, ㄷ

157

▸25116-0157
2024학년도 수능 11번

상중하

그림은 열효율이 0.25인 열기관에서 일정량의 이상 기체가 상태 A → B → C → D → A를 따라 순환하는 동안 기체의 압력과 부피를 나타낸 것이다. B → C는 등온 과정이고, D → A는 단열 과정이다. 기체가 B → C 과정에서 외부에 한 일은 150 J이고, D → A 과정에서 외부로부터 받은 일은 100 J이다.

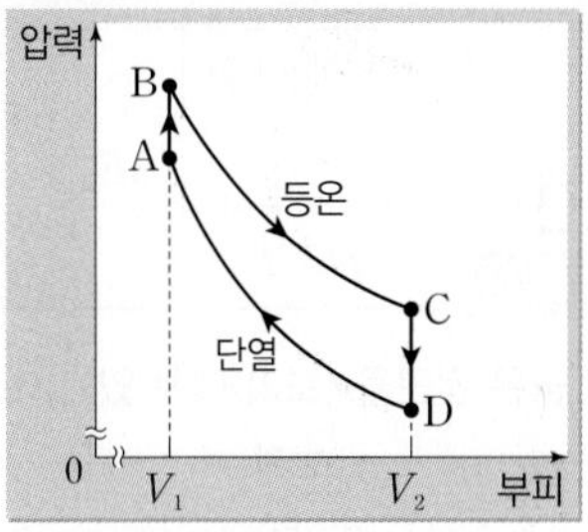

이에 대한 설명으로 옳은 것만을 〈보기〉에서 있는 대로 고른 것은?

보기

ㄱ. 기체의 온도는 A에서가 C에서보다 높다.
ㄴ. A → B 과정에서 기체가 흡수한 열량은 50 J이다.
ㄷ. C → D 과정에서 기체의 내부 에너지 감소량은 150 J이다.

① ㄱ ② ㄴ ③ ㄱ, ㄷ ④ ㄴ, ㄷ ⑤ ㄱ, ㄴ, ㄷ

158

▸25116-0158
2024학년도 9월 모의평가 7번

상중하

그림은 열효율이 0.25인 열기관에서 일정량의 이상 기체의 상태가 A → B → C → D → A를 따라 순환하는 동안 기체의 부피와 절대 온도를 나타낸 것이다. 기체가 흡수한 열량은 A → B 과정, B → C 과정에서 각각 $5Q$, $3Q$이다.

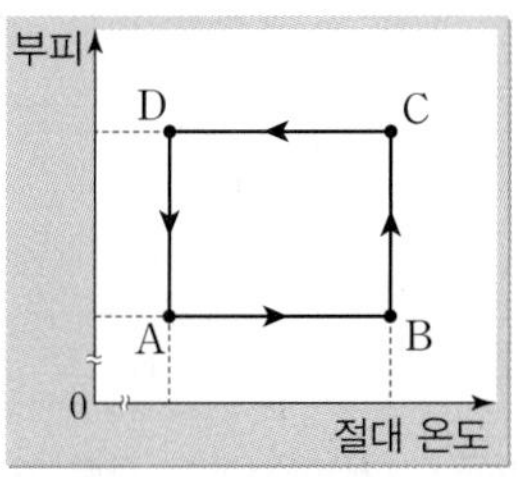

이에 대한 설명으로 옳은 것만을 〈보기〉에서 있는 대로 고른 것은?

보기

ㄱ. 기체의 압력은 B에서가 C에서보다 작다.
ㄴ. C → D 과정에서 기체가 방출한 열량은 $5Q$이다.
ㄷ. D → A 과정에서 기체가 외부로부터 받은 일은 $2Q$이다.

① ㄱ ② ㄴ ③ ㄷ ④ ㄱ, ㄴ ⑤ ㄴ, ㄷ

159

▸25116-0159

2024학년도 6월 모의평가 8번 상중하

그림은 열기관에서 일정량의 이상 기체가 과정 Ⅰ ~ Ⅳ를 따라 순환하는 동안 기체의 압력과 부피를 나타낸 것이다. 표는 각 과정에서 기체가 외부에 한 일 또는 외부로부터 받은 일을 나타낸 것이다. Ⅰ, Ⅲ은 등온 과정이고, Ⅳ에서 기체가 흡수한 열량은 $2E_0$이다.

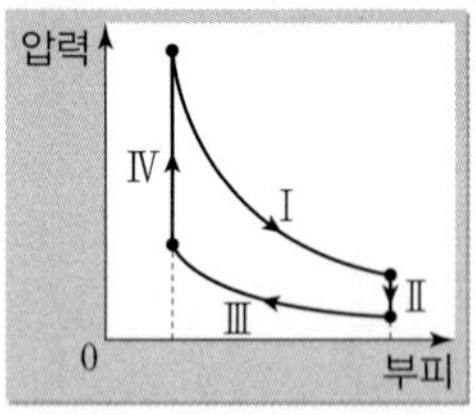

과정	Ⅰ	Ⅱ	Ⅲ	Ⅳ
외부에 한 일 또는 외부로부터 받은 일	$3E_0$	0	E_0	0

이에 대한 설명으로 옳은 것만을 〈보기〉에서 있는 대로 고른 것은?

보기

ㄱ. Ⅰ에서 기체가 흡수하는 열량은 0이다.

ㄴ. Ⅱ에서 기체의 내부 에너지 감소량은 Ⅳ에서 기체의 내부 에너지 증가량보다 작다.

ㄷ. 열기관의 열효율은 0.4이다.

① ㄱ ② ㄷ ③ ㄱ, ㄴ ④ ㄴ, ㄷ ⑤ ㄱ, ㄴ, ㄷ

160

▸25116-0160

2023학년도 10월 학력평가 19번 상중하

그림은 열기관에서 일정량의 이상 기체가 상태 A → B → C → D → A를 따라 순환하는 동안 기체의 압력과 부피를 나타낸 것이다. A → B는 압력이, B → C와 D → A는 온도가, C → D는 부피가 일정한 과정이다. 표는 각 과정에서 기체가 흡수 또는 방출한 열량을 나타낸 것이다. A → B에서 기체가 한 일은 W_1이다.

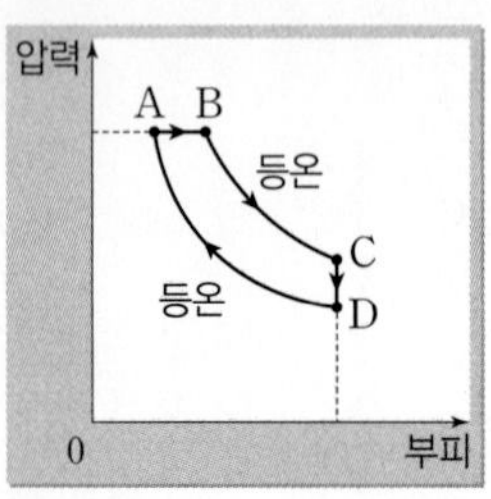

과정	기체가 흡수 또는 방출한 열량
A → B	Q_1
B → C	Q_2
C → D	Q_3
D → A	Q_4

이에 대한 옳은 설명만을 〈보기〉에서 있는 대로 고른 것은?

보기

ㄱ. B → C에서 기체가 한 일은 Q_2이다.

ㄴ. $Q_1 = W_1 + Q_3$이다.

ㄷ. 열기관의 열효율은 $1 - \frac{Q_3 + Q_4}{Q_1 + Q_2}$이다.

① ㄴ ② ㄷ ③ ㄱ, ㄴ ④ ㄱ, ㄷ ⑤ ㄱ, ㄴ, ㄷ

161

▸25116-0161

2023학년도 3월 학력평가 11번 상중하

그림 (가), (나)는 서로 다른 열기관에서 같은 양의 동일한 이상 기체가 각각 상태 A → B → C → A, A → B → D → A를 따라 순환하는 동안 기체의 압력과 부피를 나타낸 것이다. C → A 과정은 등온 과정, D → A 과정은 단열 과정이다. 기체가 한 번 순환하는 동안 한 일은 (나)에서가 (가)에서보다 크다.

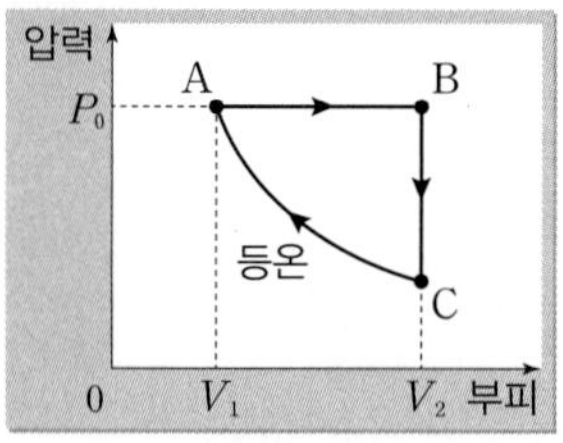

(가)

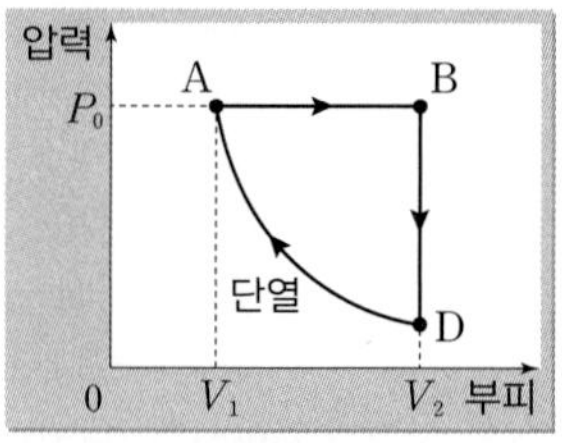

(나)

이에 대한 옳은 설명만을 〈보기〉에서 있는 대로 고른 것은?

보기

ㄱ. 기체의 온도는 C에서가 D에서보다 높다.

ㄴ. 열효율은 (나)의 열기관이 (가)의 열기관보다 크다.

ㄷ. 기체가 한 번 순환하는 동안 방출한 열은 (가)에서가 (나)에서보다 크다.

① ㄱ ② ㄷ ③ ㄱ, ㄴ ④ ㄴ, ㄷ ⑤ ㄱ, ㄴ, ㄷ

162

▸25116-0162

2023학년도 수능 13번 상중하

그림은 열효율이 0.2인 열기관에서 일정량의 이상 기체가 상태 A → B → C → A를 따라 순환하는 동안 기체의 압력과 부피를 나타낸 것이다. A → B 과정은 압력이 일정한 과정, B → C 과정은 단열 과정, C → A 과정은 등온 과정이다. 표는 각 과정에서 기체가 외부에 한 일 또는 외부로부터 받은 일을 나타낸 것이다.

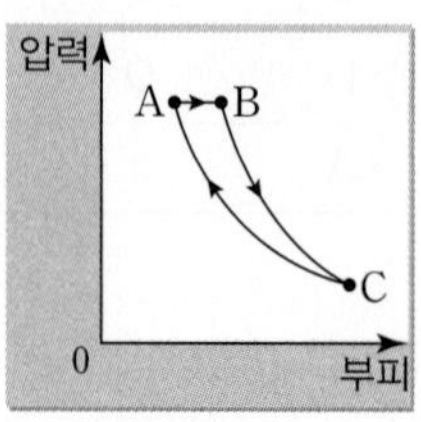

과정	기체가 외부에 한 일 또는 외부로부터 받은 일(J)
A → B	60
B → C	90
C → A	㉠

이에 대한 설명으로 옳은 것만을 〈보기〉에서 있는 대로 고른 것은?

보기

ㄱ. 기체의 온도는 B에서가 C에서보다 높다.

ㄴ. A → B 과정에서 기체가 흡수한 열량은 150 J이다.

ㄷ. ㉠은 120이다.

① ㄱ ② ㄷ ③ ㄱ, ㄴ ④ ㄴ, ㄷ ⑤ ㄱ, ㄴ, ㄷ

163 ▸25116-0163
2023학년도 9월 모의평가 15번 상중하

그림은 열기관에서 일정량의 이상 기체가 상태 A→B→C→D→A를 따라 순환하는 동안 기체의 압력과 부피를, 표는 각 과정에서 기체가 흡수 또는 방출하는 열량과 기체의 내부 에너지 증가량 또는 감소량을 나타낸 것이다.

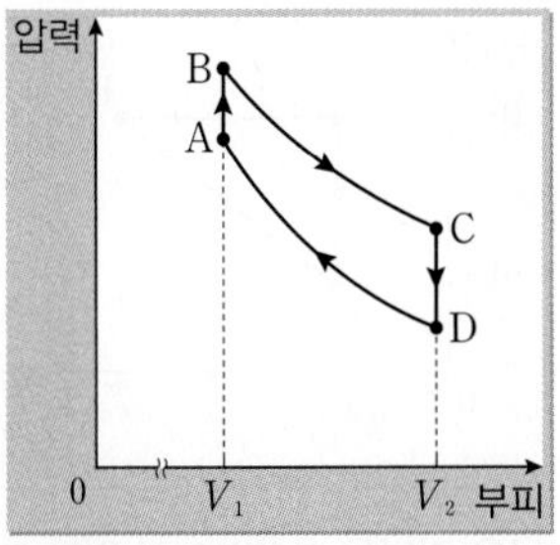

과정	흡수 또는 방출하는 열량(J)	내부 에너지 증가량 또는 감소량(J)
A→B	50	㉡
B→C	100	0
C→D	㉠	120
D→A	0	㉢

이에 대한 설명으로 옳은 것만을 <보기>에서 있는 대로 고른 것은?

보기

ㄱ. ㉠은 120이다.
ㄴ. ㉢−㉡=20이다.
ㄷ. 열기관의 열효율은 0.2이다.

① ㄱ ② ㄷ ③ ㄱ, ㄴ
④ ㄴ, ㄷ ⑤ ㄱ, ㄴ, ㄷ

164 ▸25116-0164
2023학년도 6월 모의평가 16번 상중하

그림은 열효율이 0.5인 열기관에서 일정량의 이상 기체의 상태가 A → B → C → D → A를 따라 변할 때 기체의 압력과 부피를 나타낸 것이다. A → B, C → D는 각각 압력이 일정한 과정이고, B → C, D → A는 각각 단열 과정이다. A → B 과정에서 기체가 흡수한 열량은 Q이다. 표는 각 과정에서 기체가 외부에 한 일 또는 외부로부터 받은 일을 나타낸 것이다.

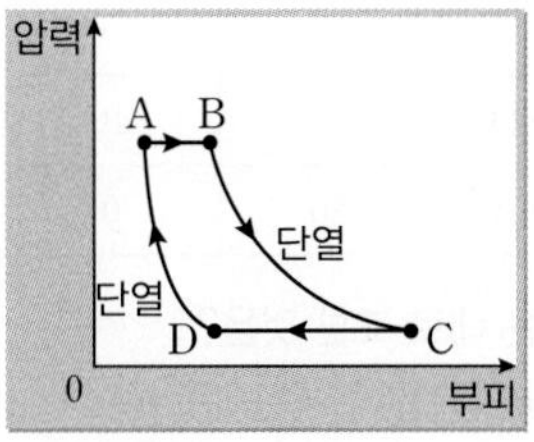

과정	기체가 외부에 한 일 또는 외부로부터 받은 일
A→B	$8W$
B→C	$9W$
C→D	$4W$
D→A	$3W$

이에 대한 설명으로 옳은 것만을 <보기>에서 있는 대로 고른 것은?

보기

ㄱ. $Q=20W$이다.
ㄴ. 기체의 온도는 A에서가 C에서보다 낮다.
ㄷ. A → B 과정에서 기체의 내부 에너지 증가량은 C → D 과정에서 기체의 내부 에너지 감소량보다 크다.

① ㄱ ② ㄷ ③ ㄱ, ㄴ
④ ㄴ, ㄷ ⑤ ㄱ, ㄴ, ㄷ

165

▸25116-0165
2022학년도 10월 학력평가 7번 상중하

그림은 열기관에서 일정량의 이상 기체의 상태가 A → B → C → D → A를 따라 순환하는 동안 기체의 압력과 부피를 나타낸 것이다. 표는 각 과정에서 기체의 내부 에너지 증가량 또는 감소량 ΔU와 기체가 외부에 한 일 또는 외부로부터 받은 일 W를 나타낸 것이다.

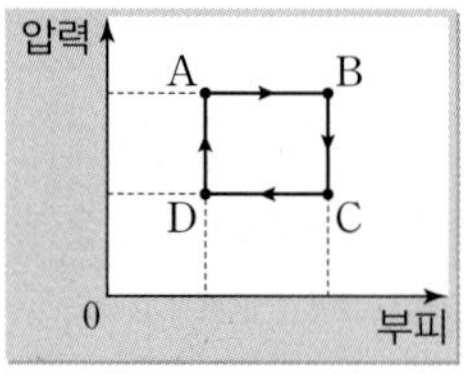

과정	ΔU(J)	W(J)
A → B	120	80
B → C	110	0
C → D	㉠	40
D → A	50	0

이에 대한 옳은 설명만을 〈보기〉에서 있는 대로 고른 것은?

보기

ㄱ. ㉠은 60이다.
ㄴ. B → C 과정에서 기체는 열을 흡수한다.
ㄷ. 열기관의 열효율은 0.2이다.

① ㄱ ② ㄴ ③ ㄱ, ㄷ ④ ㄴ, ㄷ ⑤ ㄱ, ㄴ, ㄷ

166

▸25116-0166
2022학년도 3월 학력평가 6번 상중하

그림은 열기관에 들어 있는 일정량의 이상 기체의 압력과 부피 변화를 나타낸 것으로, 상태 A → B, C → D, E → F는 등압 과정, B → C → E, F → D → A는 단열 과정이다. 표는 순환 과정 Ⅰ과 Ⅱ에서 기체의 상태 변화를 나타낸 것이다.

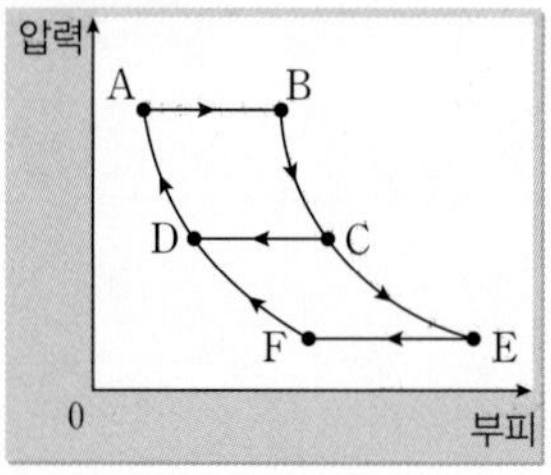

순환 과정	상태 변화
Ⅰ	A → B → C → D → A
Ⅱ	A → B → E → F → A

기체가 한 번 순환하는 동안, Ⅱ에서가 Ⅰ에서보다 큰 물리량만을 〈보기〉에서 있는 대로 고른 것은?

보기

ㄱ. 기체가 흡수한 열량
ㄴ. 기체가 방출한 열량
ㄷ. 열기관의 열효율

① ㄱ ② ㄷ ③ ㄱ, ㄴ ④ ㄱ, ㄷ ⑤ ㄴ, ㄷ

167

▸25116-0167
2022학년도 수능 17번 상중하

그림은 열기관에서 일정량의 이상 기체의 상태가 A → B → C → A를 따라 순환하는 동안 기체의 부피와 절대 온도를 나타낸 것이다. A → B 과정에서 기체는 압력이 P_0으로 일정하고 기체가 흡수하는 열량은 Q_1이다. B → C 과정에서 기체가 방출하는 열량은 Q_2이다.

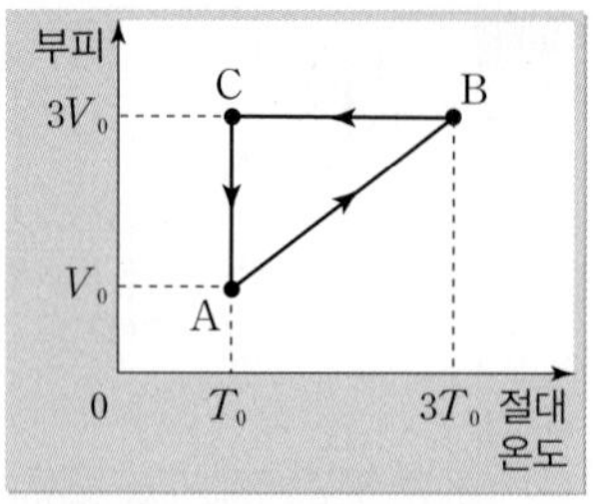

이에 대한 설명으로 옳은 것만을 〈보기〉에서 있는 대로 고른 것은?

보기

ㄱ. A → B 과정에서 기체의 내부 에너지는 증가한다.
ㄴ. 열기관의 열효율은 $\frac{Q_1-Q_2}{Q_1}$보다 작다.
ㄷ. 기체가 한 번 순환하는 동안 한 일은 $\frac{2}{3}P_0V_0$보다 크다.

① ㄱ ② ㄷ ③ ㄱ, ㄴ ④ ㄴ, ㄷ ⑤ ㄱ, ㄴ, ㄷ

168

▸25116-0168
2022학년도 9월 모의평가 14번 상중하

그림은 열효율이 0.2인 열기관에서 일정량의 이상 기체가 상태 A → B → C → A를 따라 순환하는 동안 기체의 압력과 부피를 나타낸 것이다. A → B 과정은 부피가 일정한 과정이고, B → C 과정은 단열 과정이며, C → A 과정은 등온 과정이다. C → A 과정에서 기체가 외부로부터 받은 일은 160 J이다.

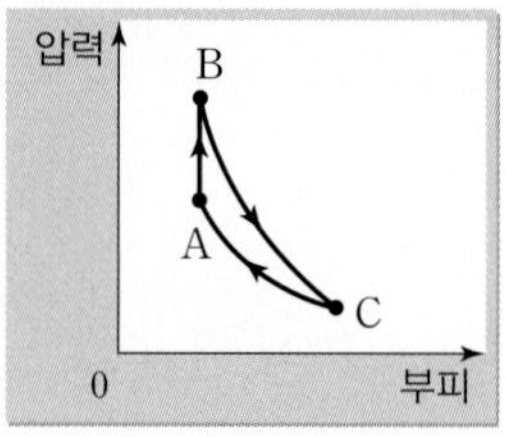

이에 대한 설명으로 옳은 것만을 〈보기〉에서 있는 대로 고른 것은?

보기

ㄱ. 기체의 온도는 B에서가 C에서보다 높다.
ㄴ. A → B 과정에서 기체가 흡수한 열량은 200 J이다.
ㄷ. B → C 과정에서 기체가 한 일은 240 J이다.

① ㄱ ② ㄷ ③ ㄱ, ㄴ ④ ㄴ, ㄷ ⑤ ㄱ, ㄴ, ㄷ

169 ▸25116-0169

2022학년도 6월 모의평가 11번 상중하

다음은 열의 이동에 따른 기체의 부피 변화를 알아보기 위한 실험이다.

[실험 과정]

(가) 20 mL의 기체가 들어 있는 유리 주사기의 끝을 고무마개로 막는다.

(나) (가)의 주사기를 뜨거운 물이 든 비커에 담그고, 피스톤이 멈추면 눈금을 읽는다.

(다) (나)의 주사기를 얼음물이 든 비커에 담그고, 피스톤이 멈추면 눈금을 읽는다.

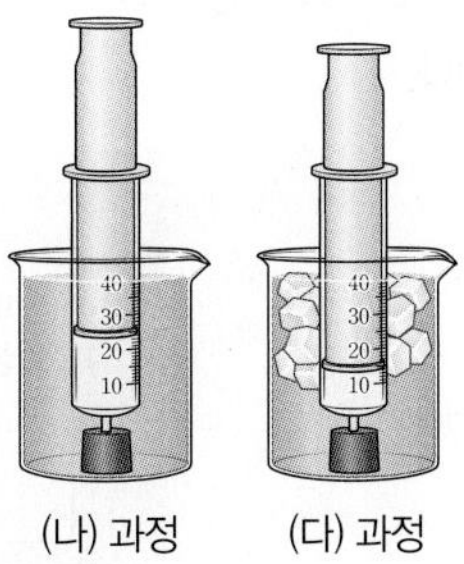

[실험 결과]

과정	(가)	(나)	(다)
기체의 부피(mL)	20	23	18

주사기 속 기체에 대한 설명으로 옳은 것만을 〈보기〉에서 있는 대로 고른 것은?

보기

ㄱ. 기체의 내부 에너지는 (가)에서가 (나)에서보다 작다.
ㄴ. (나)에서 기체가 흡수한 열은 기체가 한 일과 같다.
ㄷ. (다)에서 기체가 방출한 열은 기체의 내부 에너지 변화량과 같다.

① ㄱ ② ㄴ ③ ㄱ, ㄷ
④ ㄴ, ㄷ ⑤ ㄱ, ㄴ, ㄷ

170 ▸25116-0170

2021학년도 3월 학력평가 8번 상중하

그림은 열기관에서 일정량의 이상 기체의 상태가 A → B → C → D → A를 따라 순환하는 동안 기체의 압력과 부피를, 표는 각 과정에서 기체가 흡수 또는 방출하는 열량을 나타낸 것이다.

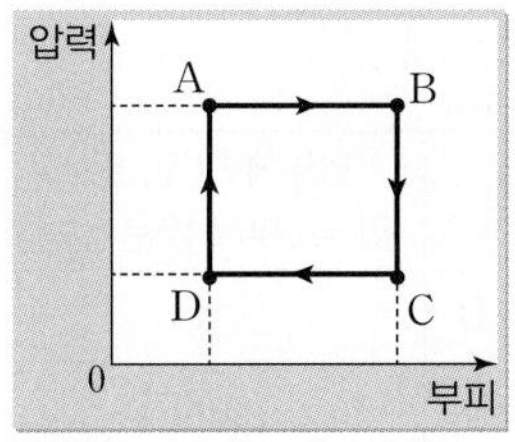

과정	흡수 또는 방출하는 열량
A → B	$15Q$
B → C	$9Q$
C → D	$5Q$
D → A	$3Q$

이에 대한 옳은 설명만을 〈보기〉에서 있는 대로 고른 것은?

보기

ㄱ. A → B 과정에서 기체의 온도가 증가한다.
ㄴ. 기체가 한 번 순환하는 동안 한 일은 $16Q$이다.
ㄷ. 열기관의 열효율은 $\frac{2}{9}$이다.

① ㄱ ② ㄴ ③ ㄱ, ㄷ
④ ㄴ, ㄷ ⑤ ㄱ, ㄴ, ㄷ

171 ▸25116-0171

2021학년도 수능 12번 상중하

그림은 열효율이 0.3인 열기관에서 일정량의 이상 기체가 상태 A → B → C → D → A를 따라 순환하는 동안 기체의 압력과 부피를, 표는 각 과정에서 기체가 흡수 또는 방출하는 열량을 나타낸 것이다.

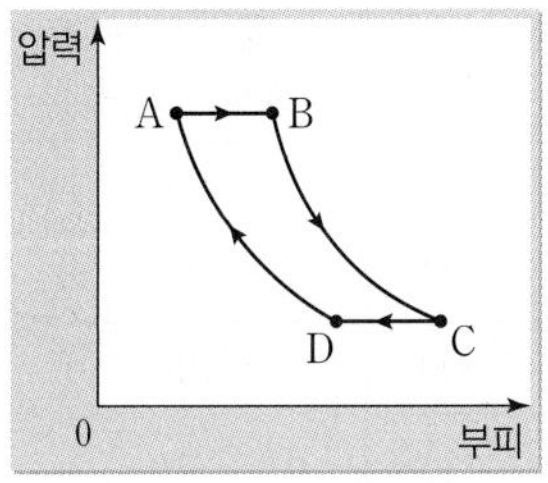

과정	흡수 또는 방출하는 열량(J)
A → B	㉠
B → C	0
C → D	140
D → A	0

이에 대한 설명으로 옳은 것만을 〈보기〉에서 있는 대로 고른 것은?

보기

ㄱ. ㉠은 200이다.
ㄴ. A → B 과정에서 기체의 내부 에너지는 감소한다.
ㄷ. C → D 과정에서 기체는 외부로부터 열을 흡수한다.

① ㄱ ② ㄷ ③ ㄱ, ㄴ
④ ㄴ, ㄷ ⑤ ㄱ, ㄴ, ㄷ

172 ▸25116-0172

2021학년도 9월 모의평가 15번 상중하

그림은 열기관에서 일정량의 이상 기체의 상태가 A → B → C → D → A를 따라 변할 때 기체의 압력과 부피를, 표는 각 과정에서 기체가 외부에 한 일 또는 외부로부터 받은 일을 나타낸 것이다. 기체는 A → B 과정에서 250 J의 열량을 흡수하고, B → C 과정과 D → A 과정은 열 출입이 없는 단열 과정이다.

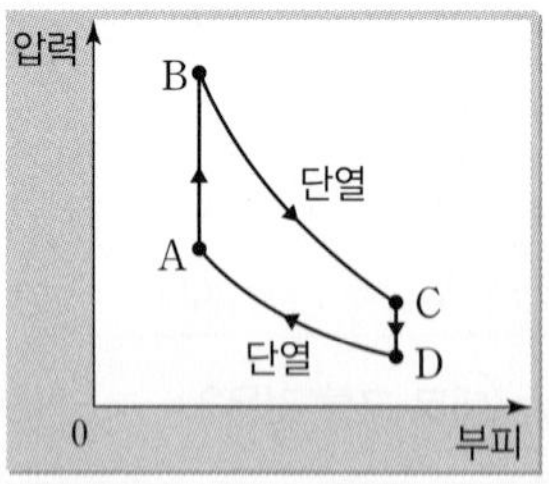

과정	외부에 한 일 또는 외부로부터 받은 일(J)
A → B	0
B → C	100
C → D	0
D → A	50

이에 대한 설명으로 옳은 것만을 〈보기〉에서 있는 대로 고른 것은?

보기

ㄱ. B → C 과정에서 기체의 온도가 감소한다.
ㄴ. C → D 과정에서 기체가 방출한 열량은 150 J이다.
ㄷ. 열기관의 열효율은 0.4이다.

① ㄱ ② ㄷ ③ ㄱ, ㄴ
④ ㄴ, ㄷ ⑤ ㄱ, ㄴ, ㄷ

173 ▸25116-0173

2021학년도 6월 모의평가 14번 상중하

그림은 어떤 열기관에서 일정량의 이상 기체가 상태 A → B → C → D → A를 따라 순환하는 동안 기체의 압력과 부피를, 표는 각 과정에서 기체가 흡수 또는 방출하는 열량을 나타낸 것이다.

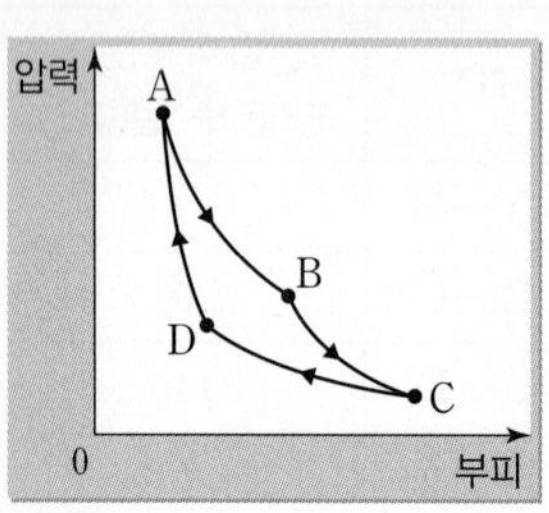

과정	흡수 또는 방출하는 열량(J)
A → B	150
B → C	0
C → D	120
D → A	0

이에 대한 설명으로 옳은 것만을 〈보기〉에서 있는 대로 고른 것은?

보기

ㄱ. B → C 과정에서 기체가 한 일은 0이다.
ㄴ. 기체가 한 번 순환하는 동안 한 일은 30 J이다.
ㄷ. 열기관의 열효율은 0.2이다.

① ㄱ ② ㄷ ③ ㄱ, ㄴ
④ ㄴ, ㄷ ⑤ ㄱ, ㄴ, ㄷ

174 ▸25116-0174

2020학년도 10월 학력평가 17번 상중하

그림은 일정량의 이상 기체의 상태가 A → B → C → A로 한 번 순환하는 동안 W의 일을 하는 열기관에서 기체의 압력과 부피를 나타낸 것이다. A → B 과정과 B → C 과정에서 기체가 흡수한 열량은 각각 Q_1, Q_2이다.

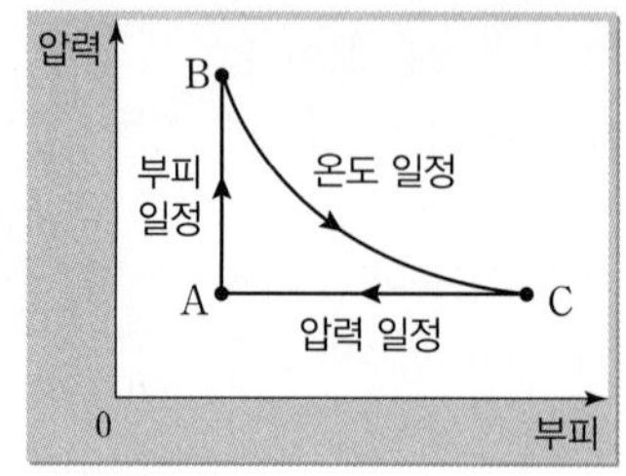

이에 대한 설명으로 옳은 것은?

① A → B 과정에서 기체의 온도는 감소한다.
② B → C 과정에서 기체가 한 일은 Q_2보다 작다.
③ C → A 과정에서 내부 에너지 감소량은 Q_1이다.
④ $Q_1+Q_2=W$이다.
⑤ 열기관의 열효율은 $\frac{W}{Q_1}$이다.

175 ▸25116-0175

2020학년도 수능 11번 상중하

그림은 일정한 양의 이상 기체의 상태가 A → B → C를 따라 변할 때, 압력과 부피를 나타낸 것이다.

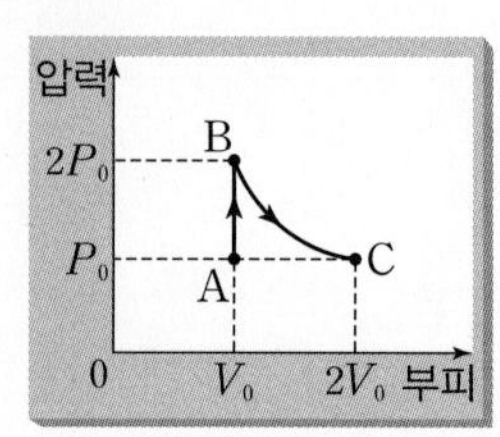

이에 대한 설명으로 옳은 것만을 〈보기〉에서 있는 대로 고른 것은?

보기

ㄱ. A → B 과정에서 기체는 열을 흡수한다.
ㄴ. B → C 과정에서 기체는 외부에 일을 한다.
ㄷ. 기체의 내부 에너지는 C에서가 A에서보다 크다.

① ㄱ ② ㄴ ③ ㄱ, ㄷ
④ ㄴ, ㄷ ⑤ ㄱ, ㄴ, ㄷ

176 ▸25116-0176

2020학년도 9월 모의평가 18번 상중하

그림 (가)의 Ⅰ은 이상 기체가 들어 있는 실린더에 피스톤이 정지해 있는 모습을, Ⅱ는 Ⅰ에서 기체에 열을 서서히 가했을 때 기체가 팽창하여 피스톤이 정지한 모습을, Ⅲ은 Ⅱ에서 피스톤에 모래를 서서히 올려 피스톤이 내려가 정지한 모습을 나타낸 것이다. Ⅰ과 Ⅲ에서 기체의 부피는 같다. 그림 (나)는 (가)의 기체 상태가 변화할 때 압력과 부피를 나타낸 것이다. A, B, C는 각각 Ⅰ, Ⅱ, Ⅲ에서의 기체의 상태 중 하나이다.

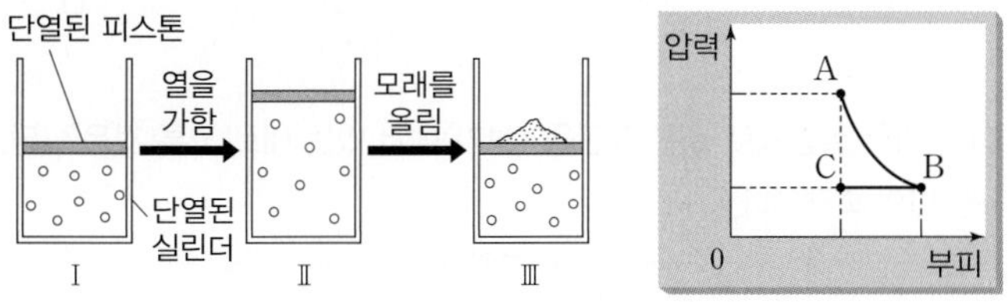

(가) (나)

이에 대한 설명으로 옳은 것만을 〈보기〉에서 있는 대로 고른 것은? (단, 피스톤의 마찰은 무시한다.)

보기

ㄱ. Ⅰ → Ⅱ 과정에서 기체는 외부에 일을 한다.
ㄴ. 기체의 온도는 Ⅲ에서가 Ⅰ에서보다 높다.
ㄷ. Ⅱ → Ⅲ 과정은 B→C 과정에 해당한다.

① ㄱ ② ㄷ ③ ㄱ, ㄴ
④ ㄴ, ㄷ ⑤ ㄱ, ㄴ, ㄷ

177 ▸25116-0177

2020학년도 6월 모의평가 16번 상중하

그림 (가)와 같이 단열된 실린더와 단열되지 않은 실린더에 각각 같은 양의 동일한 이상 기체 A, B가 들어 있고, 단면적이 같은 단열된 두 피스톤이 정지해 있다. B의 온도를 일정하게 유지하면서 A에 열을 공급하였더니 피스톤이 천천히 이동하여 정지하였다. 그림 (나)는 시간에 따른 A와 B의 온도를 나타낸 것이다.

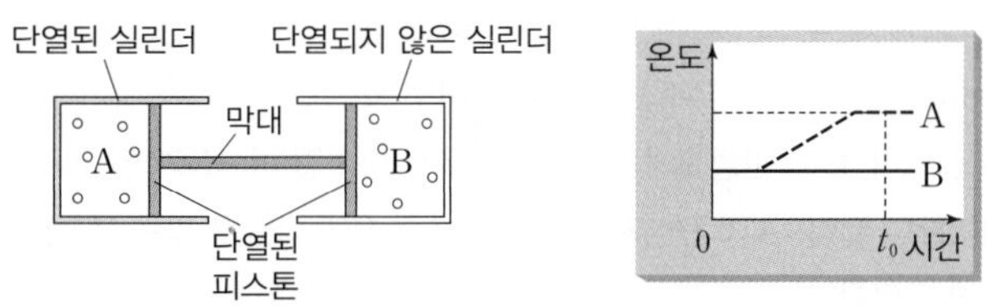

(가) (나)

이에 대한 설명으로 옳은 것만을 〈보기〉에서 있는 대로 고른 것은? (단, 실린더는 고정되어 있고, 피스톤의 마찰은 무시한다.)

보기

ㄱ. t_0일 때, 내부 에너지는 A가 B보다 크다.
ㄴ. t_0일 때, 부피는 B가 A보다 크다.
ㄷ. A의 온도가 높아지는 동안 B는 열을 방출한다.

① ㄱ ② ㄴ ③ ㄱ, ㄷ
④ ㄴ, ㄷ ⑤ ㄱ, ㄴ, ㄷ

178 ▸25116-0178

2021학년도 10월 학력평가 11번 상중하

그림 (가)와 같이 피스톤으로 분리된 실린더의 두 부분에 같은 양의 동일한 이상 기체 A와 B가 들어 있다. A와 B의 온도와 부피는 서로 같다. 그림 (나)는 (가)의 A에 열량 Q_1을 가했더니 피스톤이 천천히 d만큼 이동하여 정지한 모습을, (다)는 (나)의 B에 열량 Q_2를 가했더니 피스톤이 천천히 d만큼 이동하여 정지한 모습을 나타낸 것이다.

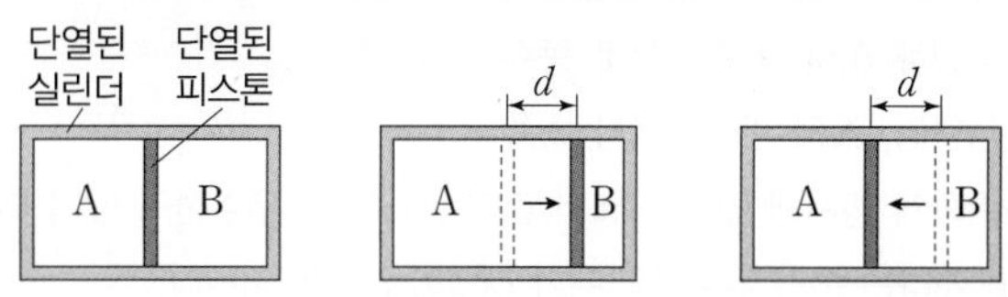

(가) (나) (다)

이에 대한 옳은 설명만을 〈보기〉에서 있는 대로 고른 것은? (단, 피스톤과 실린더의 마찰은 무시한다.)

보기

ㄱ. A의 내부 에너지는 (가)에서와 (나)에서가 같다.
ㄴ. A의 압력은 (다)에서가 (가)에서보다 크다.
ㄷ. B의 내부 에너지는 (다)에서가 (가)에서보다 $\frac{Q_1+Q_2}{2}$만큼 크다.

① ㄴ ② ㄷ ③ ㄱ, ㄴ
④ ㄱ, ㄷ ⑤ ㄴ, ㄷ

179 ▸25116-0179

2020학년도 3월 학력평가 6번 상중하

그림과 같이 온도가 T_0인 일정량의 이상 기체가 등압 팽창 또는 단열 팽창하여 온도가 각각 T_1, T_2가 되었다.

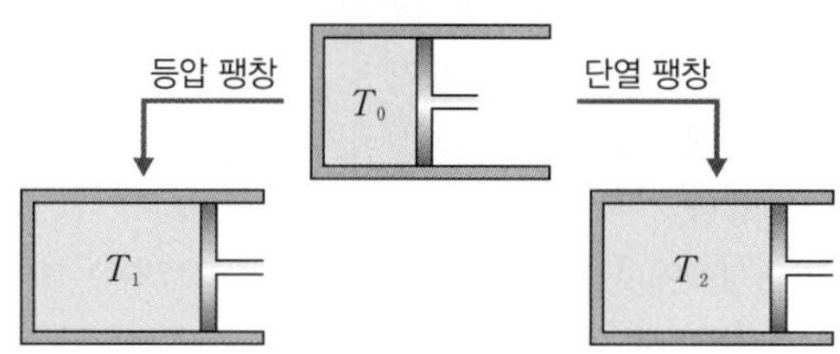

T_0, T_1, T_2를 옳게 비교한 것은? (단, 대기압은 일정하다.)

① $T_0=T_1=T_2$ ② $T_0>T_1=T_2$
③ $T_1=T_2>T_0$ ④ $T_1>T_0>T_2$
⑤ $T_2>T_0>T_1$

03 시공간의 이해

180
▸25116-0180
2025학년도 수능 9번
상중하

그림과 같이 관찰자 A에 대해 관찰자 B가 탄 우주선이 $+x$ 방향으로 터널을 향해 $0.8c$의 속력으로 등속도 운동한다. A의 관성계에서, x축과 나란하게 정지해 있는 터널의 길이는 L이고, 우주선의 앞이 터널의 출구를 지나는 순간 우주선의 뒤가 터널의 입구를 지난다.

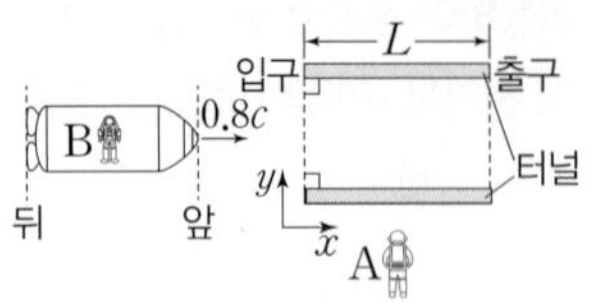

이에 대한 설명으로 옳은 것만을 〈보기〉에서 있는 대로 고른 것은? (단, c는 빛의 속력이다.)

보기

ㄱ. A의 관성계에서, 우주선의 앞이 터널의 입구를 지나는 순간부터 우주선의 뒤가 터널의 입구를 지나는 순간까지 걸린 시간은 $\frac{L}{0.8c}$보다 작다.
ㄴ. B의 관성계에서, 터널의 길이는 L보다 작다.
ㄷ. B의 관성계에서, 터널의 출구가 우주선의 앞을 지나고 난 후 터널의 입구가 우주선의 뒤를 지난다.

① ㄱ ② ㄴ ③ ㄱ, ㄷ ④ ㄴ, ㄷ ⑤ ㄱ, ㄴ, ㄷ

181
▸25116-0181
2025학년도 9월 모의평가 11번
상중하

그림과 같이 관찰자 A에 대해, 검출기 P와 점 Q가 정지해 있고 관찰자 B가 탄 우주선이 A, P, Q를 잇는 직선과 나란하게 $0.6c$의 속력으로 등속도 운동을 한다. A의 관성계에서 B가 Q를 지나는 순간, A와 B는 동시에 P를 향해 빛을 방출한다. A의 관성계에서, A에서 P까지의 거리와 P에서 Q까지의 거리는 L로 같다.

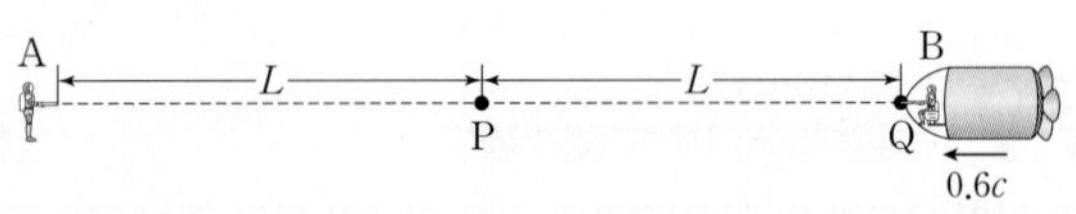

이에 대한 설명으로 옳은 것만을 〈보기〉에서 있는 대로 고른 것은? (단, c는 빛의 속력이고, 우주선과 관찰자의 크기는 무시한다.)

보기

ㄱ. A의 관성계에서, A가 방출한 빛의 속력과 B가 방출한 빛의 속력은 같다.
ㄴ. A의 관성계에서, B가 방출한 빛이 P에 도달하는 데 걸리는 시간은 $\frac{L}{c}$이다.
ㄷ. B의 관성계에서, A가 방출한 빛이 P에 도달하는 데 걸리는 시간은 B가 방출한 빛이 P에 도달하는 데 걸리는 시간보다 크다.

① ㄱ ② ㄷ ③ ㄱ, ㄴ ④ ㄴ, ㄷ ⑤ ㄱ, ㄴ, ㄷ

182
▸25116-0182
2025학년도 6월 모의평가 7번
상중하

그림과 같이 관찰자 A가 탄 우주선이 우주 정거장 P에서 우주 정거장 Q를 향해 등속도 운동한다. A의 관성계에서, 관찰자 B의 속력은 $0.8c$이고 P와 Q 사이의 거리는 L이다. B의 관성계에서, P와 Q는 정지해 있다.

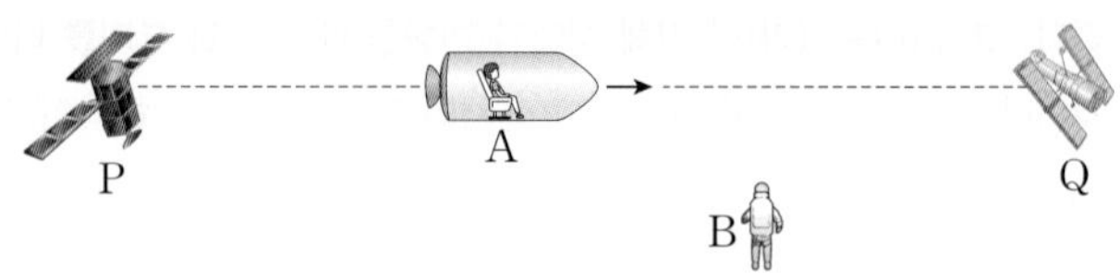

이에 대한 설명으로 옳은 것만을 〈보기〉에서 있는 대로 고른 것은? (단, c는 빛의 속력이다.)

보기

ㄱ. A의 관성계에서, P의 속력은 Q의 속력보다 작다.
ㄴ. A의 관성계에서, A의 시간이 B의 시간보다 느리게 간다.
ㄷ. B의 관성계에서, P와 Q 사이의 거리는 L보다 크다.

① ㄱ ② ㄴ ③ ㄷ
④ ㄱ, ㄴ ⑤ ㄴ, ㄷ

183
▸25116-0183
2024학년도 10월 학력평가 9번
상중하

그림은 관찰자 C에 대해 관찰자 A, B가 탄 우주선이 각각 광속에 가까운 속도로 등속도 운동하는 것을 나타낸 것으로, B에 대해 광원 O, 검출기 P, Q가 정지해 있다. P, O, Q를 잇는 직선은 두 우주선의 운동 방향과 나란하다. A, B가 탄 우주선의 고유 길이는 서로 같으며, C의 관성계에서, A가 탄 우주선의 길이는 B가 탄 우주선의 길이보다 짧다. A의 관성계에서, O에서 동시에 방출된 빛은 P, Q에 동시에 도달한다.

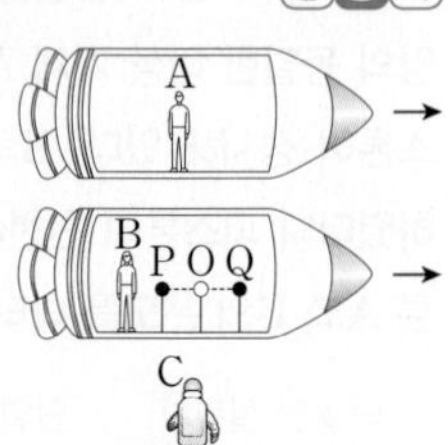

이에 대한 옳은 설명만을 〈보기〉에서 있는 대로 고른 것은?

보기

ㄱ. C의 관성계에서, A가 탄 우주선의 속력은 B가 탄 우주선의 속력보다 크다.
ㄴ. B의 관성계에서, P와 O 사이의 거리는 O와 Q 사이의 거리와 같다.
ㄷ. C의 관성계에서, 빛은 Q보다 P에 먼저 도달한다.

① ㄱ ② ㄴ ③ ㄱ, ㄴ
④ ㄱ, ㄷ ⑤ ㄴ, ㄷ

184 ▸25116-0184
2024학년도 3월 학력평가 10번 상 중 하

그림과 같이 관찰자의 관성계에 대해 동일 직선 위에 있는 점 P, Q, R은 정지해 있으며, 점광원 X가 있는 우주선이 $0.5c$로 등속도 운동하고 있다. 표는 사건 Ⅰ ~ Ⅳ를 나타낸 것으로, 관찰자의 관성계에서 Ⅰ과 Ⅱ가 동시에, Ⅲ과 Ⅳ가 동시에 발생한다.

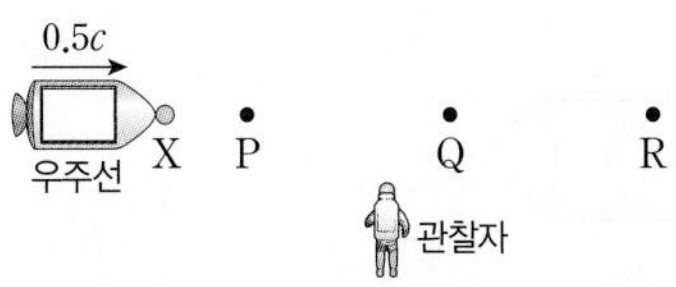

사건	내용
Ⅰ	X와 P의 위치가 일치
Ⅱ	빛이 X에서 방출
Ⅲ	X와 Q의 위치가 일치
Ⅳ	Ⅱ의 빛이 R에 도달

우주선의 관성계에서, Ⅰ과 Ⅱ의 발생 순서와 Ⅲ과 Ⅳ의 발생 순서로 옳은 것은? (단, c는 빛의 속력이다.)

	Ⅰ과 Ⅱ의 발생 순서	Ⅲ과 Ⅳ의 발생 순서
①	Ⅰ과 Ⅱ가 동시에 발생	Ⅲ이 Ⅳ보다 먼저 발생
②	Ⅰ과 Ⅱ가 동시에 발생	Ⅳ가 Ⅲ보다 먼저 발생
③	Ⅰ이 Ⅱ보다 먼저 발생	Ⅲ과 Ⅳ가 동시에 발생
④	Ⅰ이 Ⅱ보다 먼저 발생	Ⅲ이 Ⅳ보다 먼저 발생
⑤	Ⅱ가 Ⅰ보다 먼저 발생	Ⅳ가 Ⅲ보다 먼저 발생

185 ▸25116-0185
2024학년도 수능 12번 상 중 하

그림과 같이 관찰자 A에 대해 광원 P, 검출기, 광원 Q가 정지해 있고 관찰자 B, C가 탄 우주선이 각각 광속에 가까운 속력으로 P, 검출기, Q를 잇는 직선과 나란하게 서로 반대 방향으로 등속도 운동을 한다. A의 관성계에서, P, Q에서 검출기를 향해 동시에 방출된 빛은 검출기에 동시에 도달한다. P와 Q 사이의 거리는 B의 관성계에서가 C의 관성계에서보다 크다.

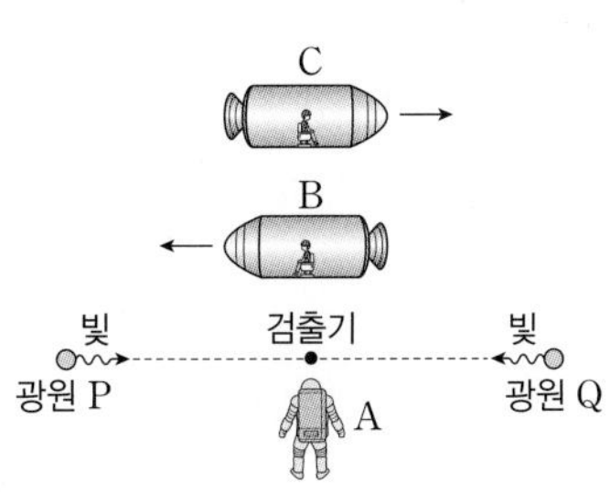

이에 대한 설명으로 옳은 것만을 <보기>에서 있는 대로 고른 것은?

보기

ㄱ. A의 관성계에서, B의 시간은 C의 시간보다 느리게 간다.
ㄴ. B의 관성계에서, 빛은 P에서가 Q에서보다 먼저 방출된다.
ㄷ. C의 관성계에서, 검출기에서 P까지의 거리는 검출기에서 Q까지의 거리보다 크다.

① ㄱ ② ㄴ ③ ㄱ, ㄷ
④ ㄴ, ㄷ ⑤ ㄱ, ㄴ, ㄷ

186 ▸25116-0186
2024학년도 9월 모의평가 6번 상 중 하

그림과 같이 관찰자 A에 대해 광원 P, 검출기 Q가 정지해 있고, 관찰자 B가 탄 우주선이 P, Q를 잇는 직선과 나란하게 $0.9c$의 속력으로 등속도 운동을 하고 있다. A의 관성계에서, 우주선의 길이는 L_1이고, P와 Q 사이의 거리는 L_2이다.

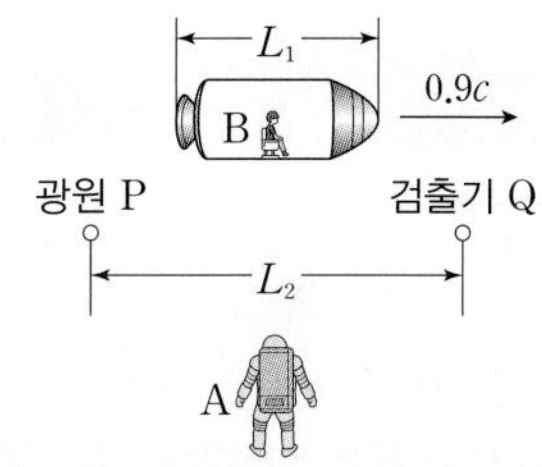

이에 대한 설명으로 옳은 것만을 <보기>에서 있는 대로 고른 것은? (단, 빛의 속력은 c이다.)

보기

ㄱ. A의 관성계에서, A의 시간은 B의 시간보다 느리게 간다.
ㄴ. B의 관성계에서, 우주선의 길이는 L_1보다 길다.
ㄷ. B의 관성계에서, P에서 방출된 빛이 Q에 도달하는 데 걸리는 시간은 $\frac{L_2}{c}$보다 크다.

① ㄱ ② ㄴ ③ ㄷ
④ ㄱ, ㄴ ⑤ ㄴ, ㄷ

187 ▸25116-0187
2024학년도 6월 모의평가 9번 상 중 하

그림과 같이 관찰자 A에 대해 광원 P, Q가 정지해 있고, 관찰자 B가 탄 우주선이 P, A, Q를 잇는 직선과 나란하게 $0.9c$의 속력으로 등속도 운동을 하고 있다. A의 관성계에서, A에서 P, Q까지의 거리는 각각 L로 같고, P, Q에서 빛이 A를 향해 동시에 방출된다.

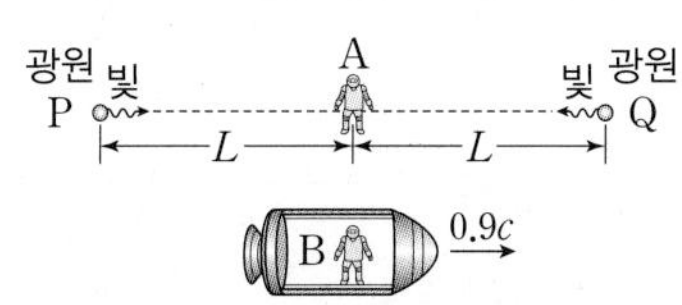

이에 대한 설명으로 옳은 것만을 <보기>에서 있는 대로 고른 것은? (단, c는 빛의 속력이다.)

보기

ㄱ. A의 관성계에서, B의 시간은 A의 시간보다 느리게 간다.
ㄴ. B의 관성계에서, 빛이 P에서 A까지 도달하는 데 걸린 시간은 $\frac{L}{c}$이다.
ㄷ. B의 관성계에서, 빛은 Q에서가 P에서보다 먼저 방출된다.

① ㄱ ② ㄴ ③ ㄱ, ㄷ
④ ㄴ, ㄷ ⑤ ㄱ, ㄴ, ㄷ

188 ▸25116-0188
2023학년도 10월 학력평가 10번 상중하

그림과 같이 관찰자 X에 대해 우주선 A, B가 서로 반대 방향으로 속력 $0.6c$로 등속도 운동한다. 기준선 P, Q와 점 O는 X에 대해 정지해 있다. X의 관성계에서, A가 P에서 빛 a를 방출하는 순간 B는 Q에서 빛 b를 방출하고, a와 b는 O를 동시에 지난다.

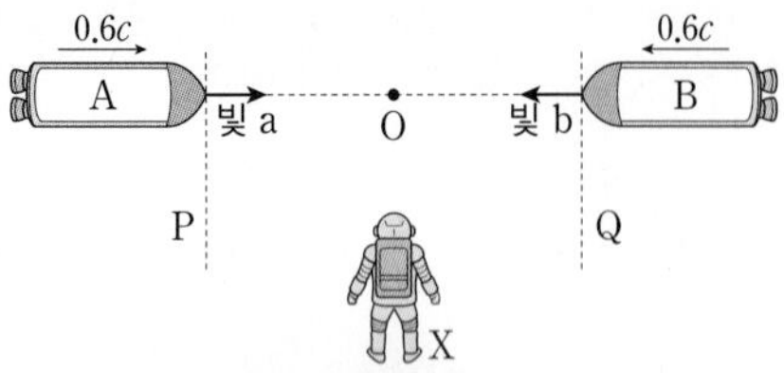

A의 관성계에서, 이에 대한 옳은 설명만을 <보기>에서 있는 대로 고른 것은? (단, c는 빛의 속력이다.)

보기

ㄱ. B의 길이는 X가 측정한 B의 길이보다 크다.
ㄴ. a와 b는 O에 동시에 도달한다.
ㄷ. b가 방출된 후 a가 방출된다.

① ㄱ ② ㄴ ③ ㄱ, ㄷ
④ ㄴ, ㄷ ⑤ ㄱ, ㄴ, ㄷ

189 ▸25116-0189
2023학년도 3월 학력평가 13번 상중하

그림과 같이 관찰자 A에 대해 광원 p와 검출기 q는 정지해 있고, 관찰자 B, 광원 r, 검출기 s는 우주선과 함께 $0.5c$의 속력으로 직선 운동한다. A의 관성계에서 빛이 p에서 q까지, r에서 s까지 진행하는 데 걸린 시간은 t_0으로 같고, 두 빛의 진행 방향과 우주선의 운동 방향은 반대이다.

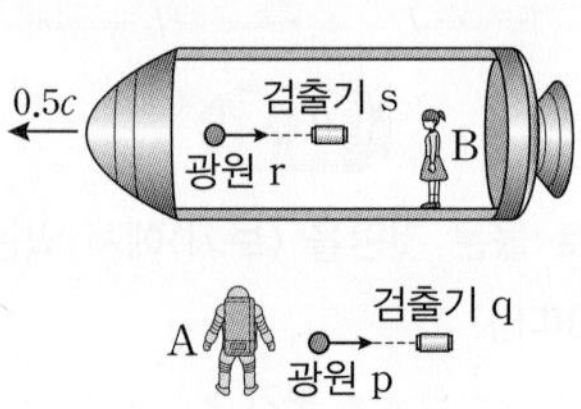

이에 대한 설명으로 옳은 것은? (단, 빛의 속력은 c이다.)

① A의 관성계에서, r에서 나온 빛의 속력은 $0.5c$이다.
② A의 관성계에서, r와 s 사이의 거리는 ct_0보다 작다.
③ B의 관성계에서, p와 q 사이의 거리는 ct_0보다 크다.
④ B의 관성계에서, A의 시간은 B의 시간보다 빠르게 간다.
⑤ B의 관성계에서, 빛이 r에서 s까지 진행하는 데 걸린 시간은 t_0보다 크다.

190 ▸25116-0190
2023학년도 수능 12번 상중하

그림과 같이 관찰자 A에 대해 관찰자 B가 탄 우주선이 광원과 거울 P, Q를 잇는 직선과 나란하게 광속에 가까운 속력으로 등속도 운동한다. A의 관성계에서, P와 Q는 광원으로부터 각각 거리 L_1, L_2만큼 떨어져 정지해 있고, 빛은 광원으로부터 각각 P, Q를 향해 동시에 방출된다. B의 관성계에서, 광원에서 방출된 빛이 P, Q에 도달하는 데 걸리는 시간은 같다.

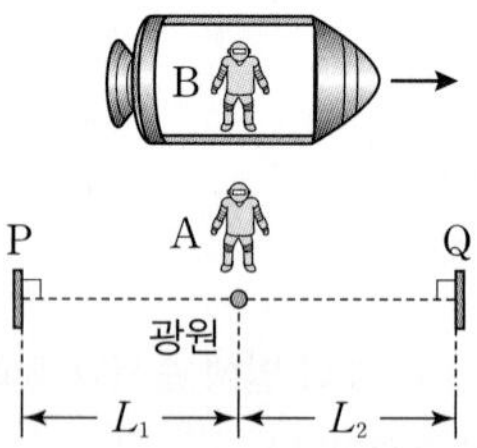

이에 대한 설명으로 옳은 것만을 <보기>에서 있는 대로 고른 것은?

보기

ㄱ. $L_1 > L_2$이다.
ㄴ. A의 관성계에서, 빛은 P에서가 Q에서보다 먼저 반사된다.
ㄷ. 빛이 광원과 Q 사이를 왕복하는 데 걸리는 시간은 A의 관성계에서가 B의 관성계에서보다 크다.

① ㄱ ② ㄴ ③ ㄱ, ㄷ
④ ㄴ, ㄷ ⑤ ㄱ, ㄴ, ㄷ

191

▸25116-0191
2023학년도 9월 모의평가 11번

상 중 하

다음은 특수 상대성 이론에 대한 사고 실험의 일부이다.

관찰자 C에 대해 관찰자 A, B가 타고 있는 우주선이 각각 광속에 가까운 서로 다른 속력으로 $+x$ 방향으로 등속도 운동하고 있다. A의 관성계에서, 광원에서 각각 $-x$, $+x$, $-y$ 방향으로 동시에 방출된 빛은 거울 p, q, r에서 반사되어 광원에 도달한다.

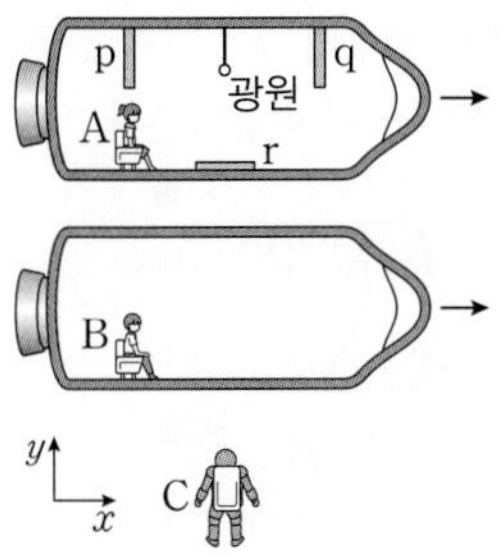

(가) A의 관성계에서, 광원에서 방출된 빛은 p, q, r에서 동시에 반사된다.

(나) B의 관성계에서, 광원에서 방출된 빛은 q보다 p에서 먼저 반사된다.

(다) C의 관성계에서, 광원에서 방출된 빛이 r에 도달할 때까지 걸린 시간은 t_0이다.

이에 대한 설명으로 옳은 것만을 〈보기〉에서 있는 대로 고른 것은?

보기

ㄱ. A의 관성계에서, B와 C의 운동 방향은 같다.
ㄴ. B의 관성계에서, 광원에서 방출된 빛은 p, q, r에서 반사되어 광원에 동시에 도달한다.
ㄷ. C의 관성계에서, 광원에서 방출된 빛이 q에 도달할 때까지 걸린 시간은 t_0보다 크다.

① ㄱ ② ㄷ ③ ㄱ, ㄴ ④ ㄴ, ㄷ ⑤ ㄱ, ㄴ, ㄷ

192

▸25116-0192
2023학년도 6월 모의평가 17번

상 중 하

그림과 같이 관찰자 A의 관성계에서 광원 X, Y와 검출기 P, Q가 점 O로부터 각각 같은 거리 L만큼 떨어져 정지해 있고 X, Y로부터 각각 P, Q를 향해 방출된 빛은 O를 동시에 지난다. 관찰자 B가 탄 우주선은 A에 대해 광속에 가까운 속력 v로 X와 P를 잇는 직선과 나란하게 운동한다.

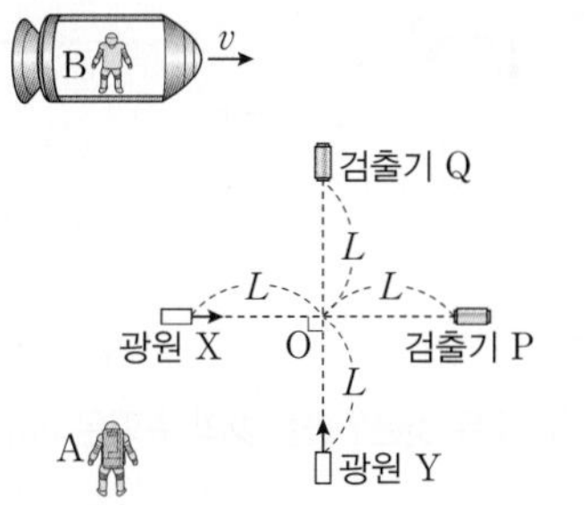

이에 대한 설명으로 옳은 것만을 〈보기〉에서 있는 대로 고른 것은?

보기

ㄱ. B의 관성계에서, 빛은 Y에서가 X에서보다 먼저 방출된다.
ㄴ. B의 관성계에서, 빛은 P와 Q에 동시에 도달한다.
ㄷ. Y에서 방출된 빛이 Q에 도달하는 데 걸리는 시간은 B의 관성계에서가 A의 관성계에서보다 크다.

① ㄱ ② ㄴ ③ ㄱ, ㄷ ④ ㄴ, ㄷ ⑤ ㄱ, ㄴ, ㄷ

193

▸25116-0193
2022학년도 10월 학력평가 9번

상 중 하

그림과 같이 관찰자 A에 대해 관찰자 B가 탄 우주선이 광속에 가까운 속력 v로 등속도 운동한다. 점 X, Y는 각각 우주선의 앞과 뒤의 점이다. A의 관성계에서 기준선 P, Q는 정지해 있으며 X가 P를 지나는 순간 Y가 Q를 지난다.

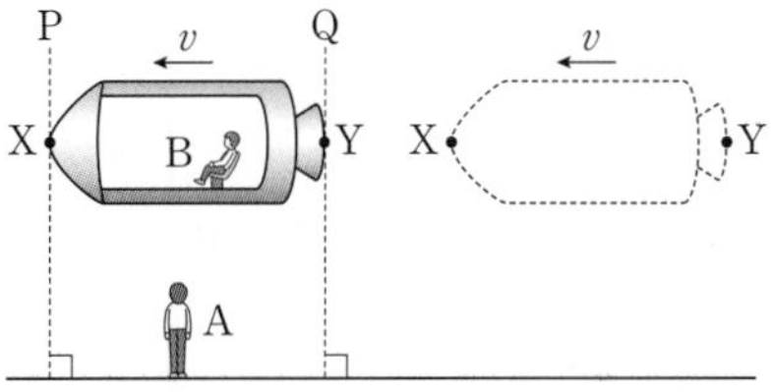

B의 관성계에서 관측했을 때에 대한 옳은 설명만을 〈보기〉에서 있는 대로 고른 것은?

보기

ㄱ. A의 시간은 B의 시간보다 느리게 간다.
ㄴ. X와 Y 사이의 거리는 P와 Q 사이의 거리와 같다.
ㄷ. P가 X를 지나는 사건이 Q가 Y를 지나는 사건보다 먼저 일어난다.

① ㄱ ② ㄷ ③ ㄱ, ㄴ ④ ㄱ, ㄷ ⑤ ㄴ, ㄷ

194 ▸25116-0194

2022학년도 3월 학력평가 18번 상중하

그림과 같이 관찰자 A가 탄 우주선이 관찰자 B에 대해 광속에 가까운 일정한 속력으로 $+x$ 방향으로 운동한다. A의 관성계에서 빛은 광원으로부터 각각 $-x$ 방향, $+y$ 방향으로 방출된다. 표는 A와 B가 각각 측정했을 때 빛이 광원에서 점 p, q까지 가는 데 걸린 시간을 나타낸 것이다.

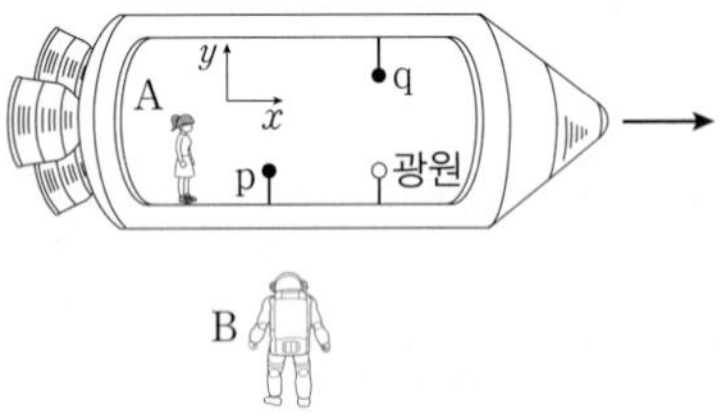

빛의 경로	걸린 시간	
	A	B
광원 → p	$2t_1$	t_2
광원 → q	t_1	t_2

이에 대한 설명으로 옳은 것은? (단, 빛의 속력은 c이다.)

① $t_1 > t_2$이다.
② A의 관성계에서 광원과 p 사이의 거리는 $2ct_1$보다 작다.
③ B의 관성계에서 광원과 p 사이의 거리는 ct_2이다.
④ B의 관성계에서 광원과 q 사이의 거리는 ct_2보다 작다.
⑤ B가 측정할 때, B의 시간은 A의 시간보다 느리게 간다.

195 ▸25116-0195

2022학년도 수능 14번 상중하

그림과 같이 관찰자 A에 대해 관찰자 B가 탄 우주선이 $+x$ 방향으로 광속에 가까운 속력 v로 등속도 운동한다. B의 관성계에서 빛은 광원으로부터 각각 점 p, q, r를 향해 $-x$, $+x$, $+y$ 방향으로 동시에 방출된다. 표는 A, B의 관성계에서 각각의 경로에 따라 빛이 진행하는 데 걸린 시간을 나타낸 것이다.

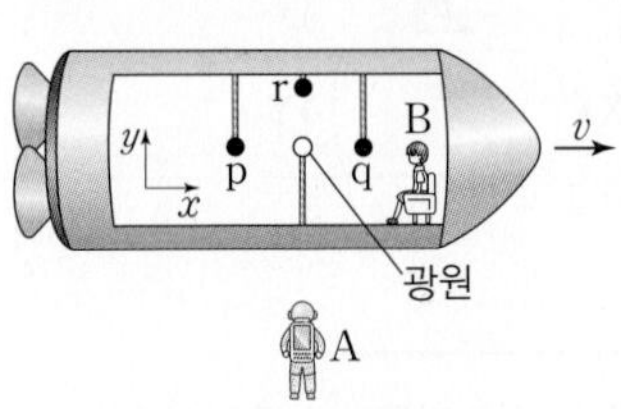

빛의 경로	걸린 시간	
	A의 관성계	B의 관성계
광원 → p	t_1	㉠
광원 → q	t_1	t_2
광원 → r	㉡	t_2

이에 대한 설명으로 옳은 것만을 〈보기〉에서 있는 대로 고른 것은? (단, 빛의 속력은 c이다.)

보기

ㄱ. ㉠은 t_1보다 작다.
ㄴ. ㉡은 t_2보다 크다.
ㄷ. B의 관성계에서 p에서 q까지의 거리는 $2ct_2$보다 크다.

① ㄱ ② ㄴ ③ ㄱ, ㄷ
④ ㄴ, ㄷ ⑤ ㄱ, ㄴ, ㄷ

196 ▸25116-0196

2022학년도 9월 모의평가 10번 상중하

다음은 특수 상대성 이론에 대한 사고 실험의 일부이다.

가설 Ⅰ : 모든 관성계에서 물리 법칙은 동일하다.
가설 Ⅱ : 모든 관성계에서 빛의 속력은 c로 일정하다.

관찰자 A에 대해 정지해 있는 두 천체 P, Q 사이를 관찰자 B가 탄 우주선이 광속에 가까운 속력 v로 등속도 운동을 하고 있다. B의 관성계에서 광원으로부터 우주선의 운동 방향에 수직으로 방출된 빛은 거울에서 반사되어 되돌아온다.

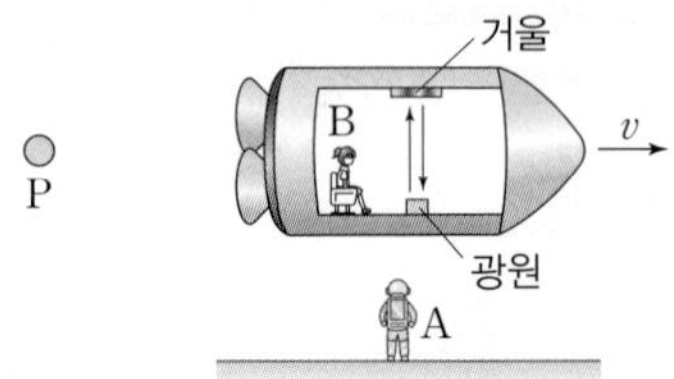

(가) 빛이 1회 왕복한 시간은 A의 관성계에서 t_A이고, B의 관성계에서 t_B이다.
(나) A의 관성계에서 t_A 동안 빛의 경로 길이는 L_A이고, B의 관성계에서 t_B 동안 빛의 경로 길이는 L_B이다.
(다) A의 관성계에서 P와 Q 사이의 거리 D_A는 P에서 Q까지 우주선의 이동 시간과 v를 곱한 값이다.
(라) B의 관성계에서 P와 Q 사이의 거리 D_B는 P가 B를 지날 때부터 Q가 B를 지날 때까지 걸린 시간과 v를 곱한 값이다.

이에 대한 설명으로 옳은 것만을 〈보기〉에서 있는 대로 고른 것은?

보기

ㄱ. $t_A > t_B$이다.
ㄴ. $L_A > L_B$이다.
ㄷ. $\frac{D_A}{D_B} = \frac{L_A}{L_B}$이다.

① ㄱ ② ㄷ ③ ㄱ, ㄴ
④ ㄴ, ㄷ ⑤ ㄱ, ㄴ, ㄷ

197

▸25116-0197
2022학년도 6월 모의평가 14번 상 중 하

그림은 관찰자 A에 대해 관찰자 B가 탄 우주선이 x축과 나란하게 광속에 가까운 속력으로 등속도 운동을 하고 있는 모습을 나타낸 것이다. B의 관성계에서 빛은 광원으로부터 각각 $+x$ 방향, $-y$ 방향으로 동시에 방출된 후 거울 p, q에서 반사하여 광원에 동시에 도달하며 광원과 q 사이의 거리는 L이다. 표는 A의 관성계에서 빛이 광원에서 p까지, p에서 광원까지 가는 데 걸린 시간을 나타낸 것이다.

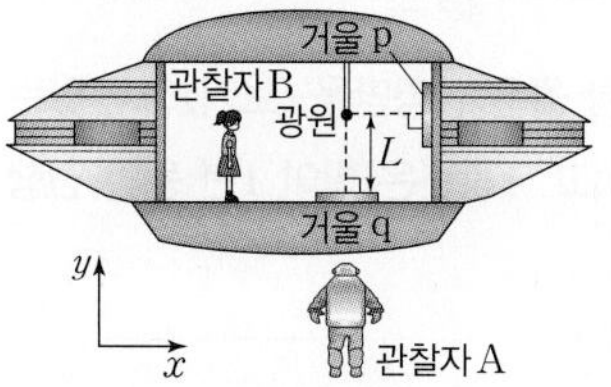

빛의 경로	시간
광원 → p	$0.4t_0$
p → 광원	$0.6t_0$

이에 대한 설명으로 옳은 것만을 〈보기〉에서 있는 대로 고른 것은? (단, 빛의 속력은 c이다.)

보기

ㄱ. 우주선의 운동 방향은 $-x$ 방향이다.
ㄴ. $t_0 > \frac{2L}{c}$이다.
ㄷ. A의 관성계에서 광원과 p 사이의 거리는 L보다 작다.

① ㄱ ② ㄴ ③ ㄱ, ㄷ
④ ㄴ, ㄷ ⑤ ㄱ, ㄴ, ㄷ

198

▸25116-0198
2021학년도 10월 학력평가 16번 상 중 하

그림과 같이 관찰자 P가 관측할 때 우주선 A, B는 길이가 같고, 같은 방향으로 속력 v_A, v_B로 직선 운동한다. B의 관성계에서 A의 길이는 B의 길이보다 크다. A, B의 고유 길이는 각각 L_A, L_B이다.

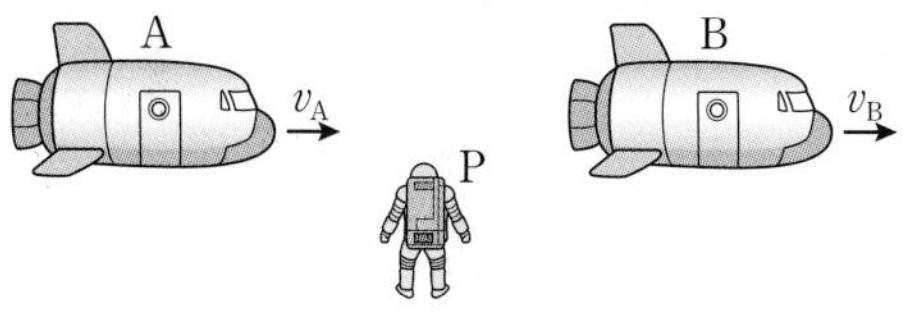

이에 대한 옳은 설명만을 〈보기〉에서 있는 대로 고른 것은?

보기

ㄱ. $L_A < L_B$이다.
ㄴ. $v_A > v_B$이다.
ㄷ. A의 관성계에서, A와 B의 길이 차는 $|L_A - L_B|$보다 크다.

① ㄱ ② ㄴ ③ ㄱ, ㄷ
④ ㄴ, ㄷ ⑤ ㄱ, ㄴ, ㄷ

199

▸25116-0199
2021학년도 3월 학력평가 17번 상 중 하

그림과 같이 관찰자 A가 관측했을 때, 정지한 광원에서 빛 p, q가 각각 $+x$ 방향과 $+y$ 방향으로 동시에 방출된 후 정지한 각 거울에서 반사하여 광원으로 동시에 되돌아온다. 관찰자 B는 A에 대해 $0.6c$의 속력으로 $+x$ 방향으로 이동하고 있다. 표는 B가 측정했을 때, p와 q가 각각 광원에서 거울까지, 거울에서 광원까지 가는 데 걸린 시간을 나타낸 것이다.

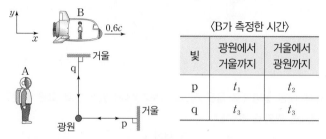

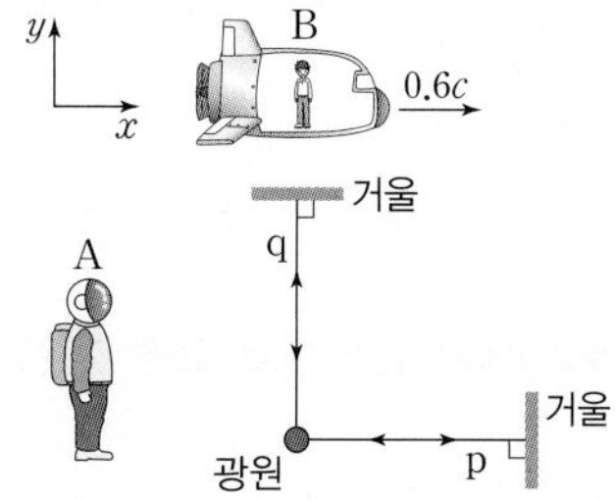

〈B가 측정한 시간〉

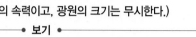

빛	광원에서 거울까지	거울에서 광원까지
p	t_1	t_2
q	t_3	t_3

B의 관성계에서 관측했을 때에 대한 옳은 설명만을 〈보기〉에서 있는 대로 고른 것은? (단, c는 빛의 속력이고, 광원의 크기는 무시한다.)

보기

ㄱ. p의 속력은 거울에서 반사하기 전과 후가 서로 다르다.
ㄴ. p가 q보다 먼저 거울에서 반사한다.
ㄷ. $2t_3 = t_1 + t_2$이다.

① ㄴ ② ㄷ ③ ㄱ, ㄴ
④ ㄱ, ㄷ ⑤ ㄴ, ㄷ

200

▸25116-0200
2021학년도 수능 17번 상 중 하

그림과 같이 관찰자 P에 대해 관찰자 Q가 탄 우주선이 $0.5c$의 속력으로 직선 운동하고 있다. P의 관성계에서, Q가 P를 스쳐 지나는 순간 Q로부터 같은 거리만큼 떨어져 있는 광원 A, B에서 빛이 동시에 발생한다.

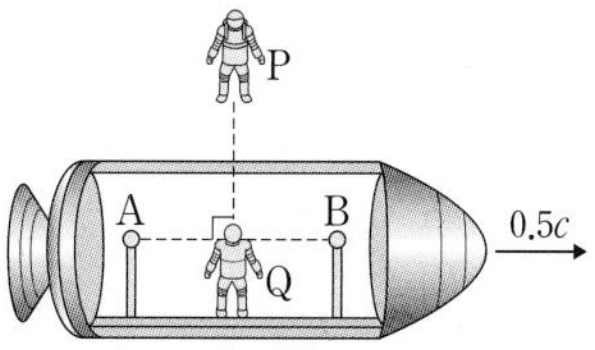

이에 대한 설명으로 옳은 것만을 〈보기〉에서 있는 대로 고른 것은? (단, c는 빛의 속력이다.)

보기

ㄱ. P의 관성계에서, A와 B에서 발생한 빛은 동시에 P에 도달한다.
ㄴ. P의 관성계에서, A와 B에서 발생한 빛은 동시에 Q에 도달한다.
ㄷ. B에서 발생한 빛이 Q에 도달할 때까지 걸리는 시간은 Q의 관성계에서가 P의 관성계에서보다 크다.

① ㄴ ② ㄷ ③ ㄱ, ㄴ
④ ㄱ, ㄷ ⑤ ㄱ, ㄴ, ㄷ

201 ▸25116-0201
2021학년도 9월 모의평가 11번 상중하

그림은 관찰자 A에 대해 관찰자 B가 탄 우주선이 $0.6c$의 속력으로 직선 운동하는 모습을 나타낸 것이다. B의 관성계에서 광원과 거울 사이의 거리는 L이고, 광원에서 우주선의 운동 방향과 수직으로 발생시킨 빛은 거울에서 반사되어 되돌아온다.

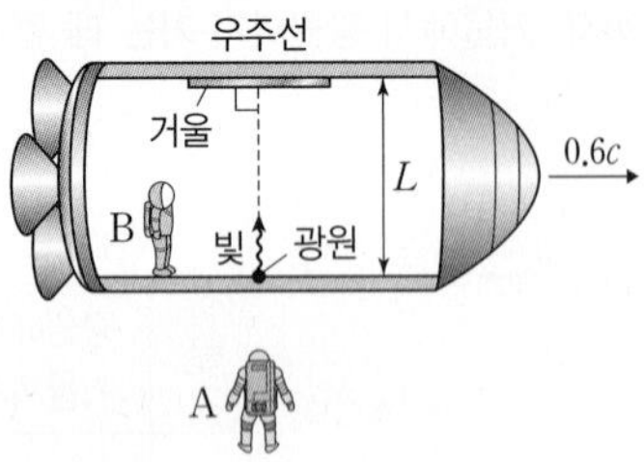

이에 대한 설명으로 옳은 것만을 〈보기〉에서 있는 대로 고른 것은? (단, c는 빛의 속력이다.)

보기

ㄱ. A의 관성계에서, 빛의 속력은 c이다.
ㄴ. A의 관성계에서, 광원과 거울 사이의 거리는 L이다.
ㄷ. B의 관성계에서, A의 시간은 B의 시간보다 빠르게 간다.

① ㄱ ② ㄷ ③ ㄱ, ㄴ
④ ㄴ, ㄷ ⑤ ㄱ, ㄴ, ㄷ

202 ▸25116-0202
2021학년도 6월 모의평가 17번 상중하

그림과 같이 관찰자 P에 대해 별 A, B가 같은 거리만큼 떨어져 정지해 있고, 관찰자 Q가 탄 우주선이 $0.9c$의 속력으로 A에서 B를 향해 등속도 운동하고 있다. P의 관성계에서 Q가 P를 스쳐 지나는 순간 A, B가 동시에 빛을 내며 폭발한다.

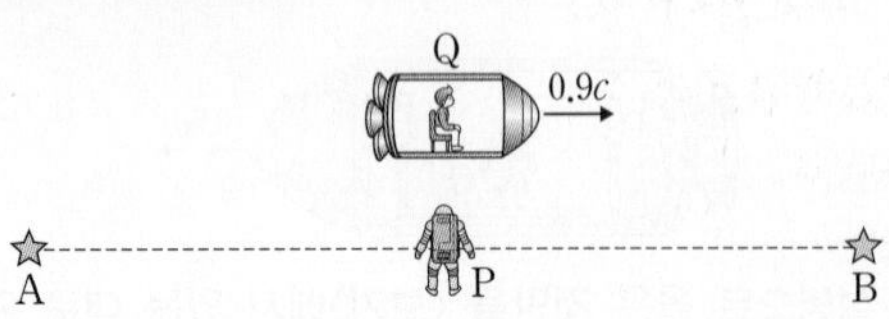

이에 대한 설명으로 옳은 것만을 〈보기〉에서 있는 대로 고른 것은? (단, c는 빛의 속력이다.)

보기

ㄱ. P의 관성계에서, A와 B가 폭발할 때 발생한 빛이 동시에 P에 도달한다.
ㄴ. Q의 관성계에서, B가 A보다 먼저 폭발한다.
ㄷ. Q의 관성계에서, A와 P 사이의 거리는 B와 P 사이의 거리보다 크다.

① ㄱ ② ㄷ ③ ㄱ, ㄴ
④ ㄴ, ㄷ ⑤ ㄱ, ㄴ, ㄷ

203 ▸25116-0203
2020학년도 10월 학력평가 7번 상중하

그림과 같이 우주 정거장에 대해 정지한 두 점 P에서 Q까지 우주선이 일정한 속도로 운동한다. 우주 정거장의 관성계에서 관측할 때 P와 Q 사이의 거리는 3광년이고, 우주선이 P에서 방출한 빛은 우주선보다 2년 먼저 Q에 도달한다.

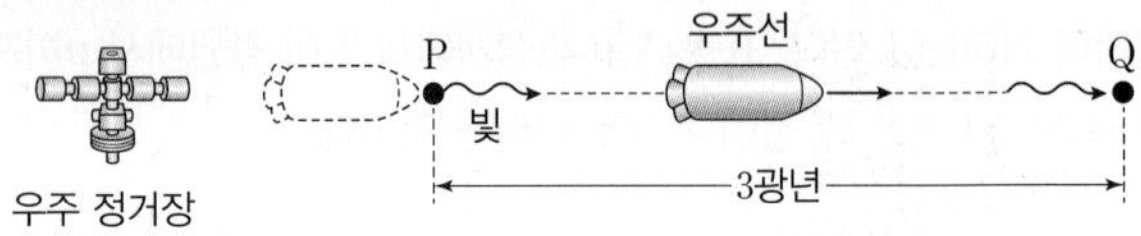

우주선의 관성계에서 관측할 때에 대한 옳은 설명만을 〈보기〉에서 있는 대로 고른 것은? (단, 빛의 속력은 c이고, 1광년은 빛이 1년 동안 진행하는 거리이다.)

보기

ㄱ. Q의 속력은 $0.6c$이다.
ㄴ. P와 Q 사이의 거리는 3광년이다.
ㄷ. 우주선의 시간은 우주 정거장의 시간보다 빠르게 간다.

① ㄱ ② ㄴ ③ ㄱ, ㄷ
④ ㄴ, ㄷ ⑤ ㄱ, ㄴ, ㄷ

204 ▸25116-0204
2020학년도 3월 학력평가 7번 상중하

그림은 관찰자 A가 탄 우주선이 정지해 있는 관찰자 B에 대해 $+x$ 방향으로 $0.6c$의 일정한 속력으로 운동하는 모습을 나타낸 것이다. 광원과 점 P, Q는 B에 대해 정지해 있다. A가 관측할 때, 광원과 P 사이의 거리는 L이고 광원에서 방출된 빛은 P, Q에 동시에 도달하였다.

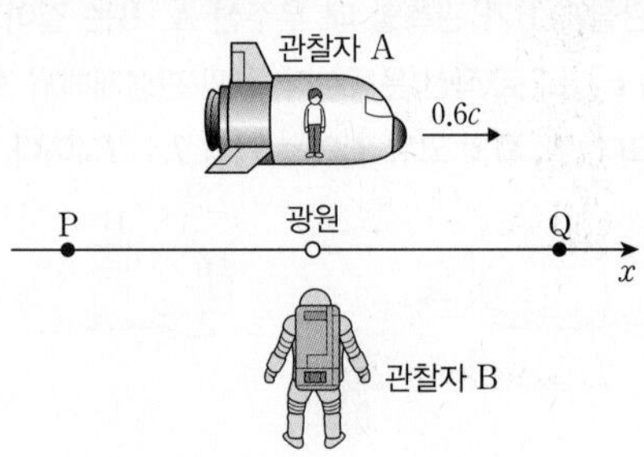

이에 대한 설명으로 옳은 것은? (단, c는 광속이다.)

① A가 관측할 때 B의 속력은 $0.6c$보다 크다.
② A가 관측할 때 광원과 Q 사이의 거리는 L이다.
③ B가 관측할 때 빛은 Q보다 P에 먼저 도달하였다.
④ B가 관측할 때 A의 시간은 B의 시간보다 빠르게 간다.
⑤ 광원에서 P로 진행하는 빛의 속력은 A가 관측할 때가 B가 관측할 때보다 크다.

205 ▸25116-0205

2020학년도 9월 모의평가 7번 상중하

그림과 같이 관찰자에 대해 우주선 A, B가 각각 일정한 속도 $0.7c$, $0.9c$로 운동한다. A, B에서는 각각 광원에서 방출된 빛이 검출기에 도달하고, 광원과 검출기 사이의 고유 길이는 같다. 광원과 검출기는 운동 방향과 나란한 직선상에 있다.

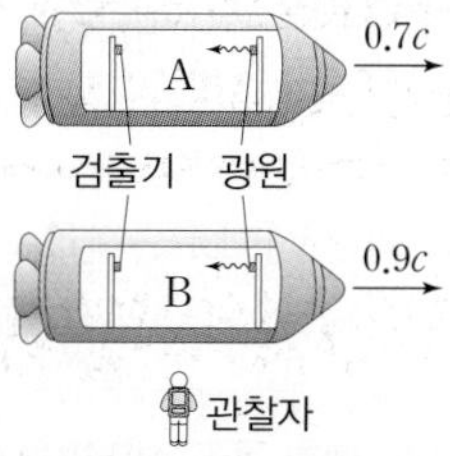

관찰자가 측정할 때, 이에 대한 설명으로 옳은 것만을 〈보기〉에서 있는 대로 고른 것은? (단, 빛의 속력은 c이다.)

보기

ㄱ. A에서 방출된 빛의 속력은 c보다 작다.
ㄴ. 광원과 검출기 사이의 거리는 A에서가 B에서보다 크다.
ㄷ. 광원에서 방출된 빛이 검출기에 도달하는 데 걸린 시간은 A에서가 B에서보다 크다.

① ㄱ ② ㄴ ③ ㄱ, ㄷ ④ ㄴ, ㄷ ⑤ ㄱ, ㄴ, ㄷ

206 ▸25116-0206

2020학년도 6월 모의평가 12번 상중하

그림과 같이 관찰자 A가 탄 우주선이 행성을 향해 가고 있다. 관찰자 B가 측정할 때, 행성까지의 거리는 7광년이고 우주선은 $0.7c$의 속력으로 등속도 운동한다. B는 멀어지고 있는 A를 향해 자신이 측정하는 시간을 기준으로 1년마다 빛 신호를 보낸다.

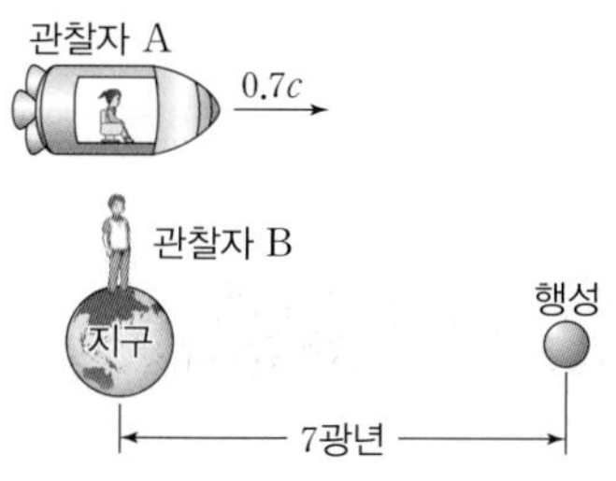

이에 대한 설명으로 옳은 것만을 〈보기〉에서 있는 대로 고른 것은? (단, c는 빛의 속력이다.)

보기

ㄱ. A가 B의 신호를 수신하는 시간 간격은 1년보다 짧다.
ㄴ. A가 측정할 때, 지구에서 행성까지의 거리는 7광년보다 작다.
ㄷ. B가 측정할 때, A의 시간은 B의 시간보다 느리게 간다.

① ㄱ ② ㄴ ③ ㄱ, ㄷ ④ ㄴ, ㄷ ⑤ ㄱ, ㄴ, ㄷ

207 ▸25116-0207

2025학년도 수능 2번 상중하

다음은 핵반응에 대한 설명이다.

> 원자로 내부에서 $^{235}_{92}U$ 원자핵이 중성자($^{1}_{0}n$) 하나를 흡수하면, $^{141}_{56}Ba$ 원자핵과 $^{92}_{36}Kr$ 원자핵으로 쪼개지며 세 개의 중성자와 에너지가 방출된다. 이 핵반응을 [㉠] 반응이라 하고, 이때 ㉡방출되는 에너지를 이용해 전기를 생산할 수 있다.

이에 대한 설명으로 옳은 것만을 〈보기〉에서 있는 대로 고른 것은?

보기

ㄱ. $^{235}_{92}U$ 원자핵의 질량수는 $^{141}_{56}Ba$ 원자핵과 $^{92}_{36}Kr$ 원자핵의 질량수의 합과 같다.
ㄴ. '핵분열'은 ㉠으로 적절하다.
ㄷ. ㉡은 질량 결손에 의해 발생한다.

① ㄱ ② ㄴ ③ ㄷ ④ ㄱ, ㄴ ⑤ ㄴ, ㄷ

208 ▸25116-0208

2025학년도 9월 모의평가 4번 상중하

다음은 두 가지 핵반응이다. (가)와 (나)에서 방출되는 에너지는 각각 E_1, E_2이고, 질량 결손은 (가)에서가 (나)에서보다 크다.

> (가) [㉠] $+ ^{1}_{0}n \rightarrow ^{141}_{56}Ba + ^{92}_{36}Kr + 3^{1}_{0}n + E_1$
> (나) $^{2}_{1}H + ^{3}_{1}H \rightarrow ^{4}_{2}He + ^{1}_{0}n + E_2$

이에 대한 설명으로 옳은 것만을 〈보기〉에서 있는 대로 고른 것은?

보기

ㄱ. ㉠의 질량수는 238이다.
ㄴ. (나)는 핵융합 반응이다.
ㄷ. E_1은 E_2보다 크다.

① ㄱ ② ㄴ ③ ㄱ, ㄷ ④ ㄴ, ㄷ ⑤ ㄱ, ㄴ, ㄷ

209
▸25116-0209
2025학년도 6월 모의평가 4번 상중하

다음은 핵반응식을 나타낸 것이다. E_0은 핵반응에서 방출되는 에너지이다.

$${}^{235}_{92}U + {}^{1}_{0}n \rightarrow {}^{141}_{56}Ba + {}^{92}_{36}Kr + \boxed{㉠}\,{}^{1}_{0}n + E_0$$

이에 대한 설명으로 옳은 것만을 〈보기〉에서 있는 대로 고른 것은?

보기

ㄱ. ㉠은 3이다.
ㄴ. 핵융합 반응이다.
ㄷ. E_0은 질량 결손에 의해 발생한다.

① ㄱ ② ㄴ ③ ㄱ, ㄷ
④ ㄴ, ㄷ ⑤ ㄱ, ㄴ, ㄷ

210
▸25116-0210
2024학년도 10월 학력평가 6번 상중하

다음은 두 가지 핵융합 반응식이다.

(가) ${}^{3}_{2}He + {}^{3}_{2}He \rightarrow \boxed{㉠} + {}^{1}_{1}H + {}^{1}_{1}H + 12.9\text{ MeV}$
(나) ${}^{3}_{2}He + \boxed{㉡} \rightarrow \boxed{㉠} + {}^{1}_{1}H + {}^{1}_{0}n + 12.1\text{ MeV}$

이에 대한 옳은 설명만을 〈보기〉에서 있는 대로 고른 것은?

보기

ㄱ. ㉠의 질량수는 2이다.
ㄴ. ㉡은 ${}^{3}_{1}H$이다.
ㄷ. 질량 결손은 (가)에서가 (나)에서보다 크다.

① ㄱ ② ㄷ ③ ㄱ, ㄴ
④ ㄴ, ㄷ ⑤ ㄱ, ㄴ, ㄷ

211
▸25116-0211
2024학년도 3월 학력평가 2번 상중하

다음은 두 가지 핵반응을 나타낸 것이다. ㉠과 ㉡은 서로 다른 원자핵이다.

(가) ㉠ $+ {}^{6}_{3}Li \rightarrow 2{}^{4}_{2}He + 22.4\text{ MeV}$
(나) ${}^{3}_{2}He + {}^{6}_{3}Li \rightarrow 2{}^{4}_{2}He +$ ㉡ $+ 16.9\text{ MeV}$

이에 대한 옳은 설명만을 〈보기〉에서 있는 대로 고른 것은?

보기

ㄱ. 양성자수는 ㉠과 ㉡이 같다.
ㄴ. 질량수는 ㉡이 ㉠보다 크다.
ㄷ. 질량 결손은 (가)에서가 (나)에서보다 크다.

① ㄴ ② ㄷ ③ ㄱ, ㄴ
④ ㄱ, ㄷ ⑤ ㄴ, ㄷ

212
▸25116-0212
2024학년도 수능 2번 상중하

다음은 두 가지 핵반응을, 표는 (가)와 관련된 원자핵과 중성자(${}^{1}_{0}n$)의 질량을 나타낸 것이다.

(가) ㉠ + ㉠ $\longrightarrow {}^{3}_{2}He + {}^{1}_{0}n + 3.27\text{ MeV}$
(나) ${}^{3}_{1}H +$ ㉠ $\longrightarrow {}^{4}_{2}He +$ ㉡ $+ 17.6\text{ MeV}$

입자	질량
㉠	M_1
${}^{3}_{2}He$	M_2
중성자(${}^{1}_{0}n$)	M_3

이에 대한 설명으로 옳은 것만을 〈보기〉에서 있는 대로 고른 것은?

보기

ㄱ. ㉠은 ${}^{1}_{1}H$이다.
ㄴ. ㉡은 중성자(${}^{1}_{0}n$)이다.
ㄷ. $2M_1 = M_2 + M_3$이다.

① ㄱ ② ㄴ ③ ㄱ, ㄷ
④ ㄴ, ㄷ ⑤ ㄱ, ㄴ, ㄷ

213
▸25116-0213
2024학년도 9월 모의평가 2번
상 중 하

다음은 핵반응 (가), (나)에 대해 학생 A, B, C가 대화하는 모습을 나타낸 것이다.

(가) $^{235}_{92}U+$ ㉠ $\longrightarrow$ $^{140}_{54}Xe+^{94}_{38}Sr+2^{1}_{0}n+$약 200 MeV
(나) $^{2}_{1}H+^{3}_{1}H \longrightarrow ^{4}_{2}He+$㉡$+17.6$ MeV

(가)는 핵분열 반응이고, (나)는 핵융합 반응이야.
㉠은 양성자야.
(나)에서 ²₁H와 ³₁H의 질량의 합은 ⁴₂He과 ㉡의 질량의 합과 같아.
학생 A
학생 B
학생 C

제시한 내용이 옳은 학생만을 있는 대로 고른 것은?

① A ② B ③ A, C
④ B, C ⑤ A, B, C

214
▸25116-0214
2024학년도 6월 모의평가 2번
상 중 하

다음은 우리나라의 핵융합 연구 장치에 대한 설명이다.

'한국의 인공 태양'이라 불리는 KSTAR는 바닷물에 풍부한 중수소($^{2}_{1}H$)와 리튬에서 얻은 삼중수소($^{3}_{1}H$)를 고온에서 충돌시켜 다음과 같이 핵융합 에너지를 얻기 위한 연구 장치이다.

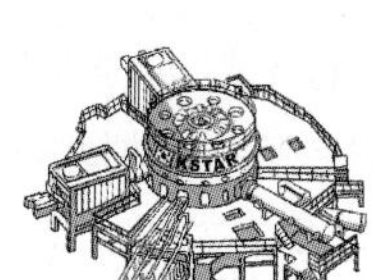

$^{2}_{1}H+^{3}_{1}H \longrightarrow ^{4}_{2}He+$ ㉠ $+$㉡ 에너지

이에 대한 설명으로 옳은 것만을 <보기>에서 있는 대로 고른 것은?

보기

ㄱ. $^{2}_{1}H$와 $^{3}_{1}H$는 질량수가 같다.
ㄴ. ㉠은 중성자이다.
ㄷ. ㉡은 질량 결손에 의해 발생한다.

① ㄱ ② ㄴ ③ ㄷ
④ ㄱ, ㄴ ⑤ ㄴ, ㄷ

215
▸25116-0215
2023학년도 10월 학력평가 3번
상 중 하

다음은 두 가지 핵반응을 나타낸 것이다. 중성자, 원자핵 X, Y의 질량은 각각 m_n, m_X, m_Y이고, $m_Y-m_X<m_n$이다.

(가) $X+^{3}_{1}H \longrightarrow ^{4}_{2}He+^{1}_{0}n+$에너지
(나) $Y+^{3}_{1}H \longrightarrow ^{4}_{2}He+2^{1}_{0}n+$에너지

이에 대한 옳은 설명만을 <보기>에서 있는 대로 고른 것은?

보기

ㄱ. (가)는 핵융합 반응이다.
ㄴ. Y는 $^{3}_{1}H$이다.
ㄷ. 핵반응에서 발생한 에너지는 (나)에서가 (가)에서보다 크다.

① ㄴ ② ㄷ ③ ㄱ, ㄴ
④ ㄱ, ㄷ ⑤ ㄱ, ㄴ, ㄷ

216
▸25116-0216
2023학년도 3월 학력평가 6번
상 중 하

다음은 두 가지 핵반응이다. X, Y는 원자핵이다.

(가) $^{233}_{92}U+^{1}_{0}n \longrightarrow X+^{94}_{38}Sr+3^{1}_{0}n+200$ MeV
(나) $^{2}_{1}H+Y \longrightarrow ^{4}_{2}He+^{1}_{0}n+17.6$ MeV

이에 대한 설명으로 옳은 것은?

① X의 양성자수는 54이다.
② 질량수는 Y가 $^{2}_{1}H$와 같다.
③ (나)는 핵분열 반응이다.
④ $^{233}_{92}U$의 중성자수는 233이다.
⑤ 질량 결손은 (나)에서가 (가)에서보다 크다.

217
▸25116-0217
2023학년도 수능 3번
상중하

다음은 두 가지 핵반응이다. X, Y는 원자핵이다.

(가) ${}^{2}_{1}H + {}^{1}_{1}H \longrightarrow X + 5.49$ MeV
(나) $X + X \longrightarrow Y + {}^{1}_{1}H + {}^{1}_{1}H + 12.86$ MeV

이에 대한 설명으로 옳은 것만을 〈보기〉에서 있는 대로 고른 것은?

보기
ㄱ. (가)에서 질량 결손에 의해 에너지가 방출된다.
ㄴ. Y는 ${}^{4}_{2}He$이다.
ㄷ. 양성자수는 Y가 X보다 크다.

① ㄱ ② ㄷ ③ ㄱ, ㄴ
④ ㄴ, ㄷ ⑤ ㄱ, ㄴ, ㄷ

218
▸25116-0218
2023학년도 9월 모의평가 6번
상중하

다음은 두 가지 핵반응이다. A, B는 원자핵이다.

(가) $A + B \longrightarrow {}^{4}_{2}He + {}^{1}_{0}n + 17.6$ MeV
(나) $A + A \longrightarrow B + {}^{1}_{1}H + 4.03$ MeV

이에 대한 설명으로 옳은 것만을 〈보기〉에서 있는 대로 고른 것은?

보기
ㄱ. (가)는 핵분열 반응이다.
ㄴ. (나)에서 질량 결손에 의해 에너지가 방출된다.
ㄷ. 중성자수는 B가 A의 2배이다.

① ㄱ ② ㄴ ③ ㄱ, ㄷ
④ ㄴ, ㄷ ⑤ ㄱ, ㄴ, ㄷ

219
▸25116-0219
2023학년도 6월 모의평가 12번
상중하

다음은 두 가지 핵반응을, 표는 원자핵 a~d의 질량수와 양성자수를 나타낸 것이다.

(가) $a + a \longrightarrow c +$ [X] $+ 3.3$ MeV
(나) $a + b \longrightarrow d +$ [X] $+ 17.6$ MeV

원자핵	질량수	양성자수
a	2	㉠
b	3	1
c	3	2
d	㉡	2

이에 대한 설명으로 옳은 것만을 〈보기〉에서 있는 대로 고른 것은?

보기
ㄱ. 질량 결손은 (가)에서가 (나)에서보다 작다.
ㄴ. X는 중성자이다.
ㄷ. ㉡은 ㉠의 4배이다.

① ㄱ ② ㄴ ③ ㄱ, ㄷ
④ ㄴ, ㄷ ⑤ ㄱ, ㄴ, ㄷ

220
▸25116-0220
2022학년도 10월 학력평가 8번
상중하

다음은 두 가지 핵반응이다.

(가) ${}^{2}_{1}H + {}^{1}_{1}H \longrightarrow$ [㉠] $+ 5.49$ MeV
(나) [㉠] + [㉠] $\longrightarrow {}^{4}_{2}He +$ [㉡] + [㉡] $+ 12.86$ MeV

이에 대한 옳은 설명만을 〈보기〉에서 있는 대로 고른 것은?

보기
ㄱ. ㉠의 질량수는 3이다.
ㄴ. ㉡은 중성자이다.
ㄷ. 질량 결손은 (가)에서가 (나)에서보다 크다.

① ㄱ ② ㄴ ③ ㄱ, ㄷ
④ ㄴ, ㄷ ⑤ ㄱ, ㄴ, ㄷ

221

▸25116-0221
2022학년도 3월 학력평가 2번

상 중 하

다음은 두 가지 핵반응이다.

(가) ${}^{235}_{92}\mathrm{U}$ + [㉠] ⟶ ${}^{141}_{56}\mathrm{Ba}+{}^{92}_{36}\mathrm{Kr}$ + 3[㉠] + 약 200 MeV
(나) [㉡] + [㉡] ⟶ ${}^{3}_{2}\mathrm{He}$ + [㉠] + 3.27 MeV

이에 대한 옳은 설명만을 〈보기〉에서 있는 대로 고른 것은?

보기

ㄱ. ㉠은 중성자이다.
ㄴ. ㉡의 질량수는 2이다.
ㄷ. 질량 결손은 (가)에서가 (나)에서보다 작다.

① ㄱ ② ㄷ ③ ㄱ, ㄴ
④ ㄴ, ㄷ ⑤ ㄱ, ㄴ, ㄷ

222

▸25116-0222
2022학년도 수능 2번

상 중 하

다음은 두 가지 핵반응이다.

(가) ${}^{235}_{92}\mathrm{U}+{}^{1}_{0}\mathrm{n} \longrightarrow {}^{141}_{56}\mathrm{Ba}$ + [㉠] + $3{}^{1}_{0}\mathrm{n}$ + 약 200 MeV
(나) ${}^{235}_{92}\mathrm{U}$ + [㉡] ⟶ ${}^{140}_{54}\mathrm{Xe}+{}^{94}_{38}\mathrm{Sr}+2{}^{1}_{0}\mathrm{n}$ + 약 200 MeV

이에 대한 설명으로 옳은 것만을 〈보기〉에서 있는 대로 고른 것은?

보기

ㄱ. ㉠은 ${}^{94}_{38}\mathrm{Sr}$보다 질량수가 크다.
ㄴ. ㉡은 중성자이다.
ㄷ. (가)에서 질량 결손에 의해 에너지가 방출된다.

① ㄱ ② ㄴ ③ ㄱ, ㄷ
④ ㄴ, ㄷ ⑤ ㄱ, ㄴ, ㄷ

223

▸25116-0223
2022학년도 9월 모의평가 2번

상 중 하

그림은 주어진 핵반응에 대해 학생 A, B, C가 대화하는 모습을 나타낸 것이다.

제시한 내용이 옳은 학생만을 있는 대로 고른 것은?

① A ② C ③ A, B
④ B, C ⑤ A, B, C

224

▸25116-0224
2022학년도 6월 모의평가 6번

상 중 하

다음은 두 가지 핵반응이다.

(가) ${}^{2}_{1}\mathrm{H}+{}^{2}_{1}\mathrm{H} \longrightarrow {}^{3}_{2}\mathrm{He}$ + [㉠] + 3.27 MeV
(나) ${}^{2}_{1}\mathrm{H}+{}^{2}_{1}\mathrm{H} \longrightarrow {}^{3}_{1}\mathrm{H}$ + [㉡] + 4.03 MeV

이에 대한 설명으로 옳은 것만을 〈보기〉에서 있는 대로 고른 것은?

보기

ㄱ. ㉠은 중성자이다.
ㄴ. ㉠과 ㉡은 질량수가 서로 같다.
ㄷ. 질량 결손은 (가)에서가 (나)에서보다 작다.

① ㄱ ② ㄴ ③ ㄱ, ㄷ
④ ㄴ, ㄷ ⑤ ㄱ, ㄴ, ㄷ

225
▸25116-0225
2021학년도 10월 학력평가 3번 상중하

다음은 두 가지 핵반응이다.

○ [㉠] $+{}^{3}_{1}\mathrm{H} \longrightarrow {}^{4}_{2}\mathrm{He}+{}^{1}_{1}\mathrm{H}+{}^{1}_{0}\mathrm{n}+12.1\,\mathrm{MeV}$
○ ${}^{3}_{2}\mathrm{He}+{}^{3}_{1}\mathrm{H} \longrightarrow {}^{4}_{2}\mathrm{He}+$ [㉡] $+14.3\,\mathrm{MeV}$

이에 대한 옳은 설명만을 〈보기〉에서 있는 대로 고른 것은?

보기

ㄱ. 핵반응에서 발생하는 에너지는 질량 결손에 의한 것이다.
ㄴ. ㉠과 ㉡의 중성자수는 같다.
ㄷ. ㉡의 질량은 ${}^{1}_{1}\mathrm{H}$와 ${}^{1}_{0}\mathrm{n}$의 질량의 합보다 작다.

① ㄱ ② ㄷ ③ ㄱ, ㄴ
④ ㄴ, ㄷ ⑤ ㄱ, ㄴ, ㄷ

226
▸25116-0226
2021학년도 3월 학력평가 6번 상중하

다음은 핵융합로와 양전자 방출 단층 촬영 장치에 대한 설명이다.

(가) 핵융합로에서 중수소(${}^{2}_{1}\mathrm{H}$)와 삼중수소(${}^{3}_{1}\mathrm{H}$)가 핵융합하여 헬륨(${}^{4}_{2}\mathrm{He}$), 입자 ㉠을 생성하며 에너지를 방출한다.
(나) 인체에 투입한 물질에서 방출된 양전자*가 전자와 만나 함께 소멸할 때 발생한 감마선을 양전자 방출 단층 촬영 장치로 촬영하여 질병을 진단한다.

*양전자: 전자와 전하의 종류는 다르고 질량은 같은 입자

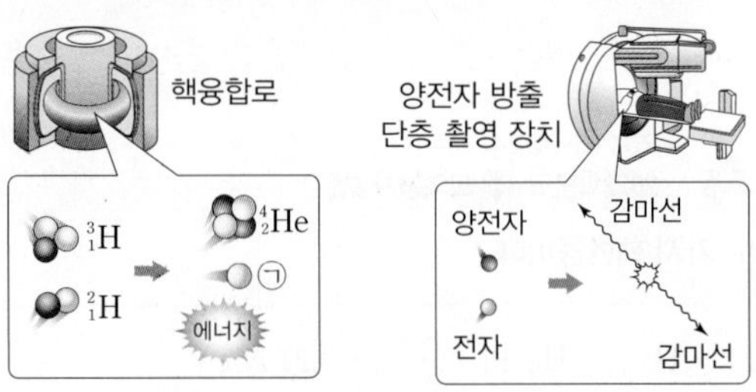

(가) (나)

이에 대한 옳은 설명만을 〈보기〉에서 있는 대로 고른 것은?

보기

ㄱ. ㉠은 양성자이다.
ㄴ. (가)에서 핵융합 전후 입자들의 질량수 합은 같다.
ㄷ. (나)에서 양전자와 전자의 질량이 감마선의 에너지로 전환된다.

① ㄱ ② ㄷ ③ ㄱ, ㄴ
④ ㄴ, ㄷ ⑤ ㄱ, ㄴ, ㄷ

227
▸25116-0227
2021학년도 수능 2번 상중하

다음은 두 가지 핵반응이다.

(가) ${}^{2}_{1}\mathrm{H}+{}^{3}_{1}\mathrm{H} \longrightarrow {}^{4}_{2}\mathrm{He}+{}^{1}_{0}\mathrm{n}+17.6\,\mathrm{MeV}$
(나) ${}^{15}_{7}\mathrm{N}+{}^{1}_{1}\mathrm{H} \longrightarrow$ [㉠] $+{}^{4}_{2}\mathrm{He}+4.96\,\mathrm{MeV}$

이에 대한 설명으로 옳은 것만을 〈보기〉에서 있는 대로 고른 것은?

보기

ㄱ. (가)는 핵융합 반응이다.
ㄴ. 질량 결손은 (나)에서가 (가)에서보다 크다.
ㄷ. ㉠의 질량수는 10이다.

① ㄱ ② ㄷ ③ ㄱ, ㄴ
④ ㄴ, ㄷ ⑤ ㄱ, ㄴ, ㄷ

228
▸25116-0228
2021학년도 9월 모의평가 6번 상중하

다음은 핵융합 반응로에서 일어날 수 있는 수소 핵융합 반응식이다.

(가) ${}^{2}_{1}\mathrm{H}+{}^{3}_{1}\mathrm{H} \longrightarrow {}^{4}_{2}\mathrm{He}+$ [㉠] $+17.6\,\mathrm{MeV}$
(나) ${}^{2}_{1}\mathrm{H}+{}^{2}_{1}\mathrm{H} \longrightarrow$ [㉡] $+$ [㉠] $+3.27\,\mathrm{MeV}$

이에 대한 설명으로 옳은 것만을 〈보기〉에서 있는 대로 고른 것은?

보기

ㄱ. ㉠은 중성자이다.
ㄴ. ㉡과 ${}^{4}_{2}\mathrm{He}$은 질량수가 서로 같다.
ㄷ. 질량 결손은 (가)에서가 (나)에서보다 작다.

① ㄱ ② ㄴ ③ ㄱ, ㄷ
④ ㄴ, ㄷ ⑤ ㄱ, ㄴ, ㄷ

기출 & 플러스

01 힘과 운동

■ 빈칸에 알맞은 말을 써 넣으시오.

01 (　　　)은/는 물체의 빠르기와 운동 방향을 함께 나타내는 물리량이고, 크기가 같아도 방향이 다르면 이 물리량은 서로 다르다.

02 물체의 곡선 운동에서는 물체의 변위의 크기가 이동 거리보다 항상 (　　　).

03 물체의 이동 거리와 변위의 크기가 항상 같은 운동은 (　　　) 운동이다.

04 물체의 빠르기는 변하지 않고 운동 방향만 변하는 원운동을 (　　　)이라고 한다. 이 운동은 (　　　)가 변하는 운동이다.

05 물체가 직선상에서 운동할 때, 물체의 속력이 증가하면 물체의 가속도의 방향과 속도의 방향은 서로 (　　　)고, 물체의 속력이 감소하면 물체의 가속도의 방향과 속도의 방향은 서로 (　　　)이다.

06 등가속도 직선 운동에서 물체의 평균 속도는 처음 속도와 나중 속도의 (　　　)이다.

07 처음 속도가 0인 등가속도 직선 운동에서 속력이 2배이면 이동 거리는 (　　　)배이다.

08 직선 도로에서 같은 방향으로 운동하는 두 물체 사이의 거리를 시간에 따라 나타낸 그래프에서 기울기의 절댓값은 (　　　)이다.

09 정지해 있거나 등속도 운동을 하는 물체에 작용하는 알짜힘의 크기는 (　　　)이다.

10 물체의 운동 방향과 물체에 작용하는 알짜힘이 서로 수직이면 물체의 (　　　)은/는 변하지 않고, (　　　)만 변한다.

11 두 물체 A, B가 서로 주고받는 작용 반작용에 의해서만 힘을 받아 움직이면, 물체의 질량과 가속도의 크기는 서로 (　　　) 한다.

12 두 물체 A, B가 충돌할 때, 외력이 작용하지 않으면 충돌 전후 A와 B의 운동량의 합은 (　　　).

■ 다음 내용이 옳으면 ○표, 틀리면 ×표 하시오.

13 물체가 운동할 때, 등속도 운동을 제외한 모든 운동은 가속도 운동이다. (　　)

14 속도-시간 그래프와 시간 축이 이루는 면적은 가속도이다. (　　)

15 물체가 직선 운동을 할 때, 변위-시간 그래프에서 기울기가 일정한 운동을 등가속도 직선 운동이라고 한다. (　　)

16 등가속도 직선 운동을 하는 물체가 같은 시간 동안 이동 거리의 비가 1 : 2 : 3이면 처음 속도는 항상 0이다. (　　)

17 물체가 점 a에서 점 b까지 속력이 증가하는 등가속도 직선 운동을 할 때, a에서 속도의 크기가 v_0, b에서 속도의 크기가 v이면 물체가 a에서 b까지 운동하는 동안 평균 속도의 크기는 $\frac{v_0+v}{2}$이다. (　　)

18 운동 방향이 일정한 등가속도 직선 운동을 하는 물체가 점 a에서 점 b까지 운동하는 동안 걸린 시간이 t일 때, a에서 출발하여 a와 b 사이의 중간 지점까지 운동하는 데 걸린 시간은 $\frac{1}{2}t$이다. (　　)

19 비스듬히 던져 올린 물체는 속력과 운동 방향이 모두 변하는 운동을 한다. (　　)

20 수평면에서 두 물체가 접촉해 있거나 질량을 무시할 수 있는 실로 연결되어 외력 F를 받아 움직이는 경우 두 물체 사이에 주고받는 힘의 크기는 두 물체 중 F를 받지 않는 물체가 받은 알짜힘의 크기와 같다. (　　)

21 작용 반작용 법칙은 힘이 생성될 때 적용되지만, 힘이 사라질 때는 적용되지 않는다. (　　)

22 물체에 작용하는 알짜힘-시간 그래프와 시간 축이 이루는 면적은 물체의 충격량과 같다. (　　)

23 물체의 운동량-시간 그래프에서 기울기는 물체에 작용하는 충격량이다. (　　)

24 물체에 작용하는 충격량의 크기가 같을 때, 힘이 작용한 시간이 짧을수록 평균 힘이 크다. (　　)

02 에너지와 열

■ 빈칸에 알맞은 말을 써 넣으시오.

25 물체에 작용하는 알짜힘-이동 거리 그래프와 이동 거리 축이 이루는 면적은 물체가 한 일을 나타내고, 이것은 물체의 (　　　)과 같다.

26 알짜힘의 방향과 물체의 운동 방향이 같을 때, 물체의 운동 에너지는 (　　　)한다.

27 물체에 연직 위 방향으로 일정한 힘 F를 작용하여 수평 방향과 비스듬한 방향의 일정한 속도로 움직일 때, F가 물체에 한 일은 물체의 (　　　)과 같다.

28 용수철 상수가 k인 용수철의 길이가 0에서 x만큼 늘어난 순간 탄성력의 크기가 F라면, 평균 힘은 (　　　)이고, 탄성 퍼텐셜 에너지는 (　　　)이다.

29 같은 크기의 힘을 용수철에 작용시켰을 때, 용수철 상수가 큰 용수철은 변형된 길이가 (　　　).

30 자유 낙하, 빗면 등에서 물체가 내려오는 동안 물체의 중력 퍼텐셜 에너지 감소량은 (　　　)이/가 물체에 한 일과 같다.

31 물체가 마찰이나 공기 저항을 받아 운동하는 경우 물체의 (　　　)은/는 보존되지 않는다.

32 기체의 부피가 증가할 때, 기체의 압력-부피 그래프와 부피 축이 이루는 넓이는 (　　　)과 같다.

33 이상 기체의 내부 에너지는 기체의 분자수와 절대 온도에 (　　　)한다.

34 등온 과정에서 일정량의 이상 기체의 부피가 변할 때, 기체가 흡수한 열량은 (　　　)과 같다.

35 동일한 두 이상 기체 A와 B가 같은 상태에 있을 때, (　　　) 과정에서 A의 내부 에너지 증가량과 (　　　) 과정에서 B가 외부에 한 일의 양이 같다면 A와 B가 흡수한 열량은 같다.

■ 다음 내용이 옳으면 ○표, 틀리면 ×표 하시오.

36 물체에 일을 하거나 물체가 일을 받으면 물체의 에너지는 변한다. (　　)

37 물체에 작용한 힘의 방향과 물체의 이동 방향이 수직인 경우 힘이 물체에 한 일은 0이다. (　　)

38 서로 다른 두 위치에서 물체의 중력 퍼텐셜 에너지 차이는 기준면의 위치에 따라 달라진다. (　　)

39 두 물체의 충돌에서 두 물체의 운동 에너지의 합은 충돌 후에서가 충돌 전에서보다 크다. (　　)

40 탄성 퍼텐셜 에너지는 탄성체의 변형된 길이의 제곱에 비례한다. (　　)

41 용수철 상수가 k인 용수철의 늘어난 길이가 x에서 $2x$로 증가할 때 용수철에 작용한 힘이 용수철에 한 일은 $2kx^2$이다. (　　)

42 모든 마찰을 무시할 때, 용수철에 매달려 수평면에서 진동하는 물체의 운동 에너지와 용수철에 저장된 탄성 퍼텐셜 에너지의 합은 일정하다. (　　)

43 모든 마찰을 무시할 때, 용수철에 매달려 연직선상 또는 빗면에서 진동하는 물체의 운동 에너지와 용수철에 저장된 탄성 퍼텐셜 에너지의 합은 같다. (　　)

44 동일한 두 기체가 같은 열량을 흡수하여 기체의 상태가 변하면 기체의 내부 에너지 변화량은 등적 과정에서가 등압 과정에서보다 크다. (　　)

45 동일한 상태의 동일한 두 이상 기체가 단열 과정 또는 등온 과정에 의해 부피가 2배가 되었을 때, 이상 기체가 외부에 한 일은 단열 과정에서가 등온 과정에서보다 크다. (　　)

46 열기관에서 일정량의 열을 흡수할 때, 방출되는 열량이 클수록 열기관의 열효율은 크다. (　　)

47 열효율이 100 %인 열기관은 존재할 수 없다. (　　)

03 시공간의 이해

■ 빈칸에 알맞은 말을 써 넣으시오.

48 마이컬슨과 몰리는 빛이 (　　　)라는 물질을 통해 전달되므로 빛의 진행 방향에 따라 빛의 (　　　)은/는 다를 것이라고 가정하였다.

49 특수 상대성 이론의 두 가지 가정은 모든 관성 좌표계에서 물리 법칙은 동등하게 성립한다는 (　　　) 원리와 빛의 속력은 관찰자나 광원의 속도에 관계없이 일정하다는 (　　　) 원리이다.

50 한 관성 좌표계에게 동시에 일어난 두 사건이 다른 관성 좌표계에서는 동시에 일어난 사건이 아닐 수 있다는 것을 (　　) 이라고 한다.

51 한 장소에서 두 사건이 일어났을 때 일어난 장소에 대해 정지해 있는 관찰자가 측정한 두 사건의 시간 간격을 (　　)이라고 한다.

52 관찰자에 대하여 정지해 있는 물체의 길이 또는 한 관성 좌표계에 대하여 고정된 지점 사이의 길이를 (　　)라고 한다.

53 관찰자에 대하여 운동하는 물체의 길이는 고유 길이보다 (　　) 측정된다.

54 관성 좌표계에 대하여 정지해 있는 물체의 질량을 (　　)이라 하고, 운동하는 물체의 질량을 (　　)이라고 한다.

55 태양에서의 수소 핵융합 반응과 같이 질량은 (　　)로 변환된다.

56 핵반응식 A+B → C+D에서 A와 B의 (　　)의 합은 C와 D의 (　　)의 합보다 크다.

57 핵반응이 일어날 때 (　　)에 해당하는 에너지가 발생한다.

■ 다음 내용이 옳으면 ○표, 틀리면 ×표 하시오.

58 마이컬슨·몰리 실험에 의하면 에테르는 존재하지 않는다. (　　)

59 동시성은 빛의 속력이 모든 관성 좌표계에서 일정하다는 사실 때문에 발생한다. (　　)

60 관성 좌표계 A에 대하여 운동하는 관성 좌표계 B의 시간을 A가 측정할 때 자신의 시간보다 빠르게 간다. (　　)

61 관성 좌표계 A에 대하여 운동하는 관성 좌표계 B의 속력이 클수록 시간 지연 현상은 크게 일어난다. (　　)

62 특수 상대성 이론에서 길이 수축은 운동 방향과 수직인 방향으로 일어난다. (　　)

63 물체의 질량은 정지 질량이 상대론적 질량보다 크다. (　　)

64 양성자수는 같지만 중성자수가 다른 원소를 동위 원소라고 한다. (　　)

65 태양에서는 핵융합 반응이 일어나고, 원자력 발전소에서는 핵분열 반응이 일어난다. (　　)

정답

01 속도 **02** 작다 **03** 등속 직선(등속도) **04** 등속 원운동, 속도 **05** 같, 반대 **06** 중간값 **07** 4 **08** 두 물체의 속도 차의 절댓값 **09** 0 **10** 속력, 운동 방향 **11** 반비례 **12** 보존된다/같다 **13** ○ **14** × **15** × **16** × **17** ○ **18** × **19** ○ **20** ○ **21** × **22** ○ **23** × **24** ○ **25** 운동 에너지 변화량 **26** 증가 **27** 중력 퍼텐셜 에너지 증가량 **28** $\frac{F}{2}$, $\frac{kx^2}{2}$ 또는 $\frac{Fx}{2}$ **29** 작다 **30** 중력 **31** 역학적 에너지 **32** 기체가 한 일 **33** 비례 **34** 기체가 외부에 한 일 **35** 등적, 등온 **36** ○ **37** ○ **38** × **39** × **40** ○ **41** × **42** ○ **43** × **44** ○ **45** × **46** × **47** ○ **48** 에테르, 속력 **49** 상대성, 광속 불변 **50** 동시성의 상대성 **51** 고유 시간 **52** 고유 길이 **53** 작게 **54** 정지 질량, 상대론적 질량 **55** 에너지 **56** 질량, 질량 **57** 질량 결손 **58** ○ **59** ○ **60** × **61** ○ **62** × **63** × **64** ○ **65** ○

함정 탈출 TIP 체크

14 속도-시간 그래프와 시간 축이 이루는 면적은 변위이다. **15** 변위-시간 그래프에서 기울기는 속도이므로, 기울기가 일정한 운동은 등속도 운동이다. **16** 처음 속도가 0인 등가속도 직선 운동에서 같은 시간 동안 이동 거리의 비는 1 : 3 : 5이다. **18** 이동 거리는 시간의 제곱에 비례하므로 a에서 출발하여 a와 b 사이의 중간 지점까지 운동하는 데 걸린 시간은 $\frac{1}{\sqrt{2}}t$이다. **21** 작용 반작용 법칙은 두 힘의 생성 또는 소멸시 적용된다. **23** 운동량-시간 그래프에서 기울기는 운동량 변화량을 시간으로 나눈 값으로, 물체에 작용하는 알짜힘이다. **38** 물체의 중력 퍼텐셜 에너지는 기준면의 위치에 따라 달라지지만, 중력 퍼텐셜 에너지 차이는 기준면의 위치와 관계없다. **39** 에너지 보존 법칙이 적용되므로 충돌 시 에너지 손실이 발생한다. **41** 용수철에 작용한 힘이 용수철에 한 일은 $\frac{1}{2}k(2x)^2-\frac{1}{2}kx^2=\frac{3}{2}kx^2$이다. **43** 중력 퍼텐셜 에너지도 변한다. **45** 단열 팽창에서는 온도가 하강하므로 기체가 외부에 한 일은 등온 과정에서가 단열 과정에서보다 크다. **46** 열효율은 방출되는 열량이 클수록 작다. **60** 시간 지연에 의해 A가 측정할 때 B의 시간이 A의 시간보다 느리게 간다. **62** 길이 수축은 운동 방향과 나란한 방향으로만 일어나고 운동 방향에 수직인 방향으로는 일어나지 않는다. **63** 관성 좌표계에 대하여 운동하는 물체의 질량은 정지 질량보다 커진다.

Ⅱ

물질과 전자기장

기출문제 분석 팁

- 전기력의 개념을 알고 여러 점전하에 의한 전기력의 방향과 크기를 이해할 수 있어야 한다.
- 수소 원자의 에너지 준위와 스펙트럼의 관계를 이해하며, 고체의 에너지띠 구조로부터 도체, 반도체, 절연체의 전기 전도성 및 차이를 비교할 수 있어야 한다.
- p형 반도체와 n형 반도체의 특징을 알고 p-n 접합 다이오드와 발광 다이오드(LED)에서 전류의 흐름에 따른 전자와 양공의 이동 방향을 알 수 있어야 한다.
- 도선에 흐르는 전류에 의한 자기장의 문제는 꾸준히 출제되고 있다. 따라서 직선 도선과 원형 도선에 흐르는 전류에 의해 만들어지는 자기장의 방향을 파악하고, 도선의 위치에 따라 발생하는 자기장의 상대적인 세기를 비교할 수 있어야 한다. 또 강자성, 상자성, 반자성의 주요 특징을 알아야 한다.
- 전자기 유도 현상과 관련된 문제는 꾸준히 출제되고 있으므로 자기 선속이 시간에 따라 변할 때 발생하는 유도 전류의 방향과 세기를 정확히 이해하고 있어야 한다.

한눈에 보는 출제 빈도

시험 \ 내용		01 물질의 전기적 특성 • 전하와 전기력 • 보어의 수소 원자 모형과 선 스펙트럼 • 에너지띠와 반도체 • p-n 접합 다이오드	02 물질의 자기적 특성 • 전류에 의한 자기장 • 물질의 자성 • 전자기 유도
2025 학년도	수능	3	3
	9월 모의평가	3	3
	6월 모의평가	3	3
2024 학년도	수능	3	3
	9월 모의평가	3	3
	6월 모의평가	3	3
2023 학년도	수능	3	3
	9월 모의평가	3	3
	6월 모의평가	3	3
2022 학년도	수능	3	3
	9월 모의평가	2	3
	6월 모의평가	3	3
2021 학년도	수능	3	3
	9월 모의평가	3	3
	6월 모의평가	3	3

기출문제로 유형 확인하기

01 물질의 전기적 특성

01
▸25116-0229
2025학년도 수능 13번
상 중 하

그림 (가)는 점전하 A, B를 x축상에 고정하고 음(−)전하 P를 옮기며 x축상에 고정하는 것을 나타낸 것이다. 그림 (나)는 점전하 A～D를 x축상에 고정하고 양(+)전하 R를 옮기며 x축상에 고정하는 것을 나타낸 것이다. A와 D, B와 C, P와 R는 각각 전하량의 크기가 같고, C와 D는 양(+)전하이다. 그림 (다)는 (가)에서 P의 위치 x가 $0<x<3d$인 구간에서 P에 작용하는 전기력을 나타낸 것으로, 전기력의 방향은 $+x$ 방향이 양(+)이다.

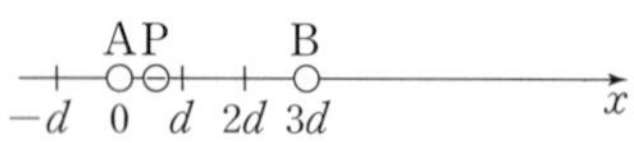

(가)

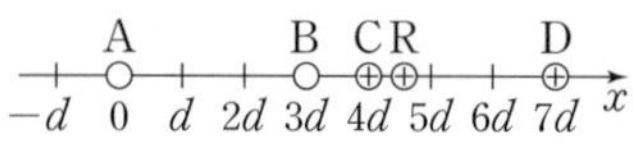

(나)

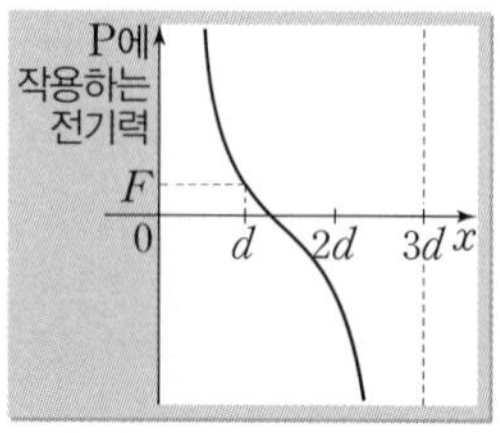

(다)

이에 대한 설명으로 옳은 것만을 〈보기〉에서 있는 대로 고른 것은?

보기

ㄱ. (가)에서 P의 위치가 $x=-d$일 때, P에 작용하는 전기력의 크기는 F보다 크다.

ㄴ. (나)에서 R의 위치가 $x=d$일 때, R에 작용하는 전기력의 방향은 $+x$ 방향이다.

ㄷ. (나)에서 R의 위치가 $x=6d$일 때, R에 작용하는 전기력의 크기는 F보다 작다.

① ㄱ ② ㄴ ③ ㄱ, ㄷ
④ ㄴ, ㄷ ⑤ ㄱ, ㄴ, ㄷ

02
▸25116-0230
2025학년도 9월 모의평가 17번
상 중 하

그림 (가)와 같이 x축상에 점전하 A, 양(+)전하인 점전하 C를 각각 $x=0$, $x=5d$에 고정하고, 점전하 B를 x축상의 $d\leq x\leq 3d$인 구간에서 옮기며 고정한다. 그림 (나)는 (가)에서 C에 작용하는 전기력을 B의 위치에 따라 나타낸 것이고, 전기력의 방향은 $+x$ 방향이 양(+)이다.

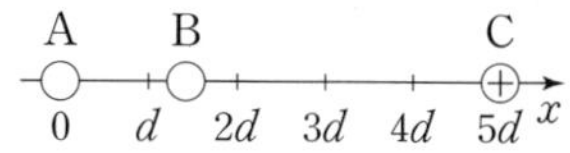

(가)

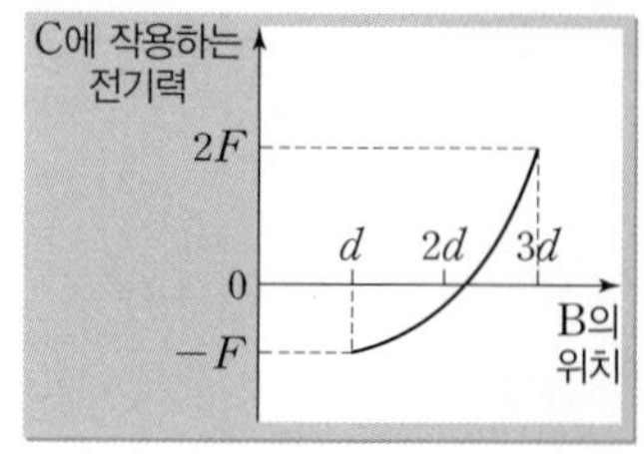

(나)

이에 대한 설명으로 옳은 것만을 〈보기〉에서 있는 대로 고른 것은?

보기

ㄱ. A는 음(−)전하이다.

ㄴ. 전하량의 크기는 A가 B보다 작다.

ㄷ. B가 $x=3d$에 있을 때, B에 작용하는 전기력의 크기는 $2F$보다 작다.

① ㄱ ② ㄴ ③ ㄱ, ㄷ
④ ㄴ, ㄷ ⑤ ㄱ, ㄴ, ㄷ

03
▸25116-0231
2025학년도 6월 모의평가 12번
상 중 하

그림 (가)는 점전하 A, B, C를 x축상에 고정시킨 모습을, (나)는 (가)에서 A의 위치만 $x=2d$로 옮겨 고정시킨 모습을 나타낸 것이다. 양(+)전하인 C에 작용하는 전기력의 크기는 (가), (나)에서 각각 F, $5F$이고, 방향은 $+x$ 방향으로 같다. (나)에서 B에 작용하는 전기력의 크기는 $4F$이다.

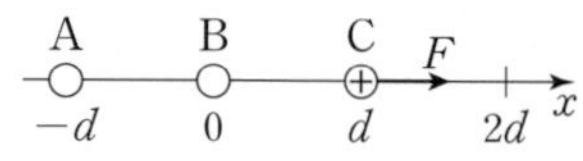

(가)

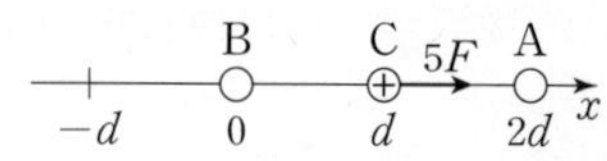

(나)

이에 대한 설명으로 옳은 것만을 〈보기〉에서 있는 대로 고른 것은?

보기

ㄱ. A와 C 사이에는 서로 밀어내는 전기력이 작용한다.

ㄴ. (가)에서 A와 C 사이에 작용하는 전기력의 크기는 $2F$보다 작다.

ㄷ. (나)에서 B에 작용하는 전기력의 방향은 $-x$ 방향이다.

① ㄱ ② ㄴ ③ ㄷ
④ ㄱ, ㄴ ⑤ ㄴ, ㄷ

04

▸25116-0232
2024학년도 10월 학력평가 19번

상중하

그림 (가)는 점전하 A, B, C를 x축상에 고정시킨 것으로 A, C에 작용하는 전기력의 크기는 같다. 그림 (나)는 (가)에서 B와 C의 위치를 바꾸어 고정시킨 것으로 C에 작용하는 전기력은 0이다. 전하량의 크기는 A가 C보다 크다.

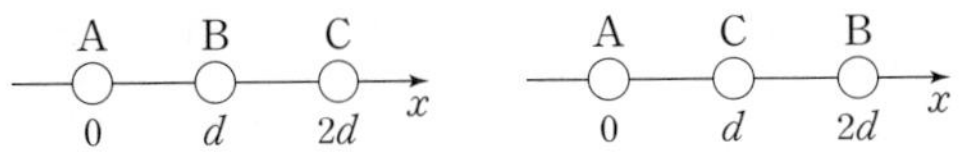

(가) (나)

이에 대한 옳은 설명만을 〈보기〉에서 있는 대로 고른 것은?

보기

ㄱ. 전하량의 크기는 B가 C보다 크다.
ㄴ. A와 C 사이에는 서로 밀어내는 전기력이 작용한다.
ㄷ. (가)에서 A와 B에 작용하는 전기력의 방향은 같다.

① ㄱ ② ㄴ ③ ㄱ, ㄷ
④ ㄴ, ㄷ ⑤ ㄱ, ㄴ, ㄷ

05

▸25116-0233
2024학년도 3월 학력평가 15번

상중하

그림 (가)는 점전하 A, B, C를 x축상에 고정시킨 모습을, (나)는 (가)에서 점전하의 위치만 서로 바꾼 모습을 나타낸 것이다. A, B는 모두 양(+)전하이며, (나)에서 A, B, C에 작용하는 전기력은 모두 0이다.

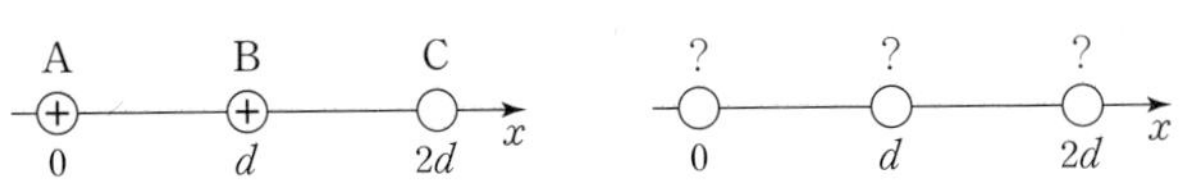

(가) (나)

이에 대한 옳은 설명만을 〈보기〉에서 있는 대로 고른 것은?

보기

ㄱ. C는 음(−)전하이다.
ㄴ. 전하량의 크기는 A와 B가 같다.
ㄷ. (가)에서 A에 작용하는 전기력의 방향은 $-x$ 방향이다.

① ㄱ ② ㄷ ③ ㄱ, ㄴ
④ ㄴ, ㄷ ⑤ ㄱ, ㄴ, ㄷ

06

▸25116-0234
2024학년도 수능 15번

상중하

그림과 같이 x축상에 점전하 A, B, C를 고정하고, 양(+)전하인 점전하 P를 옮기며 고정한다. P가 $x=2d$에 있을 때, P에 작용하는 전기력의 방향은 $+x$ 방향이다. B, C는 각각 양(+)전하, 음(−)전하이고, A, B, C의 전하량의 크기는 같다.

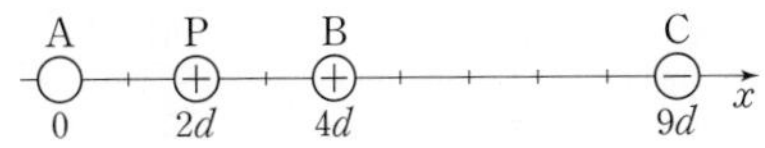

이에 대한 설명으로 옳은 것만을 〈보기〉에서 있는 대로 고른 것은?

보기

ㄱ. A는 양(+)전하이다.
ㄴ. P가 $x=6d$에 있을 때, P에 작용하는 전기력의 방향은 $+x$ 방향이다.
ㄷ. P에 작용하는 전기력의 크기는 P가 $x=d$에 있을 때가 $x=5d$에 있을 때보다 작다.

① ㄱ ② ㄷ ③ ㄱ, ㄴ
④ ㄴ, ㄷ ⑤ ㄱ, ㄴ, ㄷ

07

▸25116-0235
2024학년도 9월 모의평가 18번

상중하

그림 (가)는 점전하 A, B, C를 x축상에 고정시킨 것을, (나)는 (가)에서 B의 위치만 $x=3d$로 옮겨 고정시킨 것을 나타낸 것이다. (가)와 (나)에서 양(+)전하인 A에 작용하는 전기력의 방향은 $+x$ 방향으로 같고, C에 작용하는 전기력의 크기는 (가)에서가 (나)에서보다 크다.

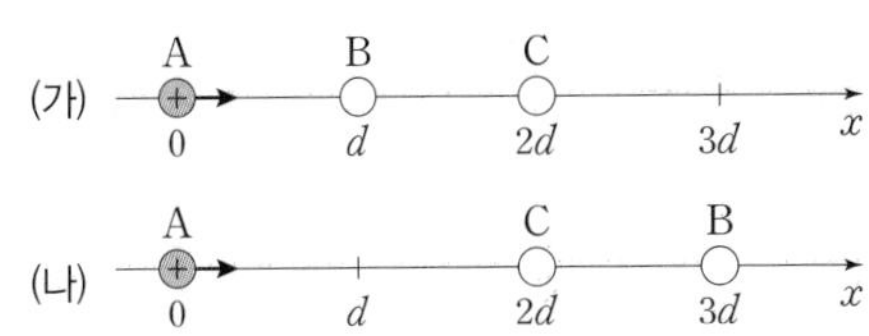

이에 대한 설명으로 옳은 것만을 〈보기〉에서 있는 대로 고른 것은?

보기

ㄱ. (가)에서 B에 작용하는 전기력의 방향은 $-x$ 방향이다.
ㄴ. 전하량의 크기는 C가 B보다 크다.
ㄷ. A에 작용하는 전기력의 크기는 (나)에서가 (가)에서보다 크다.

① ㄱ ② ㄴ ③ ㄷ
④ ㄱ, ㄷ ⑤ ㄴ, ㄷ

08

▸25116-0236

2024학년도 6월 모의평가 10번 상 중 하

그림과 같이 점전하 A, B, C를 x축상에 고정하였다. 전하량의 크기는 B가 A의 2배이고, B와 C가 A로부터 받는 전기력의 크기는 F로 같다. A와 B 사이에는 서로 밀어내는 전기력이, A와 C 사이에는 서로 당기는 전기력이 작용한다.

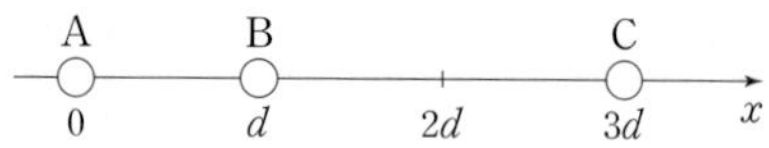

이에 대한 설명으로 옳은 것만을 〈보기〉에서 있는 대로 고른 것은?

보기

ㄱ. 전하량의 크기는 C가 가장 크다.
ㄴ. B와 C 사이에는 서로 당기는 전기력이 작용한다.
ㄷ. B와 C 사이에 작용하는 전기력의 크기는 F보다 크다.

① ㄱ ② ㄷ ③ ㄱ, ㄴ
④ ㄴ, ㄷ ⑤ ㄱ, ㄴ, ㄷ

09

▸25116-0237

2023학년도 10월 학력평가 13번 상 중 하

그림 (가), (나)와 같이 점전하 A, B, C를 각각 x축상에 고정시켰다. (가)에서 B가 받는 전기력은 0이고, (가), (나)에서 C는 각각 $+x$ 방향과 $-x$ 방향으로 크기가 F_1, F_2인 전기력을 받는다. $F_1 > F_2$이다.

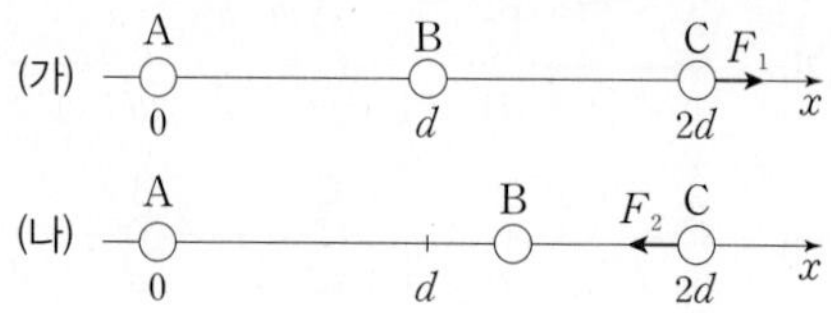

이에 대한 옳은 설명만을 〈보기〉에서 있는 대로 고른 것은?

보기

ㄱ. 전하량의 크기는 A와 C가 같다.
ㄴ. A와 B 사이에는 서로 당기는 전기력이 작용한다.
ㄷ. (나)에서 A가 받는 전기력의 크기는 F_2보다 작다.

① ㄴ ② ㄷ ③ ㄱ, ㄴ
④ ㄱ, ㄷ ⑤ ㄱ, ㄴ, ㄷ

10

▸25116-0238

2023학년도 3월 학력평가 18번 상 중 하

그림 (가)는 점전하 A, B, C, D를 x축상에 고정시킨 것으로 B는 음(−)전하이고 A와 C는 같은 종류의 전하이다. A에 작용하는 전기력의 방향은 $+x$ 방향이고, C에 작용하는 전기력은 0이다. 그림 (나)는 (가)에서 B만 제거한 것으로 D에 작용하는 전기력의 방향은 $+x$ 방향이다.

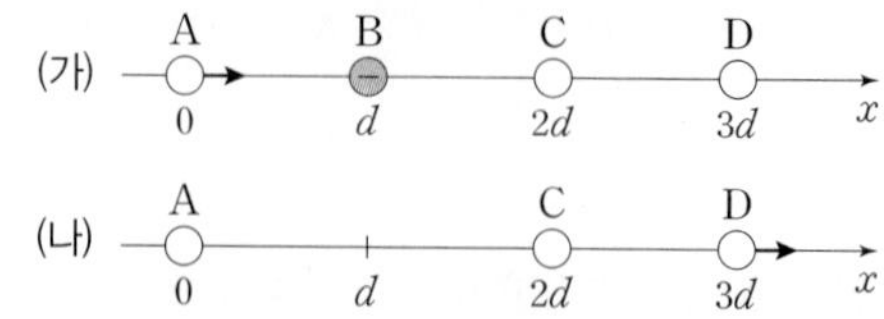

이에 대한 옳은 설명만을 〈보기〉에서 있는 대로 고른 것은?

보기

ㄱ. A는 양(+)전하이다.
ㄴ. 전하량의 크기는 B가 A보다 크다.
ㄷ. (나)의 D에 작용하는 전기력의 크기는 (나)의 A에 작용하는 전기력의 크기보다 크다.

① ㄱ ② ㄴ ③ ㄱ, ㄷ
④ ㄴ, ㄷ ⑤ ㄱ, ㄴ, ㄷ

11

▸25116-0239

2023학년도 수능 19번 상 중 하

그림 (가)는 점전하 A, B, C를 x축상에 고정시킨 것으로 A, B에 작용하는 전기력의 방향은 같고, B는 양(+)전하이다. 그림 (나)는 (가)에서 $x=3d$에 음(−)전하인 점전하 D를 고정시킨 것으로 B에 작용하는 전기력은 0이다. C에 작용하는 전기력의 크기는 (가)에서가 (나)에서보다 크다.

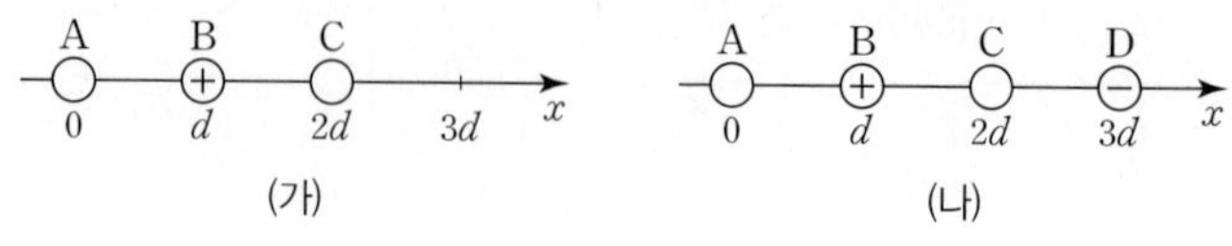

이에 대한 설명으로 옳은 것만을 〈보기〉에서 있는 대로 고른 것은?

보기

ㄱ. (가)에서 C에 작용하는 전기력의 방향은 $+x$ 방향이다.
ㄴ. A는 음(−)전하이다.
ㄷ. 전하량의 크기는 A가 C보다 크다.

① ㄱ ② ㄷ ③ ㄱ, ㄴ
④ ㄴ, ㄷ ⑤ ㄱ, ㄴ, ㄷ

12

▸25116-0240
2023학년도 9월 모의평가 19번 상중하

그림 (가)는 점전하 A, B, C를 x축상에 고정시킨 것으로 양(+)전하인 C에 작용하는 전기력의 방향은 $+x$ 방향이다. 그림 (나)는 (가)에서 A의 위치만 $x=3d$로 바꾸어 고정시킨 것으로 B, C에 작용하는 전기력의 방향은 $+x$ 방향으로 같다.

(가) (나)

이에 대한 설명으로 옳은 것만을 〈보기〉에서 있는 대로 고른 것은?

보기

ㄱ. A에 작용하는 전기력의 방향은 (가)에서와 (나)에서가 서로 같다.
ㄴ. 전하량의 크기는 B가 C보다 크다.
ㄷ. (가)에서 B에 작용하는 전기력의 크기는 (나)에서 C에 작용하는 전기력의 크기보다 크다.

① ㄱ ② ㄴ ③ ㄱ, ㄷ
④ ㄴ, ㄷ ⑤ ㄱ, ㄴ, ㄷ

13

▸25116-0241
2023학년도 6월 모의평가 20번 상중하

그림과 같이 x축상에 점전하 A, B를 각각 $x=0$, $x=3d$에 고정한다. 양(+)전하인 점전하 P를 x축상에 옮기며 고정할 때, $x=d$에서 P에 작용하는 전기력의 방향은 $+x$ 방향이고, $x>3d$에서 P에 작용하는 전기력의 방향이 바뀌는 위치가 있다.

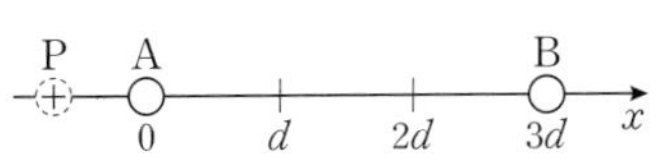

이에 대한 설명으로 옳은 것만을 〈보기〉에서 있는 대로 고른 것은?

보기

ㄱ. A는 양(+)전하이다.
ㄴ. 전하량의 크기는 A가 B보다 작다.
ㄷ. $x<0$에서 P에 작용하는 전기력의 방향이 바뀌는 위치가 있다.

① ㄱ ② ㄴ ③ ㄱ, ㄷ
④ ㄴ, ㄷ ⑤ ㄱ, ㄴ, ㄷ

14

▸25116-0242
2022학년도 10월 학력평가 17번 상중하

그림 (가)는 x축상에 점전하 A와 B를 각각 $x=0$과 $x=d$에 고정하고 점전하 C를 $x>d$인 범위에서 x축상에 놓은 모습을 나타낸 것이다. A와 C의 전하량의 크기는 같다. 그림 (나)는 C가 받는 전기력 F_C를 C의 위치 x에 따라 나타낸 것으로, 전기력은 $+x$ 방향일 때가 양(+)이다.

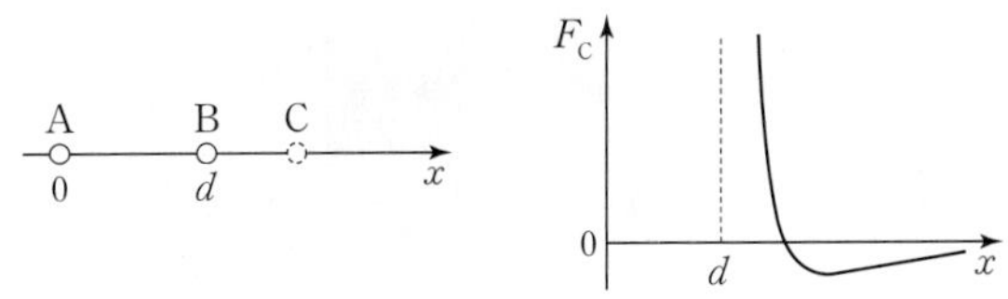

(가) (나)

(가)에서 C를 x축상의 $x=2d$에 고정하고 B를 $0<x<2d$인 범위에서 x축상에 놓을 때, B가 받는 전기력 F_B를 B의 위치 x에 따라 나타낸 것으로 가장 적절한 것은?

①
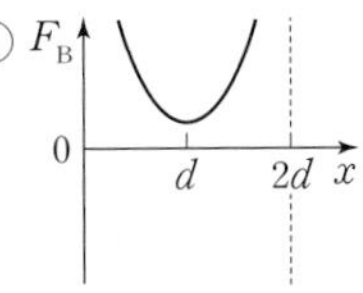
②
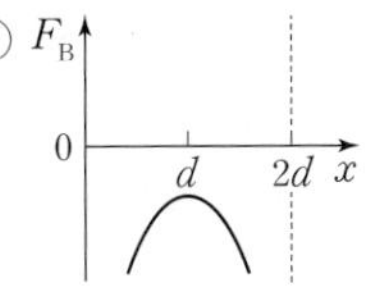
③
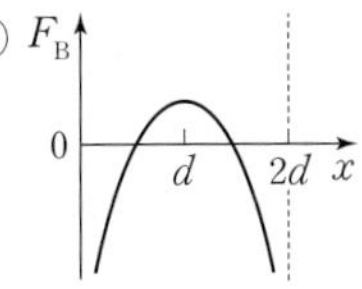
④
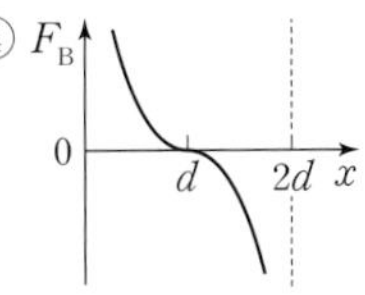
⑤
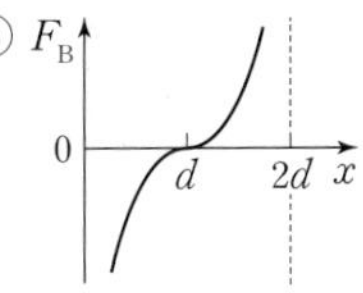

15

▸25116-0243
2022학년도 3월 학력평가 19번 상중하

그림 (가), (나)와 같이 점전하 A, B, C를 x축상에 고정시키고, 점전하 P를 각각 $x=-d$와 $x=d$에 놓았다. (가)와 (나)에서 P가 받는 전기력은 모두 0이다. A는 양(+)전하이고, A와 C는 전하량의 크기가 같다.

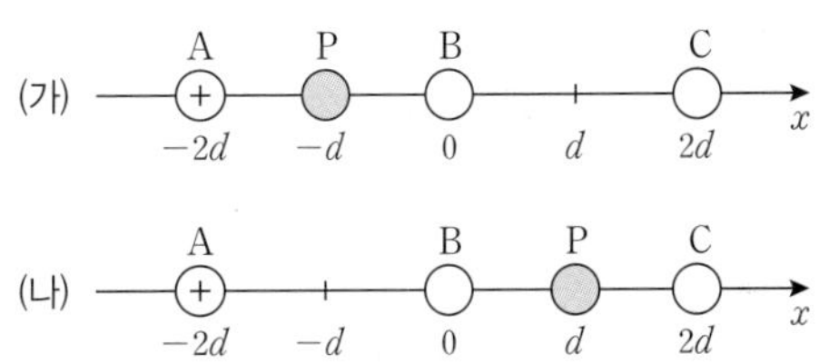

이에 대한 옳은 설명만을 〈보기〉에서 있는 대로 고른 것은?

보기

ㄱ. A와 C가 P에 작용하는 전기력의 합력의 방향은 (가)에서와 (나)에서가 같다.
ㄴ. C는 양(+)전하이다.
ㄷ. 전하량의 크기는 A가 B보다 작다.

① ㄱ ② ㄴ ③ ㄱ, ㄷ
④ ㄴ, ㄷ ⑤ ㄱ, ㄴ, ㄷ

16

▸25116-0244

2022학년도 수능 19번

상중하

그림 (가)와 같이 x축상에 점전하 A~D를 고정하고 양(+)전하인 점전하 P를 옮기며 고정한다. A, B는 전하량이 같은 음(−)전하이고 C, D는 전하량이 같은 양(+)전하이다. 그림 (나)는 P의 위치 x가 $0<x<5d$인 구간에서 P에 작용하는 전기력을 나타낸 것이다.

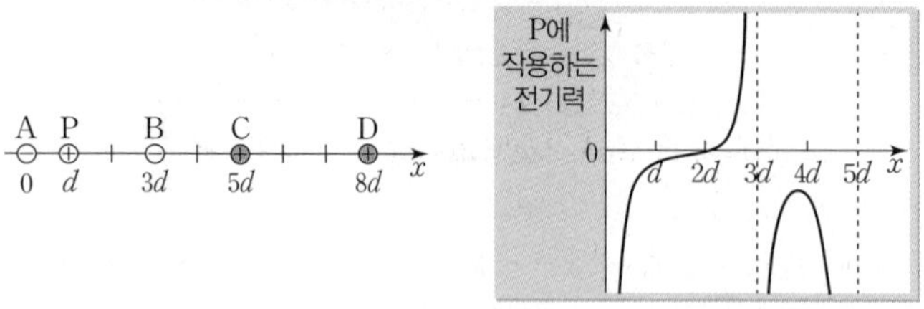

(가) (나)

이에 대한 설명으로 옳은 것만을 〈보기〉에서 있는 대로 고른 것은?

보기

ㄱ. $x=d$에서 P에 작용하는 전기력의 방향은 $-x$ 방향이다.

ㄴ. 전하량의 크기는 A가 C보다 작다.

ㄷ. $5d<x<6d$인 구간에 P에 작용하는 전기력이 0이 되는 위치가 있다.

① ㄱ ② ㄷ ③ ㄱ, ㄴ
④ ㄴ, ㄷ ⑤ ㄱ, ㄴ, ㄷ

17

▸25116-0245

2025학년도 수능 3번

상중하

그림은 보어의 수소 원자 모형에서 양자수 n에 따른 에너지 준위의 일부와 전자의 전이 a~d를 나타낸 것이다. a에서 흡수되는 빛의 진동수는 f_a이다.

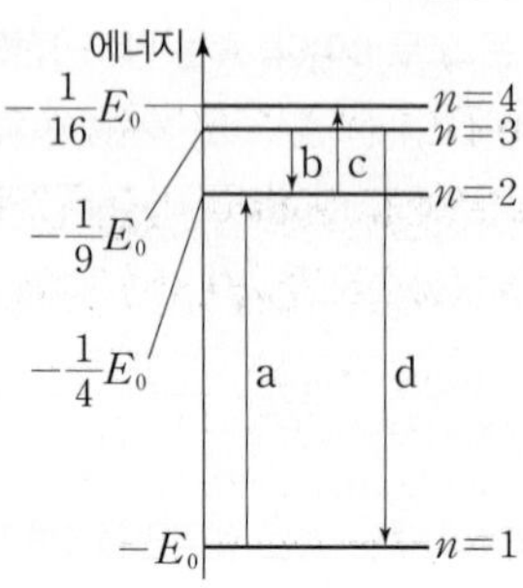

이에 대한 설명으로 옳은 것만을 〈보기〉에서 있는 대로 고른 것은?

보기

ㄱ. a에서 흡수되는 광자 1개의 에너지는 $\frac{3}{4}E_0$이다.

ㄴ. 방출되는 빛의 파장은 b에서가 d에서보다 짧다.

ㄷ. c에서 흡수되는 빛의 진동수는 $\frac{1}{8}f_a$이다.

① ㄱ ② ㄴ ③ ㄱ, ㄷ
④ ㄴ, ㄷ ⑤ ㄱ, ㄴ, ㄷ

18

▸25116-0246

2025학년도 9월 모의평가 3번

상중하

그림은 수소 원자에서 방출되는 빛의 스펙트럼과 보어의 수소 원자 모형에 대한 학생 A, B, C의 대화를 나타낸 것이다.

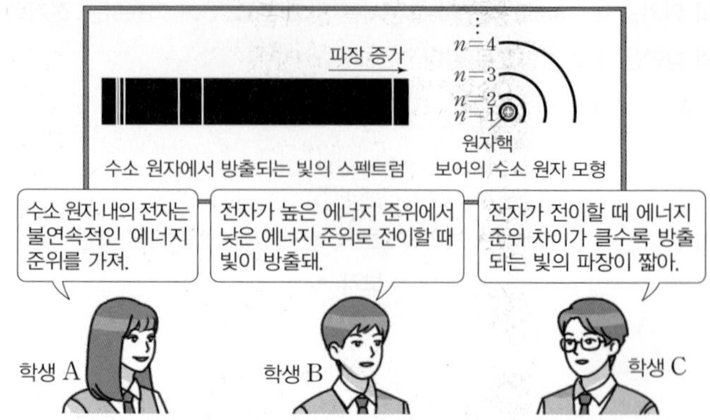

파장 증가
$n=4$
$n=3$
$n=2$
$n=1$
원자핵
수소 원자에서 방출되는 빛의 스펙트럼
보어의 수소 원자 모형
수소 원자 내의 전자는 불연속적인 에너지 준위를 가져.
전자가 높은 에너지 준위에서 낮은 에너지 준위로 전이할 때 빛이 방출돼.
전자가 전이할 때 에너지 준위 차이가 클수록 방출되는 빛의 파장이 짧아.
학생 A
학생 B
학생 C

제시한 내용이 옳은 학생만을 있는 대로 고른 것은?

① A ② C ③ A, B
④ B, C ⑤ A, B, C

19

▸25116-0247

2025학년도 6월 모의평가 3번

상중하

그림 (가)는 보어의 수소 원자 모형에서 양자수 n에 따른 에너지 준위의 일부와 전자의 전이 a~d를 나타낸 것이다. 그림 (나)는 (가)의 a~d에서 방출되는 빛의 스펙트럼을 파장에 따라 나타낸 것이다.

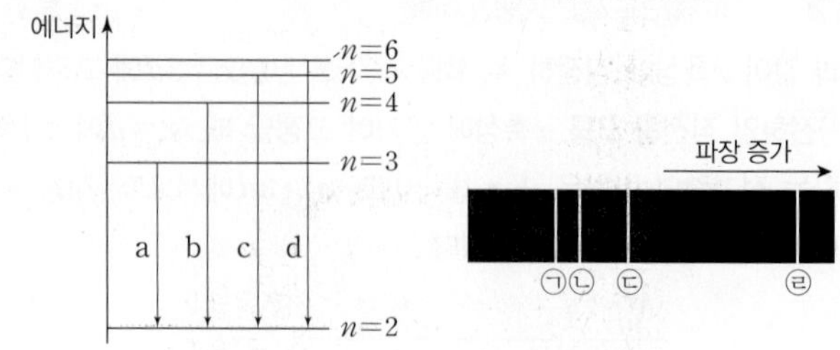

(가) (나)

(나)의 ㉠~㉣에 해당하는 전자의 전이로 옳은 것은?

	㉠	㉡	㉢	㉣
①	a	b	c	d
②	a	c	b	d
③	d	a	b	c
④	d	b	c	a
⑤	d	c	b	a

20

▸25116-0248
2024학년도 3월 학력평가 13번 상중하

그림 (가)와 (나)는 각각 보어의 수소 원자 모형에서 양자수 n에 따른 전자의 궤도와 에너지 준위의 일부를 나타낸 것이다. a, b, c는 각각 2, 3, 4 중 하나이다.

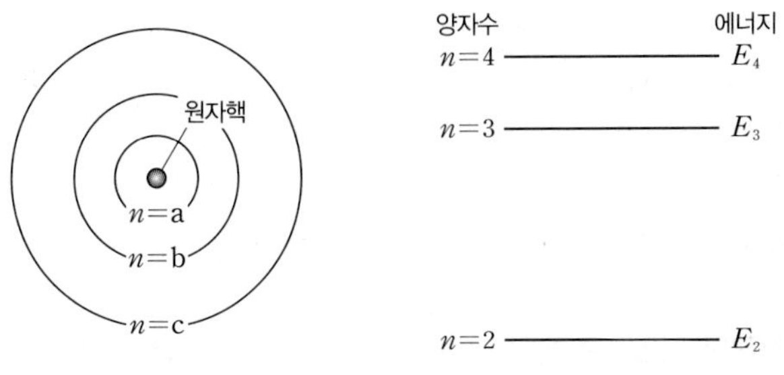

(가) (나)

이에 대한 옳은 설명만을 〈보기〉에서 있는 대로 고른 것은?

보기

ㄱ. a=4이다.
ㄴ. 전자는 E_2와 E_3 사이의 에너지를 가질 수 없다.
ㄷ. 전자가 n=b에서 n=c로 전이할 때 흡수 또는 방출하는 광자 1개의 에너지는 $|E_3-E_2|$이다.

① ㄴ ② ㄷ ③ ㄱ, ㄴ
④ ㄱ, ㄷ ⑤ ㄴ, ㄷ

21

▸25116-0249
2023학년도 10월 학력평가 9번 상중하

그림은 보어의 수소 원자 모형에서 양자수 n에 따른 에너지 준위의 일부와 전자의 전이 a~c를, 표는 a~c에서 방출된 적외선과 가시광선 중 가시광선의 파장과 진동수를 나타낸 것이다.

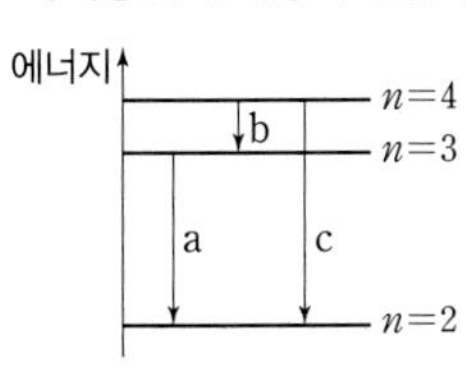

전이	파장	진동수
㉠	656 nm	f_1
㉡	486 nm	f_2

이에 대한 옳은 설명만을 〈보기〉에서 있는 대로 고른 것은?

보기

ㄱ. ㉠은 a이다.
ㄴ. 방출된 적외선의 진동수는 f_2-f_1이다.
ㄷ. 수소 원자의 에너지 준위는 불연속적이다.

① ㄴ ② ㄷ ③ ㄱ, ㄴ
④ ㄱ, ㄷ ⑤ ㄱ, ㄴ, ㄷ

22

▸25116-0250
2023학년도 3월 학력평가 9번 상중하

그림은 보어의 수소 원자 모형에서 양자수 n에 따른 에너지 준위의 일부와 전자의 전이 a, b, c를 나타낸 것이다. a, b, c에서 흡수 또는 방출된 빛의 진동수는 각각 f_a, f_b, f_c이다.

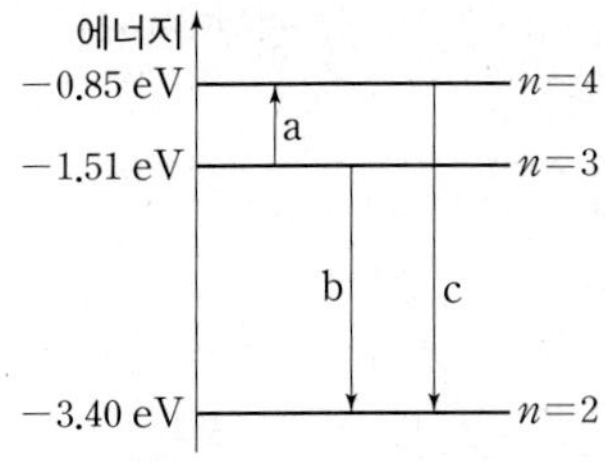

이에 대한 옳은 설명만을 〈보기〉에서 있는 대로 고른 것은?

보기

ㄱ. a에서 빛이 흡수된다.
ㄴ. $f_c=f_b-f_a$이다.
ㄷ. 전자가 원자핵으로부터 받는 전기력의 크기는 $n=4$일 때가 $n=3$일 때보다 크다.

① ㄱ ② ㄷ ③ ㄱ, ㄴ
④ ㄴ, ㄷ ⑤ ㄱ, ㄴ, ㄷ

23

▸25116-0251
2023학년도 수능 5번 상중하

그림은 보어의 수소 원자 모형에서 양자수 n에 따른 에너지 준위의 일부와 전자의 전이 a~d를, 표는 a~d에서 흡수 또는 방출되는 광자 1개의 에너지를 나타낸 것이다.

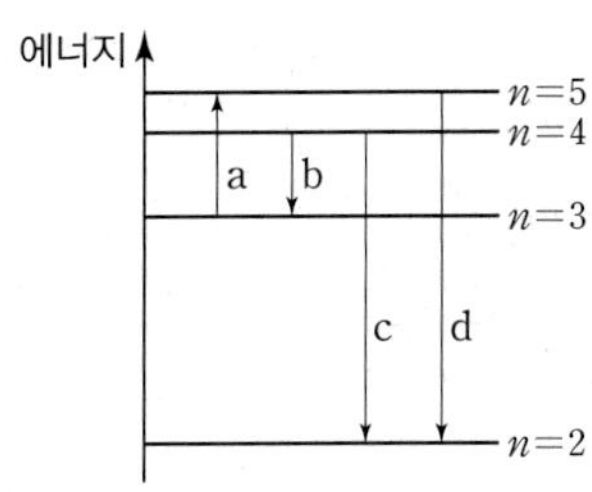

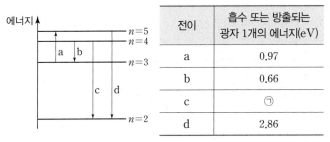

전이	흡수 또는 방출되는 광자 1개의 에너지(eV)
a	0.97
b	0.66
c	㉠
d	2.86

이에 대한 설명으로 옳은 것만을 〈보기〉에서 있는 대로 고른 것은?

보기

ㄱ. a에서는 빛이 방출된다.
ㄴ. 빛의 파장은 b에서가 d에서보다 길다.
ㄷ. ㉠은 2.55이다.

① ㄱ ② ㄴ ③ ㄱ, ㄷ
④ ㄴ, ㄷ ⑤ ㄱ, ㄴ, ㄷ

24
▸25116-0252
2023학년도 9월 모의평가 4번 상 중 하

그림 (가)는 보어의 수소 원자 모형에서 양자수 n에 따른 에너지 준위의 일부와, 전자가 전이하면서 진동수가 f_a, f_b인 빛이 방출되는 것을 나타낸 것이다. 그림 (나)는 분광기를 이용하여 (가)에서 방출되는 빛을 금속판에 비추는 모습을 나타낸 것으로, 광전자는 진동수가 f_a, f_b인 빛 중 하나에 의해서만 방출된다.

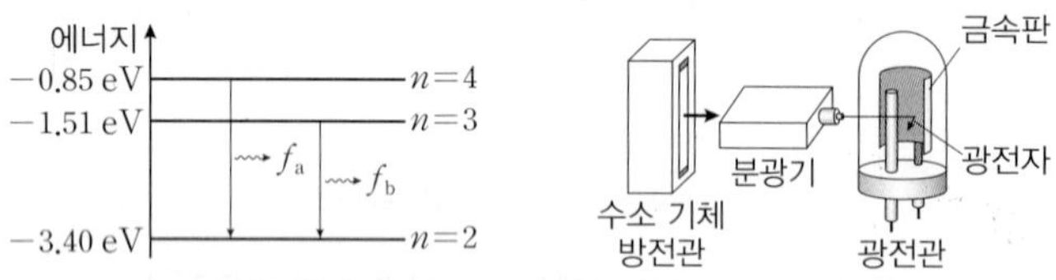

(가) (나)

이에 대한 설명으로 옳은 것만을 〈보기〉에서 있는 대로 고른 것은?

보기

ㄱ. 진동수가 f_a인 빛을 금속판에 비출 때 광전자가 방출된다.
ㄴ. 진동수가 f_b인 빛은 적외선이다.
ㄷ. 진동수가 f_a-f_b인 빛을 금속판에 비출 때 광전자가 방출된다.

① ㄱ ② ㄷ ③ ㄱ, ㄴ ④ ㄴ, ㄷ ⑤ ㄱ, ㄴ, ㄷ

25
▸25116-0253
2022학년도 3월 학력평가 7번 상 중 하

표는 보어의 수소 원자 모형에서 양자수 n에 따른 에너지의 일부를 나타낸 것이다.

양자수	에너지(eV)
$n=2$	−3.40
$n=3$	−1.51
$n=4$	−0.85

이에 대한 옳은 설명만을 〈보기〉에서 있는 대로 고른 것은? (단, 플랑크 상수는 h이다.)

보기

ㄱ. 진동수가 $\frac{1.89\text{ eV}}{h}$인 빛은 가시광선이다.
ㄴ. 전자와 원자핵 사이의 거리는 $n=4$일 때가 $n=2$일 때보다 크다.
ㄷ. $n=2$인 궤도에 있는 전자는 에너지가 1.51 eV인 광자를 흡수할 수 있다.

① ㄱ ② ㄷ ③ ㄱ, ㄴ ④ ㄴ, ㄷ ⑤ ㄱ, ㄴ, ㄷ

26
▸25116-0254
2022학년도 수능 5번 상 중 하

그림은 보어의 수소 원자 모형에서 양자수 n에 따른 에너지 준위의 일부와 전자의 전이 a, b를 나타낸 것이다. a, b에서 방출되는 빛의 진동수는 각각 f_a, f_b이다.

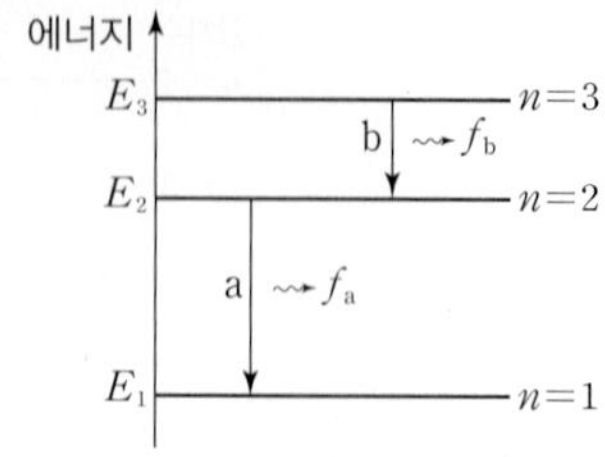

이에 대한 설명으로 옳은 것만을 〈보기〉에서 있는 대로 고른 것은? (단, 플랑크 상수는 h이다.)

보기

ㄱ. 전자가 원자핵으로부터 받는 전기력의 크기는 $n=1$인 궤도에서가 $n=2$인 궤도에서보다 크다.
ㄴ. b에서 방출되는 빛은 가시광선이다.
ㄷ. $f_a+f_b=\frac{|E_3-E_1|}{h}$이다.

① ㄱ ② ㄷ ③ ㄱ, ㄴ ④ ㄴ, ㄷ ⑤ ㄱ, ㄴ, ㄷ

27
▸25116-0255
2022학년도 9월 모의평가 6번 상 중 하

그림은 보어의 수소 원자 모형에서 양자수 n에 따른 에너지 준위의 일부와 전자의 전이 a~d를 나타낸 것이다. a~d에서 흡수 또는 방출되는 빛의 파장은 각각 λ_a, λ_b, λ_c, λ_d이다.

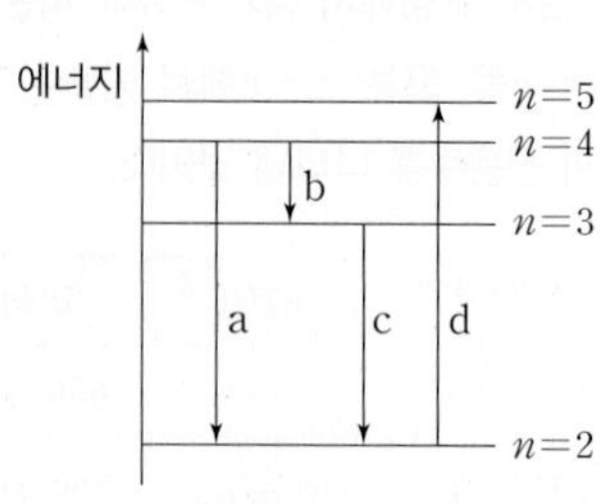

이에 대한 설명으로 옳은 것만을 〈보기〉에서 있는 대로 고른 것은?

보기

ㄱ. d에서는 빛이 방출된다.
ㄴ. $\lambda_a>\lambda_d$이다.
ㄷ. $\frac{1}{\lambda_a}-\frac{1}{\lambda_b}=\frac{1}{\lambda_c}$이다.

① ㄱ ② ㄴ ③ ㄱ, ㄷ ④ ㄴ, ㄷ ⑤ ㄱ, ㄴ, ㄷ

28

▸25116-0256
2022학년도 6월 모의평가 7번 상중하

그림은 보어의 수소 원자 모형에서 양자수 n에 따른 전자의 궤도 일부와 전자의 전이 a, b, c를, 표는 n에 따른 에너지를 나타낸 것이다. a, b, c에서 방출되는 빛의 진동수는 각각 f_a, f_b, f_c이다.

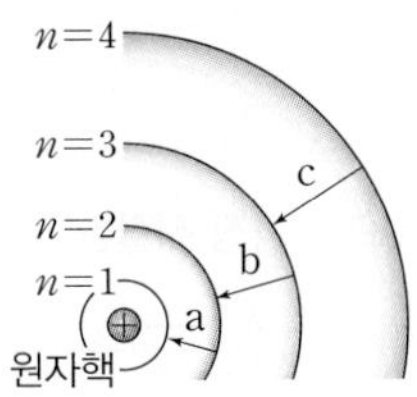

양자수	에너지(eV)
$n=1$	-13.6
$n=2$	-3.40
$n=3$	-1.51
$n=4$	-0.85

이에 대한 설명으로 옳은 것만을 〈보기〉에서 있는 대로 고른 것은?

보기

ㄱ. 방출되는 빛의 파장은 a에서가 b에서보다 짧다.
ㄴ. $f_a < f_b + f_c$이다.
ㄷ. 전자가 원자핵으로부터 받는 전기력의 크기는 $n=2$일 때가 $n=3$일 때보다 작다.

① ㄱ ② ㄷ ③ ㄱ, ㄴ
④ ㄴ, ㄷ ⑤ ㄱ, ㄴ, ㄷ

29

▸25116-0257
2021학년도 10월 학력평가 8번 상중하

표는 보어의 수소 원자 모형에서 전자가 양자수 $n=2$로 전이할 때 방출된 빛 A, B, C의 파장을 나타낸 것이다. B는 전자가 $n=4$에서 $n=2$로 전이할 때 방출된 빛이다.
이에 대한 옳은 설명만을 〈보기〉에서 있는 대로 고른 것은?

빛	파장(nm)
A	656
B	486
C	434

보기

ㄱ. 광자 1개의 에너지는 B가 C보다 크다.
ㄴ. A는 전자가 $n=3$에서 $n=2$로 전이할 때 방출된 빛이다.
ㄷ. 수소 원자의 에너지 준위는 불연속적이다.

① ㄱ ② ㄷ ③ ㄱ, ㄴ
④ ㄴ, ㄷ ⑤ ㄱ, ㄴ, ㄷ

30

▸25116-0258
2021학년도 3월 학력평가 11번 상중하

그림 (가)는 수소 기체 방전관에 전압을 걸었더니 수소 기체가 에너지를 흡수한 후 빛이 방출되는 모습을, (나)는 보어의 수소 원자 모형에서 양자수 $n=2$, 3, 4인 에너지 준위와 (가)에서 일어날 수 있는 전자의 전이 과정 a, b, c를 나타낸 것이다. b, c에서 방출하는 빛의 파장은 각각 λ_b, λ_c이다.

(가)

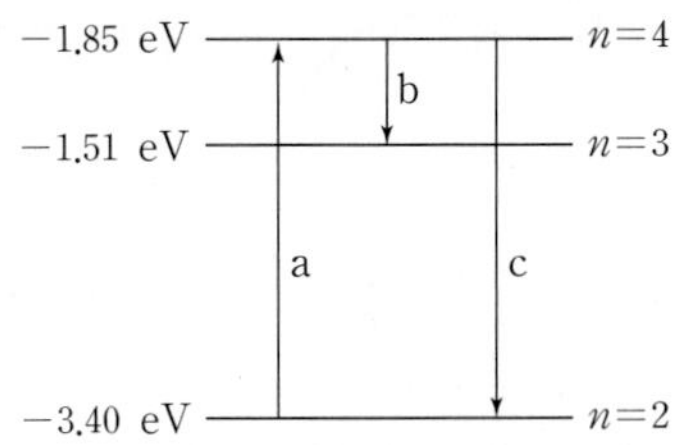

(나)

이에 대한 옳은 설명만을 〈보기〉에서 있는 대로 고른 것은?

보기

ㄱ. (가)에서 방출된 빛의 스펙트럼은 선 스펙트럼이다.
ㄴ. (나)의 a는 (가)에서 수소 기체가 에너지를 흡수할 때 일어날 수 있는 과정이다.
ㄷ. $\lambda_b > \lambda_c$이다.

① ㄱ ② ㄷ ③ ㄱ, ㄴ
④ ㄴ, ㄷ ⑤ ㄱ, ㄴ, ㄷ

31

▸25116-0259
2021학년도 9월 모의평가 8번 상중하

그림은 보어의 수소 원자 모형에서 양자수 n에 따른 에너지 준위의 일부와 전자의 전이 a, b, c, d를 나타낸 것이다.

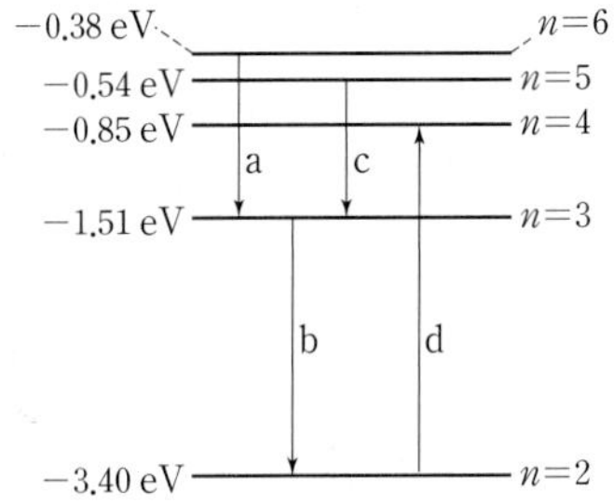

이에 대한 설명으로 옳은 것만을 〈보기〉에서 있는 대로 고른 것은?

보기

ㄱ. 방출되는 빛의 파장은 a에서가 b에서보다 길다.
ㄴ. 방출되는 빛의 진동수는 a에서가 c에서보다 크다.
ㄷ. d에서 흡수되는 광자 1개의 에너지는 2.55 eV이다.

① ㄱ ② ㄴ ③ ㄱ, ㄷ
④ ㄴ, ㄷ ⑤ ㄱ, ㄴ, ㄷ

32
▸25116-0260
2019학년도 3월 학력평가 15번 상중하

그림 (가)는 수소 원자가 에너지 $2.55\ \text{eV}$인 광자를 방출하는 모습을, (나)는 보어의 수소 원자 모형에서 양자수 n에 따른 에너지 준위의 일부와 전자의 전이 a, b를 나타낸 것이다.

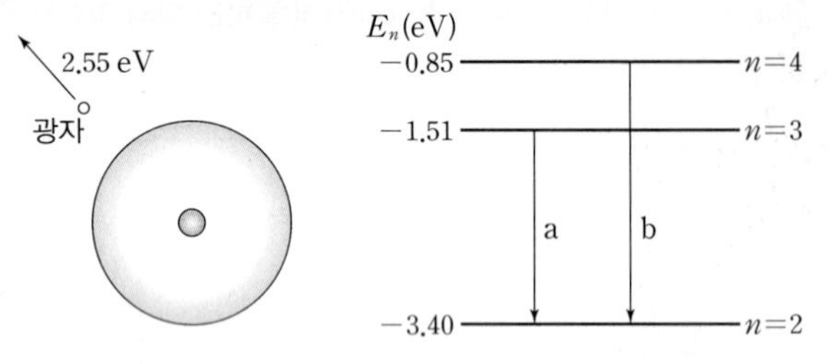

(가) (나)

이에 대한 옳은 설명만을 〈보기〉에서 있는 대로 고른 것은? (단, h는 플랑크 상수이다.)

보기

ㄱ. (가)에서 광자의 진동수는 $\frac{2.55\ \text{eV}}{h}$이다.
ㄴ. (가)에서 일어나는 전자의 전이는 b이다.
ㄷ. (나)에서 방출되는 빛의 파장은 b에서가 a에서보다 길다.

① ㄱ ② ㄷ ③ ㄱ, ㄴ
④ ㄴ, ㄷ ⑤ ㄱ, ㄴ, ㄷ

33
▸25116-0261
2019학년도 9월 모의평가 11번 상중하

그림은 보어의 수소 원자 모형에서 양자수 n에 따른 전자의 궤도와 전자의 전이 a, b, c를 나타낸 것이다. a, b, c에서 흡수하거나 방출하는 빛의 파장은 각각 λ_a, λ_b, λ_c이며, n에 따른 에너지 준위는 E_n이다.

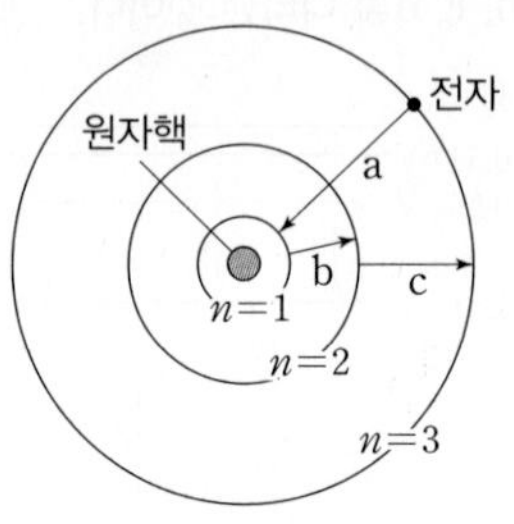

이에 대한 설명으로 옳은 것만을 〈보기〉에서 있는 대로 고른 것은?

보기

ㄱ. a에서 빛을 흡수한다.
ㄴ. $\frac{1}{\lambda_a}=\frac{1}{\lambda_b}+\frac{1}{\lambda_c}$이다.
ㄷ. $\frac{\lambda_a}{\lambda_c}=\frac{E_3-E_1}{E_3-E_2}$이다.

① ㄴ ② ㄷ ③ ㄱ, ㄴ
④ ㄱ, ㄷ ⑤ ㄴ, ㄷ

34
▸25116-0262
2019학년도 6월 모의평가 8번 상중하

그림은 보어의 수소 원자 모형에서 양자수 n에 따른 에너지 준위 E_n의 일부를 나타낸 것이다. $n=3$인 상태의 전자가 진동수 f_A인 빛을 흡수하여 전이한 후, 진동수 f_B인 빛과 f_C인 빛을 차례로 방출하며 전이한다. 진동수의 크기는 $f_B < f_A < f_C$이다.

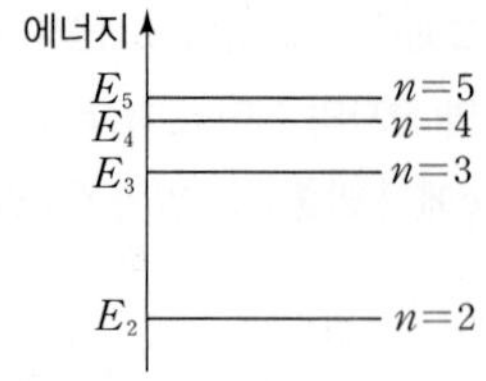

이에 해당하는 전자의 전이 과정을 나타낸 것으로 가장 적절한 것은?

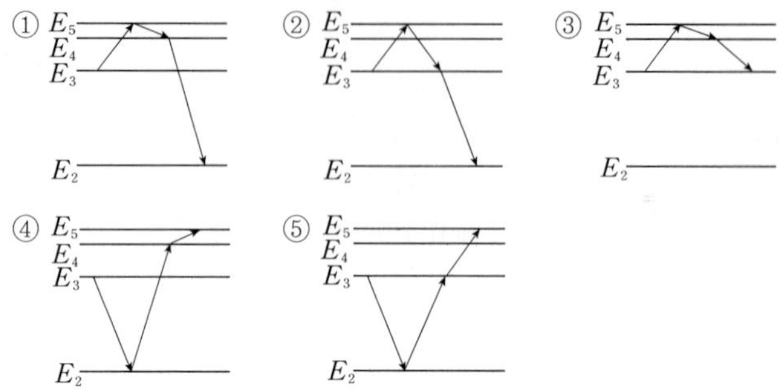

35
▸25116-0263
2024학년도 수능 4번 상중하

그림 (가)는 보어의 수소 원자 모형에서 양자수 n에 따른 에너지 준위와 전자의 전이에 따른 스펙트럼 계열 중 라이먼 계열, 발머 계열을 나타낸 것이다. 그림 (나)는 (가)에서 방출되는 빛의 스펙트럼 계열을 파장에 따라 나타낸 것으로 X, Y는 라이먼 계열, 발머 계열 중 하나이고, ㉠과 ㉡은 각 계열에서 파장이 가장 긴 빛의 스펙트럼선이다.

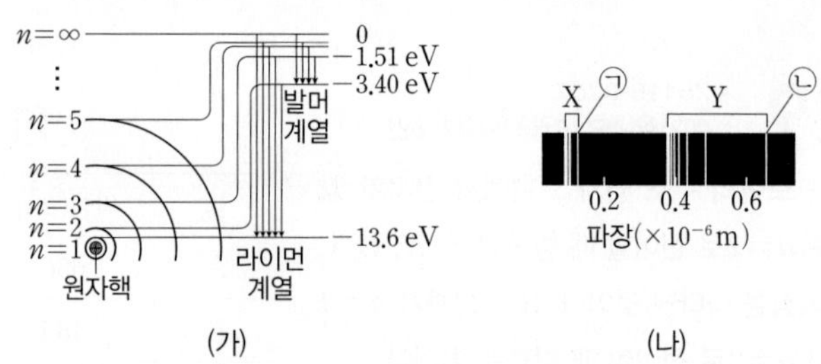

(가) (나)

이에 대한 설명으로 옳은 것만을 〈보기〉에서 있는 대로 고른 것은?

보기

ㄱ. X는 라이먼 계열이다.
ㄴ. 광자 1개의 에너지는 ㉠에서가 ㉡에서보다 작다.
ㄷ. ㉡은 전자가 $n=\infty$에서 $n=2$로 전이할 때 방출되는 빛의 스펙트럼선이다.

① ㄱ ② ㄴ ③ ㄱ, ㄷ
④ ㄴ, ㄷ ⑤ ㄱ, ㄴ, ㄷ

36

▸25116-0264
2024학년도 9월 모의평가 4번

상 중 하

그림 (가)는 보어의 수소 원자 모형에서 양자수 n에 따른 에너지 준위의 일부와 전자의 전이 A～D를 나타낸 것이다. 그림 (나)는 (가)의 A, B, C에서 방출되는 빛의 스펙트럼을 파장에 따라 나타낸 것이다.

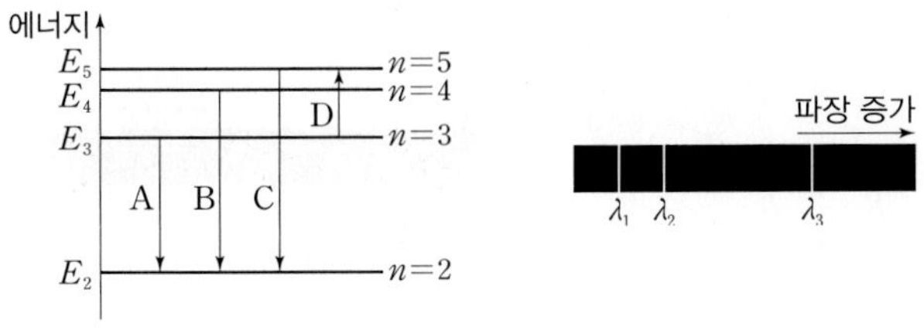

(가) (나)

이에 대한 설명으로 옳은 것만을 <보기>에서 있는 대로 고른 것은? (단, 빛의 속력은 c이다.)

보기

ㄱ. B에서 방출되는 광자 1개의 에너지는 $|E_4-E_2|$이다.
ㄴ. C에서 방출되는 빛의 파장은 λ_1이다.
ㄷ. D에서 흡수되는 빛의 진동수는 $\left(\frac{1}{\lambda_1}+\frac{1}{\lambda_3}\right)c$이다.

① ㄱ ② ㄷ ③ ㄱ, ㄴ
④ ㄴ, ㄷ ⑤ ㄱ, ㄴ, ㄷ

37

▸25116-0265
2024학년도 6월 모의평가 3번

상 중 하

그림 (가)는 보어의 수소 원자 모형에서 양자수 n에 따른 에너지 준위의 일부와 전자의 전이 a～f를 나타낸 것이고, (나)는 a～f에서 방출되는 빛의 스펙트럼을 파장에 따라 나타낸 것이다.

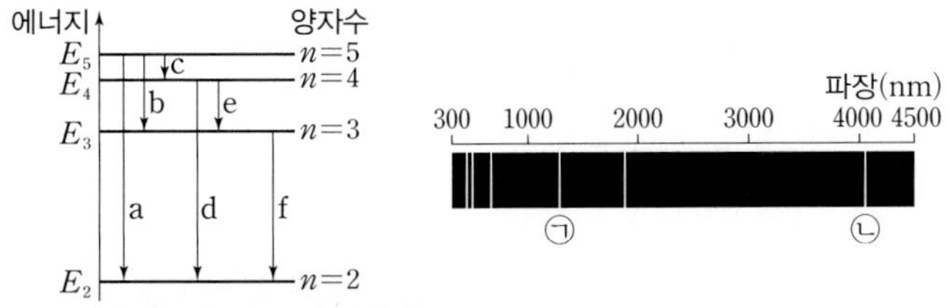

(가) (나)

이에 대한 설명으로 옳은 것만을 <보기>에서 있는 대로 고른 것은? (단, h는 플랑크 상수이다.)

보기

ㄱ. 방출된 빛의 파장은 a에서가 f에서보다 길다.
ㄴ. ㉠은 b에 의해 나타난 스펙트럼선이다.
ㄷ. ㉡에 해당하는 빛의 진동수는 $\frac{|E_5-E_2|}{h}$이다.

① ㄴ ② ㄷ ③ ㄱ, ㄴ
④ ㄱ, ㄷ ⑤ ㄴ, ㄷ

38

▸25116-0266
2023학년도 6월 모의평가 7번

상 중 하

그림 (가)는 보어의 수소 원자 모형에서 양자수 n에 따른 에너지 준위 일부와 전자의 전이 a～d를 나타낸 것이다. 그림 (나)는 a～d에서 방출과 흡수되는 빛의 스펙트럼을 파장에 따라 나타낸 것이다.

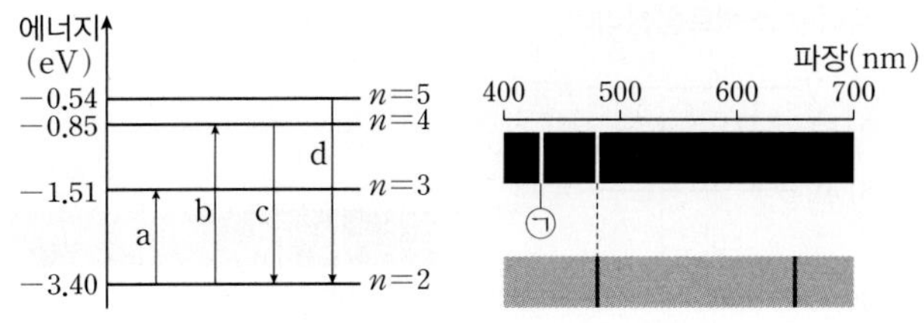

(가) (나)

이에 대한 설명으로 옳은 것만을 <보기>에서 있는 대로 고른 것은?

보기

ㄱ. ㉠은 a에 의해 나타난 스펙트럼선이다.
ㄴ. b에서 흡수되는 광자 1개의 에너지는 2.55 eV이다.
ㄷ. 방출되는 빛의 진동수는 c에서가 d에서보다 크다.

① ㄱ ② ㄴ ③ ㄱ, ㄷ
④ ㄴ, ㄷ ⑤ ㄱ, ㄴ, ㄷ

39

▸25116-0267
2022학년도 10월 학력평가 12번

상 중 하

그림 (가)는 보어의 수소 원자 모형에서 양자수 n에 따른 전자의 에너지 준위 일부와 전자의 전이 a, b, c를 나타낸 것이다. 그림 (나)는 a, b, c에서 방출 또는 흡수하는 빛의 스펙트럼을 X와 Y로 순서 없이 나타낸 것이다.

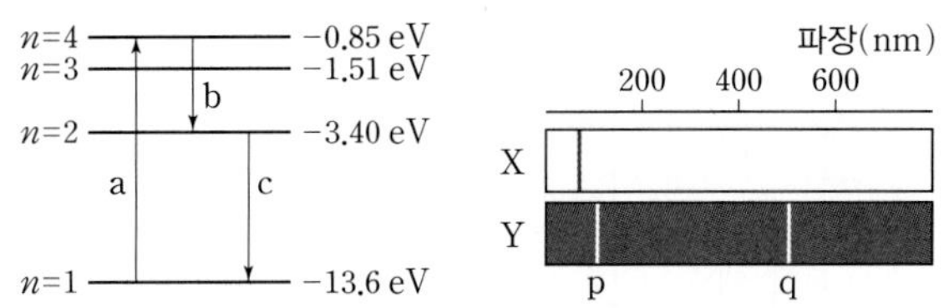

(가) (나)

이에 대한 옳은 설명만을 <보기>에서 있는 대로 고른 것은?

보기

ㄱ. X는 흡수 스펙트럼이다.
ㄴ. p는 b에서 나타나는 스펙트럼선이다.
ㄷ. 전자가 $n=2$와 $n=3$ 사이에서 전이할 때 흡수 또는 방출하는 광자 1개의 에너지는 1.51 eV이다.

① ㄱ ② ㄴ ③ ㄱ, ㄴ
④ ㄱ, ㄷ ⑤ ㄴ, ㄷ

40

▸25116-0268
2021학년도 수능 8번
상 중 하

그림 (가)는 보어의 수소 원자 모형에서 양자수 n에 따른 에너지 준위의 일부와 전자의 전이 a~d를 나타낸 것이다. 그림 (나)는 (가)의 b, c, d에서 방출되는 빛의 스펙트럼을 파장에 따라 나타낸 것이고, ㉠은 c에 의해 나타난 스펙트럼선이다.

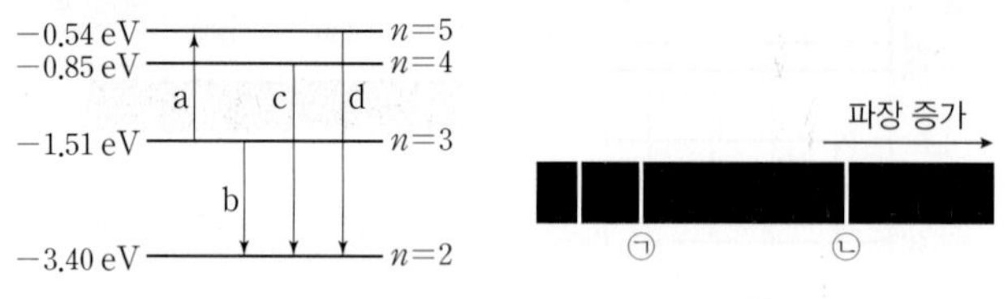

(가) (나)

이에 대한 설명으로 옳은 것만을 〈보기〉에서 있는 대로 고른 것은?

보기

ㄱ. a에서 흡수되는 광자 1개의 에너지는 1.51 eV이다.
ㄴ. 방출되는 빛의 진동수는 c에서가 b에서보다 크다.
ㄷ. ㉡은 d에 의해 나타난 스펙트럼선이다.

① ㄱ ② ㄴ ③ ㄱ, ㄷ
④ ㄴ, ㄷ ⑤ ㄱ, ㄴ, ㄷ

41

▸25116-0269
2021학년도 6월 모의평가 11번
상 중 하

그림 (가)는 보어의 수소 원자 모형에서 양자수 n에 따른 에너지 준위 일부와 전자의 전이 a, b, c, d를 나타낸 것이고, (나)는 (가)의 a, b, c에 의한 빛의 흡수 스펙트럼을 파장에 따라 나타낸 것이다.

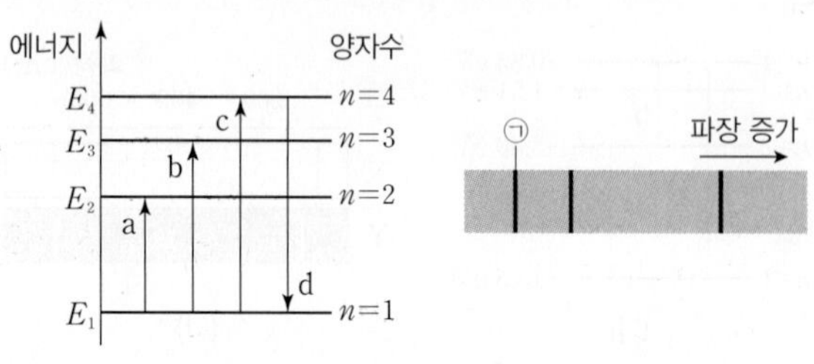

(가) (나)

이에 대한 설명으로 옳은 것만을 〈보기〉에서 있는 대로 고른 것은?

보기

ㄱ. 흡수되는 빛의 진동수는 a에서가 b에서보다 작다.
ㄴ. ㉠은 c에 의해 나타난 스펙트럼선이다.
ㄷ. d에서 방출되는 광자 1개의 에너지는 $|E_2-E_1|$보다 작다.

① ㄱ ② ㄷ ③ ㄱ, ㄴ
④ ㄴ, ㄷ ⑤ ㄱ, ㄴ, ㄷ

42

▸25116-0270
2020학년도 10월 학력평가 10번
상 중 하

그림 (가)는 보어의 수소 원자 모형에서 양자수 $n=2$, 3, 4인 전자의 궤도 일부와 전자의 전이 a, b를 나타낸 것이다. 그림 (나)는 수소 기체의 스펙트럼이다. ㉡은 a에 의해 나타난 스펙트럼선이다.

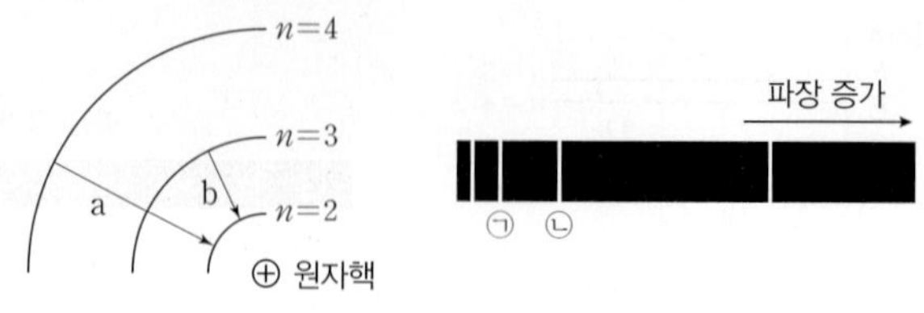

(가) (나)

이에 대한 옳은 설명만을 〈보기〉에서 있는 대로 고른 것은?

보기

ㄱ. 방출되는 광자 1개의 에너지는 a에서가 b에서보다 크다.
ㄴ. ㉠은 b에 의해 나타난 스펙트럼선이다.
ㄷ. 전자가 원자핵으로부터 받는 전기력의 크기는 $n=4$일 때가 $n=2$일 때보다 크다.

① ㄱ ② ㄴ ③ ㄱ, ㄷ
④ ㄴ, ㄷ ⑤ ㄱ, ㄴ, ㄷ

43

▸25116-0271
2020학년도 3월 학력평가 11번
상 중 하

그림 (가)는 보어의 수소 원자 모형에서 양자수 n에 따른 에너지 준위의 일부와 전자의 전이에서 방출되는 빛 a, b를 나타낸 것이다. 그림 (나)는 수소 원자의 전자가 $n=2$인 상태로 전이할 때 방출되는 빛 중에서 파장이 긴 것부터 차례대로 4개를 나타낸 스펙트럼이다.

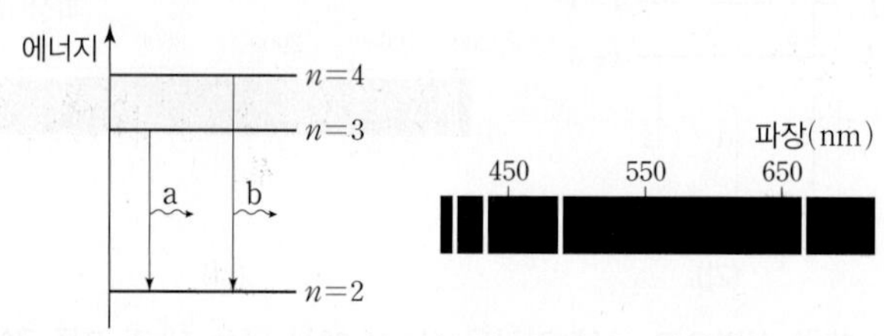

(가) (나)

이에 대한 옳은 설명만을 〈보기〉에서 있는 대로 고른 것은?

보기

ㄱ. 진동수는 a가 b보다 크다.
ㄴ. 광자 1개의 에너지는 a가 b보다 작다.
ㄷ. b의 파장은 450 nm보다 작다.

① ㄴ ② ㄷ ③ ㄱ, ㄴ
④ ㄱ, ㄷ ⑤ ㄴ, ㄷ

44

▸25116-0272
2020학년도 6월 모의평가 9번 상중하

그림 (가), (나)는 각각 보어의 수소 원자 모형에서 양자수 n에 따른 전자의 에너지 준위와 선 스펙트럼의 일부를 나타낸 것이다.

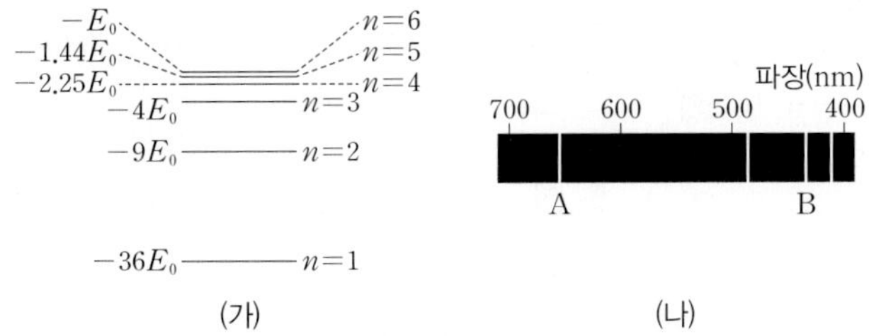

A에 해당하는 빛의 진동수가 $\frac{5E_0}{h}$일 때, 다음 중 B와 진동수가 같은 빛은? (단, h는 플랑크 상수이다.)

① $n=2$에서 $n=5$로 전이할 때 흡수하는 빛
② $n=3$에서 $n=4$로 전이할 때 흡수하는 빛
③ $n=4$에서 $n=2$로 전이할 때 방출하는 빛
④ $n=5$에서 $n=1$로 전이할 때 방출하는 빛
⑤ $n=6$에서 $n=3$으로 전이할 때 방출하는 빛

45

▸25116-0273
2019학년도 10월 학력평가 10번 상중하

그림 (가)는 보어의 수소 원자 모형에서 양자수 n에 따른 에너지 준위와 전자의 전이 과정 세 가지를 나타낸 것이다. 그림 (나)는 (가)에서 방출된 빛 a, b, c를 파장에 따라 나타낸 것이다.

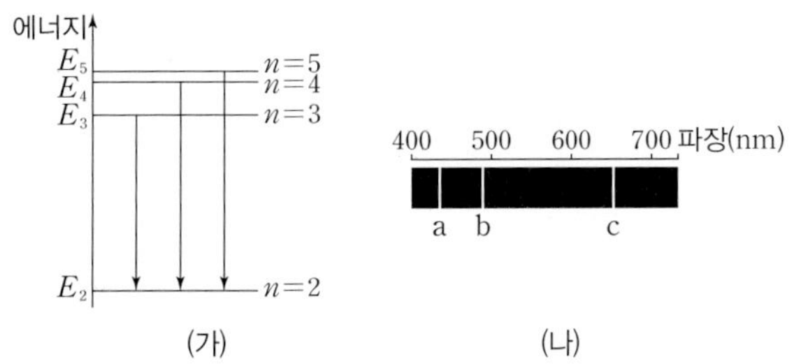

이에 대한 옳은 설명만을 〈보기〉에서 있는 대로 고른 것은?

보기

ㄱ. a는 전자가 $n=5$에서 $n=2$인 상태로 전이할 때 방출된 빛이다.
ㄴ. $n=2$인 상태에 있는 전자는 에너지가 E_4-E_3인 광자를 흡수할 수 있다.
ㄷ. a와 b의 진동수 차는 b와 c의 진동수 차보다 크다.

① ㄱ ② ㄴ ③ ㄱ, ㄷ
④ ㄴ, ㄷ ⑤ ㄱ, ㄴ, ㄷ

46

▸25116-0274
2024학년도 10월 학력평가 3번 상중하

그림 (가)는 고체 A, B의 에너지띠 구조를, (나)는 A, B를 이용하여 만든 집게 달린 전선의 단면을 나타낸 것이다. A와 B는 각각 도체와 절연체 중 하나이고, (가)에서 에너지띠의 색칠된 부분까지 전자가 채워져 있다.

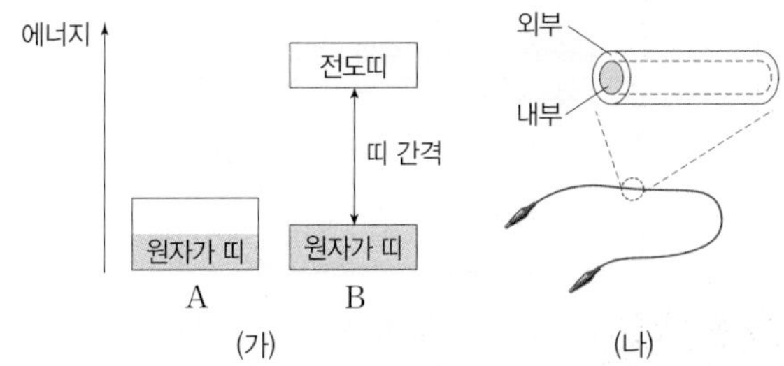

이에 대한 옳은 설명만을 〈보기〉에서 있는 대로 고른 것은?

보기

ㄱ. A는 도체이다.
ㄴ. B의 원자가 띠에 있는 전자의 에너지 준위는 모두 같다.
ㄷ. (나)에서 전선의 내부는 A, 외부는 B로 이루어져 있다.

① ㄱ ② ㄴ ③ ㄱ, ㄷ
④ ㄴ, ㄷ ⑤ ㄱ, ㄴ, ㄷ

47

▸25116-0275
2022학년도 6월 모의평가 3번 상중하

그림은 학생 A, B, C가 도체, 반도체, 절연체를 각각 대표하는 세 가지 고체의 전기 전도도와 에너지띠 구조에 대해 대화하는 모습을 나타낸 것이다.

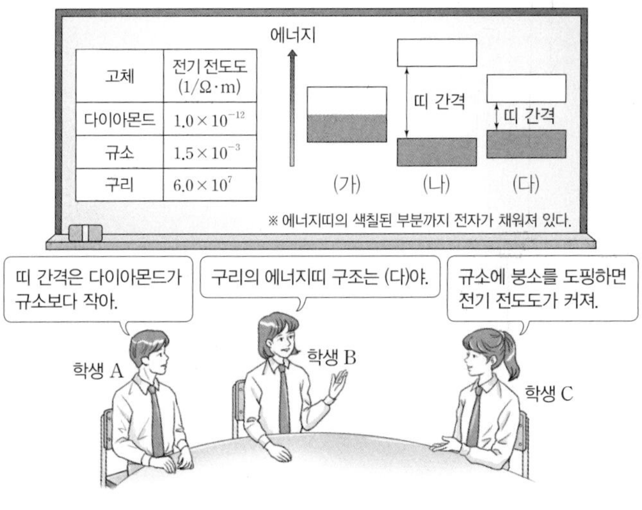

제시한 내용이 옳은 학생만을 있는 대로 고른 것은?

① A ② B ③ C
④ A, B ⑤ B, C

48

▸25116-0276

2021학년도 10월 학력평가 5번

상중하

다음은 고체의 전기적 특성을 알아보기 위한 실험이다.

[실험 과정]

(가) 고체 막대 A와 B를 각각 연결할 수 있는 전기 회로를 구성한다. A, B는 도체와 절연체 중 하나이다.

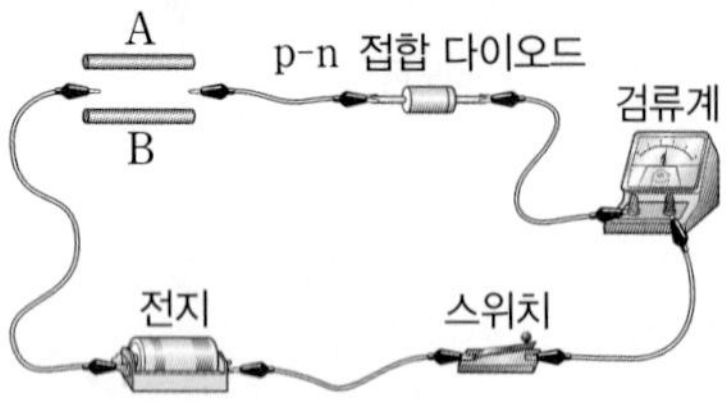

(나) 두 집게를 A의 양 끝 또는 B의 양 끝에 연결하고 스위치를 닫은 후 막대에 흐르는 전류의 유무를 관찰한다.

(다) (가)에서 [㉠]의 양 끝에 연결된 집게를 서로 바꿔 연결한 후 (나)를 반복한다.

[실험 결과]

구분	A	B
(나)의 결과	○	×
(다)의 결과	×	㉡

(○: 전류가 흐름, ×: 전류가 흐르지 않음.)

이에 대한 옳은 설명만을 〈보기〉에서 있는 대로 고른 것은?

• 보기 •

ㄱ. 전기 전도도는 A가 B보다 크다.

ㄴ. 'p－n 접합 다이오드'는 ㉠으로 적절하다.

ㄷ. ㉡은 '○'이다.

① ㄱ ② ㄷ ③ ㄱ, ㄴ
④ ㄴ, ㄷ ⑤ ㄱ, ㄴ, ㄷ

49

▸25116-0277

2021학년도 수능 4번

상중하

다음은 물질의 전기 전도도에 대한 실험이다.

[실험 과정]

(가) 물질 X로 이루어진 원기둥 모양의 막대 a, b, c를 준비한다.

(나) a, b, c의 [㉠]과/와 길이를 측정한다.

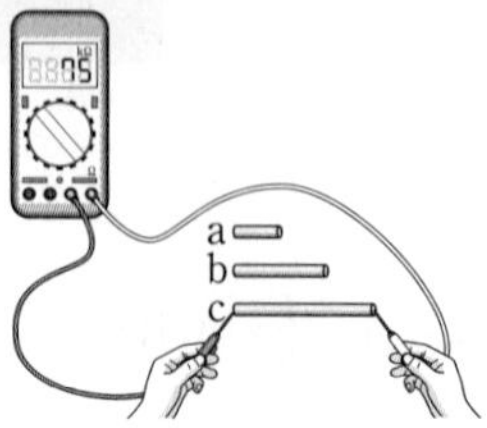

(다) 저항 측정기를 이용하여 a, b, c의 저항값을 측정한다.

(라) (나)와 (다)의 측정값을 이용하여 X의 전기 전도도를 구한다.

[실험 결과]

막대	㉠ (cm^2)	길이 (cm)	저항값 (kΩ)	전기 전도도 (1/Ω·m)
a	0.20	1.0	㉡	2.0×10^{-2}
b	0.20	2.0	50	2.0×10^{-2}
c	0.20	3.0	75	2.0×10^{-2}

이에 대한 설명으로 옳은 것만을 〈보기〉에서 있는 대로 고른 것은?

• 보기 •

ㄱ. 단면적은 ㉠에 해당한다.

ㄴ. ㉡은 50보다 크다.

ㄷ. X의 전기 전도도는 막대의 길이에 관계없이 일정하다.

① ㄱ ② ㄴ ③ ㄱ, ㄷ
④ ㄴ, ㄷ ⑤ ㄱ, ㄴ, ㄷ

50

▸25116-0278
2021학년도 9월 모의평가 5번 상중하

다음은 물질 A, B, C의 전기 전도도를 알아보기 위한 탐구이다.

[자료 조사 결과]

○ A, B, C는 각각 도체와 반도체 중 하나이다.

○ 에너지띠의 색칠된 부분까지 전자가 채워져 있다.

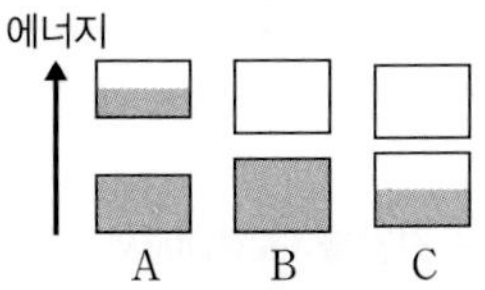

에너지띠 구조

[실험 과정]

(가) 그림과 같이 저항 측정기에 A, B, C를 연결하여 저항을 측정한다.

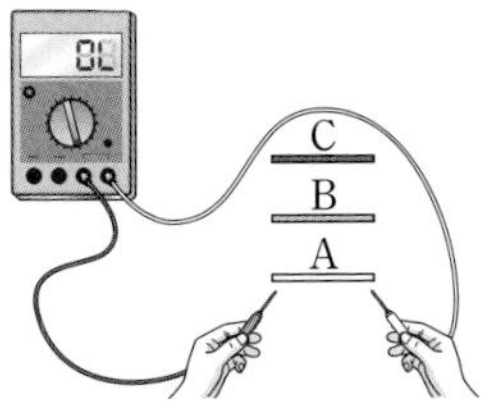

(나) 측정한 저항값을 이용하여 A, B, C의 전기 전도도를 구한다.

[실험 결과]

물질	A	B	C
전기 전도도(1/Ω·m)	6.0×10^7	2.2	㉠

이에 대한 설명으로 옳은 것만을 〈보기〉에서 있는 대로 고른 것은?

보기

ㄱ. ㉠에 해당하는 값은 2.2보다 작다.

ㄴ. A에서는 주로 양공이 전류를 흐르게 한다.

ㄷ. B에 도핑을 하면 전기 전도도가 커진다.

① ㄱ ② ㄷ ③ ㄱ, ㄴ
④ ㄴ, ㄷ ⑤ ㄱ, ㄴ, ㄷ

51

▸25116-0279
2020학년도 10월 학력평가 4번 상중하

다음은 상온에서 실시한 고체의 전기 전도성에 대한 실험이다.

[실험 과정]

(가) 그림과 같이 동일한 모양의 나무 막대와 규소(Si) 막대를 준비하고 회로를 구성한다.

(나) 두 집게를 나무 막대의 양 끝 또는 규소 막대의 양 끝에 연결한 후, 전원의 전압을 증가시키면서 막대에 흐르는 전류를 측정한다.

[실험 결과]

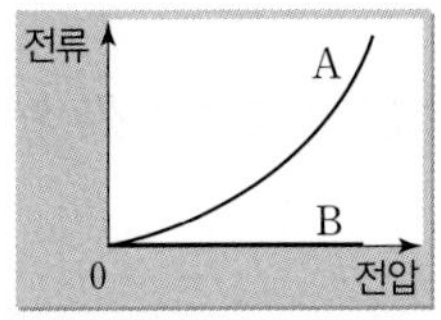

A, B는 나무 막대 또는 규소 막대에 연결했을 때의 결과임

이에 대한 옳은 설명만을 〈보기〉에서 있는 대로 고른 것은?

보기

ㄱ. 전기 전도성은 나무가 규소보다 좋다.

ㄴ. A는 규소 막대를 연결했을 때의 결과이다.

ㄷ. 상온에서 전도띠로 전이한 전자의 수는 나무 막대에서가 규소 막대에서보다 크다.

① ㄱ ② ㄴ ③ ㄱ, ㄷ
④ ㄴ, ㄷ ⑤ ㄱ, ㄴ, ㄷ

52
▸25116-0280
2020학년도 3월 학력평가 9번
상 중 하

다음은 고체의 전기 전도성에 대한 실험이다.

[실험 과정]

(가) 도체 또는 절연체인 고체 A, B를 준비한다.

(나) 그림과 같이 A를 이용하여 실험 장치를 구성한다.

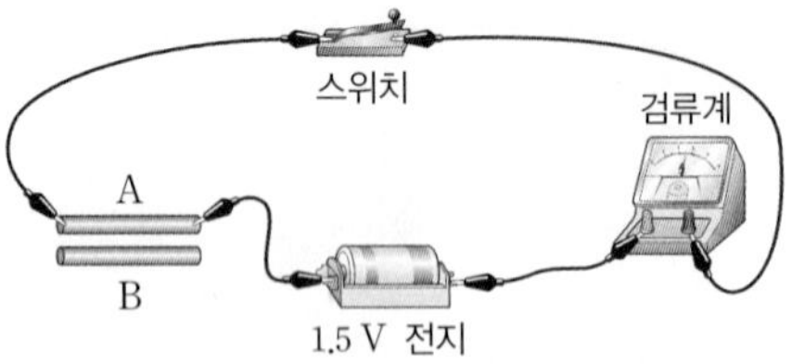

(다) 스위치를 닫아 검류계에 흐르는 전류를 측정한다.

(라) A를 B로 바꾸어 과정 (다)를 반복한다.

[실험 결과]

○ (다)에서는 전류가 흐르고, (라)에서는 전류가 흐르지 않는다.

이에 대한 옳은 설명만을 〈보기〉에서 있는 대로 고른 것은?

보기

ㄱ. A는 도체이다.

ㄴ. 전기 전도성은 A가 B보다 좋다.

ㄷ. B는 반도체에 비해 원자가 띠와 전도띠 사이의 띠 간격이 크다.

① ㄱ ② ㄷ ③ ㄱ, ㄴ
④ ㄴ, ㄷ ⑤ ㄱ, ㄴ, ㄷ

53
▸25116-0281
2023학년도 3월 학력평가 4번
상 중 하

표는 고체 X와 Y의 전기 전도도를 나타낸 것이다. X, Y 중 하나는 도체이고 다른 하나는 반도체이다.

고체	전기 전도도 $(1/\Omega\cdot m)$
X	2.0×10^{-2}
Y	1.0×10^{5}

X와 Y의 에너지띠 구조를 나타낸 것으로 가장 적절한 것은? (단, 전자는 색칠된 부분 에만 채워져 있다.)

①
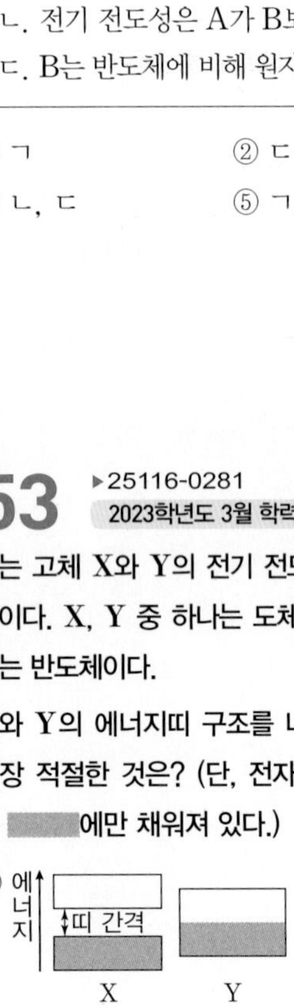

X Y

②
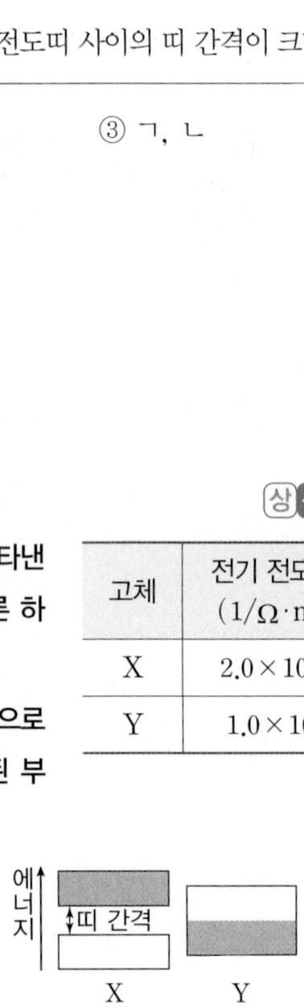

X Y

③
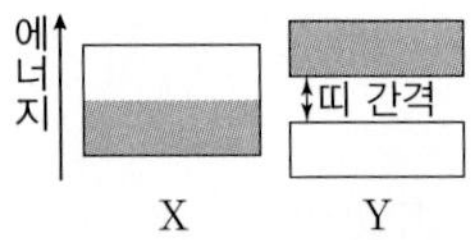

X Y

④
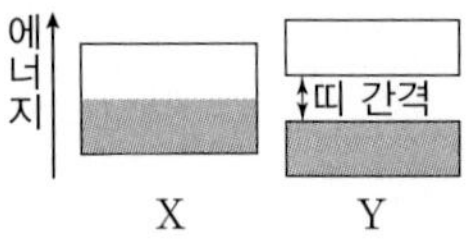

X Y

⑤
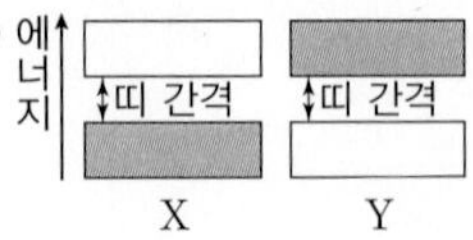

X Y

54
▸25116-0282
2023학년도 6월 모의평가 5번
상 중 하

그림은 고체 A, B의 에너지띠 구조를 나타낸 것이다. A, B에서 전도띠의 전자가 원자가 띠로 전이하며 빛이 방출된다.

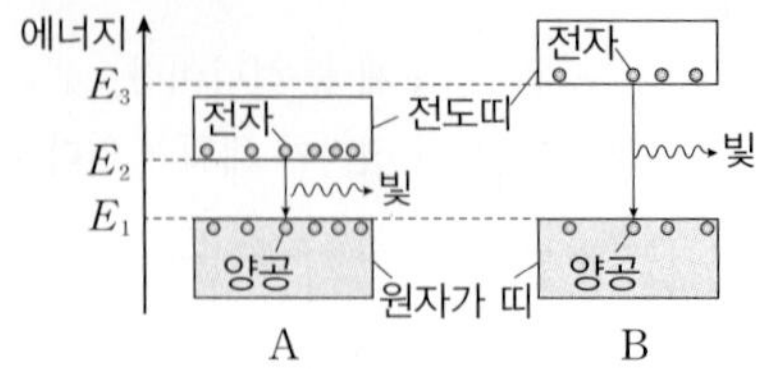

이에 대한 설명으로 옳은 것만을 〈보기〉에서 있는 대로 고른 것은?

보기

ㄱ. A에서 방출된 광자 1개의 에너지는 E_2-E_1보다 작다.

ㄴ. 띠 간격은 A가 B보다 작다.

ㄷ. 방출된 빛의 파장은 A에서가 B에서보다 짧다.

① ㄱ ② ㄴ ③ ㄱ, ㄷ
④ ㄴ, ㄷ ⑤ ㄱ, ㄴ, ㄷ

55
▸25116-0283
2020학년도 수능 3번
상 중 하

그림은 상온에서 고체 A와 B의 에너지띠 구조를 나타낸 것이다. A와 B는 반도체와 절연체를 순서 없이 나타낸 것이다.

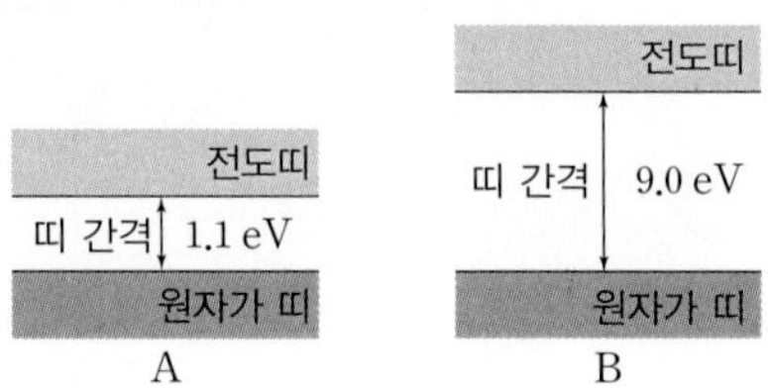

이에 대한 설명으로 옳은 것만을 〈보기〉에서 있는 대로 고른 것은?

보기

ㄱ. A는 반도체이다.

ㄴ. 전기 전도성은 A가 B보다 좋다.

ㄷ. 단위 부피당 전도띠에 있는 전자 수는 A가 B보다 많다.

① ㄱ ② ㄷ ③ ㄱ, ㄴ
④ ㄴ, ㄷ ⑤ ㄱ, ㄴ, ㄷ

56 ▸25116-0284
2020학년도 9월 모의평가 5번 상중하

그림 (가), (나)는 반도체의 원자가 띠와 전도띠 사이에서 전자가 전이하는 과정을 나타낸 것이다. (나)에서는 광자가 방출된다.

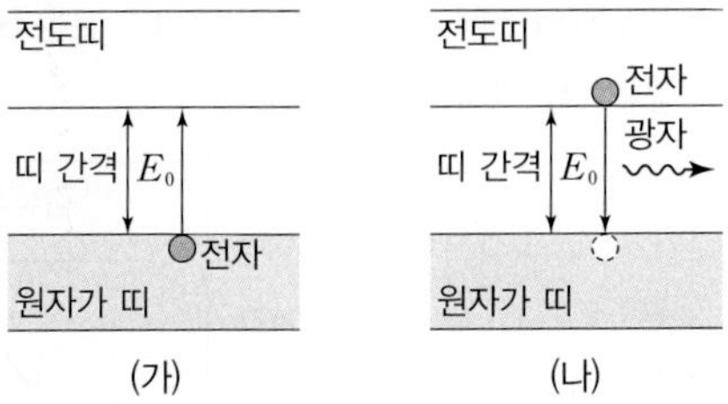

이에 대한 설명으로 옳은 것만을 〈보기〉에서 있는 대로 고른 것은?

보기

ㄱ. (가)에서 전자는 에너지를 흡수한다.
ㄴ. (나)에서 방출되는 광자의 에너지는 E_0보다 작다.
ㄷ. (나)에서 원자가 띠에 있는 전자의 에너지는 모두 같다.

① ㄱ ② ㄴ ③ ㄱ, ㄷ
④ ㄴ, ㄷ ⑤ ㄱ, ㄴ, ㄷ

57 ▸25116-0285
2025학년도 수능 12번 상중하

다음은 p−n 접합 다이오드의 특성을 알아보는 실험이다.

[실험 과정]

(가) 그림과 같이 전압이 같은 직류 전원 2개, 스위치, 동일한 p−n 접합 다이오드 4개, 저항, 검류계를 이용하여 회로를 구성한다. X, Y는 p형 반도체와 n형 반도체를 순서 없이 나타낸 것이다.

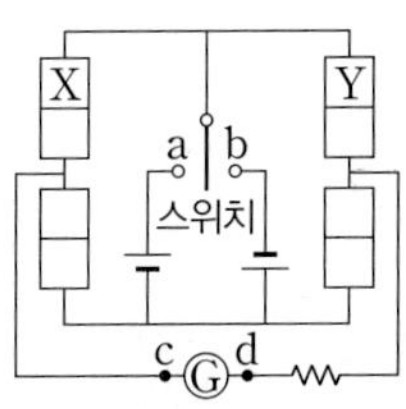

(나) 스위치를 a 또는 b에 연결하고, 검류계를 관찰한다.

[실험 결과]

스위치	전류의 흐름	전류의 방향
a에 연결	흐른다.	c → Ⓖ → d
b에 연결	흐른다.	㉠

이에 대한 설명으로 옳은 것만을 〈보기〉에서 있는 대로 고른 것은?

보기

ㄱ. X는 p형 반도체이다.
ㄴ. ㉠은 'd → Ⓖ → c'이다.
ㄷ. 스위치를 b에 연결하면 Y에서 전자는 p−n 접합면으로부터 멀어진다.

① ㄱ ② ㄷ ③ ㄱ, ㄴ
④ ㄴ, ㄷ ⑤ ㄱ, ㄴ, ㄷ

58 ▸25116-0286
2025학년도 9월 모의평가 13번 상중하

다음은 p−n 접합 발광 다이오드(LED)와 고체 막대를 이용한 회로에 대한 실험이다.

[실험 과정]

(가) 그림과 같이 전압이 같은 직류 전원 2개, 저항, 동일한 LED D_1~D_4, 고체 막대 X와 Y, 스위치 S_1과 S_2를 이용하여 회로를 구성한다. X와 Y는 도체와 절연체를 순서 없이 나타낸 것이다.

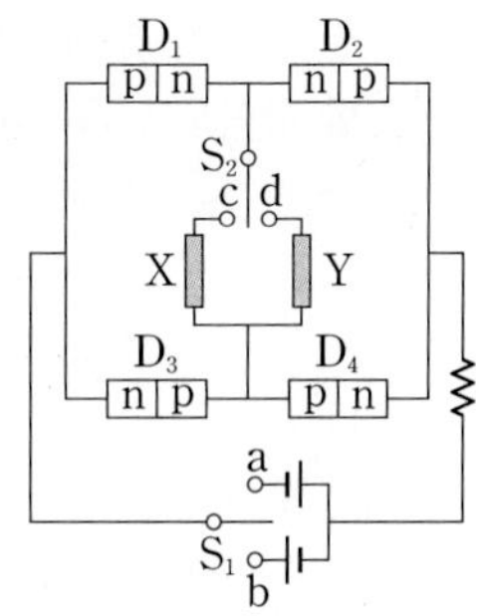

(나) S_1을 a 또는 b에 연결하고 S_2를 c 또는 d에 연결하며 D_1~D_4에서 빛의 방출 여부를 관찰한다.

[실험 결과]

S_1	S_2	빛이 방출된 LED
a에 연결	c에 연결	없음
	d에 연결	D_2, D_3
b에 연결	c에 연결	없음
	d에 연결	㉠

이에 대한 설명으로 옳은 것만을 〈보기〉에서 있는 대로 고른 것은?

보기

ㄱ. X는 절연체이다.
ㄴ. ㉠은 D_1, D_4이다.
ㄷ. S_1을 a에 연결하고 S_2를 d에 연결했을 때, D_1에는 순방향 전압이 걸린다.

① ㄱ ② ㄷ ③ ㄱ, ㄴ
④ ㄴ, ㄷ ⑤ ㄱ, ㄴ, ㄷ

59
▸25116-0287
2025학년도 6월 모의평가 16번 상중하

다음은 **p−n** 접합 다이오드를 이용한 회로에 대한 실험이다.

[실험 과정]

(가) 그림과 같이 전압이 같은 직류 전원 2개, 저항, 동일한 p−n 접합 다이오드 A와 B, 스위치 S_1과 S_2, 전류계를 이용하여 회로를 구성한다. X는 p형 반도체와 n형 반도체 중 하나이다.

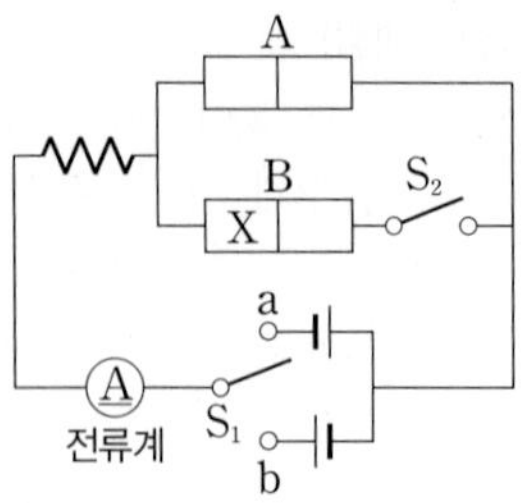

(나) S_1과 S_2의 연결 상태를 바꾸어 가며 전류계에 흐르는 전류의 세기를 측정한다.

[실험 결과]

S_1	S_2	전류의 세기
a에 연결	열림	㉠
	닫힘	I_0
b에 연결	열림	0
	닫힘	I_0

이에 대한 설명으로 옳은 것만을 〈보기〉에서 있는 대로 고른 것은?

보기

ㄱ. X는 p형 반도체이다.
ㄴ. S_1을 b에 연결했을 때, A에는 순방향 전압이 걸린다.
ㄷ. ㉠은 I_0이다.

① ㄱ ② ㄴ ③ ㄷ
④ ㄱ, ㄷ ⑤ ㄴ, ㄷ

60
▸25116-0288
2024학년도 10월 학력평가 14번 상중하

그림은 동일한 직류 전원 2개, 스위치 S, **p−n** 접합 다이오드 **A**, **A**와 동일한 다이오드 3개, 저항, 검류계로 회로를 구성한 모습을 나타낸 것이다. **X**는 **p**형 반도체와 **n**형 반도체 중 하나이다. 표는 **S**를 **a** 또는 **b**에 연결했을 때 검류계를 관찰한 결과이다.

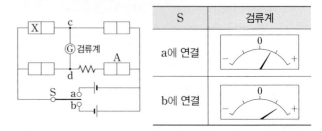

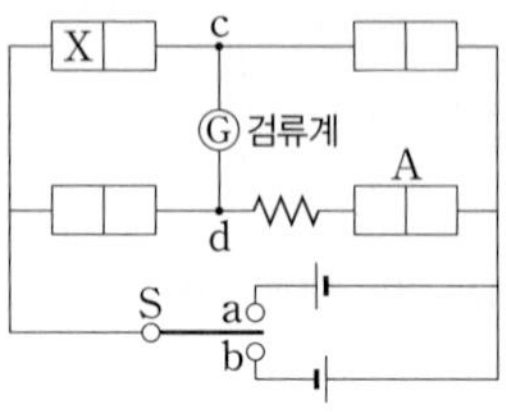

S	검류계
a에 연결	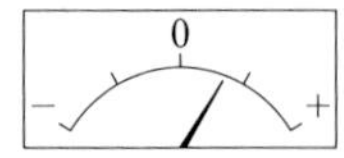
b에 연결	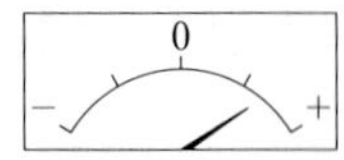

이에 대한 옳은 설명만을 〈보기〉에서 있는 대로 고른 것은?

보기

ㄱ. X는 p형 반도체이다.
ㄴ. S를 a에 연결하면 전류는 c→Ⓖ→d 방향으로 흐른다.
ㄷ. S를 b에 연결하면 A에는 순방향 전압이 걸린다.

① ㄱ ② ㄷ ③ ㄱ, ㄴ
④ ㄴ, ㄷ ⑤ ㄱ, ㄴ, ㄷ

61
▸25116-0289
2024학년도 3월 학력평가 7번 상중하

그림과 같이 동일한 **p−n** 접합 발광 다이오드(**LED**) **A**～**E**와 직류 전원, 저항, 스위치 **S**로 회로를 구성하였다. **S**를 단자 **a**에 연결하면 **2**개의 **LED**에서, 단자 **b**에 연결하면 **5**개의 **LED**에서 빛이 방출된다. **X**는 **p**형 반도체와 **n**형 반도체 중 하나이다.

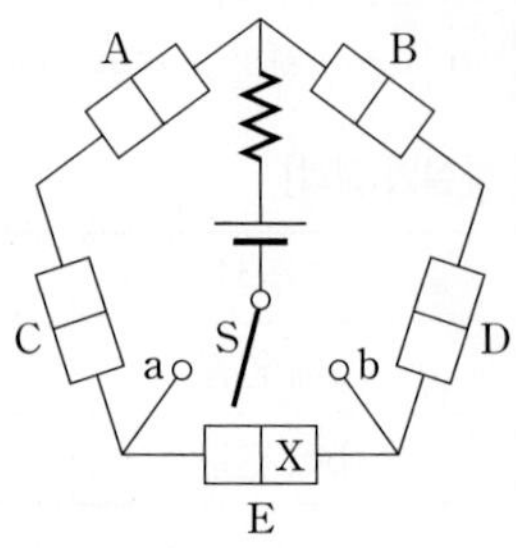

이에 대한 옳은 설명만을 〈보기〉에서 있는 대로 고른 것은?

보기

ㄱ. S를 a에 연결하면, A의 p형 반도체에 있는 양공은 p−n 접합면 쪽으로 이동한다.
ㄴ. S를 b에 연결하면, A ~ E에 순방향 전압이 걸린다.
ㄷ. X는 p형 반도체이다.

① ㄱ ② ㄷ ③ ㄱ, ㄴ
④ ㄴ, ㄷ ⑤ ㄱ, ㄴ, ㄷ

62

▸25116-0290
2024학년도 수능 13번

상중하

그림 (가)는 동일한 p-n 접합 발광 다이오드(LED) A와 B, 고체 막대 P와 Q로 회로를 구성하고, 스위치를 a 또는 b에 연결할 때 A, B의 빛의 방출 여부를 나타낸 것이다. P, Q는 도체와 절연체를 순서 없이 나타낸 것이고, Y는 p형 반도체와 n형 반도체 중 하나이다. 그림 (나)의 ㉠, ㉡은 각각 P 또는 Q의 에너지띠 구조를 나타낸 것으로 음영으로 표시된 부분까지 전자가 채워져 있다.

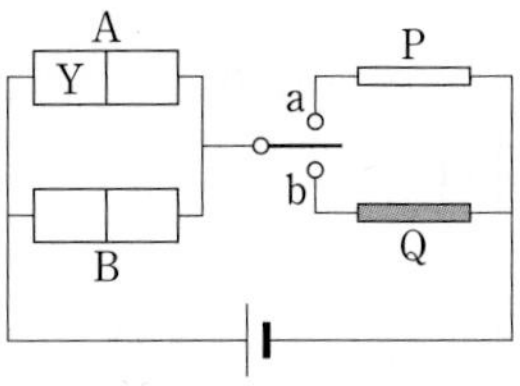

스위치	A	B
a에 연결	○	×
b에 연결	×	×

(○: 방출됨, ×: 방출되지 않음)

(가)

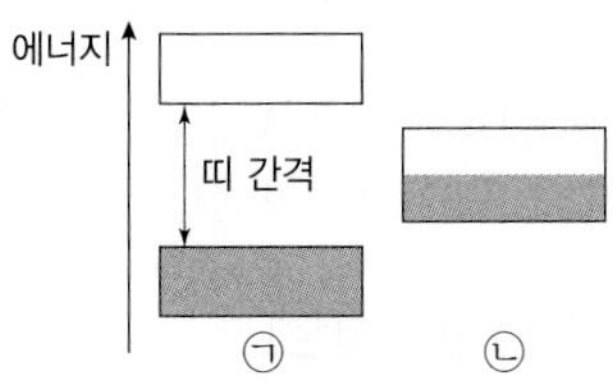

(나)

이에 대한 설명으로 옳은 것만을 〈보기〉에서 있는 대로 고른 것은?

보기

ㄱ. Y는 주로 양공이 전류를 흐르게 하는 반도체이다.
ㄴ. (나)의 ㉠은 Q의 에너지띠 구조이다.
ㄷ. 스위치를 a에 연결하면 B의 n형 반도체에 있는 전자는 p-n 접합면으로 이동한다.

① ㄱ　② ㄷ　③ ㄱ, ㄴ
④ ㄴ, ㄷ　⑤ ㄱ, ㄴ, ㄷ

63

▸25116-0291
2024학년도 9월 모의평가 11번

상중하

다음은 p-n 접합 다이오드의 특성을 알아보는 실험이다.

[실험 과정]

(가) 그림과 같이 직류 전원, 동일한 p-n 접합 다이오드 A, B, p-n 접합 발광 다이오드(LED), 스위치 S_1, S_2를 이용하여 회로를 구성한다. X는 p형 반도체와 n형 반도체 중 하나이다.

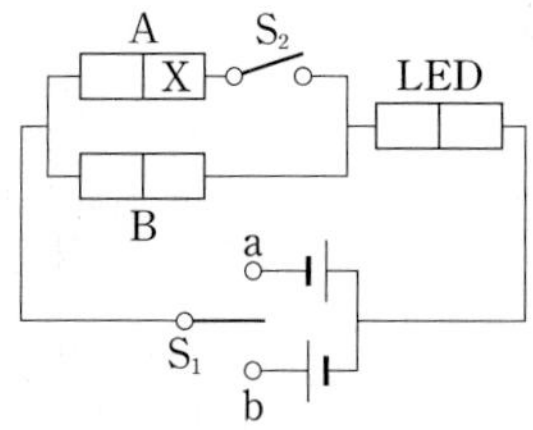

(나) S_1을 a 또는 b에 연결하고, S_2를 열고 닫으며 LED에서 빛의 방출 여부를 관찰한다.

[실험 결과]

S_1	S_2	LED에서 빛의 방출 여부
a에 연결	열림	방출되지 않음
	닫힘	방출됨
b에 연결	열림	방출되지 않음
	닫힘	㉠

이에 대한 설명으로 옳은 것만을 〈보기〉에서 있는 대로 고른 것은?

보기

ㄱ. A의 X는 주로 양공이 전류를 흐르게 하는 반도체이다.
ㄴ. S_1을 a에 연결하고 S_2를 열었을 때, B에는 순방향 전압이 걸린다.
ㄷ. ㉠은 '방출됨'이다.

① ㄱ　② ㄴ　③ ㄷ
④ ㄱ, ㄴ　⑤ ㄱ, ㄷ

64 ▸25116-0292

2024학년도 6월 모의평가 11번 상중하

다음은 p-n 접합 발광 다이오드(LED)의 특성을 알아보기 위한 실험이다.

[실험 과정]

(가) 그림과 같이 동일한 LED A~D, 저항, 스위치, 직류 전원으로 회로를 구성한다. X는 p형 반도체와 n형 반도체 중 하나이다.

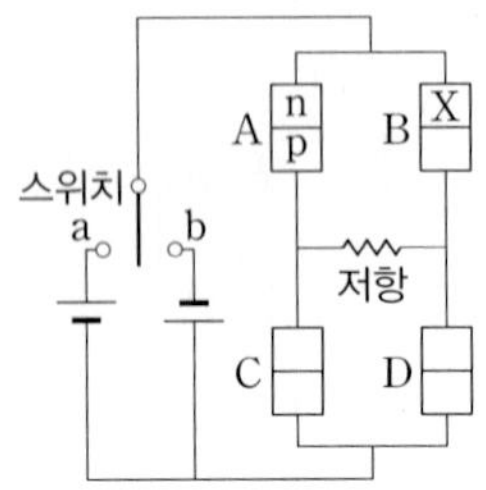

(나) 스위치를 a 또는 b에 연결하고, C, D에서 빛의 방출 여부를 관찰한다.

[실험 결과]

스위치	C에서 빛의 방출 여부	D에서 빛의 방출 여부
a에 연결	방출됨	방출되지 않음
b에 연결	방출되지 않음	방출됨

이에 대한 설명으로 옳은 것만을 〈보기〉에서 있는 대로 고른 것은?

보기

ㄱ. 스위치를 a에 연결하면 A에는 역방향 전압이 걸린다.
ㄴ. B의 X는 n형 반도체이다.
ㄷ. 스위치를 b에 연결하면 D의 p형 반도체에 있는 양공이 p-n 접합면에서 멀어진다.

① ㄱ ② ㄴ ③ ㄱ, ㄷ
④ ㄴ, ㄷ ⑤ ㄱ, ㄴ, ㄷ

65 ▸25116-0293

2023학년도 10월 학력평가 16번 상중하

다음은 p-n 접합 다이오드를 이용한 실험이다.

[실험 과정]

(가) 그림과 같이 직류 전원 2개, p-n 접합 다이오드 4개, p-n 접합 발광 다이오드(LED), 스위치 S로 회로를 구성한다.

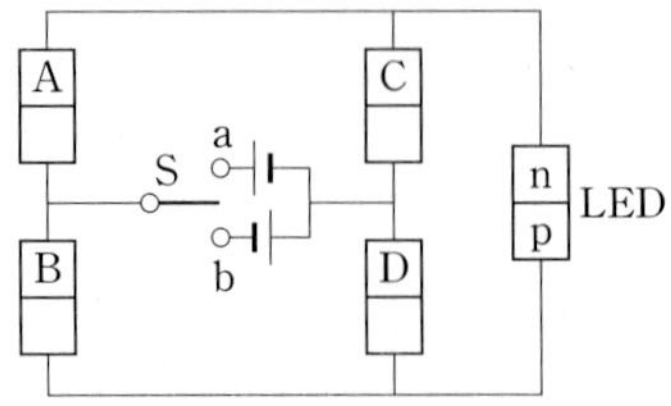

※ A~D는 각각 p형 또는 n형 반도체 중 하나임.

(나) S를 단자 a 또는 b에 연결하고 LED를 관찰한다.

[실험 결과]

○ a에 연결했을 때 LED가 빛을 방출함.
○ b에 연결했을 때 LED가 빛을 방출함.

A~D의 반도체의 종류로 옳은 것은?

	A	B	C	D
①	p형	p형	p형	p형
②	p형	p형	n형	n형
③	p형	n형	n형	p형
④	n형	n형	n형	n형
⑤	n형	p형	n형	p형

66

▸25116-0294
2023학년도 수능 15번

상중하

다음은 p−n 접합 다이오드의 특성을 알아보는 실험이다.

[실험 과정]

(가) 그림과 같이 직류 전원 2개, 스위치 S_1, S_2, p−n 접합 다이오드 A, A와 동일한 다이오드 3개, 저항, 검류계로 회로를 구성한다. X는 p형 반도체와 n형 반도체 중 하나이다.

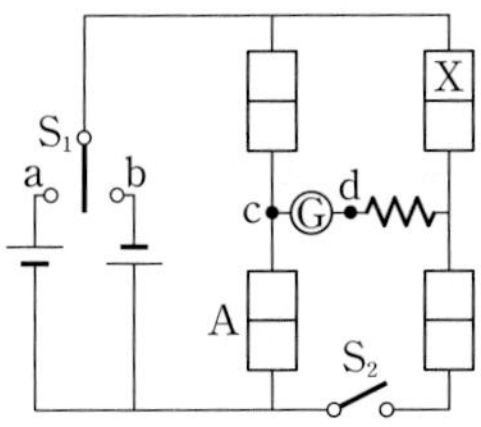

(나) S_1을 a 또는 b에 연결하고, S_2를 열고 닫으며 검류계를 관찰한다.

[실험 결과]

S_1	S_2	전류 흐름
㉠	열기	흐르지 않는다.
	닫기	c → Ⓖ → d로 흐른다.
㉡	열기	c → Ⓖ → d로 흐른다.
	닫기	c → Ⓖ → d로 흐른다.

이에 대한 설명으로 옳은 것만을 〈보기〉에서 있는 대로 고른 것은?

보기

ㄱ. X는 n형 반도체이다.
ㄴ. 'b에 연결'은 ㉠에 해당한다.
ㄷ. S_1을 a에 연결하고 S_2를 닫으면 A에는 순방향 전압이 걸린다.

① ㄱ ② ㄴ ③ ㄱ, ㄷ
④ ㄴ, ㄷ ⑤ ㄱ, ㄴ, ㄷ

67

▸25116-0295
2023학년도 9월 모의평가 17번

상중하

다음은 p−n 접합 다이오드를 이용한 회로에 대한 실험이다.

[실험 과정]

(가) 그림 Ⅰ과 같이 p−n 접합 다이오드 X, X와 동일한 다이오드 3개, 전원 장치, 스위치, 검류계, 저항, 오실로스코프가 연결된 회로를 구성한다.

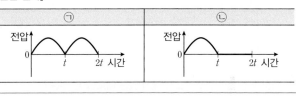

(나) 스위치를 닫는다.

(다) 전원 장치에서 그림 Ⅱ와 같은 전압을 발생시키고, 저항에 걸리는 전압을 오실로스코프로 관찰한다.

(라) 스위치를 열고 (다)를 반복한다.

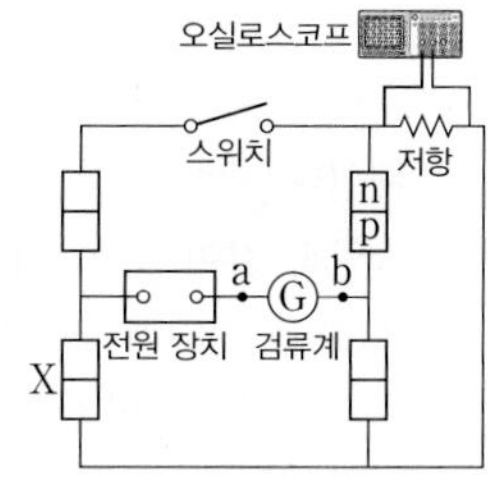

그림 Ⅰ

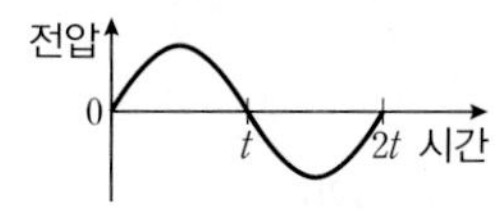

그림 Ⅱ

[실험 결과]

㉠	㉡
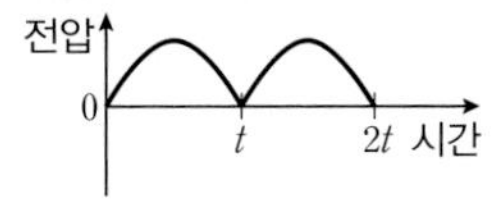	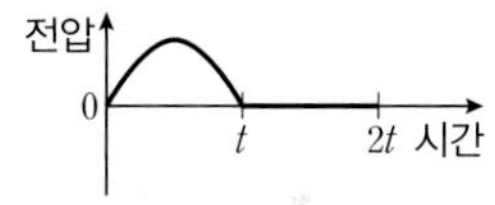

이에 대한 설명으로 옳은 것만을 〈보기〉에서 있는 대로 고른 것은?

보기

ㄱ. ㉠은 (다)의 결과이다.
ㄴ. (다)에서 $0 \sim t$일 때, 전류의 방향은 b → Ⓖ → a이다.
ㄷ. (라)에서 $t \sim 2t$일 때, X에는 순방향 전압이 걸린다.

① ㄱ ② ㄴ ③ ㄱ, ㄷ
④ ㄴ, ㄷ ⑤ ㄱ, ㄴ, ㄷ

68 ▸25116-0296
2022학년도 10월 학력평가 4번 상중하

다음은 고체의 전기적 특성을 알아보기 위한 실험이다.

[실험 과정]

(가) 크기와 모양이 같은 고체 A, B를 준비한다. A, B는 도체 또는 절연체이다.

(나) 그림과 같이 p−n 접합 다이오드와 A를 전지에 연결한다. X는 p형 반도체와 n형 반도체 중 하나이다.

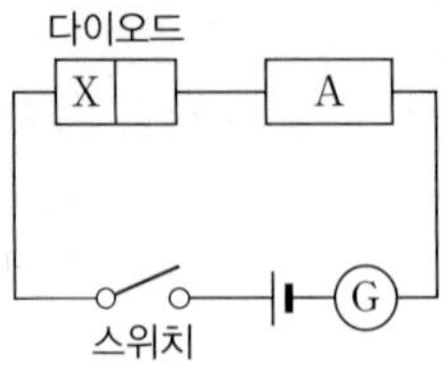

(다) 스위치를 닫고 전류가 흐르는지 관찰한 후, A를 B로 바꾸어 전류가 흐르는지 관찰한다.

(라) (나)에서 전지의 연결 방향을 반대로 하여 (다)를 반복한다.

[실험 결과]

고체	A	B
(다)의 결과	전류 흐름	전류 흐르지 않음
(라)의 결과	㉠	?

이에 대한 옳은 설명만을 〈보기〉에서 있는 대로 고른 것은?

보기

ㄱ. ㉠은 '전류 흐름'이다.
ㄴ. X는 p형 반도체이다.
ㄷ. 전기 전도도는 A가 B보다 크다.

① ㄱ ② ㄴ ③ ㄱ, ㄴ
④ ㄱ, ㄷ ⑤ ㄴ, ㄷ

69 ▸25116-0297
2022학년도 3월 학력평가 8번 상중하

그림 (가)와 같이 동일한 p−n 접합 다이오드 A, B, C와 직류 전원을 연결하여 회로를 구성하였다. X, Y는 각각 p형 반도체와 n형 반도체 중 하나이며 B에는 전류가 흐른다. 그림 (나)는 X의 원자가 전자 배열과 Y의 에너지띠 구조를 각각 나타낸 것이다.

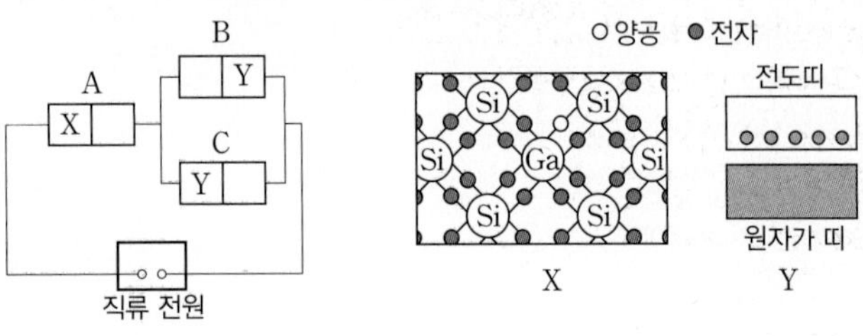

(가) (나)

이에 대한 설명으로 옳은 것은?

① X는 n형 반도체이다.
② A에는 역방향 전압이 걸려 있다.
③ A의 X는 직류 전원의 (+)극에 연결되어 있다.
④ C의 p−n 접합면에서 양공과 전자가 결합한다.
⑤ Y에서는 주로 원자가 띠에 있는 전자에 의해 전류가 흐른다.

70 ▸25116-0298
2022학년도 수능 10번 상중하

다음은 p−n 접합 다이오드의 특성을 알아보는 실험이다.

[실험 과정]

(가) 그림과 같이 동일한 p−n 접합 다이오드 4개, 스위치 S_1, S_2, 집게 전선 a, b가 포함된 회로를 구성한다. Y는 p형 반도체와 n형 반도체 중 하나이다.

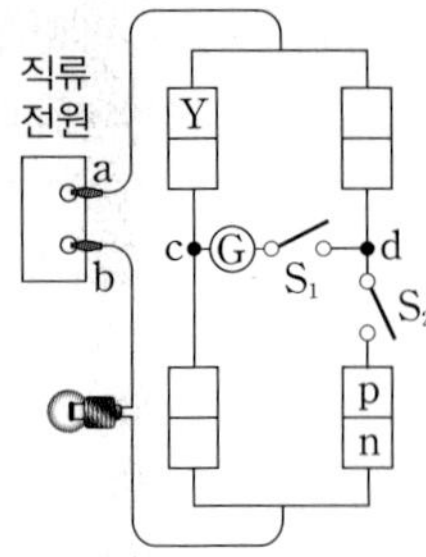

(나) S_1, S_2를 열고 전구와 검류계를 관찰한다.

(다) (나)에서 S_1만 닫고 전구와 검류계를 관찰한다.

(라) a, b를 직류 전원의 (+), (−)단자에 서로 바꾸어 연결한 후, S_1, S_2를 닫고 전구와 검류계를 관찰한다.

[실험 결과]

과정	전구	전류의 방향
(나)	×	해당 없음
(다)	○	$c \rightarrow S_1 \rightarrow d$
(라)	○	㉠

(○: 켜짐, ×: 켜지지 않음)

이에 대한 설명으로 옳은 것만을 〈보기〉에서 있는 대로 고른 것은?

보기

ㄱ. Y는 p형 반도체이다.
ㄴ. (나)에서 a는 (+)단자에 연결되어 있다.
ㄷ. ㉠은 '$d \rightarrow S_1 \rightarrow c$'이다.

① ㄱ ② ㄴ ③ ㄱ, ㄷ
④ ㄴ, ㄷ ⑤ ㄱ, ㄴ, ㄷ

71

▸25116-0299

2021학년도 3월 학력평가 12번 상중하

그림 (가)는 직류 전원 장치, 저항, p-n 접합 다이오드, 스위치 S로 구성한 회로를, (나)는 (가)의 다이오드를 구성하는 반도체 X와 Y의 에너지띠 구조를 나타낸 것이다.

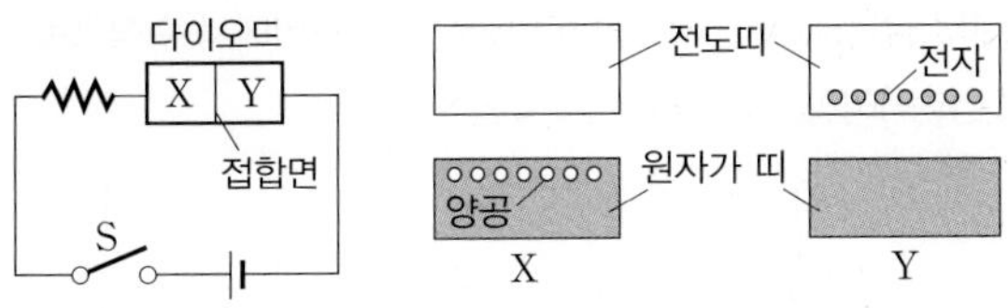

(가) (나)

이에 대한 옳은 설명만을 〈보기〉에서 있는 대로 고른 것은?

보기

ㄱ. X는 p형 반도체이다.
ㄴ. S를 닫으면 저항에 전류가 흐른다.
ㄷ. S를 닫으면 Y의 전자는 p-n 접합면에서 멀어진다.

① ㄱ ② ㄷ ③ ㄱ, ㄴ
④ ㄴ, ㄷ ⑤ ㄱ, ㄴ, ㄷ

72

▸25116-0300

2021학년도 6월 모의평가 10번 상중하

그림은 동일한 전지, 동일한 전구 P와 Q, 전기 소자 X와 Y를 이용하여 구성한 회로를 나타낸 것이고, 표는 스위치를 연결하는 위치에 따라 P, Q가 켜지는지를 나타낸 것이다. X, Y는 저항, 다이오드를 순서 없이 나타낸 것이다.

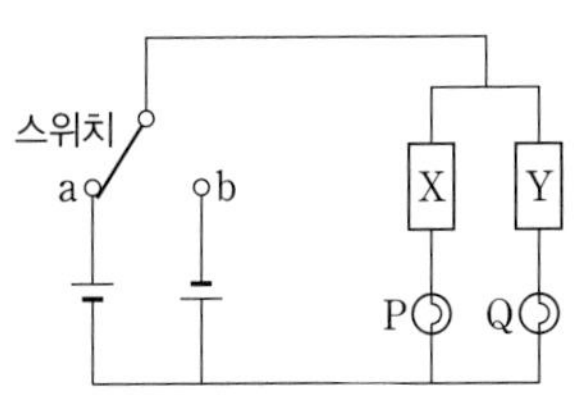

스위치 연결 위치	전구	
	P	Q
a	○	○
b	○	×

○: 켜짐, ×: 켜지지 않음

이에 대한 설명으로 옳은 것만을 〈보기〉에서 있는 대로 고른 것은?

보기

ㄱ. X는 저항이다.
ㄴ. 스위치를 a에 연결하면 다이오드에 순방향으로 전압이 걸린다.
ㄷ. Y는 정류 작용을 하는 전기 소자이다.

① ㄱ ② ㄴ ③ ㄱ, ㄷ
④ ㄴ, ㄷ ⑤ ㄱ, ㄴ, ㄷ

73

▸25116-0301

2020학년도 10월 학력평가 13번 상중하

그림과 같이 전지, 저항, 동일한 p-n 접합 다이오드 A, B로 구성한 회로에서 A에는 전류가 흐르고, B에는 전류가 흐르지 않는다. X, Y는 저마늄(Ge)에 원자가 전자가 각각 x개, y개인 원소를 도핑한 반도체이다.

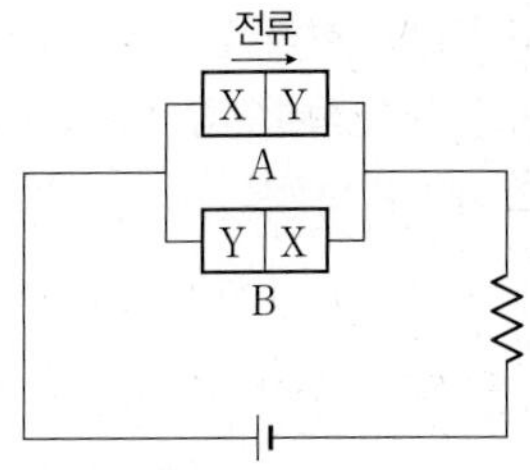

이에 대한 옳은 설명만을 〈보기〉에서 있는 대로 고른 것은?

보기

ㄱ. X는 n형 반도체이다.
ㄴ. $x<y$이다.
ㄷ. B에는 순방향으로 전압이 걸린다.

① ㄴ ② ㄷ ③ ㄱ, ㄴ
④ ㄱ, ㄷ ⑤ ㄴ, ㄷ

74

▸25116-0302

2020학년도 3월 학력평가 14번 상중하

그림 (가)는 불순물 a를 도핑한 반도체 A를 구성하는 원소와 원자가 전자의 배열을, (나)는 A를 포함한 p-n 접합 다이오드가 연결된 회로에서 전구에 불이 켜진 모습을 나타낸 것이다. X, Y는 각각 p형, n형 반도체 중 하나이다.

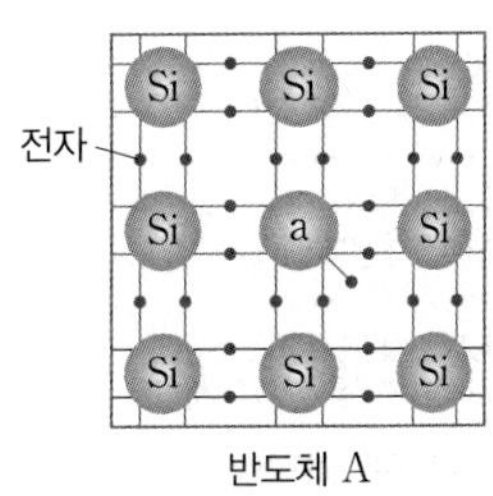

(가)

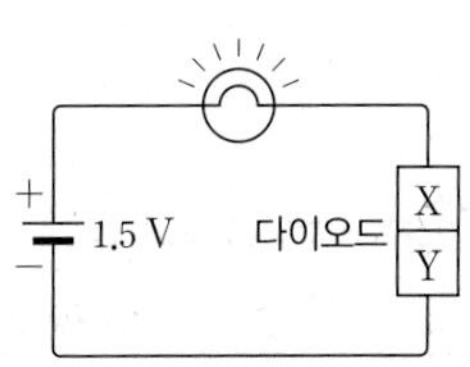

(나)

이에 대한 설명으로 옳지 않은 것은?

① a의 원자가 전자는 5개이다.
② A는 n형 반도체이다.
③ 다이오드에는 순방향 전압(바이어스)이 걸린다.
④ X가 A이다.
⑤ Y에서는 주로 전자가 전류를 흐르게 한다.

02 물질의 자기적 특성

75
▸25116-0303
2025학년도 수능 17번 상중하

그림과 같이 xy 평면에 가늘고 무한히 긴 직선 도선 A, B, C가 고정되어 있다. C에는 세기가 I_C로 일정한 전류가 $+x$ 방향으로 흐른다. 표는 A, B에 흐르는 전류의 세기와 방향을 나타낸 것이다. 점 p, q는 xy 평면상의 점이고, p에서 A, B, C의 전류에 의한 자기장의 세기는 (가)일 때가 (다)일 때의 2배이다.

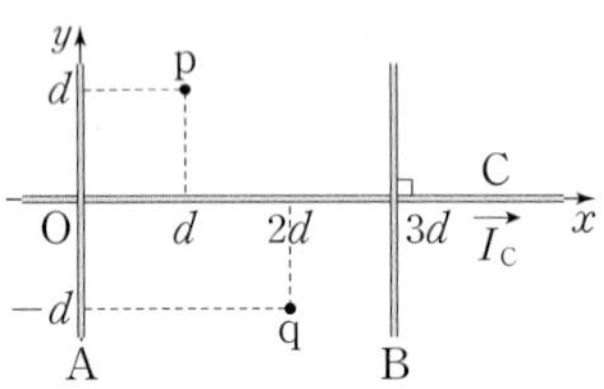

	A의 전류		B의 전류	
	세기	방향	세기	방향
(가)	I_0	$-y$	I_0	$+y$
(나)	I_0	$+y$	I_0	$+y$
(다)	I_0	$+y$	$\frac{1}{2}I_0$	$+y$

이에 대한 설명으로 옳은 것만을 〈보기〉에서 있는 대로 고른 것은?

보기

ㄱ. $I_C=3I_0$이다.
ㄴ. (나)일 때, A, B, C의 전류에 의한 자기장의 세기는 p에서와 q에서가 같다.
ㄷ. (다)일 때, q에서 A, B, C의 전류에 의한 자기장의 방향은 xy 평면에 수직으로 들어가는 방향이다.

① ㄱ ② ㄷ ③ ㄱ, ㄴ
④ ㄴ, ㄷ ⑤ ㄱ, ㄴ, ㄷ

76
▸25116-0304
2025학년도 6월 모의평가 17번 상중하

그림 (가)와 같이 xy 평면에 무한히 긴 직선 도선 A, B, C가 각각 $x=-d$, $x=0$, $x=d$에 고정되어 있다. 그림 (나)는 (가)의 $x>0$인 영역에서 A, B, C의 전류에 의한 자기장을 나타낸 것으로, x축상의 점 p에서 자기장은 0이다. 자기장의 방향은 xy 평면에서 수직으로 나오는 방향이 양(+)이다.

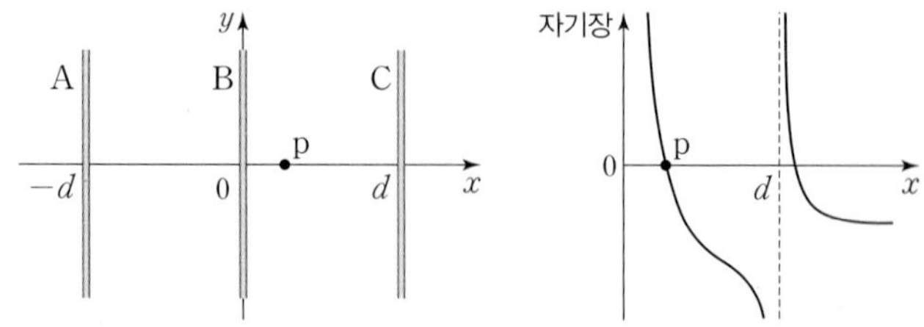

(가) (나)

이에 대한 설명으로 옳은 것만을 〈보기〉에서 있는 대로 고른 것은?

보기

ㄱ. A에 흐르는 전류의 방향은 $-y$ 방향이다.
ㄴ. A, B, C 중 A에 흐르는 전류의 세기가 가장 크다.
ㄷ. p에서, C의 전류에 의한 자기장의 세기가 B의 전류에 의한 자기장의 세기보다 크다.

① ㄱ ② ㄴ ③ ㄷ
④ ㄱ, ㄷ ⑤ ㄴ, ㄷ

77
▸25116-0305
2024학년도 10월 학력평가 11번 상중하

그림과 같이 세기와 방향이 일정한 전류가 흐르는 무한히 긴 직선 도선 A, B, C, D가 xy 평면에 수직으로 고정되어 있다. A와 B에는 xy 평면에 수직으로 들어가는 방향으로 전류가 흐른다. 원점 O에서 A, B의 전류에 의한 자기장의 세기는 각각 B_0으로 서로 같다. 표는 O에서 두 도선의 전류에 의한 자기장의 세기와 방향을 나타낸 것이다.

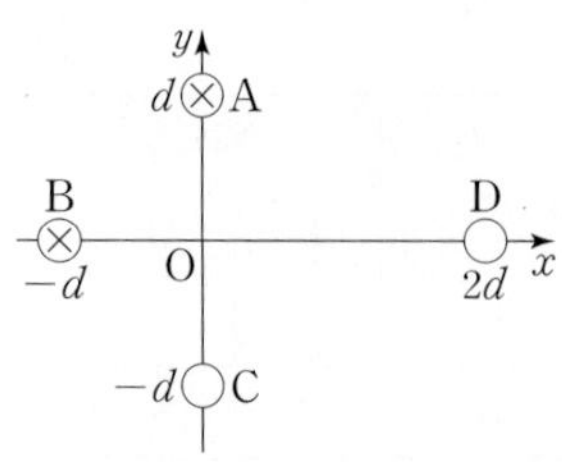

×: xy 평면에 수직으로 들어가는 방향

도선	두 도선의 전류에 의한 자기장	
	세기	방향
A, C	B_0	$+x$
B, D	$2B_0$	$-y$

이에 대한 옳은 설명만을 〈보기〉에서 있는 대로 고른 것은?

보기

ㄱ. O에서 C의 전류에 의한 자기장의 세기는 $2B_0$이다.
ㄴ. 전류의 세기는 D에서가 B에서의 2배이다.
ㄷ. 전류의 방향은 C와 D에서 서로 반대이다.

① ㄱ ② ㄷ ③ ㄱ, ㄴ
④ ㄴ, ㄷ ⑤ ㄱ, ㄴ, ㄷ

78
▸25116-0306
2024학년도 3월 학력평가 16번
상 중 하

그림과 같이 세기와 방향이 일정한 전류가 흐르는 가늘고 무한히 긴 직선 도선 A, B, C가 xy 평면에 고정되어 있다. C에는 $+x$ 방향으로 세기가 $10I_0$인 전류가 흐른다. 점 p, q는 xy 평면상의 점이고, p와 q에서 A, B, C의 전류에 의한 자기장의 세기는 모두 0이다.

A에 흐르는 전류의 세기는?

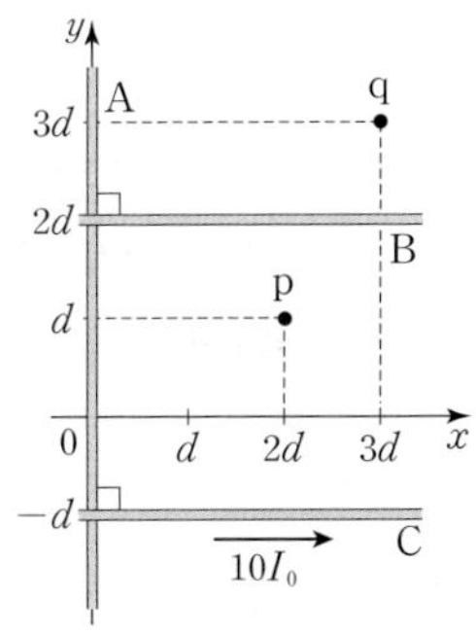

① $7I_0$ ② $8I_0$ ③ $9I_0$
④ $10I_0$ ⑤ $11I_0$

79
▸25116-0307
2024학년도 수능 18번
상 중 하

그림과 같이 가늘고 무한히 긴 직선 도선 A, B, C가 정삼각형을 이루며 xy 평면에 고정되어 있다. A, B, C에는 방향이 일정하고 세기가 각각 I_0, I_0, I_C인 전류가 흐른다. A에 흐르는 전류의 방향은 $+x$ 방향이다. 점 O는 A, B, C가 교차하는 점을 지나는 반지름이 $2d$인 원의 중심이고, 점 p, q, r는 원 위의 점이다. O에서 A에 흐르는 전류에 의한 자기장의 세기는 B_0이고, p, q에서 A, B, C에 흐르는 전류에 의한 자기장의 세기는 각각 0, $3B_0$이다.

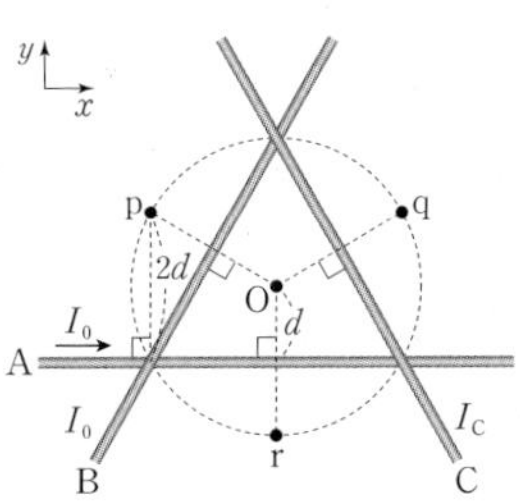

r에서 A, B, C에 흐르는 전류에 의한 자기장의 세기는?

① 0 ② $\frac{1}{2}B_0$ ③ B_0
④ $2B_0$ ⑤ $3B_0$

80
▸25116-0308
2024학년도 6월 모의평가 12번
상 중 하

그림과 같이 가늘고 무한히 긴 직선 도선 P, Q가 일정한 각을 이루고 xy 평면에 고정되어 있다. P에는 세기가 I_0인 전류가 화살표 방향으로 흐른다. 점 a에서 P에 흐르는 전류에 의한 자기장의 세기는 B_0이고, P와 Q에 흐르는 전류에 의한 자기장의 세기는 0이다.

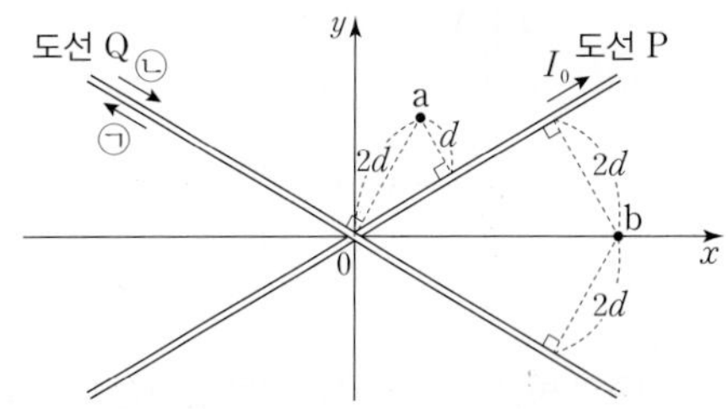

이에 대한 설명으로 옳은 것만을 〈보기〉에서 있는 대로 고른 것은? (단, 점 a, b는 xy 평면상의 점이다.)

보기

ㄱ. Q에 흐르는 전류의 방향은 ㉠이다.
ㄴ. Q에 흐르는 전류의 세기는 $2I_0$이다.
ㄷ. b에서 P와 Q에 흐르는 전류에 의한 자기장의 세기는 $\frac{3}{2}B_0$이다.

① ㄱ ② ㄷ ③ ㄱ, ㄴ
④ ㄴ, ㄷ ⑤ ㄱ, ㄴ, ㄷ

81
▸25116-0309
2023학년도 9월 모의평가 18번
상 중 하

그림과 같이 세기와 방향이 일정한 전류가 흐르는 무한히 긴 직선 도선 A~D가 xy 평면에 수직으로 고정되어 있다. D에는 xy 평면에 수직으로 들어가는 방향으로 전류가 흐른다. 원점 O에서 B, D의 전류에 의한 자기장은 0이다. 표는 xy 평면의 점 p, q, r에서 두 도선의 전류에 의한 자기장의 방향을 나타낸 것이다.

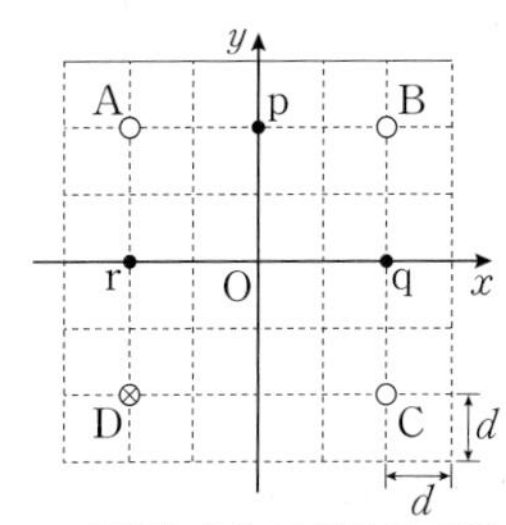

×: xy 평면에 수직으로 들어가는 방향

도선	위치	두 도선의 전류에 의한 자기장 방향
A, B	p	$+y$
B, C	q	$+x$
A, D	r	㉠

이에 대한 설명으로 옳은 것만을 〈보기〉에서 있는 대로 고른 것은?

보기

ㄱ. ㉠은 '$+x$'이다.
ㄴ. 전류의 세기는 B에서가 C에서보다 크다.
ㄷ. 전류의 방향이 A, C에서가 서로 같으면, 전류의 세기는 A~D 중 C에서가 가장 크다.

① ㄱ ② ㄴ ③ ㄱ, ㄷ
④ ㄴ, ㄷ ⑤ ㄱ, ㄴ, ㄷ

82
▸25116-0310
2022학년도 10월 학력평가 10번 상중하

그림과 같이 전류가 흐르는 가늘고 무한히 긴 직선 도선 A, B가 xy 평면의 $x=0$, $x=d$에 각각 고정되어 있다. A, B에는 각각 세기가 I_0, $2I_0$인 전류가 흐르고 있다.

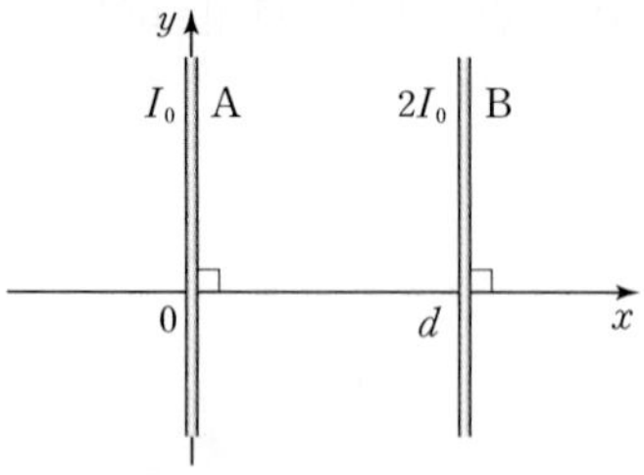

A, B에 흐르는 전류의 방향이 같을 때와 서로 반대일 때 x축상에서 A, B의 전류에 의한 자기장이 0인 점을 각각 p, q라고 할 때, p와 q 사이의 거리는?

① d ② $\frac{4}{3}d$ ③ $\frac{3}{2}d$
④ $\frac{5}{3}d$ ⑤ $2d$

83
▸25116-0311
2022학년도 3월 학력평가 16번 상중하

그림과 같이 종이면에 고정된 무한히 긴 직선 도선 A, B, C에 화살표 방향으로 같은 세기의 전류가 흐르고 있다. 종이면 위의 점 p, q, r는 각각 A와 B, B와 C, C와 A로부터 같은 거리만큼 떨어져 있으며, p에서 A의 전류에 의한 자기장의 세기는 B_0이다.

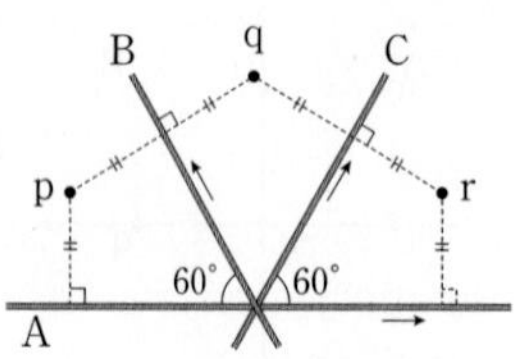

A, B, C의 전류에 의한 자기장에 대한 옳은 설명만을 〈보기〉에서 있는 대로 고른 것은?

보기

ㄱ. q와 r에서 자기장의 세기는 서로 같다.
ㄴ. q와 r에서 자기장의 방향은 서로 같다.
ㄷ. p에서 자기장의 세기는 $\frac{B_0}{2}$이다.

① ㄱ ② ㄴ ③ ㄱ, ㄷ
④ ㄴ, ㄷ ⑤ ㄱ, ㄴ, ㄷ

84
▸25116-0312
2022학년도 수능 18번 상중하

그림과 같이 무한히 긴 직선 도선 A, B, C가 xy 평면에 고정되어 있다. A, B, C에는 방향이 일정하고 세기가 각각 I_0, I_B, $3I_0$인 전류가 흐르고 있다. A의 전류의 방향은 $-x$ 방향이다. 표는 점 P, Q에서 A, B, C의 전류에 의한 자기장의 세기를 나타낸 것이다. P에서 A의 전류에 의한 자기장의 세기는 B_0이다.

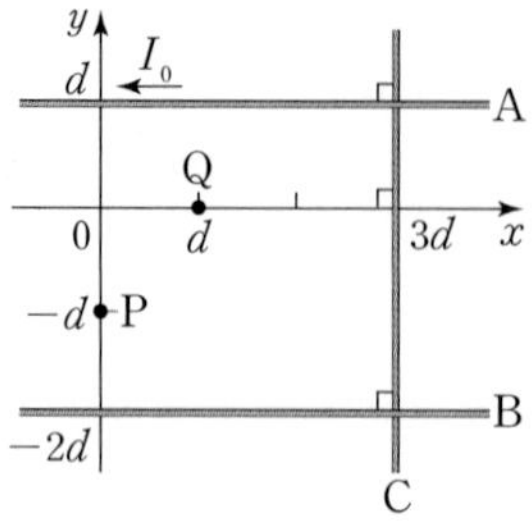

위치	A, B, C의 전류에 의한 자기장의 세기
P	B_0
Q	$3B_0$

이에 대한 설명으로 옳은 것만을 〈보기〉에서 있는 대로 고른 것은?

보기

ㄱ. $I_B=I_0$이다.
ㄴ. C의 전류의 방향은 $-y$ 방향이다.
ㄷ. Q에서 A, B, C의 전류에 의한 자기장의 방향은 xy 평면에서 수직으로 나오는 방향이다.

① ㄱ ② ㄷ ③ ㄱ, ㄴ
④ ㄴ, ㄷ ⑤ ㄱ, ㄴ, ㄷ

85
▸25116-0313
2022학년도 9월 모의평가 16번 상중하

그림과 같이 xy 평면에 무한히 긴 직선 도선 A, B, C가 고정되어 있다. A, B에는 서로 반대 방향으로 세기 I_0인 전류가, C에는 세기 I_C인 전류가 각각 일정하게 흐르고 있다. xy 평면에서 수직으로 나오는 자기장의 방향을 양(+)으로 할 때, x축상의 점 P, Q에서 세 도선에 흐르는 전류에 의한 자기장의 방향은 각각 양(+), 음(−)이다.

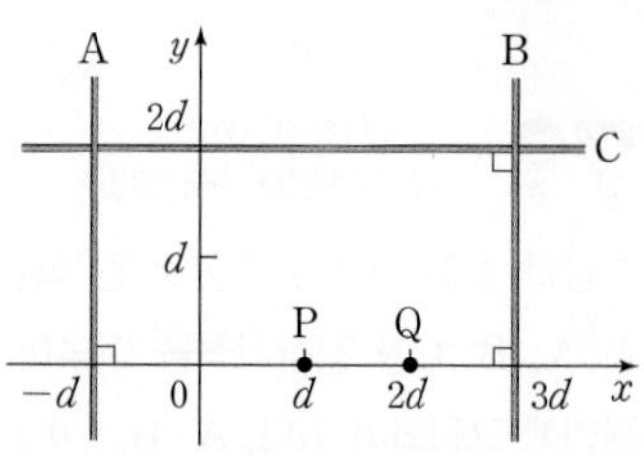

이에 대한 설명으로 옳은 것만을 〈보기〉에서 있는 대로 고른 것은?

보기

ㄱ. A에 흐르는 전류의 방향은 $+y$ 방향이다.
ㄴ. C에 흐르는 전류의 방향은 $-x$ 방향이다.
ㄷ. $I_C<2I_0$이다.

① ㄱ ② ㄷ ③ ㄱ, ㄴ
④ ㄴ, ㄷ ⑤ ㄱ, ㄴ, ㄷ

86
▸25116-0314
2021학년도 10월 학력평가 19번 상중하

그림 (가)와 같이 xy 평면에 고정된 무한히 긴 직선 도선 A, B, C에 화살표 방향으로 전류가 흐른다. A와 B 중 하나에는 일정한 전류가, 다른 하나에는 세기를 바꿀 수 있는 전류 I가 흐른다. C에 흐르는 전류의 세기는 I_0으로 일정하다. 그림 (나)는 (가)의 점 p에서 A, B, C의 전류에 의한 자기장의 세기를 I에 따라 나타낸 것이다.

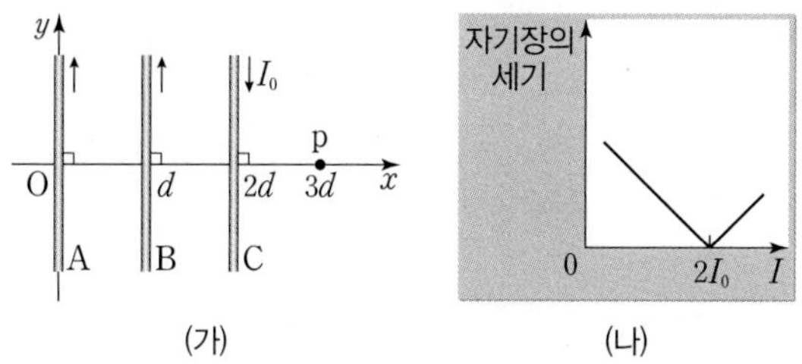

(가) (나)

A와 B 중 일정한 전류가 흐르는 도선과 그 도선에 흐르는 전류의 세기로 옳은 것은?

	도선	전류의 세기
①	A	$\frac{8}{3}I_0$
②	A	$\frac{9}{2}I_0$
③	B	$\frac{1}{2}I_0$
④	B	$\frac{2}{3}I_0$
⑤	B	$\frac{28}{9}I_0$

87
▸25116-0315
2021학년도 수능 16번 상중하

그림과 같이 xy 평면에 고정된 무한히 긴 직선 도선 A, B, C에 세기가 각각 I_A, I_B, I_C로 일정한 전류가 흐르고 있다. B에 흐르는 전류의 방향은 $+y$ 방향이고, x축상의 점 p에서 세 도선의 전류에 의한 자기장은 0이다. C에 흐르는 전류의 방향을 반대로 바꾸었더니 p에서 세 도선의 전류에 의한 자기장의 방향은 xy 평면에 수직으로 들어가는 방향이 되었다.

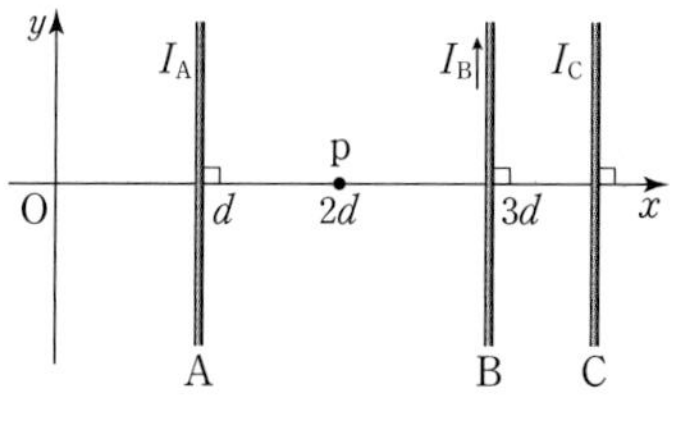

이에 대한 설명으로 옳은 것만을 <보기>에서 있는 대로 고른 것은?

보기

ㄱ. A에 흐르는 전류의 방향은 $+y$ 방향이다.

ㄴ. $I_A < I_B + I_C$이다.

ㄷ. 원점 O에서 세 도선의 전류에 의한 자기장의 방향은 C에 흐르는 전류의 방향을 바꾸기 전과 후가 같다.

① ㄱ ② ㄷ ③ ㄱ, ㄴ
④ ㄴ, ㄷ ⑤ ㄱ, ㄴ, ㄷ

88
▸25116-0316
2021학년도 9월 모의평가 18번 상중하

그림 (가)와 같이 무한히 긴 직선 도선 A, B, C가 같은 종이면에 있다. A, B, C에는 세기가 각각 $4I_0$, $2I_0$, $5I_0$인 전류가 일정하게 흐른다. A와 B는 고정되어 있고, A와 B에 흐르는 전류의 방향은 서로 반대이다. 그림 (나)는 C를 $x=-d$와 $x=d$ 사이의 위치에 놓을 때, C의 위치에 따른 점 p에서의 A, B, C에 흐르는 전류에 의한 자기장을 나타낸 것이다. 자기장의 방향은 종이면에서 수직으로 나오는 방향이 양(+)이다.

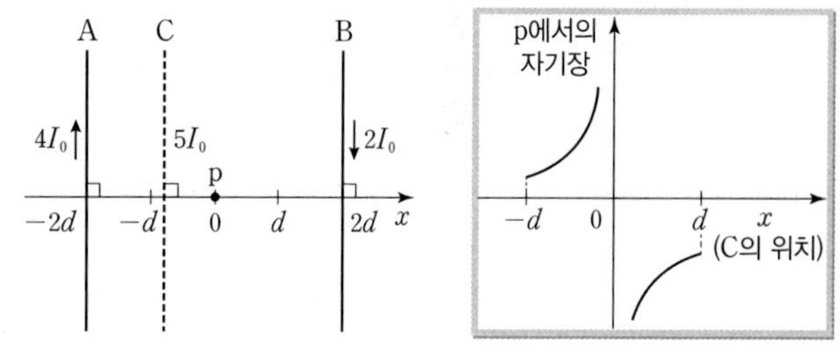

(가) (나)

이에 대한 설명으로 옳은 것만을 <보기>에서 있는 대로 고른 것은?

보기

ㄱ. 전류의 방향은 B에서와 C에서가 서로 같다.

ㄴ. p에서의 자기장의 세기는 C의 위치가 $x=\frac{d}{5}$에서가 $x=-\frac{d}{5}$에서보다 크다.

ㄷ. p에서의 자기장이 0이 되는 C의 위치는 $x=-2d$와 $x=-d$ 사이에 있다.

① ㄱ ② ㄷ ③ ㄱ, ㄴ
④ ㄴ, ㄷ ⑤ ㄱ, ㄴ, ㄷ

89
▸25116-0317
2021학년도 6월 모의평가 2번 상중하

도선에 흐르는 전류에 의한 자기장을 활용하는 것만을 <보기>에서 있는 대로 고른 것은?

보기

ㄱ. 전자석 기중기

ㄴ. 발광 다이오드(LED)

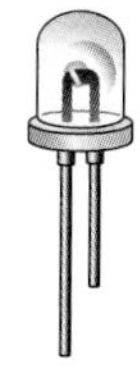

ㄷ. 자기 공명 영상 장치(MRI)

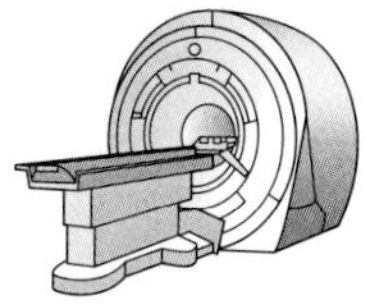

① ㄱ ② ㄴ ③ ㄱ, ㄷ
④ ㄴ, ㄷ ⑤ ㄱ, ㄴ, ㄷ

90

▸25116-0318

2020학년도 3월 학력평가 10번

상 중 하

그림 (가)와 같이 수평면에 놓인 나침반의 연직 위에 자침과 나란하도록 직선 도선을 고정시킨다. 그림 (나)는 직선 도선에 흐르는 전류를 시간에 따라 나타낸 것이다. t_1일 때 자침의 N극은 북서쪽을 가리킨다.

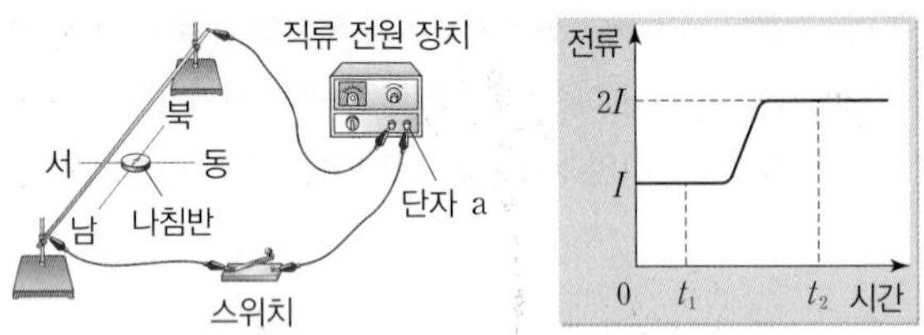

(가) (나)

이에 대한 옳은 설명만을 〈보기〉에서 있는 대로 고른 것은?

보기

ㄱ. t_1일 때 나침반의 중심에서 직선 도선에 흐르는 전류에 의한 자기장의 방향은 서쪽이다.

ㄴ. 직류 전원 장치의 단자 a는 (+)극이다.

ㄷ. 자침의 N극이 북쪽과 이루는 각은 t_2일 때가 t_1일 때보다 크다.

① ㄴ ② ㄷ ③ ㄱ, ㄴ ④ ㄱ, ㄷ ⑤ ㄱ, ㄴ, ㄷ

91

▸25116-0319

2020학년도 수능 13번

상 중 하

그림 (가)와 같이 전류가 흐르는 무한히 긴 직선 도선 A, B가 xy 평면의 $x=-d$, $x=0$에 각각 고정되어 있다. A에는 세기가 I_0인 전류가 $+y$ 방향으로 흐른다. 그림 (나)는 $x>0$ 영역에서 A, B에 흐르는 전류에 의한 자기장을 x에 따라 나타낸 것이다. 자기장의 방향은 xy 평면에서 수직으로 나오는 방향이 양(+)이다.

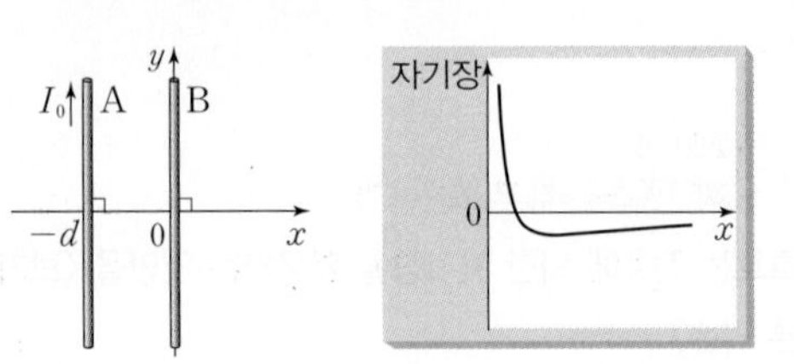

(가) (나)

이에 대한 설명으로 옳은 것만을 〈보기〉에서 있는 대로 고른 것은?

보기

ㄱ. B에 흐르는 전류의 방향은 $-y$ 방향이다.

ㄴ. B에 흐르는 전류의 세기는 I_0보다 크다.

ㄷ. A, B에 흐르는 전류에 의한 자기장의 방향은 $x=-\frac{1}{2}d$에서와 $x=-\frac{3}{2}d$에서가 같다.

① ㄱ ② ㄴ ③ ㄱ, ㄷ ④ ㄴ, ㄷ ⑤ ㄱ, ㄴ, ㄷ

92

▸25116-0320

2020학년도 9월 모의평가 14번

상 중 하

그림과 같이 전류가 흐르는 무한히 긴 직선 도선 A, B, C가 xy 평면에 고정되어 있고, C에는 세기가 I인 전류가 $+x$ 방향으로 흐른다. 점 p, q, r는 xy 평면에 있고, p, q에서 A, B, C에 흐르는 전류에 의한 자기장은 0이다.

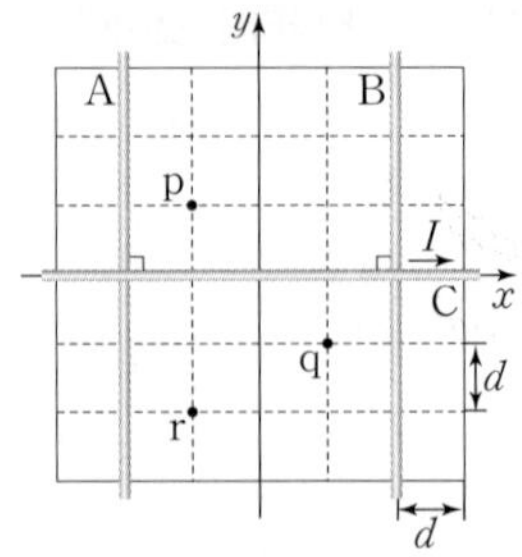

이에 대한 설명으로 옳은 것만을 〈보기〉에서 있는 대로 고른 것은?

보기

ㄱ. 전류의 방향은 A에서와 B에서가 같다.

ㄴ. A에 흐르는 전류의 세기는 I보다 작다.

ㄷ. r에서 A, B, C에 흐르는 전류에 의한 자기장의 방향은 xy 평면에서 수직으로 나오는 방향이다.

① ㄱ ② ㄴ ③ ㄱ, ㄷ ④ ㄴ, ㄷ ⑤ ㄱ, ㄴ, ㄷ

93

▸25116-0321

2020학년도 6월 모의평가 11번

상 중 하

그림 (가)와 같이 무한히 긴 직선 도선 a, b, c가 xy 평면에 고정되어 있고, a, b에는 세기가 I_0으로 일정한 전류가 서로 반대 방향으로 흐르고 있다. 그림 (나)는 원점 O에서 a, b, c의 전류에 의한 자기장 B를 c에 흐르는 전류 I에 따라 나타낸 것이다.

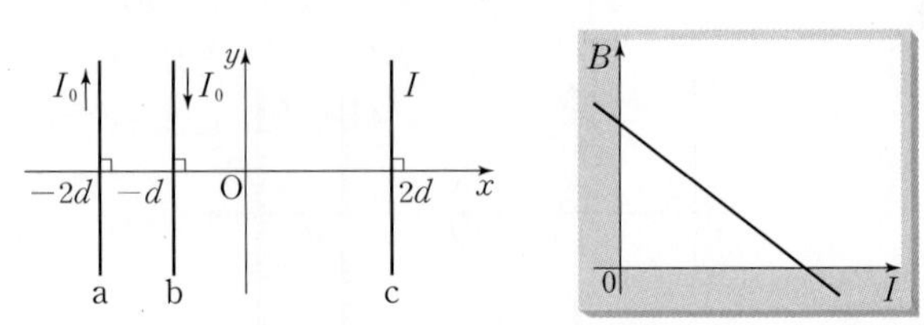

(가) (나)

이에 대한 설명으로 옳은 것만을 〈보기〉에서 있는 대로 고른 것은?

보기

ㄱ. $I=0$일 때, B의 방향은 xy 평면에서 수직으로 나오는 방향이다.

ㄴ. $B=0$일 때, I의 방향은 $-y$ 방향이다.

ㄷ. $B=0$일 때, I의 세기는 I_0이다.

① ㄱ ② ㄷ ③ ㄱ, ㄴ ④ ㄴ, ㄷ ⑤ ㄱ, ㄴ, ㄷ

94
▸25116-0322
2019학년도 수능 4번 (상|중|하)

다음은 직선 도선에 흐르는 전류에 의한 자기장에 대한 실험이다.

[실험 과정]

(가) 그림과 같이 직선 도선이 수평면에 놓인 나침반의 자침과 나란하도록 실험 장치를 구성한다.

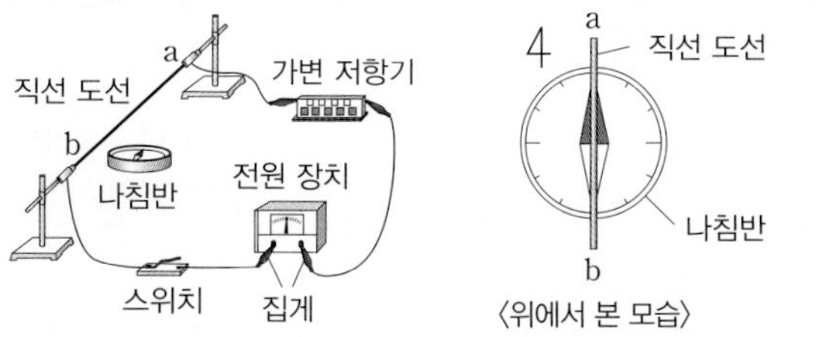

(나) 스위치를 닫고, 나침반 자침의 방향을 관찰한다.

(다) (가)의 상태에서 가변 저항기의 저항값을 변화시킨 후, (나)를 반복한다.

(라) (가)의 상태에서 [㉠], (나)를 반복한다.

[실험 결과]

(나)	(다)	(라)
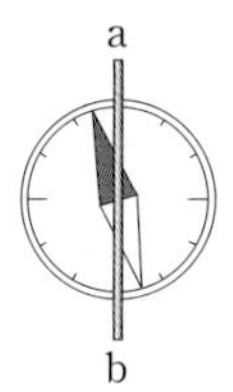	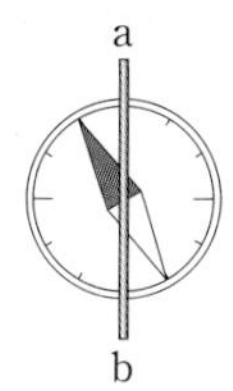	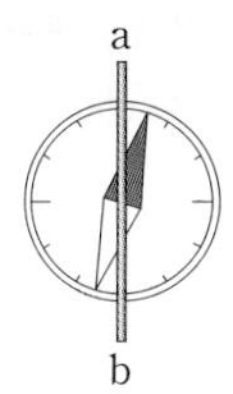

이에 대한 설명으로 옳은 것만을 〈보기〉에서 있는 대로 고른 것은?

보기

ㄱ. (나)에서 직선 도선에 흐르는 전류의 방향은 a → b 방향이다.
ㄴ. 직선 도선에 흐르는 전류의 세기는 (나)에서가 (다)에서보다 작다.
ㄷ. '전원 장치의 (+), (−)단자에 연결된 집게를 서로 바꿔 연결한 후'는 ㉠으로 적절하다.

① ㄱ ② ㄷ ③ ㄱ, ㄴ ④ ㄴ, ㄷ ⑤ ㄱ, ㄴ, ㄷ

95
▸25116-0323
2019학년도 10월 학력평가 11번 (상|중|하)

그림과 같이 무한히 긴 직선 도선 A, B, C가 xy 평면에 고정되어 있다. A에는 세기가 I_0으로 일정한 전류가 $+y$ 방향으로 흐르고 있다. 표는 x축상에서 전류에 의한 자기장이 0인 지점을 B, C에 흐르는 전류 I_B, I_C에 따라 나타낸 것이다.

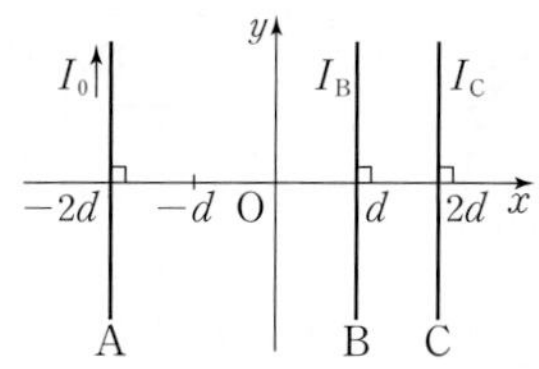

I_B		I_C		자기장이 0인 지점
세기	방향	세기	방향	
㉠	$+y$	0	없음	$x=-d$
I_0	$-y$	㉡	㉢	$x=0$

㉠, ㉡, ㉢으로 옳은 것은?

	㉠	㉡	㉢
①	I_0	I_0	$-y$
②	I_0	$2I_0$	$-y$
③	$2I_0$	$3I_0$	$-y$
④	$2I_0$	$3I_0$	$+y$
⑤	$2I_0$	$4I_0$	$+y$

96
▸25116-0324
2020학년도 10월 학력평가 18번 (상|중|하)

그림은 어떤 전기밥솥에서 수증기의 양을 조절하는 데 사용되는 밸브의 구조를 나타낸 것이다. 스위치 S가 열리면 금속 봉 P가 관을 막고, S가 닫히면 솔레노이드로부터 P가 위쪽으로 힘 F를 받아 관이 열린다.

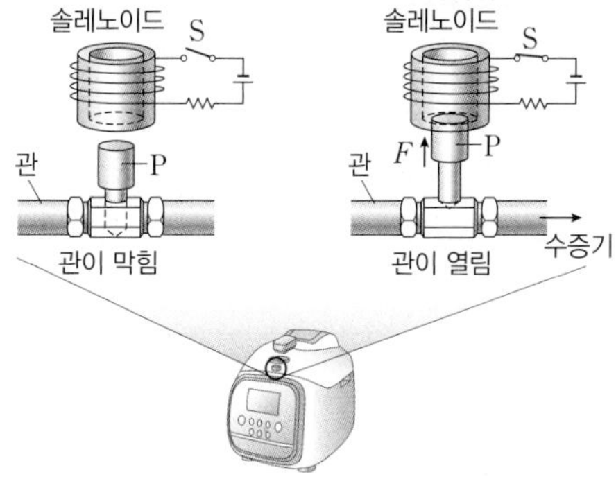

S를 닫았을 때에 대한 옳은 설명만을 〈보기〉에서 있는 대로 고른 것은?

보기

ㄱ. F는 자기력이다.
ㄴ. 솔레노이드 내부에는 아래쪽 방향으로 자기장이 생긴다.
ㄷ. P에 작용하는 중력과 F는 작용 반작용 관계이다.

① ㄱ ② ㄷ ③ ㄱ, ㄴ ④ ㄴ, ㄷ ⑤ ㄱ, ㄴ, ㄷ

97 ▸25116-0325

2019학년도 6월 모의평가 14번 (상 중 하)

그림과 같이 중심이 점 O인 세 원형 도선 A, B, C가 종이면에 고정되어 있다. 표는 O에서 A, B, C의 전류에 의한 자기장의 세기와 방향을 나타낸 것이다. A에 흐르는 전류의 방향은 시계 반대 방향이다.

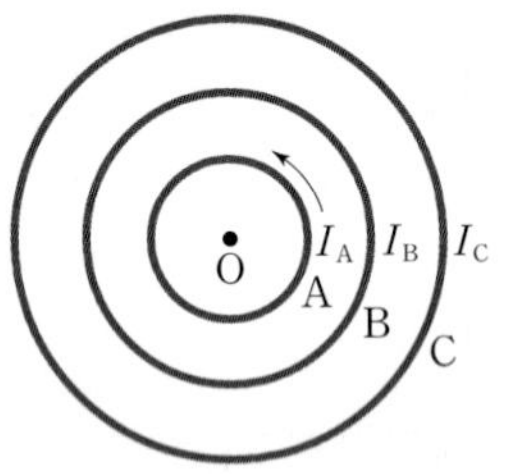

실험	전류의 세기			O에서의 자기장	
	A	B	C	세기	방향
Ⅰ	I_A	0	0	B_0	㉠
Ⅱ	I_A	I_B	0	$0.5B_0$	×
Ⅲ	I_A	I_B	I_C	B_0	⊙

×: 종이면에 수직으로 들어가는 방향
⊙: 종이면에서 수직으로 나오는 방향

이에 대한 설명으로 옳은 것만을 〈보기〉에서 있는 대로 고른 것은?

보기

ㄱ. ㉠은 '⊙'이다.
ㄴ. 실험 Ⅱ에서 B에 흐르는 전류의 방향은 시계 방향이다.
ㄷ. $I_B < I_C$이다.

① ㄱ ② ㄷ ③ ㄱ, ㄴ
④ ㄴ, ㄷ ⑤ ㄱ, ㄴ, ㄷ

98 ▸25116-0326

2025학년도 9월 모의평가 16번 (상 중 하)

그림과 같이 가늘고 무한히 긴 직선 도선 A, C와 중심이 원점 O인 원형 도선 B가 xy 평면에 고정되어 있다. A에는 세기가 I_0인 전류가 $+y$ 방향으로 흐르고, B와 C에는 각각 세기가 일정한 전류가 흐른다. 표는 B, C에 흐르는 전류의 방향에 따른 O에서 A, B, C의 전류에 의한 자기장의 세기를 나타낸 것이다.

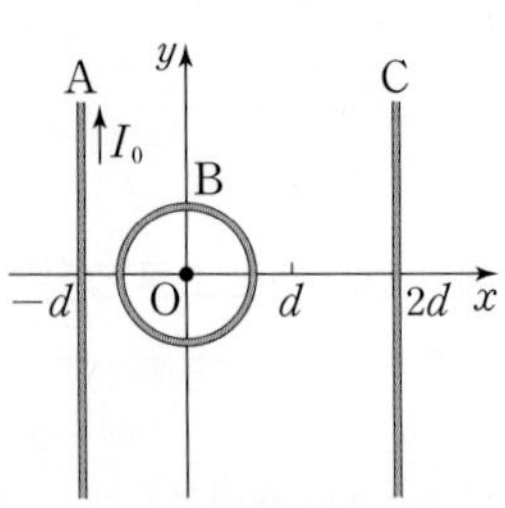

◯: 시계 방향

전류의 방향		O에서 A, B, C의 전류에 의한 자기장의 세기
B	C	
시계 방향	$+y$ 방향	0
시계 방향	$-y$ 방향	$4B_0$
시계 반대 방향	$-y$ 방향	$2B_0$

C에 흐르는 전류의 세기는?

① I_0 ② $2I_0$ ③ $4I_0$
④ $6I_0$ ⑤ $8I_0$

99 ▸25116-0327

2024학년도 9월 모의평가 12번 (상 중 하)

그림은 무한히 가늘고 긴 직선 도선 P, Q와 원형 도선 R가 xy 평면에 고정되어 있는 모습을 나타낸 것이다. 표는 R의 중심이 점 a, b, c에 있을 때, R의 중심에서 P, Q, R에 흐르는 전류에 의한 자기장의 세기와 방향을 나타낸 것이다. P, Q에 흐르는 전류의 세기는 각각 $2I_0$, $3I_0$이고, P에 흐르는 전류의 방향은 $-x$ 방향이다. R에 흐르는 전류의 세기와 방향은 일정하다.

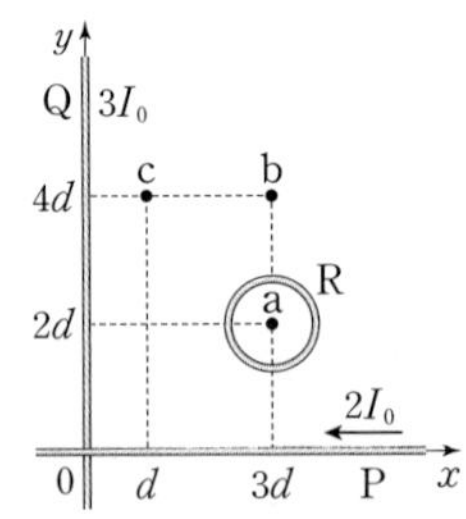

R의 중심	R의 중심에서 P, Q, R에 의한 자기장	
	세기	방향
a	0	해당 없음
b	B_0	㉠
c	㉡	×

×: xy 평면에 수직으로 들어가는 방향

이에 대한 설명으로 옳은 것만을 〈보기〉에서 있는 대로 고른 것은?

보기

ㄱ. Q에 흐르는 전류의 방향은 $+y$ 방향이다.
ㄴ. ㉠은 xy 평면에서 수직으로 나오는 방향이다.
ㄷ. ㉡은 $3B_0$이다.

① ㄱ ② ㄷ ③ ㄱ, ㄴ
④ ㄴ, ㄷ ⑤ ㄱ, ㄴ, ㄷ

100 ▸25116-0328

2023학년도 10월 학력평가 15번 (상 중 하)

그림과 같이 가늘고 무한히 긴 직선 도선 A, B, C와 원형 도선 D가 xy 평면에 고정되어 있다. A~D에는 각각 일정한 전류가 흐르고, C, D에는 화살표 방향으로 전류가 흐른다. 표는 y축상의 점 p, q에서 A~C 또는 A~D의 전류에 의한 자기장의 세기를 나타낸 것이다. p에서 A, B, C까지의 거리는 d로 같다.

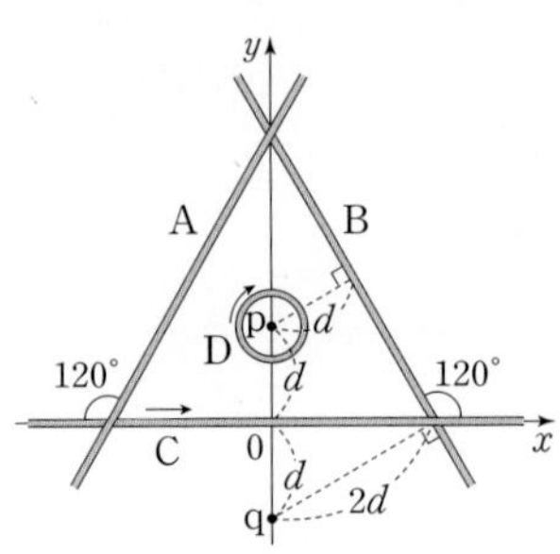

점	도선의 전류에 의한 자기장의 세기	
	A~C	A~D
p	$3B_0$	$5B_0$
q	0	

p에서, C의 전류에 의한 자기장의 세기 B_C와 D의 전류에 의한 자기장의 세기 B_D로 옳은 것은?

	B_C	B_D		B_C	B_D
①	B_0	$2B_0$	②	B_0	$8B_0$
③	$2B_0$	$2B_0$	④	$3B_0$	$2B_0$
⑤	$3B_0$	$8B_0$			

101 ▸25116-0329

2023학년도 3월 학력평가 19번 상중하

그림 (가)와 같이 무한히 긴 직선 도선 P, Q와 점 a를 중심으로 하는 원형 도선 R가 xy 평면에 고정되어 있다. P, Q에는 세기가 각각 I_0, $3I_0$인 전류가 $-y$ 방향으로 흐른다. 그림 (나)는 (가)에서 Q만 제거한 모습을 나타낸 것이다. (가)와 (나)의 a에서 P, Q, R의 전류에 의한 자기장의 방향은 서로 반대이고, 자기장의 세기는 각각 B_0, $2B_0$이다.

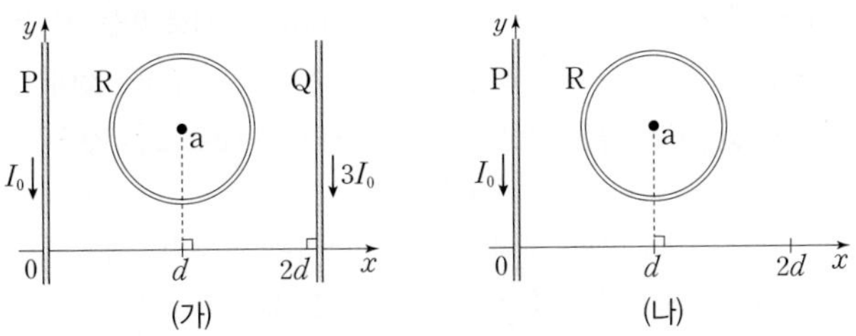

a에서의 자기장에 대한 옳은 설명만을 <보기>에서 있는 대로 고른 것은?

보기

ㄱ. (가)에서 Q의 전류에 의한 자기장의 세기는 P의 전류에 의한 자기장의 세기의 3배이다.
ㄴ. (나)에서 P, R의 전류에 의한 자기장의 방향은 xy 평면에 수직으로 들어가는 방향이다.
ㄷ. R의 전류에 의한 자기장의 세기는 B_0이다.

① ㄱ ② ㄴ ③ ㄱ, ㄷ
④ ㄴ, ㄷ ⑤ ㄱ, ㄴ, ㄷ

102 ▸25116-0330

2023학년도 수능 18번 상중하

그림과 같이 무한히 긴 직선 도선 A, B와 점 p를 중심으로 하는 원형 도선 C, D가 xy 평면에 고정되어 있다. C, D에는 같은 세기의 전류가 일정하게 흐르고, B에는 세기가 I_0인 전류가 $+x$ 방향으로 흐른다. p에서 C의 전류에 의한 자기장의 세기는 B_0이다. 표는 p에서 A~D의 전류에 의한 자기장의 세기를 A에 흐르는 전류에 따라 나타낸 것이다.

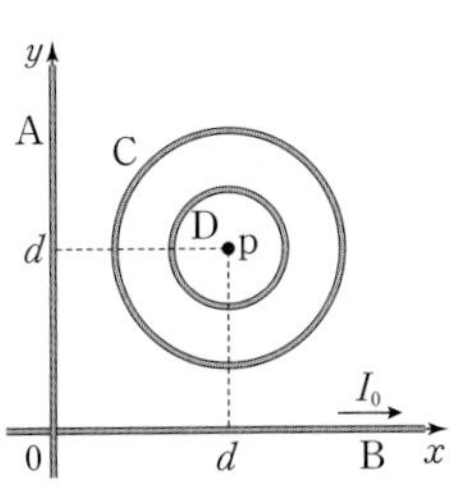

A에 흐르는 전류		p에서 A~D의 전류에 의한 자기장의 세기
세기	방향	
0	해당 없음	0
I_0	$+y$	㉠
I_0	$-y$	B_0

이에 대한 설명으로 옳은 것만을 <보기>에서 있는 대로 고른 것은?

보기

ㄱ. ㉠은 B_0이다.
ㄴ. p에서 C의 전류에 의한 자기장의 방향은 xy 평면에 수직으로 들어가는 방향이다.
ㄷ. p에서 D의 전류에 의한 자기장의 세기는 B의 전류에 의한 자기장의 세기보다 크다.

① ㄱ ② ㄴ ③ ㄱ, ㄷ
④ ㄴ, ㄷ ⑤ ㄱ, ㄴ, ㄷ

103 ▸25116-0331

2023학년도 6월 모의평가 18번 상중하

그림과 같이 무한히 긴 직선 도선 A, B와 원형 도선 C가 xy 평면에 고정되어 있다. A, B에는 같은 세기의 전류가 흐르고, C에는 세기가 I_0인 전류가 시계 반대 방향으로 흐른다. 표는 C의 중심 위치를 각각 점 p, q에 고정할 때, C의 중심에서 A, B, C의 전류에 의한 자기장의 세기와 방향을 나타낸 것이다.

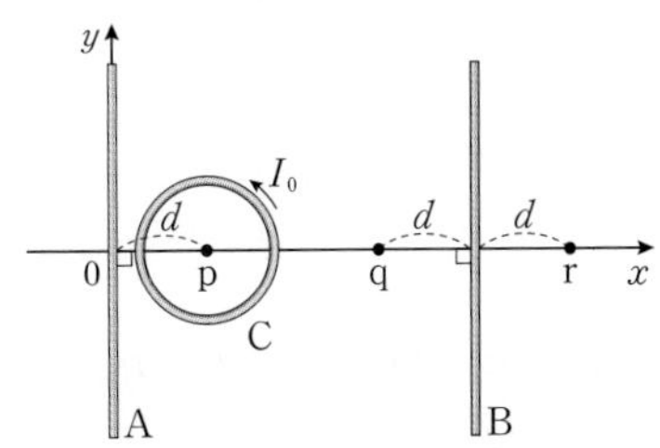

C의 중심 위치	C의 중심에서 자기장	
	세기	방향
p	0	해당 없음
q	B_0	⊙

⊙: xy 평면에서 수직으로 나오는 방향
×: xy 평면에 수직으로 들어가는 방향

이에 대한 설명으로 옳은 것만을 <보기>에서 있는 대로 고른 것은?

보기

ㄱ. A에 흐르는 전류의 방향은 $+y$ 방향이다.
ㄴ. C의 중심에서 C의 전류에 의한 자기장의 세기는 B_0보다 작다.
ㄷ. C의 중심 위치를 점 r로 옮겨 고정할 때, r에서 A, B, C의 전류에 의한 자기장의 방향은 '×'이다.

① ㄱ ② ㄷ ③ ㄱ, ㄴ
④ ㄴ, ㄷ ⑤ ㄱ, ㄴ, ㄷ

104 ▸25116-0332

2022학년도 6월 모의평가 18번 상중하

그림 (가)와 같이 중심이 원점 O인 원형 도선 P와 무한히 긴 직선 도선 Q, R가 xy 평면에 고정되어 있다. P에는 세기가 일정한 전류가 흐르고, Q에는 세기가 I_0인 전류가 $-x$ 방향으로 흐르고 있다. 그림 (나)는 (가)의 O에서 P, Q, R의 전류에 의한 자기장의 세기 B를 R에 흐르는 전류의 세기 I_R에 따라 나타낸 것으로, $I_R=I_0$일 때 O에서 자기장의 방향은 xy 평면에서 수직으로 나오는 방향이고, 세기는 B_1이다.

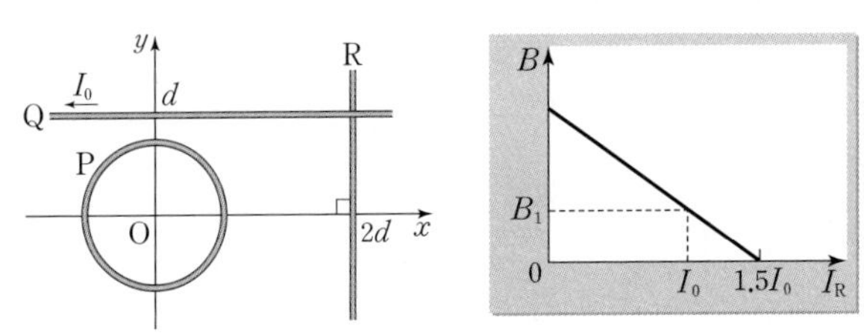

(가) (나)

이에 대한 설명으로 옳은 것만을 <보기>에서 있는 대로 고른 것은?

보기

ㄱ. R에 흐르는 전류의 방향은 $-y$ 방향이다.
ㄴ. O에서 P의 전류에 의한 자기장의 방향은 xy 평면에서 수직으로 나오는 방향이다.
ㄷ. O에서 P의 전류에 의한 자기장의 세기는 B_1이다.

① ㄱ ② ㄴ ③ ㄱ, ㄷ
④ ㄴ, ㄷ ⑤ ㄱ, ㄴ, ㄷ

105 ▸25116-0333
2021학년도 3월 학력평가 14번 상중하

그림 (가)는 원형 도선 P와 무한히 긴 직선 도선 Q가 xy 평면에 고정되어 있는 모습을, (나)는 (가)에서 Q만 옮겨 고정시킨 모습을 나타낸 것이다. P, Q에는 각각 화살표 방향으로 세기가 일정한 전류가 흐른다. (가), (나)의 원점 O에서 자기장의 세기는 같고 방향은 반대이다.

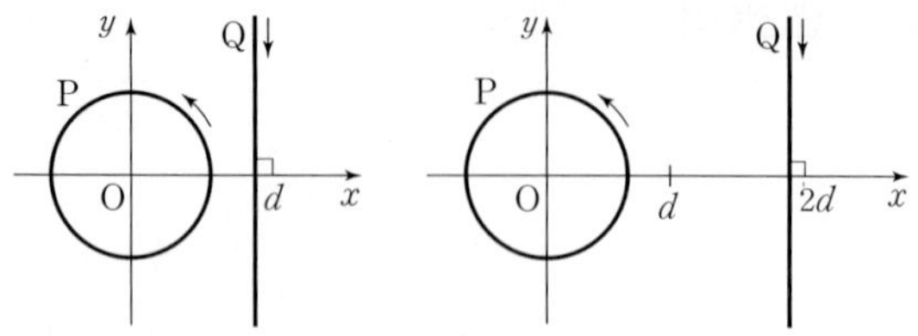

(가) (나)

(가)의 O에서 P, Q의 전류에 의한 자기장의 세기를 각각 B_P, B_Q라고 할 때 $\frac{B_Q}{B_P}$는? (단, 지구 자기장은 무시한다.)

① $\frac{4}{3}$ ② $\frac{3}{2}$ ③ $\frac{8}{5}$
④ $\frac{5}{3}$ ⑤ $\frac{7}{4}$

106 ▸25116-0334
2018학년도 6월 모의평가 6번 상중하

그림은 무한히 긴 직선 도선 P가 y축에 고정되어 있고, 시계 방향으로 일정한 세기의 전류 I가 흐르는 원형 도선 Q가 xy 평면에 고정되어 있는 것을 나타낸 것이다. 점 A는 Q의 중심이다. 표는 P에 흐르는 전류에 따른 A에서의 P와 Q에 의한 자기장을 나타낸 것이다.

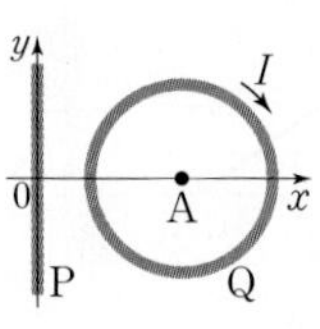

P에 흐르는 전류		A에서의 P와 Q에 의한 자기장	
세기	방향	세기	방향
I_0	㉠	0	없음
I_0	$+y$	B_0	㉡
$2I_0$	$-y$	㉢	㉣

이에 대한 설명으로 옳은 것만을 〈보기〉에서 있는 대로 고른 것은?

보기

ㄱ. ㉠은 $-y$이다.
ㄴ. ㉡과 ㉣은 같다.
ㄷ. ㉢은 B_0보다 크다.

① ㄱ ② ㄴ ③ ㄱ, ㄷ
④ ㄴ, ㄷ ⑤ ㄱ, ㄴ, ㄷ

107 ▸25116-0335
2025학년도 수능 7번 상중하

그림 (가)는 자석의 S극을 가까이 하여 자기화된 자성체 A를, (나)는 자기화되지 않은 자성체 B를, (다)는 (나)에서 S극을 가까이 하여 자기화된 B를 나타낸 것이다. (다)에서 B와 자석 사이에는 서로 미는 자기력이 작용한다. A, B는 상자성체와 반자성체를 순서 없이 나타낸 것이다.

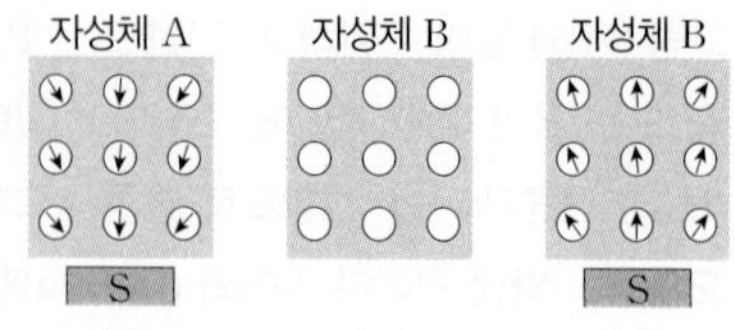

(가) (나) (다)

이에 대한 설명으로 옳은 것만을 〈보기〉에서 있는 대로 고른 것은?

보기

ㄱ. (가)에서 A와 자석 사이에는 서로 당기는 자기력이 작용한다.
ㄴ. (다)에서 S극 대신 N극을 가까이 하면, B와 자석 사이에는 서로 당기는 자기력이 작용한다.
ㄷ. (다)에서 자석을 제거하면, B는 (나)의 상태가 된다.

① ㄱ ② ㄴ ③ ㄱ, ㄷ
④ ㄴ, ㄷ ⑤ ㄱ, ㄴ, ㄷ

108 ▸25116-0336
2025학년도 9월 모의평가 6번 상중하

그림은 한 면만 검게 칠한 자기화되어 있지 않은 자성체 A, B, C를 균일하고 강한 자기장 영역에 놓아 자기화시킨 모습을 나타낸 것이다. 표는 그림의 자기장 영역에서 꺼낸 A, B, C 중 2개를 마주 보는 면을 바꾸며 가까이 놓았을 때, 자성체 사이에 작용하는 자기력을 나타낸 것이다. A, B, C는 강자성체, 상자성체, 반자성체를 순서 없이 나타낸 것이다.

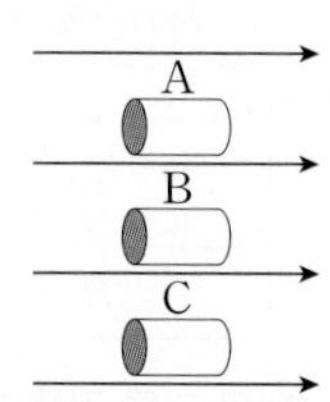

균일하고 강한 자기장

자성체의 위치	자기력
A B	없음
A C	서로 미는 힘
B C	서로 당기는 힘

A, B, C로 옳은 것은?

	A	B	C
①	강자성체	상자성체	반자성체
②	상자성체	강자성체	반자성체
③	상자성체	반자성체	강자성체
④	반자성체	상자성체	강자성체
⑤	반자성체	강자성체	상자성체

109 ▸25116-0337
2025학년도 6월 모의평가 8번 상중하

그림 (가)는 자기화되지 않은 물체 A, B, C를 균일하고 강한 자기장 영역에 놓아 자기화시키는 모습을, (나)는 (가)의 B와 C를 자기장 영역에서 꺼내 가까이 놓았을 때 자기장의 모습을 나타낸 것이다. A, B, C는 강자성체, 상자성체, 반자성체를 순서 없이 나타낸 것이다.

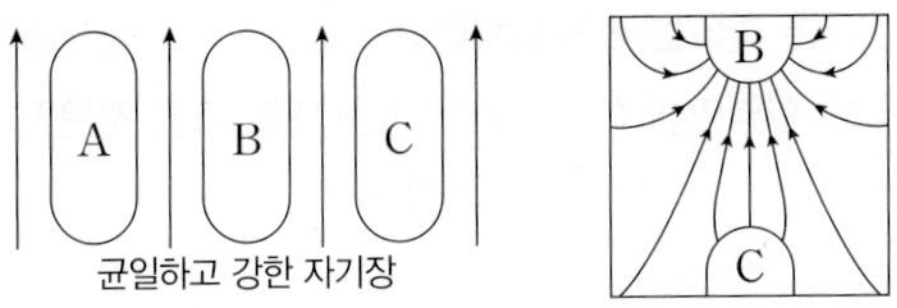

(가) (나)

이에 대한 설명으로 옳은 것만을 〈보기〉에서 있는 대로 고른 것은?

보기

ㄱ. A는 반자성체이다.
ㄴ. (가)에서 A와 C는 같은 방향으로 자기화된다.
ㄷ. (나)에서 B와 C 사이에는 서로 밀어내는 자기력이 작용한다.

① ㄱ ② ㄴ ③ ㄱ, ㄷ
④ ㄴ, ㄷ ⑤ ㄱ, ㄴ, ㄷ

110 ▸25116-0338
2024학년도 10월 학력평가 5번 상중하

그림 (가)는 자기화되지 않은 자성체를 자석에 가까이 놓아 자기화시키는 모습을 나타낸 것이다. 그림 (나)는 (가)에서 자석을 치운 후 p−n 접합 발광 다이오드[LED]가 연결된 코일에 자성체의 A 부분을 가까이 했을 때 LED에 불이 켜지는 모습을 나타낸 것이다. X는 p형 반도체와 n형 반도체 중 하나이다.

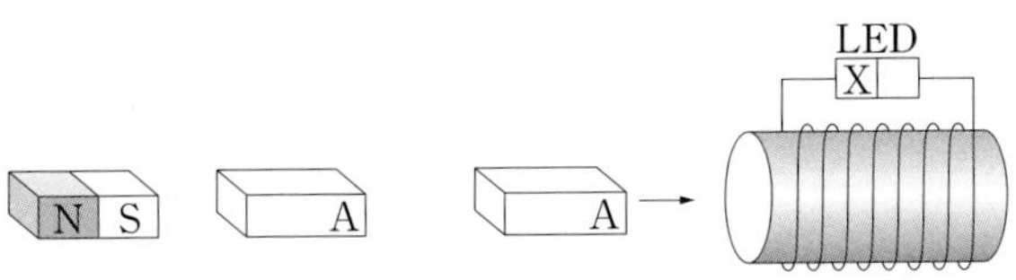

(가) (나)

이에 대한 옳은 설명만을 〈보기〉에서 있는 대로 고른 것은?

보기

ㄱ. (가)에서 자성체와 자석 사이에는 서로 당기는 자기력이 작용한다.
ㄴ. (가)에서 자성체는 외부 자기장과 같은 방향으로 자기화된다.
ㄷ. (나)에서 X는 p형 반도체이다.

① ㄱ ② ㄷ ③ ㄱ, ㄴ
④ ㄴ, ㄷ ⑤ ㄱ, ㄴ, ㄷ

111 ▸25116-0339
2024학년도 수능 3번 상중하

그림 (가)와 같이 자기화되어 있지 않은 자성체 A, B, C를 균일하고 강한 자기장 영역에 놓아 자기화시킨다. 그림 (나), (다)는 (가)의 A, B, C를 각각 수평면 위에 올려놓았을 때 정지한 모습을 나타낸 것이다. A에 작용하는 중력과 자기력의 합력의 크기는 (나)에서가 (다)에서보다 크다. A는 강자성체이고, B, C는 상자성체, 반자성체를 순서 없이 나타낸 것이다.

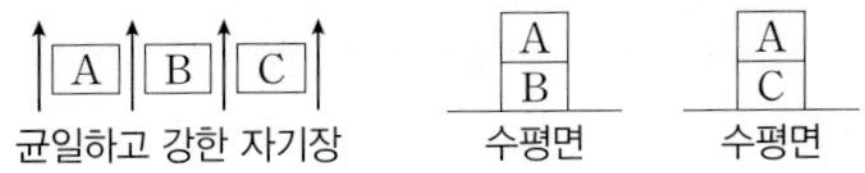

(가) (나) (다)

이에 대한 설명으로 옳은 것만을 〈보기〉에서 있는 대로 고른 것은?

보기

ㄱ. B는 상자성체이다.
ㄴ. (가)에서 A와 C는 같은 방향으로 자기화된다.
ㄷ. (나)에서 B에 작용하는 중력과 자기력의 방향은 같다.

① ㄱ ② ㄴ ③ ㄱ, ㄷ ④ ㄴ, ㄷ ⑤ ㄱ, ㄴ, ㄷ

112 ▸25116-0340
2024학년도 9월 모의평가 5번 상중하

다음은 물체 A, B, C의 자성을 알아보기 위한 실험이다. A, B, C는 강자성체, 상자성체, 반자성체를 순서 없이 나타낸 것이다.

[실험 과정]
(가) 자기화되어 있지 않은 A, B, C를 자기장에 놓아 자기화시킨다.
(나) 그림 Ⅰ과 같이 자기장에서 A를 꺼내 용수철저울에 매단 후, 정지된 상태에서 용수철저울의 측정값을 읽는다.
(다) 그림 Ⅱ와 같이 자기장에서 꺼낸 B를 A의 연직 아래에 놓은 후, 정지된 상태에서 용수철저울의 측정값을 읽는다.
(라) 그림 Ⅲ과 같이 자기장에서 꺼낸 C를 A의 연직 아래에 놓은 후, 정지된 상태에서 용수철저울의 측정값을 읽는다.

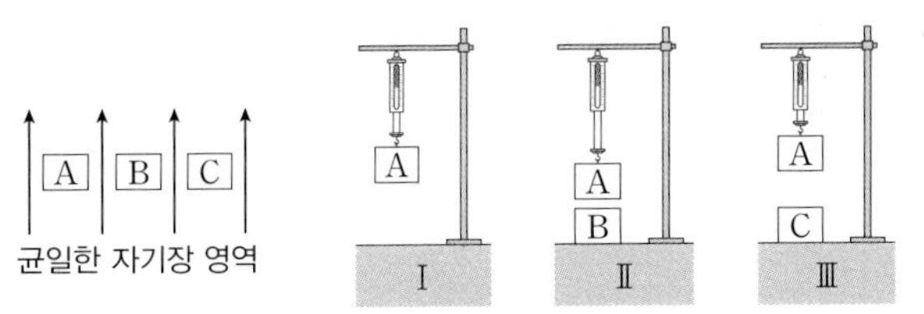

[실험 결과]

	Ⅰ	Ⅱ	Ⅲ
용수철저울의 측정값	ω	1.2ω	0.9ω

A, B, C로 옳은 것은?

	A	B	C
①	강자성체	상자성체	반자성체
②	강자성체	반자성체	상자성체
③	반자성체	강자성체	상자성체
④	상자성체	강자성체	반자성체
⑤	상자성체	반자성체	강자성체

113 ▸25116-0341

2024학년도 6월 모의평가 4번 상중하

다음은 자성체의 성질을 알아보기 위한 실험이다.

[실험 과정]

(가) 그림과 같이 코일을 고정시키고, 자기화되어 있지 않은 자성체 A, B를 준비한다. A, B는 강자성체, 상자성체를 순서 없이 나타낸 것이다.

(나) 바닥으로부터 같은 높이 h에서 A, B를 각각 가만히 놓아 코일의 중심을 통과하여 바닥에 닿을 때까지의 낙하 시간을 측정한다.

(다) A, B를 강한 외부 자기장으로 자기화시킨 후 꺼내, (나)와 같이 낙하 시간을 측정한다.

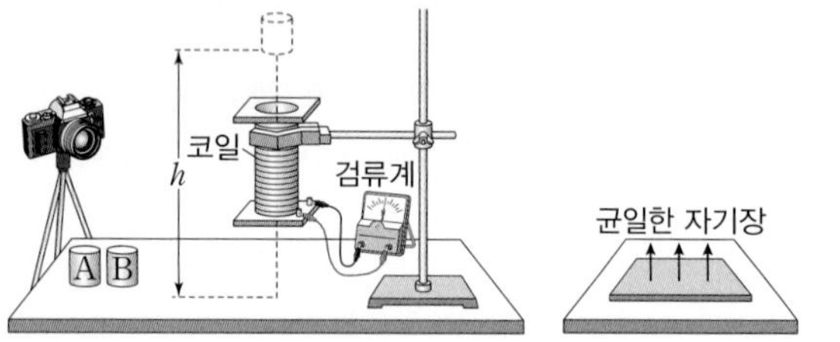

[실험 결과]

○ A의 낙하 시간은 (나)에서와 (다)에서가 같다.

○ B의 낙하 시간은 [㉠].

이에 대한 설명으로 옳은 것만을 〈보기〉에서 있는 대로 고른 것은?

보기

ㄱ. A는 강자성체이다.

ㄴ. '(나)에서보다 (다)에서 길다'는 ㉠에 해당한다.

ㄷ. (다)에서 B가 코일과 가까워지는 동안, 코일과 B 사이에는 서로 밀어내는 자기력이 작용한다.

① ㄱ ② ㄷ ③ ㄱ, ㄴ
④ ㄴ, ㄷ ⑤ ㄱ, ㄴ, ㄷ

114 ▸25116-0342

2023학년도 10월 학력평가 8번 상중하

그림은 모양과 크기가 같은 자성체 P 또는 Q를 일정한 전류가 흐르는 솔레노이드에 넣은 모습을 나타낸 것이다. 자기장의 세기는 P 내부에서가 Q 내부에서보다 크다. P와 Q 중 하나는 상자성체이고, 다른 하나는 반자성체이다.

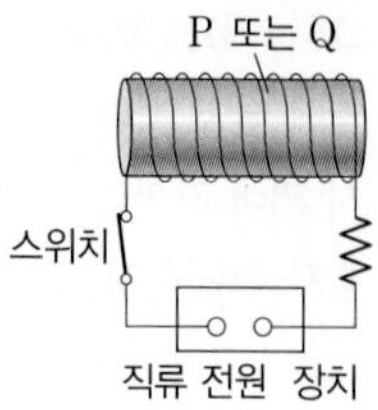

이에 대한 옳은 설명만을 〈보기〉에서 있는 대로 고른 것은?

보기

ㄱ. P는 상자성체이다.

ㄴ. Q는 솔레노이드에 의한 자기장과 같은 방향으로 자기화된다.

ㄷ. 스위치를 열어도 Q는 자기화된 상태를 유지한다.

① ㄱ ② ㄴ ③ ㄷ
④ ㄱ, ㄷ ⑤ ㄴ, ㄷ

115 ▸25116-0343

2023학년도 3월 학력평가 5번 상중하

다음은 자성체에 대한 실험이다.

[실험 과정]

(가) 막대 A, B를 각각 수평이 유지되도록 실에 매달아 동서 방향으로 가만히 놓는다. A, B는 강자성체, 반자성체를 순서 없이 나타낸 것이다.

(나) 정지한 A, B의 모습을 나침반 자침과 함께 관찰한다.

(다) (나)에서 A, B의 끝에 네오디뮴 자석을 가까이하여 A, B의 움직임을 관찰한다.

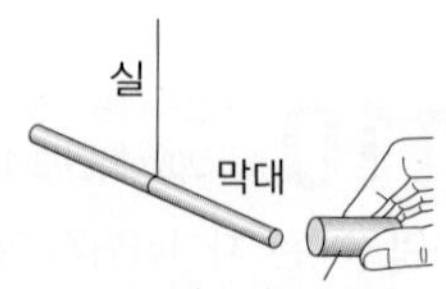

[실험 결과]

	A	B
(나)		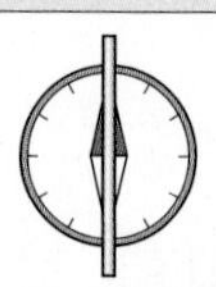
(다)	㉠	자석으로 끌려온다.

이에 대한 옳은 설명만을 〈보기〉에서 있는 대로 고른 것은? (단, 실에 의한 회전은 무시한다.)

보기

ㄱ. (나)에서 A는 지구 자기장 방향으로 자기화되어 있다.

ㄴ. '자석으로부터 밀려난다.'는 ㉠으로 적절하다.

ㄷ. B는 강한 전자석을 만드는 데 이용할 수 있다.

① ㄱ ② ㄷ ③ ㄱ, ㄴ
④ ㄴ, ㄷ ⑤ ㄱ, ㄴ, ㄷ

116 ▸25116-0344

2023학년도 수능 7번 상중하

그림은 자성체 P와 Q, 솔레노이드가 x축상에 고정되어 있는 것을 나타낸 것이다. 솔레노이드에 흐르는 전류의 방향이 a일 때, P와 Q가 솔레노이드에 작용하는 자기력의 방향은 $+x$ 방향이다. P와 Q는 상자성체와 반자성체를 순서 없이 나타낸 것이다.

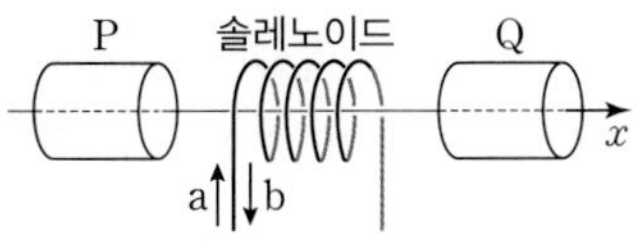

이에 대한 설명으로 옳은 것만을 <보기>에서 있는 대로 고른 것은?

보기

ㄱ. P는 반자성체이다.
ㄴ. Q가 자기화되는 방향은 전류의 방향이 a일 때와 b일 때가 같다.
ㄷ. 전류의 방향이 b일 때, P와 Q가 솔레노이드에 작용하는 자기력의 방향은 $-x$ 방향이다.

① ㄱ ② ㄴ ③ ㄱ, ㄷ
④ ㄴ, ㄷ ⑤ ㄱ, ㄴ, ㄷ

117 ▸25116-0345

2023학년도 9월 모의평가 2번 상중하

그림 (가)는 막대자석의 모습을, (나)는 (가)의 자석의 가운데를 자른 모습을 나타낸 것이다.

(가) (나)

(나)에서 a, b 사이의 자기장 모습으로 가장 적절한 것은?

①
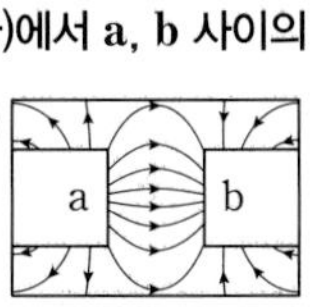

②
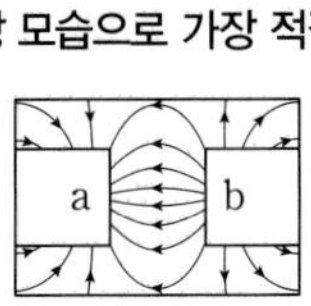

③
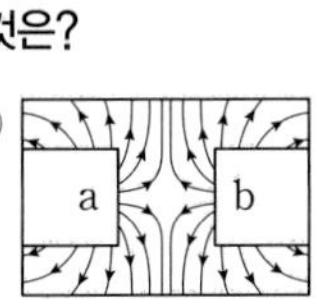

④
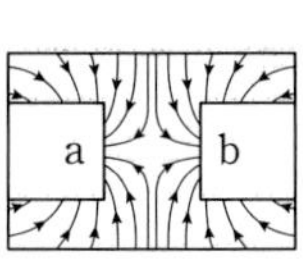

⑤

118 ▸25116-0346

2023학년도 6월 모의평가 2번 상중하

그림은 자성체에 대해 학생 A, B, C가 대화하는 모습을 나타낸 것이다.

제시한 내용이 옳은 학생만을 있는 대로 고른 것은?

① A ② C ③ A, B
④ B, C ⑤ A, B, C

119 ▸25116-0347

2022학년도 10월 학력평가 15번 상중하

그림은 저울에 무게가 W_0으로 같은 물체 P 또는 Q를 놓고 전지와 스위치에 연결된 코일을 가까이한 모습을 나타낸 것이다. P, Q는 강자성체, 상자성체를 순서 없이 나타낸 것이다. 표는 스위치를 a, b에 연결했을 때 저울의 측정값을 비교한 것이다.

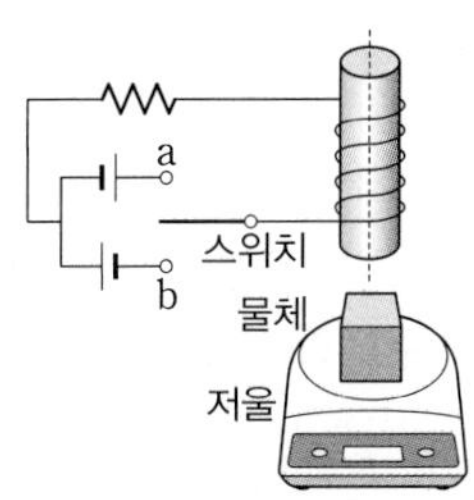

연결 위치	저울의 측정값	
	P	Q
a	W_0보다 큼	W_0보다 작음
b	W_0보다 작음	㉠

이에 대한 옳은 설명만을 <보기>에서 있는 대로 고른 것은? (단, 지구 자기장은 무시한다.)

보기

ㄱ. P는 강자성체이다.
ㄴ. ㉠은 'W_0보다 작음'이다.
ㄷ. Q는 스위치를 a에 연결했을 때와 b에 연결했을 때 같은 방향으로 자기화된다.

① ㄱ ② ㄷ ③ ㄱ, ㄴ
④ ㄴ, ㄷ ⑤ ㄱ, ㄴ, ㄷ

120 ▸25116-0348 2022학년도 3월 학력평가 12번 상중하

다음은 전동 스테이플러의 작동 원리이다.

그림 (가)와 같이 전동 스테이플러에 종이를 넣지 않았을 때는 고정된 코일이 자성체 A를 당기지 않는다. 그림 (나)와 같이 종이를 넣으면 스위치가 닫히면서 코일에 전류가 흐르고, ㉠코일이 A를 강하게 당긴다. 그리고 A가 철사 침을 눌러 종이에 박는다.

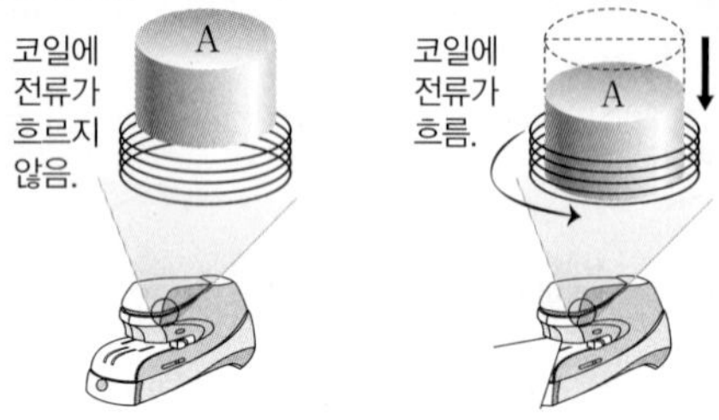

이에 대한 옳은 설명만을 〈보기〉에서 있는 대로 고른 것은?

보기

ㄱ. ㉠은 자기력에 의해 나타나는 현상이다.
ㄴ. A는 반자성체이다.
ㄷ. (나)의 A는 코일의 전류에 의한 자기장과 같은 방향으로 자기화된다.

① ㄱ ② ㄷ ③ ㄱ, ㄴ ④ ㄱ, ㄷ ⑤ ㄴ, ㄷ

121 ▸25116-0349 2022학년도 수능 6번 상중하

그림은 자석의 S극을 물체 A, B에 각각 가져갔을 때 자기장의 모습을 나타낸 것이다. A와 B는 상자성체와 반자성체를 순서 없이 나타낸 것이다.

이에 대한 설명으로 옳은 것만을 〈보기〉에서 있는 대로 고른 것은?

보기

ㄱ. A는 자기화되어 있다.
ㄴ. A와 자석 사이에는 서로 미는 힘이 작용한다.
ㄷ. B는 상자성체이다.

① ㄱ ② ㄷ ③ ㄱ, ㄴ ④ ㄴ, ㄷ ⑤ ㄱ, ㄴ, ㄷ

122 ▸25116-0350 2022학년도 9월 모의평가 5번 상중하

다음은 물질의 자성에 대한 실험이다.

[실험 과정]

(가) 나무 막대의 양 끝에 물체 A와 B를 고정하고 수평을 이루며 정지해 있도록 실로 매단다. A와 B는 반자성체와 상자성체를 순서 없이 나타낸 것이다.

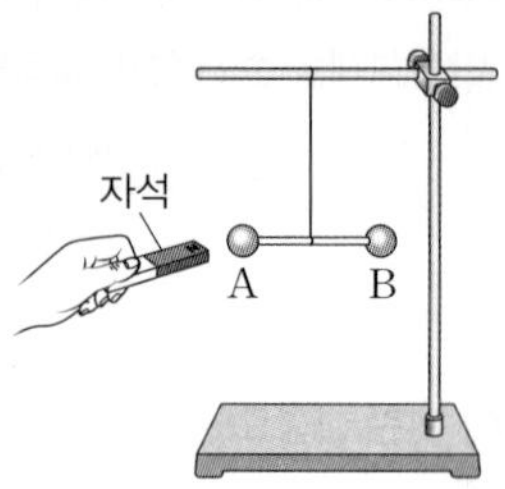

(나) 자석을 A에 서서히 가져가며 자석과 A 사이에 작용하는 힘의 방향을 찾는다.
(다) (나)에서 자석의 극을 반대로 하여 (나)를 반복한다.
(라) 자석을 B에 서서히 가져가며 자석과 B 사이에 작용하는 힘의 방향을 찾는다.

[실험 결과]

○ (나)에서 자석과 A 사이에 작용하는 힘의 방향은 서로 미는 방향이다.

이에 대한 설명으로 옳은 것만을 〈보기〉에서 있는 대로 고른 것은?

보기

ㄱ. (나)에서 A는 외부 자기장과 반대 방향으로 자화된다.
ㄴ. (다)에서 자석과 A 사이에 작용하는 힘의 방향은 서로 당기는 방향이다.
ㄷ. (라)에서 자석과 B 사이에 작용하는 힘의 방향은 서로 미는 방향이다.

① ㄱ ② ㄴ ③ ㄱ, ㄷ ④ ㄴ, ㄷ ⑤ ㄱ, ㄴ, ㄷ

123 ▸25116-0351
2022학년도 6월 모의평가 9번 상중하

그림 (가)는 강자성체 X가 솔레노이드에 의해 자기화된 모습을, (나)는 (가)의 X를 자기화되어 있지 않은 강자성체 Y에 가져간 모습을 나타낸 것이다.

(가) (나)

(나)에서 자기장의 모습을 나타낸 것으로 가장 적절한 것은?

①
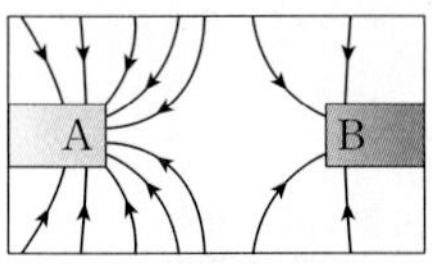

②
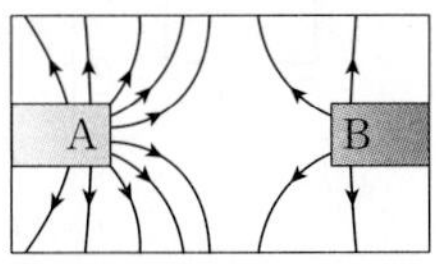

③
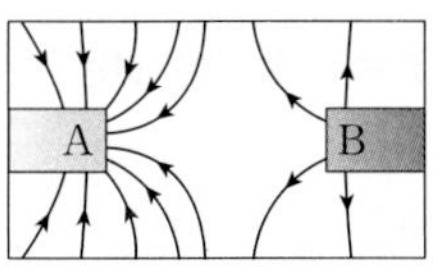

④
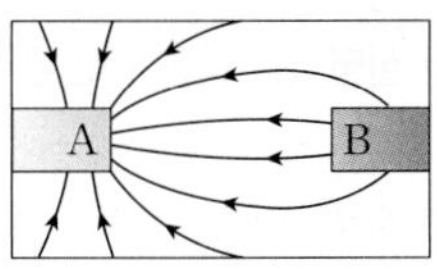

⑤
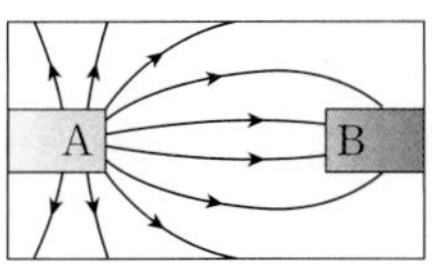

124 ▸25116-0352
2021학년도 10월 학력평가 1번 상중하

그림은 자석이 냉장고의 철판에는 붙고, 플라스틱판에는 붙지 않는 현상에 대한 학생 A, B, C의 대화를 나타낸 것이다.

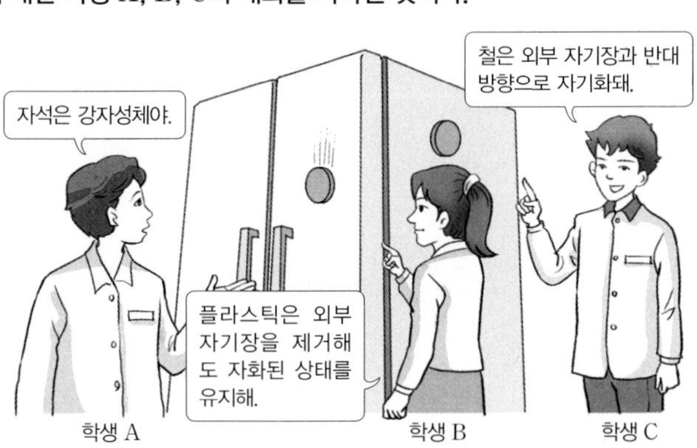

자석은 강자성체야.
플라스틱은 외부 자기장을 제거해도 자화된 상태를 유지해.
철은 외부 자기장과 반대 방향으로 자기화돼.
학생 A
학생 B
학생 C

제시한 내용이 옳은 학생만을 있는 대로 고른 것은?

① A ② B ③ A, B
④ A, C ⑤ B, C

125 ▸25116-0353
2021학년도 3월 학력평가 15번 상중하

그림 (가)와 같이 자석 주위에 자기화되어 있지 않은 자성체 A, B를 놓았더니 자석으로부터 각각 화살표 방향으로 자기력을 받았다. 그림 (나)는 (가)에서 자석을 치운 후 A와 B를 가까이 놓은 모습을 나타낸 것으로, B는 A로부터 자기력을 받는다.

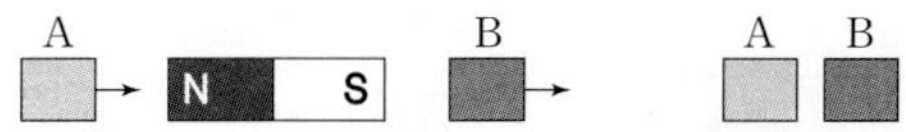

(가) (나)

이에 대한 옳은 설명만을 〈보기〉에서 있는 대로 고른 것은?

보기

ㄱ. B는 반자성체이다.
ㄴ. (가)에서 A와 B는 같은 방향으로 자기화되어 있다.
ㄷ. (나)에서 A, B 사이에는 서로 당기는 자기력이 작용한다.

① ㄱ ② ㄴ ③ ㄱ, ㄴ
④ ㄱ, ㄷ ⑤ ㄴ, ㄷ

126 ▸25116-0354
2021학년도 수능 3번 상중하

그림 (가)는 전류가 흐르는 전자석에 철못이 달라붙어 있는 모습을, (나)는 (가)의 철못에 클립이 달라붙은 모습을 나타낸 것이다.

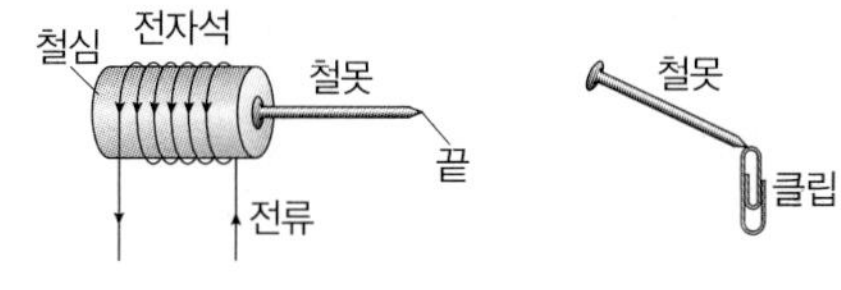

(가) (나)

이에 대한 설명으로 옳은 것만을 〈보기〉에서 있는 대로 고른 것은?

보기

ㄱ. 철못은 강자성체이다.
ㄴ. (가)에서 철못의 끝은 S극을 띤다.
ㄷ. (나)에서 클립은 자기화되어 있다.

① ㄱ ② ㄴ ③ ㄱ, ㄷ
④ ㄴ, ㄷ ⑤ ㄱ, ㄴ, ㄷ

127
▸25116-0355
2021학년도 9월 모의평가 1번
상중**하**

그림은 물질의 자성에 대해 학생 A, B, C가 발표하는 모습을 나타낸 것이다.

발표한 내용이 옳은 학생만을 있는 대로 고른 것은?

① A ② B ③ A, C
④ B, C ⑤ A, B, C

128
▸25116-0356
2021학년도 6월 모의평가 12번
상중**하**

그림 (가)는 자석에 붙여 놓았던 알루미늄 클립들이 서로 달라붙지 않는 모습을, (나)는 자석에 붙여 놓았던 철 클립들이 서로 달라붙는 모습을 나타낸 것이다.

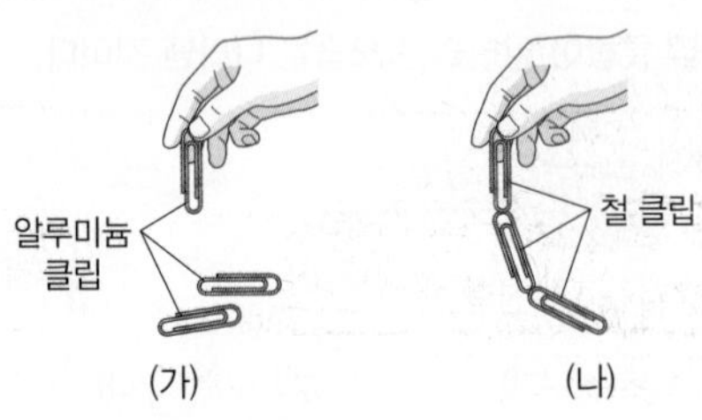

이에 대한 설명으로 옳은 것만을 〈보기〉에서 있는 대로 고른 것은?

보기

ㄱ. (가)의 알루미늄 클립은 강자성체이다.
ㄴ. (나)의 철 클립은 상자성체이다.
ㄷ. (나)의 철 클립은 자기화되어 있다.

① ㄴ ② ㄷ ③ ㄱ, ㄴ
④ ㄱ, ㄷ ⑤ ㄱ, ㄴ, ㄷ

129
▸25116-0357
2025학년도 수능 19번
상**중**하

그림과 같이 한 변의 길이가 $2d$인 정사각형 금속 고리가 xy 평면에서 균일한 자기장 영역 Ⅰ, Ⅱ, Ⅲ을 $+x$ 방향으로 등속도 운동하며 지난다. 금속 고리의 점 p가 $x=2.5d$를 지날 때, p에 흐르는 유도 전류의 방향은 $+y$ 방향이다. Ⅰ, Ⅲ에서 자기장의 세기는 각각 B_0이고, Ⅱ에서 자기장의 세기는 일정하고 방향은 xy 평면에 수직이다.

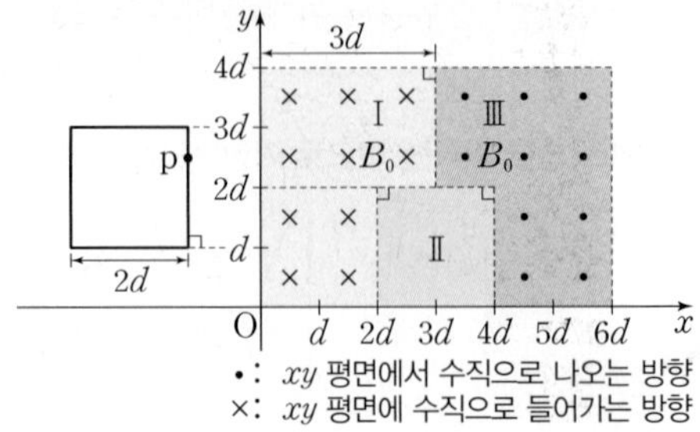

이에 대한 설명으로 옳은 것만을 〈보기〉에서 있는 대로 고른 것은?

보기

ㄱ. 자기장의 방향은 Ⅰ에서와 Ⅱ에서가 같다.
ㄴ. p가 $x=4.5d$를 지날 때, p에 흐르는 유도 전류의 방향은 $-y$ 방향이다.
ㄷ. p에 흐르는 유도 전류의 세기는 p가 $x=5.5d$를 지날 때가 $x=2.5d$를 지날 때보다 크다.

① ㄱ ② ㄷ ③ ㄱ, ㄴ
④ ㄱ, ㄷ ⑤ ㄱ, ㄴ, ㄷ

130 ▸25116-0358

2025학년도 9월 모의평가 18번 상중하

그림 (가)와 같이 균일한 자기장 영역 Ⅰ과 Ⅱ가 있는 xy 평면에 원형 금속 고리가 고정되어 있다. Ⅰ, Ⅱ의 자기장이 고리 내부를 통과하는 면적은 같다. 그림 (나)는 (가)의 Ⅰ, Ⅱ에서 자기장의 세기를 시간에 따라 나타낸 것이다.

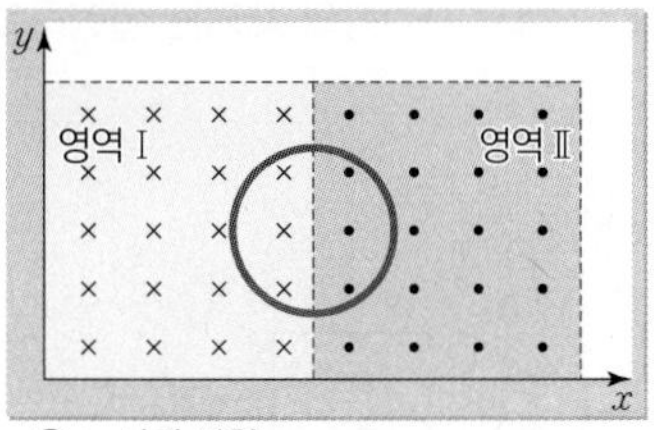

◯: 시계 방향
×: xy 평면에 수직으로 들어가는 방향
•: xy 평면에서 수직으로 나오는 방향

(가)

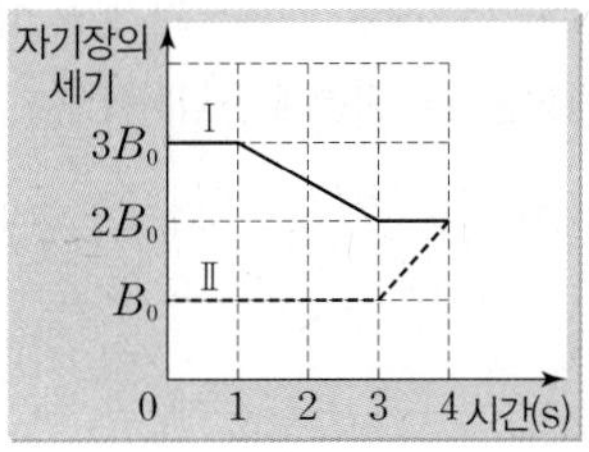

(나)

고리에 흐르는 유도 전류를 시간에 따라 나타낸 그래프로 가장 적절한 것은? (단, 유도 전류의 방향은 시계 방향이 양(+)이다.)

①
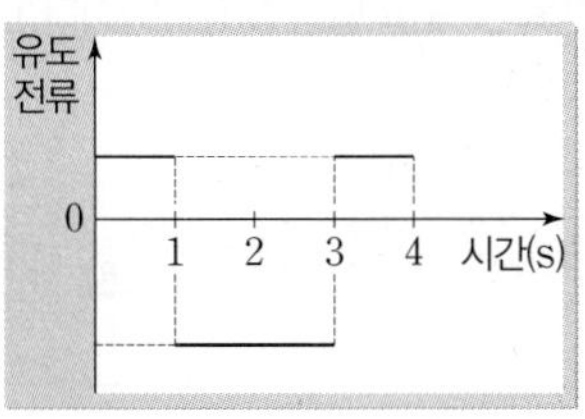

②
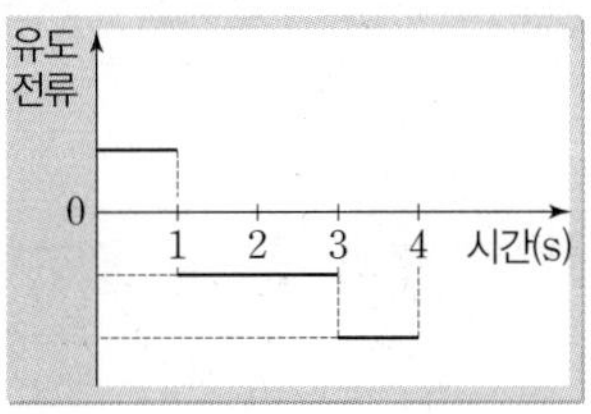

③
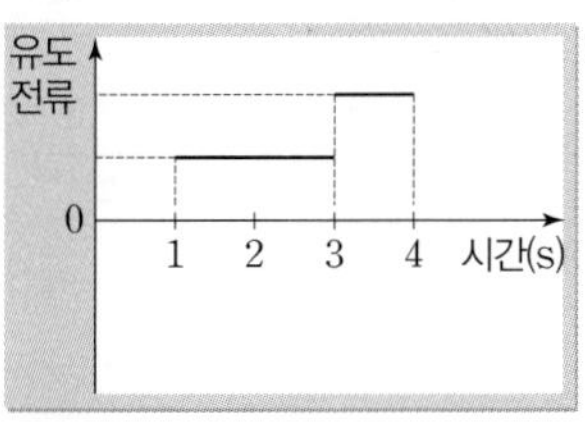

④
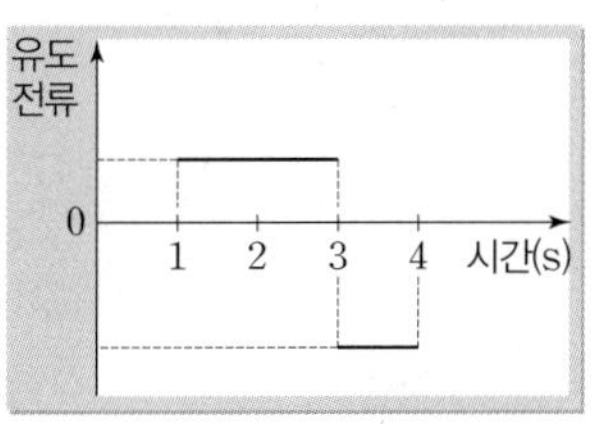

⑤
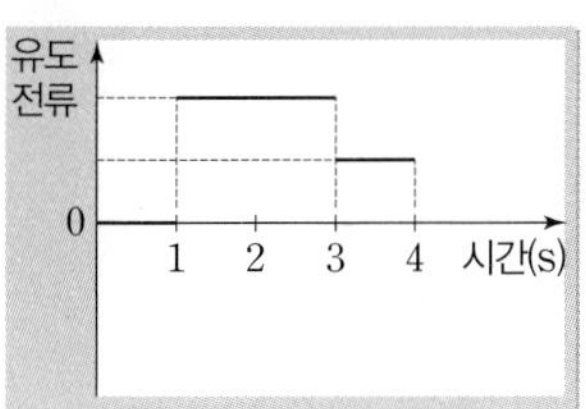

131 ▸25116-0359

2025학년도 6월 모의평가 18번 상중하

그림과 같이 두 변의 길이가 각각 d, $2d$인 동일한 직사각형 금속 고리 A, B가 xy 평면에서 $+x$ 방향으로 등속도 운동하며 균일한 자기장 영역 Ⅰ, Ⅱ를 지난다. Ⅰ, Ⅱ에서 자기장의 방향은 xy 평면에 수직이고 세기는 각각 일정하다. A, B의 속력은 같고, 점 p, q는 각각 A, B의 한 지점이다. 표는 p의 위치에 따라 p에 흐르는 유도 전류의 세기와 방향을 나타낸 것이다.

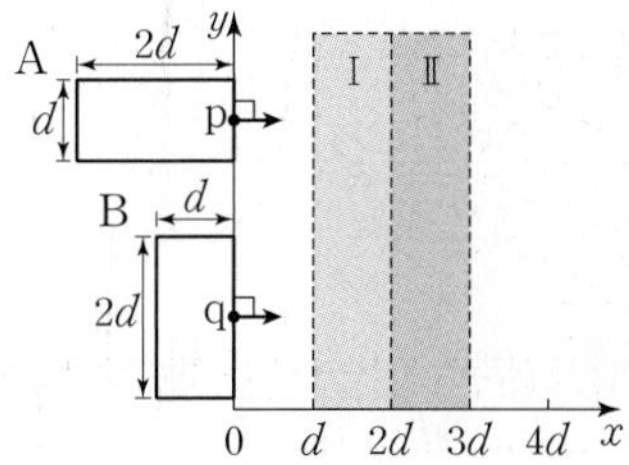

p의 위치	p에 흐르는 유도 전류	
	세기	방향
$x=1.5d$	I_0	$+y$
$x=2.5d$	$2I_0$	$-y$

이에 대한 설명으로 옳은 것만을 〈보기〉에서 있는 대로 고른 것은? (단, A와 B의 상호 작용은 무시한다.)

보기

ㄱ. p의 위치가 $x=3.5d$일 때, A에 흐르는 유도 전류의 세기는 I_0이다.
ㄴ. q의 위치가 $x=2.5d$일 때, B에 흐르는 유도 전류의 세기는 $3I_0$보다 크다.
ㄷ. p와 q의 위치가 $x=3.5d$일 때, p와 q에 흐르는 유도 전류의 방향은 서로 반대이다.

① ㄱ ② ㄴ ③ ㄱ, ㄷ ④ ㄴ, ㄷ ⑤ ㄱ, ㄴ, ㄷ

132 ▸25116-0360

2024학년도 10월 학력평가 13번 상중하

그림과 같이 세기와 방향이 일정한 전류가 흐르는 무한히 긴 직선 도선 A, B를 각각 x축, y축에 고정하고, xy 평면에 금속 고리를 놓았다. 표는 금속 고리가 움직이기 시작하는 순간, 금속 고리의 운동 방향에 따라 금속 고리에 흐르는 유도 전류의 방향을 나타낸 것이다.

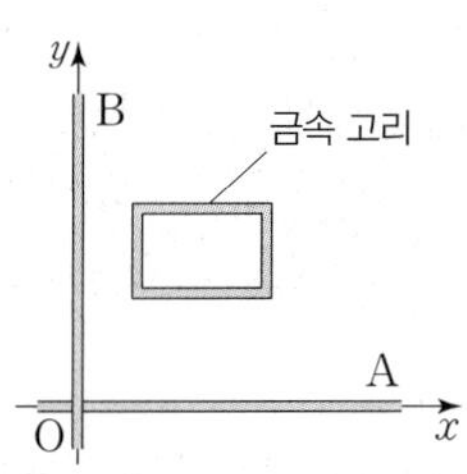

운동 방향	유도 전류의 방향
$+x$	시계 방향
$+y$	㉠
$-y$	시계 방향

이에 대한 옳은 설명만을 〈보기〉에서 있는 대로 고른 것은?

보기

ㄱ. ㉠은 시계 방향이다.
ㄴ. A에 흐르는 전류의 방향은 $+x$ 방향이다.
ㄷ. $x>0$인 xy 평면상에서 B의 전류에 의한 자기장의 방향은 xy 평면에서 수직으로 나오는 방향이다.

① ㄱ ② ㄴ ③ ㄷ ④ ㄱ, ㄴ ⑤ ㄴ, ㄷ

133 ▸25116-0361

2024학년도 3월 학력평가 17번 상중하

그림은 한 변의 길이가 $4d$인 직사각형 금속 고리가 xy 평면에서 운동하는 모습을 나타낸 것이다. 고리는 세기가 각각 B_0, $2B_0$, B_0으로 균일한 자기장 영역 Ⅰ, Ⅱ, Ⅲ을 $+x$ 방향으로 등속도 운동을 하며 지난다. 고리의 점 p가 $x=3d$를 지날 때, p에는 세기가 I_0인 유도 전류가 $+y$ 방향으로 흐른다. Ⅱ에서 자기장의 방향은 xy 평면에 수직이다.

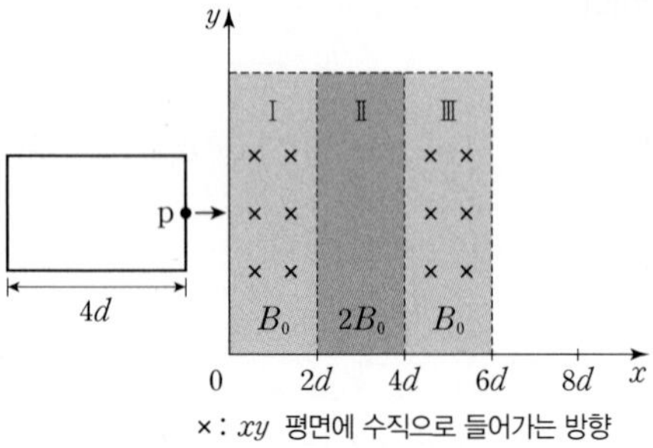

p에 흐르는 유도 전류에 대한 옳은 설명만을 〈보기〉에서 있는 대로 고른 것은?

보기

ㄱ. p가 $x=d$를 지날 때, 전류의 세기는 $2I_0$이다.
ㄴ. p가 $x=5d$를 지날 때, 전류가 흐르지 않는다.
ㄷ. p가 $x=7d$를 지날 때, 전류는 $-y$ 방향으로 흐른다.

① ㄱ ② ㄴ ③ ㄱ, ㄷ
④ ㄴ, ㄷ ⑤ ㄱ, ㄴ, ㄷ

134 ▸25116-0362

2024학년도 수능 17번 상중하

그림과 같이 한 변의 길이가 $2d$인 정사각형 금속 고리가 xy 평면에서 균일한 자기장 영역 Ⅰ ~ Ⅲ을 $+x$ 방향으로 등속도 운동을 하며 지난다. 금속 고리의 한 변의 중앙에 고정된 점 p가 $x=d$와 $x=5d$를 지날 때, p에 흐르는 유도 전류의 세기는 같고 방향은 $-y$ 방향이다. Ⅰ, Ⅱ에서 자기장의 세기는 각각 B_0이고, Ⅲ에서 자기장의 세기는 일정하고 방향은 xy 평면에 수직이다.

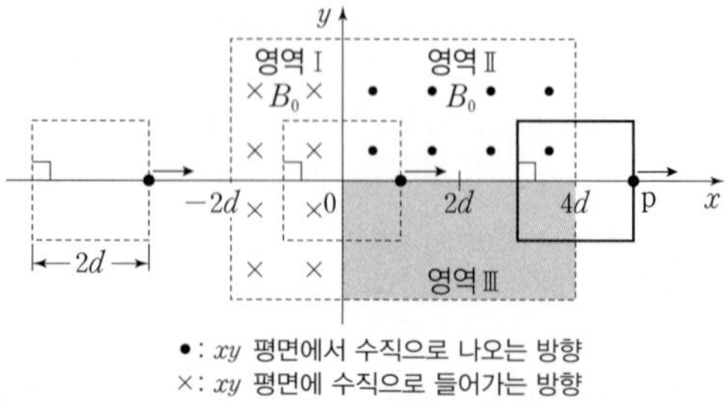

p에 흐르는 유도 전류를 p의 위치에 따라 나타낸 그래프로 가장 적절한 것은? (단, p에 흐르는 유도 전류의 방향은 $+y$ 방향이 양(+)이다.)

① 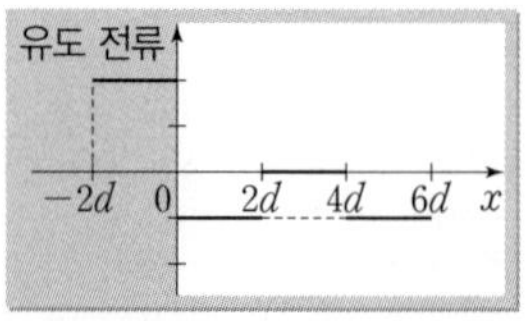
② 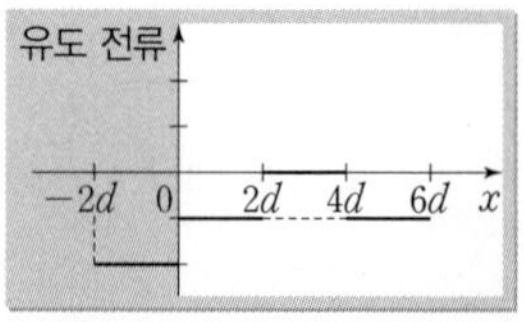
③ 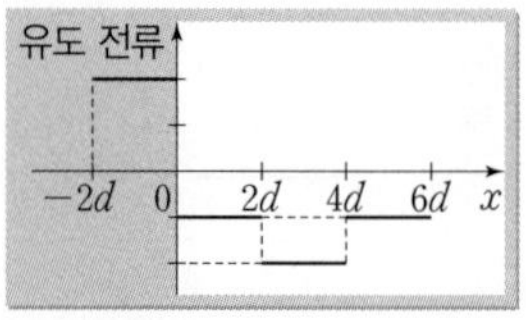
④ 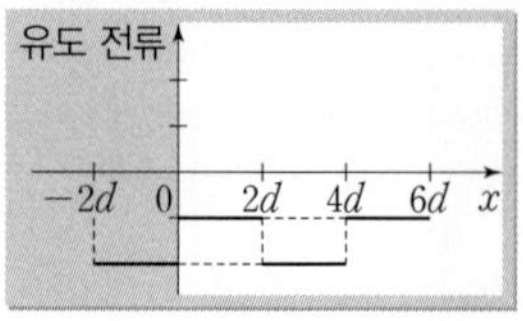
⑤ 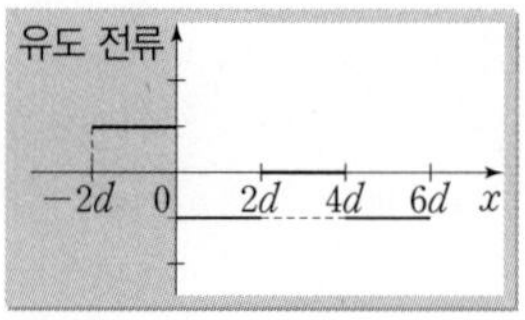

135 ▸25116-0363

2024학년도 9월 모의평가 13번 상중하

그림과 같이 한 변의 길이가 $4d$인 직사각형 금속 고리가 xy 평면에서 자기장 세기가 각각 B_0, $2B_0$인 균일한 자기장 영역 Ⅰ, Ⅱ를 $+x$ 방향으로 등속도 운동을 하며 지난다. 금속 고리의 점 a가 $x=d$와 $x=7d$를 지날 때, a에 흐르는 유도 전류의 방향은 같다. Ⅰ, Ⅱ에서 자기장의 방향은 xy 평면에 수직이다.

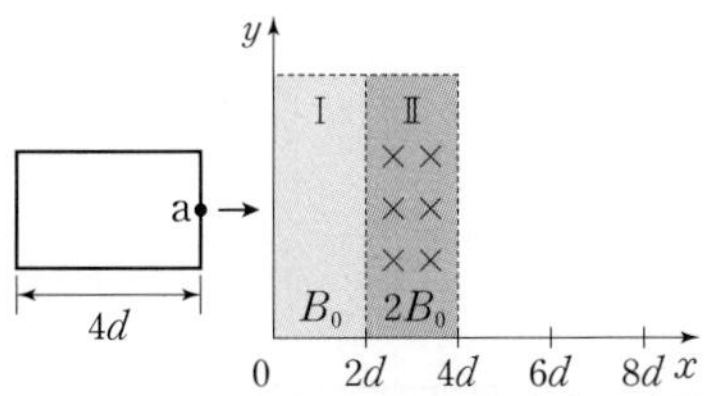

×: xy 평면에 수직으로 들어가는 방향

a의 위치에 따른 a에 흐르는 유도 전류를 나타낸 그래프로 가장 적절한 것은? (단, a에 흐르는 유도 전류의 방향은 $+y$ 방향이 양(+)이다.)

①
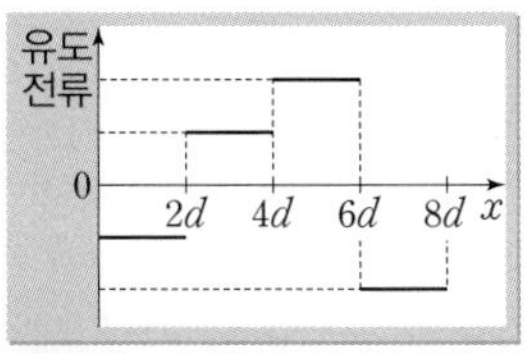

②
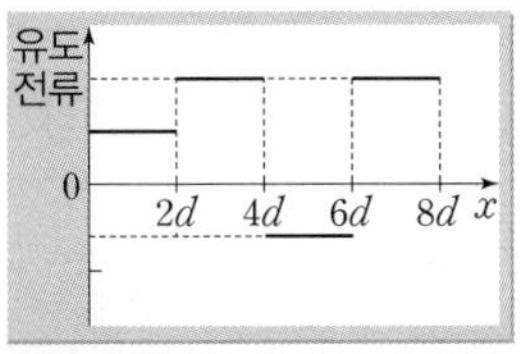

③
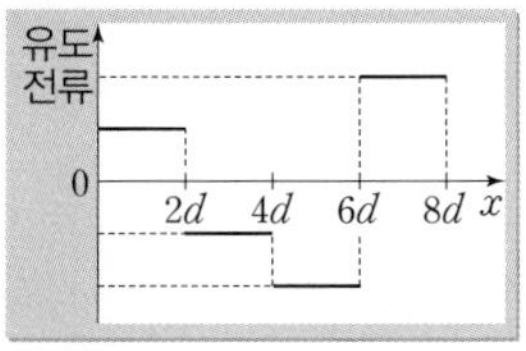

④
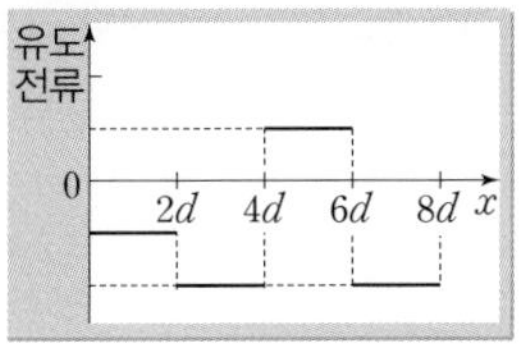

⑤
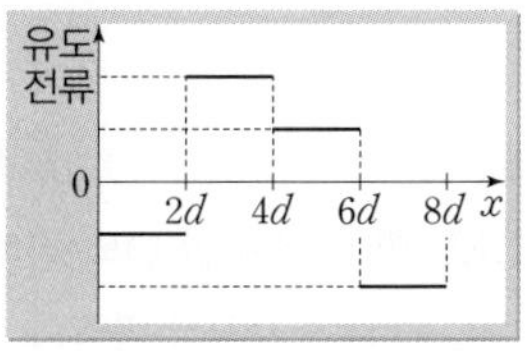

136 ▸25116-0364

2024학년도 6월 모의평가 13번 상중하

그림 (가)는 균일한 자기장 영역 Ⅰ, Ⅱ가 있는 xy 평면에 한 변의 길이가 $2d$인 정사각형 금속 고리가 고정되어 있는 것을 나타낸 것이다. Ⅰ의 자기장의 세기는 B_0으로 일정하고, Ⅱ의 자기장의 세기 B는 그림 (나)와 같이 시간에 따라 변한다.

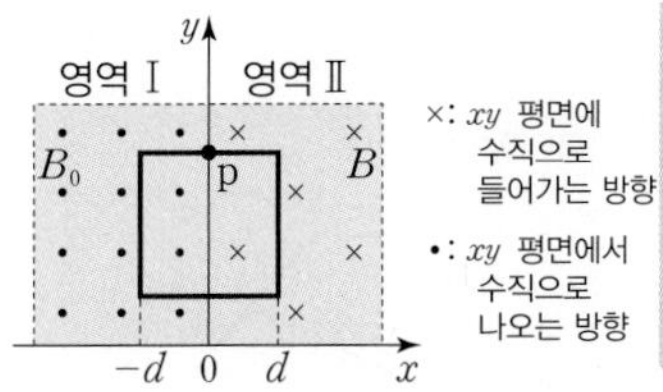

(가)

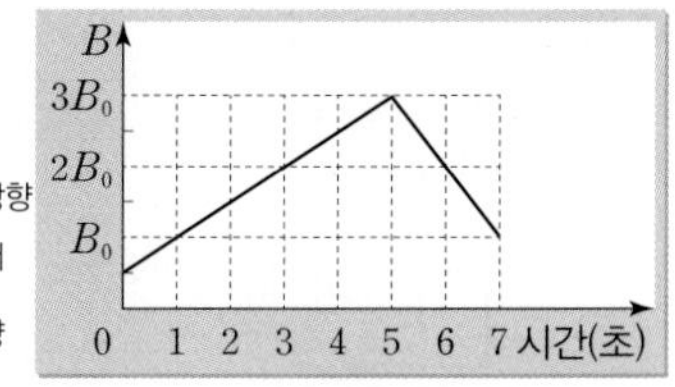

(나)

이에 대한 설명으로 옳은 것만을 〈보기〉에서 있는 대로 고른 것은?

보기

ㄱ. 1초일 때, 고리에 유도 전류가 흐르지 않는다.

ㄴ. 2초일 때, 고리의 점 p에서 유도 전류의 방향은 $-x$ 방향이다.

ㄷ. 고리에 흐르는 유도 전류의 세기는 3초일 때와 6초일 때가 같다.

① ㄱ ② ㄴ ③ ㄱ, ㄷ ④ ㄴ, ㄷ ⑤ ㄱ, ㄴ, ㄷ

137 ▸25116-0365

2023학년도 10월 학력평가 5번 상중하

다음은 전자기 유도에 대한 실험이다.

[실험 과정]

(가) 그림과 같이 코일 P, Q를 서로 연결하고, 자기장 측정 앱이 실행 중인 스마트폰을 P 위에 놓는다.

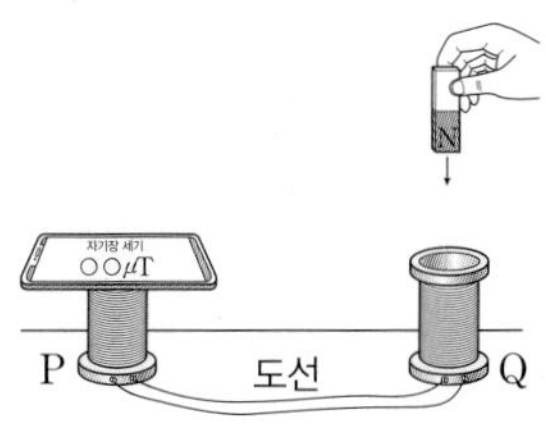

(나) 자석의 N극을 Q의 윗면까지 일정한 속력으로 접근시키면서 스마트폰으로 자기장의 세기를 측정한다.

(다) (나)에서 자석의 속력만 [㉠] 하여 자기장의 세기를 측정한다.

[실험 결과]

과정	(나)	(다)
자기장의 세기의 최댓값	B_0	$1.7B_0$

이에 대한 옳은 설명만을 〈보기〉에서 있는 대로 고른 것은? (단, 스마트폰은 P의 전류에 의한 자기장의 세기만 측정한다.)

보기

ㄱ. 자석이 Q에 접근할 때, P에 전류가 흐른다.

ㄴ. '작게'는 ㉠에 해당한다.

ㄷ. (나)에서 자석과 Q 사이에는 서로 당기는 자기력이 작용한다.

① ㄱ ② ㄴ ③ ㄷ ④ ㄱ, ㄴ ⑤ ㄱ, ㄷ

138 ▸25116-0366

2023학년도 3월 학력평가 12번 상 중 하

그림 (가)와 같이 방향이 각각 일정한 자기장 영역 Ⅰ과 Ⅱ에 p-n 접합 다이오드가 연결된 사각형 금속 고리가 고정되어 있다. A는 p형 반도체와 n형 반도체 중 하나이다. 그림 (나)는 Ⅰ과 Ⅱ의 자기장의 세기를 시간에 따라 나타낸 것이다. t_0일 때, 고리에 흐르는 유도 전류의 세기는 I_0이다.

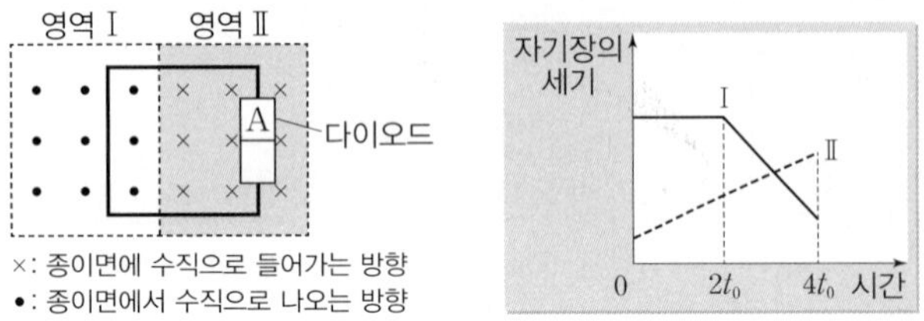

(가) (나)

이에 대한 옳은 설명만을 〈보기〉에서 있는 대로 고른 것은?

보기

ㄱ. t_0일 때 유도 전류의 방향은 시계 방향이다.
ㄴ. $3t_0$일 때 유도 전류의 세기는 I_0보다 작다.
ㄷ. A는 n형 반도체이다.

① ㄱ ② ㄷ ③ ㄱ, ㄴ
④ ㄴ, ㄷ ⑤ ㄱ, ㄴ, ㄷ

139 ▸25116-0367

2023학년도 수능 10번 상 중 하

그림과 같이 한 변의 길이가 $4d$인 정사각형 금속 고리가 xy 평면에서 $+x$ 방향으로 등속도 운동하며 자기장의 세기가 B_0으로 같은 균일한 자기장 영역 Ⅰ, Ⅱ, Ⅲ을 지난다. 금속 고리의 점 p가 $x=7d$를 지날 때, p에는 유도 전류가 흐르지 않는다. Ⅲ에서 자기장의 방향은 xy 평면에 수직이다.

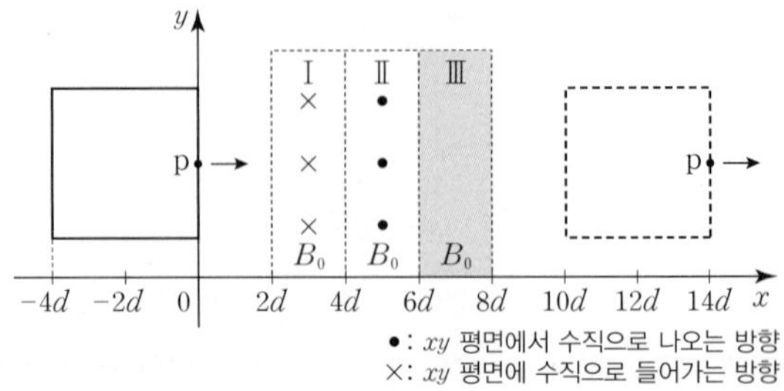

이에 대한 설명으로 옳은 것만을 〈보기〉에서 있는 대로 고른 것은?

보기

ㄱ. 자기장의 방향은 Ⅰ에서와 Ⅲ에서가 같다.
ㄴ. p가 $x=3d$를 지날 때, p에 흐르는 유도 전류의 방향은 $+y$ 방향이다.
ㄷ. p에 흐르는 유도 전류의 세기는 p가 $x=5d$를 지날 때가 $x=3d$를 지날 때보다 크다.

① ㄱ ② ㄷ ③ ㄱ, ㄴ
④ ㄴ, ㄷ ⑤ ㄱ, ㄴ, ㄷ

140 ▸25116-0368

2023학년도 9월 모의평가 12번 상 중 하

그림과 같이 p-n 접합 발광 다이오드(LED)가 연결된 한 변의 길이가 d인 정사각형 금속 고리가 종이면에 수직인 균일한 자기장 영역 Ⅰ, Ⅱ를 $+x$ 방향으로 등속도 운동하여 지난다. 고리의 중심이 $x=4d$를 지날 때 LED에서 빛이 방출된다. A는 p형 반도체와 n형 반도체 중 하나이다.

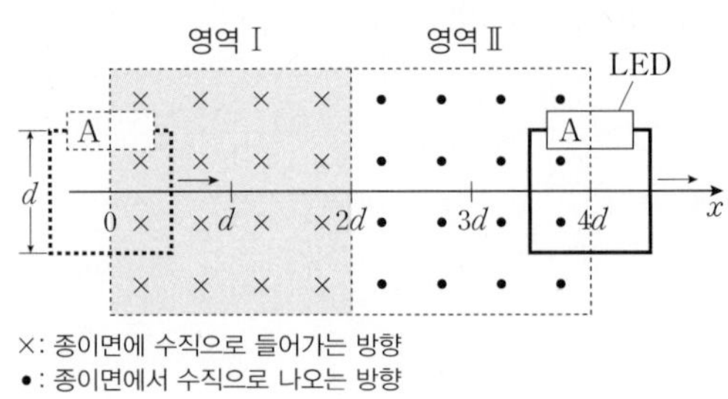

이에 대한 설명으로 옳은 것만을 〈보기〉에서 있는 대로 고른 것은?

보기

ㄱ. A는 n형 반도체이다.
ㄴ. 고리의 중심이 $x=d$를 지날 때, 유도 전류가 흐른다.
ㄷ. 고리의 중심이 $x=2d$를 지날 때, LED에서 빛이 방출된다.

① ㄱ ② ㄴ ③ ㄱ, ㄷ
④ ㄴ, ㄷ ⑤ ㄱ, ㄴ, ㄷ

141
▸25116-0369
2023학년도 6월 모의평가 1번 상중**하**

그림 A, B, C는 자기장을 활용한 장치의 예를 나타낸 것이다.

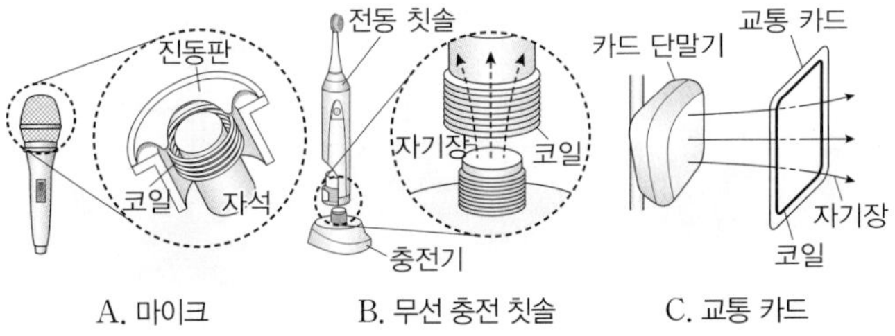

전자기 유도 현상을 활용한 예만을 있는 대로 고른 것은?

① A ② C ③ A, B
④ B, C ⑤ A, B, C

142
▸25116-0370
2022학년도 10월 학력평가 5번 상**중**하

그림은 동일한 원형 자석 A, B를 플라스틱 통의 양쪽에 고정하고 플라스틱 통 바깥쪽에서 금속 고리를 오른쪽 방향으로 등속 운동시키는 모습을 나타낸 것이다. 금속 고리가 플라스틱 통의 왼쪽 끝에서 오른쪽 끝까지 운동하는 동안 금속 고리에 흐르는 유도 전류의 방향은 화살표 방향으로 일정하다.

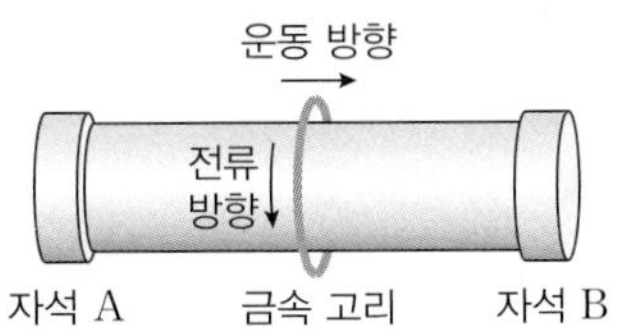

이에 대한 옳은 설명만을 〈보기〉에서 있는 대로 고른 것은?

보기

ㄱ. A의 오른쪽 면은 N극이다.
ㄴ. B의 오른쪽 면은 N극이다.
ㄷ. 금속 고리를 통과하는 자기 선속은 일정하다.

① ㄱ ② ㄴ ③ ㄱ, ㄷ
④ ㄴ, ㄷ ⑤ ㄱ, ㄴ, ㄷ

143
▸25116-0371
2022학년도 3월 학력평가 13번 **상**중하

그림 (가)와 같이 종이면에 수직으로 들어가는 방향의 균일한 자기장 영역 Ⅰ과 Ⅱ에서 종이면에 고정된 동일한 원형 금속 고리 P, Q의 중심이 각 영역의 경계에 있다. 그림 (나)는 (가)의 Ⅰ과 Ⅱ에서 자기장의 세기를 시간에 따라 나타낸 것이다.

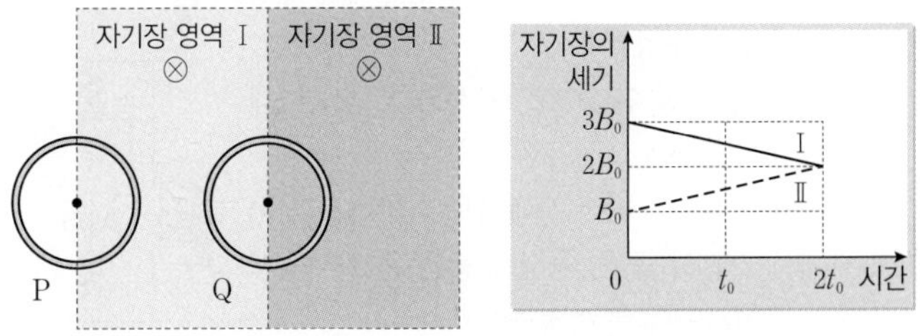

(가) (나)

t_0일 때에 대한 옳은 설명만을 〈보기〉에서 있는 대로 고른 것은? (단, P, Q 사이의 상호 작용은 무시한다.)

보기

ㄱ. P의 유도 전류는 P의 중심에 종이면에 수직으로 들어가는 방향의 자기장을 만든다.
ㄴ. Q에는 유도 전류가 흐르지 않는다.
ㄷ. Ⅰ과 Ⅱ에 의해 고리면을 통과하는 자기 선속의 크기는 Q에서가 P에서보다 크다.

① ㄴ ② ㄷ ③ ㄱ, ㄴ
④ ㄱ, ㄷ ⑤ ㄱ, ㄴ, ㄷ

144
▸25116-0372
2022학년도 수능 12번 상**중**하

그림과 같이 p-n 접합 발광 다이오드(LED)가 연결된 솔레노이드의 중심축에 마찰이 없는 레일이 있다. a, b, c, d는 레일 위의 지점이다. a에 가만히 놓은 자석은 솔레노이드를 통과하여 d에서 운동 방향이 바뀌고, 자석이 d로부터 내려와 c를 지날 때 LED에서 빛이 방출된다. X는 N극과 S극 중 하나이다.

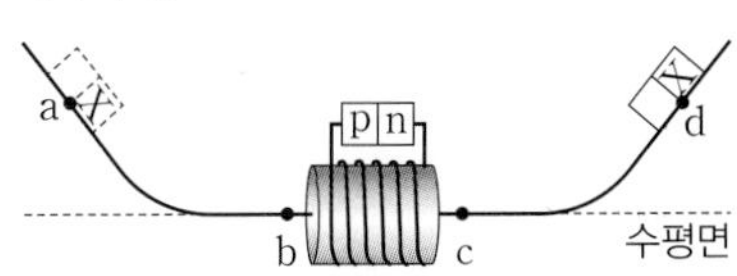

이에 대한 설명으로 옳은 것만을 〈보기〉에서 있는 대로 고른 것은?

보기

ㄱ. X는 N극이다.
ㄴ. a로부터 내려온 자석이 b를 지날 때 LED에서 빛이 방출된다.
ㄷ. 자석의 역학적 에너지는 a에서와 d에서가 같다.

① ㄱ ② ㄷ ③ ㄱ, ㄴ
④ ㄴ, ㄷ ⑤ ㄱ, ㄴ, ㄷ

145 ▸25116-0373
2022학년도 9월 모의평가 17번 상중하

다음은 전자기 유도에 대한 실험이다.

[실험 과정]

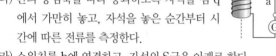

(가) 그림과 같이 플라스틱 관에 감긴 코일, 저항, p−n 접합 다이오드, 스위치, 검류계가 연결된 회로를 구성한다.

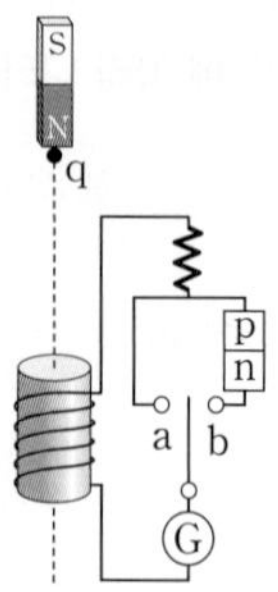

(나) 스위치를 a에 연결하고, 자석의 N극을 아래로 한다.

(다) 관의 중심축을 따라 통과하도록 자석을 점 q에서 가만히 놓고, 자석을 놓은 순간부터 시간에 따른 전류를 측정한다.

(라) 스위치를 b에 연결하고, 자석의 S극을 아래로 한다.

(마) (다)를 반복한다.

[실험 결과]

(다)의 결과	(마)의 결과
㉠	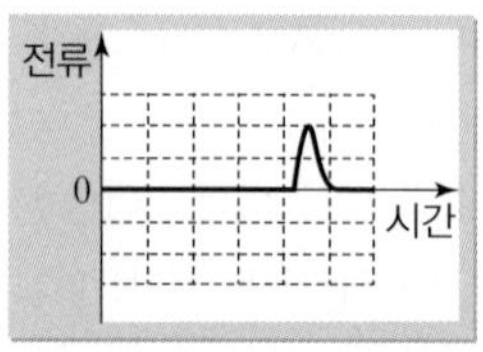

㉠으로 가장 적절한 것은?

①
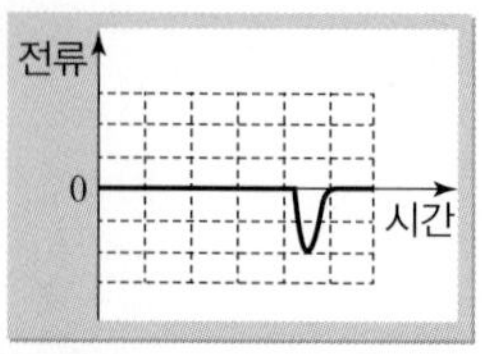

②
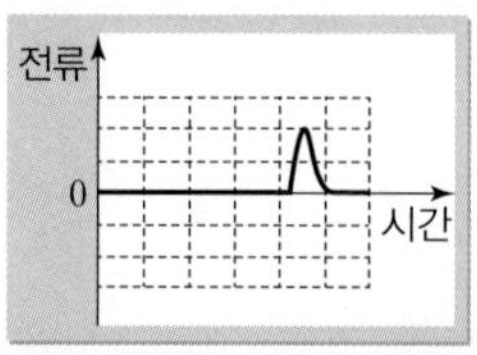

③
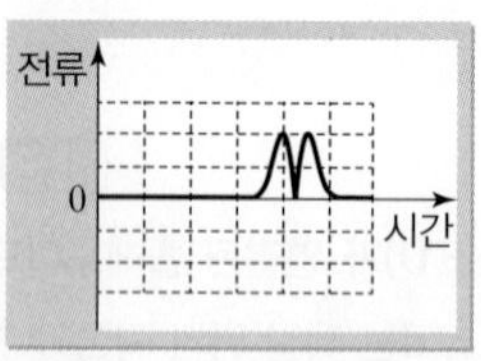

④
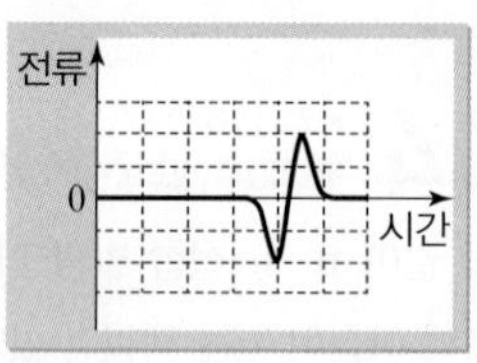

⑤
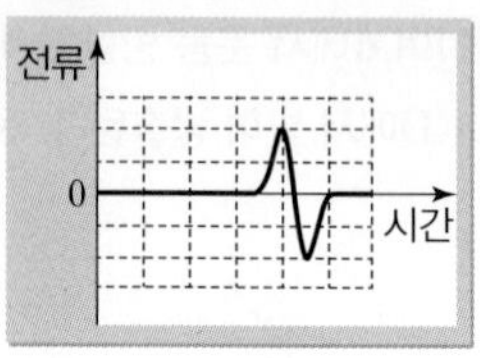

146 ▸25116-0374
2022학년도 6월 모의평가 2번 상중하

전자기 유도 현상을 활용하는 것만을 <보기>에서 있는 대로 고른 것은?

보기

ㄱ. 마이크

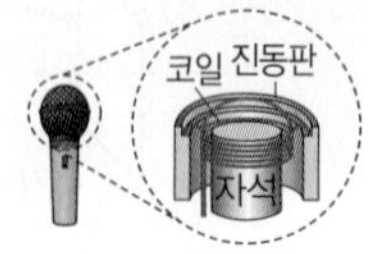

ㄴ. 무선 충전

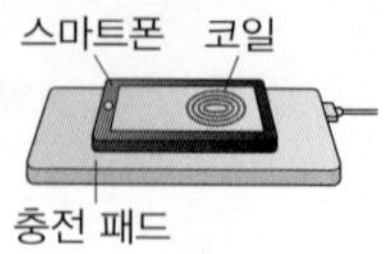

ㄷ. 전자석 기중기

① ㄱ ② ㄷ ③ ㄱ, ㄴ
④ ㄴ, ㄷ ⑤ ㄱ, ㄴ, ㄷ

147 ▸25116-0375
2021학년도 10월 학력평가 2번 상중하

다음은 간이 발전기에 대한 설명이다.

○ 간이 발전기의 자석이 일정한 속력으로 회전할 때, 코일에 유도 전류가 흐른다. 이때 [㉠] 유도 전류의 세기가 커진다.

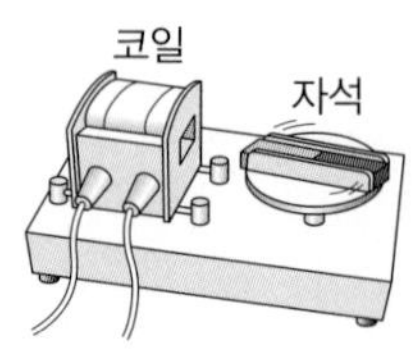

㉠으로 적절한 것만을 <보기>에서 있는 대로 고른 것은?

보기

ㄱ. 자석의 회전 속력만을 증가시키면

ㄴ. 자석의 회전 방향만을 반대로 하면

ㄷ. 자석을 세기만 더 강한 것으로 바꾸면

① ㄱ ② ㄷ ③ ㄱ, ㄴ
④ ㄱ, ㄷ ⑤ ㄴ, ㄷ

148 ▸25116-0376
2021학년도 3월 학력평가 3번 상중하

그림은 xy 평면에 수직인 방향의 자기장 영역에서 정사각형 금속 고리 A, B, C가 각각 $+x$ 방향, $-y$ 방향, $+y$ 방향으로 직선 운동하고 있는 순간의 모습을 나타낸 것이다. 자기장 영역에서 자기장은 일정하고 균일하다.

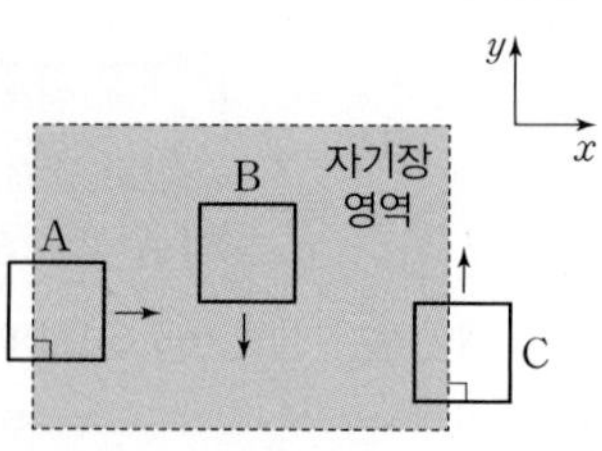

유도 전류가 흐르는 고리만을 있는 대로 고른 것은? (단, A, B, C 사이의 상호 작용은 무시한다.)

① A ② B ③ A, C
④ B, C ⑤ A, B, C

149
▸25116-0377
2021학년도 수능 11번
상 중 하

그림 (가)는 자기장 B가 균일한 영역에 금속 고리가 고정되어 있는 것을 나타낸 것이고, (나)는 B의 세기를 시간에 따라 나타낸 것이다. B의 방향은 종이면에 수직으로 들어가는 방향이다.

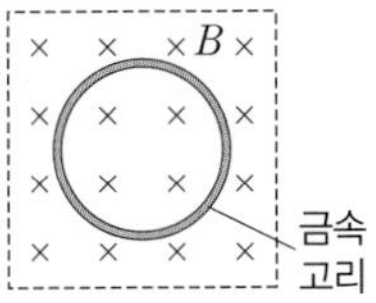

(가)

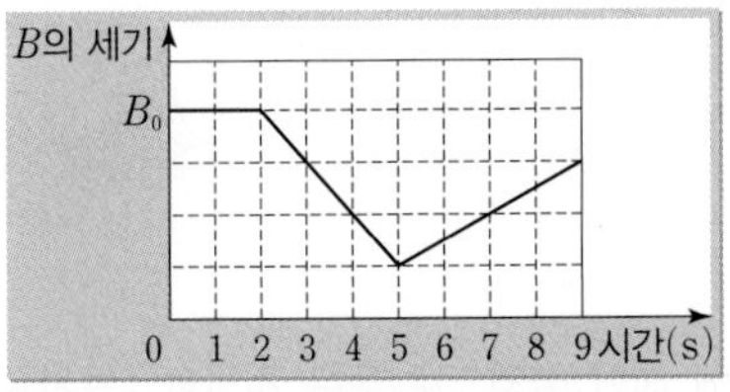

(나)

이에 대한 설명으로 옳은 것만을 〈보기〉에서 있는 대로 고른 것은?

보기

ㄱ. 1초일 때 유도 전류는 흐르지 않는다.
ㄴ. 유도 전류의 방향은 3초일 때와 6초일 때가 서로 반대이다.
ㄷ. 유도 전류의 세기는 7초일 때가 4초일 때보다 크다.

① ㄱ ② ㄷ ③ ㄱ, ㄴ
④ ㄴ, ㄷ ⑤ ㄱ, ㄴ, ㄷ

150
▸25116-0378
2021학년도 9월 모의평가 16번
상 중 하

그림 (가)는 무선 충전기에서 스마트폰의 원형 도선에 전류가 유도되어 스마트폰이 충전되는 모습을, (나)는 원형 도선을 통과하는 자기 선속 Φ를 시간 t에 따라 나타낸 것이다.

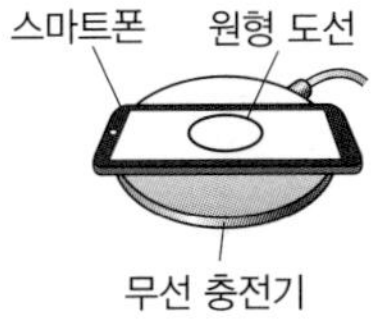

(가)

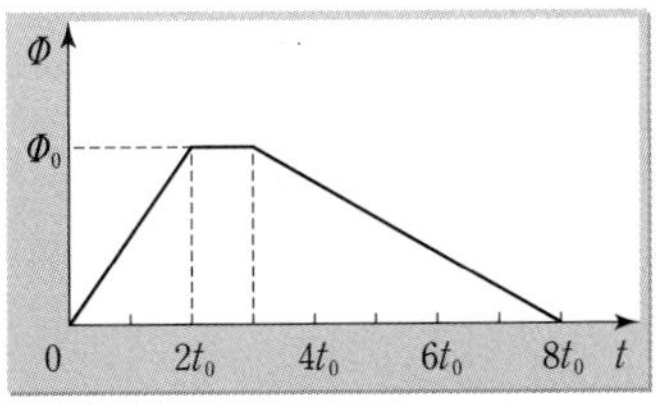

(나)

원형 도선에 흐르는 유도 전류에 대한 설명으로 옳은 것만을 〈보기〉에서 있는 대로 고른 것은?

보기

ㄱ. 유도 전류의 세기는 $0<t<2t_0$에서 증가한다.
ㄴ. 유도 전류의 세기는 t_0일 때가 $5t_0$일 때보다 크다.
ㄷ. 유도 전류의 방향은 t_0일 때와 $6t_0$일 때가 서로 같다.

① ㄱ ② ㄴ ③ ㄱ, ㄷ
④ ㄴ, ㄷ ⑤ ㄱ, ㄴ, ㄷ

151
▸25116-0379
2021학년도 6월 모의평가 5번
상 중 하

다음은 전자기 유도에 대한 실험이다.

[실험 과정]

(가) 그림과 같이 코일에 검류계를 연결한다.

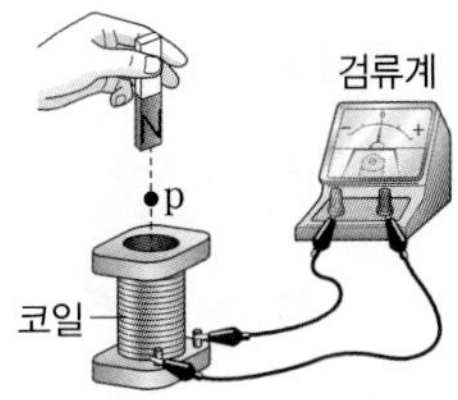

(나) 자석의 N극을 아래로 하고, 코일의 중심축을 따라 자석을 일정한 속력으로 코일에 가까이 가져간다.
(다) 자석이 p점을 지나는 순간 검류계의 눈금을 관찰한다.
(라) 자석의 S극을 아래로 하고, 코일의 중심축을 따라 자석을 (나)에서보다 빠른 속력으로 코일에 가까이 가져가면서 (다)를 반복한다.

[실험 결과]

(다)의 결과	(라)의 결과
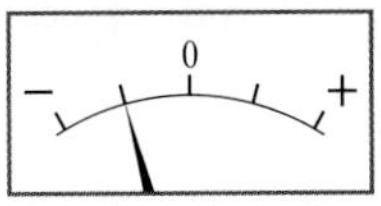	㉠

㉠으로 가장 적절한 것은?

①
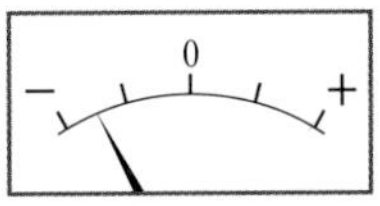

②
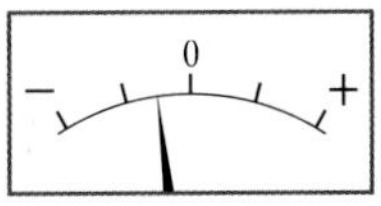

③
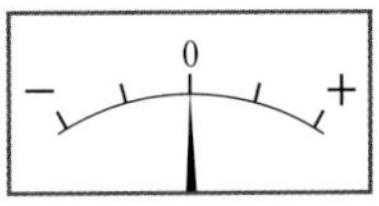

④
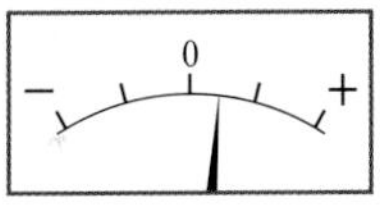

⑤
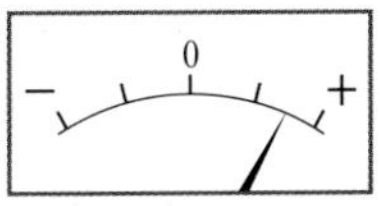

152 ▸25116-0380
2020학년도 10월 학력평가 8번 상중하

그림 (가)는 마이크의 내부 구조를 나타낸 것으로, 소리에 의해 진동판과 코일이 진동한다. 그림 (나)는 (가)에서 자석의 윗면과 코일 사이의 거리 d를 시간에 따라 나타낸 것이다. t_3일 때 코일에는 화살표 방향으로 유도 전류가 흐른다.

(가)

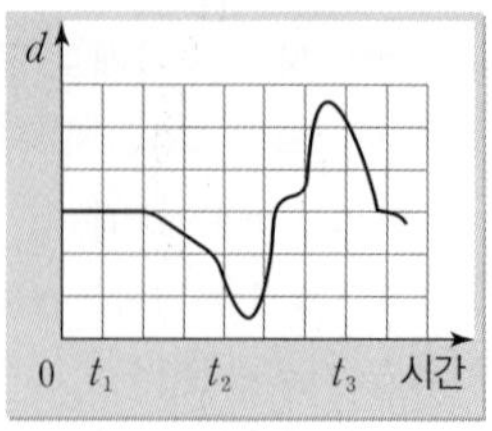

(나)

이에 대한 옳은 설명만을 〈보기〉에서 있는 대로 고른 것은?

보기

ㄱ. 자석의 윗면은 N극이다.
ㄴ. t_1일 때 코일에는 유도 전류가 흐르지 않는다.
ㄷ. 코일에 흐르는 유도 전류의 방향은 t_2일 때와 t_3일 때가 서로 반대이다.

① ㄱ ② ㄷ ③ ㄱ, ㄴ ④ ㄴ, ㄷ ⑤ ㄱ, ㄴ, ㄷ

153 ▸25116-0381
2020학년도 3월 학력평가 8번 상중하

그림은 휴대 전화를 무선 충전기 위에 놓고 충전하는 모습을 나타낸 것이다. 코일 A, B는 각각 무선 충전기와 휴대 전화 내부에 있고, A에 흐르는 전류의 세기 I는 주기적으로 변한다.

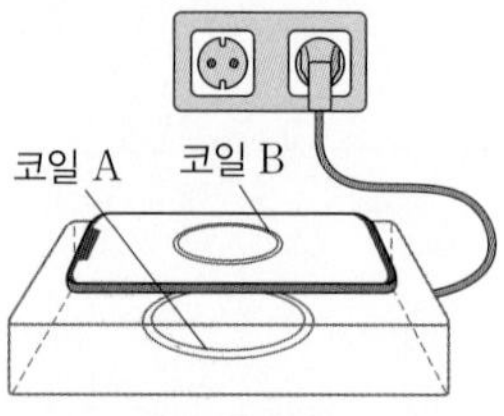

무선 충전기

이에 대한 옳은 설명만을 〈보기〉에서 있는 대로 고른 것은?

보기

ㄱ. I가 증가할 때 B에 유도 전류가 흐른다.
ㄴ. I가 감소할 때 B에 유도 전류가 흐르지 않는다.
ㄷ. 무선 충전은 전자기 유도 현상을 이용한다.

① ㄱ ② ㄴ ③ ㄱ, ㄷ ④ ㄴ, ㄷ ⑤ ㄱ, ㄴ, ㄷ

154 ▸25116-0382
2020학년도 수능 14번 상중하

그림은 마찰이 없는 빗면에서 자석이 솔레노이드의 중심축을 따라 운동하는 모습을 나타낸 것이다. 점 p, q는 솔레노이드의 중심축상에 있고, 전구의 밝기는 자석이 p를 지날 때가 q를 지날 때보다 밝다.

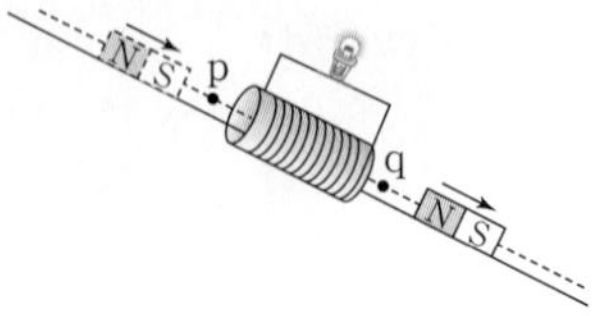

이에 대한 설명으로 옳은 것만을 〈보기〉에서 있는 대로 고른 것은? (단, 자석의 크기는 무시한다.)

보기

ㄱ. 솔레노이드에 유도되는 기전력의 크기는 자석이 p를 지날 때가 q를 지날 때보다 크다.
ㄴ. 전구에 흐르는 전류의 방향은 자석이 p를 지날 때와 q를 지날 때가 서로 반대이다.
ㄷ. 자석의 역학적 에너지는 p에서가 q에서보다 작다.

① ㄱ ② ㄷ ③ ㄱ, ㄴ ④ ㄴ, ㄷ ⑤ ㄱ, ㄴ, ㄷ

155 ▸25116-0383
2020학년도 9월 모의평가 13번 상중하

그림 (가)와 같이 한 변의 길이가 d인 정사각형 금속 고리가 xy 평면에서 $+x$ 방향으로 자기장 영역 Ⅰ, Ⅱ, Ⅲ을 통과한다. Ⅰ, Ⅱ, Ⅲ에서 자기장의 세기는 각각 B, $2B$, B로 균일하고, 방향은 모두 xy 평면에 수직으로 들어가는 방향이다. P는 금속 고리의 한 점이다. 그림 (나)는 P의 속력을 위치에 따라 나타낸 것이다.

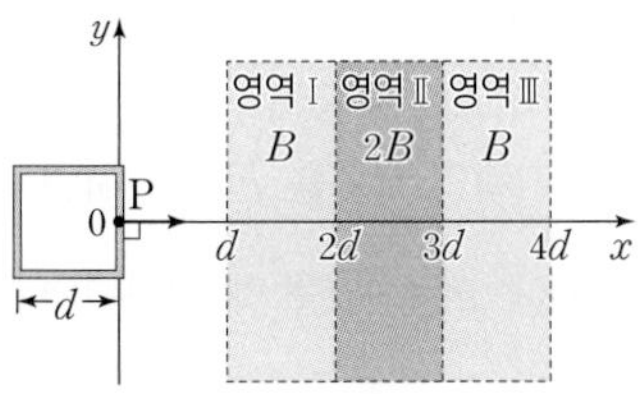

(가)

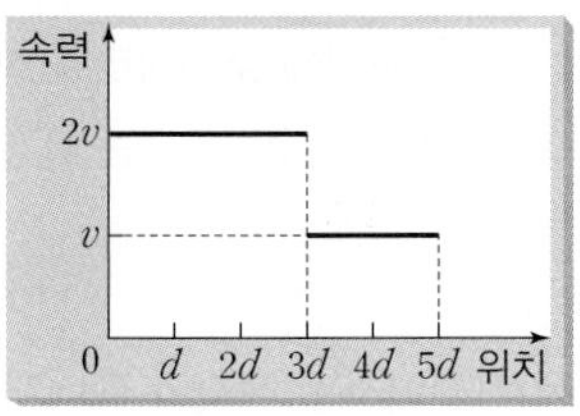

(나)

이에 대한 설명으로 옳은 것만을 <보기>에서 있는 대로 고른 것은?

보기

ㄱ. P가 $x=1.5d$를 지날 때, P에서의 유도 전류의 방향은 $-y$ 방향이다.
ㄴ. 유도 전류의 세기는 P가 $x=1.5d$를 지날 때가 $x=4.5d$를 지날 때보다 크다.
ㄷ. 유도 전류의 방향은 P가 $x=2.5d$를 지날 때와 $x=3.5d$를 지날 때가 서로 반대 방향이다.

① ㄱ ② ㄷ ③ ㄱ, ㄴ
④ ㄴ, ㄷ ⑤ ㄱ, ㄴ, ㄷ

156 ▸25116-0384
2020학년도 6월 모의평가 8번 상중하

그림과 같이 고정되어 있는 동일한 솔레노이드 A, B의 중심축에 마찰이 없는 레일이 있고, A, B에는 동일한 저항 P, Q가 각각 연결되어 있다. 빗면을 내려온 자석이 수평인 레일 위의 점 a, b, c를 지난다.

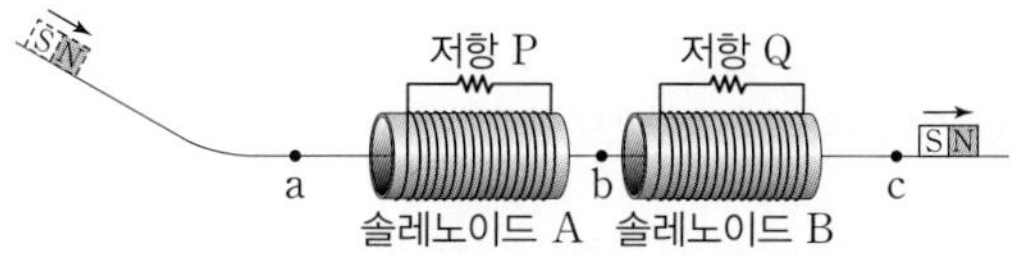

이에 대한 설명으로 옳은 것만을 <보기>에서 있는 대로 고른 것은? (단, A와 B 사이의 상호 작용은 무시한다.)

보기

ㄱ. 자석의 속력은 c에서가 a에서보다 크다.
ㄴ. b에서 자석에 작용하는 자기력의 방향은 자석의 운동 방향과 같다.
ㄷ. P에 흐르는 전류의 최댓값은 Q에 흐르는 전류의 최댓값보다 크다.

① ㄱ ② ㄷ ③ ㄱ, ㄴ
④ ㄴ, ㄷ ⑤ ㄱ, ㄴ, ㄷ

157 ▸25116-0385
2019학년도 10월 학력평가 9번 상중하

그림과 같이 동일한 정사각형 금속 고리 A, B가 종이면에 수직인 방향의 균일한 자기장 영역 Ⅰ, Ⅱ를 일정한 속력 v로 서로 반대 방향으로 통과한다. p, q, r는 영역의 경계면이다. Ⅰ에서 자기장의 세기는 B_0이고, A의 중심이 p, q를 지날 때 A에 흐르는 유도 전류의 세기와 방향은 각각 같다.

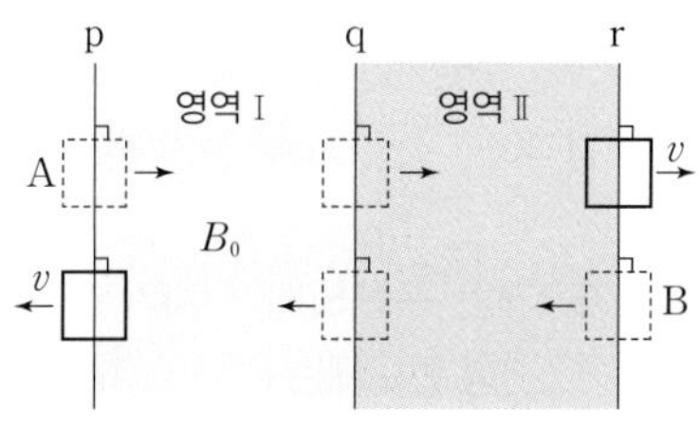

이에 대한 옳은 설명만을 <보기>에서 있는 대로 고른 것은? (단, A와 B의 상호 작용은 무시한다.)

보기

ㄱ. Ⅱ에서 자기장의 세기는 $2B_0$이다.
ㄴ. A에 흐르는 유도 전류의 세기는 A의 중심이 r를 지날 때가 p를 지날 때의 2배이다.
ㄷ. A와 B의 중심이 각각 q를 지날 때 A와 B에 흐르는 유도 전류의 방향은 서로 반대이다.

① ㄱ ② ㄷ ③ ㄱ, ㄴ
④ ㄴ, ㄷ ⑤ ㄱ, ㄴ, ㄷ

기출 & 플러스

01 물질의 전기적 특성

■ 빈칸에 알맞은 말을 써 넣으시오.

01 같은 종류의 전하 사이에는 서로 (　　　) 전기력이, 다른 종류의 전하 사이에는 서로 (　　　) 전기력이 작용한다.

02 원자핵 주위를 등속 원운동 하는 전자에 작용하는 전기력의 방향은 전자의 운동 방향과 항상 (　　　)이다.

03 α(알파)입자 산란 실험에서 α(알파)입자와 원자핵 사이에는 (　　　)에 의해 α(알파)입자가 산란된다.

04 기체에 높은 전압을 걸어 주었을 때, 특정한 위치에 밝은 색의 선이 띄엄띄엄 나타나는 스펙트럼을 (　　　)이라고 한다.

05 수소의 선 스펙트럼에서 양자수가 $n \geq 2$인 궤도에서 $n=1$인 궤도로 전이할 때 방출되는 빛의 계열을 (　　　) 계열이라고 한다.

06 파울리 배타 원리에 의하면 하나의 양자 상태에 동일한 전자 2개가 있을 수 (　　　)다.

07 고체에서 허용된 띠 사이에 전자가 존재할 수 없는 에너지 간격을 (　　　)이라고 한다.

08 원자가 띠에 있는 전자는 띠 간격 이상의 에너지를 흡수하면 (　　　)로 전이한다.

09 고체에서 띠 간격이 (　　　)수록 전기 전도성이 좋다.

10 원자가 전자가 4개인 규소(Si)에 원자가 전자가 5개인 불순물을 도핑한 (　　　)형 반도체는 (　　　)가 주된 전하 운반자의 역할을 한다.

11 p-n 접합 다이오드의 p형 반도체에 전원의 (−)극을, n형 반도체에 전원의 (+)극을 연결하면 다이오드는 (　　　) 전압이 걸려 있다고 한다.

12 p-n 접합 다이오드를 이용해 교류 전류를 한쪽 방향으로만 흐르게 하는 (　　　) 작용을 하는 장치를 만들 수 있다.

13 발광 다이오드에 순방향 전압이 걸리면 전자는 (　　　)형 반도체에서 접합면을 지나 (　　　)형 반도체로 이동한다.

■ 다음 내용이 옳으면 ○표, 틀리면 ×표 하시오.

14 두 전하 사이에 작용하는 전기력의 크기는 두 전하의 전하량의 곱에 반비례한다. (　　)

15 떨어진 거리가 r이고 전하량이 $+4q$, $-2q$인 두 점전하 사이에 작용하는 전기력의 크기를 F라고 하면, 두 점전하를 접촉한 후 원래 위치에 고정시켰을 때 전기력의 크기는 $\frac{F}{8}$이다. (　　)

16 점전하 A, B, C가 x축상에 순서대로 고정되어 있고 A가 받는 전기력이 0이라면 전하량의 크기는 B가 C보다 크다. (　　)

17 전자의 전이에서 전이하는 전자의 에너지 준위 차가 클수록 방출되는 빛의 진동수가 작다. (　　)

18 발머 계열의 선 스펙트럼에서 방출한 빛의 파장은 양자수 $n=3$인 상태에서 전이할 때가 $n=4$인 상태에서 전이할 때보다 길다. (　　)

19 원자의 가장 바깥쪽에 원자가 전자가 차지하는 에너지띠는 전도띠이다. (　　)

20 전기 전도도는 도체가 반도체보다 크다. (　　)

21 원자가 전자가 4개인 규소(Si)에 원자가 전자가 3개인 불순물을 도핑한 반도체는 전도띠 바로 아래 새로운 에너지띠가 만들어져 전자가 작은 에너지로도 전도띠로 쉽게 올라간다. (　　)

22 교류 전원에 저항과 p-n 접합 다이오드를 직렬연결하면, 다이오드에는 시간과 관계없이 계속 전류가 흐른다. (　　)

23 발광 다이오드는 빛 신호를 전기 신호로 전환하는 장치로, 광 센서, 화재 감지기, 조도계에 사용된다. (　　)

24 TV 리모컨의 수신부에 사용하는 다이오드는 광 다이오드이다. (　　)

25 발광 다이오드에 순방향 전압을 걸어 전도띠의 전자가 원자가 띠의 양공으로 전이할 때, 띠 간격이 클수록 방출하는 빛의 파장은 짧다. (　　)

02 물질의 자기적 특성

■ 빈칸에 알맞은 말을 써 넣으시오.

26 자기장이 형성된 공간에 나침반을 놓으면 나침반 자침의 (　　　)극이 가리키는 방향이 그 지점의 (　　　)과 같다.

27 직선 도선에 전류가 흐르면 직선 전류 주위에는 (　　　) 모양의 자기장이 형성된다.

28 직선 전류에 의한 자기장의 세기는 전류의 세기에 (　　　)하고, 도선으로부터 떨어진 거리에 (　　　)한다.

29 직선 전류에 의한 자기장의 방향을 알아보는 앙페르 법칙에 의하면, 직선 전류의 방향과 오른손의 (　　　)을 일치시키고, (　　　) 방향이 직선 전류에 의한 자기장의 방향이다.

30 원형 전류 중심에서 자기장의 세기는 전류의 세기에 (　　　)하고, 원형 도선의 반지름에 (　　　)한다.

31 솔레노이드 내부에서 자기장의 세기는 균일하고, 전류의 세기와 단위 길이당 도선의 감은 수에 (　　　)한다.

32 전동기는 전류의 (　　　)을 이용하여 회전 운동하는 장치이다.

33 코일에 전류가 흐를 때 생기는 강한 자기장을 이용하여 인체 내부의 영상을 얻는 장치는 (　　　) 장치이다.

34 외부 자기장의 방향과 반대 방향으로 자기화되는 물질을 (　　　)라고 한다.

35 (　　　) 법칙에 의하면, 자기 선속의 변화를 방해하는 방향으로 유도 전류에 의한 자기장이 형성되도록 유도 전류가 흐른다.

36 패러데이 법칙은 유도 기전력에 관한 법칙으로, 유도 기전력의 크기는 코일의 감은 수와 단위 시간당 자기 선속의 변화량에 (　　　)한다.

37 자석과 코일이 접근할 때 서로 (　　　) 자기력이 형성되도록 코일에 유도 전류가 흐르고, 자석과 코일이 멀어질 때 서로 (　　　) 자기력이 작용하도록 코일에 유도 전류가 흐른다.

■ 다음 내용이 옳으면 ○표, 틀리면 ×표 하시오.

38 남북 방향으로 전류가 흐르는 직선 도선의 연직 아래에 나침반을 놓으면, 전류의 세기가 증가할수록 북쪽 방향과 자침의 N극이 가리키는 방향 사이의 각이 증가한다. (　　)

39 전자석 기중기는 코일 내부에 철심을 넣고 코일에 전류를 흘려 강한 자기장을 형성한다. (　　)

40 헤드의 코일에 전류가 흐를 때 생기는 자기장을 이용하여 플래터에 정보를 기록하는 장치는 토카막이다. (　　)

41 종이, 알루미늄, 마그네슘은 외부 자기장과 반대 방향으로 자기화되고 외부 자기장을 제거하면 자기화된 상태를 오래 유지한다. (　　)

42 무선 충전은 1차 코일에 변하는 전류가 흘러 2차 코일에 유도 전류를 만드는 현상으로 전기 에너지를 이동시킨다. (　　)

43 교통 카드는 전자기 유도를 이용한 장치이다. (　　)

44 자기장이 형성된 태블릿 컴퓨터의 표면을 따라 전자펜을 움직이면 전자펜 안에 있는 코일에 유도 전류가 흘러 전자펜의 움직임을 인식한다. (　　)

정답

01 미는, 당기는 **02** 수직 **03** 전기력(서로 미는 힘) **04** 선 스펙트럼 **05** 라이먼 **06** 없 **07** 띠 간격 **08** 전도띠 **09** 작을 **10** n, 전자 **11** 역방향 **12** 정류 **13** n, p **14** × **15** ○ **16** × **17** × **18** ○ **19** × **20** ○ **21** × **22** × **23** × **24** ○ **25** ○ **26** N, 자기장의 방향 **27** 동심원 **28** 비례, 반비례 **29** 엄지손가락, 나머지 네 손가락을 감아쥔 **30** 비례, 반비례 **31** 비례 **32** 자기 작용 **33** 자기 공명 영상(MRI) **34** 반자성체 **35** 렌츠 **36** 비례 **37** 미는, 당기는 **38** ○ **39** ○ **40** × **41** × **42** ○ **43** ○ **44** ○

함정 탈출 TIP 체크

14 전기력의 크기는 두 전하의 전하량의 곱에 비례한다. **16** B가 A에 작용하는 전기력의 크기와 C가 A에 작용하는 전기력의 크기는 같다. 그런데 A로부터 떨어진 거리는 C가 B보다 크므로 전하량의 크기는 B가 C보다 작다. **17** 전자의 에너지 준위 차와 방출되는 빛의 진동수는 비례한다. **19** 원자의 가장 바깥쪽에 원자가 전자가 차지하는 에너지띠는 원자가 띠이다. **21** 전도띠 바로 아래 새로운 에너지띠가 만들어지는 불순물 반도체는 n형 반도체이다. **23** 발광 다이오드는 전기 신호를 빛 신호로 전환하는 장치이고, 광센서, 화재 감지기, 조도계에는 광 다이오드가 사용된다. **40** 하드 디스크에 대한 내용이고, 토카막은 도넛 모양 장치로 강한 자기장을 만들어 플라즈마를 가두는 장치이다. **41** 종이, 알루미늄, 마그네슘은 상자성체이다.

Ⅲ

파동과 정보 통신

기출문제 분석 팁

- 파동의 변위를 나타낸 그래프를 제시하고 이를 분석하는 문제가 출제되고 있으므로 그래프를 분석할 수 있어야 한다.
- 파동의 굴절 법칙을 이해하고 문제에 적용할 수 있어야 한다. 또 빛의 전반사와 광섬유에 대한 문제는 꾸준히 출제되고 있으므로, 전반사 현상에 대해 이해하고 광섬유의 구조와 굴절각과 굴절률의 관계를 알아야 한다.
- 전자기파 문제는 실생활과 관련지어 꾸준히 출제되고 있다. 따라서 전자기파의 특성 및 영역에 따른 실생활에서의 이용을 알고 있어야 한다. 특히 보어의 수소 원자 모형에서와 같이 에너지를 빛으로 방출하거나 흡수하는 내용과 통합적으로 출제될 수도 있으니 이에 대비해야 한다.
- 파동의 중첩 원리 및 간섭 현상을 이해하고, 보강 간섭과 상쇄 간섭 조건을 파악한 후 파동의 간섭 현상을 실생활과 관련지을 수 있어야 한다.
- 광전 효과 실험에서 단색광의 세기와 진동수, 광전자의 최대 운동 에너지의 관계를 묻는 문제가 출제될 수 있다.
- 물질파 파장과 운동량 및 운동 에너지의 관계를 이해하고, 전자 현미경의 분해 성능과 그 원리를 설명할 수 있어야 한다.

한눈에 보는 출제 빈도

시험 \ 내용		01 파동의 성질과 활용 • 파동의 성질과 분석 • 전반사와 광섬유 • 전자기파 • 빛의 간섭 현상	02 빛과 물질의 이중성 • 빛의 이중성 • 물질의 이중성
2025 학년도	수능	4	1
	9월 모의평가	4	1
	6월 모의평가	4	1
2024 학년도	수능	4	1
	9월 모의평가	4	1
	6월 모의평가	4	1
2023 학년도	수능	4	1
	9월 모의평가	4	1
	6월 모의평가	4	1
2022 학년도	수능	4	1
	9월 모의평가	4	1
	6월 모의평가	4	1
2021 학년도	수능	4	1
	9월 모의평가	4	1
	6월 모의평가	4	1

기출문제로 유형 확인하기

01 파동의 성질과 활용

01 ▸25116-0386
2024학년도 10월 학력평가 12번 상중하

다음은 물결파에 대한 실험이다.

[실험 과정]

(가) 그림과 같이 물결파 실험 장치의 영역 Ⅱ에 사다리꼴 모양의 유리판을 넣은 후 물을 채운다.

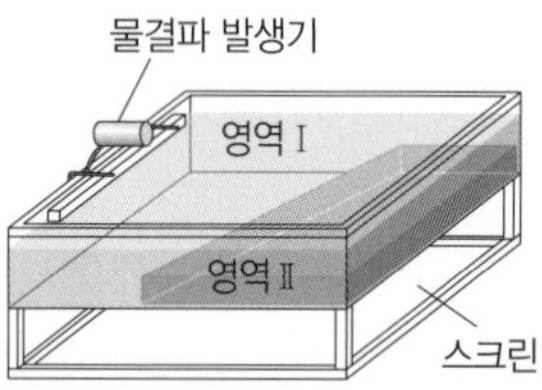

(나) 영역 Ⅰ에서 일정한 진동수의 물결파를 발생시켜 스크린에 투영된 물결파의 무늬를 관찰한다.

(다) (가)에서 유리판의 위치만을 Ⅱ에서 Ⅰ로 옮긴 후 (나)를 반복한다.

[실험 결과]

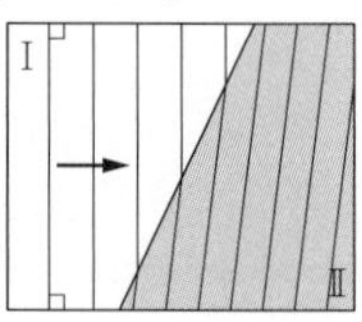

(나)의 결과

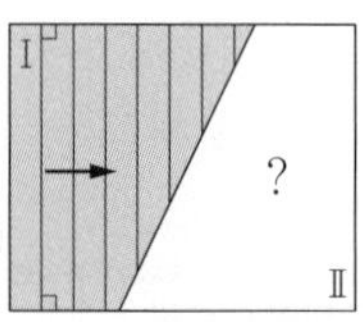

(다)의 결과

*화살표는 물결파의 진행 방향을 나타낸다.
*색칠된 부분은 유리판을 넣은 영역을 나타낸다.

이에 대한 옳은 설명만을 〈보기〉에서 있는 대로 고른 것은?

보기

ㄱ. (나)에서 물결파의 속력은 Ⅰ에서가 Ⅱ에서보다 크다.

ㄴ. Ⅰ과 Ⅱ의 경계면에서 물결파의 굴절각은 (나)에서가 (다)에서보다 작다.

ㄷ. 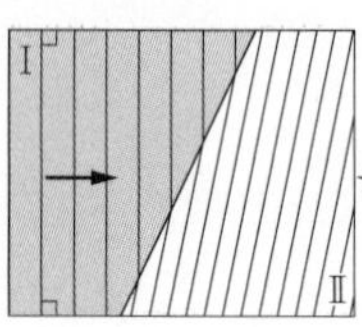

은 (다)의 결과로 적절하다.

① ㄱ ② ㄷ ③ ㄱ, ㄴ
④ ㄴ, ㄷ ⑤ ㄱ, ㄴ, ㄷ

02 ▸25116-0387
2022학년도 3월 학력평가 5번 상중하

다음은 물결파에 대한 실험이다.

[실험 과정]

(가) 그림과 같이 물결파 실험 장치의 한쪽에 삼각형 모양의 유리판을 놓은 후 물을 채우고 일정한 진동수의 물결파를 발생시킨다.

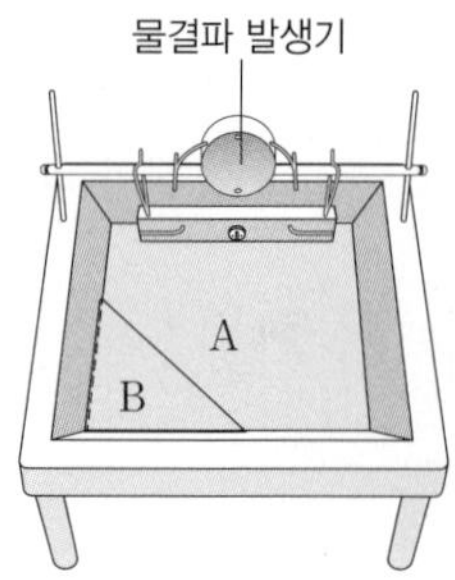

(나) 유리판이 없는 영역 A와, 있는 영역 B에서의 물결파의 무늬를 관찰한다.

(다) (가)에서 물의 양만을 증가시킨 후 (나)를 반복한다.

[실험 결과 및 결론]

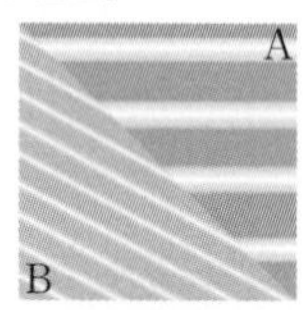

(나)의 결과

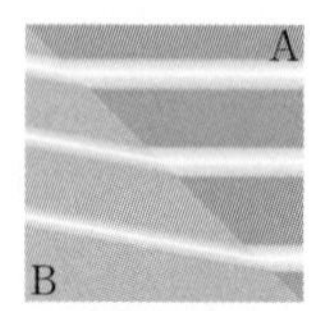

(다)의 결과

○ (다)에서가 (나)에서보다 큰 물리량
 – A에서 이웃한 파면 사이의 거리
 – B에서 물결파의 굴절각
 – ㉠

㉠에 해당하는 것만을 〈보기〉에서 있는 대로 고른 것은?

보기

ㄱ. A에서 물결파의 속력

ㄴ. B에서 물결파의 진동수

ㄷ. 물결파의 입사각과 굴절각의 차이

① ㄱ ② ㄴ ③ ㄱ, ㄷ
④ ㄴ, ㄷ ⑤ ㄱ, ㄴ, ㄷ

03 ▸25116-0388

2022학년도 수능 3번 상중하

다음은 물결파에 대한 실험이다.

[실험 과정]

(가) 그림과 같이 물결파 실험 장치의 한쪽에 유리판을 넣어 물의 깊이를 다르게 한다.

(나) 일정한 진동수의 물결파를 발생시켜 스크린에 투영된 물결파의 무늬를 관찰한다.

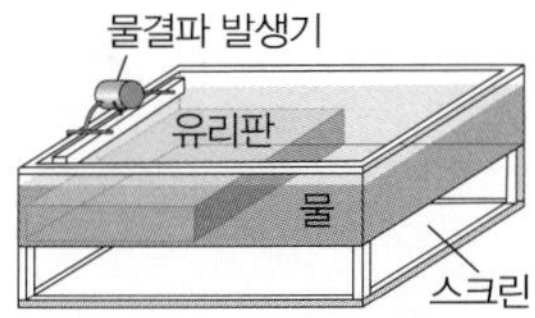

[실험 결과]

Ⅰ: 유리판을 넣은 영역
Ⅱ: 유리판을 넣지 않은 영역

[결론]

물결파의 속력은 물이 (㉠)

이에 대한 설명으로 옳은 것만을 〈보기〉에서 있는 대로 고른 것은?

보기

ㄱ. 파장은 Ⅰ에서가 Ⅱ에서보다 짧다.
ㄴ. 진동수는 Ⅰ에서가 Ⅱ에서보다 크다.
ㄷ. '깊은 곳에서가 얕은 곳에서보다 크다.'는 ㉠에 해당한다.

① ㄱ ② ㄴ ③ ㄱ, ㄷ ④ ㄴ, ㄷ ⑤ ㄱ, ㄴ, ㄷ

04 ▸25116-0389

2022학년도 9월 모의평가 9번 상중하

그림 (가)는 파동이 매질 A에서 매질 B로 진행하는 모습을, (나)는 (가)의 파동이 매질 Ⅰ에서 매질 Ⅱ로 진행하는 경로를 나타낸 것이다. Ⅰ, Ⅱ는 각각 A, B 중 하나이다.

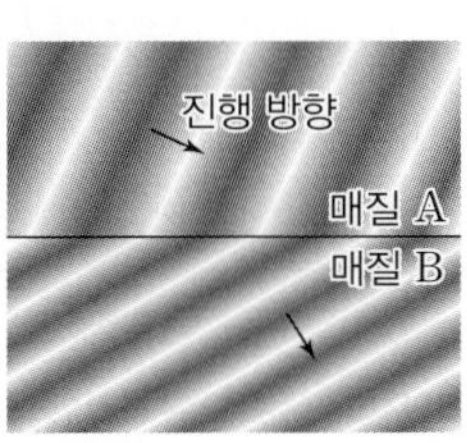

(가)

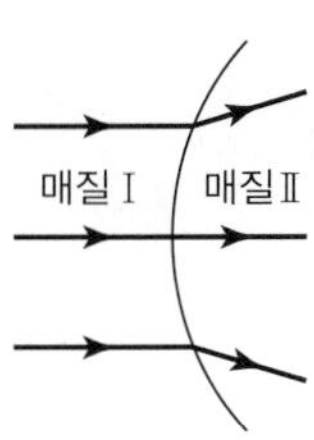

(나)

이에 대한 설명으로 옳은 것만을 〈보기〉에서 있는 대로 고른 것은?

보기

ㄱ. (가)에서 파동의 속력은 B에서가 A에서보다 크다.
ㄴ. Ⅱ는 B이다.
ㄷ. (나)에서 파동의 파장은 Ⅱ에서가 Ⅰ에서보다 길다.

① ㄱ ② ㄷ ③ ㄱ, ㄴ ④ ㄴ, ㄷ ⑤ ㄱ, ㄴ, ㄷ

05 ▸25116-0390

2023학년도 9월 모의평가 5번 상중하

그림 (가)는 매질 A, B에 볼펜을 넣어 볼펜이 꺾여 보이는 것을, (나)는 물속에 잠긴 다리가 짧아 보이는 것을 나타낸 것이다.

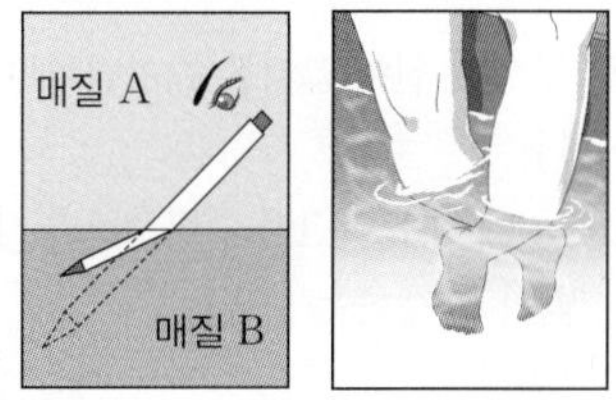

(가) (나)

이에 대한 설명으로 옳은 것만을 〈보기〉에서 있는 대로 고른 것은?

보기

ㄱ. (가)에서 굴절률은 A가 B보다 크다.
ㄴ. (가)에서 빛의 속력은 A에서가 B에서보다 크다.
ㄷ. (나)에서 빛이 물에서 공기로 진행할 때 굴절각이 입사각보다 크다.

① ㄱ ② ㄷ ③ ㄱ, ㄴ
④ ㄴ, ㄷ ⑤ ㄱ, ㄴ, ㄷ

06 ▸25116-0391

2025학년도 6월 모의평가 15번 상중하

그림과 같이 단색광 P가 매질 Ⅰ, Ⅱ, Ⅲ의 경계면에서 굴절하며 진행한다. P가 Ⅰ에서 Ⅱ로 진행할 때 입사각과 굴절각은 각각 θ_1, θ_2이고, Ⅱ에서 Ⅲ으로 진행할 때 입사각과 굴절각은 각각 θ_3, θ_1이며, Ⅲ에서 Ⅰ로 진행할 때 굴절각은 θ_2이다.

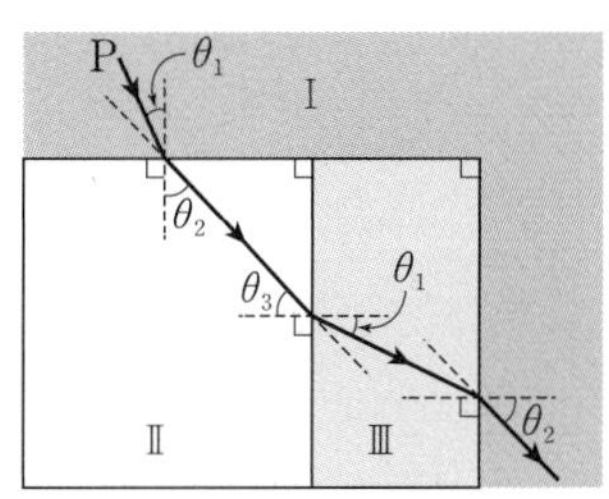

이에 대한 설명으로 옳은 것만을 〈보기〉에서 있는 대로 고른 것은?

보기

ㄱ. P의 파장은 Ⅰ에서가 Ⅱ에서보다 짧다.
ㄴ. P의 속력은 Ⅰ에서가 Ⅲ에서보다 크다.
ㄷ. $\theta_3>\theta_2$이다.

① ㄱ ② ㄷ ③ ㄱ, ㄴ
④ ㄴ, ㄷ ⑤ ㄱ, ㄴ, ㄷ

07

▸25116-0392

2022학년도 6월 모의평가 16번 상중하

다음은 빛의 성질을 알아보는 실험이다.

[실험 과정]

(가) 반원 Ⅰ, Ⅱ로 구성된 원이 그려진 종이면의 Ⅰ에 반원형 유리 A를 올려놓는다.

(나) 레이저 빛이 점 p에서 유리면에 수직으로 입사하도록 한다.

(다) 그림과 같이 빛이 진행하는 경로를 종이면에 그린다.

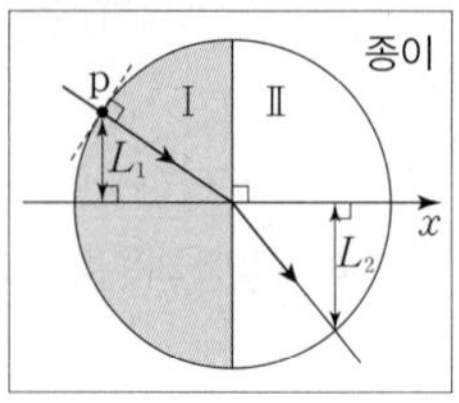

(라) p와 x축 사이의 거리 L_1, 빛의 경로가 Ⅱ의 호와 만나는 점과 x축 사이의 거리 L_2를 측정한다.

(마) (가)에서 Ⅰ의 A를 반원형 유리 B로 바꾸고, (나)~(라)를 반복한다.

(바) (마)에서 Ⅱ에 A를 올려놓고, (나)~(라)를 반복한다.

[실험 결과]

과정	Ⅰ	Ⅱ	L_1(cm)	L_2(cm)
(라)	A	공기	3.0	4.5
(마)	B	공기	3.0	5.1
(바)	B	A	3.0	㉠

이에 대한 설명으로 옳은 것만을 〈보기〉에서 있는 대로 고른 것은?

보기

ㄱ. ㉠>5.1이다.

ㄴ. 레이저 빛의 속력은 A에서가 B에서보다 크다.

ㄷ. 임계각은 레이저 빛이 A에서 공기로 진행할 때가 B에서 공기로 진행할 때보다 크다.

① ㄱ ② ㄴ ③ ㄱ, ㄷ ④ ㄴ, ㄷ ⑤ ㄱ, ㄴ, ㄷ

08

▸25116-0393

2020학년도 10월 학력평가 6번 상중하

그림과 같이 단색광이 물속에 놓인 유리를 지나면서 점 p, q에서 굴절한다. 표는 각 점에서 입사각과 굴절각을 나타낸 것이다.

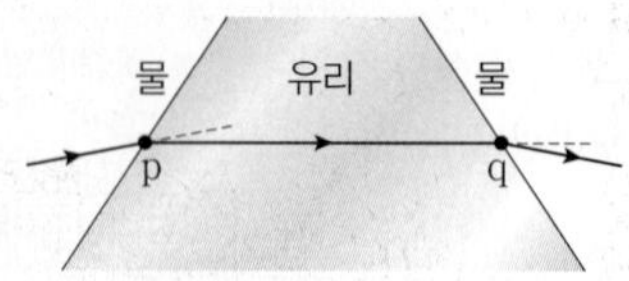

점	입사각	굴절각
p	θ_0	θ_1
q	θ_2	θ_0

이에 대한 옳은 설명만을 〈보기〉에서 있는 대로 고른 것은?

보기

ㄱ. $\theta_1=\theta_2$이다.

ㄴ. 단색광의 진동수는 유리에서와 물에서가 같다.

ㄷ. 단색광의 파장은 유리에서가 물에서보다 작다.

① ㄱ ② ㄷ ③ ㄱ, ㄴ ④ ㄴ, ㄷ ⑤ ㄱ, ㄴ, ㄷ

09

▸25116-0394

2021학년도 3월 학력평가 9번 상중하

그림 (가)는 지표면 근처에서 발생한 소리의 진행 경로를 나타낸 것이다. 점 a, b는 소리의 진행 경로상의 지점으로, a에서 소리의 진동수는 f이다. 그림 (나)는 (가)에서 지표면으로부터의 높이와 소리의 속력과의 관계를 나타낸 것이다.

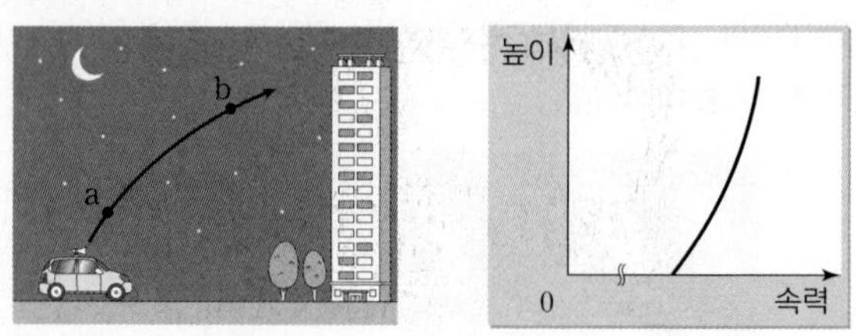

(가) (나)

a에서 b까지 진행하는 소리에 대한 옳은 설명만을 〈보기〉에서 있는 대로 고른 것은?

보기

ㄱ. 굴절하면서 진행한다.

ㄴ. 진동수는 f로 일정하다.

ㄷ. 파장은 길어진다.

① ㄴ ② ㄷ ③ ㄱ, ㄴ ④ ㄱ, ㄷ ⑤ ㄱ, ㄴ, ㄷ

10

▸25116-0395
2021학년도 수능 7번
상중하

그림 (가)는 공기에서 유리로 진행하는 빛의 진행 방향을, (나)는 낮에 발생한 소리의 진행 방향을, (다)는 신기루가 보일 때 빛의 진행 방향을 나타낸 것이다.

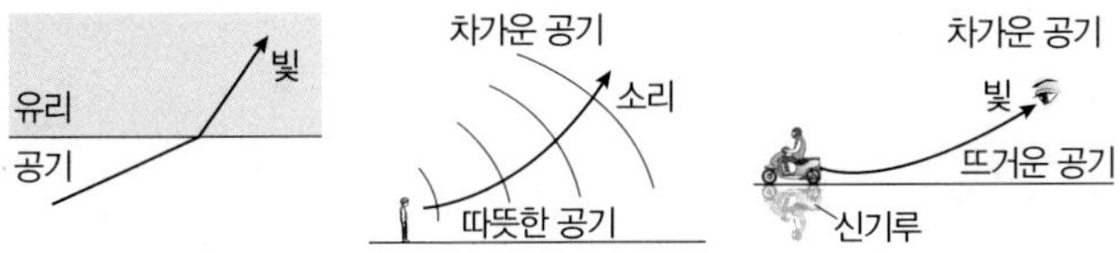

(가) (나) (다)

이에 대한 설명으로 옳은 것만을 〈보기〉에서 있는 대로 고른 것은?

보기

ㄱ. (가)에서 굴절률은 유리가 공기보다 크다.
ㄴ. (나)에서 소리의 속력은 차가운 공기에서가 따뜻한 공기에서보다 크다.
ㄷ. (다)에서 빛의 속력은 뜨거운 공기에서가 차가운 공기에서보다 크다.

① ㄴ ② ㄷ ③ ㄱ, ㄴ
④ ㄱ, ㄷ ⑤ ㄱ, ㄴ, ㄷ

11

▸25116-0396
2021학년도 6월 모의평가 3번
상중하

그림 A, B, C는 파동의 성질을 활용한 예를 나타낸 것이다.

A. 소음 제거 이어폰 B. 돋보기 C. 악기의 울림통

A, B, C 중 파동이 간섭하여 파동의 세기가 감소하는 현상을 활용한 예만을 있는 대로 고른 것은?

① A ② C ③ A, B
④ B, C ⑤ A, B, C

12

▸25116-0397
2021학년도 6월 모의평가 7번
상중하

그림 (가)는 물에서 공기로 진행하는 빛의 진행 방향을, (나)는 밤에 발생한 소리의 진행 방향을 나타낸 것이다.

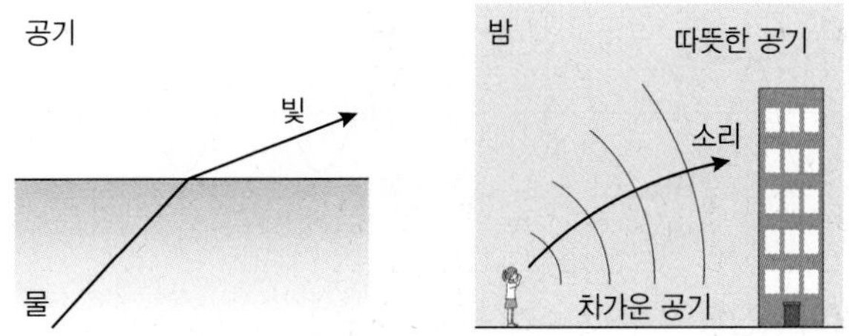

(가) (나)

이에 대한 설명으로 옳은 것만을 〈보기〉에서 있는 대로 고른 것은?

보기

ㄱ. (가)에서 빛의 파장은 물에서가 공기에서보다 짧다.
ㄴ. (가)에서 빛의 진동수는 물에서가 공기에서보다 크다.
ㄷ. (나)에서 소리의 속력은 차가운 공기에서가 따뜻한 공기에서보다 크다.

① ㄱ ② ㄴ ③ ㄱ, ㄷ
④ ㄴ, ㄷ ⑤ ㄱ, ㄴ, ㄷ

13

▸25116-0398
2025학년도 수능 8번
상중하

그림 (가)는 진동수가 일정한 물결파가 매질 A에서 매질 B로 진행할 때, 시간 $t=0$인 순간의 물결파의 모습을 나타낸 것이다. 실선은 물결파의 마루이고, A와 B에서 이웃한 마루와 마루 사이의 거리는 각각 d, $2d$이다. 점 p, q는 평면상의 고정된 점이다. 그림 (나)는 (가)의 p에서 물결파의 변위를 시간 t에 따라 나타낸 것이다.

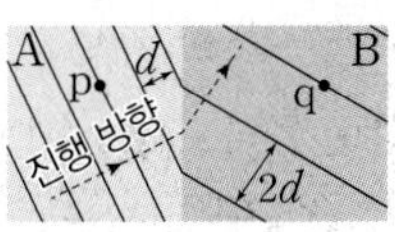

(가)

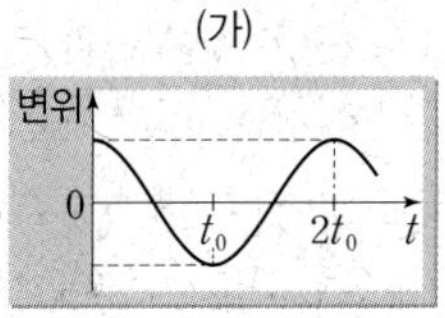

(나)

이에 대한 설명으로 옳은 것만을 〈보기〉에서 있는 대로 고른 것은?

보기

ㄱ. 물결파의 속력은 B에서가 A에서의 2배이다.
ㄴ. (가)에서 입사각은 굴절각보다 작다.
ㄷ. $t=2t_0$일 때, q에서 물결파는 마루가 된다.

① ㄱ ② ㄷ ③ ㄱ, ㄴ
④ ㄴ, ㄷ ⑤ ㄱ, ㄴ, ㄷ

14

▸25116-0399
2025학년도 9월 모의평가 5번 상 중 **하**

그림 (가)와 (나)는 같은 속력으로 진행하는 파동 A와 B의 어느 지점에서의 변위를 각각 시간에 따라 나타낸 것이다.

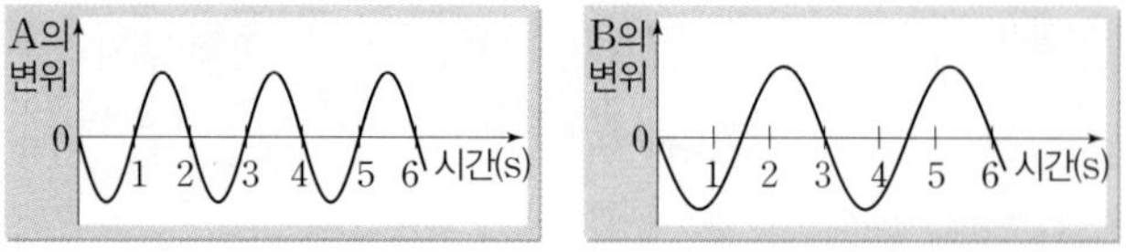

(가) (나)

A, B의 파장을 각각 λ_A, λ_B라 할 때, $\frac{\lambda_A}{\lambda_B}$는?

① $\frac{1}{3}$ ② $\frac{2}{3}$ ③ 1
④ $\frac{4}{3}$ ⑤ $\frac{5}{3}$

15

▸25116-0400
2024학년도 3월 학력평가 8번 상 **중** 하

그림 (가)는 시간 $t=0$일 때, 매질 Ⅰ, Ⅱ에서 진행하는 파동의 모습을 나타낸 것이다. 파동의 진행 방향은 $+x$ 방향과 $-x$ 방향 중 하나이다. 그림 (나)는 (가)에서 $x=3$ m에서의 파동의 변위를 t에 따라 나타낸 것이다.

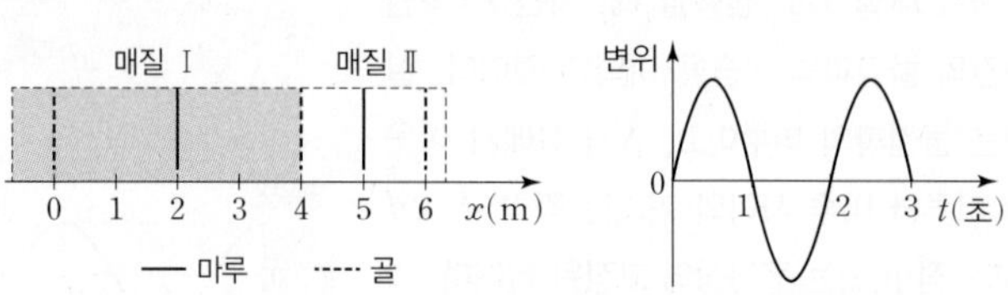

(가) (나)

이에 대한 옳은 설명만을 〈보기〉에서 있는 대로 고른 것은?

보기

ㄱ. Ⅱ에서 파동의 속력은 1 m/s이다.
ㄴ. 파동은 $-x$ 방향으로 진행한다.
ㄷ. $x=5$ m에서 파동의 변위는 $t=2$초일 때가 $t=2.5$초일 때보다 크다.

① ㄱ ② ㄴ ③ ㄱ, ㄷ
④ ㄴ, ㄷ ⑤ ㄱ, ㄴ, ㄷ

16

▸25116-0401
2024학년도 수능 5번 상 **중** 하

그림은 주기가 2초인 파동이 x축과 나란하게 매질 Ⅰ에서 매질 Ⅱ로 진행할 때, 시간 $t=0$인 순간과 $t=3$초인 순간의 파동의 모습을 각각 나타낸 것이다. 실선과 점선은 각각 마루와 골이다.

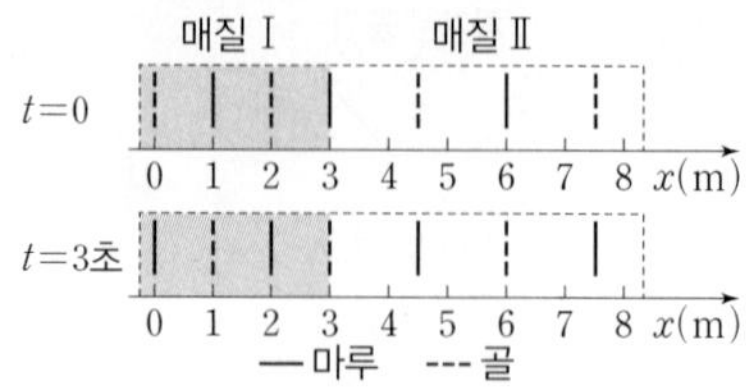

이에 대한 설명으로 옳은 것만을 〈보기〉에서 있는 대로 고른 것은?

보기

ㄱ. Ⅰ에서 파동의 파장은 1 m이다.
ㄴ. Ⅱ에서 파동의 진행 속력은 $\frac{3}{2}$ m/s이다.
ㄷ. $t=0$부터 $t=3$초까지, $x=7$ m에서 파동이 마루가 되는 횟수는 2회이다.

① ㄱ ② ㄴ ③ ㄷ
④ ㄴ, ㄷ ⑤ ㄱ, ㄴ, ㄷ

17

▸25116-0402
2024학년도 9월 모의평가 3번 상 **중** 하

그림은 시간 $t=0$일 때, x축과 나란하게 매질 A에서 매질 B로 진행하는 파동의 변위를 위치 x에 따라 나타낸 것이다. $x=3$ cm인 지점 P에서 변위는 y_P이고, A에서 파동의 진행 속력은 4 cm/s이다.

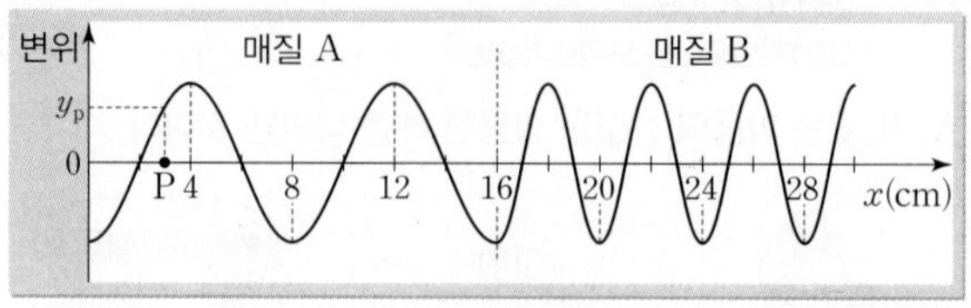

이에 대한 설명으로 옳은 것만을 〈보기〉에서 있는 대로 고른 것은?

보기

ㄱ. 파동의 주기는 2초이다.
ㄴ. B에서 파동의 진행 속력은 8 cm/s이다.
ㄷ. $t=0.1$초일 때, P에서 파동의 변위는 y_P보다 작다.

① ㄱ ② ㄴ ③ ㄷ
④ ㄱ, ㄷ ⑤ ㄱ, ㄴ, ㄷ

18

▸25116-0403
2024학년도 6월 모의평가 14번
상 중 하

그림은 10 m/s의 속력으로 x축과 나란하게 진행하는 파동의 변위를 위치 x에 따라 나타낸 것으로, 어떤 순간에는 파동의 모양이 P와 같고, 다른 어떤 순간에는 파동의 모양이 Q와 같다. 표는 파동의 모양이 P에서 Q로, Q에서 P로 바뀌는 데 걸리는 최소 시간을 나타낸 것이다.

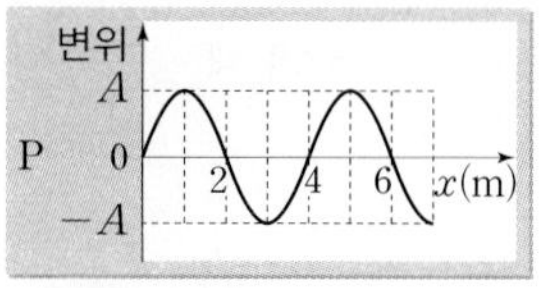

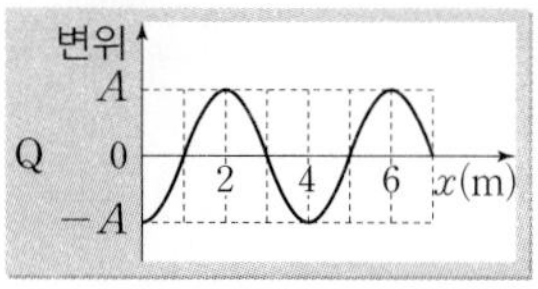

구분	최소 시간(s)
P에서 Q	0.3
Q에서 P	0.1

이에 대한 설명으로 옳은 것만을 〈보기〉에서 있는 대로 고른 것은?

보기

ㄱ. 파장은 4 m이다.
ㄴ. 주기는 0.4 s이다.
ㄷ. 파동은 $+x$ 방향으로 진행한다.

① ㄱ ② ㄷ ③ ㄱ, ㄴ
④ ㄴ, ㄷ ⑤ ㄱ, ㄴ, ㄷ

19

▸25116-0404
2023학년도 10월 학력평가 6번
상 중 하

그림은 각각 0초일 때와 0.2초일 때, 매질 P, Q에서 x축과 나란하게 진행하는 파동의 변위를 위치 x에 따라 나타낸 것이다. P에서 파동의 속력은 5 m/s이다.

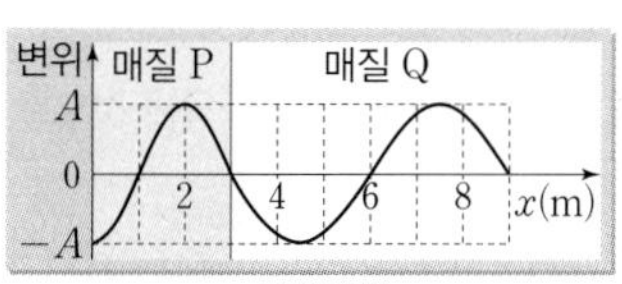

0초일 때

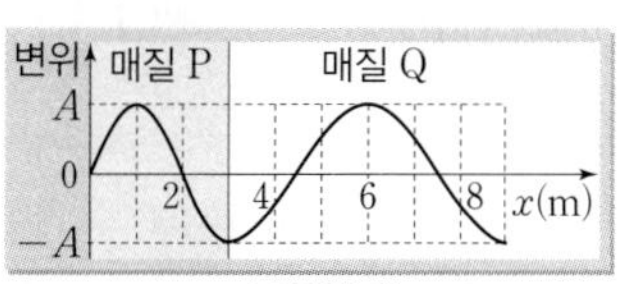

0.2초일 때

이 파동에 대한 설명으로 옳은 것은?

① P에서의 파장은 2 m이다.
② P에서의 진폭은 $2A$이다.
③ 주기는 0.8초이다.
④ $+x$ 방향으로 진행한다.
⑤ Q에서의 속력은 10 m/s이다.

20

▸25116-0405
2023학년도 3월 학력평가 8번
상 중 하

그림 (가)는 시간 $t=0$일 때, x축과 나란하게 매질 Ⅰ에서 매질 Ⅱ로 진행하는 파동의 변위를 위치 x에 따라 나타낸 것이다. 그림 (나)는 $x=2$ cm에서 파동의 변위를 t에 따라 나타낸 것이다.

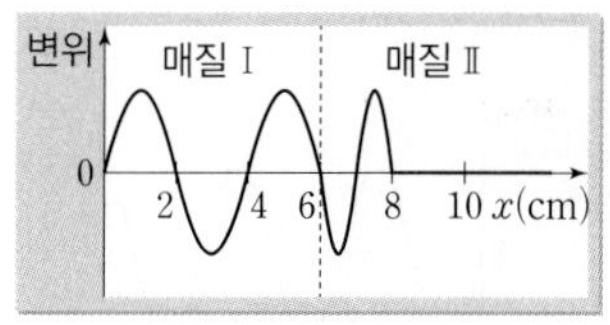

(가)

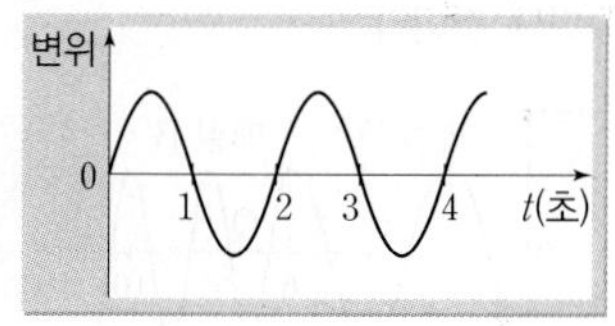

(나)

$x=10$ cm에서 파동의 변위를 t에 따라 나타낸 것으로 가장 적절한 것은?

①
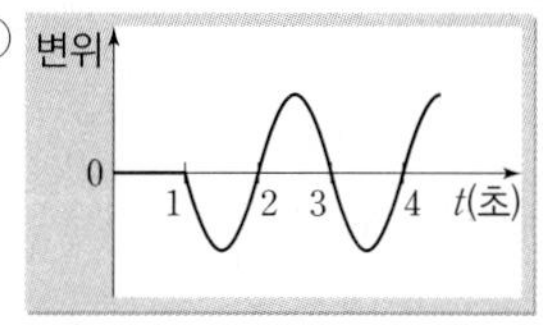

②
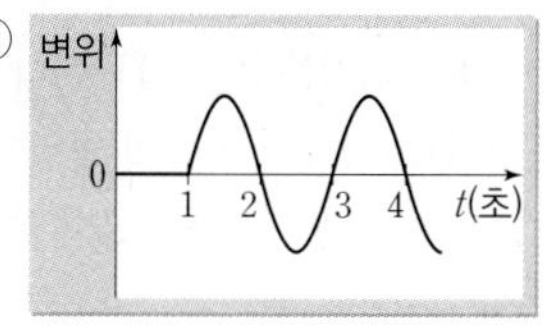

③
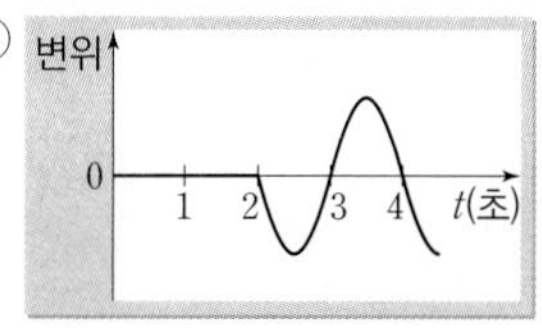

④
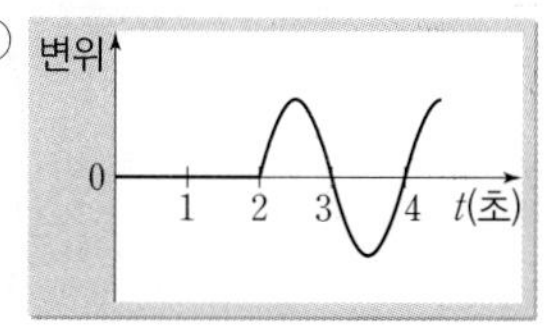

⑤
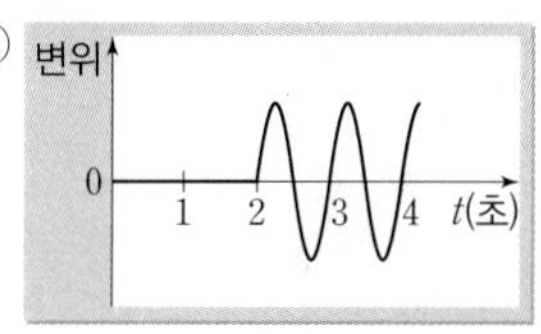

21
▸25116-0406
2023학년도 수능 8번
상중하

그림 (가)는 시간 $t=0$일 때, x축과 나란하게 매질 A에서 매질 B로 진행하는 파동의 변위를 위치 x에 따라 나타낸 것이다. 점 P, Q는 x축상의 지점이다. 그림 (나)는 P, Q 중 한 지점에서 파동의 변위를 t에 따라 나타낸 것이다.

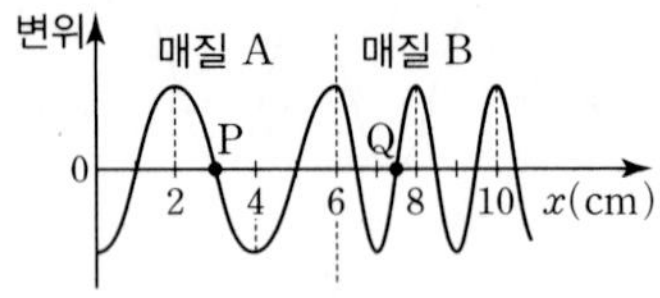

(가)

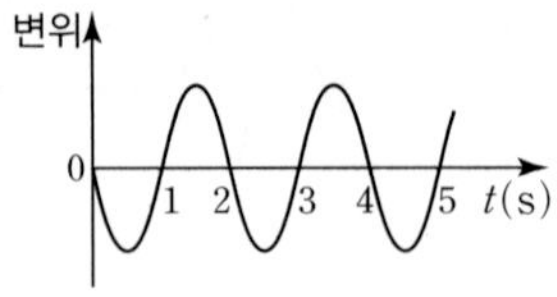

(나)

이에 대한 설명으로 옳은 것만을 〈보기〉에서 있는 대로 고른 것은?

보기

ㄱ. 파동의 진동수는 2 Hz이다.
ㄴ. (나)는 Q에서 파동의 변위이다.
ㄷ. 파동의 진행 속력은 A에서가 B에서의 2배이다.

① ㄱ ② ㄷ ③ ㄱ, ㄴ
④ ㄴ, ㄷ ⑤ ㄱ, ㄴ, ㄷ

22
▸25116-0407
2023학년도 6월 모의평가 10번
상중하

그림은 시간 $t=0$일 때 2 m/s의 속력으로 x축과 나란하게 진행하는 파동의 변위를 위치 x에 따라 나타낸 것이다.

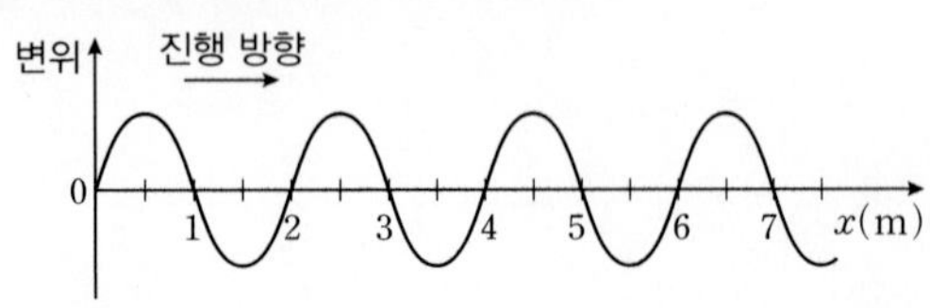

$x=7$ m에서 파동의 변위를 t에 따라 나타낸 것으로 가장 적절한 것은?

①
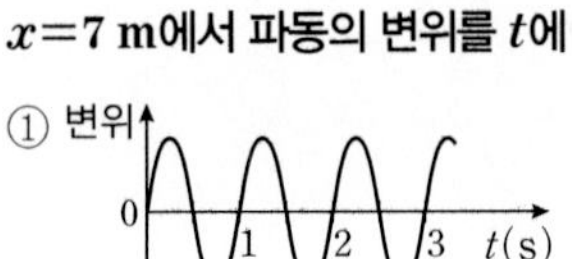
②
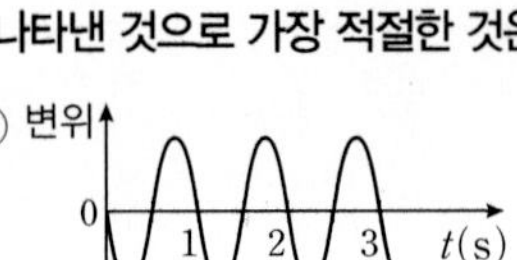
③
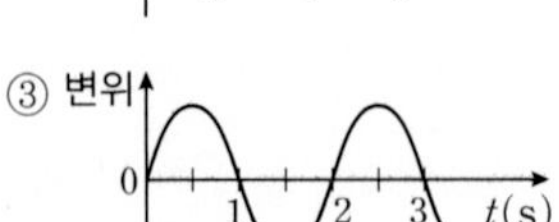
④
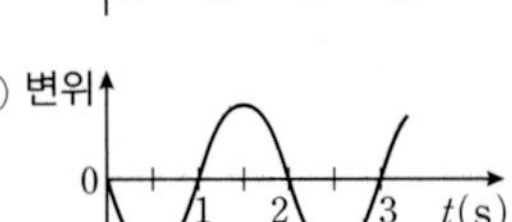
⑤
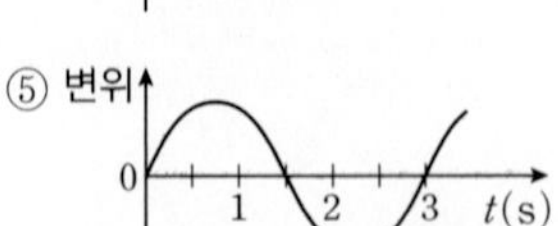

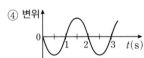

23
▸25116-0408
2022학년도 10월 학력평가 14번
상중하

그림은 매질 Ⅰ, Ⅱ에서 $+x$ 방향으로 진행하는 파동의 0초일 때와 6초일 때의 변위를 위치 x에 따라 나타낸 것이다.

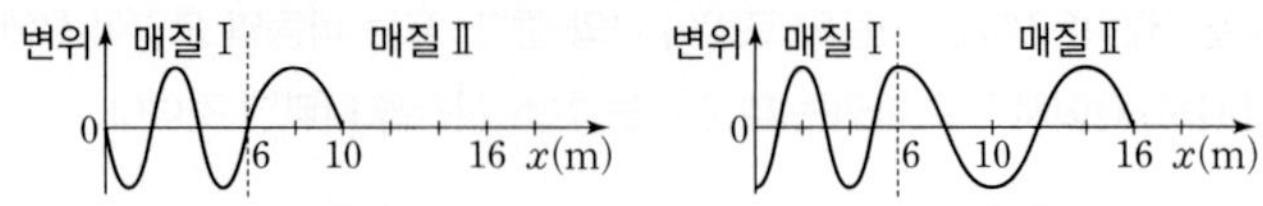

0초일 때 6초일 때

Ⅰ에서 파동의 속력은?

① $\frac{1}{6}$ m/s ② $\frac{1}{3}$ m/s ③ $\frac{1}{2}$ m/s
④ 1 m/s ⑤ $\frac{3}{2}$ m/s

24
▸25116-0409
2022학년도 6월 모의평가 10번
상중하

그림은 시간 $t=0$일 때, 매질 A에서 매질 B로 x축과 나란하게 진행하는 파동의 변위를 위치 x에 따라 나타낸 것이다. A에서 파동의 진행 속력은 2 m/s이다.

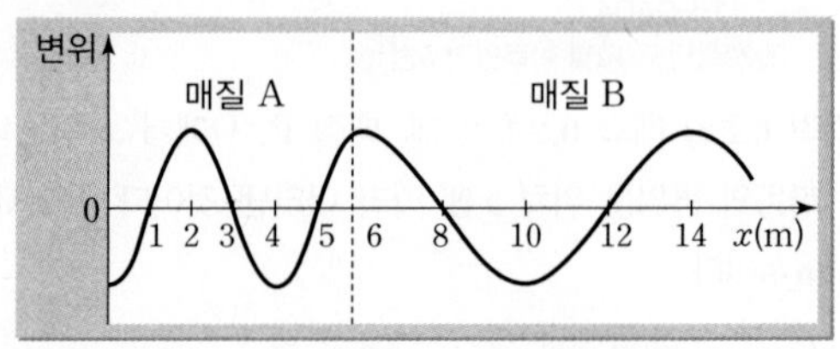

$x=12$ m에서 파동의 변위를 t에 따라 나타낸 것으로 가장 적절한 것은?

①
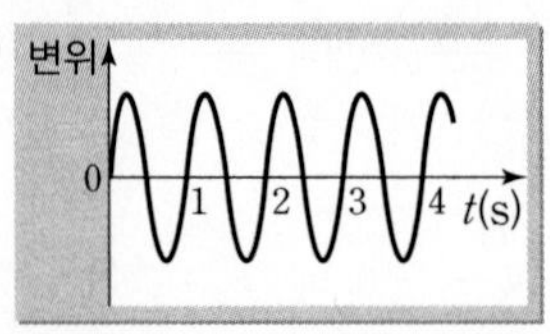
②
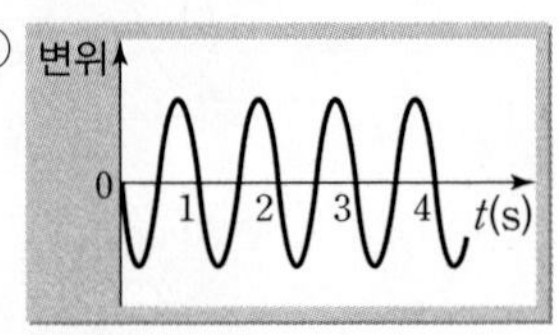
③
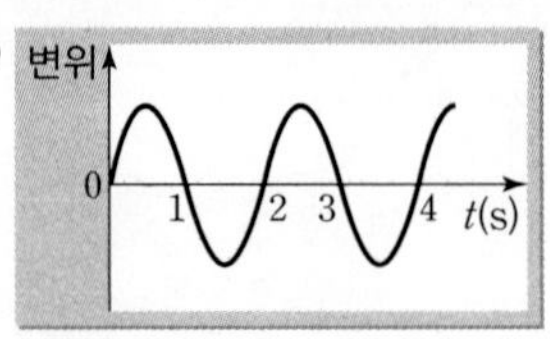
④
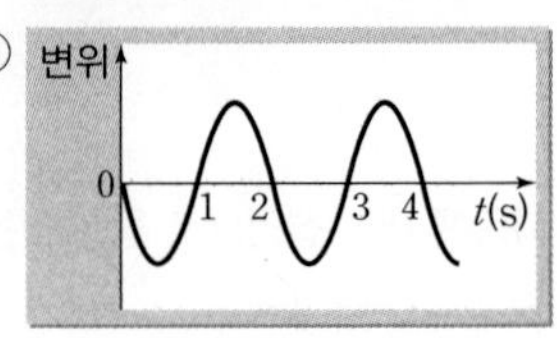
⑤
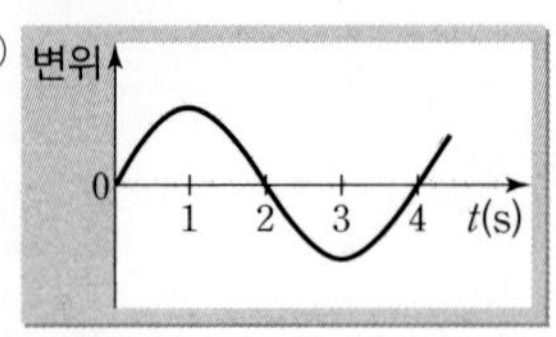

25 ▸25116-0410
2021학년도 10월 학력평가 17번 상중하

그림 (가)는 파동 P, Q가 각각 화살표 방향으로 1 m/s의 속력으로 진행할 때, 어느 순간의 매질의 변위를 위치에 따라 나타낸 것이다. 그림 (나)는 (가)의 순간부터 점 a~e 중 하나의 변위를 시간에 따라 나타낸 것이다.

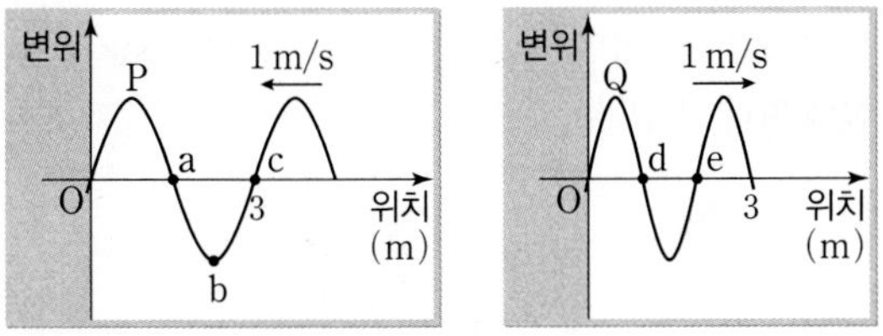

(가)

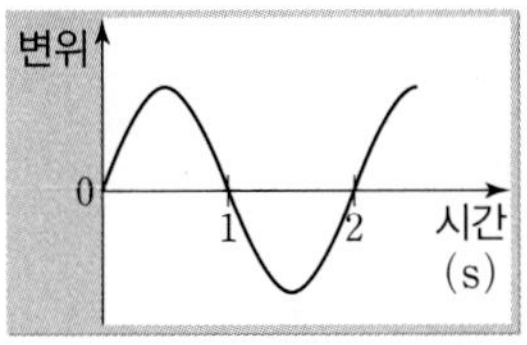

(나)

(나)는 어느 점의 변위를 나타낸 것인가?

① a ② b ③ c
④ d ⑤ e

26 ▸25116-0411
2025학년도 수능 14번 상중하

그림은 동일한 단색광 P, Q, R를 입사각 θ로 각각 매질 A에서 매질 B로, B에서 매질 C로, C에서 B로 입사시키는 모습을 나타낸 것이다. P는 A와 B의 경계면에서 굴절하여 B와 C의 경계면에서 전반사한다.

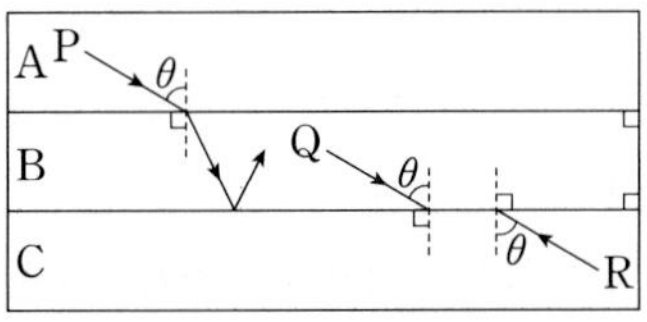

이에 대한 설명으로 옳은 것만을 <보기>에서 있는 대로 고른 것은?

보기

ㄱ. 굴절률은 A가 C보다 크다.
ㄴ. Q는 B와 C의 경계면에서 전반사한다.
ㄷ. R는 B와 A의 경계면에서 전반사한다.

① ㄱ ② ㄷ ③ ㄱ, ㄴ
④ ㄴ, ㄷ ⑤ ㄱ, ㄴ, ㄷ

27 ▸25116-0412
2025학년도 9월 모의평가 8번 상중하

그림은 매질 A에서 매질 B로 입사한 단색광 P가 굴절각 45°로 진행하여 B와 매질 C의 경계면에서 전반사한 후 B와 매질 D의 경계면에서 굴절하여 진행하는 모습을 나타낸 것이다.

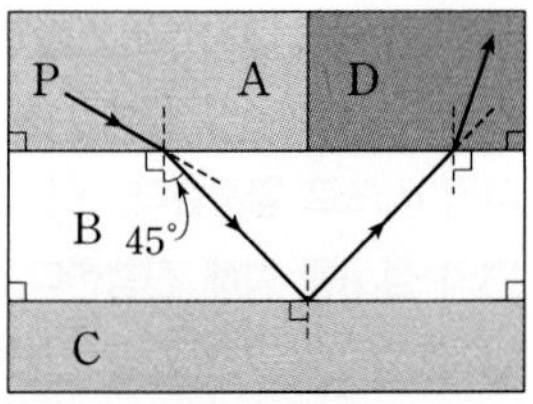

이에 대한 설명으로 옳은 것만을 <보기>에서 있는 대로 고른 것은?

보기

ㄱ. B와 C 사이의 임계각은 45°보다 크다.
ㄴ. 굴절률은 A가 C보다 크다.
ㄷ. P의 속력은 A에서가 D에서보다 크다.

① ㄱ ② ㄷ ③ ㄱ, ㄴ
④ ㄴ, ㄷ ⑤ ㄱ, ㄴ, ㄷ

28 ▸25116-0413
2025학년도 6월 모의평가 9번 상중하

그림과 같이 동일한 단색광 X, Y가 반원형 매질 Ⅰ에 수직으로 입사한다. 점 p에 입사한 X는 Ⅰ과 매질 Ⅱ의 경계면에서 전반사한 후 점 r를 향해 진행한다. 점 q에 입사한 Y는 점 s를 향해 진행한다. r, s는 Ⅰ과 Ⅱ의 경계면에 있는 점이다.

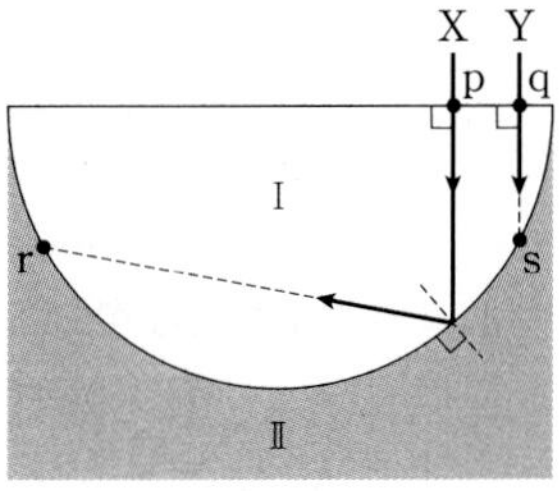

이에 대한 설명으로 옳은 것만을 <보기>에서 있는 대로 고른 것은?

보기

ㄱ. 굴절률은 Ⅰ이 Ⅱ보다 크다.
ㄴ. X는 r에서 전반사한다.
ㄷ. Y는 s에서 전반사한다.

① ㄱ ② ㄴ ③ ㄱ, ㄷ
④ ㄴ, ㄷ ⑤ ㄱ, ㄴ, ㄷ

29 ▸25116-0414 2024학년도 10월 학력평가 15번 상중하

그림과 같이 진동수가 동일한 단색광 X, Y가 매질 A에서 각각 매질 B, C로 동일한 입사각 θ_0으로 입사한다. X는 A와 B의 경계면의 점 p를 향해 진행한다. Y는 B와 C의 경계면에 입사각 θ_0으로 입사한 후 p에 임계각으로 입사한다.

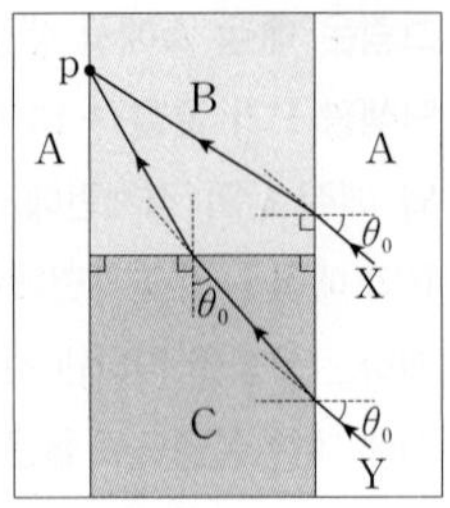

이에 대한 옳은 설명만을 〈보기〉에서 있는 대로 고른 것은?

보기

ㄱ. $\theta_0 < 45°$이다.
ㄴ. p에서 X의 굴절각은 Y의 입사각보다 크다.
ㄷ. 임계각은 A와 B 사이에서가 B와 C 사이에서보다 작다.

① ㄱ ② ㄴ ③ ㄱ, ㄷ
④ ㄴ, ㄷ ⑤ ㄱ, ㄴ, ㄷ

30 ▸25116-0415 2024학년도 3월 학력평가 12번 상중하

다음은 임계각을 찾는 실험이다.

[실험 과정]

(가) 반원형 매질 A, B, C 중 두 매질을 서로 붙인다.
(나) 단색광 P를 원의 중심으로 입사시키고, 입사각을 0에서부터 연속적으로 증가시키면서 임계각을 찾는다.

[실험 결과]

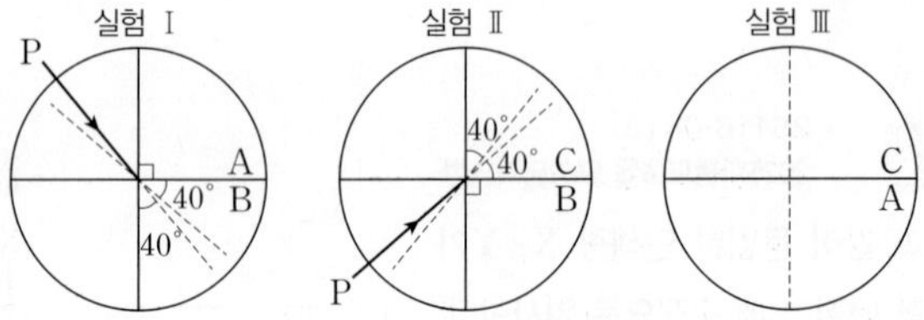

임계각: 40° 임계각: 50° 임계각: ?

실험 Ⅲ의 결과로 가장 적절한 것은?

①
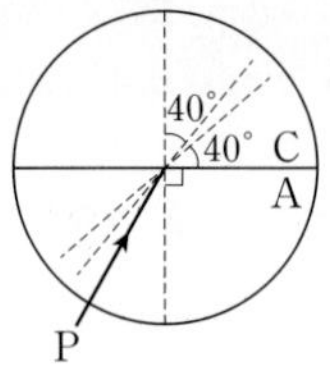
②
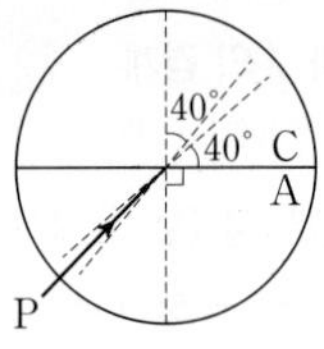
③
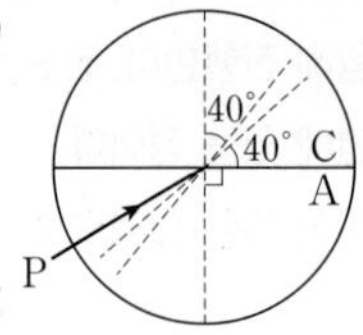
④
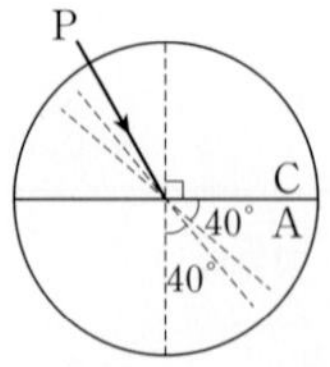
⑤
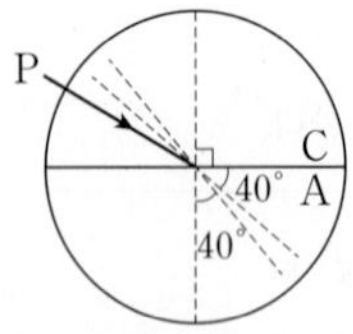

31 ▸25116-0416 2024학년도 수능 14번 상중하

다음은 빛의 성질을 알아보는 실험이다.

[실험 과정 및 결과]

(가) 반원형 매질 A, B, C를 준비한다.
(나) 그림과 같이 반원형 매질을 서로 붙여 놓고, 단색광 P의 입사각(i)을 변화시키면서 굴절각(r)을 측정하여 $\sin r$ 값을 $\sin i$ 값에 따라 나타낸다.

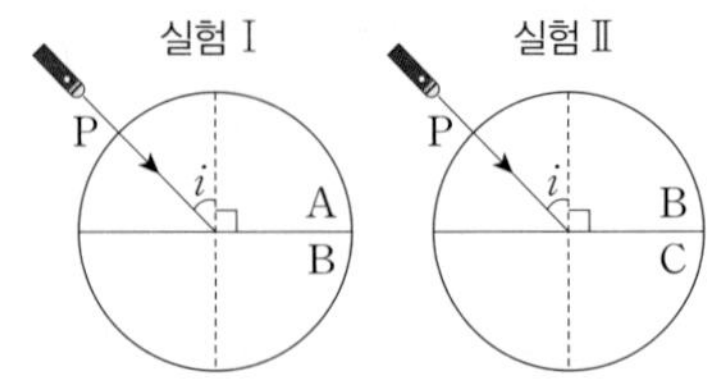

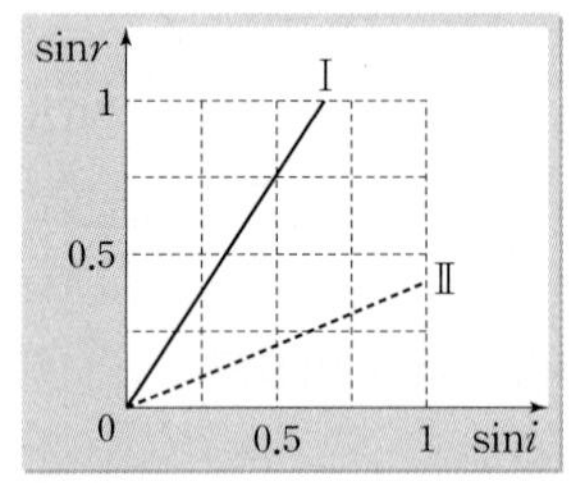

이에 대한 설명으로 옳은 것만을 〈보기〉에서 있는 대로 고른 것은?

보기

ㄱ. 굴절률은 A가 B보다 크다.
ㄴ. P의 속력은 B에서가 C에서보다 작다.
ㄷ. Ⅰ에서 $\sin i_0 = 0.75$인 입사각 i_0으로 P를 입사시키면 전반사가 일어난다.

① ㄱ ② ㄴ ③ ㄱ, ㄷ
④ ㄴ, ㄷ ⑤ ㄱ, ㄴ, ㄷ

32 ▸25116-0417 2024학년도 9월 모의평가 14번 상중하

그림은 동일한 단색광 A, B를 각각 매질 Ⅰ, Ⅱ에서 중심이 O인 원형 모양의 매질 Ⅲ으로 동일한 입사각 θ로 입사시켰더니, A와 B가 굴절하여 점 p에 입사하는 모습을 나타낸 것이다.

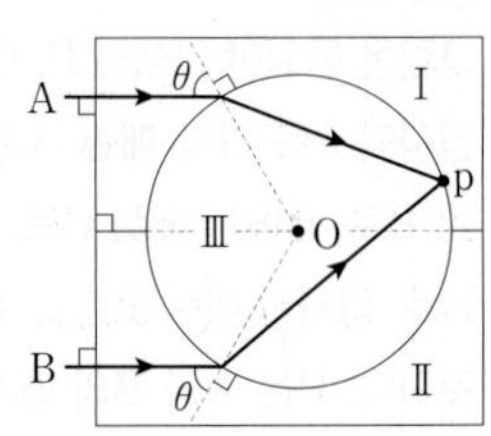

이에 대한 설명으로 옳은 것만을 〈보기〉에서 있는 대로 고른 것은?

보기

ㄱ. A의 파장은 Ⅰ에서가 Ⅲ에서보다 길다.
ㄴ. 굴절률은 Ⅰ이 Ⅱ보다 크다.
ㄷ. p에서 B는 전반사한다.

① ㄱ ② ㄷ ③ ㄱ, ㄴ
④ ㄴ, ㄷ ⑤ ㄱ, ㄴ, ㄷ

33

▸25116-0418
2024학년도 6월 모의평가 16번
상중하

그림 (가)는 단색광이 공기에서 매질 A로 입사각 θ_i로 입사한 후, 매질 A의 옆면 P에 임계각 θ_c로 입사하는 모습을 나타낸 것이다. 그림 (나)는 (가)에 물을 더 넣고 단색광을 θ_i로 입사시킨 모습을 나타낸 것이다.

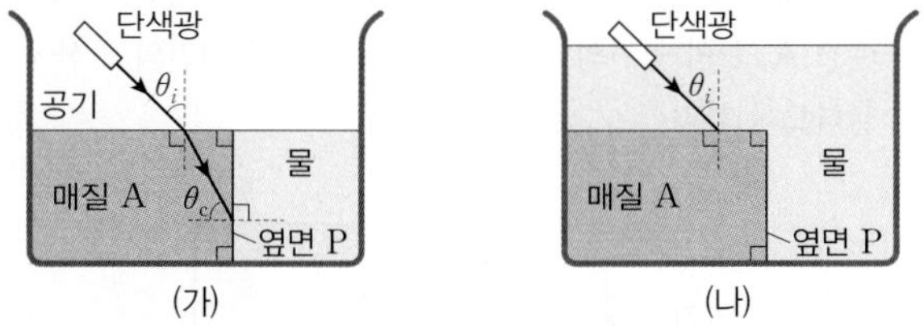

이에 대한 설명으로 옳은 것만을 〈보기〉에서 있는 대로 고른 것은?

보기

ㄱ. A의 굴절률은 물의 굴절률보다 크다.
ㄴ. (가)에서 θ_i를 증가시키면 옆면 P에서 전반사가 일어난다.
ㄷ. (나)에서 단색광은 옆면 P에서 전반사한다.

① ㄱ ② ㄴ ③ ㄱ, ㄷ
④ ㄴ, ㄷ ⑤ ㄱ, ㄴ, ㄷ

34

▸25116-0419
2023학년도 10월 학력평가 7번
상중하

그림 (가), (나)는 각각 매질 A와 B, 매질 B와 C에서 진행하는 단색광 P의 진행 경로의 일부를 나타낸 것이다. 표는 (가), (나)에서의 입사각과 굴절각을 나타낸 것이다. P의 속력은 C에서가 A에서보다 크다.

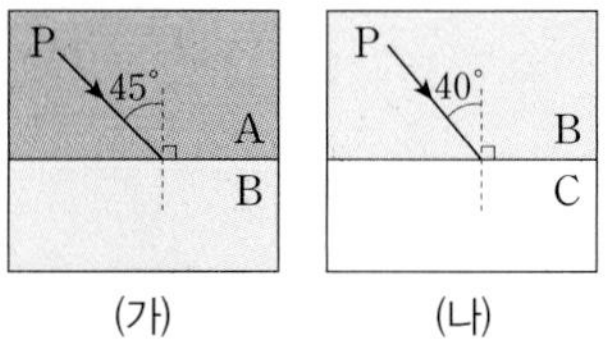

	(가)	(나)
입사각	45°	40°
굴절각	35°	㉠

이에 대한 옳은 설명만을 〈보기〉에서 있는 대로 고른 것은?

보기

ㄱ. ㉠은 45°보다 크다.
ㄴ. 굴절률은 B가 C보다 크다.
ㄷ. B를 코어로 사용하는 광섬유에 A를 클래딩으로 사용할 수 있다.

① ㄱ ② ㄷ ③ ㄱ, ㄴ
④ ㄴ, ㄷ ⑤ ㄱ, ㄴ, ㄷ

35

▸25116-0420
2023학년도 3월 학력평가 14번
상중하

그림 (가), (나)와 같이 단색광 P가 매질 X, Y, Z에서 진행한다. (가)에서 P는 Y와 Z의 경계면에서 전반사한다. θ_0과 θ_1은 각 경계면에서 P의 입사각 또는 굴절각으로, $\theta_0<\theta_1$이다.

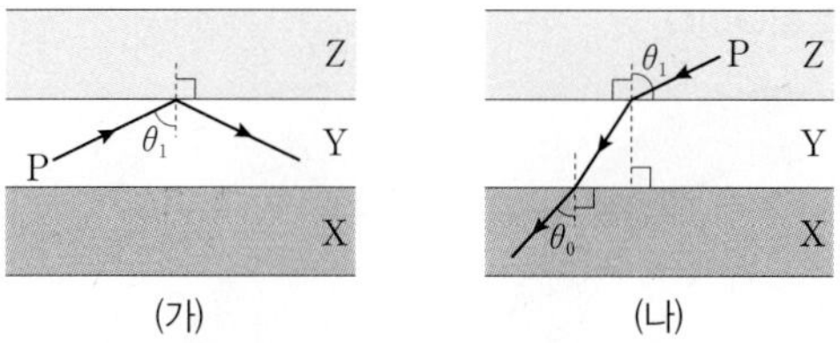

이에 대한 옳은 설명만을 〈보기〉에서 있는 대로 고른 것은?

보기

ㄱ. Y와 Z 사이의 임계각은 θ_1보다 크다.
ㄴ. 굴절률은 X가 Z보다 크다.
ㄷ. (나)에서 P를 θ_1보다 큰 입사각으로 Z에서 Y로 입사시키면 P는 Y와 X의 경계면에서 전반사할 수 있다.

① ㄱ ② ㄴ ③ ㄱ, ㄷ
④ ㄴ, ㄷ ⑤ ㄱ, ㄴ, ㄷ

36

▸25116-0421
2023학년도 수능 11번
상중하

그림 (가)는 매질 A에서 원형 매질 B에 입사각 θ_1로 입사한 단색광 P가 B와 매질 C의 경계면에 임계각 θ_c로 입사하는 모습을, (나)는 C에서 B로 입사한 P가 B와 A의 경계면에서 굴절각 θ_2로 진행하는 모습을 나타낸 것이다.

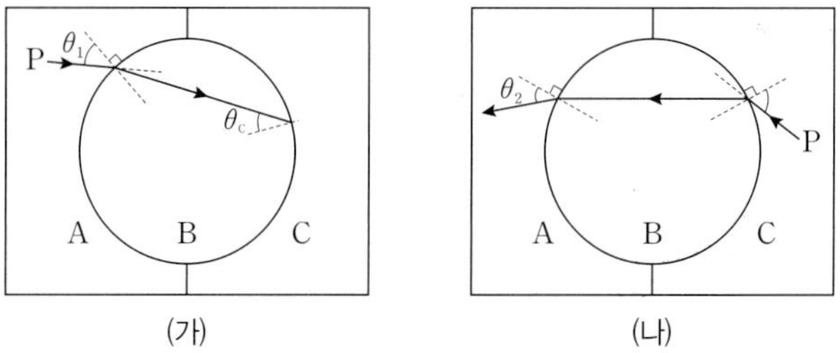

이에 대한 설명으로 옳은 것만을 〈보기〉에서 있는 대로 고른 것은?

보기

ㄱ. P의 파장은 A에서가 B에서보다 길다.
ㄴ. $\theta_1<\theta_2$이다.
ㄷ. A와 B 사이의 임계각은 θ_c보다 작다.

① ㄱ ② ㄴ ③ ㄱ, ㄷ
④ ㄴ, ㄷ ⑤ ㄱ, ㄴ, ㄷ

37 ▸25116-0422
2023학년도 9월 모의평가 9번 상중하

그림 (가)는 단색광 X가 매질 Ⅰ, Ⅱ, Ⅲ의 반원형 경계면을 지나는 모습을, (나)는 (가)에서 매질을 바꾸었을 때 X가 매질 ㉠과 ㉡ 사이의 임계각으로 입사하여 점 p에 도달한 모습을 나타낸 것이다. ㉠과 ㉡은 각각 Ⅰ과 Ⅱ 중 하나이다.

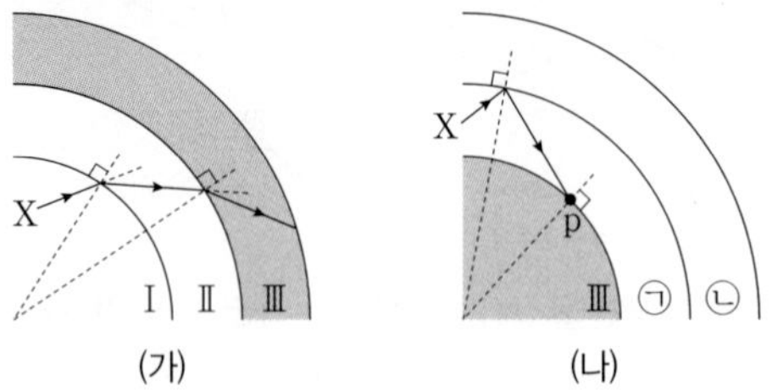

(가) (나)

이에 대한 설명으로 옳은 것만을 〈보기〉에서 있는 대로 고른 것은?

보기

ㄱ. 굴절률은 Ⅰ이 가장 크다.
ㄴ. ㉡은 Ⅱ이다.
ㄷ. (나)에서 X는 p에서 전반사한다.

① ㄱ ② ㄴ ③ ㄱ, ㄷ ④ ㄴ, ㄷ ⑤ ㄱ, ㄴ, ㄷ

38 ▸25116-0423
2023학년도 6월 모의평가 15번 상중하

다음은 빛의 성질을 알아보는 실험이다.

[실험 과정]

(가) 그림과 같이 반원형 매질 A와 B를 서로 붙여 놓는다.
(나) 단색광을 A에서 B를 향해 원의 중심을 지나도록 입사시킨다.
(다) (나)에서 입사각을 변화시키면서 굴절각과 반사각을 측정한다.

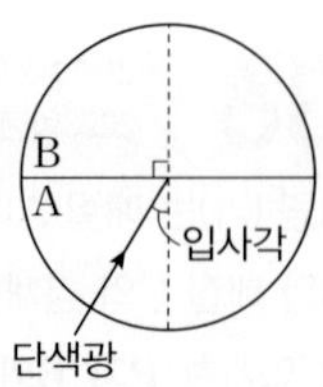

[실험 결과]

실험	입사각	굴절각	반사각
Ⅰ	30°	34°	30°
Ⅱ	㉠	59°	50°
Ⅲ	70°	해당 없음	70°

이에 대한 설명으로 옳은 것만을 〈보기〉에서 있는 대로 고른 것은?

보기

ㄱ. ㉠은 50°이다.
ㄴ. 단색광의 속력은 A에서가 B에서보다 크다.
ㄷ. A와 B 사이의 임계각은 70°보다 크다.

① ㄱ ② ㄴ ③ ㄱ, ㄷ ④ ㄴ, ㄷ ⑤ ㄱ, ㄴ, ㄷ

39 ▸25116-0424
2022학년도 10월 학력평가 16번 상중하

다음은 전반사에 대한 실험이다.

[실험 과정]

(가) 그림과 같이 동일한 단색광을 크기와 모양이 같은 직육면체 매질 A, B의 옆면의 중심에 각각 입사시켜 윗면의 중심에 도달하도록 한다.

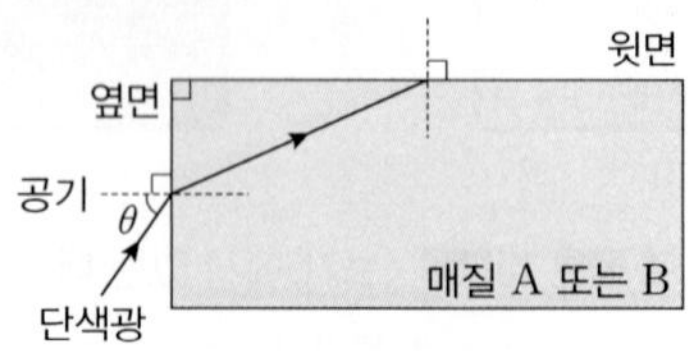

(나) (가)에서 옆면의 중심에서 입사각 θ를 측정하고, 윗면의 중심에서 단색광이 전반사하는지 관찰한다.

[실험 결과]

매질	A	B
θ	θ_1	θ_2
전반사	전반사함	전반사 안 함

이에 대한 옳은 설명만을 〈보기〉에서 있는 대로 고른 것은?

보기

ㄱ. 굴절률은 A가 B보다 크다.
ㄴ. $\theta_1>\theta_2$이다.
ㄷ. A와 B로 광섬유를 만들 때 코어는 B를 사용해야 한다.

① ㄱ ② ㄴ ③ ㄷ ④ ㄱ, ㄴ ⑤ ㄴ, ㄷ

40

▸25116-0425
2022학년도 3월 학력평가 10번

상 중 하

그림은 단색광 P가 매질 X, Y, Z에서 진행하는 모습을 나타낸 것이다. θ_0과 θ_1은 각 경계면에서의 P의 입사각 또는 굴절각이고, P는 Z와 X의 경계면에서 전반사한다.

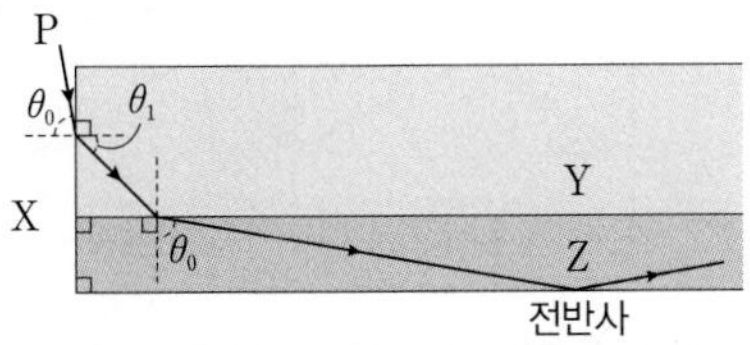

이에 대한 옳은 설명만을 〈보기〉에서 있는 대로 고른 것은?

보기

ㄱ. P의 속력은 Y에서가 Z에서보다 크다.
ㄴ. 굴절률은 Z가 X보다 크다.
ㄷ. θ_1은 45°보다 크다.

① ㄱ ② ㄴ ③ ㄱ, ㄴ ④ ㄱ, ㄷ ⑤ ㄴ, ㄷ

41

▸25116-0426
2022학년도 수능 11번

상 중 하

다음은 빛의 성질을 알아보는 실험이다.

[실험 과정]
(가) 반원형 매질 A, B, C를 준비한다.
(나) 그림과 같이 반원형 매질을 서로 붙여 놓고 단색광 P를 입사시켜 입사각과 굴절각을 측정한다.

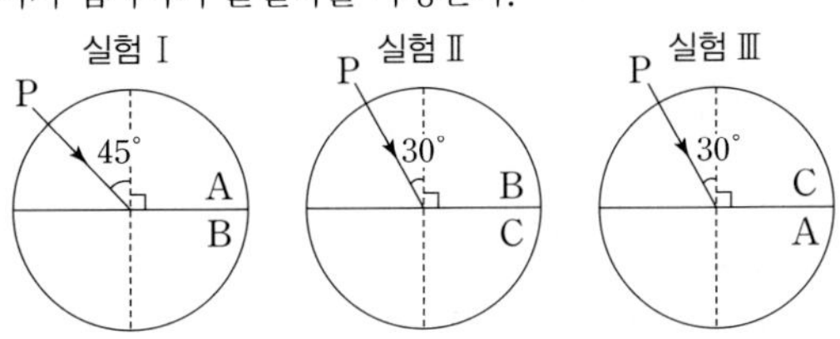

[실험 결과]

실험	입사각	굴절각
Ⅰ	45°	30°
Ⅱ	30°	25°
Ⅲ	30°	㉠

이에 대한 설명으로 옳은 것만을 〈보기〉에서 있는 대로 고른 것은?

보기

ㄱ. ㉠은 45°보다 크다.
ㄴ. P의 파장은 A에서가 B에서보다 짧다.
ㄷ. 임계각은 P가 B에서 A로 진행할 때가 C에서 A로 진행할 때보다 작다.

① ㄱ ② ㄴ ③ ㄱ, ㄷ ④ ㄴ, ㄷ ⑤ ㄱ, ㄴ, ㄷ

42

▸25116-0427
2022학년도 9월 모의평가 15번

상 중 하

그림과 같이 단색광 X가 입사각 θ로 매질 Ⅰ에서 매질 Ⅱ로 입사할 때는 굴절하고, X가 입사각 θ로 매질 Ⅲ에서 Ⅱ로 입사할 때는 전반사한다.
이에 대한 설명으로 옳은 것만을 〈보기〉에서 있는 대로 고른 것은?

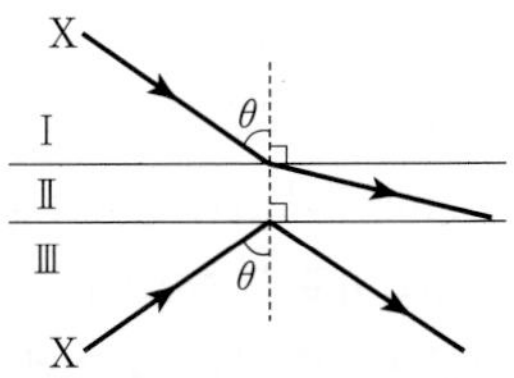

보기

ㄱ. 굴절률은 Ⅱ가 가장 크다.
ㄴ. X가 Ⅱ에서 Ⅲ으로 진행할 때 전반사한다.
ㄷ. 임계각은 X가 Ⅰ에서 Ⅱ로 입사할 때가 Ⅲ에서 Ⅱ로 입사할 때보다 크다.

① ㄱ ② ㄷ ③ ㄱ, ㄴ ④ ㄴ, ㄷ ⑤ ㄱ, ㄴ, ㄷ

43

▸25116-0428
2021학년도 10월 학력평가 10번

상 중 하

그림과 같이 동일한 단색광이 공기에서 부채꼴 모양의 유리에 수직으로 입사하여 유리와 공기의 경계면의 점 a, b에 각각 도달한다. a에 도달한 단색광은 전반사하여 입사광의 진행 방향에 수직인 방향으로 진행한다.

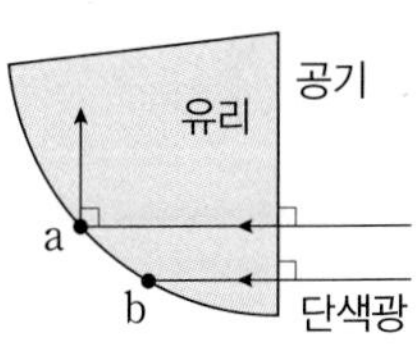

이에 대한 옳은 설명만을 〈보기〉에서 있는 대로 고른 것은?

보기

ㄱ. b에서 단색광은 전반사한다.
ㄴ. 단색광의 속력은 유리에서가 공기에서보다 크다.
ㄷ. 유리와 공기 사이의 임계각은 45°보다 크다.

① ㄱ ② ㄷ ③ ㄱ, ㄴ ④ ㄴ, ㄷ ⑤ ㄱ, ㄴ, ㄷ

44
▸25116-0429
2021학년도 3월 학력평가 13번
상중하

그림과 같이 매질 A와 B의 경계면에 입사각 45°로 입사시킨 단색광 X, Y가 굴절하여 각각 B와 공기의 경계면에 있는 점 p와 q로 진행하였다. X, Y는 p, q에 같은 세기로 입사하며, p와 q 중 한 곳에서만 전반사가 일어난다.

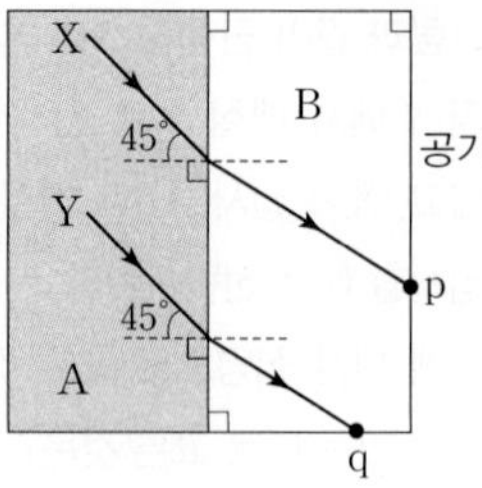

이에 대한 옳은 설명만을 〈보기〉에서 있는 대로 고른 것은? (단, X, Y의 진동수는 같다.)

보기

ㄱ. 굴절률은 A가 B보다 작다.
ㄴ. q에서 전반사가 일어난다.
ㄷ. p에서 반사된 X의 세기는 q에서 반사된 Y의 세기보다 작다.

① ㄱ ② ㄴ ③ ㄱ, ㄷ
④ ㄴ, ㄷ ⑤ ㄱ, ㄴ, ㄷ

45
▸25116-0430
2021학년도 수능 15번
상중하

그림 (가), (나)는 각각 물질 X, Y, Z 중 두 물질을 이용하여 만든 광섬유의 코어에 단색광 A를 입사각 θ_0으로 입사시킨 모습을 나타낸 것이다. θ_1은 X와 Y 사이의 임계각이고, 굴절률은 Z가 X보다 크다.

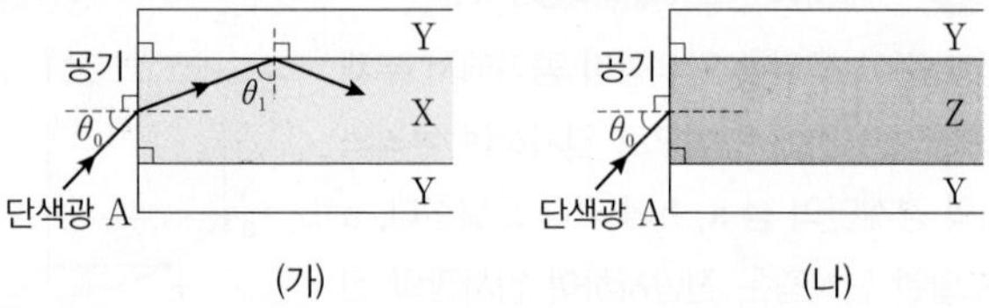

이에 대한 설명으로 옳은 것만을 〈보기〉에서 있는 대로 고른 것은?

보기

ㄱ. (가)에서 A를 θ_0보다 큰 입사각으로 X에 입사시키면 A는 X와 Y의 경계면에서 전반사하지 않는다.
ㄴ. (나)에서 Z와 Y 사이의 임계각은 θ_1보다 크다.
ㄷ. (나)에서 A는 Z와 Y의 경계면에서 전반사한다.

① ㄱ ② ㄴ ③ ㄱ, ㄷ
④ ㄴ, ㄷ ⑤ ㄱ, ㄴ, ㄷ

46
▸25116-0431
2021학년도 9월 모의평가 14번
상중하

그림과 같이 단색광 P가 공기로부터 매질 A에 θ_i로 입사하고 A와 매질 C의 경계면에서 전반사하여 진행한 뒤, 매질 B로 입사한다. 굴절률은 A가 B보다 작다. P가 A에서 B로 진행할 때 굴절각은 θ_B이다.

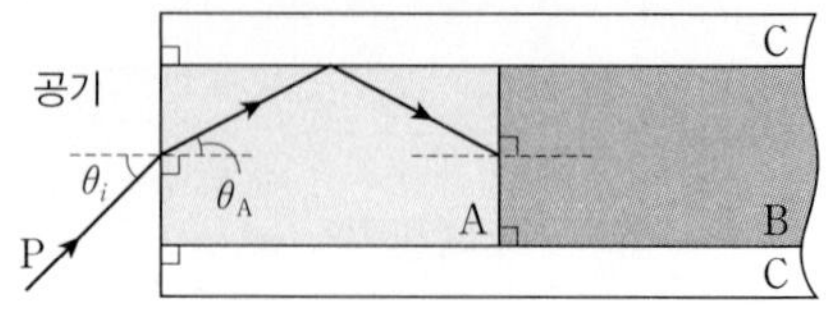

이에 대한 설명으로 옳은 것만을 〈보기〉에서 있는 대로 고른 것은?

보기

ㄱ. 굴절률은 A가 C보다 크다.
ㄴ. $\theta_A < \theta_B$이다.
ㄷ. B와 C의 경계면에서 P는 전반사한다.

① ㄱ ② ㄴ ③ ㄱ, ㄷ
④ ㄴ, ㄷ ⑤ ㄱ, ㄴ, ㄷ

47
▸25116-0432
2021학년도 6월 모의평가 16번
상중하

그림은 단색광 P를 매질 A와 B의 경계면에 입사각 θ로 입사시켰을 때 P의 일부는 굴절하고, 일부는 반사한 후 매질 A와 C의 경계면에서 전반사하는 모습을 나타낸 것이다.

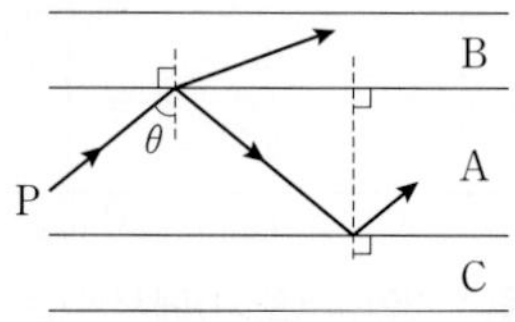

이에 대한 설명으로 옳은 것만을 〈보기〉에서 있는 대로 고른 것은?

보기

ㄱ. P의 속력은 A에서가 B에서보다 작다.
ㄴ. θ는 A와 C 사이의 임계각보다 크다.
ㄷ. C를 코어로 사용한 광섬유에 B를 클래딩으로 사용할 수 있다.

① ㄱ ② ㄷ ③ ㄱ, ㄴ
④ ㄴ, ㄷ ⑤ ㄱ, ㄴ, ㄷ

48

▸25116-0433
2020학년도 10월 학력평가 9번
상중하

그림 (가)는 단색광이 매질 A, B의 경계면에서 전반사한 후 매질 A, C의 경계면에서 반사와 굴절하는 모습을, (나)는 (가)의 A, B, C 중 두 매질로 만든 광섬유의 구조를 나타낸 것이다.

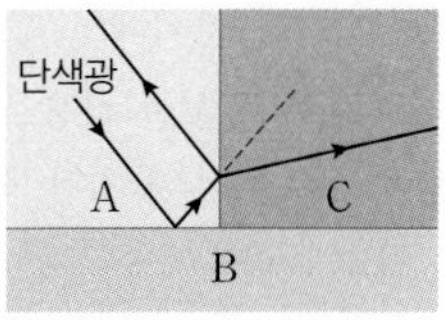

(가)

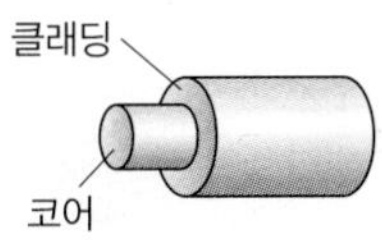

(나)

광통신에 사용하기에 적절한 구조를 가진 광섬유만을 <보기>에서 있는 대로 고른 것은?

보기

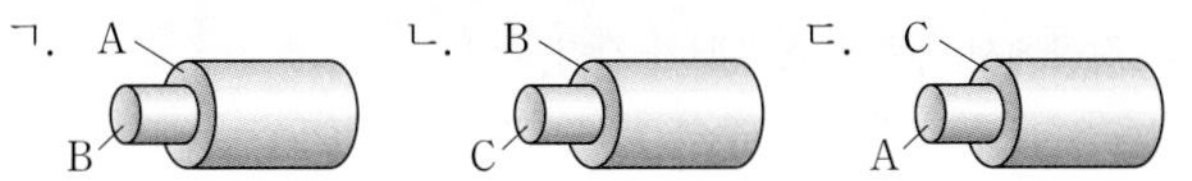

① ㄱ ② ㄴ ③ ㄱ, ㄷ
④ ㄴ, ㄷ ⑤ ㄱ, ㄴ, ㄷ

49

▸25116-0434
2020학년도 3월 학력평가 18번
상중하

그림은 반원형 매질 A 또는 B의 경계면을 따라 점 P, Q 사이에서 광원의 위치를 변화시키며 중심 O를 향해 빛을 입사시키는 모습을 나타낸 것이다. 표는 매질이 A 또는 B일 때, O에서의 전반사 여부에 따라 입사각 θ의 범위를 Ⅰ, Ⅱ로 구분한 것이다.

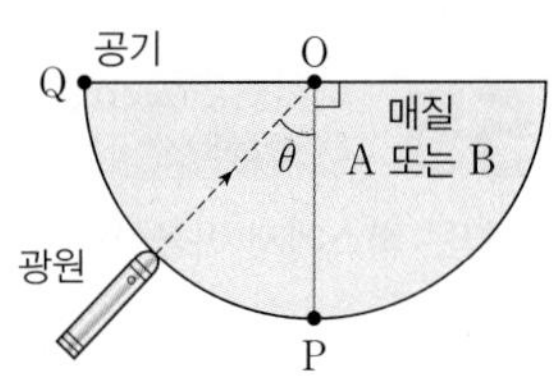

매질	Ⅰ	Ⅱ
A	$0 < \theta < 42^\circ$	$42^\circ < \theta < 90^\circ$
B	$0 < \theta < 34^\circ$	$34^\circ < \theta < 90^\circ$

이에 대한 옳은 설명만을 <보기>에서 있는 대로 고른 것은?

보기

ㄱ. 전반사가 일어나는 범위는 Ⅰ이다.
ㄴ. 굴절률은 A가 B보다 작다.
ㄷ. A와 B로 광섬유를 만든다면 A를 코어로 사용해야 한다.

① ㄱ ② ㄴ ③ ㄱ, ㄷ
④ ㄴ, ㄷ ⑤ ㄱ, ㄴ, ㄷ

50

▸25116-0435
2025학년도 수능 1번
상중하

그림은 전자기파를 일상생활에서 이용하는 예이다.

이에 대한 설명으로 옳은 것만을 <보기>에서 있는 대로 고른 것은?

보기

ㄱ. ㉠은 감마선을 이용하여 스마트폰과 통신한다.
ㄴ. ㉡에서 살균 작용에 사용되는 자외선은 마이크로파보다 파장이 짧다.
ㄷ. 진공에서의 속력은 ㉢에서 사용되는 전자기파가 X선보다 크다.

① ㄱ ② ㄴ ③ ㄷ
④ ㄱ, ㄴ ⑤ ㄴ, ㄷ

51

▸25116-0436
2025학년도 9월 모의평가 1번
상중하

그림은 가시광선, 마이크로파, X선을 분류하는 과정을 나타낸 것이다.

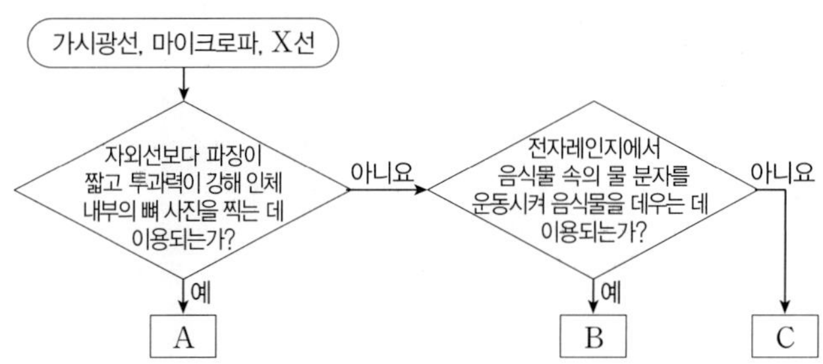

A, B, C에 해당하는 전자기파로 옳은 것은?

	A	B	C
①	X선	마이크로파	가시광선
②	X선	가시광선	마이크로파
③	마이크로파	X선	가시광선
④	마이크로파	가시광선	X선
⑤	가시광선	X선	마이크로파

52
▸25116-0437
2025학년도 6월 모의평가 1번 상중하

그림은 전자기파를 파장에 따라 분류한 것이다.

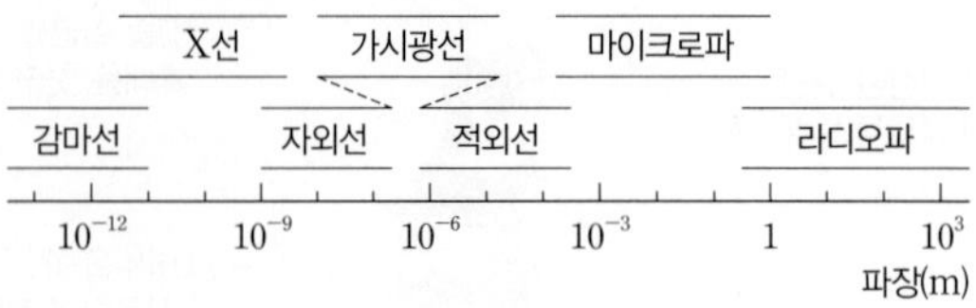

X선
가시광선
마이크로파
감마선
자외선
적외선
라디오파
10^{-12}
10^{-9}
10^{-6}
10^{-3}
1
10^{3}
파장(m)

이에 대한 설명으로 옳은 것은?

① X선은 TV용 리모컨에 이용된다.
② 자외선은 살균 기능이 있는 제품에 이용된다.
③ 파장은 감마선이 마이크로파보다 길다.
④ 진동수는 가시광선이 라디오파보다 작다.
⑤ 진공에서 속력은 적외선이 마이크로파보다 크다.

53
▸25116-0438
2024학년도 10월 학력평가 1번 상중하

그림은 전자기파 A, B가 사용되는 모습을 나타낸 것이다. A, B는 X선, 가시광선을 순서 없이 나타낸 것이다.

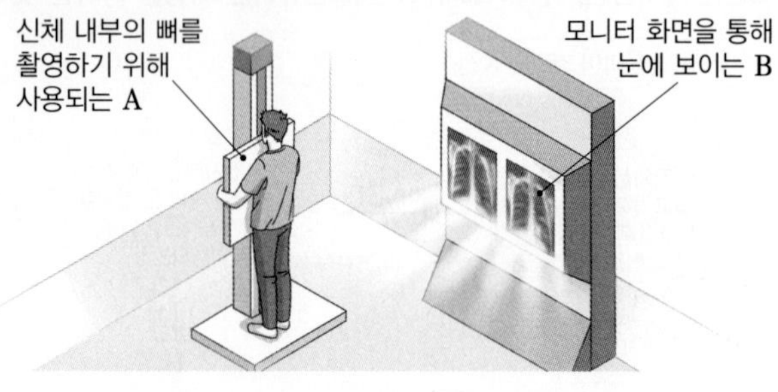

신체 내부의 뼈를
촬영하기 위해
사용되는 A
모니터 화면을 통해
눈에 보이는 B

이에 대한 옳은 설명만을 〈보기〉에서 있는 대로 고른 것은?

보기
ㄱ. A는 X선이다.
ㄴ. B는 적외선보다 진동수가 크다.
ㄷ. 진공에서 속력은 A와 B가 같다.

① ㄱ ② ㄷ ③ ㄱ, ㄴ
④ ㄴ, ㄷ ⑤ ㄱ, ㄴ, ㄷ

54
▸25116-0439
2024학년도 3월 학력평가 1번 상중하

그림은 전자기파 A와 B를 사용하는 예에 대한 설명이다. A와 B 중 하나는 가시광선이고, 다른 하나는 자외선이다.

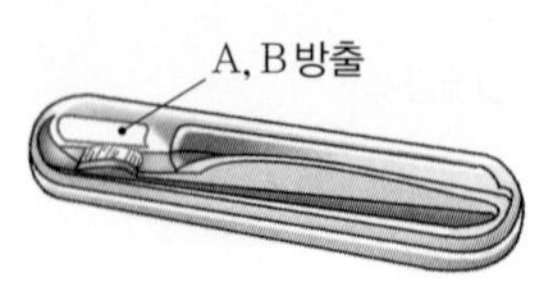

A, B 방출

칫솔모 살균 장치에서 A와 B가 방출된다. A는 살균 작용을 하고, 눈에 보이는 B는 장치가 작동 중임을 알려 준다.

이에 대한 옳은 설명만을 〈보기〉에서 있는 대로 고른 것은?

보기
ㄱ. A는 자외선이다.
ㄴ. 진동수는 B가 A보다 크다.
ㄷ. 진공에서 속력은 A와 B가 같다.

① ㄱ ② ㄴ ③ ㄱ, ㄷ
④ ㄴ, ㄷ ⑤ ㄱ, ㄴ, ㄷ

55
▸25116-0440
2024학년도 수능 1번 상중하

그림은 버스에서 이용하는 전자기파를 나타낸 것이다.

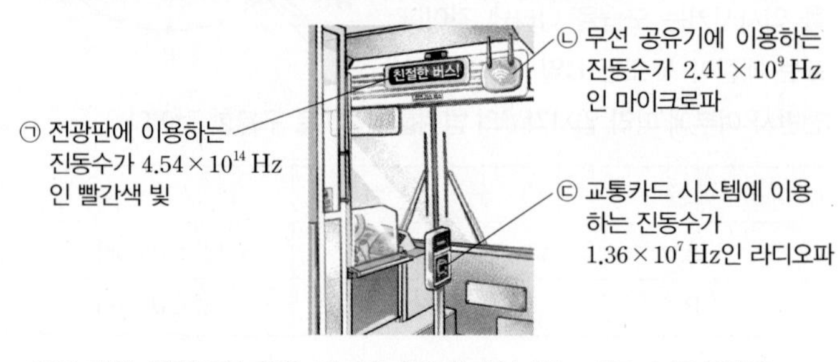

㉠ 전광판에 이용하는 진동수가 4.54×10^{14} Hz 인 빨간색 빛
친절한 버스!
㉡ 무선 공유기에 이용하는 진동수가 2.41×10^{9} Hz 인 마이크로파
㉢ 교통카드 시스템에 이용하는 진동수가 1.36×10^{7} Hz인 라디오파

이에 대한 설명으로 옳은 것만을 〈보기〉에서 있는 대로 고른 것은?

보기
ㄱ. ㉠은 가시광선 영역에 해당한다.
ㄴ. 진공에서 속력은 ㉠이 ㉡보다 크다.
ㄷ. 진공에서 파장은 ㉡이 ㉢보다 짧다.

① ㄱ ② ㄴ ③ ㄱ, ㄴ
④ ㄱ, ㄷ ⑤ ㄴ, ㄷ

56 ▸25116-0441
2024학년도 9월 모의평가 1번 (상 **중** 하)

다음은 전자기파 A와 B를 사용하는 예에 대한 설명이다.

전자레인지에 사용되는 A는 음식물 속의 물 분자를 운동시키고, 물 분자가 주위의 분자와 충돌하면서 음식물을 데운다. A보다 파장이 짧은 B는 전자레인지가 작동하는 동안 내부를 비춰 작동 여부를 눈으로 확인할 수 있게 한다.

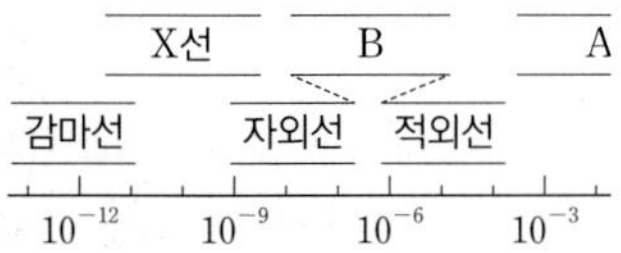
X선
B
A
감마선
자외선
적외선
10^{-12}
10^{-9}
10^{-6}
10^{-3}

이에 대한 설명으로 옳은 것만을 〈보기〉에서 있는 대로 고른 것은?

보기

ㄱ. A는 가시광선이다.
ㄴ. 진공에서 속력은 A와 B가 같다.
ㄷ. 진동수는 A가 B보다 크다.

① ㄱ ② ㄴ ③ ㄱ, ㄷ
④ ㄴ, ㄷ ⑤ ㄱ, ㄴ, ㄷ

57 ▸25116-0442
2024학년도 6월 모의평가 1번 (상 **중** 하)

다음은 병원의 의료 기기에서 파동 A, B, C를 이용하는 예이다.

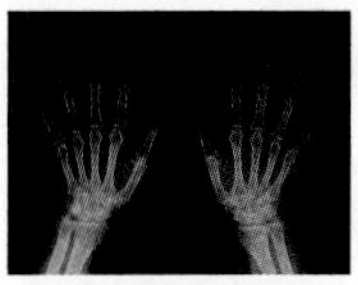
뼈 촬영
A: X선

의료 기구 소독
B: 자외선

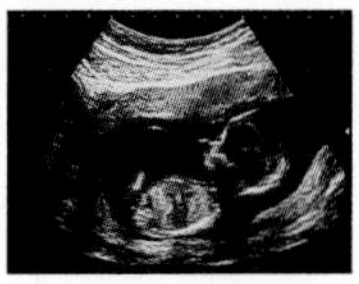
태아 검진
C: 초음파

이에 대한 설명으로 옳은 것만을 〈보기〉에서 있는 대로 고른 것은?

보기

ㄱ. A, B는 전자기파에 속한다.
ㄴ. 진공에서의 파장은 A가 B보다 길다.
ㄷ. C는 매질이 없는 진공에서 진행할 수 없다.

① ㄴ ② ㄷ ③ ㄱ, ㄴ
④ ㄱ, ㄷ ⑤ ㄱ, ㄴ, ㄷ

58 ▸25116-0443
2023학년도 10월 학력평가 1번 (상 중 **하**)

다음은 가상 현실(VR) 기기에 대한 설명이다. A와 B 중 하나는 가시광선이고, 다른 하나는 적외선이다.

컨트롤러: A를 이용해 동작 정보를 머리 착용형 디스플레이로 전송함.
머리 착용형 디스플레이: B를 이용해 사용자가 볼 수 있는 화면을 구현함.

이에 대한 옳은 설명만을 〈보기〉에서 있는 대로 고른 것은?

보기

ㄱ. B는 가시광선이다.
ㄴ. 진동수는 B가 A보다 크다.
ㄷ. 진공에서의 속력은 B가 A보다 크다.

① ㄱ ② ㄴ ③ ㄱ, ㄴ
④ ㄱ, ㄷ ⑤ ㄴ, ㄷ

59 ▸25116-0444
2023학년도 3월 학력평가 2번 (상 중 **하**)

그림과 같이 위조지폐를 감별하기 위해 지폐에 전자기파 A를 비추었더니 형광 무늬가 나타났다.

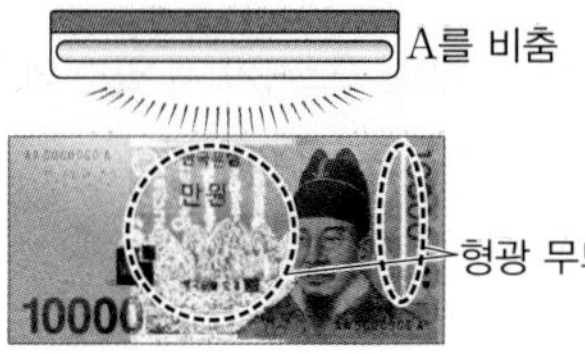
A를 비춤
형광 무늬

A는?

① 감마선 ② 자외선 ③ 적외선
④ 마이크로파 ⑤ 라디오파

60
▸25116-0445
2023학년도 수능 1번
상 중 하

그림 (가)는 전자기파 A, B를 이용한 예를, (나)는 진동수에 따른 전자기파의 분류를 나타낸 것이다.

전자레인지의 내부에서는 음식을 데우기 위해 A가 이용되고, 표시 창에서는 B가 나와 남은 시간을 보여 준다.

(가)

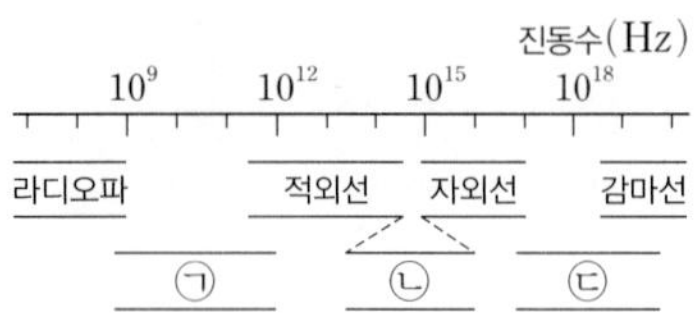

(나)

이에 대한 설명으로 옳은 것만을 <보기>에서 있는 대로 고른 것은?

보기

ㄱ. A는 ㉢에 해당한다.
ㄴ. B는 ㉡에 해당한다.
ㄷ. 파장은 A가 B보다 길다.

① ㄱ ② ㄷ ③ ㄱ, ㄴ
④ ㄴ, ㄷ ⑤ ㄱ, ㄴ, ㄷ

61
▸25116-0446
2023학년도 9월 모의평가 1번
상 중 하

그림은 전자기파에 대해 학생이 발표하는 모습을 나타낸 것이다.

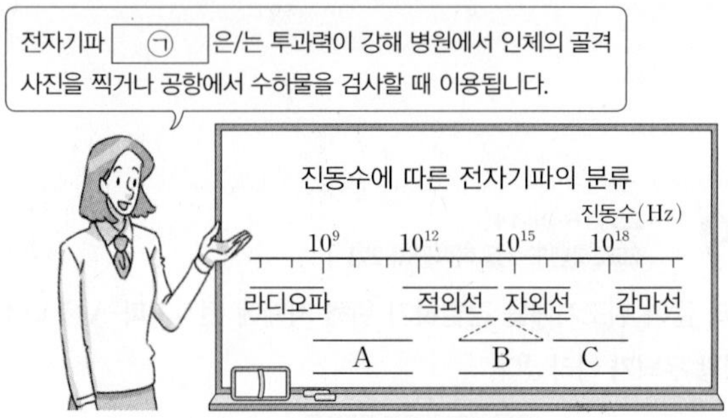

이에 대한 설명으로 옳은 것만을 <보기>에서 있는 대로 고른 것은?

보기

ㄱ. ㉠은 A에 해당하는 전자기파이다.
ㄴ. 진공에서 파장은 A가 B보다 길다.
ㄷ. 열화상 카메라는 사람의 몸에서 방출되는 C를 측정한다.

① ㄱ ② ㄴ ③ ㄱ, ㄷ
④ ㄴ, ㄷ ⑤ ㄱ, ㄴ, ㄷ

62
▸25116-0447
2023학년도 6월 모의평가 3번
상 중 하

그림 (가)는 전자기파를 파장에 따라 분류한 것을, (나)는 (가)의 전자기파 A를 이용하는 레이더가 설치된 군함을 나타낸 것이다.

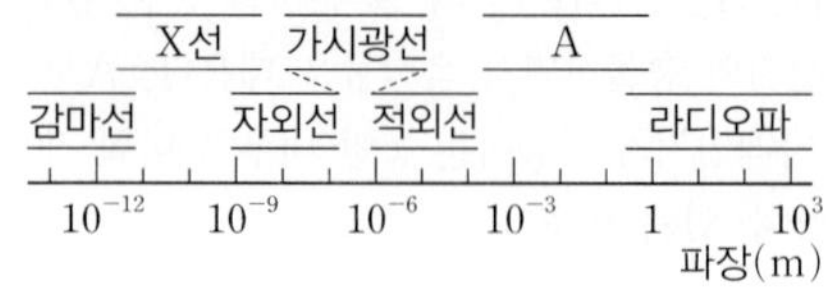

(가)

(나)

이에 대한 설명으로 옳은 것만을 <보기>에서 있는 대로 고른 것은?

보기

ㄱ. A의 진동수는 가시광선의 진동수보다 크다.
ㄴ. 전자레인지에서 음식물을 데우는 데 이용하는 전자기파는 A에 해당한다.
ㄷ. 진공에서의 속력은 감마선과 (나)의 레이더에서 이용하는 전자기파가 같다.

① ㄱ ② ㄴ ③ ㄱ, ㄷ
④ ㄴ, ㄷ ⑤ ㄱ, ㄴ, ㄷ

63
▸25116-0448
2022학년도 10월 학력평가 1번
상 중 하

다음은 열화상 카메라 이용 사례에 대한 설명이다.

건물에서 난방용 에너지를 절약하기 위해서는 외부로 방출되는 열에너지를 줄이는 것이 중요하다. 열화상 카메라는 건물 표면에서 방출되는 전자기파 A를 인식하여 단열이 잘되지 않는 부분을 가시광선 영상으로 표시한다.

이에 대한 옳은 설명만을 <보기>에서 있는 대로 고른 것은?

보기

ㄱ. A는 적외선이다.
ㄴ. 진공에서 속력은 A와 가시광선이 같다.
ㄷ. 파장은 A가 가시광선보다 길다.

① ㄴ ② ㄷ ③ ㄱ, ㄴ
④ ㄱ, ㄷ ⑤ ㄱ, ㄴ, ㄷ

64
▸25116-0449
2022학년도 3월 학력평가 4번 상중하

그림은 스마트폰에 정보를 전송하는 과정을 나타낸 것이다. A와 B는 각각 적외선과 마이크로파 중 하나이다.

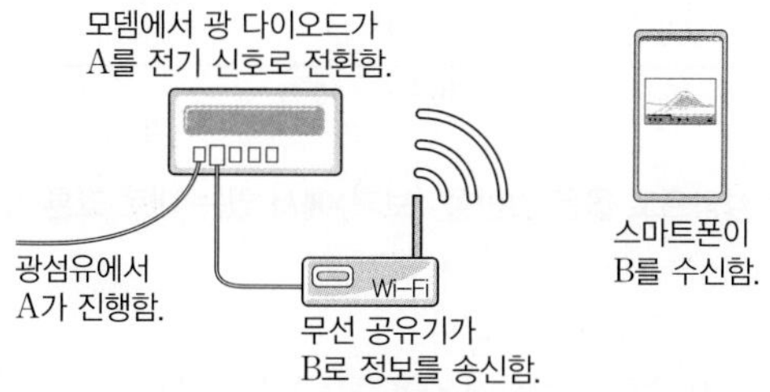

이에 대한 옳은 설명만을 〈보기〉에서 있는 대로 고른 것은?

보기

ㄱ. 진동수는 A가 B보다 크다.
ㄴ. 진공에서 A와 B의 속력은 같다.
ㄷ. A는 전자레인지에서 음식을 가열하는 데 이용된다.

① ㄱ ② ㄷ ③ ㄱ, ㄴ ④ ㄴ, ㄷ ⑤ ㄱ, ㄴ, ㄷ

65
▸25116-0450
2022학년도 수능 4번 상중하

그림은 전자기파에 대해 학생 A, B, C가 대화하는 모습을 나타낸 것이다.

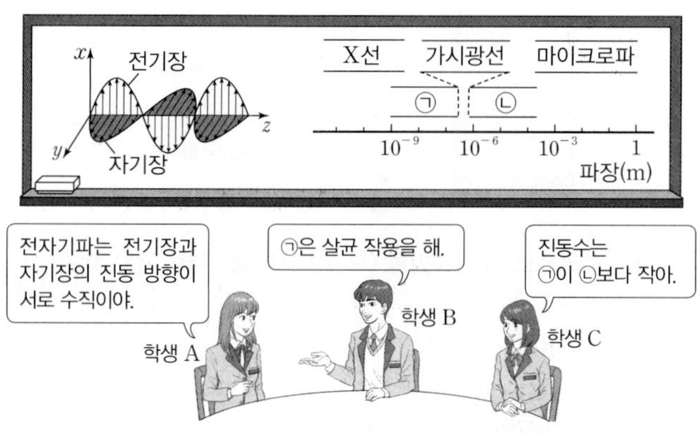

제시한 내용이 옳은 학생만을 있는 대로 고른 것은?

① A ② C ③ A, B ④ B, C ⑤ A, B, C

66
▸25116-0451
2022학년도 9월 모의평가 3번 상중하

그림 (가)~(다)는 전자기파를 일상생활에서 이용하는 예이다.

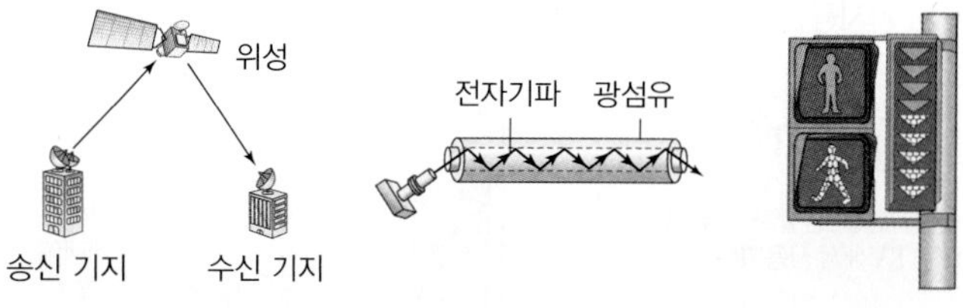

(가) 위성 통신 (나) 광통신 (다) LED 신호등

이에 대한 설명으로 옳은 것만을 〈보기〉에서 있는 대로 고른 것은?

보기

ㄱ. (가)에서 자외선을 이용한다.
ㄴ. (나)에서 전반사를 이용한다.
ㄷ. (다)에서 가시광선을 이용한다.

① ㄱ ② ㄷ ③ ㄱ, ㄴ ④ ㄴ, ㄷ ⑤ ㄱ, ㄴ, ㄷ

67
▸25116-0452
2022학년도 6월 모의평가 1번 상중하

그림은 전자기파를 파장에 따라 분류한 것이고, 표는 전자기파 A, B, C가 사용되는 예를 순서 없이 나타낸 것이다.

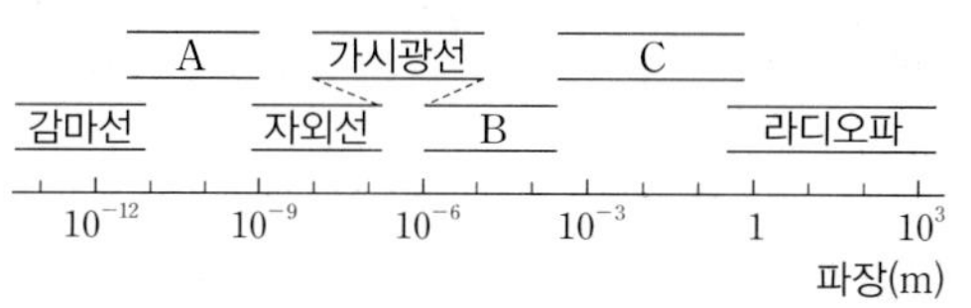

전자기파	사용되는 예
(가)	체온을 측정하는 열화상 카메라에 사용된다.
(나)	음식물을 데우는 전자레인지에 사용된다.
(다)	공항 검색대에서 수하물의 내부 영상을 찍는 데 사용된다.

(가), (나), (다)에 해당하는 전자기파로 옳은 것은?

	(가)	(나)	(다)
①	A	B	C
②	A	C	B
③	B	A	C
④	B	C	A
⑤	C	A	B

Ⅲ 파동과 정보 통신

68
▸25116-0453
2021학년도 10월 학력평가 4번
상 중 하

그림은 전자기파 A, B, C가 사용되는 모습을 나타낸 것이다. A, B, C는 X선, 가시광선, 적외선을 순서 없이 나타낸 것이다.

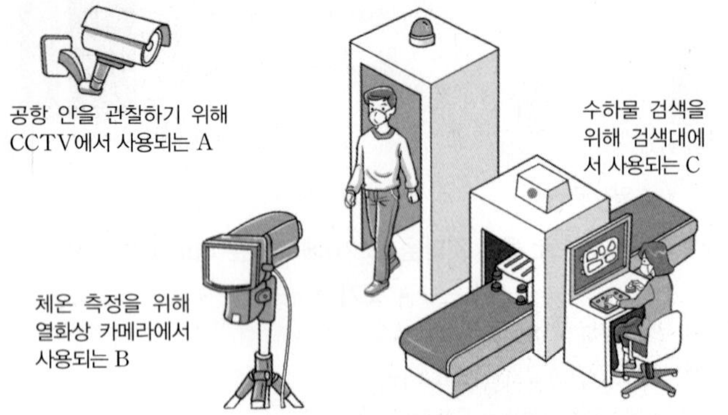

이에 대한 옳은 설명만을 〈보기〉에서 있는 대로 고른 것은?

보기

ㄱ. C는 X선이다.
ㄴ. 진동수는 A가 C보다 크다.
ㄷ. 진공에서의 속력은 C가 B보다 크다.

① ㄱ ② ㄷ ③ ㄱ, ㄴ
④ ㄱ, ㄷ ⑤ ㄴ, ㄷ

69
▸25116-0454
2021학년도 3월 학력평가 4번
상 중 하

그림은 카메라로 사람을 촬영하는 모습을 나타낸 것으로, 이 카메라는 가시광선과 전자기파 A를 인식하여 실물 화상과 열화상을 함께 보여준다.

A에 대한 옳은 설명만을 〈보기〉에서 있는 대로 고른 것은?

보기

ㄱ. 자외선이다.
ㄴ. 진동수는 가시광선보다 크다.
ㄷ. 진공에서의 속력은 가시광선과 같다.

① ㄴ ② ㄷ ③ ㄱ, ㄴ
④ ㄱ, ㄷ ⑤ ㄴ, ㄷ

70
▸25116-0455
2021학년도 수능 1번
상 중 하

그림은 파장에 따른 전자기파의 분류를 나타낸 것이다.

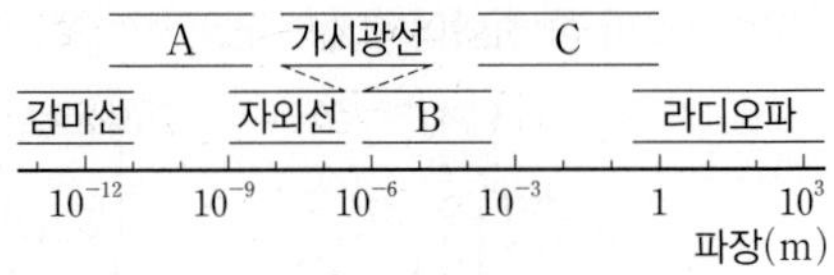

이에 대한 설명으로 옳은 것만을 〈보기〉에서 있는 대로 고른 것은?

보기

ㄱ. 진동수는 C가 A보다 크다.
ㄴ. 공항에서 수하물 검사에 사용하는 X선은 A에 해당한다.
ㄷ. 적외선 체온계는 몸에서 나오는 B에 해당하는 전자기파를 측정한다.

① ㄱ ② ㄷ ③ ㄱ, ㄴ
④ ㄴ, ㄷ ⑤ ㄱ, ㄴ, ㄷ

71
▸25116-0456
2021학년도 9월 모의평가 3번
상 중 하

그림은 스마트폰에서 쓰이는 파동 A, B, C를 나타낸 것이다.

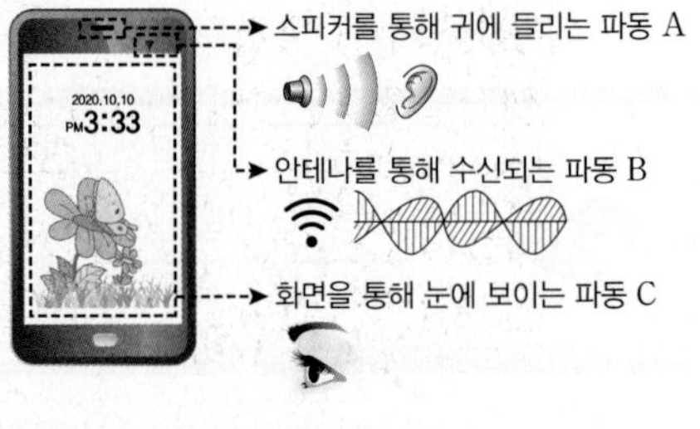

이에 대한 설명으로 옳은 것만을 〈보기〉에서 있는 대로 고른 것은?

보기

ㄱ. A는 전자기파에 속한다.
ㄴ. 진동수는 B가 C보다 작다.
ㄷ. C는 매질에 관계없이 속력이 일정하다.

① ㄱ ② ㄴ ③ ㄱ, ㄷ
④ ㄴ, ㄷ ⑤ ㄱ, ㄴ, ㄷ

72
▸25116-0457
2025학년도 수능 11번 상중하

그림 (가)와 같이 xy 평면의 원점 O로부터 같은 거리에 있는 x축상의 두 지점 S_1, S_2에서 진동수와 진폭이 같고, 위상이 서로 반대인 두 물결파를 동시에 발생시킨다. 점 p, q는 O를 중심으로 하는 원과 O를 지나는 직선이 만나는 지점이다. 그림 (나)는 p에서 중첩된 물결파의 변위를 시간 t에 따라 나타낸 것이다. S_1, S_2에서 발생시킨 두 물결파의 속력은 10 cm/s로 일정하다.

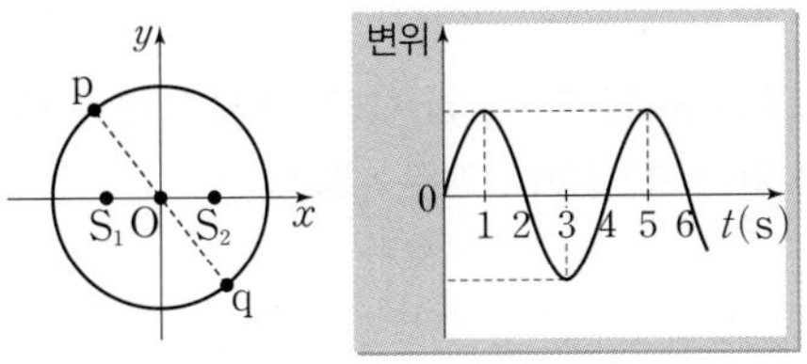

(가) (나)

이에 대한 설명으로 옳은 것만을 〈보기〉에서 있는 대로 고른 것은? (단, S_1, S_2, p, q는 xy 평면상의 고정된 지점이다.)

보기

ㄱ. S_1에서 발생한 물결파의 파장은 20 cm이다.
ㄴ. $t=1$초일 때, 중첩된 물결파의 변위의 크기는 p에서와 q에서가 같다.
ㄷ. O에서 보강 간섭이 일어난다.

① ㄱ ② ㄴ ③ ㄷ ④ ㄱ, ㄷ ⑤ ㄴ, ㄷ

73
▸25116-0458
2025학년도 9월 모의평가 9번 상중하

그림 (가)는 두 점 S_1, S_2에서 진동수 f로 발생시킨 진폭이 같고 위상이 반대인 두 물결파의 어느 순간의 모습을, (나)는 (가)의 S_1, S_2에서 진동수 $2f$로 발생시킨 진폭과 위상이 같은 두 물결파의 어느 순간의 모습을 나타낸 것이다. (가)와 (나)에서 발생시킨 물결파의 진행 속력은 같다. d_1과 d_2는 S_2에서 발생시킨 물결파의 파장이다.

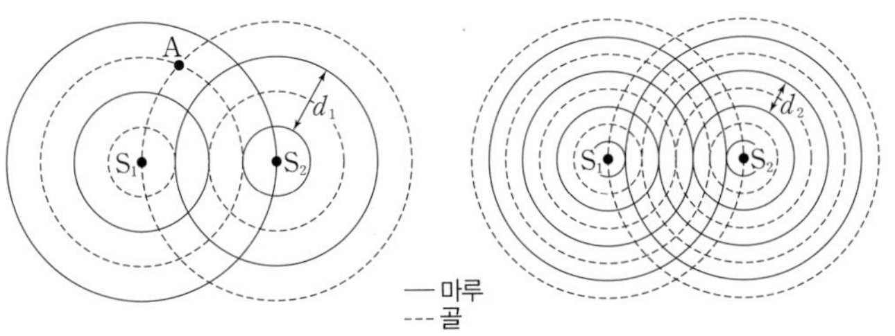

(가) (나)

이에 대한 설명으로 옳은 것만을 〈보기〉에서 있는 대로 고른 것은? (단, S_1, S_2, A는 동일 평면상에 고정된 지점이다.)

보기

ㄱ. (가)의 A에서는 보강 간섭이 일어난다.
ㄴ. (나)의 $\overline{S_1S_2}$에서 상쇄 간섭이 일어나는 지점의 개수는 5개이다.
ㄷ. $d_1=2d_2$이다.

① ㄱ ② ㄴ ③ ㄱ, ㄷ ④ ㄴ, ㄷ ⑤ ㄱ, ㄴ, ㄷ

74
▸25116-0459
2025학년도 6월 모의평가 6번 상중하

그림은 진행 방향이 서로 반대인 동일한 두 파동 X, Y의 중첩에 대해 학생 A, B, C가 대화하는 모습을 나타낸 것이다. 점 P, Q, R는 x축상의 고정된 점이다.

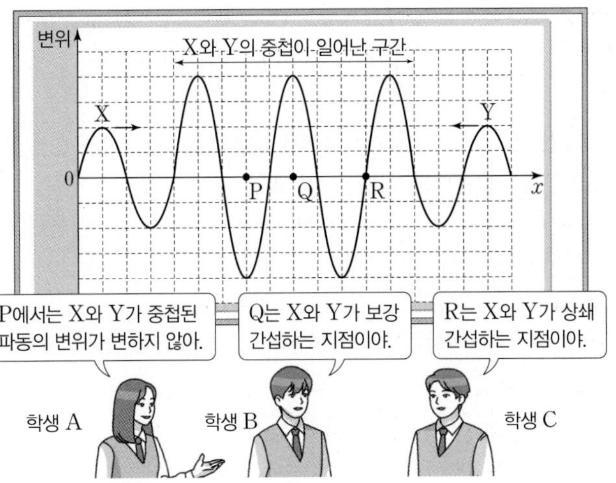

제시한 내용이 옳은 학생만을 있는 대로 고른 것은?

① A ② B ③ A, C
④ B, C ⑤ A, B, C

75
▸25116-0460
2024학년도 10월 학력평가 8번 상중하

그림과 같이 진폭과 진동수가 동일한 소리를 일정하게 발생시키는 스피커 A와 B를 $x=0$으로부터 같은 거리만큼 떨어진 x축상의 지점에 각각 고정시키고, 소음 측정기로 x축상에서 위치에 따른 소리의 세기를 측정하였다. $x=0$에서 상쇄 간섭이 일어나고, $x=0$으로부터 첫 번째 상쇄 간섭이 일어난 지점까지의 거리는 $2d$이다.

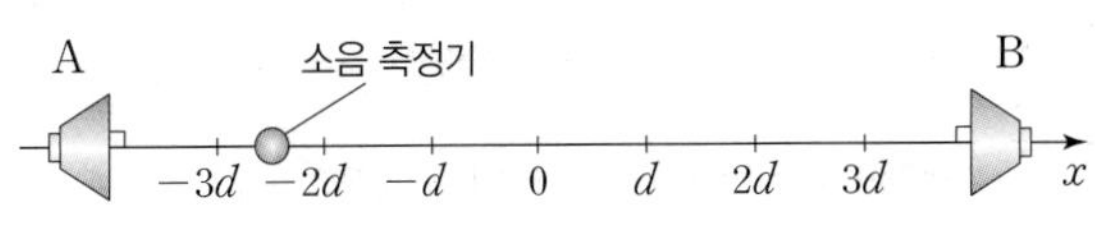

이에 대한 옳은 설명만을 〈보기〉에서 있는 대로 고른 것은? (단, 소음 측정기와 A, B의 크기는 무시한다.)

보기

ㄱ. $x=0$과 $x=-2d$ 사이에 보강 간섭이 일어나는 지점이 있다.
ㄴ. 소리의 세기는 $x=0$에서가 $x=3d$에서보다 작다.
ㄷ. A와 B에서 발생한 소리는 $x=0$에서 같은 위상으로 만난다.

① ㄱ ② ㄴ ③ ㄷ
④ ㄱ, ㄴ ⑤ ㄴ, ㄷ

76 ▸25116-0461
2024학년도 3월 학력평가 3번 상중하

그림은 파원 S_1, S_2에서 서로 같은 진폭과 위상으로 발생시킨 두 물결파의 0초일 때의 모습을 나타낸 것이다. 두 물결파의 진동수는 0.5 Hz이다.

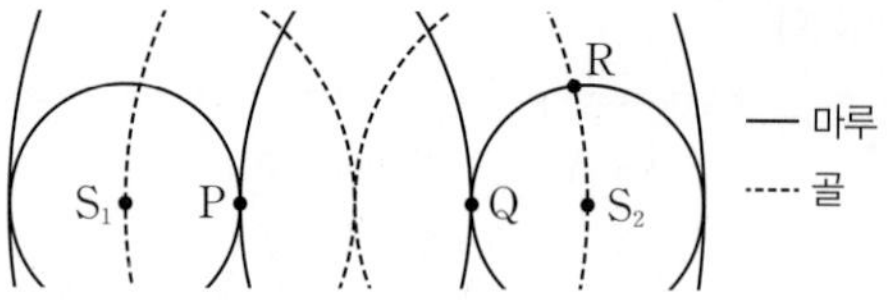

이에 대한 옳은 설명만을 〈보기〉에서 있는 대로 고른 것은? (단, 점 P, Q, R은 동일 평면상에 고정된 지점이다.)

보기

ㄱ. $\overline{PQ}$에서 상쇄 간섭이 일어나는 지점의 수는 1개이다.
ㄴ. 1초일 때 Q에서는 보강 간섭이 일어난다.
ㄷ. 소음 제거 이어폰은 R에서와 같은 종류의 간섭 현상을 활용한다.

① ㄴ　② ㄷ　③ ㄱ, ㄴ
④ ㄱ, ㄷ　⑤ ㄴ, ㄷ

77 ▸25116-0462
2024학년도 수능 6번 상중하

그림은 줄에서 연속적으로 발생하는 두 파동 P, Q가 서로 반대 방향으로 x축과 나란하게 진행할 때, 두 파동이 만나기 전 시간 $t=0$인 순간의 줄의 모습을 나타낸 것이다. P와 Q의 진동수는 0.25 Hz로 같다.

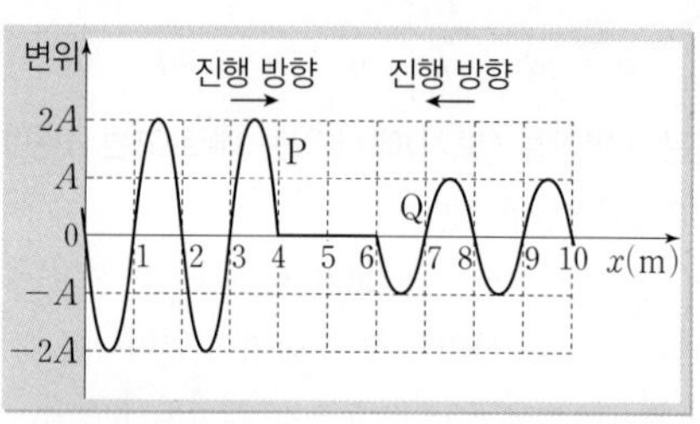

$t=2$초부터 $t=6$초까지, $x=5$ m에서 중첩된 파동의 변위의 최댓값은?

① 0　② A　③ $\frac{3}{2}A$
④ $2A$　⑤ $3A$

78 ▸25116-0463
2024학년도 9월 모의평가 15번 상중하

그림은 진동수와 진폭이 같고 위상이 반대인 두 물결파를 발생시키고 있을 때, 시간 $t=0$인 순간의 모습을 나타낸 것이다. 두 물결파는 진행 속력이 20 cm/s로 같고, 서로 이웃한 마루와 마루 사이의 거리는 20 cm이다.

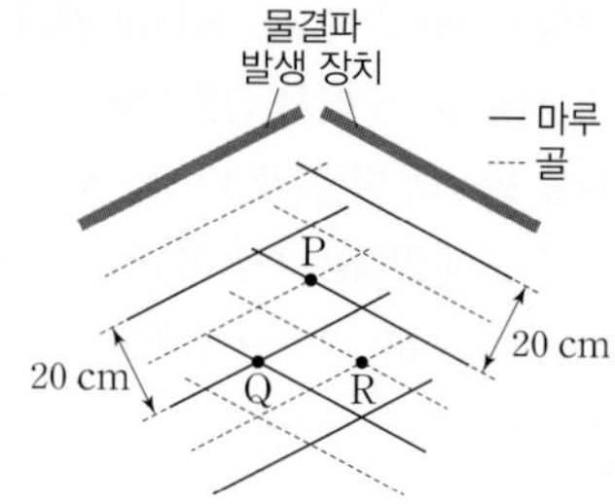

이에 대한 설명으로 옳은 것만을 〈보기〉에서 있는 대로 고른 것은? (단, 점 P, Q, R는 평면상에 고정된 지점이다.)

보기

ㄱ. P에서는 상쇄 간섭이 일어난다.
ㄴ. Q에서 중첩된 물결파의 변위는 시간에 따라 일정하다.
ㄷ. R에서 중첩된 물결파의 변위는 $t=1$초일 때와 $t=2$초일 때가 같다.

① ㄱ　② ㄷ　③ ㄱ, ㄴ
④ ㄱ, ㄷ　⑤ ㄴ, ㄷ

79 ▸25116-0464
2024학년도 6월 모의평가 15번 상중하

그림과 같이 파원 S_1, S_2에서 진폭과 위상이 같은 물결파를 0.5 Hz의 진동수로 발생시키고 있다. 물결파의 속력은 1 m/s로 일정하다. 이에 대한 설명으로 옳은 것만을 〈보기〉에서 있는 대로 고른 것은? (단, 두 파원과 점 P, Q는 동일 평면상에 고정된 지점이다.)

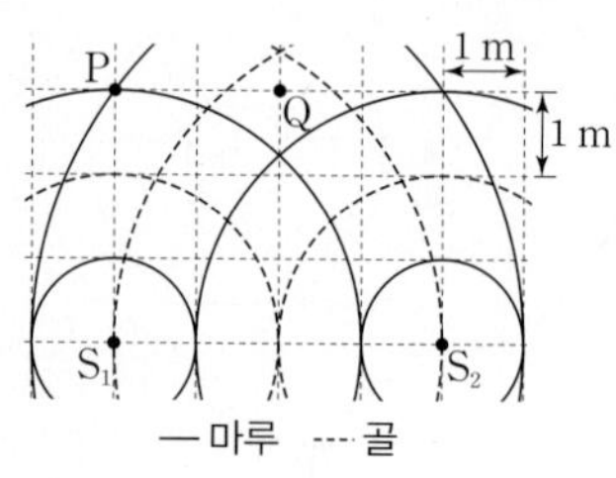

보기

ㄱ. P에서는 보강 간섭이 일어난다.
ㄴ. Q에서 수면의 높이는 시간에 따라 변하지 않는다.
ㄷ. $\overline{PQ}$에서 상쇄 간섭이 일어나는 지점의 수는 2개이다.

① ㄱ　② ㄴ　③ ㄷ
④ ㄱ, ㄴ　⑤ ㄱ, ㄷ

80

▸25116-0465
2023학년도 10월 학력평가 12번
상 중 하

그림 (가)는 파원 S_1, S_2에서 발생한 물결파가 중첩될 때, 각 파원에서 발생한 물결파의 마루와 골을 나타낸 것이다. 그림 (나)는 (가)의 순간 점 P, O, Q를 잇는 직선상에서 중첩된 물결파의 변위를 나타낸 것이다. P에서 상쇄 간섭이 일어난다.

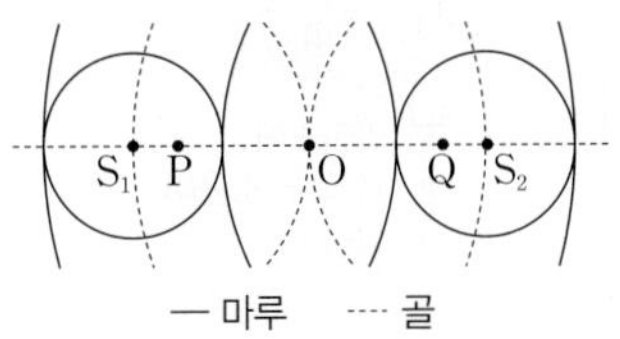

(가)

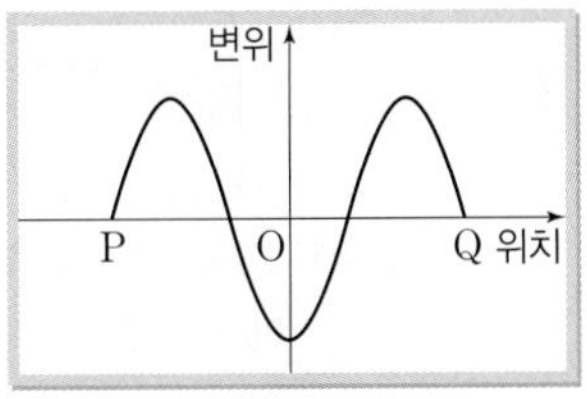

(나)

이에 대한 옳은 설명만을 〈보기〉에서 있는 대로 고른 것은? (단, 두 파원과 P, O, Q는 동일 평면상에 고정된 지점이다.)

보기

ㄱ. O에서 보강 간섭이 일어난다.
ㄴ. Q에서 중첩된 두 물결파의 위상은 같다.
ㄷ. 중첩된 물결파의 진폭은 O에서와 Q에서가 같다.

① ㄱ ② ㄴ ③ ㄱ, ㄷ
④ ㄴ, ㄷ ⑤ ㄱ, ㄴ, ㄷ

81

▸25116-0466
2023학년도 3월 학력평가 3번
상 중 하

다음은 간섭 현상을 활용한 예이다.

자동차의 배기관은 소음을 줄이는 구조로 되어 있다. A 부분에서 분리된 소리는 B 부분에서 중첩되는데, 이때 두 소리가 ㉠ 위상으로 중첩되면서 ㉡ 상쇄 간섭이 일어나 소음이 줄어든다.

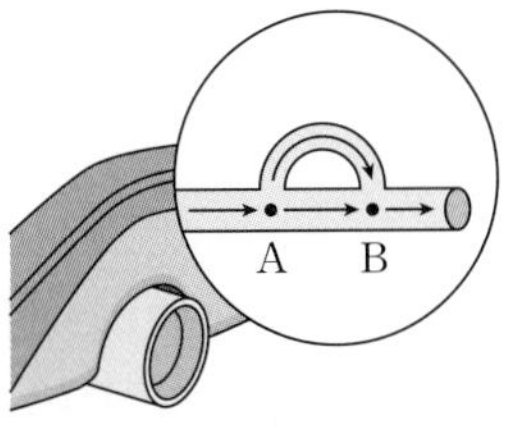

이에 대한 옳은 설명만을 〈보기〉에서 있는 대로 고른 것은?

보기

ㄱ. '같은'은 ㉠으로 적절하다.
ㄴ. ㉡이 일어날 때 파동의 진폭이 작아진다.
ㄷ. 소리의 진동수는 B에서가 A에서보다 크다.

① ㄱ ② ㄴ ③ ㄱ, ㄷ
④ ㄴ, ㄷ ⑤ ㄱ, ㄴ, ㄷ

82

▸25116-0467
2023학년도 수능 2번
상 중 하

그림은 소리의 간섭 실험에 대해 학생 A, B, C가 대화하는 모습을 나타낸 것이다.

스피커
P
소음 측정기
두 개의 스피커에서 동일한 진동수의 소리를 같은 위상으로 발생시키고, 소음 측정기로 소리의 세기를 측정한다.
두 스피커로부터 거리가 같은 지점 P에서는 두 소리가 만나 보강 간섭해.
두 스피커에서 발생한 소리가 만날 때 위상이 서로 반대이면 상쇄 간섭해.
상쇄 간섭은 소음 제거 이어폰에 활용돼.
학생 A
학생 B
학생 C

제시한 내용이 옳은 학생만을 있는 대로 고른 것은?

① A ② B ③ A, C
④ B, C ⑤ A, B, C

83

▸25116-0468
2023학년도 9월 모의평가 10번
상 중 하

그림 (가)는 두 점 S_1, S_2에서 진동수와 진폭이 같고 서로 반대의 위상으로 발생시킨 두 물결파의 시간 $t=0$일 때의 모습을 나타낸 것이다. 점 A, B, C는 평면상에 고정된 세 지점이고, 두 물결파의 속력은 같다. 그림 (나)는 C에서 중첩된 물결파의 변위를 t에 따라 나타낸 것이다.

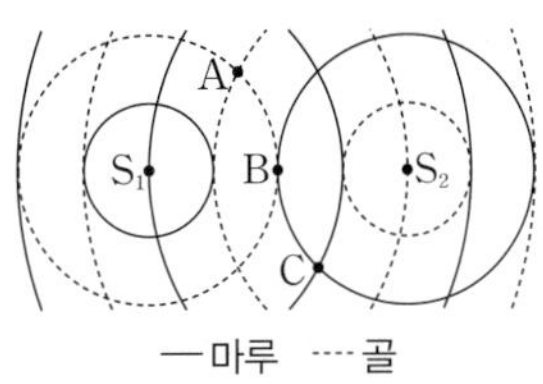

(가)

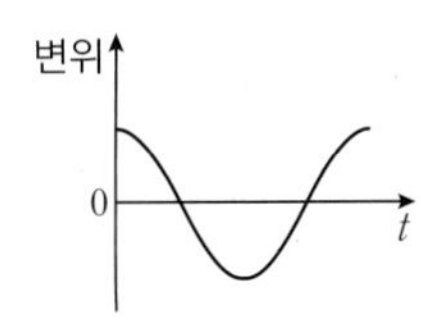

(나)

A, B에서 중첩된 물결파의 변위를 t에 따라 나타낸 것으로 가장 적절한 것은?

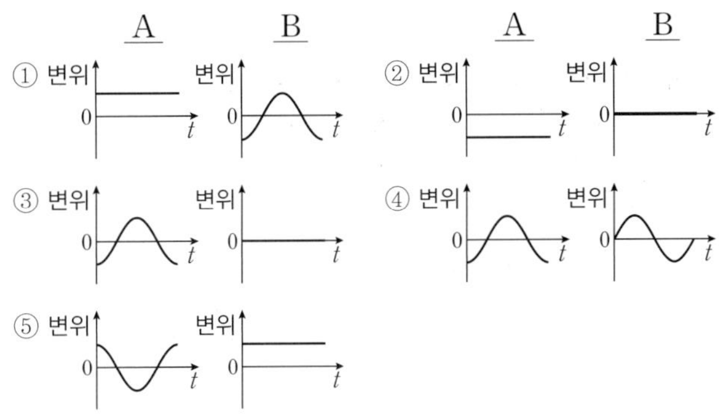

84
▸25116-0469
2023학년도 6월 학력평가 4번 (상)(중)(하)

다음은 파동의 간섭을 활용한 무반사 코팅 렌즈에 대한 내용이다.

무반사 코팅 렌즈는 파동이 [ⓐ] 간섭하여 빛의 세기가 줄어드는 현상을 활용한 예로 ㉠ 공기와 코팅 막의 경계에서 반사하여 공기로 진행한 빛과 ㉡ 코팅 막과 렌즈의 경계에서 반사하여 공기로 진행한 빛이 [ⓐ] 간섭한다.

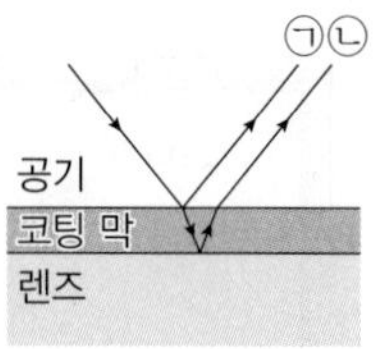

이에 대한 설명으로 옳은 것만을 <보기>에서 있는 대로 고른 것은?

보기

ㄱ. '상쇄'는 ⓐ에 해당한다.
ㄴ. ㉠과 ㉡은 위상이 같다.
ㄷ. 파동의 간섭 현상은 소음 제거 이어폰에 활용된다.

① ㄱ ② ㄴ ③ ㄱ, ㄷ
④ ㄴ, ㄷ ⑤ ㄱ, ㄴ, ㄷ

85
▸25116-0470
2022학년도 10월 학력평가 18번 (상)(중)(하)

다음은 빛의 간섭을 활용하는 사례에 대한 설명이다.

태양 전지에 투명한 반사 방지막을 코팅하면 공기와의 경계면에서 반사에 의한 빛에너지 손실이 감소하고 흡수하는 빛에너지가 증가한다. 반사 방지막의 윗면과 아랫면에서 각각 반사한 빛이 [㉠] 위상으로 중첩되므로 [㉡] 간섭이 일어나 반사한 빛의 세기가 줄어든다.

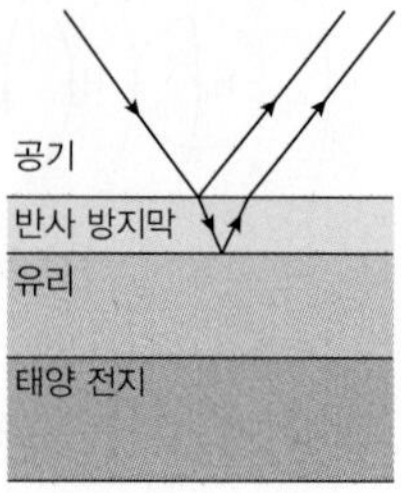

이에 대한 옳은 설명만을 <보기>에서 있는 대로 고른 것은?

보기

ㄱ. 간섭은 빛의 파동성으로 설명할 수 있다.
ㄴ. '같은'은 ㉠으로 적절하다.
ㄷ. '보강'은 ㉡으로 적절하다.

① ㄱ ② ㄷ ③ ㄱ, ㄴ
④ ㄴ, ㄷ ⑤ ㄱ, ㄴ, ㄷ

86
▸25116-0471
2022학년도 3월 학력평가 3번 (상)(중)(하)

그림 (가)는 초음파를 이용하여 인체 내의 이물질을 파괴하는 의료 장비를, (나)는 소음 제거 이어폰을 나타낸 것이다.

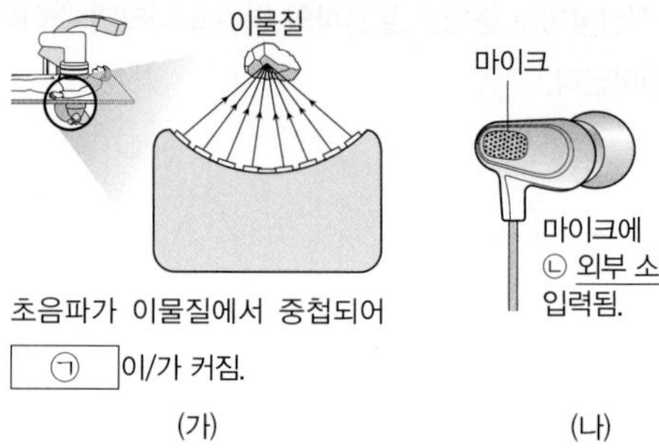

이에 대한 옳은 설명만을 <보기>에서 있는 대로 고른 것은?

보기

ㄱ. '진동수'는 ㉠에 해당한다.
ㄴ. (나)의 이어폰은 ㉡과 위상이 반대인 소리를 발생시킨다.
ㄷ. (가)와 (나)는 모두 파동의 상쇄 간섭을 이용한다.

① ㄴ ② ㄷ ③ ㄱ, ㄴ
④ ㄱ, ㄷ ⑤ ㄱ, ㄴ, ㄷ

87
▸25116-0472
2022학년도 수능 1번 (상)(중)(하)

그림 A, B, C는 빛의 성질을 활용한 예를 나타낸 것이다.

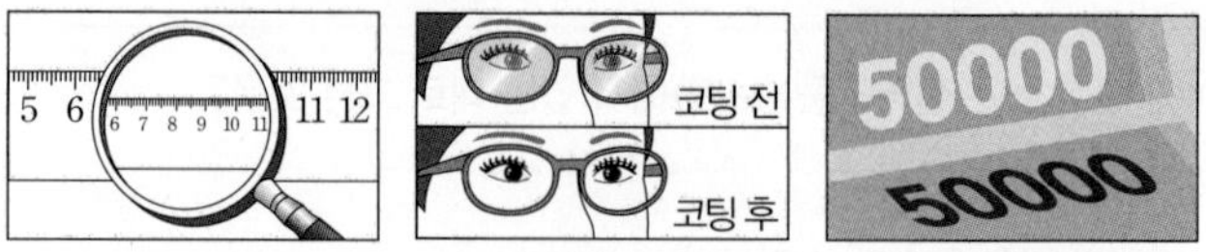

A. 렌즈를 통해 보면 물체의 크기가 다르게 보인다.
B. 렌즈에 무반사 코팅을 하면 시야가 선명해진다.
C. 보는 각도에 따라 지폐의 글자 색이 다르게 보인다.

A, B, C 중 빛의 간섭 현상을 활용한 예만을 있는 대로 고른 것은?

① A ② C ③ A, B
④ B, C ⑤ A, B, C

88
▸25116-0473
2022학년도 9월 모의평가 4번
상 중 하

다음은 일상생활에서 소리의 간섭 현상을 이용한 예이다.

> ○ 자동차 배기 장치에는 소리의 [㉠] 간섭 현상을 이용한 구조가 있어서 소음이 줄어든다.
> ○ 소음 제거 헤드폰은 헤드폰의 마이크에 ㉡외부 소음이 입력되면 [㉠] 간섭을 일으킬 수 있는 ㉢소리를 헤드폰에서 발생시켜서 소음을 줄여준다.

이에 대한 설명으로 옳은 것만을 ⟨보기⟩에서 있는 대로 고른 것은?

보기

ㄱ. '보강'은 ㉠에 해당한다.
ㄴ. ㉡과 ㉢은 위상이 반대이다.
ㄷ. 소리의 간섭 현상은 파동적 성질 때문에 나타난다.

① ㄱ ② ㄴ ③ ㄱ, ㄷ
④ ㄴ, ㄷ ⑤ ㄱ, ㄴ, ㄷ

89
▸25116-0474
2022학년도 6월 모의평가 15번
상 중 하

그림과 같이 두 개의 스피커에서 진폭과 진동수가 동일한 소리를 발생시키면 $x=0$에서 보강 간섭이 일어난다. 소리의 진동수가 f_1, f_2일 때 x축상에서 $x=0$으로부터 첫 번째 보강 간섭이 일어난 지점까지의 거리는 각각 $2d$, $3d$이다.

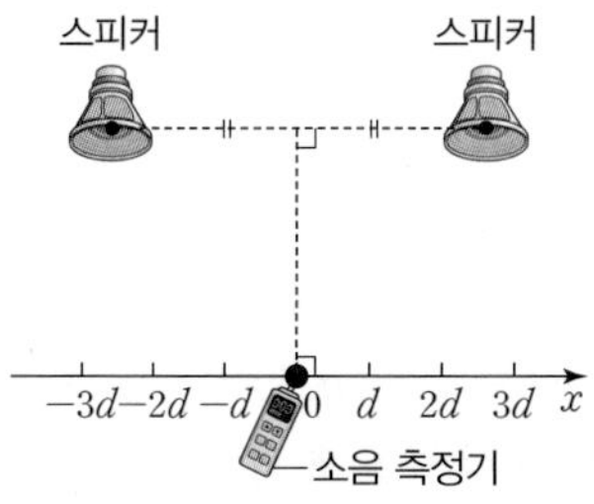

이에 대한 설명으로 옳은 것만을 ⟨보기⟩에서 있는 대로 고른 것은?

보기

ㄱ. $f_1 < f_2$이다.
ㄴ. f_1일 때 $x=0$과 $x=2d$ 사이에 상쇄 간섭이 일어나는 지점이 있다.
ㄷ. 보강 간섭된 소리의 진동수는 스피커에서 발생한 소리의 진동수보다 크다.

① ㄱ ② ㄴ ③ ㄱ, ㄷ
④ ㄴ, ㄷ ⑤ ㄱ, ㄴ, ㄷ

90
▸25116-0475
2021학년도 10월 학력평가 6번
상 중 하

그림은 두 파원에서 진동수가 f인 물결파가 같은 진폭으로 발생하여 중첩되는 모습을 나타낸 것이다. 두 물결파는 점 a에서는 같은 위상으로, 점 b에서는 반대 위상으로 중첩된다.

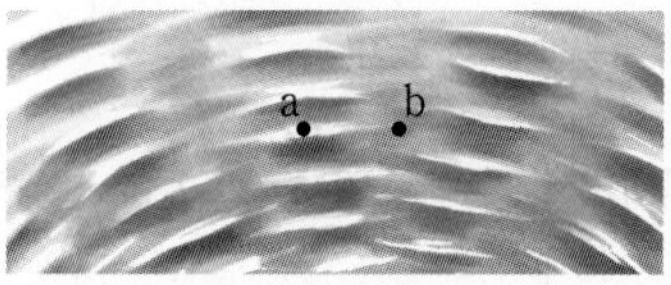

이에 대한 옳은 설명만을 ⟨보기⟩에서 있는 대로 고른 것은?

보기

ㄱ. 물결파는 a에서 보강 간섭한다.
ㄴ. 진폭은 a에서가 b에서보다 크다.
ㄷ. a에서 물의 진동수는 f보다 크다.

① ㄴ ② ㄷ ③ ㄱ, ㄴ
④ ㄱ, ㄷ ⑤ ㄱ, ㄴ, ㄷ

91
▸25116-0476
2021학년도 3월 학력평가 18번
상 중 하

다음은 소리의 간섭 실험이다.

[실험 과정]
(가) 약 1 m 떨어져 서로 마주 보고 있는 스피커 A, B에서 진동수가 [㉠]인 소리를 같은 세기로 발생시킨다.

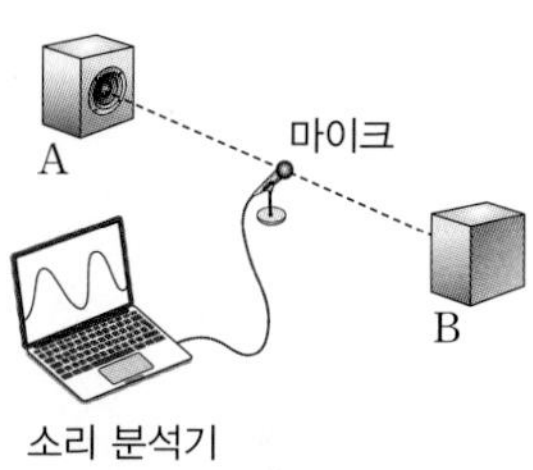

(나) 마이크를 A와 B 사이에서 이동시키면서 ㉡소리의 세기가 가장 작은 지점을 찾아 마이크를 고정시킨다.
(다) 소리의 파형을 측정한다.
(라) B만 끈 후 소리의 파형을 측정한다.

[실험 결과]
○ X, Y: (다), (라)의 결과를 구분 없이 나타낸 그래프

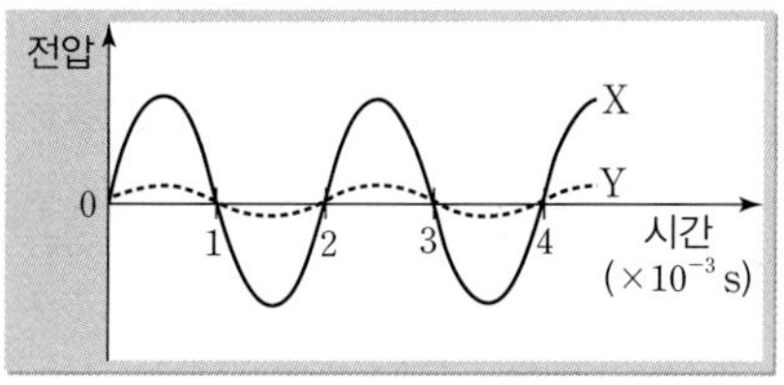

이에 대한 옳은 설명만을 ⟨보기⟩에서 있는 대로 고른 것은?

보기

ㄱ. ㉠은 500 Hz이다.
ㄴ. ㉡에서 간섭한 소리의 위상은 서로 같다.
ㄷ. (라)의 결과는 Y이다.

① ㄱ ② ㄷ ③ ㄱ, ㄴ
④ ㄱ, ㄷ ⑤ ㄴ, ㄷ

02 빛과 물질의 이중성

92 ▸25116-0477
2021학년도 수능 5번 (상중하)

다음은 빛의 이중성에 대한 내용이다.

> 오랫동안 과학자들 사이에 빛이 파동인지 입자인지에 관한 논쟁이 있어 왔다. 19세기에 빛의 간섭 실험과 매질 내에서 빛의 속력 측정 실험 등으로 빛의 파동성이 인정받게 되었다. 그러나 빛의 파동성으로 설명할 수 없는 [㉠]을/를 아인슈타인이 광자(광양자)의 개념을 도입하여 설명한 이후, 여러 과학자들의 연구를 통해 빛의 입자성도 인정받게 되었다.

이에 대한 설명으로 옳은 것만을 <보기>에서 있는 대로 고른 것은?

보기

ㄱ. 광전 효과는 ㉠에 해당된다.
ㄴ. 전하 결합 소자(CCD)는 빛의 입자성을 이용한다.
ㄷ. 비눗방울에서 다양한 색의 무늬가 보이는 현상은 빛의 파동성으로 설명할 수 있다.

① ㄱ ② ㄷ ③ ㄱ, ㄴ
④ ㄴ, ㄷ ⑤ ㄱ, ㄴ, ㄷ

93 ▸25116-0478
2020학년도 수능 6번 (상중하)

표는 서로 다른 금속판 A, B에 진동수가 각각 f_X, f_Y인 단색광 X, Y 중 하나를 비추었을 때 방출되는 광전자의 최대 운동 에너지를 나타낸 것이다.

금속판	광전자의 최대 운동 에너지	
	X를 비춘 경우	Y를 비춘 경우
A	E_0	광전자가 방출되지 않음
B	$3E_0$	E_0

이에 대한 설명으로 옳은 것만을 <보기>에서 있는 대로 고른 것은? (단, h는 플랑크 상수이다.)

보기

ㄱ. $f_X > f_Y$이다.
ㄴ. $E_0 = hf_X$이다.
ㄷ. Y의 세기를 증가시켜 A에 비추면 광전자가 방출된다.

① ㄱ ② ㄴ ③ ㄱ, ㄷ
④ ㄴ, ㄷ ⑤ ㄱ, ㄴ, ㄷ

94 ▸25116-0479
2020학년도 6월 모의평가 6번 (상중하)

표는 서로 다른 금속판 X, Y에 진동수가 각각 f, $2f$인 빛 A, B를 비추었을 때 방출되는 광전자의 최대 운동 에너지를 나타낸 것이다.

빛	진동수	광전자의 최대 운동 에너지	
		X	Y
A	f	$3E_0$	$2E_0$
B	$2f$	$7E_0$	㉠

이에 대한 설명으로 옳은 것만을 <보기>에서 있는 대로 고른 것은?

보기

ㄱ. ㉠은 $7E_0$보다 작다.
ㄴ. 광전 효과가 일어나는 빛의 최소 진동수는 X가 Y보다 크다.
ㄷ. A와 B를 X에 함께 비추었을 때 방출되는 광전자의 최대 운동 에너지는 $10E_0$이다.

① ㄱ ② ㄴ ③ ㄱ, ㄷ
④ ㄴ, ㄷ ⑤ ㄱ, ㄴ, ㄷ

95 ▸25116-0480
2023학년도 6월 모의평가 6번 (상중하)

그림과 같이 단색광 A를 금속판 P에 비추었을 때 광전자가 방출되지 않고, 단색광 B, C를 각각 P에 비추었을 때 광전자가 방출된다. 방출된 광전자의 최대 운동 에너지는 B를 비추었을 때가 C를 비추었을 때보다 크다.

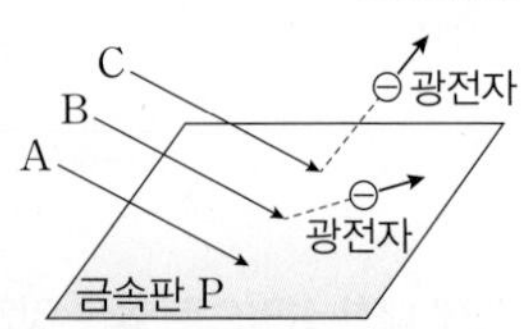

이에 대한 설명으로 옳은 것만을 <보기>에서 있는 대로 고른 것은?

보기

ㄱ. A의 세기를 증가시키면 광전자가 방출된다.
ㄴ. P의 문턱 진동수는 B의 진동수보다 작다.
ㄷ. 단색광의 진동수는 B가 C보다 크다.

① ㄱ ② ㄴ ③ ㄱ, ㄷ
④ ㄴ, ㄷ ⑤ ㄱ, ㄴ, ㄷ

96
▸25116-0481
2020학년도 10월 학력평가 12번 상중하

그림은 금속판에 광원 A 또는 B에서 방출된 빛을 비추는 모습을 나타낸 것으로 A, B에서 방출된 빛의 파장은 각각 λ_A, λ_B이다. 표는 광원의 종류와 개수에 따라 금속판에서 단위 시간당 방출되는 광전자의 수 N을 나타낸 것이다.

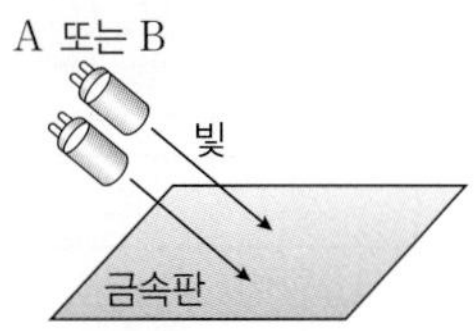

광원		N
A	1개	0
	2개	㉠
B	1개	3×10^{18}
	2개	㉡

이에 대한 옳은 설명만을 〈보기〉에서 있는 대로 고른 것은?

보기

ㄱ. ㉠은 0이다.
ㄴ. ㉡은 3×10^{18}보다 크다.
ㄷ. $\lambda_A<\lambda_B$이다.

① ㄱ ② ㄷ ③ ㄱ, ㄴ
④ ㄴ, ㄷ ⑤ ㄱ, ㄴ, ㄷ

97
▸25116-0482
2020학년도 3월 학력평가 13번 상중하

그림은 동일한 금속판에 단색광 A, B를 각각 비추었을 때 광전자가 방출되는 모습을 나타낸 것이다. 방출되는 광전자 중 속력이 최대인 광전자 a, b의 운동 에너지는 각각 E_a, E_b이고, $E_a>E_b$이다.

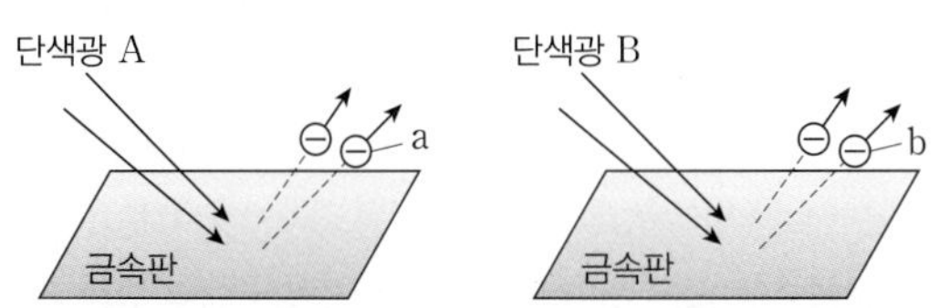

이에 대한 옳은 설명만을 〈보기〉에서 있는 대로 고른 것은?

보기

ㄱ. 진동수는 A가 B보다 크다.
ㄴ. 물질파 파장은 a가 b보다 크다.
ㄷ. B의 세기를 증가시키면 E_b가 증가한다.

① ㄱ ② ㄴ ③ ㄱ, ㄷ
④ ㄴ, ㄷ ⑤ ㄱ, ㄴ, ㄷ

98
▸25116-0483
2024학년도 6월 모의평가 17번 상중하

그림은 금속판 P, Q에 단색광을 비추었을 때, P, Q에서 방출되는 광전자의 최대 운동 에너지 E_K를 단색광의 진동수에 따라 나타낸 것이다.

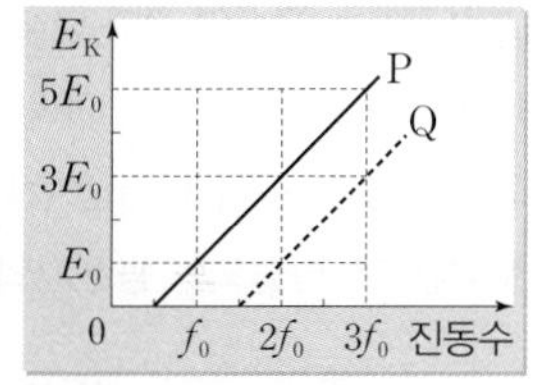

이에 대한 설명으로 옳은 것만을 〈보기〉에서 있는 대로 고른 것은?

보기

ㄱ. 문턱 진동수는 P가 Q보다 작다.
ㄴ. 광양자설에 의하면 진동수가 f_0인 단색광을 Q에 오랫동안 비추어도 광전자가 방출되지 않는다.
ㄷ. 진동수가 $2f_0$일 때, 방출되는 광전자의 물질파 파장의 최솟값은 Q에서가 P에서의 3배이다.

① ㄱ ② ㄷ ③ ㄱ, ㄴ
④ ㄴ, ㄷ ⑤ ㄱ, ㄴ, ㄷ

99
▸25116-0484
2019학년도 수능 9번 상중하

그림 (가)는 단색광 A, B를 광전관의 금속판에 비추는 모습을 나타낸 것이고, (나)는 A, B의 세기를 시간에 따라 나타낸 것이다. t_1일 때 광전자가 방출되지 않고, t_2일 때 광전자가 방출된다.

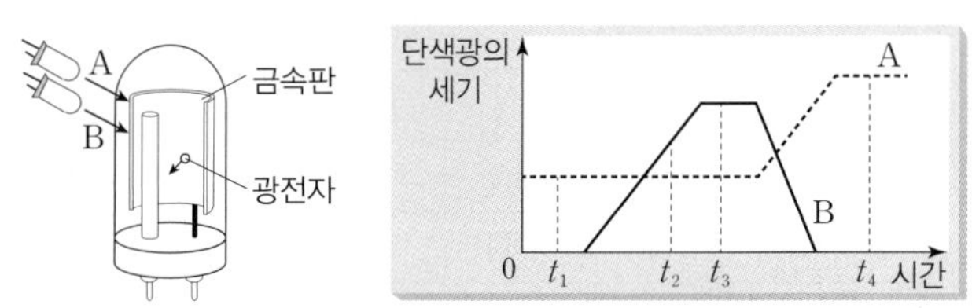

(가) (나)

이에 대한 설명으로 옳은 것만을 〈보기〉에서 있는 대로 고른 것은?

보기

ㄱ. 진동수는 A가 B보다 작다.
ㄴ. 방출되는 광전자의 최대 운동 에너지는 t_2일 때가 t_3일 때보다 작다.
ㄷ. t_4일 때 광전자가 방출된다.

① ㄱ ② ㄷ ③ ㄱ, ㄴ
④ ㄴ, ㄷ ⑤ ㄱ, ㄴ, ㄷ

100 ▸25116-0485
2018학년도 수능 9번 상중하

그림 (가)는 금속판 P에 빛을 비추었을 때 광전자가 방출되는 모습을 나타낸 것이고, (나)는 (가)에서 방출되는 광전자의 최대 운동 에너지를 빛의 진동수에 따라 나타낸 것이다. 진동수가 f이고 세기가 I인 빛을 비추었을 때, 방출되는 광전자의 최대 운동 에너지는 E이다.

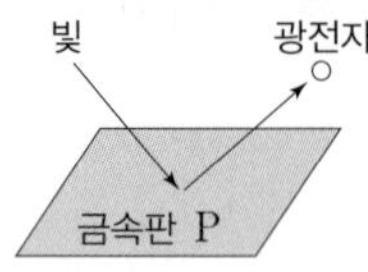

(가)

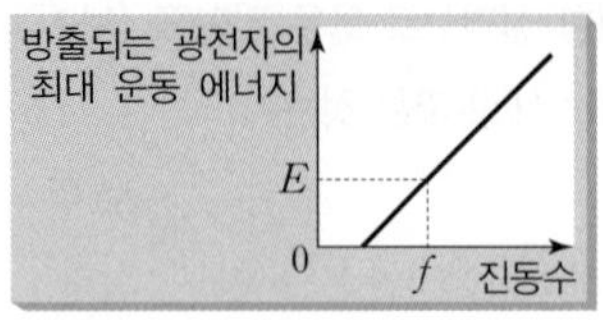

(나)

이에 대한 설명으로 옳은 것만을 <보기>에서 있는 대로 고른 것은?

보기

ㄱ. 진동수가 f이고 세기가 $2I$인 빛을 P에 비추면 방출되는 광전자의 최대 운동 에너지는 E이다.
ㄴ. 진동수가 $2f$이고 세기가 I인 빛을 P에 비추면 방출되는 광전자의 최대 운동 에너지는 E보다 크다.
ㄷ. 빛의 입자성을 보여주는 현상이다.

① ㄱ ② ㄴ ③ ㄱ, ㄷ
④ ㄴ, ㄷ ⑤ ㄱ, ㄴ, ㄷ

101 ▸25116-0486
2018학년도 9월 모의평가 14번 상중하

그림은 단색광 A, B, C를 광전관의 금속판에 비추는 모습을 나타낸 것이고, 표는 A, B, C를 켜거나(ON) 끄면서(OFF) 광전 효과에 의한 광전자 방출 여부와 광전자의 최대 운동 에너지 E_{max}의 측정 결과를 나타낸 것이다.

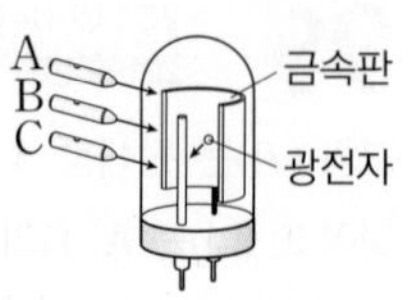

실험	A	B	C	광전자 방출 여부	E_{max}
Ⅰ	ON	OFF	OFF	방출됨	E_0
Ⅱ	OFF	ON	ON	방출됨	㉠
Ⅲ	ON	ON	ON	방출됨	$2E_0$
Ⅳ	OFF	OFF	ON	방출되지 않음	—

이에 대한 설명으로 옳은 것만을 <보기>에서 있는 대로 고른 것은?

보기

ㄱ. ㉠은 E_0이다.
ㄴ. 단색광의 진동수는 B가 A보다 크다.
ㄷ. 실험 Ⅳ에서 C의 세기를 증가시키면 광전자가 방출된다.

① ㄱ ② ㄴ ③ ㄱ, ㄷ
④ ㄴ, ㄷ ⑤ ㄱ, ㄴ, ㄷ

102 ▸25116-0487
2017학년도 10월 학력평가 13번 상중하

그림은 두 광전관의 금속판 P, Q에 빛을 비추는 모습을 나타낸 것이다. 표는 P, Q에 단색광 A, B, C 중 두 빛을 함께 비추었을 때 광전자의 방출 여부를 나타낸 것이다.

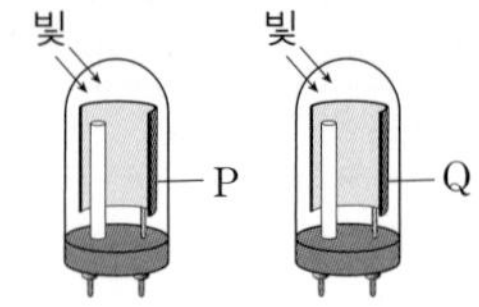

금속판	금속판에 비춘 빛	
	A, B	B, C
P	×	○
Q	○	○

(○: 방출됨, ×: 방출 안 됨)

이에 대한 옳은 설명만을 <보기>에서 있는 대로 고른 것은?

보기

ㄱ. 문턱 진동수는 P가 Q보다 크다.
ㄴ. 빛의 진동수는 B가 C보다 크다.
ㄷ. Q에서 방출된 광전자의 최대 운동 에너지는 A, B를 비출 때가 B, C를 비출 때보다 크다.

① ㄱ ② ㄴ ③ ㄷ
④ ㄱ, ㄴ ⑤ ㄴ, ㄷ

103 ▸25116-0488
2022학년도 수능 7번 상중하

그림 (가)는 단색광이 이중 슬릿을 지나 금속판에 도달하여 광전자를 방출시키는 실험을, (나)는 (가)의 금속판에서의 위치에 따라 방출된 광전자의 개수를 나타낸 것이다. 점 O, P는 금속판 위의 지점이다.

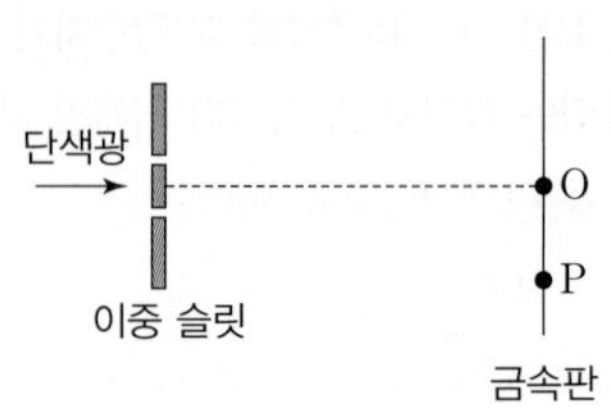

(가)

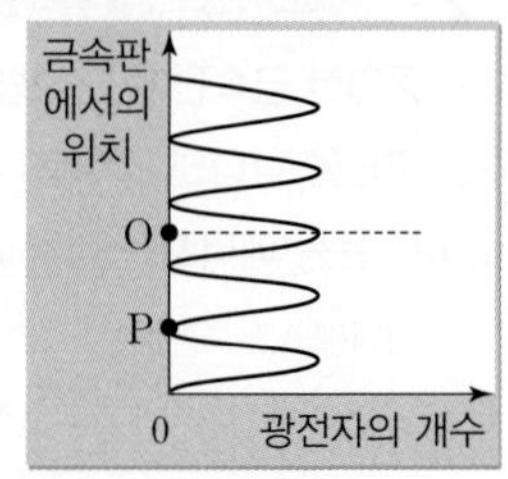

(나)

이에 대한 설명으로 옳은 것만을 <보기>에서 있는 대로 고른 것은?

보기

ㄱ. 단색광의 세기를 증가시키면 O에서 방출되는 광전자의 개수가 증가한다.
ㄴ. 금속판의 문턱 진동수는 단색광의 진동수보다 작다.
ㄷ. P에서 단색광의 상쇄 간섭이 일어난다.

① ㄱ ② ㄴ ③ ㄱ, ㄷ
④ ㄴ, ㄷ ⑤ ㄱ, ㄴ, ㄷ

104
▸25116-0489
2022학년도 9월 모의평가 12번 상중하

그림과 같이 금속판에 초록색 빛을 비추어 방출된 광전자를 가속하여 이중 슬릿에 입사시켰더니 형광판에 간섭무늬가 나타났다. 금속판에 빨간색 빛을 비추었을 때는 광전자가 방출되지 않았다.

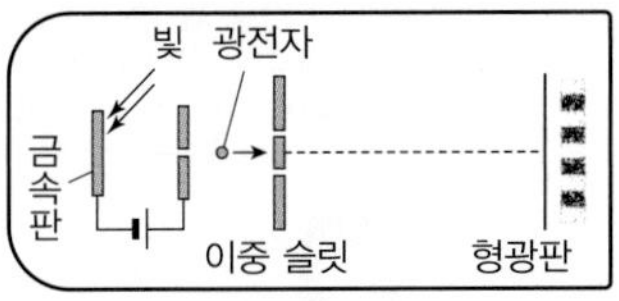

이에 대한 설명으로 옳은 것만을 〈보기〉에서 있는 대로 고른 것은?

보기

ㄱ. 광전자의 속력이 커지면 광전자의 물질파 파장은 줄어든다.
ㄴ. 초록색 빛의 세기를 감소시켜도 간섭무늬의 밝은 부분은 밝기가 변하지 않는다.
ㄷ. 금속판의 문턱 진동수는 빨간색 빛의 진동수보다 크다.

① ㄱ ② ㄴ ③ ㄱ, ㄷ
④ ㄴ, ㄷ ⑤ ㄱ, ㄴ, ㄷ

105
▸25116-0490
2020학년도 9월 모의평가 11번 상중하

그림은 보어의 수소 원자 모형에서 양자수 n에 따른 에너지 준위의 일부와 전자의 전이에서 방출되는 단색광 a, b, c, d를 나타낸 것이다. 표는 a, b, c, d를 광전관 P에 각각 비추었을 때 광전자의 방출 여부와 광전자의 최대 운동 에너지 E_{max}를 나타낸 것이다.

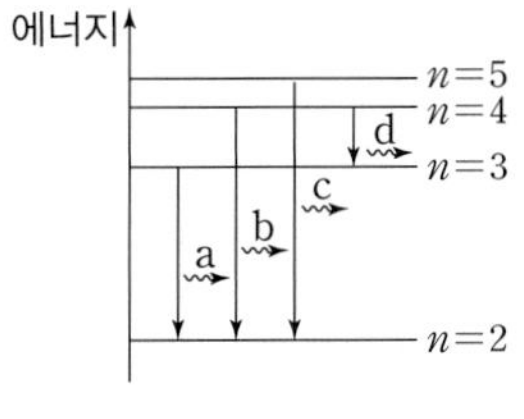

단색광	광전자의 방출 여부	E_{max}
a	방출 안 됨	—
b	방출됨	E_1
c	방출됨	E_2
d	방출 안 됨	—

이에 대한 설명으로 옳은 것만을 〈보기〉에서 있는 대로 고른 것은?

보기

ㄱ. 진동수는 a가 b보다 크다.
ㄴ. b와 c를 P에 동시에 비출 때 E_{max}는 E_2이다.
ㄷ. a와 d를 P에 동시에 비출 때 광전자가 방출된다.

① ㄱ ② ㄴ ③ ㄱ, ㄷ
④ ㄴ, ㄷ ⑤ ㄱ, ㄴ, ㄷ

106
▸25116-0491
2018학년도 6월 모의평가 12번 상중하

그림 (가)는 보어의 수소 원자 모형에서 양자수 n에 따른 에너지 준위와 전자의 전이 과정의 일부를 나타낸 것이다. 빛 A, B, C, D는 각 전이 과정에서 방출되는 빛이며, A, B, C는 가시광선 영역에 속한다. 그림 (나)는 분광기를 이용하여 수소 기체 방전관에서 나오는 A, B, C, D 중 하나를 광전관에 비추는 모습을 나타낸 것이다. 광전관에 A를 비추었을 때는 광전자가 방출되지 않았고, B를 비추었을 때는 광전자가 방출되었다.

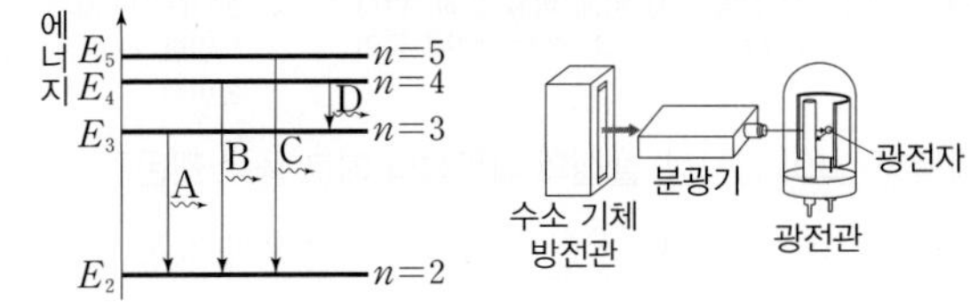

(가) (나)

이에 대한 설명으로 옳은 것은?

① 진동수는 A가 B보다 크다.
② 파장은 C가 D보다 길다.
③ D는 자외선 영역에 속한다.
④ C를 광전관에 비추면 광전자가 방출된다.
⑤ 광전관에 비추는 A의 세기를 증가시키면 광전자가 방출된다.

107
▸25116-0492
2018학년도 10월 학력평가 17번 상중하

그림은 일정한 세기의 단색광 X가 매질 A와 B의 경계면의 점 O에 입사각 θ로 입사하여 진행하는 경로를 나타낸 것이다. 표는 X의 입사각이 θ, 2θ일 때, 금속판 P, Q에서 각각 광전자의 방출 여부를 나타낸 것이다.

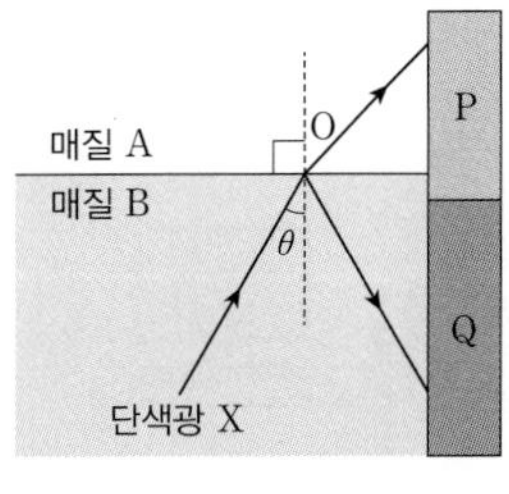

X의 입사각	광전자 방출 여부	
	P	Q
θ	방출됨	방출됨
2θ	방출 안 됨	방출됨

이에 대한 옳은 설명만을 〈보기〉에서 있는 대로 고른 것은?

보기

ㄱ. 입사각이 θ일 때 굴절각은 반사각보다 크다.
ㄴ. Q에서 단위 시간당 방출되는 광전자의 수는 입사각이 2θ일 때가 θ일 때보다 많다.
ㄷ. A와 B로 광섬유를 만든다면 B를 코어로 사용해야 한다.

① ㄴ ② ㄷ ③ ㄱ, ㄴ
④ ㄱ, ㄷ ⑤ ㄱ, ㄴ, ㄷ

108 ▸25116-0493

2021학년도 10월 학력평가 7번 상중하

그림의 **A, B, C**는 빛의 파동성, 빛의 입자성, 물질의 파동성을 이용한 예를 순서 없이 나타낸 것이다.

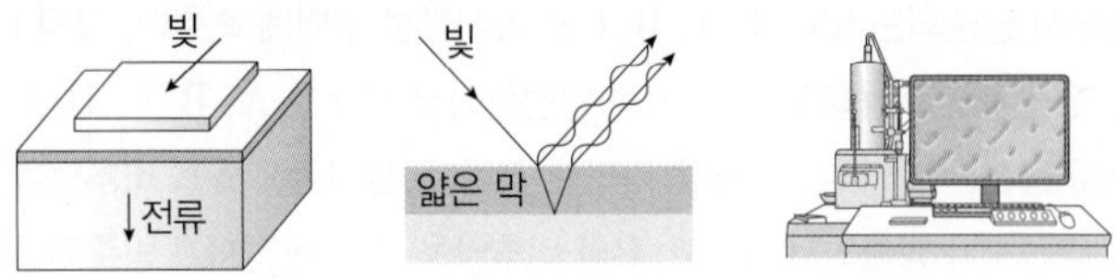

A: 빛을 비추면 전류가 흐르는 CCD의 광 다이오드

B: 얇은 막을 입혀, 반사되는 빛의 세기를 줄인 안경

C: 전자를 가속시켜 DVD 표면을 관찰하는 전자 현미경

빛의 파동성, 빛의 입자성, 물질의 파동성의 예로 옳은 것은?

	빛의 파동성	빛의 입자성	물질의 파동성
①	A	B	C
②	A	C	B
③	B	A	C
④	B	C	A
⑤	C	A	B

109 ▸25116-0494

2021학년도 3월 학력평가 16번 상중하

그림 (가)는 전하 결합 소자(CCD)가 내장된 카메라로 빨강 장미를 촬영하는 모습을, (나)는 광학 현미경으로는 관찰할 수 없는 바이러스를 파장이 λ인 전자의 물질파를 이용해 전자 현미경으로 관찰하는 모습을 나타낸 것이다.

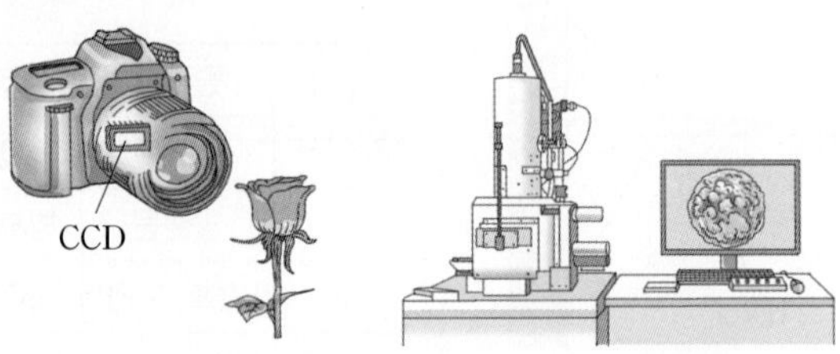

(가) (나)

이에 대한 옳은 설명만을 〈보기〉에서 있는 대로 고른 것은?

보기

ㄱ. CCD는 빛의 입자성을 이용한 장치이다.

ㄴ. λ는 빨간색 빛의 파장보다 길다.

ㄷ. (나)에서 전자의 속력이 클수록 λ는 짧아진다.

① ㄱ ② ㄴ ③ ㄱ, ㄷ
④ ㄴ, ㄷ ⑤ ㄱ, ㄴ, ㄷ

110 ▸25116-0495

2025학년도 수능 4번 상중하

그림은 빛과 물질의 이중성에 대해 학생 **A, B, C**가 대화하는 모습을 나타낸 것이다.

광전 효과에서 광전자가 즉시 방출되는 현상은 빛의 입자성으로 설명해.
속력이 서로 다른 두 입자의 운동량이 같을 때, 속력이 작은 입자의 물질파 파장이 더 길어.
전자 현미경에서 전자의 운동 에너지가 클수록 더 작은 구조를 구분하여 관찰할 수 있어.
학생 A
학생 B
학생 C

제시한 내용이 옳은 학생만을 있는 대로 고른 것은?

① A ② B ③ A, C
④ B, C ⑤ A, B, C

111 ▸25116-0496

2024학년도 10월 학력평가 4번 상중하

그림은 전자선과 X선을 얇은 금속박에 각각 비추었을 때 나타나는 회절 무늬에 대해 학생 **A, B, C**가 대화하는 모습을 나타낸 것이다.

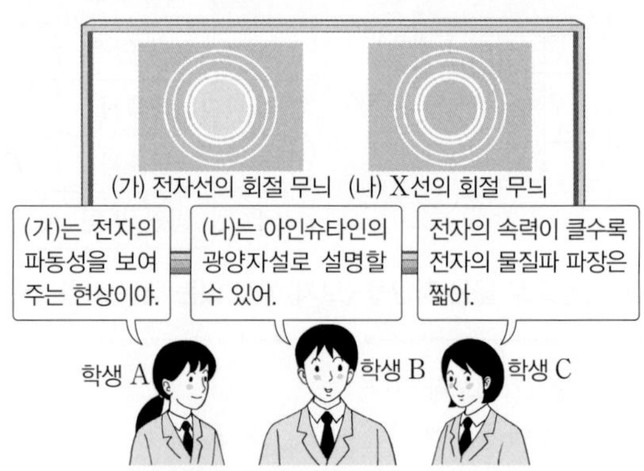

(가) 전자선의 회절 무늬
(나) X선의 회절 무늬
(가)는 전자의 파동성을 보여 주는 현상이야.
(나)는 아인슈타인의 광양자설로 설명할 수 있어.
전자의 속력이 클수록 전자의 물질파 파장은 짧아.
학생 A
학생 B
학생 C

제시한 내용이 옳은 학생만을 있는 대로 고른 것은?

① A ② C ③ A, B
④ A, C ⑤ B, C

112
▸25116-0497
2023학년도 수능 4번
상중하

다음은 물질의 이중성에 대한 설명이다.

○ 얇은 금속박에 전자선을 비추면 X선을 비추었을 때와 같이 회절 무늬가 나타난다. 이러한 현상은 전자의 [㉠]으로 설명할 수 있다.

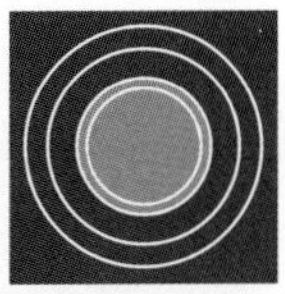

○ 전자의 운동량의 크기가 클수록 물질파의 파장은 [㉡]. 물질파를 이용하는 [㉢] 현미경은 가시광선을 이용하는 현미경보다 작은 구조를 구분하여 관찰할 수 있다.

㉠, ㉡, ㉢에 들어갈 내용으로 가장 적절한 것은?

	㉠	㉡	㉢
①	파동성	길다	전자
②	파동성	짧다	전자
③	파동성	길다	광학
④	입자성	짧다	전자
⑤	입자성	길다	광학

113
▸25116-0498
2023학년도 9월 모의평가 3번
상중하

그림은 빛과 물질의 이중성에 대해 학생 A, B, C가 대화하는 모습을 나타낸 것이다.

파장이 λ_1인 빛에 비해 광자의 에너지가 2배인 빛의 파장은 $\frac{1}{2}\lambda_1$이야.
물질파 파장이 λ_2인 전자에 비해 운동 에너지가 2배인 전자의 물질파 파장은 $\frac{1}{2}\lambda_2$야.
전자 현미경은 광학 현미경에 비해 더 작은 구조를 구분하여 관찰할 수 있어.
학생 A
학생 B
학생 C

제시한 내용이 옳은 학생만을 있는 대로 고른 것은?

① A ② B ③ A, C ④ B, C ⑤ A, B, C

114
▸25116-0499
2025학년도 9월 모의평가 14번
상중하

그림은 입자 A, B, C의 운동량과 운동 에너지를 나타낸 것이다. 이에 대한 설명으로 옳은 것만을 〈보기〉에서 있는 대로 고른 것은?

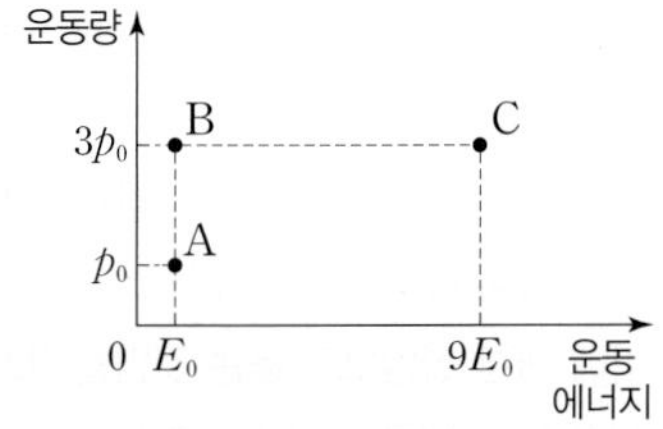

보기

ㄱ. 질량은 A가 B보다 크다.
ㄴ. 속력은 A와 C가 같다.
ㄷ. 물질파 파장은 B와 C가 같다.

① ㄱ ② ㄷ ③ ㄱ, ㄴ ④ ㄴ, ㄷ ⑤ ㄱ, ㄴ, ㄷ

115
▸25116-0500
2025학년도 6월 모의평가 13번
상중하

그림은 입자 A, B, C의 운동 에너지와 속력을 나타낸 것이다. A, B, C의 물질파 파장을 각각 λ_A, λ_B, λ_C라고 할 때, λ_A, λ_B, λ_C를 비교한 것으로 옳은 것은?

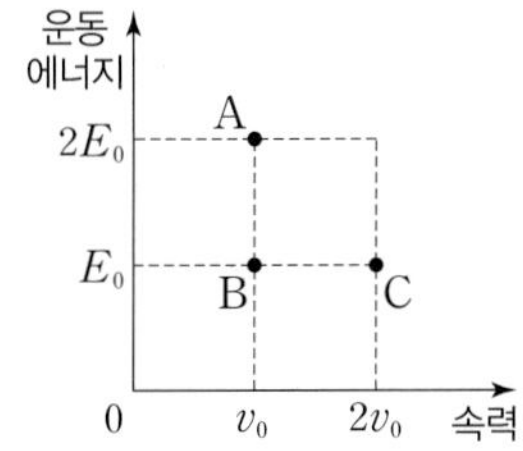

① $\lambda_A > \lambda_B > \lambda_C$ ② $\lambda_A > \lambda_B = \lambda_C$ ③ $\lambda_B > \lambda_A > \lambda_C$
④ $\lambda_B > \lambda_A = \lambda_C$ ⑤ $\lambda_C > \lambda_B > \lambda_A$

116
▸25116-0501
2024학년도 3월 학력평가 4번
상중하

표는 입자 A, B, C의 속력과 물질파 파장을 나타낸 것이다. 이에 대한 옳은 설명만을 〈보기〉에서 있는 대로 고른 것은?

입자	A	B	C
속력	v_0	$2v_0$	$2v_0$
물질파 파장	$2\lambda_0$	$2\lambda_0$	λ_0

보기

ㄱ. 질량은 A가 B의 2배이다.
ㄴ. 운동량의 크기는 B와 C가 같다.
ㄷ. 운동 에너지는 C가 A의 2배이다.

① ㄱ ② ㄴ ③ ㄱ, ㄷ ④ ㄴ, ㄷ ⑤ ㄱ, ㄴ, ㄷ

117 ▸25116-0502
2024학년도 수능 16번 상중하

그림은 입자 P, Q의 물질파 파장의 역수를 입자의 속력에 따라 나타낸 것이다. P, Q는 각각 중성자와 헬륨 원자를 순서 없이 나타낸 것이다.

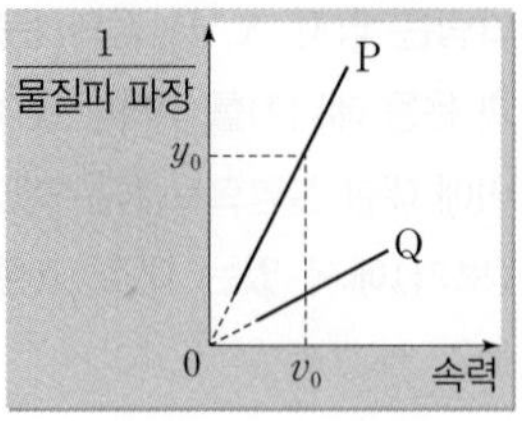

이에 대한 설명으로 옳은 것만을 〈보기〉에서 있는 대로 고른 것은? (단, h는 플랑크 상수이다.)

보기

ㄱ. P의 질량은 $h\dfrac{y_0}{v_0}$이다.
ㄴ. Q는 중성자이다.
ㄷ. P와 Q의 물질파 파장이 같을 때, 운동 에너지는 P가 Q보다 작다.

① ㄱ ② ㄷ ③ ㄱ, ㄴ ④ ㄴ, ㄷ ⑤ ㄱ, ㄴ, ㄷ

118 ▸25116-0503
2021학년도 6월 모의평가 15번 상중하

그림은 입자 A, B, C의 물질파 파장을 속력에 따라 나타낸 것이다.

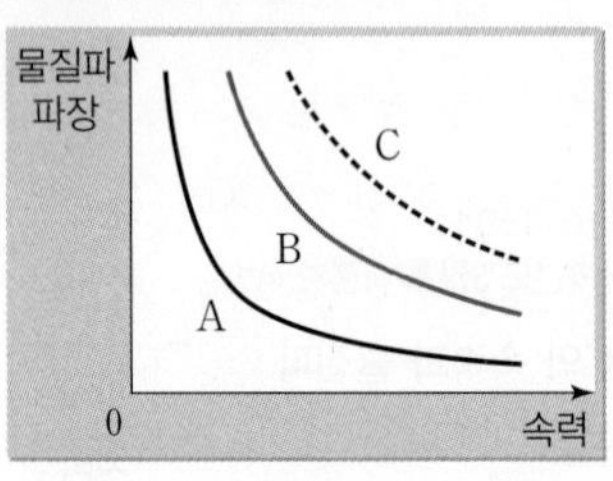

이에 대한 설명으로 옳은 것만을 〈보기〉에서 있는 대로 고른 것은?

보기

ㄱ. A, B의 운동량 크기가 같을 때, 물질파 파장은 A가 B보다 짧다.
ㄴ. A, C의 물질파 파장이 같을 때, 속력은 A가 C보다 작다.
ㄷ. 질량은 B가 C보다 작다.

① ㄱ ② ㄴ ③ ㄱ, ㄷ ④ ㄴ, ㄷ ⑤ ㄱ, ㄴ, ㄷ

119 ▸25116-0504
2019학년도 9월 모의평가 물리Ⅱ 15번 상중하

그림은 각각 질량이 m_A, m_B인 입자 A, B의 드브로이 파장을 운동 에너지에 따라 나타낸 것이다.

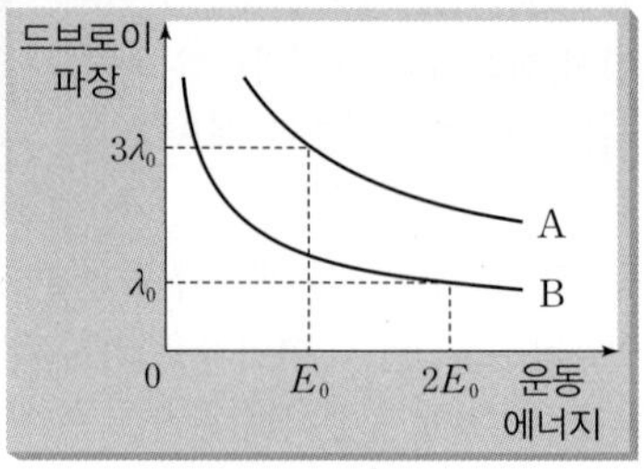

이에 대한 설명으로 옳은 것만을 〈보기〉에서 있는 대로 고른 것은?

보기

ㄱ. 입자의 운동량의 크기가 클수록 드브로이 파장이 짧아진다.
ㄴ. $m_A : m_B = 2 : 9$이다.
ㄷ. B의 운동 에너지가 E_0일 때 드브로이 파장은 $\sqrt{2}\lambda_0$이다.

① ㄱ ② ㄷ ③ ㄱ, ㄴ ④ ㄴ, ㄷ ⑤ ㄱ, ㄴ, ㄷ

120 ▸25116-0505
2024학년도 9월 모의평가 16번 상중하

그림 (가)는 주사 전자 현미경(SEM)의 구조를 나타낸 것이고, (나)는 (가)의 전자총에서 방출되는 전자 P, Q의 물질파 파장 λ와 운동 에너지 E_K를 나타낸 것이다.

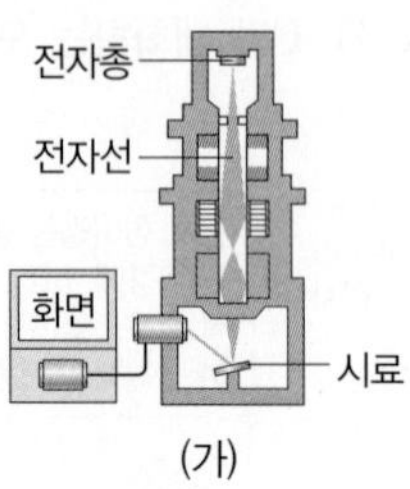

(가)

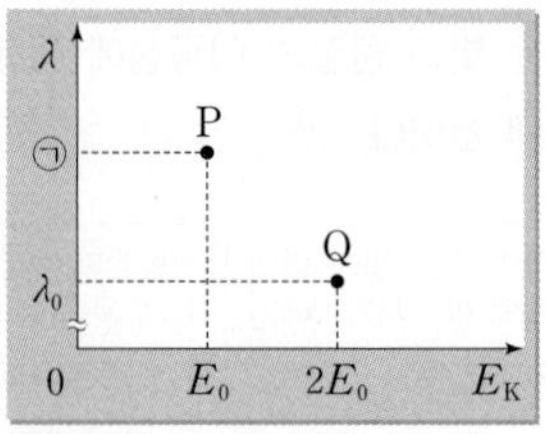

(나)

이에 대한 설명으로 옳은 것만을 〈보기〉에서 있는 대로 고른 것은?

보기

ㄱ. 전자의 운동량의 크기는 Q가 P의 $2\sqrt{2}$배이다.
ㄴ. ㉠은 $2\lambda_0$이다.
ㄷ. 분해능은 Q를 이용할 때가 P를 이용할 때보다 좋다.

① ㄱ ② ㄷ ③ ㄱ, ㄴ ④ ㄴ, ㄷ ⑤ ㄱ, ㄴ, ㄷ

121
▸25116-0506
2023학년도 10월 학력평가 2번
상중하

다음은 투과 전자 현미경에 대한 기사의 일부이다.

○○대학교 물리학과 연구팀은 전자의 물질파를 이용하는 ㉠투과 전자 현미경(TEM)으로, 작동 중인 전기 소자의 원자 구조 변화를 실시간으로 관찰하였다. 이 연구팀의 실환경 투과 전자 현미경 분석법은 차세대 비휘발성 메모리 소자 개발에 중요한 역할을 할 것으로 기대된다.

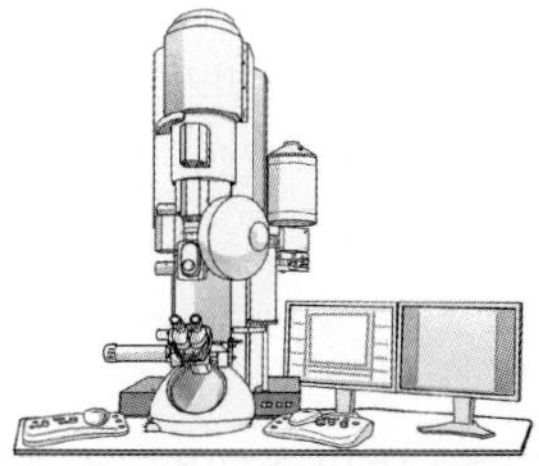

TEM: 광학 현미경으로 관찰 불가능한, ㉡시료의 매우 작은 구조까지 관찰 가능함.

이에 대한 옳은 설명만을 〈보기〉에서 있는 대로 고른 것은?

보기

ㄱ. ㉠은 전자의 파동성을 활용한다.
ㄴ. ㉡을 할 때, TEM에서 이용하는 전자의 물질파 파장은 가시광선의 파장보다 길다.
ㄷ. 전자의 속력이 클수록 전자의 물질파 파장이 길다.

① ㄱ ② ㄷ ③ ㄱ, ㄴ ④ ㄴ, ㄷ ⑤ ㄱ, ㄴ, ㄷ

122
▸25116-0507
2023학년도 3월 학력평가 1번
상중하

물질의 파동성으로 설명할 수 있는 것만을 〈보기〉에서 있는 대로 고른 것은?

보기

ㄱ. 운동량 보존 ㄴ. 광전 효과 ㄷ. 전자의 물질파

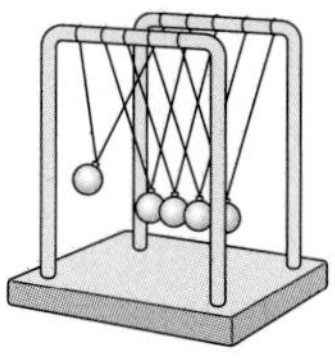

충돌구

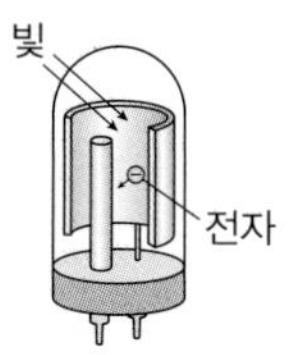

광전관

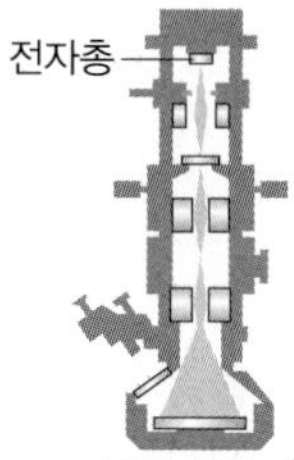

전자 현미경

① ㄱ ② ㄴ ③ ㄷ ④ ㄱ, ㄴ ⑤ ㄱ, ㄷ

123
▸25116-0508
2022학년도 10월 학력평가 11번
상중하

그림 (가), (나)는 주사 전자 현미경(SEM)으로 동일한 시료를 촬영한 사진을 나타낸 것이다. 촬영에 사용된 전자의 운동 에너지는 (가)에서가 (나)에서보다 작다.

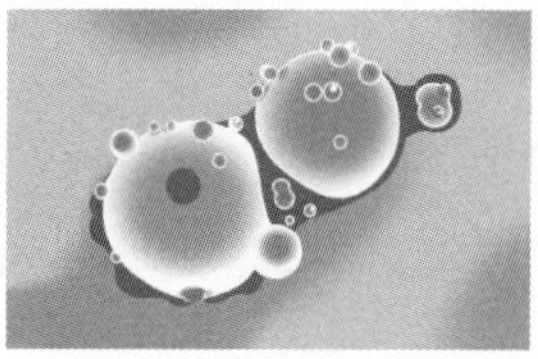

(가)

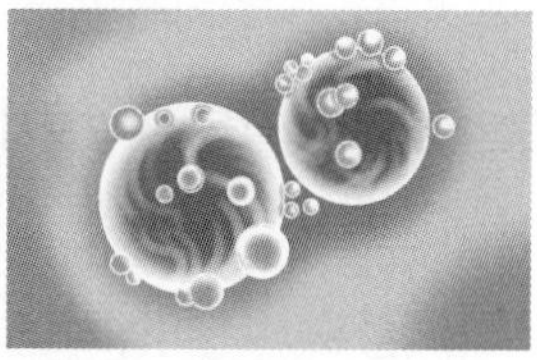

(나)

이에 대한 옳은 설명만을 〈보기〉에서 있는 대로 고른 것은?

보기

ㄱ. (가), (나)는 시료에 전자기파를 쪼여 촬영한 사진이다.
ㄴ. 전자의 물질파 파장은 (가)에서가 (나)에서보다 작다.
ㄷ. 광학 현미경보다 전자 현미경이 크기가 더 작은 시료를 관찰할 수 있다.

① ㄱ ② ㄴ ③ ㄷ ④ ㄱ, ㄴ ⑤ ㄴ, ㄷ

124
▸25116-0509
2022학년도 3월 학력평가 14번
상중하

그림은 현미경 A, B로 관찰할 수 있는 물체의 크기를 나타낸 것으로, A와 B는 각각 광학 현미경과 전자 현미경 중 하나이다. 사진 X, Y는 시료 P를 각각 A, B로 촬영한 것이다.

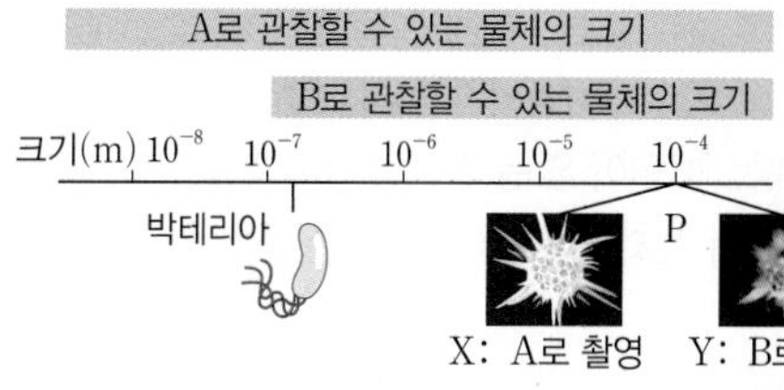

이에 대한 옳은 설명만을 〈보기〉에서 있는 대로 고른 것은?

보기

ㄱ. B는 전자 현미경이다.
ㄴ. X는 물질의 파동성을 이용하여 촬영한 사진이다.
ㄷ. 전자 현미경으로 박테리아를 촬영하려면 P를 촬영할 때보다 저속의 전자를 이용해야 한다.

① ㄱ ② ㄴ ③ ㄱ, ㄴ ④ ㄱ, ㄷ ⑤ ㄴ, ㄷ

기출 & 플러스

01 파동의 성질과 활용

■ **빈칸에 알맞은 말을 써 넣으시오.**

01 진행하는 파동에서 이웃한 마루와 마루 또는 골과 골 사이의 거리를 (　　　)이라고 한다.

02 파동의 속력을 v, 파동의 파장을 λ, 파동의 주기를 T, 파동의 진동수를 f라고 할 때 $v=\frac{\lambda}{(\quad)}=(\quad)\lambda$이다.

03 기체에서 소리의 속력은 기체의 온도가 (　　　)수록 빠르다.

04 매질 1, 2의 굴절률을 각각 n_1, n_2라고 할 때, 매질 1에 대한 매질 2의 굴절률 n_{12}는 (　　　)이다.

05 광섬유는 빛의 (　　　) 현상을 이용한다.

06 쌍안경은 프리즘 내부에서의 (　　　) 현상을 이용하여 빛의 진행 경로를 바꾸고 물체를 확대하여 볼 수 있다.

07 광섬유의 코어는 클래딩보다 굴절률이 (　　　)다. 따라서 빛이 코어에서 클래딩으로 진행할 때 코어와 클래딩의 경계면에서 전반사하여 코어를 따라 진행한다.

08 광섬유를 이용한 광통신에서 수신기에 도달한 빛 신호를 (　　　) 신호로 변환시켜 정보를 재생한다.

09 전자기파에서 전기장과 자기장의 진동 방향은 서로 (　　　)이다.

10 전자기파는 매질이 없는 진공에서도 진행하고, 파장과 무관하게 진공에서 전자기파의 (　　　)은 항상 일정하다.

11 X선, 라디오파, 적외선 중에서 파장이 가장 긴 빛은 (　　　)이고, 진동수가 가장 큰 빛은 (　　　)이다.

12 살균 소독기, 위조지폐 감별에는 (　　　)을, TV 리모컨에는 (　　　)을, 전자레인지에는 (　　　)를 이용한다.

13 동일한 두 파동이 서로 반대 방향으로 진행하다가 중첩될 때 진폭이 커지는 간섭을 (　　　) 간섭, 진폭이 작아지는 간섭을 (　　　) 간섭이라고 한다.

14 동일한 소리가 발생하는 두 스피커에서 발생하는 소리의 간섭에서 두 스피커에서 같은 거리만큼 떨어진 지점에서는 항상 (　　　) 간섭이 일어난다.

■ **다음 내용이 옳으면 ○표, 틀리면 ×표 하시오.**

15 고체, 액체, 기체에서 소리의 속력은 기체일 때가 가장 빠르고 고체일 때가 가장 느리다. (　　)

16 파동이 진행할 때 매질이 달라져도 파동의 주기는 변하지 않는다. (　　)

17 파동의 굴절에서 두 매질의 경계면에서 파동은 속력이 느린 쪽으로 진행 방향이 꺾인다. (　　)

18 파동의 굴절에서 파동의 속력과 파동의 파장은 항상 비례한다. (　　)

19 파동의 굴절에서 입사각이 증가하면 굴절각은 감소한다. (　　)

20 빛이 굴절률이 큰 매질에서 굴절률이 작은 매질로 진행하고 입사각이 임계각보다 커야 빛의 전반사가 발생한다. (　　)

21 빛이 매질에서 진공으로 입사하여 전반사할 때, 매질의 굴절률이 클수록 임계각은 작아진다. (　　)

22 빛의 회절과 간섭 현상은 빛의 입자성을 보여준다. (　　)

23 X선보다 파장이 짧고, 전자기파 중에서 광자 1개의 에너지가 가장 큰 빛은 자외선이다. (　　)

24 야간 투시경에서 사용하는 빛은 마이크로파보다 진동수가 크고 가시광선보다 진동수가 작은 빛이다. (　　)

25 진동수는 음파가 전자기파보다 크다. (　　)

26 물결파의 간섭에서 수면의 높이가 시간에 따라 계속 변하는 지점은 상쇄 간섭이 발생하는 지점이다. (　　)

27 코팅 렌즈, 소음 제거 헤드폰은 모두 파동의 상쇄 간섭을 이용한 장치이다. (　　)

02 빛과 물질의 이중성

■ **빈칸에 알맞은 말을 써 넣으시오.**

28 광전 효과에서 금속에서 전자를 떼어 내기 위한 최소한의 빛의 진동수를 (　　)라고 한다.

29 광전 효과에 의해 금속판에서 광전자가 방출될 때 금속에서 방출되는 전자의 수는 (　　)에 비례한다.

30 광전 효과는 빛의 (　　)성을 나타낸다.

31 아인슈타인은 '빛은 (　　)에 비례하는 에너지를 갖는 광자들의 흐름이다.'라고 주장하였다.

32 (　　)는 빛을 (　　) 신호로 바꾸어 주는 장치로, 광 다이오드가 평면적으로 배열되어 있다.

33 입자 A의 물질파 파장을 λ, 질량을 m, 플랑크 상수를 h라고 할 때, A의 속력은 (　　)이다.

34 데이비슨·거머 실험은 (　　)를 확인한 실험이다.

35 데이비슨·거머 실험에서 니켈 결정면에 입사한 X선에 대하여 특정한 각에서 검출되는 전자의 수가 많은 것은 결정 표면에 반사된 빛과 이웃한 결정면에서 반사된 빛이 (　　) 간섭을 일으켰기 때문이다.

36 톰슨 실험에서 얇은 금속박에 전자선을 입사시켜 전자의 (　　) 무늬를 얻을 때 입사하는 X선의 파장이 (　　)수록 (　　) 무늬가 크게 나타난다.

37 전자의 운동 에너지가 (　　)수록 전자의 드브로이 파장은 짧다.

38 (　　) 전자 현미경은 시료의 전기 전도성이 좋아야 하고, 시료를 보기 위해서는 모니터가 필요하다.

39 (　　) 전자 현미경은 시료의 두께가 두꺼울수록 분해능이 떨어져 시료의 영상이 흐려진다.

■ **다음 내용이 옳으면 ○표, 틀리면 ×표 하시오.**

40 광전 효과에 의해 방출되는 광전자의 최대 운동 에너지는 빛의 세기에 비례한다. (　　)

41 금속판 A에 가시광선을 비출 때 A에서 광전자가 방출되었다. A에 자외선을 비추면 A에서 광전자가 방출되지 않는다. (　　)

42 빛은 파동이면서 입자인 이중적인 본질을 지니므로 물리적 현상에서 두 성질이 동시에 나타난다. (　　)

43 단색광을 이중 슬릿에 통과시켜 사진 건판에 도달하게 할 때 단색광이 진행하는 동안 간섭 현상은 빛이 입자성으로, 사진 건판에 상이 기록되는 현상은 빛의 파동성으로 설명된다. (　　)

44 자기렌즈는 전자를 초점으로 모으는 역할을 한다. (　　)

45 전자 현미경에서 사용하는 전자의 드브로이 파장은 가시광선의 파장보다 짧다. (　　)

46 전자 현미경 중 시료를 매우 얇게 해야 하고, 3차원 구조를 볼 수 없는 현미경은 주사 전자 현미경이다. (　　)

47 전자 현미경의 최대 분해능은 광학 현미경의 최대 분해능보다 좋다. (　　)

정답

01 파장 02 T, f 03 높음 04 $\frac{n_2}{n_1}$ 05 전반사 06 전반사 07 크 08 전기 09 수직 10 속력 11 라디오파, X선 12 자외선, 적외선, 마이크로파 13 보강, 상쇄 14 보강 15 × 16 ○ 17 ○ 18 ○ 19 × 20 ○ 21 ○ 22 × 23 × 24 ○ 25 × 26 × 27 ○ 28 문턱 진동수(한계 진동수) 29 빛의 세기 30 입자 31 진동수 32 전하 결합 소자(CCD), 전기 33 $\frac{h}{m\lambda}$ 34 물질파(드브로이파) 35 보강 36 회절, 길, 회절 37 클 38 주사 39 투과 40 × 41 × 42 × 43 × 44 ○ 45 ○ 46 × 47 ○

함정 탈출 TIP 체크

15 소리의 속력은 고체 > 액체 > 기체 순이다. 19 입사각이 증가하면 굴절각도 증가한다. 22 회절과 간섭은 빛의 파동성을 나타낸다. 23 파장이 가장 짧고 진동수가 가장 큰 빛은 감마(γ)선이다. 25 진동수는 전자기파가 음파보다 크다. 26 상쇄 간섭 지점은 수면의 높이가 거의 일정하다. 40 광전자의 최대 운동 에너지는 빛의 세기와는 관계없고, 빛의 진동수에 비례한다. 41 자외선은 가시광선보다 진동수가 더 크다. 42 빛의 이중성은 동시에 나타나지 않는다. 43 간섭 현상은 빛의 파동성, 충돌은 빛의 입자성으로 설명된다. 46 주사 전자 현미경은 3차원 구조를 얻을 수 있다.

인용 사진 출처

이미지파트너스

141쪽(57번)

EBS

EBSi 고교강의 문제를 사진 찍고 **해설 강의 보기** Google Play | App Store

EBSi 사이트 **무료 강의 제공**

2026학년도 수능 대비

수능 기출의 미래

All New

'한눈에 보는 정답' & 정답과 해설 바로가기

정답과 해설

과학탐구영역 **물리학 I**

2026학년도 수능 대비

수능 기출의 미래

과학탐구영역 물리학 I

All New

정답과 해설

정답과 해설

I 역학과 에너지

본문 8~41쪽

01 힘과 운동

01 ①	02 ②	03 ①	04 ①	05 ③	06 ⑤
07 ①	08 ①	09 ④	10 ②	11 ④	12 ②
13 ③	14 ⑤	15 ④	16 ④	17 ④	18 ④
19 ②	20 ②	21 ④	22 ④	23 ④	24 ④
25 ③	26 ②	27 ②	28 ②	29 ④	30 ④
31 ④	32 ⑤	33 ③	34 ⑤	35 ②	36 ③
37 ②	38 ①	39 ③	40 ②	41 ④	42 ⑤
43 ②	44 ②	45 ③	46 ⑤	47 ⑤	48 ①
49 ④	50 ②	51 ②	52 ④	53 ④	54 ⑤
55 ②	56 ④	57 ②	58 ④	59 ④	60 ①
61 ②	62 ③	63 ①	64 ⑤	65 ④	66 ⑤
67 ②	68 ③	69 ⑤	70 ①	71 ②	72 ③
73 ④	74 ④	75 ⑤	76 ③	77 ②	78 ⑤
79 ④	80 ①	81 ③	82 ③	83 ⑤	84 ③
85 ⑤	86 ④	87 ⑤	88 ⑤	89 ③	90 ③
91 ③	92 ④	93 ⑤	94 ②	95 ③	96 ⑤
97 ⑤	98 ②	99 ③	100 ②	101 ④	102 ②
103 ②	104 ③	105 ②	106 ④	107 ④	108 ③
109 ⑤	110 ②	111 ④	112 ④	113 ⑤	114 ②
115 ④	116 ①	117 ⑤	118 ④	119 ②	

01 운동의 분류

자료 분석

물체는 Ⅰ의 직선 구간에서 운동 방향과 가속도 방향이 서로 반대인 운동을 하고, Ⅱ의 반원형 구간에서 속력이 일정한 원운동을 하며, Ⅲ에서 알짜힘과 운동 방향이 같지 않은 운동을 한다.

선택지 분석

✓ ㄱ. Ⅰ에서 물체는 속력이 감소하는 직선 운동을 한다.
ㄴ. Ⅱ에서 물체는 운동 방향이 변하는 원운동을 하므로 물체에 작용하는 알짜힘의 방향은 물체의 운동 방향과 같지 않다.
ㄷ. Ⅲ에서 물체는 속력과 운동 방향이 모두 변하는 곡선 운동을 한다.

답 ①

02 여러 가지 물체의 운동

자료 분석

A는 속력과 운동 방향이 일정한 운동을 하고, B는 운동 방향은 일정하지만 속력이 변하는 운동을 한다. C는 운동 방향과 속력이 변하는 운동을 한다.

선택지 분석

A. 등속도 운동을 하므로 알짜힘은 0이다.
✓ B. 직선상에서 속력이 빨라지므로 알짜힘의 방향이 운동 방향과 같다.
C. 곡선 운동을 하므로 알짜힘의 방향이 운동 방향과 같지 않다.

답 ②

03 여러 가지 물체의 운동

자료 분석

A는 속도가 일정한 운동을 하고, B는 속력이 변하는 운동을 한다. C는 운동 방향이 변하는 운동을 한다.

선택지 분석

✓ A. 속력과 운동 방향이 모두 일정한 운동을 하므로 등속도 운동을 한다.
B. 속력이 변하는 운동을 하므로 가속도 운동을 한다.
C. 운동 방향이 변하므로 가속도 운동을 한다.

답 ①

04 여러 가지 물체의 운동

자료 분석

(가)의 뜀틀을 넘는 사람과 (나)의 그네를 타는 아이는 곡선 경로를 따라 운동하고, (다)의 직선 레일에서 속력이 느려지는 기차는 직선 경로를 따라 운동한다.

선택지 분석

✓ ㄱ. (가)에서 사람은 곡선 경로를 따라 운동한다. 따라서 사람의 운동 방향은 변한다.
ㄴ. (나)에서 그네를 타는 아이는 운동 방향과 속력이 계속 변한다. 따라서 아이는 등속도 운동을 하지 않는다.
ㄷ. (다)에서 기차는 직선 레일에서 속력이 점점 느려진다. 따라서 기차의 운동 방향은 가속도 방향과 서로 반대 방향이다.

답 ①

05 여러 가지 물체의 운동

자료 분석

A는 알짜힘의 방향이 물체의 운동 방향과 같은 운동을 하므로 속력이 증가하는 운동을 하고, B는 곡선 경로를 따라 속력과 운동 방향이 변하는 가속도 운동을 한다.

선택지 분석

✓ ㄱ. A에 작용하는 중력의 방향과 운동 방향이 같으므로 A는 속력이 증가하는, 즉 속력이 변하는 운동을 한다.
✓ ㄴ. B는 곡선 경로를 따라 운동을 한다. 따라서 운동 방향이 변하는 운동을 한다.
ㄷ. B의 가속도의 방향은 연직 방향이므로 운동 방향과 가속도의 방향은 다르다.

답 ③

06 여러 가지 물체의 운동

자료 분석

A는 속력이 변하고 물체에 작용하는 알짜힘의 방향이 일정하며, 알짜힘의 방향이 물체의 운동 방향과 같은 운동을 하므로 보기에서 자유 낙하 운동에 해당한다.

B는 물체의 속력이 일정하고 물체에 작용하는 알짜힘의 방향이 일정하지 않으므로 보기에서 등속 원운동에 해당한다.

C는 속력이 변하고 물체에 작용하는 알짜힘의 방향이 일정하므로 보기에서 포물선 운동에 해당한다.

선택지 분석

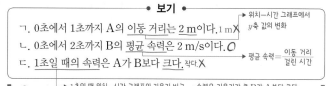

✓ ㄱ. 자유 낙하 하는 공에 작용하는 알짜힘은 중력이므로 물체는 중력 방향으로 운동한다. 또한 중력의 방향은 일정하므로 자유 낙하 하는 공의 등가속도 직선 운동은 A에 해당한다.

✓ ㄴ. 등속 원운동을 하는 물체는 운동 방향이 계속 변하는 운동을 하지만, 물체의 속력은 일정하다. 따라서 등속 원운동을 하는 위성의 운동은 B에 해당한다.

✓ ㄷ. 수평면에 대해 비스듬히 던진 공이 포물선 운동을 할 때 공에 작용하는 알짜힘은 중력이다. 중력의 방향은 일정하므로 수평면에 대해 비스듬히 던진 공의 포물선 운동은 C에 해당한다. 답 ⑤

07 여러 가지 물체의 운동

자료 분석

(가)에서 구슬은 연직 위로 운동하므로 속력만 변하는 운동, (나)에서 농구공은 속력과 방향이 모두 변하는 포물선 운동, (다)에서 회전 놀이 기구에 탄 사람은 운동 방향이 계속 변하는 운동을 한다.

선택지 분석

✓ ㄱ. (가)에서 구슬은 운동하는 동안 연직 아래 방향으로 중력을 받으므로 구슬의 속력은 변한다.

ㄴ. (나)에서 농구공에 작용하는 알짜힘의 방향이 농구공의 운동 방향과 같으면 농구공은 직선 운동을 한다. 그러나 농구공은 포물선 운동을 하므로 농구공에 작용하는 알짜힘의 방향은 농구공의 운동 방향과 같지 않다.

ㄷ. (다)에서 사람은 원운동하므로 운동 방향은 계속 변한다. 답 ①

08 여러 가지 물체의 운동

자료 분석

운동 방향이 일정하다는 것은 물체가 직선 운동을 한다는 것이다. 자유 낙하 운동은 물체의 속력은 변하지만 물체의 운동 방향이 일정한 운동이고, 회전 운동과 왕복 운동은 물체의 속력과 운동 방향이 모두 변하는 운동이다.

선택지 분석

✓ A: 놀이 기구는 자유 낙하 운동하므로, 운동 방향은 연직 아래 방향으로 일정하다.

B: 놀이 기구는 회전 운동하므로, 운동 방향이 계속 변한다.

C: 놀이 기구는 왕복 운동하므로, 운동 방향이 계속 변한다. 답 ①

09 물체의 운동

자료 분석

수평면 위에서 비스듬히 던져진 공은 곡선 경로를 따라 속력과 방향이 변하는 가속도 운동을 한다. 이동 거리는 공이 이동한 전체 거리이고, 변위의 크기는 공의 처음 위치에서 나중 위치까지의 직선 거리이다.

선택지 분석

✓ ㄱ. 공은 연직 아래 방향으로 중력을 받으므로 속력이 변하는 운동을 한다.

ㄴ. 공은 곡선 경로를 따라 운동 방향이 계속 변하는 운동을 한다.

✓ ㄷ. 변위의 크기는 p, q를 잇는 직선 거리이므로 이동 거리보다 작다. 답 ④

10 경로가 다른 물체의 운동

자료 분석

a를 출발하여 다시 a에 도달할 때까지 수영 선수의 운동 경로는 직선 경로가 아니며, 이동 거리는 변위의 크기보다 크다.

선택지 분석

ㄱ. 변위는 처음 위치에서 나중 위치까지의 위치 변화량이다. 따라서 선수가 출발 위치로 돌아오므로 변위는 0이다.

✓ ㄴ. 직선 운동이 아니므로 운동 방향이 변한다.

ㄷ. 이동 거리가 변위의 크기보다 크므로 평균 속도의 크기는 평균 속력보다 작다. 답 ②

11 위치-시간 그래프 해석

자료 분석

위치-시간 그래프의 기울기는 물체의 속도를 나타내며, 직선상에서 운동할 경우 기울기가 일정하면 물체는 등속 직선 운동을 한다.

선택지 분석

ㄱ. B의 경우 그래프의 기울기가 변하지 않으므로, B의 운동 방향은 바뀌지 않는다.

✓ ㄴ. A의 속도의 크기는 $\frac{2}{3}$ m/s이고, B의 속도의 크기는 1 m/s이다. 따라서 2초일 때, 속도의 크기는 A가 B보다 작다.

✓ ㄷ. 0초부터 3초까지 A가 이동한 거리는 2 m, B가 이동한 거리는 3 m이므로 이동한 거리는 A가 B보다 작다. 답 ④

12 위치-시간 그래프 해석

빈출 문항 자료 분석

그림은 직선 운동하는 물체 A와 B의 위치를 시간에 따라 나타낸 것이다.

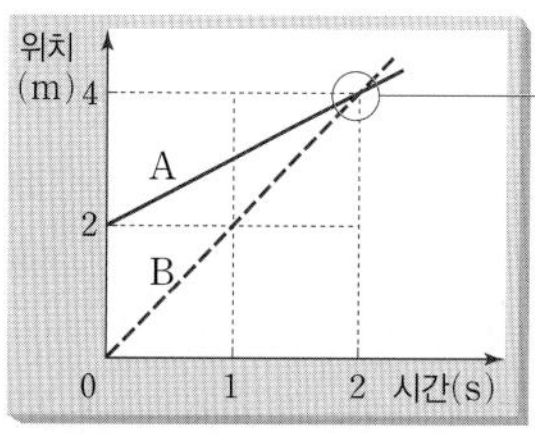

→ 기울기는 속도(속력)를 의미
- A의 속력 $= \frac{2\ \text{m}}{2\ \text{s}} = 1$ m/s
- B의 속력 $= \frac{4\ \text{m}}{2\ \text{s}} = 2$ m/s

이에 대한 설명으로 옳은 것만을 〈보기〉에서 있는 대로 고른 것은?

보기

ㄱ. 0초에서 1초까지 A의 이동 거리는 2 m이다. 1 m X
→ 위치-시간 그래프에서 y축 값의 변화

ㄴ. 0초에서 2초까지 B의 평균 속력은 2 m/s이다. O
→ 평균 속력 $= \frac{\text{이동 거리}}{\text{걸린 시간}}$

ㄷ. 1초일 때의 속력은 A가 B보다 크다. 작다. X

→ 1초일 때 위치-시간 그래프의 기울기 비교 → 속력은 기울기가 큰 B가 A보다 크다.

해결 전략 직선상에서 등속도 운동을 하는 물체의 위치-시간 그래프를 분석하여 그래프의 기울기가 물체의 속도임을 알 수 있어야 하고, 평균 속력을 구할 수 있어야 한다.

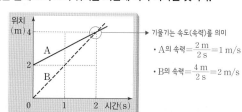

선택지 분석

ㄱ. 0초~1초까지 A의 위치 변화가 1 m이므로 A의 이동 거리는 1 m이다.

✓ ㄴ. 0초~2초까지 B는 4 m를 이동하였으므로, 평균 속력 $= \frac{\text{이동 거리}}{\text{걸린 시간}} = \frac{4\text{ m}}{2\text{ s}} = 2\text{ m/s}$이다.

ㄷ. 위치-시간 그래프의 기울기는 물체의 속도를 나타낸다. 1초일 때 A의 기울기보다 B의 기울기가 크므로 속력은 B가 A보다 크다. 답 ②

13 속도-시간 그래프 해석

자료 분석

가속도의 크기는 속도-시간 그래프에서 직선의 기울기의 절댓값과 같으므로, 물체의 가속도의 크기 $a = \left|\frac{-8\text{ m/s}}{4\text{ s}}\right| = 2\text{ m/s}^2$이다. 0초부터 4초까지 물체가 이동한 거리는 속도-시간 그래프에서 직선이 시간 축과 이루는 면적과 같으므로, 0초부터 4초까지 물체가 이동한 거리 $s = \frac{1}{2} \times 4 \times 8 = 16(\text{m})$이다. 직선 경로에서 운동하는 물체의 운동 방향과 가속도 방향이 같지 않으면 물체의 속력은 감소한다.

선택지 분석

✓ ㄱ. 4초 동안 물체의 속도 변화량의 크기가 8 m/s이므로 물체의 가속도의 크기 $a = \frac{8\text{ m/s}}{4\text{ s}} = 2\text{ m/s}^2$이다.

✓ ㄴ. 0초부터 4초까지 물체의 평균 속도의 크기가 4 m/s이므로, 0초부터 4초까지 물체가 이동한 거리 $s = 4\text{ m/s} \times 4\text{ s} = 16\text{ m}$이다.

ㄷ. 0초부터 4초까지 물체의 속력이 일정한 비율로 감소하므로 2초일 때 물체의 운동 방향과 가속도 방향은 서로 반대이다. 답 ③

14 속도-시간 그래프 해석

자료 분석

$0 \sim 2t$까지 A의 가속도의 크기는 $a_A = \frac{\frac{S}{t}}{2t} = \frac{S}{2t^2}$이고, B의 가속도의 크기는 $a_B = \frac{\frac{2S}{t}}{2t} = \frac{S}{t^2}$이다.

선택지 분석

①, ②, ④ 속도-시간 그래프의 기울기는 가속도를 나타내고, 그래프와 시간 축이 이루는 면적은 이동 거리를 나타낸다. 따라서 B의 기울기와 면적이 A의 2배이므로, $2t$일 때 속력은 B가 A의 2배이고, t일 때 가속도의 크기, 0부터 $2t$까지 평균 속력은 B가 A의 2배이다.

③ A와 B는 각각 반대 방향으로 빨라지고 있으므로, t일 때 A와 B의 가속도의 방향은 서로 반대이다.

✓ ⑤ 속도-시간 그래프와 시간 축이 이루는 면적은 이동 거리를 나타내므로, 0부터 $2t$까지 A와 B의 이동 거리의 합은 $3S$이다. 답 ⑤

15 등가속도 운동

자료 분석

A가 Ⅰ, Ⅲ에서 등속도 운동하므로 Ⅱ의 시작점과 끝점에서 속력은 각각 v, $5v$이고 Ⅰ, Ⅱ에서 걸린 시간은 $\frac{L}{v}$, $\frac{3L}{3v}$이며 이 시간은 B가 Ⅰ, Ⅱ에서 걸린 시간과 같다. 또한, Ⅲ에서 A, B가 이동하는 거리와 걸린 시간이 같으므로 A, B의 평균 속력은 $5v$로 같다. 따라서, Ⅰ의 시작점과 끝점, Ⅲ의 시작점과 끝점에서 속력을 알 수 있으므로 등가속도 공식을 이용하여 가속도의 크기를 비교할 수 있다.

선택지 분석

✓ ④ A는 Ⅲ에서 등속도 운동하므로 A는 $x=4L$을 속력 $5v$로 지난다. A와 B가 $x=0$에서 $x=4L$까지 운동하는 데 걸린 시간은 같다. A가 Ⅰ, Ⅱ를 지나는 데 걸린 시간의 합은 $\frac{L}{v} + \frac{3L}{3v} = \frac{2L}{v}$이다. B가 Ⅱ에서 등속도 운동할 때의 속력을 v_0이라고 하면, B가 Ⅰ, Ⅱ를 지나는 데 걸린 시간의 합은 $\frac{2L}{v_0} + \frac{3L}{v_0} = \frac{5L}{v_0}$이다. $\frac{2L}{v} = \frac{5L}{v_0}$에서 $v_0 = \frac{5}{2}v$이다. A, B가 Ⅲ을 지나는 데 걸린 시간은 같으므로 Ⅲ에서 B의 평균 속력은 A의 속력 $5v$와 같다. 따라서 B가 $x=9L$을 지날 때 속력은 $2 \times 5v - \frac{5}{2}v = \frac{15}{2}v$이다. B가 Ⅰ을 지나는 데 걸린 시간은 $\Delta t = \frac{L}{\left(\frac{1}{2} \times \frac{5v}{2}\right)} = \frac{4L}{5v}$이므로 $a = \frac{\Delta v}{\Delta t} = \frac{\frac{5v}{2}}{\frac{4L}{5v}} = \frac{25v^2}{8L}$이다. Ⅲ에서 B의 가속도의 크기는 $\frac{5v}{\frac{5L}{5v}} = \frac{5v^2}{L} = \frac{8}{5}a$이다.

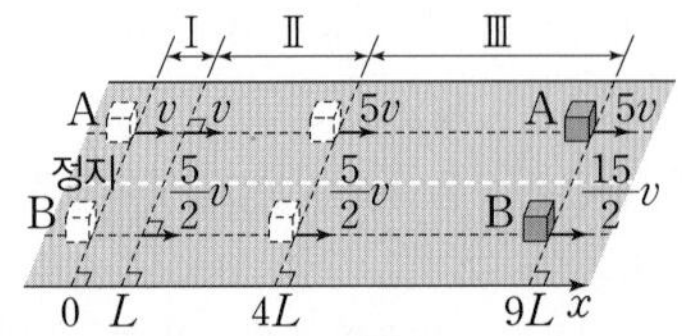

답 ④

도전 1등급 16 등가속도 운동

도전 1등급 문항 분석 ▸▸ 정답률 39%

그림과 같이 물체가 점 a~d를 지나는 등가속도 직선 운동을 한다. a와 b, b와 c, c와 d 사이의 거리는 각각 L, x, $3L$이다. 물체가 운동하는 데 걸리는 시간은 a에서 b까지와 c에서 d까지가 같다. a, d에서 물체의 속력은 각각 v, $4v$이다.

→ 속도 변화량의 크기는 at로 같음

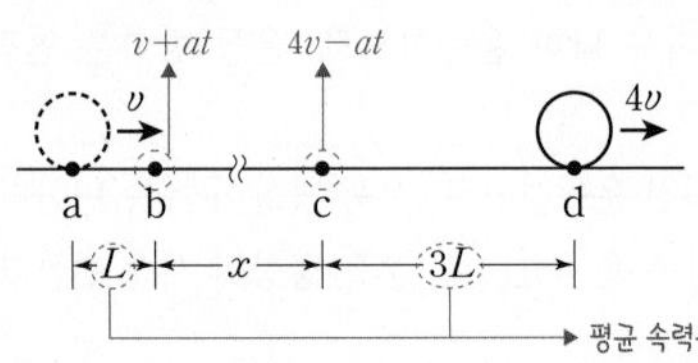

x는?

해결 전략 일직선상에서 등가속도 운동하는 물체의 가속도의 크기가 일정하다는 것을 이용하여 구간별 평균 속력을 구하고 이를 이용하여 거리를 구할 수 있어야 한다.

선택지 분석

✓ ④ 가속도 크기를 a, a~b까지 걸린 시간을 t라고 할 때, b, c에서 속력은 각각 $v+at$, $4v-at$이다. a~b에서와 c~d에서의 평균 속력의 비는 1 : 3이므로 $3(2v+at) = 8v-at$에서 $2at = v$이고, b와 c에서 속력은 각각 $v+at = v+\frac{v}{2} = \frac{3v}{2}$, $4v-at = 4v-\frac{v}{2} = \frac{7v}{2}$이다. 속도 변화량의 크기

가 $2v$이므로 $2v=2(2at)=at'$에서 b~c까지 걸린 시간은 $t'=4t$, b~c에서 평균 속력은 $\frac{1}{2}\left(\frac{3}{2}v+\frac{7}{2}v\right)=\frac{5}{2}v$, $L=\frac{5v}{4}t$이므로 $x=\frac{5v}{2}\times 4t=8L$이다.

답 ④

도전 1등급

17 등가속도 운동

도전 1등급 문항 분석 ▸▸ 정답률 29.9%

그림과 같이 직선 도로에서 서로 다른 가속도로 등가속도 운동을 하는 자동차 A, B가 각각 속력 v_A, v_B로 기준선 P, Q를 동시에 지난 후 기준선 S에 동시에 도달한다. 가속도의 방향은 A와 B가 같고, 가속도의 크기는 A가 B의 $\frac{2}{3}$배이다. B가 Q에서 기준선 R까지 운동하는 데 걸린 시간은 R에서 S까지 운동하는 데 걸린 시간의 $\frac{1}{2}$배이다. P와 Q 사이, Q와 R 사이, R와 S 사이에서 자동차의 이동 거리는 모두 L로 같다.

→ 걸린 시간이 $3t$로 같다.

→ B의 운동 방향과 가속도의 방향이 반대이다.

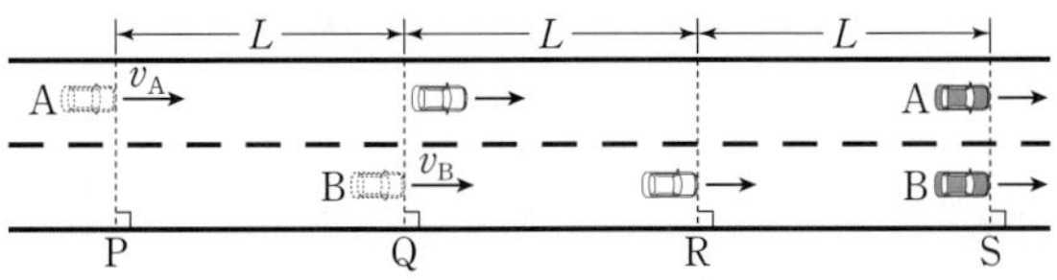

$\frac{v_A}{v_B}$는?

해결 전략 직선 도로에서 서로 다른 가속도로 등가속도 운동을 하는 A와 B의 구간 속력과 시간 차를 분석하여 A, B의 속력의 비를 구할 수 있어야 한다.

선택지 분석

✓④ A와 B의 가속도의 크기를 각각 $2a$, $3a$라 하고, S를 통과하는 순간 A와 B의 속력을 각각 v_1, v_2라고 하자. A와 B의 가속도의 방향이 같고, B가 Q에서 R까지 이동하는 데 걸린 시간이 t이면 R에서 S까지 이동하는 데 걸린 시간은 $2t$이다. 동일한 거리를 이동하는 데 더 많은 시간이 소요되었으므로 가속도의 방향은 자동차의 운동 방향과 반대 방향인 것을 알 수 있다.

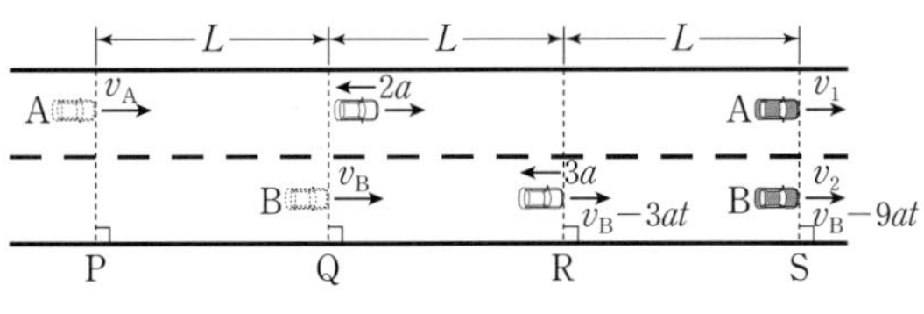

평균 속력을 이용하면 A는 $3L=\frac{v_A+v_1}{2}\times 3t$ …①이고, B는 $2L=\frac{v_B+v_2}{2}\times 3t$…②이며, ①과 ②를 연립하면 $2v_A+2v_1=3v_B+3v_2$…③이다. 등가속도 직선 운동 관계식에서 $v_1=v_A-6at$, $v_2=v_B-9at$이고, 이 식을 ③과 연립하면 $4v_A-6v_B=-15at$…④이다.

R에서 B의 속력을 v_B-3at, S에서 B의 속력을 v_B-9at라 하고 평균 속력을 이용하면 $L=\frac{2v_B-3at}{2}\times t=\frac{2v_B-12at}{2}\times 2t$이며, 이를 정리하면 $v_B=\frac{21}{2}at$이다. 이 값을 ④에 대입하면 $v_A=12at$이다. 따라서 $\frac{v_A}{v_B}=\frac{8}{7}$이다.

답 ④

도전 1등급

18 등가속도 운동

도전 1등급 문항 분석 ▸▸ 정답률 32.7%

그림과 같이 빗면에서 물체가 등가속도 직선 운동을 하여 점 a, b, c, d를 지난다. a에서 물체의 속력은 v이고, 이웃한 점 사이의 거리는 각각 L, $6L$, $3L$이다. 물체가 a에서 b까지, c에서 d까지 운동하는 데 걸린 시간은 같고, a와 d 사이의 평균 속력은 b와 c 사이의 평균 속력과 같다.

→ t

→ $v_{ad}=\frac{10L}{2t+T}$, $v_{bc}=\frac{6L}{T}$

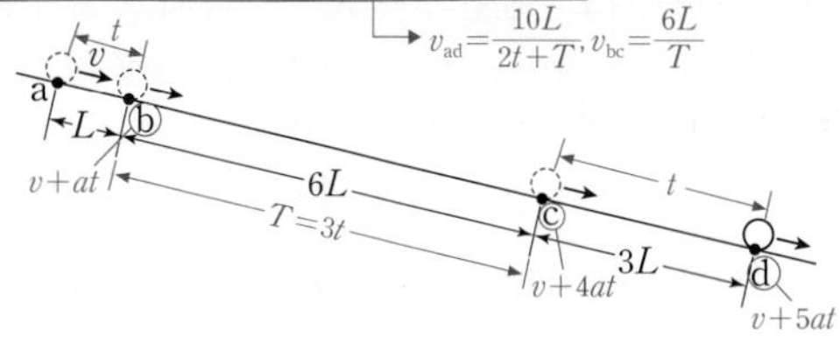

물체의 가속도의 크기는? (단, 물체의 크기는 무시한다.)

해결 전략 빗면에서 등가속도 운동을 하는 물체의 구간별 평균 속력을 구한 후, 이를 이용하여 가속도의 크기를 구할 수 있어야 한다.

선택지 분석

✓④ b, c, d에서 물체의 속력을 각각 v_b, v_c, v_d라고 하자. 물체가 a에서 b까지, c에서 d까지 운동하는 데 걸린 시간이 t로 같다고 하면 $\frac{L}{t}=\frac{v+v_b}{2}$…①이고, $\frac{3L}{t}=\frac{v_c+v_d}{2}$…②이다. ①, ②를 정리하면 $3v+3v_b=v_c+v_d$…③이다. a와 d 사이의 평균 속력은 b와 c 사이의 평균 속력과 같으므로 $v_b+v_c=v+v_d$에서 $v_b-v=v_d-v_c$…④이다. ③+④를 하면 $2v_b+v=v_d$…⑤이고, ③−④를 하면 $2v+v_b=v_c$…⑥이다. 물체는 b에서 d까지 등가속도 운동을 하므로 $v_d^2-v_b^2=18aL$이고, ⑤를 대입하여 정리하면 $v^2+4vv_b+3v_b^2=18aL$에서 $(v+3v_b)(v+v_b)=18aL$…⑦이다. 마찬가지로 물체는 a에서 c까지 등가속도 운동을 하므로 $v_c^2-v^2=14aL$이고, ⑥을 대입하여 정리하면 $3v^2+4vv_b+v_b^2=14aL$에서 $(3v+v_b)(v+v_b)=14aL$…⑧이다. ⑦, ⑧을 정리하면 $\frac{3v+v_b}{v+3v_b}=\frac{7}{9}$이므로 $v_b=\frac{5}{3}v$이다. 물체가 a에서 b까지 등가속도 운동을 하므로 $v_b^2-v^2=2aL$에서 $\frac{25}{9}v^2-v^2=2aL$이므로 $a=\frac{8v^2}{9L}$이다.

답 ④

19 등가속도 운동

빈출 문항 자료 분석

그림과 같이 직선 도로에서 출발선에 정지해 있던 자동차 A, B가 구간 Ⅰ에서는 가속도의 크기가 $2a$인 등가속도 운동을, 구간 Ⅱ에서는 등속도 운동을, 구간 Ⅲ에서는 가속도의 크기가 a인 등가속도 운동을 하여 도착선에서 정지한다. A가 출발선에서 L만큼 떨어진 기준선 P를 지나는 순간 B가 출발하였다. 구간 Ⅲ에서 A, B 사이의 거리가 L인 순간 A, B의 속력은 각각 v_A, v_B이다.

→ B가 시간 차이를 두고 A의 운동을 따라 한다.

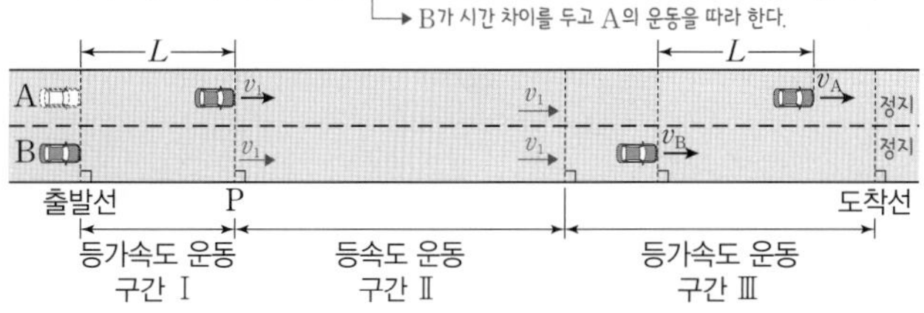

$\dfrac{v_A}{v_B}$는?

해결 전략 직선 도로에서 A와 B가 등가속도 및 등속도 운동을 하는 구간의 속력과 시간 차이를 분석하여 A, B의 속력의 비를 구할 수 있어야 한다.

선택지 분석

✓❷ A, B가 Ⅰ을 빠져나오는 순간의 속력을 v_1이라 하고, A가 출발선에서 P까지 이동하는 데 걸린 시간을 t_1이라고 하자. A가 Ⅱ를 빠져나오는 순간부터 속력 v_A가 될 때까지 걸린 시간을 t_A, B가 Ⅱ를 빠져나오는 순간부터 속력 v_B가 될 때까지 걸린 시간을 t_B라고 하면, $t_A-t_B=t_1$이다.

Ⅰ에서 A, B의 가속도의 크기는 $2a$이므로 $2a=\dfrac{v_1}{t_1}$에서 $a=\dfrac{v_1}{2t_1}$…①이다. Ⅲ에서 A, B의 가속도의 크기는 a이므로 $a=\dfrac{v_1-v_A}{t_A}$…②이고, $a=\dfrac{v_1-v_B}{t_B}=\dfrac{v_1-v_B}{t_A-t_1}$…③이다.

①, ②를 정리하면 $\dfrac{v_1-v_A}{t_A}=\dfrac{v_1}{2t_1}$에서 $2v_1t_1-2v_At_1-v_1t_A=0$…④이고,

①, ③을 정리하면 $\dfrac{v_1-v_B}{t_A-t_1}=\dfrac{v_1}{2t_1}$에서 $3v_1t_1-2v_Bt_1-v_1t_A=0$…⑤이다.

④−⑤를 하면, $v_B-v_A=\dfrac{1}{2}v_1$…⑥이다.

Ⅰ에서 $v_1{}^2=2(2a)L=4aL$…⑦이다. A의 속력이 v_A인 지점으로부터 도착선까지의 거리를 x_A라 하고 B의 속력이 v_B인 지점으로부터 도착선까지의 거리를 x_B라고 하면, Ⅲ에서 A와 B의 가속도의 크기는 a이므로 $x_B-x_A=L$에서 $v_B{}^2-v_A{}^2=2aL$…⑧이다.

⑦을 ⑧에 대입하여 정리하면, $v_B{}^2-v_A{}^2=\dfrac{1}{2}v_1{}^2$…⑨이다.

⑨에서 $(v_B+v_A)(v_B-v_A)=\dfrac{1}{2}v_1{}^2$이고, 여기에 ⑥을 대입하여 정리하면 $(v_B+v_A)\dfrac{1}{2}v_1=\dfrac{1}{2}v_1{}^2$에서 $v_B+v_A=v_1$…⑩이다. ⑥, ⑩을 정리하면 $v_A=\dfrac{1}{4}v_1$이고 $v_B=\dfrac{3}{4}v_1$이므로 $\dfrac{v_A}{v_B}=\dfrac{1}{3}$이다. 답 ②

도전 1등급 20 등가속도 운동

도전 1등급 문항 분석 ▸▸ 정답률 26.5%

그림과 같이 동일 직선상에서 등가속도 운동하는 물체 A, B가 시간 $t=0$일 때 각각 점 p, q를 속력 v_A, v_B로 지난 후, $t=t_0$일 때 A는 점 r에서 정지하고 B는 빗면 위로 운동한다. p와 q, q와 r 사이의 거리는 각각 L, $2L$이다. A가 다시 p를 지나는 순간 B는 빗면 아래 방향으로 속력 $\dfrac{v_B}{2}$로 운동한다.

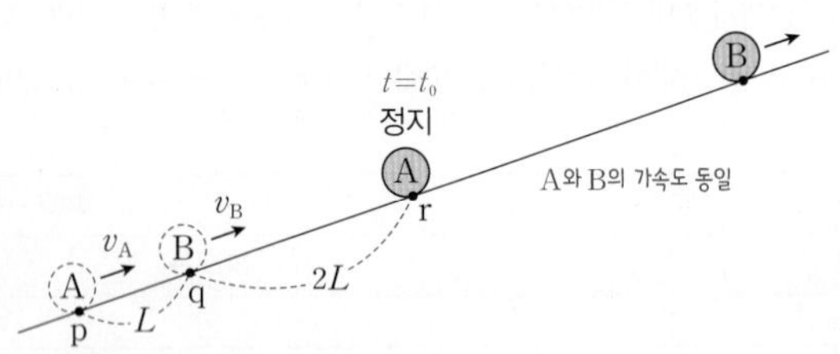

이에 대한 옳은 설명만을 〈보기〉에서 있는 대로 고른 것은? (단, 물체의 크기, 모든 마찰과 공기 저항은 무시한다.)

보기

ㄱ. $v_B=4v_A$이다. $\frac{4}{3}v_A$ X

ㄴ. $t=\dfrac{8}{3}t_0$일 때 B가 q를 지난다. O

ㄷ. $t=t_0$부터 $t=2t_0$까지 평균 속력은 A가 B의 3배이다. $\frac{9}{5}$배 X

해결 전략 경사면에서 등가속도 운동을 하는 물체의 가속도가 같다는 것을 이용하여 문제를 해결해야 한다.

선택지 분석

ㄱ. 물체가 경사면을 올라갈 때 속도를 (−)이라고 하면, 물체가 올라간 최고점의 높이는 B가 A보다 크므로 $v_A<v_B$이다. A, B의 속도를 시간에 따라 나타내면 오른쪽과 같다.

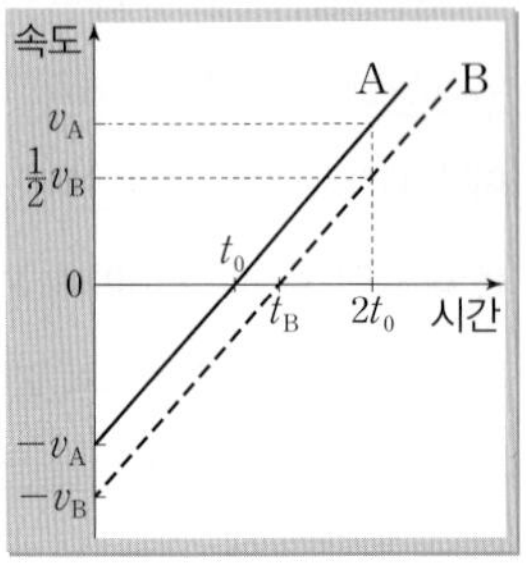

$t=t_0$일 때, A의 속력이 0이므로 A가 다시 p를 지날 때 시간은 $t=2t_0$일 때이다. 즉, $t=2t_0$일 때 A의 속력은 v_A이고, B의 속력은 $\dfrac{1}{2}v_B$이다. A와 B의 가속도의 크기가 같으므로 $\dfrac{v_A}{t_0}=\dfrac{\frac{1}{2}v_B+v_B}{2t_0}$에서 $v_B=\dfrac{4}{3}v_A$이다.

✓ㄴ. B의 속력이 0일 때 시간을 $t=t_B$라고 하면, $v_B=\dfrac{4}{3}v_A$이므로 $\dfrac{v_A}{t_0}=\dfrac{v_B}{t_B}$에서 $t_B=\dfrac{4}{3}t_0$이다. 따라서 B가 q를 지날 때 시간은 $t=2t_B=\dfrac{8}{3}t_0$이다.

ㄷ. t_0일 때 B의 속력을 v라고 하면, A와 B의 가속도의 크기는 같으므로 $\dfrac{v_A}{t_0}=\dfrac{v_B+v}{t_0}$에서 $v=-\dfrac{1}{3}v_A$이다. $t=2t_0$일 때 A와 B의 속력은 각각 v_A, $\dfrac{1}{2}v_B$이다. $t=t_0$부터 $t=2t_0$까지 A, B의 평균 속력을 각각 $\bar{v}_A$, $\bar{v}_B$라고 하면, $t=t_0$부터 $t=2t_0$까지 A의 이동 거리는 $\dfrac{1}{2}v_At_0$이므로 $\bar{v}_A=\dfrac{1}{2}v_A$이다. 또 B의 이동 거리는 $\left(\dfrac{1}{3}v_A\times\dfrac{1}{3}t_0\times\dfrac{1}{2}\right)+\left(\dfrac{1}{2}v_B\times\dfrac{2}{3}t_0\times\dfrac{1}{2}\right)=\dfrac{1}{18}v_At_0+\dfrac{2}{9}v_At_0=\dfrac{5}{18}v_At_0$이므로 $\bar{v}_B=\dfrac{5}{18}v_A$이다. 이를 정리하면, $\bar{v}_A=\dfrac{9}{5}\bar{v}_B$이므로 평균 속력은 A가 B의 $\dfrac{9}{5}$배이다. 답 ②

21 등가속도 운동

자료 분석

B는 P에서 왼쪽 방향으로 운동을 시작했고, Q를 오른쪽 방향으로 통과하므로 B의 가속도 방향은 오른쪽 방향이다. 가속도 방향은 A와 B가 서로 반대이므로 A의 가속도 방향은 왼쪽 방향이다.

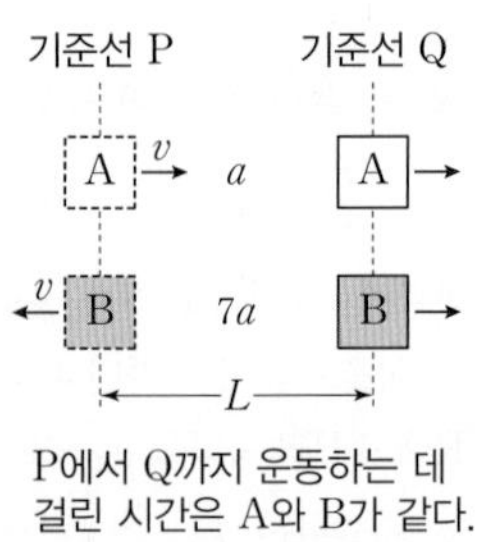

P에서 Q까지 운동하는 데 걸린 시간은 A와 B가 같다.

선택지 분석

✓❹ A의 속력을 v, 가속도의 크기를 a, A와 B가 P에서 Q까지 운동하는 데 걸린 시간을 t라고 하면, $L=vt-\dfrac{1}{2}at^2$…①이고, B의 가속도의 크기는 $7a$이므로 $L=-vt+\dfrac{7}{2}at^2$…②이다. ①+

②를 하면 $L=\frac{3}{2}at^2$…③이고, ①−②를 하면 $v=2at$에서 $t=\frac{v}{2a}$…④이다. ④를 ③에 대입하여 정리하면, $L=\frac{3v^2}{8a}$에서 $\frac{v^2}{a}=\frac{8}{3}L$…⑤이다. t_0일 때 A와 B의 속력은 같으므로 $v-at_0=-v+7at_0$에서 $t_0=\frac{v}{4a}$…⑥이다. 0초에서 t_0초까지 A의 이동 거리를 s_A라고 하면, $s_A=vt_0-\frac{1}{2}at_0^2=\frac{7}{2}at_0^2$이고 ⑥을 대입하여 정리한 후 ⑤를 대입하면 $s_A=\frac{7v^2}{32a}=\frac{7}{12}L$이다. 답 ④

22 등가속도 직선 운동

자료 분석

A의 속력이 v인 지점을 q, A가 p에서 q까지 이동하는 데 걸린 시간을 t_0이라고 하면, A의 가속도의 크기는 $a=\frac{v}{t_0}$이다. A가 p에서 q까지 운동하는 동안 평균 속력은 $\frac{1}{2}v$이므로 p에서 q까지의 거리(A와 B 사이의 거리)는 $\frac{1}{2}vt_0$이다.

선택지 분석

✓❹ A와 B가 만나는 지점을 r라고 할 때, B가 p에서 r까지 운동하는 동안 A는 q에서 r까지 운동하므로 B의 이동 거리(S_B)는 A의 이동 거리(S_A)보다 $\frac{1}{2}vt_0$만큼 크다. A와 B의 가속도의 크기는 같으므로 (나)로부터 A와 B가 만날 때까지 걸린 시간을 t라 하면, $S_B-S_A=\left(2vt+\frac{1}{2}at^2\right)-\left(vt+\frac{1}{2}at^2\right)=\frac{1}{2}vt_0$에서 $t=\frac{1}{2}t_0$이다. A와 B의 가속도의 크기는 $a=\frac{v}{t_0}$이므로 (나)로부터 충돌할 때까지 A와 B의 속력은 $\frac{1}{2}v$만큼 증가한다. 따라서 $v_A=\frac{3}{2}v$, $v_B=\frac{5}{2}v$이므로 $\frac{v_B}{v_A}=\frac{5}{3}$이다. 답 ④

도전 1등급 23 등가속도 직선 운동

도전 1등급 문항 분석 ▸▸ 정답률 38%

그림은 빗면을 따라 운동하는 물체 A가 점 q를 지나는 순간 점 p에 물체 B를 가만히 놓았더니, A와 B가 등가속도 운동하여 점 r에서 만나는 것을 나타낸 것이다. p와 r 사이의 거리는 d이고, r에서의 속력은 B가 A의 $\frac{4}{3}$배이다. p, q, r는 동일 직선상에 있다.

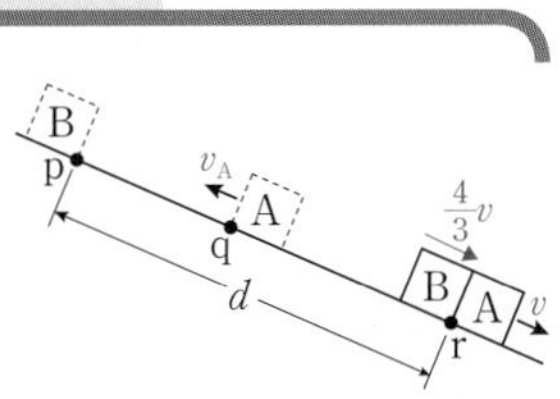

A가 최고점에 도달한 순간, A와 B 사이의 거리는? (단, 물체의 크기와 모든 마찰은 무시한다.)

(A와 B 사이의 거리 $=d-$B가 t_0 동안 이동한 거리$-$A가 t_0부터 $4t_0$까지 이동한 거리)

해결 전략 A, B의 운동을 속도−시간 그래프로 나타낼 수 있어야 한다.

선택지 분석

✓❹ r에서 A의 속력을 v라고 하면 r에서 B의 속력은 $\frac{4}{3}v$이다.

q에서 A의 속력을 v_A, A가 q를 지나는 순간부터 A와 B가 r에서 만날 때까지 A와 B가 운동한 시간을 t라고 하면, A, B의 가속도는 같으므로 $\frac{v-(-v_A)}{t}=\frac{\frac{4}{3}v-0}{t}$에서 $v_A=\frac{1}{3}v$이다. A가 최고점에 도달하는 데 걸린 시간을 t_0이라고 하면, t_0 동안 A의 속도 변화량의 크기가 $\frac{1}{3}v$이므로 B의 속도 변화량의 크기도 $\frac{1}{3}v$가 되어야 한다. t_0일 때 B의 속력은 $\frac{1}{3}v$이고, t 동안 B의 속도 변화량의 크기가 $\frac{4}{3}v$인데, 가속도가 일정할 때 속도는 시간에 비례하므로 $t=4t_0$이다.

A는 t_0일 때 최고점에 도달하므로 A가 최고점에 도달한 순간, A와 B 사이의 거리를 x라고 하면, x는 p와 r 사이의 거리 d에서 t_0 동안 B가 이동한 거리와 A가 최고점에서 r까지 운동하는 시간인 t_0부터 $4t_0$까지 이동한 거리를 뺀 값과 같다.

다음 그래프로부터 $\frac{1}{2}\times\left(\frac{4}{3}v\right)(4t_0)=d$이므로 $\frac{1}{2}\times\left(\frac{1}{3}v\right)t_0=\frac{1}{16}d$이고 $\frac{1}{2}\times v\times(3t_0)=\frac{9}{16}d$이다. 따라서 $x=d-\frac{1}{16}d-\frac{9}{16}d=\frac{3}{8}d$이다.

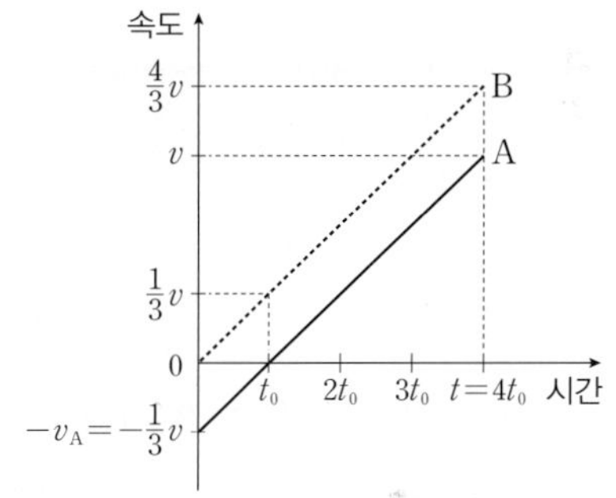

답 ④

24 등가속도 직선 운동

자료 분석

속력−시간 그래프의 기울기의 크기는 가속도의 크기를 나타내므로 A, B, C의 가속도의 크기는 각각 $\frac{v_0}{t_0}$, $\frac{v_0}{2t_0}$, $\frac{v_0}{3t_0}$이다. 물체가 이동한 거리는 속력−시간 그래프 아랫부분의 면적과 같으므로 A, B, C의 이동 거리는 각각 $\frac{1}{2}v_0t_0$, v_0t_0, $\frac{3}{2}v_0t_0$이다.

선택지 분석

ㄱ. A의 가속도의 크기는 $\frac{v_0}{t_0}$, B의 가속도의 크기는 $\frac{v_0}{2t_0}$이므로 가속도의 크기는 A가 B의 2배이다.

✓ㄴ. C의 가속도는 $-\frac{v_0}{3t_0}$이고 등가속도 직선 운동을 하므로 t_0일 때 C의 속력은 $v_C=v_0+\left(-\frac{v_0}{3t_0}\right)\times t_0=\frac{2}{3}v_0$이다.

✓ㄷ. 물체가 출발한 순간부터 최고점에 도달할 때까지 A가 이동한 거리는 $s_A=\frac{1}{2}v_0t_0$, C가 이동한 거리는 $s_C=\frac{1}{2}v_0(3t_0)$이므로 C가 A의 3배이다.

답 ④

도전 1등급

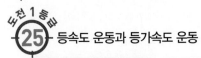

25 등속도 운동과 등가속도 운동

도전 1등급 문항 분석 ▸▸ 정답률 35%

그림과 같이 직선 도로에서 속력 v로 등속도 운동하는 자동차 A가 기준선 P를 지나는 순간 P에 정지해 있던 자동차 B가 출발한다. B는 P에서 Q까지 등가속도 운동을, Q에서 R까지 등속도 운동을, R에서 S까지 등가속도 운동을 한다. A와 B는 R를 동시에 지나고, S를 동시에 지난다. A, B의 이동 거리는 P와 Q 사이, Q와 R 사이, R와 S 사이가 모두 L로 같다.

→ R에서 S까지 A와 B가 이동하는 데 걸리는 시간은 같다.

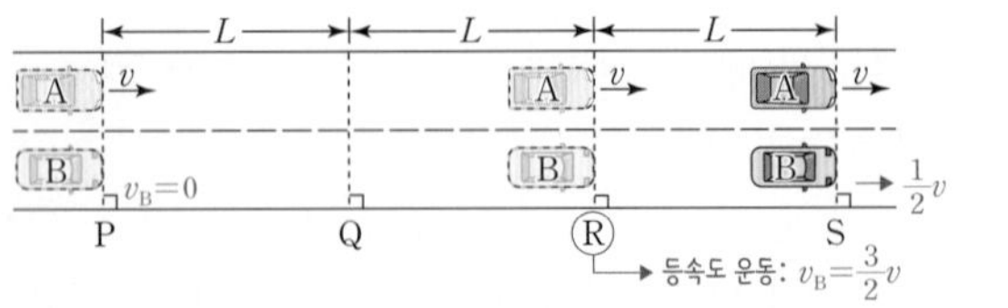

이에 대한 설명으로 옳은 것만을 〈보기〉에서 있는 대로 고른 것은?

보기

ㄱ. A가 Q를 지나는 순간, 속력은 B가 A보다 크다. O

ㄴ. B가 P에서 Q까지 운동하는 데 걸린 시간은 $\frac{4L}{3v}$이다. O

ㄷ. B의 가속도의 크기는 P와 Q 사이에서가 R와 S 사이에서보다 작다. X (크다.)

해결 전략 등속도 및 등가속도 직선 운동을 하는 물체의 임의의 구간에서 평균 속력을 구한 후, 이동 거리를 구하여 가속도의 크기를 구할 수 있어야 한다.

선택지 분석

✓ ㄱ. Q에서 R까지 B의 속력을 v_B라고 하면, B는 P에서 Q까지 평균 속력 $\frac{v_B}{2}$로 L만큼 운동하고, Q에서 R까지 속력 v_B로 L만큼 운동하므로 B가 P에서 R까지 운동하는 데 걸린 시간은 $\frac{2L}{v_B}+\frac{L}{v_B}=\frac{3L}{v_B}$이다. A는 P에서 R까지 속력 v로 거리 $2L$을 운동하므로 $\frac{3L}{v_B}=\frac{2L}{v}$에서 $v_B=\frac{3}{2}v$이다. P에서 Q까지 운동하는 동안 B의 가속도의 크기는 $a=\frac{{v_B}^2}{2L}=\frac{9v^2}{8L}=$

$\frac{\frac{9v}{8}}{\frac{L}{v}}$이므로 A가 Q를 지나는 순간 B의 속력은 $\frac{9}{8}v$이다.

A, B의 운동을 속력-시간 그래프로 나타내면 다음과 같다.

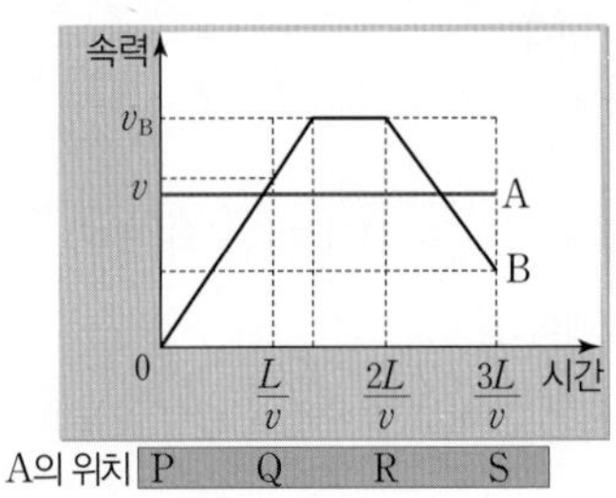

✓ ㄴ. $v_B=\frac{3}{2}v$이므로 B가 P에서 Q까지 평균 속력 $\frac{v_B}{2}=\frac{3}{4}v$로 L만큼 운동하는 데 걸린 시간은 $\frac{4L}{3v}$이다.

ㄷ. R에서 S까지 A와 B가 이동하는 데 걸린 시간과 이동 거리가 같으므로 B의 평균 속력은 v이다. 따라서 S에서 B의 속력은 $\frac{1}{2}v$이므로 B의 가속도의 크기는 P와 Q 사이에서가 R와 S 사이에서보다 크다. 답 ③

26 등속도 운동과 등가속도 직선 운동

자료 분석

수평면에서 A, B의 속력이 $3v$로 같고 떨어진 거리가 L이므로, A는 $\frac{L}{3v}$의 시간 차이를 두고 B를 쫓아가고 있는 것이다. 빗면에서 A와 B의 가속도가 같으므로 A가 q에 도달할 때의 속력은 B가 q를 지날 때의 속력과 같다.

선택지 분석

✓ ② A가 p를 $2v$의 속력으로 지나고 A가 q에 도달할 때 속력이 v이므로, p에서 q까지 A의 평균 속력은 $\frac{2v+v}{2}=\frac{3}{2}v$이고, A가 p에서 q까지 운동하는 데 걸리는 시간은 $\frac{L}{3v}$이다. 따라서 p와 q 사이의 거리는 $s=\frac{3}{2}v\times\frac{L}{3v}=\frac{1}{2}L$이다. 답 ②

27 등가속도 직선 운동

빈출 문항 자료 분석

운동 시간이 같고 가속도도 같으므로 속도 변화량이 같다.

그림과 같이 등가속도 직선 운동을 하는 자동차 A, B가 기준선 P, R를 각각 v, $2v$의 속력으로 동시에 지난 후, 기준선 Q를 동시에 지난다. P에서 Q까지 A의 이동 거리는 L이고, R에서 Q까지 B의 이동 거리는 $3L$이다. A, B의 가속도의 크기와 방향은 서로 같다.

→ 평균 속력은 B가 A의 3배이다.

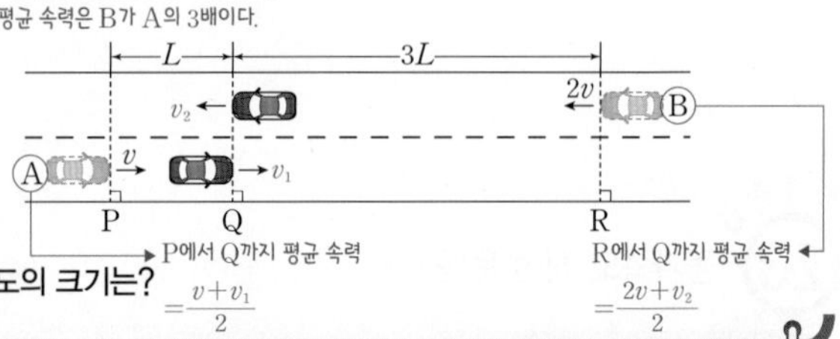

A의 가속도의 크기는?

해결 전략 일직선상에서 서로 반대 방향으로 등가속도 직선 운동을 하는 물체의 임의의 기준선에서 물체의 평균 속력을 구한 후, 이동 거리를 구하여 가속도의 크기를 구할 수 있어야 한다.

선택지 분석

✓ ② A, B가 Q를 지나는 순간의 속력이 각각 v_1, v_2이고, A와 B가 이동한 시간이 t, A와 B의 가속도의 방향이 B의 운동 방향일 때, A와 B의 이동 거리를 평균 속력을 이용하여 구하면 A의 이동 거리는 $L=\frac{v+v_1}{2}\times t$ … ①이고, B의 이동 거리는 $3L=\frac{2v+v_2}{2}\times t$ … ②이다. 그리고 A의 가속도의 크기는 $\frac{v-v_1}{t}$ … ③이고, B의 가속도의 크기는 $\frac{v_2-2v}{t}$ … ④이며, A와 B의 가속도의 크기가 같으므로 식 ③=④가 성립한다. 따라서 ①, ②를

연립한 식과 ③=④인 식을 이용하면 $v_1=\frac{1}{2}v$이다. v_1을 식 ①에 대입하면 $t=\frac{4L}{3v}$이고, v_1과 t를 식 ③에 대입하면 A의 가속도의 크기는 $\frac{3v^2}{8L}$이다.

답 ②

도전 1등급

28 등가속도 직선 운동

도전 1등급 문항 분석 ▸▸ 정답률 31%

그림과 같이 빗면의 점 p에 가만히 놓은 물체 A가 점 q를 v_A의 속력으로 지나는 순간 물체 B는 p를 v_B의 속력으로 지났으며, A와 B는 점 r에서 만난다. p, q, r는 동일 직선상에 있고, p와 q 사이의 거리는 $4d$, q와 r 사이의 거리는 $5d$이다.

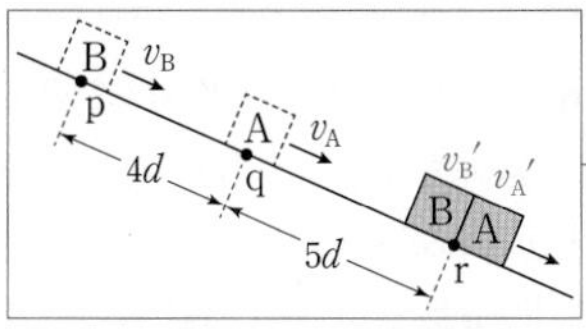

A와 B는 동일한 경사면에서 운동하므로 가속도의 크기는 A와 B가 같다. A와 B는 등가속도 운동을 하고, A가 q에서 r까지 운동하는 데 걸린 시간과 B가 p에서 r까지 운동하는 데 걸린 시간이 같다.

$\frac{v_A}{v_B}$는? (단, 물체의 크기, 모든 마찰과 공기 저항은 무시한다.)

해결 전략 동일한 빗면에서 운동하는 두 물체의 가속도의 크기는 같음을 이해하고, 빗면에서 운동하는 두 물체의 평균 속력을 구한 후, 두 점을 지나는 속력의 비를 구할 수 있어야 한다.

선택지 분석

✓ ❷ A, B의 가속도의 크기를 a, r에서 A와 B의 속력을 각각 v_A', v_B'라고 하자. p에 가만히 놓은 A가 q를 v_A의 속력으로 지났으므로 $v_A^2=2a(4d)$ ⋯ ①이고, A는 p에 가만히 놓았으므로 $v_A'^2=2a(9d)$ ⋯ ②에서 $v_A'^2-v_A^2=10ad$ ⋯ ③이다. ①, ②를 정리하면 $v_A'=\frac{3}{2}v_A$이므로 이를 ③에 대입하여 정리하면 $\frac{5}{4}v_A^2=10ad$ ⋯ ④이다.

A가 q에서 r까지 이동하는 데 걸린 시간은 B가 p에서 r까지 이동하는 데 걸린 시간과 같으므로 이 시간을 t라고 하면, A의 평균 속력은 $\frac{5d}{t}=\frac{v_A+v_A'}{2}$ ⋯ ⑤이고 B의 평균 속력은 $\frac{9d}{t}=\frac{v_B+v_B'}{2}$ ⋯ ⑥이다. 여기서 ⑤, ⑥을 정리하면, $\frac{v_A+v_A'}{5}=\frac{v_B+v_B'}{9}$에서 $v_A'=\frac{3}{2}v_A$이므로 $\frac{1}{2}v_A=\frac{v_B+v_B'}{9}$ ⋯ ⑦이다. 그리고 $a=\frac{v_B'-v_B}{t}=\frac{v_A'-v_A}{t}$이므로 $v_B'-v_B=\frac{1}{2}v_A$ ⋯ ⑧이다. ⑦, ⑧을 정리하면 $v_B'=\frac{5}{4}v_B$이다. B는 p를 v_B의 속력으로 지났으므로 $v_B'^2-v_B^2=2a(9d)$에서 $\frac{9}{16}v_B^2=18ad$ ⋯ ⑨이다.

따라서 ④, ⑨를 정리하면 $\frac{v_A}{v_B}=\frac{1}{2}$이다.

답 ②

29 등가속도 직선 운동

자료 분석

A가 p에서 정지 상태에서 출발하고, q에서 B와 같은 속력(v)으로 된다는 것은 A가 일정 시간 차이를 두고 B와 동일한 운동 상태가 된다는 것을 의미한다. 즉, A가 q를 지날 때의 속력이 B의 처음 속력과 같다는 것은 B를 p에서 가만히 놓은 다음 t초 후 B가 q를 지날 때 A를 p에서 가만히 놓은 후의 운동 상태와 같은 것이다. p에서 q까지의 속도 변화량의 크기가 r에서 s까지의 속도 변화량의 크기와 같으므로, 이동 거리의 비가 1 : 2가 되어 가속도의 크기의 비는 2 : 1이 된다.

선택지 분석

✓ ❹ (가)에서 (나)가 되는 데 걸리는 시간이 t_0일 때, t_0의 시간이 더 지난 후 A와 B는 그림 (다)와 같으며, 가속도의 크기는 오른쪽 빗면에서가 왼쪽 빗면에서의 $\frac{1}{2}$배이므로 A와 B의 속력은 각각 v, $\frac{1}{2}v$가 된다. 이때 A와 B 사이의 거리는 $\frac{3}{2}L$이므로 B는 s에서 정지한 후 다시 빗면을 내려오다가 A와 만난다. (다)에서부터 A, B의 시간에 따른 속력은 그림 (라)와 같다. A와 B가 만나는 순간 A와 B는 수평면으로부터 같은 높이이므로 속력이 같다. 따라서 B가 s에서 정지한 후 빗면을 내려와 A와 B가 처음으로 만나는 순간, A와 B의 속력은 $\frac{1}{4}v$이다.

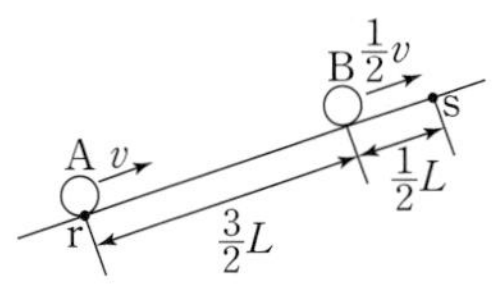

(다)

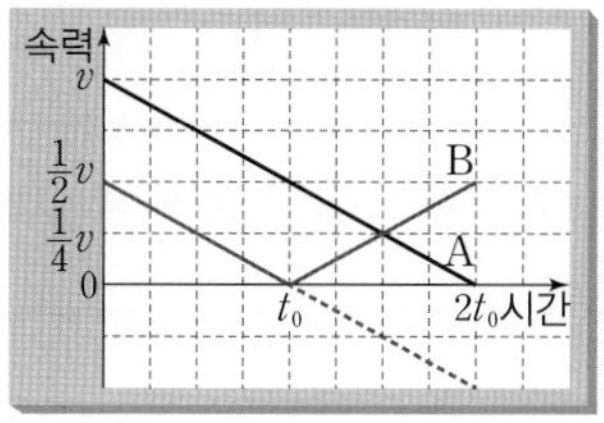

(라)

답 ④

30 등가속도 직선 운동

자료 분석

동일한 빗면에서 운동하는 두 물체 A와 B는 동일한 가속도로 등가속도 운동을 한다. 즉, A와 B는 같은 시간 동안 속도 변화량의 크기가 같고, q에서 만나므로 A는 계속 빗면을 따라 올라가고, B는 빗면 위의 최고점까지 올라갔다가 속력이 0이 된 후 운동 방향을 바꾸어 다시 내려오는 운동을 한다. A, B의 운동에 등가속도 직선 운동 공식을 적용한다.

선택지 분석

ㄱ. A와 B가 q에서 만나므로 B가 q를 지나 빗면 위로 올라갔다가 내려와 q에 도달하는 순간 만난다. 이때 B의 속력은 2 m/s이고, 빗면에서 A와 B의 가속도의 크기는 같으므로 같은 시간 동안 속도 변화량의 크기도 같다. B의 속도 변화량의 크기가 4 m/s이므로 A가 p를 지나 q에 도달할 때까지 A의 속도 변화량의 크기도 4 m/s이다. 따라서 q에서 만나는 순간 A의 속력은 6 m/s, B의 속력은 2 m/s이므로 속력은 A가 B의 3배이다.

✓ ㄴ. A가 p를 지나는 순간과 B와 만나는 순간(q에서)의 속력은 각각 10 m/s와 6 m/s이므로, A의 이동 시간이 t일 때 $\frac{10+6}{2}\times t=16$에서 $t=2$초이다.

✓ ㄷ. B가 최고점에 도달했을 때는 B의 속력이 0이 될 때이므로 q를 지나 B가 정지할 때까지 걸린 시간은 1초이고, 이동한 거리는 $\frac{2+0}{2}\times 1=1(\text{m})$이다. 따라서 A가 p를 지나 1초 동안 이동한 거리는 $\frac{10+8}{2}\times 1=9(\text{m})$이므로, B가 최고점에 도달했을 때 A와 B 사이의 거리는 8 m이다.

답 ④

도전 1등급

31 등가속도 직선 운동

도전 1등급 문항 분석 ▸▸ 정답률 29%

그림과 같이 수평면에서 운동하던 물체가 왼쪽 빗면을 따라 올라간 후 곡선 구간을 지나 오른쪽 빗면을 따라 내려온다. 물체가 왼쪽 빗면에서 거리 L_1과 L_2를 지나는 데 걸린 시간은 각각 t_0으로 같고, 오른쪽 빗면에서 거리 L_3을 지나는 데 걸린 시간은 $\frac{t_0}{2}$이다.

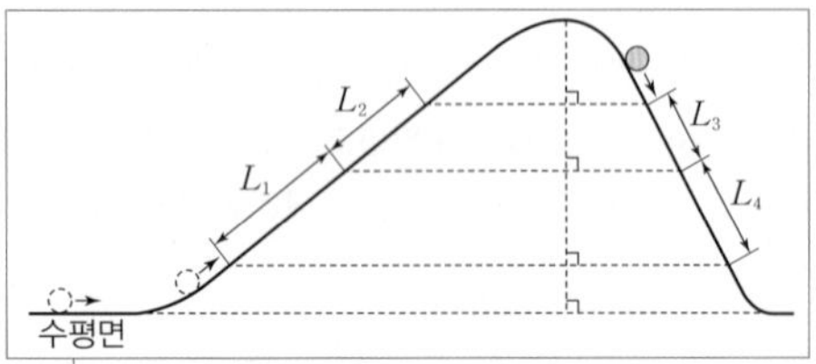

• 물체는 왼쪽 빗면인 L_1, L_2 구간에서 등가속도 직선 운동을 하고, 오른쪽 빗면인 L_3, L_4 구간에서도 등가속도 직선 운동을 한다.
• 같은 높이를 통과할 때의 속력은 각각 같다.

$L_2=L_4$일 때, $\frac{L_1}{L_3}$은? (단, 물체의 크기, 마찰과 공기 저항은 무시한다.)

해결 전략 등가속도 직선 운동하는 물체의 운동을 분석하고, 각 지점에 등가속도 직선 운동 공식을 적용할 수 있어야 한다.

선택지 분석

✓ ❹ 같은 높이를 지날 때 물체의 속력은 같으므로, 그림과 같이 왼쪽 빗면 위의 점 p, q, r에서의 속력을 각각 v_1, v_2, v_3이라고 하면, 오른쪽 빗면 위의 점 s, t, u에서의 속력은 각각 v_3, v_2, v_1이다.

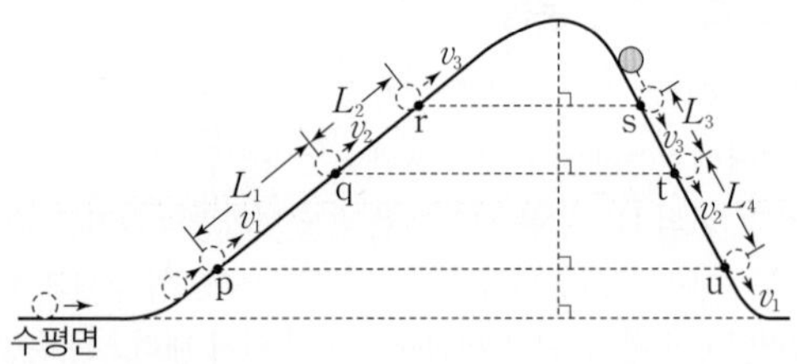

물체는 왼쪽 빗면에서 등가속도 직선 운동을 하므로 $L_1=\frac{v_1+v_2}{2}\times t_0$, $L_2=\frac{v_2+v_3}{2}\times t_0$이고, 오른쪽 빗면에서 등가속도 직선 운동을 하므로 $L_3=\frac{v_2+v_3}{2}\times\frac{t_0}{2}$, $L_4=\frac{v_1+v_2}{2}\times\frac{t_0}{2}$이다. 따라서 $L_2=L_4$에서 $\frac{v_1+v_2}{v_2+v_3}=2$이므로 $\frac{L_1}{L_3}=\frac{v_1+v_2}{v_2+v_3}\times 2=4$이다. 답 ④

32 등가속도 운동

자료 분석

자동차가 출발하여 구간 C를 지날 때까지 시간에 따른 자동차의 속력 그래프는 그림과 같다. $\overline{v}_A$는 A에서의 평균 속력, $\overline{v}_C$는 C에서의 평균 속력이고, $0\sim4t$, $4t\sim6t$, $6t\sim7t$에서 그래프 아래 넓이는 같아야 한다. 각 구간에서 그래프 아래 넓이 $L=4vt$이다.

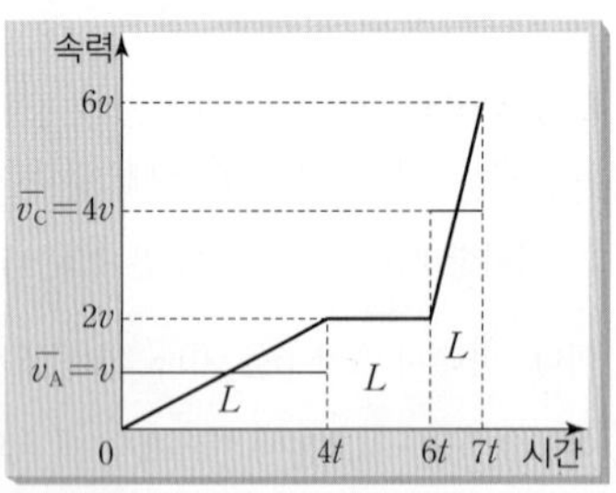

선택지 분석

✓ ㄱ. $0\sim4t$, $4t\sim6t$에서 그래프 아래 넓이는 같아야 하므로 평균 속력은 A에서가 v이고 B에서가 $2v$이다. 따라서 평균 속력은 B에서가 A에서의 2배이다.

✓ ㄴ. 구간을 지나는 데 걸린 시간은 B에서 $2t$이고 C에서 t이므로 B에서가 C에서의 2배이다.

✓ ㄷ. 가속도의 크기는 A에서 $\frac{2v}{4t}=\frac{v}{2t}$이고, C에서 $\frac{4v}{t}$이므로 가속도의 크기는 C에서가 A에서의 8배이다. 답 ⑤

도전 1등급

33 가속도 법칙

도전 1등급 문항 분석 ▸▸ 정답률 27.2%

그림 (가)는 물체 A, B, C를 실 p, q로 연결하고 A에 수평 방향으로 일정한 힘 20 N을 작용하여 물체가 등가속도 운동하는 모습을, (나)는 (가)에서 A에 작용하는 힘 20 N을 제거한 후, 물체가 등가속도 운동하는 모습을 나타낸 것이다. (가)와 (나)에서 물체의 가속도의 크기는 a로 같다. p가 B를 당기는 힘의 크기와 q가 B를 당기는 힘의 크기의 비는 (가)에서 2 : 3이고, (나)에서 2 : 9이다.

→ C에 빗면 아래 방향으로 작용하는 중력의 크기를 구할 수 있음.

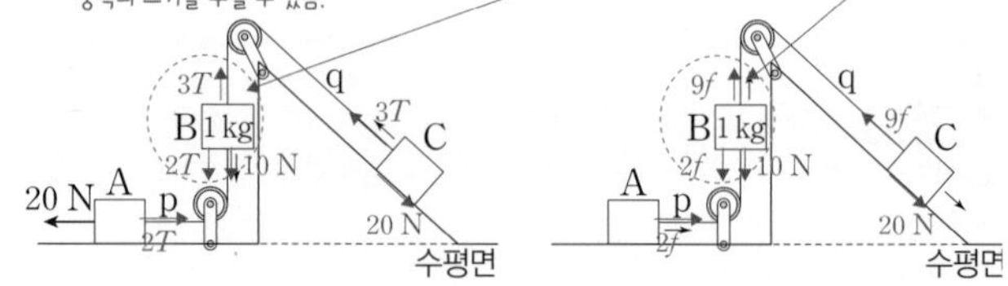

이에 대한 설명으로 옳은 것만을 〈보기〉에서 있는 대로 고른 것은? (단, 중력 가속도는 10 m/s²이고, 물체는 동일 연직면상에서 운동하며, 실의 질량, 공기 저항과 모든 마찰은 무시한다.)

보기

ㄱ. p가 A를 당기는 힘의 크기는 (가)에서가 (나)에서의 5배이다. O
ㄴ. $a=\frac{5}{3}$ m/s²이다. O
ㄷ. C의 질량은 4 kg이다. 3 kg X

해결 전략 연결된 물체의 가속도 운동에 대해 이해할 수 있어야 하고, 연결된 세 물체를 한 물체처럼 고려하여 운동 방정식을 세울 수 있어야 한다.

선택지 분석

✓ ㄱ. C에 빗면 아래 방향으로 작용하는 중력의 크기를 F, (가)에서 p, q가 B를 당기는 힘의 크기를 각각 $2T$, $3T$, (나)에서 p, q가 B를 당기는 힘의 크기를 각각 $2f$, $9f$라고 하자. (가), (나)에서 물체의 가속도의 크기가 같으므로 가속도의 방향은 서로 반대이다. 따라서 A, B, C에 작용하는 알짜힘의 크기는 같고 방향은 서로 반대이므로 $20+10-F=F-10$에서 $F=20$(N)이다. (가), (나)에서 A에 작용하는 알짜힘의 크기가 같으므로 $20-2T=2f$…①이고, C에 작용하는 알짜힘의 크기가 같으므로 $3T-20=20-9f$…②이다. ①, ②에서 $T=\frac{25}{3}$ N, $f=\frac{5}{3}$ N이다. 따라서 p가 A를 당기는 힘의 크기는 (가)에서가 $2T=\frac{50}{3}$ N, (나)에서가 $2f=\frac{10}{3}$ N으로, (가)에서가 (나)에서의 5배이다.

✓ㄴ. (가)에서 B에 뉴턴 운동 법칙을 적용하면 $2T+10-3T=1\times a$에서 $a=\frac{5}{3}$ m/s²이다.

ㄷ. C의 질량을 m_C라고 하자. (가)에서 C에 뉴턴 운동 법칙을 적용하면 $3T-20=m_C\times a$에서 $m_C=3$ kg이다. 답 ③

34 가속도 법칙

자료 분석

(가)에서 실로 연결된 세 물체와 (나)에서 실이 끊어진 후 실로 연결된 두 물체는 한 물체처럼 운동하므로 운동 방정식을 세워서 실에 연결되어 등가속도 운동하는 물체의 가속도 크기를 각각 구할 수 있다. (가), (나)에서 구한 가속도 크기를 이용하여 p, q 사이의 거리 s_1과 q, r 사이의 거리 s_2를 비교할 수 있고, 이로부터 다시 p를 지나는 물체의 속력을 구할 수 있다. (가)에서 실이 A를 당기는 힘의 크기를 T라고 할 때, (가)와 (나)에서 물체에 작용하는 힘을 표현하면 그림과 같다.

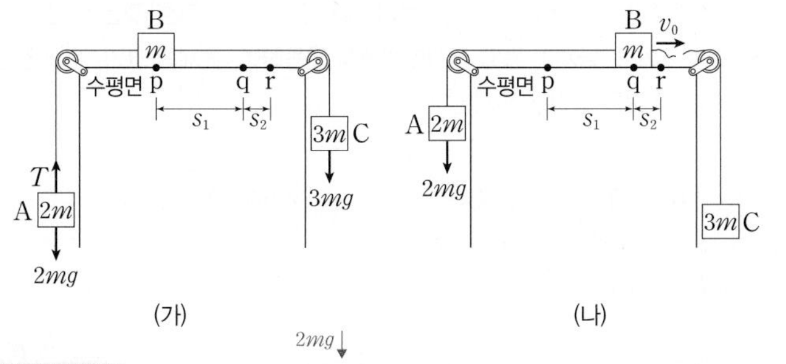

선택지 분석

✓ㄱ. (가)에서 A, B, C는 하나의 물체처럼 운동하므로 가속도의 크기를 a_1이라고 할 때, $3mg-2mg=(2m+m+3m)a_1$에서 $a_1=\frac{1}{6}g$이다. A에 연결된 실이 A를 당기는 힘의 크기를 T라고 하면 $T-2mg=2m\left(\frac{1}{6}g\right)$에서 $T=\frac{7}{3}mg$이다.

✓ㄴ. (나)에서 B와 C를 연결한 실이 끊어진 후 A와 B는 하나의 물체처럼 운동하므로 가속도의 크기를 a_2라고 할 때, $2mg=(2m+m)a_2$에서 $a_2=\frac{2}{3}g$이다. q와 r 사이의 거리를 s_2라고 하면, $0-v_0^2=2\left(-\frac{2}{3}g\right)s_2$에서 $s_2=\frac{3v_0^2}{4g}$이다.

✓ㄷ. p와 q 사이의 거리를 s_1이라고 하면 $v_0^2=2\left(\frac{1}{6}g\right)s_1$에서 $s_1=\frac{3v_0^2}{g}$이므로 p와 r 사이의 거리는 $s_1+s_2=\frac{15v_0^2}{4g}$이다. B는 r에서 정지한 후 가속도의 크기가 $\frac{2}{3}g$인 등가속도 직선 운동을 하므로 p를 지나는 순간의 속력을 v라고 하면 $v^2=2\left(\frac{2}{3}g\right)\left(\frac{15v_0^2}{4g}\right)$에서 $v=\sqrt{5}\,v_0$이다. 답 ⑤

35 가속도 법칙

자료 분석

실에 의해 연결된 세 물체는 한 덩어리처럼 운동하고 모든 실이 끊어졌을 때 B에 작용하는 빗면 아래 방향의 힘의 크기를 F라고 하면 (가), (나)에 물체에 작용하는 힘을 표시하여 운동 방정식을 세울 수 있으며, p가 B를 당기는 힘의 크기를 이용하여 B의 가속도 크기를 구할 수 있다.

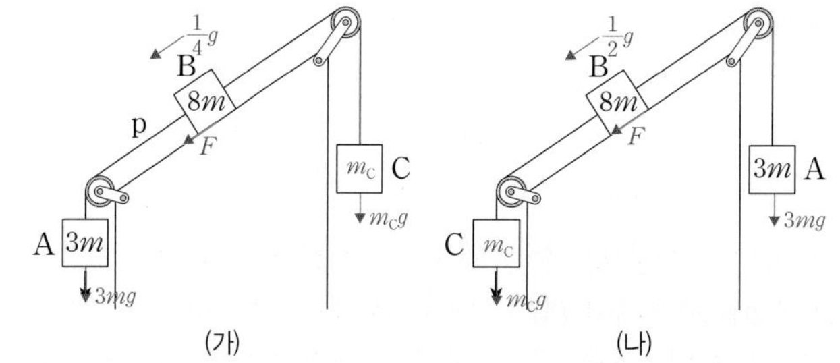

선택지 분석

✓② (가)에서 p가 A를 당기는 힘의 크기는 p가 B를 당기는 힘의 크기와 같다. (가)에서 A의 가속도의 크기를 a라 하고 A에 뉴턴 운동 법칙을 적용하면, $3mg-\frac{9}{4}mg=3m\times a$이므로 $a=\frac{1}{4}g$이다. B의 가속도의 크기는 (나)에서가 (가)에서의 2배이므로, (나)에서 B의 가속도의 크기는 $\frac{1}{2}g$이다.

C의 질량을 m_C, B에 빗면 아래 방향으로 작용하는 중력의 크기를 F라고 할 때, (가), (나)에 뉴턴 운동 법칙을 각각 적용하면 다음과 같다.

(가): $3mg+F-m_Cg=(3m+8m+m_C)\times\frac{1}{4}g$ …①

(나): $m_Cg+F-3mg=(3m+8m+m_C)\times\frac{1}{2}g$ …②

①, ②에서 $m_C=5m$이다. 답 ②

도전 1등급 36 뉴턴 운동 법칙

도전 1등급 문항 분석 ▸▸ 정답률 26.3%

그림은 물체 A, B, C가 실 p, q, r로 연결되어 정지해 있는 모습을 나타낸 것으로, q가 B에 작용하는 힘의 크기는 r이 C에 작용하는 힘의 크기의 $\frac{3}{2}$배이다. r을 끊으면 A, B, C가 등가속도 운동을 하다가 B가 수평면과 나란한 평면 위의 점 O를 지나는 순간 p가 끊어진다. 이후 A, B는 등가속도 운동을 하며, 가속도의 크기는 A가 B의 2배이다. r이 끊어진 순간부터 B가 O에 다시 돌아올 때까지 걸린 시간은 t_0이다. A, C의 질량은 각각 $6m$, m이다.

→ $3mg=6m\left(\frac{1}{2}g\right)$ → $mg=(M+m)\left(\frac{1}{4}g\right)$

→ $2mg=(6m+M+m)a_2$

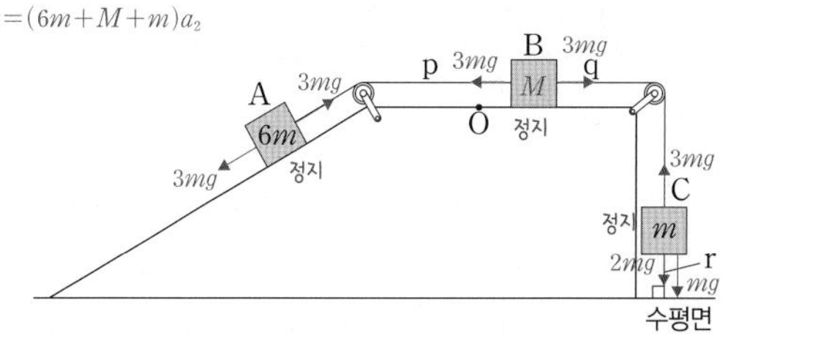

p가 끊어진 순간 C의 속력은? (단, 중력 가속도는 g이고, 물체는 동일 연직면 상에서 운동하며, 물체의 크기, 실의 질량, 모든 마찰은 무시한다.)

해결 전략 실로 연결된 세 물체에 운동 방정식을 적용하여 질량과 알짜힘을 구할 수 있어야 하고, 물체의 등가속도를 이용하여 속력을 구할 수 있어야 한다.

선택지 분석

✓❸ r이 C에 작용하는 힘의 크기는 $2mg$이고, p가 A를 당기는 힘의 크기는 $3mg$이다. p가 끊어졌을 때 빗면에서 운동하는 A의 가속도의 크기는 $3mg=6ma_1$에서 $a_1=\frac{1}{2}g$이다.

p, r이 모두 끊어졌을 때 B의 질량을 M이라고 하면 가속도의 크기는 A가 B의 2배이므로 $mg=(M+m)\left(\frac{1}{4}g\right)$에서 $M=3m$이다.

r이 끊어진 후 B의 가속도의 크기를 a_2라고 하면,

$2mg=(6m+M+m)a_2=10ma_2$에서 $a_2=\frac{1}{5}g$이다.

r이 끊어진 후 B가 O를 지날 때까지 걸린 시간을 t_1, 이로부터 다시 O에 돌아올 때까지 걸린 시간을 $2t_2$라고 하면, $t_1+2t_2=t_0$, $\frac{1}{5}gt_1=\frac{1}{4}gt_2$에서 p가 끊어진 순간 C의 속력은 $\frac{1}{5}g\times\frac{5}{13}t_0=\frac{1}{13}gt_0$이다.

답 ③

도전 1등급 37 가속도 법칙

도전 1등급 문항 분석 ▸▸ 정답률 40%

(→ $3mg=M(a_C+a_D)$)

그림은 물체 A∼D가 실 p, q, r로 연결되어 정지해 있는 모습을 나타낸 것이다. A와 B의 질량은 각각 $2m$, m이고, C와 D의 질량은 같다. p를 끊었을 때, C는 가속도의 크기가 $\frac{2}{9}g$로 일정한 직선 운동을 하고, r이 D를 당기는 힘의 크기는 $\frac{10}{9}mg$이다.

(→ $M(a_C+a_D)-mg=(m+2M)\frac{2g}{9}$)

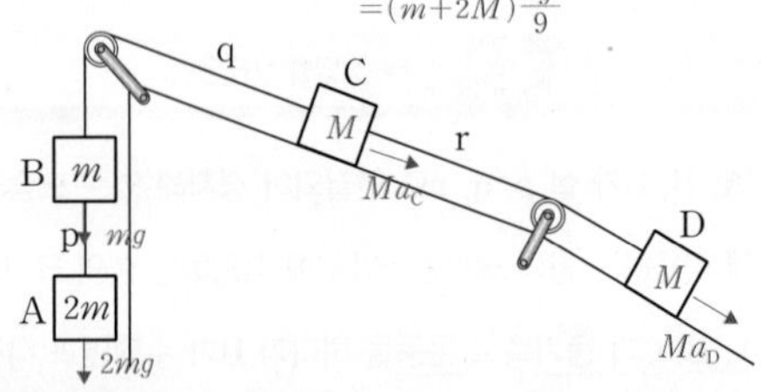

r을 끊었을 때, D의 가속도의 크기는? (단, g는 중력 가속도이고, 실의 질량, 공기 저항, 모든 마찰은 무시한다.)

해결 전략 실로 연결된 네 물체의 가속도 운동에 대해 이해하고, 연결된 물체에 힘이 작용할 때 가속도 운동 법칙을 적용할 수 있어야 한다.

선택지 분석

✓❷ C, D의 질량을 M, 모든 실을 끊었을 때 C, D의 가속도의 크기를 각각 a_C, a_D라 하면, A∼D가 모두 정지해 있을 때 운동 방정식은 $3mg=M(a_C+a_D)$···①이다. p를 끊었을 때, B∼D가 $\frac{2}{9}g$로 등가속도 운동하므로 운동 방정식은 $M(a_C+a_D)-mg=(m+2M)\frac{2g}{9}$···②, r가 D를 당기는 힘의 크기는 $\frac{10}{9}mg$이므로 D의 운동 방정식은

$Ma_D-\frac{10}{9}mg=M\frac{2g}{9}$···③이다. ①, ②에서 $M=4m$이고 이를 ③에 대입하면 $a_D=\frac{1}{2}g$이다.

답 ②

도전 1등급 38 가속도 법칙

도전 1등급 문항 분석 ▸▸ 정답률 28.7%

그림 (가)는 물체 A, B, C를 실로 연결하고 C에 수평 방향으로 크기가 F인 힘을 작용하여 A, B, C가 속력이 증가하는 등가속도 운동을 하는 모습을 나타낸 것이다. 그림 (나)는 (가)에서 B의 속력이 v인 순간 B와 C를 연결한 실이 끊어졌을 때, 실이 끊어진 순간부터 B가 정지한 순간까지 A와 B, C가 각각 등가속도 운동을 하여 d, $4d$만큼 이동한 것을 나타낸 것이다. A의 가속도의 크기는 (나)에서가 (가)에서의 2배이다. B, C의 질량은 각각 m, $3m$이다.

(→ 평균 속력의 비$=1:4$)

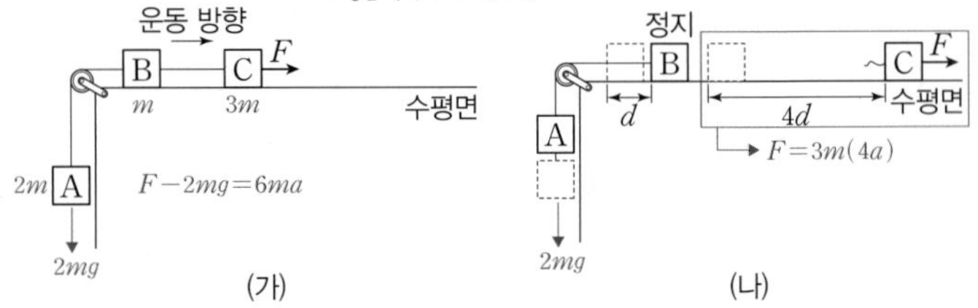

이에 대한 설명으로 옳은 것만을 〈보기〉에서 있는 대로 고른 것은? (단, 중력 가속도는 g이고, 물체는 동일 연직면상에서 운동하며, 물체의 크기, 실의 질량, 공기 저항과 모든 마찰은 무시한다.)

보기

ㄱ. (나)에서 B가 정지한 순간 C의 속력은 $3v$이다. O

ㄴ. A의 질량은 $3m$이다. $2m$ X

ㄷ. F는 $5mg$이다. $4mg$ X

해결 전략 실로 연결된 세 물체에 운동 방정식을 적용하여 속력과 질량 및 알짜힘을 구할 수 있어야 한다.

선택지 분석

✓ㄱ. 실이 끊어진 순간부터 B가 정지한 순간까지 A와 B는 d만큼 이동하였고, C는 $4d$만큼 이동하였으므로 평균 속력의 비는 1 : 4이다. (나)에서 B가 정지한 순간 C의 속력을 v_C라고 하면 $\frac{v}{2}:\frac{v+v_C}{2}=1:4$이다. 따라서 $v_C=3v$이다.

ㄴ. (나)에서 B의 속도가 v에서 0으로 v만큼 변하는 동안 C의 속도가 v에서 $3v$로 $2v$만큼 변했으므로 실이 끊어진 후 가속도의 크기는 C가 B의 2배이다. 따라서 실이 끊어지기 전 A의 가속도를 $+a$라고 하면, 실이 끊어진 후 A의 가속도는 $-2a$, C의 가속도는 $+4a$라고 할 수 있다. 실이 끊어졌을 때, 양쪽에 연결된 계에 같은 크기의 알짜힘의 변화(ΔF)가 나타나고, 가속도의 변화량 $\Delta a=\frac{\Delta F}{m}$이므로 Δa와 m 사이에는 $\Delta a\propto\frac{1}{m}$의 관계가 성립한다.

실이 끊어지기 전후로 A와 B가 연결된 쪽과 C쪽에서 Δa의 크기가 $3a$만큼 동일하게 변했으므로 양쪽의 질량도 같다. 따라서 A의 질량을 m_A라고 하면, $m_A+m=3m$에서 $m_A=2m$이다.

ㄷ. (가)에서 세 물체의 운동 방정식은 $F-2mg=6ma$···①이고, (나)에서 C의 운동 방정식은 $F=3m(4a)$···②이다. ①, ②에서 $F=4mg$이다.

답 ①

39 가속도 법칙

빈출 문항 자료 분석

$2mg-3m_Ba-6ma=0$

그림은 물체 A, B, C가 실 p, q로 연결되어 등속도 운동을 하는 모습을 나타낸 것이다. p를 끊으면, A는 가속도의 크기가 $6a$인 등가속도 운동을, B와 C는 가속도의 크기가 a인 등가속도 운동을 한다. 이후 q를 끊으면, B는 가속도의 크기가 $3a$인 등가속도 운동을 한다. A, C의 질량은 각각 m, $2m$이다.

$2mg-3m_Ba=(m_B+2m)a$

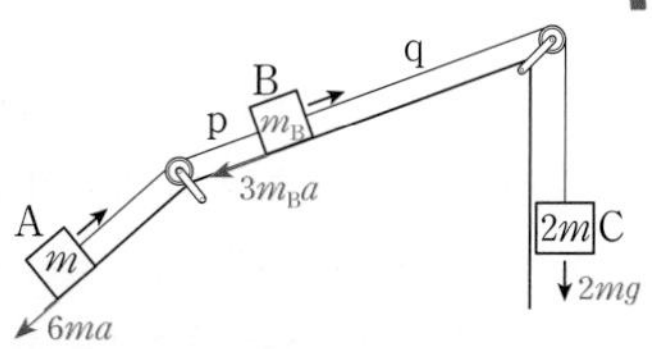

이에 대한 설명으로 옳은 것만을 〈보기〉에서 있는 대로 고른 것은? (단, 중력 가속도는 g이고, 실의 질량, 모든 마찰과 공기 저항은 무시한다.)

보기

ㄱ. B의 질량은 $4m$이다. O

ㄴ. $a=\frac{1}{8}g$이다. $\frac{1}{9}g$ X

ㄷ. p를 끊기 전, p가 B를 당기는 힘의 크기는 $\frac{2}{3}mg$이다. O

해결 전략 실로 연결된 세 물체의 가속도 운동에 대해 이해하고, 연결된 물체에 힘을 작용할 때 뉴턴 운동 법칙을 적용할 수 있어야 한다.

선택지 분석

✓ ㄱ. B의 질량을 m_B라고 하자. A, B에 빗면과 나란한 아래 방향으로 작용하는 힘의 크기는 $6ma$, $3m_Ba$이다. A, B, C가 등속도 운동을 할 때, A, B, C에 작용하는 알짜힘은 0이므로 $2mg-3m_Ba-6ma=0$…①이다. p가 끊어진 후 B, C에 작용하는 힘은 $2mg-3m_Ba=(2m+m_B)a$…②이다. ①, ②를 정리하면 $3m_Ba+6ma=3m_Ba+(2m+m_B)a$에서 $m_B=4m$이다.

ㄴ. B의 질량이 $4m$이므로 이를 ①에 대입하여 정리하면 $2mg=12ma+6ma$에서 $a=\frac{1}{9}g$이다.

✓ ㄷ. p를 끊기 전 p가 B를 당기는 힘의 크기는 p가 A를 당기는 힘의 크기와 같다. p가 B를 당기는 힘의 크기를 T라고 하면, p를 끊기 전 A는 등속도 운동을 하므로 $T=6ma=\frac{2}{3}mg$이다.

답 ③

40 가속도 법칙

빈출 문항 자료 분석

그림 (가), (나)와 같이 마찰이 있는 동일한 빗면에 놓인 물체 A가 각각 물체 B, C와 실로 연결되어 서로 반대 방향으로 등가속도 운동을 하고 있다. (가)와 (나)에서 A의 가속도의 크기는 각각 $\frac{1}{6}g$, $\frac{1}{3}g$이고, 가속도의 방향은 운동 방향과 같다. A, B, C의 질량은 각각 $3m$, m, $6m$이고, 빗면과 A 사이에는 크기가 F로 일정한 마찰력이 작용한다.

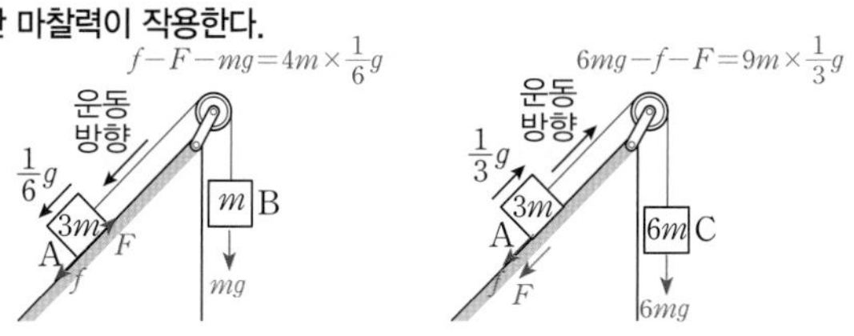

(가) (나)

F는? (단, 중력 가속도는 g이고, 빗면에서의 마찰 외의 모든 마찰과 공기 저항, 실의 질량은 무시한다.)

해결 전략 마찰이 있는 빗면에 연결되어 있는 두 물체의 가속도 운동에 대해 이해하고, 연결된 물체에 힘을 작용할 때 뉴턴 운동 법칙을 적용할 수 있어야 한다.

선택지 분석

✓ ❷ (가), (나)에서 A에 작용하는 중력에 의해 빗면 아래 방향으로 작용하는 힘을 f라고 하면, (가)에서 마찰력은 빗면 위 방향으로 작용하므로 $f-F-mg=\frac{2}{3}mg$에서 $f-F=\frac{5}{3}mg$…①이고, (나)에서 마찰력은 빗면 아래 방향으로 작용하므로 $6mg-f-F=3mg$에서 $f+F=3mg$…②이다. ①, ②를 연립하면 $F=\frac{2}{3}mg$이다.

답 ②

41 뉴턴 운동 법칙

빈출 문항 자료 분석

A, B, C에 작용하는 알짜힘은 0

그림 (가)와 같이 질량이 각각 $7m$, $2m$, 9 kg인 물체 A～C가 실 p, q로 연결되어 2 m/s로 등속도 운동한다. 그림 (나)는 (가)에서 실이 끊어진 순간부터 C의 속력을 시간에 따라 나타낸 것이다. ㉠과 ㉡은 각각 p와 q 중 하나이다.

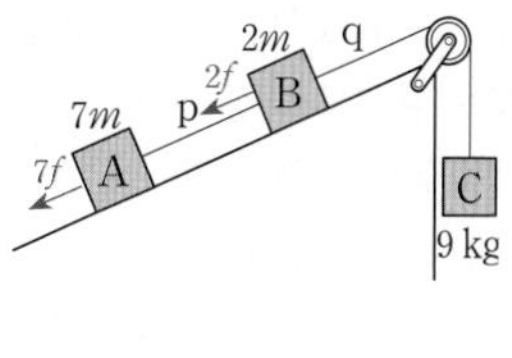

(가)

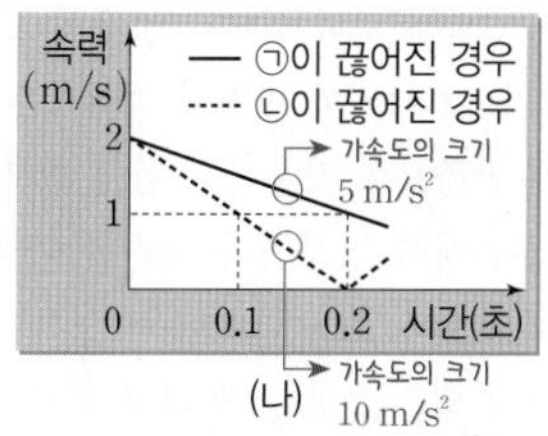

(나)

p가 끊어진 경우, 0.1초일 때 A의 속력은? (단, 중력 가속도는 10 m/s²이고, 실의 질량과 모든 마찰은 무시한다.)

해결 전략 A와 B에 작용하는 중력의 경사면과 나란한 방향 성분의 크기는 질량에 비례한다는 것을 적용하여 운동 방정식을 세운 후 문제를 해결할 수 있어야 한다.

선택지 분석

✓ ❹ A, B에 중력의 경사면과 나란한 방향으로 작용하는 성분의 크기를 각각 $7f$, $2f$라고 하자. p, q가 끊어지기 전에 A, B, C는 등속도 운동을 하므로 A, B, C에 작용하는 알짜힘은 0이다. $7f+2f=9\times10=90$에서 $f=10$ N이다.

㉡이 끊어진 경우 C의 가속도의 크기는 10 m/s²이므로 중력 가속도와 같다. 따라서 ㉡은 q이고, ㉠은 p이다. p 또는 q가 끊어진 후 C의 속력은 감소하므로 p 또는 q가 끊어지기 전 C의 운동 방향은 연직 위 방향이다.

p가 끊어진 후 B, C에 작용하는 힘은 $90-2f=(9+2m)\times5$이고 $f=10$ N이므로 $m=2.5$ kg이다.

p가 끊어진 후 A의 가속도의 크기는 $\frac{7f}{7m}=\frac{10}{2.5}=4(\text{m/s}^2)$이다. p가 끊어진 경우, 0.1초일 때 A의 속력을 v_A라고 하면, $4=\frac{v_A-2}{0.1}$에서 $v_A=2.4$ m/s이다.

답 ④

도전 1등급
42 가속도 법칙

도전 1등급 문항 분석 ▸▸ 정답률 35.2%

그림 (가), (나), (다)는 동일한 빗면에서 실로 연결된 물체 A와 B가 운동하는 모습을 나타낸 것이다. A, B의 질량은 각각 m_A, m_B이다. (가)에서 A는 등속도 운동을 하고, (나), (다)에서 A는 가속도의 크기가 각각 $8a$, $17a$인 등가속도 운동을 한다.

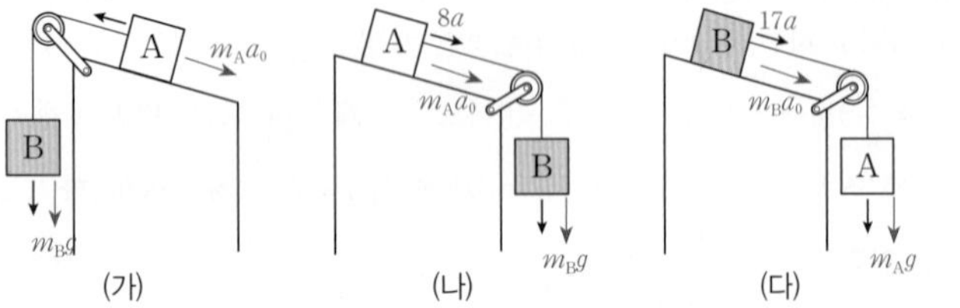

(가) (나) (다)

$m_A : m_B$는? (단, 실의 질량, 모든 마찰은 무시한다.)

해결 전략 실로 연결된 두 물체의 운동에 대해 이해하고, 물체의 위치를 바꾸었을 때의 운동을 분석할 수 있어야 한다.

선택지 분석

✓❺ 등속도 운동을 하는 물체에 작용하는 알짜힘은 0이다. 실에 연결된 물체의 질량은 (나)에서와 (다)에서가 같고, A와 B의 가속도의 크기는 (다)에서가 (나)에서보다 크므로 물체의 질량은 A가 B보다 크다는 것을 알 수 있다. (가)~(다)에서 빗면의 경사각은 모두 같으므로 경사면에 대해 나란한 아래 방향으로 작용하는 힘은 경사면에 놓인 물체의 질량에 비례한다. (가)와 (나)에서 경사면과 나란한 아래 방향으로 A에 작용하는 힘의 크기를 m_Aa_0이라 하고, (다)에서 경사면과 나란한 아래 방향으로 B에 작용하는 힘의 크기를 m_Ba_0이라고 하자. A, B에 작용하는 힘은 (가)에서는 A와 B가 등속도 운동을 하므로 $m_Aa_0=m_Bg$…①이고, (나)에서는 $m_Bg+m_Aa_0=8a(m_A+m_B)$…②이며, (다)에서는 $m_Ag+m_Ba_0=17a(m_A+m_B)$…③이다. ①을 ②에 대입하여 정리하면, $2m_Bg=8a(m_A+m_B)$에서 $m_Bg=4a(m_A+m_B)$이고 $m_A+m_B=\frac{m_Bg}{4a}$…④이다.

①에서 $a_0=\frac{m_B}{m_A}g$이고 이를 ③에 대입하여 정리하면,

$m_Ag+m_B\frac{m_B}{m_A}g=17a(m_A+m_B)$…⑤이다. ④를 ⑤에 대입하여 정리하면, $\frac{4}{17}=\frac{m_Am_B}{{m_A}^2+{m_B}^2}$에서 $(4m_A-m_B)(m_A-4m_B)=0$이다. $m_A>m_B$이므로 $m_A:m_B=4:1$이다. 답 ⑤

43 운동 방정식

자료 분석

(가)인 순간에서 (나)인 순간까지 C가 이동하는 데 걸린 시간이 t일 때, C는 등가속도 운동하여 속도 변화량의 크기가 $3v$이므로 B와 C가 A와 연결되어 있지 않고 빗면에서 등가속도 운동할 때, C의 가속도의 크기는 $a=\frac{3v}{t}$이다. B와 C가 A와 실에 연결되어 있지 않을 때, 중력에 의해 B에 빗면과 나란한 방향으로 작용하는 힘의 크기가 f이면 $f=ma$이고, 중력에 의해 C에 빗면과 나란한 방향으로 작용하는 힘의 크기는 $2f=2ma$이다.

선택지 분석

✓❷ A를 p에 가만히 놓아 q까지 이동하는 데 걸리는 시간이 t'일 때 A의 평균 속력을 이용하면 p에서 q까지의 이동 거리는 $S_{pq}=vt'$이고, A가 q에서 r까지 이동하는 데 걸린 시간은 t이므로 q에서 r까지의 이동 거리는 $S_{qr}=2vt$이다. $S_{pq}=S_{qr}$이므로 $t'=2t$이다.

A가 p에서 q까지 이동할 때 A의 가속도의 크기는 $a'=\frac{2v}{t'}=\frac{v}{t}=\frac{1}{3}a$이고, A가 q에서 r까지 이동하는 동안 등속도 운동하므로 중력에 의해 A에 빗면과 나란한 방향으로 작용하는 힘의 크기는 f이다. A, B, C를 하나의 물체로 취급하여 뉴턴 운동 법칙을 적용하면 $2f=2ma=(M+3m)\frac{1}{3}a$에서 $M=3m$이다. 답 ②

도전 1등급
44 가속도 법칙

도전 1등급 문항 분석 ▸▸ 정답률 32%

그림 (가)는 질량이 각각 M, m, $4m$인 물체 A, B, C가 빗면과 나란한 실 p, q로 연결되어 정지해 있는 것을, (나)는 (가)에서 물체의 위치를 바꾸었더니 물체가 등가속도 운동하는 것을 나타낸 것이다. (가)에서 p가 B를 당기는 힘의 크기는 $\frac{10}{3}mg$이다.

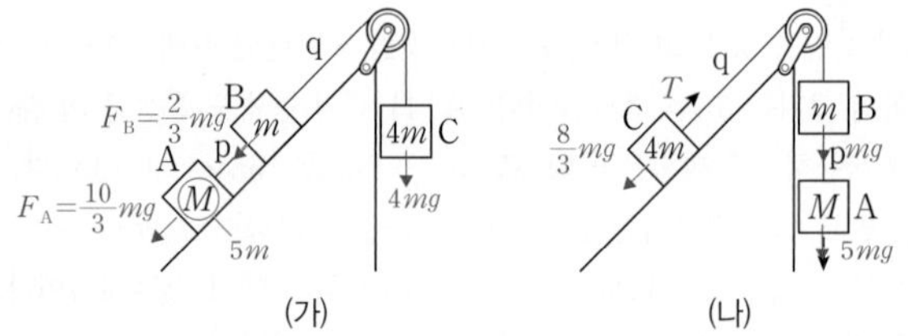

(가) (나)

(나)에서 q가 C를 당기는 힘의 크기는? (단, 중력 가속도는 g이고, 실의 질량 및 모든 마찰은 무시한다.)

해결 전략 A, B, C가 실로 연결되어 운동하므로 A, B, C를 한 덩어리라고 생각하고 운동 방정식을 적용할 수 있어야 한다.

선택지 분석

✓❷ (가)에서 물체 A, B에 빗면 아래 방향으로 작용하는 힘의 크기를 각각 F_A, F_B라고 하면 A, B, C가 정지해 있으므로 $F_A+F_B=4mg$이다. 실에서 장력은 일정하므로, (가)에서 p가 B를 당기는 힘의 크기가 $\frac{10}{3}mg$일 때 p가 A를 당기는 힘의 크기도 $\frac{10}{3}mg$이다. F_A의 크기는 p가 A를 당기는 힘의 크기와 같으므로 $F_A=\frac{10}{3}mg$이고, $\frac{10}{3}mg+F_B=4mg$에서 $F_B=\frac{2}{3}mg$이다. 빗면에서 물체에 빗면 아래 방향으로 작용하는 힘의 크기는 질량에 비례한다. F_A의 크기가 F_B의 5배이므로, A의 질량은 $M=5m$이다.

(나)에서 질량이 $4m$인 물체 C에 빗면 아래 방향으로 작용하는 힘의 크기는 $\frac{8}{3}mg$이다. (나)에서 A, B, C를 한 덩어리라고 생각하면 C에 빗면 아래 방향으로 $\frac{8}{3}mg$의 힘이 작용하고 A와 B에 연직 아래 방향으로 각각

$5mg$, mg의 힘이 작용하므로, A, B, C의 가속도의 크기를 a라고 하면 $(5m+m)g-\frac{8}{3}mg=(5m+m+4m)a$이므로 $a=\frac{1}{3}g$이다.
(나)에서 q가 C를 당기는 힘의 크기를 T라고 하면, C의 가속도의 크기가 $\frac{1}{3}g$이므로 C의 운동 방정식은 $T-\frac{8}{3}mg=4m\times\frac{1}{3}g$이다. 따라서 q가 C를 당기는 힘의 크기 $T=4mg$이다. 답 ②

45 가속도 법칙

빈출 문항 자료 분석

그림 (가)는 물체 A, B, C를 실로 연결하여 수평면의 점 p에서 B를 가만히 놓아 물체가 등가속도 운동하는 모습을, (나)는 (가)의 B가 점 q를 지날 때부터 점 r를 지날 때까지 운동 방향과 반대 방향으로 크기가 $\frac{1}{4}mg$인 힘을 받아 물체가 등가속도 운동하는 모습을 나타낸 것이다. p와 q 사이, q와 r 사이의 거리는 같고, B가 q, r를 지날 때 속력은 각각 $4v$, $5v$이다. A, B, C의 질량은 각각 m, m, M이다.

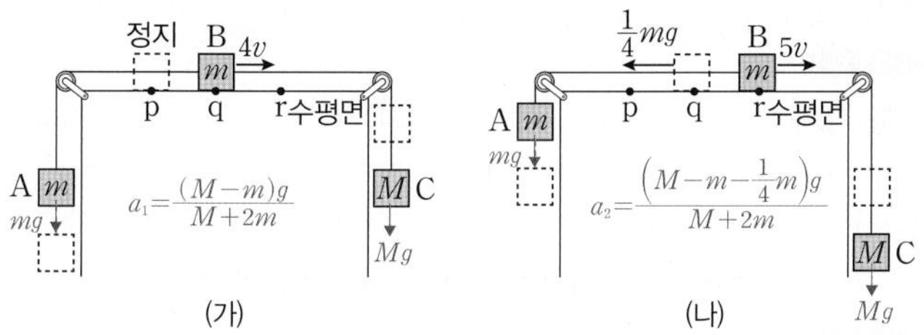

(가) (나)

M은? (단, 중력 가속도는 g이고, 물체의 크기, 실의 질량, 모든 마찰은 무시한다.)

해결 전략 실로 연결되어 함께 운동하는 A, B, C를 한 덩어리로 생각하고 운동 제2법칙을 적용해서 운동 방정식을 세울 수 있어야 한다.

선택지 분석

✓ ③ (가)에서 연결된 물체 A, B, C의 가속도가 a_1일 때 운동 방정식을 적용하면 $Mg-mg=(M+2m)a_1$이고, (나)에서 A, B, C의 가속도가 a_2일 때 운동 방정식을 적용하면 $Mg-mg-\frac{1}{4}mg=(M+2m)a_2$이다. B의 속력을 시간에 따라 나타낸 그래프에서 p와 q 사이, q와 r 사이의 거리가 s일 때 (가)에서 B가 이동한 거리는 $s=\frac{4v}{2}\times t_1$…①이고, (나)에서 B가 이동한 거리는 $s=\frac{5v+4v}{2}\times(t_2-t_1)$…②이다. ①, ②를 연립하면 $t_1:t_2=9:13$이므로 $t_1=9t$, $t_2=13t$라고 할 수 있다.
속력-시간 그래프의 기울기가 가속도이고, 운동 방정식으로부터 구한 가속도와 함께 고려할 때

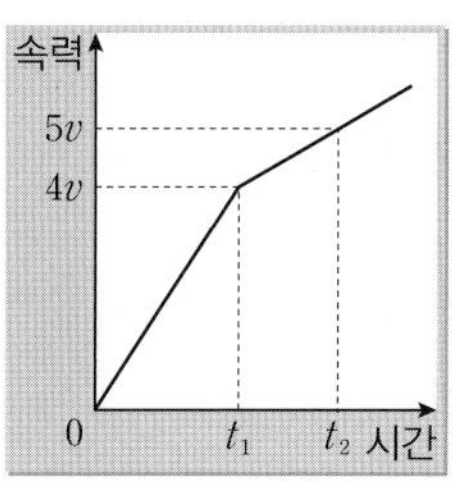

$a_1=\frac{4v}{9t}=\frac{M-m}{M+2m}g$…③이고,

$a_2=\frac{v}{4t}=\frac{M-\frac{5}{4}m}{M+2m}g$…④이다. 따라서

③, ④를 연립하면 $M=\frac{11}{7}m$이다.

답 ③

도전 1등급 46 가속도 법칙

도전 1등급 문항 분석 ▸▸ 정답률 24%

그림과 같이 물체 A 또는 B와 추를 실로 연결하고 물체를 빗면의 점 p에 가만히 놓았더니, 물체가 등가속도 직선 운동하여 점 q를 통과하였다. 추의 질량은 1 kg이다. 표는 물체의 질량, 물체가 p에서 q까지 운동하는 데 걸린 시간과 실이 물체에 작용한 힘의 크기 T를 나타낸 것이다.

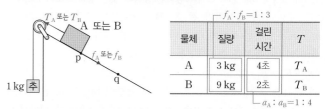

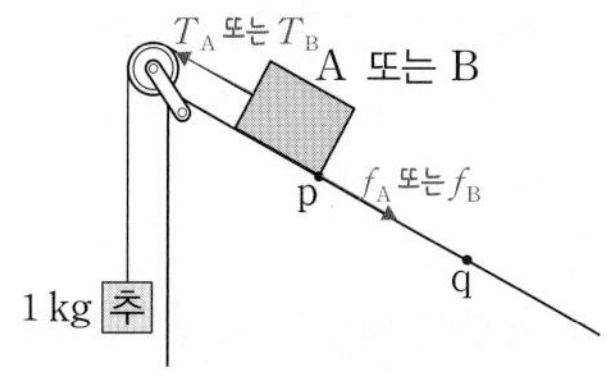

$f_A:f_B=1:3$

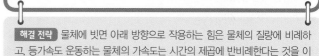

물체	질량	걸린 시간	T
A	3 kg	4초	T_A
B	9 kg	2초	T_B

$a_A:a_B=1:4$

$T_A:T_B$는? (단, 물체의 크기, 실의 질량, 모든 마찰과 공기 저항은 무시한다.)

해결 전략 물체에 빗면 아래 방향으로 작용하는 힘은 물체의 질량에 비례하고, 등가속도 운동하는 물체의 가속도는 시간의 제곱에 반비례한다는 것을 이용한다.

선택지 분석

✓ ⑤ 물체에 빗면 아래 방향으로 작용하는 힘은 물체의 질량에 비례하므로 A를 올려놓았을 때 빗면 아래 방향으로 작용하는 힘을 f_A, B를 올려놓았을 때 빗면 아래 방향으로 작용하는 힘을 f_B라고 하면 $f_B=3f_A$이다. 물체는 p에서 q까지 등가속도 운동을 하므로 가속도는 t^2에 반비례한다. 걸린 시간이 A가 B의 2배이므로 A를 올려놓았을 때 가속도를 a라고 하면 B를 올려놓았을 때 가속도는 $4a$이다. A와 B에 운동 방정식을 적용하면

A: $f_A-T_A=3\times a$　　B: $3f_A-T_B=9\times 4a=36a$

이고, 추에 운동 방정식을 적용하면

A: $T_A-1\times g=1\times a$　　B: $T_B-1\times g=1\times 4a$

가 성립한다. 따라서 $T_A:T_B=5:6$이다. 답 ⑤

도전 1등급 47 가속도 법칙

도전 1등급 문항 분석 ▸▸ 정답률 26%

그림 (가)는 물체 A, B, C를 실 p, q로 연결하고 C를 손으로 잡아 정지시킨 모습을, (나)는 (가)에서 C를 가만히 놓은 순간부터 C의 속력을 시간에 따라 나타낸 것이다. A, C의 질량은 각각 m, $2m$이고, p와 q는 각각 2초일 때와 3초일 때 끊어진다.

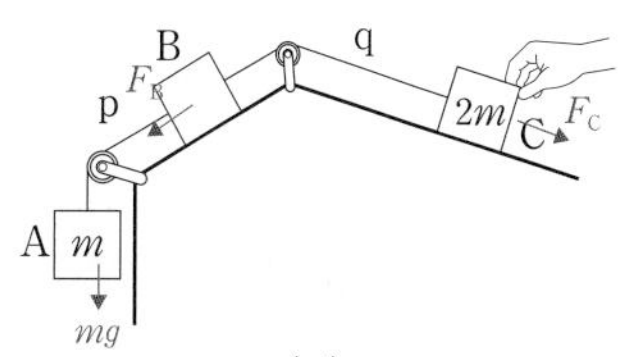

(가)

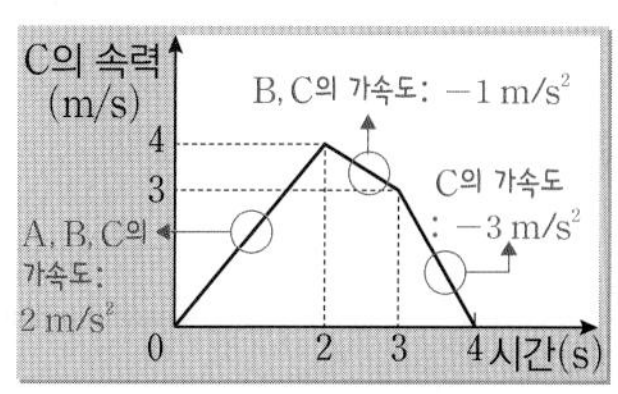

(나)

4초일 때 B의 속력은? (단, 중력 가속도는 10 m/s²이고, 실의 질량 및 모든 마찰과 공기 저항은 무시한다.)

해결 전략 A, B, C는 실로 연결되어 있으므로 가속도는 같으며, 속력-시간 그래프의 기울기는 가속도를 나타내므로 p가 끊어지기 전 A, B, C의 가속도, p가 끊어진 후 B, C의 가속도, q가 끊어진 후 C의 가속도를 각각 파악할 수 있어야 한다.

선택지 분석

✓❺ B의 질량을 m_B, B와 C에 작용하는 중력의 빗면 성분을 각각 F_B, F_C라고 하자. p가 끊어지기 전 A, B, C는 함께 운동하므로 질량이 $(m+m_B+2m)$인 물체에 $(mg+F_B-F_C)$인 힘이 작용하여 가속도가 $2\ m/s^2$인 운동을 한다. 따라서 운동 방정식은 다음과 같다.

$10m+F_B-F_C=2(3m+m_B)\cdots$ ①

p가 끊어진 후 B, C는 함께 운동하므로 질량이 (m_B+2m)인 물체에 (F_B-F_C)인 힘이 작용하여 가속도가 $-1\ m/s^2$인 운동을 한다. 따라서 운동 방정식은 다음과 같다.

$F_B-F_C=-(m_B+2m)\cdots$ ②

q가 끊어진 후 C에 $-F_C$인 힘이 작용하여 가속도가 $-3\ m/s^2$인 운동을 하므로, 운동 방정식은 $F_C=3\times 2m$이다. 따라서 $F_C=6m$을 ①, ②에 대입하면 $F_B=\frac{10}{3}m$, $m_B=\frac{2}{3}m$이다.

3초일 때 q가 끊어진 후 B에 F_B만 작용하므로, 3초~4초 동안 B의 가속도의 크기는 $\frac{F_B}{m_B}=\frac{\frac{10}{3}m}{\frac{2}{3}m}=5\ m/s^2$이다. 3초일 때 q가 끊어지는 순간 B의 속력이 3 m/s이므로, 4초일 때 B의 속력은 $3+5\times 1=8$(m/s)이다.

답 ⑤

48 가속도 법칙

빈출 문항 자료 분석

그림 (가)는 물체 A, B, C를 실 p, q로 연결하여 C를 손으로 잡아 정지시킨 모습을, (나)는 C를 가만히 놓은 후 시간에 따른 C의 속력을 나타낸 것이다. 1초일 때 p가 끊어졌다. A, B의 질량은 각각 2 kg, 1 kg이다.

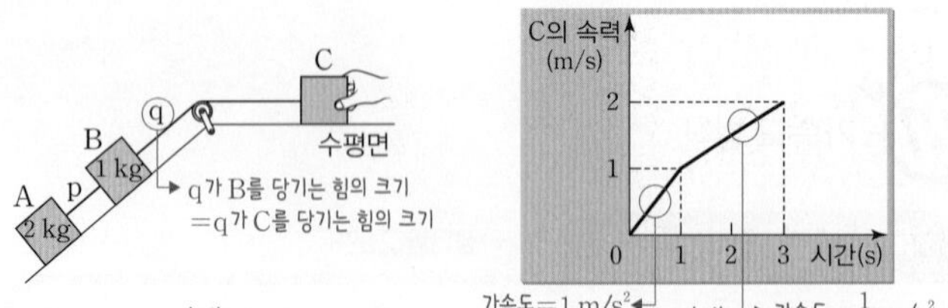

(가) (나)

이에 대한 설명으로 옳은 것만을 <보기>에서 있는 대로 고른 것은? (단, 실의 질량, 모든 마찰은 무시한다.)

보기

ㄱ. 1~3초까지 C가 이동한 거리는 3 m이다. O

ㄴ. C의 질량은 1 kg이다. 3 kg X

ㄷ. q가 B를 당기는 힘의 크기는 0.5초일 때가 2초일 때의 3배이다. 2배 X

해결 전략 빗면과 수평면에 연결되어 있는 세 물체의 가속도 운동에 대해 이해하고, 연결된 물체에 힘을 작용할 때 뉴턴 운동 법칙을 적용할 수 있어야 한다.

선택지 분석

실을 제거한 후 빗면에서 A, B의 가속도의 크기를 a라고 하면, 0.5초일 때 A, B에 빗면 아래쪽으로 작용하는 힘의 크기는 $(2+1)\times a=3a$이고, 2초일 때 B에 빗면 아래쪽으로 작용하는 힘의 크기는 $1\times a=a$이다.

✓ㄱ. 1초부터 3초까지 C의 평균 속력은 $\frac{1\ m/s+2\ m/s}{2}=\frac{3}{2}\ m/s$이고 걸린 시간이 2초이므로, 1초부터 3초까지 C가 이동한 거리는 $\frac{3}{2}\ m/s\times 2\ s=3\ m$이다.

ㄴ. 0.5초일 때와 2초일 때 C의 가속도의 크기는 각각 $1\ m/s^2$, $\frac{1}{2}\ m/s^2$이므로, C의 질량을 m_C라고 하면 다음 관계가 성립한다.

• 0.5초일 때: $1=\frac{3a}{3+m_C}\cdots$ ① • 2초일 때: $\frac{1}{2}=\frac{a}{1+m_C}\cdots$ ②

위 ①, ②에 의해 $a=2\ m/s^2$이고, $m_C=3$ kg이다. 따라서 C의 질량은 3 kg이다.

ㄷ. q가 B를 당기는 힘의 크기는 q가 C를 당기는 힘의 크기와 같으므로 C에 작용하는 알짜힘의 크기와 같다. C의 가속도의 크기가 0.5초일 때가 2초일 때의 2배이므로, q가 B를 당기는 힘의 크기는 0.5초일 때가 2초일 때의 2배이다.

답 ①

49 가속도 법칙

자료 분석

물체가 연결된 실을 모두 끊을 때 A, B, C, D의 가속도의 크기를 각각 a_A, a_B, a_C, a_D라고 하자. 이때 B와 C는 같은 빗면에 있으므로 가속도가 같다. 따라서 $a_B=a_C$이다. 그리고 p를 끊은 후 C와, q를 끊은 후 D의 가속도의 크기가 서로 같으므로 $a_C=a_D$에서 $a_B=a_C=a_D$가 성립한다.

선택지 분석

✓❹ p를 끊기 전 A의 가속도의 크기가 a_1인 등가속도 운동을 하므로, $a_B=a_C=a_D=a$라고 하면, $3ma+2ma-(4ma_A+ma)=10ma_1\cdots$ ①이다. p를 끊으면 A가 등속도 운동을 하므로 $3ma=4ma_A+ma$에서 $a_A=\frac{1}{2}a\cdots$ ②이다. 이후 q를 끊으면 A는 가속도의 크기가 a_2인 등가속도 운동을 하므로, $3ma-4m\left(\frac{1}{2}a\right)=7ma_2\cdots$ ③가 성립한다. 따라서 ①, ②에서 $2a=10a_1$이고 ③에서 $a=7a_2$이므로 $\frac{a_1}{a_2}=\frac{7}{5}$이다.

답 ④

50 힘과 운동 법칙

자료 분석

0부터 $2t$까지 A와 B는 등속도 운동을 하므로 F는 B에 작용하는 중력의 크기와 같아 $F=m_Bg$(g: 중력 가속도)이다. $2t$부터 $6t$까지 A의 가속도의 크기는 $\frac{v}{4t}$이고, B의 가속도의 크기는 $\frac{v}{2t}$이다. $F=\frac{m_Av}{4t}$이고, $m_Bg=\frac{m_Bv}{2t}$이다.

선택지 분석

ㄱ. t일 때 A는 등속도 운동을 하므로 실이 A를 당기는 힘의 크기는 F이다. 실이 B를 당기는 힘의 크기는 B에 작용하는 중력의 크기와 같으므로 $F=\frac{m_Bv}{2t}$이다.

ㄴ. 실이 끊어진 후 A에 작용하는 알짜힘은 F이고, 실이 끊어진 후 A의 속력은 감소하므로 F의 방향과 A의 운동 방향은 반대이다. 따라서 t일 때,

A의 운동 방향은 F의 방향과 반대이다.

✓ ㄷ. 실이 끊어진 후 $F=\frac{m_A v}{4t}$이므로 $\frac{m_A v}{4t}=\frac{m_B v}{2t}$에서 $m_A=2m_B$이다.

답 ②

도전 1등급

51 운동 법칙

도전 1등급 문항 분석 ▸▸ 정답률 31%

그림은 점 P에 정지해 있던 물체가 일정한 알짜힘을 받아 점 Q까지 직선 운동하는 모습을 나타낸 것이다.

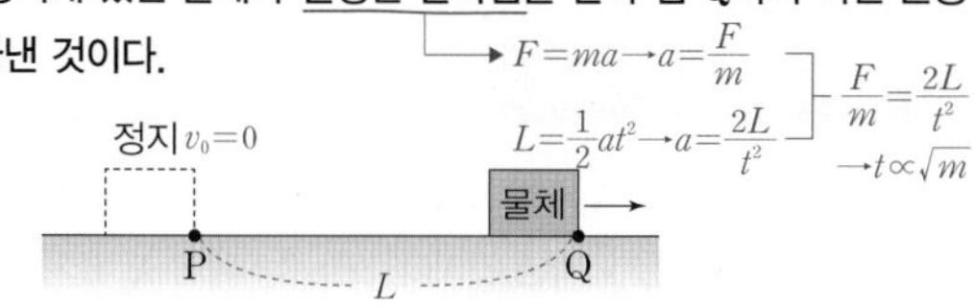

물체가 P에서 Q까지 가는 데 걸리는 시간을 물체의 질량에 따라 나타낸 그래프로 가장 적절한 것은? (단, 물체의 크기는 무시한다.)

해결 전략 일직선상에서 운동하는 일정한 알짜힘을 받는 물체에 등가속도 운동 공식을 적용할 수 있어야 한다.

선택지 분석

✓ ② 물체에 작용하는 알짜힘의 크기를 F, 물체의 질량을 m, 물체가 P에서 Q까지 운동하는 데 걸린 시간을 t, P와 Q 사이의 거리를 L이라고 하면, 물체는 정지한 상태에서 출발하여 등가속도 운동을 하므로 $L=\frac{1}{2}at^2=\frac{1}{2}\left(\frac{F}{m}\right)t^2$에서 $t\propto\sqrt{m}$이다. 따라서 ②번 그래프가 가장 적절하다. 답 ②

52 가속도 법칙

빈출 문항 자료 분석

질량은 A가 B의 2배이므로, 가속도의 크기는 B가 A의 2배이다.

그림과 같이 질량이 각각 $2m$, m인 물체 A, B가 동일 직선상에서 크기와 방향이 같은 힘을 받아 각각 등가속도 운동을 하고 있다. A가 점 p를 지날 때, A와 B의 속력은 v로 같고 A와 B 사이의 거리는 d이다. A가 p에서 $2d$만큼 이동했을 때, B의 속력은 $\frac{v}{2}$이고 A와 B 사이의 거리는 x이다.

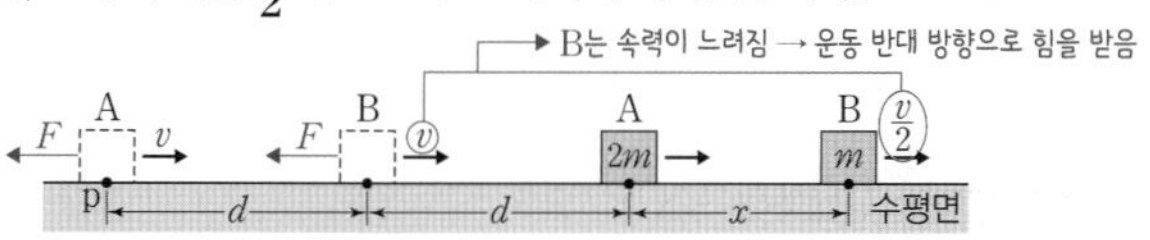

x는? (단, 물체의 크기는 무시한다.)

해결 전략 가속도 법칙과 등가속도 운동 공식을 이해하고, 문제에 적용할 수 있어야 한다.

선택지 분석

✓ ④ A, B는 크기와 방향이 같은 힘을 받아 각각 등가속도 운동을 하므로 가속도의 크기는 B가 A의 2배이다$\left(a=\frac{F}{m}\right)$. 즉, 같은 시간 동안 B의 속도 변화량의 크기가 $\frac{v}{2}$이므로 A의 속도 변화량의 크기는 $\frac{v}{4}$이다. 따라서 A가 p에서 $2d$만큼 이동했을 때 A의 속력은 $\frac{3}{4}v$이다.

A, B가 이동한 거리는 각각 $2d$, $d+x$이고, A의 가속도의 크기를 a라고 하면 B의 가속도의 크기는 $2a$이므로 A, B에 등가속도 운동 공식을 적용하면, A의 경우 $2a(2d)=\left(\frac{3}{4}v\right)^2-v^2$ ⋯ ①이고, B의 경우 $2(2a)(d+x)=\left(\frac{v}{2}\right)^2-v^2$ ⋯ ②이다. 따라서 ①, ②를 정리하면, $x=\frac{5}{7}d$이다. 답 ④

53 가속도 법칙

자료 분석

실로 연결된 수레, 질량이 m인 물체 2개는 실이 끊어지기 전인 1초일 때까지 한 물체처럼 운동을 하고, 실이 끊어진 1초 이후에는 실로 연결된 수레, 질량이 m인 물체 1개가 한 물체처럼 운동을 한다. 속도-시간 그래프의 기울기는 가속도를 나타내며, 수레는 0초부터 1초까지, 1초부터 2초까지 각각 가속도가 일정한 운동을 한다.

선택지 분석

ㄱ. 수레를 가만히 놓은 순간부터 1초까지 수레와 질량이 m인 물체 2개는 같은 크기의 가속도로 운동을 한다. 따라서 $a_{0초\sim1초}=\frac{10m+10m}{(8m+m+m)}=2(\mathrm{m/s^2})$이므로 정지한 상태에서 수레를 가만히 놓은 후 1초일 때 수레의 속도의 크기는 2 m/s이다.

✓ ㄴ. 1초 이후 수레와 질량이 m인 물체 1개는 같은 크기의 가속도로 운동한다. 따라서 $a_{1초 이후}=\frac{10m}{(8m+m)}=\frac{10}{9}(\mathrm{m/s^2})$이다.

✓ ㄷ. 0초부터 2초까지 수레가 이동한 거리는

$s=s_{0초\sim1초}+s_{1초\sim2초}=\left(\frac{1}{2}\times2\times1^2\right)+\left(2\times1+\frac{1}{2}\times\frac{10}{9}\times1^2\right)=\frac{32}{9}(\mathrm{m})$

이다. 답 ④

54 가속도 법칙

빈출 문항 자료 분석

그림 (가), (나)는 물체 A, B, C가 수평 방향으로 24 N의 힘을 받아 함께 등가속도 직선 운동하는 모습을 나타낸 것이다. A, B, C의 질량은 각각 4 kg, 6 kg, 2 kg이고, (가)와 (나)에서 A가 B에 작용하는 힘의 크기는 각각 F_1, F_2이다.

→ A, B, C의 가속도의 크기는 같다.

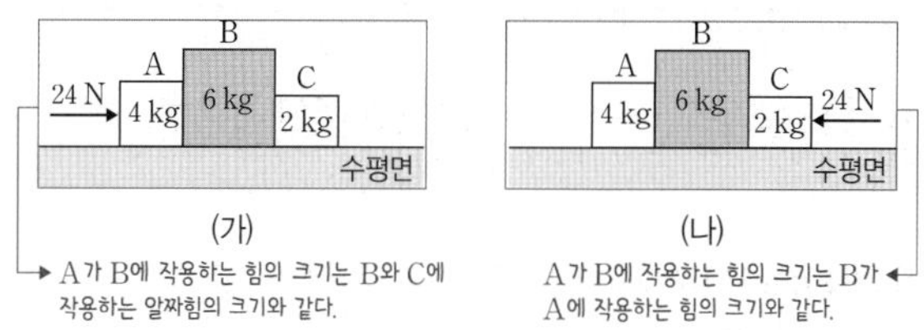

$F_1 : F_2$는? (단, 모든 마찰은 무시한다.)

해결 전략 붙어서 함께 운동하는 세 물체의 가속도의 크기는 같음을 알고, 뉴턴 운동 법칙을 적용할 수 있어야 한다.

선택지 분석

✓ ⑤ (가)와 (나)에서 세 물체의 가속도의 크기는 $a=\frac{24\ \mathrm{N}}{12\ \mathrm{kg}}=2\ \mathrm{m/s^2}$이다. (가)에서 A가 B에 작용하는 힘의 크기는 B와 C에 작용하는 알짜힘의 크기와 같으므로 $F_1=8\times2=16(\mathrm{N})$이고, (나)에서 A가 B에 작용하는 힘의 크기는 B가 A에 작용하는 힘의 크기와 같고, A에 작용하는 알짜힘의 크기와 같으므로 $F_2=4\times2=8(\mathrm{N})$이다. 따라서 $F_1 : F_2=2:1$이다. 답 ⑤

55 운동 방정식

자료 분석

실로 연결된 두 물체는 실이 끊어지기 전에는 한 물체처럼 운동을 한다. 속력-시간 그래프의 기울기는 가속도를 나타내는데, (나)의 그래프에서 0초부터 2초까지 직선의 기울기는 물체를 연결한 실이 끊어지기 전의 A와 B의 가속도의 크기를 나타내고, 2초부터 4초까지 직선의 기울기는 물체를 연결한 실이 끊어진 후 B의 가속도의 크기를 나타낸다.

선택지 분석

ㄱ. 실이 끊어지기 전 A와 B는 하나의 물체처럼 운동하고, B의 가속도(a_1)는 (나)의 그래프에서 0초부터 2초까지 직선의 기울기와 같으므로 $a_1=\frac{1}{2}\text{ m/s}^2$이다. 그리고 실이 끊어진 후 B의 가속도($a_2$)는 2초부터 4초까지 직선의 기울기와 같으므로 $a_2=1\text{ m/s}^2$이다.

B의 질량을 m이라 하고 실이 끊어지기 전 (A+B)에 운동 방정식을 적용하면 $(m+1)\times\frac{1}{2}=4F-F=3F$…①이고, 실이 끊어진 후 B에 운동 방정식을 적용하면 $m\times1=4F$…②이다. 따라서 ①과 ②를 연립하면 $F=\frac{1}{2}\text{ N}$, $m=2\text{ kg}$이다.

✓ ㄴ. 실이 끊어지는 순간인 2초일 때 A의 속도는 오른쪽으로 2 m/s이고, 실이 끊어진 후 A의 가속도의 방향은 왼쪽이고 가속도의 크기는 $\frac{1}{2}\text{ m/s}^2$이다. 따라서 A는 등가속도 직선 운동을 하므로 3초일 때 A의 속력은 $v=2+\left(-\frac{1}{2}\right)\times1=1.5(\text{m/s})$이다.

ㄷ. 2초일 때 A, B의 속력은 2 m/s이고, 2초부터 4초까지 A의 가속도는 왼쪽 방향이고 가속도의 크기 $a_1=\frac{1}{2}\text{ m/s}^2$이다. 또한 B의 가속도는 오른쪽 방향이고 가속도의 크기 $a_2=1\text{ m/s}^2$이다. 그리고 2초부터 3초까지 A의 이동 거리 $s_{A1}=2\times1+\frac{1}{2}\times\left(-\frac{1}{2}\right)\times1^2=\frac{7}{4}(\text{m})$이고, B의 이동 거리 $s_{B1}=2\times1+\frac{1}{2}\times1\times1^2=\frac{5}{2}(\text{m})$이므로 $\Delta s_1=\frac{5}{2}-\frac{7}{4}=\frac{3}{4}(\text{m})$이다. 또 2초부터 4초까지 A의 이동 거리 $s_{A2}=2\times2+\frac{1}{2}\times\left(-\frac{1}{2}\right)\times2^2=3(\text{m})$이고, B의 이동 거리 $s_{B2}=2\times2+\frac{1}{2}\times1\times2^2=6(\text{m})$이므로 $\Delta s_2=6-3=3(\text{m})$이다.

실이 끊어지기 전까지 A와 B 사이의 거리를 s_0이라고 하면, 3초일 때 A와 B 사이의 거리는 $\left(s_0+\frac{3}{4}\right)\text{m}$이고, 4초일 때 A와 B 사이의 거리는 $(s_0+3)\text{m}$이다. 그러므로 A와 B 사이의 거리는 4초일 때가 3초일 때보다 $(s_0+3)-\left(s_0+\frac{3}{4}\right)=2.25(\text{m})$만큼 크다.

답 ②

56 가속도 법칙

자료 분석

A와 B는 0초부터 2초까지 정지해 있으므로 수평 방향으로 힘 $F=60\text{ N}$일 때, A, B에 작용하는 알짜힘이 0이다. 실로 연결된 A와 B는 같은 가속도로 운동하고, A에 작용하는 중력과 힘 F의 크기가 같으므로 A의 질량은 6 kg이 된다. 또한 2초부터 4초까지와 4초부터 6초까지 A, B에 작용하는 알짜힘의 크기는 같고 방향이 반대이다. 즉, 2초부터 4초까지와 4초부터 6초까지 A, B에 작용하는 가속도의 크기는 같고 방향이 반대이다.

선택지 분석

✓ ❹ A의 질량은 6 kg이므로, 5초일 때 T의 크기를 T_0, 3초와 5초일 때 A, B의 가속도의 크기를 a라고 하면, $4T_0-60=6a$, $120-4T_0=m_Ba$, $T_0=m_Ba$에서 B의 질량은 $m_B=4\text{ kg}$이고 가속도의 크기는 $a=6\text{ m/s}^2$이다. 그리고 B는 등가속도 운동을 하므로 2초, 4초, 6초일 때의 속력이 각각 0, 12 m/s, 0이 되어 0초부터 6초까지 B가 이동한 거리는 $L_B=24\text{ m}$이다.

답 ④

57 가속도 법칙

빈출 문항 자료 분석

그림 (가), (나)는 물체 A, B를 실로 연결한 후 가만히 놓았을 때 A, B가 L만큼 이동한 순간의 모습을 나타낸 것이다. (가), (나)에서 A, B가 L만큼 운동하는 데 걸린 시간은 각각 t_1, t_2이다. 질량은 B가 A의 4배이다. → $t\propto\sqrt{\frac{1}{a}}$

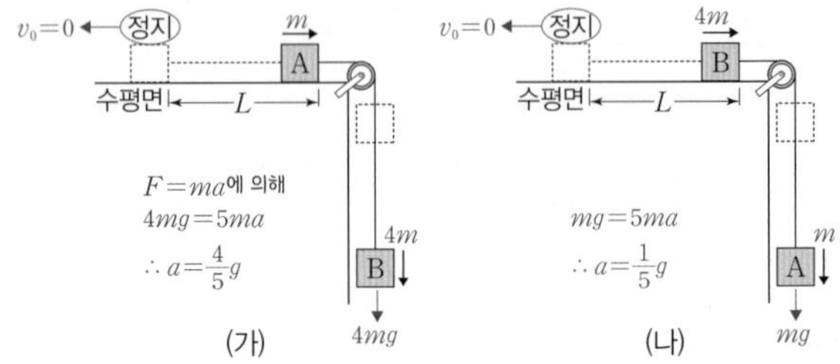

$\frac{t_2}{t_1}$는? (단, 실의 질량, 모든 마찰과 공기 저항은 무시한다.)

해결 전략 실로 연결된 두 물체의 가속도 운동에 대해 이해하고, 물체의 위치를 바꾸었을 때의 운동을 분석할 수 있어야 한다.

선택지 분석

✓ ❷ (가)는 A의 중력에 의해, (나)는 B의 중력에 의해 각각 등가속도 운동을 한다. 등가속도 운동 공식 $s=v_0t+\frac{1}{2}at^2$에서 처음 속력은 0이므로 $s=\frac{1}{2}at^2$에서 $t=\sqrt{\frac{2s}{a}}$이다. 이때 (가)와 (나)의 경우 A, B는 동일한 거리 L만큼 운동하므로 $t\propto\sqrt{\frac{1}{a}}$의 관계가 성립한다. 따라서 뉴턴 운동 법칙을 적용하면, A의 가속도의 크기는 (가)에서가 $\frac{4}{5}g$이고 (나)에서가 $\frac{1}{5}g$이므로 (가)에서가 (나)에서의 4배가 되어 정지 상태에서 같은 거리를 운동하는 데 걸린 시간은 (나)에서가 (가)에서의 2배이다. 즉, $\frac{t_2}{t_1}=2$이다.

답 ②

58 가속도 법칙

자료 분석

(가)에서 물체 A, B, C가 실로 연결되어 정지해 있으므로 세 물체에 작용하는 알짜힘은 0이다. 즉, 빗면 아래 방향으로 B의 무게에 의한 힘과 C의 무게는 같다.

p가 끊어지면 A와 C가 연결되어 운동하고, q가 끊어지면 A와 B가 연결되어 운동하며, (나)의 그래프를 보면 p, q가 끊어진 경우 같은 시간 동안 속력이 각각 3 m/s, 2 m/s 증가했으므로 가속도의 크기는 p가 끊어진 경우가 q가 끊어진 경우의 1.5배이다.

선택지 분석

✓❹ 중력 가속도를 g라고 할 때, (가)에서 A, B, C가 정지해 있으므로 빗면과 나란하게 빗면 아래 방향으로 B에 작용하는 힘의 크기는 $2g$이다.
A와 B의 질량을 m이라 하고, p가 끊어진 경우에 A의 속력이 3 m/s인 순간의 시간을 t라고 한 후 A와 C에 가속도 법칙을 적용하면, A의 가속도의 크기는 $\frac{3}{t}=\frac{2g}{m+2}$ …①이다.
그리고 q가 끊어진 경우에 A와 B에 가속도 법칙을 적용하면, A의 가속도의 크기는 $\frac{2}{t}=\frac{2g}{m+m}$ …②가 된다. 따라서 ①과 ②를 연립하면 A의 질량 $m=6$ kg이다. 답 ④

59 가속도 법칙

빈출 문항 자료 분석

그림 (가)와 같이 질량이 1 kg인 물체 A와 B가 실로 연결되어 있으며 A에 수평면과 나란하게 왼쪽으로 힘 F가 작용하고 있다. 그림 (나)는 (가)에서 F의 크기를 시간에 따라 나타낸 것이다. B는 0~2초 동안 정지해 있었고, 2~6초 동안 점 p에서 점 q까지 L만큼 이동하였다. 3초일 때 실이 B를 당기는 힘의 크기는 T이다.

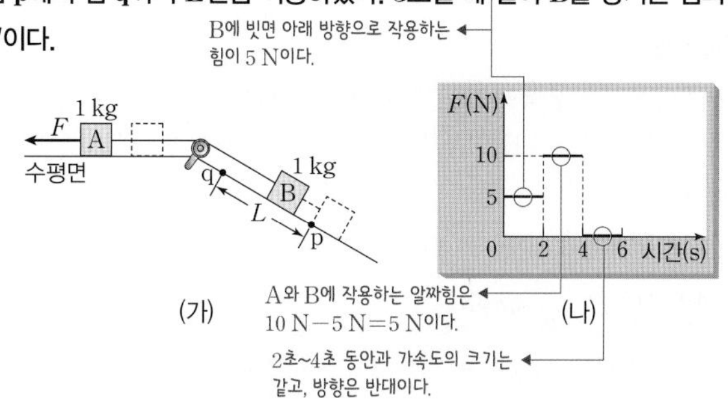

L과 T로 옳은 것은? (단, 물체의 크기, 실의 질량, 모든 마찰과 공기 저항은 무시한다.)

해결 전략 수평면과 빗면에 연결되어 있는 두 물체에 힘을 작용할 때, 뉴턴 운동 법칙을 적용할 수 있어야 한다.

선택지 분석

✓❹ 0초~2초, 2초~4초, 4초~6초 동안 B의 가속도는 각각 0, $\frac{5}{1+1}=2.5(\text{m/s}^2)$, -2.5 m/s^2이다. 따라서 2초, 4초, 6초일 때의 속력은 각각 0, 5 m/s, 0이다.
B는 각 구간에서 등가속도 운동을 하므로, 2초~4초, 4초~6초 동안 각각 5 m씩 이동한다. 따라서 p에서 q까지 이동 거리 $L=10$ m이다.
또 B에 가속도 법칙을 적용하면, $T-5=1\times2.5$가 된다. 따라서 3초일 때 실이 B를 당기는 힘의 크기 $T=7.5$ N이다. 답 ④

60 작용 반작용

자료 분석

A에 작용하는 중력은 수평면이 A를 떠받치는 힘과 p가 A를 당기는 힘의 합력과 같고, B에 작용하는 중력의 크기는 p가 B를 당기는 힘과 자기력의 차와 같으며, C에 작용하는 중력은 자기력과 q가 C를 당기는 힘의 차와 같다.

선택지 분석

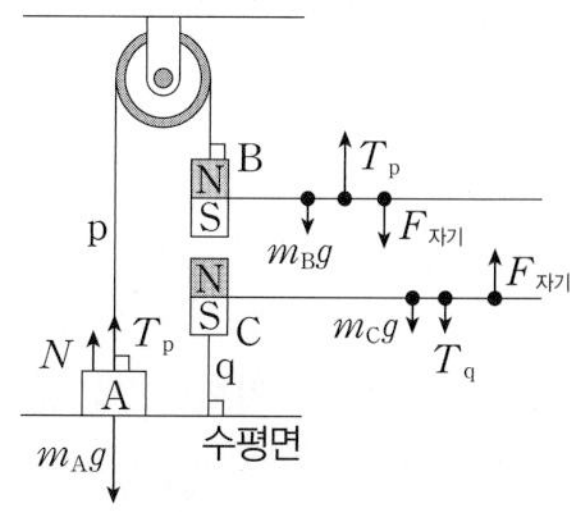

✓ㄱ. A에 작용하는 중력의 크기를 m_Ag, 수평면이 A를 떠받치는 힘의 크기를 N, p가 A를 당기는 힘의 크기를 T_p라고 하면, A에서 힘의 평형식은 $m_Ag=N+T_p$…①이고, B에 작용하는 중력의 크기를 m_Bg, B와 C 사이에 작용하는 자기력의 크기를 $F_{자기}$라고 하면, B에서 힘의 평형식은 $m_Bg+F_{자기}=T_p$…②이다. ②에서 $T_p=30$ N이므로 $N=10$ N이다.
ㄴ. B에 작용하는 중력과 작용 반작용 관계에 있는 힘은 B가 지구를 당기는 힘이다.
ㄷ. C에 작용하는 중력의 크기를 m_Cg, q가 C를 당기는 힘의 크기를 T_q라고 하면 $m_Cg+T_q=F_{자기}$이다. 따라서 $F_{자기}>T_q$이다. 답 ①

61 뉴턴 운동 법칙

자료 분석

A에 작용하는 중력(W_A)은 지구가 A를 당기는 힘이고 이를 작용이라고 하면 반작용은 A가 지구를 당기는 힘이다. A가 B에 작용하는 자기력(F)을 작용이라고 하면 반작용은 B가 A에 작용하는 자기력(F)이다. B를 떠받치는 힘을 N, B에 작용하는 중력을 W_B라고 하면 A, B가 정지해 있을 때 A, B에 작용하는 힘을 나타내면 다음과 같다.
A: $W_A-F=0$ B: $W_B+F-N=0$

선택지 분석

ㄱ. B가 A에 작용하는 자기력의 크기는 A에 작용하는 중력의 크기와 같으므로 mg이다. 작용 반작용에 의해 A가 B에 작용하는 자기력의 크기는 B가 A에 작용하는 자기력의 크기와 같으므로 mg이다.
✓ㄴ. B에 작용하는 중력의 크기는 $3mg$이고, A가 B에 작용하는 자기력의 크기는 mg이므로 수평면이 B를 떠받치는 힘의 크기는 $4mg$이다.
ㄷ. A는 B 위에 떠서 정지해 있으므로 A에 작용하는 중력과 B가 A에 작용하는 자기력은 서로 평형을 이루는 두 힘이다. 답 ②

62 뉴턴 운동 법칙

자료 분석

(가)에서 용수철저울이 정지해 있으므로 실이 용수철저울에 작용하는 힘의 크기는 용수철저울의 무게와 같다. (나)에서 용수철저울과 추가 정지해 있으므로 실이 용수철저울에 작용하는 힘의 크기는 용수철저울과 추의 무게의 합과 같다.

선택지 분석

✓ㄱ. 물체에 작용하는 알짜힘이 0일 때, 정지해 있는 물체는 계속 정지해 있고, 운동하는 물체는 계속 등속 직선 운동을 한다. (가)에서 용수철저울이 정지해 있으므로 용수철저울에 작용하는 알짜힘은 0이다.
✓ㄴ. (나)에서 추를 매단 후 정지한 용수철저울의 눈금 값이 10 N이므로 추의 무게는 10 N이다. p가 용수철저울에 작용하는 힘의 크기는 용수철저울의 무게(2 N)와 추의 무게(10 N)의 합과 같으므로 12 N이다.
ㄷ. (나)에서 추에 작용하는 중력에 대한 작용 반작용 관계의 힘은 추가 지구를 잡아당기는 힘이다. 따라서 추에 작용하는 중력과 용수철저울이 추에 작용하는 힘은 작용 반작용 관계가 아니다. 답 ③

63 작용 반작용

자료 분석

(가)에서 실이 A, B를 당기는 힘의 크기, 저울이 ㄷ자형 나무 상자에 작용하는 힘의 크기를 T_1, T_2, N_1, (나)에서 실이 A, B를 당기는 힘의 크기, 저울이 ㄷ자형 나무 상자에 작용하는 힘의 크기를 T_3, T_4, N_2, A와 B 사이에 작용하는 자기력의 크기를 f라 하고 (가), (나)에서 힘을 나타내면 다음과 같다.

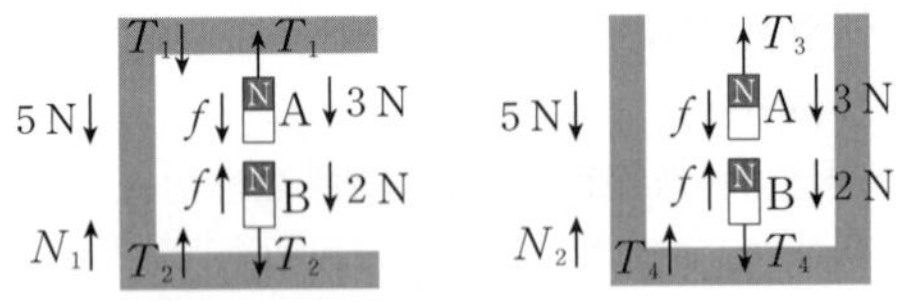

(가) (나)

(가)에서 ㄷ자형 나무 상자, A, B의 운동 방정식은 다음과 같다.

$5\text{ N}+T_1=N_1+T_2$, $T_1=3\text{ N}+f$, $T_2+2\text{ N}=f$

(나)에서 ㄷ자형 나무 상자, A, B의 운동 방정식은 다음과 같다.

$5\text{ N}=N_2+T_4$, $T_3=3\text{ N}+f$, $T_4+2\text{ N}=f$

선택지 분석

✓ ❶ $T_1=8\text{ N}$, $T_2=3\text{ N}$, $f=5\text{ N}$이고 $5\text{ N}+T_1=N_1+T_2$에서 $N_1=10\text{ N}$이므로 (가)의 측정값은 상자와 A, B의 무게를 합한 10 N이다. $T_3=8\text{ N}$, $T_4=3\text{ N}$, $f=5\text{ N}$이고 $5\text{ N}=N_2+T_4$에서 $N_2=2\text{ N}$이므로 (나)의 측정값은 상자와 B의 무게를 합한 7 N에서 A가 B를 당기는 자기력 5 N을 뺀 2 N이다. 답 ①

64 힘의 평형

빈출 문항 자료 분석

그림 (가)는 질량이 5 kg인 판, 질량이 10 kg인 추, 실 p, q가 연결되어 정지한 모습을, (나)는 (가)에서 질량이 1 kg으로 같은 물체 A, B를 동시에 판에 가만히 올려놓았을 때 정지한 모습을 나타낸 것이다.

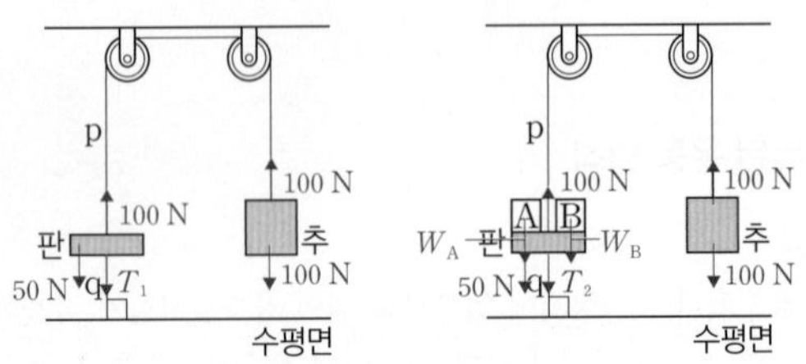

(가) (나)

이에 대한 설명으로 옳은 것만을 〈보기〉에서 있는 대로 고른 것은? (단, 중력 가속도는 10 m/s^2이고, 판은 수평면과 나란하며, 실의 질량과 모든 마찰은 무시한다.)

보기

ㄱ. (가)에서 q가 판을 당기는 힘의 크기는 50 N이다. O

ㄴ. p가 판을 당기는 힘의 크기는 (가)에서와 (나)에서가 같다. O

ㄷ. 판이 q를 당기는 힘의 크기는 (가)에서가 (나)에서보다 크다. O

해결 전략 (가)와 (나)에서 실로 연결된 추와 판에 작용하는 힘의 방향과 크기를 알고, 작용하는 힘을 분석하여 작용 반작용 법칙을 적용할 수 있어야 한다.

선택지 분석

✓ ㄱ. 추가 정지해 있으므로 추에 작용하는 알짜힘의 크기는 0이다. 추에 작용하는 중력의 크기가 100 N이므로 p가 추를 당기는 힘의 크기는 100 N이다. 판이 정지해 있으므로 판에 작용하는 알짜힘의 크기는 0이다. p가 판을 당기는 힘의 크기는 100 N이고, 판에 작용하는 중력의 크기는 50 N이므로 q가 판을 당기는 힘의 크기는 50 N이다.

✓ ㄴ. p가 판을 당기는 힘의 크기는 p가 추를 당기는 힘의 크기와 같으므로 (가)와 (나)에서 100 N으로 같다.

✓ ㄷ. (가), (나)에서 판이 q를 당기는 힘의 크기(q가 판을 당기는 힘의 크기)를 각각 T_1, T_2라고 하면, (가)에서 $T_1=50\text{ N}$이고, (나)에서 A와 B의 무게를 각각 W_A, W_B라고 하면, $T_2=50-W_A-W_B$이므로 $T_1>T_2$이다. 답 ⑤

65 뉴턴 운동 법칙

자료 분석

A에 작용하는 중력은 지구가 A를 당기는 힘이므로 이와 작용 반작용 관계인 힘은 A가 지구를 당기는 힘이다. B가 A를 떠받치는 힘의 크기는 (가)에서가 (나)에서의 2배이므로, (나)에서 B가 A를 떠받치는 힘의 크기를 f라고 하면 (가)에서 B가 A를 떠받치는 힘의 크기는 $2f$이다.

선택지 분석

ㄱ. A에 작용하는 중력에 대한 작용 반작용 관계의 힘은 A가 지구를 잡아당기는 힘이다. 따라서 B가 A를 떠받치는 힘은 A에 작용하는 중력과 작용 반작용 관계가 아니다.

✓ ㄴ. (가)의 A에서 $F+mg=2f$이고, (나)의 A에서 $mg-2F=f$이므로 두 식을 연립하면 $F=\frac{1}{5}mg$이다.

✓ ㄷ. 수평면이 B를 떠받치는 힘의 크기는 (가)에서 $N_{(가)}=4mg+\frac{1}{5}mg=\frac{21}{5}mg$이고, (나)에서 $N_{(나)}=4mg-2\times\frac{1}{5}mg=\frac{18}{5}mg$이다. 따라서 $N_{(가)}$는 $N_{(나)}$의 $\frac{7}{6}$배이다. 답 ④

66 뉴턴 운동 법칙

자료 분석

(가)에서 저울에 나타난 측정값은 A와 B가 저울에 작용하는 힘의 크기와 같다. 따라서 저울의 측정값은 A와 B에 작용하는 중력의 합이다.

(나)에서 저울에 나타난 측정값은 A와 B가 저울에 작용하는 힘의 크기에서 힘 F를 뺀 값이다. 그리고 A가 B에 작용하는 힘의 크기는 B가 A에 작용하는 힘의 크기와 같다.

선택지 분석

✓ ㄱ. A, B의 무게를 각각 W_A, W_B라 하고, (가), (나)에서 저울에 측정된 힘의 크기를 각각 $2f$, f라고 하자. (가)에서 $W_A+W_B=2f$…①이고, (나)에서 $W_A+W_B-F=f$…②이다. ①, ②를 정리하면 $2f-F=f$에서 $F=f$이다. B가 A에 작용하는 힘의 크기는 (가)에서가 (나)에서의 4배이므로 $W_A=4(W_A-F)$에서 $W_A=\frac{4}{3}F$이고, $W_B=\frac{2}{3}F$이다. 따라서 질량은 A가 B의 2배이다.

✓ ㄴ. (가)에서 저울이 B에 작용하는 힘의 크기는 A와 B의 무게의 합이므로 $W_A+W_B=2f=2F$이다.

✓ ㄷ. (나)에서 A가 B에 작용하는 힘의 크기는 B가 A에 작용하는 힘의 크기와 같다. 따라서 $W_A-f=\frac{4}{3}F-F=\frac{1}{3}F$이다. 답 ⑤

67 뉴턴 운동 법칙

빈출 문항 자료 분석

그림 (가), (나), (다)와 같이 자석 A, B가 정지해 있을 때, 실이 A를 당기는 힘의 크기는 각각 4 N, 8 N, 10 N이다. (가), (나)에서 A가 B에 작용하는 자기력의 크기는 F로 같다. (→ 연직 위 방향)

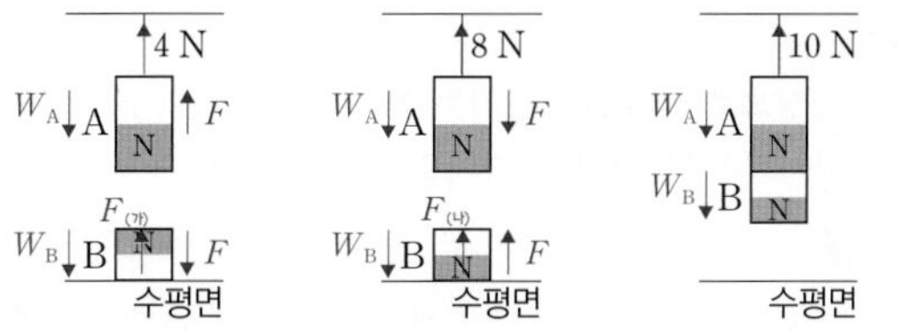

(가) (나) (다)

이에 대한 옳은 설명만을 ⟨보기⟩에서 있는 대로 고른 것은? (단, 자기력은 A와 B 사이에만 연직 방향으로 작용한다.)

보기

ㄱ. F=4 N이다. 2 N X
ㄴ. A의 무게는 6 N이다. O
ㄷ. 수평면이 B를 떠받치는 힘의 크기는 (가)에서가 (나)에서의 2배이다. 3배 X

해결 전략 (가)와 (나)에서 각각 A와 B 사이에 작용하는 힘의 방향과 크기를 알고, 작용하는 힘을 분석하여 작용 반작용 법칙을 적용할 수 있어야 한다.

선택지 분석

ㄱ. A, B의 무게를 각각 W_A, W_B라고 하자. (가)에서 A와 B는 서로 같은 극이 마주 보고 있으므로 A와 B 사이에는 서로 밀어내는 자기력이 작용하고, A에 작용하는 힘은 $4+F-W_A=0$…①이다. (나)에서 A와 B는 서로 다른 극이 마주 보고 있으므로 A와 B 사이에는 서로 당기는 자기력이 작용하고, A에 작용하는 힘은 $8-F-W_A=0$…②이다. ①, ②를 정리하면 $F=2$ N이다.

✓ ㄴ. $F=2$ N이므로 이를 ①에 대입하여 정리하면, $W_A=6$ N, 즉 A의 무게는 6 N이다.

ㄷ. (다)에서 $W_A+W_B=10$ N이다. $W_A=6$ N이므로 $W_B=4$ N이다. (가), (나)에서 수평면이 B를 떠받치는 힘의 크기를 각각 $F_{(가)}$, $F_{(나)}$라고 하면, $F_{(가)}-W_B-F=0$에서 $F_{(가)}=6$ N이고, $F_{(나)}+F-W_B=0$에서 $F_{(나)}=2$ N이다. 따라서 수평면이 B를 떠받치는 힘의 크기는 (가)에서가 (나)에서의 3배이다.

답 ②

개념 플러스 힘의 평형과 작용 반작용

구분	두 힘의 평형	작용 반작용
공통점	두 힘의 크기가 같고 방향이 반대이며 같은 작용선상에 있다.	
차이점	한 물체에 작용하는 두 힘으로, 두 힘의 작용점이 한 물체에 있다.	두 물체 사이에 작용하는 힘으로, 작용점이 상대방 물체에 있다.

68 작용 반작용 법칙

빈출 문항 자료 분석

다음은 저울을 이용한 실험이다.

[실험 과정]
(가) 밀폐된 상자를 저울 위에 올려놓고 저울의 측정값을 기록한다.
(나) (가)의 상자 바닥에 드론을 놓고 상자를 밀폐시킨 후 저울의 측정값을 기록한다.
(다) (나)에서 드론을 가만히 떠 있게 한 후 저울의 측정값을 기록한다.

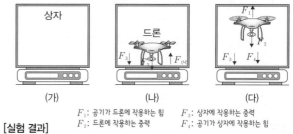

(가) (나) (다)

F_1: 공기가 드론에 작용하는 힘
F_2: 드론에 작용하는 중력
F_3: 상자에 작용하는 중력
F_4: 공기가 상자에 작용하는 힘

[실험 결과]

	(가)	(나)	(다)
저울의 측정값	2 N (F_3)	8 N (F_2+F_3)	8 N (F_3+F_4)

이에 대한 옳은 설명만을 ⟨보기⟩에서 있는 대로 고른 것은?

보기

ㄱ. (나)에서 저울이 상자를 떠받치는 힘의 크기는 8 N이다. O
ㄴ. (다)에서 공기가 드론에 작용하는 힘과 드론에 작용하는 중력은 작용 반작용 관계이다. X (드론이 공기에 작용하는 힘)
ㄷ. 상자 안의 공기가 상자에 작용하는 힘의 크기는 (다)에서가 (가)에서보다 6 N만큼 크다. O

해결 전략 정지해 있는 물체에 작용하는 알짜힘은 0임을 알고, (가), (나), (다) 각각에서 상자, 상자와 드론에 작용하는 힘을 분석하여 작용 반작용 법칙을 적용할 수 있어야 한다.

선택지 분석

✓ ㄱ. (나)에서 상자가 저울을 누르는 힘의 크기는 저울의 측정값인 8 N이다. 저울이 상자를 떠받치는 힘의 크기와 상자가 저울을 누르는 힘의 크기는 같다.

ㄴ. (다)에서 공기가 드론에 작용하는 힘의 반작용은 드론이 공기에 작용하는 힘이다.

✓ ㄷ. 상자 안의 공기가 상자에 작용하는 힘의 크기(F_4)와 상자에 작용하는 중력(F_3)의 합은 8 N이고, 상자에 작용하는 중력(F_3)이 2 N이므로 (다)에서 상자 안의 공기가 상자에 작용하는 힘의 크기(F_4)는 6 N이다. 따라서 상자 안의 공기가 상자에 작용하는 힘의 크기는 (다)에서가 (가)에서보다 6 N만큼 크다.

답 ③

69 힘의 평형과 작용 반작용

자료 분석

물체 A에는 아래 방향으로 중력이, 위 방향으로 실이 A를 당기는 힘이 작용하고 있다. B에는 아래 방향으로 중력이, 위 방향으로 실이 B를 당기는 힘과 저울이 B를 받치는 힘이 작용하고 있다.

선택지 분석

✓ㄱ. A에 작용하는 알짜힘이 0이므로 실이 A를 당기는 힘의 크기는 A의 무게 1 N과 같다. 실이 A를 당기는 힘의 크기와 실이 B를 당기는 힘의 크기는 서로 같으므로 실이 B를 당기는 힘의 크기는 1 N이다.

✓ㄴ. B가 저울을 누르는 힘과 저울이 B를 떠받치는 힘은 두 물체 사이에 상호 작용하는 힘의 쌍이므로 작용 반작용 관계이다.

✓ㄷ. B의 무게=실이 B를 당기는 힘의 크기+저울이 B를 받치는 힘의 크기(저울에 측정된 힘의 크기)이다. 따라서 B의 무게는 3 N이다. 답 ⑤

70 힘의 평형과 작용 반작용

자료 분석

실이 A를 당기는 힘을 T라 하면 A에는 위 방향으로 실이 A를 당기는 힘과 용수철에 의한 힘이 작용하고 아래 방향으로 중력이 작용한다. B에는 위 방향으로 저울에 의한 힘, 아래 방향으로 중력과 용수철에 의한 힘이 작용한다. 따라서 A, B, 용수철에 작용하는 힘을 나타내면 그림과 같다.

선택지 분석

✓ㄱ. 저울 위에 B만 올려놓으면 저울의 측정값은 2 N이므로 용수철은 B에 연직 아래 방향으로 크기가 1 N인 힘을 작용한다. 따라서 용수철은 A에 연직 위 방향으로 크기가 1 N인 힘을 작용하고 A의 무게는 2 N이므로, 실이 A를 당기는 힘의 크기 $T=1$ N이다.

ㄴ. 용수철이 A에 작용하는 힘의 방향은 연직 위 방향이고, A에 작용하는 중력의 방향은 연직 아래 방향이므로 두 힘의 방향은 서로 반대 방향이다.

ㄷ. 저울이 B에 작용하는 힘은 B의 무게와 용수철이 B에 작용하는 힘의 합과 평형을 이룬다. 따라서 B에 작용하는 중력(B의 무게)과 저울이 B에 작용하는 힘은 작용 반작용의 관계가 아니다. 답 ①

71 힘의 평형과 작용 반작용

자료 분석

(나)에서 A에는 중력과 저울이 A를 떠받치는 힘이 작용하고 있고, (다)에서 저울의 측정값은 A에 작용하는 중력과 B가 A에 작용하는 자기력의 합이다. (다)에서 A와 B 사이의 자기력은 상호 작용이므로 저울에는 A와 B에 작용하는 중력의 합의 크기인 20 N이 측정된다.

선택지 분석

ㄱ. (나)에서 A에 작용하는 알짜힘은 0이므로 A에 작용하는 중력과 저울이 A를 떠받치는 힘은 평형 관계이다.

✓ㄴ. (나)에서 A에 작용하는 중력의 크기는 10 N이고, (다)에서 저울에 측정된 20 N은 A에 작용하는 중력과 B가 A를 밀어내는 자기력의 합의 크기와 같으므로 (다)에서 B가 A에 작용하는 자기력의 크기는 A에 작용하는 중력의 크기와 같은 10 N이다.

ㄷ. (라)에서 B는 B에 작용하는 중력과 A가 B를 당기는 자기력의 합의 크기인 20 N으로 A를 누르고, A는 A에 작용하는 중력과 B가 누르는 힘의 합의 크기인 30 N에서 B가 A를 당기는 자기력의 크기인 10 N을 뺀 값으로 저울을 누른다. 따라서 저울에 측정된 ㉠은 20이다. 답 ②

72 힘의 평형과 작용 반작용

자료 분석

B에는 위 방향으로 실이 B를 당기는 힘이 작용하고 아래 방향으로는 A가 B를 미는 자기력과 지구가 B를 당기는 힘이 작용한다.

선택지 분석

✓ㄱ. 정지해 있는 물체에 작용하는 알짜힘은 0이므로 A에 작용하는 알짜힘은 0이다.

✓ㄴ. A가 B에 작용하는 자기력의 반작용은 B가 A에 작용하는 자기력이다.

ㄷ. '실이 B를 당기는 힘'='A가 B를 미는 자기력'+'지구가 B를 당기는 힘'이다. 따라서 실이 B를 당기는 힘의 크기는 지구가 B를 당기는 힘의 크기보다 크다. 답 ③

73 힘의 평형과 작용 반작용

자료 분석

(가), (나)에서 물체가 모두 정지해 있으므로, 물체에 작용하는 알짜힘은 0이다.

선택지 분석

✓❹ (가)에서 물체에 작용하는 중력이 10 N이고 물체는 정지해 있으므로 용수철이 물체에 위 방향으로 작용하는 탄성력의 크기는 10 N이다.
(나)에서는 물체에 작용하는 중력이 10 N일 때 용수철이 물체에 아래 방향으로 작용하는 탄성력이 10 N이다. 따라서 손이 물체를 연직 위로 떠받치는 힘의 크기는 20 N이다. 답 ④

74 힘의 평형과 작용 반작용

자료 분석

정지해 있는 물체나 등속도 운동을 하는 물체에 작용하는 알짜힘은 0이고, 두 물체 사이에 서로 주고받는 두 힘은 작용 반작용 법칙에 의해 힘의 크기가 같고 방향이 서로 반대이다.

선택지 분석

ㄱ. (가)에서 A가 정지해 있으므로 용수철이 A를 당기는 힘과 A에 작용하는 중력은 크기가 같고 방향이 반대이며 힘의 평형 관계이다. 용수철이 A를 당기는 힘의 반작용은 A가 용수철을 당기는 힘이다.

✓ㄴ. (나)에서 A가 정지해 있으므로 A에 작용하는 알짜힘은 0이다.

✓ㄷ. 용수철의 늘어난 길이는 (가)에서가 (나)에서보다 짧으므로, A가 용수철을 당기는 힘의 크기는 (가)에서가 (나)에서보다 작다. 답 ④

75 힘의 평형과 작용 반작용

자료 분석

정지해 있는 물체나 등속도 운동을 하는 물체에 작용하는 알짜힘은 0이고, 두 물체 사이에 서로 주고받는 두 힘은 작용 반작용 법칙에 의해 힘의 크기가 같고 방향이 서로 반대이다. A와 B가 모두 정지해 있으므로 가속도는 0이고, $F=ma$에서 A, B에 작용하는 알짜힘은 0이다.

선택지 분석

✓ ㄱ. 두 물체 사이에 상호 작용 하는 힘의 쌍을 작용 반작용이라고 한다. 따라서 A가 B에 작용하는 자기력은 B가 A에 작용하는 자기력과 작용 반작용 관계이다.

✓ ㄴ. A가 B에 작용하는 힘의 방향은 왼쪽이다. 그런데 B와 용수철이 정지해 있으므로 벽이 용수철에 작용하는 힘의 방향은 오른쪽이다. 따라서 벽이 용수철에 작용하는 힘의 방향과 A가 B에 작용하는 자기력의 방향은 서로 반대이다.

✓ ㄷ. 용수철에 연결되어 있는 B는 정지해 있으므로, B에 작용하는 알짜힘은 0이다. 답 ⑤

76 작용 반작용 법칙

자료 분석

정지해 있는 물체나 등속도 운동을 하는 물체에 작용하는 알짜힘은 0이고, 두 물체 사이에 서로 주고받는 두 힘은 작용 반작용 법칙에 의해 힘의 크기가 같고 방향이 서로 반대이다.

선택지 분석

✓ ㄱ. 상자가 연직 아래로 등속도 운동을 하고 있으므로 상자, A, B에 작용하는 알짜힘은 0이다.

✓ ㄴ. 줄이 상자를 당기는 힘의 반작용은 상자가 줄을 당기는 힘이다.

ㄷ. 상자가 B를 떠받치는 힘의 크기는 $3mg$이고, A가 B를 누르는 힘의 크기는 mg이므로, 상자가 B를 떠받치는 힘의 크기는 A가 B를 누르는 힘의 크기의 3배이다. 답 ③

77 작용 반작용 법칙

자료 분석

실이 A, B를 당기는 힘의 크기를 T, 수평면이 A를 떠받치는 힘의 크기를 N이라고 하면, A와 B에 작용하는 힘을 나타내면 그림과 같다.

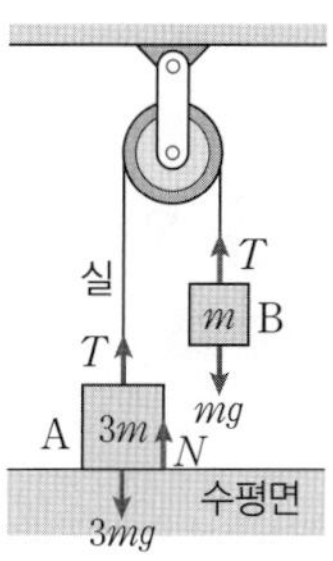

정지해 있는 물체에 작용하는 알짜힘은 0이다. 따라서 A에 작용하는 알짜힘은 $T+N-3mg=0$이고, B에 작용하는 알짜힘은 $T-mg=0$이다.

선택지 분석

ㄱ. A에 작용하는 알짜힘은 0이므로 수평면이 A를 떠받치는 힘의 크기를 N이라고 하면, $T+N-3mg=0$이고, B에 작용하는 알짜힘은 0이므로 $T-mg=0$에서 $T=mg$이다. 따라서 $N=2mg$이다.

✓ ㄴ. B가 지구를 당기는 힘과 지구가 B를 당기는 힘은 작용 반작용 관계이다. 따라서 B가 지구를 당기는 힘의 크기는 mg이다.

ㄷ. 실이 A를 당기는 힘과 지구가 A를 당기는 힘은 작용 반작용 관계가 아니다. 실이 A를 당기는 힘과 지구가 A를 당기는 힘은 힘의 평형 관계이다. 답 ②

78 작용 반작용 법칙

자료 분석

저울에 나타난 측정값은 A가 저울에 작용하는 힘의 크기와 같다. 따라서 저울의 측정값은 A에 작용하는 중력과 B가 A에 작용하는 자기력의 합이다. (나)에서 B를 A에 가깝게 가져갔더니 저울의 측정값이 감소하였으므로 B가 A에 작용하는 자기력은 A에 작용하는 중력의 방향과 반대 방향으로 크기가 증가했다는 것을 알 수 있다. 따라서 A와 B 사이에는 서로 당기는 자기력이 작용한다.

선택지 분석

ㄱ. 저울의 측정값은 (가)에서가 (나)에서보다 크고 A와 B 사이의 거리는 (가)에서가 (나)에서보다 크다. A와 B 사이의 거리가 작을수록 저울의 측정값은 작아졌으므로 A와 B 사이에는 서로 당기는 자기력이 작용한다.

✓ ㄴ. A가 B에 작용하는 자기력과 B가 A에 작용하는 자기력은 작용 반작용 관계이다. 따라서 A가 B에 힘을 작용할 때 B는 A에 같은 크기의 힘을 반대 방향으로 작용한다.

✓ ㄷ. A가 저울을 누르는 힘의 크기는 (나)에서가 (가)에서보다 작으므로 B가 A를 당기는 힘의 크기는 (나)에서가 (가)에서보다 크다. 즉, A가 B에 작용하는 자기력의 크기는 (나)에서가 (가)에서보다 크다. 답 ⑤

79 운동량과 충격량

자료 분석

물체의 운동량의 변화량은 물체가 받은 충격량과 같고, 충격량은 물체가 받은 평균 힘의 크기와 충돌 시간의 곱이다.

선택지 분석

✓ ❹ 물체가 마찰 구간에서 받은 충격량의 크기는 물체의 운동량 변화량의 크기와 같다. 물체의 질량을 m이라고 하면, $F\times 2t_0=m\times 2v$에서 $F=\dfrac{mv}{t_0}$이다. 물체가 벽과 충돌하는 동안 물체가 벽으로부터 받은 충격량의 크기는 물체의 운동량 변화량의 크기와 같다. 물체가 벽으로부터 받은 평균 힘의 크기를 F_0이라고 하면, $F_0\times t_0=m\times 8v$에서 $F_0=\dfrac{8mv}{t_0}$이다. 따라서 $F_0=8F$이다. 답 ④

80 운동량과 충격량

자료 분석

운동량은 물체의 운동하는 정도를 나타내는 물리량으로, 물체의 질량과 속도의 곱으로 나타내고, 물체의 운동량의 변화량은 물체가 받은 충격량과 같으며, 충격량은 물체가 받은 평균 힘의 크기와 충돌 시간의 곱이다.

선택지 분석

✓ ㄱ. 충돌 직전 A, B의 운동량의 크기는 각각 $p_A=0.5\ \mathrm{kg}\times 0.4\ \mathrm{m/s}=0.2\ \mathrm{kg\cdot m/s}$, $p_B=1\ \mathrm{kg}\times 0.4\ \mathrm{m/s}=0.4\ \mathrm{kg\cdot m/s}$이다. 따라서 충돌 직전 운동량 크기는 A가 B보다 작다.

ㄴ. 물체가 받은 충격량의 크기는 물체의 운동량 변화량의 크기와 같다. A, B는 충돌 직후 각각 충돌 직전의 운동 방향과 반대 방향으로 운동하므로 힘 센서로부터 A, B가 받은 충격량의 크기는 각각 $I_A=\Delta p_A=0.5\ \mathrm{kg}\times(0.4+0.2)\ \mathrm{m/s}=0.3\ \mathrm{N\cdot s}$, $I_B=\Delta p_B=1\ \mathrm{kg}\times(0.4+0.1)\ \mathrm{m/s}=0.5\ \mathrm{N\cdot s}$이다. 따라서 충돌하는 동안 힘 센서로부터 받은 충격량의 크기는 A가 B보다 작다.

ㄷ. 충돌하는 동안 A, B가 힘 센서로부터 받은 평균 힘의 크기는 각각 $F_A=\dfrac{0.3\ \mathrm{N\cdot s}}{0.02\ \mathrm{s}}=15\ \mathrm{N}$, $F_B=\dfrac{0.5\ \mathrm{N\cdot s}}{0.05\ \mathrm{s}}=10\ \mathrm{N}$이다. 따라서 충돌하는 동안 힘 센서로부터 받은 평균 힘의 크기는 A가 B보다 크다. 답 ①

81 운동량과 충격량

자료 분석

물체의 운동량의 변화량은 물체가 받은 충격량과 같고, 충격량은 물체가 받은 평균 힘의 크기와 충돌 시간의 곱으로 표현된다.

선택지 분석

✓ ㄱ. 빗면에서 속력이 0일 때 A의 높이는 충돌 전이 충돌 후의 4배이므로, 수평면에서 A의 운동 에너지는 충돌 직전이 충돌 직후의 4배이다. 운동 에너지는 속력의 제곱에 비례하므로, A의 속력은 충돌 직전이 충돌 직후의 2배이다. 따라서 A의 운동량의 크기는 속력에 비례하므로 충돌 직전이 충돌 직후의 2배이다.

✓ ㄴ. A의 충돌 직전과 직후의 속력을 각각 $2v_0$, v_0이라고 하면, B의 충돌 직전과 직후의 속력은 v_0으로 같다. 충돌 전후 A, B의 속도 변화량의 크기는 각각 $3v_0$, $2v_0$이므로 운동량 변화량의 크기는 A가 B의 $\frac{3}{2}$배이다. (나)의 힘-시간 그래프에서 곡선과 시간 축이 만드는 면적은 운동량 변화량의 크기와 같으므로 A가 B의 $\frac{3}{2}$배이다.

ㄷ. 벽과 충돌하는 동안 받은 충격량은 A가 B의 $\frac{3}{2}$배이고, 충돌 시간은 A가 $2t_0$, B가 $3t_0$으로 A가 B의 $\frac{2}{3}$배이다. 따라서 충돌하는 동안 벽으로부터 받은 평균 힘의 크기는 A가 B의 $\frac{9}{4}$배이다. 답 ③

82 운동량과 충격량

자료 분석

운동량은 물체의 운동 정도를 나타내고, 충격량은 물체가 받은 충격의 정도를 나타내며, 운동량의 변화량은 충격량과 같다. 즉, $\Delta p=I$이다. 또한, 물체가 용수철에 정지할 때까지 물체의 운동 에너지는 용수철의 탄성 퍼텐셜 에너지와 같다. 즉, $\frac{(\Delta p)^2}{2m}=\frac{I^2}{2m}=E$이다.

선택지 분석

✓ ❸ 용수철 상수를 k라고 하면, 충돌 전 A, B의 운동 에너지는 용수철에 충돌한 후 정지할 때까지 각각의 용수철의 탄성 퍼텐셜 에너지와 같으므로 $E_0=\frac{1}{2}kd^2$이라 하면, B는 $4E_0=\frac{1}{2}k(2d)^2$이다. 운동량(충격량)과 에너지의 관계에 의해 $\frac{I_A{}^2}{2m}=E_0$, $\frac{I_B{}^2}{2(4m)}=4E_0$에서 $I_A=\sqrt{2mE_0}$, $I_B=4\sqrt{2mE_0}$이므로 $I_B=4I_A$이다. 답 ③

83 운동량과 충격량

자료 분석

B, C가 충돌한 후 정지하므로 운동량의 합이 0이고 B, C가 충돌하기 전 운동량의 크기는 같다. A, B와 C, D가 용수철에서 분리되기 전 운동량의 합은 각각 0이므로 용수철에서 분리된 직후 A~D의 운동량 크기가 모두 같다. 운동량 크기가 같은 경우 힘의 크기-시간 그래프에서 곡선과 시간 축이 이루는 면적이 같고, 시간이 작으면 평균 힘의 크기가 크다.

선택지 분석

✓ ㄱ. 분리되기 전과 충돌한 후 두 물체의 운동량의 합은 각각 0, 즉 운동량의 총합이 0이므로 용수철과 분리된 후, A, D의 운동량의 크기는 같다.

✓ ㄴ. A, D는 용수철로부터 같은 크기의 충격량을 받아 $4t$일 때 운동량의 크기가 같으므로 힘의 크기를 나타내는 곡선과 시간축이 이루는 면적은 F_A에서와 F_D에서가 같다.

✓ ㄷ. 물체가 받은 충격량의 크기가 같으므로 충격량의 크기를 I라고 하면 $6t$~$7t$ 동안 F_{BC}의 평균값은 $\frac{I}{t}$이고, 0~$2t$ 동안 F_A의 평균값은 $\frac{I}{2t}$이다. 따라서 $6t$~$7t$ 동안 F_{BC}의 평균값은 0~$2t$ 동안 F_A의 평균값의 2배이다. 답 ⑤

84 운동량과 충격량

자료 분석

물체의 운동량의 변화량은 물체가 받은 충격량과 같고, 충격량은 물체가 받은 평균 힘의 크기와 충돌 시간의 곱이다.

선택지 분석

✓ ㄱ. 충돌 전후 수레의 운동량 변화량의 크기는 수레가 벽으로부터 받은 힘의 크기를 시간 t에 따라 나타낸 그래프에서 곡선과 시간 축이 만드는 면적과 같으므로 $10\ \text{N·s}=10\ \text{kg·m/s}$이다.

✓ ㄴ. 수레의 질량을 m이라고 하면 충돌 전후 수레의 운동량 변화량의 크기는 $5m=10\ \text{kg·m/s}$에서 $m=2\ \text{kg}$이다.

ㄷ. 충돌하는 동안 벽이 수레에 작용한 평균 힘의 크기는 $F=\frac{10\ \text{N·s}}{0.4\ \text{s}}=25\ \text{N}$이다. 답 ③

85 운동량과 충격량

자료 분석

운동량은 물체의 운동하는 정도를 나타내는 물리량으로, 물체의 질량과 속도의 곱으로 나타낸다. 힘-시간 그래프 아랫부분의 면적은 충격량을 나타내며, 물체가 충돌할 때 받는 평균 힘의 크기는 충격량을 시간으로 나누어 구한다.

선택지 분석

ㄱ. B가 A와 충돌하는 동안 받은 평균 힘의 크기는 $\frac{2S}{T}$이고, 벽과 충돌하는 동안 받은 평균 힘의 크기는 $\frac{S}{2T}$이다. 따라서 B가 받은 평균 힘의 크기는 A와 충돌하는 동안이 벽과 충돌하는 동안의 4배이다.

✓ ㄴ. Ⅱ에서 B가 A와 충돌한 후 B의 운동량의 크기를 p_B라고 하자. $p+p_B=2S$…①이고, $p_B+\frac{1}{3}p=S$…②이다. ①, ②를 정리하면 $p_B=\frac{1}{3}p$이다.

✓ ㄷ. Ⅰ에서 A와 B의 운동량의 합은 0이므로 Ⅱ에서도 A와 B의 운동량의 합은 0이다. 따라서 Ⅱ, Ⅲ에서 A의 운동량의 크기는 $\frac{1}{3}p$이다. Ⅲ에서 A와 B의 운동량의 크기는 같고, 질량은 B가 A의 2배이므로 속력은 A가 B의 2배이다. 답 ⑤

86 운동량과 충격량

빈출 문항 자료 분석

그림 (가)와 같이 마찰이 없는 수평면에서 v_0의 속력으로 등속도 운동을 하던 물체 A, B가 벽과 충돌한 후, 충돌 전과 반대 방향으로 각각 v_0, $\frac{1}{2}v_0$의 속력으로 등속도 운동을 한다. 그림 (나)는 A, B가 충돌하는 동안 벽으로부터 받은 힘의 크기를 시간에 따라 나타낸 것이다. A, B의 질량은 각각 $2m$, m이고, 충돌 시간은 각각 t_0, $3t_0$이다.

→ 밑면적=충격량

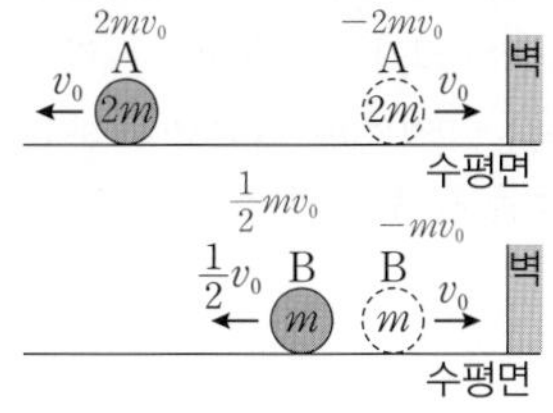

(가)

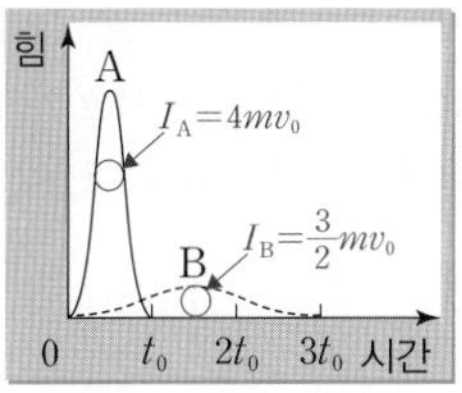

(나)

이에 대한 설명으로 옳은 것만을 〈보기〉에서 있는 대로 고른 것은?

보기

ㄱ. A가 충돌하는 동안 벽으로부터 받은 충격량의 크기는 $4mv_0$이다. O

ㄴ. (나)에서 B의 곡선과 시간 축이 만드는 면적은 $\frac{1}{2}mv_0$이다. $\frac{3}{2}mv_0$ X

ㄷ. 충돌하는 동안 벽으로부터 받은 평균 힘의 크기는 A가 B의 8배이다. O

해결 전략 운동량의 변화량은 충격량과 같음을 알고, 힘-시간 그래프에서 그래프가 시간 축과 이루는 면적은 충격량을 나타냄을 이해할 수 있어야 한다.

선택지 분석

✓ ㄱ. A가 벽에 충돌하기 전 운동량은 $2mv_0$이고, 벽과 충돌한 후 운동량은 $-2mv_0$이므로 A가 충돌하는 동안 벽으로부터 받은 충격량의 크기는 $4mv_0$이다.

ㄴ. (나)에서 B의 곡선과 시간 축이 만드는 면적은 B가 충돌하는 동안 벽으로부터 받은 충격량의 크기이므로 $\frac{3}{2}mv_0$이다.

✓ ㄷ. 충돌하는 동안 벽으로부터 받은 평균 힘의 크기는 A가 $\frac{4mv_0}{t_0}$이고, B가 $\frac{\frac{3}{2}mv_0}{3t_0}=\frac{mv_0}{2t_0}$이므로 벽으로부터 받은 평균 힘의 크기는 A가 B의 8배이다.

답 ④

87 충격량

자료 분석

A가 풀 더미를 통과하면서 운동량의 변화량의 크기는 $2mv_0-mv_0=mv_0$, B가 벽에 충돌하면서 운동량의 변화량의 크기는 $4mv_0+2mv_0=6mv_0$이다.

선택지 분석

✓ ⑤ A, B가 각각 풀 더미와 벽으로부터 힘을 받는 시간은 $2t_0$, t_0이다. 따라서 A가 풀 더미로부터 수평 방향으로 받은 평균 힘의 크기 $F_A=\frac{mv_0}{2t_0}$이고, B가 벽으로부터 수평 방향으로 받은 평균 힘의 크기 $F_B=\frac{6mv_0}{t_0}$이므로, $F_A:F_B=1:12$이다.

답 ⑤

88 충격량과 평균 힘

자료 분석

0초일 때와 t_0초일 때 물체의 위치는 같으므로 0초부터 t_0초까지 물체의 변위는 0이다. 따라서 0초부터 2초까지의 이동 거리와 2초부터 t_0초까지의 이동 거리가 같다.

선택지 분석

✓ ⑤ 0초부터 2초까지의 이동 거리는 $\frac{1}{2}\times2\times6=6(\mathrm{m})$이므로, 2초부터 t_0초까지의 이동 거리는 $\frac{1}{2}\times(t_0-2)\times4=6(\mathrm{m})$에서 $t_0=5$이다.

0초일 때 물체의 운동량의 크기는 $5\,\mathrm{kg}\times6\,\mathrm{m/s}=30\,\mathrm{kg\cdot m/s}$이고, t_0초일 때 물체의 운동량의 크기는 $5\,\mathrm{kg}\times4\,\mathrm{m/s}=20\,\mathrm{kg\cdot m/s}$이다. 물체의 운동 방향은 0초일 때와 t_0초일 때가 서로 반대이므로 0초부터 t_0초까지 물체가 받은 평균 힘의 크기는 $\frac{30\,\mathrm{kg\cdot m/s}+20\,\mathrm{kg\cdot m/s}}{5\,\mathrm{s}}=10\,\mathrm{N}$이다.

답 ⑤

89 운동량과 충격량

자료 분석

A가 구간 P를 지나는 동안 평균 속력은 B가 A보다 크고 P를 지나는 동안 A와 B의 가속도의 크기는 같다.

선택지 분석

✓ ㄱ. A와 B의 질량은 같고, P에서 같은 크기의 일정한 힘을 받으므로 P에서 A와 B의 가속도의 크기는 같다. P를 지나는 평균 속력은 B가 A보다 크므로 P를 지나는 데 걸리는 시간은 A가 B보다 크다.

✓ ㄴ. 물체가 받은 충격량의 크기는 운동량 변화량의 크기와 같다. A, B의 질량은 같으나 P를 지나는 동안 속도 변화량의 크기는 A가 B보다 크므로 물체가 받은 충격량의 크기는 (가)에서가 (나)에서보다 크다.

ㄷ. 속도-시간 그래프에서 속도가 변하는 구간의 그래프 아래의 면적(색칠한 부분)이 물체가 P를 지나는 동안 이동한 거리이다. P를 지나는 동안 B의 속도 증가량의 크기는 v보다 작으므로 v_B는 $4v$보다 작다.

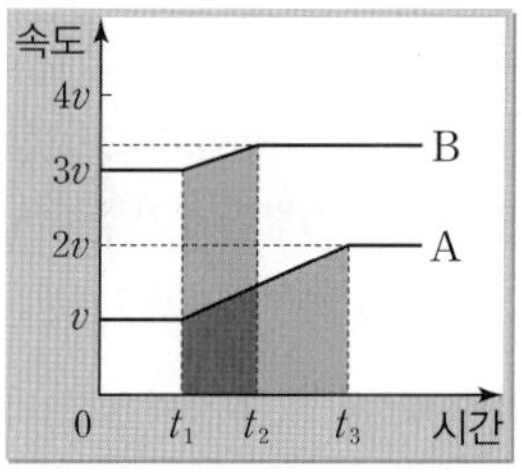

답 ③

90 충격량과 운동량

빈출 문항 자료 분석

그림 (가)와 같이 마찰이 없는 수평면에서 운동량의 크기가 각각 $2p$, p, p인 물체 A, B, C가 각각 $+x$, $+x$, $-x$ 방향으로 동일 직선상에서 등속도 운동한다. 그림 (나)는 (가)에서 A와 C의 위치를 시간에 따라 나타낸 것이다. B와 C의 질량은 같다.

→ 기울기는 속도를 나타냄.

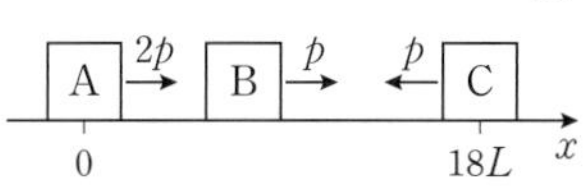

(가)

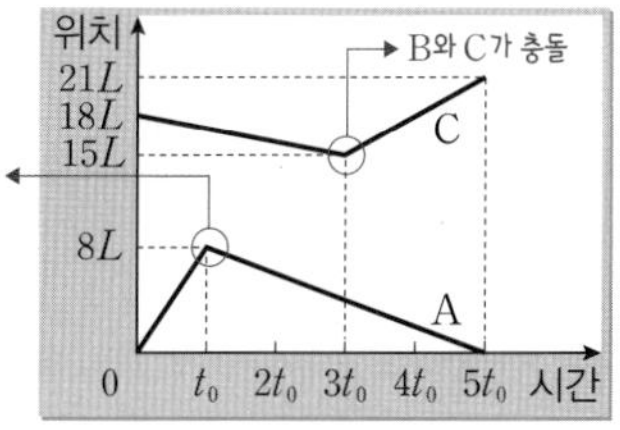

(나)

이에 대한 설명으로 옳은 것만을 <보기>에서 있는 대로 고른 것은? (단, 물체의 크기는 무시한다.)

보기

ㄱ. 질량은 C가 A의 4배이다. O

ㄴ. $2t_0$일 때, B의 운동량의 크기는 $\frac{7}{2}p$이다. O

ㄷ. $4t_0$일 때, 속력은 C가 B의 5배이다. 6 X

해결 전략 위치-시간 그래프에서 직선의 기울기는 물체의 속도와 같다는 것을 알고 충돌 전과 후의 속도를 각각 계산할 수 있어야 한다.

선택지 분석

$\frac{L}{t_0}=v$라 하면, A의 속도는 충돌 전 $\frac{8L}{t_0}=8v$, 충돌 후 $\frac{-8L}{4t_0}=-2v$이고, C의 속도는 충돌 전 $\frac{-3L}{3t_0}=-v$, 충돌 후 $\frac{6L}{2t_0}=3v$이다.

✓ ㄱ. A의 질량이 m_A, B와 C의 질량이 m일 때, A의 충돌 전 운동량의 크기 $2p=m_A(8v)$이고, C의 충돌 전 운동량의 크기 $p=mv$이다. 따라서 $m_A=\frac{1}{4}m$이므로 질량은 C가 A의 4배이다.

✓ ㄴ. A와 B는 t_0일 때 충돌한다. 충돌 후 A의 속력은 $2v$이므로 충돌 후 A의 운동량의 크기는 $p_A=\frac{1}{4}m\times 2v=\frac{1}{2}p$이고, A가 받은 충격량의 크기는 $-\frac{1}{2}p-2p=-\frac{5}{2}p$에서 $\frac{5}{2}p$이다. B가 받은 충격량의 크기도 $\frac{5}{2}p$이므로 충돌 후 B의 운동량의 크기가 p_B일 때 $\frac{5}{2}p=p_B-p$에서 $p_B=\frac{7}{2}p$이다. 따라서 $2t_0$일 때, B의 운동량의 크기는 $\frac{7}{2}p$이다.

ㄷ. B와 C는 $3t_0$일 때 충돌한다. 충돌 전 B의 운동량의 크기는 $\frac{7}{2}p$이다. 충돌 후 C의 속력은 $3v$이므로 충돌 후 C의 운동량의 크기는 $p_C=m(3v)=3p$이고, C가 받은 충격량의 크기는 $3p-(-p)=4p$이다. B가 받은 충격량의 크기도 $4p$이므로 충돌 후 B의 운동량의 크기가 p_B'일 때 $-4p=p_B'-\frac{7}{2}p$에서 $p_B'=-\frac{1}{2}p$이다. B와 C가 충돌 후 B의 속력은 $\frac{1}{2}v$이므로, $4t_0$일 때 속력은 C가 B의 6배이다. 답 ③

91 운동량과 충격량

빈출 문항 자료 분석

그림 (가)는 수평면에서 질량이 각각 2 kg, 3 kg인 물체 A, B가 각각 6 m/s, 3 m/s의 속력으로 등속도 운동하는 모습을 나타낸 것이다. 그림 (나)는 A와 B가 충돌하는 동안 A가 B에 작용한 힘의 크기를 시간에 따라 나타낸 것이다. 곡선과 시간 축이 만드는 면적은 6 N·s이다.

→ =충격량

B가 받은 충격량의 크기 =A가 받은 충격량의 크기

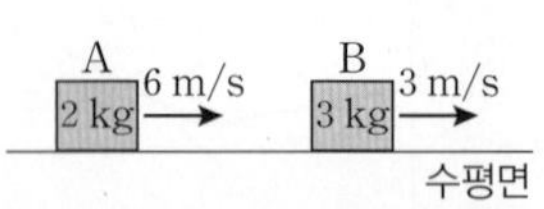

(가)

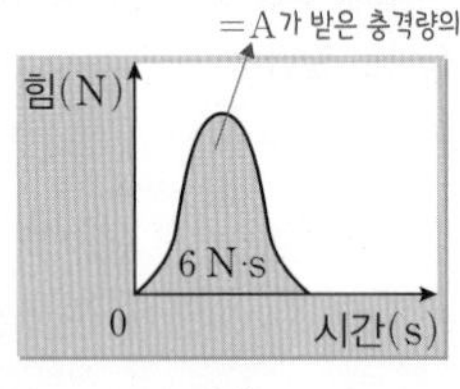

(나)

충돌 후, 등속도 운동하는 A, B의 속력을 각각 v_A, v_B라 할 때, $\frac{v_B}{v_A}$는? (단, A와 B는 동일 직선상에서 운동한다.)

해결 전략 힘-시간 그래프 아랫부분의 면적은 충격량을 나타낸다는 것과 충격량은 운동량의 변화량과 같다는 것을 알고 있어야 한다.

선택지 분석

✓ ③ 충돌 전 A, B의 운동량의 크기는 각각 12 kg·m/s, 9 kg·m/s이다. 또 힘-시간 그래프에서 그래프가 시간 축과 이루는 면적인 6 N·s는 A, B가 각각 받는 충격량의 크기이고, 충격량의 크기는 운동량 변화량의 크기와 같다. A는 운동 반대 방향으로 충격량을 받고 B는 운동 방향으로 충격량을 받으므로 충돌 후 A, B의 운동량의 크기를 각각 p_A, p_B라고 하면 $-6=p_A-12$에서 $p_A=6$ kg·m/s, $6=p_B-9$에서 $p_B=15$ kg·m/s이다. A, B의 질량이 각각 2 kg, 3 kg이므로 충돌 후 A, B의 속력은 각각 3 m/s, 5 m/s이다. 따라서 $\frac{v_B}{v_A}=\frac{5}{3}$이다. 답 ③

92 운동량과 충격량

자료 분석

용수철이 물체에 작용한 평균 힘을 F라고 하면 물체가 운동하는 동안 중력에 의한 충격량은 $mg\times 7t_0$이고, 용수철에 의한 충격량은 $F\times t_0$이다.

선택지 분석

✓ ④ 물체는 $t=0$일 때와 $7t_0$일 때 속도가 0이므로 $t=0$부터 $7t_0$까지 물체의 운동량 변화량이 0이다. 따라서 중력에 의한 충격량과 용수철에 의한 충격량의 크기가 같다. 용수철이 물체에 작용한 평균 힘을 F라고 하면, $mg\times 7t_0=F\times t_0$이므로 $F=7mg$이다. 답 ④

93 운동량과 충격량

자료 분석

과정 (나)에서 활의 탄성력이 A, B에 한 일이 같으므로 한 일은 A의 운동 에너지와 B의 운동 에너지와 각각 같다.

선택지 분석

✓ ㄱ. (가)에서 질량을 측정하고 (다)에서 속력을 측정하면 (라)에서 운동량의 크기를 비교할 수 있다.

✓ ㄴ. A, B는 활로부터 같은 일을 받으므로 운동 에너지가 같다. 운동 에너지가 같을 때 질량이 클수록 속력이 작다. 질량은 A가 B보다 크므로 속력은 B가 A보다 크다. 따라서 ㉡은 속력이다.

✓ ㄷ. ㉠이 운동량의 크기이므로 A가 B보다 큰 충격량을 받는다. 답 ⑤

94 운동량과 충격력

자료 분석

운동량은 물체의 운동하는 정도를 나타내는 물리량으로, 물체의 질량과 속도의 곱으로 나타낸다. 그리고 물체가 충돌할 때 받는 평균 힘의 크기는 물체의 운동량 변화량의 크기에 비례한다.

선택지 분석

✓ ② (가)에서 A와 B, 학생의 운동량의 합의 크기는 70 kg×2 m/s=140 kg·m/s이다. (나)에서 운동량의 크기는 B가 A의 8배이므로 A의 운동량의 크기를 p라고 하면 B의 운동량의 크기는 $8p$이고, A와 B는 서로 반대 방향으로 운동하므로 운동량의 합은 $7p$이다.

(가)와 (나)에 운동량 보존을 적용하면 $140=7p$에서 $p=20$ kg·m/s이고, (가) → (나) 과정에서 B가 받은 충격량의 크기는 운동량 변화량의 크기와 같으므로 160 kg·m/s−40 kg·m/s=120 kg·m/s=120 N·s이다. 따라서 학생이 B로부터 받은 충격량의 크기는 B가 학생으로부터 받은 충격량의 크기와 같으므로, 물체를 미는 0.5초 동안 학생이 B로부터 받은 평균 힘의 크기는 $\frac{120\text{ N·s}}{0.5\text{ s}}=240$ N이다. 답 ②

95 운동량과 충격량

빈출 문항 자료 분석

그림 (가)는 마찰이 없는 수평면에 정지해 있던 물체가 수평면과 나란한 방향의 힘을 받아 0~2초까지 오른쪽으로 직선 운동을 하는 모습을, (나)는 (가)에서 물체에 작용한 힘을 시간에 따라 나타낸 것이다. 물체의 운동량의 크기는 1초일 때가 2초일 때의 2배이다.

→ 물체의 속도는 1초일 때가 2초일 때의 2배

→ 힘의 크기가 일정하다. → 가속도의 크기가 일정하다.

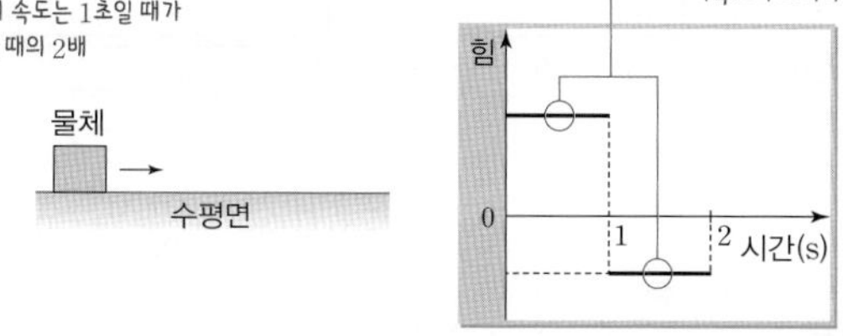

(가) (나)

이에 대한 설명으로 옳은 것만을 〈보기〉에서 있는 대로 고른 것은? (단, 공기 저항은 무시한다.)

보기

ㄱ. 1.5초일 때, 물체의 운동 방향과 가속도 방향은 서로 반대이다. O

ㄴ. 물체가 받은 충격량의 크기는 0~1초까지가 1~2초까지의 2배이다. O

ㄷ. 물체가 이동한 거리는 0~1초까지가 1~2초까지의 $\frac{3}{2}$배이다. $\frac{2}{3}$배 X

해결 전략 운동량의 변화량의 크기는 충격량의 크기와 같음을 알고, 힘-시간 그래프를 속도-시간 그래프로 전환하여 물체의 운동을 분석할 수 있어야 한다.

선택지 분석

물체는 0초부터 1초까지, 1초부터 2초까지 각각 등가속도 운동을 하며, 물체의 속도를 시간에 따라 나타내면 오른쪽과 같다.

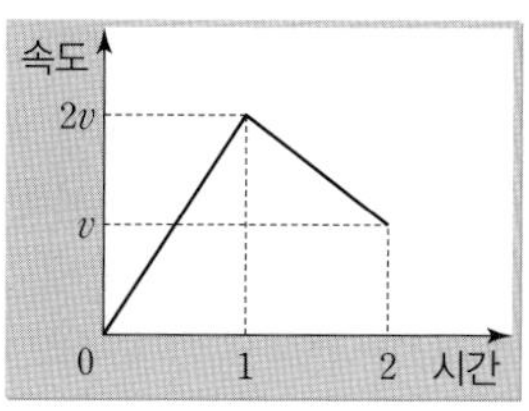

✓ ㄱ. (나)에서 1.5초일 때 물체에 작용하는 힘의 부호가 (−)이므로 물체의 운동 방향과 가속도 방향은 서로 반대 방향이다.

✓ ㄴ. 물체의 질량이 m일 때, 물체가 받은 충격량의 크기는 0초~1초일 때 $2mv$이고, 1초~2초일 때 mv이므로 물체가 받은 충격량의 크기는 0초~1초까지가 1초~2초까지의 2배이다.

ㄷ. 물체가 이동한 거리는 속도-시간 그래프에서 그래프와 시간 축이 이루는 면적과 같다. 0초~1초까지 면적이 v이고, 1초~2초까지 면적이 $\frac{3}{2}v$이다. 따라서 물체가 이동한 거리는 0초~1초까지가 1초~2초까지의 $\frac{2}{3}$배이다.

답 ③

96 운동량과 충격량

자료 분석

운동량은 물체의 운동 정도를 나타내고, 충격량은 물체가 받은 충격의 정도를 나타내는 물리량이다. 이때 운동량의 변화량은 충격량과 같다. 충격량의 크기는 충격력(평균 힘)의 크기와 충돌 시간의 곱과 같으므로 충격량이 일정할 때 충돌 시간이 늘어나면 물체가 받는 충격력(평균 힘)이 작아진다.

선택지 분석

✓ ㄱ. A에서 라켓의 속력을 증가시키면, 공이 더 빠른 속력으로 튕겨 나간다. 따라서 라켓의 속력을 더 크게 하여 공을 치면, 공이 라켓으로부터 받는 충격량이 커진다.

✓ ㄴ. B에서 에어백은 힘을 받는 시간을 증가시킴으로써 탑승자가 받는 평균 힘을 감소시킨다.

✓ ㄷ. C에서 활시위를 더 당기면, 활시위를 떠나는 순간 화살의 속력이 더 크다. 따라서 활시위를 더 당기면 활시위를 떠날 때 화살의 운동량이 커진다.

답 ⑤

97 운동량과 충격량

자료 분석

A, B는 힘 센서와 충돌하여 운동 방향이 충돌 전의 방향과 반대 방향이 된다. A의 속도 변화량의 크기는 $|-7-8|=15$(cm/s)이고, B의 속도 변화량의 크기는 $|-1-8|=9$(cm/s)이다. 힘-시간 그래프에서 힘과 시간 축이 이루는 면적은 물체가 받은 충격량의 크기를 나타내고, 충격량은 운동량의 변화량과 같으므로, $S_A=0.3\text{ kg}\times0.15\text{ m/s}=0.045\text{ kg·m/s}$이고, $S_B=0.9\text{ kg}\times0.09\text{ m/s}=0.081\text{ kg·m/s}$이다.

선택지 분석

ㄱ. A는 힘 센서와의 충돌 과정에서 운동 방향이 반대 방향으로 바뀌므로 충돌 전후 A의 속도 변화량의 크기는 $|-7-8|=15$(cm/s)이다.

✓ ㄴ. B의 속도 변화량의 크기는 $|-1-8|=9$(cm/s)이다. 힘-시간 그래프에서 힘과 시간 축이 이루는 면적은 물체가 받은 충격량이고, 물체가 받은 충격량은 물체의 운동량의 변화량과 같으므로 $S_A=0.3\text{ kg}\times0.15\text{ m/s}=0.045\text{ kg·m/s}$이고, $S_B=0.9\text{ kg}\times0.09\text{ m/s}=0.081\text{ kg·m/s}$이다. 따라서 $S_A:S_B=5:9$이다.

✓ ㄷ. 평균 힘$=\frac{\text{충격량}}{\text{시간}}$이다. A가 받은 평균 힘의 크기는 $\frac{0.045}{0.1}=\frac{9}{20}$(N)이고, B가 받은 평균 힘의 크기는 $\frac{0.081}{0.15}=\frac{27}{50}$(N)이다. 따라서 충돌하는 동안 수레가 받은 평균 힘의 크기는 B가 A의 $\frac{6}{5}$배이다. 답 ⑤

98 운동량과 충격량

자료 분석

헬멧은 외부로부터 받은 평균 힘의 크기를 감소시키고, 속력 제한 장치는 운동량의 최댓값을 제한한다.

선택지 분석

ㄱ. 스타이로폼은 충돌이 일어날 때 머리가 충격을 받는 시간을 길어지게 해서 머리가 받는 충격력의 크기를 감소시킨다.

ㄴ. 헬멧에는 푹신한 스타이로폼 소재가 들어 있어 머리가 받는 평균 힘의 크기를 감소시킨다.

✓ ㄷ. 속력 제한 장치는 속력의 최댓값을 제한하므로 A의 운동량의 최댓값을 제한한다. 답 ②

99 운동량 보존

자료 분석

물체들의 충돌에서 외력이 작용하지 않으면 물체들의 운동량의 합은 보존이 된다. t일 때 A, B가 충돌하여 A, B는 오른쪽 방향으로 운동하므로 B의 질량을, $4t$일 때 B, C가 충돌하여 B는 왼쪽 방향, C는 오른쪽 방향으로 운동하므로 C의 속력을 구할 수 있다. 또한, $6t$일 때 A, B가 다시 충돌하여 A, B는 오른쪽 방향으로 운동하므로 A의 속력을, $6t$ 이후에는 충돌이 일어나지 않으므로 A, C 사이의 거리 차를 상대 속도의 크기를 이용하여 구할 수 있다.

선택지 분석

✓ ㄱ. t일 때, A와 B가 충돌한다. A와 B가 충돌한 후, A, B는 같은 방향으로 각각 속력 $2v$, $4v$로 운동한다. B의 질량을 m_B라고 하면, A와 B의 충돌에서 운동량 보존에 따라

$4m\times4v=4m\times2v+m_B\times4v$

이므로 $m_B=2m$이다.

✓ ㄴ. $4t$일 때, B와 C가 충돌한다. B가 C와 충돌한 후, B는 충돌 전과 반대 방향으로 속력 v로 운동한다. 충돌 후 C의 속력을 v_C라고 하면, B와 C의 충돌에서 운동량 보존에 따라

$2m\times4v=2m\times(-v)+5m\times v_C$

이므로 $v_C=2v$이다.

ㄷ. $6t$일 때, A와 B가 충돌한다. A와 B가 충돌한 후, B는 충돌 전과 반대 방향으로 속력 $2v$로 운동한다. 충돌 후 A의 속력을 v_A라고 하면, A와 B의 충돌에서 운동량 보존에 따라

$4m\times2v+2m\times(-v)=4m\times v_A+2m\times2v$

이므로 $v_A=\frac{1}{2}v$이다. $6t$ 이후 A와 C는 같은 방향으로 각각 속력 $\frac{1}{2}v$, $2v$로 등속도 운동하므로 A와 C 사이의 거리는 $8t$일 때가 $7t$일 때보다 $\left(2v-\frac{1}{2}v\right)(8t-7t)=\frac{3}{2}vt$만큼 크다.

답 ③

100 운동량 보존

자료 분석

(나)에서 같은 시간 동안 움직인 거리는 B가 A의 2배이고, 물체들의 충돌에서 외력이 작용하지 않으면 물체들의 운동량의 합은 보존이 된다.

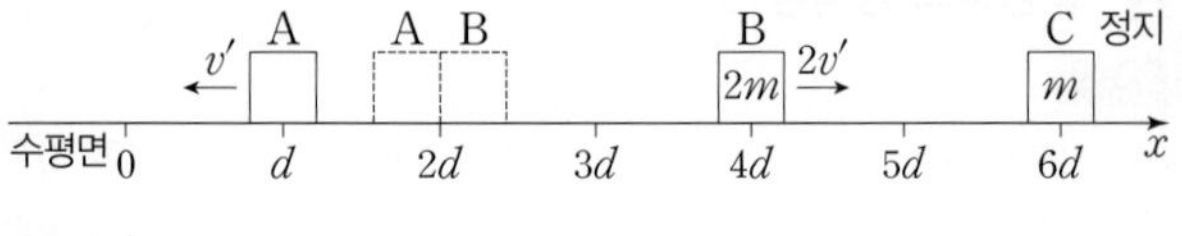

선택지 분석

✓ ❷ A, B가 $x=2d$에서 충돌한 후 (나)에서와 같이 A가 $x=d$를 지나는 순간 B가 $x=4d$를 지나므로 A와 B의 충돌 후 속력은 B가 A의 2배이다. A, B의 속력을 각각 v', $2v'$라 할 때, 이후 B와 C가 충돌하여 한 덩어리가 된 B와 C가 $+x$ 방향으로 $\frac{1}{3}v$의 속도로 운동하므로 B와 C의 충돌 전과 후 운동량이 보존되므로 $2m\times2v'=(2m+m)\frac{1}{3}v$에서 $v'=\frac{1}{4}v$이고, A와 B가 충돌 후 A, B의 속력은 각각 $\frac{1}{4}v$, $\frac{1}{2}v$가 된다.

A의 질량을 m_A라 할 때, A와 B의 충돌 전과 후 운동량이 보존되므로 $m_Av=-m_A\left(\frac{1}{4}v\right)+2m\left(\frac{1}{2}v\right)$에서 A의 질량 $m_A=\frac{4}{5}m$이다.

답 ②

101 운동량 보존

자료 분석

운동량은 물체의 운동 정도를 나타내는 물리량으로 물체의 질량과 속도의 곱으로 표현하고, 외력이 작용하지 않으면 충돌 과정에서 운동량이 보존된다.

충돌 전 A 속력: $\frac{0.06\text{ m}}{0.1\text{ s}}=0.6\text{ m/s}$ 충돌 후 A 속력: $\frac{0.03\text{ m}}{0.1\text{ s}}=0.3\text{ m/s}$

6 cm 6 cm 6 cm 3 cm 3 cm 3 cm

시간(초)	0.1	0.2	0.3	0.4	0.5	0.6	0.7	0.8
A의 위치(cm)	6	12	18	24	28	31	34	37
B의 위치(cm)	26	26	26	26	30	36	42	48

6 cm 6 cm 6 cm

충돌 후 B 속력: $\frac{0.06\text{ m}}{0.1\text{ s}}=0.6\text{ m/s}$

선택지 분석

ㄱ. 0.1초부터 0.4초까지 0.1초 동안 6 cm만큼 운동하므로 0.2초일 때 A의 속력은 0.6 m/s이다.

✓ ㄴ. 충돌 전 A의 운동량의 크기는 $2\text{ kg}\times0.6\text{ m/s}=1.2\text{ kg}\cdot\text{m/s}$이다. 물체가 충돌할 때 외부에서 힘이 작용하지 않으면 충돌 전과 충돌 후 물체들의 운동량의 합은 일정하게 보존된다. 따라서 0.5초일 때, A와 B의 운동량의 합은 크기가 $1.2\text{ kg}\cdot\text{m/s}$이다.

✓ ㄷ. A, B의 질량은 각각 2 kg, 1 kg이고, 0.7초일 때 A, B의 속력은 각각 0.3 m/s, 0.6 m/s이므로, 0.7초일 때 A와 B의 운동량은 크기가 같다.

답 ④

102 운동량 보존

자료 분석

(가), (나)에서 각각 A, C가 등속도 운동하여 정지해 있던 B, D에 각각 충돌하여 한 덩어리가 되어 운동하므로 외력이 작용하지 않으면 충돌 전과 충돌 후 운동량의 합은 보존이 된다. 또한, 두 물체가 충돌할 때 받은 충격량은 크기는 서로 같으므로 B, C가 받은 충격량의 크기는 한 덩어리로 운동하고 있을 때 B, D의 운동량의 크기와 같다.

선택지 분석

✓ ❷ B, C의 질량이 같으므로 B, C의 질량을 m, 충돌 후 속력이 B가 C의 2배이므로 B, C의 속력을 각각 $2v'$, v'라고 하면, 충돌 과정에서 B, C가 받은 충격량의 크기는 $m(2v')$, $m(v-v')$이고, 충격량의 크기는 B가 C의 $\frac{2}{3}$배이므로 $m(2v'):m(v-v')=2:3$에서 $2mv'=\frac{2}{3}m(v-v')$…①이다.

(가), (나)에서 각각 운동량이 보존되므로 $m_Av=(m_A+m)(2v')$…②, $mv=(m+m_D)v'$…③이다. ①~③에서 $m_D=3m_A$이다.

답 ②

도전 1등급

103 운동량 보존

도전 1등급 문항 분석 ▸▸ 정답률 40%

그림 (가)와 같이 수평면에서 물체 A가 정지해 있는 물체 B, C를 향해 운동하고 있다. 그림 (나)는 (가)의 순간부터 A의 속력을 시간에 따라 나타낸 것으로, A의 운동 방향은 일정하다. A, B, C의 질량은 각각 $2m$, m, $4m$이고, $6t$일 때 B와 C가 충돌한다.

→ $4t$~$14t$ 동안 A의 변위의 크기는 $10vt$임

→ 충돌 후 B의 운동 방향이 바뀌지 않음

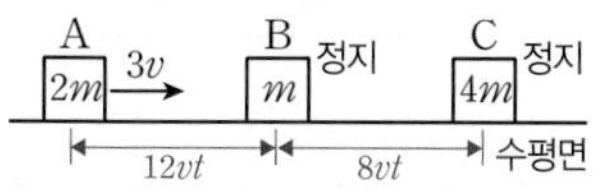

(가)

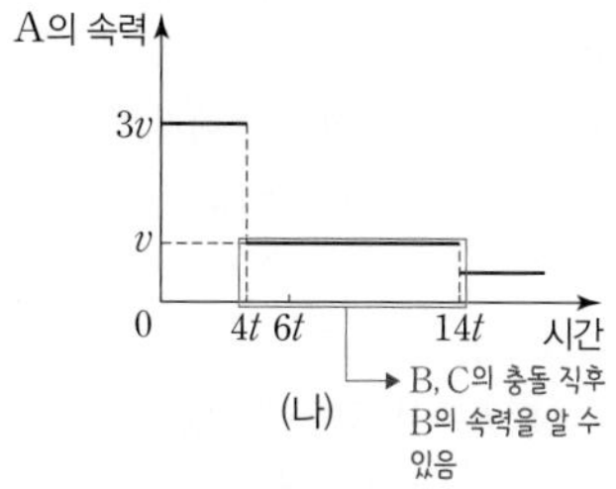

(나)

$8t$일 때, C의 속력은? (단, 물체의 크기, 공기 저항, 모든 마찰은 무시한다.)

해결 전략 충돌할 때 운동량이 보존됨을 알고, 그래프에서 충돌하는 시간을 이용하여 A, B의 이동 거리를 파악하며 A, B가 처음 충돌하고 다시 충돌할 때까지 A, B의 변위의 크기는 서로 같음을 알아야 한다.

선택지 분석

✓❷ $4t$일 때 A, B가 충돌한 후 $14t$일 때 A, B가 다시 충돌할 때까지 A의 운동 방향은 변하지 않으므로 $4t$~$14t$ 동안 A의 변위의 크기는 $v\times10t=10vt$이다. 운동량 보존 법칙에 의해 A, B의 처음 충돌 직후 B의 속력을 v_B라고 하면, $2m\times3v=2m\times v+m\times v_B$에서 $v_B=4v$이다. $4t$~$6t$ 동안 B의 변위의 크기가 $4v\times2t=8vt$이다. 만약, B, C의 충돌 직후 B의 운동 방향이 반대로 바뀐다면 $4t$~$14t$ 동안 A의 변위의 크기는 $10vt$보다 작아야 하는 모순이 생기므로 B의 운동 방향은 충돌 직후에도 변하지 않는다. $6t$~$14t$ 동안 B의 변위의 크기는 $10vt-8vt=2vt$이고 B, C의 충돌 직후 B, C의 속력을 v_B', v_C라고 하면, $6t$~$14t$ 동안 B의 변위의 크기는 $v_B'\times8t=2vt$에서 $v_B'=\frac{1}{4}v$이며, 운동량 보존 법칙에 의해 $m\times4v=m\times v_B'+4m\times v_C=m\times\frac{1}{4}v+4m\times v_C$에서 $v_C=\frac{15}{16}v$이다.

답 ②

104 운동량 보존

자료 분석

(가)에서 처음 A, B, C, D가 모두 정지해 있었으므로 운동량은 모두 0이고, (나)에서 A와 B가 충돌한 후 한 덩어리가 되어 등속도 운동을 하는 상황에서도 전체 운동량은 0으로 보존되어야 한다.

선택지 분석

✓ㄱ. 용수철에서 분리되기 전 B와 C의 운동량이 0이므로 용수철에서 분리된 후 B와 C의 운동량의 합은 0이다. 따라서 (가)에서 B와 C가 용수철에서 분리된 직후 운동량의 크기는 B와 C가 같고, 운동량의 방향은 서로 반대이다.

✓ㄴ. B, C가 용수철에서 분리된 직후 B, C의 속도를 각각 v_B, v_C라고 하자. C와 D가 충돌할 때 운동량 보존 법칙을 적용하면 $mv_C=(m+m)v$에서 $v_C=2v$이고, B와 C가 용수철에서 분리될 때 운동량 보존 법칙을 적용하면 $0=2mv_B+m(2v)$에서 $v_B=-v$이다. 따라서 (가)에서 B와 C가 용수철에서 분리된 직후 B의 속력은 v이다.

ㄷ. (나)에서 한 덩어리가 된 A와 B의 속도를 v'라 하고 운동량 보존 법칙을 적용하면 $0=(5m+2m)v'+2mv$에서 $v'=-\frac{2}{7}v$이다. 따라서 (나)에서 한 덩어리가 된 A와 B의 속력은 $\frac{2}{7}v$이다.

답 ③

도전 1등급

105 운동량 보존

도전 1등급 문항 분석 ▸▸ 정답률 28.3%

그림 (가)와 같이 마찰이 없는 수평면에서 물체 A와 B 사이에 용수철을 넣어 압축시킨 후 A와 B를 동시에 가만히 놓았더니, 정지해 있던 A와 B가 분리되어 등속도 운동을 하는 물체 C, D를 향해 등속도 운동을 한다. 이때 C, D의 속력은 각각 $2v$, v이고, 운동 에너지는 C가 B의 2배이다. 그림 (나)는 (가)에서 물체가 충돌하여 A와 C는 정지하고, B와 D는 한 덩어리가 되어 속력 $\frac{1}{3}v$로 등속도 운동을 하는 모습을 나타낸 것이다.

→ A와 B의 운동량의 합은 0이다.

→ $E_k=\frac{(mv)^2}{2m}$에서 B와 C의 $(mv)^2$이 같으므로 질량은 B가 C의 2배

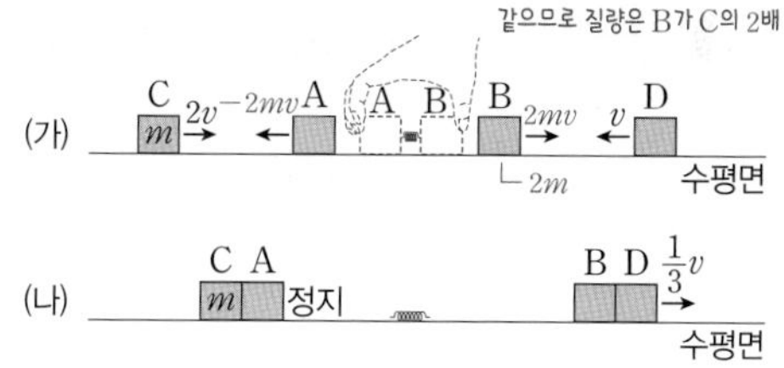

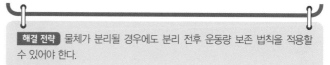

C의 질량이 m일 때, D의 질량은? (단, 물체는 동일 직선상에서 운동하고, 용수철의 질량은 무시한다.)

해결 전략 물체가 분리될 경우에도 분리 전후 운동량 보존 법칙을 적용할 수 있어야 한다.

선택지 분석

✓❷ B의 운동 에너지를 E_0이라고 하면 C의 운동 에너지는 $2E_0=\frac{1}{2}m(2v)^2$에서 $E_0=mv^2$이다. (나)에서 A와 C가 충돌하여 정지하였으므로 (가)에서 A와 C의 운동량의 크기는 같다. C의 운동량의 크기가 $2mv$이므로 A와 B의 운동량의 크기도 $2mv$이다. B의 질량이 m_B일 때, $E_0=\frac{(2mv)^2}{2m_B}=mv^2$에서 $m_B=2m$이다. D의 질량이 m_D일 때, (가)와 (나)에서 B와 D의 운동량은 보존되므로 $2mv-m_Dv=(2m+m_D)\times\frac{1}{3}v$에서 $m_D=m$이다.

답 ②

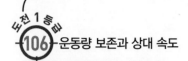

도전 1등급 106 운동량 보존과 상대 속도

도전 1등급 문항 분석 ▶▶ 정답률 30.8%

그림 (가)와 같이 마찰이 없는 수평면에서 물체 A, B, C가 등속도 운동을 한다. A, B, C의 운동량의 크기는 각각 $4p$, $4p$, p이다. 그림 (나)는 A와 B 사이의 거리(S_{AB}), B와 C 사이의 거리(S_{BC})를 시간 t에 따라 나타낸 것이다.

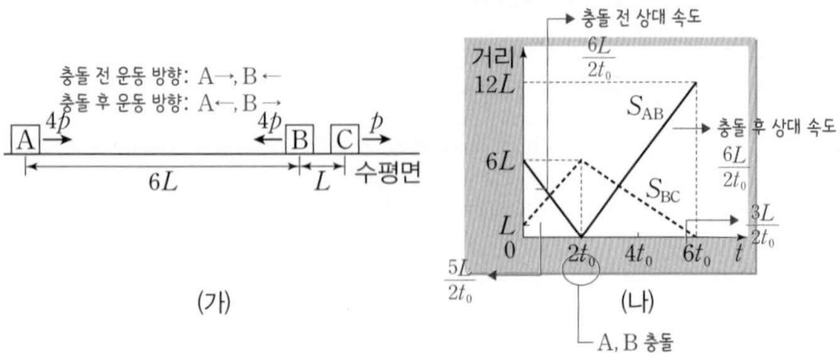

이에 대한 설명으로 옳은 것만을 〈보기〉에서 있는 대로 고른 것은? (단, A, B, C는 동일 직선상에서 운동하고, 물체의 크기는 무시한다.)

보기

ㄱ. $t=t_0$일 때, 속력은 A와 B가 같다. B가 A의 2배이다. X
ㄴ. B와 C의 질량은 같다. O
ㄷ. $t=4t_0$일 때, B의 운동량의 크기는 $4p$이다. O

해결 전략 거리와 시간 관계 그래프의 기울기가 나타내는 것을 알고, 동일 직선상에서 등속도 운동을 하는 세 물체의 운동을 분석할 수 있어야 한다.

선택지 분석

ㄱ. A, B가 충돌하기 전 운동량의 합은 0이므로 A, B가 충돌한 후에도 운동량의 합은 0이다. 충돌 후 A와 B의 운동량의 방향은 서로 반대이고, 운동량의 크기는 p_0으로 같다고 하자. (나)에서 직선의 기울기는 상대 속도를 나타낸다.

A와 B의 질량이 각각 m_A, m_B일 때, A와 B가 충돌하기 전 A와 B의 상대 속도의 크기는 $\frac{4p}{m_A}+\frac{4p}{m_B}=\frac{3L}{t_0}$ …①이고, B와 C의 상대 속도의 크기는 $\frac{4p}{m_B}+\frac{p}{m_C}=\frac{5L}{2t_0}$ …②이다. A와 B가 충돌한 후부터 B와 C가 충돌하기 전까지 A와 B의 상대 속도의 크기는 $\frac{p_0}{m_A}+\frac{p_0}{m_B}=\frac{3L}{t_0}$ …③이고, B의 속력이 C의 속력보다 크므로 B와 C의 상대 속도의 크기는 $\frac{p_0}{m_B}-\frac{p}{m_C}=\frac{3L}{2t_0}$ …④이다.

$\frac{L}{4t_0}=v_0$이라 하고 ①, ③을 연립하면 $p_0=4p$이고, 이를 ④에 대입하고 ②와 연립하면 $4p=m_B(8v_0)$이다. 이것을 ①에 대입하면 $4p=m_A(4v_0)$이다. 따라서 $t=t_0$일 때, 속력은 B가 A의 2배이다.

✓ ㄴ. $m_B=\frac{p}{2v_0}$를 ②에 대입하면, $m_C=\frac{p}{2v_0}$이므로 B와 C의 질량은 같다.

✓ ㄷ. $t=4t_0$일 때, B와 C는 충돌하지 않으므로 B의 운동량의 크기는 A와 충돌한 후의 운동량의 크기와 같다. 따라서 B의 운동량의 크기는 $p_0=4p$이다.

답 ④

107 운동량 보존

자료 분석

$\frac{L}{t_0}=v$라 하고, $+x$ 방향의 속도를 (+)이라고 한 후, A, B의 속력을 시간에 따라 나타내면 표와 같다.

	$0\sim3t_0$	$3t_0\sim5t_0$	$5t_0\sim7t_0$
A	$2v$	$2v$	v
B	$\frac{2}{3}v$	$-2v$	

선택지 분석

✓ ㄱ. A, B, C의 운동량의 합은 항상 0이다. $0\sim3t_0$에서 A와 B의 운동 방향은 $+x$ 방향이므로 $t=t_0$일 때 C의 운동 방향은 $-x$ 방향이다.

ㄴ. A, B, C의 질량을 각각 m_A, m_B, m_C라고 하자. $t=5t_0$일 때 A와 B가 충돌하며, A와 B는 충돌한 후 한 덩어리가 되어 운동하므로 운동량 보존 법칙을 적용하면, $2m_Av-2m_Bv=(m_A+m_B)v$에서 $m_A=3m_B$이다. $t=4t_0$일 때 A와 B의 속력은 같고 질량은 A가 B의 3배이므로 운동량의 크기는 A가 B의 3배이다.

✓ ㄷ. $t=3t_0$일 때 $x=14L$에서 B와 C가 충돌하고, $t=7t_0$일 때 $x=12L$에서 한 덩어리가 된 A, B가 C와 충돌한다. 즉, $3t_0$부터 $7t_0$까지 C는 $2L$만큼 움직인 것이므로 $3t_0$부터 $7t_0$까지 C의 속력은 $\frac{2L}{4t_0}=\frac{1}{2}v$이고 C의 운동 방향은 $-x$ 방향이다. $5t_0$부터 $7t_0$까지 A, B, C의 운동량의 합은 0이므로 $(m_A+m_B)v-m_C\left(\frac{1}{2}v\right)=0$에서 $4m_Bv=\frac{1}{2}m_Cv$이므로 $m_C=8m_B$이다.

답 ④

108 운동량 보존 법칙

빈출 문항 자료 분석

그림 (가)와 같이 0초일 때 마찰이 없는 수평면에서 물체 A가 점 P에 정지해 있는 물체 B를 향해 등속도 운동한다. A, B의 질량은 각각 4 kg, 1 kg이다. A와 B는 시간 t_0일 때 충돌하고, t_0부터 같은 방향으로 등속도 운동을 한다. 그림 (나)는 20초일 때 A와 B의 위치를 나타낸 것이다.

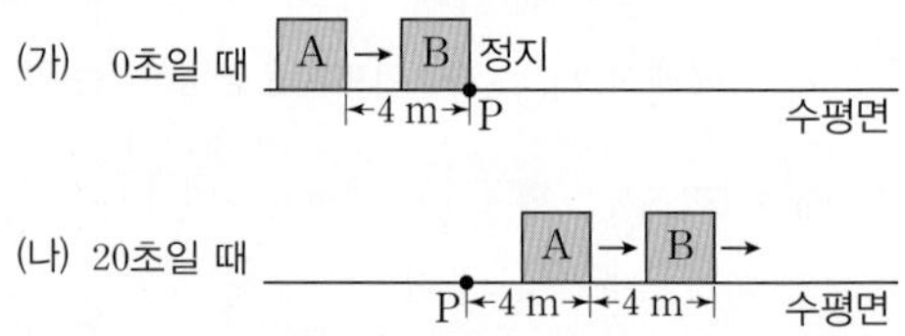

t_0은? (단, 물체의 크기는 무시한다.) (가)로부터 A와 B가 충돌할 때까지 걸린 시간은 t_0이고, A와 B가 충돌한 순간부터 (나)까지 걸린 시간은 $20-t_0$이다.

해결 전략 (가)로부터 A와 B가 충돌할 때까지 걸린 시간, A와 B가 충돌한 순간부터 (나)까지 걸린 시간을 파악한 후, 두 물체의 충돌에서 운동량 보존 법칙을 적용할 수 있어야 한다.

선택지 분석

✓❸ (가)에서 0초일 때 A와 B 사이의 거리는 4 m이고, t_0일 때 A와 B가 충돌하므로 B에 충돌하기 전 A의 속력은 $\frac{4}{t_0}$이다. 0초일 때 B는 P에 정지해 있었고, t_0일 때 A와 B가 P에서 충돌한다. 20초일 때 A는 P로부터

4 m 떨어진 지점을 지나고 있고 B는 P로부터 8 m 떨어진 지점을 지나고 있으므로 A와 B가 충돌한 후 A의 속력은 $\frac{4}{20-t_0}$이고 B의 속력은 $\frac{8}{20-t_0}$이다. A와 B의 충돌 과정에서 운동량의 총합은 보존되므로 $4\times\frac{4}{t_0}=4\times\frac{4}{20-t_0}+1\times\frac{8}{20-t_0}$에서 t_0은 8초이다. 답 ③

도전 1등급 109 운동량 보존

도전 1등급 문항 분석 ▸▸ 정답률 29.3%

그림 (가)와 같이 수평면에서 벽 p와 q 사이의 거리가 8 m인 물체 A가 4 m/s의 속력으로 등속도 운동하고, 물체 B가 p와 q 사이에서 등속도 운동한다. 그림 (나)는 p와 B 사이의 거리를 시간에 따라 나타낸 것이다. B는 1초일 때와 3초일 때 각각 q와 p에 충돌한다. 3초 이후 A는 5 m/s의 속력으로 등속도 운동한다.

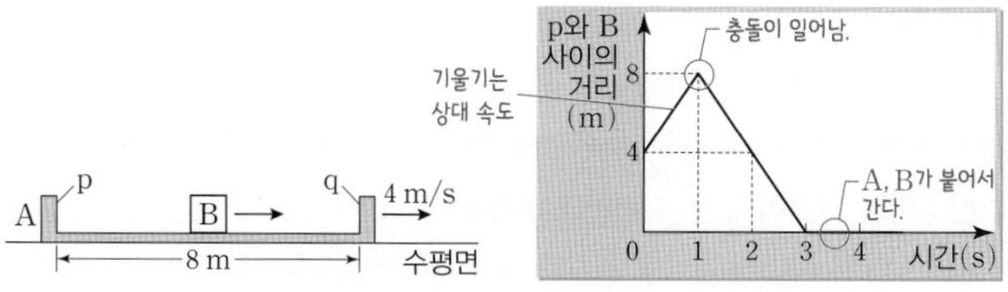

(가) (나)

이에 대한 설명으로 옳은 것만을 〈보기〉에서 있는 대로 고른 것은? (단, A와 B는 동일 직선상에서 운동하며, 벽과 B의 크기, 모든 마찰은 무시한다.)

보기

ㄱ. 질량은 A가 B의 3배이다. O
ㄴ. 2초일 때, A의 속력은 6 m/s이다. O
ㄷ. 2초일 때, 운동 방향은 A와 B가 같다. O

해결 전략 그래프에서 기울기가 상대 속도라는 것을 알고 충돌이 일어날 때를 분석할 수 있어야 한다. 그리고 A와 B가 충돌할 때 운동량이 보존된다는 것을 이용한다.

선택지 분석

✓ ㄱ. 0초부터 1초까지 p와 B 사이의 거리는 4 m 증가하므로 속력은 B가 A보다 4 m/s만큼 크다. 따라서 0초부터 1초까지 B의 속력은 8 m/s이다. A, B의 질량을 각각 m_A, m_B, 오른쪽 방향의 운동량을 (+)라 할 때, 0초부터 1초까지 A와 B의 운동량의 합은 $4m_A+8m_B$ ⋯ ①이다. 3초 이후 p와 B 사이의 거리가 0이므로 3초 이후 A와 B의 속력은 5 m/s로 같다. 따라서 3초 이후 A와 B의 운동량의 합은 $5m_A+5m_B$ ⋯ ②이다. 운동량 보존 법칙에 의해 $4m_A+8m_B=5m_A+5m_B$이므로 $m_A=3m_B$이다.

✓ ㄴ. B의 질량을 m이라고 할 때, A와 B의 운동량의 합은 $20m$이다. 1초부터 3초까지 p와 B 사이의 거리는 8 m 감소하므로 B의 속력을 v라고 할 때, A의 속력은 $v+4$이다. 1초부터 3초까지 운동량 보존 법칙을 적용하면, $3m(v+4)+mv=20m$이므로 $v=2$ m/s이다. 따라서 A의 속력은 6 m/s이다.

✓ ㄷ. 1초부터 3초까지 A와 B는 오른쪽 방향으로 운동한다. 따라서 2초일 때, 운동 방향은 A와 B가 같다. 답 ⑤

110 운동량 보존

자료 분석

B가 용수철에서 분리된 후 A와 충돌할 때 A가 B에 작용하는 충격량의 크기는 B가 A에 작용하는 충격량의 크기와 같다. 또 C가 용수철에서 분리된 후 D와 충돌할 때 D가 C에 작용하는 충격량의 크기는 C가 D에 작용하는 충격량의 크기와 같다.

선택지 분석

✓ ❷ B, C를 동시에 가만히 놓아 용수철에서 분리되었을 때 B의 속력을 v, C의 속력을 v_C라고 하면 운동량이 보존되므로 $0=-2mv+3mv_C$에서 $v_C=\frac{2}{3}v$이다. 또한 (나)에서 한 덩어리가 된 A와 B의 속력을 v_{AB}라고 하면 $-2mv=-(m+2m)v_{AB}$이므로 $v_{AB}=\frac{2}{3}v$이고, 한 덩어리가 된 C와 D의 속력을 v_{CD}라고 하면 $3m\left(\frac{2}{3}v\right)=(3m+m)v_{CD}$이므로 $v_{CD}=\frac{1}{2}v$이다. A와 B가 충돌하는 동안 B에 작용하는 충격량의 크기는 A에 작용하는 충격량의 크기와 같고, C와 D가 충돌하는 동안 C에 작용하는 충격량의 크기는 D에 작용하는 충격량의 크기와 같다. 또 충격량의 크기는 운동량 변화량의 크기와 같으므로 A에 작용하는 충격량의 크기는 $\left|-m\left(\frac{2}{3}v\right)-0\right|=\frac{2}{3}mv=I_1$이고, D에 작용하는 충격량의 크기는 $\left|m\left(\frac{1}{2}v\right)-0\right|=\frac{1}{2}mv=I_2$이다. 따라서 $\frac{I_1}{I_2}=\frac{\frac{2}{3}mv}{\frac{1}{2}mv}=\frac{4}{3}$이다. 답 ②

111 운동량 보존

자료 분석

A와 B가 충돌할 때와 A, B와 C가 충돌할 때 운동량의 합이 보존된다.

선택지 분석

✓ ❹ A의 질량을 m_A라고 하면, 운동량 보존에 의해 A와 B가 충돌하기 전과 후 $4m_Av+m_Bv=(m_A+m_B)(3v)$ ⋯ ①이 성립한다. 그리고 한 덩어리가 된 A와 B가 C와 충돌하기 전과 후 운동량 보존에 의해 $(m_A+m_B)(3v)=(m_A+m_B+m_C)v$ ⋯ ②가 성립한다. ①과 ②를 연립하면 $\frac{m_C}{m_B}=6$이다.
답 ④

112 충격량과 운동량 보존

빈출 문항 자료 분석

그림 (가)는 수평면에서 물체 A, B가 각각 속력 $2v$, $3v$로 정지한 물체 C를 향해 운동하는 모습을 나타낸 것이다. B, C의 질량은 각각 m, $2m$이다. 그림 (나)는 (가)의 순간부터 B와 C 사이의 거리를 시간 t에 따라 나타낸 것이다. A는 충돌 후 속력 v로 충돌 전과 같은 방향으로 운동한다.

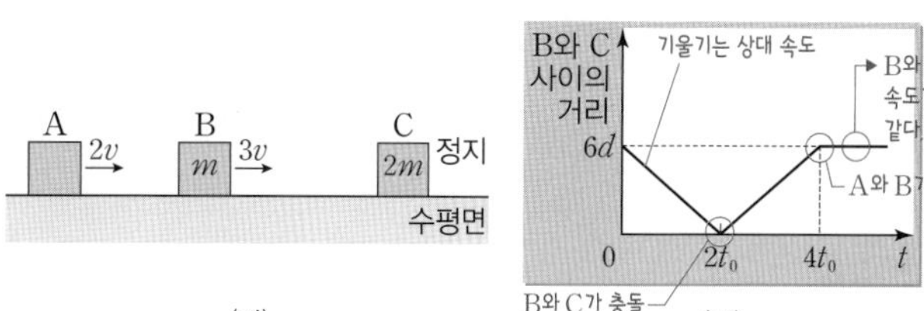

(가) (나)

이에 대한 옳은 설명만을 〈보기〉에서 있는 대로 고른 것은? (단, A, B, C는 동일 직선상에서 운동하고, 물체의 크기, 모든 마찰과 공기 저항은 무시한다.)

보기

ㄱ. A의 질량은 $3m$이다. O
ㄴ. 충돌 과정에서 받은 충격량의 크기는 C가 A의 2배이다. $\frac{4}{3}$배 X
ㄷ. $t=0$일 때 A와 B 사이의 거리는 $4d$이다. O

해결 전략 그래프에서 기울기가 상대 속도라는 것을 이해하고, B와 C가 충돌할 때와 A와 B가 충돌할 때 운동량이 보존된다는 것을 이용한다.

선택지 분석

✓ ㄱ. B와 C가 충돌할 때 운동량이 보존되므로 충돌 후 B의 속력을 v_B라고 하면 $3mv+0=mv_B+2m(v_B+3v)$에서 $v_B=-v$이고 C의 속력 $v_C=-v+3v=2v$이다. A와 B가 충돌 후 B의 속력이 C와 같은 $2v$이므로 $m_A\times2v-mv=m_Av+m\times2v$에서 $m_A=3m$이다.

ㄴ. 충돌 과정에서 A가 받은 충격량의 크기 $I_A=|3m(v-2v)|=3mv$이고, C가 받은 충격량의 크기 $I_C=2m\times2v=4mv$이다.

✓ ㄷ. $6d=3v\times2t_0$에서 $d=vt_0$이고, $t=4t_0$까지 A, B의 변위는 각각 $8vt_0=8d$, $6vt_0-2vt_0=4d$이므로 $t=0$일 때 A와 B 사이의 거리는 $4d$이다.

답 ④

113 운동량 보존

빈출 문항 자료 분석

그림 (가)와 같이 마찰이 없는 수평면에서 물체 A가 정지해 있는 물체 B, C를 향해 운동한다. A, B, C의 질량은 각각 M, m, m이다. 그림 (나)는 (가)의 순간부터 A와 C 사이의 거리를 시간에 따라 나타낸 것이다.

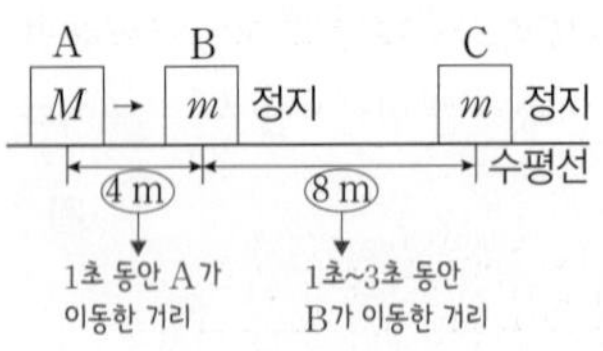

(가)

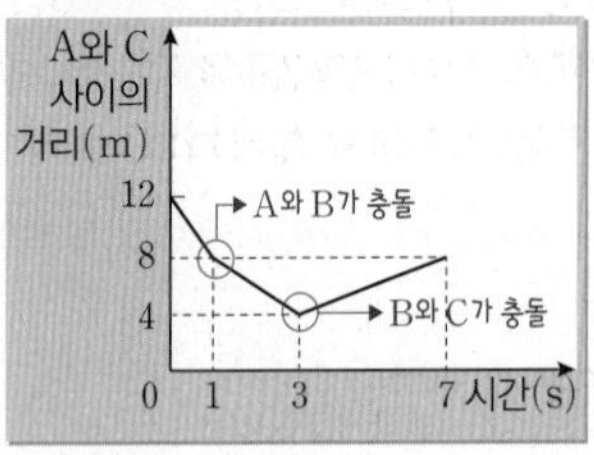

(나)

이에 대한 옳은 설명만을 〈보기〉에서 있는 대로 고른 것은? (단, A, B, C는 동일 직선상에서 운동하고, 물체의 크기는 무시한다.)

보기

ㄱ. 2초일 때 B의 속력은 2 m/s이다. 4 m/s X
ㄴ. $M=2m$이다. O
ㄷ. 5초일 때 B의 속력은 1 m/s이다. O

해결 전략 (나)에서 A와 C 사이의 거리가 시간에 따라 변하는 정도가 1초 때와 3초 때 달라지므로 (가)의 순간부터 1초가 되는 순간에 A와 B가 충돌하고 3초가 되는 순간에 B와 C가 충돌한다는 것을 알고 있어야 한다.

선택지 분석

ㄱ. B는 1초~3초 동안 8 m를 이동한다. 따라서 1초~3초 동안 B의 속력은 4 m/s이므로, 2초일 때 B의 속력은 4 m/s이다.

✓ ㄴ. (나)에서 A와 B가 충돌하기 전까지 A는 1초 동안 4 m의 거리를 이동하므로, 충돌 전 A의 속력은 $\frac{4\text{ m}}{1\text{ s}}=4$ m/s이다. A와 B가 충돌한 후 A는 1초~3초 동안 4 m를 이동하므로, 충돌 후 A의 속력은 2 m/s이다. 또 A와 B가 충돌한 후 1초~3초 동안 B의 속력이 4 m/s이므로, 충돌 후 B의 속력은 4 m/s이다. 즉, A와 B가 충돌하기 전의 속력은 각각 4 m/s, 0이고 A와 B가 충돌한 후의 속력은 각각 2 m/s, 4 m/s이므로, $M\times4+0=M\times2+m\times4$에서 $M=2m$이다.

✓ ㄷ. 4 m/s의 속력으로 운동하던 B가 정지해 있는 C에 충돌한 후 B의 속력을 v라고 하자. (나)에서 3초 때 B와 C가 충돌한 후 A와 C 사이의 거리가 3초~7초 동안 4 m가 증가하므로 A와 C는 1초당 1m씩 멀어진다. 이때 A의 속력이 2 m/s이므로, C의 속력은 3 m/s이다. 즉, B와 C가 충돌하기 전의 속력은 각각 4 m/s, 0이고 B와 C가 충돌한 후의 속력은 각각 v, 3 m/s이다. $m\times4+0=mv+m\times3$에서 $v=1$ m/s이므로, 5초일 때 B의 속력 $v=1$ m/s이다.

답 ⑤

114 운동량 보존

빈출 문항 자료 분석

그림 (가)는 마찰이 없는 수평면에서 물체 A, B가 등속도 운동하는 모습을, (나)는 A와 B 사이의 거리를 시간에 따라 나타낸 것이다. A의 속력은 충돌 전이 2 m/s이고, 충돌 후가 1 m/s이다. A와 B는 질량이 각각 m_A, m_B이고 동일 직선상에서 운동한다. 충돌 후 운동량의 크기는 B가 A보다 크다.

(운동량 보존)
(기울기 = A와 B 사이의 상대 속도)

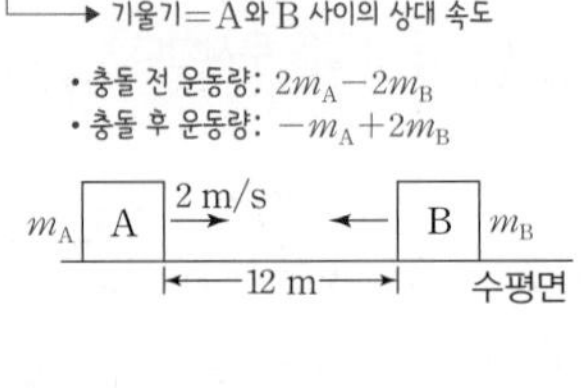

(가)

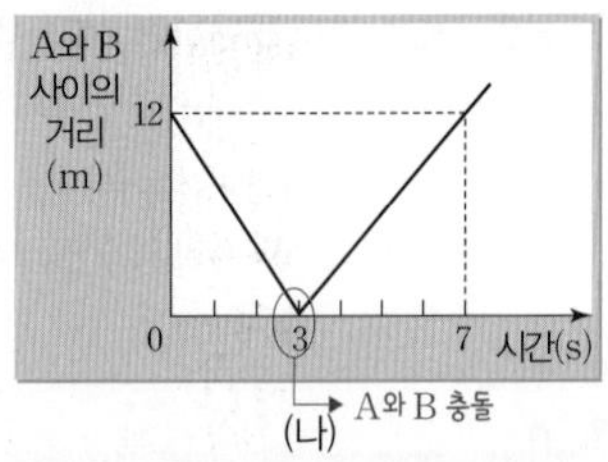

(나)

$m_A : m_B$는?

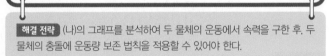

해결 전략 (나)의 그래프를 분석하여 두 물체의 운동에서 속력을 구한 후, 두 물체의 충돌에 운동량 보존 법칙을 적용할 수 있어야 한다.

선택지 분석

✓ ❷ 충돌 전 A가 오른쪽 방향으로 2 m/s의 속력으로 운동하고, (나)에서 충돌 전 그래프의 기울기가 −4이므로 A에서 측정한 B는 왼쪽 방향으로 2 m/s의 속력으로 운동한다. 충돌 후 A가 오른쪽 방향으로 1 m/s의 속력으로 운동한다면, (나)에서 충돌 후 그래프의 기울기가 3이므로 A에서 측정한 B는 오른쪽 방향으로 4 m/s의 속력으로 운동한다. 충돌 전후에 운동량 보존을 적용하면, $2m_A-2m_B=m_A+4m_B$에서 $m_A=6m_B$이므로 $m_A : m_B=6:1$이다. 그러나 이 결과는 '충돌 후 운동량의 크기는 B가 A보다 크다.'는 조건을 만족하지 못한다. 충돌 후 A가 왼쪽 방향으로 1 m/s의 속력으로 운동한다면, A에서 측정한 B는 오른쪽 방향으로 2 m/s의 속력으로 운동한다. 충돌 전후에 운동량 보존을 적용하면, $2m_A-2m_B=-m_A+2m_B$에서 $3m_A=4m_B$이므로 $m_A : m_B=4:3$이다. 이 결과는 '충돌 후 운동량의 크기는 B가 A보다 크다.'는 조건을 만족하므로 $m_A : m_B=4:3$이다.

답 ②

도전 1등급 115 운동량 보존

도전 1등급 문항 분석 ▸▸ 정답률 32%

그림 (가)는 마찰이 없는 수평면에서 물체 A가 정지해 있는 물체 B를 향하여 등속도 운동을 하는 모습을, (나)는 (가)에서 A와 B 사이의 거리를 시간에 따라 나타낸 것이다. 벽에 충돌 직후 B의 속력은 충돌 직전과 같다. A, B는 질량이 각각 m_A, m_B이고, 동일 직선상에서 운동한다.

(→ 운동량 보존 / → 기울기＝A와 B 사이의 상대 속도)

• 충돌 전 운동량: $2m_A$
• 충돌 후 운동량: $-m_Av_A+m_Bv_B$

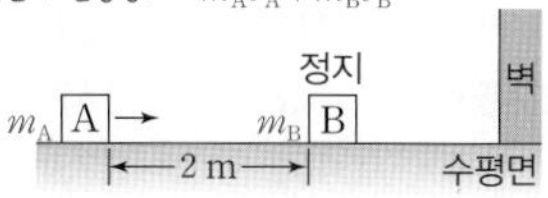

(가)

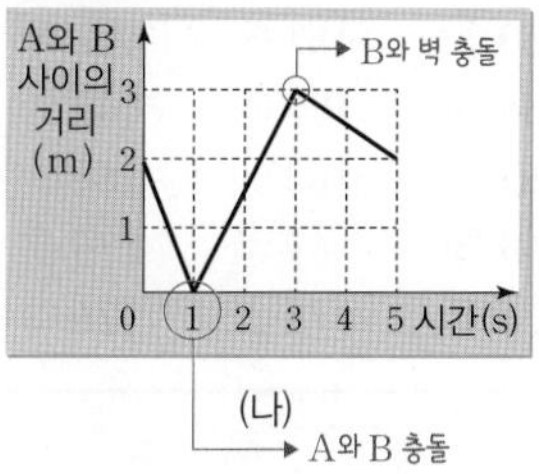

(나)

m_A : m_B는?

해결 전략 (나)의 그래프의 기울기는 두 물체의 상대 속도를 나타냄을 알고, 두 물체의 충돌에서 운동량 보존 법칙을 적용할 수 있어야 한다.

선택지 분석

✓❹ (나)의 그래프에서 직선의 기울기는 A와 B 사이의 상대 속도를 나타낸다. 상대 속도의 크기는 1초부터 3초까지가 3초부터 5초까지보다 크므로 A와 B는 충돌 후 서로 반대 방향으로 운동한다. 처음에 A는 정지해 있는 B로부터 2 m 떨어져 있고 0초부터 1초까지 B는 정지해 있으므로 이때 A의 속력은 2 m/s이다.

1초일 때 A와 B가 충돌 후 A의 속력이 v_A, B의 속력이 v_B일 때 A와 B의 상대 속도의 크기는 1초부터 3초까지 직선의 기울기인 $\frac{3}{2}$ m/s이므로 $v_A+v_B=\frac{3}{2}$ …①이다.

3초일 때 B가 벽에 충돌한 후 반대 방향으로 v_B의 속력으로 운동하고, A와 B의 상대 속도의 크기는 3초부터 5초까지 직선의 기울기의 크기인 $\frac{1}{2}$ m/s이므로 $v_B-v_A=\frac{1}{2}$ …②이다. 따라서 ①, ②를 연립하면 $v_A=\frac{1}{2}$ m/s, $v_B=1$ m/s이다.

A와 B가 충돌하기 전후에 운동량 보존이 성립하므로, $2m_A=-m_Av_A+m_Bv_B$이고 $v_A=\frac{1}{2}$ m/s, $v_B=1$ m/s를 대입하면 $m_A : m_B=2 : 5$이다. 답 ④

도전 1등급 116 운동량 보존

도전 1등급 문항 분석 ▸▸ 정답률 30%

그림 (가)와 같이 마찰이 없는 수평면에서 물체 A, B, C가 등속도 운동을 한다. A와 C는 같은 속력으로 B를 향해 운동하고, B의 속력은 4 m/s이다. A, B, C의 질량은 각각 3 kg, 2 kg, 2 kg이다. 그림 (나)는 (가)에서 B와 C 사이의 거리를 시간 t에 따라 나타낸 것이다. A, B, C는 동일 직선상에서 운동한다.

(→ 운동량 보존 / → 기울기＝B와 C 사이의 상대 속도)

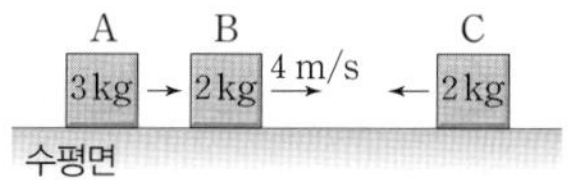

(가)

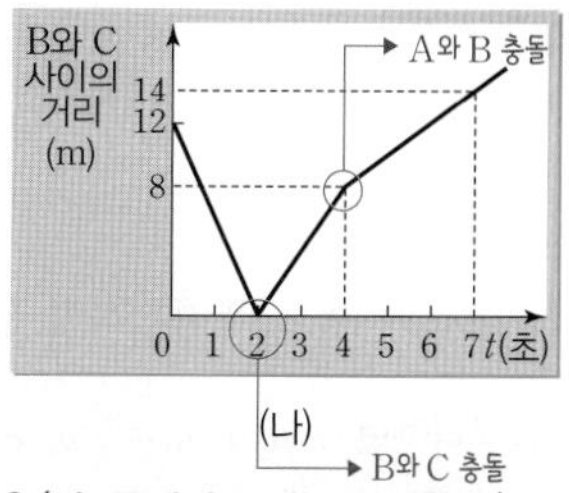

(나)

$t=0$에서 $t=7$초까지 A가 이동한 거리는? (단, 물체의 크기는 무시한다.)

해결 전략 (나)의 그래프를 분석하여 세 물체의 충돌에서 운동량 보존 법칙을 적용할 수 있어야 한다.

선택지 분석

✓❶ $t=2$초일 때 B와 C가 충돌하고, $t=4$초일 때 A와 B가 충돌하며, 외력이 작용하지 않으므로 운동량의 총합이 일정하게 보존된다.

$t=0$과 $t=2$초 사이에서 B와 C 사이의 거리가 1초에 6 m씩 가까워진다. 따라서 오른쪽 방향을 (+)방향으로 정하면 B와 C가 충돌하기 전, C의 속도는 -2 m/s이다. A와 C의 속력이 같으므로, B와 C가 충돌하기 전 A의 속도는 $+2$ m/s이다.

$t=2$초와 $t=4$초 사이에서 B와 C 사이의 거리가 1초에 4 m씩 멀어지므로, C의 속도를 v_C'라고 하면, B의 속도는 $v_B'=v_C'-4$이다. 운동량의 총합이 보존되므로 $2\ \mathrm{kg}\times4\ \mathrm{m/s}-2\ \mathrm{kg}\times2\ \mathrm{m/s}=2\ \mathrm{kg}\times v_B'+2\ \mathrm{kg}\times v_C'$에서 $4\ \mathrm{kg\cdot m/s}=2\ \mathrm{kg}\times(v_C'-4\ \mathrm{m/s})+2\ \mathrm{kg}\times v_C'$이고, $v_C'=3$ m/s이다. 따라서 $t=2$초와 $t=4$초 사이에서 B, C의 속도는 각각 $v_B'=-1$ m/s, $v_C'=3$ m/s이다.

$t=4$초 이후 B와 C 사이의 거리가 1초에 2 m씩 멀어지므로 B의 속도는 $v_B''=1$ m/s이다. 따라서 $3\ \mathrm{kg}\times2\ \mathrm{m/s}+2\ \mathrm{kg}\times(-1\ \mathrm{m/s})=3\ \mathrm{kg}\times v_A'+2\ \mathrm{kg}\times1\ \mathrm{m/s}$에서 $t=4$초 이후 A의 속도는 $v_A'=\frac{2}{3}$ m/s이다.

A가 이동한 거리가 $t=0$에서 $t=4$초까지는 $2\ \mathrm{m/s}\times4\ \mathrm{s}=8$ m이고, $t=4$초에서 $t=7$초까지는 $\frac{2}{3}\ \mathrm{m/s}\times3\ \mathrm{s}=2$ m이다. 따라서 A가 $t=0$에서 $t=7$초까지 이동한 거리는 8 m+2 m=10 m이다. 답 ①

117 운동량 보존

자료 분석

외력이 작용하지 않으면 충돌 과정에서 운동량은 보존된다. 충돌 후 A, B, C, D의 운동량을 각각 p_A, p_B, p_C, p_D라고 하면, A와 B의 충돌 과정에서 $p=p_A+p_B$ …①이다. 충돌 후 C와 D의 운동 방향이 같다면, C와 D의 충돌 과정에서 $p=p_C+p_D$ …②이다.

$p_A=\frac{3}{5}p_C$ …③이다. 충돌 전 B와 D는 정지해 있었으므로 충돌 과정에서 B와 D가 받은 충격량은 충돌 후 B와 C의 운동량과 같다. $p_B=\frac{3}{5}p_D$ …④이다.

③, ④를 ①에 대입하여 정리하면, $p=\frac{3}{5}p_C+\frac{3}{5}p_D$ …⑤이다. ②$\times\frac{3}{5}$을 하면 $\frac{3}{5}p=\frac{3}{5}p_C+\frac{3}{5}p_D$ …⑥이다. 따라서 ⑤와 ⑥에서 모순이 발생하므로 충돌 후 C와 D의 운동 방향은 서로 반대이다.

선택지 분석

✓ ❺ A와 B의 충돌 과정에서 $p=p_A+p_B$ ⋯ ①이고, C가 D와 충돌한 후 운동 방향이 반대가 되므로 $p=-p_C+p_D$ ⋯ ②이다. $p_A=\frac{3}{5}p_C$이고, $p_B=\frac{3}{5}p_D$이므로 이를 ①에 대입하여 정리하면 $p=\frac{3}{5}p_C+\frac{3}{5}p_D$ ⋯ ③이다. ②, ③을 정리하면 $-p_C+p_D=\frac{3}{5}p_C+\frac{3}{5}p_D$에서 $p_C=\frac{1}{4}p_D$이다. 따라서 ②에 대입하여 정리하면 $p_D=\frac{4}{3}p$이다.

답 ⑤

118 운동량 보존

자료 분석

외력이 작용하지 않으면 충돌 과정에서 운동량이 보존된다. 속도의 부호는 운동 방향을 의미하며, A의 운동 방향은 B와 충돌하기 전과 후가 서로 반대이므로 B와 충돌하기 전 A의 운동량은 2 kg×5 m/s=10 kg·m/s이고, B와 충돌한 후 A의 운동량은 2 kg×(−3 m/s)=−6 kg·m/s이다.

선택지 분석

✓ ❹ B의 질량을 m이라고 하면, 충돌 과정에서 운동량의 총합은 보존되므로 10 kg·m/s=2 kg×(−3 m/s)+m×2 m/s에서 m=8 kg이다.

답 ④

119 운동량 보존과 운동 에너지

빈출 문항 자료 분석

그림 (가)는 마찰이 없는 수평면에서 물체 A가 정지해 있는 물체 B를 향해 운동하는 모습을 나타낸 것이고, (나)는 A의 위치를 시간에 따라 나타낸 것이다. A, B의 질량은 각각 m_A, m_B이고, 충돌 후 운동 에너지는 B가 A의 3배이다.

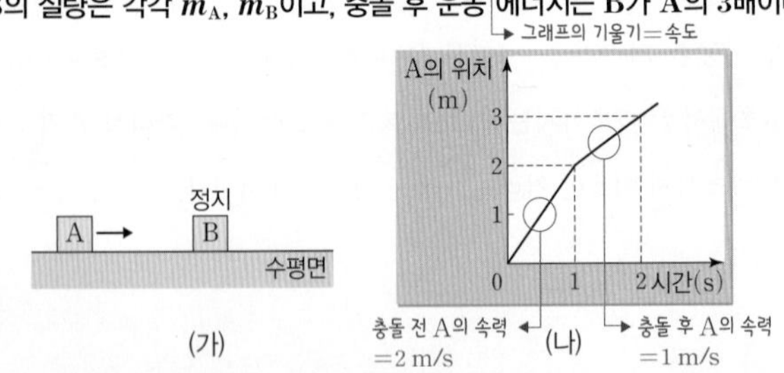

$m_A : m_B$는? (단, A와 B는 동일 직선상에서 운동한다.)

해결 전략 위치-시간 그래프에서 기울기는 물체의 속도를 나타내며, 운동량 보존 법칙에 의해 물체가 충돌할 때 외부에서 힘이 작용하지 않으면, 충돌 전후 물체들의 운동량의 합은 일정하게 보존됨을 적용할 수 있어야 한다.

선택지 분석

✓ ❷ (나)의 그래프로부터 충돌 전과 후 A의 속도의 크기는 각각 2 m/s, 1 m/s임을 알 수 있다. 따라서 충돌 후 B의 속도의 크기를 v_B라고 하면, 운동량 보존 법칙에 의해 충돌 전후 운동량은 보존되므로, m_A×2 m/s $=m_A$×1 m/s$+m_Bv_B$에서 $v_B=\frac{m_A}{m_B}$이다.

또 충돌 후 운동 에너지는 B가 A의 3배이므로 $3\times\frac{1}{2}m_A\times(1\text{ m/s})^2=\frac{1}{2}m_Bv_B^2$에서 $v_B=\frac{m_A}{m_B}$를 대입하면 $m_A=3m_B$이다. 따라서 $m_A : m_B$ =3 : 1이다.

답 ②

02 에너지와 열

120 ⑤	121 ⑤	122 ②	123 ④	124 ④	125 ②
126 ②	127 ④	128 ①	129 ⑤	130 ②	131 ②
132 ③	133 ③	134 ④	135 ④	136 ①	137 ⑤
138 ④	139 ⑤	140 ④	141 ①	142 ②	143 ①
144 ②	145 ④	146 ②	147 ①	148 ⑤	149 ⑤
150 ⑤	151 ③	152 ⑤	153 ⑤	154 ④	155 ①
156 ⑤	157 ④	158 ②	159 ②	160 ⑤	161 ⑤
162 ⑤	163 ⑤	164 ⑤	165 ①	166 ②	167 ⑤
168 ③	169 ①	170 ③	171 ①	172 ①	173 ④
174 ③	175 ⑤	176 ③	177 ③	178 ⑤	179 ④

도전 1등급

120 운동 법칙과 역학적 에너지

도전 1등급 문항 분석 ▸▸ 정답률 34%

그림은 물체 A, B, C를 실 p, q로 연결하여 C를 손으로 잡아 정지시킨 모습을 나타낸 것이다. C를 가만히 놓으면 B는 가속도의 크기 a로 등가속도 운동한다. 이후 p를 끊으면 B는 가속도의 크기 a로 등가속도 운동한다. A, B, C의 질량은 각각 $3m$, m, $2m$이다.

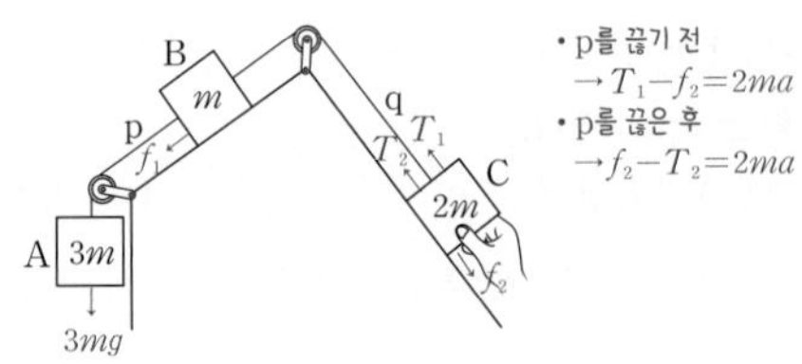

이에 대한 설명으로 옳은 것만을 〈보기〉에서 있는 대로 고른 것은? (단, 중력 가속도는 g이고, 실의 질량 및 모든 마찰과 공기 저항은 무시한다.)

보기

ㄱ. q가 B를 당기는 힘의 크기는 p를 끊기 전이 p를 끊은 후보다 크다. O

ㄴ. $a=\frac{1}{3}g$이다. O

ㄷ. p를 끊기 전까지, A의 중력 퍼텐셜 에너지 감소량은 B와 C의 운동 에너지 증가량의 합보다 크다. O

해결 전략 빗면 위에 실로 연결되어 정지해 있는 세 물체의 운동에서 실이 끊어졌을 때 물체의 가속도와 힘의 크기를 비교하고, 중력 퍼텐셜 에너지와 운동 에너지의 변화량을 분석할 수 있어야 한다.

선택지 분석

✓ ㄱ. A에 작용하는 중력의 크기가 $3mg$, B에 작용하는 중력이 빗면 아래 방향으로 작용하는 힘의 크기가 f_1, C에 작용하는 중력이 빗면 아래 방향으로 작용하는 힘의 크기가 f_2일 때, p를 끊기 전 C에 운동 방정식을 적용하면 q가 C를 당기는 힘의 크기(T_1)는 $T_1-f_2=2ma$이고, p를 끊은 후 C에 운동 방정식을 적용하면 q가 C를 당기는 힘의 크기(T_2)는 $f_2-T_2=2ma$이다. 두 식을 더하면 $T_1-T_2=4ma$이고, q가 C를 당기는 힘의 크기는 q가 B를 당기는 힘의 크기와 같으므로, q가 B를 당기는 힘의 크기는 p를 끊기 전이 p를 끊은 후보다 크다.

✓ ㄴ. p를 끊기 전과 후에 가속도의 크기(a)가 같으므로 $a=\frac{3mg+f_1-f_2}{6m}$ $=\frac{f_2-f_1}{3m}$에서 $f_2-f_1=mg$이다. 따라서 $a=\frac{mg}{3m}=\frac{1}{3}g$이다.

✓ ㄷ. p를 끊기 전까지, 'A의 중력 퍼텐셜 에너지 감소량+B의 중력 퍼텐셜 에너지 감소량'은 'A의 운동 에너지 증가량+B의 운동 에너지 증가량+C의 운동 에너지 증가량+C의 중력 퍼텐셜 에너지 증가량'과 같다. 'B의 운동 에너지 증가량+C의 운동 에너지 증가량'은 A의 운동 에너지 증가량과 같으므로 A의 중력 퍼텐셜 에너지 감소량은 'C의 중력 퍼텐셜 에너지 증가량−B의 중력 퍼텐셜 에너지 감소량+2×(B의 운동 에너지 증가량+C의 운동 에너지 증가량)'이다.

p를 끊은 후 B의 운동 방향이 바뀌므로 'C의 중력 퍼텐셜 에너지 증가량−B의 중력 퍼텐셜 에너지 감소량'은 (+)의 값을 갖는다. 따라서 p를 끊기 전까지, A의 중력 퍼텐셜 에너지 감소량은 B와 C의 운동 에너지 증가량의 합보다 크다. 답 ⑤

도전 1등급

121 역학적 에너지

도전 1등급 문항 분석 ▸▸ 정답률 23%

그림과 같이 실로 연결된 채 두 빗면에서 속력 v로 각각 등속도 운동을 하던 물체 A, B가 수평선 P를 동시에 지나는 순간 실이 끊어졌으며, 이후 각각 등가속도 직선 운동을 하여 수평선 Q를 동시에 지났다. A, B의 질량은 각각 m, $5m$이고, 두 빗면의 기울기는 같으며, B는 빗면으로부터 일정한 마찰력을 받는다.

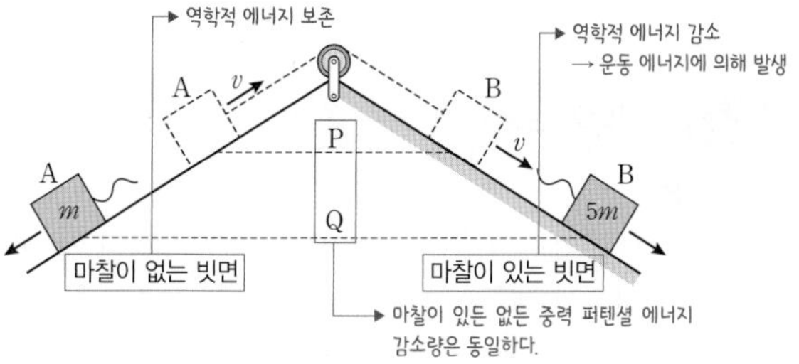

P에서 Q까지 B의 역학적 에너지 감소량은? (단, 실의 질량, 물체의 크기, B가 받는 마찰 이외의 모든 마찰과 공기 저항은 무시한다.)

해결 전략 마찰이 없는 빗면과 마찰이 있는 빗면에서 물체의 역학적 에너지 보존의 관계를 이해하고, 물체의 운동 에너지와 중력 퍼텐셜 에너지를 적용할 수 있어야 한다.

선택지 분석

✓ ❺ Q에서 A, B의 속력을 각각 v_A, v_B라고 하면, P에서 Q까지 A, B의 평균 속도의 크기가 서로 같으므로 $v_A-v=v_B+v$이다. 실이 끊어지기 전에는 각각 등속도 운동을 하였으므로 실이 끊어진 후 A, B의 가속도의 비는 $(v_A+v):(v_B-v)=5:1$이고, $v_A=4v$, $v_B=2v$가 된다.

A의 속력이 v에서 $4v$가 되었으므로 B에도 마찰력이 작용하지 않았다면 Q에서 속력이 $4v$가 되었을 것이다. 따라서 P에서 Q까지 B의 역학적 에너지 감소량은 $\frac{1}{2}(5m)(4v)^2-\frac{1}{2}(5m)(2v)^2=30mv^2$이다. 답 ⑤

122 등가속도 직선 운동과 운동 에너지

자료 분석

정지 상태에서 등가속도 직선 운동을 하는 물체의 이동 거리는 등가속도 운동 공식 $v^2=2as$에 의해 속력의 제곱에 비례하고, 물체의 운동 에너지는 이동 거리에 비례한다. 자동차의 운동 에너지는 c에서가 b에서의 $\frac{5}{4}$배이므로, b에서 자동차의 운동 에너지를 $4E_k$라고 하면 c에서 자동차의 운동 에너지는 $5E_k$이다.

선택지 분석

✓ ❷ 정지 상태에서 등가속도 직선 운동하는 물체의 이동 거리와 속력의 관계는 $v^2=2as$이므로 $v^2\propto s$이다. 물체의 운동 에너지는 속력의 제곱(v^2)에 비례하므로, 물체의 운동 에너지(E_k)는 이동 거리(s)에 비례한다. 자동차의 운동 에너지는 c에서가 b에서의 $\frac{5}{4}$배이므로 자동차의 운동 에너지를 b에서 $4E_k$, c에서 $5E_k$라 하고, 자동차의 이동 거리에 따른 $v^2(\propto E_k)$의 그래프를 그려보면 그림과 같다.

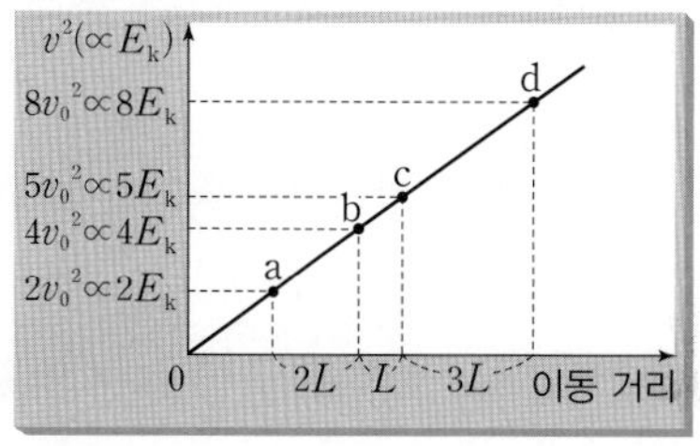

자동차의 운동 에너지는 a에서 $2E_k=\frac{1}{2}mv_a^2$이므로 $v_a=2\sqrt{\frac{E_k}{m}}$이고, d에서는 $8E_k=\frac{1}{2}mv_d^2$이므로 $v_d=4\sqrt{\frac{E_k}{m}}$이다. 따라서 자동차의 속력은 d에서가 a에서의 2배이다. 답 ②

123 일 · 운동 에너지 정리

자료 분석

a~b 구간을 통과하는 데 걸리는 시간은 e~f 구간을 통과하는 데 걸리는 시간의 3배이므로, e~f 구간을 통과하는 데 걸리는 시간을 t라고 하면 a~b 구간을 통과하는 데 걸리는 시간은 $3t$이다.

물체는 빗면에서 등가속도 운동을 하므로 a~b 구간에서의 평균 속력은 $\frac{v+4v}{2}=\frac{5v}{2}$이고, $5L=\frac{5v}{2}\times 3t=\frac{15}{2}vt$가 된다. a에서 c까지는 역학적 에너지가 보존되고, c에서 d까지 물체는 외력 F에 의해 속력이 감소하여 운동 에너지가 감소한다.

선택지 분석

✓ ❹ e에서 속력을 v'라고 하면, a~b 구간과 e~f 구간에서 평균 속력은 각각 $2.5v$, $0.5v'$이다. 또 a~b 구간을 통과하는 데 걸리는 시간이 e~f 구간을 통과하는 데 걸리는 시간의 3배이므로, $\frac{5L}{2.5v}=\frac{L}{0.5v'}\times 3$에서 $v'=3v$이다.

물체의 질량을 m이라 하고 e~f 구간에서 물체가 받은 알짜힘의 크기를 F'이라고 하면, $7FL=\frac{1}{2}m[(4v)^2-(3v)^2]=\frac{7}{2}mv^2$이고 $F'L=\frac{1}{2}m[(3v)^2-0]=\frac{9}{2}mv^2$에서 $F'=9F$이다. 답 ④

도전 1등급

124 일 · 운동 에너지 정리

도전 1등급 문항 분석 ▸▸ 정답률 30%

그림과 같이 물체가 수평면에서 직선 운동하며 길이가 같은 6개의 터널과 점 a～e를 통과한다. 물체는 각 터널을 통과하는 동안에만 같은 크기의 힘을 운동 방향으로 받는다. 첫 번째 터널을 통과하기 전과 후의 물체의 속력은 각각 v, $2v$이다.

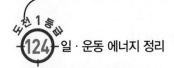

(터널 안에서 물체의 이동 거리가 같다.)

(물체의 속력이 증가하여 운동 에너지가 증가한다.)

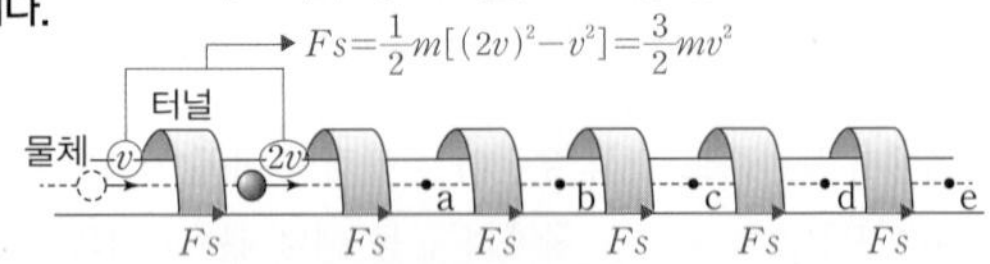

a～e 중 물체의 속력이 $4v$인 점은? (단, 물체의 크기, 모든 마찰과 공기 저항은 무시한다.)

해결 전략 알짜힘이 한 일은 물체의 운동 에너지의 변화량과 같음을 알고, 각 구간에서 운동 에너지를 구한 후, 속력을 비교할 수 있어야 한다.

선택지 분석

✓❹ 질량이 m인 물체가 터널에서 받는 일($W=Fs$)은 같으므로, 운동 에너지의 증가량도 같다. 즉, $Fs=\frac{1}{2}m[(2v)^2-v^2]=\frac{3}{2}mv^2$이므로, a～e에서의 운동 에너지는 각각 $\frac{7}{2}mv^2$, $\frac{10}{2}mv^2$, $\frac{13}{2}mv^2$, $\frac{16}{2}mv^2$, $\frac{19}{2}mv^2$이 된다. 따라서 속력이 $4v$인 점은 d이다.

답 ④

도전 1등급

125 일과 가속도

도전 1등급 문항 분석 ▸▸ 정답률 34%

(A와 B의 처음 속력은 0이다.)

그림은 $x=0$에서 정지해 있던 물체 A, B가 x축과 나란한 직선 경로를 따라 운동을 한 모습을, 표는 구간에 따라 A, B에 작용한 힘의 크기와 방향을 나타낸 것이다. A, B의 질량은 같고, $x=0$에서 $x=4L$까지 운동하는 데 걸린 시간은 같다. F_A와 F_B는 각각 크기가 일정하고, x축과 나란한 방향이다.

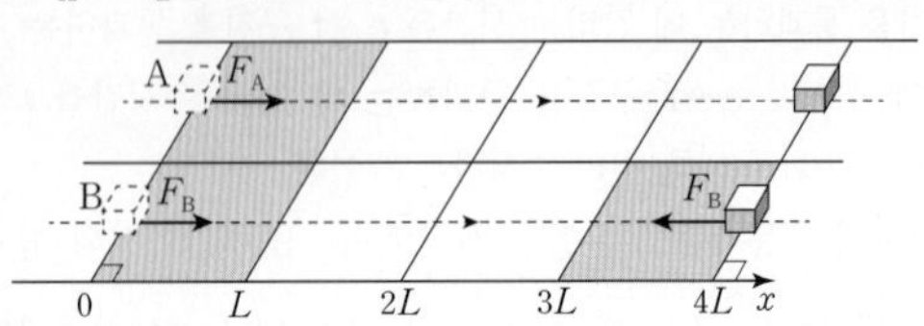

물체 \ 구간	$0 \leq x \leq L$	$L < x < 3L$	$3L \leq x \leq 4L$
A	F_A, 오른쪽	0	0
B	F_B, 오른쪽	0	F_B, 왼쪽

($0 \leq x \leq L$: A, B는 운동 방향으로 힘을 받는다. 즉, 속력이 증가한다.)
($L < x < 3L$: A, B는 힘을 받지 않는다. 즉, 속력이 일정하다.)
($3L \leq x \leq 4L$: B는 운동 방향과 반대 방향으로 힘을 받는다. 즉, 속력이 감소한다.)

$0 \leq x \leq L$에서 A, B가 받은 일을 각각 W_A, W_B라고 할 때, $\frac{W_A}{W_B}$는? (단, 물체의 크기, 마찰, 공기 저항은 무시한다.)

해결 전략 수평면에서 구간별로 각각 크기가 일정한 힘을 받으며 운동하는 두 물체가 각 구간을 운동하면서 받은 일을 구할 수 있어야 한다.

선택지 분석

✓❷ A와 B가 $x=0$에서 정지해 있다가 $x=4L$까지 운동하는 데 걸린 시간이 같으므로 물체가 이동한 거리와 시간을 고려하여 A, B의 시간에 따른 속도 그래프를 그리면 다음과 같고, $\frac{5}{2}t_1=3t_2$에서 $t_1=\frac{6}{5}t_2$ …①이다.

A가 0～t_1 동안 이동한 거리 $L=\frac{v_A}{2}\times t_1$이고, B가 0～t_2 동안 이동한 거리 $L=\frac{v_B}{2}\times t_2$이므로 $v_At_1=v_Bt_2$ …②이다.

$W_A=F_AL$, $W_B=F_BL$이고 A와 B의 질량이 같으므로 $\frac{W_A}{W_B}=\frac{F_A}{F_B}=\frac{a_A}{a_B}$(단, a_A, a_B는 각각 A와 B의 가속도의 크기)이다. $a_A=\frac{v_A}{t_1}$, $a_B=\frac{v_B}{t_2}$이므로 $\frac{W_A}{W_B}=\frac{a_A}{a_B}=\frac{v_At_2}{v_Bt_1}$ …③이 되고, ①, ②, ③에 의해 $\frac{W_A}{W_B}=\frac{25}{36}$이다.

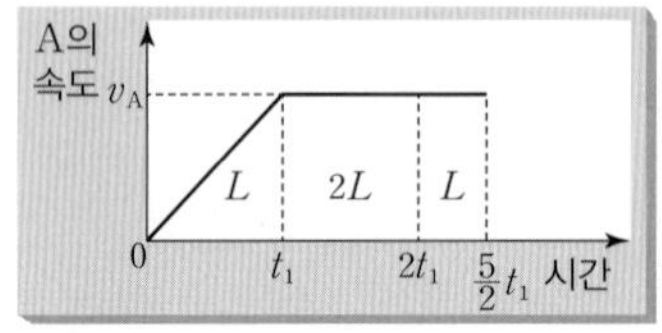

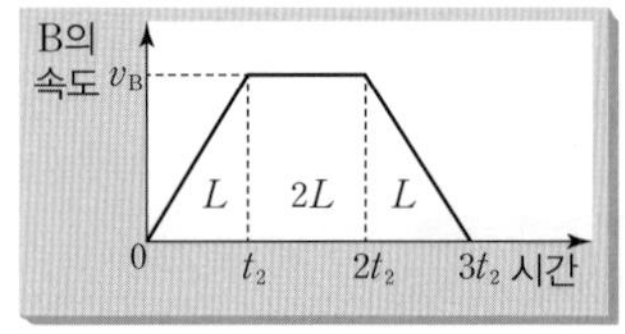

답 ②

126 에너지 보존

자료 분석

(가)의 높이가 $4h$인 지점에서 용수철 P가 최대로 압축되었을 때 탄성 퍼텐셜 에너지는 분리된 직후 A, B의 운동 에너지의 합과 같고, 분리된 직후 B의 역학적 에너지는 마찰 구간에서 손실된 에너지와 수평면에서 B의 운동 에너지의 합과 같다. (나)에서 용수철 Q가 최대한 압축되었을 때 탄성 퍼텐셜 에너지(=수평면에서 B의 운동 에너지)는 마찰 구간에서 손실된 에너지와 높이가 $4h$인 지점에서의 B의 퍼텐셜 에너지의 합과 같다. 즉, 높이가 $4h$인 지점에서 분리된 직후 B의 운동 에너지는 마찰 구간에서 손실된 에너지의 2배와 같다.

선택지 분석

✓❷ P와 Q의 용수철 상수를 k, B의 질량을 m, 중력 가속도를 g라고 하자. A와 B가 P를 최대로 압축시켰을 때 P에 저장된 탄성 퍼텐셜 에너지는 $\frac{1}{2}k(2d)^2$이고, A와 B가 분리된 후 A가 P를 최대로 압축시켰을 때 P에 저장된 탄성 퍼텐셜 에너지는 $\frac{1}{2}kd^2$이다. A와 B의 분리 전후 역학적 에너지는 보존되므로 A와 B가 분리된 후 B의 운동 에너지는 $\frac{3}{2}kd^2$이다. B가 마찰 구간을 내려갈 때 등속도 운동하므로 마찰 구간을 한 번 지날 때 손실된 역학적 에너지는 mgH이고, $mgH=\frac{3}{2}kd^2+mg(4h)-\frac{1}{2}$

$k(3d)^2$…①이다. B가 Q에서 분리된 후 다시 마찰 구간을 지나 처음 높이 $4h$에서 정지하므로 마찰 구간을 두 번 지나는 동안 손실된 역학적 에너지는 $2mgH=\frac{3}{2}kd^2$…②이다. ①, ②에서 $H=\frac{4}{5}h$이다. 답 ②

127 역학적 에너지 보존

빈출 문항 자료 분석

그림과 같이 수평면으로부터 높이가 h인 수평 구간에서 질량이 각각 m, $3m$인 물체 A와 B로 용수철을 압축시킨 후 가만히 놓았더니, A, B는 각각 수평면상의 마찰 구간 Ⅰ, Ⅱ를 지나 높이 $3h$, $2h$에서 정지하였다. 이 과정에서 A의 운동 에너지의 최댓값은 A의 중력 퍼텐셜 에너지의 최댓값의 4배이다. A, B가 각각 Ⅰ, Ⅱ를 한 번 지날 때 손실되는 역학적 에너지는 각각 W_{I}, W_{II}이다.

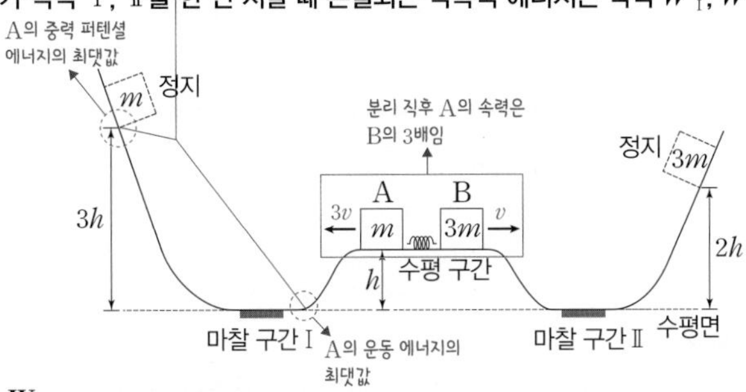

$\frac{W_{\text{I}}}{W_{\text{II}}}$은? (단, 수평면에서 중력 퍼텐셜 에너지는 0이고, A와 B는 동일 연직면상에서 운동한다. 물체의 크기, 용수철의 질량, 공기 저항과 마찰 구간 외의 모든 마찰은 무시한다.)

해결 전략 외력이 작용하지 않으면 분리되기 전과 후 물체들의 운동량의 합은 0으로 운동량이 보존되고, 마찰 구간을 지나는 동안 역학적 에너지는 손실되며, 마찰 구간 외에서는 역학적 에너지가 보존된다는 것을 알아야 한다.

선택지 분석

✓ ④ 운동량 보존에 의해 용수철에서 분리되어 수평 구간에서 등속도 운동하는 동안 속력은 A가 B의 3배이다. 용수철에서 분리된 직후 A, B의 속력을 각각 $3v$, v라 할 때, A와 B가 수평 구간에서 분리된 직후부터 높이가 각각 $3h$, $2h$인 지점에 도달할 때까지 에너지의 관계는 다음과 같다.

A: $mgh+\frac{1}{2}m(3v)^2-W_{\text{I}}=3mgh$…①

B: $3mgh+\frac{1}{2}(3m)v^2-W_{\text{II}}=6mgh$…②

또한 이 과정에서 A의 운동 에너지의 최댓값은 수평 구간에서 분리되는 순간 A의 역학적 에너지와 같으므로 $E_{\text{kAmax}}=mgh+\frac{1}{2}m(3v)^2$이고, A의 중력 퍼텐셜 에너지의 최댓값은 높이 $3h$에 도달하는 순간의 중력 퍼텐셜 에너지이므로 $E_{\text{pAmax}}=3mgh$이며 운동 에너지의 최댓값이 중력 퍼텐셜 에너지의 최댓값의 4배이므로 다음과 같은 관계가 성립한다.

$mgh+\frac{1}{2}m(3v)^2=12mgh$…③

①, ②, ③에 의해 $W_{\text{I}}=9mgh$, $W_{\text{II}}=\frac{2}{3}mgh$이므로 $\frac{W_{\text{I}}}{W_{\text{II}}}=\frac{27}{2}$이다.

답 ④

도전 1등급 128 역학적 에너지 보존

도전 1등급 문항 분석 ▸▸ 정답률 33%

그림은 물체 A, C를 수평면에 놓인 물체 B의 양쪽에 실로 연결하여 서로 다른 빗면에 놓고, A를 손으로 잡아 점 p에 정지시킨 모습을 나타낸 것이다. A를 가만히 놓으면 A는 빗면을 따라 등가속도 운동한다. A가 p에서 d만큼 떨어진 점 q까지 운동하는 동안 A, C의 중력 퍼텐셜 에너지 변화량의 크기는 각각 E_0, $7E_0$이다. A, B, C의 질량은 각각 m, $2m$, $3m$이다.

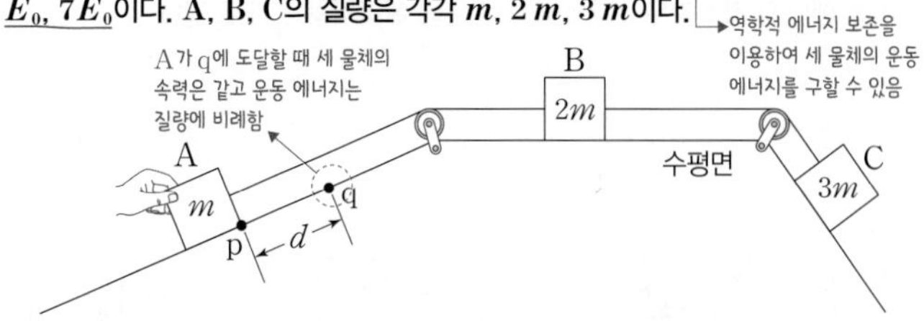

A가 p에서 q까지 운동하는 동안, 이에 대한 설명으로 옳은 것만을 〈보기〉에서 있는 대로 고른 것은? (단, 물체의 크기, 실의 질량, 모든 마찰은 무시한다.)

보기

ㄱ. A의 운동 에너지 변화량과 중력 퍼텐셜 에너지 변화량은 크기가 같다. O

ㄴ. B의 가속도의 크기는 $\frac{2E_0}{md}$이다. $\frac{E_0}{md}$ X

ㄷ. 역학적 에너지 변화량의 크기는 B가 C보다 크다. 작다. X

해결 전략 역학적 에너지가 보존되려면 감소한 역학적 에너지와 증가한 역학적 에너지가 같아야 함을 알아야 하고, 각 지점에서 물체의 역학적 에너지의 종류를 잘 파악할 수 있어야 한다.

선택지 분석

✓ ㄱ. A가 d만큼 운동하는 동안 역학적 에너지가 보존되므로 (C의 중력 퍼텐셜 에너지 감소량)=(A의 중력 퍼텐셜 에너지 증가량)+(A, B, C의 운동 에너지 증가량)이다.

속력이 같을 때 운동 에너지는 질량에 비례하므로 A, B, C의 운동 에너지 증가량은 각각 E_0, $2E_0$, $3E_0$이다. 따라서 A의 운동 에너지 변화량과 중력 퍼텐셜 에너지 변화량은 크기가 같다.

	중력 퍼텐셜 에너지 변화량	운동 에너지 변화량	역학적 에너지 변화량
A	$+E_0$	$+E_0$	$+2E_0$
B	0	$+2E_0$	$+2E_0$
C	$-7E_0$	$+3E_0$	$-4E_0$

ㄴ. B에 작용하는 알짜힘(F)이 한 일은 B의 운동 에너지 변화량과 같으므로 B의 가속도의 크기를 a라고 하면 $Fd=(2ma)d=2E_0$이다. 따라서 $a=\frac{E_0}{md}$이다.

ㄷ. B의 역학적 에너지 변화량의 크기는 $2E_0$이고, C의 역학적 에너지 변화량의 크기는 $4E_0$이다. 따라서 역학적 에너지 변화량의 크기는 B가 C보다 작다. 답 ①

도전 1등급 129 에너지 보존 법칙

도전 1등급 문항 분석 ▸▸ 정답률 26.3%

그림은 높이가 $3h$인 지점을 속력 v로 지나는 물체가 빗면 위의 마찰 구간 Ⅰ과 수평면 위의 마찰 구간 Ⅱ를 지난 후 높이가 h인 지점을 속력 v로 통과하는 모습을 나타낸 것이다. 점 p, q는 Ⅱ의 양 끝점이다. 높이차가 d인 Ⅰ에서 물체는 등속도 운동을 하고, Ⅰ의 최저점의 높이는 h이다. Ⅰ과 Ⅱ에서 물체의 역학적 에너지 감소량은 q에서 물체의 운동 에너지의 $\frac{2}{3}$배로 같다.

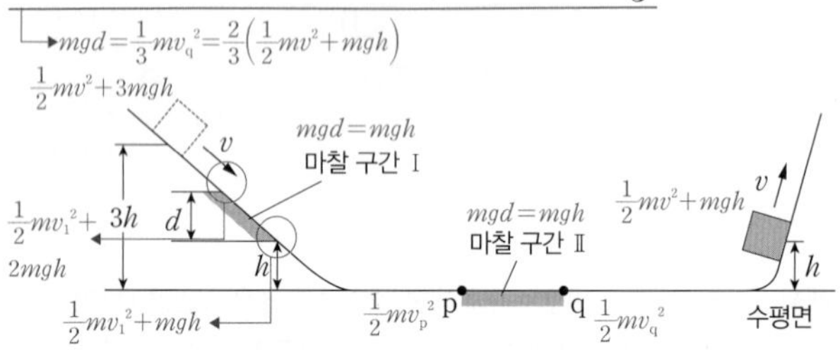

이에 대한 옳은 설명만을 〈보기〉에서 있는 대로 고른 것은? (단, 물체의 크기, 공기 저항, 마찰 구간 외의 모든 마찰은 무시한다.)

보기

ㄱ. $d=h$이다. O
ㄴ. p에서 물체의 속력은 $\sqrt{5}\,v$이다. O
ㄷ. 물체의 운동 에너지는 Ⅰ에서와 q에서가 같다. O

해결 전략 물체가 마찰 구간을 지나는 동안 역학적 에너지는 손실되고, 마찰 구간 외에서는 역학적 에너지가 보존된다는 것을 알아야 한다.

선택지 분석

✓ ㄱ. 물체의 질량을 m, 중력 가속도를 g라고 하면, $\frac{1}{2}mv^2+3mgh-2mgd=\frac{1}{2}mv^2+mgh$에서 $d=h$이다.

✓ ㄴ. Ⅰ, p, q에서의 속력을 각각 v_1, v_p, v_q라고 하면, $\frac{1}{2}mv_1^2+mgh-mgh=\frac{1}{2}mv_q^2$에서 $\frac{1}{2}mv_1^2=\frac{1}{2}mv_q^2$이다.

$mgh=\frac{1}{3}mv_q^2=\frac{2}{3}\left(\frac{1}{2}mv^2+mgh\right)$에서 $mgh=mv^2$이다.

$\frac{1}{2}mv_p^2-mgh=\frac{1}{2}mv^2+mgh$에서 $\frac{1}{2}mv_p^2=\frac{5}{2}mv^2$이므로 $v_p=\sqrt{5}v$이다.

✓ ㄷ. $\frac{1}{2}mv_1^2+mgh-mgh=\frac{1}{2}mv_q^2$에서 $\frac{1}{2}mv_1^2=\frac{1}{2}mv_q^2$이므로 물체의 운동 에너지는 Ⅰ에서와 q에서가 같다. 답 ⑤

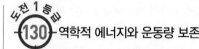

도전 1등급 130 역학적 에너지와 운동량 보존

도전 1등급 문항 분석 ▸▸ 정답률 38%

그림 (가)와 같이 빗면을 따라 운동하는 물체 A는 수평한 기준선 P를 속력 $5v$로 지나고, 물체 B는 수평면에 정지해 있다. 그림 (나)는 (가) 이후, A와 B가 충돌하여 서로 반대 방향으로 속력 $2v$로 운동하는 모습을 나타낸 것이다. A, B의 질량은 각각 m, $3m$이다. A가 마찰 구간을 올라갈 때와 내려갈 때 손실된 역학적 에너지는 같다. (나) 이후, A, B는 각각 P를 속력 v_A, $3v$로 지난다.

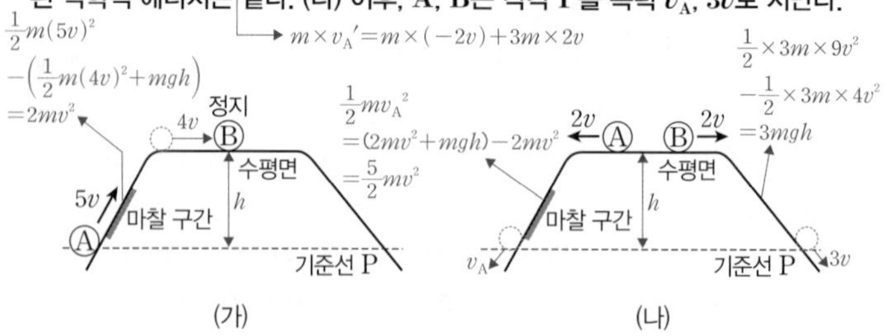

v_A는? (단, 물체의 크기, 공기 저항, 마찰 구간 외의 모든 마찰은 무시한다.)

해결 전략 두 물체의 충돌 과정에서 운동량이 보존됨을 알고, 마찰 구간에서는 역학적 에너지가 감소하며 마찰 구간 외에서는 역학적 에너지가 보존됨을 알아야 한다.

선택지 분석

✓ ② (나) 이후, B가 P에 도달할 때 역학적 에너지가 보존되므로 P에서 B의 운동 에너지는 수평면에서 B의 운동 에너지와 중력 퍼텐셜 에너지의 합과 같다. 중력 가속도를 g, 수평면과 P의 높이차를 h라고 하면 $\frac{1}{2}\times 3m\times 9v^2-\frac{1}{2}\times 3m\times 4v^2=3mgh$에서 $\frac{5}{2}mv^2=mgh$이다. 또한, 충돌 전 A의 속력을 v_A'라고 하면 운동량 보존에 의해 $m\times v_A'=m\times(-2v)+3m\times 2v$에서 $v_A'=4v$이다. (가)에서 A가 올라갈 때 손실된 역학적 에너지는 $\frac{1}{2}m(5v)^2-\left(\frac{1}{2}m(4v)^2+mgh\right)=2mv^2$이고, A가 내려갈 때 손실된 역학적 에너지는 같으므로 $\frac{1}{2}mv_A^2=(2mv^2+mgh)-2mv^2=\frac{5}{2}mv^2$에서 $v_A=\sqrt{5}v$이다. 답 ②

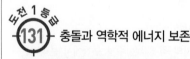

도전 1등급 131 충돌과 역학적 에너지 보존

도전 1등급 문항 분석 ▸▸ 정답률 24.6%

그림 (가)와 같이 질량이 m인 물체 A를 높이 $9h$인 지점에 가만히 놓았더니 A가 마찰 구간 Ⅰ을 지나 수평면에 정지한 질량이 $2m$인 물체 B와 충돌한다. 그림 (나)는 A와 B가 충돌한 후, A는 다시 Ⅰ을 지나 높이 H인 지점에서 정지하고, B는 마찰 구간 Ⅱ를 지나 높이 $\frac{7}{2}h$인 지점에서 정지한 순간의 모습을 나타낸 것이다. A가 Ⅰ을 한 번 지날 때 손실되는 역학적 에너지는 B가 Ⅱ를 지날 때 손실되는 역학적 에너지와 같고, 충돌에 의해 손실되는 역학적 에너지는 없다.
→ 운동량 보존, 운동 에너지의 합 보존

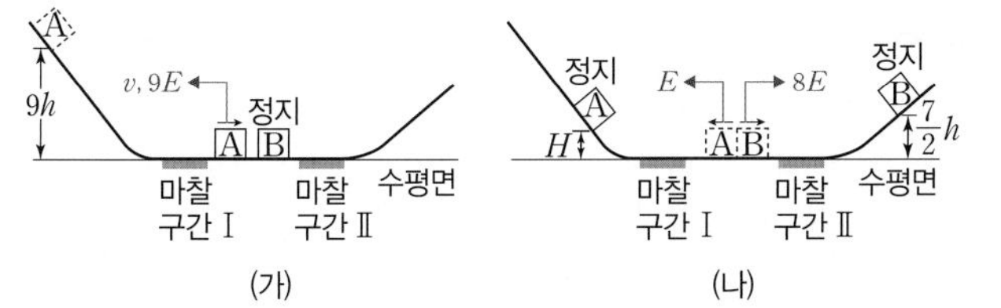

H는? (단, 물체는 동일 연직면상에서 운동하고, 물체의 크기, 공기 저항, 마찰 구간 외의 모든 마찰은 무시한다.)

해결 전략 두 물체의 충돌 과정에서 역학적 에너지가 보존된다는 것과 마찰 구간 Ⅰ, Ⅱ에서 손실된 역학적 에너지가 있음을 적용하여 문제를 해결할 수 있어야 한다.

선택지 분석

✓❷ 수평면에서 A와 B가 충돌할 때, 충돌 직전 A의 속도를 v, 충돌 직후 A, B의 속도를 각각 v_A, v_B라 하고 운동량 보존 법칙을 적용하면, $mv=mv_A+2mv_B$…①이다. 충돌 과정에서 역학적 에너지가 보존되므로 $\frac{1}{2}mv^2=\frac{1}{2}mv_A{}^2+\frac{1}{2}(2m)v_B{}^2$…②이다. ①, ②를 정리하면 $v=v_B-v_A$…③이다. ①, ③을 연립하면 $v_A=-\frac{1}{3}v$, $v_B=\frac{2}{3}v$이다. 수평면에서 A와 B가 충돌할 때, 충돌 직전 A의 운동 에너지를 $9E$, 충돌 직후 A, B의 운동 에너지를 각각 E, $8E$, 각 마찰 구간에서 손실된 역학적 에너지를 $E_손$이라고 하면, $\frac{9E+E_손}{8E-E_손}=\frac{9}{7}$의 식이 성립하므로 $E_손=\frac{9}{16}E$이다. 따라서

$\dfrac{E-\frac{9}{16}E}{9E+\frac{9}{16}E}=\dfrac{H}{9h}$에서 $H=\frac{7}{17}h$이다. 답 ②

✓❸ 마찰 구간Ⅰ에서 손실된 역학적 에너지를 W라고 하면 마찰 구간Ⅱ에서 손실된 역학적 에너지는 $2W$이다. 중력 가속도가 g일 때, 높이 $6h$인 지점에서 물체의 역학적 에너지는 $6mgh$이고, r의 높이가 H일 때 r에서 물체의 역학적 에너지는 $mgH=6mgh-3W$…①이다. p에서의 역학적 에너지는 $6mgh-W=mgh+\frac{1}{2}m(\sqrt{2}v)^2$…②이고, q에서의 역학적 에너지는 $mgh+\frac{1}{2}m(\sqrt{2}v)^2-2W=2mgh+\frac{1}{2}mv^2$…③이다. ②와 ③을 연립하면 $W=\frac{3}{5}mgh$이고, 이를 ①에 대입하면 $H=\frac{21}{5}h$이다. 답 ③

132 역학적 에너지 보존

빈출 문항 자료 분석

그림은 높이 $6h$인 점에서 가만히 놓은 물체가 궤도를 따라 운동하여 마찰 구간 Ⅰ, Ⅱ를 지나 최고점 r에 도달하여 정지한 순간의 모습을 나타낸 것이다. 점 p, q의 높이는 각각 h, $2h$이고, p, q에서 물체의 속력은 각각 $\sqrt{2}v$, v이다. 마찰 구간에서 손실된 역학적 에너지는 Ⅱ에서가 Ⅰ에서의 2배이다.

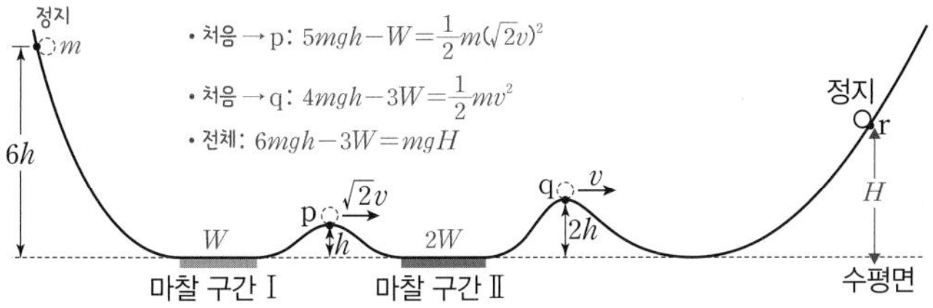

r의 높이는? (단, 물체의 크기, 공기 저항, 마찰 구간 외의 모든 마찰은 무시한다.)

해결 전략 물체가 마찰 구간을 지나는 동안 역학적 에너지는 손실되고, 마찰 구간 외에서는 역학적 에너지가 보존된다는 것을 알아야 한다.

133 역학적 에너지 보존

빈출 문항 자료 분석

그림과 같이 수평면에서 운동하던 질량이 m인 물체가 언덕을 따라 올라갔다가 내려온다. 높이가 같은 점 p, s에서 물체의 속력은 각각 $2v_0$, v_0이고, 최고점 q에서의 속력은 v_0이다. 높이차가 h로 같은 마찰 구간 Ⅰ, Ⅱ에서 물체의 역학적 에너지 감소량은 Ⅱ에서가 Ⅰ에서의 2배이다.

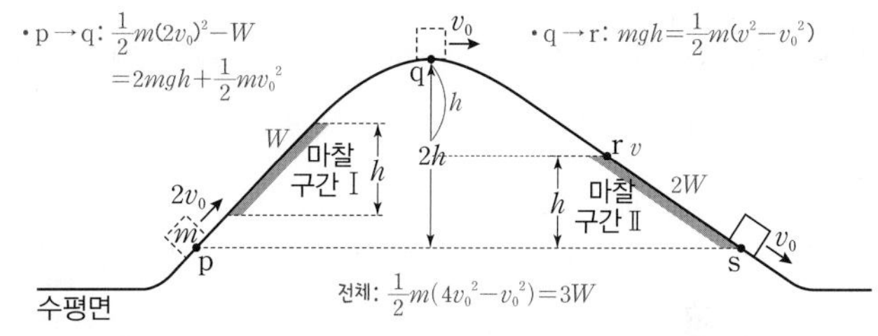

점 r에서 물체의 속력은? (단, 마찰 구간 외의 모든 마찰과 공기 저항, 물체의 크기는 무시한다.)

해결 전략 마찰 구간에서 물체의 운동 에너지와 중력 퍼텐셜 에너지의 관계를 이용하여 역학적 에너지 보존 법칙을 적용할 수 있어야 한다.

선택지 분석

✓❸ Ⅰ에서 역학적 에너지 감소량을 W라고 하면, Ⅱ에서 역학적 에너지 감소량은 $2W$이다.

물체가 p에서 q까지 운동하는 동안은 $W=\frac{1}{2}m(2v_0)^2-\left\{mg(2h)+\frac{1}{2}mv_0{}^2\right\}$ $=\frac{3}{2}mv_0{}^2-2mgh$…①이고, 물체가 q에서 s까지 운동하는 동안은 $2W=\left\{mg(2h)+\frac{1}{2}mv_0{}^2\right\}-\frac{1}{2}mv_0{}^2=2mgh$…②이다. ②를 정리하면 $W=mgh$이고, 이를 ①에 대입하여 정리하면 $mgh=\frac{1}{2}mv_0{}^2$이다.

r에서 물체의 속력을 v라고 하면, 물체가 q에서 r까지 운동하는 동안 물체의 역학적 에너지는 보존되므로 $2mgh+\frac{1}{2}mv_0{}^2=mgh+\frac{1}{2}mv^2$에서 $mv_0{}^2=\frac{1}{2}mv^2$이 되어 $v=\sqrt{2}v_0$이다. 답 ③

134 역학적 에너지 보존

빈출 문항 자료 분석

→ 역학적 에너지 감소량=중력 퍼텐셜 에너지 감소량

그림과 같이 빗면의 마찰 구간 Ⅰ에서 일정한 속력 v로 직선 운동한 물체가 마찰 구간 Ⅱ를 속력 v로 빠져나왔다. 점 p~s는 각각 Ⅰ 또는 Ⅱ의 양 끝점이고, p와 q, r과 s의 높이차는 모두 h이다. Ⅰ과 Ⅱ에서 물체의 역학적 에너지 감소량은 p에서 물체의 운동 에너지의 4배로 같다.

→ $mgh=4\times\frac{1}{2}mv^2$

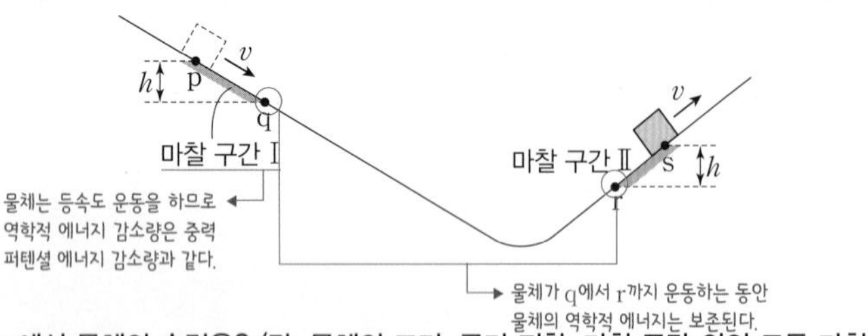

r에서 물체의 속력은? (단, 물체의 크기, 공기 저항, 마찰 구간 외의 모든 마찰은 무시한다.)

해결 전략 마찰 구간 Ⅰ, Ⅱ에서 각각 감소한 역학적 에너지는 $2mv^2$이고, q에서 r까지 역학적 에너지가 보존된다는 것을 적용하여 문제를 해결할 수 있어야 한다.

선택지 분석

✓❹ Ⅰ과 Ⅱ에서 물체의 역학적 에너지 감소량은 p에서 물체의 운동 에너지의 4배이므로 $mgh=\frac{1}{2}mv^2\times4$에서 $h=\frac{2v^2}{g}$이다. Ⅰ, Ⅱ에서 감소한 역학적 에너지는 같으므로 Ⅱ에서 감소한 역학적 에너지는 mgh이다. r에서 물체의 속력을 v_r라고 하면, 물체가 r에서 s까지 운동하는 동안 $\frac{1}{2}mv_r^2-mgh=mgh+\frac{1}{2}mv^2$에서 $\frac{1}{2}mv_r^2=4mv^2+\frac{1}{2}mv^2$에서 $v_r=3v$이다.

답 ④

도전 1등급 135 역학적 에너지 보존

도전 1등급 문항 분석 ▸▸ 정답률 32.9%

그림 (가)와 같이 빗면의 점 p에 가만히 놓은 물체 A는 빗면의 점 r에서 정지하고, (나)와 같이 r에 가만히 놓은 A는 빗면의 점 q에서 정지한다. (가), (나)의 마찰 구간에서 A의 속력은 감소하고, 가속도의 크기는 각각 $3a$, a로 일정하며, 손실된 역학적 에너지는 서로 같다. p와 q 사이의 높이차는 h_1, 마찰 구간의 높이차는 h_2이다.

$v_1>v_2$, $v_2>v_3$

물체의 역학적 에너지의 감소량은 mgh_1이다.

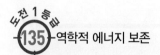

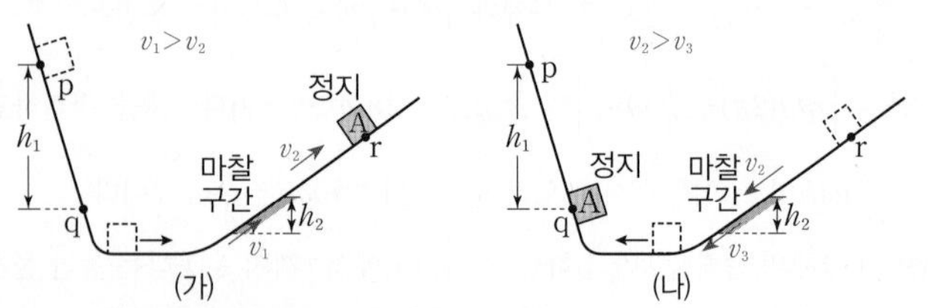

마찰 구간에서 A의 속력은 감소하므로 (가)에서 $v_1>v_2$이고, (나)에서 $v_2>v_3$이다.
물체가 마찰 구간을 지나면서 물체의 역학적 에너지가 감소한다.

$\frac{h_2}{h_1}$는? (단, 물체의 크기, 공기 저항, 마찰 구간 외의 모든 마찰은 무시한다.)

해결 전략 물체가 마찰 구간을 지나며 역학적 에너지는 감소한다. 이때 (가)에서 물체를 p에 가만히 놓은 순간부터 (나)에서 물체가 q에 정지할 때까지 감소한 물체의 중력 퍼텐셜 에너지는 (가)에서 마찰 구간을 오르는 순간부터 (나)에서 마찰 구간을 빠져나올 때까지 감소한 운동 에너지와 같다는 것을 알아야 한다.

선택지 분석

✓❹ (가)에서 물체가 마찰 구간에 들어갈 때와 나갈 때의 속력을 각각 v_1, v_2라 하고, (나)에서 물체가 마찰 구간에 들어갈 때와 나갈 때의 속력을 각각 v_2, v_3이라고 하자. 마찰 구간의 길이를 L이라고 하면, (가)에서 $v_1^2-v_2^2=2(3a)L$…①이고 (나)에서 $v_2^2-v_3^2=2aL$…②이다. (가)의 마찰 구간에서 손실된 역학적 에너지는 $\frac{1}{2}mv_1^2-\left(mgh_2+\frac{1}{2}mv_2^2\right)$…③이고, (나)의 마찰 구간에서 손실된 역학적 에너지는 $\left(mgh_2+\frac{1}{2}mv_2^2\right)-\frac{1}{2}mv_3^2$…④이다. ③=④이므로 $v_1^2-v_2^2=v_2^2-v_3^2+4gh_2$이다. ①, ②를 이용하여 정리하면, $6aL=2aL+4gh_2$에서 $aL=gh_2$…⑤이다. (가), (나) 과정에서 물체를 p에 가만히 놓은 순간부터 q에 정지할 때까지 물체의 역학적 에너지 감소량은 mgh_1이고, 마찰 구간에서 손실된 역학적 에너지는 $\frac{1}{2}mv_1^2-\frac{1}{2}mv_3^2$이다. $mgh_1=\frac{1}{2}mv_1^2-\frac{1}{2}mv_3^2$에서 $2gh_1=v_1^2-v_3^2$…⑥이다. ①+②에서 $v_1^2-v_3^2=8aL$…⑦이다. ⑥, ⑦을 정리하면, $2gh_1=8aL$에서 $gh_1=4aL$…⑧이다. 따라서 ⑤와 ⑧을 정리하면, $\frac{h_2}{h_1}=\frac{1}{4}$이다.

답 ④

도전 1등급 136 역학적 에너지 보존

도전 1등급 문항 분석 ▸▸ 정답률 23.4%

그림은 빗면의 점 p에 가만히 놓은 물체가 점 q, r, s를 지나 빗면의 점 t에서 속력이 0인 순간을 나타낸 것이다. 물체는 p와 q 사이에서 가속도의 크기 $3a$로 등가속도 운동을, 빗면의 마찰 구간에서 등속도 운동을, r와 t 사이에서 가속도의 크기 $2a$로 등가속도 운동을 한다. 물체가 마찰 구간을 지나는 데 걸린 시간과 r에서 s까지 지나는 데 걸린 시간은 같다. p와 q 사이, s와 r 사이의 높이차는 h로 같고, t는 마찰 구간의 최고점 q와 높이가 같다.

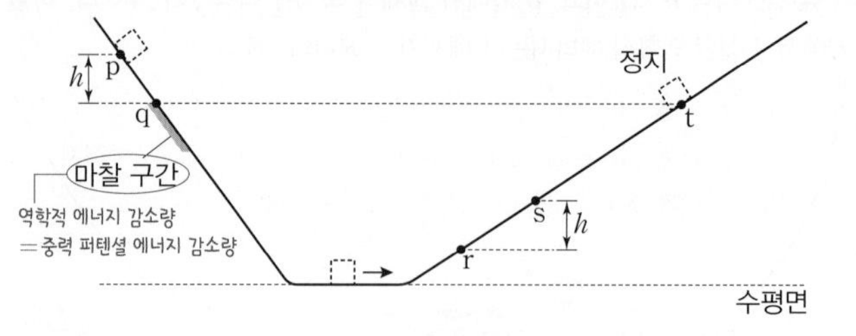

t와 s 사이의 높이차는? (단, 물체의 크기, 공기 저항, 마찰 구간 외의 모든 마찰은 무시한다.)

해결 전략 물체가 마찰 구간을 지나는 동안 역학적 에너지 감소량은 중력 퍼텐셜 에너지 감소량과 같다는 것을 이해하고 마찰 구간 외에서는 역학적 에너지가 보존된다는 것을 이용한다.

선택지 분석

✓❶ 물체가 p에서 q까지 운동하는 동안 물체의 중력 퍼텐셜 에너지 감소량은 물체의 운동 에너지 증가량과 같으므로 물체의 질량을 m, q에서 물체의 속력을 v_0이라 하면 $mgh=\frac{1}{2}mv_0^2\cdots$①이다. p에서가 t에서보다 h만큼 높으므로 물체가 p에서 t까지 운동하는 동안 물체의 역학적 에너지 감소량은 mgh이다.
마찰 구간에서 물체는 등속도 운동하므로 운동 에너지 변화는 0이고, 중력 퍼텐셜 에너지 감소량은 mgh이므로 마찰 구간의 높이는 h이다. p에서 q까지, q에서 마찰 구간 최저점까지의 높이차가 같으므로 p에서 q까지의 거리와 q에서 마찰 구간 최저점까지의 거리는 같다. 따라서 p에서 q까지 물체가 이동하는 데 걸린 시간을 t라 하면, q에서 마찰 구간 최저점까지 물체가 이동하는 데 걸린 시간은 $\frac{1}{2}t$이다.(물체가 p에서 q까지 운동하는 동안 평균 속력은 $\frac{1}{2}v_0$이므로 q에서 마찰 구간 최저점까지 운동하는 평균 속력의 $\frac{1}{2}$배이다.)
물체가 p에서 q까지 운동하는 동안 물체의 가속도 크기는 $3a$이므로 $a=\frac{v_0}{3t}$이고, r에서 물체의 속력을 $v_r=v$라 하면 s에서 물체의 속력은 $v_s=v-2a\times\frac{1}{2}t=v-\frac{1}{3}v_0$이다. 물체가 r에서 s까지 운동하는 동안 물체의 중력 퍼텐셜 에너지 증가량은 물체의 운동 에너지 감소량과 같으므로 $mgh=\frac{1}{2}mv_r^2-\frac{1}{2}mv_s^2$이다. ①에 의해 $v_0^2=v^2-\left(v-\frac{1}{3}v_0\right)^2$이므로 $v=\frac{5}{3}v_0$이고, $v_s=\frac{4}{3}v_0$이다.
t와 s 사이의 높이차를 h'라고 할 때, 물체가 s에서 t까지 운동하는 동안 물체의 중력 퍼텐셜 에너지 증가량은 물체의 운동 에너지 감소량과 같으므로 $mgh'=\frac{1}{2}m\left(\frac{4}{3}v_0\right)^2=\frac{16}{9}\times\frac{1}{2}mv_0^2=\frac{16}{9}mgh$이다. 따라서 $h'=\frac{16}{9}h$이다.

답 ①

도전 1등급 137 역학적 에너지 보존

도전 1등급 문항 분석 ▸▸ 정답률 20%

그림은 질량이 각각 m, $2m$인 물체 A, B를 실로 연결하고 서로 다른 빗면의 점 p, r에 정지시킨 모습을 나타낸 것이다. A를 가만히 놓았더니 A가 점 q를 지나는 순간 실이 끊어지고 A, B는 빗면을 따라 가속도의 크기가 각각 $3a$, $2a$인 등가속도 운동을 한다. B는 마찰 구간이 시작되는 점 s부터 등속도 운동을 한다. A가 수평면에 닿기 직전 A의 운동 에너지는 마찰 구간에서 B의 운동 에너지의 2배이다. p와 s의 높이는 h_1로 같고, q와 r의 높이는 h_2로 같다.

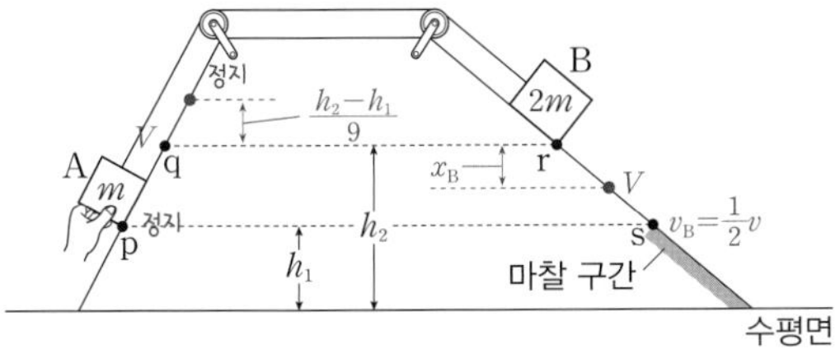

$\frac{h_2}{h_1}$는? (단, 실의 질량, 물체의 크기, 공기 저항, 마찰 구간 외의 모든 마찰은 무시한다.)

해결 전략 역학적 에너지가 보존되려면 감소한 역학적 에너지와 증가한 역학적 에너지가 같아야 하므로, 물체들이 지나는 각 지점에서 갖게 되는 역학적 에너지의 종류를 잘 파악해서 식을 세울 수 있어야 한다.

선택지 분석

✓❺ 실이 끊어진 후 A, B의 가속도의 크기가 각각 $3a$, $2a$이므로 빗면 아래로 A, B에 작용하는 힘의 크기는 각각 $3ma$, $4ma$이다. 따라서 실이 끊어지기 전 A, B의 가속도의 크기를 a_0이라 하면 $4ma-3ma=(m+2m)a_0$이므로 $a_0=\frac{1}{3}a$이다. 또 A가 수평면에 닿기 직전 A의 속력을 v, 마찰 구간이 시작되는 s에서 B의 속력을 v_B라 하면, A가 수평면에 닿기 직전 A의 운동 에너지는 마찰 구간에서 B의 운동 에너지의 2배이므로 $\frac{1}{2}mv^2=2\times\frac{1}{2}(2m)v_B^2$에서 $v_B=\frac{1}{2}v$이다. p에서 A의 속력은 0이고 A의 가속도의 크기는 p에서 q까지가 $\frac{1}{3}a$, q에서 A의 속력이 0이 되는 최고점까지가 $3a$이므로 p와 q 사이의 거리는 q와 A의 속력이 0이 되는 최고점까지의 거리의 9배가 되어야 한다($\because$ $2as=v_1^2-v_0^2$). 따라서 p와 q 사이의 높이차도 q와 A의 속력이 0이 되는 최고점까지의 높이차의 9배가 되어야 하므로 q와 A의 속력이 0이 되는 최고점까지의 높이차는 $\frac{h_2-h_1}{9}$이다.
q에서 실이 끊어지는 순간 A, B의 속력을 V, B가 정지한 상태로부터 속력이 V가 되는 지점까지의 높이차를 x_B라 하면, 역학적 에너지 보존에 다음 식이 성립한다.

- A가 최고점으로부터 q까지 운동하는 동안:
  $mg\left(\frac{h_2-h_1}{9}\right)=\frac{1}{2}mV^2\cdots$①
- A가 최고점으로부터 수평면에 닿을 때까지 운동하는 동안:
  $mg\left(h_2+\frac{h_2-h_1}{9}\right)=\frac{1}{2}mv^2\cdots$②
- B가 r에서 속력이 V가 될 때까지 운동하는 동안:
  $2mgx_B=\frac{1}{2}(m+2m)V^2+mg(h_2-h_1)\cdots$③
- B가 속력이 V인 순간부터 s까지 운동하는 동안:
  $2mg(h_2-h_1-x_B)=\frac{1}{2}(2m)\left\{\left(\frac{1}{2}v\right)^2-V^2\right\}\cdots$④

①, ②를 각각 ③, ④에 대입하고 ③과 ④를 연립하면 $\frac{h_2}{h_1}=\frac{5}{2}$이다.

답 ⑤

도전 1등급 138 역학적 에너지 보존

도전 1등급 문항 분석 ▸▸ 정답률 31%

그림은 높이 h인 평면에서 용수철 P에 연결된 물체 A에 물체 B를 접촉시키고, P를 원래 길이에서 $2d$만큼 압축시킨 모습을 나타낸 것이다. B를 가만히 놓으면 B는 P의 원래 길이에서 A와 분리되어 면을 따라 운동하고 A는 P에 연결된 채로 직선 운동한다. 이후 B는 높이차가 $2h$인 마찰 구간을 등속도로 지나 수평면에 놓인 용수철 Q를 원래 길이에서 $\sqrt{2}d$만큼 압축시킬 때 속력이 0이 된다. A와 B가 분리된 후 P의 탄성 퍼텐셜 에너지의 최댓값은 B가 마찰 구간에서 높이차 $2h$만큼 내려가는 동안 B의 역학적 에너지 감소량과 같다. P, Q의 용수철 상수는 같다.

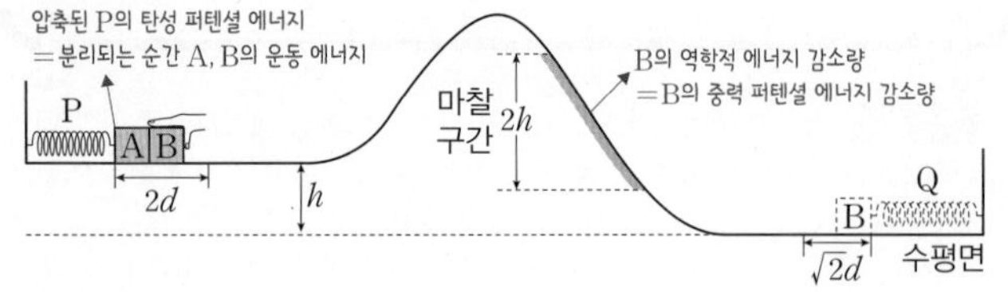

A, B의 질량을 각각 m_A, m_B라 할 때, $\frac{m_B}{m_A}$는? (단, 용수철의 질량, 물체의 크기, 공기 저항, 마찰 구간 외의 모든 마찰은 무시한다.)

해결 전략 P를 압축시켰다가 놓으면, A, B의 속력은 점점 증가하여 P가 원래 길이가 되었을 때 A, B의 속력은 최대가 된다는 것을 알 수 있어야 한다.

선택지 분석

✓❹ P, Q의 용수철 상수를 k, P의 원래 길이에서 A와 B가 분리되는 순간 A, B의 속력을 v, 중력 가속도를 g라 하면 $\frac{1}{2}k(2d)^2=\frac{1}{2}(m_A+m_B)v^2 \cdots$ ① 이다. 또 A와 B가 분리된 후 P의 탄성 퍼텐셜 에너지의 최댓값은 A와 B가 분리된 후 A의 운동 에너지의 최댓값과 같고, B가 마찰 구간을 등속도로 지나므로 마찰 구간에서 B의 역학적 에너지 감소량은 B의 중력 퍼텐셜 에너지 감소량과 같다. 따라서 $\frac{1}{2}m_Av^2=2m_Bgh \cdots$ ②이다. A와 B가 분리된 후, B의 역학적 에너지에서 마찰 구간을 지나는 동안 B의 중력 퍼텐셜 에너지 감소량을 뺀 값은 Q를 압축시킬 때 Q의 탄성 퍼텐셜 에너지의 최댓값과 같으므로 $\frac{1}{2}m_Bv^2+m_Bgh-2m_Bgh=\frac{1}{2}k(\sqrt{2}d)^2 \cdots$ ③이다. ②를 ③에 대입하고 ①과 연립하면 $\frac{m_B}{m_A}=2$이다.

답 ④

139 운동량 보존과 역학적 에너지 보존

빈출 문항 자료 분석

그림과 같이 높이가 $2h$인 평면, 수평면에서 각각 물체 A, B로 용수철 P, Q를 원래 길이에서 d만큼 압축시킨 후 가만히 놓으면 A와 B가 높이 $3h$인 평면에서 충돌한다. A의 속력은 B와 충돌 직전이 충돌 직후의 4배이다. B는 높이차가 h인 마찰 구간을 내려갈 때 등속도 운동하고, 마찰 구간을 올라갈 때 손실된 역학적 에너지는 내려갈 때와 같다. 충돌 후 A, B는 각각 P, Q를 원래 길이에서 최대 $\frac{d}{2}$, x만큼 압축시킨다. A, B의 질량은 각각 $2m$, m이고, P, Q의 용수철 상수는 각각 k, $2k$이다.

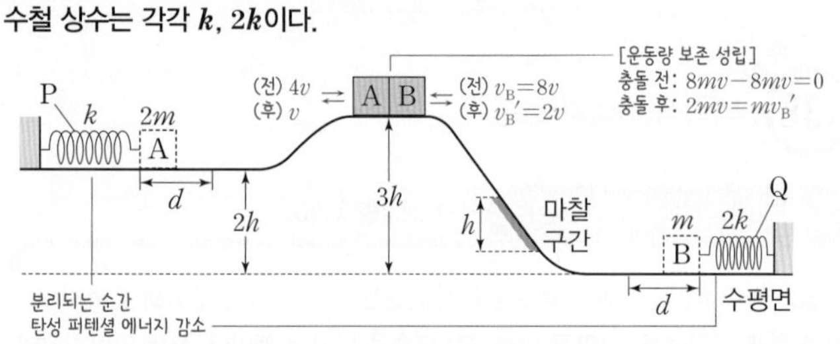

$\frac{x}{d}$는? (단, 물체는 면을 따라 운동하고, 용수철 질량, 물체의 크기, 공기 저항, 마찰 구간 외의 모든 마찰은 무시한다.)

해결 전략 충돌할 때 운동량이 보존된다는 것과 마찰 구간에서 손실된 에너지와 역학적 에너지 보존을 적용하여 물체의 운동을 분석할 수 있어야 한다.

선택지 분석

✓❺ 충돌 전 A, B의 속력을 각각 $4v$, v_B, 충돌 후 A, B의 속력을 각각 v, v_B'라고 하자. A와 B가 충돌할 때 운동량 보존을 적용하면 충돌 전 $2m\times4v-m\times8v=0$, 충돌 후 $2m\times v=m\times v_B'$에서 $v_B'=2v$이다. 마찰 구간을 제외한 곳에서 역학적 에너지가 보존되므로 감소한 역학적 에너지=증가한 운동 에너지이다. 충돌 전 역학적 에너지 보존에 따라 A: $\frac{kd^2}{2}=2mgh+\frac{2m(4v)^2}{2}$, B: $\frac{2kd^2}{2}-mgh=3mgh+\frac{mv_B{}^2}{2}$이 성립하므로 $v_B=8v$가 되고 $v_B'=2v$이다. 충돌 후 역학적 에너지 보존에 따라 A: $\frac{k}{2}\left(\frac{1}{2}d\right)^2=2mgh+\frac{2mv^2}{2}$, B: $\frac{2kx^2}{2}=2mgh+\frac{m(2v)^2}{2}$이 성립하므로 $\frac{x}{d}=\sqrt{\frac{3}{20}}$이다.

답 ⑤

140 역학적 에너지 보존

자료 분석

A가 구간 p → r, r → q에서 이동할 때 역학적 에너지 손실이 일어나는데, 이때 손실된 역학적 에너지는 처음 역학적 에너지−나중 역학적 에너지이다.

선택지 분석

✓❹ 용수철의 변형된 길이가 L일 때 탄성 퍼텐셜 에너지 $\frac{1}{2}kL^2$을 E라고 하자. A가 구간 p → r에서 이동할 때 물체 A, B의 역학적 에너지 손실이 $7W$이므로 처음 역학적 에너지−나중 역학적 에너지$=9E+mg(7L)-16E=7W \cdots$ ①, A가 구간 r → q에서 이동할 때는 물체 A, B의 역학적 에너지 손실이 $4W$이므로 처음 역학적 에너지−나중 역학적 에너지 $=16E-mg(4L)=4W \cdots$ ②이다. 따라서 ①, ②에 의해 $W=\frac{3}{5}mgL$이다.

답 ④

도전 1등급

141 운동량 보존과 역학적 에너지 보존

도전 1등급 문항 분석 ▸▸ 정답률 13%

A와 B가 충돌하는 동안 A와 B의 운동량의 변화량은 같다.

그림 (가)와 같이 높이 h_A인 평면에서 물체 A로 용수철을 원래 길이에서 d만큼 압축시킨 후 가만히 놓고, 물체 B를 높이 $9h$인 지점에 가만히 놓으면, A와 B는 수평면에서 서로 같은 속력으로 충돌한다. 충돌 후 그림 (나)와 같이 A는 용수철을 원래 길이에서 최대 $2d$만큼 압축시키고, B는 높이 h인 지점에서 속력이 0이 된다. A, B는 질량이 각각 m, $2m$이고, 면을 따라 운동한다. A는 빗면을 내려갈 때 높이차가 $2h$인 마찰 구간에서 등속도 운동하고, 마찰 구간을 올라갈 때 손실된 역학적 에너지는 내려갈 때와 같다.

→ 손실된 역학적 에너지 =중력 퍼텐셜 에너지 감소량

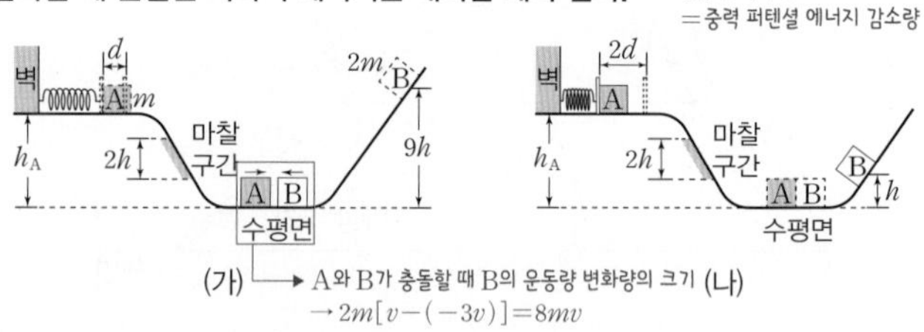

h_A는? (단, 용수철의 질량, 물체의 크기, 공기 저항, 마찰 구간 외의 모든 마찰은 무시한다.)

해결 전략 빗면에서 내려온 두 물체의 충돌을 이해하고, 마찰 구간에서 손실된 역학적 에너지와 중력 퍼텐셜 에너지와의 관계를 통해 역학적 에너지 보존 법칙을 적용하여 물체의 운동을 분석할 수 있어야 한다.

선택지 분석

✓❶ (가), (나)에서 B가 수평면에서 A와 충돌하기 전의 속력을 $3v$라고 하면 $3v=\sqrt{2g(9h)}$이고, 충돌 후 높이 h만큼 올라가 정지하므로 충돌 후 속력은 $\sqrt{2gh}=v$이다. A와 B가 충돌하는 동안 B의 운동량 변화량의 크기는 $2m[v-(-3v)]=8mv$이므로 A의 운동량 변화량의 크기도 $8mv$이다. B와 충돌 전 A의 속력은 $3v$이고 충돌 후 A의 속력은 $5v$이다.

용수철을 d만큼 압축했을 때 용수철에 저장된 탄성 퍼텐셜 에너지를 E라고 하면, $2d$만큼 압축했을 때 탄성 퍼텐셜 에너지는 $4E$이다. 마찰 구간에서 속력이 일정하므로 마찰 구간에서 손실된 역학적 에너지를 E'이라고 하면 E'은 중력 퍼텐셜 에너지 감소량과 같으므로 $E'=mg(2h)$이다.

A가 내려갈 때와 올라갈 때 에너지 보존 법칙을 적용하면, 내려갈 때는 $E+mgh_A-E'=E+mg(h_A-2h)=\frac{1}{2}m(3v)^2$이 되고, 올라갈 때는 $\frac{1}{2}m(5v)^2-E'=\frac{1}{2}m(5v)^2-mg(2h)=4E+mgh_A$가 된다.

따라서 $v=\sqrt{2gh}$이므로 이를 대입하면 $E+mg(h_A-2h)=9mgh$, $4E+mg(h_A+2h)=25mgh$가 되고, 여기서 E를 소거하고 정리하면 $h_A=7h$이다. 답 ①

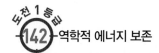

도전 1등급 142 역학적 에너지 보존

도전 1등급 문항 분석 ▸▸ 정답률 30%

그림과 같이 물체 A, B를 각각 서로 다른 빗면의 높이 h_A, h_B인 지점에 가만히 놓았다. A가 내려가는 빗면의 일부에는 높이차가 $\frac{3}{4}h$인 마찰 구간이 있으며, A는 마찰 구간에서 등속도 운동하였다. A와 B는 수평면에서 충돌하였고, 충돌 전의 운동 방향과 반대로 운동하여 각각 높이 $\frac{h}{4}$와 $4h$인 지점에서 속력이 0이 되었다. 수평면에서 B의 속력은 충돌 후가 충돌 전의 2배이다. A, B의 질량은 각각 $3m$, $2m$이다.

→ 마찰 구간에서 A의 속력은 변하지 않고 높이가 낮아지므로 중력 퍼텐셜 에너지만 감소한다.

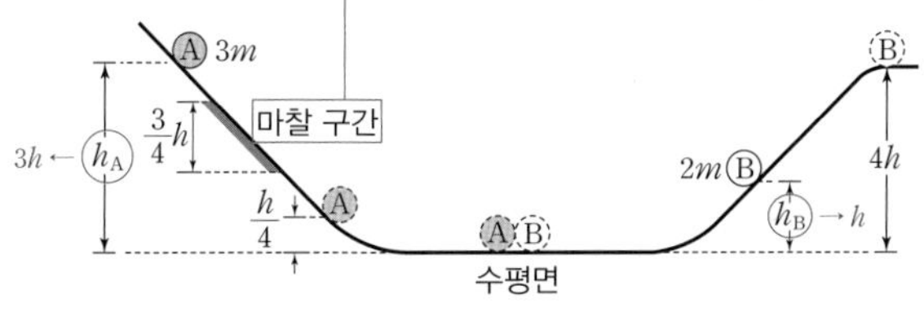

$\frac{h_B}{h_A}$는? (단, 물체의 크기, 공기 저항, 마찰 구간 외의 모든 마찰은 무시한다.)

해결 전략 빗면에서 내려온 두 물체의 충돌을 이해하고, 마찰 구간에서 물체의 운동 에너지와 중력 퍼텐셜 에너지의 관계를 이용하여 역학적 에너지 보존 법칙을 적용할 수 있어야 한다.

선택지 분석

✓❷ 수평면에서 A와 B가 충돌 후 A의 속력은 $\sqrt{\frac{gh}{2}}$이고, B의 속력은 $2\sqrt{2gh}$이다. 수평면에서 B의 속력은 충돌 후가 충돌 전의 2배이므로 A와 충돌하기 전 B의 속력은 $\sqrt{2gh}$이고, B가 높이 h_B에서 내려와 수평면에서 A와 충돌하기 전 B의 속력은 $\sqrt{2gh_B}$이므로 $\sqrt{2gh}=\sqrt{2gh_B}$에서 $h_B=h$이다.

A가 높이 h_A에서 내려와 마찰 구간을 지날 때 등속 직선 운동을 하였으므로 마찰 구간을 지나는 동안 A의 운동 에너지는 변하지 않고 A의 중력 퍼텐셜 에너지만 감소한다. 수평면에서 B와 충돌하기 전 A의 속력이 v_A일 때, $3mgh_A-3mg\left(\frac{3}{4}h\right)=\frac{1}{2}(3m){v_A}^2$ ⋯ ①이다. 수평면에서 A와 B가 충돌하기 전후 운동량 보존을 적용하면, $3mv_A-2m\sqrt{2gh}=-3m\sqrt{\frac{gh}{2}}+2m(2\sqrt{2gh})$에서 $v_A=\frac{3\sqrt{2gh}}{2}$이다. 따라서 v_A를 ①에 대입하여 정리하면 $h_A=3h$이므로 $\frac{h_B}{h_A}=\frac{h}{3h}=\frac{1}{3}$이다. 답 ②

도전 1등급 143 역학적 에너지 보존

도전 1등급 문항 분석 ▸▸ 정답률 21%

그림과 같이 수평 구간 Ⅰ에서 물체 A, B를 용수철의 양 끝에 접촉하여 용수철을 원래 길이에서 d만큼 압축시킨 후 동시에 가만히 놓으면, A는 높이 h에서 속력이 0이고, B는 높이가 $3h$인 마찰이 있는 수평 구간 Ⅱ에서 정지한다. A, B의 질량은 각각 $2m$, m이고, 용수철 상수는 k이다.

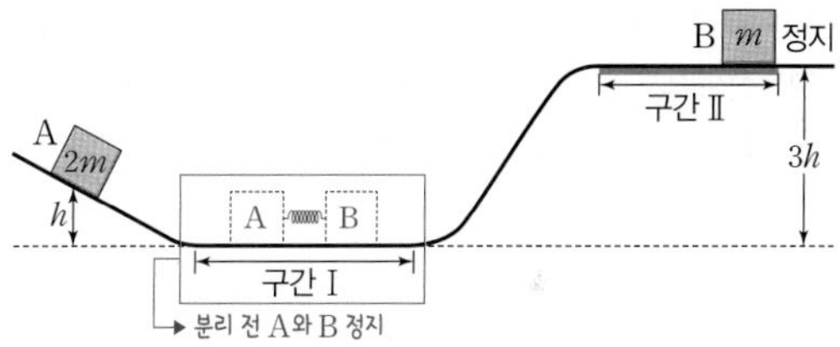

→ 분리 전 A와 B 정지
→ 분리 후 A와 B의 운동량의 합은 0

이에 대한 설명으로 옳은 것만을 〈보기〉에서 있는 대로 고른 것은? (단, 중력 가속도는 g이고, 물체의 크기, 용수철의 질량, 구간 Ⅱ의 마찰을 제외한 모든 마찰 및 공기 저항은 무시한다.)

보기

ㄱ. $k=\frac{12mgh}{d^2}$이다. O

ㄴ. A, B가 각각 높이 $\frac{h}{2}$를 지날 때의 속력은 B가 A의 $\sqrt{6}$배다. $\sqrt{7}$배 X

ㄷ. 마찰에 의한 B의 역학적 에너지 감소량은 $\frac{3}{2}mgh$이다. mgh X

해결 전략 수평면에서 용수철로부터 분리된 두 물체의 운동을 이해하고, 분리 전후 운동량 보존을 이용하여 역학적 에너지 보존 법칙을 적용할 수 있어야 한다.

선택지 분석

✓ㄱ. 용수철에서 분리되기 전 A, B가 정지해 있었으므로 분리된 후 A와 B의 운동량의 합은 0이어야 한다. 질량은 A가 B의 2배이므로 용수철로부터 분리된 직후 물체의 속력은 B가 A의 2배이다.

따라서 용수철에서 분리된 직후 A의 속력이 v, B의 속력이 $2v$일 때 역학적 에너지 보존에 의해 $\frac{1}{2}kd^2=\frac{1}{2}\times 2m\times v^2+\frac{1}{2}\times m\times(2v)^2=3mv^2$이

고, A가 높이 h에서 속력이 0이므로 A가 용수철에서 분리된 직후 역학적 에너지 보존에 의해 $\frac{1}{2}\times 2m\times v^2=2mgh$에서 $mv^2=2mgh$이다. 따라서 $k=\frac{12mgh}{d^2}$이다.

ㄴ. 높이 $\frac{1}{2}h$에서 A의 속력을 v_A라고 하면, $\frac{1}{2}\times 2m\times {v_A}^2=2mgh-2mg\left(\frac{1}{2}h\right)$에서 $v_A=\sqrt{gh}$이다. 높이 $\frac{1}{2}h$에서 B의 속력을 v_B라고 하면, B의 역학적 에너지가 $4mgh$이므로 $\frac{1}{2}m{v_B}^2=4mgh-mg\left(\frac{1}{2}h\right)$에서 $v_B=\sqrt{7gh}$이다. 따라서 A, B가 각각 높이 $\frac{1}{2}h$를 지날 때의 속력은 B가 A의 $\sqrt{7}$배이다.

ㄷ. B의 역학적 에너지는 $4mgh$이고, 높이 $3h$에서 B의 중력 퍼텐셜 에너지는 $3mgh$이므로 마찰에 의한 B의 역학적 에너지 감소량은 mgh이다.

답 ①

도전 1등급

144 역학적 에너지 보존

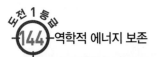

도전 1등급 문항 분석 ▸▸ 정답률 35%

그림 (가)와 같이 원래 길이가 $8d$인 용수철에 물체 A를 연결하고, 물체 B로 A를 $6d$만큼 밀어 올려 정지시켰다. 용수철을 압축시키는 동안 용수철에 저장된 탄성 퍼텐셜 에너지의 증가량은 A의 중력 퍼텐셜 에너지 증가량의 3배이다. A와 B의 질량은 각각 m이다. 그림 (나)는 (가)에서 B를 가만히 놓았더니 A가 B와 함께 연직선상에서 운동하다가 B와 분리된 후 용수철의 길이가 $9d$인 지점을 지나는 순간을 나타낸 것이다.

→ $\frac{1}{2}k(6d)^2=3(6mgd)$

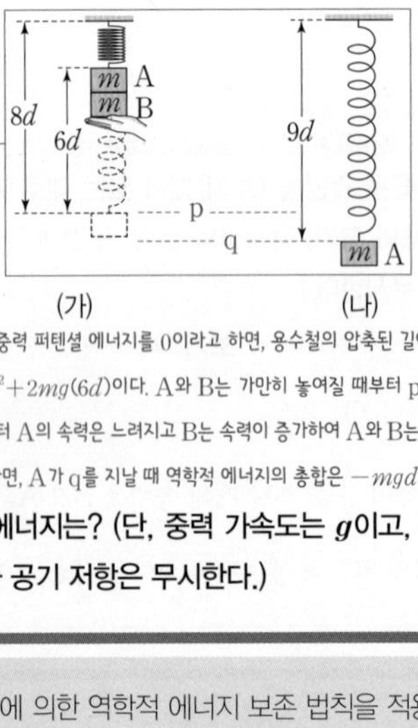

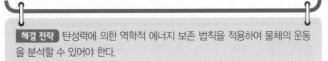

→ 용수철 상수를 k, p에서 중력 퍼텐셜 에너지를 0이라고 하면, 용수철의 압축된 길이가 $6d$인 지점에서 역학적 에너지의 총합은 $\frac{1}{2}k(6d)^2+2mg(6d)$이다. A와 B는 가만히 놓여질 때부터 p를 지날 때까지 같이 운동하다가 A가 p를 지난 순간부터 A의 속력은 느려지고 B는 속력이 증가하여 A와 B는 p에서 분리된다. q에서 A의 운동 에너지를 E_2라고 하면, A가 q를 지날 때 역학적 에너지의 총합은 $-mgd+E_2+\frac{1}{2}kd^2$이다.

(나)에서 A의 운동 에너지는? (단, 중력 가속도는 g이고, 용수철의 질량, 물체의 크기, 모든 마찰과 공기 저항은 무시한다.)

해결 전략 탄성력에 의한 역학적 에너지 보존 법칙을 적용하여 물체의 운동을 분석할 수 있어야 한다.

선택지 분석

✓ ❷ p에서 A의 운동 에너지를 E_1이라고 하면, (가)에서 A, B를 가만히 놓은 순간부터 A가 p를 지날 때까지 역학적 에너지의 총합은 보존되므로, $\frac{1}{2}k(6d)^2+2mg(6d)=2E_1\cdots$①이다. (가)에서 용수철을 압축시키는 동안 용수철에 저장된 탄성 퍼텐셜 에너지의 증가량은 A의 중력 퍼텐셜 에너지 증가량의 3배이므로 $\frac{1}{2}k(6d)^2=3(6mgd)\cdots$②이다. ①, ②를 정리하면, $E_1=15mgd\cdots$③이다.

(나)의 q에서 A의 운동 에너지를 E_2라고 하면 A가 p에서 q까지 운동하는 동안 역학적 에너지는 보존되므로, $E_1=-mgd+E_2+\frac{1}{2}kd^2=E_2-\frac{1}{2}mgd\cdots$④이다. 따라서 ③, ④를 정리하면 $15mgd=E_2-\frac{1}{2}mgd$에서 $E_2=\frac{31}{2}mgd$이다.

답 ②

145 역학적 에너지 보존

자료 분석

용수철 상수가 k인 용수철이 평형 위치에서 늘어난 길이가 x일 때 용수철에 저장된 탄성 퍼텐셜 에너지는 $\frac{1}{2}kx^2$이다.

(가)와 (나)에서 물체는 정지해 있고, 물체에는 탄성력 이외에 작용하는 외력이 없으므로 A와 B에 저장된 탄성 퍼텐셜 에너지의 합은 (가)와 (나)에서가 같다.

선택지 분석

✓ ❹ (가)에서 A에 저장된 탄성 퍼텐셜 에너지는 $\frac{1}{2}\times 100\times(0.3)^2=\frac{9}{2}$(J)이고, B에 저장된 탄성 퍼텐셜 에너지는 0이다.

(나)에서 A에 저장된 탄성 퍼텐셜 에너지는 $\frac{1}{2}\times 100\times(0.3-L)^2$이고 B에 저장된 탄성 퍼텐셜 에너지는 $\frac{1}{2}\times 200\times L^2$이다. 따라서 이를 정리하면 $\frac{9}{2}=\frac{1}{2}\times 100\times(0.3-L)^2+\frac{1}{2}\times 200\times L^2$이므로 $L=0.2$ m이다.

답 ④

146 역학적 에너지 보존

빈출 문항 자료 분석

그림 (가)와 같이 질량이 각각 2 kg, 3 kg, 1 kg인 물체 A, B, C가 용수철 상수가 200 N/m인 용수철과 실에 연결되어 정지해 있다. 수평면에 연직으로 연결된 용수철은 원래 길이에서 0.1 m만큼 늘어나 있다. 그림 (나)는 (가)의 C에 연결된 실이 끊어진 후, A가 연직선상에서 운동하여 용수철이 원래 길이에서 0.05 m만큼 늘어난 순간의 모습을 나타낸 것이다.

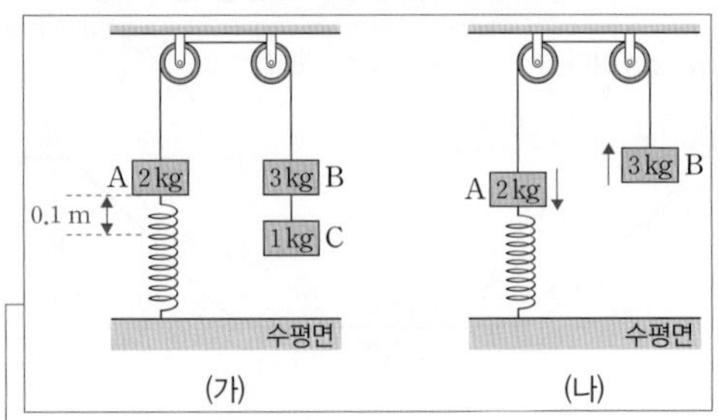

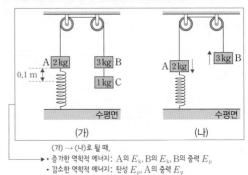

→ (가) → (나)로 될 때,
- 증가한 역학적 에너지: A의 E_k, B의 E_k, B의 중력 E_p
- 감소한 역학적 에너지: 탄성 E_p, A의 중력 E_p

(나)에서 A의 운동 에너지는 용수철에 저장된 탄성 퍼텐셜 에너지의 몇 배인가? (단, 중력 가속도는 10 m/s^{2}이고, 실과 용수철의 질량, 모든 마찰과 공기 저항은 무시한다.)

해결 전략 탄성 퍼텐셜 에너지와 역학적 에너지 보존 법칙을 적용하여 물체의 에너지의 관계를 분석할 수 있어야 한다.

선택지 분석

✓❷ 두 물체의 속력이 같을 때 물체의 운동 에너지는 물체의 질량에 비례하므로 (나)에서 A의 운동 에너지를 E라고 하면, B의 운동 에너지는 $\frac{3}{2}E$이다. 역학적 에너지 보존에 의해 증가한 역학적 에너지의 합은 감소한 역학적 에너지의 합과 같으므로, $E+\frac{3}{2}E+3\times10\times0.05=2\times10\times0.05+\frac{1}{2}\times200\times(0.1^2-0.05^2)$에서 $E=0.1$ J이다. 또 (나)에서 용수철에 저장된 탄성 퍼텐셜 에너지는 $\frac{1}{2}\times200\times0.05^2=0.25$(J)이므로, (나)에서 A의 운동 에너지는 용수철에 저장된 탄성 퍼텐셜 에너지의 $\frac{2}{5}$배이다. 답 ②

도전 1등급 147 역학적 에너지 보존

도전 1등급 문항 분석 ▸▸ 정답률 10.8%

그림 (가)는 물체 A와 실로 연결된 물체 B를 원래 길이가 L_0인 용수철과 수평면 위에서 연결하여 잡고 있는 모습을, (나)는 (가)에서 B를 가만히 놓은 후, 용수철의 길이가 L까지 늘어나 A의 속력이 0인 순간의 모습을 나타낸 것이다. A, B의 질량은 각각 m이고, 용수철 상수는 k이다.

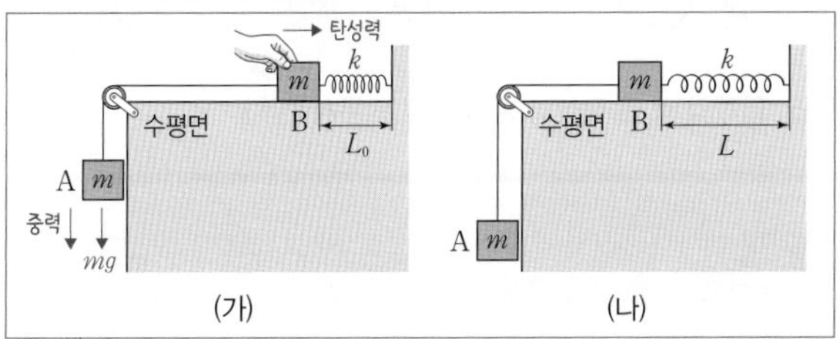

• 중력 > 탄성력: 속력 증가 • 중력 = 탄성력: 속력 최대 • 중력 < 탄성력: 속력 감소

이에 대한 설명으로 옳은 것만을 〈보기〉에서 있는 대로 고른 것은? (단, 중력 가속도는 g이고, 실과 용수철의 질량 및 모든 마찰과 공기 저항은 무시한다.)

보기

ㄱ. $L-L_0=\frac{2mg}{k}$이다. O

ㄴ. 용수철의 길이가 L일 때, A에 작용하는 알짜힘은 0이다. 0이 아니다. X

ㄷ. B의 최대 속력은 $\sqrt{\frac{m}{k}}g$이다. $\sqrt{\frac{m}{2k}}g$ X

해결 전략 실로 연결된 두 물체의 역학적 에너지를 모두 고려하고, 역학적 에너지의 증가량과 역학적 에너지의 감소량이 같다는 역학적 에너지 보존 법칙에 대한 개념을 제시된 자료에 맞게 적용할 수 있어야 한다.

선택지 분석

✓ㄱ. 역학적 에너지 보존 법칙에 의해 감소한 역학적 에너지는 증가한 역학적 에너지와 같아야 하므로, $mg(L-L_0)=\frac{1}{2}k(L-L_0)^2$에서 $L-L_0=\frac{2mg}{k}$이다.

ㄴ. A는 속력이 0이 된 순간, 연직 아래로는 A의 중력이 작용하고 연직 위로는 실이 당기는 힘이 작용한다. 이후 A는 실이 당기는 힘과 A에 작용하는 중력의 차이에 해당하는 알짜힘으로 연직 위로 가속도 운동을 시작하여 진동한다. 따라서 용수철의 길이가 L일 때 A의 속력은 0이지만 A에 작용하는 알짜힘은 0이 아니다.

ㄷ. 용수철이 진동하는 동안 A와 B의 속력이 최대가 되는 순간은 용수철이 $\frac{L-L_0}{2}$만큼 늘어난 순간이다. 따라서 A, B의 속력의 최댓값을 v라 하면, 역학적 에너지 보존 법칙에 의해 $mg\left(\frac{L-L_0}{2}\right)=\frac{1}{2}(2m)v^2+\frac{1}{2}k\left(\frac{L-L_0}{2}\right)^2$이고, $L-L_0=\frac{2mg}{k}$이므로 B의 최대 속력은 $v=\sqrt{\frac{m}{2k}}g$이다. 답 ①

도전 1등급 148 역학적 에너지 보존

도전 1등급 문항 분석 ▸▸ 정답률 22.3%

그림 (가)와 같이 동일한 용수철 A, B가 연직선상에 x만큼 떨어져 있다. 그림 (나)는 (가)의 A를 d만큼 압축시키고 질량 m인 물체를 올려놓았더니 물체가 힘의 평형을 이루며 정지해 있는 모습을, (다)는 (나)의 A를 $2d$만큼 더 압축시켰다가 가만히 놓는 순간의 모습을, (라)는 (다)의 물체가 A와 분리된 후 B를 압축시킨 모습을 나타낸 것이다. B가 $\frac{1}{2}d$만큼 압축되었을 때 물체의 속력은 0이다.

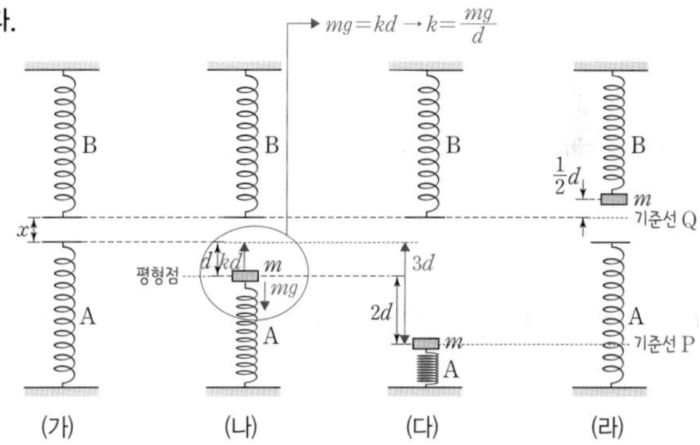

이에 대한 설명으로 옳은 것만을 〈보기〉에서 있는 대로 고른 것은? (단, 중력 가속도는 g이고, 물체의 크기, 용수철의 질량, 공기 저항은 무시한다.)

보기

ㄱ. 용수철 상수는 $\frac{mg}{d}$이다. O

ㄴ. $x=\frac{7}{8}d$이다. O

ㄷ. 물체가 운동하는 동안 물체의 운동 에너지의 최댓값은 $2mgd$이다. O

해결 전략 정지 상태에서 용수철에 연직 방향으로 물체에 의한 힘이 작용할 때, 물체에 작용하는 중력의 크기와 용수철에 의한 탄성력의 크기의 관계를 이해하고, 용수철에 저장된 탄성 퍼텐셜 에너지와 중력 퍼텐셜 에너지의 관계를 알아야 한다.

선택지 분석

✓ㄱ. (나)에서 물체에 작용하는 중력의 크기와 A에 의한 탄성력의 크기가 같다. 따라서 A의 용수철 상수가 k일 때, $mg=kd$이므로 $k=\frac{mg}{d}$이다.

✓ㄴ. (다)에서 용수철에 저장된 탄성 퍼텐셜 에너지는 $\frac{1}{2}k(3d)^2=\frac{1}{2}\left(\frac{mg}{d}\right)(9d^2)=\frac{9}{2}mgd$이다. 또 $\frac{9}{2}mgd$는 문제의 그림과 같이 (라)에서 기준선 P를 기준으로 하는 물체의 중력 퍼텐셜 에너지와 기준선 Q를 기준으로 하는 B의 탄성 퍼텐셜 에너지로 변환되므로, $\frac{9}{2}mgd=mg\left(\frac{7}{2}d+x\right)+\frac{1}{2}\left(\frac{mg}{d}\right)\left(\frac{1}{2}d\right)^2$에서 $x=\frac{7}{8}d$이다.

✓ ㄷ. (다)에서 물체를 가만히 놓은 후 물체가 운동하는 동안 물체의 운동 에너지의 최댓값은 물체가 평형점을 지나는 순간이다. 이때 물체의 운동 에너지를 E_k라고 하면, $\frac{9}{2}mgd=2mgd+\frac{1}{2}\left(\frac{mg}{d}\right)d^2+E_k$에서 $E_k=2mgd$이다.

답 ⑤

149 역학적 에너지 보존과 운동량 보존

자료 분석

마찰과 공기 저항을 무시하므로, 역학적 에너지와 운동량 보존 법칙이 성립한다.

먼저 역학적 에너지 보존 법칙을 적용하면, A는 B와 충돌 후 0.2 m 높이인 빗면 위의 최고점까지 올라가므로 수평면에서 A의 운동 에너지는 0.2 m 높이에서 중력 퍼텐셜 에너지로 전환된다.

그리고 운동량 보존 법칙을 적용하면, A와 B의 충돌 전 운동량의 합은 충돌 후 운동량의 합과 같다. 운동량은 물체의 운동하는 정도를 나타내는 물리량으로, 물체의 질량과 속도의 곱으로 나타낸다.

선택지 분석

✓⑤ 역학적 에너지 보존 법칙에 의해 수평면에서 A의 운동 에너지는 빗면에서 중력 퍼텐셜 에너지로 전환된다. 따라서 A의 속력을 v_A라고 할 때, $\frac{1}{2}\times1\times{v_A}^2=1\times10\times0.2$에서 $v_A=2$ m/s이다.

또 운동량 보존 법칙에 의해 수평면에서 A와 B의 충돌 전 운동량은 1 kg×7 m/s=7 kg·m/s이므로, A와 B의 충돌 후 운동량의 합은 $7=-1\times2+3v$에서 $v=3$ m/s이다.

답 ⑤

도전 1등급 150 역학적 에너지 보존

도전 1등급 문항 분석 ▸▸ 정답률 34.6%

그림과 같이 빗면 위의 점 O에 물체를 가만히 놓았더니 물체가 일정한 시간 간격으로 빗면 위의 점 A, B, C를 통과하였다. 물체는 B ~ C 구간에서 마찰력을 받아 역학적 에너지가 18J만큼 감소하였다. 물체의 중력 퍼텐셜 에너지 차는 O와 B 사이에서 32 J, A와 C 사이에서 60 J이다.

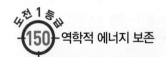

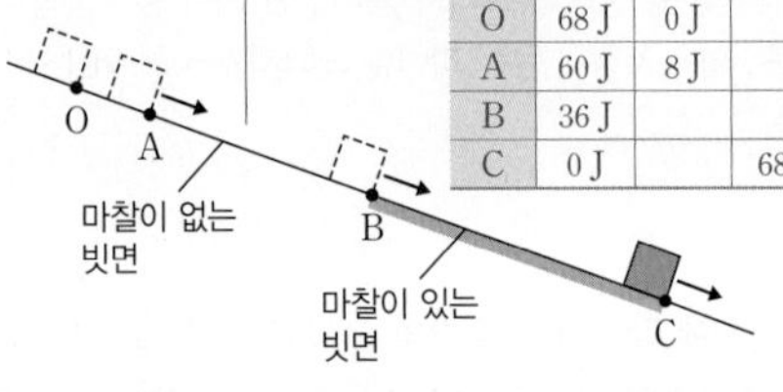

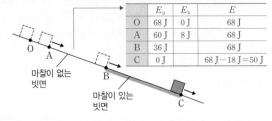

	E_p	E_k	E
O	68 J	0 J	68 J
A	60 J	8 J	68 J
B	36 J		68 J
C	0 J		68 J−18 J=50 J

C에서 물체의 운동 에너지는? (단, 물체의 크기와 공기 저항은 무시한다.)

해결 전략 빗면에서 물체는 등가속도 운동을 하므로 일정한 시간 동안 이동한 구간 간격을 구할 수 있어야 하고, 물체의 중력 퍼텐셜 에너지의 차를 통해 높이의 차를 구하고, 역학적 에너지 보존 법칙을 적용하여 C에서의 운동 에너지를 구할 수 있어야 한다.

선택지 분석

✓⑤ 물체가 일정한 시간 간격으로 빗면 위의 A, B를 통과하였으므로 O ~ A 구간, A ~ B 구간의 거리의 비는 1 : 3이며, O ~ A 구간의 중력 퍼텐셜 에너지 차는 8 J이다. O ~ C 구간의 중력 퍼텐셜 에너지 감소량은 68 J이고, B ~ C 구간에서 마찰력을 받아 감소한 역학적 에너지가 18 J이므로 C에서 물체의 운동 에너지는 50 J이다.

답 ⑤

151 역학적 에너지 보존

빈출 문항 자료 분석

그림과 같이 레일을 따라 운동하는 물체가 점 p, q, r를 지난다. 물체는 빗면 구간 A를 지나는 동안 역학적 에너지가 $2E$만큼 증가하고, 높이가 h인 수평 구간 B에서 역학적 에너지가 $3E$만큼 감소하여 정지한다. 물체의 속력은 p에서 v, B의 시작점 r에서 V이고, 물체의 운동 에너지는 q에서가 p에서의 2배이다.

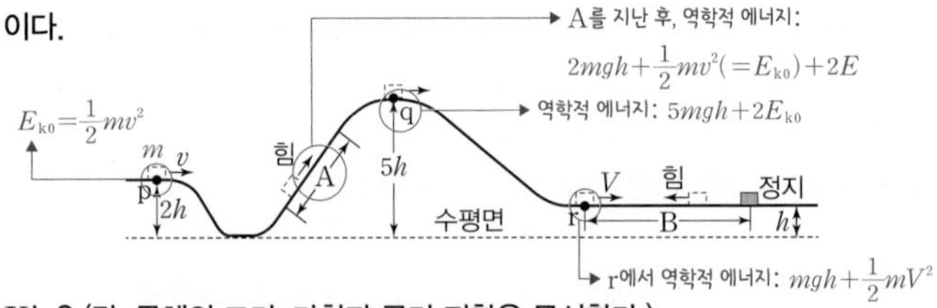

V는? (단, 물체의 크기, 마찰과 공기 저항은 무시한다.)

해결 전략 역학적 에너지 보존 법칙과 운동 에너지 공식을 복합적으로 적용하여 역학적 에너지의 관계를 통해 속력을 구할 수 있어야 한다.

선택지 분석

✓③ 물체의 질량이 m이고, p에서 물체의 운동 에너지가 $E_{k0}=\frac{1}{2}mv^2$일 때, 구간 A를 지난 후 물체의 역학적 에너지는 $2mgh+E_{k0}+2E$ ⋯ ①이고, q에서 물체의 역학적 에너지는 $5mgh+2E_{k0}$ ⋯ ②이다.

r에서 물체의 운동 에너지가 $E_k=\frac{1}{2}mV^2$일 때, 물체의 역학적 에너지는 E_k+mgh ⋯ ③이고, 이것은 $mgh+3E$ ⋯ ④와 같으므로 ③과 ④에서 $E_k=3E$ ⋯ ⑤이다.

①, ④에서 $E=mgh+E_{k0}$⋯⑥이고, ②, ④에서 $3E=4mgh+2E_{k0}$ ⋯ ⑦이므로 ⑥, ⑦에서 $E=2E_{k0}$, 이를 ⑤에 대입하면 $V=\sqrt{6}v$이다.

답 ③

개념 플러스 중력에 의한 역학적 에너지 보존

- 역학적 에너지(E): 운동 에너지(E_k)와 중력 퍼텐셜 에너지(E_p)의 합
- 역학적 에너지 보존: 마찰이나 공기 저항 없이 중력에 의해 운동하는 물체의 역학적 에너지는 일정하게 보존된다.
  ➡ $E=E_k+E_p=$일정
  - 운동 에너지 변화량(ΔE_k)과 중력 퍼텐셜 에너지 변화량(ΔE_p)의 합은 0이다. ➡ $\Delta E_k+\Delta E_p=0$
  - 물체의 운동 에너지가 증가하면 그만큼 중력 퍼텐셜 에너지는 감소한다.
  ➡ $\Delta E_k=-\Delta E_p$

152 열역학 과정

자료 분석

A → B는 등적 과정이므로 흡수한 열량은 내부 에너지 증가량과 같고, B → C는 등압 과정이므로 흡수한 열량은 내부 에너지 증가량과 외부에 한 일의 합이다.

또한, C → D는 단열 과정이므로 내부 에너지 감소량이 외부에 한 일과 같고, D → A는 등온 과정이므로 외부에 방출한 열량이 기체가 받은 일과 같다.

선택지 분석

✓ ㄱ. A → B 과정에서 기체의 부피는 일정하지만, 보일−샤를의 법칙에 따라 B → C 과정에서 기체의 압력이 일정하면서 기체의 온도가 올라갈 때 기체의 부피도 증가한다. 따라서 기체의 부피는 A에서가 C에서보다 작다.

✓ ㄴ. 기체가 한 번 순환하는 동안 계가 흡수한 열량(Q_T)은 계가 외부에 한 일(W_T)과 같다. 즉, $Q_T = \Delta U_T + W_T$에서 $\Delta U_T = 0$이므로 $Q_T = W_T$이다. 각 과정에서 기체가 흡수한 열량(Q), 기체의 내부 에너지 변화량(ΔU), 기체가 한 일(W)을 나타내면 다음과 같다.

과정		Q(J)	ΔU(J)	W(J)
A → B	등적 과정	+40	+40	0
B → C	등압 과정	+40	+24	+16
C → D	단열 과정	0	−64	+64
D → A	등온 과정	−60	0	−60
총합		$Q_T = 20$	$\Delta U_T = 0$	$W_T = 20$

따라서 B → C 과정에서 기체의 내부 에너지 증가량은 24 J이다.

✓ ㄷ. 열기관이 고열원으로부터 흡수한 열량(Q_H)이 80 J이고, 열기관이 한 일(W)이 20 J이므로 열기관의 열효율은 $e = \frac{W}{Q_H} = \frac{20\text{ J}}{80\text{ J}} = 0.25$이다.

답 ⑤

153 열역학 과정

자료 분석

(가)에서 A → B 과정은 온도가 증가하면서 부피가 일정하므로 등적 과정이다. B → C 과정은 온도가 일정하면서 압력이 증가하고 부피는 감소하는 과정이므로 등온 과정이다. 등온 과정은 이상 기체의 온도가 일정하게 유지되면서 기체의 부피와 압력이 변하는 과정이므로 (나)의 이상 기체의 열역학 과정은 등온 과정이다.

선택지 분석

✓ ㄱ. (나)는 기체의 부피가 줄어드는 과정이므로 B → C 과정이다.

✓ ㄴ. (가)에서 기체의 온도는 A에서가 B에서보다 낮고, B와 C에서 온도가 같으므로 기체의 내부 에너지는 A에서가 C에서보다 작다.

✓ ㄷ. (나)에서 기체가 들어 있는 실린더와 피스톤은 열 출입이 자유롭고, (나)의 과정은 기체의 온도가 일정한 등온 과정이다. 등온 과정에서 기체의 부피가 감소하므로 기체는 외부에 열을 방출한다.

답 ⑤

154 열역학 과정

자료 분석

각 과정에 열역학 제1법칙을 적용하면 표와 같다.

과정	A→B (등압 과정)	B→C (등온 과정)	C→D (등압 과정)	D→A (단열 과정)
외부에 한 일❶ 또는 외부로부터 받은 일❷(J)	140	400	−240	−150
내부 에너지 증가량❶ 또는 감소량❷(J)	210	0	−360	150
흡수한 열량❶ 또는 방출한 열량❷(J)	350	400	−600	0

❶을 양(+)의 값, ❷를 음(−)의 값으로 표현함

선택지 분석

✓④ A → B → C → D → A의 과정에서 기체가 외부에 한 일은 140+400−240−150=150(J)이다. 열기관의 열효율은 $e = \frac{W}{Q_H} = 1 - \frac{Q_C}{Q_H}$ (Q_H: 열기관이 고열원으로부터 흡수한 열량, Q_C: 열기관이 저열원으로 방출한 열량, W: 열기관이 한 일)에서 $0.2 = \frac{150}{Q_H}$이므로 $Q_H = 750$ J, $Q_C = 600$ J이다.

A → B와 B → C는 흡열 과정, C → D는 발열 과정, D → A는 단열 과정이다. 따라서 C → D 과정에서 기체가 방출한 열량은 600 J이고 기체가 외부로부터 받은 일은 240 J이므로, 기체의 내부 에너지 감소량은 600−240=360(J)이다.

답 ④

155 열역학 과정

자료 분석

기체의 내부 에너지는 절대 온도에 비례하므로 압력−내부 에너지 그래프는 압력−절대 온도 그래프와 그래프 유형이 같다. 즉, A에서 기체의 온도를 $2T$라 하면, B~D에서 기체의 온도는 각각 $4T$, $2T$, T가 된다.

또한, B → C 과정과 D → A 과정은 부피가 일정한 과정이고, B → C 과정에서 기체의 부피를 $2V$라고 하면 D → A 과정에서 기체의 부피는 V가 된다. 압력−내부 에너지 그래프를 압력−부피 그래프로 나타내면 그림과 같다.

B → C 과정에서 기체의 내부 에너지 감소량은 C → D 과정에서 기체가 외부로부터 받은 일의 3배이므로 B → C 과정에서 기체의 내부 에너지 감소량을 $2U$라고 하면 C → D 과정에서 기체가 외부로부터 받은 일은 $\frac{2U}{3}$가 된다. 기체가 한 번 순환하는 과정에서 흡수(+)하거나 방출(−)하는 열량 Q는 표와 같다.

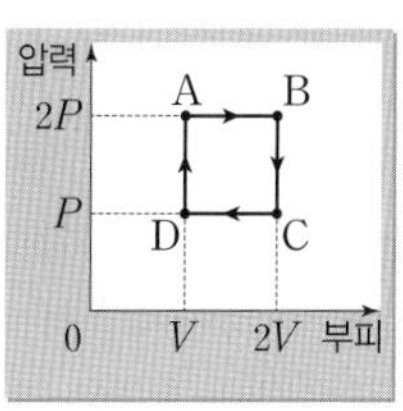

과정	Q	
	W	ΔU
A → B	$+\frac{4U}{3}$	$+2U$
B → C	0	$-2U$
C → D	$-\frac{2U}{3}$	$-U$
D → A	0	$+U$

선택지 분석

✓ㄱ. 압력이 일정할 때 절대 온도와 부피는 비례하므로 기체의 부피는 B에서가 A에서보다 크다.

ㄴ. 한 일 또는 받은 일은 A→B에서가 C→D에서의 2배이며, 방출하는 열량은 C→D에서가 B→C에서의 $\frac{5}{6}$배이므로 기체가 방출하는 열량은 C→D 과정에서가 B→C 과정에서보다 작다.

ㄷ. 한 번 순환하는 동안 한 일은 흡수한 열량의 $\frac{2}{13}$배이므로 열기관의 열효율은 $\frac{2}{13}$이다.

답 ①

도전 1등급

156 열역학 과정

도전 1등급 문항 분석 ▸▸ 정답률 40%

표는 열효율이 0.25인 열기관에서 일정량의 이상 기체가 상태 A → B → C → D → A를 따라 순환하는 동안 기체가 흡수 또는 방출하는 열량을 나타낸 것이다. A → B 과정과 C → D 과정에서 기체가 한 일은 0이다. 위 기체의 상태 변화와 Q를 옳게 짝지은 것만을 〈보기〉에서 있는 대로 고른 것은?

과정	흡수 또는 방출하는 열량
A → B	$12Q_0$
B → C	0
C → D	Q
D → A	0

A→B 과정에서 열량을 흡수하는지 방출하는지에 따라 Q의 값이 변함.

보기

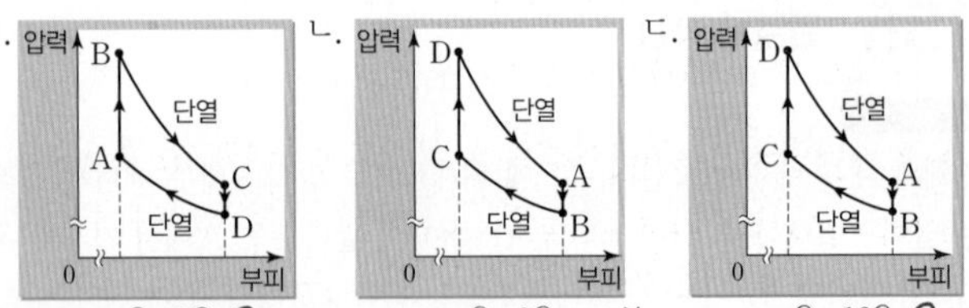

ㄱ. $Q=9Q_0$ O　ㄴ. $Q=9Q_0$ $16Q_0$ X　ㄷ. $Q=16Q_0$ O

해결 전략 열기관에서 기체가 한 번 순환하는 동안 열량의 흡수 과정, 방출 과정, 기체가 한 일을 이해하고, 표를 통해 압력-부피 그래프로 전환할 수 있어야 한다.

선택지 분석

✓ㄱ. 압력-부피 그래프에서 A→B 과정에서 흡수한 열량이 $12Q_0$, C→D 과정에서 방출한 열량이 Q이므로 $\frac{1}{4}=\frac{12Q_0-Q}{12Q_0}$에서 $Q=9Q_0$이다. 따라서, 조건을 만족한다.

ㄴ. 압력-부피 그래프에서 A→B 과정에서 방출한 열량이 $12Q_0$, C→D 과정에서 흡수한 열량이 Q이므로 $\frac{1}{4}=\frac{Q-12Q_0}{Q}$에서 $Q=16Q_0$이다. 따라서 조건을 만족하지 못한다.

✓ㄷ. 압력-부피 그래프에서 A→B 과정에서 방출한 열량이 $12Q_0$, C→D 과정에서 흡수한 열량이 Q이므로 $\frac{1}{4}=\frac{Q-12Q_0}{Q}$에서 $Q=16Q_0$이다. 따라서 조건을 만족한다.

답 ⑤

157 열역학 과정과 열효율

자료 분석

이상 기체는 처음 상태로 돌아오는 순환 과정이므로 내부 에너지 변화량은 0이다. A → B 과정과 C → D 과정은 부피가 일정하므로 등적 과정이고, B → C 과정은 부피가 팽창하므로 일을 하였고, D → A 과정은 부피가 감소하므로 외부로부터 일을 받았다.

선택지 분석

ㄱ. 기체의 온도는 B에서와 C에서가 같고, A에서가 B에서보다 낮으므로, 기체의 온도는 A에서가 C에서보다 낮다.

✓ㄴ. A → B 과정에서 흡수한 열을 Q_1, C → D 과정에서 방출한 열을 Q_2라고 하면, 기체는 B → C 과정에서 150 J의 열을 흡수한다. 한 번의 순환 과정에서 기체가 한 일은 50 J이고 기체가 흡수한 열은 Q_1+150 J이다. 열기관의 열효율이 0.25이므로 $0.25=\frac{50}{Q_1+150}$에서 $Q_1=50$ J이다.

✓ㄷ. C → D 과정은 등적 과정이므로 기체의 내부 에너지 감소량은 기체가 방출한 열과 같다. 열기관의 열효율이 0.25이므로 $0.25=1-\frac{Q_2}{200}$에서 $Q_2=150$ J이다. 따라서 C → D 과정에서 기체의 내부 에너지 감소량은 150 J이다.

답 ④

158 열역학 과정과 열효율

빈출 문항 자료 분석

그림은 열효율이 0.25인 열기관에서 일정량의 이상 기체의 상태가 A → B → C → D → A를 따라 순환하는 동안 기체의 부피와 절대 온도를 나타낸 것이다. 기체가 흡수한 열량은 A → B 과정, B → C 과정에서 각각 $5Q$, $3Q$이다.

(0.25 → 온도 변화 0 → 내부 에너지 변화 0)

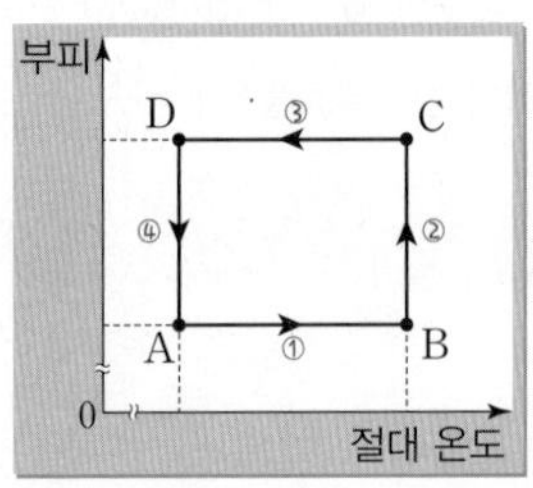

과정	Q	W	ΔU
①	$+5Q$	0	$+5Q$
②	$+3Q$	$+3Q$	0
③	$-5Q$	0	$-5Q$
④	$-Q$	$-Q$	0

이에 대한 설명으로 옳은 것만을 〈보기〉에서 있는 대로 고른 것은?

($PV\propto T \rightarrow P\propto \frac{T}{V}$로 비교)

보기

ㄱ. 기체의 압력은 B에서가 C에서보다 작다. 크다. X

ㄴ. C → D 과정에서 기체가 방출한 열량은 $5Q$이다. O

ㄷ. D → A 과정에서 기체가 외부로부터 받은 일은 $2Q$이다. Q X

해결 전략 열기관에서 기체가 한 번 순환하는 동안 열에너지의 흡수와 방출 과정을 이해하고, 부피-절대 온도 그래프를 분석할 수 있어야 한다.

선택지 분석

ㄱ. B와 C의 상태에서 기체의 절대 온도가 같으므로 기체의 압력은 부피에 반비례한다. 따라서 기체의 압력은 B에서가 C에서보다 크다.

✓ㄴ. C → D 과정은 등적 과정이므로 기체가 방출한 열량은 기체의 내부 에너지 감소량과 같고, 기체의 내부 에너지 변화량은 기체의 절대 온도 변화량에만 관계가 있다. A → B 과정에서 기체가 흡수한 열량이 $5Q$이므로 C → D 과정에서 기체가 방출한 열량은 $5Q$이다.

ㄷ. A → B → C → D → A 과정에서 기체가 흡수한 열량은 $8Q$이고, C → D 과정에서 기체가 외부로부터 받은 일은 방출된 열량(Q_{DA})과 같으므로 A → B → C → D → A 과정에서 방출된 열량은 $5Q+Q_{DA}$이다. 열기관의 열효율은 0.25이므로 $\frac{3}{4}=\frac{5Q+Q_{DA}}{8Q}$에서 $Q_{DA}=Q$이다. 따라서 D → A 과정에서 기체가 외부로부터 받은 일은 Q이다. 답 ②

159 열역학 과정

빈출 문항 자료 분석

그림은 열기관에서 일정량의 이상 기체가 과정 Ⅰ ~ Ⅳ를 따라 순환하는 동안 기체의 압력과 부피를 나타낸 것이다. 표는 각 과정에서 기체가 외부에 한 일 또는 외부로부터 받은 일을 나타낸 것이다. Ⅰ, Ⅲ은 등온 과정이고, Ⅳ에서 기체가 흡수한 열량은 $2E_0$이다.

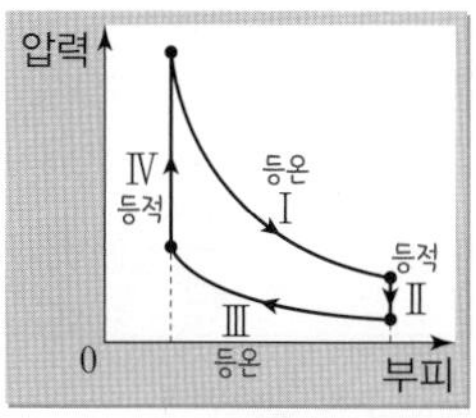

과정	Ⅰ	Ⅱ	Ⅲ	Ⅳ
외부에 한 일 또는 외부로부터 받은 일	$3E_0$	0	E_0	0

과정	Ⅰ (등온 과정)	Ⅱ (등적 과정)	Ⅲ (등온 과정)	Ⅳ (등적 과정)
외부에 한 일 또는 외부로부터 받은 일	$3E_0$	0	$-E_0$	0
내부 에너지 증가량 또는 감소량	0	$-2E_0$	0	$2E_0$
흡수 또는 방출한 열량	$3E_0$	$-2E_0$	$-E_0$	$2E_0$

이에 대한 설명으로 옳은 것만을 〈보기〉에서 있는 대로 고른 것은?

보기

ㄱ. Ⅰ에서 기체가 흡수하는 열량은 0이다. $3E_0$ X
ㄴ. Ⅱ에서 기체의 내부 에너지 감소량은 Ⅳ에서 기체의 내부 에너지 증가량보다 작다. 증가량과 같다. X
ㄷ. 열기관의 열효율은 0.4이다. O

해결 전략 열기관이 고열원에서 열에너지를 받아 외부에 일을 하고 나머지 열은 저열원으로 방출하는 과정을 이해하고, 등온 과정, 등적 과정에서 기체가 외부에 한 일, 외부로부터 받은 일, 기체의 내부 에너지 변화량을 이해할 수 있어야 한다.

선택지 분석

ㄱ. Ⅰ은 등온 과정이므로 내부 에너지 변화량은 0이다. Ⅰ에서 기체가 외부에 한 일은 $3E_0$이므로, Ⅰ에서 기체가 흡수한 열량은 $3E_0$이다.

ㄴ. Ⅳ는 등적 과정이므로 기체가 흡수한 열량은 기체의 내부 에너지 증가량과 같다. 따라서 Ⅳ에서 내부 에너지 증가량은 $2E_0$이다. Ⅰ→Ⅱ→Ⅲ→Ⅳ의 순환 과정 동안 기체의 내부 에너지 변화량은 0이므로 Ⅱ에서 내부 에너지 감소량은 $2E_0$이다.

✓ ㄷ. Ⅰ→Ⅱ→Ⅲ→Ⅳ의 순환 과정에서 흡수한 열량은 $3E_0+2E_0=5E_0$이고, 기체가 외부에 한 일은 $(3E_0+2E_0)-(2E_0+E_0)=2E_0$이다. 따라서 열기관의 열효율은 $\frac{2E_0}{5E_0}=0.4$이다. 답 ②

160 열역학 법칙

빈출 문항 자료 분석

그림은 열기관에서 일정량의 이상 기체가 상태 A → B → C → D → A를 따라 순환하는 동안 기체의 압력과 부피를 나타낸 것이다. A→B는 압력이, B → C와 D → A는 온도가, C → D는 부피가 일정한 과정이다. 표는 각 과정에서 기체가 흡수 또는 방출한 열량을 나타낸 것이다. A → B에서 기체가 한 일은 W_1이다.

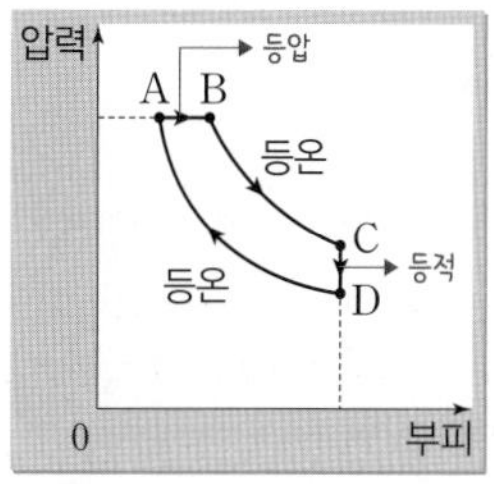

과정	기체가 흡수 또는 방출한 열량	기체가 외부에 한 일 또는 외부로부터 받은 일	내부 에너지 증가량 또는 감소량
A→B	$+Q_1$	$+W_1$	Q_1-W_1
B→C	$+Q_2$	$+Q_2$	0
C→D	$-Q_3$	0	$-Q_3$
D→A	$-Q_4$	$-Q_4$	0

이에 대한 옳은 설명만을 〈보기〉에서 있는 대로 고른 것은?

보기

ㄱ. B→C에서 기체가 한 일은 Q_2이다. O
ㄴ. $Q_1=W_1+Q_3$이다. O
ㄷ. 열기관의 열효율은 $1-\frac{Q_3+Q_4}{Q_1+Q_2}$이다. O

해결 전략 열기관이 고열원에서 열에너지를 받아 외부에 일을 하고 나머지 열은 저열원으로 방출하는 과정을 이해하고, 등온 과정에서 기체가 외부에 한 일, 외부로부터 받은 일, 기체의 내부 에너지 변화량을 이해해야 하며, 열역학 제1법칙을 적용하여 열기관의 열효율을 구할 수 있어야 한다.

선택지 분석

✓ ㄱ. B→C 과정은 등온 과정이므로 내부 에너지 변화량은 0이고, 기체가 한 일은 기체가 흡수한 열량과 같다. 따라서 B→C에서 기체가 한 일은 Q_2이다.

✓ ㄴ. A→B→C→D→A의 순환 과정에서 기체의 내부 에너지 변화량은 0이다. 따라서 $Q_1-W_1-Q_3=0$에서 $Q_1=W_1+Q_3$이다.

✓ ㄷ. 열기관의 열효율은 $1-\frac{Q_{방출}}{Q_{흡수}}$이다. 기체가 열을 흡수하는 과정은 A→B→C이고, 기체가 열을 방출하는 과정은 C→D→A이다. 따라서 열기관의 열효율은 $1-\frac{Q_3+Q_4}{Q_1+Q_2}$이다. 답 ⑤

161 열기관의 열효율

빈출 문항 자료 분석

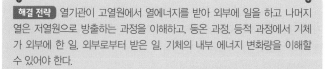

→ 기체의 순환 과정에서 내부 에너지 변화량은 0이다.

그림 (가), (나)는 서로 다른 열기관에서 같은 양의 동일한 이상 기체가 각각 상태 A → B → C → A, A → B → D → A를 따라 순환하는 동안 기체의 압력과 부피를 나타낸 것이다. C → A 과정은 등온 과정, D → A 과정은 단열 과정이다. 기체가 한 번 순환하는 동안 한 일은 (나)에서가 (가)에서보다 크다.

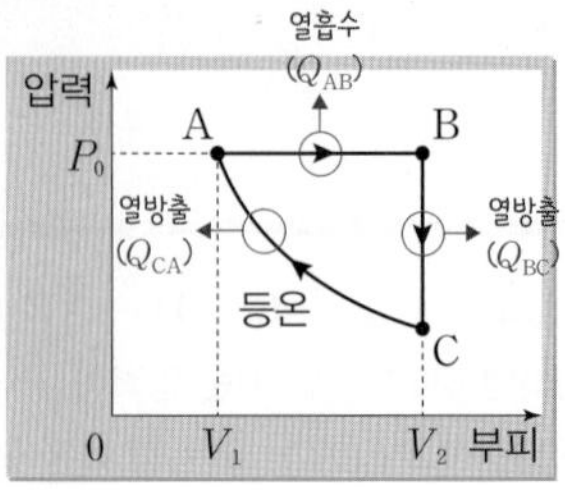

(가)

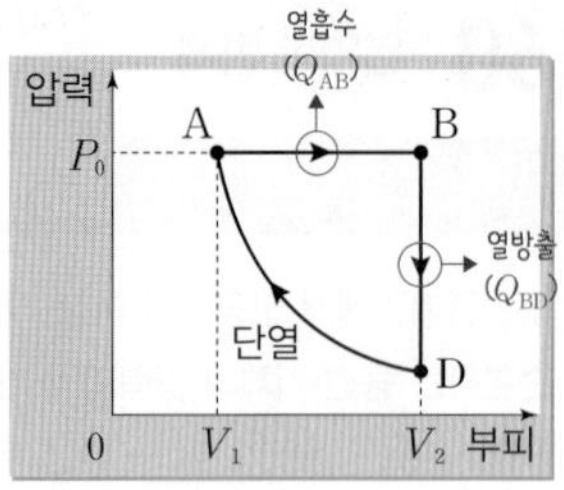

(나)

이에 대한 옳은 설명만을 〈보기〉에서 있는 대로 고른 것은?

보기

ㄱ. 기체의 온도는 C에서가 D에서보다 높다. O
ㄴ. 열효율은 (나)의 열기관이 (가)의 열기관보다 크다. O
ㄷ. 기체가 한 번 순환하는 동안 방출한 열은 (가)에서가 (나)에서보다 크다. O

해결 전략 열기관에서 열에너지의 흡수와 방출 과정을 이해하고, 각 과정에서 기체의 온도 변화와 내부 에너지 변화의 관계를 이해할 수 있어야 하며, 열기관의 열효율을 비교할 수 있어야 한다. 기체의 순환 과정에서 온도 변화는 0이므로 기체의 내부 에너지 변화량이 0임을 알아야 한다.

선택지 분석

✓ ㄱ. C → A 과정은 등온 과정이므로 기체의 온도는 A에서와 C에서가 같고, D → A 과정은 단열 압축 과정이므로 기체의 온도는 A에서가 D에서보다 높다. 따라서 기체의 온도는 C에서가 D에서보다 높다.

✓ ㄴ. 기체가 한 번 순환하는 동안 기체가 흡수한 열은 Q_{AB}로 같고, 한 일은 (나)에서가 (가)에서보다 크므로 열효율은 (나)의 열기관이 (가)의 열기관보다 크다. 열기관의 열효율은 (가)에서 $\frac{Q_{AB}-(Q_{BC}+Q_{CA})}{Q_{AB}}$이고, (나)에서 $\frac{Q_{AB}-Q_{BD}}{Q_{AB}}$이다.

✓ ㄷ. 기체가 한 번 순환하는 동안 (가), (나)에서 방출한 열은 각각 $Q_{BC}+Q_{CA}$, Q_{BD}이다. 기체가 한 번 순환하는 동안 (가), (나)에서 기체가 한 일은 각각 $Q_{AB}-(Q_{BC}+Q_{CA})$, $Q_{AB}-Q_{BD}$이고, $Q_{AB}-(Q_{BC}+Q_{CA}) < Q_{AB}-Q_{BD}$이다. 따라서 기체가 한 번 순환하는 동안 방출한 열은 (가)에서가 (나)에서보다 크다.

답 ⑤

162 열역학 과정

자료 분석

이상 기체는 처음 상태로 돌아오는 순환 과정이므로 내부 에너지 변화량은 0이다. A → B 과정과 B → C 과정은 부피가 팽창하므로 일을 하였고, C → A 과정은 부피가 감소하므로 일을 받았다.

선택지 분석

✓ ㄱ. B → C 과정은 단열 과정이고 기체가 외부에 일을 하므로 기체의 온도는 B에서가 C에서보다 높다.

✓ ㄴ. A → B 과정에서 기체의 증가한 내부 에너지가 ΔU_1일 때, 기체가 흡수한 열량은 $Q_H = 60\text{ J} + \Delta U_1$이고, B → C 과정에서 감소한 내부 에너지는 $\Delta U_2 = -90\text{ J}$이며, C → A 과정에서 기체의 내부 에너지 변화량은 0이다. 기체가 한 번 순환하였을 때 내부 에너지 변화량은 0이므로 $\Delta U_1 = 90\text{ J}$이고, $Q_H = 150\text{ J}$이다.

✓ ㄷ. 열기관의 열효율이 0.2이므로 C → A 과정에서 기체가 방출한 열량이 Q_L일 때, $0.2 = 1 - \frac{Q_L}{Q_H}$에서 Q_L(=㉠)=120 J이다.

답 ⑤

163 열역학 과정

빈출 문항 자료 분석

그림은 열기관에서 일정량의 이상 기체가 상태 A → B → C → D → A를 따라 순환하는 동안 기체의 압력과 부피를, 표는 각 과정에서 기체가 흡수 또는 방출하는 열량과 기체의 내부 에너지 증가량 또는 감소량을 나타낸 것이다.

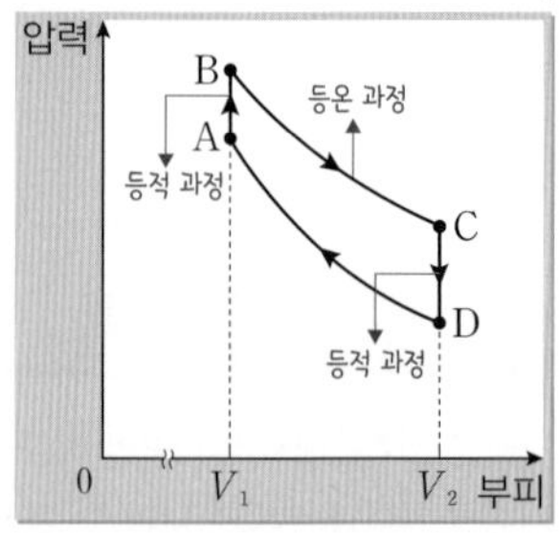

과정	흡수 또는 방출하는 열량(J)	내부 에너지 증가량 또는 감소량(J)
A→B	50 (흡수)	㉡ (증가)
B→C	100 (흡수)	0
C→D	㉠ (방출)	120 (감소)
D→A	0	㉢ (증가)

이에 대한 설명으로 옳은 것만을 〈보기〉에서 있는 대로 고른 것은?

보기

ㄱ. ㉠은 120이다. O
ㄴ. ㉢−㉡=20이다. O
ㄷ. 열기관의 열효율은 0.2이다. O

해결 전략 기체의 압력-부피 그래프와 표를 분석해서 열역학 제1법칙을 적용할 수 있어야 한다.

선택지 분석

✓ ㄱ. C → D 과정은 기체의 부피 변화가 없으므로 등적 과정이고, 기체는 외부에 일을 하지 않으므로 기체가 방출한 열량은 기체의 내부 에너지 감소량과 같다. 따라서 ㉠은 120이다.

✓ ㄴ. A → B 과정은 등적 과정이고 기체가 흡수한 열량은 기체의 내부 에너지 증가량과 같으므로 ㉡은 50이다. 기체가 상태 A → B → C → D → A를 따라 순환할 때 기체의 내부 에너지 변화량은 0이므로 ㉡(50)−120+㉢=0에서 ㉢=70 J이다. 따라서 ㉢−㉡=20이다.

✓ ㄷ. 열기관은 한 번의 순환 과정에서 150 J의 열량을 흡수하고 120 J의 열량을 방출하므로 한 일은 30 J이다. 따라서 열기관의 열효율은 $\frac{30}{150} = 0.2$이다.

답 ⑤

164 열역학 과정

자료 분석

단열 과정에서는 열의 출입이 없고 등압 과정에서는 열의 출입이 있으므로, A → B 과정에서는 열을 흡수하고 C → D 과정에서는 열을 방출한다. 또한 A → B 과정과 B → C 과정에서는 기체의 부피가 증가하므로 일을 하였고, C → D 과정과 D → A 과정에서는 기체의 부피가 감소하므로 일을 받았다.

선택지 분석

✓ ㄱ. A → B 과정, B → C 과정에서 기체는 일을 하므로 $W_{A\to C}=17W$이고, C → D 과정, D → A 과정에서 기체는 일을 받으므로 $W_{C\to A}=-7W$이다. 따라서 기체가 외부에 한 일은 $W_{총}=10W$이다. 열기관의 효율이 0.5이므로 $\frac{W_{총}}{Q}=\frac{10W}{Q}=0.5$에서 $Q=20W$이다.

✓ ㄴ. 기체는 A → B 과정에서 $20W$의 열을 흡수하고 $8W$의 일을 하였으므로 내부 에너지가 $12W$만큼 증가하였다. B → C 과정은 단열 과정이고 기체는 외부로 일을 한 만큼 내부 에너지가 감소하므로 B 상태에서 $9W$만큼 감소하여 A 상태일 때보다 내부 에너지가 $3W$만큼만 증가한 상태이다. 따라서 기체의 온도는 A에서가 C에서보다 낮다.

✓ ㄷ. A → B 과정에서 기체의 내부 에너지 증가량은 $12W$이고, C → D 과정에서 기체가 방출한 열량을 Q_L이라 할 때, 기체의 열효율이 0.5이므로 $1-\frac{Q_L}{Q}=0.5$에서 $Q_L=10W$이다. C → D 과정에서 감소한 내부 에너지($\Delta U_{C\to D}$)는 $Q_L=\Delta U_{C\to D}+W$에서 $-10W=\Delta U_{C\to D}-4W$이므로 $\Delta U_{C\to D}=-6W$이다. 따라서 A → B 과정에서 기체의 내부 에너지 증가량은 C → D 과정에서 기체의 내부 에너지 감소량보다 크다. 답 ⑤

165 열역학 과정

자료 분석

A → B 과정에서는 부피가 증가하고 압력이 일정하므로 온도 $T>0(\Delta U>0)$이고, $W>0$이다. B → C 과정에서는 부피가 일정하고 압력이 감소하므로 $T<0(\Delta U<0)$이고, $W=0$이다. C → D 과정에서는 부피가 감소하고 압력이 일정하므로 온도 $T<0(\Delta U<0)$이고, $W<0$이다. D → A 과정에서는 기체의 부피가 일정하고 압력이 증가하므로 온도 $T>0(\Delta U>0)$이고, $W=0$이다.

선택지 분석

✓ ㄱ. 한 번의 순환 과정에서 열기관의 내부 에너지는 변화가 없으므로 내부 에너지 변화량 $\Delta U=0$이다. 따라서 120−110−㉠+50=0에서 ㉠은 60이다.

ㄴ. B → C 과정에서는 $\Delta U<0$이고, $W=0$이므로 열역학 제2법칙 $Q=\Delta U+W$에서 $Q<0$이다. 따라서 기체는 열을 방출한다.

ㄷ. 기체가 흡수한 열은 A → B 과정에서 200 J과 D → A 과정에서 50 J이고, 한 일은 A → B 과정에서 80 J과 C → D 과정에서 −40 J이므로 열효율은 $\frac{80-40}{200+50}=0.16$이다. 답 ①

도전 1등급

166 열역학 과정

도전 1등급 문항 분석 ▸▸ 정답률 31%

그림은 열기관에 들어 있는 일정량의 이상 기체의 압력과 부피 변화를 나타낸 것으로, 상태 A → B, C → D, E → F는 등압 과정, B → C → E, F → D → A는 단열 과정이다. 표는 순환 과정 Ⅰ과 Ⅱ에서 기체의 상태 변화를 나타낸 것이다.
→ 열의 출입=0

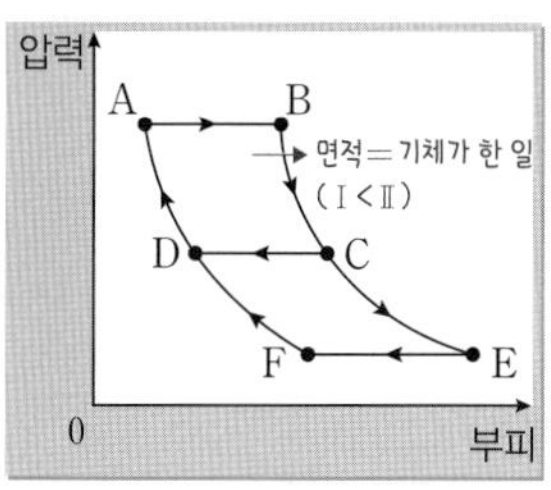

순환 과정	상태 변화
Ⅰ	A → B → C → D → A
Ⅱ	A → B → E → F → A

→ 흡수한 열량이 같다.

기체가 한 번 순환하는 동안, Ⅱ에서가 Ⅰ에서보다 큰 물리량만을 〈보기〉에서 있는 대로 고른 것은?

보기

ㄱ. 기체가 흡수한 열량 Ⅰ = Ⅱ X

ㄴ. 기체가 방출한 열량 Ⅰ > Ⅱ X

ㄷ. 열기관의 열효율 O

해결 전략 기체의 압력-부피 그래프에서 직선이나 곡선 아래의 면적이나, 폐곡선으로 둘러싸인 면적이 기체가 한 일을 의미함을 알고, 열기관의 열효율을 비교할 수 있어야 한다.

선택지 분석

ㄱ. 순환 과정 Ⅰ, Ⅱ에서 A → B 과정이 동일하므로, 한 번 순환하는 동안 기체가 흡수한 열량은 Ⅰ과 Ⅱ에서가 같다.

ㄴ. 기체가 한 번 순환하는 동안 한 일은 압력−부피 그래프에서 직선과 곡선으로 둘러싸인 면적과 같으므로, 기체가 한 일은 Ⅱ에서가 Ⅰ에서보다 크다. 기체가 흡수한 열량이 같을 때 기체가 한 일이 클수록 방출한 열량이 작으므로, 기체가 방출한 열량은 Ⅱ에서가 Ⅰ에서보다 작다.

✓ ㄷ. 열효율은 $\frac{\text{기체가 한 일}}{\text{기체가 흡수한 열량}}$이다. 기체가 흡수한 열량이 같을 때 한 일이 클수록 열효율은 크다. 기체가 흡수한 열량은 Ⅰ에서와 Ⅱ에서가 같고 기체가 한 일은 Ⅱ에서가 Ⅰ에서보다 크므로, 열기관의 열효율은 Ⅱ에서가 Ⅰ에서보다 크다. 답 ②

167 열역학 과정

빈출 문항 자료 분석

그림은 열기관에서 일정량의 이상 기체의 상태가 A → B → C → A를 따라 순환하는 동안 기체의 부피와 절대 온도를 나타낸 것이다. A → B 과정에서 기체는 압력이 P_0으로 일정하고 기체가 흡수하는 열량은 Q_1이다. B → C 과정에서 기체가 방출하는 열량은 Q_2이다.
→ A → B: 등압 과정

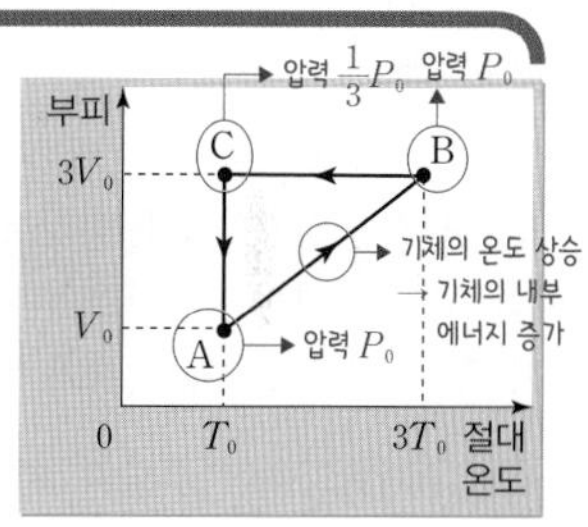

이에 대한 설명으로 옳은 것만을 〈보기〉에서 있는 대로 고른 것은?

보기

ㄱ. A → B 과정에서 기체의 내부 에너지는 증가한다. O

ㄴ. 열기관의 열효율은 $\frac{Q_1-Q_2}{Q_1}$보다 작다. O

ㄷ. 기체가 한 번 순환하는 동안 한 일은 $\frac{2}{3}P_0V_0$보다 크다. O

해결 전략 열기관에서 기체가 한 번 순환하는 동안 열에너지의 흡수와 방출 과정을 이해하고, 부피-절대 온도 그래프를 압력-부피 그래프로 전환하여 분석할 수 있어야 한다.

선택지 분석

다음은 부피-절대 온도 그래프를 압력-부피 그래프로 나타낸 것이다. A와 B에서 기체의 압력은 P_0이고, 보일-샤를 법칙을 적용하면 C에서 기체의 압력은 $\frac{1}{3}P_0$이다.

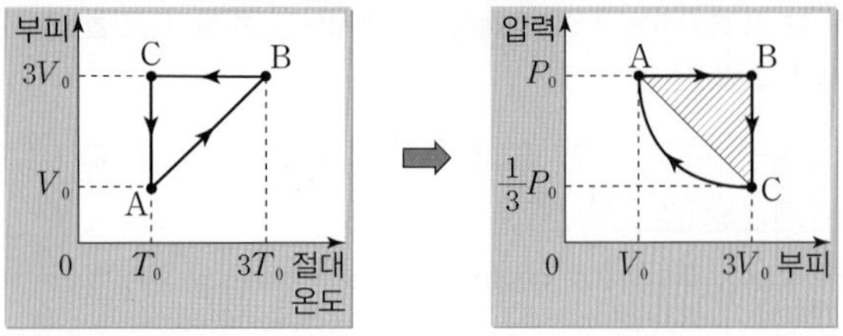

✓ ㄱ. 부피-절대 온도 그래프를 보면, A → B 과정에서 기체의 온도가 올라가므로 기체의 내부 에너지는 증가한다.

✓ ㄴ. A → B 과정에서 기체가 흡수하는 열량이 Q_1, B → C 과정에서 기체가 방출하는 열량이 Q_2, C → A 과정에서 기체가 방출하는 열량을 Q라고 하면, 열기관의 열효율은 $\frac{Q_1-Q_2-Q}{Q_1}$이므로 $\frac{Q_1-Q_2}{Q_1}$보다 작다.

✓ ㄷ. 기체가 한 번 순환하는 동안 기체가 한 일은 압력-부피 그래프의 내부 면적과 같다. 압력-부피 그래프에서 빗금을 친 부분의 넓이가 $\frac{2}{3}P_0V_0$이고, 그래프 내부 면적은 빗금을 친 부분의 넓이보다 크므로 기체가 한 번 순환하는 동안 기체가 한 일은 $\frac{2}{3}P_0V_0$보다 크다.

답 ⑤

168 열기관과 열역학 과정

자료 분석

A → B 과정은 부피가 일정한 등적 과정으로, 기체가 흡수한 열량은 기체의 내부 에너지 증가량과 같고, B → C 과정은 단열 과정으로, 기체의 부피가 증가하므로 기체는 외부에 일을 하고 내부 에너지는 감소한다.

C → A 과정은 등온 과정으로, 기체의 부피가 감소하므로 기체가 외부로부터 받은 일은 기체가 외부로 방출한 열량과 같다. 그리고 열기관의 열효율은 $\frac{\text{한 일}}{\text{고열원에서 흡수한 열}}$이다.

선택지 분석

✓ ㄱ. B → C 과정은 단열 과정이고 기체의 부피가 증가하였으므로 기체의 내부 에너지가 감소하였다. 따라서 기체의 온도는 B에서가 C에서보다 높다.

✓ ㄴ. A → B 과정은 열기관의 이상 기체가 열을 흡수하는 과정이므로 기체가 흡수한 열량을 Q_1, 기체가 방출한 열량을 Q_2(=160 J)라고 할 때, 열기관의 열효율이 0.2이므로 $0.2=1-\frac{Q_2}{Q_1}=1-\frac{160}{Q_1}$에서 $Q_1=200$ J이다.

ㄷ. 압력-부피 그래프에서 기체가 한 번 순환하는 동안 한 일(그래프 내부 면적)은 40 J이고, C → A 과정에서 기체가 외부로부터 받은 일(=기체가 외부로 방출한 열량)은 160 J이므로, B → C 과정에서 기체가 한 일은 200 J이다.

답 ③

169 열역학 제1법칙

자료 분석

주사기의 피스톤이 더 이상 움직이지 않는다는 것은 주사기 속의 기체와 비커의 물이 열평형을 이룬 것이다. 뜨거운 물에 담긴 주사기 속 공기는 열을 받아 분자 운동이 활발해져 부피가 증가하므로 공기는 외부에 일을 한다. 또한 얼음물에 담긴 주사기 속 공기는 얼음물로 열을 빼앗겨 분자 운동이 둔해져서 부피가 감소하므로 공기는 외부로부터 일을 받는다.

선택지 분석

✓ ㄱ. 기체의 부피가 (나)에서가 (가)에서보다 크므로, 기체의 운동 상태는 (나)에서가 (가)에서보다 활발하다. 따라서 기체의 내부 에너지는 (가)에서가 (나)에서보다 작다.

ㄴ. (나)에서 기체가 흡수한 열량은 내부 에너지 변화량과 외부에 한 일을 더한 값과 같다. 그런데 내부 에너지가 증가하므로, 기체가 흡수한 열량은 기체가 한 일보다 크다.

ㄷ. (다)에서 기체가 방출한 열량은 내부 에너지 변화량과 외부로부터 받은 일을 더한 값과 같다. 따라서 기체가 방출한 열량은 내부 에너지 변화량보다 크다.

답 ①

170 열역학 과정

자료 분석

A → B 과정은 등압 팽창 과정이고 D → A 과정은 압력이 증가하는 등적 과정이므로 D → A → B 과정에서 기체는 열을 흡수한다. B → C 과정은 압력이 감소하는 등적 과정이고 C → D는 등압 압축 과정이므로 B → C → D 과정에서 기체는 열을 방출한다. 기체의 내부 에너지는 기체의 온도에 비례한다. 기체가 순환하는 동안 처음의 상태로 되돌아오면 기체의 온도 변화량은 0이므로 내부 에너지 변화량은 0이다. 열역학 제1법칙에서 기체가 흡수한 열은 기체가 한 일과 기체의 내부 에너지 변화량의 합과 같으므로 기체의 상태가 A → B → C → D → A를 따라 순환하는 동안 기체가 흡수한 열은 기체가 한 일과 같다.

선택지 분석

✓ ㄱ. A → B 과정에서 기체는 일정한 압력을 유지하며 부피가 증가하므로 기체의 온도는 증가한다.

ㄴ. 이상 기체의 상태가 A → B → C → D → A를 따라 순환하는 동안 기체의 내부 에너지 변화량은 0이다. 이상 기체의 상태가 A → B → C → D → A를 따라 순환하는 동안 기체가 한 일은 기체가 흡수한 열량과 같으므로 기체가 한 번 순환하는 동안 한 일은 $15Q-9Q-5Q+3Q=4Q$이다.

✓ ㄷ. 기체가 열을 흡수하는 D → A → B 과정에서 기체가 흡수한 열량은 $15Q+3Q=18Q$이고, 기체가 열을 방출하는 B → C → D 과정에서 기체가 방출한 열량은 $9Q+5Q=14Q$이다. 따라서 열기관의 열효율은 $1-\frac{14Q}{18Q}=\frac{2}{9}$이다.

답 ③

171 열역학 과정과 열효율

빈출 문항 자료 분석

그림은 열효율이 0.3인 열기관에서 일정량의 이상 기체가 상태 A → B → C → D → A를 따라 순환하는 동안 기체의 압력과 부피를, 표는 각 과정에서 기체가 흡수 또는 방출하는 열량을 나타낸 것이다.

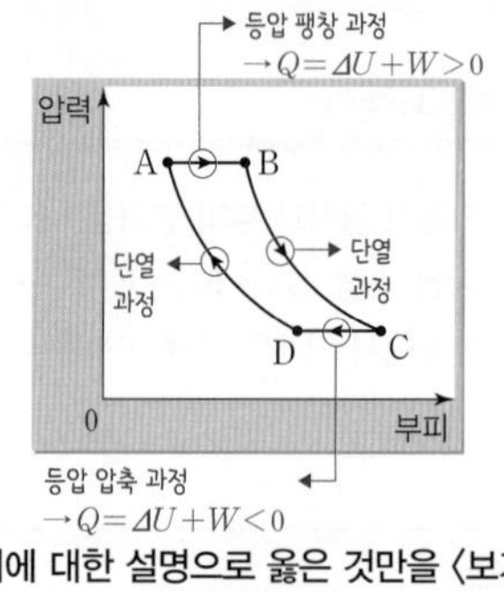

과정	흡수 또는 방출하는 열량(J)
A → B	㉠
B → C	0
C → D	140
D → A	0

이에 대한 설명으로 옳은 것만을 〈보기〉에서 있는 대로 고른 것은?

보기

ㄱ. ㉠은 200이다. O
ㄴ. A → B 과정에서 기체의 내부 에너지는 감소한다. 증가한다. X
ㄷ. C → D 과정에서 기체는 외부로부터 열을 흡수한다. 방출한다. X

해결 전략 열기관에서 열에너지의 흡수와 방출 과정을 이해하고, 등압 팽창과 등압 압축 과정에서 기체의 내부 에너지 변화와 온도의 관계를 이해할 수 있어야 한다.

선택지 분석

✓ ㄱ. 열기관의 열효율$=\frac{\text{흡수한 열량}-\text{방출한 열량}}{\text{흡수한 열량}}$이므로, $0.3=\frac{㉠-140}{㉠}$이다. 따라서 ㉠$=200$이다.

ㄴ. A → B 과정은 기체의 압력이 일정하게 유지되면서 기체의 부피가 증가하고 온도가 상승하는 과정이다. 따라서 기체의 내부 에너지는 온도에 비례하므로, A → B 과정에서 기체의 내부 에너지는 증가한다.

ㄷ. C → D 과정은 기체의 압력이 일정하게 유지되면서 기체의 부피가 감소하고 온도가 하강하는 과정이므로, 기체는 외부로 열을 방출한다.

답 ①

172 열역학 과정

자료 분석

A → B 과정은 등적 과정으로, 기체가 흡수한 열량(250 J)은 기체의 내부 에너지 증가량과 같고, B → C 과정은 단열 과정으로, 기체가 외부에 한 일(100 J)은 기체의 내부 에너지 감소량과 같다. C → D 과정은 등적 과정으로, 기체가 방출한 열량은 기체의 내부 에너지 감소량과 같고, D → A 과정은 단열 과정으로, 기체가 외부로부터 받은 일(50 J)은 기체의 내부 에너지 증가량과 같다. 열기관의 열효율은 $\frac{\text{한 일}}{\text{고열원에서 흡수한 열}}$이다.

선택지 분석

✓ ㄱ. B → C 과정은 단열 과정이므로 기체가 외부로부터 열을 공급받거나 외부로 열을 방출하지 못한다. 따라서 B → C 과정에서 기체가 한 일은 기체의 내부 에너지 감소량과 같으므로 기체의 온도가 내려간다.

ㄴ. 기체는 한 번의 순환 과정을 거치면 원래 상태로 되돌아온다. 기체는 A → B 과정에서 250 J의 열량을 흡수하고, B → C 과정에서 100 J의 일을 하고, C → D 과정에서 Q의 열량을 방출하고, D → A 과정에서 50 J의 일을 받으므로 $250-100-Q+50=0$에서 $Q=200$ J이다.

ㄷ. 열기관은 250 J의 열량을 공급받고 한 번의 순환 과정 동안 50 J의 일을 하므로 열기관의 열효율은 $\frac{50}{250}=0.2$이다.

답 ①

173 열역학 과정과 열기관

자료 분석 기체는 A → B 과정에서 부피가 증가하므로 외부에 일을 하며 150 J의 열량을 흡수하고, B → C 과정에서는 부피가 증가하므로 외부에 일을 하며 흡수하거나 방출하는 열이 없다. C → D 과정에서는 부피가 감소하므로 외부로부터 일을 받으며 120 J의 열량을 방출하고, D → A 과정에서는 외부로부터 일을 받으며 흡수하거나 방출하는 열이 없다.

선택지 분석

ㄱ. B → C 과정에서 기체의 부피는 증가하므로 기체가 한 일은 0이 아니다.

✓ ㄴ. 기체는 한 번 순환하는 동안 150 J의 열량을 흡수하고 120 J의 열량을 방출하였으므로 30 J의 일을 하였다.

✓ ㄷ. 열기관은 150 J의 열량을 흡수하여 30 J의 일을 하였으므로 열기관의 열효율은 $\frac{30\text{ J}}{150\text{ J}}=0.2$이다.

답 ④

174 열역학 과정과 열효율

빈출 문항 자료 분석

그림은 일정량의 이상 기체의 상태가 A → B → C → A로 한 번 순환하는 동안 W의 일을 하는 열기관에서 기체의 압력과 부피를 나타낸 것이다. A → B 과정과 B → C 과정에서 기체가 흡수한 열량은 각각 Q_1, Q_2이다.

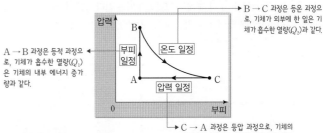

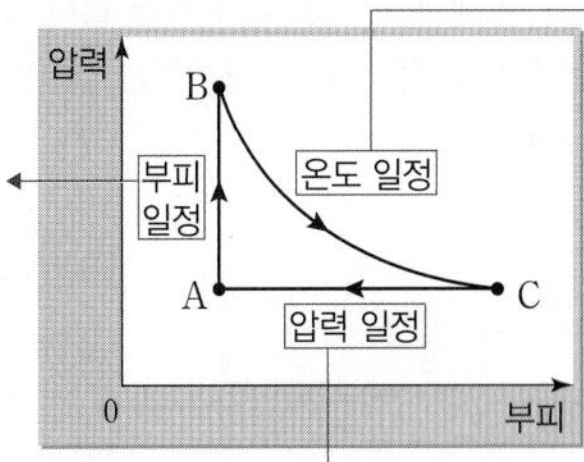

이에 대한 설명으로 옳은 것은?

해결 전략 열기관이 고열원에서 열에너지를 받아 외부에 일을 하고 나머지 열은 저열원으로 방출하는 과정의 이해와 등적 과정, 등압 과정, 등온 과정에서 기체가 한 일, 기체의 내부 에너지 변화량을 이해할 수 있어야 한다.

선택지 분석

① A → B 과정에서 기체의 부피가 일정할 때 압력이 증가하면 온도가 상승한다.

② B → C 과정에서는 온도가 일정하므로 기체가 한 일은 Q_2이다.

✓ ❸ 내부 에너지 차이는 A → B에서 증가량과 C → A에서 감소량이 서로 같다. 따라서 A → B 과정에서 한 일이 0이므로 열역학 제1법칙에 의해 C → A 과정에서 내부 에너지 감소량은 Q_1이다.

④ 외부로 방출되는 열은 항상 있으므로 열효율이 1인 열기관은 존재할 수 없다. 따라서 $Q_1+Q_2>W$이다.

⑤ 열기관의 열효율$=\frac{\text{한 일}}{\text{고열원에서 흡수한 열}}$이고, 흡수한 열량은 Q_1+Q_2, 기체가 한 일은 W이므로 열효율은 $\frac{W}{Q_1+Q_2}$이다.

답 ③

175 내부 에너지와 열역학 제1법칙

자료 분석

A → B 과정은 등적 과정으로, 기체가 흡수한 열량은 기체의 내부 에너지 증가량과 같다.

B → C 과정에서는 기체의 부피가 증가하므로 기체는 외부에 일을 한다. 그리고 이상 기체의 절대 온도는 내부 에너지에 비례한다.

선택지 분석

✓ ㄱ. A → B 과정은 등적 과정으로, 기체의 부피가 변하지 않는 상태에서 압력이 증가하고 기체의 온도가 상승하므로 기체는 열을 흡수한다.

✓ ㄴ. B → C 과정에서 기체의 부피가 증가한다. 따라서 기체는 외부에 일을 한다.

✓ ㄷ. 기체의 온도는 C에서가 A에서보다 높고, 기체의 내부 에너지는 기체의 온도에 비례하므로, 기체의 내부 에너지는 C에서가 A에서보다 크다.

답 ⑤

176 열역학 제1법칙

빈출 문항 자료 분석

그림 (가)의 Ⅰ은 이상 기체가 들어 있는 실린더에 피스톤이 정지해 있는 모습을, Ⅱ는 Ⅰ에서 기체에 열을 서서히 가했을 때 기체가 팽창하여 피스톤이 정지한 모습을, Ⅲ은 Ⅱ에서 피스톤에 모래를 서서히 올려 피스톤이 내려가 정지한 모습을 나타낸 것이다. Ⅰ과 Ⅲ에서 기체의 부피는 같다. 그림 (나)는 (가)의 기체 상태가 변화할 때 압력과 부피를 나타낸 것이다. A, B, C는 각각 Ⅰ, Ⅱ, Ⅲ에서의 기체의 상태 중 하나이다.

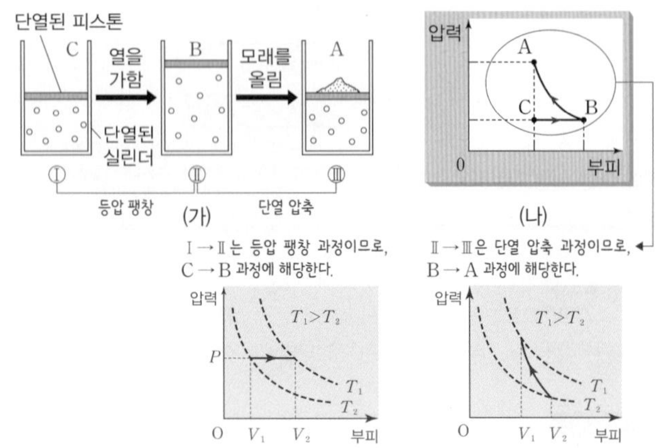

이에 대한 설명으로 옳은 것만을 〈보기〉에서 있는 대로 고른 것은? (단, 피스톤의 마찰은 무시한다.)

보기

ㄱ. Ⅰ → Ⅱ 과정에서 기체는 외부에 일을 한다. O

ㄴ. 기체의 온도는 Ⅲ에서가 Ⅰ에서보다 높다. O

ㄷ. Ⅱ → Ⅲ 과정은 B → C 과정에 해당한다. B → A X

해결 전략 단열된 용기 안의 기체의 상태 변화로부터 주어진 상황에 열역학 법칙을 적용할 수 있어야 한다.

선택지 분석

✓ㄱ. Ⅰ → Ⅱ 과정에서는 기체의 부피가 팽창한다. 따라서 기체는 외부에 일을 한다.

✓ㄴ. Ⅰ과 Ⅲ에서 기체의 부피는 같고, 압력은 Ⅲ에서가 Ⅰ에서보다 크므로, 기체의 온도는 Ⅲ에서가 Ⅰ에서보다 높다.

ㄷ. Ⅱ → Ⅲ 과정은 부피가 감소하고 압력이 증가하는 변화이므로 B → A 과정에 해당한다.

답 ③

177 열역학 제1법칙

자료 분석

A에 열을 공급하면 A의 온도가 상승하고 내부 에너지가 증가하며 부피가 팽창한다. 따라서 막대는 B쪽으로 이동한다. 이때 B는 압축되므로 부피가 줄어들고 온도가 상승해야 하지만 (나)에서 B의 온도 변화가 없으므로 B의 열은 단열되지 않은 실린더 밖으로 방출되는 것이다. 이상 기체의 내부 에너지는 기체의 온도에 비례한다. 따라서 t_0일 때 A의 온도가 B의 온도보다 높으므로, A의 내부 에너지가 B의 내부 에너지보다 크다.

선택지 분석

✓ㄱ. 이상 기체의 내부 에너지는 이상 기체의 온도에만 비례한다. t_0일 때 이상 기체의 온도는 A가 B보다 높으므로 내부 에너지는 A가 B보다 크다.

ㄴ. t_0일 때, A는 열을 공급받기 전보다 부피가 팽창하였으므로 부피는 A가 B보다 크다.

✓ㄷ. A에 열이 공급되어 A의 온도가 높아지는 동안 A는 팽창하고, B는 A로부터 일을 받는다. 그런데 B의 온도가 일정하므로 B의 내부 에너지는 일정하기 때문에 A로부터 받은 일은 모두 B가 방출하는 열과 같다. 따라서 A의 온도가 높아지는 동안 B는 열을 방출한다.

답 ③

178 열역학 과정

자료 분석

(가)에서 피스톤은 정지해 있으므로 A와 B의 압력은 같고, (나)에서 A에 Q_1을 가해 피스톤이 d만큼 이동하여 정지했으므로 A와 B의 압력은 같다. 또한 A에 Q_1을 가했으므로 A의 온도는 (나)에서가 (가)에서보다 높다.

(다)에서 B에 Q_2를 가해 피스톤이 d만큼 이동하여 정지했으므로 A와 B의 압력은 같다. 또 B에 Q_2를 가했으므로 B의 온도는 (다)에서가 (나)에서보다 높다. (가) → (나) → (다) 과정에서 A와 B의 부피의 합은 일정하므로 A와 B가 흡수한 열은 A와 B의 내부 에너지 증가량의 합과 같다.

선택지 분석

ㄱ. (가) → (나) 과정에서 A는 열을 흡수하여 부피가 증가하므로 A의 온도는 (나)에서가 (가)에서보다 높다. 따라서 A의 내부 에너지는 (가)에서가 (나)에서보다 작다.

✓ㄴ. (가), (나), (다)에서 피스톤은 정지해 있으므로 (가), (나), (다)에서 A와 B의 압력은 각각 같다. (가) → (나) 과정에서 B는 단열 압축하므로 B의 압력은 증가하고, (나) → (다) 과정에서 A는 단열 압축하므로 A의 압력은 증가한다. 따라서 A의 압력은 (다)에서가 (가)에서보다 크다.

✓ㄷ. (다)에서 A와 B의 부피와 압력이 같으므로 A와 B의 온도는 같다. 따라서 (다)에서 기체의 내부 에너지는 A와 B가 같다. 또 (가) → (나) → (다) 과정에서 A와 B의 전체 부피는 일정하므로 A와 B의 내부 에너지 증가량의 합은 A와 B가 흡수한 전체 열량과 같다. (가) → (나) → (다) 과정에서 B의 내부 에너지 증가량을 ΔU라고 하면, $2\Delta U = Q_1 + Q_2$에서 $\Delta U = \frac{Q_1+Q_2}{2}$이다. 따라서 B의 내부 에너지는 (다)에서가 (가)에서보다 $\frac{Q_1+Q_2}{2}$만큼 크다.

답 ⑤

179 열역학 과정

자료 분석

등압 팽창 과정에서는 압력이 일정한 상태에서 기체의 부피가 증가하므로 기체의 온도가 올라가고, 단열 팽창 과정에서는 기체의 부피가 증가하여 외부에 일을 하므로 내부 에너지가 감소한다. 이상 기체의 내부 에너지는 등압 팽창 과정에서 증가하고 단열 팽창 과정에서 감소한다.

선택지 분석

✓❹ 이상 기체의 절대 온도는 내부 에너지에 비례한다. 따라서 온도가 T_0인 일정량의 이상 기체가 등압 팽창하여 온도가 T_1이 되었으므로 $T_0 < T_1$이 되고, 온도가 T_0인 일정량의 이상 기체가 단열 팽창하여 온도가 T_2가 되었으므로 $T_0 > T_2$이다. 즉, $T_1 > T_0 > T_2$이다.

답 ④

본문 58~70쪽

03 시공간의 이해

180 ④	181 ⑤	182 ③	183 ④	184 ②	185 ②
186 ②	187 ③	188 ④	189 ⑤	190 ②	191 ⑤
192 ③	193 ④	194 ④	195 ④	196 ⑤	197 ⑤
198 ④	199 ⑤	200 ④	201 ③	202 ③	203 ③
204 ③	205 ④	206 ④	207 ⑤	208 ④	209 ③
210 ④	211 ④	212 ②	213 ①	214 ⑤	215 ③
216 ①	217 ③	218 ④	219 ⑤	220 ①	221 ③
222 ④	223 ⑤	224 ⑤	225 ⑤	226 ④	227 ①
228 ①					

180 특수 상대성 이론

자료 분석

관찰자 A가 측정한 터널의 길이가 고유 길이이고 우주선은 $0.8c$의 속력으로 터널을 완전히 통과하게 된다. 또한, 관성계 B에서 정지한 관성계인 터널의 길이를 측정하면 길이가 짧아지고, 관찰자 A에게 일어난 동시 사건은 관성계 B에게는 동시 사건이 아니다.

선택지 분석

ㄱ. A의 관성계에서 우주선의 속력은 $0.8c$이고, 터널의 길이는 L이다. 따라서 A의 관성계에서, 우주선의 앞이 터널의 입구를 지나는 순간부터 우주선의 뒤가 터널의 입구를 지나는 순간까지 걸리는 시간은 $\frac{L}{0.8c}$이다.

✓ ㄴ. B의 관성계에서, 터널이 $0.8c$의 속력으로 운동하므로 운동 방향으로 터널의 길이 수축이 일어난다. 터널의 고유 길이가 L이므로 B의 관성계에서, 터널의 길이는 L보다 작다.

✓ ㄷ. 우주선의 고유 길이는 L보다 크고, B의 관성계에서 터널의 길이는 L보다 작다. 따라서 B의 관성계에서, 터널의 출구가 우주선의 앞을 지나고 난 후 터널의 입구가 우주선의 뒤를 지난다. 답 ④

181 특수 상대성 이론

자료 분석

광속 불변 원리에 의해 진공 중에서 빛의 속력은 광원과 관찰자의 운동 상태에 관계없이 항상 일정하고, 정지한 관찰자가 움직이는 좌표계의 시간을 측정하면 시간이 느리게 가고, 움직이는 좌표계의 길이를 측정하면 길이가 짧아진다.

선택지 분석

✓ ㄱ. 광속 불변의 원리에 의해 A의 관성계에서 A가 방출한 빛의 속력과 B가 방출한 빛의 속력은 같다.

✓ ㄴ. A의 관성계에서 B가 방출한 빛이 P에 도달할 때까지 이동한 거리는 L이고, 빛의 속력은 c이므로 빛이 P에 도달하는 데 걸리는 시간은 $\frac{L}{c}$이다.

✓ ㄷ. B의 관성계에서, A에서 P까지의 거리와 P에서 Q까지의 거리는 동일하게 수축된 거리이고, A가 방출한 빛의 속력과 B가 방출한 빛의 속력은 같다. 그러나 B의 관성계에서 P는 B에 가까워지는 방향으로 운동하므로 A가 방출한 빛이 P에 도달하는 데 걸리는 시간은 B가 방출한 빛이 P에 도달하는 데 걸리는 시간보다 크다. 답 ⑤

182 특수 상대성 이론

자료 분석

B의 관성계에서 P, Q는 정지해 있으므로 A의 관성계에 대해 B, P, Q의 상대 속도는 서로 같다. A의 관성계에 대해 B의 관성계가 움직이므로 시간 지연 현상이 발생하고 A의 관성계에서 측정한 P, Q 사이의 거리는 거리 수축 현상이 발생한다.

선택지 분석

ㄱ. A의 관성계에서, P와 Q는 같은 속력으로 등속도 운동한다.

ㄴ. 관찰자에 대하여 상대 속도가 있는 관찰자를 보면 상대방의 시간이 자신의 시간보다 느리게 간다. A의 관성계에서, B는 $0.8c$의 속력으로 등속도 운동을 하므로 A의 관성계에서 B의 시간이 A의 시간보다 느리게 간다.

✓ ㄷ. 관찰자에 대해 정지해 있는 물체의 길이 또는 한 관성 좌표계에 대하여 동시에 측정한 고정된 두 지점 사이의 길이를 고유 길이(거리)라고 한다. B의 관성계에서, P와 Q는 정지해 있으므로 B의 관성계에서 측정한 P와 Q 사이의 거리가 고유 거리이고, A의 관성계에서 측정한 P와 Q 사이의 거리 L은 고유 거리보다 짧은 수축된 거리이다. 따라서 B의 관성계에서, P와 Q 사이의 거리는 L보다 크다. 답 ③

183 특수 상대성 이론

자료 분석

진공 중에서 빛의 속력은 광속 불변 원리에 의해 광원과 관찰자의 운동 상태에 관계없이 일정하다. 또한, 정지한 관찰자가 움직이는 우주선의 시간을 측정하면 시간이 느리게 가고(시간 지연 현상), 움직이는 우주선의 길이를 측정하면 길이가 짧아진다(길이 수축 현상). 이때 시간 지연과 길이 수축 현상은 우주선의 속력이 클수록 크게 나타난다.

선택지 분석

✓ ㄱ. C의 관성계에서, A가 탄 우주선의 길이는 B가 탄 우주선의 길이보다 짧으므로, C의 관성계에서, A가 탄 우주선의 속력은 B가 탄 우주선의 속력보다 크다.

ㄴ. A의 관성계에서, B가 탄 우주선이 왼쪽으로 이동하므로 P, Q도 왼쪽으로 이동한다. A의 관성계에서, O에서 동시에 방출된 빛이 P와 같은 방향으로 이동하고, Q와 반대 방향으로 이동하여 P, Q에 동시에 도달하기 위해서는 $\overline{OQ}>\overline{PO}$이어야 한다. 따라서 B의 관성계에서, O와 Q 사이의 거리는 P와 O 사이의 거리보다 길다.

✓ ㄷ. C의 관성계에서, 거리가 수축된 O와 Q 사이의 거리는 P와 O 사이의 거리보다 길고 P, Q는 오른쪽으로 이동한다. 동시에 방출된 빛은 P와 반대 방향으로 이동하고 Q와 같은 방향으로 이동하므로 P에 먼저 도달한다.

답 ④

184 특수 상대성 이론

자료 분석

관찰자의 관성계에 대해 같은 장소에서 일어난 두 사건이 동시 사건일 때 우주선의 관성계에서도 두 사건은 동시 사건이다. 관찰자의 관성계에 대해 서로 다른 장소에서 일어난 두 사건이 동시 사건일 때 우주선의 관성계에서는 두 사건이 동시 사건이 아니다. 우주선의 관성계에서는 먼 지점에 있는 사건이 먼저 발생한다.

선택지 분석

✓❷ Ⅰ, Ⅱ는 같은 위치에서 동시에 일어난 사건이므로 모든 관성계 즉, 관찰자의 관성계나 우주선의 관성계에서 동시 사건으로 관찰된다. 따라서, Ⅰ과 Ⅱ가 동시에 발생한다. 관찰자의 관성계에서 Ⅲ과 Ⅳ가 동시에 발생하므로 P, Q 사이와 Q, R 사이의 거리는 같다. 우주선의 관성계에서 Q, R는 0.5c로 다가오고, 빛은 c로 멀어지므로 P, Q 사이와 Q, R 사이의 축소된 거리를 $\overline{PQ}=\overline{QR}=L$이라고 하면, Ⅲ은 Ⅰ에서 시간 $\frac{L}{0.5c}$이 지났을 때, Ⅳ는 Ⅱ에서 시간 $\frac{2L}{c}$보다 작은 시간이 지났을 때 발생하므로 Ⅳ가 Ⅲ보다 먼저 발생한다. 답 ②

185 특수 상대성 이론

자료 분석

운동하는 물체의 속력이 클수록 길이 수축 효과와 시간 지연 효과가 더 크게 나타난다. 따라서 속력은 C가 B보다 크다.

선택지 분석

ㄱ. P와 Q 사이의 거리가 B의 관성계에서가 C의 관성계에서보다 크므로 길이 수축 효과는 C의 관성계에서가 B의 관성계에서보다 더 많이 일어났다. 우주선의 속력이 클수록 길이 수축 효과와 시간 지연 효과가 더 많이 일어나므로 우주선의 속력은 C가 B보다 크다. 따라서 A의 관성계에서, C의 시간이 B의 시간보다 느리게 간다.

✓ㄴ. A의 관성계에서 P와 Q에서 검출기를 향해 동시에 방출된 빛은 검출기에 동시에 도달하고, B의 관성계에서도 P와 Q에서 방출된 빛은 검출기에 동시에 도달한다. B의 관성계에서 검출기는 Q의 방향으로 이동하므로 검출기에 빛이 동시에 도달하기 위해서는 빛은 P에서가 Q에서보다 먼저 방출되어야 한다.

ㄷ. C의 관성계에서 P와 Q 사이의 거리는 동일한 비율로 수축되므로 검출기에서 P까지의 거리는 검출기에서 Q까지의 거리와 같다. 답 ②

186 특수 상대성 이론

자료 분석

진공 중에서 빛의 속력은 광속 불변 원리에 의해 광원과 관찰자의 운동 상태에 관계없이 항상 일정하다. 또 특수 상대성 이론에 의한 현상에 의해 정지한 관찰자가 움직이는 좌표계의 시간을 측정하면 시간이 느리게 가고(시간 지연 현상), 움직이는 좌표계의 길이를 측정하면 길이가 짧아진다(길이 수축 현상). 이때 시간 지연과 길이 수축 현상은 물체의 속력이 클수록 크게 나타난다.

선택지 분석

ㄱ. A의 관성계에서 B는 0.9c의 속력으로 운동하고 있으므로 A의 관성계에서 B의 시간은 A의 시간보다 느리게 간다.

✓ㄴ. B의 관성계에서 측정한 우주선의 길이는 고유 길이이고, A의 관성계에서 측정한 우주선의 길이는 고유 길이보다 짧은 수축된 길이이다. 따라서 B의 관성계에서 우주선의 길이는 L_1보다 길다.

ㄷ. B의 관성계에서 측정한 P와 Q 사이의 거리는 L_2보다 짧다. 따라서 B의 관성계에서 P에서 방출된 빛이 Q에 도달하는 데 걸리는 시간은 $\frac{L_2}{c}$보다 작다. 답 ②

187 특수 상대성 이론

빈출 문항 자료 분석

그림과 같이 관찰자 A에 대해 광원 P, Q가 정지해 있고, 관찰자 B가 탄 우주선이 P, A, Q를 잇는 직선과 나란하게 0.9c의 속력으로 등속도 운동을 하고 있다. A의 관성계에서, A에서 P, Q까지의 거리는 각각 L로 같고, P, Q에서 빛이 A를 향해 동시에 방출된다. → 빛이 A에 동시에 도달 → B가 봐도 동시에 도달

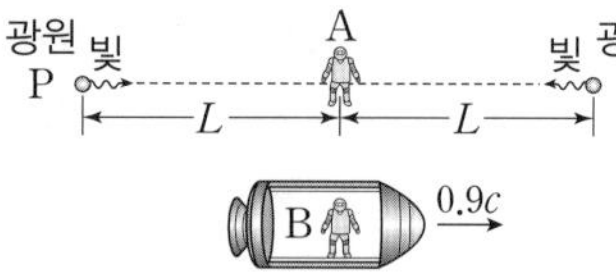

이에 대한 설명으로 옳은 것만을 〈보기〉에서 있는 대로 고른 것은? (단, c는 빛의 속력이다.)

보기

ㄱ. A의 관성계에서, B의 시간은 A의 시간보다 느리게 간다. O

ㄴ. B의 관성계에서, 빛이 P에서 A까지 도달하는 데 걸린 시간은 $\frac{L}{c}$이다. $\frac{L}{c}$보다 작다 X

ㄷ. B의 관성계에서, 빛은 Q에서가 P에서보다 먼저 방출된다. O

해결 전략 특수 상대성 이론에 의한 시간 지연과 길이 수축을 이해하고, 빛이 방출되는 사건에 대해 사건과 관찰자의 좌표 관계를 파악할 수 있어야 한다.

선택지 분석

✓ㄱ. B는 A에 대해 0.9c의 속력으로 등속도 운동을 하므로 A의 관성계에서 B의 시간은 A의 시간보다 느리게 간다.

ㄴ. B의 관성계에서 P에서 A까지의 거리는 길이 수축에 의해 L보다 작고, 광속 불변 원리에 의해 빛의 속력은 c이므로 B의 관성계에서 빛이 P에서 A까지 도달하는 데 걸린 시간은 $\frac{L}{c}$보다 작다.

✓ㄷ. A의 관성계에서 P와 Q에서 A를 향해 동시에 방출된 빛은 A에 동시에 도달하고, B의 관성계에서도 P와 Q에서 방출된 빛은 A에 동시에 도달한다. B의 관성계에서 A는 P의 방향으로 이동하므로 A에 빛이 동시에 도달하기 위해서 빛은 Q에서가 P에서보다 먼저 방출되어야 한다. 답 ③

188 특수 상대성 이론

자료 분석

운동하는 물체의 속력이 클수록 길이 수축 효과는 더 크게 나타난다.

선택지 분석

ㄱ. X의 관성계에서 A와 B는 서로 반대 방향으로 운동하고 있으므로 B의 속력은 A의 관성계에서가 X의 관성계에서보다 크다. 속력이 클수록 길이 수축 효과는 더 크게 나타나므로 B의 길이는 A의 관성계에서가 X의 관성계에서보다 작다.

✓ㄴ. 한 점에서 동시에 일어난 두 사건은 모든 관성계에서도 동시에 일어난 사건으로 관찰된다. 따라서 A의 관성계에서도 a와 b는 O에 동시에 도달한다.

✓ㄷ. A의 관성계에서 a의 진행 방향과 O의 운동 방향이 반대이고, b의 진행 방향과 O의 운동 방향은 같다. A의 관성계에서 a와 b는 O에 동시에 도달하므로 b가 방출된 후 a가 방출된다. 답 ④

189 특수 상대성 이론

자료 분석

관찰자의 시간과 길이는 고유 시간, 고유 길이이고, 관찰자가 측정했을 때 운동하는 다른 물체는 시간 지연과 길이 수축이 일어난다. A의 관성계에서 p와 q 사이의 거리는 고유 길이이고, B의 관성계에서 r와 s 사이의 거리는 고유 길이이다.

선택지 분석

① 모든 관성계에서 빛의 속력은 c로 같다.

② A의 관성계에서 r에서 방출된 빛이 s까지 진행하는 데 걸린 시간이 t_0이므로 r에서 s까지 빛이 진행한 거리는 ct_0이다. 즉, A의 관성계에서 s는 r에서 방출된 빛의 진행 방향과 반대로 이동하므로 r와 s 사이의 거리는 ct_0보다 크다.

③ A의 관성계에서 p와 q 사이의 거리는 고유 길이이고, p와 q 사이의 거리는 ct_0이다. B의 관성계에서 p와 q 사이의 거리는 수축된 길이이므로 ct_0보다 작다.

④ B의 관성계에서 A의 시간은 B의 시간보다 느리게 간다.

✓ ❺ B의 관성계에서 r와 s는 정지해 있고, A의 관성계에서 s는 r에서 방출된 빛의 진행 방향과 반대로 이동한다. 따라서 B의 관성계에서 빛이 r에서 s까지 진행하는 데 걸린 시간은 t_0보다 크다. 답 ⑤

190 특수 상대성 이론

빈출 문항 자료 분석

그림과 같이 관찰자 A에 대해 관찰자 B가 탄 우주선이 광원과 거울 P, Q를 잇는 직선과 나란하게 광속에 가까운 속력으로 등속도 운동한다. A의 관성계에서, P와 Q는 광원으로부터 각각 거리 L_1, L_2만큼 떨어져 정지해 있고, 빛은 광원으로부터 각각 P, Q를 향해 동시에 방출된다. B의 관성계에서, 광원에서 방출된 빛이 P, Q에 도달하는 데 걸리는 시간은 같다.

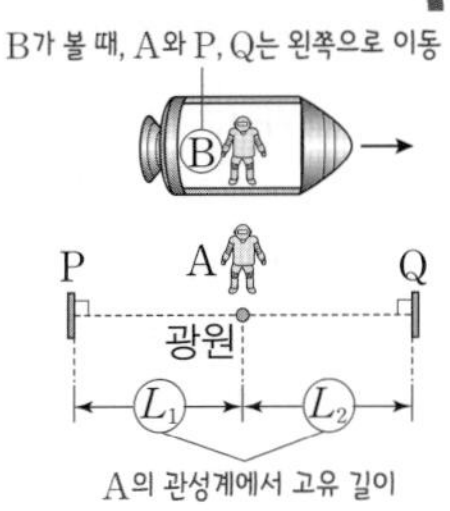

이에 대한 설명으로 옳은 것만을 〈보기〉에서 있는 대로 고른 것은?

보기

ㄱ. $L_1 \geq L_2$이다. < X

ㄴ. A의 관성계에서, 빛은 P에서가 Q에서보다 먼저 반사된다. O

ㄷ. 빛이 광원과 Q 사이를 왕복하는 데 걸리는 시간은 A의 관성계에서가 B의 관성계에서보다 크다. 작다. X

해결 전략 광원에서 빛이 방출된 사건은 A와 B에게 동시에 일어나는 사건이라는 것을 알고 빛이 P, Q에 도달하는 사건을 A와 B의 입장에서 분석할 수 있어야 한다.

선택지 분석

ㄱ. B의 관성계에서 광원에서 방출된 빛이 P, Q에 도달할 때까지 P는 방출된 빛의 이동 방향과 같은 방향으로 운동하고, Q는 방출된 빛의 이동 방향과 반대 방향으로 운동한다. 따라서 $L_1 \geq L_2$일 때, B의 관성계에서는 광원에서 방출된 빛이 Q에서가 P에서보다 먼저 도달한다. 그러나 B의 관성계에서, 광원에서 방출된 빛이 P, Q에 도달하는 데 걸리는 시간이 같으므로 $L_1 < L_2$이다.

✓ ㄴ. A의 관성계에서 $L_1 < L_2$이므로 광원에서 방출된 빛은 P에서가 Q에서보다 먼저 반사된다.

ㄷ. A의 관성계에서 빛이 광원에서 방출된 사건과 빛이 Q에서 반사되어 광원에 도달한 사건은 같은 지점에서 발생하였다. 따라서 빛이 광원에서 Q 사이를 왕복하는 데 걸리는 시간은 A의 관성계에서가 고유 시간이다. 고유 시간은 다른 관성계에서의 시간보다 항상 작으므로 빛이 광원과 Q 사이를 왕복하는 데 걸리는 시간은 A의 관성계에서가 B의 관성계에서보다 작다. 답 ②

191 특수 상대성 이론

자료 분석

(가)의 결과에 의해 광원에서 p, q, r까지의 고유 거리는 모두 같다. (나)의 결과에 의해 A가 탄 우주선의 속력은 B가 탄 우주선의 속력보다 크다. (다)의 결과에 의해 C의 관성계에서 광원에서 방출된 빛이 r에서 반사되어 광원에 도달할 때까지 걸린 시간(지연된 시간)은 $2t_0$이고, 광원에서 p, q, r까지의 고유 거리가 같으며, 시간 지연은 우주선의 방향과 관계가 없으므로 광원에서 방출된 빛이 p, q, r에서 반사되어 광원에 도달할 때까지 걸린 시간은 $2t_0$으로 동일하다.

선택지 분석

✓ ㄱ. A의 관성계에서 C의 운동 방향은 $-x$ 방향이다. A가 탄 우주선의 속력이 B가 탄 우주선의 속력보다 크므로 A의 관성계에서 B의 운동 방향은 $-x$ 방향이다. 따라서 A의 관성계에서, B와 C의 운동 방향은 같다.

✓ ㄴ. 광원에서 p, q, r까지의 거리가 같으므로 B의 관성계에서 같은 거리를 왕복하는 데 걸리는 지연된 시간은 같다. 따라서 광원에서 방출된 빛은 p, q, r에서 반사되어 광원에 동시에 도달한다.

✓ ㄷ. C의 관성계에서, 광원에서 방출된 빛이 r에 도달할 때까지 진행하는 거리는 q에 도달할 때까지 진행하는 거리보다 짧다. 따라서 광원에서 방출된 빛이 q에 도달할 때까지 걸린 시간은 t_0보다 크다. 답 ⑤

192 특수 상대성 이론

자료 분석

어떤 관성계의 한 지점에서 일어난 사건은 다른 관성계에서도 동일하게 일어나므로 X, Y로부터 각각 P, Q를 향해 방출된 빛은 B의 관성계에서도 O를 동시에 지난다.

선택지 분석

✓ ㄱ. B의 관성계에서 점 O는 B의 운동 방향과 반대 방향으로 운동한다. X에서 방출된 빛은 다가오는 점 O를 향해 진행하고, Y에서 방출된 빛은 B의 운동 방향과 반대로 운동하는 O를 지나기 위해 L보다 큰 대각선 경로로 진행한다. 따라서 B의 관성계에서 X, Y로부터 각각 P, Q를 향해 방출된 빛이 O를 동시에 지나려면 빛은 Y에서가 X에서보다 먼저 방출되어야 한다.

ㄴ. B의 관성계에서 X, Y로부터 방출된 빛은 O를 동시에 지난 후 X로부터 방출된 빛은 다가오는 P를 향해 진행하고, Y로부터 방출된 빛은 B의 운동 방향과 반대로 운동하는 Q를 향해 L보다 큰 대각선 경로로 진행한다. 따라서 B의 관성계에서 빛은 P에 먼저 도달한다.

✓ ㄷ. Y에서 방출된 빛이 Q에 도달할 때까지 빛의 이동 거리는 A의 관성계에서는 $2L$이지만, B의 관성계에서는 Q가 B의 운동 방향과 반대 방향으로 운동하므로 빛의 이동 거리는 $2L$보다 큰 대각선 경로이다. 광속은 관성

계와 관계없이 일정하므로 Y에서 방출된 빛이 Q에 도달하는 데 걸리는 시간은 B의 관성계에서가 A의 관성계에서보다 크다. 답 ③

193 특수 상대성 이론

자료 분석

A의 관성계에서 기준선 P, Q는 정지해 있으므로 같은 좌표계이다. A의 관성계에서 관측했을 때 우주선의 길이는 수축되고, B의 관성계에서 관측했을 때 A의 관성계는 뒤로 운동하고 있다.

선택지 분석

✓ㄱ. 운동하는 좌표계의 시간이 더 느리게 가므로 B가 관측했을 때 운동하는 A의 시간이 더 느리게 간다.

ㄴ. B가 관측했을 때 운동하는 P, Q 사이의 거리가 수축되므로 X와 Y 사이의 거리는 P와 Q 사이의 거리와 같지 않다.

✓ㄷ. B가 관측했을 때 P가 X를 먼저 지나고 Q가 X를 지난다. 그런데 P, Q 사이의 거리가 수축되므로 P가 X를 지난 후 Q가 Y를 지난다. 답 ④

도전 1등급 194 특수 상대성 이론

도전 1등급 문항 분석 ▸▸ 정답률 29%

그림과 같이 관찰자 A가 탄 우주선이 관찰자 B에 대해 광속에 가까운 일정한 속력으로 $+x$ 방향으로 운동한다. A의 관성계에서 빛은 광원으로부터 각각 $-x$ 방향, $+y$ 방향으로 방출된다. 표는 A와 B가 각각 측정했을 때 빛이 광원에서 점 p, q까지 가는 데 걸린 시간을 나타낸 것이다.

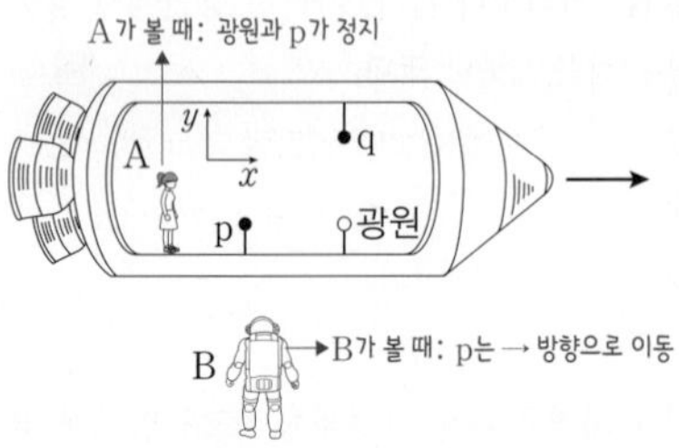

빛의 경로	걸린 시간	
	A	B
광원 → p	$2t_1$	t_2
광원 → q	t_1	t_2

이에 대한 설명으로 옳은 것은? (단, 빛의 속력은 c이다.)

① $t_1 \geq t_2$이다. < X

② A의 관성계에서 광원과 p 사이의 거리는 $2ct_1$보다 작다. 이다. X

③ B의 관성계에서 광원과 p 사이의 거리는 ct_2이다. 보다 크다. X

④ B의 관성계에서 광원과 q 사이의 거리는 ct_2보다 작다. O

⑤ B가 측정할 때, B(A)의 시간은 A(B)의 시간보다 느리게 간다. X

해결 전략 특수 상대성 이론의 시간 지연과 길이 수축에 대해 이해하고, 다른 관성계에서 관측한 빛의 경로에 따른 걸린 시간을 분석할 수 있어야 한다.

선택지 분석

① 빛이 광원에서 q까지 진행할 때, 관성계 A보다 B에서 멀리 이동하므로 $t_1 < t_2$이다.

② A의 관성계에서 광원과 p 사이의 거리는 $2ct_1$이다.

③ B의 관성계에서 광원과 p 사이의 거리는 빛의 이동 거리인 ct_2보다 크다.

✓❹ B가 관측할 때 광원과 q가 $+x$ 방향으로 운동하므로, 빛이 광원에서 q로 가는 동안에 q는 빛이 발생한 지점으로부터 대각선으로 멀어지는 방향(↗)으로 이동한다. 따라서 빛이 광원에서 q까지 이동한 거리는 광원과 q 사이의 거리보다 크다. B의 관성계에서 빛이 이동한 거리＝빛의 속도×걸린 시간＝ct_2이므로, 광원과 q 사이의 거리는 빛의 이동 거리인 ct_2보다 작다.

⑤ B에 대해 A는 상대적으로 운동하므로 B가 측정할 때, A의 시간은 B의 시간보다 느리게 간다. 답 ④

도전 1등급 195 특수 상대성 이론

도전 1등급 문항 분석 ▸▸ 정답률 34%

그림과 같이 관찰자 A에 대해 관찰자 B가 탄 우주선이 $+x$ 방향으로 광속에 가까운 속력 v로 등속도 운동한다. B의 관성계에서 빛은 광원으로부터 각각 점 p, q, r를 향해 $-x$, $+x$, $+y$ 방향으로 동시에 방출된다. 표는 A, B의 관성계에서 각각의 경로에 따라 빛이 진행하는 데 걸린 시간을 나타낸 것이다.

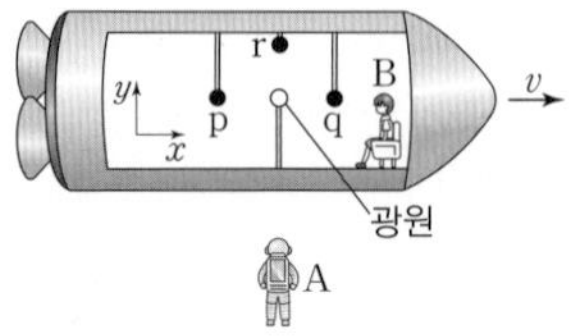

빛의 경로	걸린 시간	
	A의 관성계	B의 관성계
광원 → p	t_1	< ㉠
광원 → q	t_1	> t_2
광원 → r	㉡	> t_2

이에 대한 설명으로 옳은 것만을 〈보기〉에서 있는 대로 고른 것은? (단, 빛의 속력은 c이다.)

광원에서 q까지와 광원에서 r까지 걸린 시간이 같다.
→ 광원에서 q까지와 r까지의 거리가 같다.

보기

ㄱ. ㉠은 t_1보다 작다. 크다 X

ㄴ. ㉡은 t_2보다 크다. O

ㄷ. B의 관성계에서 p에서 q까지의 거리는 $2ct_2$보다 크다. O

해결 전략 빛이 방출되는 사건에 대해 사건과 관찰자의 좌표 관계를 파악하여 특수 상대성 이론에 의한 시간 지연과 길이 수축을 알 수 있어야 한다.

선택지 분석

ㄱ. 길이 수축에 의해 광원에서 p까지의 거리가 A의 관성계에서가 B의 관성계에서보다 작다. 또 A의 관성계에서는 광원에서 빛이 발생한 후 p에 도달할 때까지 p가 $+x$ 방향으로 움직인다. 따라서 광원에서 발생한 빛이 p에 도달할 때까지 빛이 이동한 거리는 A의 관성계에서가 B의 관성계에서보다 작다. 따라서 ㉠은 t_1보다 크다.

✓ㄴ. 광원에서 r까지의 거리는 A의 관성계에서와 B의 관성계에서가 서로 같다. 그러나 A의 관성계에서 우주선이 $+x$ 방향으로 움직이므로 광원에서 발생한 빛이 r에 도달하는 동안 빛이 이동한 거리는 A의 관성계에서가 B의 관성계에서보다 크다. 따라서 ㉡은 t_2보다 크다.

✓ㄷ. A의 관성계에서는 광원에서 발생한 빛이 p와 q에 도달하는 데 걸리는 시간이 서로 같으므로 A의 관성계에서는 광원에서 p까지의 거리가 광원에서 q까지의 거리보다 더 크다. B의 관성계에서도 광원에서 p까지의 거리가 광원에서 q까지의 거리보다 더 크므로 ㉠은 t_2보다 크다. 따라서 B의 관성계에서 p에서 q까지의 거리는 $2ct_2$보다 크다. 답 ④

196 특수 상대성 이론

자료 분석

정지해 있는 관찰자 A에 대해 B가 탄 우주선이 광속에 가까운 속력으로 등속 직선 운동을 하므로, A의 관성계에서 빛이 1회 왕복한 시간인 t_A는 지연된 시간이고, B의 관성계에서 빛이 1회 왕복한 시간인 t_B는 고유 시간이다. 또한 A의 관성계에서 t_A 동안 빛의 경로는 대각선으로 왕복 거리이고, B의 관성계에서 t_B 동안 빛의 경로는 수직으로 왕복 거리이다.

선택지 분석

✓ ㄱ. t_A는 지연된 시간이고, t_B는 고유 시간이므로 $t_A > t_B$이다.

✓ ㄴ. L_A는 우주선이 이동하면서 빛이 왕복하는 거리이므로 대각선으로 왕복한 거리이고, L_B는 우주선 안에서 빛이 수직으로 왕복한 거리이므로 $L_A > L_B$이다.

✓ ㄷ. $D_A = vt_A, D_B = vt_B, L_A = ct_A, L_B = ct_B$이므로 $\frac{D_A}{D_B} = \frac{t_A}{t_B} = \frac{L_A}{L_B}$이다.

답 ⑤

도전 1등급

197 특수 상대성 이론

도전 1등급 문항 분석 ▸▸ 정답률 32%

그림은 관찰자 A에 대해 관찰자 B가 탄 우주선이 x축과 나란하게 광속에 가까운 속력으로 등속도 운동을 하고 있는 모습을 나타낸 것이다. B의 관성계에서 빛은 광원으로부터 각각 $+x$ 방향, $-y$ 방향으로 동시에 방출된 후 거울 p, q에서 반사하여 광원에 동시에 도달하며 광원과 q 사이의 거리는 L이다. 표는 A의 관성계에서 빛이 광원에서 p까지, p에서 광원까지 가는 데 걸린 시간을 나타낸 것이다.

→ 광원과 p 사이의 거리도 L이다.

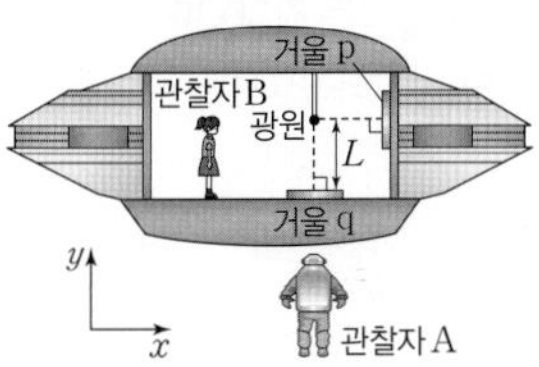

빛의 경로	시간
광원 → p	$0.4t_0$
p → 광원	$0.6t_0$

우주선은 $-x$ 방향으로 운동

이에 대한 설명으로 옳은 것만을 〈보기〉에서 있는 대로 고른 것은? (단, 빛의 속력은 c이다.)

보기

ㄱ. 우주선의 운동 방향은 $-x$ 방향이다. O

ㄴ. $t_0 > \frac{2L}{c}$이다. O

ㄷ. A의 관성계에서 광원과 p 사이의 거리는 L보다 작다. O

해결 전략 특수 상대성 이론에 의한 시간 지연과 길이 수축을 이해하고, 우주선의 운동 방향을 찾을 수 있어야 한다.

선택지 분석

✓ ㄱ. 표에서 빛의 경로가 광원 → p로 이동하는 시간이 p → 광원으로 이동하는 시간보다 짧으므로, 우주선의 운동 방향은 $-x$ 방향이다.

✓ ㄴ. 표에서 $0.4t_0 + 0.6t_0 = t_0$이므로 t_0은 A의 관성계에서 빛이 광원에서 p까지 왕복한 시간(늘어난 시간)이다. $\frac{2L}{c}$은 B의 관성계에서 빛이 광원에서 p까지 왕복한 시간(고유 시간)이므로 $t_0 > \frac{2L}{c}$이다.

✓ ㄷ. A의 관성계에서 광원과 p 사이의 거리는 길이 수축에 의해 L보다 작다.

답 ⑤

198 특수 상대성 이론

자료 분석

B의 관성계에서 측정한 B의 길이는 B의 고유 길이이고, A의 관성계에서 측정한 A의 길이는 A의 고유 길이이다. B의 관성계에서 측정한 A의 길이는 A의 고유 길이보다 작다. P가 측정할 때, A의 길이는 A의 고유 길이보다 작고, B의 길이는 B의 고유 길이보다 작다. P가 측정할 때 수축된 A의 길이가 B의 고유 길이보다 크므로 고유 길이는 A가 B보다 크다. P의 관성계에서 A와 B의 길이 차는 수축된 A와 B의 길이 차이고, A의 관성계에서 A와 B의 길이 차는 수축된 B의 길이와 A의 고유 길이의 차이다.

선택지 분석

ㄱ. B의 관성계에서 A의 길이는 A의 고유 길이보다 작고 B의 길이는 고유 길이이다. B의 관성계에서 A의 길이는 B의 길이보다 크다고 했으므로 고유 길이는 A가 B보다 크다. 즉, $L_A > L_B$이다.

✓ ㄴ. P가 측정했을 때 A, B의 길이는 각각의 고유 길이보다 수축된 길이이다. 고유 길이는 A가 B보다 크고, P의 관성계에서 A와 B의 길이는 같으므로 $v_A > v_B$이다.

✓ ㄷ. A의 관성계에서 A와 B의 길이 차는 수축된 B의 길이와 A의 고유 길이의 차이다. 따라서 A의 관성계에서, A와 B의 길이 차는 $|L_A - L_B|$보다 크다.

답 ④

도전 1등급

199 특수 상대성 이론

도전 1등급 문항 분석 ▸▸ 정답률 29%

→ 한 지점에서 동시에 일어난 사건은 모든 관성계에서 동시에 일어난 것으로 관측한다. B가 관측할 때에도 광원의 한 지점에서 p, q가 동시에 방출되었다.

그림과 같이 관찰자 A가 관측했을 때, 정지한 광원에서 빛 p, q가 각각 $+x$ 방향과 $+y$ 방향으로 동시에 방출된 후 정지한 각 거울에서 반사하여 광원으로 동시에 되돌아온다. 관찰자 B는 A에 대해 $0.6c$의 속력으로 $+x$ 방향으로 이동하고 있다. 표는 B가 측정했을 때, p와 q가 각각 광원에서 거울까지, 거울에서 광원까지 가는 데 걸린 시간을 나타낸 것이다.

→ B가 관측할 때에도 광원의 한 지점에서 p, q가 동시에 되돌아온다.

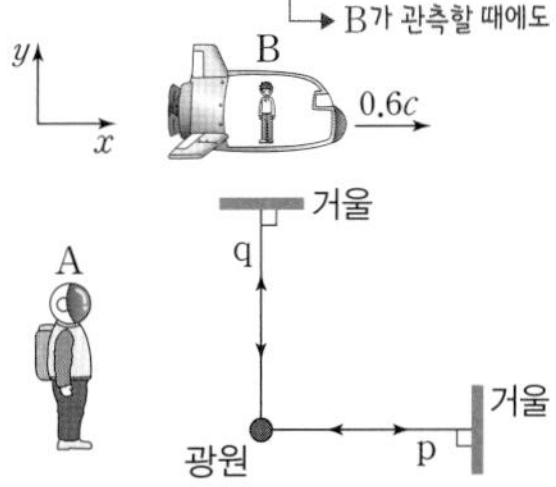

〈B가 측정한 시간〉

빛	광원에서 거울까지	거울에서 광원까지
p	t_1	t_2
q	t_3	t_3

B의 관성계에서 관측했을 때에 대한 옳은 설명만을 〈보기〉에서 있는 대로 고른 것은? (단, c는 빛의 속력이고, 광원의 크기는 무시한다.)

보기

ㄱ. p의 속력은 거울에서 반사하기 전과 후가 서로 다르다. 같다 X

ㄴ. p가 q보다 먼저 거울에서 반사한다. O

ㄷ. $2t_3 = t_1 + t_2$이다. O

해결 전략 빛이 왕복하는 사건에 대해 사건과 관찰자의 좌표 관계를 파악하여 주어진 상황에 특수 상대성 이론을 적용할 수 있어야 한다.

선택지 분석

ㄱ. 빛의 속력은 모든 관성계에서 같다. 따라서 p의 속력은 거울에서 반사하기 전과 후가 서로 같다.

✓ ㄴ. B가 측정할 때 광원과 거울은 $-x$ 방향으로 이동하므로, p, q의 진행 방향을 나타내면 다음과 같다.

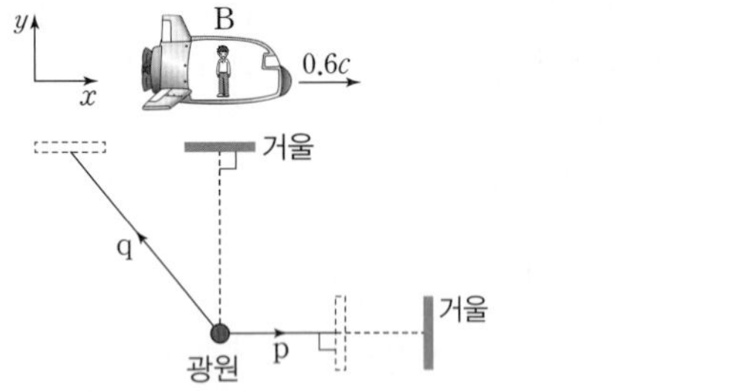

따라서 광원에서 방출된 빛이 거울에 도달하기까지 진행한 거리는 p가 q보다 작으므로 p가 q보다 먼저 거울에서 반사한다.

✓ ㄷ. 광원에서 동시에 발생한 p와 q는 광원에 동시에 도달한다. 따라서 A와 B 모두 p와 q가 광원에 동시에 도달하는 것으로 관측한다. A가 관측할 때 광원에서 방출된 빛이 거울에 반사되어 다시 광원에 돌아올 때까지 걸린 시간은 $2t_3$이고, B가 관측할 때 광원에서 방출된 빛이 거울에 반사되어 다시 광원에 돌아올 때까지 걸린 시간은 t_1+t_2이다. 따라서 $2t_3=t_1+t_2$이다. 답 ⑤

200 특수 상대성 이론

자료 분석

진공 중에서 빛의 속력은 광속 불변 원리에 의해 광원과 관찰자의 운동 상태에 관계없이 항상 일정하다. 또 특수 상대성 이론에 의한 현상에 의해 정지한 관찰자가 움직이는 좌표계의 시간을 측정하면 시간이 느리게 가고(시간 지연 현상), 움직이는 좌표계의 길이를 측정하면 길이가 짧아진다(길이 수축 현상). 이때 시간 지연과 길이 수축 현상은 물체의 속력이 클수록 크게 나타난다.

선택지 분석

✓ ㄱ. Q가 P를 스치는 순간 P에서 A와 B까지의 거리는 같으므로 P의 관성계에서, A와 B에서 발생한 빛은 동시에 P에 도달한다.

ㄴ. P의 관성계에서 Q는 A에서 빛이 발생한 지점으로부터 멀어지고 있고, B에서 빛이 발생한 지점으로 가까워지고 있으므로, B에서 발생한 빛이 A에서 발생한 빛보다 Q에 먼저 도달한다.

✓ ㄷ. P와 Q의 관성계에서 빛의 속력은 같다. Q의 관성계에서, Q와 B 사이의 거리는 고유 거리이고, P의 관성계에서 Q와 B 사이의 거리는 짧아진 거리이다. 따라서 B에서 발생한 빛이 Q에 도달할 때까지 걸리는 시간은 Q의 관성계에서가 P의 관성계에서보다 크다. 답 ④

201 특수 상대성 이론

자료 분석

관찰자의 시간과 길이는 고유 시간, 고유 길이이고, 관찰자가 측정했을 때 운동하는 다른 물체는 시간 지연과 길이 수축이 일어난다.

모든 관성 좌표계에서 관찰할 때, 진공 중에서 진행하는 빛의 속력(광속)은 광원이나 관찰자의 속도에 관계없이 항상 일정하다. 관찰자 B가 탄 우주선은 $0.6c$의 속력으로 직선 운동을 하고 있으므로 관찰자에 대해 운동하는 물체는 시간 지연과 길이 수축이 일어나는데, 길이 수축은 운동 방향과 나란한 방향의 길이에서만 일어나며, 운동 방향과 수직인 방향의 길이는 수축되지 않는다.

선택지 분석

✓ ㄱ. 빛의 속력은 광원과 관찰자의 운동 상태에 관계없이 항상 c로 같다. 이를 광속 불변 원리라고 한다.

✓ ㄴ. 길이 수축은 우주선의 운동 방향에 대해서만 나타나는 현상이다. A의 관성계에서 광원과 거울 사이의 거리는 우주선의 운동 방향과 수직인 거리이므로 A의 관성계에서도 광원과 거울 사이의 거리는 L이다.

ㄷ. B의 관성계에서 A는 $0.6c$의 속력으로 직선 운동하는 것으로 관찰되므로, B의 관성계에서 A의 시간은 B의 시간보다 느리게 간다. 답 ③

202 특수 상대성 이론

자료 분석

관찰자의 시간과 길이는 고유 시간, 고유 길이이고, 관찰자가 측정했을 때 운동하는 다른 물체는 시간 지연과 길이 수축이 일어난다.

$0.9c$의 속력으로 운동하는 Q를 정지해 있는 P가 관찰하면 특수 상대성 이론에 의해 시간 지연과 길이 수축을 경험하게 된다. P가 측정한 P와 A 사이의 거리, P와 B 사이의 거리는 각각 고유 거리이다.

선택지 분석

✓ ㄱ. P의 관성계에서 P와 A 사이의 거리, P와 B 사이의 거리는 각각 고유 거리로 같고, P의 관성계에서 측정할 때, Q가 P를 스쳐 지나는 순간 A, B에서 동시에 빛을 내며 폭발하였으므로 P의 관성계에서, A와 B가 폭발할 때 발생한 빛은 동시에 P에 도달한다.

✓ ㄴ. A에서 발생한 빛이 Q를 향해 이동할 때 Q는 A로부터 멀어지는 방향으로 이동하고, B에서 발생한 빛이 Q를 향해 이동할 때 Q는 B와 가까워지는 방향으로 이동하므로, B에서 발생한 빛이 A에서 발생한 빛보다 Q에 먼저 도달한다. 따라서 Q의 관성계에서 측정할 때 B가 A보다 먼저 폭발한다.

ㄷ. P에 대해 A, B가 각각 같은 거리(고유 거리)만큼 떨어져 있고 A, P, B에 대한 Q의 상대 속도는 같으므로 길이 수축의 정도는 같다. 따라서 Q의 관성계에서 A와 P 사이의 거리는 B와 P 사이의 거리와 같다. 답 ③

203 특수 상대성 이론

빈출 문항 자료 분석

→ 우주 정거장과 P, Q는 동일한 정지 좌표계에 있다.

그림과 같이 우주 정거장에 대해 정지한 두 점 P에서 Q까지 우주선이 일정한 속도로 운동한다. 우주 정거장의 관성계에서 관측할 때 P와 Q 사이의 거리는 3광년이고, 우주선이 P에서 방출한 빛은 우주선보다 2년 먼저 Q에 도달한다.

→ 우주선이 이동하는 데 걸리는 시간은 5년이다.

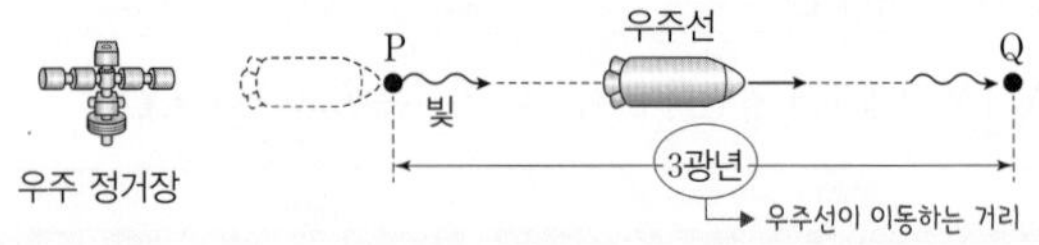

우주선의 관성계에서 관측할 때에 대한 옳은 설명만을 〈보기〉에서 있는 대로 고른 것은? (단, 빛의 속력은 c이고, 1광년은 빛이 1년 동안 진행하는 거리이다.)

보기

ㄱ. Q의 속력은 $0.6c$이다. O

ㄴ. P와 Q 사이의 거리는 3광년이다. 3광년보다 짧다. X

ㄷ. 우주선의 시간은 우주 정거장의 시간보다 빠르게 간다. O

해결 전략 특수 상대성 이론의 시간 지연 현상과 길이 수축 현상에 대해 이해하고, 문제의 상황에 적용할 수 있어야 한다.

선택지 분석

✓ ㄱ. 우주 정거장의 관성계에서 우주선은 5년 동안 3광년을 이동하므로, 우주선의 속력은 $\frac{3광년}{5년}=\frac{3}{5}c=0.6c$이다. 따라서 우주선의 관성계에서 관측할 때 우주 정거장과 P, Q는 왼쪽으로 운동하므로 Q의 속력은 $0.6c$이다.

ㄴ. 길이 수축 현상에 의해 움직이는 공간은 길이가 수축된다. 따라서 P와 Q 사이의 거리는 3광년보다 짧다.

✓ ㄷ. 시간 지연 현상에 의해 움직이는 우주 정거장의 시간이 정지한 우주선의 시간보다 느리게 간다. 답 ③

204 특수 상대성 이론

자료 분석

관찰자의 시간과 길이는 고유 시간, 고유 길이이고, 관찰자가 측정했을 때 운동하는 다른 물체는 시간 지연과 길이 수축이 일어난다. $0.6c$의 속력으로 운동하는 A를 정지해 있는 B가 관찰하면 특수 상대성 이론에 의해 시간 지연과 길이 수축을 경험하게 된다. 또 모든 관성 좌표계에서 관찰할 때, 진공 중에서 진행하는 빛의 속력(광속)은 광원이나 관찰자의 속도에 관계없이 항상 일정하다.

선택지 분석

①, ② A가 관측할 때 B의 속력은 $0.6c$이고, 광원과 Q 사이의 거리는 L보다 크다.

✓ ❸ B가 관측할 때 광원과 Q 사이의 거리가 광원과 P 사이의 거리보다 크므로 빛은 P에 먼저 도달하였다.

④ B가 관측할 때 운동하는 A의 시간이 B의 시간보다 느리게 간다.

⑤ 모든 관성계에서 빛의 속력(광속)은 c로 일정하다. 답 ③

205 특수 상대성 이론

자료 분석

진공 중에서 빛의 속력은 광속 불변 원리에 의해 광원과 관찰자의 운동 상태와 관계없이 항상 일정하다. 관찰자에 대한 속력은 B가 A보다 크므로, 시간 지연과 길이 수축 현상은 B에서가 A에서보다 더 크게 일어난다. 따라서 빛의 속력은 같으나 관찰자가 측정한 광원과 검출기 사이의 거리는 A에서가 B에서보다 크므로 빛이 검출기에 도달하는 데 걸리는 시간은 A에서가 B에서보다 크다.

선택지 분석

ㄱ. 광속 불변 원리에 의해 빛의 속력은 관찰자와 광원의 운동 상태에 관계없이 c이다.

✓ ㄴ. A와 B에서 광원과 검출기 사이의 고유 길이는 같고, 관찰자에 대한 속력은 B가 A보다 크므로 길이 수축은 B에서가 A에서보다 더 크게 일어난다. 따라서 광원과 검출기 사이의 거리는 A에서가 B에서보다 크다.

✓ ㄷ. A와 B에서는 빛이 검출기를 향해 진행할 때 검출기는 광원과 가까워지는 방향으로 운동한다. 속력은 B가 A보다 크므로 검출기가 광원을 향해 운동하는 속력도 B에서가 A에서보다 크다. 따라서 광원에서 방출된 빛이 검출기에 도달하는 데 걸린 시간은 A에서가 B에서보다 크다. 답 ④

206 특수 상대성 이론

자료 분석

관찰자 B가 측정한 지구에서 행성까지의 거리인 7광년은 고유 거리이고, B에 대해 $0.7c$의 속력으로 운동하고 있는 관찰자 A가 측정할 때는 길이 수축이 일어나므로 지구에서 행성까지의 거리는 7광년보다 짧다. 또한 B가 측정할 때 A가 탄 우주선은 지구에서 행성까지 가는 데 $\frac{7광년}{0.7c}=10$년이 걸리는데, A가 측정할 때 B의 시간은 느리게 가므로 우주선이 지구에서 행성까지 가는 데 걸리는 시간은 10년보다 덜 걸린다.

선택지 분석

ㄱ. A가 측정한 B의 시간은 A의 시간보다 길게 측정된다. B가 측정할 때, 자신이 빛 신호를 보내는 시간 간격 1년은 고유 시간이고, 이 시간을 A가 측정하면 시간 지연에 의해 1년보다 길다. 따라서 A가 B의 신호를 수신하는 시간 간격은 1년보다 길다.

✓ ㄴ. B가 측정한 지구에서 행성까지의 거리 7광년은 고유 거리이다. A가 측정한 지구에서 행성까지의 거리는 수축된 거리이므로 7광년보다 작다.

✓ ㄷ. B가 측정할 때, A의 시간은 시간 지연에 의해 B의 시간보다 느리게 간다. 답 ④

207 핵분열

자료 분석

핵분열 반응은 질량수가 큰 원자핵이 크기가 비슷한 2개의 원자핵으로 쪼개지는 것이고, 핵반응 과정에서 질량수와 양성자수는 보존되며, 핵반응 과정에서 발생하는 에너지는 질량 결손에 의한 것이다.

선택지 분석

ㄱ. 핵반응식으로 나타내면 ${}^{235}_{92}U+{}^{1}_{0}n \rightarrow {}^{141}_{56}Ba+{}^{92}_{36}Kr+3{}^{1}_{0}n+$약 200 MeV이다. 핵반응에서 반응 전후 질량수가 보존되므로 ${}^{235}_{92}U$ 원자핵과 중성자(${}^{1}_{0}n$)의 질량수의 합은 ${}^{141}_{56}Ba$ 원자핵과 ${}^{92}_{36}Kr$ 원자핵, 중성자(${}^{1}_{0}n$) 세 개의 질량수의 합과 같다.

✓ ㄴ. 무거운 ${}^{235}_{92}U$ 원자핵이 보다 가벼운 ${}^{141}_{56}Ba$ 원자핵과 ${}^{92}_{36}Kr$ 원자핵으로 쪼개지므로 이 핵반응은 핵분열 반응이다.

✓ ㄷ. 핵분열 반응에서 방출되는 에너지는 질량 결손에 의해 발생한다. 답 ⑤

208 핵반응

빈출 문항 자료 분석

다음은 두 가지 핵반응이다. (가)와 (나)에서 방출되는 에너지는 각각 E_1, E_2이고, 질량 결손은 (가)에서가 (나)에서보다 크다.

→ E_1, E_2의 대소 관계를 비교할 수 있음

(가) [㉠] $+{}^{1}_{0}n \rightarrow {}^{141}_{56}Ba+{}^{92}_{36}Kr+3{}^{1}_{0}n+E_1$

→ 전하량 보존: ㉠$+0=56+36+3\times0$

(나) ${}^{2}_{1}H+{}^{3}_{1}H \rightarrow {}^{4}_{2}He+{}^{1}_{0}n+E_2$

이에 대한 설명으로 옳은 것만을 〈보기〉에서 있는 대로 고른 것은?

보기

ㄱ. ㉠의 질량수는 238이다. 235 X

ㄴ. (나)는 핵융합 반응이다. O

ㄷ. E_1은 E_2보다 크다. O

해결 전략 핵반응 과정에서 질량수와 전하량이 보존됨을 알고, 핵반응에서 발생한 에너지는 질량 에너지 동등성에 의해서 질량 결손에 비례함을 알아야 한다.

선택지 분석

ㄱ. 핵반응 과정에서 질량수는 보존된다. ㉠의 질량수를 Z라 할 때 반응 전 질량수의 합은 $Z+1$이고, 반응 후 질량수의 합은 $141+92+3\times1=236$이므로 ㉠의 질량수 $Z=235$이다.

✓ㄴ. (나)는 질량수가 작은 원자핵들이 융합하여 질량수가 큰 원자핵이 생성되는 핵반응이므로 핵융합 반응이다.

✓ㄷ. 핵반응 과정에서 발생하는 질량 결손을 Δm이라 할 때, 핵반응에서 발생하는 에너지 $E=\Delta mc^2$(c: 빛의 속력)으로, 질량 결손이 클수록 발생하는 에너지가 많다. 따라서 질량 결손은 (가)에서가 (나)에서보다 크므로 $E_1>E_2$이다.

답 ④

209 핵반응

자료 분석

핵반응에서 반응 전후 질량수와 전하량은 보존되며, 핵반응 과정에서 질량 결손에 해당되는 에너지가 발생한다. 우라늄($^{235}_{92}U$)과 중성자(^1_0n)가 충돌하여 바륨($^{141}_{56}Ba$), 크롬($^{92}_{36}Kr$), 3개의 중성자(^1_0n), 에너지(E_0)가 생성되는 핵반응을 식으로 나타내면 다음과 같다.

$^{235}_{92}U+^1_0n \rightarrow ^{141}_{56}Ba+^{92}_{36}Kr+3^1_0n+E_0$

선택지 분석

✓ㄱ. 핵반응 과정에서 질량수는 보존된다. $235+1=141+92+$㉠이므로 ㉠은 3이다.

ㄴ. 질량수가 큰 원자핵이 분열하여 질량수가 작은 원자핵들이 생성되므로 핵분열 반응이다.

✓ㄷ. 핵반응 과정에서 발생하는 에너지(E_0)는 질량 결손에 의한 것이다.

답 ③

210 핵반응

자료 분석

핵반응 과정에서 질량수와 전하량은 보존되며, 핵반응 과정에서 발생하는 에너지는 질량 결손에 의한 것이다. ㉠, ㉡의 원자 번호를 각각 a, b라 하고, ㉠, ㉡의 질량수를 각각 c, d라고 하면 (가)에서 $2+2=a+1+1$, $3+3=c+1+1$에서 $a=2$, $c=4$이고, (나)에서 $2+b=a+1+0$, $3+d=c+1+1$에서 $b=1$, $d=3$이다.

(가) $^3_2He+^3_2He \rightarrow ^4_2He+^1_1H+^1_1H+12.9\ MeV$

(나) $^3_2He+^3_1H \rightarrow ^4_2He+^1_1H+^1_0n+12.1\ MeV$

선택지 분석

ㄱ. ㉠은 ^4_2He이므로 ㉠의 질량수는 4이다.

✓ㄴ. ㉡은 ^3_1H이다.

✓ㄷ. 핵반응에서 발생하는 에너지는 (가)에서가 (나)에서보다 크므로 질량 결손은 (가)에서가 (나)에서보다 크다.

답 ④

211 핵반응

자료 분석

핵반응 과정에서 반응 전후 질량수와 전하량이 보존된다. (가)에서 질량수와 양성자수를 각각 a, b라고 하면 $a+6=8$, $b+3=4$에서 $a=2$, $b=1$이고, (나)에서 질량수와 양성자수를 각각 c, d라고 하면 $3+6=8+c$, $2+3=4+d$에서 $c=1$, $d=1$이다.

(가) $^2_1H+^6_3Li \longrightarrow 2^4_2He+22.4\ MeV$

(나) $^3_2He+^6_3Li \longrightarrow 2^4_2He+^1_1H+16.9\ MeV$

선택지 분석

✓ㄱ. ㉠, ㉡의 양성자수는 각각 1, 1이므로 ㉠과 ㉡이 같다.

ㄴ. ㉠, ㉡의 질량수는 각각 2, 1이므로 ㉡이 ㉠보다 작다.

✓ㄷ. 질량 결손과 발생한 에너지는 비례하므로 (가)에서가 (나)에서보다 크다.

답 ④

212 핵반응

자료 분석

핵반응에서 반응 전후 질량수와 전하량은 보존되며, 핵반응 과정에서 질량 결손이 클수록 발생하는 에너지가 크다.

(가)에서 ㉠의 질량수와 양성자수를 각각 x, y라고 하면 $2x=3+1$에서 $x=2$이고, $y+y=2$에서 $y=1$이다. (나)에서 ㉡의 질량수와 양성자수를 각각 a, b라고 하면 $3+2=4+a$에서 $a=1$이고, $1+1=2+b$에서 $b=0$이다.

선택지 분석

ㄱ. ㉠은 ^2_1H이다.

✓ㄴ. ㉡은 중성자(^1_0n)이다.

ㄷ. 핵반응에서 질량 결손에 의해 에너지가 발생하므로 반응 전 질량의 총합이 반응 후 질량의 총합보다 크다. 따라서 $2M_1>M_2+M_3$이다.

답 ②

213 핵반응

자료 분석

핵반응 과정에서 질량수 보존과 양성자수 보존은 성립하지만, 핵반응 과정에서 발생하는 에너지는 질량 결손에 의한 것으로, 결손된 질량은 에너지로 전환되어 핵반응 전후 질량의 합은 다르다.

선택지 분석

✓A. (가)는 질량수가 큰 원자핵이 크기가 비슷한 2개의 원자핵으로 쪼개지는 현상인 핵분열 반응이고, (나)는 질량수가 작은 원자핵이 융합하여 질량수가 큰 원자핵이 되는 현상인 핵융합 반응이다.

B. ㉠의 질량수와 양성자수를 각각 a, b라고 하면, $235+a=140+94+2$에서 $a=1$이고, $92+b=54+38$에서 $b=0$이다. 따라서 ㉠은 중성자(^1_0n)이다.

C. 핵반응 과정에서 발생하는 에너지는 질량 결손에 의한 것이므로 (나)에서 ^2_1H와 ^3_1H의 질량의 합은 ^4_2He과 ㉡의 질량의 합보다 크다.

답 ①

214 핵반응

자료 분석

핵반응식에서 질량수 보존과 전하량 보존은 성립하지만, 핵반응 과정에서 발생하는 결손된 질량은 에너지로 전환되므로 핵반응 전후 질량의 합은 다르다. 중수소(^2_1H)와 삼중수소(^3_1H)가 충돌하여 헬륨(^4_2He), 입자 ㉠, 에너지가 생성되는 핵반응을 식으로 나타내면 다음과 같다.

$^2_1H+^3_1H \longrightarrow ^4_2He+$ ㉠(^1_0n)$+$에너지

선택지 분석

ㄱ. ^2_1H의 질량수는 2이고, ^3_1H의 질량수는 3이다.

✓ㄴ. 핵반응 과정에서 질량수와 전하량은 보존된다. ㉠의 질량수와 전하량을 각각 a, b라고 하면, $2+3=4+a$이고 $1+1=2+b$이므로 $a=1$이고 $b=0$이다. 따라서 ㉠은 중성자(^1_0n)이다.

✓ㄷ. 핵반응 과정에서 발생하는 에너지는 질량 결손에 의한 것이다.

답 ⑤

215 핵반응

자료 분석

핵반응 과정에서 질량수와 전하량은 보존되며, 핵반응 과정에서 질량 결손이 클수록 발생하는 에너지가 크다.

선택지 분석

✓ ㄱ. (가)는 질량수가 작은 원자핵들이 반응하여 질량수가 큰 원자핵이 생성되므로 핵융합 반응이다.

✓ ㄴ. Y의 질량수와 양성자수를 각각 a, b라고 하면, $a+3=4+2$에서 $a=3$이고, $b+1=2$에서 $b=1$이다. 따라서 Y는 ${}_{1}^{3}\mathrm{H}$이다.

ㄷ. 핵반응 과정에서 발생하는 에너지는 질량 결손에 의한 것이다. ${}_{1}^{3}\mathrm{H}$의 질량을 m_1, ${}_{2}^{4}\mathrm{He}$의 질량을 m_2라고 하자. (가), (나)에서 발생하는 에너지를 각각 $E_{(가)}$, $E_{(나)}$라고 하면, $E_{(가)}=m_\mathrm{X}+m_1-m_2-m_\mathrm{n}$이고 $E_{(나)}=m_\mathrm{Y}+m_1-m_2-2m_\mathrm{n}$이다. $E_{(가)}-E_{(나)}=m_\mathrm{X}-m_\mathrm{Y}+m_\mathrm{n}$이다. $m_\mathrm{Y}-m_\mathrm{X}<m_\mathrm{n}$이므로 $m_\mathrm{X}-m_\mathrm{Y}+m_\mathrm{n}>0$이다. 따라서 $E_{(가)}-E_{(나)}=m_\mathrm{X}-m_\mathrm{Y}+m_\mathrm{n}>0$이므로 $E_{(가)}>E_{(나)}$이다. 즉, 핵반응에서 발생한 에너지는 (나)에서가 (가)에서보다 작다.

답 ③

216 핵반응

자료 분석

핵반응 과정에서 질량수와 양성자수는 보존되며, 핵반응 과정에서 발생하는 에너지는 질량 결손에 의한 것이다.

선택지 분석

✓ ❶ X의 질량수와 양성자수를 각각 a, b라고 하면, $233+1=a+94+3$에서 $a=137$이고, $92=b+38$에서 $b=54$이다. 따라서 X의 양성자수는 54이다.

② Y의 질량수와 양성자수를 각각 c, d라고 하면, $2+c=4+1$에서 $c=3$이고, $1+d=2$에서 $d=1$이다. 따라서 Y는 ${}_{1}^{3}\mathrm{H}$이고, ${}_{1}^{2}\mathrm{H}$의 질량수는 2이므로 질량수는 Y가 ${}_{1}^{2}\mathrm{H}$보다 크다.

③ (나)는 질량수가 작은 원자핵(${}_{1}^{2}\mathrm{H}$, ${}_{1}^{3}\mathrm{H}$)들이 반응하여 질량수가 큰 원자핵(${}_{2}^{4}\mathrm{He}$)이 생성되므로 핵융합 반응이다.

④ 중성자수는 질량수와 양성자수의 차이다. 따라서 ${}_{92}^{233}\mathrm{U}$의 중성자수는 $233-92=141$이다.

⑤ 방출되는 에너지는 (가)에서가 (나)에서보다 크므로 질량 결손은 (가)에서가 (나)에서보다 크다.

답 ①

217 핵반응

빈출 문항 자료 분석

다음은 두 가지 핵반응이다. X, Y는 원자핵이다.

질량수 보존: 2+1=(3), 전하량 보존: 1+1=(2) → ${}_{2}^{3}\mathrm{X}$

(가) ${}_{1}^{2}\mathrm{H}+{}_{1}^{1}\mathrm{H} \rightarrow \mathrm{X}+5.49\ \mathrm{MeV}$

(나) $\mathrm{X}+\mathrm{X} \rightarrow \mathrm{Y}+{}_{1}^{1}\mathrm{H}+{}_{1}^{1}\mathrm{H}+12.86\ \mathrm{MeV}$

질량수 보존: 3+3=(4)+1+1, 전하량 보존: 2+2=(2)+1+1 → ${}_{2}^{4}\mathrm{Y}$

이에 대한 설명으로 옳은 것만을 〈보기〉에서 있는 대로 고른 것은?

보기

ㄱ. (가)에서 질량 결손에 의해 에너지가 방출된다. O

ㄴ. Y는 ${}_{2}^{4}\mathrm{He}$이다. O

ㄷ. 양성자수는 Y가 X보다 크다. Y와 X가 같다. X

해결 전략 핵반응 시 발생한 에너지가 질량 결손에 의한 것이라는 것을 알고 있어야 하고, 주어진 두 핵반응식에 질량수 보존과 전하량 보존을 적용할 수 있어야 한다.

선택지 분석

✓ ㄱ. (가)에서 핵반응 전후에 질량수 보존을 적용하면 X의 질량수는 $2+1=3$이고, 전하량 보존을 적용하면 양성자수는 $1+1=2$이므로 X는 헬륨 원자핵(${}_{2}^{3}\mathrm{He}$)이다. (가)는 핵융합 과정으로, 가벼운 원자핵들이 핵융합하여 무거운 원자핵이 될 때 질량 결손에 의한 에너지가 발생한다.

✓ ㄴ. (나)에서 핵반응 전후에 질량수 보존을 적용하면 Y의 질량수는 4이고, 전하량 보존을 적용하면 Y의 양성자수는 2이다. 따라서 Y는 헬륨 원자핵(${}_{2}^{4}\mathrm{He}$)이다.

ㄷ. X와 Y의 양성자수는 2로 같다.

답 ③

218 핵반응

자료 분석

A, B의 원자 번호를 각각 a, b라 하고 A, B의 질량수를 각각 c, d라 하면 질량수 보존과 전하량 보존에 따라 (가)에서는 $a+b=2$, $c+d=4+1$이고 (나)에서는 $a+a=b+1$, $c+c=d+1$이다. 따라서 $a=1$, $b=1$, $c=2$, $d=3$이다.

(가) ${}_{1}^{2}\mathrm{H}+{}_{1}^{3}\mathrm{H} \longrightarrow {}_{2}^{4}\mathrm{He}+{}_{0}^{1}\mathrm{n}+17.6\ \mathrm{MeV}$

(나) ${}_{1}^{2}\mathrm{H}+{}_{1}^{2}\mathrm{H} \longrightarrow {}_{1}^{3}\mathrm{H}+{}_{1}^{1}\mathrm{H}+4.03\ \mathrm{MeV}$

선택지 분석

ㄱ. (가)는 질량수가 작은 원자핵이 융합하여 질량수가 큰 원자핵이 되는 핵융합 반응이다.

✓ ㄴ. 핵반응에서는 질량 결손에 해당하는 에너지가 방출된다.

✓ ㄷ. A, B는 각각 ${}_{1}^{2}\mathrm{H}$, ${}_{1}^{3}\mathrm{H}$이므로 A의 질량수는 2, 양성자수는 1이고, B의 질량수는 3, 양성자수는 1이다. 따라서 A, B의 중성자수는 각각 1, 2이므로 중성자수는 B가 A의 2배이다.

답 ④

219 핵반응

자료 분석

핵반응 과정에서 반응 전후 질량수와 전하량이 보존되고, 원자핵의 전하량은 양성자수와 같으므로 반응 전후 양성자수도 보존된다.

선택지 분석

✓ ㄱ. 핵반응에서 발생하는 에너지는 질량 결손에 의한 것이므로 질량 결손은 (가)에서가 (나)에서보다 작다.

✓ ㄴ. 핵반응 전후에 질량수와 양성자수가 보존된다. (가)에서 핵반응 전 질량수는 4이고, 핵반응 후 c의 질량수는 3이므로 X의 질량수는 1이다. 핵반응 전 양성자수는 $2\times$㉠이고 핵반응 후 c의 양성자수는 2이므로 ㉠=1이고, X의 양성자수는 0이다. 따라서 X는 중성자(${}_{0}^{1}\mathrm{n}$)이다.

✓ ㄷ. (나)에서 핵반응 전 질량수는 5이고 핵반응 후 질량수는 ㉡+1이므로 ㉡=4이다. ㉠=1이므로 ㉡은 ㉠의 4배이다.

답 ⑤

220 핵반응

자료 분석

핵반응 과정에서 반응 전후 질량수와 전하량이 보존된다. (가)에서 반응 전후 질량수가 보존되므로, 2+1=(㉠)에서 ㉠의 질량수=3이다. 또 반응 전후 전하량이 보존되므로, 1+1=(2)에서 ㉠의 전하량=2이다. (나)에서 반응 전후 질량수가 보존되므로, 3+3=4+㉡+㉡에서 ㉡의 질량수=1이다. 또 반응 전후 전하량이 보존되므로, 2+2=2+㉡+㉡에서 ㉡의 전하량=1이다.

선택지 분석

✓ ㄱ. (가)에서 반응 전후에 질량수가 보존되므로 2+1=(㉠)에서 ㉠의 질량수=3이다.

ㄴ. ㉡은 질량수가 1, 양성자수가 1이므로 $^{1}_{1}$H이다.

ㄷ. 에너지가 많이 발생한 반응에서 질량 결손이 크므로 질량 결손은 (나)에서가 (가)에서보다 크다. **답** ①

221 핵반응

자료 분석

핵반응 과정에서 전하량과 질량수는 보존되고, 질량 결손이 클수록 방출하는 에너지가 크다.

선택지 분석

✓ ㄱ. (가)에서 반응 전후 질량수가 보존되므로, 235+(㉠)=141+92+3×(㉠)에서 ㉠의 질량수는 1이다. 또 반응 전후 전하량이 보존되므로, 92+(0)=56+36+3×(㉠)에서 ㉠의 전하량은 0이다. 따라서 ㉠은 중성자 ($^{1}_{0}$n)이다.

✓ ㄴ. (나)에서 반응 후 생성 물질인 $^{3}_{2}$He+㉠ ($^{1}_{0}$n)의 질량수의 합이 3+1=4이므로, 반응 전 물질 2×㉡의 질량수의 합도 4이다. 따라서 ㉡의 질량수는 2이다.

ㄷ. 방출된 에너지는 (가)에서가 (나)에서보다 크므로, 질량 결손은 (가)에서가 (나)에서보다 크다. **답** ③

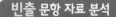

222 핵반응

빈출 문항 자료 분석

다음은 두 가지 핵반응이다.

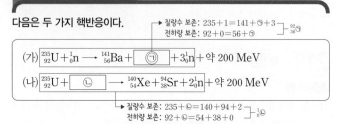

→ 질량수 보존: 235+1=141+㉠+3, 전하량 보존: 92+0=56+㉠ → $^{92}_{36}$㉠

(가) $^{235}_{92}$U+$^{1}_{0}$n ⟶ $^{141}_{56}$Ba+ ㉠ +3$^{1}_{0}$n+약 200 MeV

(나) $^{235}_{92}$U+ ㉡ ⟶ $^{140}_{54}$Xe+$^{94}_{38}$Sr+2$^{1}_{0}$n+약 200 MeV

→ 질량수 보존: 235+㉡=140+94+2, 전하량 보존: 92+㉡=54+38+0 → $^{1}_{0}$㉡

이에 대한 설명으로 옳은 것만을 〈보기〉에서 있는 대로 고른 것은?

보기

ㄱ. ㉠은 $^{94}_{38}$Sr보다 질량수가 크다. 작다. X

ㄴ. ㉡은 중성자이다. O

ㄷ. (가)에서 질량 결손에 의해 에너지가 방출된다. O

해결 전략 주어진 두 가지 핵반응식에서 핵반응 시 질량 결손을 알고, 핵반응 전과 후의 질량수 보존과 전하량 보존을 적용할 수 있어야 한다.

선택지 분석

ㄱ. ㉠의 질량수를 x라고 하면, 질량수 보존에 의해 235+1=141+x+3의 관계가 성립한다. 따라서 x=92이다. 즉, ㉠은 질량수가 94인 $^{94}_{38}$Sr보다 질량수가 작다.

✓ ㄴ. ㉡의 양성자수를 y라 하고 전하량 보존을 적용하면, 92+y=54+38이 성립하고, y=0이다. ㉡의 질량수를 z라 하고 질량수 보존을 적용하면, 235+z=140+94+2가 성립하고 z=1이다. 따라서 ㉡은 질량수가 1이고 양성자수가 0인 중성자이다.

✓ ㄷ. 우라늄의 핵분열 반응에서는 질량 결손에 의해 에너지가 방출된다.

답 ④

223 핵반응식과 질량 결손

빈출 문항 자료 분석

그림은 주어진 핵반응에 대해 학생 A, B, C가 대화하는 모습을 나타낸 것이다.

$^{4}_{2}$He
$^{2}_{1}$H+$^{3}_{1}$H ⟶ ㉠ +$^{1}_{0}$n+17.6 MeV
핵융합 반응이야.
질량 결손에 의한 에너지는 17.6 MeV야.
㉠의 중성자수는 2야.
=질량수−양성자수
O
학생 A
O
학생 B
O
학생 C

제시한 내용이 옳은 학생만을 있는 대로 고른 것은?

해결 전략 주어진 핵반응식에서 핵반응 시 질량 결손을 알고, 핵반응 전과 후의 질량수 보존과 전하량 보존을 적용할 수 있어야 한다.

선택지 분석

핵반응식에서 질량수 보존과 전하량 보존이 성립하므로, 주어진 핵반응을 완성해보면 다음과 같다.

$^{2}_{1}$H+$^{3}_{1}$H ⟶ $^{4}_{2}$He+$^{1}_{0}$n+17.6 MeV

✓ A: 질량수가 작은 원자핵이 융합하여 질량수가 큰 원자핵이 되었으므로 핵융합 반응이다.

✓ B: 핵반응 후 발생한 에너지는 17.6 MeV이고, 핵반응에서 발생하는 에너지는 질량 결손에 의한 것이므로 질량 결손에 의한 에너지는 17.6 MeV이다.

✓ C: ㉠은 헬륨 원자핵($^{4}_{2}$He)이므로 중성자수는 2이다. **답** ⑤

224 핵반응

자료 분석

(가)의 경우 핵반응 전 질량수는 4, 양성자수는 2이므로 핵반응 후 ㉠의 질량수는 1, 양성자수는 0이다. 또한 (나)의 경우 핵반응 전 질량수는 4, 양성자수는 2이므로 핵반응 후 ㉡의 질량수는 1, 양성자수는 1이다. 따라서 완성된 핵반응식은 다음과 같다.

(가) $^{2}_{1}$H+$^{2}_{1}$H → $^{3}_{2}$He+ ㉠ $^{1}_{0}$n +3.27 MeV

(나) $^{2}_{1}$H+$^{2}_{1}$H → $^{3}_{1}$H+ ㉡ $^{1}_{1}$H +4.03 MeV

선택지 분석

✓ ㄱ. (가)에서 핵반응 전후에 질량수 보존을 적용하면 ㉠의 질량수는 1이고, 전하량 보존을 적용하면 ㉠의 양성자수는 0이다. 따라서 ㉠은 중성자(${}^{1}_{0}n$)이다.

✓ ㄴ. (나)에서 핵반응 전후에 질량수 보존을 적용하면 ㉡의 질량수는 1이고, 전하량 보존을 적용하면 ㉡의 양성자수는 1이다. 따라서 ㉠과 ㉡의 질량수는 1로 같다.

✓ ㄷ. 핵반응에서 발생하는 에너지는 질량 결손에 비례한다. 핵반응에서 발생한 에너지는 (가)에서가 (나)에서보다 작으므로 질량 결손은 (가)에서가 (나)에서보다 작다. 답 ⑤

225 질량 · 에너지 동등성

자료 분석

핵반응 과정에서 질량수와 전하량은 보존되고, 핵반응 과정에서 발생한 에너지는 질량 결손에 의한 것이다. 핵반응 과정에서 발생한 에너지는 첫 번째 반응식에서가 두 번째 반응식에서보다 작으므로 질량 결손은 두 번째 반응식에서가 첫 번째 반응식에서보다 더 많이 일어났다.

선택지 분석

✓ ㄱ. 핵반응에서 발생하는 에너지는 질량 결손에 의한 것이다.

✓ ㄴ. ㉠의 질량수, 전하량을 각각 a, b라고 하면, 핵반응 과정에서 질량수와 전하량은 보존되므로 $a+3=4+1+1$에서 $a=3$이고, $b+1=2+1$에서 $b=2$이다. 따라서 ㉠은 ${}^{3}_{2}He$이다. 그리고 ㉡의 질량수, 전하량을 각각 c, d라고 하면, $3+3=4+c$에서 $c=2$이고 $2+1=2+d$에서 $d=1$이다. 따라서 ㉡은 ${}^{2}_{1}H$이다. 중성자수는 질량수와 전하량의 차이므로 ㉠의 중성자수는 $3-2=1$이고 ㉡의 중성자수는 $2-1=1$이다. 그러므로 ㉠과 ㉡의 중성자수는 같다.

✓ ㄷ. 두 가지 핵반응식에서 반응 전 질량의 총합은 같다. 핵반응 과정에서 발생한 에너지는 첫 번째 반응식에서가 두 번째 반응식에서보다 작으므로 반응 후 질량의 총합은 첫 번째 반응식에서가 두 번째 반응식에서보다 크다. 따라서 ㉡의 질량은 ${}^{1}_{1}H$와 ${}^{1}_{0}n$의 질량의 합보다 작다. 답 ⑤

226 질량 · 에너지 동등성

빈출 문항 자료 분석

다음은 핵융합로와 양전자 방출 단층 촬영 장치에 대한 설명이다.

(가) 핵융합로에서 중수소(${}^{2}_{1}H$)와 삼중수소(${}^{3}_{1}H$)가 핵융합하여 헬륨(${}^{4}_{2}He$), 입자 ㉠을 생성하며 에너지를 방출한다. (→ 중성자)

(나) 인체에 투입한 물질에서 방출된 양전자*가 전자와 만나 함께 소멸할 때 발생한 감마선을 양전자 방출 단층 촬영 장치로 촬영하여 질병을 진단한다.

*양전자: 전자와 전하의 종류는 다르고 질량은 같은 입자

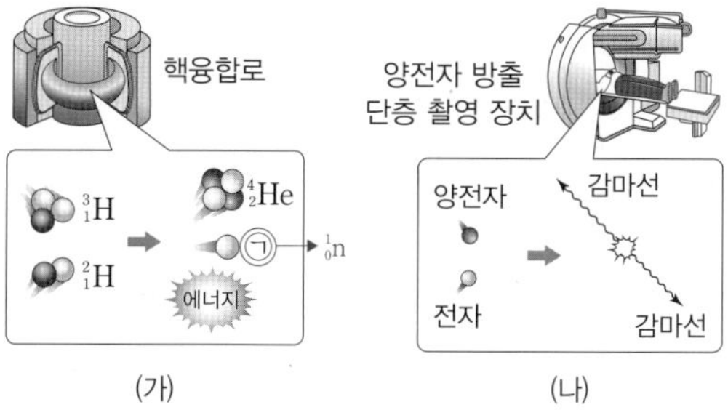

이에 대한 옳은 설명만을 〈보기〉에서 있는 대로 고른 것은?

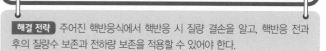

보기

ㄱ. ㉠은 양성자이다. 중성자X

ㄴ. (가)에서 핵융합 전후 입자들의 질량수 합은 같다. O

ㄷ. (나)에서 양전자와 전자의 질량이 감마선의 에너지로 전환된다. O

해결 전략 주어진 핵반응식에서 핵반응 시 질량 결손을 알고, 핵반응 전과 후의 질량수 보존과 전하량 보존을 적용할 수 있어야 한다.

선택지 분석

ㄱ. 핵반응 과정에서 전하량은 보존되므로 ㉠의 질량수와 전하량을 각각 a, b라고 하면 $2+3=4+a$에서 $a=1$이고 $1+1=2+b$에서 $b=0$이다. 따라서 ㉠은 중성자(${}^{1}_{0}n$)이다.

✓ ㄴ. (가)에서 핵융합 전후 입자들의 질량수의 합은 5로 같다.

✓ ㄷ. (나)에서 양전자와 전자가 만나 함께 소멸하는 과정에서 감소한 양전자와 전자의 질량만큼 감마선의 에너지로 전환된다. 답 ④

227 핵반응

자료 분석

핵융합 반응은 질량수가 작은 원자핵이 융합하여 질량수가 큰 원자핵으로 되는 반응이고, 핵분열 반응은 질량수가 큰 원자핵이 크기가 비슷한 2개의 원자핵으로 쪼개지는 반응이다. 따라서 (가)는 핵융합이다. 핵반응식에서 질량수 보존 법칙과 전하량 보존 법칙이 성립하고, 핵반응 과정에서 발생하는 에너지는 질량 결손에 의한 것이다.

선택지 분석

✓ ㄱ. (가)는 ${}^{2}_{1}H$와 ${}^{3}_{1}H$가 융합하여 더 무거운 원자핵인 ${}^{4}_{2}He$이 되는 반응이므로 핵융합 반응이다.

ㄴ. 핵반응에서 방출된 에너지는 질량 결손에 의한 것이며, 방출된 에너지는 (가)에서가 (나)에서보다 크므로 질량 결손은 (가)에서가 (나)에서보다 크다.

ㄷ. 질량수 보존과 전하량 보존에 따라 (나)의 핵반응식을 나타내면, ${}^{15}_{7}N+{}^{1}_{1}H \rightarrow {}^{12}_{6}C+{}^{4}_{2}He+4.96\ MeV$이다. 따라서 ㉠은 ${}^{12}_{6}C$이므로 ㉠의 질량수는 12이다. 답 ①

228 핵융합 반응

자료 분석

핵반응식에서 질량수 보존과 전하량 보존은 성립하지만, 핵반응 과정에서 발생하는 결손된 질량은 에너지로 전환되므로 핵반응 전후 질량의 합은 다르다. 질량수 보존과 전하량 보존에 따라 (가)와 (나)의 핵융합 반응식을 나타내면 다음과 같다.

(가) ${}^{2}_{1}H+{}^{3}_{1}H \rightarrow {}^{4}_{2}He+{}^{1}_{0}n+17.6\ MeV$

(나) ${}^{2}_{1}H+{}^{2}_{1}H \rightarrow {}^{3}_{2}He+{}^{1}_{0}n+3.27\ MeV$

선택지 분석

✓ ㄱ. ㉠은 중성자(${}^{1}_{0}n$)이다.

ㄴ. ㉡은 ${}^{3}_{2}He$이므로 질량수가 3이고, ${}^{4}_{2}He$은 질량수가 4이다. 따라서 ㉡은 ${}^{4}_{2}He$보다 질량수가 작다.

ㄷ. 핵융합 반응에서 방출된 에너지는 질량 결손에 의한 것이며, 방출된 에너지는 (가)에서가 (나)에서보다 크므로 질량 결손은 (가)에서가 (나)에서보다 크다. 답 ①

Ⅱ 물질과 전자기장

본문 76~97쪽

01 물질의 전기적 특성

01 ①	02 ①	03 ②	04 ①	05 ⑤	06 ⑤
07 ⑤	08 ⑤	09 ③	10 ①	11 ⑤	12 ④
13 ①	14 ②	15 ②	16 ③	17 ①	18 ⑤
19 ⑤	20 ①	21 ⑤	22 ①	23 ④	24 ①
25 ③	26 ⑤	27 ④	28 ①	29 ④	30 ⑤
31 ⑤	32 ③	33 ①	34 ①	35 ①	36 ③
37 ①	38 ②	39 ①	40 ②	41 ③	42 ①
43 ①	44 ①	45 ①	46 ③	47 ③	48 ③
49 ③	50 ②	51 ②	52 ⑤	53 ①	54 ②
55 ⑤	56 ①	57 ①	58 ③	59 ④	60 ③
61 ③	62 ③	63 ①	64 ①	65 ①	66 ①
67 ①	68 ⑤	69 ③	70 ①	71 ③	72 ⑤
73 ①	74 ④				

도전 1등급

01 전기력

도전 1등급 문항 분석 ▸▸ 정답률 38%

그림 (가)는 점전하 A, B를 x축상에 고정하고 음(−)전하 P를 옮기며 x축상에 고정하는 것을 나타낸 것이다. 그림 (나)는 점전하 A～D를 x축상에 고정하고 양(+)전하 R를 옮기며 x축상에 고정하는 것을 나타낸 것이다. A와 D, B와 C, P와 R는 각각 전하량의 크기가 같고, C와 D는 양(+)전하이다. 그림 (다)는 (가)에서 P의 위치 x가 $0<x<3d$인 구간에서 P에 작용하는 전기력을 나타낸 것으로, 전기력의 방향은 $+x$ 방향이 양(+)이다.

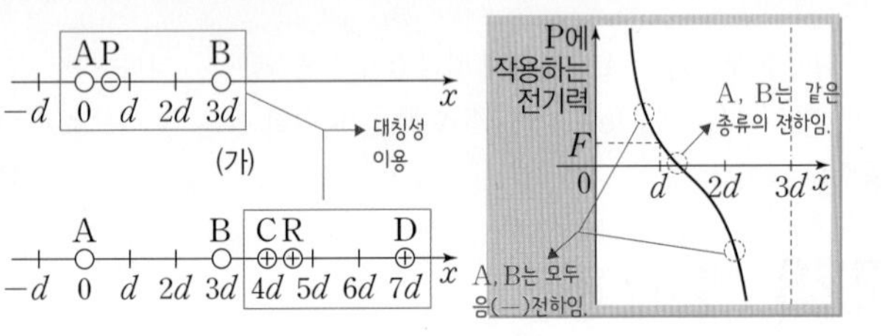

(가) (나) (다)

이에 대한 설명으로 옳은 것만을 〈보기〉에서 있는 대로 고른 것은?

보기

ㄱ. (가)에서 P의 위치가 $x=-d$일 때, P에 작용하는 전기력의 크기는 F보다 크다. O

ㄴ. (나)에서 R의 위치가 $x=d$일 때, R에 작용하는 전기력의 방향은 $+x$ 방향이다. $-x$ X

ㄷ. (나)에서 R의 위치가 $x=6d$일 때, R에 작용하는 전기력의 크기는 F보다 작다. 크다 X

해결 전략 일직선상에 두 점전하 또는 네 점전하가 고정되어 있는 상황에서 한 점전하의 위치만 변화되었을 때 위치가 변하는 점전하에 작용하는 전기력의 크기와 방향을 이해할 수 있어야 한다.

선택지 분석

✓ㄱ. P의 위치가 $x=d$일 때는 P가 A, B로부터 받는 전기력의 방향은 서로 반대이고, P의 위치가 $x=-d$일 때는 P가 A, B로부터 받는 전기력의 방향은 $-x$ 방향으로 같다. 따라서 (가)에서 P의 위치가 $x=-d$일 때, P에 작용하는 전기력의 크기는 F보다 크다.

ㄴ. (나)에서 R의 위치가 $x=d$일 때, R가 A, B로부터 받는 전기력(F_{A+B})은 (가)에서 P가 R로만 바뀐 상황이므로, 크기는 F이고 방향은 $-x$ 방향이다. 또한 R는 C, D로부터 $-x$ 방향으로 전기력(F_{C+D})을 받는다. 따라서 (나)에서 R의 위치가 $x=d$일 때, R에 작용하는 전기력의 방향은 $-x$ 방향이다.

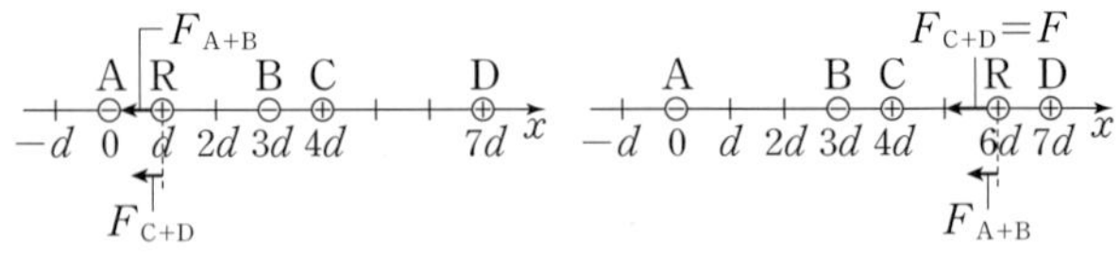

[R의 위치가 $x=d$일 때] [R의 위치가 $x=6d$일 때]

ㄷ. (나)에서 R의 위치가 $x=6d$일 때, R가 C, D로부터 받는 전기력(F_{C+D})은 (가)에서 P가 A, B로부터 받는 전기력과 크기는 같고 방향은 반대이다. 즉, 대칭성에 의해 F_{C+D}의 크기는 F이고, 방향은 $-x$ 방향이다. 또 R가 A, B로부터 받는 전기력(F_{A+B})의 방향도 $-x$ 방향이므로, (나)에서 R의 위치가 $x=6d$일 때 R에 작용하는 전기력의 크기는 F보다 크다.

답 ①

02 전기력

자료 분석

일직선상에 놓여 있는 점전하 사이에 작용하는 전기력의 크기와 방향을 이용하여 전하량의 크기를 비교할 수 있다.

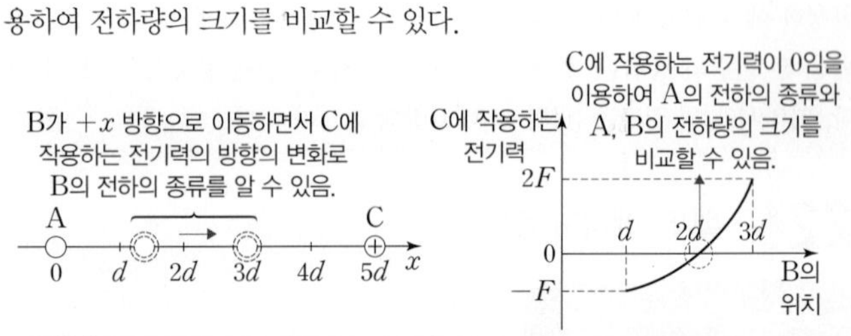

(가) (나)

선택지 분석

✓ㄱ. B가 C로 가까이 갈 때 C에 작용하는 전기력의 방향이 $-x$ 방향에서 $+x$ 방향으로 바뀌므로 B와 C는 같은 종류의 전하이고 A와 C는 다른 종류의 전하이다. 따라서 A는 음(−)전하이고, B은 양(+)전하이다.

ㄴ. C에 작용하는 전기력이 0일 때 A와 C 사이의 거리가 B와 C 사이의 거리보다 크므로 전하량의 크기는 A가 B보다 크다.

ㄷ. A와 C 사이에 작용하는 전기력의 크기를 F_{AC}, B가 $x=d$에 있을 때 B와 C 사이에 작용하는 전기력의 크기를 F_{BC}, B가 $x=3d$에 있을 때 B와 C 사이에 작용하는 전기력의 크기를 $4F_{BC}$라면 C에 작용하는 전기력은 $F_{BC}-F_{AC}=-F$, $4F_{BC}-F_{AC}=2F$를 만족하므로 $F_{AC}=2F$이고 $F_{BC}=F$이다.
B가 $x=3d$에 있을 때 B가 C로부터 받는 전기력은 $-x$ 방향으로 크기가 $4F$이고, A와 B 사이에는 서로 당기는 방향($-x$ 방향)으로 전기력이 작용한다. 따라서 B가 $x=3d$에 있을 때 B에 작용하는 전기력의 크기는 $2F$보다 크다.

답 ①

도전 1등급 03 전기력

도전 1등급 문항 분석 ▸▸ 정답률 32%

그림 (가)는 점전하 A, B, C를 x 축상에 고정시킨 모습을, (나)는 (가)에서 A의 위치만 $x=2d$로 옮겨 고정시킨 모습을 나타낸 것이다. 양(+)전하인 C에 작용하는 전기력의 크기는 (가), (나)에서 각각 F, $5F$이고, 방향은 $+x$ 방향으로 같다. (나)에서 B에 작용하는 전기력의 크기는 $4F$이다.

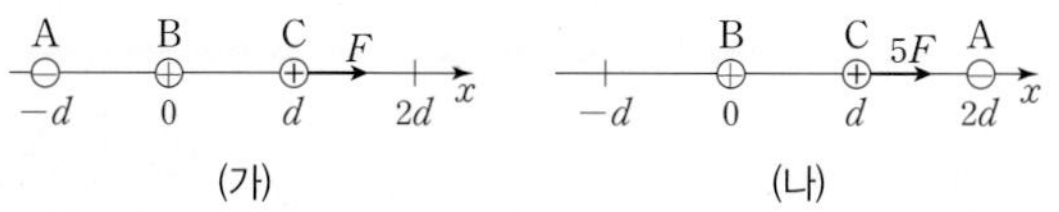

이에 대한 설명으로 옳은 것만을 〈보기〉에서 있는 대로 고른 것은?

보기

ㄱ. A와 C 사이에는 서로 밀어내는 전기력이 작용한다. 당기는 X
ㄴ. (가)에서 A와 C 사이에 작용하는 전기력의 크기는 $2F$보다 작다. O
ㄷ. (나)에서 B에 작용하는 전기력의 방향은 $-x$ 방향이다. $+x$ 방향 X

해결 전략 일직선상에 세 점전하가 고정되어 있는 상황에서 한 점전하의 위치만 변화되었을 때 점전하 사이에 작용하는 전기력의 크기와 방향을 이해할 수 있어야 한다.

선택지 분석

ㄱ. 양(+)전하인 C에 $+x$ 방향으로 작용하는 전기력의 크기가 (나)에서가 (가)에서보다 크므로 A와 C 사이에는 서로 당기는 전기력이 작용한다.

✓ ㄴ. (가)에서 C에 작용하는 전기력의 방향은 $+x$ 방향이고 A와 C 사이에는 서로 당기는 전기력이 작용하므로 B와 C 사이에는 서로 미는 전기력이 작용한다. (가)에서 A와 C 사이에 작용하는 전기력과, B와 C 사이에 작용하는 전기력의 크기를 각각 F_{AC}, F_{BC}라고 하자. (가)와 (나)에서 C에 작용하는 전기력은 $F_{BC}-F_{AC}=F$, $F_{BC}+4F_{AC}=5F$를 만족하므로 $F_{AC}=\frac{4}{5}F$, $F_{BC}=\frac{9}{5}F$이다. 따라서 $F_{AC}<2F$이다.

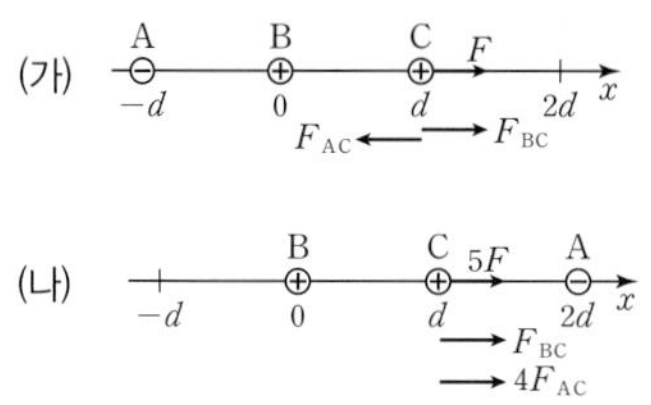

ㄷ. (나)에서 B에 작용하는 전기력의 크기($4F$)는 C가 B에 작용하는 전기력의 크기$\left(F_{BC}=\frac{9}{5}F\right)$보다 크다. C가 B에 작용하는 전기력의 방향과 A가 B에 작용하는 전기력의 방향이 서로 반대 방향이므로 A가 B에 작용하는 힘의 크기가 C가 B에 작용하는 힘의 크기보다 크다. 따라서 B에 작용하는 전기력의 방향은 $+x$ 방향이다. 답 ②

04 전기력

자료 분석

(나)에서 C에 작용하는 전기력이 0이므로 A, B는 전하량이 같다. (가)에서 전하량의 크기는 A가 C보다 크고 A, C에 작용하는 전기력이 같으므로 만약 B가 A, C와 같은 종류의 전하일 경우 A에 작용하는 전기력의 크기가 C에 작용하는 전기력의 크기보다 크게 되어 조건에 맞지 않게 된다. 따라서 A, B는 C와 다른 종류의 전하이다.

선택지 분석

✓ ㄱ. 전하량의 크기는 A와 B가 같고, A가 C보다 크므로 전하량의 크기는 B가 C보다 크다.

ㄴ. A는 C와 다른 종류의 전하이므로 A와 C 사이에는 서로 당기는 전기력이 작용한다.

ㄷ. A와 B의 전하의 종류에 상관없이 B가 A에 작용하는 전기력 방향은 $-x$ 방향이고 C가 A에 작용하는 전기력의 방향은 $+x$ 방향인데 B가 A에 작용하는 전기력의 크기가 더 크므로 A에 작용하는 전기력의 방향은 $-x$ 방향이다. 또한, A가 B에 작용하는 전기력 방향은 $+x$ 방향이고 C가 B에 작용하는 전기력의 방향도 $+x$ 방향이므로 B는 $+x$ 방향으로 전기력을 받는다. 따라서 (가)에서 A와 B에 작용하는 전기력의 방향은 서로 반대이다. 답 ①

05 전기력

자료 분석

(나)에서 같은 거리만큼 떨어져 고정된 점전하 A, B, C에 작용하는 전기력이 모두 0이다. C가 전하의 종류에 상관없이 $x=0$ 또는 $x=2d$인 지점에 고정되어 있다면 C에 작용하는 전기력이 0이 될 수 없으므로 C는 $x=d$인 지점에 고정되어 있어야 한다. C가 A, B의 중간 지점에 고정되어 있으므로 A, B의 전하량은 서로 같으며 전하량의 크기는 A(B)가 C보다 크다.

선택지 분석

✓ ㄱ. (나)에서 C에 작용하는 전기력이 0이어야 하므로 C는 $x=d$에 고정되어 있어야 하며 A와 B가 양(+)전하이므로 C는 음(−)전하이어야 한다.

✓ ㄴ. A와 B의 중간 지점에 고정된 C에 작용하는 전기력이 0이므로 전하량의 크기는 A와 B가 같다.

✓ ㄷ. 만약, A(B)가 $x=0$인 지점에 고정되어 있다면 B(A)는 $x=2d$인 지점에 고정되어 있으므로 A, B 사이의 거리가 B(A), C 사이의 거리의 2배가 되고 B에 작용하는 전기력이 0이므로 전하량의 크기는 A(B)가 C의 4배이다. (가)에서 A에 작용하는 전기력의 크기는 B가 C보다 크므로 A에 작용하는 전기력의 방향은 $-x$ 방향이다. 답 ⑤

06 전기력

빈출 문항 자료 분석

그림과 같이 x축상에 점전하 A, B, C를 고정하고, 양(+)전하인 점전하 P를 옮기며 고정한다. P가 $x=2d$에 있을 때, P에 작용하는 전기력의 방향은 $+x$ 방향이다. B, C는 각각 양(+)전하, 음(−)전하이고, A, B, C의 전하량의 크기는 같다. → A는 양(+)전하이다.

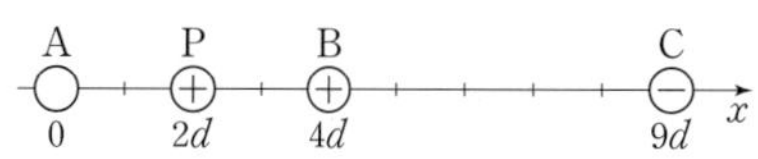

이에 대한 설명으로 옳은 것만을 〈보기〉에서 있는 대로 고른 것은?

보기

ㄱ. A는 양(+)전하이다. O
ㄴ. P가 $x=6d$에 있을 때, P에 작용하는 전기력의 방향은 $+x$ 방향이다. O
ㄷ. P에 작용하는 전기력의 크기는 P가 $x=d$에 있을 때가 $x=5d$에 있을 때보다 작다. O

Ⅱ 물질과 전자기장

해결 전략 전하의 종류에 따라 전하 사이에 작용하는 힘의 방향을 알고, 거리와 전하량의 크기에 따라 작용하는 전기력의 크기를 구할 수 있어야 한다.

선택지 분석

✓ ㄱ. A, B, C의 전하량의 크기가 같으므로 P가 $x=2d$에 있을 때, P가 B와 C로부터 받는 전기력의 방향은 $-x$ 방향이다. 그러나 P가 A, B, C로부터 받는 전기력의 방향이 $+x$ 방향이므로 A는 양(+)전하이다.

✓ ㄴ. P가 $x=6d$에 있을 때, A, B, C에 의해 P가 받는 전기력의 방향이 모두 $+x$ 방향이므로 P에 작용하는 전기력의 방향은 $+x$ 방향이다.

✓ ㄷ. P가 $x=d$에 있을 때, A가 P에 작용하는 전기력의 방향은 $+x$ 방향이고 전기력의 크기를 F_0이라고 하면, B가 P에 작용하는 전기력의 방향은 $-x$ 방향이고 전기력의 크기는 $\frac{1}{9}F_0$, C가 P에 작용하는 전기력의 방향은 $+x$ 방향이고 전기력의 크기는 $\frac{1}{64}F_0$이다. P가 $x=5d$에 있을 때, B가 P에 작용하는 전기력의 방향은 $+x$ 방향이고 전기력의 크기는 F_0, A가 P에 작용하는 전기력의 방향은 $+x$ 방향이고 전기력의 크기는 $\frac{1}{25}F_0$, C가 P에 작용하는 전기력의 방향은 $+x$ 방향이고 전기력의 크기는 $\frac{1}{16}F_0$이다. 따라서 P에 작용하는 전기력의 크기는 P가 $x=d$에 있을 때가 $x=5d$에 있을 때보다 작다. 답 ⑤

07 전기력

자료 분석

(가)에서 C는 A와 B의 외부에 위치해 있고, (나)에서 C는 A와 B 사이에 위치해 있다.

선택지 분석

ㄱ. C에 작용하는 전기력의 크기는 (가)에서가 (나)에서보다 크므로 A와 B는 같은 종류의 전하이다. 따라서 B는 양(+)전하이다. (가)에서 B가 A에 작용하는 전기력의 방향은 $-x$ 방향이고, B와 C가 A에 작용하는 전기력의 방향은 $+x$ 방향이므로 C는 음(−)전하이다. 따라서 (가)에서 B에 작용하는 전기력의 방향은 $+x$ 방향이다.

✓ ㄴ. (가)에서 A에 작용하는 전기력의 방향은 $+x$ 방향이므로, B가 A에 작용하는 전기력의 크기는 C가 A에 작용하는 전기력의 크기보다 작다. A로부터의 거리는 C가 B보다 크므로 전하량의 크기는 C가 B보다 크다.

✓ ㄷ. C가 A에 작용하는 전기력의 크기는 (가)에서와 (나)에서가 같다. B가 A에 작용하는 전기력의 크기는 (가)에서가 (나)에서보다 크고, (가)와 (나)에서 C가 A에 작용하는 전기력의 방향과 B가 A에 작용하는 전기력의 방향은 서로 반대이다. 따라서 A에 작용하는 전기력의 크기는 (나)에서가 (가)에서보다 크다. 답 ⑤

08 전기력

빈출 문항 자료 분석

A와 B의 전하량의 크기 비 → 1:2
B와 C의 전하량의 크기 비 → 1:9

그림과 같이 점전하 A, B, C를 x축상에 고정하였다. 전하량의 크기는 B가 A의 2배이고, B와 C가 A로부터 받는 전기력의 크기는 F로 같다. A와 B 사이에는 서로 밀어내는 전기력이, A와 C 사이에는 서로 당기는 전기력이 작용한다.

→ A와 B의 전하의 종류가 같다. → A와 C의 전하의 종류는 다르다.

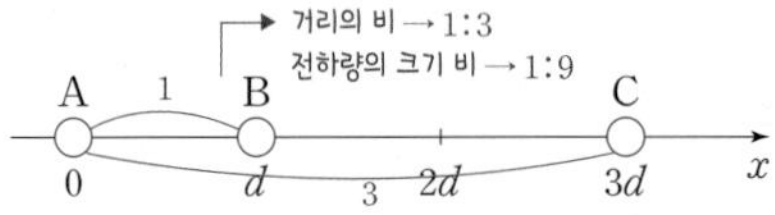

이에 대한 설명으로 옳은 것만을 〈보기〉에서 있는 대로 고른 것은?

보기

ㄱ. 전하량의 크기는 C가 가장 크다. O
ㄴ. B와 C 사이에는 서로 당기는 전기력이 작용한다. O
ㄷ. B와 C 사이에 작용하는 전기력의 크기는 F보다 크다. O

해결 전략 일직선상에 놓여 있는 세 점전하의 종류와 전하량의 크기를 비교하고, 전하 사이에 작용하는 전기력의 크기와 방향을 알 수 있어야 한다.

선택지 분석

✓ ㄱ. A, B, C의 전하량의 크기를 각각 q_A, q_B, q_C라고 하자. B와 C가 A로부터 받는 전기력의 크기는 F로 같으므로 $k\frac{q_Aq_B}{d^2}=k\frac{q_Aq_C}{9d^2}$이다. 이를 정리하면 $q_C=9q_B$이다. 따라서 전하량의 크기는 B가 A의 2배이므로 전하량의 크기는 C가 가장 크다.

✓ ㄴ. A가 양(+)전하라면, A와 B 사이에는 서로 밀어내는 전기력이 작용하므로 B는 양(+)전하이다. A와 C 사이에는 서로 당기는 전기력이 작용하므로 C는 음(−)전하이다. 따라서 B와 C 사이에는 서로 당기는 전기력이 작용한다.

✓ ㄷ. q_A를 Q라고 하면, $q_B=2Q$이고 $q_C=18Q$이다. A와 B 사이에 작용하는 전기력의 크기가 F이므로 $F=k\frac{2Q^2}{d^2}$이다. B와 C 사이에 작용하는 전기력의 크기는 $k\frac{(2Q)(18Q)}{4d^2}=k\frac{9Q^2}{d^2}>F$이다. 답 ⑤

09 전기력

빈출 문항 자료 분석

그림 (가), (나)와 같이 점전하 A, B, C를 각각 x축상에 고정시켰다. (가)에서 B가 받는 전기력은 0이고, (가), (나)에서 C는 각각 $+x$ 방향과 $-x$ 방향으로 크기가 F_1, F_2인 전기력을 받는다. $F_1>F_2$이다.

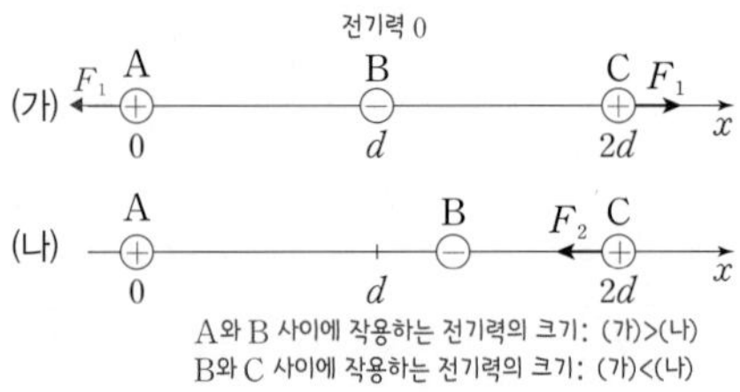

이에 대한 옳은 설명만을 〈보기〉에서 있는 대로 고른 것은?

보기

ㄱ. 전하량의 크기는 A와 C가 같다. O
ㄴ. A와 B 사이에는 서로 당기는 전기력이 작용한다. O
ㄷ. (나)에서 A가 받는 전기력의 크기는 F_2보다 작다. 크다X

해결 전략 두 전하의 종류에 따라 전하 사이에 작용하는 힘의 방향을 이해하고, 거리와 전하량의 크기에 따라 작용하는 전기력의 크기를 구할 수 있어야 한다.

선택지 분석

✓ ㄱ. (가)에서 B는 A와 C 사이에 고정되어 있고, B에 작용하는 전기력은 0이므로 전하의 종류는 A와 C가 같다. (가)에서 B로부터 떨어진 거리는 A와 C가 같으므로 전하량의 크기는 A와 C가 같다.

✓ ㄴ. B와 C 사이의 거리는 (가)에서가 (나)에서보다 크므로 B와 C 사이에 작용하는 전기력의 크기는 (가)에서가 (나)에서보다 작다. B가 C에 가까워졌더니 C에 작용하는 전기력의 방향이 $+x$ 방향에서 $-x$ 방향으로 바뀌었으므로 B와 C 사이에는 서로 당기는 전기력이 작용한다. 따라서 전하의 종류는 B와 C가 다르다. 전하의 종류는 A와 C가 같으므로 A와 B 사이에는 서로 당기는 전기력이 작용한다.

ㄷ. A를 양(+)전하라고 하면, B는 음(−)전하이고 C는 양(+)전하이다. (가)에서 C에 작용하는 전기력의 방향은 $+x$ 방향이므로 A가 C에 작용하는 전기력의 크기(F_{AC})는 B가 C에 작용하는 전기력의 크기(F_{BC})보다 크다. 전하량의 크기는 A와 C가 같으므로 C가 A에 작용하는 전기력의 크기(F_{CA})는 B가 A에 작용하는 전기력의 크기(F_{BA})보다 크다. 따라서 (가)에서 A에 작용하는 전기력의 방향은 $-x$ 방향이고 크기는 F_1이다. C가 A에 작용하는 전기력의 크기는 (가)에서와 (나)에서가 같고, B가 A에 작용하는 전기력의 크기는 (가)에서가 (나)에서보다 크다. 따라서 A에 작용하는 전기력의 크기는 (나)에서가 (가)에서보다 크다. 즉, (나)에서 A에 작용하는 전기력의 크기는 F_1보다 크다. $F_1 > F_2$라고 했으므로 (나)에서 A가 받는 전기력의 크기는 F_2보다 크다.

답 ③

도전 1등급 10 전기력

도전 1등급 문항 분석 ▸▸ 정답률 21.4%

그림 (가)는 점전하 A, B, C, D를 x축상에 고정시킨 것으로 B는 음(−)전하이고 A와 C는 같은 종류의 전하이다. A에 작용하는 전기력의 방향은 $+x$ 방향이고, C에 작용하는 전기력은 0이다. 그림 (나)는 (가)에서 B만 제거한 것으로 D에 작용하는 전기력의 방향은 $+x$ 방향이다.

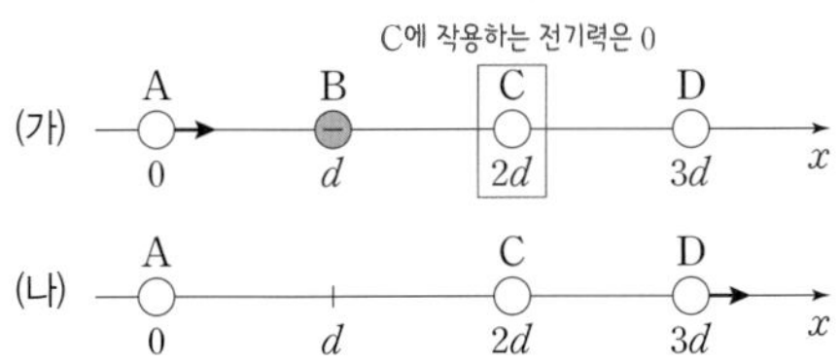

이에 대한 옳은 설명만을 〈보기〉에서 있는 대로 고른 것은?

보기

ㄱ. A는 양(+)전하이다. O

ㄴ. 전하량의 크기는 B가 A보다 크다. 작다. X

ㄷ. (나)의 D에 작용하는 전기력의 크기는 (나)의 A에 작용하는 전기력의 크기보다 크다. 작다. X

해결 전략 (가)에서 A에 작용하는 전기력의 방향과 (나)에서 D에 작용하는 전기력의 방향이 모두 $+x$ 방향이라는 것을 이용하여 A의 종류를 찾을 수 있고, 점전하를 제거했을 때 점전하 사이에 작용하는 전기력의 크기와 방향을 이해하며, 전하량의 크기를 비교할 수 있어야 한다.

선택지 분석

✓ ㄱ. A가 음(−)전하라면, C도 음(−)전하이다. (나)에서 D에 작용하는 전기력의 방향은 $+x$ 방향이라고 했으므로 D는 음(−)전하이다.

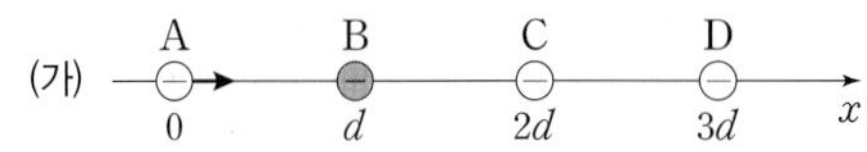

B가 음(−)전하라고 했으므로 A, B, C, D는 모두 음(−)전하이고, (가)에서 A에 작용하는 전기력의 방향은 $-x$ 방향이 된다. 이는 문제에서 주어진 조건인 (가)에서 A에 작용하는 전기력의 방향이 $+x$ 방향이라는 조건에 맞지 않다. 따라서 A는 양(+)전하이다.

ㄴ. (나)에서 A와 C는 양(+)전하이고, D에 작용하는 전기력의 방향이 $+x$ 방향이므로 D는 양(+)전하이다.

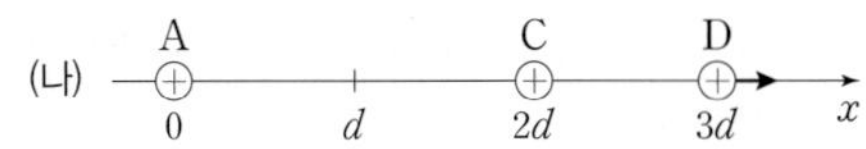

(가)에서 A가 C에 작용하는 전기력(F_{AC})은 $+x$ 방향이고, B가 C에 작용하는 전기력(F_{BC})과 D가 C에 작용하는 전기력(F_{DC})의 방향은 $-x$ 방향이다.

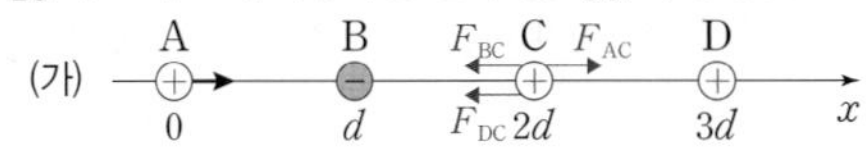

즉, $F_{AC} = F_{BC} + F_{DC}$이고, $F_{AC} > F_{BC}$이다. C로부터 떨어진 거리는 A가 B보다 크고, $F_{AC} > F_{BC}$이므로 전하량의 크기는 B가 A보다 작다.

ㄷ. (나)에서 A와 D에 작용하는 전기력은 다음과 같다.

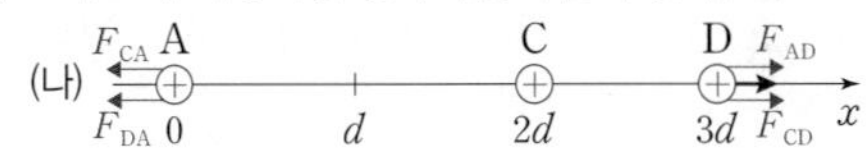

A에 작용하는 전기력은 C가 A에 작용하는 전기력(F_{CA})과 D가 A에 작용하는 전기력(F_{DA})의 합이고, D에 작용하는 전기력은 A가 D에 작용하는 전기력(F_{AD})과 C가 D에 작용하는 전기력(F_{CD})의 합이다.

A에 작용하는 전기력의 크기는 $F_{CA} + F_{DA} = F_{AC} + F_{DA}$이고 D에 작용하는 전기력의 크기는 $F_{AD} + F_{CD} = F_{AD} + F_{DC}$이다. 이때 F_{DA}와 F_{AD}는 작용 반작용 관계이므로 크기가 같다. (가)에서 $F_{AC} = F_{BC} + F_{DC}$이므로 $F_{AC} > F_{DC}$이고 전하량의 크기는 A가 D보다 크다. 따라서 (나)의 D에 작용하는 전기력의 크기는 (나)의 A에 작용하는 전기력의 크기보다 작다.

답 ①

도전 1등급 11 전기력

도전 1등급 문항 분석 ▸▸ 정답률 32.4%

그림 (가)는 점전하 A, B, C를 x축상에 고정시킨 것으로 A, B에 작용하는 전기력의 방향은 같고, B는 양(+)전하이다. 그림 (나)는 (가)에서 $x=3d$에 음(−)전하인 점전하 D를 고정시킨 것으로 B에 작용하는 전기력은 0이다. C에 작용하는 전기력의 크기는 (가)에서가 (나)에서보다 크다.

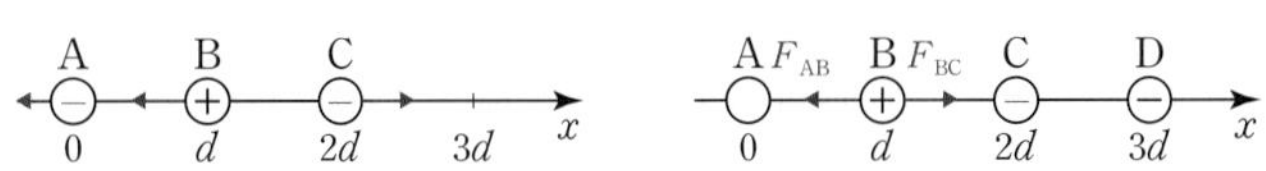

(가) (나)

이에 대한 설명으로 옳은 것만을 〈보기〉에서 있는 대로 고른 것은?

보기

ㄱ. (가)에서 C에 작용하는 전기력의 방향은 $+x$ 방향이다. O

ㄴ. A는 음(−)전하이다. O

ㄷ. 전하량의 크기는 A가 C보다 크다. O

> **해결 전략** 일직선상에 놓여 있는 점전하 사이에 다른 점전하를 추가했을 때 점전하 사이에 작용하는 전기력의 크기와 방향을 이해할 수 있어야 한다.

선택지 분석

(가)에서 $x=3d$에 음(−)전하를 고정하였을 때 B에 작용하는 전기력이 0이 되었으므로 (가)에서 B에 작용하는 전기력의 방향은 $-x$ 방향이었음을 알 수 있다. C의 전하의 종류를 기준으로 4가지를 생각해 볼 수 있다.

첫째로, C가 음(−)전하이고 A가 양(+)전하인 경우, A와 B에 작용하는 전기력의 방향이 서로 반대 방향이므로 성립하지 않는다.

둘째로, C가 음(−)전하이고 A가 음(−)전하인 경우, A의 전하량의 크기가 C의 전하량의 크기보다 크고 C의 전하량의 크기가 B의 전하량의 크기의 4배보다 크면 성립한다.

셋째로, C가 양(+)전하이고 A가 양(+)전하인 경우, A의 전하량의 크기가 C의 전하량의 크기보다 작으면 성립하지만 C에 작용하는 전기력의 크기가 (가)에서가 (나)에서보다 커야 하므로 이 조건도 성립하지 않는다.

넷째로, C가 양(+)전하이고 A가 음(−)전하인 경우 A와 B에 작용하는 전기력의 방향이 서로 다른 방향이므로 성립하지 않는다. 따라서 A와 C는 음(−)전하이고, 전하량의 크기는 A가 C보다 크다.

✓ ㄱ. (가)에서 C는 A로부터 $+x$ 방향으로 전기력을 받고, B로부터 $-x$ 방향으로 전기력을 받지만, B의 전하량의 크기가 매우 작으므로 C에 작용하는 전기력의 방향은 $+x$ 방향이다.

✓ ㄴ. (가)에서 A에 작용하는 전기력의 방향이 $-x$ 방향이므로 A와 C는 음(−)전하이다.

✓ ㄷ. (가)에서 B에 작용하는 전기력의 방향이 $-x$ 방향이므로 전하량의 크기는 A가 C보다 크다. 답 ⑤

12 전기력

자료 분석

A의 위치가 $x=0$에서 $x=3d$로 바뀌어도 C에 작용하는 전기력의 방향이 $+x$ 방향으로 같으므로 A는 음(−)전하, B는 양(+)전하이다.

선택지 분석

ㄱ. (가)에서 A에 작용하는 전기력의 방향은 $+x$ 방향이고, (나)에서 A에 작용하는 전기력의 방향은 $-x$ 방향이므로 A에 작용하는 전기력의 방향은 (가)에서와 (나)에서가 서로 반대 방향이다.

✓ ㄴ. (가)에서 C에 작용하는 전기력의 방향이 $+x$ 방향이므로 B가 C에 작용하는 전기력의 크기는 A가 C에 작용하는 전기력의 크기보다 크다. A, B, C의 전하량의 크기가 각각 q_A, q_B, q_C일 때 $k\frac{q_Bq_C}{d^2}>k\frac{q_Aq_C}{4d^2}$에서 $q_A<4q_B$이다. (나)에서 B에 작용하는 전기력의 방향이 $+x$ 방향이므로 A가 B에 작용하는 전기력의 크기는 C가 B에 작용하는 전기력의 크기보다 크다. $k\frac{q_Aq_B}{4d^2}>k\frac{q_Bq_C}{d^2}$에서 $q_A>4q_C$이다. 따라서 $4q_C<q_A<4q_B$에서 $q_C<q_B$이다.

✓ ㄷ. (가)와 (나)에서 B와 C 사이에 작용하는 전기력의 크기는 같고, (가)에서 A와 C가 B에 작용하는 전기력의 방향은 같으며, (나)에서 A와 B가 C에 작용하는 전기력의 방향은 같다. (가)에서 A가 B에 작용하는 전기력의 크기는 $k\frac{q_Aq_B}{d^2}$이고, (나)에서 A가 C에 작용하는 전기력의 크기는 $k\frac{q_Aq_C}{d^2}$이다. $q_B>q_C$이므로 $k\frac{q_Aq_B}{d^2}>k\frac{q_Aq_C}{d^2}$이다. 따라서 (가)에서 B에 작용하는 전기력의 크기는 (나)에서 C에 작용하는 전기력의 크기보다 크다. 답 ④

13 전기력

빈출 문항 자료 분석

그림과 같이 x축상에 점전하 A, B를 각각 $x=0$, $x=3d$에 고정한다. 양(+)전하인 점전하 P를 x축상에 옮기며 고정할 때, $x=d$에서 P에 작용하는 전기력의 방향은 $+x$ 방향이고, $x>3d$에서 P에 작용하는 전기력의 방향이 바뀌는 위치가 있다.

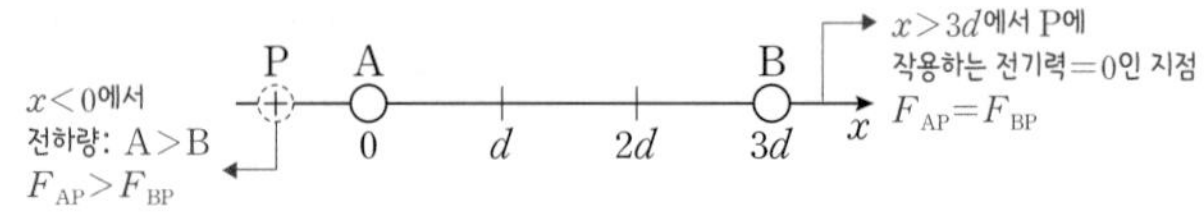

이에 대한 설명으로 옳은 것만을 ‹보기›에서 있는 대로 고른 것은?

보기

ㄱ. A는 양(+)전하이다. O

ㄴ. 전하량의 크기는 A가 B보다 작다. 크다. X

ㄷ. $x<0$에서 P에 작용하는 전기력의 방향이 바뀌는 위치가 있다. 없다. X

> **해결 전략** 일직선상에 놓여 있는 점점하 사이에 작용하는 전기력의 크기와 방향을 이해하고, 전하량의 크기를 비교할 수 있어야 한다.

선택지 분석

✓ ㄱ. $x=d$에서 P에 작용하는 전기력의 방향이 $+x$ 방향이고, $x>3d$에서 P에 작용하는 전기력의 방향이 바뀌는 위치가 있다는 것은 P에 작용하는 전기력이 0인 위치가 있다는 것이다. 따라서 A와 B는 서로 다른 종류의 전하이고, 전하량의 크기는 A가 B보다 크다. $x=d$에서 P에 작용하는 전기력의 방향은 A가 P에 작용하는 전기력의 방향과 같으므로 A는 양(+)전하이다.

ㄴ. P에 작용하는 전기력이 0인 위치가 B에 가까이 있으므로 전하량의 크기는 A가 B보다 크다.

ㄷ. A가 B보다 전하량의 크기가 크므로 $x<0$에서 P에 작용하는 전기력의 방향은 A가 P에 작용하는 전기력의 방향으로 일정하다. 따라서 P에 작용하는 전기력의 방향이 바뀌는 위치가 없다. 답 ①

14 전기력

자료 분석

(나)의 그래프 $x>d$에서 $F_C=0$인 지점이 있으므로 A와 C는 다른 종류의 전하이다. 그리고 B에 가까운 d와 $F_C=0$인 지점 사이에서 $F_C>0$이므로 B와 C는 같은 종류의 전하이다.

선택지 분석

✓ ❷ A와 B는 다른 종류, B와 C는 같은 종류의 전하이다. C를 $2d$에 고정하면 B는 $0<x<2d$에서 A와 C에 의해 $-x$ 방향으로 힘을 받는다. 따라서 $F_B<0$이므로 가장 적절한 그래프는 ②번이다. 답 ②

15 전기력

자료 분석

P를 +1 C이라고 할 때 A와 C가 전하량의 크기가 같은 양(+)전하이므로, (가)에서는 A가 P에 작용하는 전기력의 크기가 C가 P에 작용하는 전기력의 크기보다 크다. (나)에서는 A가 P에 작용하는 전기력의 크기가 C가 P에 작용하는 전기력의 크기보다 작다.

선택지 분석

ㄱ. (가), (나)에서 P가 B에게 받는 전기력이 크기가 같고 방향이 반대이므로, A와 C에게 받는 전기력도 크기가 같고 방향이 반대이다. 따라서 A와 C가 P에 작용하는 전기력의 합력의 방향은 (가)에서와 (나)에서가 반대이다.

✓ㄴ. (가), (나)는 서로 $x=0$을 중심으로 좌우 대칭이므로 (가)와 (나)에서 P가 받는 전기력이 모두 0이 되려면 C는 A와 같은 양(+)전하이어야 한다.

ㄷ. (가)에서 A와 C가 P에 작용하는 전기력의 합력의 방향은 $+x$ 방향이므로, B가 P에 작용하는 전기력의 방향은 $-x$ 방향이다. 따라서 B는 양(+)전하이다. A, B, C가 모두 양(+)전하이므로 P에 작용하는 전기력이 0일 때, (가)에서 A가 P에 $+x$ 방향으로 작용하는 힘의 크기는 B와 C가 P에 $-x$ 방향으로 작용하는 힘의 크기의 합과 같다. 즉, A가 P에 $+x$ 방향으로 작용하는 힘의 크기는 B가 P에 $-x$ 방향으로 작용하는 힘의 크기보다 크다. A와 P 사이의 거리와 B와 P 사이의 거리가 같으므로, 전하량의 크기는 A가 B보다 크다. 답 ②

도전 1등급

16 전기력

도전 1등급 문항 분석 ▸▸ 정답률 30%

그림 (가)와 같이 x축상에 점전하 A~D를 고정하고 양(+)전하인 점전하 P를 옮기며 고정한다. A, B는 전하량이 같은 음(−)전하이고 C, D는 전하량이 같은 양(+)전하이다. 그림 (나)는 P의 위치 x가 $0<x<5d$인 구간에서 P에 작용하는 전기력을 나타낸 것이다.

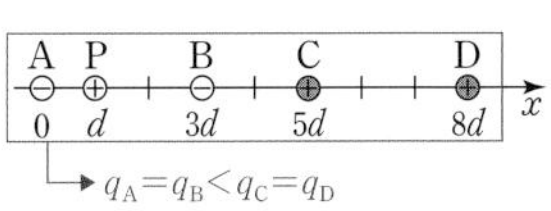

(가)

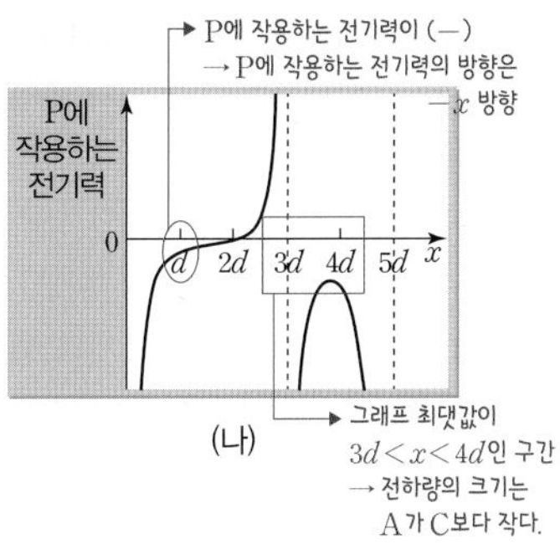

(나)

이에 대한 설명으로 옳은 것만을 〈보기〉에서 있는 대로 고른 것은?

보기

ㄱ. $x=d$에서 P에 작용하는 전기력의 방향은 $-x$ 방향이다. O

ㄴ. 전하량의 크기는 A가 C보다 작다. O

ㄷ. $5d<x<6d$인 구간에 P에 작용하는 전기력이 0이 되는 위치가 있다. $6d<x<6.5d$ X

해결 전략 일직선상에 놓여 있는 점전하 사이에 작용하는 전기력의 크기와 방향을 이해하고, 전하량의 크기를 비교할 수 있어야 한다.

선택지 분석

✓ㄱ. (나)의 $x=d$에서 P에 작용하는 전기력이 (−)의 값이므로 P에 작용하는 전기력의 방향은 $-x$ 방향이다.

✓ㄴ. A, B, C, D의 전하량의 크기가 각각 q_A, q_B, q_C, q_D일 때, $q_A=q_B=q_C=q_D$이면 (나)의 그래프는 $3d\le x\le 5d$인 구간에서 $x=4d$를 기준으로 좌우 대칭이어야 한다. 그러나 그래프의 최댓값이 $3d<x<4d$인 구간에 위치하므로 $q_C>q_B$이고, $q_A=q_B$이므로 전하량의 크기는 A가 C보다 작다.

ㄷ. A와 B는 음(−)전하이고, $q_A=q_B$이므로 A, B에 의해 P에 작용하는 전기력이 0인 곳은 $x=1.5d$이지만, C와 D가 양(+)전하이므로 P에 작용하는 전기력이 0인 위치가 $+x$ 방향으로 이동하여 $x=2d$에서 P에 작용하는 전기력이 0이다. C와 D는 양(+)전하이고, $q_C=q_D$이므로 C, D에 의해 P에 작용하는 전기력이 0인 곳은 $x=6.5d$이지만, A와 B가 음(−)전하이므로 P에 작용하는 전기력이 0인 위치가 $-x$ 방향으로 이동하고, $q_A=q_B<q_C=q_D$이므로 $6d<x<6.5d$인 구간에 P에 작용하는 전기력이 0이 되는 위치가 있다. 답 ③

17 보어의 수소 원자 모형

자료 분석

전자가 전이할 때 방출되거나 흡수되는 광자 1개의 에너지는 두 에너지 준위 차와 같으므로($E=|E_m-E_n|=hf$), 전자가 전이할 때 방출되거나 흡수되는 빛의 진동수는 $f=\frac{|E_m-E_n|}{h}$이고, 파장은 진동수에 반비례한다.

선택지 분석

✓ㄱ. 전자는 두 에너지 준위 차에 해당하는 에너지를 흡수하거나 방출하여 에너지 준위 사이를 이동한다. 따라서 a에서 흡수되는 광자 1개의 에너지는 $\left(-\frac{1}{4}E_0\right)-(-E_0)=\frac{3}{4}E_0$이다.

ㄴ. 전자가 에너지 준위가 높은 상태에서 에너지 준위가 낮은 상태로 전이할 때, 방출되는 빛의 파장은 에너지 준위 차에 반비례한다. 에너지 준위 차는 b에서가 d에서보다 작으므로 방출되는 빛의 파장은 b에서가 d에서보다 길다.

ㄷ. c에서 흡수되는 빛의 진동수를 f_c, 플랑크 상수를 h라고 할 때, c에서 흡수되는 광자 1개의 에너지는 $hf_c=\left(-\frac{1}{16}E_0\right)-\left(-\frac{1}{4}E_0\right)=\frac{3}{16}E_0$이고, a에서 흡수되는 광자 1개의 에너지는 $hf_a=\frac{3}{4}E_0$이므로 $f_c=\frac{1}{4}f_a$이다. 답 ①

18 보어의 수소 원자 모형

자료 분석

수소 원자의 에너지는 양자화되어 있어 방출된 빛의 스펙트럼선이 나타나고, 전자의 전이 과정에서 에너지 준위 차가 클수록 방출된 광자 1개의 에너지가 커진다. 방출된 광자 1개의 에너지는 빛의 진동수에 비례하고 빛의 파장에 반비례한다.

선택지 분석

✓A. 수소 원자 내의 전자는 양자수에 해당하는 특정한 에너지 값만을 가지므로 불연속적인 에너지 준위를 가진다.

✓B. 전자가 높은 에너지 준위에서 낮은 에너지 준위로 전이할 때는 두 에너지 준위의 차이에 해당하는 에너지의 빛을 방출한다.

✓C. 전자가 높은 에너지 준위에서 낮은 에너지 준위로 전이할 때 방출되는 빛의 에너지가 클수록 빛의 파장은 짧고 진동수는 크다. 답 ⑤

Ⅱ 물질과 전자기장

19 보어의 수소 원자 모형

자료 분석

스펙트럼선은 원자의 에너지 준위가 불연속적임을 나타낸다. 전자가 전이하면서 방출되는 광자 1개의 에너지는 빛의 진동수에 비례하고, 빛의 파장에 반비례하며, 방출되는 빛의 에너지는 전자가 전이한 에너지 준위 차와 같다.

선택지 분석

✓ ❺ 전자가 높은 에너지 준위 E_h에서 낮은 에너지 준위 E_l로 전이할 때 빛을 방출하는데, 이때 방출되는 광자 1개의 에너지는 E_h-E_l이다. 방출되는 빛의 파장과 진동수를 각각 λ, f라 하고 진공에서 빛의 속력을 c, 플랑크 상수를 h라고 하면 $E_h-E_l=hf=h\frac{c}{\lambda}$이다. 따라서 전자의 에너지 준위의 차가 클수록 방출되는 광자 1개의 에너지와 진동수는 크고, 파장은 짧다. 따라서 ㉠, ㉡, ㉢, ㉣에 해당하는 전자의 전이는 각각 d, c, b, a이다. 답 ⑤

20 보어의 수소 원자 모형

자료 분석

전자의 에너지 준위가 높을수록, 양자수가 커질수록 전자는 원자핵에서 멀어지고, 전자의 에너지 준위는 양자화되어 있기 때문에 양자수에 맞는 에너지만 가질 수 있으며 두 에너지 준위 차에 해당하는 에너지만 흡수하거나 방출할 수 있다.

선택지 분석

✓ ㄱ. a, b, c 중에서 원자핵에서 가장 가까이 있는 양자수가 a이고 순차적으로 위치하므로 a=2, b=3, c=4이다.

ㄴ. 양자수에 해당하는 특정 에너지만 가질 수 있으므로 전자는 E_2와 E_3 사이의 에너지를 가질 수 없다.

ㄷ. 전자가 $n=3$에서 $n=4$로 전이할 때 흡수하는 광자 1개의 에너지는 두 에너지 준위 차에 해당하는 에너지이므로 E_4-E_3이다. 답 ①

21 보어의 수소 원자 모형

자료 분석

$n=2$인 상태로 전이할 때 방출되는 빛은 가시광선이다. 따라서 a, c는 가시광선이고 b는 적외선이다.

선택지 분석

✓ ㄱ. 전자의 전이 과정에서 에너지 준위 차가 클수록 방출되는 빛의 파장은 짧다. 에너지 준위 차는 a가 c보다 작으므로 방출되는 빛의 파장은 a에서가 c에서보다 길다. 따라서 ㉠은 a이고, ㉡은 c이다.

✓ ㄴ. 전자의 전이 과정에서 에너지 준위 차는 방출되는 빛의 진동수에 비례하므로 방출된 적외선(b)의 진동수는 f_2-f_1이다.

✓ ㄷ. 수소 원자는 특정한 에너지 준위만 가지므로 수소 원자의 에너지 준위는 불연속적이다. 답 ⑤

22 보어의 수소 원자 모형

빈출 문항 자료 분석

그림은 보어의 수소 원자 모형에서 양자수 n에 따른 에너지 준위의 일부와 전자의 전이 a, b, c를 나타낸 것이다. a, b, c에서 흡수 또는 방출된 빛의 진동수는 각각 f_a, f_b, f_c이다.
→에너지 준위 높아짐 →에너지 준위 낮아짐

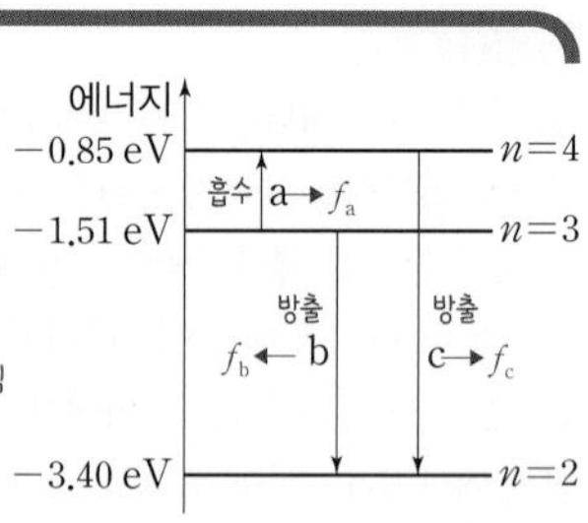

이에 대한 옳은 설명만을 〈보기〉에서 있는 대로 고른 것은?

보기

ㄱ. a에서 빛이 흡수된다. O

ㄴ. $f_c=f_b-f_a$이다. $f_c=f_b+f_a$ X

ㄷ. 전자가 원자핵으로부터 받는 전기력의 크기는 $n=4$일 때가 $n=3$일 때보다 크다. 작다. X

해결 전략 전자가 에너지 준위 차에 해당하는 에너지를 흡수하면 에너지 준위는 높아지고, 전자가 에너지 준위 차에 해당하는 에너지를 방출하면 에너지 준위는 낮아진다. 이를 이용해서 에너지를 흡수하는 전이와 에너지를 방출하는 전이를 구분할 수 있어야 한다.

선택지 분석

✓ ㄱ. a에서 에너지 준위는 높아지므로 a에서 빛이 흡수되고, b와 c에서 에너지 준위는 낮아지므로 b와 c에서는 빛이 방출된다.

ㄴ. $n=2$, $n=3$, $n=4$에서 에너지 준위를 각각 E_2, E_3, E_4라고 하자. a에서 흡수되는 에너지는 $E_4-E_3=hf_a$이고, b, c에서 방출되는 에너지는 각각 $E_3-E_2=hf_b$, $E_4-E_2=hf_c$이다. $E_4-E_2=(E_4-E_3)+(E_3-E_2)$이므로 $f_c=f_a+f_b$이다.

ㄷ. 양자수 n이 클수록 원자핵과 전자 사이의 거리는 멀어지므로 전자가 원자핵으로부터 받는 전기력의 크기는 $n=4$일 때가 $n=3$일 때보다 작다. 답 ①

23 보어의 수소 원자 모형

자료 분석

전자가 낮은 준위에서 높은 준위로 전이할 때는 빛을 흡수하고, 높은 준위에서 낮은 준위로 전이할 때는 빛을 방출한다. 따라서 a에서는 빛을 흡수하고, b, c, d에서는 빛을 방출한다.

선택지 분석

ㄱ. a는 전자가 낮은 에너지 준위에서 높은 에너지 준위로 전이하는 것이므로 전자는 빛을 흡수한다.

✓ ㄴ. 전자가 전이할 때 방출하거나 흡수하는 빛의 파장은 흡수 또는 방출되는 광자 1개의 에너지와 반비례하므로 빛의 파장은 b에서가 d에서보다 길다.

✓ ㄷ. 전자가 $n=5$에서 $n=4$인 상태로 전이할 때 방출하는 광자 1개의 에너지는 $0.97-0.66=0.31$(eV)이고, ㉠은 전자가 $n=5$에서 $n=2$인 상태로 전이할 때 방출되는 광자 1개의 에너지에서 전자가 $n=5$에서 $n=4$인 상태로 전이할 때 방출하는 광자 1개의 에너지를 뺀 것이므로 $2.86-0.31=2.55$(eV)이다. 따라서 ㉠은 2.55이다. 답 ④

24 보어의 수소 원자 모형과 광전 효과

자료 분석

전자가 한 에너지 준위에서 다른 에너지 준위로 전이할 때 에너지 준위 차가 클수록 진동수가 큰 빛이 방출되고, 광전 효과는 금속에 비추는 빛의 진동수가 특정한 값 이상일 때 일어난다.

선택지 분석

✓ ㄱ. 방출되는 빛에너지는 두 에너지 준위 차에 해당하며, 빛의 진동수에 비례한다. 따라서 $f_a>f_b$이다. 광전 효과는 빛의 진동수가 특정한 값 이상일 때 일어나므로 (나)에서 광전자는 진동수가 f_a, f_b인 빛 중 하나에 의해서만 방출된다면 진동수가 f_a인 빛을 금속판에 비출 때 방출된다.

ㄴ. 진동수가 f_b인 빛은 전자가 $n=3$인 상태에서 $n=2$인 상태로 전이할 때 방출하는 빛이므로 가시광선 영역에 해당한다.
ㄷ. (나)에서 진동수가 f_b인 빛을 비출 때 광전자가 방출되지 않는다. f_a-f_b는 f_b보다 작으므로 f_a-f_b인 빛을 금속판에 비출 때 광전자가 방출되지 않는다. 답 ①

25 보어의 수소 원자 모형

자료 분석
전자가 전이할 때 방출되거나 흡수되는 광자 1개의 에너지는 두 에너지 준위 차와 같으므로($E=|E_m-E_n|=hf$), 전자가 전이할 때 방출되거나 흡수되는 빛의 진동수는 $f=\frac{|E_m-E_n|}{h}$이다.

선택지 분석
✓ ㄱ. $n=3$인 궤도와 $n=2$인 궤도의 에너지 준위 차가 $-1.51\text{ eV}-(-3.40\text{ eV})=1.89\text{ eV}$이므로, 진동수가 $\frac{1.89\text{ eV}}{h}$인 빛은 $n=3$인 상태에서 $n=2$인 상태로 전이할 때 방출되는 빛이다. $n>2$인 궤도에 있는 전자가 $n=2$인 궤도로 전이할 때 가시광선 영역의 빛을 방출하므로, 진동수가 $\frac{1.89\text{ eV}}{h}$인 빛은 가시광선이다.
✓ ㄴ. n이 클수록 전자 궤도의 반지름이 크므로 전자와 원자핵 사이의 거리도 크다.
ㄷ. 전자는 에너지 준위 차만큼의 에너지만 흡수할 수 있다. $n=2$인 상태와 $n=3$인 상태의 에너지 준위 차는 $-1.51\text{ eV}-(-3.40\text{ eV})=1.89\text{ eV}$이므로, $n=2$인 궤도에 있는 전자는 에너지가 1.51 eV인 광자를 흡수할 수 없다. 답 ③

26 보어의 수소 원자 모형

자료 분석
a는 전자가 $n=2$에서 $n=1$인 상태로 전이하므로 자외선 영역의 빛이 방출되고, b는 전자가 $n=3$에서 $n=2$인 상태로 전이하므로 가시광선 영역의 빛이 방출된다.

선택지 분석
✓ ㄱ. 전기력의 크기는 두 전하 사이 거리의 제곱에 반비례하고 양자수가 작을수록 원자핵과 전자 사이의 거리가 가까우므로, 전자가 원자핵으로부터 받는 전기력의 크기는 $n=1$인 궤도에서가 $n=2$인 궤도에서보다 크다.
✓ ㄴ. b는 전자가 $n=3$에서 $n=2$인 상태로 전이하는 것이므로 b에서 방출되는 빛은 가시광선이다.
✓ ㄷ. $|E_3-E_1|=h(f_a+f_b)$에서 $f_a+f_b=\frac{|E_3-E_1|}{h}$이다. 답 ⑤

27 보어의 수소 원자 모형

자료 분석
낮은 에너지 준위의 전자가 에너지를 흡수하면 높은 에너지 준위로 전이하고, 높은 에너지 준위의 전자가 에너지를 방출하면 낮은 에너지 준위로 전이한다. 전자의 전이 a의 경우 $n=4$에서 $n=2$인 상태로, b의 경우 $n=4$에서 $n=3$인 상태로, c의 경우 $n=3$에서 $n=2$인 상태로 각각 전이하므로 빛에너지를 방출하고, d의 경우 $n=2$에서 $n=5$인 상태로 전이하므로 빛에너지를 흡수한다. 또한 전자가 전이할 때 방출되는 빛의 파장은 두 에너지 준위 차에 반비례$\left(E=\frac{hc}{\lambda}\right)$하고, 전자가 전이할 때 방출되는 빛의 진동수는 두 에너지 준위 차에 비례($E=hf$)한다.

선택지 분석
ㄱ. d는 에너지 준위가 낮은 $n=2$인 상태에서 에너지 준위가 높은 $n=5$인 상태로 전이하는 것이므로 전자는 빛에너지를 흡수한다.
✓ ㄴ. 전자가 전이할 때 a에서 방출하는 빛에너지는 d에서 흡수하는 빛에너지보다 작고, 빛에너지는 빛의 파장에 반비례하므로 $\lambda_a>\lambda_d$이다.
✓ ㄷ. 빛의 속력이 c, 플랑크 상수가 h일 때, $\frac{hc}{\lambda_a}-\frac{hc}{\lambda_b}=\frac{hc}{\lambda_c}$이므로 $\frac{1}{\lambda_a}-\frac{1}{\lambda_b}=\frac{1}{\lambda_c}$이다. 답 ④

28 원자에서 전자의 에너지 준위와 전이

자료 분석
양자수 $n=1$일 때 가장 안정한 바닥상태이고, 양자수가 커질수록 에너지도 커진다. 전자의 전이 a의 경우 $n=2$에서 $n=1$인 상태로 전이하므로 빛에너지를 방출하고, b의 경우 $n=3$에서 $n=2$인 상태로 전이하므로 빛에너지를 방출하며, c의 경우 $n=4$에서 $n=3$인 상태로 전이하므로 빛에너지를 방출한다. 그리고 전자가 전이할 때 방출되는 빛의 파장은 두 에너지 준위 차에 반비례$\left(E=\frac{hc}{\lambda}\right)$하고, 전자가 전이할 때 방출되는 빛의 진동수는 두 에너지 준위 차에 비례($E=hf$)한다.

선택지 분석
✓ ㄱ. a에서 방출하는 광자의 에너지는 $-3.40-(-13.6)=10.2(\text{eV})$이고, b에서 방출하는 광자의 에너지는 $-1.51-(-3.40)=1.89(\text{eV})$이다. 그런데 광자의 에너지는 진동수에 비례하므로, 방출되는 빛의 진동수는 a에서가 b에서보다 크며, 빛의 파장은 진동수에 반비례하므로 방출되는 빛의 파장은 a에서가 b에서보다 짧다.
ㄴ. $hf_a=10.2\text{ eV}$이고 $hf_b+hf_c=-0.85-(-3.40)=2.55(\text{eV})$이므로 $hf_a>hf_b+hf_c$이다. 따라서 $f_a>f_b+f_c$이다.
ㄷ. 전자가 원자핵으로부터 받는 전기력의 크기는 원자핵으로부터 떨어진 거리의 제곱에 반비례한다. 양자수가 클수록 전자가 원자핵으로부터 떨어진 거리가 크므로, 전자가 원자핵으로부터 받는 전기력의 크기는 $n=2$일 때가 $n=3$일 때보다 크다. 답 ①

29 보어의 수소 원자 모형

자료 분석
보어의 수소 원자 모형에서 전자의 전이 과정에서 방출된 빛의 파장이 길수록 빛의 에너지는 작다. B는 전자가 $n=4$에서 $n=2$인 상태로 전이하는 과정에서 방출된 빛이고, A의 파장은 B의 파장보다 길므로 A는 $n=3$에서 $n=2$인 상태로 전이하는 과정에서 방출된 빛이다. C의 파장은 B의 파장보다 짧으므로 C는 $n=4$보다 큰 상태에서 $n=2$인 상태로 전이하는 과정에서 방출된 빛이다.

선택지 분석
ㄱ. 전이 과정에서 방출된 빛의 파장은 B가 C보다 길므로 광자 1개의 에너지는 B가 C보다 작다.
✓ ㄴ. 파장은 A가 B보다 길므로 광자 1개의 에너지는 A가 B보다 작다. B는 전자가 $n=4$에서 $n=2$인 상태로 전이할 때 방출되는 빛이므로 A는 전자가 $n=3$에서 $n=2$인 상태로 전이할 때 방출된 빛이다.
✓ ㄷ. 전이 과정에서 방출된 빛의 파장이 불연속적이므로 수소 원자의 에너지 준위도 불연속적이다. 답 ④

30 수소 원자의 에너지 준위

자료 분석

보어의 수소 원자 모형에서 수소 기체가 에너지를 흡수하면 에너지 준위는 증가하고 수소 기체가 에너지를 방출하면 에너지 준위는 감소한다. a에서 전자가 높은 에너지 준위로 전이하므로 a는 에너지를 흡수하는 과정이고, b와 c에서 전자가 낮은 에너지 준위로 전이하므로 b와 c는 에너지를 방출하는 과정이다. 이때 방출되는 에너지가 연속적이라면 연속 스펙트럼이 나타나고, 방출되는 에너지가 불연속적이라면 선 스펙트럼이 나타난다. (나)에서 수소의 에너지 준위는 불연속적이므로 (가)에서 방출된 빛의 스펙트럼은 선 스펙트럼이다.

선택지 분석

✓ ㄱ. 수소 에너지 준위는 불연속적이므로 전자의 전이 과정에서 선 스펙트럼이 나타난다. 즉, (가)에서 방출된 빛의 스펙트럼은 선 스펙트럼이다.

✓ ㄴ. (나)의 a에서는 전자의 에너지 준위가 높아지므로 수소 기체가 에너지를 흡수하는 과정이고, b와 c에서는 전자의 에너지 준위가 낮아지므로 수소 기체가 에너지를 방출하는 과정이다.

✓ ㄷ. 전이 과정에서 방출하는 빛의 에너지가 클수록 파장은 짧다. 따라서 방출하는 빛의 에너지는 b에서가 c에서보다 작으므로 파장은 b에서가 c에서보다 길다. 즉, $\lambda_b > \lambda_c$이다. 답 ⑤

31 보어의 수소 원자 모형

자료 분석

전자가 전이할 때 방출되는 빛의 파장은 두 에너지 준위 차에 반비례 $\left(E=\frac{hc}{\lambda}\right)$하고, 전자가 전이할 때 방출되는 빛의 진동수는 두 에너지 준위 차에 비례($E=hf$)한다.

전자의 에너지 준위 차는 a의 경우 $(-0.38)-(-1.51)=1.13$(eV), b의 경우 $(-1.51)-(-3.40)=1.89$(eV), c의 경우 $(-0.54)-(-1.51)=0.97$(eV), d의 경우 $(-0.85)-(-3.40)=2.55$(eV)이다.

선택지 분석

✓ ㄱ. 에너지 준위 차는 a에서가 b에서보다 작으므로 방출되는 빛의 파장은 a에서가 b에서보다 길다.

✓ ㄴ. 에너지 준위 차는 a에서가 c에서보다 크므로 방출되는 빛의 진동수는 a에서가 c에서보다 크다.

✓ ㄷ. 전자가 높은 에너지 준위로 전이할 때 흡수되는 광자 1개의 에너지는 두 에너지 준위의 차와 같으므로, d에서 흡수되는 광자 1개의 에너지는 2.55 eV이다. 답 ⑤

32 보어의 수소 원자 모형

빈출 문항 자료 분석

그림 (가)는 수소 원자가 에너지 2.55 eV인 광자를 방출하는 모습을, (나)는 보어의 수소 원자 모형에서 양자수 n에 따른 에너지 준위의 일부와 전자의 전이 a, b를 나타낸 것이다.

→ 전자의 전이 b

→ 양자수 n이 커질수록 에너지도 커진다.

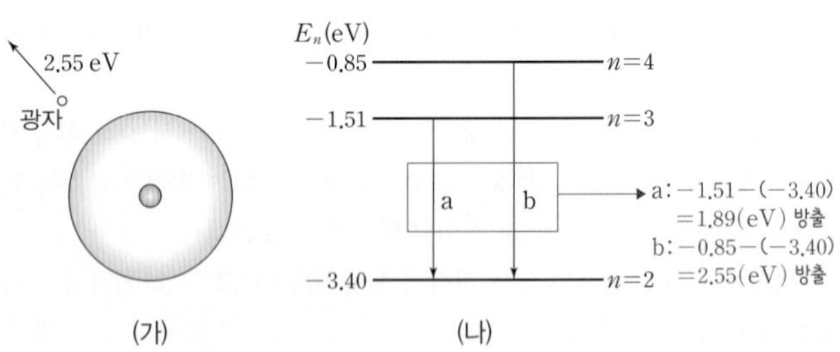

(가) (나)

이에 대한 옳은 설명만을 <보기>에서 있는 대로 고른 것은? (단, h는 플랑크 상수이다.)

보기

ㄱ. (가)에서 광자의 진동수는 $\frac{2.55\text{ eV}}{h}$이다. O → $\Delta E=hf \rightarrow f=\frac{\Delta E}{h}$

ㄴ. (가)에서 일어나는 전자의 전이는 b이다. O

ㄷ. (나)에서 방출되는 빛의 파장은 b에서가 a에서보다 길다. 짧다. X

해결 전략 보어의 수소 원자 모형에서 전자의 전이에 따른 에너지의 방출에 대해 이해하고, 전자가 전이할 때 방출하는 빛의 에너지와 진동수, 파장의 관계를 알아야 한다.

선택지 분석

✓ ㄱ. 광자 1개의 에너지는 $E=hf$이므로, (가)에서 광자의 진동수는 $f=\frac{2.55\text{ eV}}{h}$이다.

✓ ㄴ. 전자가 전이할 때 방출된 광자의 에너지는 에너지 준위의 차와 같다. 따라서 (가)에서 일어나는 전자의 전이는 b이다.

ㄷ. 전자가 전이할 때 두 에너지 준위의 차가 클수록 방출되는 빛의 진동수가 크다. 즉, 빛의 파장은 광자의 에너지가 작을수록 길다. 따라서 (나)에서 방출되는 빛의 파장은 a에서가 b에서보다 길다. 답 ③

33 보어의 수소 원자 모형

자료 분석

낮은 에너지 준위의 전자가 에너지를 흡수하면 높은 에너지 준위로 전이하고, 높은 에너지 준위의 전자가 에너지를 방출하면 낮은 에너지 준위로 전이한다. 따라서 전자는 E_a의 에너지를 방출하여 a의 전이를 하고, 전자가 각각 E_b, E_c의 에너지를 흡수하여 각각 b와 c의 전이를 한다. 이때 $E_a=E_3-E_1$, $E_b=E_2-E_1$, $E_c=E_3-E_2$이므로, $E_a=E_b+E_c$가 된다. 또 파장이 λ인 광자 1개가 갖는 에너지는 $E=\frac{hc}{\lambda}$이다.

선택지 분석

ㄱ. a에서 전자는 높은 에너지 준위에서 낮은 에너지 준위로 전이하므로 빛을 방출한다.

✓ ㄴ. 플랑크 상수를 h, 빛의 속력을 c라고 할 때, $\frac{hc}{\lambda_a}=\frac{hc}{\lambda_b}+\frac{hc}{\lambda_c}$이므로 $\frac{1}{\lambda_a}=\frac{1}{\lambda_b}+\frac{1}{\lambda_c}$이다.

ㄷ. $\frac{E_3-E_1}{E_3-E_2}=\frac{\frac{hc}{\lambda_a}}{\frac{hc}{\lambda_c}}=\frac{\lambda_c}{\lambda_a}$이다. 답 ①

34 보어의 수소 원자 모형

빈출 문항 자료 분석

그림은 보어의 수소 원자 모형에서 양자수 n에 따른 에너지 준위 E_n의 일부를 나타낸 것이다. $n=3$인 상태의 전자가 진동수 f_A인 빛을 흡수하여 전이한 후, 진동수 f_B인 빛과 f_C인 빛을 차례로 방출하며 전이한다. 진동수의 크기는 $f_B < f_A < f_C$이다.

→ 전자가 높은 에너지 준위에서 낮은 에너지 준위로 전이한다.

→ 전자가 낮은 에너지 준위에서 높은 에너지 준위로 전이한다.

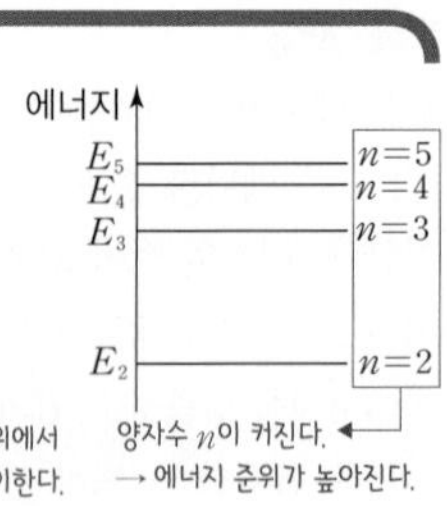

이에 해당하는 전자의 전이 과정을 나타낸 것으로 가장 적절한 것은?

해결 전략 보어의 수소 원자 모형에서 전자의 에너지 준위와 전자가 빛을 흡수하거나 방출하는 전자의 전이 과정을 알아야 한다.

선택지 분석

✓❶ $n=3$인 상태의 전자가 진동수 f_A인 빛을 흡수하여 전이하였으므로 전자는 높은 에너지 준위로 전이하였고, 진동수 f_B와 f_C인 빛을 차례로 방출하며 전이하였으므로 전자는 차례로 낮은 에너지 준위로 전이한다. 따라서 진동수의 크기가 $f_B < f_A < f_C$이므로 가장 적절한 전이 과정은 ①번이다.

답 ①

35 수소 원자의 에너지 준위와 선 스펙트럼

자료 분석

전자가 $n \geq 2$인 궤도에서 $n=1$인 궤도로 전이할 때 나타나는 선 스펙트럼 계열을 라이먼 계열이라 하고, 자외선 영역대의 빛을 방출한다.
전자가 $n \geq 3$인 궤도에서 $n=2$인 궤도로 전이할 때 나타나는 선 스펙트럼 계열을 발머 계열이라 하고, 가시광선 영역대의 빛을 방출한다.
전자의 전이 과정에서 에너지 준위 차가 클수록 광자 1개의 에너지가 크고 진동수가 큰 빛이다. 빛에너지는 빛의 진동수에 비례하고 파장에 반비례한다.

선택지 분석

✓ㄱ. 라이먼 계열은 발머 계열보다 파장이 짧다. 따라서 X는 라이먼 계열이다.
ㄴ. 광자 1개의 에너지는 빛의 파장이 짧을수록 크다. 따라서 광자 1개의 에너지는 라이먼 계열인 ㉠에서가 발머 계열인 ㉡에서보다 크다.
ㄷ. ㉡은 발머 계열에서 파장이 가장 긴 빛의 스펙트럼선으로, 전자가 $n=3$에서 $n=2$로 전이할 때 나타난다.

답 ①

36 에너지 준위와 선 스펙트럼

빈출 문항 자료 분석

그림 (가)는 보어의 수소 원자 모형에서 양자수 n에 따른 에너지 준위의 일부와 전자의 전이 A~D를 나타낸 것이다. 그림 (나)는 (가)의 A, B, C에서 방출되는 빛의 스펙트럼을 파장에 따라 나타낸 것이다.

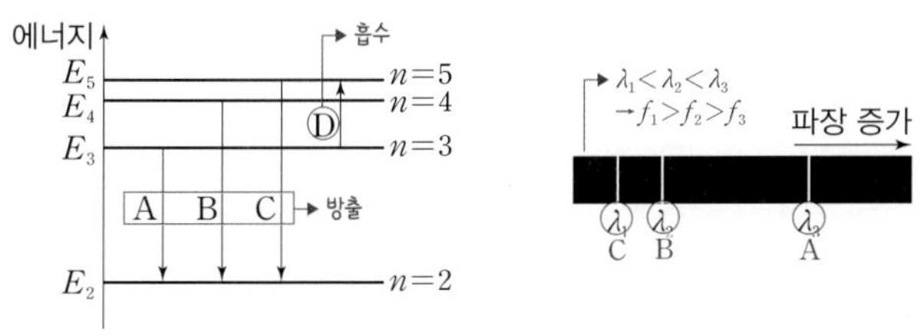

(가) (나)

이에 대한 설명으로 옳은 것만을 〈보기〉에서 있는 대로 고른 것은? (단, 빛의 속력은 c이다.)

보기
ㄱ. B에서 방출되는 광자 1개의 에너지는 $|E_4-E_2|$이다. O
ㄴ. C에서 방출되는 빛의 파장은 λ_1이다. O
ㄷ. D에서 흡수되는 빛의 진동수는 $\left(\frac{1}{\lambda_1}+\frac{1}{\lambda_3}\right)c$이다. $\left(\frac{1}{\lambda_1}-\frac{1}{\lambda_3}\right)c$ X

해결 전략 보어의 수소 원자 모형에서 전자의 전이에 따른 에너지의 흡수와 방출에 대해 이해하고, 전자가 전이할 때 흡수 또는 방출하는 빛의 에너지와 진동수, 파장의 관계를 알아야 한다.

선택지 분석

✓ㄱ. 전자의 전이 과정에서 방출되는 광자 1개의 에너지는 에너지 준위 차에 해당한다. 따라서 B에서 방출되는 광자 1개의 에너지는 $|E_4-E_2|$이다.
✓ㄴ. 전자의 전이 과정에서 방출되는 광자 1개의 에너지가 클수록 방출되는 빛의 파장이 짧다. A, B, C 중에서 방출되는 빛의 에너지는 C에서가 가장 크므로 C에서 방출되는 빛의 파장이 가장 짧다. 따라서 C에서 방출되는 빛의 파장은 λ_1이다.
ㄷ. D에서 흡수되는 빛의 에너지는 $|E_5-E_3|$이고, $|E_5-E_3|=|(E_5-E_2)-(E_3-E_2)|=hc\left(\frac{1}{\lambda_1}-\frac{1}{\lambda_3}\right)$이다. 따라서 D에서 흡수되는 빛의 진동수는 $\left(\frac{1}{\lambda_1}-\frac{1}{\lambda_3}\right)c$이다.

답 ③

37 에너지 준위와 선 스펙트럼

빈출 문항 자료 분석

그림 (가)는 보어의 수소 원자 모형에서 양자수 n에 따른 에너지 준위의 일부와 전자의 전이 a~f를 나타낸 것이고, (나)는 a~f에서 방출되는 빛의 스펙트럼을 파장에 따라 나타낸 것이다.

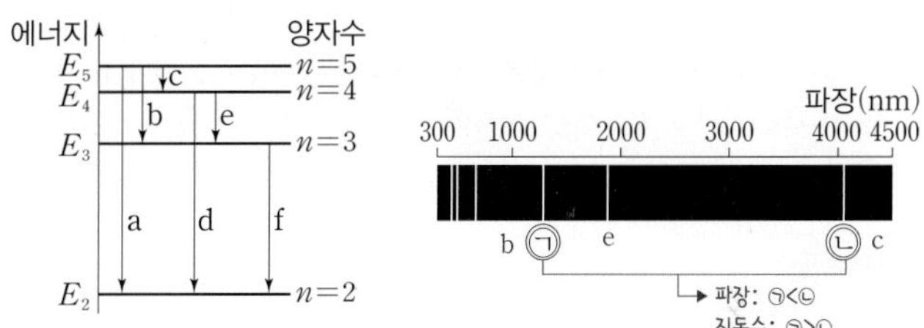

(가) (나)

이에 대한 설명으로 옳은 것만을 〈보기〉에서 있는 대로 고른 것은? (단, h는 플랑크 상수이다.)

보기
ㄱ. 방출된 빛의 파장은 a에서가 f에서보다 길다. 짧다. X
ㄴ. ㉠은 b에 의해 나타난 스펙트럼선이다. O
ㄷ. ㉡에 해당하는 빛의 진동수는 $\frac{|E_5-E_2|}{h}$이다. $\frac{|E_5-E_4|}{h}$ X

해결 전략 보어의 수소 원자 모형에서 전자의 전이에 따른 에너지의 방출에 대해 이해하고, 전자가 전이할 때 방출하는 빛의 에너지와 진동수, 파장의 관계를 알아야 한다.

선택지 분석

ㄱ. 전자가 전이할 때 방출되는 빛의 에너지가 클수록 빛의 진동수는 크고 파장은 짧다. 방출되는 빛의 에너지는 a에서가 f에서보다 크므로 방출되는 빛의 파장은 a에서가 f에서보다 짧다.
✓ㄴ. (가)에서 전자가 전이할 때 방출되는 빛의 에너지를 큰 것부터 순서대로 나열하면 a−d−f−b−e−c이다. (나)에서 선 스펙트럼의 파장이 짧을수록 방출되는 빛의 에너지가 크고, ㉠은 에너지가 4번째로 큰 스펙트럼

선이므로 b에 의해 나타난 스펙트럼선이다.

ㄷ. ㉡은 c에 의해 나타난 스펙트럼선이므로 ㉡에 해당하는 빛의 진동수는 $\frac{|E_5-E_4|}{h}$이다. 답 ①

38 에너지 준위와 선 스펙트럼

빈출 문항 자료 분석

그림 (가)는 보어의 수소 원자 모형에서 양자수 n에 따른 에너지 준위 일부와 전자의 전이 a～d를 나타낸 것이다. 그림 (나)는 a～d에서 방출과 흡수되는 빛의 스펙트럼을 파장에 따라 나타낸 것이다.

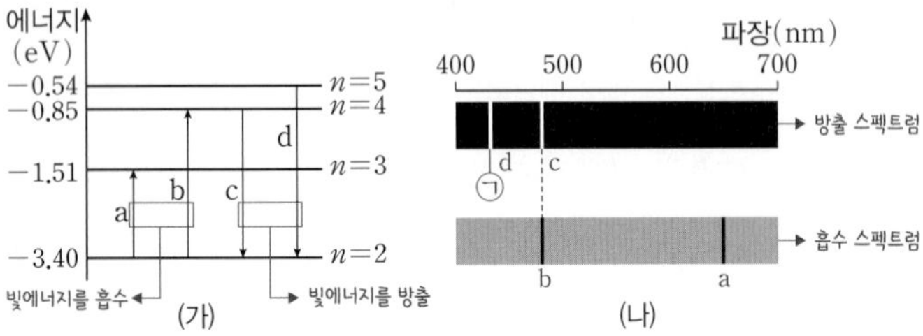

이에 대한 설명으로 옳은 것만을 〈보기〉에서 있는 대로 고른 것은?

보기

ㄱ. ㉠은 a에 의해 나타난 스펙트럼선이다. d X

ㄴ. b에서 흡수되는 광자 1개의 에너지는 2.55 eV이다. O

ㄷ. 방출되는 빛의 진동수는 c에서가 d에서보다 크다. 작다 X

해결 전략 전자가 높은 에너지 준위로 전이할 때는 빛에너지를 흡수하고, 낮은 에너지 준위로 전이할 때는 빛에너지를 방출한다. 따라서 (가)의 a, b에서는 빛에너지를 흡수하고 c, d에서는 빛에너지를 방출한다는 것을 알 수 있어야 한다.

선택지 분석

ㄱ. (가)에서 전자가 빛에너지를 흡수하는 전이는 a, b이고, 전자가 빛에너지를 방출하는 전이는 c, d이다. 두 에너지 준위 차는 d에서가 c에서보다 크므로 방출되는 빛의 파장은 d에서가 c에서보다 짧다. 따라서 ㉠은 d에 의해 나타난 스펙트럼선이다.

✓ ㄴ. b에서 흡수되는 광자 1개의 에너지는 두 에너지 준위 차에 해당하므로 $|-3.40-(-0.85)|=2.55$ eV이다.

ㄷ. 방출되는 빛의 진동수는 파장에 반비례한다. 방출되는 빛의 파장은 d에서가 c에서보다 짧으므로 방출되는 빛의 진동수는 d에서가 c에서보다 크다. 답 ②

39 에너지 준위와 선 스펙트럼

자료 분석

a는 전자가 낮은 궤도에서 높은 궤도로 전이하므로 빛을 흡수하고 b, c는 전자가 높은 궤도에서 낮은 궤도로 전이하므로 빛을 방출한다.

선택지 분석

✓ ㄱ. X는 스펙트럼선이 1개이므로 빛을 흡수하는 a에 의한 스펙트럼이고, Y는 스펙트럼선이 2개이므로 빛을 방출하는 b, c에 의한 스펙트럼이다.

ㄴ. 전자가 전이할 때 방출하는 광자 1개의 에너지는 c에서가 b에서보다 크다. p는 q보다 파장이 짧으므로 c에서 나타나는 스펙트럼선이다.

ㄷ. $n=2$와 $n=3$의 에너지 준위 차는 -1.51 eV$-(-3.40$ eV$)=1.89$ eV이다. 답 ①

40 수소 원자의 에너지 준위와 선 스펙트럼

자료 분석

스펙트럼선은 원자의 에너지 준위가 불연속적임을 나타낸다. 그리고 전자가 전이하면서 방출되는 광자의 에너지는 빛의 진동수에 비례하고, 빛의 파장에 반비례한다. 또 방출되는 빛의 에너지는 전자가 전이한 에너지 준위 차와 같다.

선택지 분석

ㄱ. 전자가 높은 에너지 준위로 전이할 때 흡수되는 광자 1개의 에너지는 두 에너지 준위의 차와 같으므로, a에서 흡수되는 광자 1개의 에너지는 $(-0.54)-(-1.51)=0.97$(eV)이다.

✓ ㄴ. 전자가 전이할 때 방출되는 빛의 진동수(f)는 두 에너지 준위의 차(ΔE)에 비례한다($\Delta E=hf$). 에너지 준위 차는 c에서가 b에서보다 크므로, 방출되는 빛의 진동수는 c에서가 b에서보다 크다.

ㄷ. 전자가 전이할 때 방출되는 빛의 파장(λ)은 두 에너지 준위의 차에 반비례한다$\left(\Delta E=\frac{hc}{\lambda}\right)$. ㉠은 c에 의해 나타난 스펙트럼선이고, 에너지 준위의 차는 b에서가 d에서보다 작으므로 방출되는 빛의 파장은 b에서가 d에서보다 길다. 따라서 ㉡은 b에 의해 나타난 스펙트럼선이다. 답 ②

41 에너지 준위와 선 스펙트럼

자료 분석

전자의 전이 과정에서 에너지 준위의 차가 클수록 광자 1개의 에너지가 크고 진동수가 큰 빛이다. 또 빛에너지는 빛의 진동수에 비례하고 파장에 반비례한다.

선택지 분석

✓ ㄱ. 흡수되는 빛의 에너지는 a에서가 b에서보다 작으므로 흡수되는 빛의 진동수도 a에서가 b에서보다 작다.

✓ ㄴ. ㉠은 파장이 가장 짧은 스펙트럼선이므로 흡수되는 빛에너지의 진동수가 가장 큰 스펙트럼선이다. 따라서 ㉠은 c에 의해 나타난 스펙트럼선이다.

ㄷ. d에서 방출되는 광자 1개의 에너지는 $|E_4-E_1|$이므로 $|E_2-E_1|$보다 크다. 답 ③

42 수소 원자의 에너지 준위와 선 스펙트럼

빈출 문항 자료 분석

그림 (가)는 보어의 수소 원자 모형에서 양자수 $n=2, 3, 4$인 전자의 궤도 일부와 전자의 전이 a, b를 나타낸 것이다. 그림 (나)는 수소 기체의 스펙트럼이다. ㉡은 a에 의해 나타난 스펙트럼선이다.

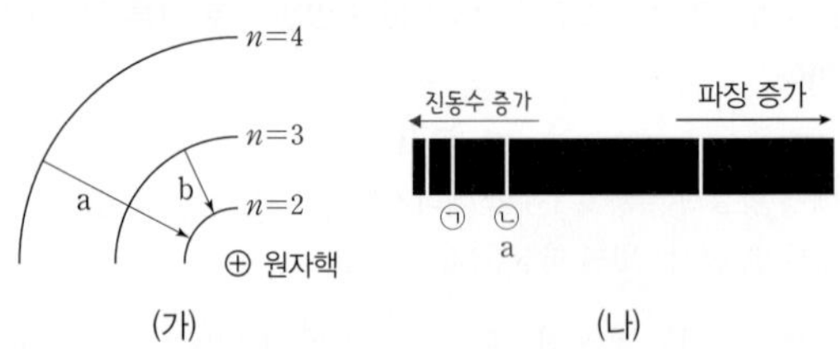

이에 대한 옳은 설명만을 〈보기〉에서 있는 대로 고른 것은?

보기

ㄱ. 방출되는 광자 1개의 에너지는 a에서가 b에서보다 크다. O ($E=hf$)

ㄴ. ㉠은 b에 의해 나타난 스펙트럼선이다. 스펙트럼선이 아니다. X

ㄷ. 전자가 원자핵으로부터 받는 전기력의 크기는 $n=4$일 때가 $n=2$일 때보다 크다. 작다. X

해결 전략 보어의 수소 원자 모형에서 양자수에 따른 에너지 준위와 전자의 전이에 따른 선 스펙트럼을 이해하고, 원자핵으로부터 거리에 따른 전자가 받는 전기력의 크기를 비교할 수 있어야 한다.

선택지 분석

✓ ㄱ. 양자수가 더 큰 상태에서 전이하는 경우에 방출되는 광자 1개의 에너지가 더 크다. 따라서 방출되는 광자 1개의 에너지는 a에서가 b에서보다 크다.

ㄴ. ㉠은 ㉡보다 진동수가 크므로 $n=5$에서 $n=2$인 상태로 전이할 때 나타난 스펙트럼선이다.

ㄷ. 원자핵에서 멀수록 전자가 받는 전기력의 크기는 작으므로 원자핵으로부터 받는 전기력의 크기는 $n=4$일 때가 $n=2$일 때보다 작다. 답 ①

43 에너지 준위와 선 스펙트럼

자료 분석

전이하는 에너지 준위의 차가 클수록 광자 1개의 에너지가 크고 진동수가 큰 빛이다. (가)에서 에너지 준위의 차는 b가 a보다 크고, (나)에서 수소 원자의 전자가 $n=2$인 상태로 전이할 때 방출되는 빛 중에서 a는 파장이 가장 긴 빛이고, b는 파장이 두 번째로 긴 빛이다.

선택지 분석

ㄱ. (가)에서 전이하는 에너지 준위의 차는 b가 a보다 크므로, 진동수는 b가 a보다 크다.

✓ ㄴ. 광자 1개의 에너지는 에너지 준위의 차가 클수록 크므로, 광자 1개의 에너지는 a가 b보다 작다.

ㄷ. b는 파장이 두 번째로 긴 빛이다. 따라서 b의 파장은 450 nm보다 크다. 답 ①

44 수소 원자의 선 스펙트럼

자료 분석

A에 해당하는 빛의 진동수는 $f=\frac{\Delta E}{h}=\frac{5E_0}{h}=\frac{-4E_0-(-9E_0)}{h}$이므로 전자가 $n=3$에서 $n=2$인 상태로 전이할 때 방출되는 빛에 의한 선 스펙트럼이다. 따라서 B는 전자가 $n=5$에서 $n=2$인 상태로 전이할 때 방출되는 빛에 의한 선 스펙트럼이다. 전자가 전이하면서 방출하는 광자의 에너지는 빛의 진동수에 비례하고 빛의 파장에 반비례한다.

선택지 분석

✓ ❶ A에 해당하는 빛의 진동수가 $\frac{5E_0}{h}$이므로, A는 전자가 $n=3$에서 $n=2$인 상태로 전이할 때 방출되는 빛에 의한 스펙트럼선이다.

B는 전자가 $n=5$에서 $n=2$인 상태로 전이할 때 방출되는 빛에 의한 스펙트럼선이므로, B와 진동수가 같은 빛은 전자가 $n=2$에서 $n=5$인 상태로 전이할 때 흡수하는 빛이다. 답 ①

45 에너지 준위와 선 스펙트럼

빈출 문항 자료 분석

그림 (가)는 보어의 수소 원자 모형에서 양자수 n에 따른 에너지 준위와 전자의 전이 과정 세 가지를 나타낸 것이다. 그림 (나)는 (가)에서 방출된 빛 a, b, c를 파장에 따라 나타낸 것이다.

→ 양자수 n이 커진다. → 에너지 준위가 높아진다.

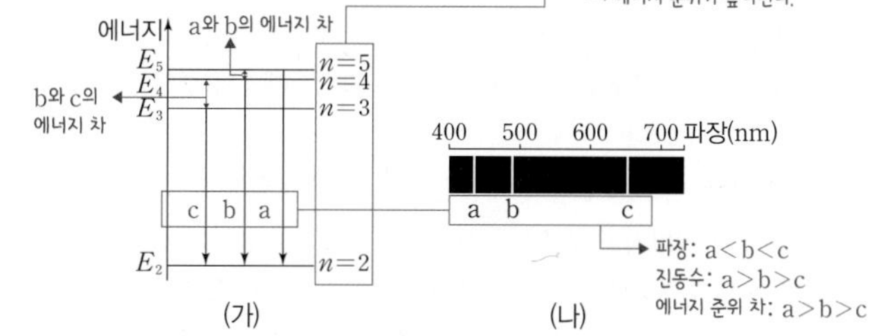

이에 대한 옳은 설명만을 〈보기〉에서 있는 대로 고른 것은?

보기

ㄱ. a는 전자가 $n=5$에서 $n=2$인 상태로 전이할 때 방출된 빛이다. O

ㄴ. $n=2$인 상태에 있는 전자는 에너지가 E_4-E_3인 광자를 흡수할 수 있다. X (E_n-E_2인 광자)

ㄷ. a와 b의 진동수 차는 b와 c의 진동수 차보다 크다. 작다. X

→ 진동수 차∝에너지 차, a와 b의 진동수 차<b와 c의 진동수 차

해결 전략 보어의 수소 원자 모형에서 양자수에 따른 에너지 준위와 전자의 전이에 따른 선 스펙트럼을 이해하고, 전자가 전이하면서 흡수하거나 방출하는 에너지를 선 스펙트럼을 통해 분석할 수 있어야 한다.

선택지 분석

✓ ㄱ. (나)에서 파장이 가장 짧은 a는 에너지 준위 차가 가장 큰 전이에서 방출된 빛이다.

ㄴ. $n=2$인 상태에 있는 전자는 에너지가 E_n-E_2인 광자만 흡수할 수 있다.

ㄷ. 방출되는 광자의 에너지는 전이하는 빛의 진동수 차에 비례한다. 즉, a와 b의 진동수 차, b와 c의 진동수 차는 각각 E_5-E_4, E_4-E_3에 비례한다. 따라서 a와 b의 진동수 차는 b와 c의 진동수 차보다 작다. 답 ①

46 고체의 에너지띠

자료 분석

도체는 원자가 띠의 일부가 비어 있거나 원자가 띠와 전도띠가 일부 겹친 상태로, 띠 간격이 없어 상온에서 자유 전자가 많이 분포하는 물질이다.

절연체(부도체)는 원자가 띠와 전도띠 사이의 띠 간격이 매우 넓어 상온에서 전도띠에 전자가 거의 분포하지 않는 물질이다.

파울리의 배타 원리에 의해 전자의 에너지 준위는 미세한 차를 두면서 분포하게 된다.

선택지 분석

✓ ㄱ. 띠 간격이 없는 A는 도체이고, 띠 간격이 넓은 B는 절연체이다.

ㄴ. 원자가 띠에 있는 전자는 서로 다른 에너지 준위를 가진다.

✓ ㄷ. 전선의 내부는 도체이므로 A로, 외부는 절연체이므로 B로 이루어져 있다. 답 ③

47 고체의 에너지띠 구조와 전기 전도도

자료 분석

(가)는 전자가 채워진 부분과 비어 있는 부분이 붙어 있으므로 도체의 에너지띠 구조를 나타내고, 띠 간격이 가장 큰 (나)는 절연체인 다이아몬드의 에너지띠 구조를 나타내며, 띠 간격이 좁은 (다)는 반도체의 에너지띠 구조를 나타낸다.

선택지 분석

A: 다이아몬드는 규소보다 전기 전도도가 작다. 따라서 띠 간격은 다이아몬드가 규소보다 크다.

B: 구리는 도체이므로 전자가 채워진 부분과 비어 있는 부분이 붙어 있다. 따라서 구리의 에너지띠 구조는 (가)이다.

✓C: 원자가 전자가 4개인 규소에 원자가 전자가 3개인 붕소를 도핑하면 양공의 개수가 크게 증가한다. 따라서 규소에 붕소를 도핑하면 전기 전도도가 커진다. 답 ③

48 고체의 전기적 특성

자료 분석

p-n 접합 다이오드에 순방향 전압이 걸릴 때 막대에 전류가 흐른다. (나)에서 A를 연결할 때 회로에 전류가 흘렀으므로 A는 도체이고, B를 연결할 때 회로에 전류가 흐르지 않았으므로 B는 절연체이다.

선택지 분석

✓ㄱ. A는 도체이고 B는 절연체이므로 전기 전도도는 A가 B보다 크다.

✓ㄴ. (다)에서 도체인 A를 연결했는데도 막대에는 전류가 흐르지 않았으므로 p-n 접합 다이오드에 역방향 전압이 걸렸다는 것을 알 수 있다. 따라서 'p-n 접합 다이오드'는 ㉠으로 적절하다.

ㄷ. B는 절연체이므로 회로에는 전류가 흐르지 않는다. 따라서 ㉡은 '×'이다. 답 ③

49 물질의 저항과 전기 전도도

빈출 문항 자료 분석

다음은 물질의 전기 전도도에 대한 실험이다.

[실험 과정]

(가) 물질 X로 이루어진 원기둥 모양의 막대 a, b, c를 준비한다.

(나) a, b, c의 ㉠ 과/와 길이를 측정한다.

(다) 저항 측정기를 이용하여 a, b, c의 저항값을 측정한다.

(라) (나)와 (다)의 측정값을 이용하여 X의 전기 전도도를 구한다.

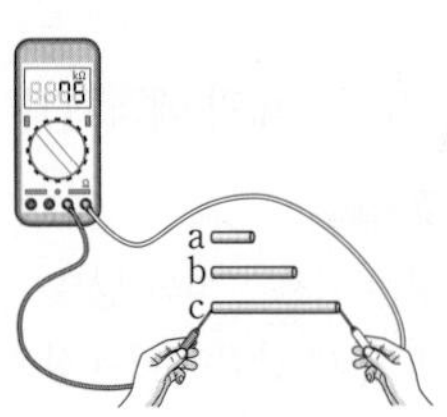

[실험 결과] → 단면적   → 저항값 ∝ 길이 → ㉡<50

막대	㉠ (cm^2)	길이 (cm)	저항값 (kΩ)	전기 전도도 (1/Ω·m)
a	0.20	1.0	㉡	2.0×10^{-2}
b	0.20	2.0	50	2.0×10^{-2}
c	0.20	3.0	75	2.0×10^{-2}

이에 대한 설명으로 옳은 것만을 〈보기〉에서 있는 대로 고른 것은?

보기

ㄱ. 단면적은 ㉠에 해당한다. O

ㄴ. ㉡은 50보다 크다. 작다. X

ㄷ. X의 전기 전도도는 막대의 길이에 관계없이 일정하다. O

해결 전략 물질의 길이와 단면적에 따른 물질의 저항값을 비교하고, 전기 저항과 전기 전도도의 관계를 이해해야 한다.

선택지 분석

동일한 물질일 때, 물질의 저항값(R)은 물질의 길이(l)에 비례하고 물질의 단면적(A)에 반비례한다$\left(R\propto\frac{l}{A}\right)$.

✓ㄱ. b와 c의 길이의 비가 2 : 3일 때 b와 c의 저항값의 비가 2 : 3이므로 단면적은 ㉠에 해당한다.

ㄴ. a와 b는 단면적이 같지만 길이의 비가 1 : 2이므로 ㉡은 50보다 작다.

✓ㄷ. 실험 결과로부터 a, b, c의 길이와 관계없이 a, b, c의 전기 전도도는 일정함을 알 수 있다. 따라서 X의 전기 전도도는 막대의 길이에 관계없이 일정하다. 답 ③

50 에너지띠 이론과 물질의 전기 전도성

자료 분석

도체는 원자가 띠와 전도띠의 일부가 겹쳐 있고, 반도체는 원자가 띠와 전도띠 사이에 띠 간격이 있다. A와 C는 일부만 채워진 에너지띠가 있으므로 도체이고, B는 반도체이다. 그리고 전기 전도도는 전기가 잘 통하는 물질일수록 크다.

선택지 분석

ㄱ. C는 도체이므로 반도체인 B보다 전기 전도도가 크다. 따라서 ㉠에 해당하는 값은 2.2보다 크다.

ㄴ. A는 도체이므로 전자가 이동함에 따라 전류가 흐른다. 따라서 A에서는 주로 전자가 전류를 흐르게 한다.

✓ㄷ. B는 반도체이므로 B에 도핑을 하면 전기 전도도가 커진다. 답 ②

51 에너지띠와 전기 전도성

자료 분석

실험에 사용한 나무는 절연체이고, 규소(Si)는 반도체이다. 절연체는 원자가 띠와 전도띠 사이의 띠 간격이 커서 상온에서 전도띠에 전자가 거의 분포하지 않는 물질이고, 반도체는 원자가 띠와 전도띠 사이의 띠 간격이 비교적 작아 상온에서 전도띠에 전자가 약간 분포하는 물질이다. 따라서 A는 규소 막대, B는 나무 막대를 연결했을 때의 결과를 나타낸다.

선택지 분석

ㄱ. 전기 전도성은 규소가 나무보다 좋다.

✓ㄴ. A는 규소 막대, B는 나무 막대를 연결했을 때의 결과이다.

ㄷ. 상온에서 전도띠로 전이한 전자(자유 전자)의 수는 규소 막대에서가 나무 막대에서보다 크다. 답 ②

52 에너지띠와 전기 전도성

자료 분석

실험 결과 A를 연결한 (다)에서는 회로에 전류가 흐르고, B를 연결한 (라)에서는 회로에 전류가 흐르지 않으므로, A는 도체, B는 절연체임을 알 수 있다.

선택지 분석

✓ㄱ. A를 연결한 회로에 전류가 흐르므로 A는 도체이다.
✓ㄴ. 도체인 A가 절연체인 B보다 전기 전도성이 좋다.
✓ㄷ. 띠 간격은 절연체가 반도체보다 크다. 따라서 B는 반도체에 비해 원자가 띠와 전도띠 사이의 띠 간격이 크다. 답 ⑤

53 고체의 에너지띠

자료 분석

도체는 원자가 띠의 일부가 비어 있거나 원자가 띠와 전도띠가 겹친 상태로, 띠 간격이 없어 상온에서 자유 전자가 많이 분포하는 물질이다. 반도체는 원자가 띠와 전도띠 사이의 띠 간격이 비교적 작아 상온에서 전도띠에 전자가 약간 분포하는 물질이다. 고체의 전기 전도도는 X가 Y보다 작으므로 X는 반도체이고, Y는 도체이다.

선택지 분석

✓❶ 전자는 에너지가 낮은 띠부터 채워지고, 띠 간격이 클수록 전기 전도도는 작다. 따라서 띠 간격은 X가 Y보다 크고, 낮은 띠부터 전자가 채워진 ①번이 X와 Y의 에너지띠 구조를 나타낸 것으로 가장 적절하다. 답 ①

54 고체의 에너지띠

빈출 문항 자료 분석

그림은 고체 A, B의 에너지띠 구조를 나타낸 것이다. A, B에서 전도띠의 전자가 원자가 띠로 전이하며 빛이 방출된다.

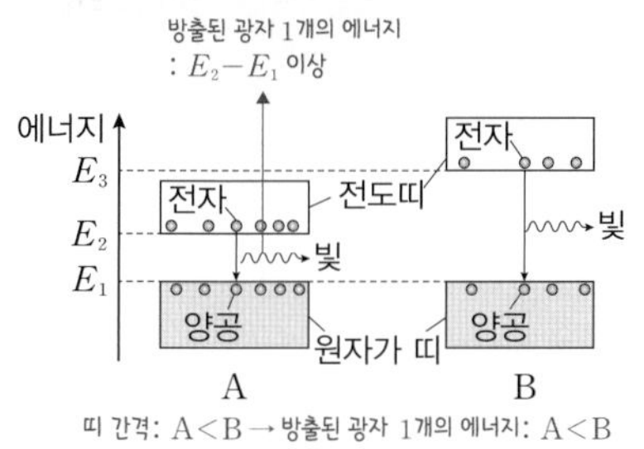

이에 대한 설명으로 옳은 것만을 〈보기〉에서 있는 대로 고른 것은?

● 보기 ●

ㄱ. A에서 방출된 광자 1개의 에너지는 E_2-E_1보다 작다. 이상이다. X
ㄴ. 띠 간격은 A가 B보다 작다. O
ㄷ. 방출된 빛의 파장은 A에서가 B에서보다 짧다. 길다. X

해결 전략 고체의 에너지띠 구조를 이해하고 전자의 전이에 따른 빛의 방출을 이해할 수 있어야 한다.

선택지 분석

ㄱ. A의 띠 간격은 E_2-E_1이므로 A에서 방출된 광자 1개의 에너지는 E_2-E_1 이상이다.
✓ㄴ. A의 띠 간격은 E_2-E_1이고, B의 띠 간격은 E_3-E_1이므로 띠 간격은 A가 B보다 작다.
ㄷ. 띠 간격이 클수록 방출된 광자 1개의 에너지는 크고, 방출된 광자 1개의 에너지가 클수록 파장은 짧다. 따라서 방출된 빛의 파장은 A에서가 B에서보다 길다. 답 ②

55 고체의 에너지띠

자료 분석

반도체는 원자가 띠와 전도띠 사이의 띠 간격이 비교적 작아 상온에서 전도띠에 전자가 약간 분포하는 물질이고, 절연체는 원자가 띠와 전도띠 사이의 띠 간격이 커서 상온에서 전도띠에 전자가 거의 분포하지 않는 물질이다. 따라서 A는 띠 간격이 작으므로 반도체를 나타내고, B는 띠 간격이 크므로 절연체를 나타낸다. 띠 간격이 작을수록 전기 전도성이 좋다.

선택지 분석

✓ㄱ. 띠 간격은 A가 B보다 작으므로 A는 반도체, B는 절연체이다.
✓ㄴ. 띠 간격이 작을수록 전기 전도성이 좋으므로 전기 전도성은 A가 B보다 좋다.
✓ㄷ. 띠 간격이 작을수록 원자가 띠의 전자가 전도띠로 더 많이 전이한다. 따라서 단위 부피당 전도띠에 있는 전자 수는 A가 B보다 많다. 답 ⑤

56 고체의 에너지띠

빈출 문항 자료 분석

그림 (가), (나)는 반도체의 원자가 띠와 전도띠 사이에서 전자가 전이하는 과정을 나타낸 것이다. (나)에서는 광자가 방출된다.

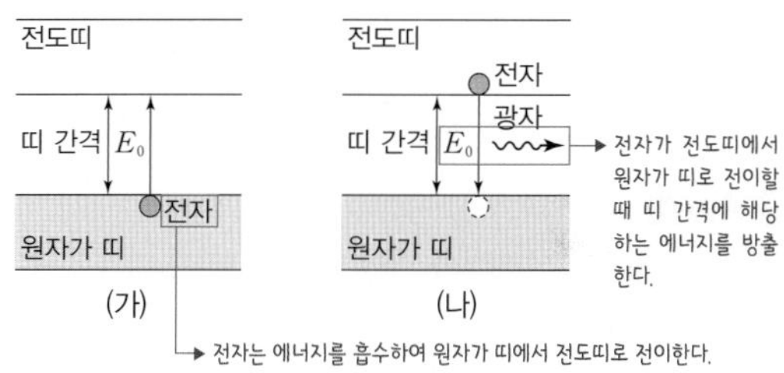

이에 대한 설명으로 옳은 것만을 〈보기〉에서 있는 대로 고른 것은?

● 보기 ●

ㄱ. (가)에서 전자는 에너지를 흡수한다. O
ㄴ. (나)에서 방출되는 광자의 에너지는 E_0보다 작다. E_0이다. X
ㄷ. (나)에서 원자가 띠에 있는 전자의 에너지는 모두 같다. 다르다. X

해결 전략 고체의 에너지띠 이론을 정성적으로 이해하고, 반도체의 에너지띠 구조를 파악할 수 있어야 한다.

선택지 분석

✓ㄱ. (가)에서 전자는 원자가 띠에서 전도띠로 전이한다. 따라서 에너지를 흡수한다.
ㄴ. 전자가 전도띠에서 원자가 띠로 전이할 때 띠 간격에 해당하는 에너지를 갖는 광자가 방출되므로, (나)에서 방출되는 광자의 에너지는 E_0이다.
ㄷ. 하나의 양자 상태에 하나의 전자만 배치될 수 있다는 파울리 배타 원리에 의해 (나)에서 원자가 띠에 있는 전자의 양자 상태는 모두 다르므로 전자의 에너지는 모두 다르다. 답 ①

57 p−n 접합 다이오드

자료 분석

p−n 접합 다이오드의 p형 반도체에 전원의 (+)극이, n형 반도체에 전원의 (−)극이 연결되었을 때 다이오드에 순방향 전압이 걸려 회로에 전류가 흐를 수 있다.

실험 결과에서 a, b에 연결할 때 회로에 모두 전류가 흐르므로 회로에서 전류의 방향은 그림과 같다.

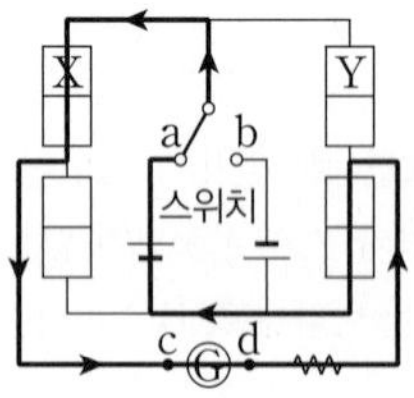

[스위치를 a에 연결할 때]

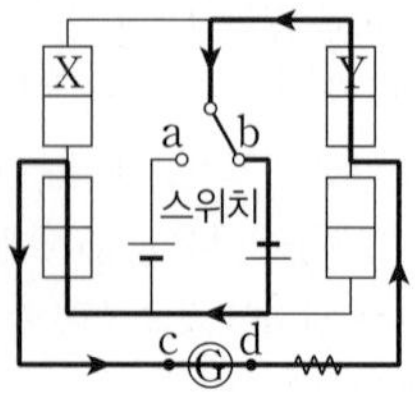

[스위치를 b에 연결할 때]

선택지 분석

✓ ㄱ. 스위치를 a에 연결할 때 전류의 방향이 c → Ⓖ → d이므로 X가 포함된 다이오드에는 순방향 전압이 걸린다. 따라서 X는 p형 반도체이다.

ㄴ. 스위치를 b에 연결할 때, 검류계에 전류가 흐르므로 회로에 흐르는 전류의 방향은 c → Ⓖ → d이다.

ㄷ. 스위치를 b에 연결하면 Y가 포함된 다이오드에는 순방향 전압이 걸리므로, Y는 n형 반도체이다. Y에서 전자는 p−n 접합면으로 이동한다. 답 ①

58 p−n 접합 발광 다이오드와 고체의 전기적 특성

자료 분석

도체는 원자가 띠의 일부가 비어 있거나 원자가 띠와 전도띠가 겹친 상태로 띠 간격이 없어 상온에서 자유 전자가 많이 분포하는 물질이고, 절연체는 원자가 띠와 전도띠 사이의 띠 간격이 커서 상온에서 전도띠에 전자가 거의 분포하지 않는 물질이다.

p−n 접합 발광 다이오드(LED)의 p형 반도체에 전원의 (+)극이 연결되고, n형 반도체에 전지의 (−)극이 연결되었을 때 LED에 순방향 전압이 걸려 회로에 전류가 흘러서 LED에서 빛이 방출된다.

실험 결과에서 a, c에 연결할 때는 빛이 방출된 LED가 없고 a, d에 연결할 때는 빛이 방출된 LED가 2개 있으므로 X, Y가 절연체인지 도체인지 파악할 수 있다.

선택지 분석

✓ ㄱ. S_1을 a에 연결하고 S_2를 c에 연결했을 때, D_2에 순방향 전압이 걸리므로 X가 도체라면 D_2와 D_3에서 빛이 방출되어야 한다. 그러나 빛이 방출되지 않으므로 X는 절연체이다.

✓ ㄴ. S_1을 b에 연결하고 S_2를 d에 연결했을 때, D_1에 순방향 전압이 걸리고, Y가 도체이므로 D_4에도 순방향 전압이 걸려 전류가 흐른다. 따라서 D_1, D_4에서 빛이 방출되므로 ㉠은 D_1, D_4이다.

ㄷ. S_1을 a에 연결하고 S_2를 d에 연결했을 때, D_1의 p형 반도체는 전원의 (−)극에 연결되므로 역방향 전압이 걸린다. 답 ③

59 p−n 접합 다이오드

빈출 문항 자료 분석

다음은 p−n 접합 다이오드를 이용한 회로에 대한 실험이다.

[실험 과정]

(가) 그림과 같이 전압이 같은 직류 전원 2개, 저항, 동일한 p−n 접합 다이오드 A와 B, 스위치 S_1과 S_2, 전류계를 이용하여 회로를 구성한다. X는 p형 반도체와 n형 반도체 중 하나이다.

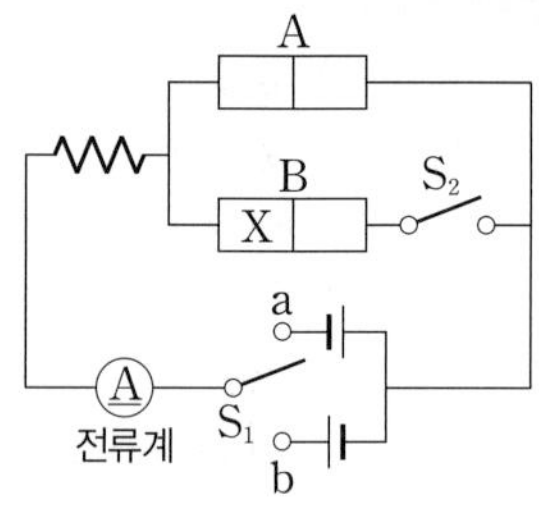

(나) S_1과 S_2의 연결 상태를 바꾸어 가며 전류계에 흐르는 전류의 세기를 측정한다.

[실험 결과]

S_1	S_2	전류의 세기	
a에 연결	열림	㉠	A에만 순방향 전압이 걸림
	닫힘	I_0	
b에 연결	열림	0	A, B의 연결 방향을 알 수 있음
	닫힘	I_0	

이에 대한 설명으로 옳은 것만을 〈보기〉에서 있는 대로 고른 것은?

보기

ㄱ. X는 p형 반도체이다. O

ㄴ. S_1을 b에 연결했을 때, A에는 순방향 전압이 걸린다. 역방향 X

ㄷ. ㉠은 I_0이다. O

해결 전략 스위치의 연결 방법에 따른 전류의 세기를 통해 다이오드가 회로에 어떻게 연결되어 있는지 파악할 수 있어야 한다.

선택지 분석

✓ ㄱ. S_1을 b에 연결하고, S_2를 열었을 때는 전류계에 전류가 흐르지 않고 닫았을 때만 전류가 흐르므로 A에는 역방향 전압, B에는 순방향 전압이 걸린다. 따라서 X는 p형 반도체이다.

ㄴ. S_1을 b에 연결하고 S_2를 열었을 때, 전류계에 흐르는 전류의 세기가 0이므로 A에는 역방향 전압이 걸린다.

✓ ㄷ. S_1을 a에 연결했을 때, A에는 순방향 전압이 걸리고 B에는 역방향 전압이 걸리므로 S_2를 열었을 때와 닫았을 때 모두 A를 통해서만 전류가 흐른다. 따라서 전류계에 흐르는 전류의 세기는 S_2를 열었을 때와 닫았을 때가 같으므로 ㉠은 I_0이다. 답 ④

60 p−n 접합 다이오드

자료 분석

p형 반도체와 n형 반도체를 접합하여 양 끝에 전극을 붙인 것으로, 전류를 한쪽 방향으로만 흐르게 하는 특징이 있다. 회로에서 전류의 세기는 S를 a에 연결할 때가 b를 연결할 때보다 작고 흐르는 전류의 방향이 바뀌지 않았

다. 즉 S를 a에 연결할 때 회로에서 전류는 검류계를 지나면서 저항이 연결된 A를 지나게 된다.

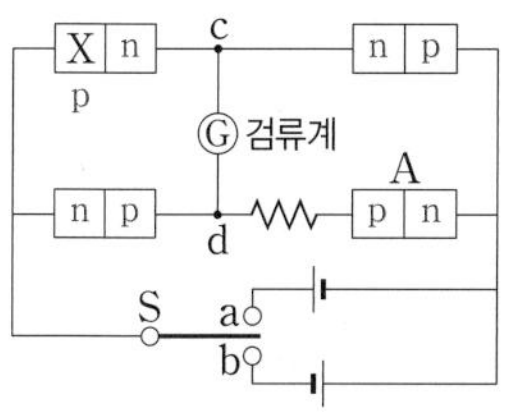

선택지 분석

✓ ㄱ. S를 a에 연결할 때 X는 (+)극에 연결되어 순방향 전압이 걸려서 전류가 흐르므로 X는 p형 반도체이다.

✓ ㄴ. S를 a에 연결할 때 전류는 검류계와 저항을 지나므로 전류는 c → Ⓖ → d 방향으로 흐른다.

ㄷ. S를 b에 연결하면 저항이 연결된 A로 전류가 흐르지 않으므로 A에는 역방향 전압이 걸린다. 답 ③

61 p-n 접합 발광 다이오드(LED)

자료 분석

p-n 접합 발광 다이오드(LED)의 p형 반도체에 전원의 (+)극이, n형 반도체에 전원의 (−)극이 연결될 때, LED에 순방향 전압이 걸리면서 빛이 방출된다. a에 연결하면 전원의 (+)극 → A → C → 전원의 (−)극으로 전류가 흐른다. b에 연결하면 (+)극 → A → C → E → 전원의 (−)극뿐만 아니라 (+)극 → B → D → 전원의 (−)극으로 전류가 흐른다.

선택지 분석

✓ ㄱ. S를 a에 연결했을 때 A, C에 전류가 흘러서 빛이 방출되므로 A에는 순방향 전압이 걸린다. 따라서 A의 p형 반도체에 있는 양공은 p-n 접합면 쪽으로 이동한다.

✓ ㄴ. S를 b에 연결했을 때 A~E에 전류가 흐르므로 모두 순방향 전압이 걸린다.

ㄷ. S를 b에 연결했을 때 E에 전류가 흘러서 빛이 방출되므로 E의 X는 n형 반도체이다. 답 ③

62 p-n 접합 발광 다이오드와 에너지띠

자료 분석

p-n 접합 발광 다이오드(LED)의 p형 반도체에 전원 장치의 (+)극, n형 반도체에 전원 장치의 (−)극이 연결될 때, LED에 순방향 전압이 걸리며 빛이 방출된다. 다이오드는 전원의 연결 방향에 따라 전류가 흐르거나 흐르지 않으므로 전류를 한쪽 방향으로 흐르게 하는 정류 작용을 한다.

선택지 분석

✓ ㄱ. 스위치를 a에 연결할 때 A에서 빛이 방출되었으므로 P는 도체이고, A는 순방향으로, B는 역방향으로 연결된다. Y는 p형 반도체이므로 주로 양공이 전류를 흐르게 하는 반도체이다.

✓ ㄴ. (나)의 ㉠은 절연체의 에너지띠 구조이므로 Q의 에너지띠 구조이다.

ㄷ. 스위치를 a에 연결하면 B는 역방향으로 연결되므로 B의 n형 반도체에 있는 전자는 p-n 접합면에서 멀어지는 방향으로 이동한다. 답 ③

63 p-n 접합 다이오드

자료 분석

p-n 접합 다이오드는 p형 반도체와 n형 반도체를 접합하여 양 끝에 전극을 붙인 것으로, 다이오드는 전원의 연결 방향에 따라 전류가 흐르거나 흐르지 않으므로 전류를 한쪽 방향으로 흐르게 하는 정류 작용을 한다. 즉, 다이오드에 순방향 전압이 걸릴 때만 전류가 흐르는데, p형 반도체에 전원의 (+)극을, n형 반도체에 전원의 (−)극을 연결할 때를 순방향 연결이라고 한다.

선택지 분석

✓ ㄱ. S_1을 a에 연결하고 S_2를 닫았을 때, p-n 접합 발광 다이오드(LED)에서 빛이 방출되므로 A와 LED에는 모두 순방향 전압이 걸린다. 따라서 A의 X는 p형 반도체이고, 주로 양공이 전류를 흐르게 한다.

ㄴ. S_1을 a에 연결하고 S_2를 열었을 때, LED에는 순방향 전압이 걸리지만 LED에서 빛이 방출되지 않았으므로 B에는 역방향 전압이 걸린다.

ㄷ. S_1을 b에 연결하면 LED에는 역방향 전압이 걸리므로 LED에서 빛이 방출되지 않는다. 따라서 ㉠은 '방출되지 않음'이다. 답 ①

64 p-n 접합 발광 다이오드(LED)

자료 분석

p-n 접합 발광 다이오드(LED)의 p형 반도체에 전지의 (+)극이 연결되고 n형 반도체에 전지의 (−)극이 연결되었을 때 순방향 전압이 걸려 회로에 전류가 흐르고, p형 반도체에 전지의 (−)극이 연결되고 n형 반도체에 전지의 (+)극이 연결되었을 때 역방향 전압이 걸려 회로에 전류가 흐르지 않는다. 스위치를 a에 연결하면 B → 저항 → C 방향으로 전류가 흐르고, 스위치를 b에 연결하면 D → 저항 → A 방향으로 전류가 흐른다.

선택지 분석

✓ ㄱ. 스위치를 a에 연결하면 A의 n형 반도체에 직류 전원의 (+)극이 연결되므로 A에는 역방향 전압이 걸린다.

ㄴ. 스위치를 a에 연결하면 A에는 역방향 전압이 걸리므로 전류가 흐를 수 없고, C에서 빛이 방출되기 위해서는 B에 순방향 전압이 걸려야 한다. 따라서 전원의 (+)극에 연결된 B의 X는 p형 반도체이다.

ㄷ. 스위치를 b에 연결하면 D에서 빛이 방출되므로 D에는 순방향 전압이 걸린 것이다. 따라서 D의 p형 반도체에 있는 양공은 p-n 접합면에 가까워진다. 답 ①

65 p-n 접합 다이오드

자료 분석

p-n 접합 발광 다이오드(LED)의 p형 반도체에 전원 장치의 (+)극, n형 반도체에 전원 장치의 (−)극이 연결될 때, LED에 순방향 전압이 걸리며 빛이 방출된다. 다이오드는 전원의 연결 방향에 따라 전류가 흐르거나 흐르지 않으므로 전류를 한쪽 방향으로 흐르게 하는 정류 작용을 한다.

선택지 분석

✓ ❶ S를 a, b에 연결했을 때, LED에서 빛이 방출되므로 회로에 흐르는 전류의 방향은 다음과 같다.

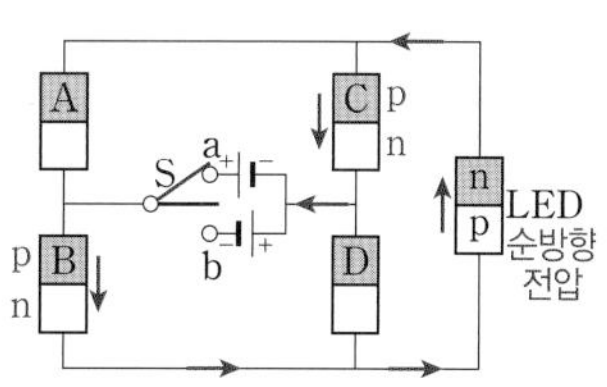

S를 a에 연결했을 때

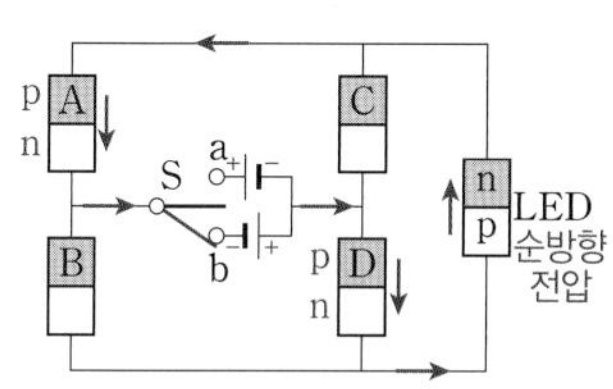

S를 b에 연결했을 때

따라서 A~D는 모두 p형 반도체이다. 답 ①

66 p-n 접합 다이오드의 특성

빈출 문항 자료 분석

다음은 p-n 접합 다이오드의 특성을 알아보는 실험이다.

[실험 과정]

(가) 그림과 같이 직류 전원 2개, 스위치 S_1, S_2, p-n 접합 다이오드 A, A와 동일한 다이오드 3개, 저항, 검류계로 회로를 구성한다. X는 p형 반도체와 n형 반도체 중 하나이다.

(나) S_1을 a 또는 b에 연결하고, S_2를 열고 닫으며 검류계를 관찰한다.

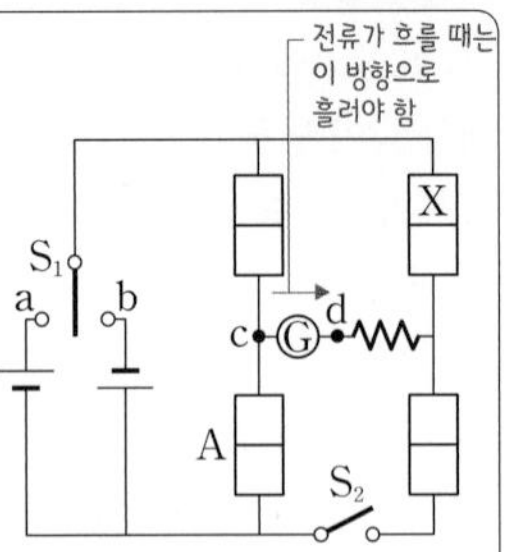

[실험 결과]

S_1	S_2	전류 흐름
㉠	열기	흐르지 않는다.
	닫기	c → Ⓖ → d로 흐른다.
㉡	열기	c → Ⓖ → d로 흐른다.
	닫기	c → Ⓖ → d로 흐른다.

→ S_1, S_2의 연결과 관계없이 전류가 흐를 때 전류의 방향

이에 대한 설명으로 옳은 것만을 〈보기〉에서 있는 대로 고른 것은?

보기

ㄱ. X는 n형 반도체이다. O

ㄴ. 'b에 연결'은 ㉠에 해당한다. ㉡X

ㄷ. S_1을 a에 연결하고 S_2를 닫으면 A에는 순방향 전압이 걸린다. 역방향X

해결 전략 실험 결과를 분석해서 회로에 전류가 흐를 때 전류의 방향을 알아야 하고, 각 과정에서 다이오드를 지나가는 전류의 방향을 파악할 수 있어야 한다.

선택지 분석

다음은 실험 결과에 따라 회로에 흐르는 전류를 나타낸 것이다.

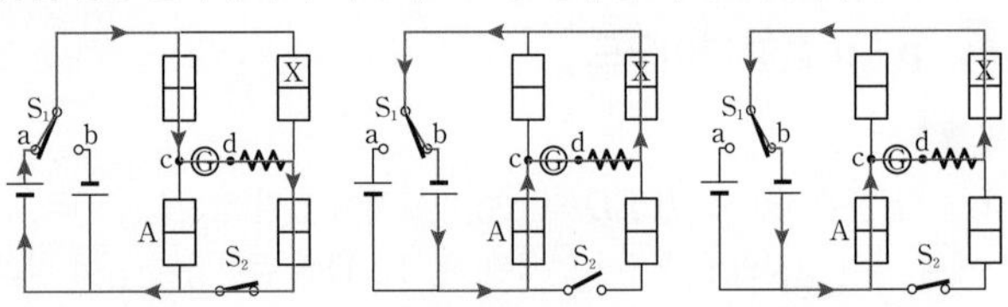

S_1을 a에 연결하고 S_2를 닫을 때 / S_1을 b에 연결하고 S_2를 열 때 / S_1을 b에 연결하고 S_2를 닫을 때

S_1, S_2의 연결과 관계없이 회로에 전류가 흐를 때 전류의 방향은 c → Ⓖ → d가 되어야 한다.

✓ ㄱ. X가 (+)극과 연결될 때 역방향 연결이므로 X는 n형 반도체이다.

ㄴ. b에 연결하면 S_2의 연결과 관계없이 전류가 c → Ⓖ → d의 방향으로 흐르므로 'b에 연결'은 ㉡에 해당한다.

ㄷ. S_1을 a에 연결하고 S_2를 닫으면 A로는 전류가 흐르지 않으므로 A에는 역방향 전압이 걸린다.

답 ①

도전 1등급 67 p-n 접합 다이오드를 이용한 회로

도전 1등급 문항 분석 ▸▸ 정답률 28%

다음은 p-n 접합 다이오드를 이용한 회로에 대한 실험이다.

[실험 과정]

(가) 그림 Ⅰ과 같이 p-n 접합 다이오드 X, X와 동일한 다이오드 3개, 전원 장치, 스위치, 검류계, 저항, 오실로스코프가 연결된 회로를 구성한다.

(나) 스위치를 닫는다.

(다) 전원 장치에서 그림 Ⅱ와 같은 전압을 발생시키고, 저항에 걸리는 전압을 오실로스코프로 관찰한다.

(라) 스위치를 열고 (다)를 반복한다.

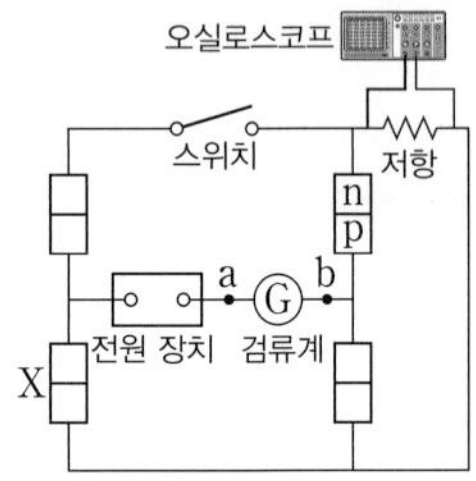

그림 Ⅰ

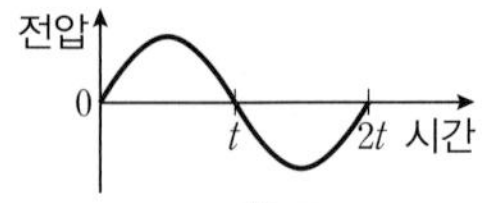

그림 Ⅱ

[실험 결과]

㉠	㉡
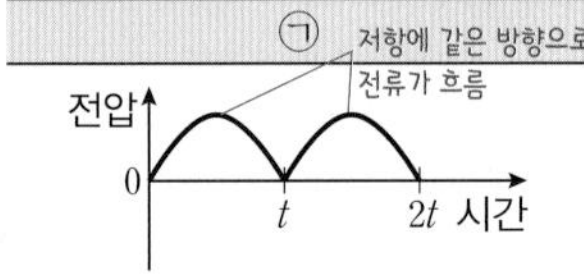	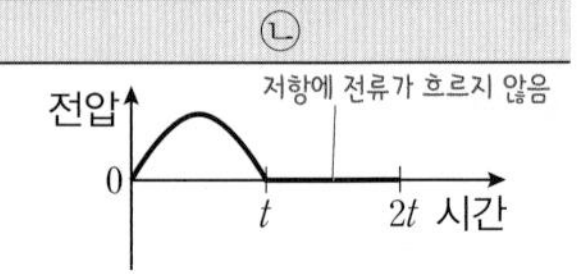

이에 대한 설명으로 옳은 것만을 〈보기〉에서 있는 대로 고른 것은?

보기

ㄱ. ㉠은 (다)의 결과이다. O

ㄴ. (다)에서 $0 \sim t$일 때, 전류의 방향은 b → Ⓖ → a이다. a → Ⓖ → bX

ㄷ. (라)에서 $t \sim 2t$일 때, X에는 순방향 전압이 걸린다. 역방향X

해결 전략 회로의 저항에 전류가 흐를 때는 전원 장치와 저항 사이에 연결된 다이오드에 전류가 흘러야 한다는 것을 알고 회로를 분석할 수 있어야 한다.

선택지 분석

그림은 회로에 흐르는 전류의 방향을 나타낸 것이다.

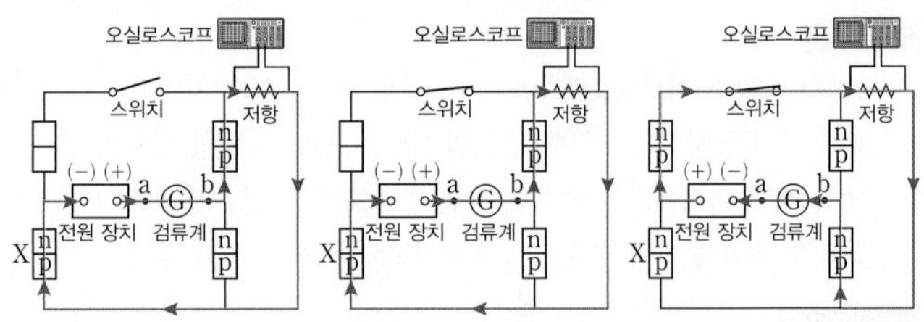

(라)에서 $0 \sim t$일 때 / (다)에서 $0 \sim t$일 때 / (다)에서 $t \sim 2t$일 때

전류의 방향을 알기 쉽도록 (라)의 경우를 먼저 제시하였다.

실험 결과를 볼 때 $0 \sim t$일 때 저항에 흐르는 전류의 방향은 스위치와 관계없이 같은 방향으로 흘러야 한다.

이를 종합해 볼 때 최종적으로 p-n 접합 다이오드에서 p형 반도체와 n형 반도체는 세 번째 그림과 같다.

✓ ㄱ. ㉠은 교류 전압의 방향이 바뀌어도 저항에 흐르는 전류의 방향은 바뀌지 않고 흘러야 하므로 스위치를 닫고 실험한 (다)의 결과이다.

ㄴ. (다)에서 $0 \sim t$일 때, 전류의 흐름은 위의 그림과 같으므로 전류의 방향은 a → Ⓖ → b이다.

ㄷ. (라)에서 $t\sim2t$일 때, 전류가 X를 통과하지 못하므로 X에는 역방향 전압이 걸린다. 답 ①

68 p-n 접합 다이오드를 이용한 회로

자료 분석

A를 연결하고 스위치를 닫았을 때 전류가 흐르므로 A는 도체이고, B를 연결할 때는 전류가 흐르지 않으므로 B는 절연체이다.

선택지 분석

ㄱ. 전지의 연결 방향을 반대로 하면 다이오드에 역방향 전압이 걸리므로 A에는 전류가 흐르지 않는다.

✓ㄴ. (다)에서 다이오드에 순방향 전압이 걸리므로 전지의 (+)극과 연결된 X는 p형 반도체이다.

✓ㄷ. A는 도체이고 B는 절연체이므로 전기 전도도는 A가 B보다 크다.

답 ⑤

69 p-n 접합 다이오드와 반도체

자료 분석

X는 공유 결합할 전자가 부족하여 양공이 생기므로 p형 반도체이다. 따라서 Y는 n형 반도체이다.

선택지 분석

① X에는 규소(Si)에 갈륨(Ga)을 도핑함에 따라 공유 결합할 전자가 부족하여 양공이 생겼으므로, X는 p형 반도체이다.

② 전류가 흐르는 B에 순방향 전압이 걸려 있고, A에 B와 같은 방향의 전압이 걸려 있다. 따라서 A에는 순방향 전압이 걸려 있다.

✓❸ A에 순방향의 전압이 걸려 있고 X는 p형 반도체이므로, A의 X는 직류 전원의 (+)극에 연결되어 있다.

④ C에는 역방향 전압이 걸려 있으므로 C의 전자와 양공은 p-n 접합면에서 서로 멀어진다.

⑤ n형 반도체인 Y에서는 주로 전도띠에 있는 전자에 의해 전류가 흐른다.

답 ③

70 p-n 접합 다이오드

자료 분석

다이오드에는 순방향 전압이 걸릴 때만 전류가 흐르는데, p형 반도체에 전원의 (+)극을 연결하고, n형 반도체에 전원의 (-)극을 연결할 때를 순방향 연결이라고 한다.

반면 p형 반도체에 전원의 (-)극을 연결하고, n형 반도체에 전원의 (+)극을 연결할 때를 역방향 연결이라고 한다.

선택지 분석

✓ㄱ. (나)에서 두 스위치가 열려 있을 때 전류가 흐르지 않다가 (다)에서 S_1만 닫았을 때 Y가 있는 다이오드로 전류가 흐르지 않고 c → S_1 → d 방향으로 전류가 흐르므로, (나)와 (다)에서 Y가 있는 다이오드에는 역방향 전압이 걸려 있다. (나)와 (다) 상황에서 a는 (-)단자, b는 (+)단자에 연결되어 있으므로 Y는 p형 반도체이다.

ㄴ. (다)에서 S_1만 닫았을 때 전류가 c → S_1 → d 방향으로 흐르므로 (나)에서 a는 (-)단자, b는 (+)단자에 연결되어 있다.

ㄷ. (라)에서 a를 (+)단자에 연결하면, Y가 있는 다이오드에 순방향 전압이 걸리므로, 전류는 c → S_1 → d 방향으로 흐른다. 즉, ㉠은 'c → S_1 → d'이다. 답 ①

71 p-n 접합 다이오드

자료 분석

X의 원자가 띠에는 양공이 많이 분포하고 있고, Y의 전도띠에는 전자가 많이 분포하고 있다. p형 반도체는 양공이 많아지도록 도핑한 반도체이고, n형 반도체는 전자가 많아지도록 도핑한 반도체이므로 X는 p형 반도체이고 Y는 n형 반도체이다.

p-n 접합 다이오드의 p형 반도체에 전지의 (+)극이 연결되고 n형 반도체에 전지의 (-)극이 연결되었을 때 순방향 전압이 걸린 것이고, 이때 p-n 접합 다이오드에는 전류가 흐른다.

선택지 분석

✓ㄱ. 원자가 띠에 양공이 많은 X는 p형 반도체이고, 전도띠에 전자가 많은 Y는 n형 반도체이다.

✓ㄴ. S를 닫으면 p형 반도체인 X는 전지의 (+)극에 연결되고 n형 반도체인 Y는 전지의 (-)극에 연결되므로 다이오드에는 순방향 전압이 걸린다. 따라서 S를 닫으면 저항에 전류가 흐른다.

ㄷ. p-n 접합 다이오드에 순방향 전압이 걸리면 X의 양공과 Y의 전자는 p-n 접합면 쪽으로 이동한다. 답 ③

72 다이오드의 연결

자료 분석

p-n 접합 다이오드는 p형 반도체와 n형 반도체를 접합하여 양 끝에 전극을 붙인 것으로, 다이오드는 전원의 연결 방향에 따라 전류가 흐르거나 흐르지 않으므로 전류를 한쪽 방향으로 흐르게 하는 정류 작용을 한다. 즉, 다이오드에 순방향 전압이 걸릴 때만 전류가 흐르는데, p형 반도체에 전원의 (+)극을, n형 반도체에 전원의 (-)극을 연결할 때를 순방향 연결이라고 한다.

선택지 분석

✓ㄱ. 스위치를 a에 연결할 때 P, Q가 모두 켜졌고, 스위치를 b에 연결할 때 Q는 켜지지 않았으므로 X는 전원의 방향에 관계없이 전류가 흐른다. 따라서 X는 저항이고, Y는 다이오드이다.

✓ㄴ. 스위치를 a에 연결할 때 P, Q가 모두 켜졌으므로 다이오드에 순방향 전압이 걸려 전류가 다이오드를 통과하였다.

✓ㄷ. Y는 다이오드이다. 다이오드는 순방향 전압이 걸릴 때 전류가 다이오드를 통과하게 하고, 역방향 전압이 걸릴 때 전류가 다이오드를 통과하지 못하게 하는 정류 작용을 한다. 답 ⑤

73 p-n 접합 다이오드

빈출 문항 자료 분석

그림과 같이 전지, 저항, 동일한 p-n 접합 다이오드 A, B로 구성한 회로에서 A에는 전류가 흐르고, B에는 전류가 흐르지 않는다. X, Y는 저마늄(Ge)에 원자가 전자가 각각 x개, y개인 원소를 도핑한 반도체이다.

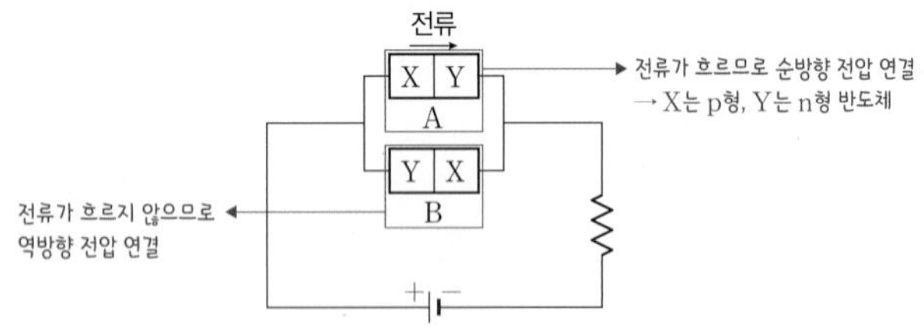

이에 대한 옳은 설명만을 ⟨보기⟩에서 있는 대로 고른 것은?

보기

ㄱ. X는 n형 반도체이다. p형 X
ㄴ. $x<y$이다. O
ㄷ. B에는 순방향으로 전압이 걸린다. 역방향 X

해결 전략 회로에 연결된 다이오드의 순방향 연결과 역방향 연결을 이해하고, p형 반도체와 n형 반도체의 구조를 이해해야 한다.

선택지 분석

ㄱ. 다이오드의 p형 반도체에 전원의 (+)극을, n형 반도체에 전원의 (−)극을 연결할 때를 순방향 연결이라 하고, 다이오드에는 순방향 전압이 걸릴 때만 전류가 흐른다. A에는 전류가 흐르므로, A에는 순방향 전압이 걸려 있다. 따라서 X는 전원의 (+)극과 연결되어 있으므로 p형 반도체이다.

✓ ㄴ. X는 p형 반도체이므로 저마늄(Ge)에 원자가 전자가 3개인 원소를 첨가한 반도체이고, Y는 n형 반도체이므로 저마늄(Ge)에 원자가 전자가 5개인 원소를 첨가한 반도체이다. 따라서 $x=3$, $y=5$이므로, $x<y$이다.

ㄷ. B에는 Y가 전원의 (+)극과 연결되어 있으므로 다이오드에는 역방향으로 전압이 걸려 전류가 흐르지 않는다. 답 ①

74 반도체와 다이오드의 원리

자료 분석

원자가 전자가 4개인 순수한 규소(Si)나 저마늄(Ge)에 원자가 전자가 5개인 원소를 도핑하여 주된 전하 운반자가 전자인 반도체를 n형 반도체라 하고, 원자가 전자가 3개인 원소를 도핑하여 주된 전하 운반자가 양공인 반도체를 p형 반도체라고 한다. p형 반도체에 전원의 (+)극을, n형 반도체에 전원의 (−)극을 연결할 때를 순방향 연결이라고 한다.

선택지 분석

①, ② A는 n형 반도체이므로, a의 원자가 전자는 5개이다.
③ (나)의 A를 포함한 p-n 접합 다이오드가 연결된 회로에서 전구에 불이 켜졌으므로, 다이오드에는 순방향 전압이 걸려 있다.
✓❹ A는 n형 반도체이고 다이오드에 전류가 흐르므로 Y가 A이다.
⑤ Y는 n형 반도체이므로 주로 전자가 전류를 흐르게 한다. 답 ④

02 물질의 자기적 특성

75 ⑤	76 ②	77 ⑤	78 ③	79 ⑤	80 ⑤
81 ③	82 ②	83 ①	84 ②	85 ③	86 ④
87 ⑤	88 ⑤	89 ③	90 ⑤	91 ①	92 ①
93 ⑤	94 ④	95 ④	96 ③	97 ⑤	98 ③
99 ⑤	100 ②	101 ③	102 ③	103 ⑤	104 ③
105 ①	106 ①	107 ③	108 ④	109 ①	110 ⑤
111 ①	112 ①	113 ④	114 ①	115 ④	116 ①
117 ①	118 ①	119 ③	120 ④	121 ①	122 ①
123 ⑤	124 ①	125 ①	126 ③	127 ③	128 ②
129 ⑤	130 ③	131 ⑤	132 ②	133 ④	134 ①
135 ⑤	136 ②	137 ①	138 ②	139 ③	140 ①
141 ⑤	142 ①	143 ⑤	144 ③	145 ⑤	146 ③
147 ④	148 ①	149 ③	150 ②	151 ⑤	152 ③
153 ③	154 ③	155 ④	156 ②	157 ⑤	

도전 1등급

75 전류에 의한 자기장

도전 1등급 문항 분석 ▸▸ 정답률 39.3%

그림과 같이 xy 평면에 가늘고 무한히 긴 직선 도선 A, B, C가 고정되어 있다. C에는 세기가 I_C로 일정한 전류가 $+x$ 방향으로 흐른다. 표는 A, B에 흐르는 전류의 세기와 방향을 나타낸 것이다. 점 p, q는 xy 평면상의 점이고, p에서 A, B, C의 전류에 의한 자기장의 세기는 (가)일 때가 (다)일 때의 2배이다.

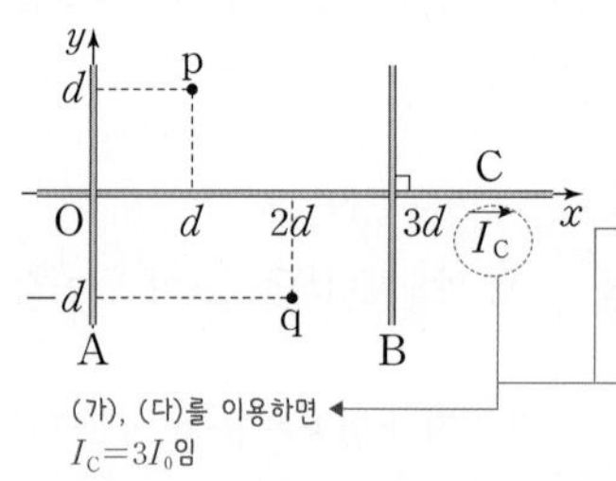

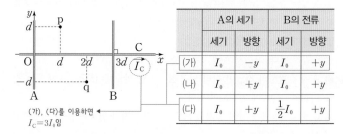

	A의 세기		B의 전류	
	세기	방향	세기	방향
(가)	I_0	$-y$	I_0	$+y$
(나)	I_0	$+y$	I_0	$+y$
(다)	I_0	$+y$	$\frac{1}{2}I_0$	$+y$

이에 대한 설명으로 옳은 것만을 ⟨보기⟩에서 있는 대로 고른 것은?

보기

ㄱ. $I_C=3I_0$이다. O
ㄴ. (나)일 때, A, B, C의 전류에 의한 자기장의 세기는 p에서와 q에서가 같다. O
ㄷ. (다)일 때, q에서 A, B, C의 전류에 의한 자기장의 방향은 xy 평면에 수직으로 들어가는 방향이다. O

해결 전략 세 직선 도선에 흐르는 전류의 방향과 두 직선 도선의 전류의 세기를 이용하여 한 도선에 흐르는 전류의 세기, 두 지점에서 세 도선의 전류에 의한 자기장의 세기와 방향을 파악할 수 있어야 한다.

선택지 분석

xy 평면에서 수직으로 나오는 방향을 양(+), xy 평면에 수직으로 들어가는 방향을 음(−)이라 하고, 도선으로부터 d만큼 떨어진 곳에서 세기가 각각 I_0, I_C인 전류에 의한 자기장의 세기를 각각 B_0, B_C라고 하면, p, q에서 A, B, C의 전류에 의한 자기장을 나타내면 다음과 같다.

	p에서 A, B, C의 전류에 의한 자기장	q에서 A, B, C의 전류에 의한 자기장
(가)	$B_0+\frac{1}{2}B_0+B_C$	$\frac{1}{2}B_0+B_0-B_C$
(나)	$-B_0+\frac{1}{2}B_0+B_C$	$-\frac{1}{2}B_0+B_0-B_C$
(다)	$-B_0+\frac{1}{4}B_0+B_C$	$-\frac{1}{2}B_0+\frac{1}{2}B_0-B_C$

✓ ㄱ. p에서 A, B, C의 전류에 의한 자기장의 세기는 (가)일 때가 (다)일 때의 2배이므로 $B_0+\frac{1}{2}B_0+B_C=2\left(-B_0+\frac{1}{4}B_0+B_C\right)$에서 $B_C=3B_0$이다. 직선 전류에 의한 자기장의 세기는 전류의 세기에 비례하고, 도선으로부터 떨어진 거리에 반비례하므로 $I_C=3I_0$이다.

✓ ㄴ. (나)의 p에서 A, B, C의 전류에 의한 자기장은 $-B_0+\frac{1}{2}B_0+3B_0=\frac{5}{2}B_0$이고, q에서 A, B, C의 전류에 의한 자기장은 $-\frac{1}{2}B_0+B_0-3B_0=-\frac{5}{2}B_0$이다. 따라서 (나)일 때 A, B, C의 전류에 의한 자기장의 세기는 p에서와 q에서가 같다.

✓ ㄷ. (다)일 때 q에서 A, B, C의 전류에 의한 자기장은 $-\frac{1}{2}B_0+\frac{1}{2}B_0-3B_0=-3B_0$이므로 자기장의 방향은 xy 평면에 수직으로 들어가는 방향이다. 답 ⑤

76 전류에 의한 자기장

빈출 문항 자료 분석

그림 (가)와 같이 xy 평면에 무한히 긴 직선 도선 A, B, C가 각각 $x=-d$, $x=0$, $x=d$에 고정되어 있다. 그림 (나)는 (가)의 $x>0$인 영역에서 A, B, C의 전류에 의한 자기장을 나타낸 것으로, x축상의 점 p에서 자기장은 0이다. 자기장의 방향은 xy 평면에서 수직으로 나오는 방향이 양(+)이다.

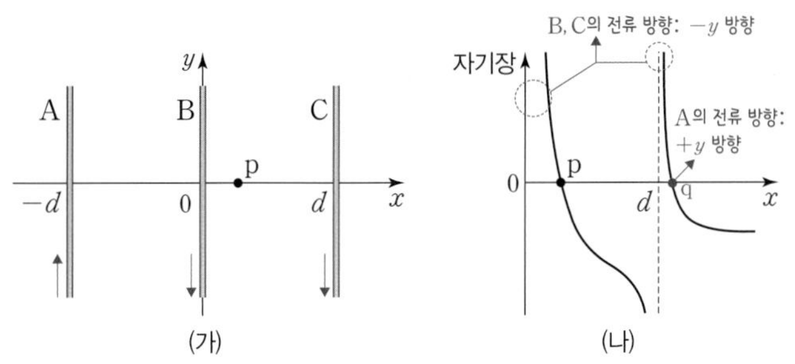

(가) (나)

이에 대한 설명으로 옳은 것만을 〈보기〉에서 있는 대로 고른 것은?

보기

ㄱ. A에 흐르는 전류의 방향은 $-y$ 방향이다. $+y$ 방향 X
ㄴ. A, B, C 중 A에 흐르는 전류의 세기가 가장 크다. O
ㄷ. p에서, C의 전류에 의한 자기장의 세기가 B의 전류에 의한 자기장의 세기보다 크다. 작다 X

해결 전략 일정한 전류가 흐르는 세 직선 도선에 의한 자기장과 위치의 관계를 분석하여 직선 도선에 흐르는 전류의 세기와 방향을 비교하고 세 도선의 전류에 의한 자기장을 합성할 수 있어야 한다.

선택지 분석

ㄱ. C에 한없이 가까운 지점에서는 A, B가 만드는 자기장을 무시할 정도로 C가 강한 자기장을 형성한다. 따라서 C에 흐르는 전류의 방향은 $-y$ 방향이다. 같은 방법으로 B에 흐르는 전류의 방향도 $-y$ 방향임을 알 수 있다. 그림의 q에서 A, B, C에 흐르는 전류에 의한 자기장이 0이므로 A에 흐르는 전류의 방향은 $+y$ 방향이다.

✓ ㄴ. 그림의 q에서 A, B, C에 흐르는 전류에 의한 자기장은 0이다. q에서 B, C에 흐르는 전류에 의한 자기장의 방향은 xy 평면에서 수직으로 나오는 방향으로 같으므로 q에서 B, C에 흐르는 전류에 의한 자기장 세기의 합은 q에서 A에 흐르는 전류에 의한 자기장의 세기와 같다. A, B, C 중 q로부터 떨어진 거리는 A가 가장 크므로 A, B, C 중 A에 흐르는 전류의 세기가 가장 크다.

ㄷ. p에서 A, B, C에 흐르는 전류에 의한 자기장은 0이다. p에서 A, C에 의한 자기장의 세기는 xy 평면에 수직으로 들어가는 방향으로 같고, B에 흐르는 자기장에 의한 자기장의 방향은 xy 평면에서 수직으로 나오는 방향이다. 따라서 p에서 A, B, C에 의한 자기장의 세기를 각각 B_A, B_B, B_C라고 하면 $B_A+B_C=B_B$이므로 $B_B>B_C$이다. 답 ②

77 전류에 의한 자기장

자료 분석

직선 도선에 흐르는 전류에 의한 자기장의 세기는 직선 도선으로부터 수직으로 떨어진 거리에 반비례하고, 직선 도선에 흐르는 전류의 세기에 비례한다. A의 전류에 의한 O에서 자기장은 $-x$ 방향의 B_0인데 A, C의 전류에 의한 O에서 자기장은 $+x$ 방향의 B_0이므로, C의 전류에 의한 O에서 자기장은 $+x$ 방향의 $2B_0$이다. 또한, B의 전류에 의한 O에서 자기장은 $-y$ 방향의 B_0인데 B, D의 전류에 의한 O에서 자기장은 $-y$ 방향의 $2B_0$이므로, D의 전류에 의한 O에서 자기장은 $-y$ 방향의 B_0이다.

선택지 분석

✓ ㄱ. A, C 각각의 전류에 의한 O에서 자기장의 세기는 B_0, $2B_0$이고, O에서 A, C까지 떨어진 거리는 같으므로 전류의 세기는 C에서가 A에서의 2배이다.

✓ ㄴ. O에서 B, D의 전류에 의한 자기장 세기는 같다.

✓ ㄷ. C의 전류에 의한 O에서 자기장의 방향이 $+x$ 방향이므로 xy 평면에 수직으로 들어가는 방향이고, D의 전류에 의한 O에서 자기장의 방향이 $-y$ 방향이므로 D의 전류의 방향은 xy 평면에서 수직으로 나오는 방향이다. 답 ⑤

78 직선 전류에 의한 자기장

자료 분석

p, q에서 C의 전류에 의한 자기장의 방향은 변하지 않고 C로부터 떨어진 거리가 q가 p의 2배이므로 자기장의 세기는 q에서가 p에서의 $\frac{1}{2}$배이다. 따라서, A, B의 전류에 의한 자기장의 세기도 q에서가 p에서의 $\frac{1}{2}$배이다.

선택지 분석

✓ ❸ xy 평면에 수직으로 들어가는 방향을 양(+)이라 하고, A, B에 흐르는 전류의 방향과 세기를 각각 $+y$ 방향, $+x$ 방향과 I_A, I_B라고 하면, p와 q에서 A, B의 전류에 의한 자기장의 세기는 각각 $\frac{I_A}{2d}+\frac{I_B}{d}-\frac{10I_0}{2d}=0$에

Ⅱ 물질과 전자기장

서 $\frac{I_A}{2d}+\frac{I_B}{d}=\frac{10I_0}{2d}$ ⋯①, $\frac{I_A}{3d}-\frac{I_B}{d}-\frac{10I_0}{4d}=0$ 에서 $\frac{I_A}{3d}-\frac{I_B}{d}=\frac{10I_0}{4d}$ ⋯②이다. ①, ②에서 $I_A=9I_0$, $I_B=\frac{1}{2}I_0$이다. 답 ③

도전 1등급 79 전류에 의한 자기장

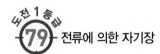

도전 1등급 문항 분석 ▸▸ 정답률 29.7%

그림과 같이 가늘고 무한히 긴 직선 도선 A, B, C가 정삼각형을 이루며 xy 평면에 고정되어 있다. A, B, C에는 방향이 일정하고 세기가 각각 I_0, I_0, I_C인 전류가 흐른다. A에 흐르는 전류의 방향은 $+x$ 방향이다. 점 O는 A, B, C가 교차하는 점을 지나는 반지름이 $2d$인 원의 중심이고, 점 p, q, r는 원 위의 점이다. O에서 A에 흐르는 전류에 의한 자기장의 세기는 B_0이고, p, q에서 A, B, C에 흐르는 전류에 의한 자기장의 세기는 각각 0, $3B_0$이다.

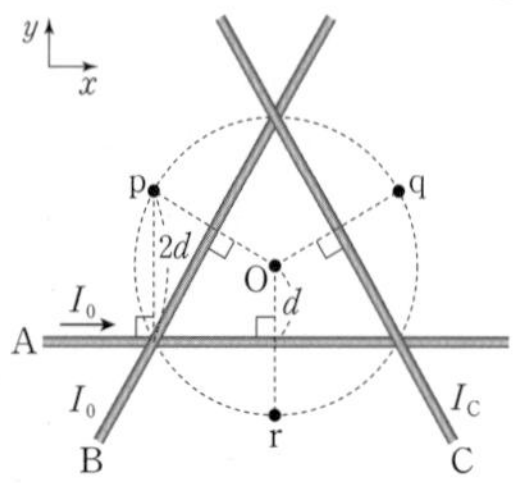

	A	B	C	B의 전류 방향 가정에 따른 합성 자기장 세기	제시된 합성 자기장 세기
p	$\frac{1}{2}B_0$(⊙)	B_0 (× : 가정)	$\frac{1}{2}B_0$(⊙)	0	0
q	$\frac{1}{2}B_0$(⊙)	$\frac{1}{2}B_0$(⊙)	B_0(×)	0(불일치: 모순)	$3B_0$

⊙: xy 평면에서 수직으로 나오는 방향
×: xy 평면에 수직으로 들어가는 방향

r에서 A, B, C에 흐르는 전류에 의한 자기장의 세기는?

해결 전략 B에 흐르는 전류의 방향을 가정하고, p, q에서 A, B, C에 흐르는 전류에 의한 자기장을 알아내어 문제를 해결할 수 있어야 한다.

선택지 분석

✓ ⑤ O에서 A에 흐르는 전류에 의한 자기장의 세기는 $B_0=k\frac{I_0}{d}$이다. 그림과 같이 B에 흐르는 전류의 방향을 왼쪽 아래 방향으로 가정하자. p에서 A, B, C에 흐르는 전류에 의한 자기장이 0이 되기 위해서는 C에 흐르는 전류의 방향이 왼쪽 위 방향이어야 한다. 그러나 이 조건에서는 q에서 A, B, C에 흐르는 전류에 의한 자기장의 세기 $3B_0$을 만족하지 못하므로 모순된 상황이 발생한다. 따라서 B에 흐르는 전류의 방향은 오른쪽 위 방향임을 알 수 있다.

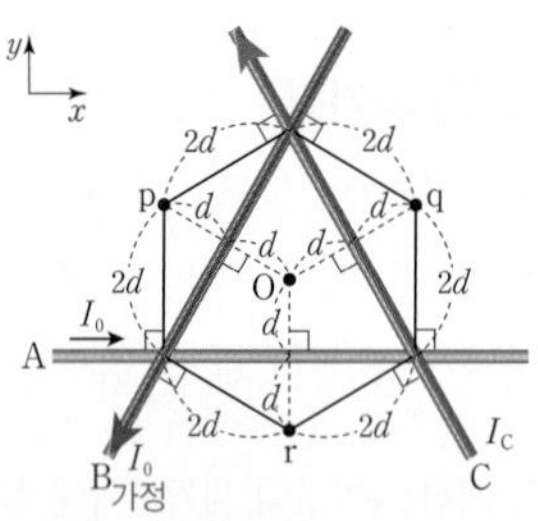

B에 흐르는 전류의 방향이 그림과 같이 오른쪽 위 방향이므로 p에서 A, B, C에 흐르는 전류에 의한 자기장이 0이 되기 위해서는 C에 흐르는 전류의 방향이 오른쪽 아래 방향이어야 한다. 이 조건에서는 p, q에서 A, B, C에 흐르는 전류에 의한 자기장을 나타내면 표와 같이 모든 상황을 만족해야 하므로 $I_C=3I_0$이다.

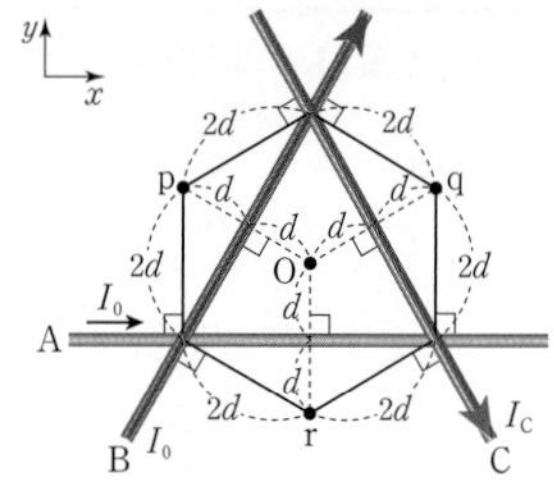

	A	B	C	자기장 세기
p	$\frac{1}{2}B_0$(⊙)	B_0(⊙)	$\frac{3}{2}B_0$(×)	0
q	$\frac{1}{2}B_0$(⊙)	$\frac{1}{2}B_0$(×)	$3B_0$(⊙)	$3B_0$
r	B_0(×)	$\frac{1}{2}B_0$(×)	$\frac{3}{2}B_0$(×)	$3B_0$

따라서 r에서 A, B, C에 흐르는 전류에 의한 자기장의 세기는 표에 의해 $3B_0$이다. 답 ⑤

80 직선 전류에 의한 자기장

빈출 문항 자료 분석

그림과 같이 가늘고 무한히 긴 직선 도선 P, Q가 일정한 각을 이루고 xy 평면에 고정되어 있다. P에는 세기가 I_0인 전류가 화살표 방향으로 흐른다. 점 a에서 P에 흐르는 전류에 의한 자기장의 세기는 B_0이고, P와 Q에 흐르는 전류에 의한 자기장의 세기는 0이다.

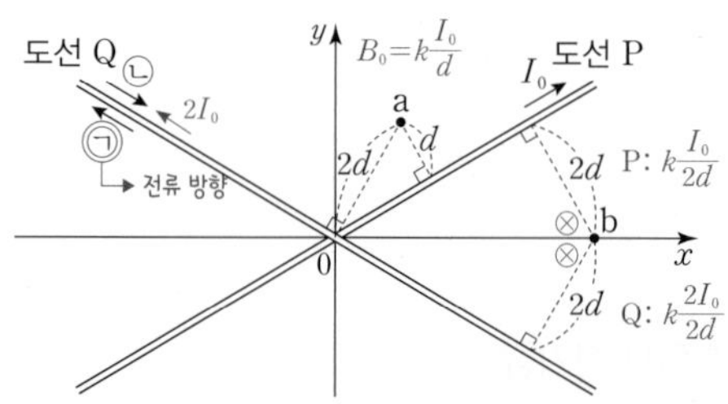

이에 대한 설명으로 옳은 것만을 〈보기〉에서 있는 대로 고른 것은? (단, 점 a, b는 xy 평면상의 점이다.)

보기

ㄱ. Q에 흐르는 전류의 방향은 ㉠이다. O
ㄴ. Q에 흐르는 전류의 세기는 $2I_0$이다. O
ㄷ. b에서 P와 Q에 흐르는 전류에 의한 자기장의 세기는 $\frac{3}{2}B_0$이다. O

해결 전략 일정한 각을 이루고 평면에 고정되어 있는 두 직선 도선에 흐르는 전류에 의한 자기장을 이해하며, 각 지점에서 자기장을 합성하여 도선에 흐르는 전류의 방향과 세기를 알고, 합성 자기장의 세기를 구할 수 있어야 한다.

선택지 분석

✓ ㄱ. a에서 P에 흐르는 전류에 의한 자기장의 방향은 xy 평면에서 수직으로 나오는 방향이다. a에서 P와 Q에 흐르는 전류에 의한 자기장의 세기는 0이므로 a에서 Q에 흐르는 전류에 의한 자기장의 방향은 xy 평면에 수직으로 들어가는 방향이다. 따라서 Q에 흐르는 전류의 방향은 ㉠이다.

✓ ㄴ. a에서 P와 Q에 흐르는 전류에 의한 자기장의 세기는 같다. a로부터 떨어진 거리는 Q가 P의 2배이므로 도선에 흐르는 전류의 세기는 Q가 P의 2배이다. 따라서 Q에 흐르는 전류의 세기는 $2I_0$이다.

✓ ㄷ. b에서 P에 흐르는 전류에 의한 자기장은 xy 평면에 수직으로 들어가는 방향으로 세기가 $\frac{1}{2}B_0$이고, Q에 흐르는 전류에 의한 자기장은 xy 평면에 수직으로 들어가는 방향으로 세기가 B_0이다. 따라서 b에서 P와 Q에 흐르는 전류에 의한 자기장의 세기는 $\frac{1}{2}B_0+B_0=\frac{3}{2}B_0$이다. 답 ⑤

81 직선 전류에 의한 자기장

자료 분석

직선 도선에 흐르는 전류에 의한 자기장의 세기는 직선 도선으로부터 수직으로 떨어진 거리에 반비례하고, 직선 도선에 흐르는 전류의 세기에 비례한다. O에서 B, D의 전류에 의한 자기장은 0이므로 B에는 xy 평면에 수직으로 들어가는 방향으로 전류가 흐르고, B와 D의 전류의 세기는 같다.

선택지 분석

✓ ㄱ. A에 xy 평면에서 수직으로 나오는 방향으로 전류가 흐르면 p에서 A와 B의 전류에 의한 자기장의 방향이 $+y$ 방향이고, r에서 A와 D의 전류에 의한 자기장의 방향은 $+x$ 방향이다. A에 xy 평면에 수직으로 들어가는 방향으로 전류가 흐르면 p에서 A와 B의 전류에 의한 자기장의 방향이 $+y$ 방향이므로 전류의 세기는 A에서가 B에서보다 작아야 하고, 전류의 세기는 B에서와 D에서가 같으므로 r에서 A와 D의 전류에 의한 자기장의 방향은 $+x$ 방향이 된다. 따라서 ㉠은 '$+x$'이다.

ㄴ. q에서 B와 C의 전류에 의한 자기장의 방향이 $+x$ 방향이므로 C에는 xy 평면에 수직으로 들어가는 방향으로 전류가 흘러야 하고, 전류의 세기는 C에서가 B에서보다 커야 한다.

✓ ㄷ. A, C에 흐르는 전류의 방향이 xy 평면에 수직으로 들어가는 방향으로 같으면 전류의 세기는 A에서가 가장 작고 B에서와 D에서는 같으며 C에서가 가장 크다. 답 ③

82 직선 전류에 의한 자기장

자료 분석

직선 도선에 흐르는 전류에 의한 자기장의 세기는 도선으로부터 수직으로 떨어진 거리에 반비례하고, 도선에 흐르는 전류의 세기에 비례한다.

선택지 분석

✓ ② A, B에 흐르는 전류의 방향이 같은 경우 전류에 의한 자기장이 0이 되는 점은 $0<x<d$에 있다. 따라서 전류의 세기가 B가 A의 2배이므로 p로부터의 거리도 B가 A의 2배인 $x=\frac{d}{3}$에 p가 있다. A, B에 흐르는 전류의 방향이 반대인 경우 전류에 의한 자기장이 0이 되는 점은 $x<0$에 있다. 따라서 전류의 세기가 B가 A의 2배이므로 p로부터의 거리도 B가 A의 2배인 $x=-d$에 q가 있다. 따라서 p, q 사이의 거리는 $\frac{d}{3}+d=\frac{4}{3}d$이다. 답 ②

83 직선 전류에 의한 자기장

자료 분석

q에서 B에 의한 자기장과 C에 의한 자기장이 세기는 같고 방향이 반대이므로 서로 상쇄된다. 또 r에서 C에 의한 자기장과 A에 의한 자기장이 세기는 같고 방향이 반대이므로 서로 상쇄된다.

선택지 분석

✓ ㄱ. q에서는 B와 C에 의한 자기장이 상쇄되고, r에서는 C와 A에 의한 자기장이 상쇄된다.

ㄴ. q, r에서 자기장은 각각 종이면에서 수직으로 나오는 방향, 종이면에 수직으로 들어가는 방향이다.

ㄷ. p에서 A와 B까지 거리가 같으므로 A에 의한 자기장의 세기가 B_0일 때, B에 의한 자기장의 세기도 B_0이다. p에서 C까지의 거리는 A까지의 2배이므로, C에 의한 자기장의 세기는 $\frac{B_0}{2}$이다. 따라서 p에서 자기장의 세기는 $B_0+B_0+\frac{B_0}{2}=\frac{5B_0}{2}$이다. 답 ①

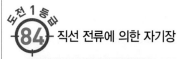

도전 1등급 84 직선 전류에 의한 자기장

도전 1등급 문항 분석 ▸▸ 정답률 34%

그림과 같이 무한히 긴 직선 도선 A, B, C가 xy 평면에 고정되어 있다. A, B, C에는 방향이 일정하고 세기가 각각 I_0, I_B, $3I_0$인 전류가 흐르고 있다. A의 전류의 방향은 $-x$ 방향이다. 표는 점 P, Q에서 A, B, C의 전류에 의한 자기장의 세기를 나타낸 것이다. P에서 A의 전류에 의한 자기장의 세기는 B_0이다.

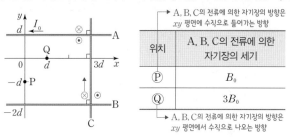

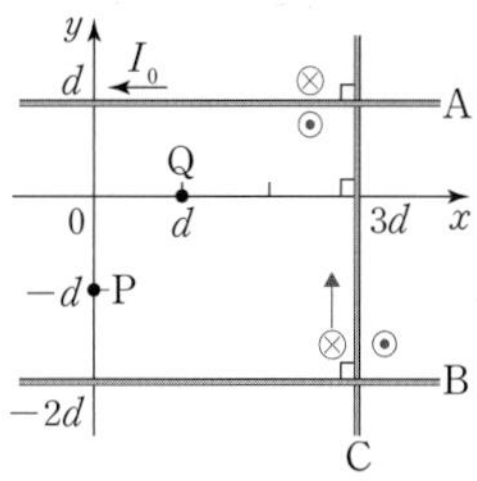

→ A, B, C의 전류에 의한 자기장의 방향은 xy 평면에 수직으로 들어가는 방향

위치	A, B, C의 전류에 의한 자기장의 세기
Ⓟ	B_0
Ⓠ	$3B_0$

→ A, B, C의 전류에 의한 자기장의 방향은 xy 평면에서 수직으로 나오는 방향

이에 대한 설명으로 옳은 것만을 〈보기〉에서 있는 대로 고른 것은?

보기

ㄱ. $I_B=I_0$이다. $I_B=2I_0$ X

ㄴ. C의 전류의 방향은 $-y$ 방향이다. $+y$ 방향 X

ㄷ. Q에서 A, B, C의 전류에 의한 자기장의 방향은 xy 평면에서 수직으로 나오는 방향이다. O

해결 전략 직선 도선에 의한 자기장의 합성을 알고, 자기장의 세기에 따른 전류의 세기와 방향, 도선에 흐르는 전류에 의한 자기장의 방향을 알아야 한다.

선택지 분석

P에서 B의 전류에 의한 자기장을 b라 하고, xy 평면에서 수직으로 나오는 방향을 (+)으로 했을 때, P에서 자기장에 대한 방정식을 세워 보면, P에서 C의 전류에 의한 자기장은 $\pm 2B_0$이므로 $B_0+b\pm 2B_0=\pm B_0$ …①의 관계가 성립한다. 따라서 $b=\pm 2B_0, -4B_0$이다. Q에서 A, B, C의 전류에 의한 자기장은 각각 $2B_0$, $\frac{b}{2}$, $\pm 3B_0$이므로 Q에서 자기장에 대한 방정식을 세워 보면, $2B_0+\frac{b}{2}\pm 3B_0=\pm 3B_0$ …②가 성립한다. 여기에 $b=\pm 2B_0$, $-4B_0$ 값을 대입해 보면 $b=-4B_0$만 가능하다. 다시 ①에 $b=-4B_0$을 대입하여 정리하면 $B_0-4B_0+2B_0=-B_0$으로 쓸 수 있다. 따라서 P에서 B, C의 전류에 의한 자기장은 각각 xy 평면에 수직으로 들어가는 방향으로 $4B_0$, xy 평면에서 수직으로 나오는 방향으로 $2B_0$이다. P에서 A, B, C의 전류에 의한 자기장은 xy 평면에 수직으로 들어가는 방향으로 B_0이다.

ㄱ. P에서 B의 전류에 의한 자기장의 세기가 $4B_0$이므로 $I_B=2I_0$이다.

ㄴ. P에서 C의 전류에 의한 자기장의 방향이 xy 평면에서 수직으로 나오는 방향이므로 C의 전류의 방향은 $+y$ 방향이다.

✓ ㄷ. ②를 정리하면, $2B_0-2B_0+3B_0=3B_0$이 되므로, Q에서 A, B, C의 전류에 의한 자기장은 xy 평면에서 수직으로 나오는 방향으로 $3B_0$이다.

답 ②

85 직선 전류에 의한 자기장

빈출 문항 자료 분석

그림과 같이 xy 평면에 무한히 긴 직선 도선 A, B, C가 고정되어 있다. A, B에는 서로 반대 방향으로 세기 I_0인 전류가, C에는 세기 I_C인 전류가 각각 일정하게 흐르고 있다. xy 평면에서 수직으로 나오는 자기장의 방향을 양(+)으로 할 때, x축상의 점 P, Q에서 세 도선에 흐르는 전류에 의한 자기장의 방향은 각각 양(+), 음(−)이다.

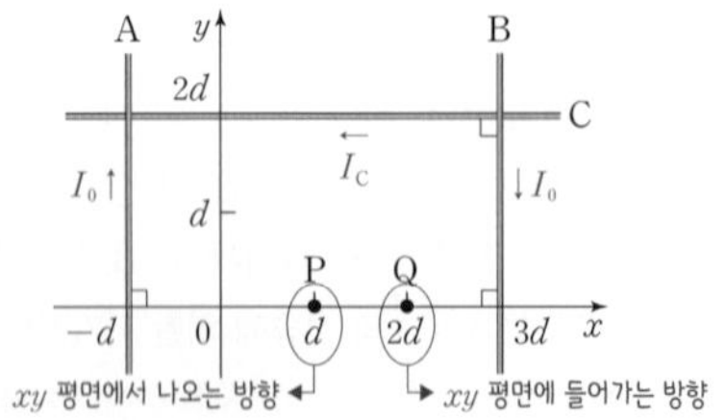

이에 대한 설명으로 옳은 것만을 〈보기〉에서 있는 대로 고른 것은?

보기

ㄱ. A에 흐르는 전류의 방향은 $+y$ 방향이다.

ㄴ. C에 흐르는 전류의 방향은 $-x$ 방향이다.

ㄷ. $I_C \leq 2I_0$이다.

해결 전략 직선 도선에 흐르는 전류에 의한 자기장을 이해하고, 각 지점에서 자기장을 합성하여 합성 자기장의 방향을 파악할 수 있어야 한다.

선택지 분석

ㄱ, ㄴ. P와 Q에서 A와 B에 흐르는 전류에 의한 자기장의 방향은 xy 평면에 수직으로 들어가는 방향이고, C에 흐르는 전류에 의한 자기장의 방향은 xy 평면에서 수직으로 나오는 방향이어야 하므로, A에 흐르는 전류의 방향은 $+y$ 방향이고, C에 흐르는 전류의 방향은 $-x$ 방향이다.

ㄷ. P에서 A, B, C에 흐르는 전류에 의한 자기장의 방향은 xy 평면에서 수직으로 나오는 방향이므로 A와 B에 흐르는 전류에 의한 자기장의 세기보다 C에 흐르는 전류에 의한 자기장의 세기가 커야 한다. 따라서 전류에 의한 자기장의 세기는 도선에 흐르는 전류의 세기에 비례하고, 도선으로부터 떨어진 거리에 반비례하므로, $k\frac{I_C}{2d} > k\frac{I_0}{2d} + k\frac{I_0}{2d}$에서 $I_C > 2I_0$이다.

답 ③

86 직선 전류에 의한 자기장

자료 분석

p에서 떨어진 거리는 B가 C의 2배이다. 만약 B에 흐르는 전류의 세기가 $2I_0$이라면, p에서 B에 흐르는 전류에 의한 자기장과 C에 흐르는 전류에 의한 자기장의 세기는 같고 방향은 서로 반대이므로 p에서 A, B, C에 흐르는 전류에 의한 자기장이 0이 될 수 없다. 따라서 (나)의 I는 A에 흐르는 전류이다.

선택지 분석

❹ A에 흐르는 전류의 세기가 $2I_0$일 때, p에서 전류에 의한 자기장은 0이다. p에서 A, B, C에 흐르는 전류에 의한 자기장의 세기를 각각 B_A, B_B, B_C라고 하면, $-B_A-B_B+B_C=0$이고 $B_C=\frac{3}{2}B_A$이므로 $B_B=\frac{1}{2}B_A$이다. p로부터 떨어진 거리는 A가 B의 $\frac{3}{2}$배이고, A에 흐르는 전류의 세기는 $2I_0$이므로 일정한 전류가 흐르는 도선 B에 흐르는 전류의 세기는 $\frac{2}{3}I_0$이다.

답 ④

87 직선 전류에 의한 자기장

자료 분석

직선 도선에 흐르는 전류에 의한 자기장의 방향은 오른손 엄지손가락을 전류의 방향으로 향할 때 나머지 네 손가락이 도선을 감아쥐는 방향이다(앙페르 법칙). 또 전류에 의한 자기장의 세기(B)는 도선에 흐르는 전류의 세기(I)에 비례하고, 도선으로부터 떨어진 거리(r)에 반비례한다$\left(B\propto\frac{I}{r}\right)$.

선택지 분석

ㄱ. 앙페르 법칙에 의해 p에서 B에 흐르는 전류에 의한 자기장의 방향은 xy 평면에서 수직으로 나오는 방향이다. 또한 p에서 세 도선의 전류에 의한 자기장은 0이고, C에 흐르는 전류의 방향을 반대로 바꾸었더니 p에서 세 도선의 전류에 의한 자기장의 방향이 xy 평면에 수직으로 들어가는 방향이 되었으므로 방향을 바꾸기 전 C에 흐르는 전류의 방향은 $+y$ 방향이다. 따라서 p에서 C에 흐르는 전류에 의한 자기장의 방향은 xy 평면에서 수직으로 나오는 방향이므로, p에서 세 도선의 전류에 의한 자기장이 0이 되려면 A에 흐르는 전류에 의한 자기장의 방향은 xy 평면에 수직으로 들어가는 방향이어야 한다. 즉, A에 흐르는 전류의 방향은 $+y$ 방향이다.

ㄴ. C의 위치가 B의 위치인 $x=3d$인 지점에 있는 경우로 가정하면, 세 도선이 p로부터 떨어진 거리가 같다. 따라서 p에서 세 도선의 전류에 의한 자기장이 0이 되려면 $I_A=I_B+I_C$가 되어야 한다. 그러나 C의 위치가 $x=3d$보다 커지면 I_C도 커져야 하므로 $I_A<I_B+I_C$이다.

ㄷ. C에 흐르는 전류의 방향을 바꾸기 전에는 세 도선에 흐르는 전류의 방향이 모두 $+y$ 방향이므로 O에서 세 도선에 흐르는 전류에 의한 자기장의 방향은 xy 평면에서 수직으로 나오는 방향이다. 또한 O로부터 떨어진 거리는 C가 가장 크므로 C에 흐르는 전류의 방향이 바뀌어도 O에서 세 도선에 흐르는 전류에 의한 자기장의 방향은 xy 평면에서 수직으로 나오는 방향이다. 따라서 O에서 세 도선의 전류에 의한 자기장의 방향은 C에 흐르는 전류의 방향을 바꾸기 전과 후가 같다.

답 ⑤

88 직선 전류에 의한 자기장

자료 분석

직선 도선에 흐르는 전류에 의한 자기장의 방향은 오른손 엄지손가락을 전류의 방향으로 향할 때 나머지 네 손가락이 도선을 감아쥐는 방향이다(앙페르 법칙). 또 전류에 의한 자기장의 세기는 도선으로부터 떨어진 거리에 반비례하고, 도선에 흐르는 전류의 세기에 비례한다$\left(B=k\frac{I}{r}\right)$.

선택지 분석

ㄱ. 앙페르 법칙에 의해 p에서 A와 B에 흐르는 전류에 의한 자기장의 방향은 모두 종이면에 수직으로 들어가는 방향이므로 (−)이지만, C의 위치 x가 $-d<x<0$일 때 p에서 A, B, C에 흐르는 전류에 의한 자기장의 방향이 (+)이므로 C에 흐르는 전류의 방향은 B에 흐르는 전류의 방향과 같아야 한다.

✓ ㄴ. 전류의 방향이 B에서와 C에서가 같으므로 C의 위치가 $x=\frac{d}{5}$일 때 p에서 A, B, C에 흐르는 전류에 의한 자기장의 방향은 모두 종이면에 수직으로 들어가는 방향이 된다. 따라서 p에서 자기장의 세기는 C의 위치가 $x=\frac{d}{5}$에서가 $x=-\frac{d}{5}$에서보다 크다.

✓ ㄷ. p에서 B에 흐르는 전류에 의한 자기장의 세기를 B라고 하면, p에서 A에 흐르는 전류에 의한 자기장의 세기는 $2B$이므로 p에서 A, B에 흐르는 전류에 의한 자기장의 세기는 $3B$이다. C에 흐르는 전류의 방향은 B에 흐르는 전류의 방향과 같으므로 C는 p의 왼쪽에 위치해야 하고, C에 흐르는 전류의 세기는 B에 흐르는 전류의 세기의 $\frac{5}{2}$배이므로, p에서 C에 흐르는 전류에 의한 자기장의 세기가 $3B$가 되기 위한 C의 위치는 $x=-2d$와 $x=-d$ 사이에 있어야 한다. 답 ⑤

89 전류에 의한 자기장의 이용

자료 분석

전자석 기중기는 전류가 흐르면 자석의 성질이 나타나 고철이 달라붙고 전류가 흐르지 않으면 자석의 성질이 사라지는 전자석의 성질을 이용하여 고철을 옮긴다. 또 자기 공명 영상 장치(MRI)는 코일에 전류가 흐를 때 생기는 강한 자기장을 이용하여 인체 내부의 영상을 얻는다.

선택지 분석

✓ ㄱ. 전자석 기중기는 전류에 의한 자기장을 이용하여 무거운 물체를 들어 올리거나 옮기는 장치이다.

ㄴ. 발광 다이오드(LED)는 전기 에너지를 빛에너지로 변환시키는 반도체 소자이다.

✓ ㄷ. 자기 공명 영상 장치(MRI)는 전자석에 전류가 흐를 때 발생하는 강한 자기장을 이용하여 영상을 얻는 장치이다. 답 ③

90 직선 전류에 의한 자기장

자료 분석

직선 도선에 흐르는 전류에 의한 자기장의 방향은 오른손 엄지손가락을 전류의 방향으로 향할 때 나머지 네 손가락이 도선을 감아쥐는 방향이다(앙페르 법칙). 또 전류의 세기가 클수록 자기장의 세기도 크며, 나침반 자침의 회전각도 크다.

선택지 분석

✓ ㄱ. t_1일 때 나침반 자침의 N극이 북서쪽을 가리키므로 직선 도선의 연직 아래 지점에서 전류에 의한 자기장의 방향은 서쪽이다.

✓ ㄴ. 직선 도선에 남쪽에서 북쪽으로 전류가 흐르므로 단자 a는 (+)극이다.

✓ ㄷ. t_2일 때가 t_1일 때보다 전류의 세기가 크므로 자기장의 세기도 크다. 따라서 나침반 자침의 N극이 북쪽과 이루는 각은 t_2일 때가 t_1일 때보다 크다. 답 ⑤

91 직선 전류에 의한 자기장

자료 분석

• $x>0$인 영역에서 A에 흐르는 전류에 의한 자기장의 방향은 xy 평면에 수직으로 들어가는 방향이다. (나)의 그래프에서 자기장이 x축 위인 부분은 도선 B와 가까운 영역으로 A보다 B에 흐르는 전류에 의한 자기장의 영향이 큰 구간이다. 이 구간에서 자기장의 방향은 (+)방향으로 xy 평면에서 수직으로 나오는 방향이다.

• 자기장이 x축 아래인 부분에서 A와 B에 흐르는 전류에 의한 합성 자기장의 방향은 (−)방향으로 xy 평면에 수직으로 들어가는 방향이다.

선택지 분석

✓ ㄱ. (나)에서 A와 B에 흐르는 전류에 의한 자기장이 0인 지점이 A와 B 사이의 바깥쪽인 B의 오른쪽에 있으므로 A와 B에 흐르는 전류의 방향은 서로 다른 방향이다. 따라서 B에 흐르는 전류의 방향은 $-y$ 방향이다.

ㄴ. A와 B에 흐르는 전류에 의한 자기장이 0인 지점이 B의 오른쪽에 있으므로 B에 흐르는 전류의 세기는 A에 흐르는 전류의 세기(I_0)보다 작다.

ㄷ. $x=-\frac{1}{2}d$에서와 $x=-\frac{3}{2}d$에서 A와 B에 흐르는 전류에 의한 자기장의 방향은 A에 흐르는 전류에 의한 자기장의 방향과 같으므로, 자기장의 방향은 $x=-\frac{1}{2}d$에서와 $x=-\frac{3}{2}d$에서 서로 반대 방향이다. 답 ①

92 직선 전류에 의한 자기장

자료 분석

전류에 의한 자기장의 방향이 xy 평면에 수직으로 들어가는 방향을 (+)이라 하고, 도선 A, B에 흐르는 전류의 방향을 $+y$ 방향, A, B에 흐르는 전류의 세기를 각각 I_A, I_B라 하면, A, B에 흐르는 전류에 의한 p, q에 작용하는 자기장은 각각 $p_A=k\frac{I_A}{d}$, $q_A=k\frac{I_A}{3d}$, $p_B=-k\frac{I_B}{3d}$, $q_B=-k\frac{I_B}{d}$가 되고, C에 흐르는 전류에 의한 p, q에 작용하는 자기장은 $p_C=-k\frac{I}{d}$, $q_C=k\frac{I}{d}$이다. 따라서 p, q에서 A, B, C에 흐르는 전류에 의한 자기장이 0이므로, p에서 자기장의 세기$=k\frac{I_A}{d}-k\frac{I_B}{3d}-k\frac{I}{d}=0$에서 $3I=3I_A-I_B$이고, q에서 자기장의 세기$=k\frac{I_A}{3d}-k\frac{I_B}{d}+k\frac{I}{d}=0$에서 $I_A=3I_B-3I$이다. 즉, $I_A=I_B=1.5I$이다. 그러므로 A, B에 흐르는 전류의 방향은 같고, r에서 A, B, C에 의한 자기장의 합은 $k\frac{1.5I}{d}-k\frac{1.5I}{3d}+k\frac{I}{2d}=k\frac{3I}{2d}$이다.

선택지 분석

✓ ㄱ. C에 흐르는 전류에 의한 자기장의 방향은 p에서는 xy 평면에서 수직으로 나오는 방향이고, q에서는 xy 평면에 수직으로 들어가는 방향이다. A에 흐르는 전류에 의한 자기장의 방향은 p와 q에서 같고, B에 흐르는 전류에 의한 자기장의 방향도 p와 q에서 같다. p에서 A, B, C에 흐르는 전류에 의한 자기장이 0이 되기 위해서는 p에서 A에 흐르는 전류에 의한 자기장의 방향이 xy 평면에 수직으로 들어가는 방향이어야 하고, p에서 B에 흐르는 전류에 의한 자기장의 방향은 xy 평면에서 수직으로 나오는 방향이 되어야 한다. 따라서 전류의 방향은 A에서와 B에서가 같다.

ㄴ. p에서 A에 흐르는 전류에 의한 자기장의 세기가 C에 흐르는 전류에 의한 자기장의 세기보다 커야 하므로, A에 흐르는 전류의 세기는 I보다 크다.

ㄷ. r에서 A, B, C에 흐르는 전류에 의한 자기장의 방향은 각 도선에서 r까지의 거리와 전류의 세기를 고려할 때, A에 흐르는 전류에 의한 자기장의 방향과 같으므로 xy 평면에 수직으로 들어가는 방향이다. 답 ①

93 직선 전류에 의한 자기장

빈출 문항 자료 분석

그림 (가)와 같이 무한히 긴 직선 도선 a, b, c가 xy 평면에 고정되어 있고, a, b에는 세기가 I_0으로 일정한 전류가 서로 반대 방향으로 흐르고 있다. 그림 (나)는 원점 O에서 a, b, c의 전류에 의한 자기장 B를 c에 흐르는 전류 I에 따라 나타낸 것이다.

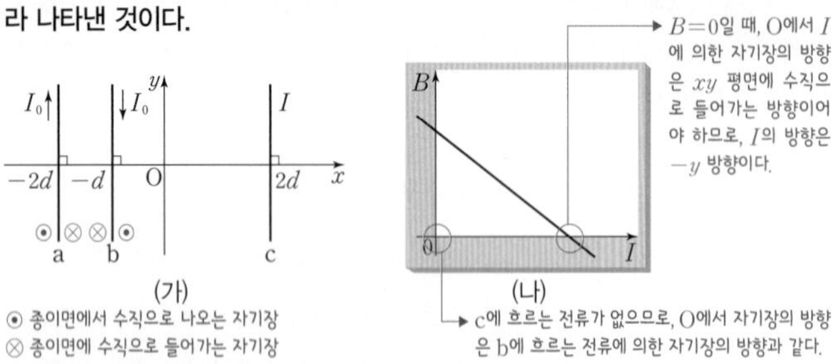

I_0
I_0
I
y
$-2d$
$-d$
O
$2d$
x
a
b
c
(가)
⊙ 종이면에서 수직으로 나오는 자기장
⊗ 종이면에 수직으로 들어가는 자기장
B
O
I
(나)
$B=0$일 때, O에서 I에 의한 자기장의 방향은 xy 평면에 수직으로 들어가는 방향이어야 하므로, I의 방향은 $-y$ 방향이다.
c에 흐르는 전류가 없으므로, O에서 자기장의 방향은 b에 흐르는 전류에 의한 자기장의 방향과 같다.

이에 대한 설명으로 옳은 것만을 〈보기〉에서 있는 대로 고른 것은?

보기

ㄱ. $I=0$일 때, B의 방향은 xy 평면에서 수직으로 나오는 방향이다. O
ㄴ. $B=0$일 때, I의 방향은 $-y$ 방향이다. O
ㄷ. $B=0$일 때, I의 세기는 I_0이다. O

해결 전략 전류가 흐르는 평행한 세 직선 도선에 의한 자기장을 이해하고, 직선 도선에 흐르는 전류의 세기와 방향을 비교하고 전류에 의한 자기장을 합성할 수 있어야 한다.

선택지 분석

✓ ㄱ. O에서 b에 흐르는 전류에 의한 자기장의 세기는 a에 흐르는 전류에 의한 자기장의 세기보다 크다. 따라서 $I=0$일 때, O에서 자기장의 방향은 b에 흐르는 전류에 의한 자기장의 방향과 같으므로, xy 평면에서 수직으로 나오는 방향이다.

✓ ㄴ. O에서 a, b에 흐르는 전류에 의한 자기장의 방향은 xy 평면에서 수직으로 나오는 방향이므로 $B=0$일 때, O에서 I에 의한 자기장의 방향은 xy 평면에 수직으로 들어가는 방향이어야 한다. 따라서 $B=0$일 때, I의 방향은 $-y$ 방향이다.

✓ ㄷ. O에서 a에 흐르는 전류(세기 I_0)에 의한 자기장의 세기를 B_0이라고 하면, O에서 b에 흐르는 전류(세기 I_0)에 의한 자기장의 세기는 $2B_0$이고, O에서 a와 b에 흐르는 전류에 의한 자기장의 세기는 B_0이므로 $B=0$일 때, I의 세기는 I_0이다.

답 ⑤

94 직선 전류에 의한 자기장

자료 분석

과정 (다)에서 가변 저항기의 저항값이 작게 변하면 나침반 자침의 회전각이 커지고, 가변 저항기의 저항값이 크게 변하면 나침반 자침의 회전각이 작아진다. 또한 결과 (나), (다)에서 자침의 회전각으로 전류의 세기를 비교할 수 있고, 결과 (나), (라)에서 자침의 회전 방향으로 전류의 방향을 비교할 수 있다.

선택지 분석

ㄱ. 직선 도선 아래에 있는 나침반 자침의 N극이 직선 도선에 흐르는 전류에 의해 시계 반대 방향으로 회전하였으므로 직선 도선에 흐르는 전류의 방향은 b → a 방향이다.

✓ ㄴ. (다)의 결과는 (나)의 결과보다 나침반 자침의 N극이 시계 반대 방향으로 더 많이 회전하였으므로, 직선 도선에 흐르는 전류의 세기는 (나)에서가 (다)에서보다 작다.

✓ ㄷ. (라)에서 나침반 자침의 N극이 시계 방향으로 회전하였으므로 직선 도선에 흐르는 전류의 방향은 (나)에서와 반대 방향이다. 따라서 '전원 장치의 (+), (−)단자에 연결된 집게를 서로 바꿔 연결한 후'는 ㉠으로 적절하다.

답 ④

95 직선 전류에 의한 자기장

자료 분석

직선 도선에 흐르는 전류에 의한 자기장의 방향은 오른손 엄지손가락을 전류의 방향으로 향할 때 나머지 네 손가락이 도선을 감아쥐는 방향이다(앙페르 법칙). 또 전류에 의한 자기장의 세기는 도선으로부터 떨어진 거리에 반비례하고, 도선에 흐르는 전류의 세기에 비례한다$\left(B=k\dfrac{I}{r}\right)$.

$x=-d$인 지점에서 전류에 의한 자기장이 0일 때 도선 C에는 전류가 흐르지 않으므로 $x=-d$인 지점으로부터 거리가 2배인 도선 B에서의 전류의 세기가 도선 A에서의 2배가 된다.

또 $x=0$인 지점에서 A, B에 의한 합성 자기장만큼 C에 자기장이 형성되어야 한다.

선택지 분석

✓ ④ $x=-d$인 지점에서 A에 의한 자기장의 세기는 $B_A=k\dfrac{I_0}{d}$이고, B에 의한 자기장의 세기는 $B_B=k\dfrac{I_B}{2d}$이다. $x=-d$인 지점에서 A와 B에 의한 합성 자기장이 0이므로, I_B의 세기(㉠)는 $2I_0$이다.

$x=0$인 지점에서 자기장이 0일 때, A, B에 의한 자기장이 xy 평면에 수직으로 들어가는 방향이므로, C에 의한 자기장의 방향은 xy 평면에서 수직으로 나오는 방향이어야 한다. 따라서 C에 흐르는 전류의 방향(㉢)은 $+y$ 방향이고, C에 흐르는 전류의 세기(㉡)는 $3I_0$이다.

답 ④

96 솔레노이드에 의한 자기장

자료 분석

전류가 흐르는 원형 도선 내부에서 자기장의 방향은 오른손 네 손가락을 전류의 방향으로 감아쥘 때 엄지손가락이 가리키는 방향이다. 따라서 솔레노이드 내부에서 자기장의 방향은 아래쪽이다.

선택지 분석

✓ ㄱ. S를 닫으면 솔레노이드에 흐르는 전류에 의한 자기장이 형성되고, 이 자기장에 의해 자기력을 받는다. 즉, F는 자기력이다.

✓ ㄴ. 오른손 네 손가락을 전류의 방향으로 감아쥘 때 엄지손가락이 가리키는 방향이 솔레노이드 내부에서 자기장의 방향이다. 따라서 솔레노이드 내부에는 아래 방향으로 자기장이 생긴다.

ㄷ. P에 작용하는 중력과 반작용 관계인 힘은 P가 지구를 당기는 힘이고, F와 반작용 관계인 힘은 P가 솔레노이드를 당기는 힘이다.

답 ③

97 원형 전류에 의한 자기장

빈출 문항 자료 분석

그림과 같이 중심이 점 O인 세 원형 도선 A, B, C가 종이면에 고정되어 있다. 표는 O에서 A, B, C의 전류에 의한 자기장의 세기와 방향을 나타낸 것이다. A에 흐르는 전류의 방향은 시계 반대 방향이다. (O에서 자기장의 방향은 종이면에서 수직으로 나오는 방향이다.)

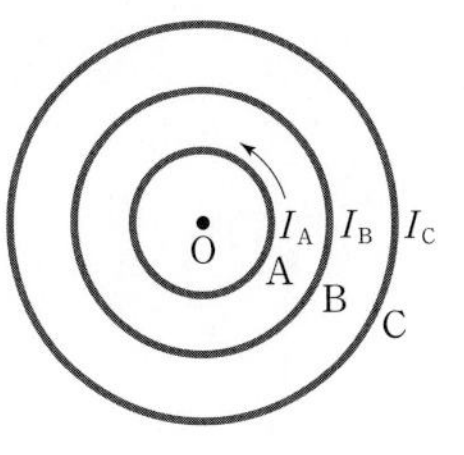

실험	전류의 세기			O에서의 자기장	
	A	B	C	세기	방향
Ⅰ	I_A	0	0	B_0	㉠
Ⅱ	I_A	I_B	0	$0.5B_0$	×
Ⅲ	I_A	I_B	I_C	B_0	⊙

×: 종이면에 수직으로 들어가는 방향
⊙: 종이면에서 수직으로 나오는 방향

이에 대한 설명으로 옳은 것만을 〈보기〉에서 있는 대로 고른 것은?

보기

ㄱ. ㉠은 '⊙'이다. O
ㄴ. 실험 Ⅱ에서 B에 흐르는 전류의 방향은 시계 방향이다. O (O에서의 자기장의 방향이 종이면에 수직으로 들어가는 방향이기 때문이다.)
ㄷ. $I_B < I_C$이다. O

해결 전략 세 원형 도선의 중심에서 자기장의 세기와 방향으로부터 각 도선에 흐르는 전류의 방향과 세기를 비교할 수 있어야 한다.

선택지 분석

✓ ㄱ. B와 C에는 전류가 흐르지 않고, A에 시계 반대 방향으로 흐르는 전류에 의한 O에서의 자기장의 방향은 종이면에서 수직으로 나오는 방향이다. 따라서 ㉠은 '⊙'이다.

✓ ㄴ. 실험 Ⅱ에서 A와 B에 흐르는 전류에 의한 자기장의 방향은 종이면에 수직으로 들어가는 방향이다. 따라서 B에 흐르는 전류의 방향은 시계 방향이다.

✓ ㄷ. 실험 Ⅰ, Ⅲ에서 자기장의 세기는 같으므로 B에 흐르는 전류에 의한 O에서의 자기장의 세기와 C에 흐르는 전류에 의한 O에서의 자기장의 세기는 같고, 방향은 다르지만 도선의 반지름은 C가 B보다 크므로 $I_B < I_C$이다.

답 ⑤

98 전류에 의한 자기장

자료 분석

직선 전류의 자기장 세기는 전류의 세기에 비례하고, 떨어진 거리에 반비례한다. 표의 첫 번째와 두 번째 조건을 이용하여 C의 자기장의 세기를 구할 수 있고, 표의 첫 번째와 세 번째 조건을 이용하여 A, B의 자기장의 세기를 구할 수 있다.

선택지 분석

✓ ❸ A, B의 조건을 변화시키지 않고 C에 흐르는 전류의 방향만을 $+y$ 방향에서 $-y$ 방향으로 바꾸었을 때, O에서 A, B, C의 전류에 의한 자기장의 세기가 0에서 $4B_0$으로 바뀌었으므로 표의 두 번째 조건에서 O에서 A, B, C의 전류에 의한 자기장의 방향은 xy 평면에 수직으로 들어가는 방향이다. xy 평면에 수직으로 들어가는 방향을 (+)방향, xy 평면에서 수직으로 나오는 방향을 (−)방향이라 하고, O에서 A의 전류에 의한 자기장의 세기를 B_A, B의 전류에 의한 자기장의 세기를 B_B, C의 전류에 의한 자기장의 세기를 B_C라 할 때 표의 첫 번째, 두 번째 조건에서 O에서 A, B, C의 전류에 의한 자기장은 다음과 같다.

$B_A + B_B - B_C = 0$ …①　　　$B_A + B_B + B_C = 4B_0$ …②

①, ②에서 $B_C = 2B_0$이다.

또한 세 번째 조건에서 B의 전류의 방향을 반대로 바꾸었으므로 이때 O에서 A, B, C의 전류에 의한 자기장은 다음과 같다.

$B_A - B_B + B_C = 2B_0$ …③

$B_C = 2B_0$을 ①, ③에 대입하여 정리하면 $B_A = B_B = B_0$이다.

따라서 C에 흐르는 전류의 세기를 I_C라 할 때, $B_A = B_0 = k\frac{I_0}{d}$, $B_C = 2B_0 = k\frac{I_C}{2d}$이므로 $I_C = 4I_0$이다.

답 ③

도전 1등급 99 전류에 의한 자기장

도전 1등급 문항 분석 ▸▸ 정답률 33.9%

그림은 무한히 가늘고 긴 직선 도선 P, Q와 원형 도선 R가 xy 평면에 고정되어 있는 모습을 나타낸 것이다. 표는 R의 중심이 점 a, b, c에 있을 때, R의 중심에서 P, Q, R에 흐르는 전류에 의한 자기장의 세기와 방향을 나타낸 것이다. P, Q에 흐르는 전류의 세기는 각각 $2I_0$, $3I_0$이고, P에 흐르는 전류의 방향은 $-x$ 방향이다. R에 흐르는 전류의 세기와 방향은 일정하다.

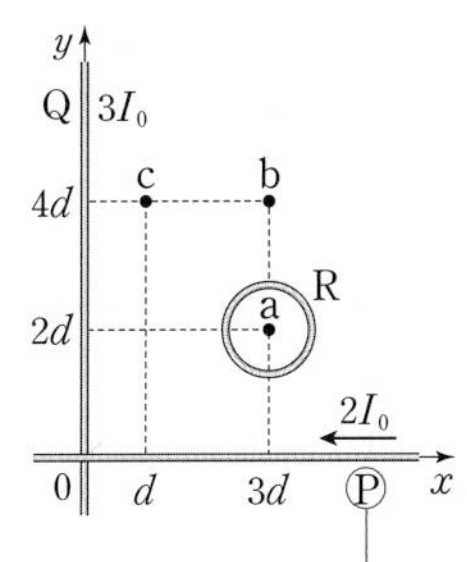

R의 중심	R의 중심에서 P, Q, R에 의한 자기장	
	세기	방향
a	0	해당 없음
b	B_0	㉠
c	㉡	×

×: xy 평면에 수직으로 들어가는 방향

(㉠: xy 평면에서 수직으로 나오는 방향; ㉡: $3B_0$; P에 의한 a, b, c에서 자기장의 방향은 xy 평면에 수직으로 들어가는 방향)

이에 대한 설명으로 옳은 것만을 〈보기〉에서 있는 대로 고른 것은?

보기

ㄱ. Q에 흐르는 전류의 방향은 $+y$ 방향이다. O
ㄴ. ㉠은 xy 평면에서 수직으로 나오는 방향이다. O
ㄷ. ㉡은 $3B_0$이다. O

해결 전략 직선과 원형 도선에 흐르는 전류의 세기와 방향을 비교하고, 각 도선에 흐르는 전류에 의한 자기장의 세기와 방향을 파악할 수 있어야 한다.

선택지 분석

✓ ㄱ. a에서 P에 흐르는 전류에 의한 자기장의 세기와 Q에 흐르는 전류에 의한 자기장의 세기는 같다. 만약 Q에 흐르는 전류의 방향이 $-y$ 방향이라면, a에서 P, Q에 흐르는 전류에 의한 자기장은 0이다. R에는 일정한 전류가 흐른다고 했으므로 R의 중심이 a일 때, a에서 P, Q, R에 흐르는 전류에 의한 자기장은 0이 될 수 없다. 따라서 Q에 흐르는 전류의 방향은 $+y$ 방향이다.

✓ ㄴ. R의 중심에서 R에 흐르는 전류에 의한 자기장의 세기를 B라 하고, xy 평면에 수직으로 들어가는 방향을 (+)방향이라고 하자. R의 중심이 a일 때 $k\left(\frac{2I_0}{2d}+\frac{3I_0}{3d}\right)=B$에서 $B=k\frac{2I_0}{d}$이다. R의 중심이 b일 때 P, Q, R에 흐르는 전류에 의한 자기장의 세기는

$k\left(\frac{2I_0}{4d}+\frac{3I_0}{3d}\right)-B=k\left(\frac{3I_0}{2d}-\frac{2I_0}{d}\right)=-k\frac{I_0}{2d}=B_0$이다. 따라서 ㉠은 xy 평면에서 수직으로 나오는 방향이다.

✓ ㄷ. ㉡$=k\left(\frac{2I_0}{4d}+\frac{3I_0}{d}\right)-B=k\left(\frac{7I_0}{2d}-\frac{2I_0}{d}\right)=k\frac{3I_0}{2d}=3B_0$이다.

답 ⑤

도전 1등급

100 전류에 의한 자기장

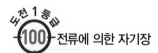

도전 1등급 문항 분석 ▸▸ 정답률 32.5%

그림과 같이 가늘고 무한히 긴 직선 도선 A, B, C와 원형 도선 D가 xy 평면에 고정되어 있다. A∼D에는 각각 일정한 전류가 흐르고, C, D에는 화살표 방향으로 전류가 흐른다. 표는 y축상의 점 p, q에서 A∼C 또는 A∼D의 전류에 의한 자기장의 세기를 나타낸 것이다. p에서 A, B, C까지의 거리는 d로 같다.

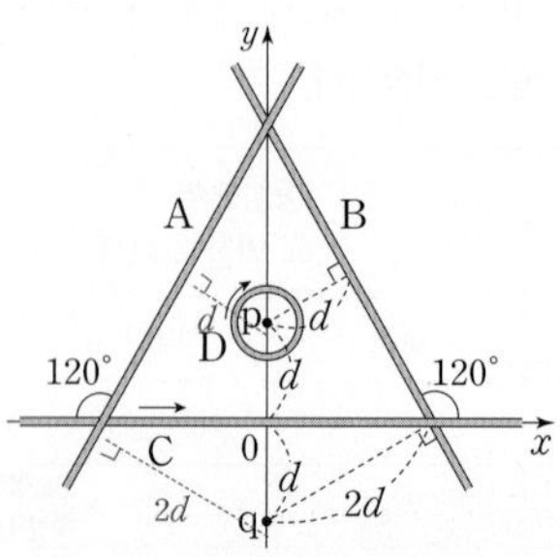

영역	C의 전류에 의한 자기장 방향
$y>0$	xy 평면에서 수직으로 나오는 방향
$y<0$	xy 평면에서 수직으로 들어가는 방향

점	도선의 전류에 의한 자기장의 세기	
	A∼C	A∼D
p	$3B_0$	$5B_0$
q	0	

p로부터 A, B가 떨어진 거리는 d이므로 q로부터 A, B가 떨어진 거리는 $2d$이다. 따라서 p에서 A와 B의 전류에 의한 자기장의 세기를 B_{AB}라고 하면, q에서 A와 B의 전류에 의한 자기장의 세기는 $\frac{1}{2}B_{AB}$이다.

p에서, C의 전류에 의한 자기장의 세기 B_C와 D의 전류에 의한 자기장의 세기 B_D로 옳은 것은?

해결 전략 C의 전류에 의한 자기장의 방향은 p에서와 q에서가 서로 반대이고, 세기는 p에서와 q에서가 같다는 것을 이용하여 문제를 해결할 수 있어야 한다.

선택지 분석

✓ ❷ A, B의 전류에 의한 자기장의 방향은 p에서와 q에서가 같다. xy 평면에서 수직으로 나오는 방향을 (+)이라고 하자. A∼C의 전류에 의한 자기장의 세기는 p에서가 $B_{AB}+B_C=3B_0$…①이고, q에서가 $\frac{1}{2}B_{AB}-B_C=0$…②이다. ①, ②를 정리하면, $B_{AB}=2B_0$이고 $B_C=B_0$이다.

p에서, A∼C의 전류에 의한 자기장의 세기는 $3B_0$이고 A∼D의 전류에 의한 자기장의 세기는 $5B_0$이므로 D의 전류에 의한 자기장은 $+2B_0$이거나 $-8B_0$인 경우가 가능하다. D에 흐르는 전류의 방향은 시계 방향이므로 p에서 D의 전류에 의한 자기장의 방향은 xy 평면에 수직으로 들어가는 방향이므로 $B_D=8B_0$이다.

답 ②

101 전류에 의한 자기장

빈출 문항 자료 분석

그림 (가)와 같이 무한히 긴 직선 도선 P, Q와 점 a를 중심으로 하는 원형 도선 R가 xy 평면에 고정되어 있다. P, Q에는 세기가 각각 I_0, $3I_0$인 전류가 $-y$ 방향으로 흐른다. 그림 (나)는 (가)에서 Q만 제거한 모습을 나타낸 것이다. (가)와 (나)의 a에서 P, Q, R의 전류에 의한 자기장의 방향은 서로 반대이고, 자기장의 세기는 각각 B_0, $2B_0$이다.

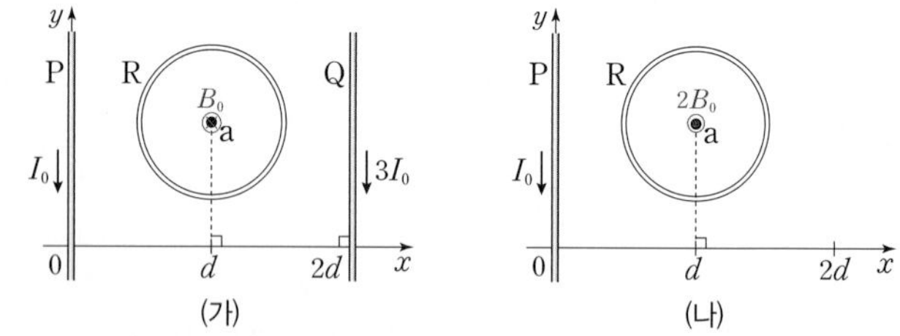

(가)의 a에서 P에 흐르는 전류에 의한 자기장의 방향은 xy 평면에서 수직으로 나오는 방향이고 Q에 흐르는 전류에 의한 자기장의 방향은 xy 평면에 수직으로 들어가는 방향이다. 전류의 세기는 P가 Q보다 작으므로 a에서 P에 흐르는 전류에 의한 자기장의 세기는 Q에 흐르는 전류에 의한 자기장의 세기보다 작다.

a에서의 자기장에 대한 옳은 설명만을 〈보기〉에서 있는 대로 고른 것은?

보기

ㄱ. (가)에서 Q의 전류에 의한 자기장의 세기는 P의 전류에 의한 자기장의 세기의 3배이다. O

ㄴ. (나)에서 P, R의 전류에 의한 자기장의 방향은 xy 평면에 수직으로 들어가는 방향이다. 수직으로 나오는 방향 X

ㄷ. R의 전류에 의한 자기장의 세기는 B_0이다. O

해결 전략 직선 도선과 원형 도선에 흐르는 전류의 세기와 방향을 비교하고, 각 도선에 흐르는 전류에 의한 자기장의 세기와 방향을 파악할 수 있어야 한다.

선택지 분석

✓ ㄱ. (가)에서 a로부터의 거리는 P에서와 Q에서가 같고, 전류의 세기는 Q가 P의 3배이다. 따라서 (가)의 a에서 Q의 전류에 의한 자기장의 세기는 P의 전류에 의한 자기장의 세기의 3배이다.

ㄴ. (나)는 (가)에서 Q만 제거한 모습이고, a에서 전류에 의한 자기장의 방향은 (가)에서와 (나)에서가 서로 반대이다. (가)에서 Q에 흐르는 전류에 의한 자기장의 방향은 xy 평면에 수직으로 들어가는 방향이므로 a에서 P, Q, R에 흐르는 전류에 의한 자기장의 방향은 xy 평면에 수직으로 들어가는 방향이다. (나)의 a에서 P, R에 흐르는 전류에 의한 자기장의 방향은 xy 평면에서 수직으로 나오는 방향이다.

✓ ㄷ. (가)의 a에서 P에 흐르는 전류에 의한 자기장의 세기를 B라고 하면, a에서 Q에 흐르는 전류에 의한 자기장의 세기는 $3B$이다. R의 중심에서 R에 흐르는 전류에 의한 자기장의 세기를 B_R라 하고 xy 평면에서 수직으로 나오는 방향을 (+)이라고 하면, P, Q, R의 전류에 의한 자기장은 다음과 같다.

(가) $B-3B+B_R=-B_0$…①

(나) $B+B_R=2B_0$…②

①−②를 하면, $B=B_0$…③이다. 따라서 ③을 ②에 대입하여 정리하면, $B_R=B_0$이다.

답 ③

102 전류에 의한 자기장과 표

자료 분석

A에 흐르는 전류의 세기가 0이면 p에서 B, C, D의 전류에 의한 자기장은 0이다. A에 흐르는 전류의 세기가 I_0이고 방향이 $+y$ 방향이면 p에서 A, B에 흐르는 전류에 의한 자기장의 합은 0이다. A에 흐르는 전류의 세기가 I_0이고 전류의 방향이 $-y$ 방향이면 p에서 A, B에 흐르는 전류에 의한 자기장의 합은 B에 흐르는 전류에 의한 자기장의 2배이다.

선택지 분석

✓ ㄱ. p에서 B, C, D의 전류에 의한 자기장은 0이다. A에 흐르는 전류의 세기가 I_0이고, 전류의 방향이 $-y$ 방향일 때, p에서 A ~ D의 전류에 의한 자기장의 세기가 B_0이므로 p에서 A의 전류에 의한 자기장의 세기는 B_0이다. 전류의 세기가 같으면, 전류의 방향이 반대이어도 자기장의 세기는 같다. 따라서 ㉠은 B_0이다.

ㄴ. p에서 B의 전류에 의한 자기장은 방향이 xy 평면에서 수직으로 나오는 방향이고, 세기가 B_0이다. p에서 C의 전류에 의한 자기장의 방향이 xy 평면에 수직으로 들어가는 방향이면 p에서 B, C의 전류에 의한 자기장은 0이다. 따라서 A에 흐르는 전류가 0일 때, p에서 B, C, D의 전류에 의한 자기장은 0이 될 수 없으므로 p에서 C의 전류에 의한 자기장의 방향은 xy 평면에서 수직으로 나오는 방향이다.

✓ ㄷ. A에 흐르는 전류가 0일 때, p에서 B, C의 전류에 의한 자기장은 방향이 xy 평면에서 수직으로 나오는 방향이고, 세기는 $2B_0$이다. 따라서 p에서 D의 전류에 의한 자기장은 방향이 xy 평면에 수직으로 들어가는 방향이고, 세기는 $2B_0$이다. 따라서 p에서 D의 전류에 의한 자기장의 세기는 B의 전류에 의한 자기장의 세기보다 크다. 답 ③

103 전류에 의한 자기장과 표

자료 분석

A와 B 사이에서 A, B에 흐르는 전류에 의한 자기장의 방향이 같다면 C의 중심이 p에 있을 때와 q에 있을 때 C의 중심에서 자기장의 세기가 같다. 그러나 C의 중심이 p에 있을 때와 q에 있을 때 C의 중심에서 자기장의 세기가 다르므로, A와 B 사이에서 A와 B에 흐르는 전류에 의한 자기장의 방향이 반대이다. 따라서 A와 B에 흐르는 전류의 방향이 같다.

선택지 분석

✓ ㄱ. C에 흐르는 전류에 의한 원형 도선 중심에서의 자기장의 방향은 xy 평면에서 수직으로 나오는 방향이다. C의 중심 위치가 p일 때 A와 가까이 있으므로 p에서 A, B, C의 전류에 의한 자기장이 0이 되기 위해서는 A에 흐르는 전류에 의한 자기장의 방향이 xy 평면에 수직으로 들어가는 방향이어야 한다. 따라서 A에 흐르는 전류의 방향은 $+y$ 방향이다.

✓ ㄴ. B에 흐르는 전류의 방향이 $+y$ 방향일 때는 C의 중심이 p에 있을 때와 q에 있을 때 A, B, C의 전류에 의한 자기장의 세기가 다를 수 있지만, B에 흐르는 전류의 방향이 $-y$ 방향일 때는 C의 중심이 p에 있을 때와 q에 있을 때 A, B, C의 전류에 의한 자기장이 0으로 동일하게 된다. 따라서 B에 흐르는 전류의 방향은 $+y$ 방향이다. 자기장의 방향이 xy 평면에서 수직으로 나오는 방향일 때를 (+)방향으로 하자. C의 중심 위치가 p일 때, p에서 A의 전류에 의한 자기장의 세기가 B_1, B의 전류에 의한 자기장의 세기가 B_2, C의 전류에 의한 자기장의 세기가 B_3이라면, A, B, C의 전류에 의한 자기장의 세기는 $-B_1+B_2+B_3=0$이다. C의 중심 위치가 q일 때, q에서 A의 전류에 의한 자기장의 세기는 B_2, B의 전류에 의한 자기장의 세기는 B_1, C의 전류에 의한 자기장의 세기는 B_3이므로 A, B, C의 전류에 의한 자기장의 세기는 $-B_2+B_1+B_3=B_0$이다. 두 식을 연립하면 $2B_3=B_0$이므로 $B_3=\frac{1}{2}B_0$이 되어 C의 중심에서 C의 전류에 의한 자기장의 세기는 B_0보다 작다.

✓ ㄷ. r에서 A의 전류에 의한 자기장의 세기는 B_2보다 작고, 자기장의 방향은 xy 평면에 수직으로 들어가는 방향이다. r에서 B의 전류에 의한 자기장의 세기는 B_1이고, 자기장의 방향은 xy 평면에 수직으로 들어가는 방향이다. C의 중심 위치를 점 r로 옮겨 고정할 때, C의 전류에 의한 자기장의 세기는 B_3이고, 자기장의 방향은 xy 평면에서 수직으로 나오는 방향이므로 A, B, C의 전류에 의한 자기장의 방향은 xy 평면에 수직으로 들어가는 방향(×)이다. 답 ⑤

도전 1등급

104 전류에 의한 자기장과 그래프

도전 1등급 문항 분석 ▸▸ 정답률 30%

그림 (가)와 같이 중심이 원점 O인 원형 도선 P와 무한히 긴 직선 도선 Q, R가 xy 평면에 고정되어 있다. P에는 세기가 일정한 전류가 흐르고, Q에는 세기가 I_0인 전류가 $-x$ 방향으로 흐르고 있다. 그림 (나)는 (가)의 O에서 P, Q, R의 전류에 의한 자기장의 세기 B를 R에 흐르는 전류의 세기 I_R에 따라 나타낸 것으로, $I_R=I_0$일 때 O에서 자기장의 방향은 xy 평면에서 수직으로 나오는 방향이고, 세기는 B_1이다.

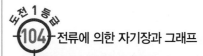

→ Q에 흐르는 전류에 의한 O에서 자기장의 방향은 xy 평면에서 수직으로 나오는 방향

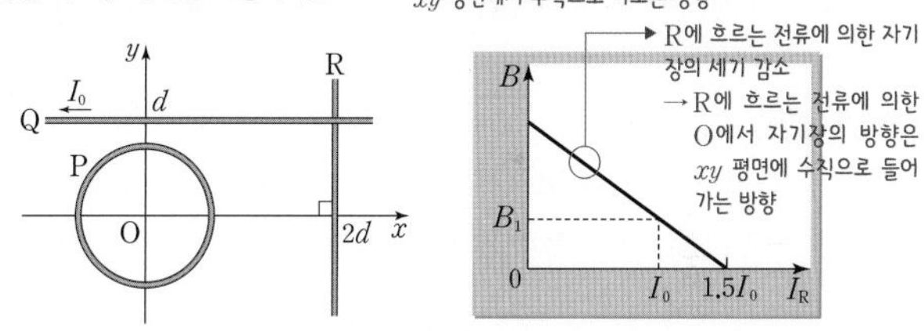

(가) (나)

이에 대한 설명으로 옳은 것만을 〈보기〉에서 있는 대로 고른 것은?

보기

ㄱ. R에 흐르는 전류의 방향은 $-y$ 방향이다. O

ㄴ. O에서 P의 전류에 의한 자기장의 방향은 xy 평면에서 수직으로 나오는 방향이다. xy 평면에 수직으로 들어가는 방향 X

ㄷ. O에서 P의 전류에 의한 자기장의 세기는 B_1이다. O

해결 전략 원형 도선과 직선 도선에 흐르는 전류에 의한 자기장을 이해하고, 각 지점에서 자기장을 합성하여 합성 자기장의 방향을 파악할 수 있어야 한다.

선택지 분석

✓ ㄱ. $I_R=0$일 때 O에서 자기장의 세기는 P와 Q에 흐르는 전류에 의한 자기장의 세기(B_T)이고, $I_R=I_0$일 때 O에서 자기장의 세기는 P, Q, R에 흐르는 전류에 의한 자기장의 세기(B_1)이다. O에서 Q에 흐르는 전류에 의한 자기장의 방향은 xy 평면에서 수직으로 나오는 방향이고, $B_T>B_1$이므로 O에서 R에 흐르는 전류에 의한 자기장의 방향은 xy 평면에 수직으로 들어가는 방향이다. 따라서 R에 흐르는 전류의 방향은 $-y$ 방향이다.

Ⅱ 물질과 전자기장

ㄴ. O에서 Q에 흐르는 전류에 의한 자기장의 세기를 $B_0=k\frac{I_0}{d}$이라고 하면, $I_R=I_0$일 때 O에서 I_R에 의한 자기장의 세기는 $k\frac{I_0}{2d}=\frac{1}{2}B_0$, $I_R=1.5I_0$일 때 O에서 I_R에 의한 자기장의 세기는 $k\frac{1.5I_0}{2d}=\frac{3}{4}B_0$이다.
$I_R=I_0$일 때 O에서 자기장의 방향은 xy 평면에서 수직으로 나오는 방향이고, $I_R=1.5I_0$일 때 O에서 자기장은 0이므로 O에서 P에 흐르는 전류에 의한 자기장의 방향은 xy 평면에 수직으로 들어가는 방향이다.

✓ ㄷ. $I_R=1.5I_0$일 때 O에서 I_R에 의한 자기장의 세기는 $k\frac{1.5I_0}{2d}=\frac{3}{4}B_0$이고 O에서 자기장은 0이므로, O에서 P에 흐르는 전류에 의한 자기장의 세기는 $B_0-\frac{3}{4}B_0=\frac{1}{4}B_0$이고, xy 평면에 수직으로 들어가는 방향이다.
$I_R=I_0$일 때 $B_1=B_0-\frac{1}{4}B_0-\frac{1}{2}B_0=\frac{1}{4}B_0$이다. 따라서 O에서 P에 흐르는 전류에 의한 자기장의 세기는 B_1이다. 답 ③

105 전류에 의한 자기장

자료 분석

P에 흐르는 전류에 의한 자기장의 방향은 xy 평면에서 수직으로 나오는 방향이고, Q에 흐르는 전류에 의한 자기장의 방향은 xy 평면에 수직으로 들어가는 방향이다. (가) → (나)의 과정에서 Q가 O로부터 멀어졌으므로 O에서 Q에 흐르는 전류에 의한 자기장의 세기는 (가)에서가 (나)에서보다 크다. O에서 전류에 의한 자기장의 방향이 (가)와 (나)에서 서로 반대 방향이라고 했으므로 O에서 P와 Q에 흐르는 전류에 의한 자기장의 방향이 (가)에서는 xy 평면에 수직으로 들어가는 방향이고, (나)에서는 xy 평면에서 수직으로 나오는 방향이다.

선택지 분석

✓ ❶ (가)의 O에서 P, Q에 흐르는 전류에 의한 자기장의 세기는 각각 B_P, B_Q이다. 따라서 Q가 O로부터 떨어진 거리는 (나)에서가 (가)에서의 2배이므로 (나)의 O에서 Q에 흐르는 전류에 의한 자기장의 세기는 $\frac{1}{2}B_Q$이다. 또 (가), (나)의 O에서 P, Q에 흐르는 전류에 의한 자기장의 세기는 같고 방향은 반대이므로 $B_P-B_Q=-\left(B_P-\frac{1}{2}B_Q\right)$이다. 이를 정리하면, $\frac{B_Q}{B_P}=\frac{4}{3}$이다. 답 ①

106 전류에 의한 자기장과 표

자료 분석

Q에 흐르는 전류에 의한 A에서의 자기장의 방향은 xy 평면에 수직으로 들어가는 방향이다. 이때 P에 흐르는 전류의 방향이 $+y$ 방향일 때는 A에서 P와 Q에 흐르는 전류에 의한 자기장이 서로 같은 방향이고, P에 흐르는 전류의 방향이 $-y$ 방향일 때는 A에서 P와 Q에 흐르는 전류에 의한 자기장이 서로 반대 방향이다. P에 흐르는 세기가 I_0인 전류에 의한 자기장의 세기는 Q에 흐르는 세기가 I인 전류에 의한 자기장의 세기와 같다.

선택지 분석

A에서 Q에 흐르는 전류에 의한 자기장의 세기를 B_1이라고 할 때, 자기장의 방향은 xy 평면에 수직으로 들어가는 방향이다. 표의 실험을 아래로 내려가면서 순서대로 실험 Ⅰ, Ⅱ, Ⅲ이라고 하자.

✓ ㄱ. Ⅰ에서 A에서의 P와 Q에 의한 자기장의 세기가 0이므로 P에 흐르는 전류 I_0에 의한 자기장의 세기는 B_1이고, I_0의 방향은 $-y$ 방향이다.
ㄴ. Ⅱ에서 P에 흐르는 전류 I_0에 의한 A에서의 자기장의 방향은 xy 평면에 수직으로 들어가는 방향이고 Q에 흐르는 전류에 의한 자기장의 방향과 같아서 ㉡은 xy 평면에 수직으로 들어가는 방향이다. Ⅲ에서 P에 흐르는 전류 $2I_0$에 의한 A에서의 자기장의 세기는 $2B_1$이고, 자기장의 방향은 xy 평면에서 수직으로 나오는 방향이므로 ㉣은 xy 평면에서 수직으로 나오는 방향이다.
ㄷ. Ⅱ에서 B_0은 $2B_1$이고, Ⅲ에서 ㉢은 B_1이므로 ㉢은 B_0보다 작다. 답 ①

107 물질의 자성

자료 분석

상자성체는 외부 자기장의 방향과 같은 방향으로 자기화되는 비율이 낮으며, 외부 자기장을 제거하면 자성이 곧바로 사라진다. 반자성체는 외부 자기장의 방향과 반대 방향으로 자기화되고, 외부 자기장을 제거하면 자성이 곧바로 사라지며, 외부 자기장이 없을 때 물질을 구성하는 각 원자들의 총 자기장은 0이다.

선택지 분석

✓ ㄱ. 상자성체는 외부 자기장의 방향과 같은 방향으로 자기화되고, 반자성체는 외부 자기장과 반대 방향으로 자기화된다. 따라서 A는 상자성체, B는 반자성체이다. 상자성체는 자석에 끌리는 성질이 있으므로 (가)에서 A와 자석 사이에는 서로 당기는 자기력이 작용한다.
ㄴ. 반자성체는 외부 자기장과 반대 방향으로 자기화되는 성질이 있다. 따라서 (다)에서 S극 대신 N극을 가까이 해도 B와 자석 사이에는 서로 미는 방향으로 자기력이 작용한다.
✓ ㄷ. 반자성체는 외부 자기장이 없을 때 물질을 구성하는 각 원자들의 총 자기장이 0이 된다. 따라서 (다)에서 자석을 제거하면, B는 (나)의 상태가 된다. 답 ③

108 물질의 자성

자료 분석

강자성체는 외부 자기장과 같은 방향으로 자기화되는 비율이 높으며 외부 자기장을 제거해도 자성을 오래 유지한다. 상자성체는 외부 자기장의 방향과 같은 방향으로 자기화되는 비율이 낮으며, 외부 자기장을 제거하면 자성이 곧바로 사라진다. 반자성체는 외부 자기장의 방향과 반대 방향으로 자기화되고, 외부 자기장을 제거하면 자성이 곧바로 사라지며, 외부 자기장이 없을 때 물질을 구성하는 각 원자들의 총 자기장은 0이다.

선택지 분석

✓ ❹ 자기장 영역에서 꺼낸 이후 A와 B 사이에 자기력이 작용하지 않고, A와 C, B와 C 사이에 자기력이 작용하므로, 자기장 영역에서 꺼낸 직후 A, B는 자성이 사라지고, C는 자성이 남아 있는 상태이다. 따라서 C는 강자성체이다. 또한 A와 C 사이에 서로 미는 힘이 작용하므로 A는 C에 의한 자기장과 반대 방향으로 자기화되는 반자성체, B와 C 사이에는 서로 당기는 힘이 작용하므로 B는 C에 의한 자기장의 방향으로 자기화되는 상자성체이다. 따라서 A, B, C는 각각 반자성체, 상자성체, 강자성체이다. 답 ④

109 물질의 자성

자료 분석

강자성체와 상자성체는 외부 자기장과 같은 방향으로, 반자성체는 외부 자기장과 반대 방향으로 자기화된다. 강자성체는 외부 자기장이 제거되면 자성이 남아 있는 반면, 상자성체와 반자성체는 외부 자기장이 제거되면 자성이 곧바로 사라진다.

선택지 분석

✓ ㄱ. 자기화된 강자성체를 자기화되지 않은 상자성체에 가까이 하면 강자성체에 의해 상자성체도 자기화되어 강자성체와 상자성체 사이에는 서로 당기는 자기력이 작용한다. 자기장 영역에서 꺼낸 B와 C 사이에는 서로 당기는 힘이 작용하고 B가 C보다 강하게 자기화되어 있으므로 B는 강자성체, C는 상자성체이다. 따라서 A는 반자성체이다.

ㄴ. 반자성체(A)는 외부 자기장과 반대 방향으로 자기화되고, 상자성체(C)는 외부 자기장과 같은 방향으로 자기화되므로 (가)에서 A와 C는 반대 방향으로 자기화된다.

ㄷ. 자기력선은 N극에서 나와 S극으로 들어가므로 C의 윗부분은 N극이고 B의 아랫부분은 S극이다. 따라서 B와 C 사이에는 서로 당기는 자기력이 작용한다.

답 ①

110 물질의 자성

자료 분석

(가)에서 자석의 오른쪽 부분에 가까이 놓은 자기화되지 않은 자성체를 자기화시킨 후 (나)에서 발광 다이오드(LED)가 연결되어 있는 코일에 자성체를 가까이 했을 때 LED에서 불이 켜지므로 자성체는 강자성체이다. 강자성체는 외부 자기장과 같은 방향으로 강하게 자기화되고 외부 자기장을 제거해도 자성을 오래 유지한다. 따라서 자성체의 A 부분은 S극으로 자기화된다.

선택지 분석

✓ ㄱ. (나)의 LED에서 불이 켜지므로 자성체는 강자성체이며, (가)에서 자석과 자성체 사이에는 서로 당기는 자기력이 작용한다.

✓ ㄴ. (가)에서 자성체는 강자성체이므로 외부 자기장과 같은 방향으로 자기화된다.

✓ ㄷ. 자성체의 A 부분은 S극으로 자기화되어 있으므로 (나)에서 전자기 유도에 의해 코일의 왼쪽 부분이 S극이 되도록 유도 전류가 흐르게 된다. 유도 전류에 의해 LED가 켜지므로 X는 p형 반도체이다.

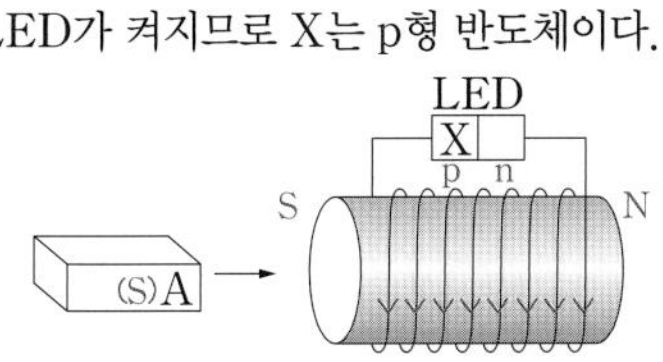

답 ⑤

111 물질의 자성

자료 분석

A가 강자성체이고 A에 작용하는 중력과 자기력의 합력의 크기는 (나)에서가 (다)에서보다 크므로 (나)에서 A에 작용하는 중력과 자기력은 서로 같은 방향이고, (다)에서 A에 작용하는 중력과 자기력은 서로 반대 방향이다.

선택지 분석

✓ ㄱ. (나)에서 A와 B 사이에는 서로 당기는 자기력이 작용해야 하므로 B는 상자성체이다.

ㄴ. B가 상자성체이므로 C는 반자성체이다. 따라서 (가)에서 A와 C는 서로 반대 방향으로 자기화된다.

ㄷ. (나)에서 B에 작용하는 자기력의 방향은 중력과 반대 방향이므로 중력과 자기력의 방향이 같지 않다.

답 ①

112 물질의 자성

자료 분석

강자성체는 외부 자기장의 방향과 같은 방향으로 자기화되는 비율이 높으며, 외부 자기장을 제거해도 자성을 오래 유지한다. 상자성체는 외부 자기장의 방향과 같은 방향으로 자기화되는 비율이 낮으며, 외부 자기장을 제거하면 자성이 곧바로 사라진다. 반자성체는 외부 자기장이 없을 때 물질을 구성하는 각 원자들의 총 자기장이 0이고, 외부 자기장의 방향과 반대 방향으로 자기화된다.

선택지 분석

✓ ❶ 실험 결과 Ⅱ에서 용수철저울의 측정값이 결과 Ⅰ에서보다 크므로 A와 B 사이에서는 서로 당기는 자기력이 작용하고, 결과 Ⅲ에서 용수철저울의 측정값이 결과 Ⅰ에서보다 작으므로 A와 C 사이에서는 서로 미는 자기력이 작용한다. 따라서 A는 강자성체, B는 상자성체, C는 반자성체이다.

답 ①

113 자성체

빈출 문항 자료 분석

다음은 자성체의 성질을 알아보기 위한 실험이다.

[실험 과정]

(가) 그림과 같이 코일을 고정시키고, 자기화되어 있지 않은 자성체 A, B를 준비한다. A, B는 강자성체, 상자성체를 순서 없이 나타낸 것이다.

(나) 바닥으로부터 같은 높이 h에서 A, B를 각각 가만히 놓아 코일의 중심을 통과하여 바닥에 닿을 때까지의 낙하 시간을 측정한다.

(다) A, B를 강한 외부 자기장으로 자기화시킨 후 꺼내, (나)와 같이 낙하 시간을 측정한다.

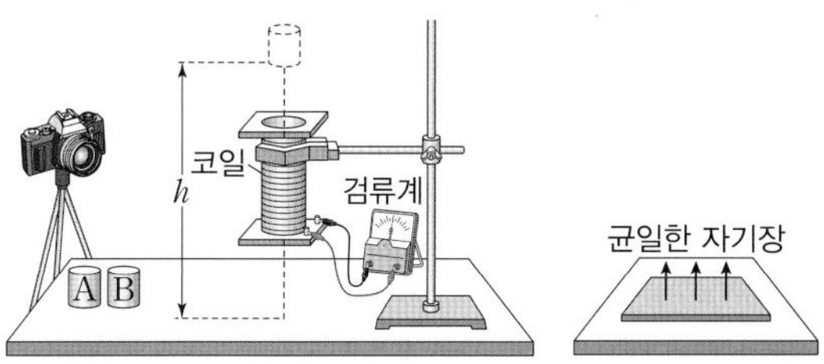

[실험 결과]

○ A의 낙하 시간은 (나)에서와 (다)에서가 같다. - A는 자기화되지 않았으므로 상자성체

○ B의 낙하 시간은 ㉠ . - B는 강자성체

이에 대한 설명으로 옳은 것만을 〈보기〉에서 있는 대로 고른 것은?

보기

ㄱ. A는 강자성체이다. 상자성체X
ㄴ. '(나)에서보다 (다)에서 길다'는 ㉠에 해당한다. O
ㄷ. (다)에서 B가 코일과 가까워지는 동안, 코일과 B 사이에는 서로 밀어내는 자기력이 작용한다. O

→ 강자성체는 자기화되어 낙하 시간이 길다.

해결 전략 물질의 자성의 특징을 알고, 강자성체와 상자성체가 외부 자기장에 의해 자기화되는 현상을 이해하며, 강자성체와 상자성체를 구별할 수 있어야 한다.

선택지 분석

ㄱ. A의 낙하 시간은 (나)에서와 (다)에서가 같으므로 외부 자기장에서 꺼낸 A는 자기화되지 않았음을 알 수 있다. 따라서 A는 상자성체이다.

✓ㄴ. A가 상자성체이므로 B는 강자성체이다. (나)에서는 B를 가만히 놓은 순간부터 바닥에 닿을 때까지 B에 자기력이 작용하지 않으나, (다)에서는 B가 코일 내부로 들어가기 전과 빠져나온 후에 B의 운동 방향과 반대 방향으로 자기력이 작용한다. 따라서 '(나)에서보다 (다)에서 길다'는 ㉠에 해당한다.

✓ㄷ. 강자성체인 B가 코일과 가까워지는 동안 코일을 통과하는 자기력선이 증가하는 것을 방해하려는 방향으로 코일에 유도 전류가 흐르므로 코일과 B 사이에는 서로 밀어내는 자기력이 작용한다. 답 ④

114 물질의 자성

자료 분석

상자성체는 외부 자기장의 방향과 같은 방향으로 자기화되는 비율이 낮으며, 외부 자기장을 제거하면 자성이 곧바로 사라진다. 반자성체는 외부 자기장이 없을 때 물질을 구성하는 각 원자들의 총 자기장이 0이고, 외부 자기장의 방향과 반대 방향으로 자기화된다.

선택지 분석

✓ㄱ. P 내부에서의 자기장의 세기는 Q 내부에서의 자기장의 세기보다 크므로 P 내부에서는 외부 자기장과 같은 방향으로 자기화된다. 따라서 P는 상자성체이다.

ㄴ. Q는 반자성체이므로 Q는 솔레노이드에 의한 자기장과 반대 방향으로 자기화된다.

ㄷ. 상자성체와 반자성체는 외부 자기장이 제거되면, 자성을 잃어버린다. 따라서 스위치를 열면 Q는 자기화된 상태를 유지하지 못한다. 답 ①

115 물질의 자성

자료 분석

(나)의 실험 결과 A는 동서 방향으로 정지해 있으므로 A는 지구 자기장의 영향을 받지 않고, B는 지구 자기장의 방향과 나란한 방향으로 정지해 있으므로 지구 자기장과 나란한 방향으로 자기화된다.

선택지 분석

ㄱ. (나)에서 A는 동서 방향으로 정지해 있으므로 지구 자기장의 방향으로 자기화되지 않았다.

✓ㄴ. A는 반자성체이다. A는 외부 자기장과 반대 방향으로 자기화되므로 A에 자석을 가까이 가져가면 A는 자석으로부터 밀려난다. 따라서 '자석으로부터 밀려난다'는 ㉠으로 적절하다.

✓ㄷ. B는 강자성체이므로, B는 외부 자기장과 같은 방향으로 자기화된다. 따라서 B는 강한 전자석을 만드는 데 이용할 수 있다. 답 ④

116 물질의 자성

자료 분석

솔레노이드에 흐르는 전류의 방향이 a이면 솔레노이드의 왼쪽은 N극, 오른쪽은 S극이 되고, 솔레노이드에 흐르는 전류의 방향이 b이면 솔레노이드의 왼쪽은 S극, 오른쪽은 N극이 된다.

선택지 분석

✓ㄱ. 솔레노이드에 흐르는 전류의 방향이 a일 때, P가 솔레노이드에 작용하는 자기력의 방향이 $+x$ 방향(밀어내는 방향)이므로 P는 반자성체이다.

ㄴ. Q는 상자성체이므로 솔레노이드에 흐르는 전류에 의한 자기장의 방향과 같은 방향으로 자기화된다. 솔레노이드에 흐르는 전류의 방향이 바뀌면 전류에 의한 자기장의 방향이 바뀌므로 Q가 자기화되는 방향도 달라진다.

ㄷ. 전류의 방향이 b일 때, P는 반자성체이므로 솔레노이드에 작용하는 자기력의 방향은 솔레노이드를 밀어내는 방향인 $+x$ 방향이고, Q는 상자성체이므로 솔레노이드에 작용하는 자기력의 방향은 솔레노이드를 잡아당기는 방향인 $+x$ 방향이다. 답 ①

117 물질의 자성

자료 분석

자기장의 모양을 나타내는 자기력선은 N극에서 나와 S극으로 들어간다.

선택지 분석

✓❶ 막대자석은 아무리 작게 잘라도 N극과 S극이 항상 같이 나타난다. 따라서 a는 N극, b는 S극이고 자기력선은 N극에서 나와 S극으로 들어가므로 자기장 모습으로 가장 적절한 것은 ①번이다. 답 ①

118 물질의 자성

자료 분석

강자성체는 외부 자기장의 방향과 같은 방향으로 강하게 자기화되며, 자석과 서로 당기는 힘이 작용한다. 반자성체는 외부 자기장의 방향과 반대 방향으로 약하게 자기화되며, 자석과 서로 미는 힘이 작용한다.

선택지 분석

✓A: 강자성체는 외부 자기장과 같은 방향으로 강하게 자기화되는 성질을 지닌 자성체이다.

B: 반자성체는 외부 자기장과 반대 방향으로 자기화되는 성질을 지닌 자성체이므로 반자성체에 자석을 가까이 하면 밀어내는 자기력이 작용한다.

C: 철은 외부 자기장을 제거해도 자기화된 상태를 유지하는 강자성체이다. 답 ①

119 물질의 자성

자료 분석

저울 위에 P를 놓고 스위치를 a에 연결했을 때 저울의 측정값이 W_0보다 크다는 것은 코일과 척력이 작용한다는 것이다. 따라서 P는 이미 자기화된 강자성체이고, Q는 상자성체이다.

선택지 분석

✓ ㄱ. 코일에 흐르는 전류에 의한 자기장의 방향에 따라 P에 작용하는 자기력의 방향이 반대이므로 P는 자기화되어 있는 강자성체이다.

✓ ㄴ. Q는 상자성체이므로 자기장의 방향과 관계없이 코일이 당기는 방향으로 자기력이 작용한다.

ㄷ. 상자성체는 외부 자기장과 같은 방향으로 자기화된다. 스위치를 a에 연결할 때와 b에 연결할 때 코일에 흐르는 전류에 의한 자기장의 방향이 반대이므로 Q는 반대 방향으로 자기화된다. 답 ③

120 물질의 자성

자료 분석

코일과 A 사이에는 당기는 방향으로 자기력이 작용하므로 A는 강자성체이다.

선택지 분석

✓ ㄱ. 코일에 전류가 흐를 때 형성되는 자기장에 의해 A가 자기화되므로 코일과 A 사이에 자기력이 작용한다. 따라서 ㉠은 자기력에 의해 나타나는 현상이다.

ㄴ. (나)에서 자기화된 A와 코일 사이에 강하게 당기는 자기력이 작용하므로, A는 강자성체이다.

✓ ㄷ. 강자성체는 외부 자기장의 방향과 같은 방향으로 자기화된다. A는 강자성체이므로, 코일에 흐르는 전류에 의한 자기장과 같은 방향으로 자기화된다. 답 ④

121 물질의 자성

자료 분석

상자성체는 외부 자기장의 방향과 같은 방향으로 자기화되는 비율이 낮으며, 외부 자기장을 제거하면 자성이 곧바로 사라진다. 반자성체는 외부 자기장이 없을 때 물질을 구성하는 각 원자들의 총 자기장이 0이고, 외부 자기장의 방향과 반대 방향으로 자기화된다. 자기력선은 자석의 N극에서 나와 S극으로 들어가는 폐곡선이므로, A는 N극으로 자기화되어 있다.

선택지 분석

✓ ㄱ. 자기력선의 모양을 토대로 A의 왼쪽 끝은 N극으로 자기화되어 있음을 알 수 있다.

ㄴ. A는 상자성체, B는 반자성체이다. 따라서 자석과 A 사이에는 서로 당기는 자기력이 작용하고, 자석과 B 사이에는 서로 미는 자기력이 작용한다.

ㄷ. 자기력선의 모양을 토대로 B는 외부 자기장에 대해 반대로 원자 자석이 배열되는 반자성체임을 알 수 있다. 답 ①

122 물질의 자성

자료 분석

상자성체는 외부 자기장의 방향과 같은 방향으로 자기화되는 비율이 낮으며, 외부 자기장을 제거하면 자성이 곧바로 사라진다. 반자성체는 외부 자기장이 없을 때 물질을 구성하는 각 원자들의 총 자기장이 0이고, 외부 자기장의 방향과 반대 방향으로 자기화된다.

(나)의 결과 자석과 A 사이에 서로 미는 방향으로 힘이 작용한다. 따라서 A는 반자성체이고 B는 상자성체이다.

선택지 분석

✓ ㄱ. 반자성체는 외부 자기장과 반대 방향으로 자기화되는 성질이 있다. 따라서 (나)에서 A는 외부 자기장과 반대 방향으로 자기화된다.

ㄴ. 자석의 극을 반대로 하여도 자석과 반자성체 사이에는 서로 미는 방향으로 힘이 작용한다. 따라서 (다)에서 자석과 A 사이에 작용하는 힘의 방향은 서로 미는 방향이다.

ㄷ. A가 반자성체이므로 B는 상자성체이다. 따라서 (라)에서 자석과 B 사이에 작용하는 힘의 방향은 서로 당기는 방향이다. 답 ①

123 솔레노이드에 의한 자기장과 강자성체

자료 분석

강자성체는 외부 자기장과 같은 방향으로 강하게 자기화되고 외부 자기장을 제거해도 자성을 오래 유지한다. (가)에서 전류가 화살표 방향으로 흐르므로 강자성체 X의 오른쪽 끝인 A는 N극, 왼쪽 끝은 S극이 된다.

선택지 분석

✓ ⑤ 외부 자기장을 제거해도 강자성체는 자기화된 상태를 오래 유지하므로, (나)에서 X의 오른쪽 끝인 A는 N극이다. A의 오른쪽에 강자성체 Y를 가까이 가져가면, Y 내부에 왼쪽에서 오른쪽으로 향하는 방향의 자기장이 만들어지도록 Y가 자기화된다. 따라서 (나)에서 X의 오른쪽 끝인 A는 N극, Y의 왼쪽 끝인 B는 S극이 되어 ⑤번과 같은 자기장을 형성한다. 답 ⑤

124 물질의 자성

자료 분석

강자성체와 상자성체는 외부 자기장과 같은 방향으로 자기화된다는 공통점이 있다. 그러나 강자성체는 외부 자기장을 제거해도 자성을 유지하고 상자성체는 외부 자기장을 제거하면 자성이 사라지는 차이점이 있다. 자석이 냉장고의 철판에 붙었으므로 철은 외부 자기장과 같은 방향으로 자기화되었다.

선택지 분석

✓ A: 자석은 외부 자기장을 제거해도 자성을 계속 유지하고 있으므로 자석은 강자성체이다.

B: 플라스틱은 강자성체가 아니므로 외부 자기장을 제거하면 자화(자기화)된 상태를 유지하지 못한다.

C: 자석이 철판에 붙었으므로 철판은 자석에 의한 자기장의 방향과 같은 방향으로 자기화되었다. 답 ①

125 물질의 자성과 자성체

자료 분석

(가)에서 A는 자석을 향하는 방향으로 자기력을 받았으므로 A는 강자성체와 상자성체 중 하나라고 생각할 수 있는데, (나)에서 자석이 없어도 B는 A로부터 자기력을 받았으므로 자석을 제거하여도 A는 자성이 유지되었다는 것을 알 수 있다. 따라서 A는 강자성체이다. 또 (가)에서 B는 자석에서 멀어지는 방향으로 자기력을 받았으므로 B는 반자성체이다.

선택지 분석

✓ ㄱ. (가)에서 B는 자석으로부터 멀어지는 방향으로 자기력을 받으므로 B는 반자성체이다.

ㄴ. (가)에서 A는 자석과 같은 방향으로 자기화되고, B는 자석과 반대 방향으로 자기화되므로 A와 B는 서로 반대 방향으로 자기화되어 있다.

ㄷ. A는 강자성체이고 B는 반자성체이므로, (나)에서 A, B 사이에는 서로 미는 자기력이 작용한다.

답 ①

126 자성체

자료 분석

강자성체는 외부 자기장과 같은 방향으로 강하게 자기화되고 외부 자기장을 제거해도 자성을 오래 유지한다. 상자성체는 외부 자기장과 같은 방향으로 약하게 자기화되고 외부 자기장을 제거하면 자성이 바로 사라진다. 그리고 반자성체는 외부 자기장과 반대 방향으로 자기화되고 외부 자기장을 제거하면 자성이 바로 사라진다.

선택지 분석

✓ ㄱ. (가)에서 전류가 흐르는 전자석에 의한 자기장에 의해 자기화된 철못은 (나)에서 외부 자기장을 제거해도 자성을 계속 유지하므로 철못은 강자성체이다.

ㄴ. (가)에서 철못은 전자석에 의한 자기장의 방향으로 자기화되므로 철못의 머리는 S극, 철못의 끝은 N극을 띤다.

✓ ㄷ. (나)에서 클립은 자기화된 철못에 달라붙어 있으므로 자기화되어 있다.

답 ③

127 물질의 자성

자료 분석

강자성체는 외부 자기장의 방향과 같은 방향으로 자기화되는 비율이 높으며, 외부 자기장을 제거해도 자성을 오래 유지한다. 상자성체는 외부 자기장의 방향과 같은 방향으로 자기화되는 비율이 낮으며, 외부 자기장을 제거하면 자성이 곧바로 사라진다. 반자성체는 외부 자기장이 없을 때 물질을 구성하는 각 원자들의 총 자기장이 0이고, 외부 자기장의 방향과 반대 방향으로 자기화된다.

선택지 분석

✓ A: 강자성체는 외부 자기장의 방향으로 자기화되며 외부 자기장이 제거되어도 자기화된 상태를 유지하므로 정보를 저장할 수 있다. 따라서 강자성체는 하드 디스크에 이용될 수 있다.

B: 상자성체는 외부 자기장에 대해 강자성체보다 약하게 자기화되고, 외부 자기장을 제거하면 자성이 사라지는 성질을 가진 물질이다.

✓ C: 반자성체는 외부 자기장의 방향과 반대 방향으로 자기화되는 성질을 가지고 있는 물질이다.

답 ③

128 물질의 자성

자료 분석

강자성체는 외부 자기장의 방향과 같은 방향으로 자기화되는 비율이 높으며, 외부 자기장을 제거해도 자성을 오래 유지한다. 상자성체는 외부 자기장의 방향과 같은 방향으로 자기화되는 비율이 낮으며, 외부 자기장을 제거하면 자성이 곧바로 사라진다.

선택지 분석

ㄱ. (가)에서 자석에 붙여 놓았던 알루미늄 클립들은 자석에서 떨어진 후 서로 달라붙지 않았다. 그러므로 자석이 사라진 후 알루미늄 클립들의 내부는 자기화된 상태가 유지되지 않았다. 따라서 알루미늄 클립은 강자성체가 아니다.

ㄴ. (나)에서 자석에 붙여 놓았던 철 클립들은 자석에서 떨어진 후 서로 달라붙었으므로, 자석이 사라진 후 철 클립들의 내부는 자기화된 상태를 유지하였다. 따라서 철 클립은 강자성체이다.

✓ ㄷ. (나)의 철 클립이 자석에서 떨어진 후에도 서로 달라붙은 것은 자성을 유지하고 있기 때문이다. 따라서 (나)의 철 클립은 자기화되어 있다.

답 ②

129 전자기 유도

자료 분석

p가 $x=2.5d$를 지날 때 고리의 윗부분은 Ⅰ에 의해 자기 선속의 변화가 없고, 고리의 아랫부분만이 Ⅰ에서 Ⅱ를 지나면서 자기 선속의 변화가 있어 p에 $+y$ 방향의 유도 전류가 흐르므로 고리의 아랫부분에는 xy 평면에 수직으로 들어가는 방향의 자기 선속이 증가한다는 것을 알 수 있다. 따라서, Ⅱ의 자기장의 방향은 Ⅰ과 같고, 자기장의 세기는 Ⅱ가 Ⅰ보다 더 크다는 것을 알 수 있다.

선택지 분석

✓ ㄱ. p가 $x=2.5d$를 지날 때, Ⅰ에 의해 xy 평면에 수직으로 들어가는 방향의 자기장이 유도되므로 p에 흐르는 유도 전류의 방향은 $-y$ 방향이고, Ⅰ, Ⅱ에 의해 p에 흐르는 유도 전류의 방향은 $+y$ 방향이므로 Ⅱ에 의해서 p에 흐르는 유도 전류의 방향은 $+y$ 방향이다. 따라서 Ⅱ에서 자기장의 방향은 xy 평면에 수직으로 들어가는 방향이고, 자기장의 세기는 Ⅱ에서가 Ⅰ에서보다 크다. 따라서 자기장의 방향은 Ⅰ, Ⅱ에서가 같다.

✓ ㄴ. p가 $x=4.5d$를 지날 때, Ⅰ, Ⅱ, Ⅲ에 의해 모두 xy 평면에 수직으로 들어가는 방향의 자기장이 유도되므로, 이때 p에 흐르는 유도 전류의 방향은 $-y$ 방향이다.

✓ ㄷ. p가 $x=5.5d$를 지날 때는 Ⅱ, Ⅲ의 자기장이 서로 반대 방향이므로 Ⅱ, Ⅲ에 의한 유도 전류가 같은 방향으로 흐르고, p가 $x=2.5d$를 지날 때는 Ⅰ, Ⅱ의 자기장이 같은 방향이므로 Ⅰ, Ⅱ에 의한 유도 전류가 서로 반대 방향으로 흐른다. 따라서 p에 흐르는 유도 전류의 세기는 p가 $x=5.5d$를 지날 때가 $x=2.5d$를 지날 때보다 크다.

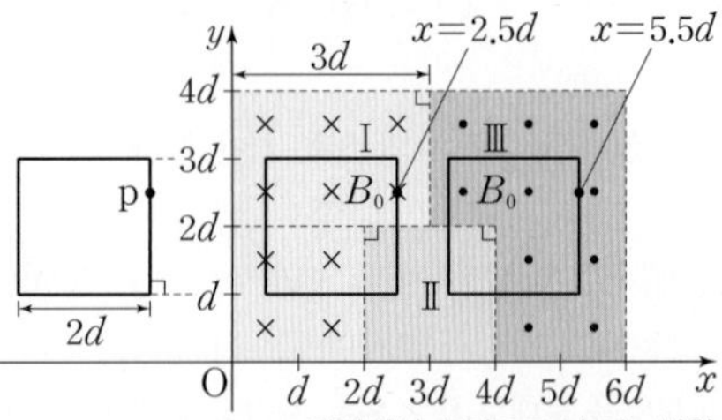

•: xy 평면에서 수직으로 나오는 방향
×: xy 평면에 수직으로 들어가는 방향

답 ⑤

130 전자기 유도

빈출 문항 자료 분석

그림 (가)와 같이 균일한 자기장 영역 Ⅰ과 Ⅱ가 있는 xy 평면에 원형 금속 고리가 고정되어 있다. Ⅰ, Ⅱ의 자기장이 고리 내부를 통과하는 면적은 같다. 그림 (나)는 (가)의 Ⅰ, Ⅱ에서 자기장의 세기를 시간에 따라 나타낸 것이다.

→ 고리의 유도 전류의 세기는 고리 내부를 통과하는 자기 선속의 변화량만 고려하면 됨.

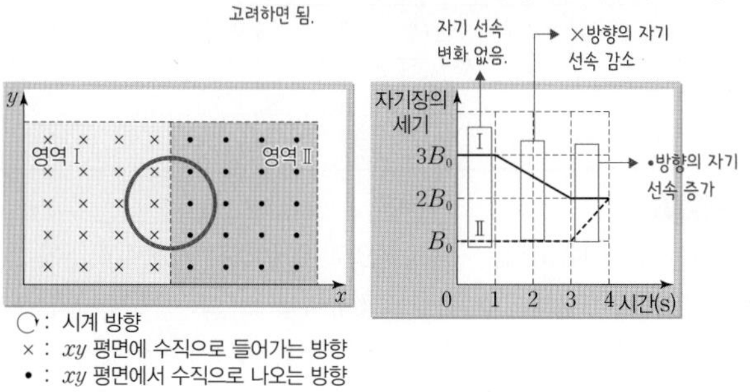

○: 시계 방향
×: xy 평면에 수직으로 들어가는 방향
•: xy 평면에서 수직으로 나오는 방향

(가) (나)

고리에 흐르는 유도 전류를 시간에 따라 나타낸 그래프로 가장 적절한 것은? (단, 유도 전류의 방향은 시계 방향이 양(+)이다.)

해결 전략 (나)의 그래프를 분석하여 서로 다른 자기장 영역에서 고정되어 있는 금속 고리 내부를 지나는 자기 선속의 변화를 이용하여 고리에 흐르는 유도 전류의 세기와 방향을 이해해야 한다.

선택지 분석

✓③ 전자기 유도 현상에 의해 고리에 흐르는 유도 전류의 방향은 렌츠 법칙에 의해 자기 선속의 변화를 방해하는 방향으로 흐르고, 유도 전류의 세기는 패러데이 법칙에 의해 단위 시간당 자기 선속의 변화율의 크기가 클수록 세게 흐른다.

시간에 따른 금속 고리에 흐르는 유도 전류의 방향은 다음과 같다.

- 0초~1초: Ⅰ, Ⅱ에서 자기장 세기의 변화가 없으므로 고리에는 유도 전류가 흐르지 않는다.
- 1초~3초: Ⅰ에서 xy 평면에 수직으로 들어가는 방향의 자기장 세기가 감소하여 xy 평면에 수직으로 들어가는 방향의 자기 선속이 감소하므로 렌츠 법칙에 의해 고리에는 시계 방향, 즉 양(+)의 방향으로 유도 전류가 흐른다.
- 3초~4초: Ⅱ에서 xy 평면에서 수직으로 나오는 방향의 자기장 세기가 증가하여 xy 평면에서 수직으로 나오는 방향의 자기 선속이 증가하므로 렌츠 법칙에 의해 고리에는 시계 방향, 즉 양(+)의 방향으로 유도 전류가 흐른다.

시간에 따른 금속 고리에 흐르는 유도 전류의 세기는 다음과 같다.

1초~3초 사이에 Ⅰ에서의 단위 시간 동안 자기장 세기의 변화율의 크기인 $\frac{B_0}{2\text{초}}$이 3초~4초 사이에 Ⅱ에서의 단위 시간 동안 자기장 세기의 변화율인 $\frac{B_0}{1\text{초}}$의 $\frac{1}{2}$배이다. 또한 Ⅰ, Ⅱ의 자기장이 고리 내부를 통과하는 면적이 같으므로 단위 시간 동안 고리를 통과하는 자기 선속의 변화율의 크기는 1초~3초 동안이 3초~4초 동안의 $\frac{1}{2}$배이므로 고리에 흐르는 유도 전류의 세기도 1초~3초 동안이 3초~4초 동안의 $\frac{1}{2}$배이다. 따라서 가장 적절한 그래프는 ③이다. 답 ③

131 전자기 유도

자료 분석

p의 위치가 $x=1.5d$일 때, p에 흐르는 유도 전류의 방향이 $+y$ 방향이므로, A에는 Ⅰ의 자기장에 의해서 xy 평면에 수직으로 들어가는 방향의 자기 선속이 증가한다. 따라서 Ⅰ에서 자기장의 방향은 xy 평면에 수직으로 들어가는 방향이다. p의 위치가 $x=2.5d$일 때, p에 흐르는 유도 전류의 방향이 $-y$ 방향이므로 A에는 Ⅱ의 자기장에 의해서 xy 평면에서 수직으로 나오는 방향의 자기 선속이 증가한다. 따라서 Ⅱ에서 자기장은 xy 평면에서 수직으로 나오는 방향이다. p의 위치가 $x=2.5d$일 때의 유도 전류의 세기가 $x=1.5d$일 때의 2배이므로 Ⅱ의 자기장의 세기는 Ⅰ의 2배이다.

선택지 분석

✓ㄱ. p의 위치가 $x=1.5d$일 때와 $x=3.5d$일 때 모두 A를 통과하는 Ⅰ의 자기 선속의 변화에 의해 유도 전류가 발생한다. A에 흐르는 유도 전류의 세기는 $x=1.5d$일 때와 $x=3.5d$일 때가 같으므로 p의 위치가 $x=3.5d$일 때 p에 흐르는 유도 전류의 세기는 I_0이다.

✓ㄴ. q의 위치가 $x=2.5d$일 때, B는 Ⅰ에서 Ⅱ로 들어가므로 들어가는 동안 B를 통과하는 Ⅰ의 면적은 감소하고 Ⅱ의 면적은 증가한다. Ⅰ과 Ⅱ에서 자기장의 방향은 서로 반대 방향이므로 B에는 Ⅰ과 Ⅱ의 자기 선속의 변화에 의해 같은 방향의 유도 전류가 흐르고, 자기장 영역을 통과하는 면적 변화율이 B가 A보다 크므로 B에 흐르는 유도 전류의 세기는 $3I_0$보다 크다.

✓ㄷ. p, q의 위치가 $x=3.5d$일 때 A, B의 위치는 다음과 같다.

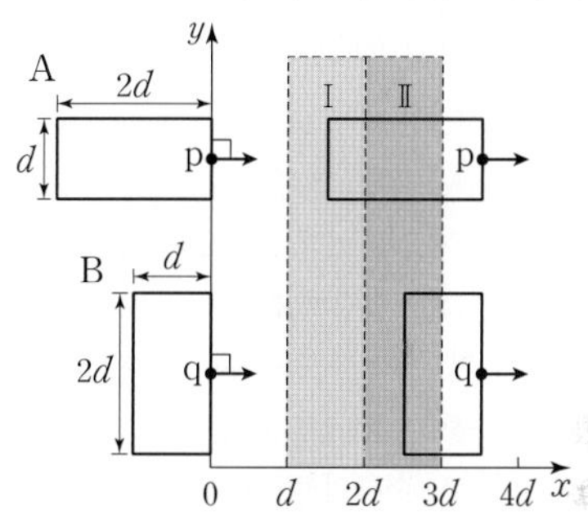

p의 위치가 $x=3.5d$일 때, A를 통과하는 Ⅰ의 자기 선속이 감소하므로 p에 흐르는 유도 전류의 방향은 $-y$ 방향이다. q의 위치가 $x=3.5d$일 때, B를 통과하는 Ⅱ의 자기 선속이 감소하므로 q에 흐르는 유도 전류의 방향은 $+y$ 방향이다. 따라서 p와 q에 흐르는 유도 전류의 방향은 서로 반대이다. 답 ⑤

132 전자기 유도

자료 분석

직선 도선으로부터 멀어질수록 도선의 전류에 의한 자기장의 세기는 작아진다. 고리가 $+x$ 방향으로 운동할 때, 고리 내부를 통과하는 자기 선속은 A에 의해서는 변화가 없고, B로부터 멀어지므로 B에 의해서 고리 내부를 통과하는 자기 선속이 작아진다. 이를 방해하는 방향으로 고리에 유도 전류가 흘러야 하는데 고리에 흐르는 유도 전류가 시계 방향, 즉 고리 내부에는 xy 평면에 들어가는 방향의 자기장이 유도되며, B의 전류에 의한 자기장은 1사분면에서 xy 평면에 들어가는 방향이고, B의 전류의 방향은 $+y$ 방향이다. 또한, 고리가 $-y$ 방향으로 운동할 때, 고리 내부를 통과하는 자기 선속은 B에 의해서는 변화가 없고, A에 가까워지므로 A에 의해서 고리 내부를 통과하는 자기 선속이 증가한다. 이를 방해하는 방향으로 고리에 유도 전류가 흘러야 하는데 고리에 흐르는 유도 전류가 시계 방향, 즉 고리 내부에는 xy 평면에 들어가는 방향의 자기장이 유도되며, A의 전류에 의한 자기장은 1사분면에서 xy 평면에서 나오는 방향이고, A의 전류의 방향은 $+x$ 방향이다.

선택지 분석

ㄱ. 고리가 $+y$ 방향으로 운동할 때, 고리 내부를 통과하는 자기 선속은 B에 의해서는 변화가 없고, A로부터 멀어지므로 A에 의해서 고리 내부를 통과하는 xy 평면에서 나오는 방향의 자기 선속이 감소한다. 이를 방해하는 방향으로 고리에 유도 전류가 흘러야 하므로 ㉠은 시계 반대 방향이다.

✓ ㄴ. $-y$ 방향으로 금속 고리가 움직이면 시계 방향 유도 전류가 흐르므로 A에 $+x$ 방향으로 전류가 흐른다.

ㄷ. B의 전류는 $+y$ 방향이므로 B의 전류에 의한 자기장은 $x>0$에서 xy 평면에 수직으로 들어가는 방향이다. 답 ②

133 전자기 유도

자료 분석

금속 고리의 점 p가 $x=3d$를 지날 때, p에는 세기가 I_0인 유도 전류가 $+y$ 방향으로 흐른다. Ⅰ에서 고리의 자기 선속은 변화가 없고, Ⅱ에서 고리에는 xy 평면에 수직으로 들어가는 방향의 자기 선속이 증가한다. 따라서, Ⅱ의 자기장의 방향은 Ⅰ과 같고, $I_0 \propto 2B_0$이다.

선택지 분석

ㄱ. p가 $x=d$를 지날 때, xy 평면에 수직으로 들어가는 방향의 자기 선속이 증가하므로 p에는 세기가 $\frac{I_0}{2}(\propto B_0)$인 유도 전류가 $+y$ 방향으로 흐른다.

✓ ㄴ. p가 $x=5d$를 지날 때, Ⅰ에서 고리에는 xy 평면에 수직으로 들어가는 방향의 자기 선속이 감소하고, Ⅱ에서 고리의 자기 선속은 변화가 없으며, Ⅲ에서 고리에는 xy 평면에 수직으로 들어가는 방향의 자기 선속이 증가하므로 고리의 자기 선속이 일정하게 되어 전류가 흐르지 않는다.

✓ ㄷ. p가 $x=7d$를 지날 때, Ⅱ에서 고리에는 xy 평면에 수직으로 들어가는 방향의 자기 선속이 감소하고, Ⅲ에서 고리의 자기 선속은 변화가 없으므로 p가 $x=3d$를 지날 때와 유도 전류의 방향은 반대이고 세기는 서로 같다. 답 ④

134 전자기 유도

자료 분석

금속 고리에 고정된 점 p가 $x=d$와 $x=5d$를 지날 때, p에 흐르는 유도 전류의 세기가 같으므로 이때 고리를 통과하는 단위 시간당 자기 선속의 변화량은 같고, 고리를 통과하는 단위 시간당 자기 선속의 변화량은 p가 $x=-2d$에서 $x=0$까지 지날 때가 $x=d$와 $x=5d$를 지날 때의 2배이다.

선택지 분석

✓ ❶ 점 p가 $x=5d$를 지날 때, p에 흐르는 유도 전류의 방향은 $-y$ 방향이므로 영역 Ⅲ에서 자기장의 방향은 xy 평면에 수직으로 들어가는 방향이다. 점 p가 $x=d$와 $x=5d$를 지날 때, p에 흐르는 유도 전류의 세기가 같으므로 이때 금속 고리를 통과하는 단위 시간당 자기 선속의 변화량은 같고, Ⅲ에서 자기장의 세기는 $2B_0$이다. p가 $x=-2d$에서 $x=0$까지 지날 때 고리를 통과하는 단위 시간당 자기 선속의 변화량은 p가 $x=d$와 $x=5d$를 지날 때 고리를 통과하는 단위 시간당 자기 선속의 변화량의 2배이므로 유도 전류의 세기도 2배이다. p가 $x=-2d$에서 $x=0$까지 지날 때 p에 흐르는 유도 전류의 방향은 $+y$ 방향이므로 p에 흐르는 유도 전류를 p의 위치에 따라 나타낸 그래프로 가장 적절한 것은 ①번이다. 답 ①

135 전자기 유도

자료 분석

금속 고리의 점 a의 위치에 따른 각 구간별 단위 시간당 자기장의 변화량과 a에 흐르는 유도 전류의 방향과 세기는 다음과 같다.

a의 위치	단위 시간당 자기장의 변화량	a에 흐르는 유도 전류의 방향	a에 흐르는 유도 전류의 세기
$x=0$에서 $x=2d$	ΔB_0	$-y$ 방향	I_0
$x=2d$에서 $x=4d$	$2\Delta B_0$	$+y$ 방향	$2I_0$
$x=4d$에서 $x=6d$	ΔB_0	$+y$ 방향	I_0
$x=6d$에서 $x=8d$	$2\Delta B_0$	$-y$ 방향	$2I_0$

선택지 분석

✓ ❺ a가 $x=7d$일 때 a에는 $-y$ 방향으로 유도 전류가 흐르고, a가 $x=d$일 때 같은 방향($-y$ 방향)으로 유도 전류가 흐르므로 Ⅰ에서 자기장의 방향은 xy 평면에서 수직으로 나오는 방향이다. 따라서 a의 위치에 따른 a에 흐르는 유도 전류를 나타낸 그래프로 가장 적절한 것은 ⑤번이다. 답 ⑤

136 전자기 유도

빈출 문항 자료 분석

그림 (가)는 균일한 자기장 영역 Ⅰ, Ⅱ가 있는 xy 평면에 한 변의 길이가 $2d$인 정사각형 금속 고리가 고정되어 있는 것을 나타낸 것이다. Ⅰ의 자기장의 세기는 B_0으로 일정하고, Ⅱ의 자기장의 세기 B는 그림 (나)와 같이 시간에 따라 변한다.

→ 유도 전류가 흐르지 않는다.
→ 유도 전류가 흐른다.

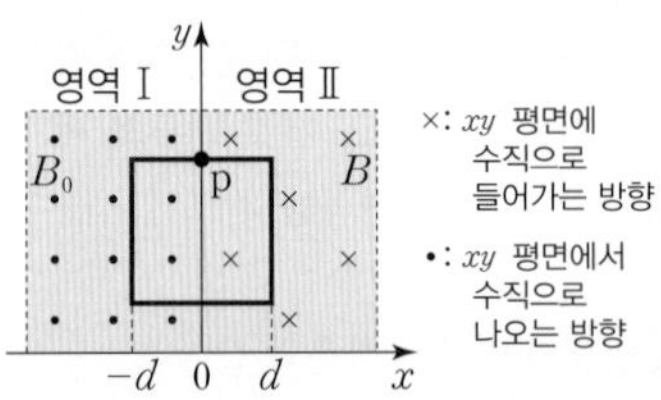

(가)

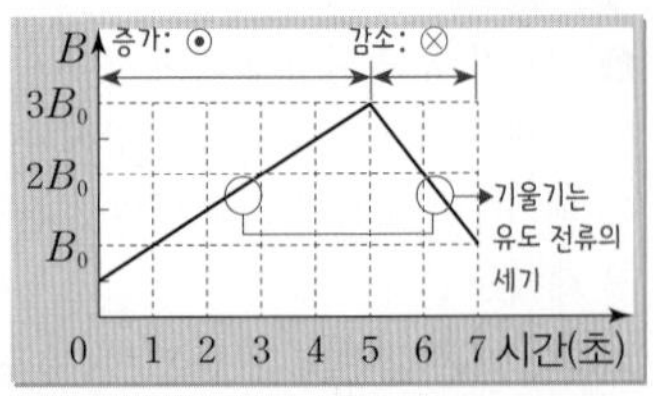

(나)

이에 대한 설명으로 옳은 것만을 〈보기〉에서 있는 대로 고른 것은?

보기

ㄱ. 1초일 때, 고리에 유도 전류가 흐르지 않는다. 흐른다.X

ㄴ. 2초일 때, 고리의 점 p에서 유도 전류의 방향은 $-x$ 방향이다.O

ㄷ. 고리에 흐르는 유도 전류의 세기는 3초일 때와 6초일 때가 같다.X

→ 3초일 때가 6초일 때보다 작다.

해결 전략 (나)의 그래프를 분석하여 서로 다른 자기장 영역에 고정되어 있는 금속 고리에 흐르는 유도 전류의 세기와 방향을 이해하고, 금속 고리 내부를 지나는 자기 선속의 변화를 추론할 수 있어야 한다.

선택지 분석

ㄱ. 1초일 때 Ⅱ에서 자기장의 세기가 변하므로 고리에 유도 전류가 흐른다.

✓ ㄴ. 2초일 때, Ⅱ에서 xy 평면에 수직으로 들어가는 방향의 자기장의 세기가 증가하므로 고리에는 시계 반대 방향의 유도 전류가 흐른다. 따라서 점 p에서 유도 전류의 방향은 $-x$ 방향이다.

ㄷ. Ⅰ의 자기장은 일정하고, Ⅱ에서 단위 시간당 자기장의 변화량은 3초일 때가 6초일 때보다 작으므로 고리에 흐르는 유도 전류의 세기는 3초일 때가 6초일 때보다 작다. 답 ②

137 전자기 유도

자료 분석

자석을 Q에 가까이 접근시키면 Q를 통과하는 자기 선속이 변하므로 Q에는 전류가 흐른다. Q에 흐르는 전류는 Q와 연결된 P로 흐르므로 자기장 측정 앱에서 자기장이 측정된다.

선택지 분석

✓ ㄱ. P와 Q는 서로 연결되어 있고, 자석을 Q에 가까이 접근시키면 P, Q에 유도 전류가 흐른다.

ㄴ. 코일에 다가가는 자석의 속력이 클수록 코일에 흐르는 유도 전류의 세기가 크고, 자기장 앱에서 측정되는 자기장의 세기는 증가한다. 자기장 측정 앱에서 측정된 자기장의 세기의 최댓값은 (다)에서가 (나)에서보다 크므로 자석의 속력은 (다)에서가 (나)에서보다 크다. 따라서 '크게'는 ㉠에 해당한다.

ㄷ. 코일에 흐르는 유도 전류의 방향은 코일을 통과하는 자기 선속의 변화를 방해하는 방향이다. 따라서 (나)에서 자석이 Q에 가까이 접근할 때 자석과 Q 사이에는 서로 밀어내는 자기력이 작용한다. 답 ①

138 전자기 유도

자료 분석

t_0일 때 고리에 흐르는 유도 전류의 세기는 I_0이므로, 이때 p−n 접합 다이오드에는 순방향 전압이 걸린다.

선택지 분석

ㄱ. t_0일 때, Ⅱ에서 자기장의 세기는 일정하게 증가하고, 자기장의 방향은 종이면에 수직으로 들어가는 방향이므로, 고리에 흐르는 유도 전류의 방향은 시계 반대 방향이다.

ㄴ. $3t_0$일 때, Ⅰ에서는 종이면에서 수직으로 나오는 방향으로 자기장의 세기가 감소하므로 고리에는 시계 반대 방향으로 전류를 흐르게 하고, Ⅱ에서는 종이면에 수직으로 들어가는 방향으로 자기장의 세기가 증가하므로 고리에는 시계 반대 방향으로 전류를 흐르게 한다. t_0일 때는 Ⅱ에서의 자기장 변화에 의해서만 전류가 흘렀지만, $3t_0$일 때는 Ⅰ, Ⅱ에서의 자기장 변화에 의해 전류가 흐른다. 따라서 $3t_0$일 때 유도 전류의 세기는 I_0보다 크다.

✓ ㄷ. t_0일 때, 고리에는 시계 반대 방향으로 유도 전류가 흐르고, p−n 접합 다이오드에는 순방향 전압이 걸리므로 A는 n형 반도체이다. 답 ②

139 전자기 유도

자료 분석

p가 $x=7d$를 지날 때 유도 전류가 흐르지 않으므로 영역 Ⅲ에는 Ⅰ과 같은 (×)방향의 자기장이 유도된다. p가 $x=3d$를 지날 때는 Ⅰ에서 (×)방향의 자기 선속이 증가하므로 반대 방향의 자기장이 유도된다.

선택지 분석

✓ ㄱ. p가 $x=7d$를 지날 때, p에는 유도 전류가 흐르지 않으므로, p가 $x=6d$에서 $x=8d$까지 운동할 때 고리를 통과하는 자기 선속의 변화는 없다. p가 $x=6d$에서 $x=8d$까지 운동할 때 고리를 통과하는 Ⅰ에 의한 자기 선속은 xy 평면에 수직으로 들어가는 방향으로 감소하므로, 고리를 통과하는 Ⅲ에 의한 자기 선속은 xy 평면에 수직으로 들어가는 방향으로 증가해야 한다. 따라서 자기장의 방향은 Ⅰ에서와 Ⅲ에서가 같다.

✓ ㄴ. p가 $x=2d$에서 $x=4d$까지 운동할 때, 고리를 통과하는 자기 선속은 xy 평면에 수직으로 들어가는 방향으로 증가하므로 고리에 흐르는 유도 전류에 의한 자기장의 방향은 xy 평면에서 수직으로 나오는 방향이다. 따라서 p가 $x=3d$를 지날 때, p에 흐르는 유도 전류의 방향은 $+y$ 방향이다.

ㄷ. p가 $x=2d$에서 $x=4d$까지 운동할 때와 $x=4d$에서 $x=6d$까지 운동할 때, 시간에 따른 고리를 통과하는 자기장의 변화는 B_0으로 같다. 따라서 p에 흐르는 유도 전류의 세기는 p가 $x=3d$를 지날 때와 $x=5d$를 지날 때가 같다. 답 ③

140 전자기 유도와 p−n 접합 발광 다이오드(LED)

빈출 문항 자료 분석

그림과 같이 p−n 접합 발광 다이오드(LED)가 연결된 한 변의 길이가 d인 정사각형 금속 고리가 종이면에 수직인 균일한 자기장 영역 Ⅰ, Ⅱ를 $+x$ 방향으로 등속도 운동하여 지난다. 고리의 중심이 $x=4d$를 지날 때 LED에서 빛이 방출된다. A는 p형 반도체와 n형 반도체 중 하나이다.

→ LED에 순방향 전압이 걸림.

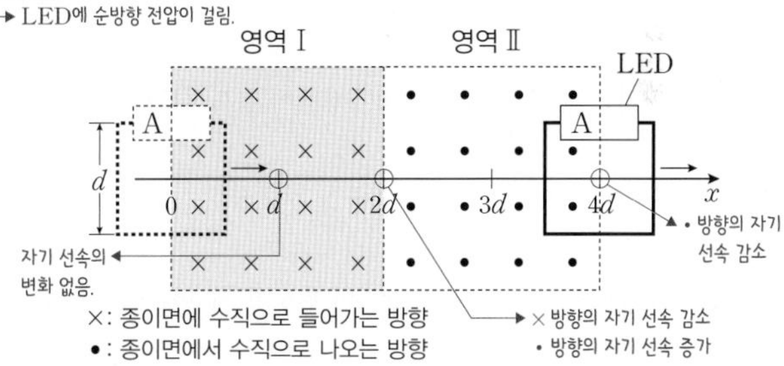

이에 대한 설명으로 옳은 것만을 〈보기〉에서 있는 대로 고른 것은?

보기

ㄱ. A는 n형 반도체이다. O
ㄴ. 고리의 중심이 $x=d$를 지날 때, 유도 전류가 흐른다. 흐르지 않는다.X
ㄷ. 고리의 중심이 $x=2d$를 지날 때, LED에서 빛이 방출된다. 방출되지 않는다.X

해결 전략 등속도 운동하는 금속 고리가 서로 다른 자기장 영역을 통과할 때 고리에 유도되는 전류의 방향과 세기를 분석하고 LED에 적용시킬 수 있어야 한다.

선택지 분석

✓ ㄱ. 금속 고리가 영역 Ⅱ를 빠져나올 때 금속 고리를 통과하는 종이면에서 수직으로 나오는 방향의 자기 선속이 감소하게 되므로 금속 고리에는 자기 선속이 감소하는 것을 방해하는 방향인 시계 반대 방향으로 유도 전류가 흐르게 된다. 이때 LED에서 빛이 방출되므로 LED에는 순방향 전압이 걸린다. 따라서 A는 n형 반도체이다.

ㄴ. 금속 고리의 중심이 $x=d$를 지날 때 금속 고리를 통과하는 자기 선속에 변화가 없으므로 금속 고리에는 유도 전류가 흐르지 않는다.

ㄷ. 금속 고리의 중심이 $x=2d$를 지날 때 금속 고리를 통과하는 종이면에서 수직으로 나오는 방향의 자기 선속은 증가하고, 종이면에 수직으로 들어가는 방향의 자기 선속은 감소하게 되므로 금속 고리에는 자기 선속의 변화를 방해하는 방향인 시계 방향으로 유도 전류가 흐르게 된다. 따라서 LED에는 역방향 전압이 걸리므로 빛이 방출되지 않는다. 답 ①

141 전자기 유도의 활용

자료 분석

A, B, C는 코일을 통과하는 자기장이 변화하여 코일에 유도 전류가 흐르는 전자기 유도 현상을 활용하였다.

선택지 분석

✓A: 소리에 의해 진동판에 연결된 코일이 자석 주위를 진동하면 코일을 통과하는 자기장이 변화하여 코일에 유도 전류가 흐르므로 마이크는 전자기 유도 현상을 활용한다.

✓B: 코일을 통과하는 자기장이 변하면 코일에 유도 전류가 흐르므로 무선 충전 칫솔은 전자기 유도 현상을 활용한다.

✓C: 교통 카드의 코일을 통과하는 자기장이 변하면 코일에 유도 전류가 흐르므로 교통 카드는 전자기 유도 현상을 활용한다. 답 ⑤

142 전자기 유도

자료 분석

금속 고리에 흐르는 전류에 의해 금속 고리의 오른쪽은 N극, 왼쪽은 S극이 된다. 전자기 유도에 의해 자석 A는 금속 고리 왼쪽과 인력이 작용하므로 A의 오른쪽은 N극이다. 전자기 유도에 의해 자석 B는 금속 고리의 오른쪽과 척력이 작용하므로 B의 왼쪽은 N극이다.

선택지 분석

✓ㄱ. A에서 멀어지는 금속 고리의 왼쪽에 S극이 유도되므로 A의 오른쪽 면은 N극이다.

ㄴ. B에 가까워지는 금속 고리의 오른쪽에 N극이 유도되므로 B의 왼쪽 면이 N극이다. 즉, B의 오른쪽 면은 S극이다.

ㄷ. 금속 고리가 운동하는 동안 자기 선속이 변하기 때문에 유도 전류가 흐른다. 답 ①

143 전자기 유도

빈출 문항 자료 분석

그림 (가)와 같이 종이면에 수직으로 들어가는 방향의 균일한 자기장 영역 Ⅰ과 Ⅱ에서 종이면에 고정된 동일한 원형 금속 고리 P, Q의 중심이 각 영역의 경계에 있다. 그림 (나)는 (가)의 Ⅰ과 Ⅱ에서 자기장의 세기를 시간에 따라 나타낸 것이다.

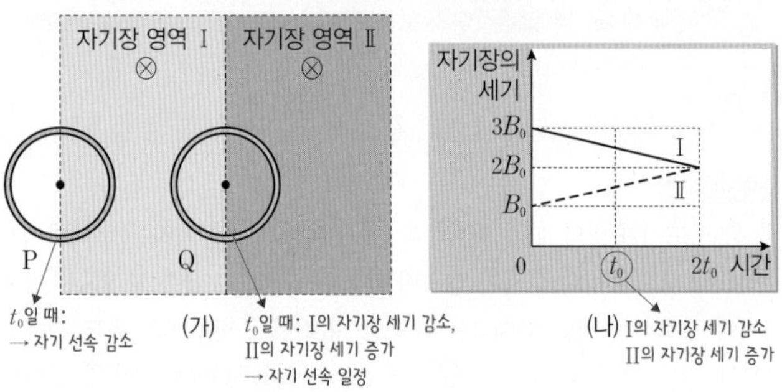

t_0일 때에 대한 옳은 설명만을 〈보기〉에서 있는 대로 고른 것은? (단, P, Q 사이의 상호 작용은 무시한다.)

보기

ㄱ. P의 유도 전류는 P의 중심에 종이면에 수직으로 들어가는 방향의 자기장을 만든다. O

ㄴ. Q에는 유도 전류가 흐르지 않는다. O

ㄷ. Ⅰ과 Ⅱ에 의해 고리면을 통과하는 자기 선속의 크기는 Q에서가 P에서보다 크다. O

해결 전략 시간에 따른 자기장의 세기 그래프를 분석해서 금속 고리에 흐르는 전류의 방향과 세기에 적용시킬 수 있어야 한다.

선택지 분석

✓ㄱ. t_0일 때 Ⅰ의 자기장의 세기가 감소하므로, P를 통과하는 자기 선속이 감소한다. 따라서 P에는 자기 선속의 감소를 방해하기 위해 종이면에 수직으로 들어가는 방향의 자기 선속이 만들어지도록 유도 전류가 흐른다.

✓ㄴ. t_0일 때 Ⅰ의 자기장의 세기는 감소하고 Ⅱ의 자기장의 세기는 같은 비율로 증가하므로, Q를 통과하는 자기 선속이 일정하다. 자기 선속의 변화가 없을 때는 유도 전류가 흐르지 않으므로, t_0일 때 Q에는 유도 전류가 흐르지 않는다.

✓ㄷ. t_0일 때 Ⅰ에 의한 자기 선속의 크기는 P에서와 Q에서가 같지만, Ⅱ에 의한 자기 선속의 크기는 Q에서가 P에서보다 크다. 따라서 t_0일 때 Ⅰ과 Ⅱ에 의해 고리면을 통과하는 자기 선속의 크기는 Q에서가 P에서보다 크다. 답 ⑤

144 전자기 유도

빈출 문항 자료 분석

그림과 같이 p-n 접합 발광 다이오드(LED)가 연결된 솔레노이드의 중심축에 마찰이 없는 레일이 있다. a, b, c, d는 레일 위의 지점이다. a에 가만히 놓은 자석은 솔레노이드를 통과하여 d에서 운동 방향이 바뀌고, 자석이 d로부터 내려와 c를 지날 때 LED에서 빛이 방출된다. X는 N극과 S극 중 하나이다.

→ LED에 순방향 전압이 걸린다.

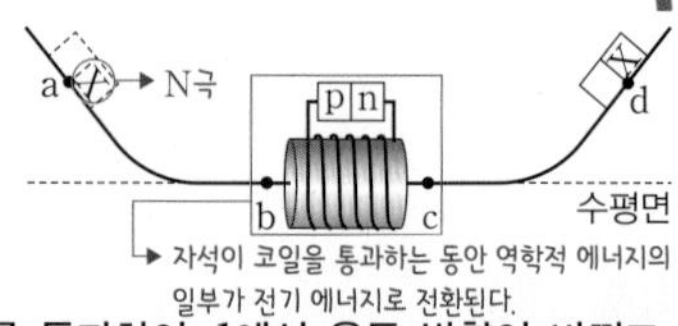

이에 대한 설명으로 옳은 것만을 〈보기〉에서 있는 대로 고른 것은?

보기

ㄱ. X는 N극이다. O

ㄴ. a로부터 내려온 자석이 b를 지날 때 LED에서 빛이 방출된다. O

ㄷ. 자석의 역학적 에너지는 a에서와 d에서가 같다. X
→ a에서가 d에서보다 크다.

해결 전략 자석이 솔레노이드를 통과하기 전과 통과한 후 유도 전류의 방향을 이해하고, 솔레노이드에 연결된 발광 다이오드(LED)의 빛 방출 여부를 알아야 한다.

선택지 분석

✓ㄱ. 자석이 d로부터 내려와 c를 지날 때 LED에서 빛이 방출되므로 이때 LED에 순방향 전압이 걸리도록 유도 기전력이 발생된 것이다. 코일에 흐르는 유도 전류에 의한 코일 내부에서 자기장의 방향은 왼쪽이므로 코일의 왼쪽이 N극, 오른쪽이 S극이 되도록 유도 기전력이 생기기 위해서는 자석의 X는 N극이 되어야 한다.

✓ㄴ. a로부터 내려온 자석이 b를 지날 때는 자석의 N극이 코일에 가까워지므로 코일의 단면을 오른쪽으로 통과하는 자기 선속의 증가를 방해하도록 유도 전류에 의한 코일 내부에서 자기장 방향이 왼쪽이 되도록 유도 기전력이 발생한다. 따라서 LED에는 순방향 전압이 걸리므로 LED에서 빛이 방출된다.

ㄷ. 자석이 코일을 통과하는 동안 역학적 에너지의 일부가 전기 에너지로 전환되므로 자석의 역학적 에너지는 a에서가 d에서보다 크다. 답 ③

145 전자기 유도와 p－n 접합 다이오드

자료 분석

(마)에서 자석의 S극이 코일 위쪽에서 다가오는 동안에는 코일 아래쪽이 N극이 되도록 유도 기전력이 만들어지므로, 다이오드에 역방향 전압이 걸려 전류가 흐르지 않는다. 그리고 (마)에서 자석의 N극이 코일 아래쪽으로부터 멀어지는 동안에는 코일 위쪽이 N극이 되도록 유도 전류가 흐르므로, 검류계의 위에서 아래 방향으로 전류가 흐른다. 이때 실험 결과로부터 전류가 (+)값이므로, 검류계의 위에서 아래 방향이 전류의 (+)방향이다.

선택지 분석

✓❺ (다)에서 자석의 N극이 코일 위쪽에서 다가오는 동안에는 코일 위쪽이 N극이 되므로 검류계에 (+)방향으로 전류가 흐른다. 그리고 (다)에서 S극이 코일 아래쪽으로부터 멀어지는 동안에는 코일 아래쪽이 N극이 되므로, 검류계에는 (−)방향으로 전류가 흐른다. 따라서 (다)의 결과를 나타낸 그래프로 가장 적절한 것은 ⑤번이다. 답 ⑤

146 전자기 유도

자료 분석

전자기 유도는 코일 내부를 통과하는 자기 선속이 변할 때 코일에 전류가 흐르는 현상으로, 유도 기전력과 유도 전류는 자기 선속의 변화를 방해하는 방향으로 발생한다. 마이크는 전자기 유도를 이용하여 소리를 전기 신호로 변환시키는 장치이고, 무선 충전은 전자기 유도를 이용하여 스마트폰을 충전한다. 그리고 전자석 기중기는 자기력을 이용하여 고철을 옮기는 장치이다.

선택지 분석

✓ㄱ. 소리에 의해 마이크의 진동판이 진동할 때 진동판에 연결된 코일도 자석 주위에서 진동한다. 이때 코일을 지나는 자기장이 변하므로 전자기 유도에 의해 코일에 유도 전류가 흐른다.

✓ㄴ. 충전 패드의 코일(1차)에 교류 전류가 흐르면 코일 주위에 시간에 따라 변하는 자기장이 발생한다. 이때 스마트폰 내부의 코일(2차)을 지나는 자기장이 변하고 전자기 유도에 의해 유도 전류가 흘러 스마트폰의 배터리가 충전된다.

ㄷ. 전자석 기중기는 전자석의 코일에 전류가 흐를 때 자기력으로 고철을 옮기는 장비이므로 전류에 의한 자기장을 이용한 것이다. 답 ③

147 전자기 유도

자료 분석

간이 발전기는 자석이 회전하면 코일을 통과하는 자기 선속이 변하므로 코일에 유도 전류가 흐른다. 이때 단위 시간당 자기 선속의 변화율이 클수록 유도 전류의 세기는 커진다.

선택지 분석

✓ㄱ. 자석의 회전 속력을 증가시키면 코일을 통과하는 자기 선속의 단위 시간당 변화율이 커지므로 유도 전류의 세기는 커진다.

ㄴ. 자석의 회전 방향은 코일을 통과하는 자기 선속의 단위 시간당 변화율에 영향을 주지 않으므로 전류의 세기에는 변화가 없다.

✓ㄷ. 세기가 더 강한 자석으로 바꾸면 코일을 통과하는 자기 선속의 단위 시간당 변화율이 커지므로 유도 전류의 세기는 커진다. 답 ④

148 전자기 유도

자료 분석

A는 $+x$ 방향으로 운동하므로 고리를 통과하는 자기 선속이 증가하고, B는 자기장 영역에서 운동하므로 고리를 통과하는 자기 선속이 일정하다. C는 $+y$ 방향으로 운동하므로 고리를 통과하는 자기 선속이 일정하다.

선택지 분석

✓❶ A가 $+x$ 방향으로 운동하면 A를 통과하는 자기 선속이 증가하므로 A에는 유도 전류가 흐른다. B는 자기장 영역에서 운동하므로 B를 통과하는 자기 선속은 변화가 없고, $+y$ 방향으로 운동하는 동안 C를 통과하는 자기 선속은 변화가 없으므로 B와 C에는 유도 전류가 흐르지 않는다. 답 ①

149 전자기 유도

빈출 문항 자료 분석

그림 (가)는 자기장 B가 균일한 영역에 금속 고리가 고정되어 있는 것을 나타낸 것이고, (나)는 B의 세기를 시간에 따라 나타낸 것이다. B의 방향은 종이면에 수직으로 들어가는 방향이다.

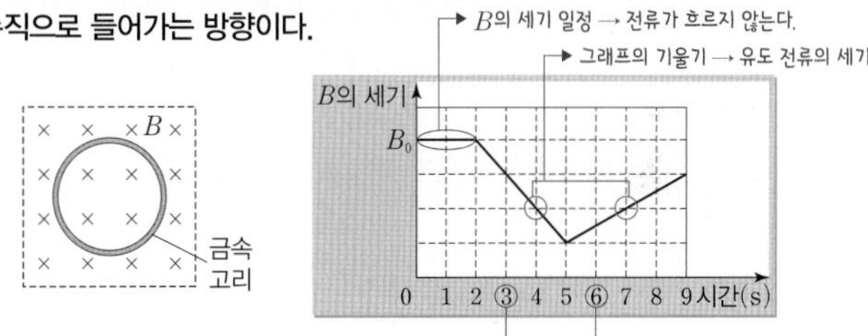

(가) (나)

이에 대한 설명으로 옳은 것만을 〈보기〉에서 있는 대로 고른 것은?

보기

ㄱ. 1초일 때 유도 전류는 흐르지 않는다. O (→ 렌츠 법칙 적용)

ㄴ. 유도 전류의 방향은 3초일 때와 6초일 때가 서로 반대이다. O

ㄷ. 유도 전류의 세기는 7초일 때가 4초일 때보다 크다. 작다. X (→ 패러데이 법칙 적용)

해결 전략 균일한 자기장 영역에 고정되어 있는 금속 고리에 자기장의 세기가 변할 때 금속 고리에 흐르는 유도 전류의 방향과 세기를 이해해야 한다.

선택지 분석

✓ㄱ. 0초부터 2초까지 금속 고리 내부를 지나는 자기장의 세기가 일정(자기장의 변화량이 0)하므로 1초일 때 금속 고리에는 유도 전류가 흐르지 않는다.

✓ㄴ. 3초일 때 유도 전류의 방향은 시계 방향이고, 6초일 때 유도 전류의 방향은 시계 반대 방향이므로 유도 전류의 방향은 3초일 때와 6초일 때가 서로 반대이다.

ㄷ. 유도 전류의 세기는 시간에 대한 자기장의 세기 변화량에 비례한다. 7초일 때가 4초일 때보다 시간에 대한 자기장의 세기 변화량이 작으므로 유도 전류의 세기도 7초일 때가 4초일 때보다 작다. 답 ③

150 전자기 유도

자료 분석

무선 충전기는 충전 패드의 1차 코일에 변하는 전류가 흘러 휴대 전화 내부의 2차 코일을 통과하는 자기 선속이 시간에 따라 변할 때 2차 코일에 유도 전류가 흘러 충전되는 원리이다.

선택지 분석

ㄱ. 그래프에서 $0<t<2t_0$에서 자기 선속의 단위 시간당 변화율이 일정하므로 유도 전류의 세기는 일정하다.

✓ ㄴ. 그래프에서 기울기의 크기는 유도 전류의 세기에 비례하므로, 유도 전류의 세기는 t_0일 때가 $5t_0$일 때보다 크다.

ㄷ. 그래프에서 기울기의 부호는 유도 전류의 방향에 해당한다. 따라서 유도 전류의 방향은 t_0일 때와 $6t_0$일 때가 서로 반대이다. 답 ②

151 전자기 유도

자료 분석

자석의 N극을 가까이할 때와 S극을 가까이할 때 검류계에 흐르는 전류의 방향은 서로 반대이다.

선택지 분석

✓ ⑤ 자석의 N극을 아래로 하여 코일에 접근시킬 때 검류계의 바늘이 왼쪽으로 움직였으므로 자석의 S극을 아래로 하여 자석을 코일에 접근시키면 검류계의 바늘은 오른쪽으로 움직인다. 검류계에 흐르는 유도 전류의 세기는 코일을 지나는 자기 선속의 단위 시간당 변화율에 비례하므로, 자석의 속력이 클수록 검류계에 흐르는 유도 전류의 세기는 커진다. 따라서 (라)의 결과는 검류계의 바늘이 오른쪽으로 움직이고, 그 폭은 (다)의 결과보다 커야 한다. 답 ⑤

도전 1등급 152 전자기 유도

도전 1등급 문항 분석 ▸▸ 정답률 36%

그림 (가)는 마이크의 내부 구조를 나타낸 것으로, 소리에 의해 진동판과 코일이 진동한다. 그림 (나)는 (가)에서 자석의 윗면과 코일 사이의 거리 d를 시간에 따라 나타낸 것이다. t_3일 때 코일에는 화살표 방향으로 유도 전류가 흐른다.

→ 진동판과 코일이 붙어 있으므로, 진동판이 진동하면 코일도 진동한다.

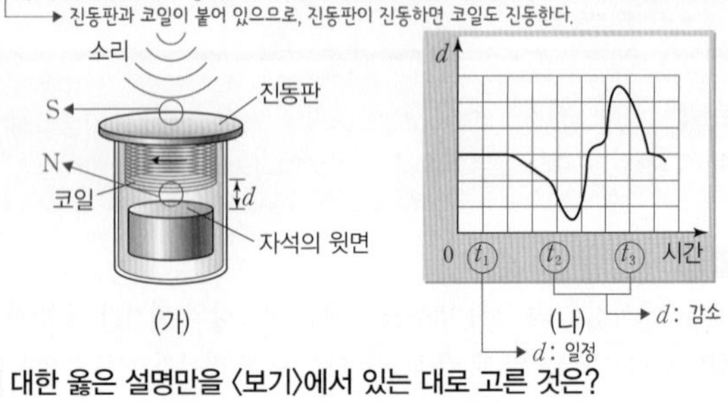

이에 대한 옳은 설명만을 〈보기〉에서 있는 대로 고른 것은?

보기

ㄱ. 자석의 윗면은 N극이다. O
ㄴ. t_1일 때 코일에는 유도 전류가 흐르지 않는다. O
ㄷ. 코일에 흐르는 유도 전류의 방향은 t_2일 때와 t_3일 때가 서로 반대이다. X (같다.)

해결 전략 마이크의 내부 구조에서 소리의 진동을 이해하고, 자석과 코일 사이의 거리에 따른 유도 전류를 이해해야 한다.

선택지 분석

✓ ㄱ. t_3일 때는 코일이 자석에 접근하며 코일 아래쪽이 N극이 되므로, 자석의 윗면은 N극이다.

✓ ㄴ. t_1일 때는 자석의 윗면과 코일 사이 거리 d가 일정하므로, 코일에는 유도 전류가 흐르지 않는다.

ㄷ. t_2일 때와 t_3일 때 모두 d가 감소하므로, 코일에 흐르는 유도 전류의 방향은 서로 같다. 답 ③

153 전자기 유도

자료 분석

무선 충전기는 충전 패드의 코일 A(1차 코일)에 변하는 전류가 흘러 휴대 전화 내부의 코일 B(2차 코일)를 통과하는 자기 선속이 시간에 따라 변할 때 B에 유도 전류가 흘러 충전되는 원리이다.

선택지 분석

✓ ㄱ. A에 흐르는 전류의 세기 I가 변할 때 생기는 자기장의 변화를 방해하는 방향으로 B에 유도 전류가 흐른다.

ㄴ. A에 흐르는 전류의 세기 I가 감소할 때도 자기장이 변하므로 B에 유도 전류가 흐른다.

✓ ㄷ. 무선 충전은 두 코일 사이의 전자기 유도 현상을 이용한다. 답 ③

154 전자기 유도

빈출 문항 자료 분석

그림은 마찰이 없는 빗면에서 자석이 솔레노이드의 중심축을 따라 운동하는 모습을 나타낸 것이다. 점 p, q는 솔레노이드의 중심축상에 있고, 전구의 밝기는 자석이 p를 지날 때가 q를 지날 때보다 밝다.

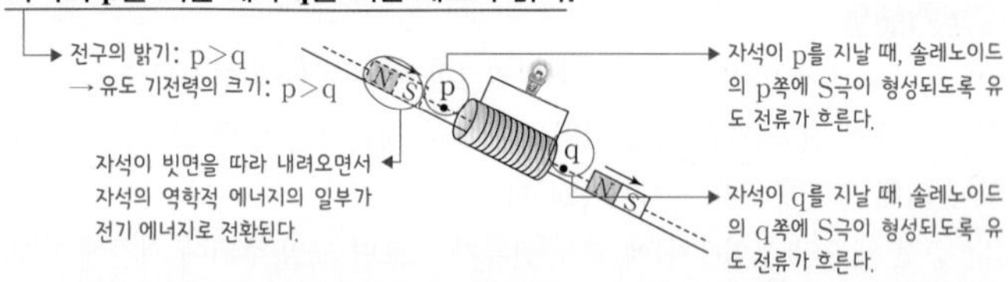

전구의 밝기: p>q
→ 유도 기전력의 크기: p>q
자석이 빗면을 따라 내려오면서 자석의 역학적 에너지의 일부가 전기 에너지로 전환된다.
N S
p
q
N S
자석이 p를 지날 때, 솔레노이드의 p쪽에 S극이 형성되도록 유도 전류가 흐른다.
자석이 q를 지날 때, 솔레노이드의 q쪽에 S극이 형성되도록 유도 전류가 흐른다.

이에 대한 설명으로 옳은 것만을 〈보기〉에서 있는 대로 고른 것은? (단, 자석의 크기는 무시한다.)

보기

ㄱ. 솔레노이드에 유도되는 기전력의 크기는 자석이 p를 지날 때가 q를 지날 때보다 크다. O
ㄴ. 전구에 흐르는 전류의 방향은 자석이 p를 지날 때와 q를 지날 때가 서로 반대이다. O
ㄷ. 자석의 역학적 에너지는 p에서가 q에서보다 작다. 크다. X

해결 전략 패러데이 전자기 유도 법칙을 이해하고, 자석이 솔레노이드를 통과하기 전과 후 유도 전류의 세기와 방향 및 자석의 역학적 에너지의 변화에 대해 알 수 있어야 한다.

선택지 분석

✓ ㄱ. 전구의 밝기는 자석이 p를 지날 때가 q를 지날 때보다 밝다고 하였으므로 솔레노이드에 유도되는 기전력의 크기는 자석이 p를 지날 때가 q를 지날 때보다 크다.

✓ ㄴ. 전구에 흐르는 전류의 방향은 자석이 p를 지날 때 p쪽이 S극이 되도록 흐르고, 자석이 q를 지날 때 q쪽이 S극이 되도록 흐른다. 따라서 전구에 흐르는 전류의 방향은 자석이 p를 지날 때와 q를 지날 때가 서로 반대이다.

ㄷ. 자석이 빗면을 따라 내려오면서 자석의 역학적 에너지의 일부는 전기 에너지로 전환된다. 따라서 자석의 역학적 에너지는 p에서가 q에서보다 크다.

답 ③

155 전자기 유도

빈출 문항 자료 분석

그림 (가)와 같이 한 변의 길이가 d인 정사각형 금속 고리가 xy 평면에서 $+x$ 방향으로 자기장 영역 Ⅰ, Ⅱ, Ⅲ을 통과한다. Ⅰ, Ⅱ, Ⅲ에서 자기장의 세기는 각각 B, $2B$, B로 균일하고, 방향은 모두 xy 평면에 수직으로 들어가는 방향이다. P는 금속 고리의 한 점이다. 그림 (나)는 P의 속력을 위치에 따라 나타낸 것이다.

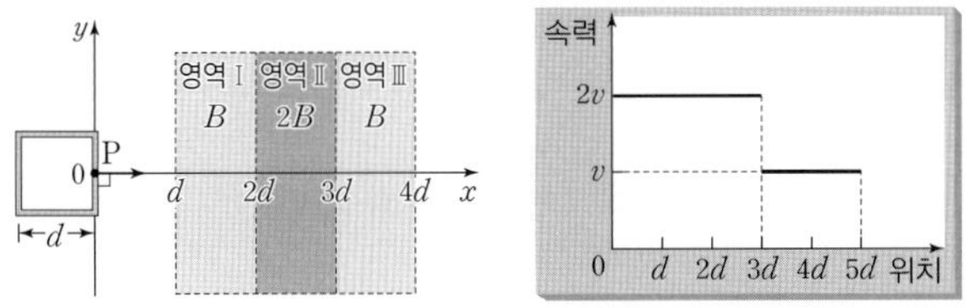

y
영역 Ⅰ
B
영역 Ⅱ
2B
영역 Ⅲ
B
P
0
d
2d
3d
4d
x
속력
2v
v
0
5d
위치

(가) (나)

금속 고리의 이동 속력과 단위 시간당 자기장의 변화에 따라 금속 고리에 유도되는 전류의 세기

금속 고리의 속력	단위 시간(Δt)당 자기장의 변화(상댓값)	유도 전류의 세기 (상댓값)	유도 전류의 방향	
			자기장 증가	자기장 감소
v	$\Delta B/\Delta t$	I_0	시계 반대 방향	시계 방향
v	$\Delta 2B/\Delta t$	$2I_0$	시계 반대 방향	시계 방향
$2v$	$\Delta B/\Delta t$	$2I_0$	시계 반대 방향	시계 방향
$2v$	$\Delta 2B/\Delta t$	$4I_0$	시계 반대 방향	시계 방향

이에 대한 설명으로 옳은 것만을 〈보기〉에서 있는 대로 고른 것은?

보기

ㄱ. P가 $x=1.5d$를 지날 때, P에서의 유도 전류의 방향은 $-y$ 방향이다. $+y$ 방향 X

ㄴ. 유도 전류의 세기는 P가 $x=1.5d$를 지날 때가 $x=4.5d$를 지날 때보다 크다. O

ㄷ. 유도 전류의 방향은 P가 $x=2.5d$를 지날 때와 $x=3.5d$를 지날 때가 서로 반대 방향이다. O

해결 전략 고리의 위치에 따른 전자기 유도 현상을 이해해야 한다.

선택지 분석

ㄱ. P가 $x=1.5d$를 지날 때, 영역 Ⅰ로 들어가는 금속 고리의 면적이 증가하므로 렌츠 법칙에 의해 P에서의 유도 전류의 방향은 $+y$ 방향이다.

✓ ㄴ. P가 $x=1.5d$를 지날 때 금속 고리의 속력은 $2v$이고, 단위 시간당 자기장의 변화는 $\dfrac{\Delta B}{\Delta t}$이므로 유도 전류의 세기는 $2I_0$이고, P가 $x=4.5d$를 지날 때 금속 고리의 속력은 v이고, 단위 시간당 자기장의 변화는 $\dfrac{\Delta B}{\Delta t}$이므로 유도 전류의 세기는 I_0이다. 따라서 유도 전류의 세기는 P가 $x=1.5d$를 지날 때가 $x=4.5d$를 지날 때보다 크다.

✓ ㄷ. P가 $x=2.5d$를 지날 때 유도 전류의 방향은 $2B$의 변화량에 따르므로 시계 반대 방향이고, P가 $x=3.5d$를 지날 때 유도 전류의 방향은 $2B$의 변화량에 따르므로 시계 방향이다. 따라서 유도 전류의 방향은 P가 $x=2.5d$를 지날 때와 $x=3.5d$를 지날 때가 서로 반대 방향이다. 답 ④

156 전자기 유도

빈출 문항 자료 분석

그림과 같이 고정되어 있는 동일한 솔레노이드 A, B의 중심축에 마찰이 없는 레일이 있고, A, B에는 동일한 저항 P, Q가 각각 연결되어 있다. 빗면을 내려온 자석이 수평인 레일 위의 점 a, b, c를 지난다.

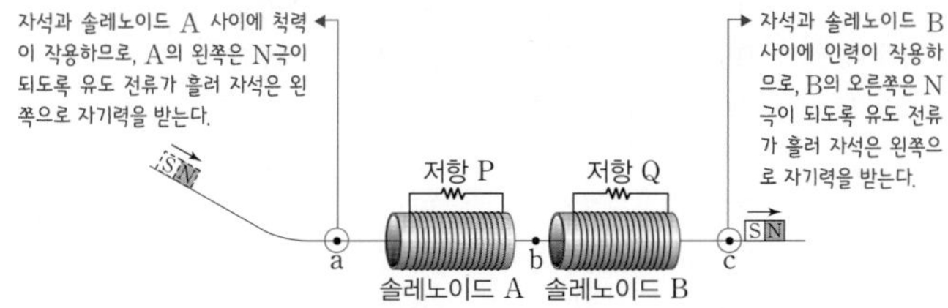

역학적 에너지의 일부가 전기 에너지로 전환
자석과 솔레노이드 A 사이에 척력이 작용하므로, A의 왼쪽은 N극이 되도록 유도 전류가 흘러 자석은 왼쪽으로 자기력을 받는다.
자석과 솔레노이드 B 사이에 인력이 작용하므로, B의 오른쪽은 N극이 되도록 유도 전류가 흘러 자석은 왼쪽으로 자기력을 받는다.
S N
저항 P
저항 Q
a
b
c
솔레노이드 A
솔레노이드 B

이에 대한 설명으로 옳은 것만을 〈보기〉에서 있는 대로 고른 것은? (단, A와 B 사이의 상호 작용은 무시한다.)

보기

ㄱ. 자석의 속력은 c에서가 a에서보다 크다. 작다. X

ㄴ. b에서 자석에 작용하는 자기력의 방향은 자석의 운동 방향과 같다. 반대이다. X

ㄷ. P에 흐르는 전류의 최댓값은 Q에 흐르는 전류의 최댓값보다 크다. O

해결 전략 자석이 솔레노이드에 접근할 때 유도 전류의 세기와 방향, 자석과 솔레노이드 사이에 작용하는 자기력을 알 수 있어야 한다.

선택지 분석

ㄱ. 자석이 빗면을 내려와 a, b, c를 지나면서 자석의 역학적 에너지의 일부는 전기 에너지로 전환되어 자석의 운동 에너지는 점점 감소하므로, 자석의 속력은 a에서가 c에서보다 크다.

ㄴ. 자석이 b를 지나는 순간, A에 의해서는 당기는 자기력이 작용하고 B에 의해서는 밀어내는 자기력이 작용하므로, b에서 자석에 작용하는 자기력의 방향은 자석의 운동 방향과 반대 방향이다.

✓ ㄷ. 자석이 P를 통과하는 최대 속력은 Q를 통과하는 최대 속력보다 크므로, P에 흐르는 전류의 최댓값은 Q에 흐르는 전류의 최댓값보다 크다.

답 ②

157 전자기 유도

자료 분석

금속 고리 A의 중심이 p, q를 지날 때 A에 흐르는 유도 전류의 세기와 방향이 같으므로, p, q를 지날 때 같은 시간 동안 금속 고리를 통과하는 자기 선속의 변화가 같다.

선택지 분석

✓ ㄱ, ㄴ. A의 중심이 p, q를 지날 때 A에 흐르는 유도 전류의 세기와 방향이 각각 같으므로, A의 중심이 p, q를 지날 때 자기 선속의 단위 시간당 변화율이 같아야 한다. 따라서 영역 Ⅱ에서 자기장의 방향은 영역 Ⅰ에서와 같고 세기는 $2B_0$이다. 따라서 A에 흐르는 유도 전류의 세기는 A의 중심이 r를 지날 때가 p를 지날 때의 2배이다.

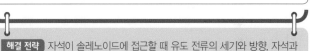

✓ ㄷ. A와 B의 중심이 각각 q를 지날 때 A에서는 자기 선속이 증가하고, B에서는 자기 선속이 감소한다. 따라서 A와 B의 중심이 각각 q를 지날 때 A와 B에 흐르는 유도 전류의 방향은 서로 반대이다. 답 ⑤

Ⅲ 파동과 정보 통신

본문 126~149쪽

01 파동의 성질과 활용

01 ③	02 ①	03 ③	04 ②	05 ④	06 ⑤
07 ④	08 ⑤	09 ⑤	10 ④	11 ①	12 ①
13 ⑤	14 ②	15 ③	16 ④	17 ④	18 ③
19 ③	20 ④	21 ④	22 ①	23 ③	24 ④
25 ④	26 ③	27 ④	28 ⑤	29 ①	30 ①
31 ③	32 ③	33 ①	34 ⑤	35 ②	36 ①
37 ⑤	38 ①	39 ④	40 ②	41 ①	42 ②
43 ①	44 ⑤	45 ③	46 ③	47 ③	48 ②
49 ②	50 ②	51 ①	52 ②	53 ⑤	54 ③
55 ④	56 ②	57 ④	58 ③	59 ②	60 ④
61 ②	62 ④	63 ⑤	64 ③	65 ③	66 ④
67 ④	68 ①	69 ②	70 ④	71 ②	72 ②
73 ③	74 ④	75 ④	76 ⑤	77 ②	78 ④
79 ①	80 ①	81 ②	82 ⑤	83 ③	84 ③
85 ①	86 ①	87 ④	88 ④	89 ②	90 ③
91 ①					

01 파동의 굴절

자료 분석

물의 깊이가 변하지 않을 때 물결파의 속력은 일정하고, 물의 깊이가 변할 때 물결파의 진동수는 일정하며, 물의 깊이가 깊은 곳에서 얕은 곳으로 진행할 때 물결파의 입사각이 굴절각보다 크다.

(나)에서는 진동수가 일정하므로 물이 깊은 영역인 Ⅰ에서 얕은 영역인 Ⅱ로 물결파가 굴절하면서 파장이 짧아져 속력이 작아진다. (다)에서는 진동수가 일정하므로 물이 얕은 영역인 Ⅰ에서 깊은 영역인 Ⅱ로 물결파가 굴절하면서 파장이 길어져 속력이 커진다. 즉, 물결파의 속력은 물의 깊이가 깊은 영역에서가 얕은 영역에서보다 크다.

선택지 분석

✓ㄱ. 수심이 깊을수록 물결파의 속력이 크므로 (나)에서 물결파의 속력은 Ⅰ에서가 Ⅱ에서보다 크다.

✓ㄴ. (나), (다)에서 Ⅰ, Ⅱ의 경계면에 입사하는 물결파의 입사각은 동일한데 굴절각은 (나)에서는 입사각보다 작고, (다)에서는 입사각보다 크므로 Ⅰ, Ⅱ의 경계면에서 물결파의 굴절각은 (나)에서가 (다)에서보다 작다.

ㄷ. (다)에서 굴절각은 입사각보다 크므로 굴절하여 진행하는 적절한 모습은 그림과 같다.

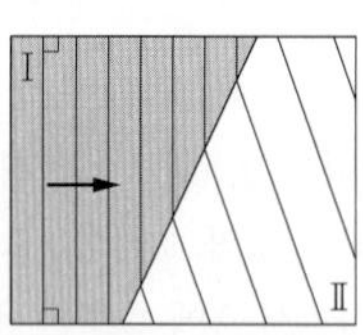

답 ③

02 물결파의 굴절

빈출 문항 자료 분석

다음은 물결파에 대한 실험이다.

[실험 과정]

(가) 그림과 같이 물결파 실험 장치의 한쪽에 삼각형 모양의 유리판을 놓은 후 물을 채우고 일정한 진동수의 물결파를 발생시킨다.

진동수는 변하지 않는다

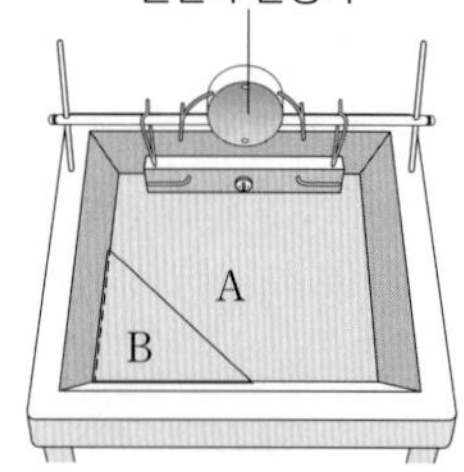

(나) 유리판이 없는 영역 A와, 있는 영역 B에서의 물결파의 무늬를 관찰한다.

(다) (가)에서 물의 양만을 증가시킨 후 (나)를 반복한다.

[실험 결과 및 결론]

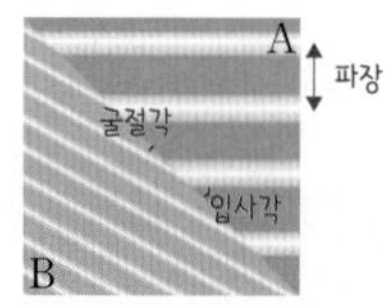

(나)의 결과

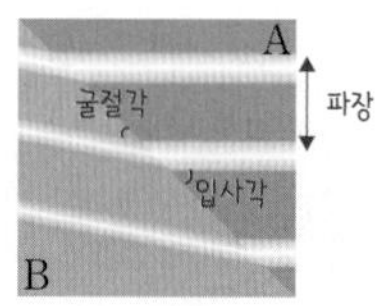

(다)의 결과

○ (다)에서가 (나)에서보다 큰 물리량
 − A에서 이웃한 파면 사이의 거리
 − B에서 물결파의 굴절각
 − ㉠

㉠에 해당하는 것만을 〈보기〉에서 있는 대로 고른 것은?

보기

ㄱ. A에서 물결파의 속력 O
ㄴ. B에서 물결파의 진동수 (나)=(다) X
ㄷ. 물결파의 입사각과 굴절각의 차이 (나)>(다) X

해결 전략 물의 깊이에 따른 물결파의 속력, 진동수, 입사각과 굴절각의 차이 등을 비교할 수 있어야 한다.

선택지 분석

✓ㄱ. 속력=파장(파면 간격)×진동수이다. A에서 물결파의 파장은 (다)에서가 (나)에서보다 크므로, A에서 물결파의 속력은 (다)에서가 (나)에서보다 크다.

ㄴ. 파동이 굴절할 때 진동수는 변하지 않는다. 따라서 B에서 물결파의 진동수는 (나)와 (다)에서 같다.

ㄷ. (나), (다)에서 입사각은 같고, 굴절각은 입사각보다 작다. 굴절각은 (다)에서가 (나)에서보다 크므로 물결파의 입사각과 굴절각의 차이는 (다)에서가 (나)에서보다 작다.

답 ①

03 물결파의 굴절

빈출 문항 자료 분석

다음은 물결파에 대한 실험이다.

[실험 과정]

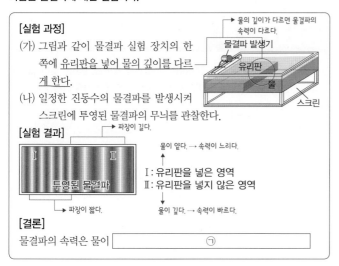

(가) 그림과 같이 물결파 실험 장치의 한 쪽에 유리판을 넣어 물의 깊이를 다르게 한다.

(나) 일정한 진동수의 물결파를 발생시켜 스크린에 투영된 물결파의 무늬를 관찰한다.

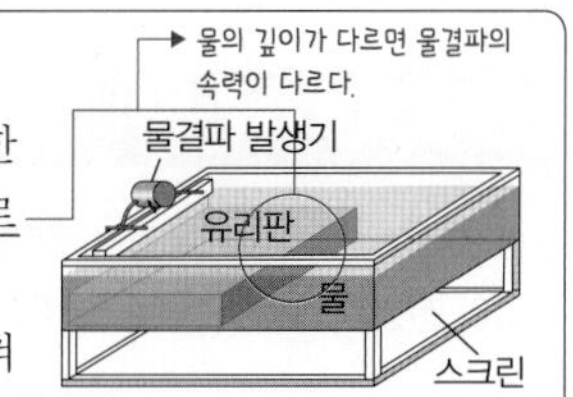

[실험 결과]

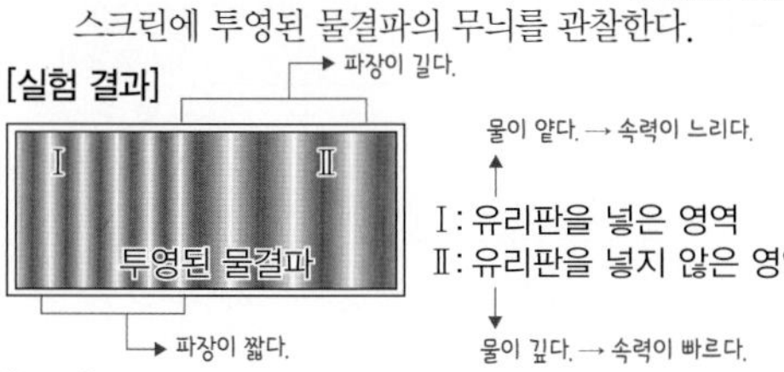

[결론]

물결파의 속력은 물이 [㉠]

이에 대한 설명으로 옳은 것만을 <보기>에서 있는 대로 고른 것은?

보기

ㄱ. 파장은 I 에서가 II 에서보다 짧다. O

ㄴ. 진동수는 I 에서가 II 에서보다 크다. I 과 II 에서 같다. X

ㄷ. '깊은 곳에서가 얕은 곳에서보다 크다.'는 ㉠에 해당한다. O

해결 전략 물결파를 분석한 후, 물의 깊이에 따른 물결파의 진행 속력과 파장 및 진동수를 비교할 수 있어야 한다.

선택지 분석

✓ ㄱ. 실험 결과에서 이웃한 파면의 간격이 I 에서가 II 에서보다 좁으므로 파장은 I 에서가 II 에서보다 짧다.

ㄴ. 진동수는 매질에 따라 변하지 않으므로 I 과 II 에서 같다.

✓ ㄷ. 물결파의 진동수는 일정하고 파장은 I 에서가 II 에서보다 짧으므로 '깊은 곳에서가 얕은 곳에서보다 크다.'는 ㉠에 해당한다. 답 ③

04 파동의 굴절

자료 분석

(가)에서는 진동수가 일정하므로 파동이 A에서 B로 굴절하면서 파장이 짧아져 속력이 작아진다.

선택지 분석

ㄱ. 파동의 진동수가 일정하므로 파장이 길수록 속력이 크다. 따라서 (가)에서 파동의 속력은 A에서가 B에서보다 크다.

ㄴ. (가)에서는 A가, (나)에서는 II 가 소한 매질이다. 따라서 II 는 A이다.

✓ ㄷ. 파동이 I 에서 II 로 굴절할 때 굴절각이 입사각보다 크므로 I 이 밀한(굴절률이 큰) 매질이고 II 가 소한(굴절률이 작은) 매질이다. 소한 매질에서 파장이 더 길므로, (나)에서 파장은 II 에서가 I 에서보다 길다. 답 ②

05 빛의 굴절

자료 분석

물속에 일부분이 잠긴 연필이 꺾여 보이거나 물속에 잠긴 다리가 짧아 보이는 현상은 빛의 굴절에 의한 현상이다.

선택지 분석

ㄱ. (가)에서 매질 B의 볼펜이 A와 B의 경계면에 가깝도록 꺾여서 보이는 까닭은 B에서 A로 진행한 빛의 입사각이 굴절각보다 작기 때문이다. 따라서 굴절률은 B가 A보다 크다.

✓ ㄴ. 매질의 굴절률이 클수록 빛의 속력은 작아지므로 (가)에서 빛의 속력은 A에서가 B에서보다 크다.

✓ ㄷ. 굴절률은 물이 공기보다 크므로 빛의 속력은 공기에서가 물에서보다 크다. 빛이 물에서 공기로 진행할 때 빛의 속력이 작은 매질에서 빛의 속력이 큰 매질로 진행하는 것이므로 굴절각이 입사각보다 크다. 답 ④

06 빛의 굴절

자료 분석

한 매질에서 다른 매질로 빛이 진행할 때 굴절의 법칙이 성립하고, I, II, III의 굴절률을 각각 n_{I}, n_{II}, n_{III}이라고 하면 첫 번째 굴절에서 $n_{\text{I}} > n_{\text{II}}$이고, 두 번째 굴절에서 $n_{\text{III}} > n_{\text{II}}$이고, 세 번째 굴절에서 $n_{\text{III}} > n_{\text{I}}$이므로 굴절률은 $n_{\text{III}} > n_{\text{I}} > n_{\text{II}}$이다.

선택지 분석

✓ ㄱ. 매질 1에서 매질 2로 빛이 진행하고, 입사각이 i, 굴절각이 r일 때 굴절 법칙은 $\frac{n_2}{n_1} = \frac{\sin i}{\sin r} = \frac{v_1}{v_2} = \frac{\lambda_1}{\lambda_2}$이다. P가 I 에서 II 로 진행할 때 법선과 이루는 각이 $\theta_2 > \theta_1$이므로 굴절 법칙에 의해 P의 파장은 I 에서가 II 에서보다 짧다.

✓ ㄴ. P가 III에서 I 로 진행할 때 입사각은 θ_1이고, 법선과 이루는 각이 $\theta_1 < \theta_2$이므로 굴절 법칙에 의해 P의 속력은 I 에서가 III에서보다 크다.

✓ ㄷ. 굴절률은 $n_{\text{III}} > n_{\text{I}} > n_{\text{II}}$이고, 굴절 법칙에 의해 매질의 굴절률 차가 클수록 빛은 많이 꺾인다. P가 I 에서 II 로 진행할 때 입사각(θ_1)과 II 에서 III으로 진행할 때 굴절각(θ_1)이 같고 굴절률 차는 II 에서 III으로 진행할 때가 I 에서 II 로 진행할 때보다 크므로 $\theta_3 > \theta_2$이다. 답 ⑤

07 빛의 굴절

빈출 문항 자료 분석

다음은 빛의 성질을 알아보는 실험이다.

[실험 과정]

(가) 반원 I, II 로 구성된 원이 그려진 종이면의 I 에 반원형 유리 A를 올려놓는다.

(나) 레이저 빛이 점 p에서 유리면에 수직으로 입사하도록 한다.

(다) 그림과 같이 빛이 진행하는 경로를 종이면에 그린다.

(라) p와 x축 사이의 거리 L_1, 빛의 경로가 II 의 호와 만나는 점과 x축 사이의 거리 L_2를 측정한다.

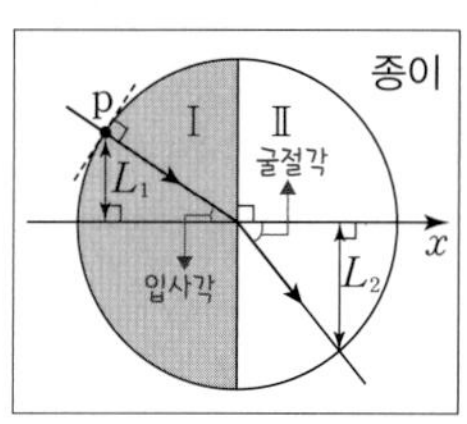

(마) (가)에서 I 의 A를 반원형 유리 B로 바꾸고, (나)~(라)를 반복한다.

(바) (마)에서 II 에 A를 올려놓고, (나)~(라)를 반복한다.

[실험 결과]

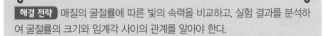

$\frac{\sin\theta_{공기}}{\sin\theta_A}=\frac{L_2}{L_1}=\frac{4.5}{3}=n_A$

과정	Ⅰ	Ⅱ	L_1(cm)	L_2(cm)
(라)	A	공기	3.0	4.5
(마)	B	공기	3.0	5.1
(바)	B	A	3.0	㉠

$\frac{\sin\theta_{공기}}{\sin\theta_B}=\frac{L_2}{L_1}=\frac{5.1}{3}=n_B$　　$n_A<n_B$

이에 대한 설명으로 옳은 것만을 〈보기〉에서 있는 대로 고른 것은?

보기

ㄱ. ㉠≥5.1이다.
ㄴ. 레이저 빛의 속력은 A에서가 B에서보다 크다.
ㄷ. 임계각은 레이저 빛이 A에서 공기로 진행할 때가 B에서 공기로 진행할 때보다 크다.

해결 전략 매질의 굴절률에 따른 빛의 속력을 비교하고, 실험 결과를 분석하여 굴절률의 크기와 임계각 사이의 관계를 알아야 한다.

선택지 분석

ㄱ. (라)와 (마)의 실험 결과로부터 A와 B의 굴절률은 공기의 굴절률보다 크고, B의 굴절률은 A의 굴절률보다 크다는 것을 알 수 있다. 공기에 대한 B의 상대 굴절률은 A에 대한 B의 상대 굴절률보다 크므로 ㉠은 5.1보다 작다.

ㄴ. A의 굴절률은 B의 굴절률보다 작고, 빛은 굴절률이 작은 매질에서 속력이 더 크므로 레이저 빛의 속력은 A에서가 B에서보다 크다.

ㄷ. 임계각은 두 매질의 상대 굴절률이 클수록 작다. 공기에 대한 A의 굴절률은 공기에 대한 B의 굴절률보다 작으므로 임계각은 레이저 빛이 A에서 공기로 진행할 때가 B에서 공기로 진행할 때보다 크다. 답 ④

08 빛의 굴절

자료 분석

물에서의 입사각이 유리에서의 굴절각보다 크므로 단색광의 속력은 물에서가 유리에서보다 크다. 그리고 파동의 속력은 진동수와 파장의 곱인데, 속력은 물에서가 더 크고 두 파동의 진동수는 같으므로 파동의 파장은 물에서가 유리에서보다 길다.

선택지 분석

ㄱ. p에서 입사각과 q에서 굴절각이 같으므로 $\theta_1=\theta_2$이다.
ㄴ. 단색광의 진동수는 유리에서와 물에서가 같다.
ㄷ. 파장은 진행 속력이 작은 유리에서가 물에서보다 짧다. 답 ⑤

09 소리의 굴절

자료 분석

(가)에서 지표면에서 발생한 소리의 진행 경로가 직선이 아닌 곡선인 까닭은 소리의 진행 방향이 바뀌었기 때문이다. (나)에서 높이가 높아질수록 소리의 속력이 빨라지므로 (가)에서 소리의 진행 방향이 바뀌는 것은 속력이 달라졌기 때문이라는 것을 알 수 있다. 굴절은 진행하는 파동의 속력이 달라져 진행 방향이 바뀌는 현상이므로 소리가 굴절하면서 진행한다는 것을 알 수 있다. 이때 소리의 속력은 진동수와 파장의 곱이다.

선택지 분석

ㄱ. 높이가 높아질수록 소리의 속력이 증가하므로 소리는 굴절하면서 진행한다.
ㄴ. 소리가 진행하는 동안 진동수는 일정하게 유지된다.
ㄷ. 소리가 진행하는 동안 진동수는 일정하고 속력이 증가하므로 파장은 길어진다. 답 ⑤

10 파동의 굴절

빈출 문항 자료 분석

그림 (가)는 공기에서 유리로 진행하는 빛의 진행 방향을, (나)는 낮에 발생한 소리의 진행 방향을, (다)는 신기루가 보일 때 빛의 진행 방향을 나타낸 것이다.

→ 소리, 빛의 속력은 공기의 온도가 높을수록 크다.
→ 공기의 온도가 낮은 쪽으로 굴절한다.

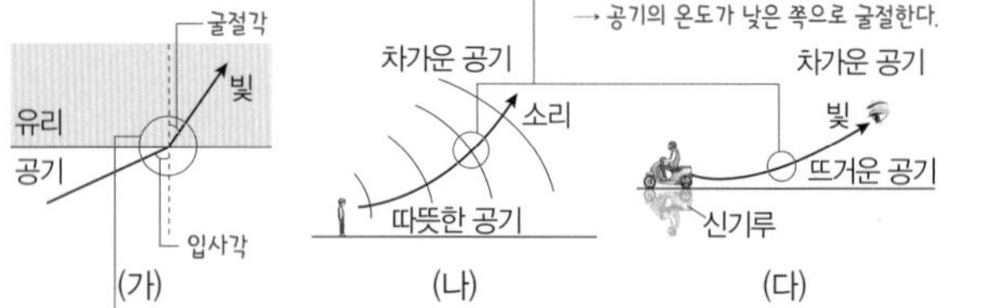

→ 입사각 > 굴절각
→ 굴절률: 공기 < 유리

이에 대한 설명으로 옳은 것만을 〈보기〉에서 있는 대로 고른 것은?

보기

ㄱ. (가)에서 굴절률은 유리가 공기보다 크다.
ㄴ. (나)에서 소리의 속력은 차가운 공기에서가 따뜻한 공기에서보다 크다.
ㄷ. (다)에서 빛의 속력은 뜨거운 공기에서가 차가운 공기에서보다 크다.

해결 전략 공기와 유리에서의 빛의 속력을 비교하고, 공기 중에서 온도에 따른 소리와 빛의 속력을 비교할 수 있어야 한다.

선택지 분석

ㄱ. (가)에서 빛이 공기에서 유리로 입사할 때, 입사각이 굴절각보다 크므로 굴절률은 유리가 공기보다 크다.

ㄴ. (나)에서 소리의 속력은 공기의 온도가 높을수록 크므로, 소리의 속력은 따뜻한 공기에서가 차가운 공기에서보다 크다.

ㄷ. (다)에서 굴절은 물질의 굴절률에 의한 속력의 차로 인해 나타나고, 굴절률이 클수록 속력이 느려지므로 굴절이 많이 일어난다. 차가운 공기로 갈수록 빛의 굴절이 많이 일어나므로 빛의 속력이 느려진다. 따라서 빛의 속력은 뜨거운 공기에서가 차가운 공기에서보다 크다. 답 ④

11 파동의 성질을 활용한 예

자료 분석

파동은 보강 간섭을 하는 지점에서는 진폭이 커지고, 상쇄 간섭을 하는 지점에서는 진폭이 작아진다. 소리(파동)는 상쇄 간섭을 하면 진폭이 작아져 소리의 세기가 작아진다.

선택지 분석

A: 소음 제거 이어폰은 외부의 소음과 위상이 반대인 소리를 발생시켜 상쇄 간섭을 일으킴으로써 파동(소리)의 세기가 감소하는 현상을 이용하여 소음을 제거한다.

B: 돋보기는 빛이 굴절하는 성질을 이용하여 작은 글씨를 크게 볼 수 있도록 해 준다.

C: 악기의 울림통은 소리의 보강 간섭을 일으켜서 파동(소리)의 세기가 증가하는 현상을 이용하여 소리의 크기를 크게 한다. 답 ①

12 빛과 소리의 굴절

빈출 문항 자료 분석

그림 (가)는 물에서 공기로 진행하는 빛의 진행 방향을, (나)는 밤에 발생한 소리의 진행 방향을 나타낸 것이다.

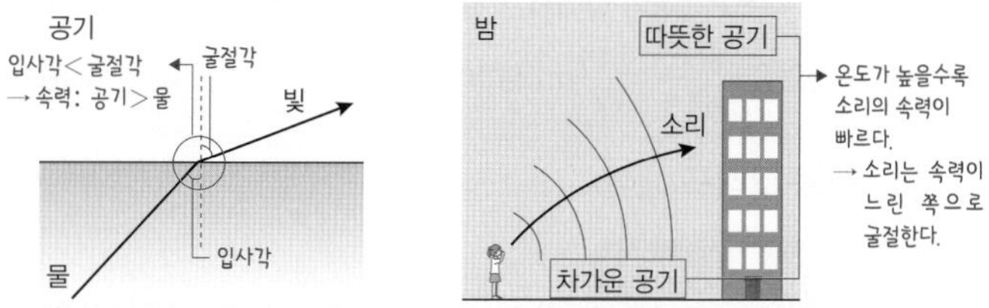

(가) (나)

이에 대한 설명으로 옳은 것만을 〈보기〉에서 있는 대로 고른 것은?

보기

ㄱ. (가)에서 빛의 파장은 물에서가 공기에서보다 짧다. O
ㄴ. (가)에서 빛의 진동수는 물에서가 공기에서보다 크다. X
ㄷ. (나)에서 소리의 속력은 차가운 공기에서가 따뜻한 공기에서보다 크다. 작다. X
(→ 광원에 의해 결정) (→ 물과 공기에서 같다.)

해결 전략 공기와 물에서의 빛의 속력을 비교하고, 공기 중에서 온도에 따른 소리의 속력을 비교할 수 있어야 한다.

선택지 분석

✓ ㄱ. (가)에서 빛의 진동수는 물과 공기에서 같고, 빛의 속력은 공기에서가 물에서보다 크다. 빛의 속력은 진동수와 파장의 곱이므로 빛의 파장은 물에서가 공기에서보다 짧다.

ㄴ. 빛의 진동수는 광원에 의해 결정되고 매질에 따라 변하지 않는다. 따라서 (가)에서 빛의 진동수는 물과 공기에서 같다.

ㄷ. (나)에서 차가운 공기에서 발생한 소리는 따뜻한 공기가 있는 위쪽으로 향하다가 차가운 공기 쪽으로 휘어진다. 소리는 속력이 느린 쪽으로 휘어지므로 소리의 속력은 차가운 공기에서가 따뜻한 공기에서보다 작다. 답 ①

13 물결파의 굴절

자료 분석

매질 A에서 매질 B로 물결파가 진행할 때 진동수는 변하지 않고, 파장은 이웃한 두 마루(골) 사이의 거리이며, 물결파의 진행 속력은 $\frac{\text{파장}}{\text{주기}}$이다. 또한, 물결파의 진행 방향이 법선과 이루는 각은 그림과 같다.

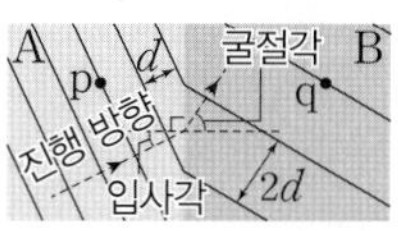

선택지 분석

✓ ㄱ. 물결파의 이웃한 마루와 마루 사이의 거리는 파장에 해당하며, B에서가 A에서의 2배이다. 물결파의 주기는 A에서와 B에서가 같으므로 물결파의 속력은 B에서가 A에서의 2배이다.

✓ ㄴ. (가)에서 입사각은 굴절각보다 작다.

✓ ㄷ. 물결파의 주기는 A에서와 B에서가 $2t_0$으로 같다. $t=0$일 때 q에서 물결파는 마루이므로 한 주기가 지난 후인 $t=2t_0$일 때도 q에서 물결파는 마루가 된다. 답 ⑤

14 파동의 속력

자료 분석

파장은 이웃한 두 마루 사이 또는 이웃한 두 골 사이의 거리이고, 파동은 한 주기 동안 한 파장만큼 이동하므로 파동의 진행 속력은 $\frac{\text{파장}}{\text{주기}}$이다.

선택지 분석

✓ ❷ 파동 A, B의 속력이 같으므로 파동의 파장은 주기에 비례한다. A의 주기는 2초이고, B의 주기는 3초이므로 $\frac{\lambda_A}{\lambda_B}=\frac{2}{3}$이다. 답 ②

15 파동의 속력

자료 분석

파동의 진동수는 파원에 의해서 결정되므로 매질이 변해도 진동수는 일정하다. (가)에서는 매질 Ⅰ과 Ⅱ에서 파동의 파장을 알 수 있고, (나)에서는 파동의 주기(진동수)와 $x=3$ m에서의 변위$-t$ 그래프를 분석하여 파동의 진행 방향을 알 수 있다.

선택지 분석

✓ ㄱ. (나)에서 한 파장 동안 진행하는 시간이 주기이므로 주기는 2초이고, 골에서 골까지 거리가 파장이며 Ⅱ에서 파동의 파장은 2 m이므로 속력$=\frac{\text{파장}}{\text{주기}}=\frac{2\text{ m}}{2\text{ s}}=1$ m/s이다.

ㄴ. $t=0$초일 때 $x=2$ m에 있던 마루가 주기 2초의 $\frac{1}{4}$배인 0.5초 동안 $x=3$ m로 이동하므로 파동은 $+x$ 방향으로 진행한다.

✓ ㄷ. $t=2$초일 때는 한 주기가 지난 후이므로 파동의 변위가 $t=0$일 때와 같으므로 $x=5$ m에서 파동의 변위는 마루이고, $t=2.5$초일 때는 $t=2$초에서 0.5초가 더 지난 후이므로 $x=5$ m에서 파동의 변위는 0이다. 따라서 $x=5$ m에서 파동의 변위는 $t=2$초일 때가 $t=2.5$초일 때보다 크다. 답 ③

16 파동의 기술

자료 분석

파장은 마루에서 이웃한 마루 또는 골에서 이웃한 골까지의 거리이고, 파동은 한 주기(T) 동안 한 파장(λ)만큼 이동하므로 파동의 진행 속력은 $v=\frac{\lambda}{T}$이다.

선택지 분석

ㄱ. 매질 Ⅰ에서 파동의 파장은 2 m이다.

✓ ㄴ. 매질 Ⅱ에서 파동의 파장이 3 m이고, 주기가 2초이므로 파동의 진행 속력은 $v=\frac{\lambda}{T}=\frac{3\text{ m}}{2\text{ s}}=\frac{3}{2}$ m/s이다.

✓ ㄷ. $t=0$일 때 $x=6$ m에서 파동이 마루이고, Ⅱ에서 파동의 속력은 $\frac{3}{2}$ m/s이므로 $t=0$부터 $t=3$초까지, $x=7$ m에서 파동이 마루가 되는 횟수는 2회이다. 답 ④

17 파동 그래프 해석

자료 분석

파동의 변위−위치 그래프로부터 파장과 진폭을 알 수 있고, 진동수는 파원에 의해 결정된다. 또 파동의 진행 속력은 $v=\frac{\lambda}{T}$이다. 파장은 마루에서 이웃한 마루 또는 골에서 이웃한 골까지의 거리이다.

선택지 분석

✓ ㄱ. A에서 파동의 속력이 4 cm/s, 파장이 8 cm이므로 파동의 주기는 $v=\frac{\lambda}{T}$에서 $T=\frac{\lambda}{v}=\frac{8\text{ cm}}{4\text{ cm/s}}=2$ s이다.

ㄴ. B에서 파동의 파장은 4 cm이고, 주기는 2초이므로 파동의 진행 속력은 $\frac{4\text{ cm}}{2\text{ s}}=2$ cm/s이다.

✓ ㄷ. 파동이 A에서 B로 이동하므로 $t=0.1$초일 때 P에서 파동의 변위는 y_P보다 작다. 답 ④

18 파동 그래프 해석

자료 분석

파동이 $+x$ 방향으로 진행한다면, P의 $x=1$ m에서 변위는 A이므로 Q의 $x=4$ m에서 변위는 A이어야 한다. 또 파동이 $-x$ 방향으로 진행한다면, P의 $x=5$ m에서 변위는 A이므로 Q의 $x=2$ m에서 변위는 A이어야 한다. 따라서 파동은 $-x$ 방향으로 진행한다.

P에서 Q로 바뀌는 데 걸리는 최소 시간은 0.3초이므로, 이때 파동이 진행한 거리는 3 m이다.

선택지 분석

✓ ㄱ. 마루와 마루 사이의 거리는 한 파장이다. 따라서 파동의 파장은 4 m이다.

✓ ㄴ. 파동의 속력은 10 m/s이므로 $v=\frac{\lambda}{T}$에서 $T=\frac{\lambda}{v}=\frac{4\text{ m}}{10\text{ m/s}}=0.4$ s에서 주기는 0.4초이다.

ㄷ. 파동은 $-x$ 방향으로 진행한다. 답 ③

19 파동의 진행

빈출 문항 자료 분석

그림은 각각 0초일 때와 0.2초일 때, 매질 P, Q에서 x축과 나란하게 진행하는 파동의 변위를 위치 x에 따라 나타낸 것이다. P에서 파동의 속력은 5 m/s이다.

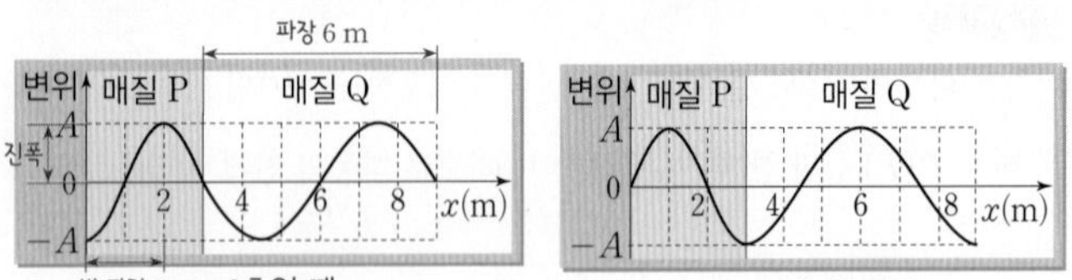

0초일 때　　0.2초일 때

이 파동에 대한 설명으로 옳은 것은?

① P에서의 파장은 2 m이다. 4 m X
② P에서의 진폭은 $2A$이다. A X
③ 주기는 0.8초이다. O
④ $+x$ 방향으로 진행한다. $-x$ 방향 X
⑤ Q에서의 속력은 10 m/s이다. $\frac{15}{2}$ m/s X

해결 전략 변위-위치 그래프로부터 파장과 진폭을 알고, 파동의 진행 속력을 구하며, 파동의 진행 방향은 매질의 운동 방향으로부터 알 수 있어야 한다.

선택지 분석

① 이웃하는 마루와 골 사이의 거리는 파장의 $\frac{1}{2}$배이다. 따라서 P에서 파동의 파장은 4 m이다.

② 진폭은 파동의 중심으로부터 최대 변위까지의 거리이다. 따라서 P에서의 진폭은 A이다.

✓ ❸ P에서 파동의 속력은 5 m/s이고, P에서 파동의 파장은 4 m이다. 따라서 파동의 속력$=\frac{\text{파장}}{\text{주기}}$에서 주기$=\frac{\text{파장}}{\text{속력}}=\frac{4\text{ m}}{5\text{ m/s}}=0.8$초이다.

④ 0초부터 0.2초까지 $x=2$ m인 지점에서 매질은 (−)방향으로 운동하므로 파동의 진행 방향은 $-x$ 방향이다.

⑤ 파동의 주기는 P에서와 Q에서가 같다. Q에서 파장은 6 m이므로 Q에서 파동의 속력은 $\frac{6\text{ m}}{0.8\text{ s}}=\frac{15}{2}$ m/s이다. 답 ③

20 파동 그래프 해석

빈출 문항 자료 분석

그림 (가)는 시간 $t=0$일 때, x축과 나란하게 매질 Ⅰ에서 매질 Ⅱ로 진행하는 파동의 변위를 위치 x에 따라 나타낸 것이다. 그림 (나)는 $x=2$ cm에서 파동의 변위를 t에 따라 나타낸 것이다.

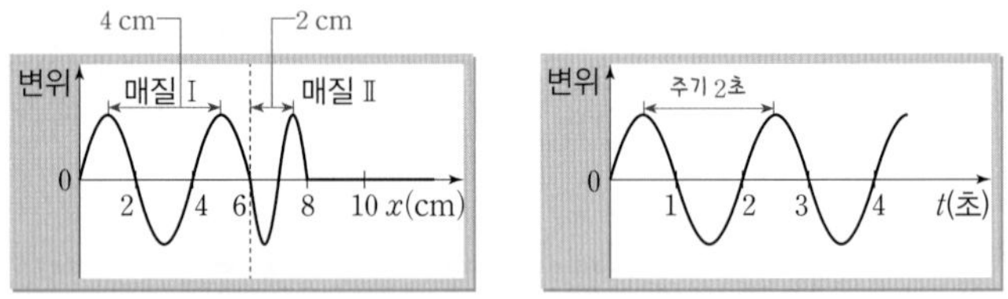

(가)　　(나)

$x=10$ cm에서 파동의 변위를 t에 따라 나타낸 것으로 가장 적절한 것은?

해결 전략 (가) 그래프에서 파장을, (나) 그래프에서 주기를 파악하고 매질 Ⅱ에서 파동의 진행 속력을 구한 후, 파동이 $x=10$ cm에 도달하는 시간을 구하여 변위를 찾을 수 있어야 한다.

선택지 분석

✓ ❹ (가)로부터 Ⅰ에서 파동의 파장은 4 cm이고, Ⅱ에서 파동의 파장은 2 cm이다. (나)로부터 파동의 주기는 2초임을 알 수 있다. 따라서 Ⅱ에서 파동의 속력은 $\frac{\lambda}{T}=\frac{2\text{ cm}}{2\text{ s}}=1$ cm/s이고, 파동의 주기는 2초로 Ⅰ에서와 Ⅱ에서가 같고, $x=10$ cm에서 $t=2$초부터 변위는 (+)방향으로 진동한다. $x=10$ cm에서 파동의 변위를 t에 따라 나타낸 것으로 가장 적절한 것은 ④번이다. 답 ④

21 파동 그래프 해석

자료 분석

(가)에서 파장은 매질 A에서 4 cm, 매질 B에서 2 cm이다. (나)에서 주기는 2초이다.

선택지 분석

ㄱ. 파동이 서로 다른 매질에서 진행할 때, 파동의 속력은 변하지만 파동의 진동수(주기)는 변하지 않는다. (나)에서 파동의 주기 T는 2초이므로 파동의 진동수는 $f=\frac{1}{T}=0.5$ Hz이다.

✓ ㄴ. 파동이 A에서 B로 이동하므로 0초부터 1초까지 P의 변위는 (+)방향이고, Q의 변위는 (−)방향이다. 따라서 (나)는 Q에서 파동의 변위이다.

✓ ㄷ. A, B에서 파동의 파장은 각각 4 cm, 2 cm이다. 파동의 진행 속력은 $v=\frac{\lambda}{T}$이므로 A, B에서 파동의 진행 속력은 각각 2 cm/s, 1 cm/s이다. 따라서 파동의 진행 속력은 A에서가 B에서의 2배이다. 답 ④

22 파동의 진행

자료 분석

변위-위치 그래프에서 파동의 파장은 2 m이고, 파동의 속력이 2 m/s이므로 파동의 주기는 $\frac{2\text{ m}}{2\text{ m/s}}=1\text{ s}$이다.

선택지 분석

✓❶ $x=7$ m에서 $t=0$일 때 파동의 변위는 0이다. 파동이 $+x$ 방향으로 이동하므로 주기의 $\frac{1}{2}$에 해당하는 0~0.5초까지 $x=7$ m에서 파동의 변위는 (+)방향이다. 따라서 $x=7$ m에서 파동의 변위를 t에 따라 나타낸 것으로 가장 적절한 것은 주기가 1초이고 0~0.5초까지 변위가 (+)방향으로 향하기 시작하는 운동을 하는 ①번이다. 답 ①

23 파동 그래프 해석

빈출 문항 자료 분석

그림은 매질 Ⅰ, Ⅱ에서 $+x$ 방향으로 진행하는 파동의 0초일 때와 6초일 때의 변위를 위치 x에 따라 나타낸 것이다.

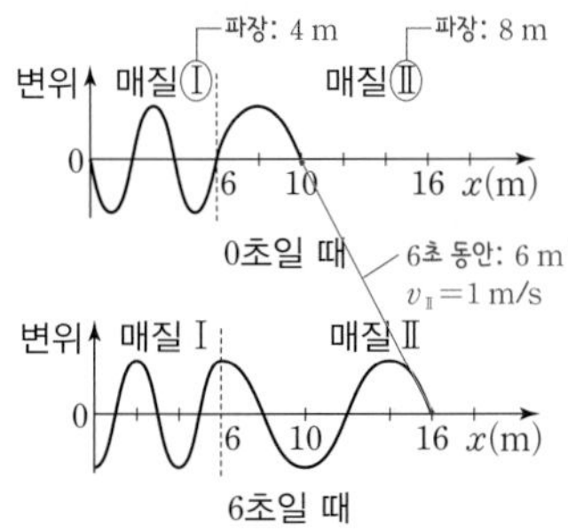

Ⅰ에서 파동의 속력은?

해결 전략 그래프를 분석해서 각 매질에서의 파장을 알고 속력을 구할 수 있어야 한다. 또한 매질이 달라져도 진동수, 즉 주기는 변함이 없다는 것을 알고 있어야 한다.

선택지 분석

✓❸ 매질 Ⅰ과 Ⅱ에서 파장은 각각 4 m, 8 m이고 Ⅱ에서 파동은 6초 동안 6 m 이동하였으므로 속력은 $\frac{6\text{ m}}{6\text{ s}}=1\text{ m/s}$이다. 따라서 Ⅱ에서의 주기는 $\frac{8\text{ m}}{1\text{ m/s}}=8\text{ s}$이고, 매질이 달라져도 주기는 달라지지 않으므로 Ⅰ에서 주기도 8 s이다. 그러므로 Ⅰ에서 파동의 속력은 $\frac{4\text{ m}}{8\text{ s}}=\frac{1}{2}\text{ m/s}$이다. 답 ③

24 파동 그래프 해석

자료 분석

파동의 변위-위치 그래프로부터 파장과 진폭을 알 수 있고, 진동수는 파원에 의해 결정된다. 또한 파동의 진행 속력은 $v=\frac{\lambda}{T}$이다.

선택지 분석

✓❹ A에서 파동의 속력이 2 m/s이고, 파장이 4 m이므로 주기는 2초이며, 매질이 달라져도 파동의 주기는 변하지 않으므로 B에서 파동의 주기도 2초이다. $x=12$ m에서 파동의 변위는 $t=0$인 순간 0이며, 파동의 이동 방향이 $+x$ 방향이므로, 0초부터 1초까지 $x=12$ m에서 파동의 변위는 (−)방향이다. 따라서 이를 만족하는 그래프는 ④번이다. 답 ④

25 파동 그래프 해석

자료 분석

P의 속력은 1 m/s이고 파장은 3 m이므로 주기는 $v=\frac{\lambda}{T}$에서 $T=\frac{\lambda}{v}=\frac{3\text{ m}}{1\text{ m/s}}=3\text{ s}$이고, Q의 속력은 1 m/s이고 파장은 2 m이므로 주기는 $\frac{2\text{ m}}{1\text{ m/s}}=2\text{ s}$이다. (가)에서 P, Q는 각각 왼쪽 방향, 오른쪽 방향으로 이동하므로 바로 다음 순간 점 a~e의 변위는 다음과 같다.

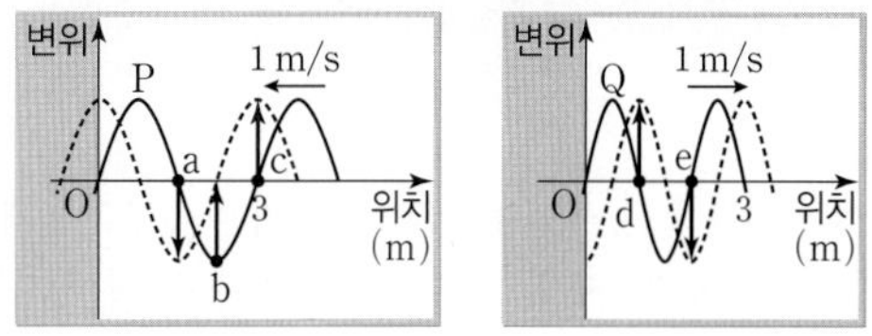

선택지 분석

✓❹ 바로 다음 순간 점 b, c, d의 변위는 (+)방향이고 점 a, e의 변위는 (−)방향이며, P의 주기는 3초이고 Q의 주기는 2초이다.
(나)의 그래프에서 주기는 2초이고, 바로 다음 순간 변위는 (+)방향이므로, (나)는 점 d의 변위를 나타낸 것이다. 답 ④

26 빛의 굴절과 전반사

자료 분석

P가 A에서 B로 진행할 때 입사각이 굴절각보다 크므로 굴절률은 A가 B보다 작고, P가 B에서 C로 진행할 때 전반사하므로 굴절률은 B가 C보다 크며, P가 A에서 B로 진행할 때 굴절각과 B에서 C로 진행할 때 입사각이 서로 같으므로 굴절률은 C가 A보다 작다. 또한, 굴절률 차이는 A, B가 B, C보다 작으므로 같은 입사각으로 진행할 때 굴절각은 A, B로 진행할 때가 C, B로 진행할 때보다 크다.

선택지 분석

✓ㄱ. P가 A와 B의 경계면에서 θ로 입사했을 때 굴절각을 r이라고 하면 $\theta>r$이다. B와 C의 경계면에서 입사각 r로 입사했을 때 P는 전반사하므로 굴절률은 B>A>C이다.

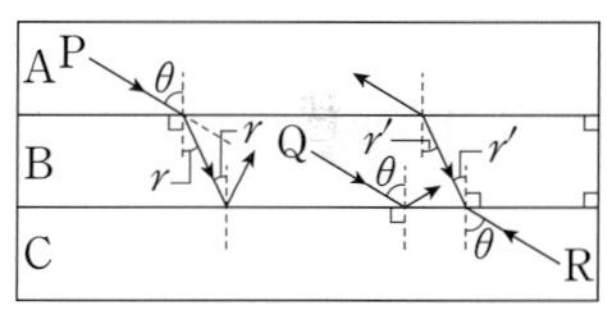

✓ㄴ. B와 C의 경계면에서 Q의 입사각 θ는 P의 입사각 r보다 크므로 Q도 B와 C의 경계면에서 전반사한다.
ㄷ. B와 C의 굴절률 차이는 B와 A의 굴절률 차이보다 크다. R가 C에서 B로 입사각 θ로 입사할 때 굴절각 r'는 P가 A에서 B로 입사각 θ로 입사할 때 굴절각 r보다 작다. 따라서 R가 B에서 A로 입사할 때 굴절각은 θ보다 작으므로, R는 B와 A의 경계면에서 전반사하지 않는다. 답 ③

27 전반사

빈출 문항 자료 분석

→ B, C의 굴절률 비교

그림은 매질 A에서 매질 B로 입사한 단색광 P가 굴절각 45°로 진행하여 B와 매질 C의 경계면에서 전반사한 후 B와 매질 D의 경계면에서 굴절하여 진행하는 모습을 나타낸 것이다. → B, D의 굴절률 비교

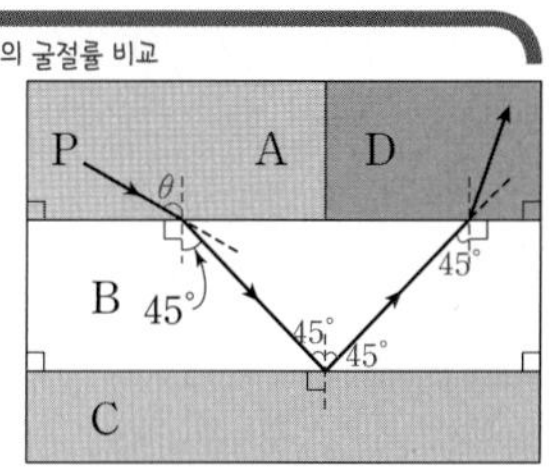

이에 대한 설명으로 옳은 것만을 〈보기〉에서 있는 대로 고른 것은?

• 보기 •

ㄱ. B와 C 사이의 임계각은 45°보다 크다. 작다. X
ㄴ. 굴절률은 A가 C보다 크다. O
ㄷ. P의 속력은 A에서가 D에서보다 크다. O

해결 전략 입사각과 굴절각으로부터 매질의 굴절률을 비교하고, 단색광이 굴절률이 큰 매질에서 작은 매질로 진행하면서 입사각이 임계각보다 클 때 전반사가 일어나므로, 이로부터 매질의 굴절률을 비교할 수 있어야 한다.

선택지 분석

ㄱ. 단색광이 굴절률이 큰 매질에서 굴절률이 작은 매질로 임계각보다 큰 입사각으로 입사할 때 전반사가 일어난다. P가 B에서 C로 입사할 때 전반사가 일어났으므로 입사각 45°는 B와 C 사이의 임계각보다 크다.

✓ ㄴ. P가 A에서 B로 입사할 때 입사각을 $\theta(45° < \theta < 90°)$라 할 때, P가 A와 B의 경계면에서 굴절하여 B에서 굴절각이 45°이므로 반대로 P가 B에서 A로 입사각 45°로 입사할 경우 굴절각은 θ가 된다. 따라서 B와 A 사이의 임계각은 45°보다 크다. 또한 P가 B에서 C로 입사각 45°로 입사할 때 전반사가 일어났으므로 B와 C 사이의 임계각은 45°보다 작다. 두 매질 사이의 굴절률 차가 클수록 임계각이 작으므로 B와 A 사이의 굴절률 차는 B와 C 사이의 굴절률 차보다 작다. 따라서 A, B, C의 굴절률을 각각 n_A, n_B, n_C라 할 때, 굴절률의 관계는 $n_B > n_A > n_C$이다.

✓ ㄷ. P가 B에서 D로 입사각 45°로 입사할 때, 굴절각이 45°보다 작으므로 굴절률은 D가 B보다 크다. 따라서 D의 굴절률은 A의 굴절률보다 크고 P의 속력은 굴절률이 작을수록 크므로 P의 속력은 A에서가 D에서보다 크다. 답 ④

28 전반사

자료 분석

빛이 굴절률이 큰 매질에서 굴절률이 작은 매질로 진행할 때, 입사각이 임계각보다 크면 두 매질의 경계면에서 빛이 전반사하고, 임계각이 작을수록 두 매질의 굴절률의 차가 커진다.

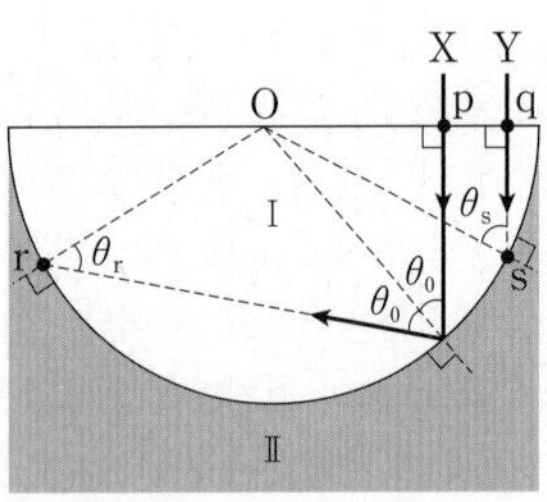

$\theta_r = \theta_0 < \theta_s$

선택지 분석

✓ ㄱ. 전반사는 빛이 굴절률이 큰 매질에서 굴절률이 작은 매질로 진행하고, 입사각이 임계각보다 클 때 일어난다. 점 p에 입사한 X가 Ⅰ과 Ⅱ의 경계면에서 전반사하였으므로 굴절률은 Ⅰ이 Ⅱ보다 크다.

✓ ㄴ. 반원의 중심을 O라고 하면 Ⅰ과 Ⅱ의 경계면의 한 점과 O를 이은 직선은 법선이 된다. p에 입사한 X가 Ⅰ과 Ⅱ의 경계면에서 전반사할 때 입사각을 θ_0, X가 r에 입사할 때 입사각을 θ_r라 하면 $\theta_r = \theta_0$이고, $\theta_0 >$ 임계각이므로 X는 r에서 전반사한다.

✓ ㄷ. q에 입사한 Y가 s에 입사할 때 입사각을 θ_s라고 하면 $\theta_s > \theta_0$이므로 Y는 s에서 전반사한다. 답 ⑤

29 전반사와 굴절

자료 분석

두 매질의 경계면의 법선과 빛의 진행 경로 사이의 각이 각각 빛의 입사각과 굴절각이 되고, 서로 다른 매질에서 진행하는 빛은 굴절의 법칙을 만족하며, 두 매질의 굴절률 차이가 클수록 전반사의 임계각은 작아진다.

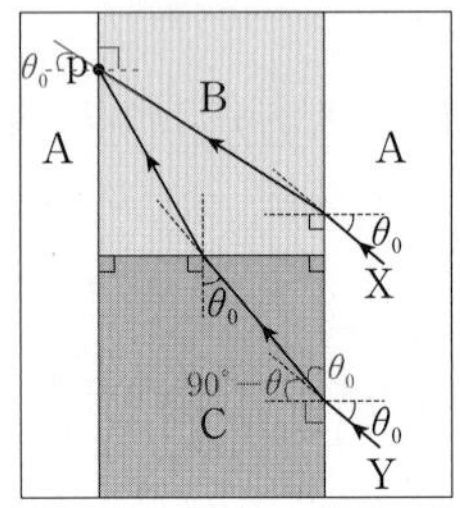

선택지 분석

✓ ㄱ. $\theta_0 < 90° - \theta_0$에서 $2\theta_0 < 90°$이므로 $\theta_0 < 45°$이다.

ㄴ. X는 A에서 B를 지나서 다시 A로 진행하며 굴절의 법칙(스넬의 법칙)을 만족하므로 p에서 X의 굴절각은 θ_0이다. 또한, Y가 C에서 B로 진행할 때 굴절각은 θ_0보다 작고 p에서 Y의 입사각은 θ_0보다 크므로 p에서 X의 굴절각은 Y의 입사각보다 작다.

ㄷ. X가 A에서 B로 진행할 때 입사각이 굴절각보다 크므로 굴절률은 B가 A보다 크다. 또한, Y가 A에서 C로 진행할 때 입사각이 굴절각보다 작으므로 굴절률은 A가 C보다 크다. 따라서 굴절률은 B가 가장 크고, C가 가장 작으며, 굴절률의 차이는 B, C가 A, B보다 크므로 임계각은 A와 B 사이에서가 B와 C 사이에서보다 크다. 답 ①

30 전반사

자료 분석

전반사는 단색광이 밀한 매질(굴절률이 상대적으로 큰 매질)에서 소한 매질(굴절률이 상대적으로 작은 매질)로 진행하고 입사각이 전반사의 임계각보다 클 때 일어난다. 실험 Ⅰ에서 A, B의 굴절률, 실험 Ⅱ에서 B, C의 굴절률을 서로 비교할 수 있으며 두 매질의 굴절률 차이가 더 클수록 임계각은 작아진다.

선택지 분석

✓❶ Ⅰ에서 굴절률은 A가 B보다 크고, Ⅱ에서 굴절률은 B가 C보다 크므로 A~C 중에서 A가 굴절률이 가장 크다. Ⅲ에서 P의 전반사가 일어나려면 굴절률이 큰 A에서 굴절률이 작은 C로 P가 진행해야 하고 A, C의 굴절률 차이가 A, B의 굴절률 차이보다 크므로 임계각은 40°보다 작아야 한다.
답 ①

31 전반사

빈출 문항 자료 분석

다음은 빛의 성질을 알아보는 실험이다.

[실험 과정 및 결과]

(가) 반원형 매질 A, B, C를 준비한다.
(나) 그림과 같이 반원형 매질을 서로 붙여 놓고, 단색광 P의 입사각(i)을 변화시키면서 굴절각(r)을 측정하여 $\sin r$ 값을 $\sin i$ 값에 따라 나타낸다.

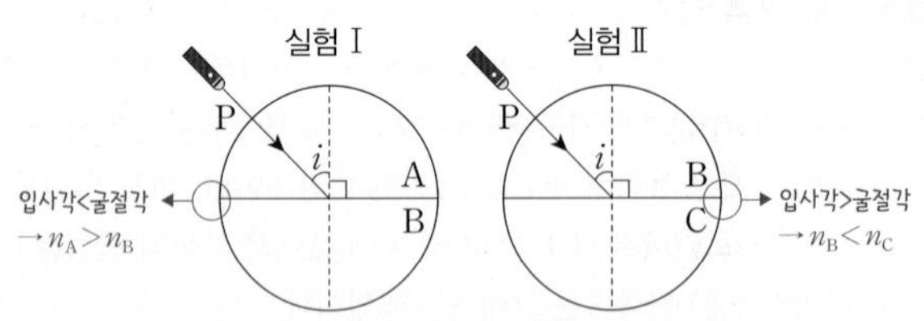

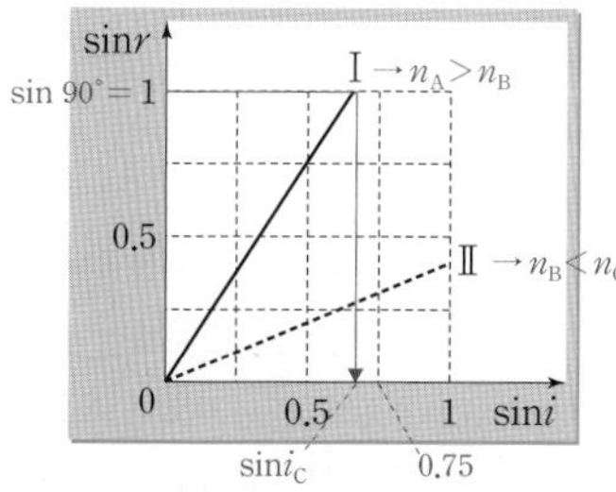

이에 대한 설명으로 옳은 것만을 〈보기〉에서 있는 대로 고른 것은?

보기

ㄱ. 굴절률은 A가 B보다 크다. O
ㄴ. P의 속력은 B에서가 C에서보다 작다. 크다. X
ㄷ. Ⅰ에서 $\sin i_0 = 0.75$인 입사각 i_0으로 P를 입사시키면 전반사가 일어난다. O

해결 전략 빛의 전반사가 일어날 조건과 매질에서 입사각과 굴절각에 따른 빛의 속력과 파장 및 굴절률, 임계각을 비교할 수 있어야 한다.

선택지 분석

✓ㄱ. Ⅰ일 때 $\sin i < \sin r$이므로 P가 A에서 B로 진행할 때 굴절각이 입사각보다 크다. 따라서 굴절률은 A가 B보다 크다.

ㄴ. Ⅱ일 때 $\sin i > \sin r$이므로 P가 B에서 C로 진행할 때 입사각이 굴절각보다 크다. 따라서 P의 속력은 B에서가 C에서보다 크다.

✓ㄷ. 임계각은 굴절각이 90°일 때의 입사각이므로 P가 A에서 B로 진행할 때 임계각을 i_C라고 하면 $\sin i_C < \sin i_0 = 0.75$이다. 즉, $i_C < i_0$이다. 따라서 Ⅰ에서 $\sin i_0 = 0.75$인 입사각 i_0으로 P를 입사시키면 전반사가 일어난다.

답 ③

32 빛의 굴절과 전반사

빈출 문항 자료 분석

그림은 동일한 단색광 A, B를 각각 매질 Ⅰ, Ⅱ에서 중심이 O인 원형 모양의 매질 Ⅲ으로 동일한 입사각 θ로 입사시켰더니, A와 B가 굴절하여 점 p에 입사하는 모습을 나타낸 것이다. 이에 대한 설명으로 옳은 것만을 〈보기〉에서 있는 대로 고른 것은?

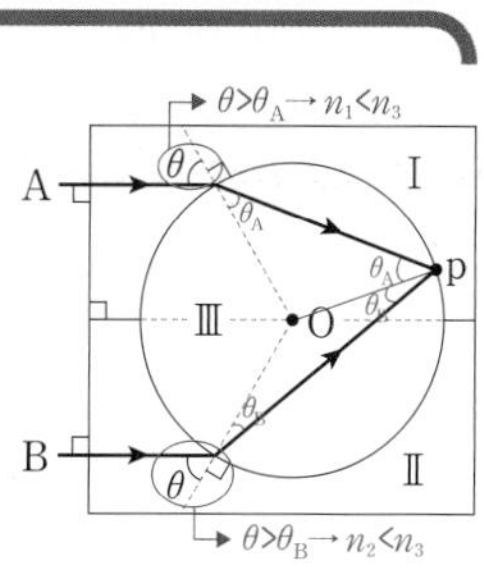

보기

ㄱ. A의 파장은 Ⅰ에서가 Ⅲ에서보다 길다. O
ㄴ. 굴절률은 Ⅰ이 Ⅱ보다 크다. O
ㄷ. p에서 B는 전반사한다. 전반사하지 않는다. X

해결 전략 빛의 전반사가 일어날 조건과 매질에서 입사각과 굴절각에 따른 빛의 속력과 파장 및 굴절률을 비교할 수 있어야 한다.

선택지 분석

✓ㄱ. A가 Ⅰ에서 Ⅲ으로 진행할 때 Ⅰ과 Ⅲ의 경계면에서 A의 입사각은 굴절각보다 크다. 따라서 굴절률은 Ⅰ이 Ⅲ보다 작으므로 A의 파장은 Ⅰ에서가 Ⅲ에서보다 길다.

✓ㄴ. B가 Ⅱ에서 Ⅲ으로 진행할 때 Ⅱ와 Ⅲ의 경계면에서 B의 입사각은 굴절각보다 크다. 따라서 굴절률은 Ⅱ가 Ⅲ보다 작다. Ⅲ의 경계면에서 A, B의 굴절각을 각각 θ_A, θ_B라고 하면, $\theta_A > \theta_B$이다. Ⅰ과 Ⅲ의 경계면에서 A의 입사각과 Ⅱ와 Ⅲ의 경계면에서 B의 입사각은 θ로 같으므로 굴절률은 Ⅰ이 Ⅱ보다 크다.

ㄷ. Ⅰ, Ⅱ, Ⅲ의 굴절률을 각각 n_1, n_2, n_3이라고 하면, $n_3 > n_1 > n_2$이다. B가 Ⅲ에서 Ⅰ로 진행할 때 Ⅲ과 Ⅰ의 경계면에서 B의 임계각을 θ_{i1}이라 하고, B가 Ⅲ에서 Ⅱ로 진행할 때 Ⅲ과 Ⅱ의 경계면에서 B의 임계각을 θ_{i2}라고 하면, $\sin\theta_{i1} = \frac{n_1}{n_3}$이고 $\sin\theta_{i2} = \frac{n_2}{n_3}$이다. $n_1 > n_2$이므로 $\theta_{i1} > \theta_{i2}$이다. 만약 B가 Ⅲ에서 Ⅱ로 진행한다면 Ⅲ과 Ⅱ의 경계면에 입사각 θ_B로 입사할 때 굴절각은 θ이므로 B는 전반사하지 않는다. $\theta_{i1} > \theta_{i2}$이므로 B는 p에서 전반사하지 않는다.

답 ③

도전 1등급 33 빛의 굴절과 전반사

도전 1등급 문항 분석

▸▸ 정답률 34.2%

그림 (가)는 단색광이 공기에서 매질 A로 입사각 θ_i로 입사한 후, 매질 A의 옆면 P에 임계각 θ_c로 입사하는 모습을 나타낸 것이다. 그림 (나)는 (가)에 물을 더 넣고 단색광을 θ_i로 입사시킨 모습을 나타낸 것이다.

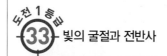

→ A의 굴절률이 물의 굴절률보다 크다. → $n_물 < n_A$

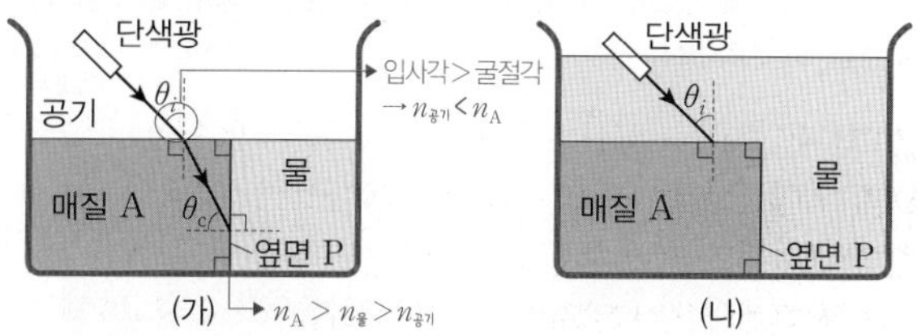

이에 대한 설명으로 옳은 것만을 〈보기〉에서 있는 대로 고른 것은?

보기

ㄱ. A의 굴절률은 물의 굴절률보다 크다. O
ㄴ. (가)에서 θ_i를 증가시키면 옆면 P에서 전반사가 일어난다. X
ㄷ. (나)에서 단색광은 옆면 P에서 전반사한다. X 일어나지 않는다.

→ θ_c는 감소 → 전반사하지 않는다.

해결 전략 빛의 전반사가 일어날 조건과 매질에서 입사각과 굴절각에 따른 굴절률을 비교할 수 있어야 한다.

선택지 분석

✓ㄱ. (가)에서 P에 입사하는 단색광의 입사각이 θ_c보다 크면 P에서 전반사가 일어나므로, A의 굴절률은 물의 굴절률보다 크다.

ㄴ. (가)에서 θ_i를 증가시키면 P에 입사하는 단색광의 입사각은 θ_c보다 작아지므로 P에서 전반사가 일어나지 않는다.

ㄷ. 물의 굴절률은 공기의 굴절률보다 크므로 A의 윗면에서 굴절한 단색광의 굴절각은 (나)에서가 (가)에서보다 크고, P에서 단색광의 입사각은 θ_c보다 작아지므로 (나)에서 단색광은 P에서 전반사하지 않는다.

답 ①

34 광섬유와 전반사

자료 분석

매질의 굴절률이 클수록 단색광의 진행 속력은 느려지고 단색광의 파장은 짧아진다. 광섬유에서 코어의 굴절률은 클래딩의 굴절률보다 크다.

선택지 분석

✓ ㄱ. A, B, C의 굴절률을 각각 n_A, n_B, n_C 라고 하자. (가)에서 P가 A에서 B로 진행할 때, 입사각은 굴절각보다 크므로 $n_A < n_B$이다. P의 속력은 C에서가 A에서보다 크므로 $n_C < n_A$이다. 따라서 굴절률은 $n_C < n_A < n_B$이다. P가 A, B, C를 차례로 통과할 때, B와 C의 굴절률 차이는 B와 A의 굴절률 차이보다 크므로 A와 B의 경계면에 P가 입사각 45°의 각으로 입사한다면, B와 C의 경계면에서 굴절각은 45°보다 크다. 따라서 B와 C의 경계면에서 P가 입사각 40°로 입사한다면, 굴절각은 45°보다 크므로 ㉠은 45°보다 크다.

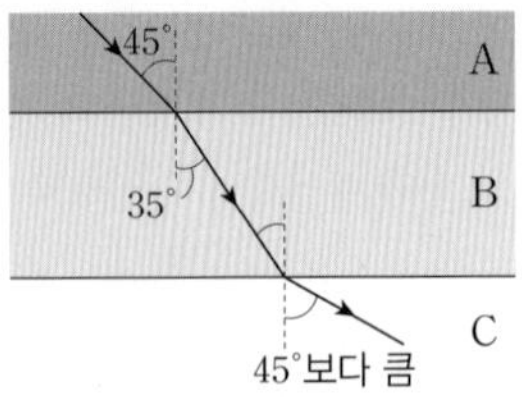

✓ ㄴ. 굴절률은 $n_C < n_A < n_B$이므로, 굴절률은 B가 C보다 크다.

✓ ㄷ. 코어의 굴절률은 클래딩의 굴절률보다 크므로, B를 코어로 사용하는 광섬유에서는 A와 C를 모두 클래딩으로 사용할 수 있다. 답 ⑤

35 굴절과 전반사

빈출 문항 자료 분석

그림 (가), (나)와 같이 단색광 P가 매질 X, Y, Z에서 진행한다. (가)에서 P는 Y와 Z의 경계면에서 전반사한다. θ_0과 θ_1은 각 경계면에서 P의 입사각 또는 굴절각으로, $\theta_0 < \theta_1$이다.

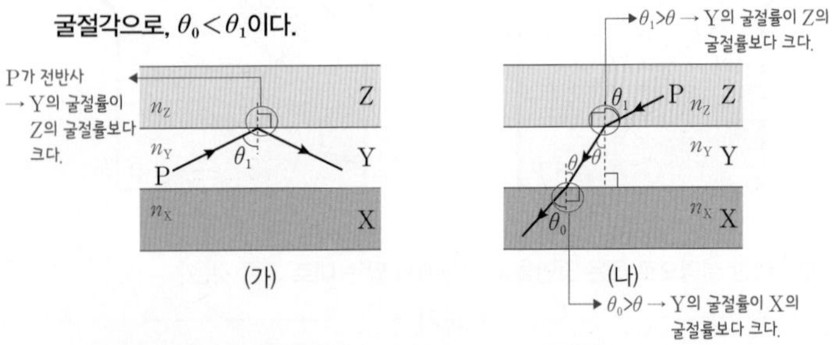

이에 대한 옳은 설명만을 〈보기〉에서 있는 대로 고른 것은?

보기

ㄱ. Y와 Z 사이의 임계각은 θ_1보다 크다. 작다. X

ㄴ. 굴절률은 X가 Z보다 크다. O

ㄷ. (나)에서 P를 θ_1보다 큰 입사각으로 Z에서 Y로 입사시키면 P는 Y와 X의 경계면에서 전반사할 수 있다. 전반사하지 않는다. X

해결 전략 입사각과 굴절각으로부터 매질의 굴절률을 비교하고, 단색광이 굴절률이 큰 매질에서 작은 매질로 진행하면서 입사각이 임계각보다 클 때 전반사가 일어나므로, 전반사로부터 매질의 굴절률을 비교할 수 있어야 한다.

선택지 분석

ㄱ. 단색광이 굴절률이 큰 매질에서 굴절률이 작은 매질로 진행할 때, 입사각이 임계각보다 크면 단색광은 두 매질의 경계면에서 전반사한다. P는 Y와 Z의 경계면에 입사각 θ_1로 입사하여 전반사하므로 Y와 Z 사이의 임계각은 θ_1보다 작다.

✓ ㄴ. X, Y, Z의 굴절률을 각각 n_X, n_Y, n_Z라고 하자. P가 Z에서 Y로 입사할 때 굴절각을 θ라고 하면, $n_Z\sin\theta_1 = n_Y\sin\theta = n_X\sin\theta_0$이다. $\theta_1 > \theta$이므로 $n_Z < n_Y$이고, $\theta_1 > \theta_0$이므로 $n_Z < n_X$이다.

ㄷ. (나)에서 P가 Y와 X의 경계면에서 전반사하려면, Y와 X의 경계면에서 굴절각이 90°가 되게 하는 임계각으로 입사해야 한다. $\theta_1 > \theta_0$이므로 Z와 Y의 경계면에서 입사각을 90°로 입사시켜도 Y와 X의 경계면에서 굴절각은 90°보다 작다. 따라서 (나)에서 P를 θ_1보다 큰 입사각으로 Z에서 Y로 입사시켜도 P는 Y와 X의 경계면에서 전반사하지 않는다. 답 ②

36 빛의 굴절

자료 분석

P가 A에서 B로 진행할 때 법선 쪽으로 굴절하므로 굴절률은 B가 A보다 크다. P가 B에서 C로 진행할 때 임계각으로 입사하므로 굴절각은 90°이다.

선택지 분석

✓ ㄱ. P가 A에서 B로 진행할 때 입사각이 굴절각보다 크므로 P의 속력은 A에서가 B에서보다 크다. P의 진동수는 A와 B에서 같으므로 P의 파장은 A에서가 B에서보다 길다.

ㄴ. (가)에서 P가 B에서 C로 진행할 때 입사각이 임계각 θ_c이므로 P가 A에서 B로 진행할 때 굴절각은 θ_c이다. (나)에서 P가 C에서 B로 진행할 때 입사각이 90°보다 작으므로 굴절각은 θ_c보다 작고, B에서 A로 진행할 때 입사각이 θ_c보다 작으므로 θ_2는 θ_1보다 작다. 즉, $\theta_1 > \theta_2$이다.

ㄷ. 매질 A에 대한 매질 B의 굴절률은 매질 C에 대한 매질 B의 굴절률보다 작으므로 A와 B 사이의 임계각은 θ_c보다 크다. 답 ①

37 빛의 굴절과 전반사

빈출 문항 자료 분석

그림 (가)는 단색광 X가 매질 Ⅰ, Ⅱ, Ⅲ의 반원형 경계면을 지나는 모습을, (나)는 (가)에서 매질을 바꾸었을 때 X가 매질 ㉠과 ㉡ 사이의 임계각으로 입사하여 점 p에 도달한 모습을 나타낸 것이다. ㉠과 ㉡은 각각 Ⅰ과 Ⅱ 중 하나이다.

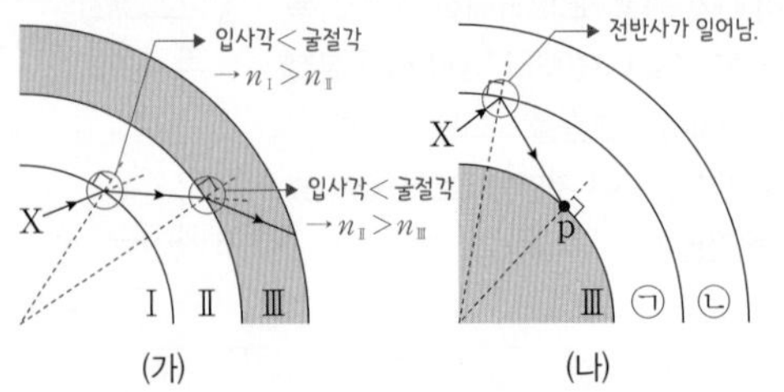

이에 대한 설명으로 옳은 것만을 〈보기〉에서 있는 대로 고른 것은?

보기

ㄱ. 굴절률은 Ⅰ이 가장 크다. O

ㄴ. ㉡은 Ⅱ이다. O

ㄷ. (나)에서 X는 p에서 전반사한다. O

해결 전략 단색광을 각각의 매질로 입사시킬 때 입사각과 굴절각의 관계로 매질의 굴절률을 비교하고, 전반사가 일어날 때 굴절률과의 관계를 알 수 있어야 한다.

선택지 분석

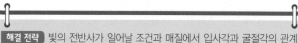

✓ ㄱ. X가 매질 Ⅰ에서 Ⅱ로 진행할 때 굴절각이 입사각보다 크므로 굴절률은 Ⅰ이 Ⅱ보다 크고, Ⅱ에서 Ⅲ으로 진행할 때 굴절각이 입사각보다 크므로 굴절률은 Ⅱ가 Ⅲ보다 크다. 따라서 굴절률은 Ⅰ이 가장 크다.

✓ ㄴ. X가 ㉠에서 ㉡으로 진행할 때 전반사가 일어나므로 X의 속력은 ㉠에서가 ㉡에서보다 작다. 따라서 굴절률은 ㉠이 ㉡보다 크므로 ㉠은 Ⅰ이고, ㉡은 Ⅱ이다.

✓ ㄷ. (나)에서 X는 굴절률이 큰 매질에서 굴절률이 작은 매질로 입사하고, 임계각은 X가 ㉠에서 ㉡으로 입사할 때보다 ㉠에서 Ⅲ으로 입사할 때가 더 작다. 그런데 X의 입사각은 ㉠에서 ㉡으로 입사할 때보다 ㉠에서 Ⅲ으로 입사할 때가 더 크므로 X는 p에서 전반사한다. 답 ⑤

38 빛의 굴절과 전반사

자료 분석

실험 Ⅰ에서는 입사각 < 굴절각이므로 굴절률은 A가 B보다 크다. 또 단색광의 속력은 A에서가 B에서보다 작다.

선택지 분석

✓ ㄱ. 단색광이 반사할 때 입사각과 반사각은 같으므로 ㉠은 50°이다.

ㄴ. 실험 Ⅰ에서 입사각이 굴절각보다 작으므로 굴절률은 A가 B보다 크다. 굴절률이 클수록 단색광의 속력은 작으므로 단색광의 속력은 A에서가 B에서보다 작다.

ㄷ. 굴절률은 A가 B보다 크고 실험 Ⅲ에서 굴절각이 없으므로 단색광이 A에서 B로 입사할 때 입사각이 A와 B 사이의 임계각보다 커서 A와 B의 경계면에서 전반사가 일어난 것을 알 수 있다. 따라서 A와 B 사이의 임계각은 70°보다 작다. 답 ①

39 전반사

자료 분석

단색광을 옆면의 중심에 입사시켜 윗면의 중심에 도달하도록 하므로 단색광이 공기에서 매질로 굴절할 때의 굴절각과 매질에서 윗면의 중심을 지나 굴절할 때의 입사각이 A에서와 B에서가 같다.

선택지 분석

✓ ㄱ. A에서만 전반사가 일어나므로 임계각은 B에서가 A에서보다 크다. 입사각과 굴절각의 차이가 클수록 임계각은 작아지므로 굴절률은 A가 B보다 크다.

✓ ㄴ. 굴절각이 같을 때 굴절률이 큰 A에서 입사각이 더 크다.

ㄷ. 코어는 굴절률이 큰 물질을 사용하므로 A를 사용해야 한다. 답 ④

40 빛의 굴절과 전반사

빈출 문항 자료 분석

그림은 단색광 P가 매질 X, Y, Z에서 진행하는 모습을 나타낸 것이다. θ_0과 θ_1은 각 경계면에서의 P의 입사각 또는 굴절각이고, P는 Z와 X의 경계면에서 전반사한다.

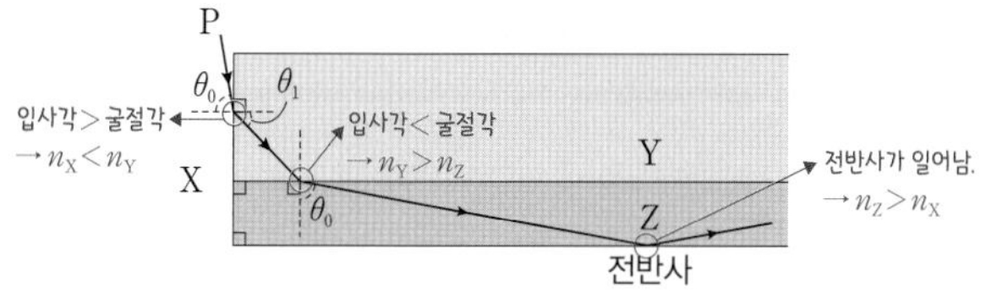

이에 대한 옳은 설명만을 ⟨보기⟩에서 있는 대로 고른 것은?

보기

ㄱ. P의 속력은 Y에서가 Z에서보다 크다. 작다.X

ㄴ. 굴절률은 Z가 X보다 크다. O

ㄷ. θ_1은 45°보다 크다. 작다.X

해결 전략 빛의 전반사가 일어날 조건과 매질에서 입사각과 굴절각의 관계에 따른 매질의 굴절률과 속력을 비교할 수 있어야 한다.

선택지 분석

ㄱ. Y에서 Z로 진행할 때 입사각을 θ_2라고 하면, $\theta_2 < \theta_0$이므로 P의 속력은 Z에서가 Y에서보다 크다.

✓ ㄴ. Z에서 X로 진행할 때 전반사하므로 굴절률은 Z가 X보다 크다.

ㄷ. 굴절률은 Y > Z > X 순이고 두 매질의 굴절률의 차이가 클수록 더 크게 굴절한다. 따라서 빛이 X에서 Y로 진행할 때와 Z에서 Y로 진행할 때 동일한 각으로 입사하면 X에서 Y로 진행할 때 더 크게 굴절한다. $\theta_1 < \theta_2$이고 $\theta_1 + \theta_2 = 90°$이므로 $\theta_1 < 45°$이다. 답 ②

41 빛의 굴절과 전반사

빈출 문항 자료 분석

다음은 빛의 성질을 알아보는 실험이다.

[실험 과정]

(가) 반원형 매질 A, B, C를 준비한다. (→ 굴절률: n_A, n_B, n_C)

(나) 그림과 같이 반원형 매질을 서로 붙여 놓고 단색광 P를 입사시켜 입사각과 굴절각을 측정한다.

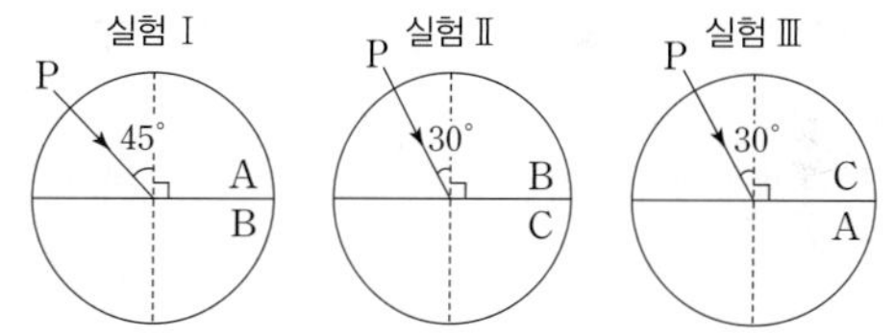

[실험 결과]

실험	입사각	굴절각	
Ⅰ	45°	30°	→ $n_A < n_B$
Ⅱ	30°	25°	→ $n_B < n_C$
Ⅲ	30°	㉠	→ $n_A < n_C$ → ㉠ > 45°

($n_A < n_B$, $n_B < n_C$ → $n_A < n_B < n_C$)

이에 대한 설명으로 옳은 것만을 ⟨보기⟩에서 있는 대로 고른 것은?

보기

ㄱ. ㉠은 45°보다 크다. O

ㄴ. P의 파장은 A에서가 B에서보다 짧다. 길다.X

ㄷ. 임계각은 P가 B에서 A로 진행할 때가 C에서 A로 진행할 때보다 작다. 크다.X

해결 전략 단색광을 서로 다른 매질로 입사시킬 때, 입사각과 굴절각의 크기 관계로부터 매질의 굴절률을 비교하고, 매질에서의 속력과 파장을 비교할 수 있어야 한다.

선택지 분석

입사각이 클수록 또는 굴절각이 클수록 굴절률이 작다.

매질 A, B, C의 굴절률이 각각 n_A, n_B, n_C일 때, 실험 Ⅰ에서는 입사각이 굴절각보다 크므로 $n_A < n_B$이고, 실험 Ⅱ에서는 입사각이 굴절각보다 크므로 $n_B < n_C$이다. 따라서 A, B, C의 굴절률 관계는 $n_C > n_B > n_A$이다.

✓ ㄱ. 실험 Ⅰ의 결과로부터 단색광을 B에서 A로 입사각 30°로 입사시킨다면 굴절각은 45°가 된다. A와 B, C의 굴절률 관계는 $n_C > n_B > n_A$이므로, 단색광을 C에서 A로 입사각 30°로 입사시키면 굴절각은 45°보다 크다. 즉, ㉠은 45°보다 크다.

ㄴ. A와 B의 굴절률은 $n_B > n_A$이고 굴절률이 클수록 빛의 속력이 작으므로 P의 파장은 A에서가 B에서보다 길다.

ㄷ. 빛이 굴절률이 n_1인 매질에서 n_2인 매질로 진행할 때 $\sin i_c = \frac{n_2}{n_1}$에서 임계각($i_c$)은 상대 굴절률이 클수록 크다. P가 B에서 A로 진행할 때 $\sin i_{c1} = \frac{n_A}{n_B}$이고, C에서 A로 진행할 때 $\sin i_{c2} = \frac{n_A}{n_C}$이다. $\frac{n_A}{n_B} > \frac{n_A}{n_C}$이므로 임계각은 P가 B에서 A로 진행할 때가 C에서 A로 진행할 때보다 크다. 답 ①

42 전반사

자료 분석

빛이 굴절률이 큰 매질에서 굴절률이 작은 매질로 진행할 때, 입사각이 임계각보다 크면 두 매질의 경계면에서 빛이 전반사하고, 임계각이 작을수록 매질의 굴절률이 크다.

선택지 분석

ㄱ. X가 입사각 θ로 Ⅲ에서 Ⅱ로 입사할 때 전반사한다. 따라서 굴절률은 Ⅲ이 가장 크다.

ㄴ. 빛이 굴절률이 작은 매질에서 굴절률이 큰 매질로 진행할 때는 입사각에 관계없이 전반사하지 않는다.

✓ ㄷ. 굴절률이 큰 매질에서 굴절률이 작은 매질로 빛이 진행할 때, 두 매질의 굴절률의 비가 클수록 전반사의 임계각이 작아진다. 따라서 임계각은 X가 Ⅰ에서 Ⅱ로 입사할 때가 Ⅲ에서 Ⅱ로 입사할 때보다 크다. 답 ②

43 전반사

자료 분석

a에 입사한 단색광은 유리와 공기의 경계면에서 진행 방향에 수직인 방향으로 전반사하였으므로 단색광의 입사각과 반사각은 45°로 같고, 유리와 공기의 경계면에서 단색광의 임계각은 45°보다 작다. a, b에 입사한 단색광의 진행 경로는 오른쪽과 같다. b에 입사한 단색광의 입사각을 i_b라고 하면 $i_b > 45°$이다.

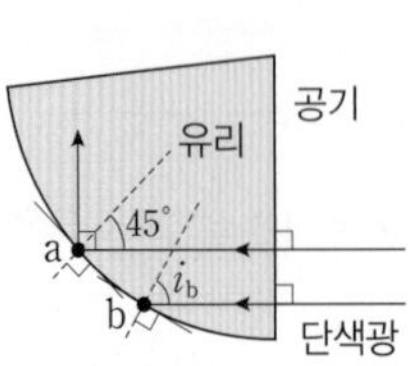

선택지 분석

✓ ㄱ. a에 입사하여 전반사하는 단색광의 입사각은 45°이다. b에 입사한 단색광의 입사각은 45°보다 크므로 b에 입사한 단색광은 전반사한다.

ㄴ. a에 입사한 단색광이 전반사하였으므로 굴절률은 유리가 공기보다 크다. 따라서 단색광의 속력은 유리에서가 공기에서보다 작다.

ㄷ. a에 입사한 단색광의 입사각은 45°이고, a에서 단색광은 전반사하였으므로 유리와 공기 사이의 임계각은 45°보다 작다. 답 ①

44 전반사

빈출 문항 자료 분석

그림과 같이 매질 A와 B의 경계면에 입사각 45°로 입사시킨 단색광 X, Y가 굴절하여 각각 B와 공기의 경계면에 있는 점 p와 q로 진행하였다. X, Y는 p, q에 같은 세기로 입사하며, p와 q 중 한 곳에서만 전반사가 일어난다.

이에 대한 옳은 설명만을 〈보기〉에서 있는 대로 고른 것은? (단, X, Y의 진동수는 같다.)

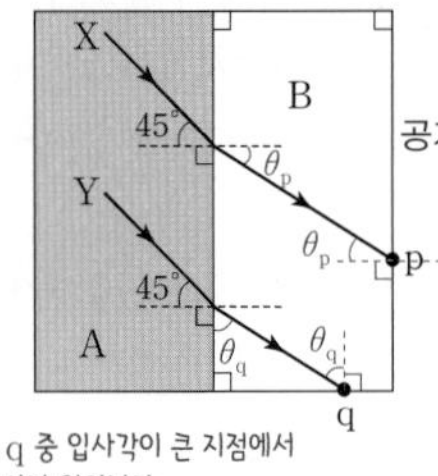

→ p와 q 중 입사각이 큰 지점에서 전반사가 일어난다.

보기

ㄱ. 굴절률은 A가 B보다 작다. O

ㄴ. q에서 전반사가 일어난다. O

ㄷ. p에서 반사된 X의 세기는 q에서 반사된 Y의 세기보다 작다. O

해결 전략 빛의 전반사가 일어날 조건과 매질에서 입사각과 굴절각에 따른 빛의 굴절률과 빛의 세기를 비교할 수 있어야 한다.

선택지 분석

✓ ㄱ. X, Y가 A에서 B로 진행할 때, 입사각은 굴절각보다 크다. 따라서 굴절률은 A가 B보다 작다.

✓ ㄴ. p, q에서 입사각을 각각 θ_p, θ_q라고 하면, A와 B의 경계면에서 입사각은 굴절각보다 크므로 $\theta_p < 45° < \theta_q$이다. 따라서 전반사가 일어나는 지점은 q이다.

✓ ㄷ. Y는 q에서 전반사하고 X는 p에서 반사와 굴절이 모두 일어난다. 따라서 p에서 반사된 X의 세기는 q에서 반사된 Y의 세기보다 작다. 답 ⑤

45 전반사와 광섬유

빈출 문항 자료 분석

그림 (가), (나)는 각각 물질 X, Y, Z 중 두 물질을 이용하여 만든 광섬유의 코어에 단색광 A를 입사각 θ_0으로 입사시킨 모습을 나타낸 것이다. θ_1은 X와 Y 사이의 임계각이고, 굴절률은 Z가 X보다 크다.

→ $n_Z > n_X$

→ 빛의 전반사: 굴절률은 X가 Y보다 크다.

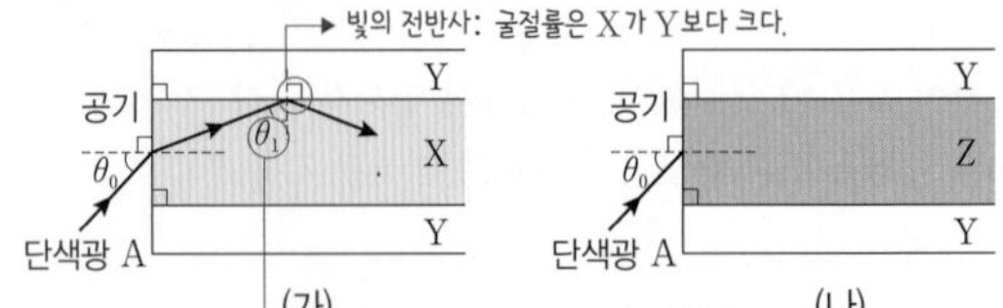

→ 임계각

이에 대한 설명으로 옳은 것만을 〈보기〉에서 있는 대로 고른 것은?

보기

ㄱ. (가)에서 A를 θ_0보다 큰 입사각으로 X에 입사시키면 A는 X와 Y의 경계면에서 전반사하지 않는다. O

ㄴ. (나)에서 Z와 Y 사이의 임계각은 θ_1보다 크다. 작다. X

ㄷ. (나)에서 A는 Z와 Y의 경계면에서 전반사한다. O

해결 전략 빛의 전반사가 일어날 조건과 매질에서 입사각과 굴절각에 따른 빛의 속력과 파장 및 굴절률, 임계각을 비교할 수 있어야 한다.

선택지 분석

✓ ㄱ. X에서 Y로 입사하는 단색광 A의 입사각이 임계각(θ_1)보다 크면 A는 X와 Y의 경계면에서 전반사한다. (가)에서 A를 θ_0보다 큰 입사각으로 X에 입사시키면 A는 X에서 Y로 입사할 때 입사각이 θ_1보다 작으므로 A는 X와 Y의 경계면에서 전반사하지 않는다.

ㄴ. 굴절률은 Z가 X보다 크므로 (나)에서 Z와 Y 사이의 임계각은 θ_1보다 작다.

✓ ㄷ. 굴절률은 Z가 X보다 크므로 (가)와 (나)에서 각각 공기에서 X와 Z로 A를 입사각 θ_0으로 입사시켰을 때 굴절각은 (나)의 Z에서가 (가)의 X에서보다 작기 때문에 (나)의 Z에서 Y로 입사하는 입사각은 θ_1보다 크다. (나)의 Z와 Y 사이의 임계각은 θ_1보다 작고, Z에서 Y로 입사하는 입사각은 θ_1보다 크므로, (나)에서 A는 Z와 Y의 경계면에서 전반사한다. 답 ③

46 전반사

자료 분석

빛이 굴절률이 큰 매질에서 작은 매질로 진행할 때, 입사각이 임계각보다 크면 빛은 전반사한다. 굴절각이 클수록 굴절률이 작고, 두 매질의 상대적인 굴절률의 비가 클수록 임계각은 작아진다.

선택지 분석

✓ ㄱ. 단색광 P가 공기로부터 매질 A에 입사하여 A와 매질 C의 경계면에서 전반사하여 진행한다. 따라서 굴절률은 A가 C보다 크다.

ㄴ. P가 공기에서 A로 입사할 때 굴절각이 θ_A이므로 P가 A에서 B로 입사할 때 입사각은 θ_A이다. 또 굴절률은 A가 B보다 작으므로 P가 A에서 B로 입사할 때 굴절각 θ_B는 θ_A보다 작다. 따라서 $\theta_A > \theta_B$이다.

✓ ㄷ. 굴절률은 A가 B보다 작으므로 A와 C의 상대적인 굴절률의 비보다 B와 C의 상대적인 굴절률의 비가 더 크다. 따라서 임계각은 A와 C의 경계면에서보다 B와 C의 경계면에서가 더 작다. 또 P는 A와 C의 경계면에 $90° - \theta_A$의 입사각으로 입사하고 B와 C의 경계면에서는 $90° - \theta_B$로 입사한다. $\theta_A > \theta_B$이므로 P는 A와 C의 경계면의 임계각보다 더 작은 임계각을 가지는 B와 C의 경계면에 더 큰 입사각으로 입사하므로, B와 C의 경계면에서 P는 전반사한다. 답 ③

47 전반사와 광섬유

자료 분석

전반사는 빛이 굴절률이 큰 매질에서 굴절률이 작은 매질로 진행할 때 입사각이 임계각보다 크면 일어난다. 광섬유는 코어와 클래딩의 이중 구조로 되어 있으며, 코어에서 클래딩으로 진행하던 빛이 코어와 클래딩의 경계면에서 전반사하며 코어를 따라 진행한다. 굴절률은 코어가 클래딩보다 크다.

선택지 분석

✓ ㄱ. A에서 B로 진행한 단색광 P의 입사각이 굴절각보다 작으므로, P의 속력은 A에서가 B에서보다 작다.

✓ ㄴ. 전반사는 빛이 굴절률이 큰 매질에서 굴절률이 작은 매질로 진행하고 입사각이 임계각보다 클 때 나타나는 현상이다. P가 A와 C의 경계면에 입사각 θ로 입사하여 A와 C의 경계면에서 전반사하였으므로, θ는 A와 C 사이의 임계각보다 크다.

ㄷ. P는 A와 B의 경계면에서 전반사하지 않고 A와 C의 경계면에서 전반사하므로 A, B, C의 굴절률이 각각 n_A, n_B, n_C라고 할 때 $n_A > n_B > n_C$이다. 따라서 C를 코어로 사용한 광섬유에 B를 클래딩으로 사용할 수 없다. 답 ③

48 전반사와 광섬유

빈출 문항 자료 분석

그림 (가)는 단색광이 매질 A, B의 경계면에서 전반사한 후 매질 A, C의 경계면에서 반사와 굴절하는 모습을, (나)는 (가)의 A, B, C 중 두 매질로 만든 광섬유의 구조를 나타낸 것이다.

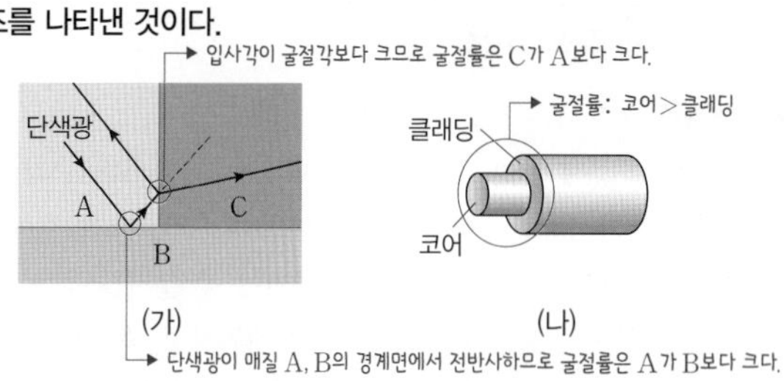

광통신에 사용하기에 적절한 구조를 가진 광섬유만을 〈보기〉에서 있는 대로 고른 것은?

보기

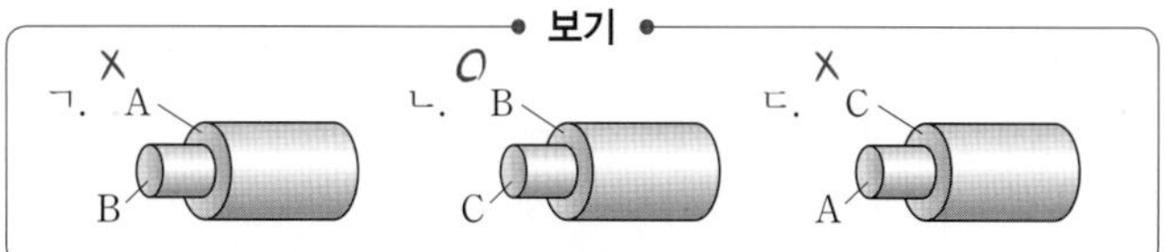

해결 전략 빛의 전반사가 일어날 조건을 알고, 매질에서 입사각과 굴절각에 따른 빛의 속력과 파장 및 굴절률을 비교할 수 있어야 한다.

선택지 분석

ㄱ, ㄷ. 단색광이 속력이 빠른 매질에서 속력이 느린 매질로 진행할 때는 전반사가 일어날 수 없다. B를 코어로 할 때 A를 클래딩으로, A를 코어로 할 때 C를 클래딩으로 하면 전반사가 일어날 수 없다.

✓ ㄴ. 속력은 코어에서가 클래딩에서보다 작아야 한다. 따라서 속력이 느린 C를 코어로 할 때 속력이 빠른 B를 클래딩으로 하면 전반사가 일어나 광섬유로 사용하기에 적절하다. 답 ②

49 전반사와 광통신

자료 분석

임계각은 빛이 밀한 매질에서 소한 매질로 진행할 때 굴절각이 90°일 때의 입사각으로, 임계각이 작을수록 공기와 매질 사이의 속력 차가 커서 매질의 굴절률이 크다.

선택지 분석

ㄱ. 전반사는 빛의 입사각이 임계각보다 클 때 일어난다.

✓ ㄴ. 표로부터 임계각은 A가 B보다 크다는 것을 알 수 있다. 따라서 임계각이 작은 B의 굴절률이 A의 굴절률보다 크다.

ㄷ. 광섬유에서 굴절률이 큰 물질을 코어로 사용한다. 따라서 A와 B로 광섬유를 만든다면 B를 코어로 사용해야 한다. 답 ②

50 전자기파의 이용

자료 분석

전자기파를 파장에 따라 분류하면 파장이 짧은 순서대로 감마(γ)선-X선-자외선-가시광선-적외선-마이크로파-라디오파 순이다. ㉠, ㉡, ㉢에서 사용되는 전자기파는 각각 전파, 자외선, 가시광선이고, 진공에서 전자기파의 속력은 종류에 상관없이 모두 같다.

선택지 분석

ㄱ. 무선 블루투스 헤드폰에 이용되는 전자기파는 마이크로파이다.

✓ ㄴ. 자외선은 마이크로파보다 파장이 짧다.

ㄷ. 진공에서 전자기파의 속력은 파장에 관계없이 일정하다. 따라서 손전등에서 사용되는 가시광선과 X선의 진공에서의 속력은 같다. 답 ②

51 전자기파의 이용

자료 분석

전자기파를 파장에 따라 분류하면 파장이 짧은 순서대로 감마(γ)선－X선－자외선－가시광선－적외선－마이크로파－라디오파 순이다. 전자레인지에서 사용되는 B에 해당하는 전자기파는 물 분자를 운동시키고 물 분자가 주위의 분자와 충돌하면서 음식물이 데워지며, A～C에 해당하는 전자기파 중 B에 해당하는 전자기파의 진동수가 가장 작다.

선택지 분석

✓ ❶ A: 가시광선, 마이크로파, X선 중에서 자외선보다 파장이 짧고 투과력이 강해 인체 내부의 뼈 사진을 찍는 데 이용되는 전자기파는 X선이다.
B: 가시광선, 마이크로파 중에서 전자레인지에서 음식물 속의 물 분자를 운동시켜 음식물을 데우는 데 이용되는 전자기파는 마이크로파이다.
C: A가 X선, B가 마이크로파이므로 C는 가시광선이다. 답 ①

52 전자기파의 이용

자료 분석

전자기파는 전기장과 자기장이 시간에 따라 서로 유도하며 진동하면서 공간을 퍼져 나가는 파동으로, 진공에서 진행하는 전자기파의 진동수는 파장에 반비례하므로 전자기파를 진동수가 큰 순서대로 분류하면 감마(γ)선－X선－자외선－가시광선－적외선－마이크로파－라디오파 순이다.

선택지 분석

① TV용 리모컨에 이용되는 전자기파는 적외선이다.

✓ ❷ 자외선은 에너지가 높아 세균을 죽일 수 있어 살균 기능이 있는 제품에 이용된다.

③ 파장은 감마선이 마이크로파보다 짧다.

④ 진동수는 가시광선이 라디오파보다 크다.

⑤ 진공에서 속력은 적외선과 마이크로파가 같다. 답 ②

53 전자기파

자료 분석

A는 신체 내부의 뼈를 촬영하기 위해, B는 촬영하고 있는 뼈를 눈으로 보기 위해 사용되었다. 전자기파를 진동수에 따라 분류하면, 감마(γ)선－X선－자외선－가시광선－적외선－마이크로파－라디오파 순이다.

선택지 분석

✓ ㄱ. X선으로 신체 내부의 뼈를 촬영하므로 A는 X선이다.

✓ ㄴ. B는 가시광선이므로 B는 적외선보다 파장이 짧고 진동수가 크다.

✓ ㄷ. 진공에서 전자기파의 속력은 모두 같다. 답 ⑤

54 전자기파의 이용

자료 분석

A는 살균 작용을 하는 데 이용되었고, B는 장치가 작동 중임을 눈에 보이도록 하는 데 이용되었다. 전자기파를 진동수가 큰 순서대로 분류하면 감마(γ)선－X선－자외선－가시광선－적외선－마이크로파－라디오파 순이다.

선택지 분석

✓ ㄱ. 살균 작용을 하는 A는 자외선이다.

ㄴ. 진동수는 자외선이 더 크다.

✓ ㄷ. 진공에서 전자기파의 속력은 모두 같다. 답 ③

55 전자기파의 이용

자료 분석

전광판에 이용하는 빨간색 빛인 ㉠은 가시광선 영역에 해당하고, 속력이 같을 때 진동수가 클수록 파장이 짧다. 전자기파를 파장에 따라 분류하면, 파장이 짧은 것부터 순서대로 감마(γ)선－X선－자외선－가시광선－적외선－마이크로파－라디오파 순이다.

선택지 분석

✓ ㄱ. ㉠은 전광판에 이용하는 빨간색 빛으로 사람이 눈으로 볼 수 있는 빛이므로 가시광선 영역에 해당하는 전자기파이다.

ㄴ. 진공에서 전자기파의 속력은 진동수에 관계없이 일정하므로 진공에서 속력은 ㉠과 ㉡이 같다.

✓ ㄷ. 진공에서 ㉡과 ㉢의 속력은 같고, 전자기파의 진동수가 클수록 파장이 짧다. 따라서 진공에서의 파장은 ㉡이 ㉢보다 짧다. 답 ④

56 전자기파의 이용

자료 분석

전자기파는 전기장과 자기장이 시간에 따라 진동하면서 공간을 퍼져 나가는 파동으로, 전자기파를 파장에 따라 분류하면, 파장이 짧은 것부터 순서대로 감마(γ)선－X선－자외선－가시광선－적외선－마이크로파－라디오파 순이다.

전자레인지에 사용되는 마이크로파(A)는 음식물 속의 물 분자를 운동시키고, 물 분자가 주위의 분자와 충돌하면서 음식물을 데운다. 마이크로파보다 파장이 짧은 가시광선(B)은 전자레인지가 작동하는 동안 내부를 비춰 작동 여부를 눈으로 확인할 수 있게 한다.

선택지 분석

ㄱ. A는 적외선과 라디오파 사이의 전자기파이므로 마이크로파, B는 자외선과 적외선 사이의 전자기파이므로 가시광선이다.

✓ ㄴ. 진공에서 전자기파의 속력은 전자기파의 종류에 관계없이 모두 같다.

ㄷ. 파장은 B가 A보다 짧으므로 진동수는 A가 B보다 작다. 답 ②

57 전자기파의 이용

자료 분석

전자기파는 전기장과 자기장이 시간에 따라 진동하면서 공간을 퍼져 나가는 파동이다. X선(A)은 병원에서 의료 진단용 사진을 찍을 때, 자외선(B)은 살균 및 소독기 등에 이용한다. 초음파(C)는 진동수 20000 Hz 이상인 소리로, 의료기기나 탐지기, 자동차 후방 센서 등에 이용하며, 매질이 있어야 진행할 수 있다. 전자기파를 파장에 따라 분류하면, 파장이 짧은 것부터 순서대로 감마(γ)선－X선－자외선－가시광선－적외선－마이크로파－라디오파 순이다.

선택지 분석

✓ ㄱ. X선과 자외선은 모두 전자기파에 속한다.

ㄴ. 진공에서 전자기파의 속력은 파장에 관계없이 일정하므로 진공에서의 파장은 A가 B보다 짧다.

✓ ㄷ. C는 초음파(소리)이므로 매질이 없는 진공에서 진행할 수 없다. 답 ④

58 전자기파의 활용

자료 분석

A는 정보를 전송하는 데 이용되었고, B는 눈으로 볼 수 있도록 화면을 구현하는 데 이용되었다. 전자기파를 진동수에 따라 분류하면, 진동수가 큰 것부터 순서대로 감마(γ)선－X선－자외선－가시광선－적외선－마이크로파－라디오파 순이다.

선택지 분석

✓ㄱ. B는 사람의 눈으로 볼 수 있으므로 B는 가시광선이다.
✓ㄴ. B가 가시광선이므로 A는 적외선이고, 진동수는 가시광선(B)이 적외선(A)보다 크다.
ㄷ. 진공에서 전자기파의 속력은 모두 같다. 답 ③

59 전자기파의 활용

자료 분석

위조지폐에는 가시광선보다 진동수가 큰 자외선에만 반응하는 형광 안료를 사용한 그림을 지폐에 넣어 위조를 방지한다.

선택지 분석

✓❷ 위조지폐를 감별하기 위해 사용하는 전자기파는 자외선이다. 답 ②

60 전자기파의 이용

빈출 문항 자료 분석

그림 (가)는 전자기파 A, B를 이용한 예를, (나)는 진동수에 따른 전자기파의 분류를 나타낸 것이다.

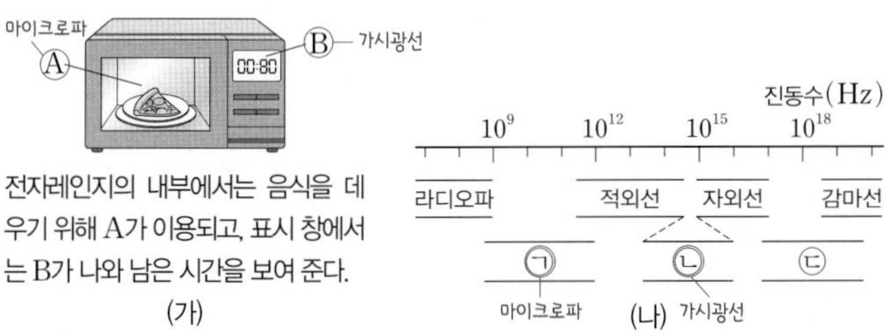

전자레인지의 내부에서는 음식을 데우기 위해 A가 이용되고, 표시 창에서는 B가 나와 남은 시간을 보여 준다.
(가) (나)

이에 대한 설명으로 옳은 것만을 〈보기〉에서 있는 대로 고른 것은?

보기

ㄱ. A는 ㉢에 해당한다. ㉠X
ㄴ. B는 ㉡에 해당한다. O
ㄷ. 파장은 A가 B보다 길다. O

해결 전략 전자기파의 종류와 전자기파의 종류에 따른 활용을 알고 있어야 하고, 전자기파를 진동수(파장)에 따라 구분할 수 있어야 한다.

선택지 분석

ㄱ. 전자레인지의 내부에서 음식을 데우는 데 이용되는 전자기파 A는 마이크로파이고, (나)에서 ㉠이 마이크로파이므로 A는 ㉠에 해당한다.
✓ㄴ. 표시 창에서 남은 시간을 보여 주는 전자기파 B는 가시광선이고, (나)에서 ㉡에 해당한다.
✓ㄷ. 마이크로파의 파장은 가시광선의 파장보다 길다. 따라서 파장은 A가 B보다 길다. 답 ④

61 전자기파의 이용

자료 분석

전자기파의 진동수를 비교하면 라디오파＜마이크로파＜적외선＜가시광선＜자외선＜X선＜감마선 순이므로, A는 마이크로파, B는 가시광선, C는 X선이다.

선택지 분석

ㄱ. ㉠은 X선이므로 C에 해당하는 전자기파이다.
✓ㄴ. 진공에서 전자기파의 속력은 전자기파의 종류에 관계없이 모두 같다. A는 B보다 진동수가 작으므로 진공에서 파장은 A가 B보다 길다.
ㄷ. 열화상 카메라는 적외선을 측정하는 도구이다. 따라서 열화상 카메라는 사람의 몸에서 방출되는 C(X선)를 측정할 수 없다. 답 ②

62 전자기파의 이용

자료 분석

전자기파의 파장을 비교하면 감마선＜X선＜자외선＜가시광선＜적외선＜마이크로파＜라디오파 순이므로, A는 마이크로파이다.

선택지 분석

ㄱ. A는 적외선보다 파장이 길고 라디오파보다 파장이 짧은 마이크로파이고, 마이크로파의 진동수는 가시광선의 진동수보다 작다.
✓ㄴ. 전자레인지에서 음식물을 데우는 데 이용하는 전자기파는 마이크로파(A)에 해당한다.
✓ㄷ. 진공에서 모든 전자기파는 종류에 관계없이 속력이 같다. 따라서 진공에서의 속력은 감마선과 마이크로파(A)가 같다. 답 ④

63 전자기파의 이용

자료 분석

전자기파의 파장을 비교하면 감마선＜X선＜자외선＜가시광선＜적외선＜마이크로파＜라디오파 순이고, 열화상 카메라에는 적외선이 사용된다.

선택지 분석

✓ㄱ. 열작용을 하는 A는 적외선이다.
✓ㄴ. 진공에서 전자기파의 속력은 모두 같으므로 A와 가시광선의 속력은 같다.
✓ㄷ. 열화상 카메라의 적외선은 가시광선보다 파장이 길다. 답 ⑤

64 전자기파의 이용

자료 분석

광섬유에서 정보를 전송할 때 이용하는 전자기파는 적외선이고, 무선 공유기와 스마트폰 사이에 정보를 송수신할 때 이용하는 전자기파는 마이크로파이다.

선택지 분석

✓ㄱ. 전자기파의 진동수를 비교하면 감마선＞X선＞자외선＞가시광선＞적외선＞마이크로파 순이므로, 적외선인 A의 진동수는 마이크로파인 B보다 크다.
✓ㄴ. 모든 전자기파는 진공에서 파장에 관계없이 빛의 속력과 같은 약 30만 km/s의 속력으로 진행하므로, 진공에서 A와 B의 속력은 같다.
ㄷ. 전자레인지에 이용되는 전자기파는 마이크로파이므로, B가 전자레인지에서 음식을 가열하는 데 이용된다. 답 ③

65 전자기파의 이용

빈출 문항 자료 분석

그림은 전자기파에 대해 학생 A, B, C가 대화하는 모습을 나타낸 것이다.

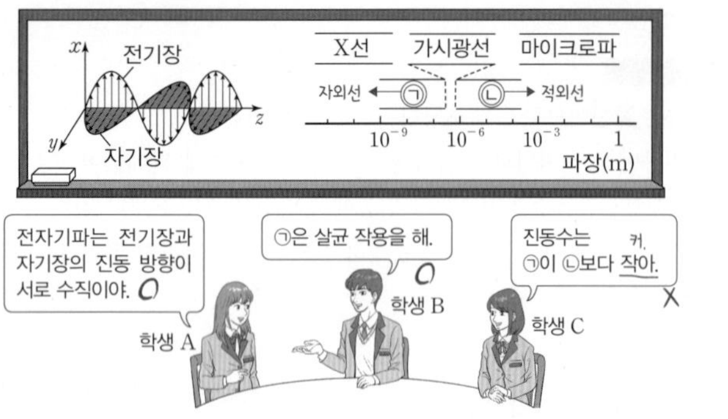

전기장
자기장
X선
가시광선
마이크로파
자외선
㉠
㉡
적외선
10^{-9} 10^{-6} 10^{-3} 1
파장(m)
전자기파는 전기장과 자기장의 진동 방향이 서로 수직이야. O
㉠은 살균 작용을 해. O
진동수는 ㉠이 ㉡보다 작아. 커. X
학생 A
학생 B
학생 C

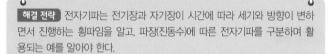

제시한 내용이 옳은 학생만을 있는 대로 고른 것은?

해결 전략 전자기파는 전기장과 자기장이 시간에 따라 세기와 방향이 변하면서 진행하는 횡파임을 알고, 파장(진동수)에 따른 전자기파를 구분하며 활용되는 예를 알아야 한다.

선택지 분석

✓A: 전자기파는 전기장과 자기장의 진동 방향이 서로 수직인 횡파이다.

✓B: ㉠은 가시광선보다 파장이 짧은 자외선으로, 살균 작용을 한다.

C: 진동수는 파장에 반비례한다. 파장은 ㉠이 ㉡보다 짧으므로 진동수는 ㉠이 ㉡보다 크다.

답 ③

66 전자기파의 이용

자료 분석

(가)의 위성 통신에서는 전파를, (나)의 광통신에서는 적외선 영역의 레이저 빛을, (다)의 LED 신호등에서는 눈에 보이는 가시광선을 이용한다.

선택지 분석

ㄱ. 위성 통신에서는 적외선보다 파장이 긴 전파를 이용한다. 따라서 (가)에서는 전파를 이용한다.

✓ㄴ. 광섬유 내에서 레이저 빛은 전반사하면서 진행한다. 따라서 (나)에서 전반사를 이용한다.

✓ㄷ. LED 신호등은 눈에 보이는 전자기파를 사용한다. 따라서 (다)에서 가시광선을 이용한다.

답 ④

67 전자기파의 분류와 이용

자료 분석

전자기파를 파장에 따라 분류하면, 파장이 짧은 것부터 감마(γ)선 – X선 – 자외선 – 가시광선 – 적외선 – 마이크로파 – 라디오파 순이다. 제시된 자료에서 A는 X선을, B는 적외선을, C는 마이크로파를 각각 나타낸다.

선택지 분석

✓❹ (가) 체온을 측정하는 열화상 카메라에 이용되는 전자기파는 적외선이므로 B이다.

(나) 음식을 데우는 전자레인지에 이용되는 전자기파는 마이크로파이므로 C이다.

(다) 공항 검색대에서 수하물의 내부 영상을 찍는 데 사용되는 전자기파는 X선이므로 A이다.

답 ④

68 전자기파의 이용

빈출 문항 자료 분석

→ 전기장과 자기장이 각각 시간에 따라 세기와 방향이 변하면서 공간으로 퍼져 나가는 파동

그림은 전자기파 A, B, C가 사용되는 모습을 나타낸 것이다. A, B, C는 X선, 가시광선, 적외선을 순서 없이 나타낸 것이다.

→ 파장: X선 < 가시광선 < 적외선, 진동수: X선 > 가시광선 > 적외선

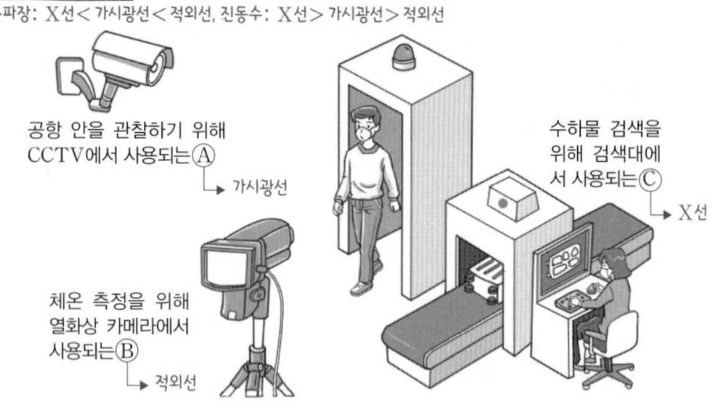

공항 안을 관찰하기 위해 CCTV에서 사용되는 Ⓐ
→ 가시광선
수하물 검색을 위해 검색대에서 사용되는 Ⓒ
→ X선
체온 측정을 위해 열화상 카메라에서 사용되는 Ⓑ
→ 적외선

이에 대한 옳은 설명만을 〈보기〉에서 있는 대로 고른 것은?

보기

ㄱ. C는 X선이다. O

ㄴ. 진동수는 A가 C보다 크다. 작다. X

ㄷ. 진공에서의 속력은 C가 B보다 크다. C와 B가 같다. X

해결 전략 전자기파를 진동수(파장)에 따라 구분하고, 전자기파의 종류와 전자기파의 종류에 따른 활용을 알 수 있어야 한다.

선택지 분석

✓ㄱ. X선은 투과력이 강해 물체 내부를 관찰할 때 사용된다. 따라서 C는 X선이다.

ㄴ. A는 가시광선이고 C는 X선이므로 진동수는 A가 C보다 작다.

ㄷ. 진공에서 모든 전자기파의 속력은 같다.

답 ①

69 전자기파의 이용

자료 분석

전자기파의 진동수는 라디오파 < 마이크로파 < 적외선 < 가시광선 < 자외선 < X선 < 감마선 순이다.

선택지 분석

ㄱ. 열화상 카메라는 적외선을 인식하여 체온을 영상으로 표현한다. 즉, 전자기파 A는 적외선이다.

ㄴ. 진동수는 적외선이 가시광선보다 작다.

✓ㄷ. 진공에서 모든 전자기파의 속력은 같다.

답 ②

70 전자기파의 종류와 활용

빈출 문항 자료 분석

그림은 파장에 따른 전자기파의 분류를 나타낸 것이다.

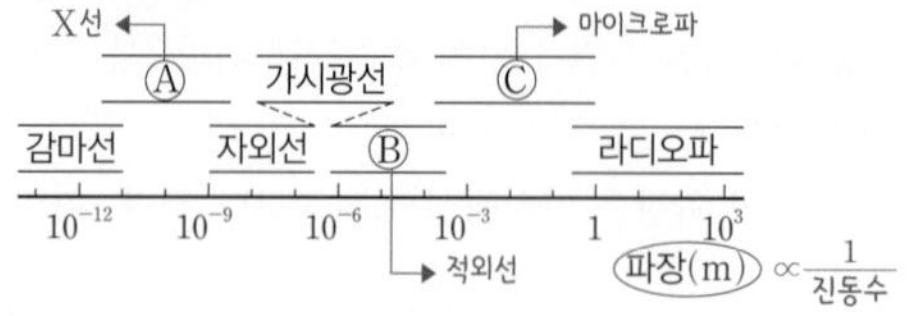

X선
마이크로파
Ⓐ
가시광선
Ⓒ
감마선
자외선
Ⓑ
라디오파
10^{-12} 10^{-9} 10^{-6} 10^{-3} 1 10^{3}
적외선
파장(m) ∝ $\frac{1}{진동수}$

이에 대한 설명으로 옳은 것만을 〈보기〉에서 있는 대로 고른 것은?

보기

ㄱ. 진동수는 C가 A보다 크다. 작다X
ㄴ. 공항에서 수하물 검사에 사용하는 X선은 A에 해당한다. O
ㄷ. 적외선 체온계는 몸에서 나오는 B에 해당하는 전자기파를 측정한다. O

해결 전략 전자기파의 종류를 파장에 따라 구분하고 그 특징을 이해하며, 전자기파가 실생활에 활용되는 예를 알아야 한다.

선택지 분석

ㄱ. 진공에서 전자기파의 속력은 파장에 관계없이 일정하고, 전자기파의 속력은 파장과 진동수의 곱이므로 A가 C보다 진동수가 크다.
✓ ㄴ. A는 X선이고, X선은 투과력이 강하여 공항에서 수하물을 검사하는 데 이용된다.
✓ ㄷ. B는 적외선이고, 적외선 체온계는 적외선을 측정할 수 있으므로 사람의 몸에서 나오는 B에 해당하는 전자기파를 측정한다. 답 ④

71 전자기파의 이용

자료 분석

스피커를 통해 귀에 들리는 파동 A는 소리이고, 안테나를 통해 수신되는 파동 B는 전파이며, 화면을 통해 눈에 보이는 파동 C는 가시광선이다.

선택지 분석

ㄱ. A는 소리이므로 전자기파가 아니다.
✓ ㄴ. 파장은 전파가 가시광선보다 길고, 진공에서 전파와 가시광선의 속력은 같으므로 진동수는 전파(B)가 가시광선(C)보다 작다.
ㄷ. 빛(가시광선)은 매질에 따라 굴절률이 다르기 때문에 매질이 달라지면 빛(가시광선)의 속력도 달라진다. 답 ②

72 파동의 간섭

자료 분석

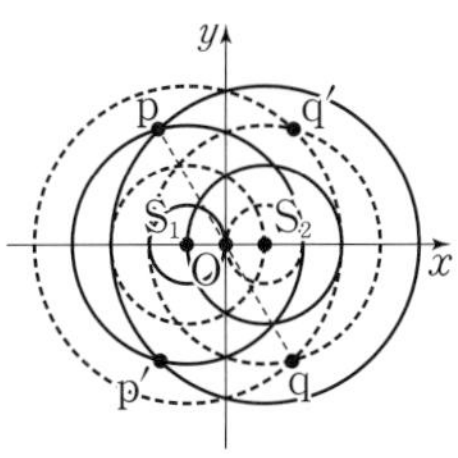

진동수가 같은 물결파가 같은 진폭으로 중첩될 때, 같은 위상으로 중첩되면 보강 간섭이 일어나고, 반대 위상으로 중첩되면 상쇄 간섭이 일어난다. 물결파의 중첩에서 보강 간섭이 일어나는 지점에서는 수면의 높이가 주기적으로 변한다. 그림과 같이 p와 p′는 x축 대칭, p와 q′는 y축 대칭, p와 q는 원점 대칭이다. x축 대칭인 두 지점에서는 중첩된 물결파의 위상이 같고, y축 대칭인 두 지점에서는 중첩된 물결파의 위상이 서로 반대이다.

선택지 분석

ㄱ. 중첩된 물결파의 주기와 두 파원의 주기는 같다. (나)에서 중첩된 물결파의 주기가 4초이므로 S_1에서 발생한 물결파의 파장을 λ라고 하면, $10\ \text{cm/s}=\dfrac{\lambda}{4\ \text{s}}$에서 $\lambda=40$ cm이다.
✓ ㄴ. $t=1$초일 때, p와 q에서 중첩된 물결파의 위상은 서로 반대이지만 변위의 크기는 p에서와 q에서가 같다.
ㄷ. S_1, S_2가 O로부터 같은 거리에 있으므로 O에서 두 물결파는 서로 반대 위상으로 만난다. 따라서 O에서는 상쇄 간섭이 일어난다. 답 ②

73 물결파의 간섭

자료 분석

두 점파원에서 동일한 진동수와 진폭으로 발생한 물결파가 진행하여 어느 한 지점에서 중첩될 때, 같은 위상으로 만나면 보강 간섭이, 반대 위상으로 만나면 상쇄 간섭이 일어나고, 보강 간섭이 일어난 지점에서는 수면의 높이가 시간에 따라 변하며, 상쇄 간섭이 일어난 지점에서는 수면의 높이가 시간에 따라 거의 일정하다. 파동의 진행 속력이 일정할 때 파동의 진동수는 파동의 파장에 반비례한다.

선택지 분석

✓ ㄱ. (가)의 A에서는 골과 골이 만나므로 보강 간섭이 일어난다.
ㄴ. (나)의 $\overline{S_1S_2}$에서 상쇄 간섭이 일어나는 지점의 개수는 8개이다.
✓ ㄷ. (가)와 (나)에서 발생시킨 물결파의 진행 속력이 같고, 물결파의 진동수는 (나)에서가 (가)에서의 2배이므로 물결파의 파장은 (가)에서가 (나)에서의 2배이다. 따라서 $d_1=2d_2$이다. 답 ③

74 파동의 간섭

자료 분석

진동수가 같은 파동이 같은 진폭으로 중첩될 때 같은 위상으로 중첩되면 보강 간섭이, 반대 위상으로 중첩되면 상쇄 간섭이 일어나고, 보강 간섭이 일어나는 지점에서는 파동의 변위가 주기적으로 변하며, 상쇄 간섭이 일어나는 지점에서는 파동의 변위가 일정하다.

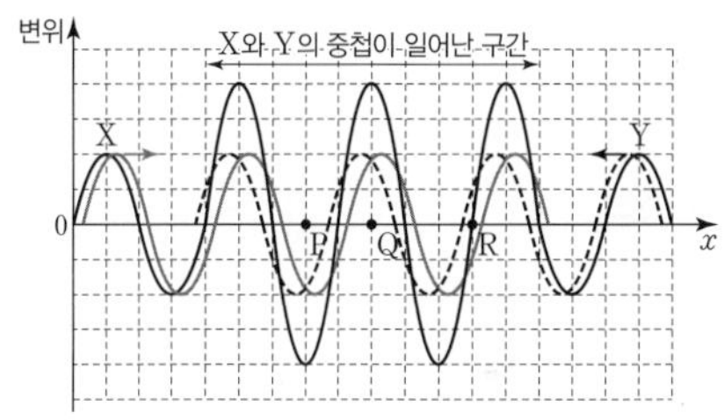

짧은 시간($\frac{1}{8}T$)이 지난 후, X와 Y의 중첩되기 전 변위]

선택지 분석

A. P는 X와 Y의 골과 골이 만나 보강 간섭이 일어난 지점으로 P에서는 주기적으로 파동의 변위가 변한다.
✓ B. Q는 X와 Y의 마루와 마루가 만나 보강 간섭이 일어난 지점이다.
✓ C. X와 Y는 각각 $+x$ 방향, $-x$ 방향으로 이동하므로 R에서 서로 반대 위상으로 만난다. 따라서 R는 X와 Y가 상쇄 간섭하는 지점이다. 답 ④

75 파동의 간섭

자료 분석

진동수가 같은 소리가 같은 진폭으로 중첩될 때 같은 위상으로 만나면 보강 간섭이 일어나고, 반대 위상으로 만나면 상쇄 간섭이 일어난다. 소리의 중첩에서 보강 간섭이 일어나는 지점에서는 소리의 세기가 주기적으로 변하고, 상쇄 간섭이 일어나는 지점에서는 소리의 세기가 거의 일정하다. 두 스피커로부터 같은 거리만큼 떨어진 지점에서 두 소리의 상쇄 간섭이 일어나므로 두 스피커에서 발생한 소리의 위상은 서로 반대이다. 또한, 두 스피커가 일직선상에 위치하므로 보강 간섭 지점과 상쇄 간섭 지점은 두 스피커 사이에서 일정한 간격으로 생긴다. 즉, 보강 간섭 지점과 보강 간섭 지점 사이에 상쇄 간섭 지점이 있다. $x=-2d$, $x=0$, $x=2d$에서는 상쇄 간섭이 일어나고, $x=-3d$, $x=-d$, $x=d$, $x=3d$에서는 보강 간섭이 일어난다.

선택지 분석

✓ ㄱ. 상쇄 간섭이 일어나는 $x=0$과 $x=-2d$ 사이에 보강 간섭이 일어나는 지점이 있다.

✓ ㄴ. $x=0$에서는 상쇄 간섭, $x=3d$에서는 보강 간섭이 일어나므로 소리의 세기는 $x=0$에서가 $x=3d$에서보다 작다.

ㄷ. $x=0$에서 상쇄 간섭이 일어나므로 A, B에서 발생한 두 소리는 $x=0$에서 반대 위상으로 만난다. 답 ④

76 파동의 간섭

자료 분석

진폭과 진동수가 같으므로 두 물결파의 마루와 마루 또는 골과 골이 만나는 지점에서는 보강 간섭이, 마루와 골 또는 골과 마루가 만나는 지점에서는 상쇄 간섭이 일어난다. 두 물결파의 간섭이 일어났을 때 보강 간섭이 일어난 이웃한 두 지점 사이에는 상쇄 간섭이 일어난 지점이 있다.

선택지 분석

ㄱ. 두 보강 간섭 지점 사이에 상쇄 간섭 지점이 있고 $\overline{PQ}$의 중점을 기준으로 좌우에 1개씩 있으므로 $\overline{PQ}$에서 상쇄 간섭이 일어나는 지점의 수는 2개이다.

✓ ㄴ. 진동수가 0.5 Hz이므로 주기는 2초이다. 1초일 때는 물결파가 반파장만큼 이동하므로 Q에서는 골과 골이 중첩된 보강 간섭이 일어난다.

✓ ㄷ. 소음 제거 이어폰은 외부 소음을 감소시키는 데 상쇄 간섭을 이용하며 R에서는 두 물결파가 상쇄 간섭하므로 소음 제거 이어폰은 R에서와 같은 종류의 간섭 현상을 활용한다. 답 ⑤

77 파동의 중첩

자료 분석

파동은 한 주기(T) 동안 한 파장(λ)만큼 이동하므로 파동의 진행 속력은 $v=\dfrac{\lambda}{T}=f\lambda$이다.

선택지 분석

✓ ❷ P, Q의 파장은 2 m이고, 진동수는 0.25 Hz이므로 두 파동의 진행 속력은 0.5 m/s로 서로 같다. 두 파동은 $t=0$인 순간부터 $t=2$초까지 서로 반대 방향으로 각각 1 m만큼 이동하여 $t=2$초일 때 $x=5$ m인 위치에서 만나기 시작한다. $x=5$ m인 지점에서, P의 마루가 도달할 때 Q의 골이, P의 골이 도달할 때는 Q의 마루가 도달한다. 따라서 $t=2$초부터 $t=6$초까지, $x=5$ m에서 중첩된 파동의 변위의 최댓값은 A이다. 답 ②

78 파동의 간섭

자료 분석

진동수가 같은 물결파가 같은 진폭으로 중첩될 때 같은 위상으로 중첩되면 보강 간섭이 일어나고, 반대 위상으로 중첩되면 상쇄 간섭이 일어난다. 물결파의 중첩에서 보강 간섭이 일어나는 지점에서는 수면의 높이가 주기적으로 변하고, 상쇄 간섭이 일어나는 지점에서는 수면의 높이가 거의 일정하다.

선택지 분석

✓ ㄱ. P에서는 마루와 골이 중첩되므로 상쇄 간섭이 일어난다.

ㄴ. Q에서는 마루와 마루가 만나므로 보강 간섭이 일어나는 지점이다. Q에서는 시간에 따라 마루와 마루, 골과 골이 중첩되므로 물결파의 변위는 시간에 따라 변한다.

✓ ㄷ. 물결파의 주기는 $T=\dfrac{20\text{ cm}}{20\text{ cm/s}}=1$ s이다. 따라서 R에서 중첩된 물결파의 변위는 $t=1$초일 때와 $t=2$초일 때가 같다. 답 ④

79 파동의 간섭

자료 분석

진동수가 같은 물결파가 같은 진폭으로 중첩될 때, 같은 위상으로 중첩되면 보강 간섭이 일어나고 반대 위상으로 중첩되면 상쇄 간섭이 일어난다. 물결파의 중첩에서 보강 간섭이 일어나는 지점에서는 수면의 높이가 주기적으로 변하고, 상쇄 간섭이 일어나는 지점에서는 수면의 높이가 거의 일정하다.

선택지 분석

✓ ㄱ. P에서는 마루와 마루가 만나므로 보강 간섭이 일어난다.

ㄴ. Q는 두 파원 S_1, S_2에서 같은 거리에 있는 지점이므로 두 파원으로부터의 경로차가 0이다. 따라서 Q에서는 보강 간섭이 일어나므로 수면의 높이는 시간에 따라 변한다.

ㄷ. 물결파의 파장은 $v=f\lambda$에서 $\lambda=\dfrac{v}{f}=\dfrac{1\text{ m/s}}{0.5\text{ Hz}}=2$ m이다. P는 두 파원으로부터의 경로차가 2 m이고, Q는 두 파원으로부터의 경로차가 0이므로, $\overline{PQ}$에서 상쇄 간섭이 일어나는 지점은 두 점파원으로부터 경로차가 물결파의 반파장의 홀수배인 1 m인 지점뿐이다. 따라서 $\overline{PQ}$에서 상쇄 간섭이 일어나는 지점의 수는 1개이다. 답 ①

80 물결파의 간섭

빈출 문항 자료 분석

그림 (가)는 파원 S_1, S_2에서 발생한 물결파가 중첩될 때, 각 파원에서 발생한 물결파의 마루와 골을 나타낸 것이다. 그림 (나)는 (가)의 순간 점 P, O, Q를 잇는 직선상에서 중첩된 물결파의 변위를 나타낸 것이다. P에서 상쇄 간섭이 일어난다.

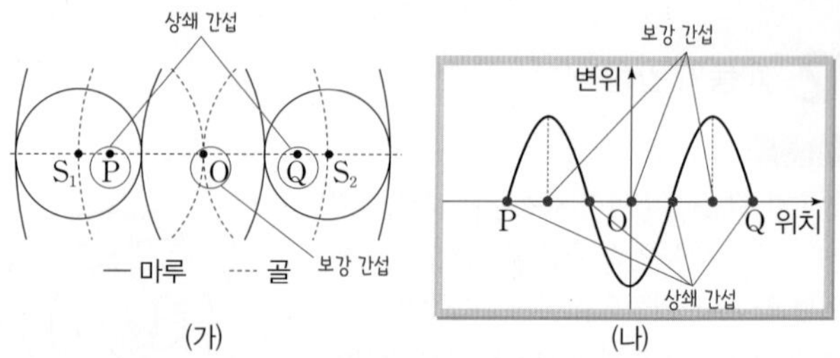

이에 대한 옳은 설명만을 〈보기〉에서 있는 대로 고른 것은? (단, 두 파원과 P, O, Q는 동일 평면상에 고정된 지점이다.)

보기

ㄱ. O에서 보강 간섭이 일어난다. O

ㄴ. Q에서 중첩된 두 물결파의 위상은 같다. 위상이 반대이다. X

ㄷ. 중첩된 물결파의 진폭은 O에서와 Q에서가 같다. X
O에서가 Q에서보다 크다.

해결 전략 중첩되는 두 물결파의 위상에 따라 보강 간섭 또는 상쇄 간섭이 일어남을 알아야 한다.

선택지 분석

✓ ㄱ. O에서는 골과 골이 만나므로 중첩되는 두 물결파의 위상이 같다. 따라서 O에서 보강 간섭이 일어난다.

ㄴ. 상쇄 간섭이 일어나는 지점에서는 시간이 지나도 물결파의 변위가 일정하고, 보강 간섭이 일어나는 지점에서는 시간에 따라 물결파의 변위가 주기적으로 변한다. P에서 상쇄 간섭이 일어난다고 했고, (나)에서 P와 Q의 변위는 같으므로 Q에서는 상쇄 간섭이 일어난다. 따라서 Q에서 중첩된 두 물결파의 위상은 서로 반대이다.
ㄷ. O에서는 보강 간섭이 일어나고 Q에서는 상쇄 간섭이 일어난다. 따라서 중첩된 물결파의 진폭은 O에서가 Q에서보다 크다. 답 ①

81 소리의 간섭

자료 분석

소리의 간섭에서는 물결파와 같이 보강 간섭을 일으키는 지점과 상쇄 간섭을 일으키는 지점이 나타난다. 이때 위상이 같은 두 파동이 중첩되면 진폭이 증가하는 보강 간섭이 일어나고, 위상이 반대인 두 파동이 중첩되면 진폭이 감소하는 상쇄 간섭이 일어난다.

선택지 분석

ㄱ. B 부분에서 중첩된 두 소리는 상쇄 간섭을 하므로 두 파동은 반대 위상으로 중첩된다. 따라서 ㉠에는 '반대'가 적절하다. 같은 위상으로 파동이 중첩되는 것은 보강 간섭이다.
✓ㄴ. 두 파동이 상쇄 간섭을 하면 중첩된 파동의 진폭이 작아진다.
ㄷ. 파동의 중첩 과정에서 진동수는 변하지 않으므로 소리의 진동수는 A에서와 B에서가 같다. 답 ②

82 소리의 간섭

자료 분석

두 스피커로부터 같은 거리만큼 떨어진 지점에서는 두 파동이 같은 위상으로 만나므로 보강 간섭이 일어나 큰 소리를 들을 수 있다. 두 파동이 반대 위상으로 만나면 상쇄 간섭이 일어난다.

선택지 분석

✓A: P에서는 두 개의 스피커에서 발생한 소리의 경로차가 0이므로 보강 간섭이 일어난다.
✓B: 두 스피커에서 발생한 소리가 만날 때 위상이 서로 같으면 보강 간섭하고, 위상이 서로 반대이면 상쇄 간섭한다.
✓C: 소음 제거 이어폰에서는 외부 소음과 위상이 반대인 소리가 발생하여 상쇄 간섭을 일으켜 소음을 제거한다. 답 ⑤

83 물결파의 간섭

빈출 문항 자료 분석

그림 (가)는 두 점 S_1, S_2에서 진동수와 진폭이 같고 서로 반대의 위상으로 발생시킨 두 물결파의 시간 $t=0$일 때의 모습을 나타낸 것이다. 점 A, B, C는 평면상에 고정된 세 지점이고, 두 물결파의 속력은 같다. 그림 (나)는 C에서 중첩된 물결파의 변위를 t에 따라 나타낸 것이다.

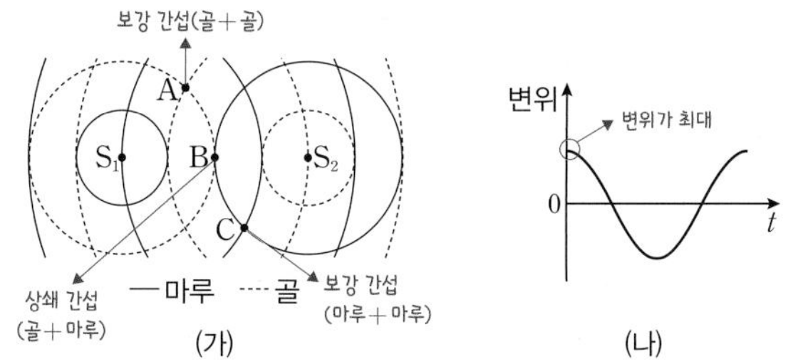

(가) (나)

A, B에서 중첩된 물결파의 변위를 t에 따라 나타낸 것으로 가장 적절한 것은?

해결 전략 두 물결파가 중첩될 때 보강 간섭과 상쇄 간섭이 일어나는 지점을 분석하여 중첩된 물결파의 변위를 찾을 수 있어야 한다.

선택지 분석

✓❸ C는 $t=0$인 순간 마루와 마루가 만나 변위가 (＋)로 최대이다. A는 $t=0$인 순간 골과 골이 만나 보강 간섭이 일어나는 지점이므로 변위가 (－)로 최대이어야 하고, B는 골과 마루가 만나 상쇄 간섭이 일어나는 지점이므로 $t=0$인 순간부터 변위가 계속 0이어야 한다. 따라서 가장 적절한 것은 ③번이다. 답 ③

84 파동의 간섭

빈출 문항 자료 분석

다음은 파동의 간섭을 활용한 무반사 코팅 렌즈에 대한 내용이다.

> 무반사 코팅 렌즈는 파동이 [ⓐ] 간섭하여 빛의 세기가 줄어드는 현상을 활용한 예로 ㉠ 공기와 코팅 막의 경계에서 반사하여 공기로 진행한 빛과 ㉡ 코팅 막과 렌즈의 경계에서 반사하여 공기로 진행한 빛이 [ⓐ] 간섭한다.
>
> (→ 상쇄 간섭이 일어남. / 서로 상쇄 간섭함.)

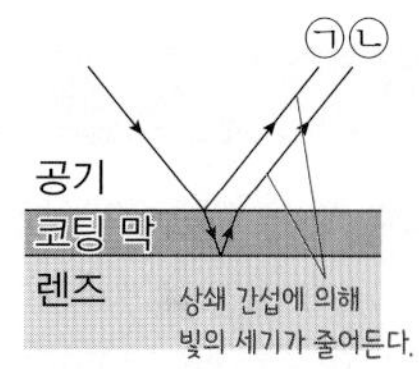

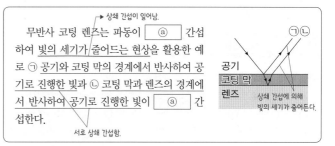

이에 대한 설명으로 옳은 것만을 〈보기〉에서 있는 대로 고른 것은?

보기

ㄱ. '상쇄'는 ⓐ에 해당한다. O
ㄴ. ㉠과 ㉡은 위상이 같다. 서로 반대이다. X
ㄷ. 파동의 간섭 현상은 소음 제거 이어폰에 활용된다. O

해결 전략 각각의 경계면을 지난 빛이 상쇄 간섭한다는 것을 이해할 수 있어야 한다.

선택지 분석

✓ㄱ. ⓐ 간섭하여 빛의 세기가 줄어들었으므로 '상쇄'는 ⓐ에 해당한다.
ㄴ. ㉠과 ㉡은 상쇄 간섭하는 빛이므로 ㉠과 ㉡은 위상이 서로 반대이다.
✓ㄷ. 소리가 상쇄 간섭하면 소리의 세기가 줄어드는 현상이 나타나므로 파동의 간섭 현상은 소음 제거 이어폰에 활용된다. 답 ③

85 파동의 간섭

자료 분석

반사 방지막은 반사하는 빛이 반대 위상으로 중첩되어 상쇄 간섭하는 것을 이용한다.

선택지 분석

✓ㄱ. 간섭은 파동이 중첩하여 생기는 현상이므로 빛의 파동성으로 설명할 수 있다.
ㄴ. 반사 방지막은 반사하는 빛이 반대 위상으로 중첩되는 것을 이용한다.
ㄷ. 반사한 빛의 세기가 줄어들므로 빛이 상쇄 간섭하는 것을 이용한다.
답 ①

86 파동의 간섭

자료 분석

(가)는 보강 간섭을 이용하여 초음파의 세기를 크게 하고, (나)는 외부 소음과 위상이 반대인 소리를 발생시켜 상쇄 간섭으로 소음을 줄인다.

선택지 분석

ㄱ. 의료 장비에서 발생한 초음파는 이물질에서 보강 간섭을 하여 진폭이 커진다. 진폭이 커지면 초음파의 세기가 커지므로 인체 내의 이물질을 파괴할 수 있다. 따라서 ㉠에 해당하는 것은 '진폭'이다.

✓ㄴ. 소음 제거 이어폰에서는 마이크에 입력된 외부 소음과 위상이 반대인 소리를 발생시켜 상쇄 간섭이 일어나 소음의 세기가 줄어들도록 한다. 즉, (나)의 이어폰은 ㉡과 위상이 반대인 소리로 상쇄 간섭을 일으킨다.

ㄷ. (가)는 파동의 보강 간섭, (나)는 상쇄 간섭을 이용한다. 답 ①

87 빛의 간섭

빈출 문항 자료 분석

그림 A, B, C는 빛의 성질을 활용한 예를 나타낸 것이다.

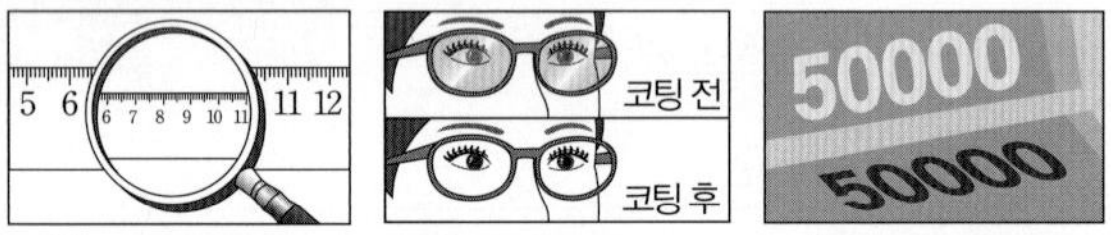

Ⓐ 렌즈를 통해 보면 물체의 크기가 다르게 보인다. → 빛의 굴절 이용

Ⓑ 렌즈에 무반사 코팅을 하면 시야가 선명해진다. → 빛의 간섭 이용

Ⓒ 보는 각도에 따라 지폐의 글자 색이 다르게 보인다. → 빛의 간섭 이용

A, B, C 중 빛의 간섭 현상을 활용한 예만을 있는 대로 고른 것은?

→ 빛은 보강 간섭하면 밝기가 밝아지고, 상쇄 간섭하면 밝기가 어두워지므로 보강 간섭이 일어나면 그 색깔의 빛이 더 밝게 보이고, 상쇄 간섭이 일어나면 그 색깔의 빛이 어둡게 보인다.

해결 전략 빛의 성질에 대해 이해하고, 빛의 보강 간섭과 상쇄 간섭 현상을 활용한 예를 찾을 수 있어야 한다.

선택지 분석

A. 빛이 렌즈를 통과할 때 굴절하여 물체의 크기가 다르게 보인다.

✓B. 렌즈에 무반사 코팅을 하면 코팅의 표면에서 반사한 빛과 렌즈의 표면에서 반사한 빛은 상쇄 간섭을 하고, 렌즈로 투과한 빛은 보강 간섭하여 시야가 선명해진다.

✓C. 잉크 속에 포함된 미세한 입자들의 모양이 비대칭이어서 보는 각도에 따라 보강 간섭하는 빛의 색깔이 잘 보이게 된다. 답 ④

88 소리의 간섭

자료 분석

자동차 배기 장치에는 소리의 상쇄 간섭 현상을 이용한 구조가 있어서 소음이 줄어들고, 소음 제거 헤드폰은 헤드폰의 마이크에 외부 소음이 입력되면 상쇄 간섭을 일으킬 수 있는 소리를 헤드폰에서 발생시켜서 소음을 줄여 준다.

선택지 분석

ㄱ. 자동차 배기 장치에는 소리의 상쇄 간섭 현상을 이용하여 소음을 줄이는 구조가 있으므로 '상쇄'는 ㉠에 해당한다.

✓ㄴ. 소음 제거 헤드폰은 헤드폰의 마이크에서 외부 소음과 소리가 상쇄 간섭을 일으켜 소음을 줄여주므로, 외부 소음(㉡)과 소리(㉢)의 위상은 서로 반대이다.

✓ㄷ. 소리의 간섭 현상은 파동성의 대표적인 현상이다. 답 ④

89 소리의 간섭

빈출 문항 자료 분석

그림과 같이 두 개의 스피커에서 진폭과 진동수가 동일한 소리를 발생시키면 $x=0$에서 보강 간섭이 일어난다. 소리의 진동수가 f_1, f_2일 때 x축상에서 $x=0$으로부터 첫 번째 보강 간섭이 일어난 지점까지의 거리는 각각 $2d$, $3d$이다.

→ $f_1 : 2d=\frac{\lambda_1}{2}$, $f_2 : 3d=\frac{\lambda_2}{2} \rightarrow \lambda_1<\lambda_2 \rightarrow f_1>f_2$

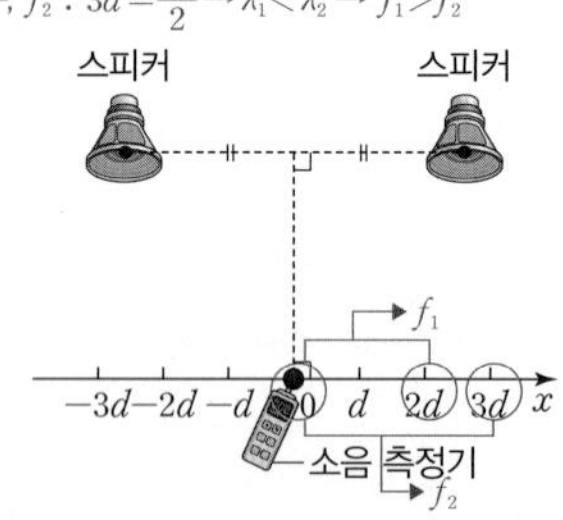

이에 대한 설명으로 옳은 것만을 〈보기〉에서 있는 대로 고른 것은?

보기

ㄱ. $f_1 \overset{>}{<} f_2$이다. X

ㄴ. f_1일 때 $x=0$과 $x=2d$ 사이에 상쇄 간섭이 일어나는 지점이 있다. O

ㄷ. 보강 간섭된 소리의 진동수는 스피커에서 발생한 소리의 진동수보다 크다. 진동수와 같다. X

해결 전략 파동의 간섭 조건을 이해하고, 보강 간섭 조건과 상쇄 간섭 조건에 대해 알아야 한다.

선택지 분석

ㄱ. 진동수가 클수록 파장이 짧으므로, 보강 간섭이 일어나는 지점 사이의 거리가 가깝다. 그런데 $x=0$으로부터 첫 번째 보강 간섭이 일어난 지점까지의 거리가 f_1일 때가 f_2일 때보다 작으므로 $f_1>f_2$이다.

✓ㄴ. f_1일 때 $x=0$과 $x=2d$ 사이에서 보강 간섭이 일어난다. 보강 간섭이 일어나는 두 지점 사이에는 반드시 상쇄 간섭이 일어나는 지점이 존재하므로, f_1일 때 $x=0$과 $x=2d$ 사이에 상쇄 간섭이 일어나는 지점이 있다.

ㄷ. 진동수가 같은 두 파동이 중첩하는 경우 진동수는 변하지 않는다. 따라서 보강 간섭된 소리의 진동수는 스피커에서 발생한 소리의 진동수와 같다. 답 ②

90 물결파의 간섭

자료 분석

진동수가 같은 물결파가 같은 진폭으로 중첩될 때 같은 위상으로 중첩되면 보강 간섭이 일어나고, 반대 위상으로 중첩되면 상쇄 간섭이 일어난다. 물결파의 중첩에서 보강 간섭이 일어나는 지점에서는 수면의 높이가 주기적으로 변하고, 상쇄 간섭이 일어나는 지점에서는 수면의 높이가 거의 일정하다.

선택지 분석

✓ ㄱ. 물결파는 a에서 같은 위상으로 중첩되므로 a에서는 보강 간섭이 일어난다.

✓ ㄴ. 진폭은 진동 중심으로부터의 최대 변위이다. 따라서 중첩된 물결파의 진폭은 보강 간섭이 일어나는 a에서가 상쇄 간섭이 일어나는 b에서보다 크다.

ㄷ. 진동수가 같은 물결파는 중첩되어도 진동수가 달라지지 않는다. 따라서 a에서 물의 진동수는 f이다. 답 ③

91 소리의 간섭

자료 분석

소리의 세기가 가장 큰 지점에서는 보강 간섭이 일어나고, 소리의 세기가 가장 작은 지점에서는 상쇄 간섭이 일어난다. (나)에서 A, B에 소리를 발생시킨 상태에서 마이크를 이동시켜 소리의 세기가 작은 지점을 찾는 과정은 상쇄 간섭이 일어나는 지점을 찾는 과정이다.

선택지 분석

✓ ㄱ. 진동수는 주기의 역수이다. 소리의 주기는 0.002초이므로 진동수는 $\frac{1}{0.002\ \text{s}}=500\ \text{Hz}$이다. 즉, ㉠은 500 Hz이다.

ㄴ. 소리의 세기가 가장 작은 지점(㉡)에서는 상쇄 간섭이 일어나므로, 이 지점에서 소리는 서로 반대 위상으로 중첩된다.

ㄷ. (다)에서는 소리의 상쇄 간섭이 일어나고, (라)에서는 상쇄 간섭이 일어나지 않으므로 소리의 진폭은 (다)에서가 (라)에서보다 작다. 따라서 (라)의 결과는 X이다. 답 ①

02 빛과 물질의 이중성

92 ⑤	93 ①	94 ①	95 ④	96 ③	97 ①
98 ③	99 ①	100 ⑤	101 ②	102 ①	103 ⑤
104 ③	105 ②	106 ④	107 ⑤	108 ③	109 ③
110 ③	111 ④	112 ②	113 ③	114 ②	115 ⑤
116 ①	117 ⑤	118 ②	119 ⑤	120 ②	121 ①
122 ③	123 ③	124 ②			

92 광전 효과

빈출 문항 자료 분석

다음은 빛의 이중성에 대한 내용이다.

오랫동안 과학자들 사이에 빛이 파동인지 입자인지에 관한 논쟁이 있어 왔다. 19세기에 빛의 간섭 실험과 매질 내에서 빛의 속력 측정 실험 등으로 빛의 파동성이 인정받게 되었다. 그러나 빛의 파동성으로 설명할 수 없는 ㉠ 을/를 아인슈타인이 광자(광양자)의 개념을 도입하여 설명한 이후, 여러 과학자들의 연구를 통해 빛의 입자성도 인정받게 되었다. (→광전 효과)

이에 대한 설명으로 옳은 것만을 〈보기〉에서 있는 대로 고른 것은?

보기

ㄱ. 광전 효과는 ㉠에 해당된다. O

ㄴ. 전하 결합 소자(CCD)는 빛의 입자성을 이용한다. O (→금속 표면에 특정한 진동수(문턱 진동수) 이상의 진동수를 가진 빛을 비출 때 전자가 방출되는 현상)

ㄷ. 비눗방울에서 다양한 색의 무늬가 보이는 현상은 빛의 파동성으로 설명할 수 있다. O (→빛의 간섭 현상에 의한 것)

해결 전략 광전 효과는 빛이 입자(광자)라는 개념으로 설명한 이론임을 이해하고, 빛의 간섭 현상은 빛의 파동성으로 설명할 수 있음을 이해해야 한다.

선택지 분석

✓ ㄱ. 광전 효과는 빛의 파동성으로는 설명할 수 없고, 아인슈타인이 광자(광양자)의 개념을 도입하여 설명한 현상이다. 즉, 광전 효과는 ㉠에 해당된다.

✓ ㄴ. 전하 결합 소자(CCD)는 광전 효과를 이용한 것이므로 빛의 입자성을 이용한 것이다.

✓ ㄷ. 비눗방울에서 다양한 색의 무늬가 보이는 현상은 빛의 간섭에 의한 현상이므로 빛의 파동성으로 설명할 수 있다. 답 ⑤

개념 플러스 광전 효과

- 광전 효과: 금속에 특정한 진동수보다 큰 진동수의 빛을 비출 때 금속에서 전자(광전자)가 방출되는 현상을 말한다.
- 문턱 진동수(한계 진동수): 금속에서 전자를 떼어 내기 위한 최소한의 빛의 진동수로, 금속의 종류에 따라 다르다.
- 광전자의 최대 운동 에너지: 빛의 세기와 관계없고, 빛의 진동수와 문턱 진동수에 의해서만 결정된다.
- 광전 효과의 이용: 도난 경보기, 디지털 카메라, 자동문 등

93 광전 효과

빈출 문항 자료 분석

→ 금속판의 일함수가 다르다.

표는 서로 다른 금속판 A, B에 진동수가 각각 f_X, f_Y인 단색광 X, Y 중 하나를 비추었을 때 방출되는 광전자의 최대 운동 에너지를 나타낸 것이다.

→ 광전자의 최대 운동 에너지(E_k) = 광자의 에너지($E=hf$) − 금속의 일함수(W)

금속판	광전자의 최대 운동 에너지	
	X를 비춘 경우	Y를 비춘 경우
A	E_0	광전자가 방출되지 않음
B	$3E_0$	E_0

A에 X를 비춘 경우 광전자가 방출되고, Y를 비춘 경우 광전자가 방출되지 않으므로 $f_X>f_Y$이다.

이에 대한 설명으로 옳은 것만을 〈보기〉에서 있는 대로 고른 것은? (단, h는 플랑크 상수이다.)

보기

ㄱ. $f_X>f_Y$이다. O

ㄴ. $E_0=hf_X$이다. hf_X-W_A X

ㄷ. Y의 세기를 증가시켜 A에 비추면 광전자가 방출된다. 방출되지 않는다. X

해결 전략 주어진 자료로부터 광전 효과 실험에서 일함수와 진동수의 관계를 파악하고, 빛의 세기와 진동수의 변화에 따른 광전자의 최대 운동 에너지 변화를 알 수 있어야 한다.

선택지 분석

✓ㄱ. 금속판 A에 진동수가 f_X인 X를 비추었을 때 광전자가 방출되고, 진동수가 f_Y인 Y를 비추었을 때 광전자가 방출되지 않았으므로 $f_X>f_Y$이다.

ㄴ. A의 일함수가 W_A일 때, $E_0=hf_X-W_A$이다.

ㄷ. f_Y는 A의 문턱 진동수보다 작고, 광전자가 방출되는 최소 에너지는 빛의 세기와는 무관하므로 Y의 세기를 증가시켜도 A에서 광전자가 방출되지 않는다. 답 ①

94 광전 효과

자료 분석

광전자의 최대 운동 에너지$\left(\frac{1}{2}mv^2\right)$=광자의 에너지($E=hf$)−일함수($W$) $=hf-W$이므로, 전자가 금속으로부터 방출되기 위한 최소한의 에너지인 일함수가 클수록 광전자의 최대 운동 에너지가 작다. 광전자의 최대 운동 에너지는 빛의 세기와는 관계없고 빛의 진동수에 비례한다.

선택지 분석

✓ㄱ. 금속판에 A를 비추었을 때 방출된 광전자의 최대 운동 에너지는 X가 Y보다 크므로 금속판의 일함수는 Y가 X보다 크다. 따라서 금속판에 B를 비추었을 때 X에서 방출된 광전자의 최대 운동 에너지가 $7E_0$이므로 ㉠은 $7E_0$보다 작다.

ㄴ. 일함수는 Y가 X보다 크므로 광전 효과가 일어나는 빛의 최소 진동수는 Y가 X보다 크다.

ㄷ. A와 B를 X에 함께 비추었을 때 방출되는 광전자의 최대 운동 에너지는 B에 의해 방출되는 광전자의 최대 운동 에너지와 같으므로 $7E_0$이다.

답 ①

95 광전 효과

빈출 문항 자료 분석

→ A의 진동수 < P의 문턱 진동수

그림과 같이 단색광 A를 금속판 P에 비추었을 때 광전자가 방출되지 않고, 단색광 B, C를 각각 P에 비추었을 때 광전자가 방출된다. 방출된 광전자의 최대 운동 에너지는 B를 비추었을 때가 C를 비추었을 때보다 크다.

→ 빛의 진동수가 문턱 진동수 이상이다.

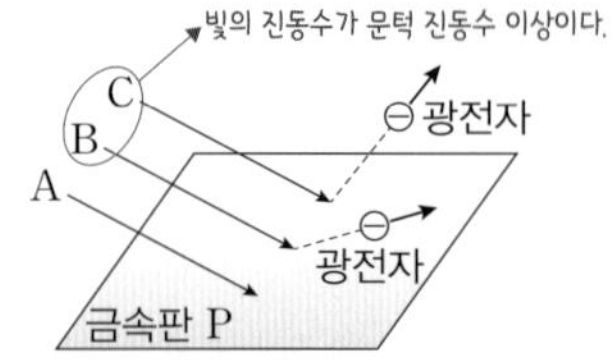

이에 대한 설명으로 옳은 것만을 〈보기〉에서 있는 대로 고른 것은?

보기

ㄱ. A의 세기를 증가시키면 광전자가 방출된다. 방출되지 않는다. X

ㄴ. P의 문턱 진동수는 B의 진동수보다 작다. O

ㄷ. 단색광의 진동수는 B가 C보다 크다. O

해결 전략 광전 효과가 일어날 때 빛의 진동수와 금속의 문턱 진동수의 크기를 비교할 수 있어야 하고, 빛의 진동수와 방출된 광전자의 최대 운동 에너지와의 관계를 알고 있어야 한다.

선택지 분석

ㄱ. 금속판에 빛을 비추었을 때 광전자가 방출되는 것은 빛의 진동수에만 관계가 있고 빛의 세기와는 관계가 없다. A를 P에 비추었을 때 광전자가 방출되지 않았으므로 A의 진동수는 P의 문턱 진동수보다 작다. 따라서 A의 세기를 증가시켜도 광전자가 방출되지 않는다.

✓ㄴ. B를 P에 비추었을 때 광전자가 방출되었으므로 P의 문턱 진동수는 B의 진동수보다 작다.

✓ㄷ. P에서 방출된 광전자의 최대 운동 에너지는 P에 B를 비추었을 때가 C를 비추었을 때보다 크므로 단색광의 진동수는 B가 C보다 크다. 답 ④

96 광전 효과

자료 분석

광전 효과는 빛이 입자(광자)라는 개념으로 설명한 이론으로, 금속 표면에 특정한 진동수(문턱 진동수) 이상의 진동수를 가진 빛을 비출 때 전자가 방출되는 현상이다. 빛의 진동수는 빛의 파장에 반비례하고, 빛의 세기는 금속에 비춰주는 광자의 수에 비례한다.

선택지 분석

✓ㄱ. 빛의 진동수가 특정한 값보다 작을 때는 빛의 세기가 증가해도 광전자가 방출되지 않는다. 따라서 ㉠은 0이다.

✓ㄴ. 빛의 진동수가 특정한 값보다 클 때는 빛의 세기가 증가하면 광전자의 수가 증가한다. 따라서 ㉡은 3×10^{18}보다 크다.

ㄷ. 광전 효과가 B에서는 발생하였고, A에서는 발생하지 않았으므로 진동수는 A가 B보다 작다. 따라서 파장은 A가 B보다 길어 $\lambda_A>\lambda_B$이다.

답 ③

97 광전 효과와 물질파

자료 분석

광전 효과는 빛이 입자(광자)라는 개념으로 설명한 이론으로, 광자 1개의 에너지가 클수록 진동수가 큰 빛이다.

v의 속력으로 움직이는 질량이 m인 물질 입자의 파장은 $\lambda=\frac{h}{p}=\frac{h}{mv}$ (h: 플랑크 상수)로, 물질인 입자가 파동의 성질을 가질 때 이 파동을 물질파 또는 드브로이파라고 한다.

선택지 분석

✓ ㄱ. 광자 1개의 에너지는 A가 B보다 크므로 진동수는 A가 B보다 크다.

ㄴ. $\lambda=\frac{h}{p}=\frac{h}{mv}$에서 전자의 물질파 파장은 속력에 반비례한다. 따라서 물질파 파장은 a가 b보다 작다.

ㄷ. 광전자의 최대 운동 에너지는 비추어준 빛의 세기와는 관계가 없다.

답 ①

98 광전 효과

자료 분석

문턱 진동수는 금속에서 전자가 방출되기 위한 최소한의 빛의 진동수로, 단색광의 진동수가 금속의 문턱 진동수 이상일 때 금속판에서 광전자가 방출된다.

v의 속력으로 움직이는 질량이 m인 물질 입자의 파장은 $\lambda=\frac{h}{p}=\frac{h}{mv}$ (h: 플랑크 상수)로, 물질인 입자가 파동의 성질을 가질 때 이 파동을 물질파 또는 드브로이파라고 한다.

선택지 분석

✓ ㄱ. 단색광의 진동수가 f_0일 때 P에서는 광전자가 방출되고, Q에서는 광전자가 방출되지 않으므로 문턱 진동수는 P가 Q보다 작다.

✓ ㄴ. 광양자설에 의하면 광자의 에너지는 단색광의 진동수에만 비례하고 단색광의 세기나 단색광을 비추는 시간과는 무관하다. 진동수 f_0은 Q의 문턱 진동수보다 작으므로 진동수가 f_0인 단색광을 Q에 오랫동안 비추어도 광전자는 방출되지 않는다.

ㄷ. 진동수가 $2f_0$인 단색광을 비추었을 때 방출되는 광전자의 최대 운동 에너지는 P에서 $3E_0$, Q에서 E_0이다. 방출되는 광전자의 질량이 m, 플랑크 상수가 h일 때, 방출되는 광전자의 물질파 파장의 최솟값은 P에서 $\frac{h}{\sqrt{2m(3E_0)}}$이고, Q에서 $\frac{h}{\sqrt{2mE_0}}$이므로 광전자의 물질파 파장의 최솟값은 Q에서가 P에서의 $\sqrt{3}$배이다.

답 ③

99 광전 효과 그래프 해석

자료 분석

(나)의 그래프를 분석하면, t_1일 때는 단색광 A만 광전관의 금속판에 비추었고, t_2, t_3일 때는 단색광 A와 B를 동시에 금속판에 비추었으며, t_4일 때는 단색광 A만 금속판에 비추었다.

t_1일 때는 광전자가 방출되지 않으므로 A의 진동수는 금속판의 문턱 진동수보다 작고, t_2일 때는 광전자가 방출되므로 B의 진동수는 금속판의 문턱 진동수보다 크다.

선택지 분석

✓ ㄱ. A에 의해서는 광전자가 방출되지 않으므로 A의 진동수는 금속판의 문턱 진동수보다 작고, B에 의해서는 광전자가 방출되므로 B의 진동수는 금속판의 문턱 진동수보다 크다. 따라서 진동수는 A가 B보다 작다.

ㄴ. 광전자의 최대 운동 에너지는 빛의 세기와는 무관하고 진동수와만 관계가 있다. t_2, t_3일 때는 진동수가 일정한 B에 의해서만 광전자가 방출되므로 방출된 광전자의 최대 운동 에너지는 t_2일 때와 t_3일 때가 같다.

ㄷ. t_4일 때는 금속판에 A만 비추므로 광전자가 방출되지 않는다.

답 ①

100 광전 효과 그래프 해석

빈출 문항 자료 분석

그림 (가)는 금속판 P에 빛을 비추었을 때 광전자가 방출되는 모습을 나타낸 것이고, (나)는 (가)에서 방출되는 광전자의 최대 운동 에너지를 빛의 진동수에 따라 나타낸 것이다. 진동수가 f이고 세기가 I인 빛을 비추었을 때, 방출되는 광전자의 최대 운동 에너지는 E이다.

→ 금속판 P의 문턱 진동수는 f보다 작다.

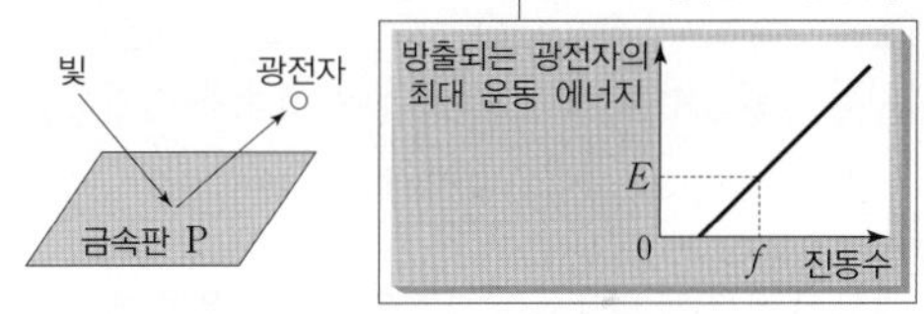

(가) (나)

이에 대한 설명으로 옳은 것만을 〈보기〉에서 있는 대로 고른 것은?

→ 빛의 세기가 증가하면 광자의 수가 증가하므로 방출되는 광전자의 수가 증가한다.

보기

ㄱ. 진동수가 f이고 세기가 $2I$인 빛을 P에 비추면 방출되는 광전자의 최대 운동 에너지는 E이다. O

ㄴ. 진동수가 $2f$이고 세기가 I인 빛을 P에 비추면 방출되는 광전자의 최대 운동 에너지는 E보다 크다. O

ㄷ. 빛의 입자성을 보여주는 현상이다. O

→ 광전 효과는 빛이 입자라는 개념으로 설명한 이론이다.

해결 전략 광전 효과 실험에서 빛을 비추어 광전자가 방출될 때, 빛의 세기와 진동수의 변화에 따른 광전자의 최대 운동 에너지의 변화를 파악할 수 있어야 한다.

선택지 분석

✓ ㄱ. P에서 빛에 의해 방출되는 광전자의 최대 운동 에너지는 빛의 세기와는 무관하고, 빛의 진동수에만 관계가 있으므로 진동수가 f이고 세기가 $2I$인 빛을 P에 비추어도 방출되는 광전자의 최대 운동 에너지는 E이다.

✓ ㄴ. P에 비추는 빛의 진동수가 증가하였으므로 방출되는 광전자의 최대 운동 에너지도 증가하여 방출되는 광전자의 최대 운동 에너지는 E보다 크다.

✓ ㄷ. 광전 효과는 빛의 입자성을 증명한 실험이다.

답 ⑤

101 광전 효과

빈출 문항 자료 분석

그림은 단색광 A, B, C를 광전관의 금속판에 비추는 모습을 나타낸 것이고, 표는 A, B, C를 켜거나(ON) 끄면서(OFF) 광전 효과에 의한 광전자 방출 여부와 광전자의 최대 운동 에너지 E_{max}의 측정 결과를 나타낸 것이다.

→ =광자의 에너지(E)−일함수(W)

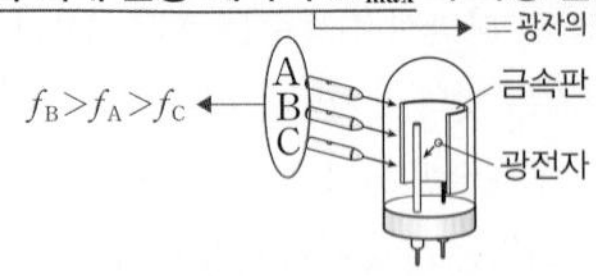

실험	A	B	C	광전자 방출 여부	E_{max}
Ⅰ	ON	OFF	OFF	방출됨	E_0
Ⅱ	OFF	ON	ON	방출됨	㉠
Ⅲ	ON	ON	ON	방출됨	$2E_0$
Ⅳ	OFF	OFF	ON	방출되지 않음	−

→ 광자의 에너지는 금속의 일함수보다 작다.

이에 대한 설명으로 옳은 것만을 ⟨보기⟩에서 있는 대로 고른 것은?

보기

ㄱ. ㉠은 E_0이다. $2E_0$ X

ㄴ. 단색광의 진동수는 B가 A보다 크다. O

ㄷ. 실험 Ⅳ에서 C의 세기를 증가시키면 광전자가 방출된다. X 방출되지 않는다.

해결 전략 광전 효과는 빛이 입자라는 개념으로 설명된다는 이론임을 알고, 광자의 에너지와 광전자의 에너지 관계를 이해하고 있어야 한다.

선택지 분석

ㄱ. 실험 Ⅰ에서 A에 의해 방출되는 광전자의 최대 운동 에너지는 E_0이고, 실험 Ⅳ에서 C에 의해서는 광전자가 방출되지 않으므로, 실험 Ⅱ, Ⅲ에서 B에 의해 방출되는 광전자의 최대 운동 에너지는 $2E_0$이다.

✓ ㄴ. 광전자의 최대 운동 에너지는 B에 의해 방출된 경우가 A에 의해 방출된 경우보다 크므로 단색광의 진동수는 B가 A보다 크다.

ㄷ. 실험 Ⅳ에서 C에 의해서는 광전자가 방출되지 않으므로 C의 진동수는 금속판의 문턱 진동수보다 작다. 따라서 C의 세기를 증가시켜도 광전자가 방출되지 않는다. 답 ②

102 광전 효과

빈출 문항 자료 분석

그림은 두 광전관의 금속판 P, Q에 빛을 비추는 모습을 나타낸 것이다. 표는 P, Q에 단색광 A, B, C 중 두 빛을 함께 비추었을 때 광전자의 방출 여부를 나타낸 것이다.

→ P, Q의 문턱 진동수(일함수)의 크기를 판단하는 근거가 된다.

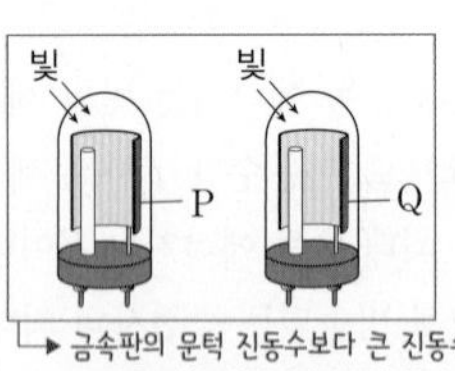

→ 금속판의 문턱 진동수보다 큰 진동수의 빛을 비출 때 광전자가 방출된다.

금속판	금속판에 비춘 빛	
	A, B	B, C
P	×	○
Q	○	○

(○: 방출됨, ×: 방출 안 됨) → C의 진동수는 A, B의 진동수보다 크다.

이에 대한 옳은 설명만을 ⟨보기⟩에서 있는 대로 고른 것은?

보기

ㄱ. 문턱 진동수는 P가 Q보다 크다. O

ㄴ. 빛의 진동수는 B가 C보다 크다. 작다. X

ㄷ. Q에서 방출된 광전자의 최대 운동 에너지는 A, B를 비출 때가 B, C를 비출 때보다 크다. 작다. X

해결 전략 광전 효과는 빛이 입자라는 개념으로 설명된다는 이론임을 알고, 광자의 에너지와 광전자의 에너지 관계를 이해하고 있어야 한다. 또한 광전 효과의 결과를 적용할 수 있어야 한다.

선택지 분석

✓ ㄱ. A, B를 비출 때 P에서는 광전자가 방출되지 않고 Q에서는 광전자가 방출되므로, 금속판의 문턱 진동수는 P가 Q보다 크다.

ㄴ. P에 B를 비출 때 광전자가 방출되지 않고, C를 비출 때 광전자가 방출되므로 빛의 진동수는 C가 B보다 크다.

ㄷ. 단색광의 진동수는 C가 A와 B보다 크므로 Q에서 방출된 광전자의 최대 운동 에너지는 A, B를 비출 때가 B, C를 비출 때보다 작다. 답 ①

103 빛의 간섭과 광전 효과

빈출 문항 자료 분석

그림 (가)는 단색광이 이중 슬릿을 지나 금속판에 도달하여 광전자를 방출시키는 실험을, (나)는 (가)의 금속판에서의 위치에 따라 방출된 광전자의 개수를 나타낸 것이다. 점 O, P는 금속판 위의 지점이다.

→ 단색광의 세기를 증가 → 광전자의 개수 증가

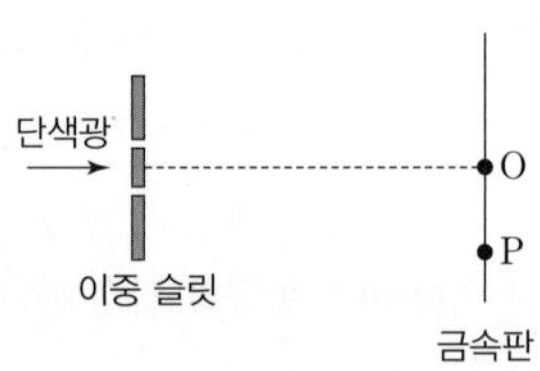

(가)

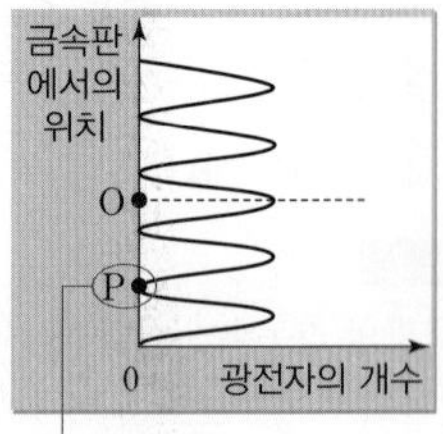

(나)

→ 광전자가 방출되지 않는다. → 빛이 상쇄 간섭한다.

이에 대한 설명으로 옳은 것만을 ⟨보기⟩에서 있는 대로 고른 것은?

보기

ㄱ. 단색광의 세기를 증가시키면 O에서 방출되는 광전자의 개수가 증가한다. O

ㄴ. 금속판의 문턱 진동수는 단색광의 진동수보다 작다. O

ㄷ. P에서 단색광의 상쇄 간섭이 일어난다. O

해결 전략 광전 효과는 금속에 문턱 진동수보다 큰 진동수의 빛을 비출 때 광전자가 방출되는 현상임을 알고, 금속판에 도달하는 빛의 간섭 현상에 대해 이해해야 한다.

선택지 분석

✓ ㄱ. O에서 단색광이 보강 간섭하고, 금속판에서 방출되는 광전자의 수는 빛의 세기가 클수록 증가하므로, 단색광의 세기를 증가시키면 O에서 방출되는 광전자의 개수가 증가한다.

✓ ㄴ. 단색광에 의해 금속판에서 광전자가 방출되므로 금속판의 문턱 진동수는 단색광의 진동수보다 작다.

✓ ㄷ. P에서 광전자가 방출되지 않으므로 P에서 단색광의 상쇄 간섭이 일어난다. 답 ⑤

104 광전 효과와 물질의 이중성

자료 분석

광전 효과는 빛이 입자(광자)라는 개념으로 설명한 이론으로, 금속 표면에 특정한 진동수(문턱 진동수) 이상의 진동수를 가진 빛을 비출 때 전자가 방출되는 현상이다.

v의 속력으로 움직이는 질량이 m인 물질 입자의 파장은 $\lambda=\frac{h}{p}=\frac{h}{mv}$($h$: 플랑크 상수)로, 물질인 입자가 파동의 성질을 가질 때 이 파동을 물질파 또는 드브로이파라고 한다.

선택지 분석

✓ ㄱ. 질량이 m, 속력이 v인 입자의 물질파 파장이 $\lambda=\frac{h}{mv}$이므로, 광전자의 속력이 커지면 광전자의 물질파 파장은 줄어든다.

ㄴ. 초록색 빛을 금속판에 비출 때 광전자가 방출되는데, 빛의 세기를 감소시키면 방출되는 광전자의 수가 감소한다. 따라서 형광판에 도달하는 광전자의 수가 감소하므로 간섭무늬의 밝기가 어두워진다.

✓ ㄷ. 금속판에 빨간색 빛을 비추었을 때 광전자가 방출되지 않았으므로 금속판의 문턱 진동수는 빨간색 빛의 진동수보다 크다. 답 ③

105 에너지 준위와 광전 효과

자료 분석

단색광 b와 c를 비추었을 때만 광전관 P에서 광전자가 방출되므로, 단색광 b와 c의 진동수는 광전관 P의 문턱 진동수보다 크다. 또 단색광의 진동수는 전이되는 전자의 에너지 준위 차에 비례한다.

선택지 분석

ㄱ. 광전관 P에 a를 비추었을 때 광전자가 방출되지 않으므로 a의 광자 1개의 에너지는 P의 일함수보다 작고, b를 비추었을 때 광전자가 방출되므로 b의 광자 1개의 에너지는 P의 일함수보다 크다. 따라서 광자 1개의 에너지는 a가 b보다 작고, 광자 1개의 에너지는 진동수에 비례하므로 진동수는 a가 b보다 작다.

✓ ㄴ. b와 c를 P에 동시에 비출 때, E_{max}는 광자 1개의 에너지가 큰 빛에 의해 방출되는 전자의 최대 운동 에너지이므로 E_2이다.

ㄷ. a와 d를 각각 P에 비출 때 광전자가 방출되지 않으므로, 동시에 비추어도 광전자는 방출되지 않는다. 답 ②

106 에너지 준위와 광전 효과

빈출 문항 자료 분석

높은 에너지 준위로 전이할 때는 전자가 에너지를 흡수하고, 낮은 에너지 준위로 전이할 때는 전자가 에너지를 방출한다.

그림 (가)는 보어의 수소 원자 모형에서 양자수 n에 따른 에너지 준위와 전자의 전이 과정의 일부를 나타낸 것이다. 빛 A, B, C, D는 각 전이 과정에서 방출되는 빛이며, A, B, C는 가시광선 영역에 속한다. 그림 (나)는 분광기를 이용하여 수소 기체 방전관에서 나오는 A, B, C, D 중 하나를 광전관에 비추는 모습을 나타낸 것이다. 광전관에 A를 비추었을 때는 광전자가 방출되지 않았고, B를 비추었을 때는 광전자가 방출되었다.

→ A의 진동수는 금속판의 문턱 진동수보다 작다.

→ B의 진동수는 금속판의 문턱 진동수보다 크다.

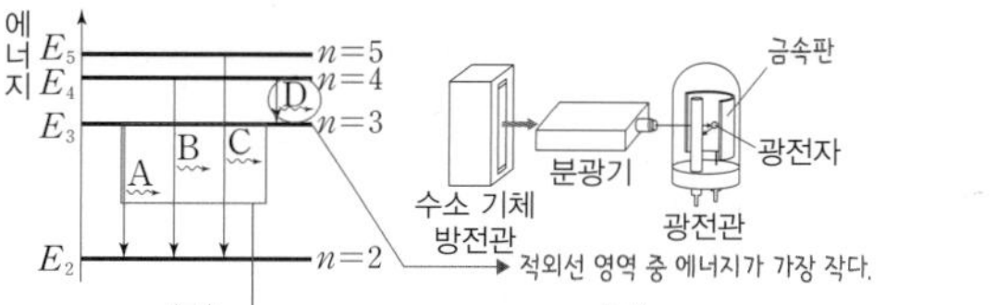

→ A, B, C 순으로 방출되는 빛의 에너지가 증가하고 진동수가 증가한다.

이에 대한 설명으로 옳은 것은?

① 진동수는 A가 B보다 크다. 작다. ✗

② 파장은 C가 D보다 길다. 짧다. ✗

③ D는 자외선 영역에 속한다. 적외선 ✗

④ C를 광전관에 비추면 광전자가 방출된다. O

⑤ 광전관에 비추는 A의 세기를 증가시키면 광전자가 방출된다. ✗ 방출되지 않는다.

해결 전략 보어의 수소 원자 모형에서 전자의 전이에 따른 에너지의 방출에 대해 알고 있어야 하고, 광전 효과의 결과를 실험 상황에 적용할 수 있어야 한다.

선택지 분석

① 광전관에 A를 비추었을 때는 광전자가 방출되지 않았고, B를 비추었을 때는 광전자가 방출되었으므로 진동수는 B가 A보다 크다.

② 빛의 에너지는 파장에 반비례하고 에너지는 C가 D보다 크므로 파장은 D가 C보다 길다.

③ D는 적외선 영역에 속한다.

✓ ❹ 방출되는 빛의 진동수는 C가 B보다 크고, B를 광전관에 비추었을 때 광전자가 방출되므로 C를 광전관에 비추면 광전자가 방출된다.

⑤ A는 광전관의 금속판의 문턱 진동수보다 작은 진동수의 빛이다. 광전자가 방출되는 것은 빛의 세기와는 무관하므로 A의 세기를 증가시켜도 광전자는 방출되지 않는다. 답 ④

107 전반사와 광전 효과

빈출 문항 자료 분석

매질에서 빛의 속력 차에 의해 경계면에서 진행 방향이 꺾이는 현상이 발생한다.

그림은 일정한 세기의 단색광 X가 매질 A와 B의 경계면의 점 O에 입사각 θ로 입사하여 진행하는 경로를 나타낸 것이다. 표는 X의 입사각이 θ, 2θ일 때, 금속판 P, Q에서 각각 광전자의 방출 여부를 나타낸 것이다.

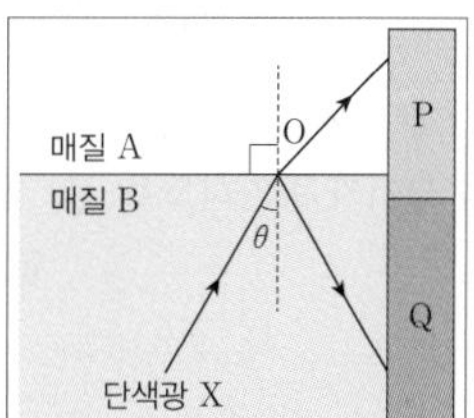

매질 B와 A 사이에서 임계각은 θ보다 크고 2θ보다 작다.

X의 입사각	광전자 방출 여부	
	P	Q
θ	방출됨	방출됨
2θ	방출 안 됨	방출됨

→ 입사각이 굴절각보다 작으므로, 매질의 굴절률은 B가 A보다 크다.

이에 대한 옳은 설명만을 〈보기〉에서 있는 대로 고른 것은?

보기

ㄱ. 입사각이 θ일 때 굴절각은 반사각보다 크다. O

ㄴ. Q에서 단위 시간당 방출되는 광전자의 수는 입사각이 2θ일 때가 θ일 때보다 많다. O

ㄷ. A와 B로 광섬유를 만든다면 B를 코어로 사용해야 한다. O

해결 전략 광전 효과에 대해 이해하고, 전반사가 발생할 조건과 광섬유의 내부 구조를 파악하고 있어야 한다.

선택지 분석

✓ ㄱ. 입사각이 θ일 때 반사각은 θ이므로, 굴절각은 반사각 θ보다 크다.

✓ ㄴ. 입사각이 2θ일 때 입사한 빛은 전반사하여 모두 Q에 도달하므로 Q에서 단위 시간당 방출되는 광전자의 수는 입사각이 2θ일 때가 θ일 때보다 많다.

✓ ㄷ. 광섬유에서 코어는 클래딩보다 굴절률이 큰 매질을 사용해야 하므로 A와 B로 광섬유를 만들 때 굴절률이 큰 B를 코어로 사용해야 한다. 답 ⑤

108 광전 효과의 이용

자료 분석

A에서 전하 결합 소자(CCD)는 광자를 흡수해서 빛 신호를 전기 신호로 변환하고, B에서 얇은 막을 입힌 안경에서는 상쇄 간섭을 이용해 반사되는 빛의 세기를 줄인다. C에서 전자 현미경은 전자의 파동성을 이용해 물체의 모습을 확대시켜 관찰할 수 있다.

선택지 분석

✓ ❸ A에서 CCD는 빛의 입자성을 이용한 예이다. 그리고 간섭은 파동에서 나타나는 현상이므로 B는 빛의 파동성을 이용한 예이다. 전자 현미경은 전자의 물질파를 이용하여 물체의 확대된 상을 관찰한다. 이때 물질파의 파장이 짧을수록 분해능이 좋다. 따라서 C는 물질의 파동성을 이용한 예이다.

답 ③

109 광전 효과의 이용

자료 분석

전하 결합 소자(CCD)는 빛 신호를 전기 신호로 변환시키고, 전자 현미경은 전자의 파동성을 이용하며 물체를 관찰하는 장치이다. 이때 전자의 물질파 파장이 가시광선의 파장보다 짧으므로 전자 현미경은 광학 현미경보다 분해능이 좋다.

선택지 분석

✓ ㄱ. CCD는 광자의 에너지를 흡수해서 전기 신호를 발생시키므로 빛의 입자성을 이용한 장치이다.

ㄴ. 전자 현미경은 가시광선보다 파장이 짧은 전자의 물질파를 이용한다. 따라서 λ는 가시광선 영역에서 파장이 가장 긴 빨간색 빛의 파장보다 짧다.

✓ ㄷ. (나)에서 전자의 속력이 클수록 운동량의 크기가 증가하므로 λ는 짧아진다. 답 ③

110 빛과 물질의 이중성

자료 분석

광전 효과는 빛이 입자라는 개념으로 설명한 이론이고, 입자의 속력, 질량, 플랑크 상수, 운동 에너지를 각각 v, m, h, E_k라고 하면 입자의 물질파 파장은 $\lambda=\frac{h}{p}=\frac{h}{mv}=\frac{h}{\sqrt{2mE_k}}$이며, 전자 현미경에서는 전자의 물질파를 이용하여 작은 구조를 관찰한다.

선택지 분석

✓ A. 광전 효과에서 문턱 진동수보다 큰 진동수의 빛을 비추었을 때 광전자가 즉시 방출되는 현상은 빛의 입자성으로 설명할 수 있다.

B. 입자의 물질파 파장은 운동량의 크기에 반비례한다. 운동량이 같은 두 입자의 물질파 파장은 같다.

✓ C. 전자 현미경에서 전자의 운동 에너지가 클수록 전자의 운동량의 크기가 커지므로 전자의 물질파 파장이 짧아져서 더 작은 구조를 구분하여 관찰할 수 있다. 답 ③

111 빛과 물질의 이중성

자료 분석

얇은 금속박에 전자선을 입사시켜서 나타난 전자선의 회절 무늬 (가)와 얇은 금속박에 X선을 입사시켜서 나타난 X선의 회절 무늬 (나)가 같은데, 이것은 전자와 같은 물질 입자(양성자, 중성자 등)가 파동성을 갖는다는 것을 의미한다. 아인슈타인의 광양자설은 빛의 입자성으로 광전 효과를 설명하기 위한 것이다.

선택지 분석

✓ A: (가)는 전자선의 회절 무늬이므로 전자의 파동성을 보여주는 현상이다.

B: (나)는 X선의 회절 무늬이므로 빛이 입자성을 나타내는 광양자설로 설명할 수 없으며, 파동성으로 설명할 수 있다.

✓ C: 전자의 물질파 파장은 속력에 반비례하므로, 전자의 속력이 클수록 전자의 물질파 파장은 짧아진다. 답 ④

112 물질의 이중성

자료 분석

물질의 이중성은 전자뿐만 아니라 양성자나 중성자와 같은 입자들도 입자와 파동의 성질을 동시에 가지고 있는 것이다. 전자선의 회절 무늬는 전자의 파동성으로 설명할 수 있다.

선택지 분석

✓ ❷ ㉠ 얇은 금속박에 전자선을 비출 때 회절 무늬가 나타나는 것은 전자의 파동성에 의한 것이다.

㉡ 전자의 물질파 파장은 $\lambda=\frac{h}{p}$ (p: 전자의 운동량, h: 플랑크 상수)이다. 따라서 전자의 운동량의 크기가 클수록 물질파의 파장은 짧다.

㉢ 전자의 물질파를 이용하는 전자 현미경은 가시광선을 이용하는 광학 현미경보다 분해능이 좋아 작은 구조를 구분하여 관찰할 수 있다. 답 ②

113 빛과 물질의 이중성

자료 분석

질량이 m, 속력이 v인 입자의 물질파 파장은 $\lambda=\frac{h}{mv}$ (h: 플랑크 상수)이고, 질량이 m, 속력이 v, 운동 에너지가 E_k인 입자의 물질파 파장은 $\lambda=\frac{h}{mv}=\frac{h}{\sqrt{2mE_k}}$이다.

선택지 분석

✓ A: 빛의 진동수가 f, 파장이 λ, 플랑크 상수가 h, 진공에서 빛의 속력이 c일 때 광자 1개의 에너지는 $E=hf=\frac{hc}{\lambda}$이다. 파장과 광자의 에너지는 반

비례하므로 파장이 λ_1인 빛에 비해 광자의 에너지가 2배인 빛의 파장은 $\frac{1}{2}\lambda_1$이다.

B: 질량이 m인 입자의 물질파 파장이 λ, 입자의 운동 에너지가 E_k, 입자의 운동량이 p일 때 $E_k=\frac{p^2}{2m}$이고, $\lambda=\frac{h}{p}=\frac{h}{\sqrt{2mE_k}}$이다. 따라서 물질파 파장이 λ_2인 전자에 비해 운동 에너지가 2배인 전자의 물질파 파장은 $\frac{1}{\sqrt{2}}\lambda_2$이다.

✓C: 전자 현미경에서 사용하는 전자의 물질파 파장은 광학 현미경에서 사용하는 가시광선의 파장보다 짧아서 전자 현미경이 광학 현미경보다 분해능이 좋다. 따라서 전자 현미경은 광학 현미경에 비해 더 작은 구조를 구분하여 관찰할 수 있다. 답 ③

114 물질파

자료 분석

물질인 입자가 파동성을 나타낼 때 이 파동을 물질파 또는 드브로이파라고 하며, 입자의 질량, 속력, 운동 에너지를 각각 m, v, E_k, 플랑크 상수를 h라고 하면 입자의 물질파는 $\lambda=\frac{h}{p}=\frac{h}{mv}=\frac{h}{\sqrt{2mE_k}}$이다.

선택지 분석

ㄱ. 질량이 m, 속력이 v, 운동량의 크기가 p인 입자의 운동 에너지는 $E_k=\frac{1}{2}mv^2=\frac{p^2}{2m}$이다. A, B의 질량을 각각 m_A, m_B라 할 때, A, B의 운동 에너지는 각각 $E_0=\frac{p_0^2}{2m_A}$, $E_0=\frac{9p_0^2}{2m_B}$이고, $m_A=\frac{p_0^2}{2E_0}$, $m_B=\frac{9p_0^2}{2E_0}$이므로 질량은 A가 B의 $\frac{1}{9}$배이다.

ㄴ. 입자의 운동 에너지 $E_k=\frac{1}{2}mv^2=\frac{1}{2}pv$이다. 따라서 A, C의 속력을 각각 v_A, v_C라 할 때 A, C의 운동 에너지는 각각 $E_0=\frac{1}{2}p_0v_A$, $9E_0=\frac{1}{2}(3p_0)v_C$이고, $v_A=\frac{2E_0}{p_0}$, $v_C=\frac{6E_0}{p_0}$이므로 속력은 A가 C의 $\frac{1}{3}$배이다.

✓ㄷ. 운동량의 크기가 p인 입자의 물질파 파장 $\lambda=\frac{h}{p}$이다. B, C의 물질파 파장을 각각 λ_B, λ_C라 할 때, $\lambda_B=\lambda_C=\frac{h}{3p_0}$이므로 물질파 파장은 B와 C가 같다. 답 ②

115 물질파

자료 분석

물질인 입자가 파동성을 나타낼 때 이 파동을 물질파 또는 드브로이파라고 하며, 입자의 질량, 속력, 운동 에너지를 각각 m, v, E_k, 플랑크 상수를 h라고 하면 입자의 물질파는 $\lambda=\frac{h}{p}=\frac{h}{mv}=\frac{h}{\sqrt{2mE_k}}$이다.

선택지 분석

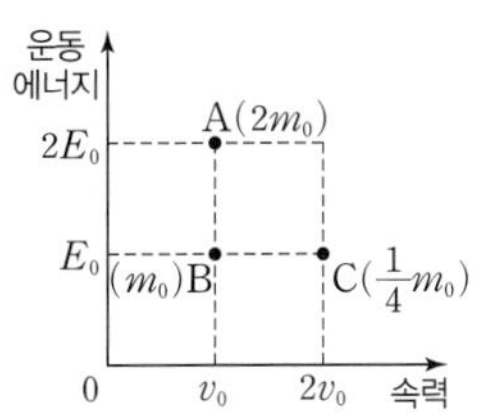

✓⑤ 입자의 질량이 m, 속력이 v, 운동량의 크기가 p, 물질파 파장이 λ, 플랑크 상수가 h일 때 운동 에너지 $E_k=\frac{1}{2}mv^2=\frac{p^2}{2m}=\frac{h^2}{2m\lambda^2}$이다. B의 질량을 m_0이라 하면 $E_0=\frac{1}{2}m_0v_0^2$이므로 A, C의 질량은 각각 $2m_0$, $\frac{1}{4}m_0$이다. $h^2=2mE_k\lambda^2$이므로 m, E_k, λ^2의 곱은 일정하다. $h^2=2(2m_0)(2E_0)\lambda_A^2=2(m_0)(E_0)\lambda_B^2=2\left(\frac{1}{4}m_0\right)(E_0)\lambda_C^2$에서 $\lambda_A:\lambda_B:\lambda_C=1:2:4$이다. 따라서 $\lambda_C>\lambda_B>\lambda_A$이다. 답 ⑤

116 물질파

자료 분석

물질인 입자가 파동성을 나타낼 때 이 파동을 물질파 또는 드브로이파라고 하며, 입자의 질량, 속력, 운동 에너지를 각각 m, v, E_k, 플랑크 상수를 h라고 하면 입자의 물질파는 $\lambda=\frac{h}{p}=\frac{h}{mv}=\frac{h}{\sqrt{2mE_k}}$이다.

선택지 분석

✓ㄱ. $m=\frac{h}{v}\left(\frac{1}{\lambda}\right)$에서 속력은 B가 A의 2배이고 파장은 A와 B가 같으므로, 질량은 A가 B의 2배이다.

ㄴ. $\lambda=\frac{h}{p}$에서 파장은 C가 B의 $\frac{1}{2}$배이므로 운동량의 크기는 C가 B의 2배이다.

ㄷ. $\lambda=\frac{h}{p}$에서 파장은 운동량 크기에 반비례한다. 운동량 크기는 C가 A의 2배이고, 속력도 C가 A의 2배이므로 A와 C의 질량이 같다. $\lambda\propto\frac{h}{\sqrt{E_k}}$에서 $E_k\propto\frac{1}{\lambda^2}$이고 파장이 C가 A의 $\frac{1}{2}$배이므로, 운동 에너지는 C가 A의 4배이다. 답 ①

117 물질파

자료 분석

질량이 m인 입자의 속력이 v, 플랑크 상수가 h일 때 입자의 물질파 파장은 $\lambda=\frac{h}{p}=\frac{h}{mv}$로, 물질인 입자가 파동의 성질을 가질 때 이 파동을 물질파 또는 드브로이파라고 한다.

선택지 분석

✓ㄱ. $\lambda=\frac{h}{mv}$에서 $m=\frac{h}{v}\left(\frac{1}{\lambda}\right)$이다. $\frac{1}{\lambda}$이 y축의 값이므로 P의 질량 $m=h\frac{y_0}{v_0}$이다.

✓ㄴ. $m=\frac{h}{v}\left(\frac{1}{\lambda}\right)$에서 입자의 속력이 일정할 때, 입자의 질량과 파장 사이에는 $m\propto\frac{1}{\lambda}$의 관계가 성립한다. 입자의 질량은 헬륨 원자가 중성자보다 크므로 Q는 중성자이다.

✓ㄷ. $E_k=\frac{h^2}{2m\lambda^2}$이므로 파장 λ가 같을 때, 운동 에너지와 질량 사이에는 $E_k\propto\frac{1}{m}$의 관계가 성립한다. 따라서 P와 Q의 물질파 파장이 같을 때, 운동 에너지는 P가 Q보다 작다. 답 ⑤

118 물질파

자료 분석

질량이 m인 입자의 속력이 v, 플랑크 상수가 h일 때 입자의 물질파 파장은 $\lambda=\frac{h}{p}=\frac{h}{mv}$로, 물질인 입자가 파동의 성질을 가질 때 이 파동을 물질파 또는 드브로이파라고 한다.

선택지 분석

ㄱ. 입자의 물질파 파장은 $\lambda=\frac{h}{p}=\frac{h}{mv}$이므로, A, B의 운동량의 크기가 같을 때 A와 B의 물질파 파장도 같다.

✓ ㄴ. 물질파 파장-속력 그래프에서 A와 C의 물질파 파장이 같을 때, 입자의 속력은 C가 A보다 크다.

ㄷ. B와 C의 물질파 파장이 같을 때 B와 C의 운동량의 크기는 같고, 속력은 C가 B보다 크다. 따라서 입자의 질량은 B가 C보다 크다. 답 ②

119 물질파

빈출 문항 자료 분석

그림은 각각 질량이 m_A, m_B인 입자 A, B의 드브로이 파장을 운동 에너지에 따라 나타낸 것이다.

드브로이는 질량이 m인 입자가 속력 v로 운동하여 운동량이 p일 때 나타나는 파장 λ는 $\lambda=\frac{h}{p}=\frac{h}{mv}$($h$: 플랑크 상수)로 주어진다고 제안하였다.

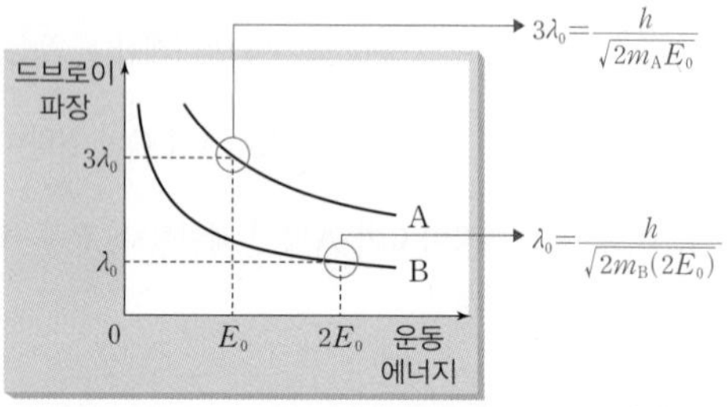

이에 대한 설명으로 옳은 것만을 〈보기〉에서 있는 대로 고른 것은?

보기

ㄱ. 입자의 운동량의 크기가 클수록 드브로이 파장이 짧아진다. O

ㄴ. $m_A : m_B=2 : 9$이다. O

ㄷ. B의 운동 에너지가 E_0일 때 드브로이 파장은 $\sqrt{2}\lambda_0$이다. O

해결 전략 물질파 파장과 입자의 운동량 및 운동 에너지의 관계를 이해하고, 파장과 운동 에너지의 관계로부터 입자의 운동 에너지를 비교할 수 있어야 한다.

선택지 분석

✓ ㄱ. 드브로이 파장(물질파 파장)은 $\lambda=\frac{h}{p}$(h: 플랑크 상수)이므로 입자의 운동량에 반비례한다.

✓ ㄴ. 드브로이 파장(물질파 파장)은 $E_k=\frac{1}{2}mv^2=\frac{(mv)^2}{2m}$에서 $mv=\sqrt{2mE_k}$이므로, $\lambda=\frac{h}{p}=\frac{h}{mv}=\frac{h}{\sqrt{2mE_k}}$가 된다.

따라서 A, B의 드브로이 파장은 다음과 같다.

A: $3\lambda_0=\frac{h}{\sqrt{2m_AE_0}}$ ⋯ ①

B: $\lambda_0=\frac{h}{\sqrt{2m_B(2E_0)}}$ ⋯ ②

①, ②를 정리하면 $9m_A=2m_B$에서 $m_A : m_B=2 : 9$이다.

✓ ㄷ. $\lambda\propto\frac{1}{\sqrt{E}}$이다. 따라서 B의 운동 에너지가 $2E_0$일 때 드브로이 파장(물질파 파장)은 λ_0이므로, B의 운동 에너지가 E_0일 때 드브로이 파장은 $\sqrt{2}\lambda_0$이다. 답 ⑤

120 물질파와 전자 현미경

빈출 문항 자료 분석

그림 (가)는 주사 전자 현미경(SEM)의 구조를 나타낸 것이고, 그림 (나)는 (가)의 전자총에서 방출되는 전자 P, Q의 물질파 파장 λ와 운동 에너지 E_K를 나타낸 것이다.

→ $\lambda=\frac{h}{mv}=\frac{h}{\sqrt{2mE_K}}$

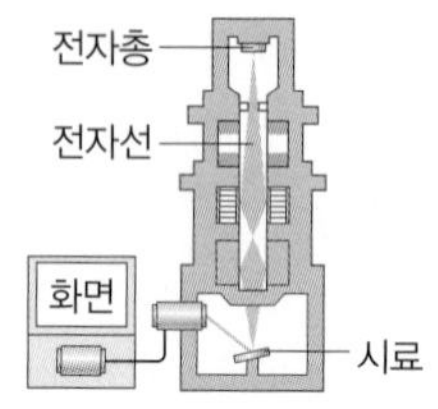

(가)

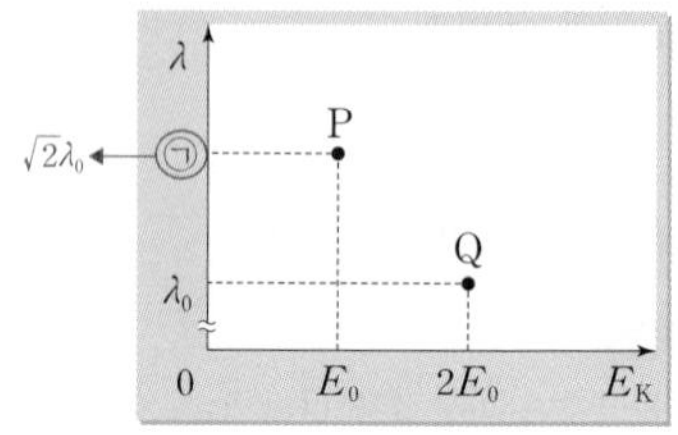

(나)

이에 대한 설명으로 옳은 것만을 〈보기〉에서 있는 대로 고른 것은?

보기

ㄱ. 전자의 운동량의 크기는 Q가 P의 $2\sqrt{2}$배이다. $\sqrt{2}$ X

ㄴ. ㉠은 $2\lambda_0$이다. $\sqrt{2}\lambda_0$ X

ㄷ. 분해능은 Q를 이용할 때가 P를 이용할 때보다 좋다. O

해결 전략 주사 전자 현미경(SEM)의 구조에 대해 이해하고, 전자의 물질파 파장과 운동 에너지의 관계를 비교할 수 있어야 한다.

선택지 분석

ㄱ. 전자의 질량을 m이라고 하면, P의 운동량의 크기는 $\sqrt{2mE_0}$이고, Q의 운동량의 크기는 $\sqrt{2m(2E_0)}$이다. 따라서 전자의 운동량의 크기는 Q가 P의 $\sqrt{2}$배이다.

ㄴ. 물질파 파장은 운동량의 크기에 반비례한다. 운동량의 크기는 Q가 P의 $\sqrt{2}$배이므로 물질파 파장은 P가 Q의 $\sqrt{2}$배이다. 따라서 ㉠은 $\sqrt{2}\lambda_0$이다.

✓ ㄷ. 물질파 파장이 짧을수록 분해능이 좋다. 물질파 파장은 Q가 P보다 짧으므로 분해능은 Q를 이용할 때가 P를 이용할 때보다 좋다. 답 ②

121 물질파와 전자 현미경

자료 분석

전자 현미경에서 이용하는 전자의 물질파 파장은 광학 현미경에서 이용하는 가시광선의 파장보다 매우 짧아 전자 현미경은 광학 현미경보다 높은 배율과 분해능을 얻을 수 있다.

선택지 분석

✓ ㄱ. 전자 현미경은 전자의 파동성을 이용하여 시료를 관찰한다.

ㄴ. 파장이 짧을수록 분해능이 우수하다. 전자 현미경은 광학 현미경으로 관찰이 불가능한 시료의 매우 작은 구조까지 관찰할 수 있으므로 전자의 물질파 파장은 가시광선의 파장보다 짧다.

ㄷ. 전자의 운동량이 클수록 전자의 속력이 빠르고 물질파 파장이 짧다.

답 ①

122 물질의 파동성

자료 분석

질량이 m인 입자의 속력이 v, 플랑크 상수가 h일 때 입자의 물질파 파장은 $\lambda=\frac{h}{p}=\frac{h}{mv}$($h$: 플랑크 상수)로, 물질인 입자가 파동의 성질을 가질 때 이 파동을 물질파 또는 드브로이파라고 한다.

선택지 분석

ㄱ. 운동량은 입자의 성질을 나타내는 물리량이다.

ㄴ. 광전 효과는 빛의 입자성을 보여주는 사례이다.

✓ ㄷ. 전자 현미경은 물질파를 이용하며, 물질파는 입자가 나타내는 파동적 성질이다.

답 ③

123 전자 현미경으로 촬영한 사진 비교

자료 분석

촬영에 사용된 전자의 운동 에너지가 (가)에서가 (나)에서보다 작으므로 파장은 (가)에서가 (나)에서보다 크다.

선택지 분석

ㄱ. 전자 현미경은 전자의 물질파를 이용한다.

ㄴ. 전자의 물질파 파장은 $\lambda=\frac{h}{p}$(h: 플랑크 상수)이고, 운동 에너지는 $E_k=\frac{1}{2}mv^2=\frac{(mv)^2}{2m}=\frac{p^2}{2m}$이므로 $p=\sqrt{2mE_k}$에서 $\lambda=\frac{h}{\sqrt{2mE_k}}$이다. 따라서 운동 에너지가 작으면 물질파 파장이 길어지므로 물질파 파장은 (가)에서가 (나)에서보다 크다.

✓ ㄷ. 전자의 물질파 파장을 가시광선보다 짧게 하면 전자 현미경으로 더 작은 시료를 관찰할 수 있다.

답 ③

124 물질파와 전자 현미경

빈출 문항 자료 분석

그림은 현미경 A, B로 관찰할 수 있는 물체의 크기를 나타낸 것으로, A와 B는 각각 광학 현미경과 전자 현미경 중 하나이다. 사진 X, Y는 시료 P를 각각 A, B로 촬영한 것이다.

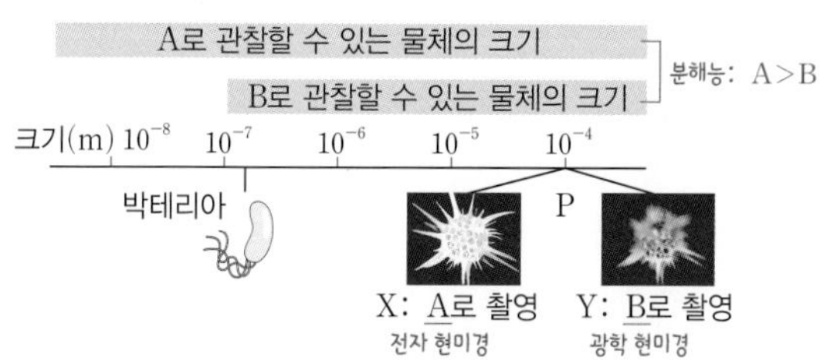

이에 대한 옳은 설명만을 〈보기〉에서 있는 대로 고른 것은?

보기

ㄱ. B는 전자 현미경이다. A X

ㄴ. X는 물질의 파동성을 이용하여 촬영한 사진이다. O

ㄷ. 전자 현미경으로 박테리아를 촬영하려면 P를 촬영할 때보다 저속(고속)의 전자를 이용해야 한다. X

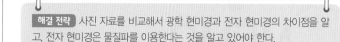

해결 전략 사진 자료를 비교해서 광학 현미경과 전자 현미경의 차이점을 알고, 전자 현미경은 물질파를 이용한다는 것을 알고 있어야 한다.

선택지 분석

ㄱ. 작은 물체를 관찰할 수 있는 A가 전자 현미경이다.

✓ ㄴ. X는 전자 현미경으로 촬영한 사진이므로 물질의 파동성을 이용하였다.

ㄷ. 박테리아의 크기가 P보다 작으므로, 전자 현미경으로 박테리아를 촬영하려면 P를 촬영할 때보다 분해능이 더 좋아야 한다. 따라서 전자의 속력을 증가시키면 물질파 파장이 짧아져 분해능이 좋아지므로, 전자 현미경으로 박테리아를 촬영하려면 P를 촬영할 때보다 고속의 전자를 이용해야 한다.

답 ②

MEMO

한눈에 보는 정답

I 역학과 에너지

01 힘과 운동
본문 8~41쪽

01 ①	02 ②	03 ①	04 ①	05 ③	06 ⑤
07 ①	08 ①	09 ④	10 ②	11 ④	12 ②
13 ③	14 ⑤	15 ④	16 ④	17 ④	18 ④
19 ②	20 ②	21 ④	22 ④	23 ④	24 ④
25 ③	26 ②	27 ②	28 ②	29 ④	30 ④
31 ④	32 ⑤	33 ③	34 ⑤	35 ②	36 ③
37 ②	38 ①	39 ③	40 ②	41 ④	42 ⑤
43 ②	44 ②	45 ③	46 ⑤	47 ⑤	48 ①
49 ④	50 ②	51 ②	52 ④	53 ④	54 ⑤
55 ②	56 ④	57 ②	58 ④	59 ④	60 ①
61 ②	62 ③	63 ①	64 ⑤	65 ④	66 ⑤
67 ②	68 ③	69 ⑤	70 ①	71 ②	72 ③
73 ④	74 ④	75 ⑤	76 ③	77 ②	78 ⑤
79 ④	80 ①	81 ③	82 ③	83 ⑤	84 ③
85 ⑤	86 ④	87 ⑤	88 ⑤	89 ③	90 ③
91 ③	92 ④	93 ⑤	94 ②	95 ③	96 ⑤
97 ⑤	98 ②	99 ③	100 ②	101 ④	102 ②
103 ②	104 ③	105 ②	106 ④	107 ④	108 ③
109 ⑤	110 ②	111 ④	112 ④	113 ⑤	114 ②
115 ④	116 ①	117 ⑤	118 ④	119 ②	

02 에너지와 열
본문 41~57쪽

120 ⑤	121 ⑤	122 ②	123 ④	124 ④	125 ②
126 ②	127 ④	128 ①	129 ⑤	130 ②	131 ②
132 ③	133 ③	134 ④	135 ④	136 ①	137 ⑤
138 ④	139 ⑤	140 ④	141 ①	142 ②	143 ①
144 ②	145 ④	146 ②	147 ①	148 ⑤	149 ⑤
150 ⑤	151 ③	152 ⑤	153 ⑤	154 ④	155 ①
156 ⑤	157 ④	158 ②	159 ②	160 ⑤	161 ⑤
162 ⑤	163 ⑤	164 ⑤	165 ①	166 ②	167 ⑤
168 ③	169 ①	170 ③	171 ①	172 ①	173 ④
174 ③	175 ⑤	176 ③	177 ③	178 ⑤	179 ④

03 시공간의 이해
본문 58~70쪽

180 ④	181 ⑤	182 ③	183 ④	184 ②	185 ②
186 ②	187 ③	188 ④	189 ⑤	190 ②	191 ⑤
192 ③	193 ④	194 ④	195 ④	196 ⑤	197 ⑤
198 ④	199 ⑤	200 ④	201 ③	202 ③	203 ③
204 ③	205 ④	206 ④	207 ⑤	208 ④	209 ③
210 ④	211 ④	212 ②	213 ①	214 ⑤	215 ③
216 ①	217 ③	218 ④	219 ⑤	220 ①	221 ③
222 ④	223 ⑤	224 ⑤	225 ⑤	226 ④	227 ①
228 ①					

Ⅱ 물질과 전자기장

01 물질의 전기적 특성

본문 76~97쪽

01 ①	02 ①	03 ②	04 ①	05 ⑤	06 ⑤
07 ⑤	08 ⑤	09 ③	10 ①	11 ⑤	12 ④
13 ①	14 ②	15 ②	16 ③	17 ①	18 ⑤
19 ⑤	20 ①	21 ⑤	22 ①	23 ④	24 ①
25 ③	26 ⑤	27 ④	28 ①	29 ④	30 ⑤
31 ⑤	32 ③	33 ①	34 ①	35 ①	36 ③
37 ①	38 ②	39 ①	40 ②	41 ③	42 ①
43 ①	44 ①	45 ①	46 ③	47 ③	48 ③
49 ③	50 ②	51 ②	52 ⑤	53 ①	54 ②
55 ⑤	56 ①	57 ①	58 ③	59 ④	60 ③
61 ③	62 ③	63 ①	64 ①	65 ①	66 ①
67 ①	68 ⑤	69 ③	70 ①	71 ③	72 ⑤
73 ①	74 ④				

02 물질의 자기적 특성

본문 98~121쪽

75 ⑤	76 ②	77 ⑤	78 ③	79 ⑤	80 ⑤
81 ③	82 ②	83 ①	84 ②	85 ③	86 ④
87 ⑤	88 ⑤	89 ③	90 ⑤	91 ①	92 ①
93 ⑤	94 ④	95 ④	96 ③	97 ⑤	98 ③
99 ⑤	100 ②	101 ③	102 ③	103 ⑤	104 ③
105 ①	106 ①	107 ③	108 ④	109 ①	110 ⑤
111 ①	112 ①	113 ④	114 ①	115 ④	116 ①
117 ①	118 ①	119 ③	120 ④	121 ①	122 ①
123 ⑤	124 ①	125 ①	126 ③	127 ③	128 ②
129 ⑤	130 ③	131 ⑤	132 ②	133 ④	134 ①
135 ⑤	136 ②	137 ①	138 ②	139 ③	140 ①
141 ⑤	142 ①	143 ⑤	144 ③	145 ⑤	146 ③
147 ④	148 ①	149 ③	150 ②	151 ⑤	152 ③
153 ③	154 ③	155 ④	156 ②	157 ⑤	

Ⅲ 파동과 정보 통신

01 파동의 성질과 활용

본문 126~149쪽

01 ③	02 ①	03 ③	04 ②	05 ④	06 ⑤
07 ④	08 ⑤	09 ⑤	10 ④	11 ①	12 ①
13 ⑤	14 ②	15 ③	16 ④	17 ④	18 ③
19 ③	20 ④	21 ④	22 ①	23 ③	24 ④
25 ④	26 ③	27 ④	28 ⑤	29 ①	30 ①
31 ③	32 ③	33 ①	34 ⑤	35 ②	36 ①
37 ⑤	38 ①	39 ④	40 ②	41 ①	42 ②
43 ①	44 ⑤	45 ③	46 ③	47 ③	48 ②
49 ②	50 ②	51 ①	52 ②	53 ⑤	54 ③
55 ④	56 ②	57 ④	58 ③	59 ②	60 ④
61 ②	62 ④	63 ⑤	64 ③	65 ③	66 ④
67 ④	68 ①	69 ②	70 ④	71 ②	72 ②
73 ③	74 ④	75 ④	76 ⑤	77 ②	78 ④
79 ①	80 ①	81 ②	82 ⑤	83 ③	84 ③
85 ①	86 ①	87 ④	88 ④	89 ②	90 ③
91 ①					

02 빛과 물질의 이중성

본문 150~157쪽

92 ⑤	93 ①	94 ①	95 ④	96 ③	97 ①
98 ③	99 ①	100 ⑤	101 ②	102 ①	103 ⑤
104 ③	105 ②	106 ④	107 ⑤	108 ③	109 ③
110 ③	111 ④	112 ②	113 ③	114 ②	115 ⑤
116 ①	117 ⑤	118 ②	119 ⑤	120 ②	121 ①
122 ③	123 ③	124 ②			

나를 가장 나답게!
덕성은 자유다
수도권 대학 최초 전면 자유전공제 실시,
2024학년도 가상현실융합학과와
데이터사이언스학과 신설에 이어
2025학년도 AI신약학과와 자유전공학부로
또 한 걸음 나아갑니다.
노위연 재학생
(심리학전공 23학번)

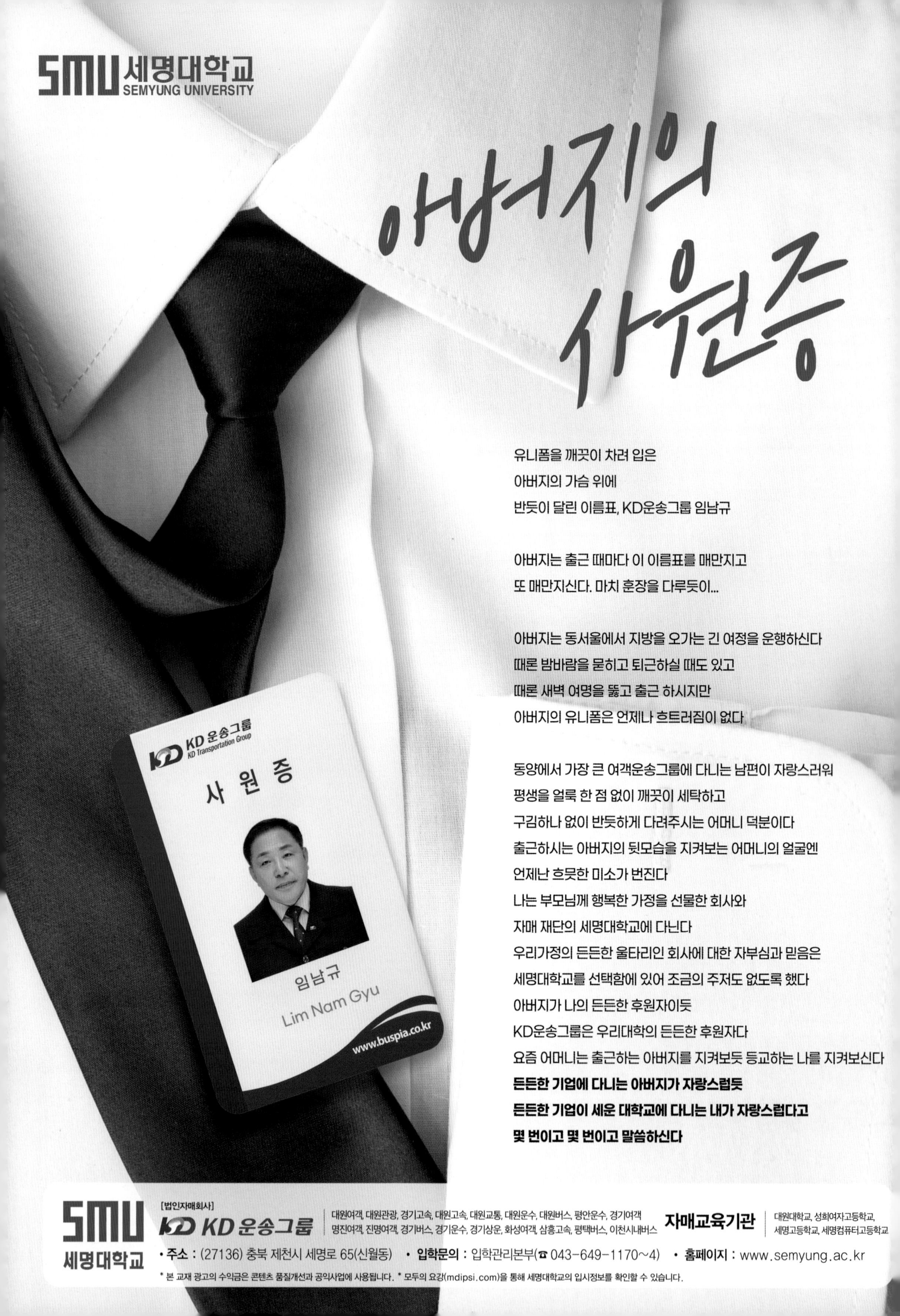
SMU 세명대학교
SEMYUNG UNIVERSITY
아버지의
사원증
유니폼을 깨끗이 차려 입은
아버지의 가슴 위에
반듯이 달린 이름표, KD운송그룹 임남규
아버지는 출근 때마다 이 이름표를 매만지고
또 매만지신다. 마치 훈장을 다루듯이...
아버지는 동서울에서 지방을 오가는 긴 여정을 운행하신다
때론 밤바람을 묻히고 퇴근하실 때도 있고
때론 새벽 여명을 뚫고 출근 하시지만
아버지의 유니폼은 언제나 흐트러짐이 없다
동양에서 가장 큰 여객운송그룹에 다니는 남편이 자랑스러워
평생을 얼룩 한 점 없이 깨끗이 세탁하고
구김하나 없이 반듯하게 다려주시는 어머니 덕분이다
출근하시는 아버지의 뒷모습을 지켜보는 어머니의 얼굴엔
언제난 흐뭇한 미소가 번진다
나는 부모님께 행복한 가정을 선물한 회사와
자매 재단의 세명대학교에 다닌다
우리가정의 든든한 울타리인 회사에 대한 자부심과 믿음은
세명대학교를 선택함에 있어 조금의 주저도 없도록 했다
아버지가 나의 든든한 후원자이듯
KD운송그룹은 우리대학의 든든한 후원자다
요즘 어머니는 출근하는 아버지를 지켜보듯 등교하는 나를 지켜보신다
든든한 기업에 다니는 아버지가 자랑스럽듯
든든한 기업이 세운 대학교에 다니는 내가 자랑스럽다고
몇 번이고 몇 번이고 말씀하신다
KD 운송그룹
KD Transportation Group
사 원 증
임남규
Lim Nam Gyu
www.buspia.co.kr
SMU 세명대학교
[법인자매회사]
KD 운송그룹
대원여객, 대원관광, 경기고속, 대원고속, 대원교통, 대원운수, 대원버스, 평안운수, 경기여객
명진여객, 진명여객, 경기버스, 경기운수, 경기상운, 화성여객, 삼흥고속, 평택버스, 이천시내버스
자매교육기관
대원대학교, 성희여자고등학교,
세명고등학교, 세명컴퓨터고등학교
• 주소 : (27136) 충북 제천시 세명로 65(신월동) • 입학문의 : 입학관리본부(☎ 043-649-1170~4) • 홈페이지 : www.semyung.ac.kr
* 본 교재 광고의 수익금은 콘텐츠 품질개선과 공익사업에 사용됩니다. * 모두의 요강(mdipsi.com)을 통해 세명대학교의 입시정보를 확인할 수 있습니다.

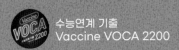

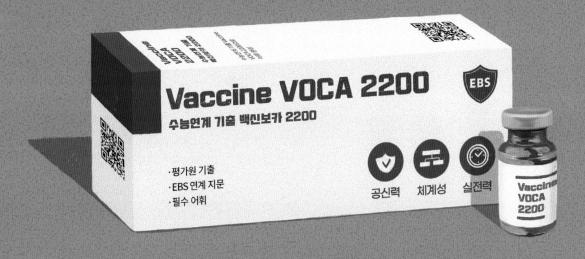

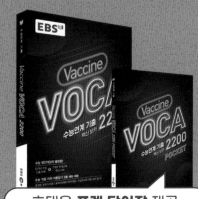

고1~2, 내신 중점

구분	고교 입문		기초	기본	특화	+ 단기
국어	고등예비과정		윤혜정의 개념의 나비효과 입문 편 + 워크북 어휘가 독해다! 수능 국어 어휘	기본서 올림포스 — 올림포스 전국연합 학력평가 기출문제집 — 유형서 올림포스 유형편	국어 특화 국어 독해의 원리 국어 문법의 원리	단기 특강
영어	고등예비과정	내 등급은?	정승익의 수능 개념 잡는 대박구문		영어 특화 Grammar POWER Listening POWER Reading POWER Voca POWER	단기 특강
			주혜연의 해석공식 논리 구조편		영어 특화 고급영어독해	
수학	고등예비과정	내 등급은?	기초 50일 수학 + 기출 워크북		고급 올림포스 고난도	단기 특강
			매쓰 디렉터의 고1 수학 개념 끝장내기		수학 특화 수학의 왕도	
한국사 사회				기본서 개념완성	고등학생을 위한 多담은 한국사 연표	
과학			50일 과학	개념완성 문항편	인공지능 수학과 함께하는 고교 AI 입문 수학과 함께하는 AI 기초	

과목	시리즈명	특징	난이도	권장 학년
전 과목	고등예비과정	예비 고등학생을 위한 과목별 단기 완성		예비 고1
국/영/수	내 등급은?	고1 첫 학력평가 + 반 배치고사 대비 모의고사		예비 고1
	올림포스	내신과 수능 대비 EBS 대표 국어·수학·영어 기본서		고1~2
	올림포스 전국연합학력평가 기출문제집	전국연합학력평가 문제 + 개념 기본서		고1~2
	단기 특강	단기간에 끝내는 유형별 문항 연습		고1~2
한/사/과	개념완성&개념완성 문항편	개념 한 권 + 문항 한 권으로 끝내는 한국사·탐구 기본서		고1~2
국어	윤혜정의 개념의 나비효과 입문 편 + 워크북	윤혜정 선생님과 함께 시작하는 국어 공부의 첫걸음		예비 고1~고2
	어휘가 독해다! 수능 국어 어휘	학평·모평·수능 출제 필수 어휘 학습		예비 고1~고2
	국어 독해의 원리	내신과 수능 대비 문학·독서(비문학) 특화서		고1~2
	국어 문법의 원리	필수 개념과 필수 문항의 언어(문법) 특화서		고1~2
영어	정승익의 수능 개념 잡는 대박구문	정승익 선생님과 CODE로 이해하는 영어 구문		예비 고1~고2
	주혜연의 해석공식 논리 구조편	주혜연 선생님과 함께하는 유형별 지문 독해		예비 고1~고2
	Grammar POWER	구문 분석 트리로 이해하는 영어 문법 특화서		고1~2
	Reading POWER	수준과 학습 목적에 따라 선택하는 영어 독해 특화서		고1~2
	Listening POWER	유형 연습과 모의고사·수행평가 대비 올인원 듣기 특화서		고1~2
	Voca POWER	영어 교육과정 필수 어휘와 어원별 어휘 학습		고1~2
	고급영어독해	영어 독해력을 높이는 영미 문학/비문학 읽기		고2~3
수학	50일 수학 + 기출 워크북	50일 만에 완성하는 초·중·고 수학의 맥		예비 고1~고2
	매쓰 디렉터의 고1 수학 개념 끝장내기	스타강사 강의, 손글씨 풀이와 함께 고1 수학 개념 정복		예비 고1~고1
	올림포스 유형편	유형별 반복 학습을 통해 실력 잡는 수학 유형서		고1~2
	올림포스 고난도	1등급을 위한 고난도 유형 집중 연습		고1~2
	수학의 왕도	직관적 개념 설명과 세분화된 문항 수록 수학 특화서		고1~2
한국사	고등학생을 위한 多담은 한국사 연표	연표로 흐름을 잡는 한국사 학습		예비 고1~고2
과학	50일 과학	50일 만에 통합과학의 핵심 개념 완벽 이해		예비 고1~고1
기타	수학과 함께하는 고교 AI 입문/AI 기초	파이선 프로그래밍, AI 알고리즘에 필요한 수학 개념 학습		예비 고1~고2